古代纪历文献丛刊③

鳌头通书

[明] 熊宗立　撰
闵兆才　编校

（第一册）

华龄出版社
HUALING PRESS

图书在版编目（CIP）数据

古代纪历文献丛刊 . 3 /（明）熊宗立撰；闵兆才编校 . -- 北京 : 华龄出版社，2023.2
ISBN 978-7-5169-2464-8

Ⅰ . ①古… Ⅱ . ①熊… ②闵… Ⅲ . ①古历法—文献—中国—丛刊 Ⅳ . ① P194.3

中国国家版本馆 CIP 数据核字 (2023) 第 030623 号

责任编辑	李　健　彭　博	责任印制	李未圻
责任校对	张春燕	装帧设计	世纪拓普

书　　名	古代纪历文献丛刊 3	作　　者	（明）熊宗立
出版发行	华龄出版社 HUALING PRESS	编　　校	闵兆才
社　　址	北京市东城区安定门外大街甲 57 号	邮　　编	100011
发　　行	(010) 58122255	传　　真	(010) 84049572
承　　印	三河市信达兴印刷有限公司		
版　　次	2023 年 4 月第 1 版	印　　次	2023 年 4 月第 1 次印刷
规　　格	710mm × 1000mm	开　　本	1/16
印　　张	94.75	字　　数	1455 千字
书　　号	ISBN 978-7-5169-2464-8		
定　　价	198.00 元（全四册）		

第一册 目录

新镌历法总览合节鳌头通书卷之一

新镌历法总览合节鳌头通书卷之二

新镌历法总览合节鳌头通书卷之三

新镌历法总览合节鳌头通书卷之一

鳌峰　道轩　熊宗立

后裔　月畴　秉　懋　重订
　　　淑明　启　灿　梓行

周天度数

（日月历象总论）

按诸儒论曰:天体至圆,周围三百六十五度四分度之一。夫象数以九百四十分为一度,历数以百分为一度,四分度之一者,零数也。即以九百四十分作四分分之,四分之中以一分算之得二百三十五分,乃周天三百六十五度零二百三十五分是也。凡一度二千九百三十二里,周天积一百七万九百一十三里至二十五万六千九百七十一里,乃周天之全数也。其体至健,绕地左旋七政就又与之同运而不及其健,见渐退而反似右耳,七政皆随天左旋而不及其健,如蚁行磨上,磨疾蚁迟,不得不回,天一昼夜绕地一周三百六十五度而又过一度二百三十五分,是天之行健也。《易》象天行健,以人一呼一吸为一息,一万三千五百,一息之间天已行十余里,非至健不能。日行次健,丽天而少迟,其行一昼夜,绕地一周天三百六十五度二百三十五分,以其行过处,一日作一度,每一日不及天之一度,以天之进而反似退耳。积至三百六十五日四分日之一,是一岁日行之数也。日法以九百四十分为一日,四分日之一者,亦零数也,即四分之中一分,二百三十五分是也。日法四分度之一,便是天度四分度之一,盖在天为度,在历为日,天所以进退之度周得本数,而日所退之度恰退尽本数,与天会于初进初退之度,已周三百六十五日二百三十五分,是成一年,所谓一岁一周天,此也。月丽天而尤迟,一昼夜统地一周天,三百五十二度有奇,每一日不及天十三度十九分度之七,十九分度之七者,是月不及天十三度有奇,以九百四十分度之,得三百四十分有奇。历家以进数难算,只得以退算之故,谓之右行进数为天,而左退数为天,而右以进之则反似疾耳,积至二十九日四十分,日之四百九十九分,即九百四十分日之内得四百九十九分,而与日会于辰次之所,是为一月。夫一月,周天以其与日会言也,以九百四十分为一日,以七十分二厘三毫三丝三忽为一时,以九分四厘为刻,积至二十九日六时三刻零,而与日会于十二次舍之所,是为一月一周天也。十二会得全日,三百四十八日,十二会即十二个二十九日六时,共得三百四十八日,余分之积六日一百四十八分,余分之积者,零数也,十二个四百九十九分,算之共得五千九百八十分,以九百四十分为一日算之,乃得六日零三百四十八分也。加之通得三百五十四日一百四十八分,所谓一岁月行之数也,再以六日三百四十八分加之,是得其数,谓之月行一小岁也。

太　阳

太　阴

论日月蚀之例

日行迟,一日止行一度。

月行速,一日行十三度。

日蚀于朔,月蚀于望。行迟,故蚀数少;行速,故蚀数多。日之朔,月之望,与天首、地尾二星会,为其度而始蚀矣。日何蚀朔?谓日月会于辰,遇首、尾二星则以月之阴气盛而得掩日之明,乃日蚀矣。月何蚀望?谓日月相望,月得日之阳气而明,遇首、尾星则日之气为二星所夺,而月乃蚀矣。天首、罗睺也;地尾,计都也。其日,一年一周天与二星相会,非朔日不能。月,一月一周天,一年十二月次与二星相会,非望日不蚀,惟朔望同度则食也,遇日月蚀日凶变。

朔之日,朔初一日,晦三十,日照其表,人在其里,日月相垒,故不见其明。晦,灰也,月死为灰矣;朔,苏也,月死复苏生也。朔后二日哉生明。

弦之日,上弦初八九,下弦廿二三,日照其侧,人观其旁,故半明半魄,是谓近一远二。上弦是月盈及一半,下弦是月虚及一半,如弓之下弦,朔后渐盈,望后渐虚,日望之日十五,日月相望,人居其间,尽观其明,是谓相与为衡分天之半而为望也,望后二日既生魄。

武成　旁死魄　哉生明　既生魄

康诰　哉生魄

召诰　既望　　丙午朏

顾命　哉生明

毕命　庚午朏

日月图说

一岁,日月十二次交会,所会之辰次,如正月辰次在析木,二月辰次在大火是也。

诗例云:

析木本居寅在正,大火卯宫寿星辰。
巳是鹑尾午鹑火,鹑首却在未土真。
实沈原来居申上,大梁酉宫戌降娄。

娵訾孟冬亥宫位，玄枵在于仲冬月。
季冬皇纪丑宫寻，逆数却在掌中轮。

约太阳行度过宫诗例诀

太阳行度不虚行，大寒六日至子宫。
雨水六朝亥上逢，春分七八才行戌。
谷雨十朝走酉宫，小满十一临申上。
夏至十日去寻未，大暑十朝骑马走。
处暑十日入蛇乡，秋分十日龙潭底。
霜降十四卯中央，小雪十三寅上去。
冬至九日丑宫藏，此是太阳行度数。
十二宫中不暂停，系新例台历查定。
乾受时历考无差，合当以此为准定。

约太阴行度过宫时例诀

欲识太阴行度时，正月初一起于危。
一日常行十三度，五日两宫次第移。
二奎三胃四从毕，五井六柳张居七。
八月翼宿以为初，辰宫角度季秋游。
十月房宿作元仲，十一箕上细推寻。
十二牛女须切记，斗母所临百事吉。

太阴图说

挎注曰：月者，阳中之阴也，其德至柔，其体至顺，其行天所以佐理太阳，验之夜影以为消息。月本无光，映日而有明，以不明之体言之则沌阴，其行天之度，一月一周天而与日会辰次之所，一年十二会得三百五十四日三百四十八分，而与天会是为一岁也。日月会合之辰，三合所照之方，是为天德、月德之星，故三月是辰，其三合申子辰日月会于酉，出于庚，入垣于壬，天德、月德在壬。六月建未，三合亥卯未，日月会于午，出于丙，入垣于甲，天月二德在甲。九月建戌，三合寅午戌，日月会于卯，出于甲，入垣于丙，天月二德在丙。

十二月建丑,三合巳酉丑,日月会于子,出于壬,入垣于庚,天月二德在庚。盖子午日月之终始,卯酉日月之门户,其分度多,故日月出没也。

周天一十二宫,二十八宿总统三百六十五度四分度之一,以一月三十日,每日十二时,一月共三百六十时。

太阴二时行一度,一日行十三度,一月一小周天。

天星真太阴定论

真太阴者,乃星中之后妃也。玄堂素曜曰:天上月也,为万宿之母,诸星之尊,善恶突化,同仁懿德,不问宫方,尽降福泽,镇制凶神,恶煞普化,吉祥一得,临照到山,最吉至也。

论考二十八宿度数

角:初度至十二共十三度。　亢:初度至八共成九度。
氐:初度至十五共十六度。　房:初度至五度共成六度。
心:初度至六度共成七度。　尾:初度至十七共十八度。
箕:初度至九度共成十度。　斗:初度至廿三共廿四度。
牛:初度至六度共成七度。　女:初度至十度共十一度。
虚:初度至九度共成十度。　危:无初度,只十五度。
室:初度至十七共十八度。　壁:初度至九度共成十度。
奎:初度至十七共十八度。　娄:初度至十一度共十二度。
胃:初度至十五共十六度。　昴:初度至十度共十一度。
毕:初度至十五共十六度。　觜:无初度,只一度。
参:初度至九度共成十度。　井:初度至三十度共三十一度。
鬼:初度至一度共成二度。　柳:初度至十二度共十三度。
星:初度至五度共成六度。　张:初度至十七度共十八度。
翼:初度至十九度共二十度。　轸:初度至十七度共十八度。

以上共三百六十五度为一周天也。

星曜图说

（谓论天符十一曜行躔宫度休处等事）

夫日、月、木、火、土、金、水谓之七政，紫气、月孛、罗睺、计都谓之四余，合七政四余谓之十一曜。凡天地之所以位，万物之所以育，与四时之代谢、阴阳之消长，何莫而非七政四余为之运行，为之化施者乎，故人事之凶吉悔吝得丧休咎，亦莫逃此，而古圣人仰观天文以验人事，良有以也。

然七政运行于天，有迟有速，有顺有逆，各司其职。凡人君之有政事，故曰七政。日，曰太阳人君之象；月，曰太阴君后之象，其所照临之位，亦如君后，所至莫不福泽于民，是为诸星之主。象吉之者，但嫌与罗计同度则为天变，日师犯之大凶。五星行度，各有顺逆、迟留、伏退之殊。当其顺轨，入垣旺乐皆为福祥。如值退逆，克开皆凶咎，切切不可犯，其余皆无形可见。兽行于天，亦无迟留伏退，吉凶各有所主。大抵紫气、月孛多助吉，而罗睺、计都多降凶也。近时须颇知用太阳照临山向之记，然不知究五星四余，故福亦无验。盖五星四余人臣之象，职司执法，祸福吉凶皆其所秉，虽太阳在位，固为吉矣，而五星四余或值不当顺轨之时，犹李林甫、秦桧、王安石、贾似道诸权臣操弄国柄，圣主为之蒙蔽，黎庶遂遭其祸，故天沉书必以五星四余为主，而不独拘于太阳也。若太阳在山向，五星四余之中又得升殿入垣旺乐顺轨之星同在山方，是为圣主贤相，上下同心，如尧舜在位，而皋陶稷契诸臣都俞呼佛于庙堂之上，而天下受其福矣。其通书诸神煞犹之在外之臣，与小官卑职之类，若朝廷正宰辅登则被在下之人，孰敢不各安其位，或百不轨亦随灭之，以安天下。如尧舜之时，虽有四凶，安能为害？故通书之诸神煞，大抵皆听命于天符，如值天符之吉，虽四神亦不敢肆其恶，而拱手遍伏以为福。若在天符之凶，则吉神亦随变而为凶神，何也？譬之君子在上则小人不敢肆其凶，小人得位则君子退藏矣，吾则反受其害，其不思退藏，不罹其害者，必巳之节亦随变而不得为君子矣。故曰：请君专用太阳照，三合对宫福力兼。又云：金水二星并紫气，太阴同用尤为吉。又曰：天星本有十一曜，但兼伏逆祸炎炎。

杨公于此，固已尽泄天机之妙，但世人未得其传，鲜能如此耳！陈希夷注

《青囊经》亦当详言之耳。

太阴按台历推算,一日一夜行十二度,一时躔一度有余,五日移两宫,二十七日行一周天求日。

太阴在某宿度以周,反图敬逐时游度一日,按十三度推用。如乙巳年正月初二日午时用事,太阴正月初一日昏危入度,昏即黄昏,日破后乃立春后即酉时危入度起,一时一度,初二日午时到亥宫,室四度是也。十六晨翼十四度是,即黎明日未出时,此乃雨水后卯时也,一时行一度,至十七日卯时到巳宫,轸入度是也。余仿此。

五星四余依万年历推其五星,有伏退、迟留、顺逆之不齐,宫宿度数有阔狭不一,每月行度不同,繁而不能备。木星十二月移一宫,疾则五六个月移一宫,大抵十二年一周天。火星疾则五六十日移一宫,迟则三四个月移一宫,二一周天。土星三年移一宫,五十九年一周天。金星一月移一宫,一年一周天。水星疾迟天同,大抵一年一周天。

四余行度无疾迟留逆

紫气三年移一宫,二十八年一大周天。月孛九个月移一宫,九年一周天。罗睺、计都年半移一宫,十九年一周天。

诸星并顺行度,逆行宫,推罗计二星逆度顺行宫,朔日遇日而日蚀,望日遇月而月蚀,不遇朔望则不蚀,乃横逆施恶之星也,故要细查过度,须将七政台历考之。今依未来历,更述周天过宫各月以传,知者方翼如谨,推用则无误矣。

帝天将合符交会(天将即太阳)

帝顺行十二月,布四时之令。天将逆行三百六十五度,宜八节之功。

大寒,天帝司丑,天将司子,交会于子丑之间,万物成始成终。《易》曰:成言乎艮。

雨水,天帝司寅,天将按亥,寅亥交符,丑寅辅艮,东北之位也。

春分,天帝司卯,天将按戌,卯戌交符,甲乙辅震,正春之令,万物发生。

《易》曰：帝出乎震。

谷雨，天帝司辰，天将按酉，辰酉交符，万物洁齐。《易》曰：齐乎巽。

小满，天帝司巳，天将按申，巳申交符，辰巳辅巽，东南之位也。

夏至，天帝司午，天将按未，午未交符，丙丁辅离，正夏之令，万物皆茂。《易》曰：相见乎离。

大暑，天帝司未，天将按午，未午交符，万物致养。《易》曰：致役乎坤。

处暑，天帝司申，天将按巳，申巳交符，申未辅坤，西方之位也。

秋分，天帝司酉，天将按辰，酉辰交符，庚辛辅兑，正秋之令，万物零落。《易》曰：说言乎兑。

霜降，天帝司戌，天将按卯，戌卯交符，阴阳相薄。《易》曰：战乎乾。

小雪，天帝司亥，天将按寅，亥寅交符，戌亥辅乾，正冬之令也。

冬至，天帝司子，天将按丑，子丑交符，壬癸辅坎，正冬之令，万物归藏。《易》曰：劳乎坎。

观斯可见，万物造化，随帝将以出入；四六阴阳，随帝将而升降。其所关系，不亦大乎！

纬星本初图说

此星流行于周天，随时而变易者也。其头注于十二宫分者，即星家本物之位也。其填注于二十四山向也，即自其本初者分之耳。尤寻贵人禄马，必须先寻本初之尾，然后方可直其流行，落于何宫度。如癸禄在子则寻计星，申子辰马居寅则寻气星，丙丁猪鸡位则寻金添星。余仿此推。

气候图说

气候本初，《春秋》曰：伏曦建八节以次应候。《音律历志》曰：炎帝分八节以始农功，伏曦尽八节作三爻以象二十四气。《礼记·月令注》曰：周公作时，制定二十四气，分七十二候，则气候之始于伏曦，四定于周公也。以五日为一候，每月分作六候，六五三十日干一气也。一气者，十五日是月五辰图，四时各分九十，共七百八十分之二十五，一年二十四气全数也。凡三百六十五日零二时七刻一十分，一气有十五日零二时五刻一十四分时，春夏秋冬各分九十一日三时六刻弱也。土分于四时，各季旺一十八日三时一刻一十分强也，共成七十三日零四刻四十分有奇。

律吕主配十二月令

律志乃黄帝使令伦自大夏之西，昆仑之阴，取竹于懈溪之谷，断雨节间长三尺九寸，以半空窍而吹之，以为黄钟之宫制十有二，萧以听凤凰之鸣为六雌鸣，亦六以此黄钟之宫生六律六吕，候气之应，以立宫、商、角、徵、羽之声，治阴阳之气，即四时之变。推律历之数起消一正闰余，盖阳六为律，阴六为吕，六律六吕总为之十二律，以配十二月。黄钟、太簇、姑洗、蕤宾、夷则、无射，阳声也；大吕、应钟、南吕、夹钟、仲吕、林钟，阴声也。自十一月一阳生，其卦复，黄钟气应，至四月六阳已极，自五月一阴生，其卦姤，蕤宾气应，至十月六阴已极。一阳一吕，逐月分配，是为一岁成焉。

四时气候论

按伏曦氏河图洛书、八卦定五行配四时，其数曰：一三五七九阳也，二四六八十阴也，所以天一生水，地六成之。在北方播于冬，天三生木，地八成之，在东方播于春。天之阳数，故冬春之日卦皆阳。又自夏始阴，推出阴政，其地之阴数成之，此乃寒阴之气也，故冬寒而春渐暖，阴极阳生也。地二生火，天七成之，在南方播于夏。地四生金，天九成之，在西方播于秋。地之阴数主之，故夏秋之月卦皆阴也。自姤始阴推出阳政，天之阳数成之，乃热阳之气也，故夏热而后秋渐凉，阳极阴生也。天五生土，地十成之土，为万物之母，位居中，以配天，代天而生万物。盖五作生成之数，故天一得五，则而六成，天三得五而八成，地二得五而七成，地四得五而九成，土播于四季月之未也。天生者属阳，地生者属阴，后天卦位也。

故冬至子而阳以生，夏至午而阴以生，如以四时推而详之，冬水生春木，春木生夏火，夏生秋金，秋生冬水，以象四时。

定节气时刻诀

六十年前寒露节，便同今岁立春时。

相将此法从头对，时时刻刻不差移。

又云：

定节之法不多有，前九之年加后九。
月大月小间斯年，便是当年节气候。
天干三数地支七，诀记心中须历历。

如前九节气候甲子，今则丙午也。

廖氏云：

今年雨水明年春，天干不动加两辰。
二十四气皆仿此，时加三刻万年灵。

如万历五年正月二十三日，辛亥酉初初刻，雨水除辛未不动，以亥支加两辰是逢丑也，辛未加丑即辛丑日，是明年立春日，酉初初加三刻即初三刻是也。又云：

今岁先知来岁春，但隔五日三时辰。

又云：

前九年推后九通，干合支冲节气同。
闰月必定无中气，此诀教人最有功。

如已亥年壬戌日立春，则丁未年甲辰日立春，此壬水生甲不为食神，辰戌相冲，此为干支冲也。余仿此。

若要求立春，相冲对食神。
闰月无中气，说与惶惶人。

论历数太阳推步之法

天体至则南高而北下，形如荷盖，北极出地三十六度，常见而不隐，南极入地三十六度，常隐而不见。其体至健，昼夜运行不息，本无度可测，以纬星三百六十五度四分度之一有分，九十一度有奇，于四时抵日之际，以中星窥之则一昼夜行三百六十五度，而又过一度日逐天行少迟，一昼夜三百五十二度有奇，行不及天十三度十九分度之己五星，亦逐天行迟速各有度数。盖天度与中星相去当九十一度，日初出时以前九十一度为中星，日入之际以后九十一度为中星，当子午平分各相去一百八十二度有奇。伟日移天所至之度，于日出、日入之际，以定昏日中星，天顺行纬星亦顺行，每日以三十度为法，每月以三十日为法。

定四时中星，日出入时刻，立春日在虚四度，其日子时正一刻，虚宿在子，诸星居垣入局，而星宿在午为胃中，自子至卯时正一刻局宿在午为日中，自卯至午正初刻虚宿在午为日中，自子至酉时正一刻虚宿在酉，昴宿在午为昏中。

雨水日在危九度，其夜亥时正四刻，危宿顺行至子时，而张宿在午为昏中，自子顺行至卯时正一刻，尾宿在午为旦中，自卯至酉时初二刻毕宿在午为昏中，后四日入壬危十三度躔娵訾之次。

惊蛰日在室九度，其夜子时而翼宿在午为昏中，卯时尾宿在午为旦中，酉时角宿在午为昏中。

春分日在乾壁四度，后六日午时入戌奎二度躔降娄之次，其日戌时诸星居垣入局，自戌时顺行至子时正初刻，奎宿在子角宿在午为昏中。自子至卯正二刻，亢宿在午为旦中。自卯至午奎宿在午为旦中。自午至酉井宿在午为昏中。

清明日在戌奎十一度，自戌时正二刻顺行，至子时正初刻，角宿在午为宿中。顺行至卯初三刻，斗宿在午为旦中。自卯顺行至酉时正二刻，井宿在午为昏中。

谷雨日在辛娄八度，后九日入酉胃四度，躔大梁之次，其日酉时诸星入局居垣，其夜胃宿在子，氐宿在午为宿中。卯时女宿在午为旦中。酉时柳宿在午为昏中。

立夏日在酉胃十三度，胃宿在午为旦中，酉正三刻即为昏中。

小满日在酉昴宿九度，后九日入庚毕七度躔实沉之次，卯初正刻虚宿为旦中，午正一刻昴宿为旦中，酉正三刻张宿为昏中。

芒种日在毕十三度，卯初初为宿为旦中，午正初毕宿为旦中，酉正四刻翼宿为昏中。

夏至日在申井二度，后八日入庚井九度躔鹑首之次，自子时斗宿在午为昏中，卯时奎宿在午为旦中，午时井宿在午为旦中，卯时口宿在午为昏中。

小暑日在坤井十七度，卯初初壁旦中，午正初井为日中，戌初七角为昏中。

大暑日在未井三十度，后七日入丁柳四度躔鹑火之次，午时正初刻柳宿在午为日中，酉时氐宿在午为昏中，子时女星在午为宵中，卯时觜宿在午为日中。

立秋日在丁柳十三度,卯初一刻娄在午为旦中,午正初柳为日中,酉正三刻房为昏中。

处暑日在午张六度,后九日入丙张十五度躔鹑尾之次,卯时毕在午为旦中,午正一刻张宿为日中,酉时正二刻心在午为昏中,子时危宿为宵中。

白露日在丙翼三度,卯时毕为旦中,午正初翼为日中,酉正初为昏中。

秋分日在巳翼十八度,后十二日入巽轸十度卯时参为旦中,午正一翼日中,初酉四刻斗宿为昏中,寒露日在巽轸十四度卯正一刻井为旦中,午正初轸为日中,酉初四刻斗为昏中。

霜降日在辰角十一度,后十二日入乙氐三度卯正二刻半旦中,午正一刻角日中,酉初三斗为昏中,立冬日在乙氐五度卯正为日中,午正初日中酉初二午宿昏中。

小雪日在卯房三度,卯正三张旦中,午正一房为日中,酉初一女为昏中,后十二日入甲尾三度躔析木之次。

大雪日在甲尾七度,卯正四翼旦中,午正初尾日中,酉初初危昏中。

冬至日在箕五度,每年以定四时中星,日出入时刻冬至日度为首至日,在箕五度与天会,其日寅时初二刻,天运始于寅日行亦始天寅,按推步之法,以旋机玉衡同天盘转轮推步,至辰时初七刻日欲出以前九十一度,则见轸宿在于为旦中,日入之际加申时正四刻以后九十一度,则见壁宿在午于昏中。后入日,日入艮斗四度躔星纪之次。

小寒日在斗十一度,将斗十一度自丑顺行至卯时正二刻日始出,则见角宿在午为旦中,至午时正一刻,斗宿在午,井宿在子为日中。顺行至酉时初初刻,则见奎宿在午为昏中,顺行至子时初四刻,斗宿在井,口宿在午为旦中。

大寒日在午四度后四日,日入女二度躔玄枵之次,其夜子时初四刻,女宿在子,柳宿在午,诸星居垣入局,顺行至卯时正二刻,氐宿在午为旦中。自卯时顺行至午时正初刻,女宿在午为旦中。自午时顺行酉时初初刻,胃宿在午为昏中。

假如冬至日,日在翼五度则以箕五度加酉时正四刻见圣在午为昏中,以箕五度加卯初二刻,则见轸午为旦中。

天顺行,诸星亦顺行,每日一时诸星居垣入局,造葬百事吉利。如星失位,或侵垣局,上官必有休官退败之祸。当详之,不可忽略。

朝廷颁历，每以四大吉时定日度数，今之历大差古历，冬至太阳在斗宿，今历太阳在箕五六度矣，天道亦与古之不同矣。

斗首二十八宿宜忌

四日禽

虚日鼠

常行申子辰宫。

子日登垣，犯伏断凶。

日喜甲子、庚子、戊申、庚申、丙辰，吉。

日忌丙子、壬子、甲申、甲辰、戊子、壬申、壬辰日，凶。

合交食泊等及泊落变，俱后演禽列宿俱全例。

星日马

常行寅午戌宫。

午日登垣，生申登驾。

造吉，葬凶。

日喜甲寅、丙寅、壬寅、甲午、丙午、戊午、丙戌、庚戌。

昴日鸡

常行亥卯未宫。

卯日登垣。

葬嫁娶吉。

日喜乙亥、辛亥、丁卯、乙卯、癸卯、丁未、辛未。

忌癸卯日，财吉多可用，喜金水时禽相生。

房日兔

常行巳酉丑宫。

酉日登垣。

竖造俱吉。

日喜己巳、丁巳、丁酉、丁丑、辛丑、癸酉，葬忌。

虚子居午日登垣，星午生身垣驾金。
昴遇卯地房垣酉，若遇登驾即安然。
寅卯辰出日即驾，日驾午上什宿有。
若论登垣生身局，日酉驾登即自然。
登垣生身无两合，定取登驾日光天。
日禽俱无垣自驾，用之无益总是闲。
架造娶妇诸事吉，名为双喜自古传。
日宿葬埋加月建，血痨绝没出奸凶。

又：

日头阳光百事和，架造经商创业多。
求官赴任得高职，出行移徙居吉科。
娶妻买田生贵子，诸为百事笑呵呵。
若泊生身登垣驾，加位冲举至大罗。
宝义专全会愈妙，制定日逢定不明。
日禽若落未日下，阴曜之乡怎奈何。
独造一门逢日宿，血痨绝没百灾磨。
日宿葬凶加月建，定出强徒作乱人。

日乃人君之象，名曰双喜。宜用日间时，当轮升明沉晦，传在东南之地为升明，西北之地为沉晦。若遇制日、定日，其福减半。若遇伐日，纵遇水禽登垣，生身登驾，亦是凶禽。如逢寅卯辰巳午日，若诸太阳登垣登驾之日，独寅卯二日要看官历内月分节，以日出之时为准，方定得太阳登驾。其辰巳午三日，遇日禽是登驾也。若未日已下等日，乃日入阴曜之乡，即非太阳登驾也。此乃不能发福，或寅日亦可，中有宝义专和，亦可用诸事，吉。独架造大妙，其架造宜用日月水禽，喜金水二时禽用扶本日太阳，大吉。忌火禽，恐火烧倾陷。

又曰：若得太阳行度数合年月日时，不用山脉起龙运，坐向山起屋运。又不必论造人生命与坐山命，有利无利等件，论及刑冲克害四字，一切语俱扫除合架造。日禽有忌，最重年月日时天干，怕犯五局、正阴府、太岁二十四字，及重选择定除等十二件等日吉凶，最以又重忌天火日，必定火烧。若犯天火日，无风无雨三五年间，忽然自家倒塌。又重忌大杀白虎入中宫日，犯着甲辰、戊辰、丁丑、癸丑、丙戌、壬戌、己未日，主伤家长，宜用雉鸡割血在中宫地上压之，尤恐不免。又忌禄空、财空、天地不载日、五穷、天地灭没日，及将军箭、受财及犯罗金，用一得九，用二得八，用四得六，对中对逢，俱凶。独选用三得七为妙，又暗金伏断日及浮天空亡、罗天大退、巡山罗睺、天牢黑道，此俱是架造日禽不用者。

又忌天兵时，忌截路空亡或路空，纵凑时禽好亦凶。余五不遇、暗金伏断时，皆是轻忌者，埋葬用之，必有重大天灾恶祸又遇本日禽登垣及登笺，祸患重速，葬则主耗散财物，出孤寡，添恶疾，男妇痨疾吐血，吸血伤血，堕胎产亡，刀兵刑杀，及伤奴婢凶死，并损六畜。若再得凶日及加月建，是本日禽又遇月建，是凶加凶，又主一世之凶绝矣。若葬少年之人，一七二七，回家葬矣，老年主出颠狂，吐血伤丁。

推月建刻法：如有葬埋用卯日，遇禽昴日，虽又遇二月建卯，是加月建也。又如用午日遇星禽，又五日建午是加月建也，若在六七月建未申，又非加月建也。余仿此。

四太阴禽

心月狐，寅日登垣。

毕月乌，申日登垣。

危月燕，丑日登垣。

张月鹿，未日登垣伏断。

心寅毕申月登垣，危丑未张两垣躔。
唯有未张垣身备，月禽登驾日即安。
申子戌日入即驾，戌亥子丑月即垣。
月遇登垣生身地，纵不登垣福绵绵。
不垣不日何定取，定取登驾日光天。

如垣定驾俱无一，月禽虽见也徒然。
月明照体百般好，造葬经商万事和。
嫁娶更美名利吉，移居出行获利多。
月禽若主自垣驾，如锦面上又添花。
再演生身垣驾日，宝义专同居吉利。
制日相逢稍可用，偶逢伐日凶祸多。
月禽垣驾俱无一，平平无益怎奈何。
宝上义次专中利，制定相逢福半绝。
唯有月禽并木苗，一日皆喜笑呵呵。

以上四禽皆忌制、伐日，减半福。

月乃后妃之象，名曰：善宿。宜用夜间时，须看上下弦与晦朔无光，望夜全光，其登垣生身及登驾之日，乃有宝义日、专制伐之分。又当详审，去取其架造，俱同四禽之科，吉凶所宜所忌俱同。人又月禽大吉者，是葬埋也。切忌者，土月火日，即白虎消尸骨移者，又名地丁白虎杀，若犯此者，尸体葬在冢中，消化无存。又忌入地空亡，纵吉地不能发达。宜用金水二时禽来扶太阴，又用木月火时禽，俱吉。切忌者日时土时禽，截路空、五不遇，纵时禽吉，亦不可用。用申酉戌亥子丑为生身登驾之地，吉。如卯辰巳午乃月无光之时，此日遇日宿亦徒然耳。若遇宝、义、专日，百事造葬皆妙。若遇制、伐之日，亦减福。

今纪日禽、月禽登驾日，宜用当年官历查看节气日出、日入之时，方可用之无差。

节若是夏至，是五月中，日出寅正四刻，日入戌初二刻。月分此后，若交小暑便是六月节，第二日即日出卯初二刻，第八日即日入酉正四刻。

节若交冬至，是十一月中，其日即日出辰初二刻，日入申正四刻之月分，此后若交小寒十二月节前一日，即日入酉初二刻，第五日即日出卯正四刻。今用日禽，若遇日入戌之月分，其寅卯辰巳午五日俱属，同是日登驾也。若未申酉戌亥子丑七日俱属阴，非日登驾也。

若用月禽，遇月出寅入戌之月分，其戌亥子丑四日俱属阴，是月登驾也。若寅至酉八日则气属阳，非月登驾也。今用日禽，若遇月出辰入申之月分，其辰巳午三日属阳，是日登驾也。寅卯二日属阴，非日登驾也。用月禽，若逢日出辰入申之月分，戌亥子丑寅卯六日属阴是，月登驾也。用日禽，遇日出卯入酉之月分,其卯辰巳午四日属阳,是日登驾也。惟寅日在此节气属阴,非日登驾也。用月禽,若遇日出卯入酉之月分,其戌亥子丑寅日属阴,是月登驾也。惟申酉节气候属阴,非月登驾也。此四月禽所值之日,谓之善宿,百事皆善,要合得登垣生身及登驾之局,纯大吉有验。仍有宝、义、专日登驾,上吉。制日、定日福减。若遇伐日,纵得本禽登驾,生身登垣之局,亦主大凶,决不可用。今架造月禽,俱同日禽之吉,并所宜忌吉凶俱同日禽架造之科一般同。

凡造葬一往重选,月禽居第一者尤重,本日务要合看本月禽登垣,生身登驾之局,方验大吉,不合乎遇。今葬埋宜用月禽、火木禽。用官历,盖杀年月日时俱不用,定来脉起龙运,定坐山起墓运,又不用亡人年命及祭主生命,与墓坐山论有利,不利等件及刑冲克害,一切说明扫除无疑矣。

凡埋葬,月禽首忌,最重年月日时天干,怕犯五局正阴府、傍阴府。二十四山,若年月日时有一犯山,各主有祸。葬埋重选山头并年月日时,俱明明一顺,不杂一件,方吉。惟杂主祸患,又重选宝、义、专日,吉凶最灵者,宝日为上吉,义日次,专为中吉,制为吉凶相半,伐为大凶。又重选建、除等日,吉凶最灵者,建、除、满、破、开日葬极凶。危葬亦凶,平葬平常,无益。定日,乃受气之日,好事虽未有,主福禄减数。执日,主有权柄成禄,亦出显贵。成、收、开三日俱大福禄,并主富贵双至,吉。连天干四字一顺相连,俱生入者为妙,一顺相连俱克出者亦妙。一顺相连俱生出者平过。一顺相连俱克入者,大凶。若隔位杂乱者,相生相克者,祸福不准。

又重地支四字,顺看一顺相连相合者是吉,顺看是凶左右相连相冲者是凶,若隔位杂乱相合相冲者,祸福亦不准。合者,申子辰四局三合也。冲是子与午三局四冲。若地支合阴阳混杂,皆不能用矣。四干论生克不论合冲,四支论合冲不论生克,葬忌月火日,即白虎消骸杀,又名地中白虎杀。尸骸消化,岂能荫佑?大凶。

又重忌入地空亡日,大杀入中宫日,犯着甲辰、戊辰、丁丑、癸丑、丙戌、乙未等日,主伤家长,术用雉鸡割血,中宫压之,尤恐不免其祸。又忌禄空、财空、河图减气日、月忌日、天不载日、五穷日、天地灭没日,在此埋葬用月禽,不吉。灭没日重,火水木金土方百不吉。灭没所忌日并重犯将军箭射二杀。又忌罗金,用一得九,用二得八,用四得六,对冲对逢俱凶,择选用三得七为妙。

又暗金伏断日及算禄到山,算定到山顺逆,小儿、三煞、天地官符、受死日、重丧日、天贼日方灵，此局俱是葬埋，月禽所用轻忌者，埋葬。月禽无看五音大葬、鸣吠，不灵不算。外又天瘟日、天地空亡日、罗天大退、巡山罗睺、朱雀黑道、天牢黑道，此俱是埋葬，月禽不用者。今埋葬，月禽又逢金水二时，俱吉。重忌日、时禽，必主大祸，并土时禽亦忌。又重忌截路空，时禽好亦凶。暗金伏断时，五不遇时，皆葬埋月禽轻忌者。

以上葬埋月禽，凡备录所用宜忌吉凶煞，俱要逐一查过，合吉离凶，方为正美之兆也。

四火禽曜登垣并生克本禽断诀

四禽一曜

翼火蛇，子日登垣。

室火猪，午日登垣。

尾火虎，卯日登垣。

觜火猴，酉日登垣犯伏断。

翼子室午火登垣，尾卯觜酉垣度躔。
火禽故害垣方验，出富出贵不等闲。
又嫌丁亥戊申日，寅生午旺禽有禄。
架造火烧商外没，酉为哭泣灾祸连。
再逢伐日刀兵起，杀伤凶祸不周全。
此怕生甲寅午日，宜遇未申戌亥支。
生旺吉凶随取用，绝没吉凶理自然。
燥宿葬埋堪取用，余皆凶祸不须言。

火乃南方荧惑星，文明之象也。名曰：燥宿。登垣日仍有宝、义、专、制、伐日之分，又有日主相生相就，方有所宜忌。

火禽，埋葬吉凶俱禽日禽。葬埋之利一般宜用亥子时并月木火时禽，俱吉。忌用未申时、戌亥时，日禽用之必凶。截路空、五不遇纵合时禽夹好，亦不宜用，盖未申日是灭没，不吉。亥日火绝，戌日火墓旺午日，若值火禽墓绝，忌嫁娶，百事皆凶。逢伐日，凶上加凶。若鬼、室、尾星祸速，觜、翼星缓些。

翼用子日，室用午日，尾卯日、觜酉日俱登垣，葬吉。逢宝、义、专日，主行当得横财。架屋火灾，出行商本耗破盗，嫁娶、移徙、求官、上任，百事主人财两空，有太阴时大吉。

猛虎变烧炼出金，宝专义逢妙遇亲。
百用火禽霜上雪，独逢埋葬锦添花。
最重登垣次生火，方得横财次显身。
架屋火烧商外死，娶嫁移迟祸不轻。
凡为百事三年内，家中哭泣不曾停。
学者宜当仔细用，两下分开是浊清。

此四火禽专看午日，合得本火禽登日，又看本日生旺绝库灭没，终各得伐得登驾如神，不然各得祸福，亦轻缓些。若用火禽登垣之日架造，决定三年二次火烧，百祸叠至。如用火禽登垣之日，近出经商，五六日归者，虽凶不凶。若远出经商至五七月及一年，决主财本耗尽，或被贼劫偷，或逢水流船遭恶风，并主病缠，外死不回家矣。若嫁娶、求官、上任，百为做事，遇此火禽登垣之日及生旺本禽之日，定主人财两亡，三年之内哭泣不停。若遇伐日，凶上加凶，定主刀兵之祸。若逢室尾二火，祸来迟。若恰值建日、伐日，亦祸速矣。此四火禽诸事不宜用，外宜葬埋，但同木禽月禽之吉。所宜所忌吉凶俱同，日禽葬埋之科用之。

今葬火禽固知吉利，务要合得登垣之宝、义、专日及得日，主生旺并合得吉神，无犯凶煞，终得横财，决出英雄大富。遇贵人相扶，出风宪显官，做小官亦有英烈声名。

此四火禽，独葬宜用，若得登垣，虽犯伏断亦主得吉。又遇寅日、午日，本禽生旺，吉日愈吉，福来更速。若遇戌日、亥日并灭没未日、申日，纵合宝、义、专日，福来轻。

主用四火，合家造作事俱凶。若值生旺登垣，凶愈凶，祸来速。若值绝库灭没，祸来缓。又宜用日时禽，水时火时禽，俱大吉。若用太阳日时禽，必主大祸。用水时禽时俱凶，重忌截路空亡时，纵凑时禽亦凶。余五不遇、暗金伏断时，皆葬轻用者。

四水禽曜登垣并生克本禽歌诀断

箕水豹，辰日登垣犯伏断。

参水猿，戌日登垣。

轸水蚓，巳日登垣。

壁水㺄，亥日登垣。

箕辰参戌水登垣，轸巳壁亥垣度躔。
造葬四水俱不利，若遇登垣加时延。
奸盗人命皆诬枉，贼窃人欺招祸愆。
弱宿如此坐灾祸，前犯难说言直言。
若遇宝义专三日，生旺诸凡手棉棉。

四水禽，乃北方辰星，玄武之象也，名曰：弱宿。仍有宝、义、专、制、伐之分，又用日主相生相克与所宜所忌。水禽造葬，万事俱不可用，误犯之主子孙男女并不刚正，懦弱被人欺凌，多招无妄官讼，人命贼情及生疾病。嫁娶犯之，亦遭淫乱之诬，虽得吉日，亦不取。

得宝、义、专日，好养六畜作栏圈。又宜祈雨、开地塘、移花接木，并制乐器、做网罟等件，宜用申子辰时，忌用休囚时，忌卯巳丑。以上宜忌者，然水土同一宫，俱生西、旺北、休东、囚南。鹤神日酉日以下下地，东北方以下，乙卯五日转正东，庚申日东南，丙寅六日正南，辛未六日西南，丁丑五日正西，壬午正北，癸未在天上北，戊戌在天上南，甲辰在天上东，己酉下地，周而复始。诀云：从癸巳日上天堂，己酉还归东北方，上天下地之日晴，主久晴。若雨，主久雨。箕辰、轸巳、参戌、壁亥日，忌演武、造葬、行船、裁衣、结帐、造酒醋、放债，百事主遇奸诬，盗贼相侵。若值宝、义、专日，宜养六畜。凡事不宜，用四水禽，若合生旺凶，余亦凶。若遇辰巳时库绝，祸稍轻。

四木禽

角木蛟，寅日登垣。

奎木狼，申日登垣。

斗木獬，丑日登垣伏断。

井木犴，未日登垣。

角寅奎申木登垣，井未丑斗垣度躔。
造葬嫁娶生贵子，务合登垣定出贤。
求官得位主高职，行利商贾定平安。
木盛崇林应茂宝，英雄禽曜要归垣。
他年定做金鱼客，宝义专同更有缘。
更喜生旺加添禄，如逢库绝福难全。
四木总名一文宿，流传吉曜不虚言。
再值居垣并生旺，相助木禽上九天。
得垣若遇绝库没，福利有阻不周全。
不得登垣得生旺，目下虽吉也稀安。
登垣又随辰未申，木禽虽吉总是闲。

木禽，乃东方木星，文明之象也，名曰：文宿。登垣之日，仍有宝、义、专、制、伐之分，并日主相生相克。若遇宝、义、专日，又逢生旺日，出大贵。若无登垣，得遇生旺日，得福轻些。若遇制日，福减半。若遇伐日、绝库日、没日，虽登垣亦不可用。其造葬宜忌俱同月禽之科，其所宜所忌亦同月禽之科。宜亥卯未生旺之时禽，并日时禽俱吉，忌申未辰之时。

此四木禽，其造葬、嫁娶、求官、上任、经商、移徙、出行等件得之，俱吉利。务要合得本木禽登垣及日主生旺本禽之局，大吉有验。若得垣又逢绝库、灭没、申未辰日，福禄亦减分数。若得登垣兼生旺，造葬定出文章秀士，出行遇贵，赴举必利中试，百求皆吉。宜用月时禽，火时、木时禽，皆吉。忌用太阳日时禽，必主大祸。用水土时禽，俱凶。以上系埋葬用木禽者。若嫁娶用者，宜用日月木时禽，俱吉。用火水土金时禽，俱凶。求官、上任、出行、经商等件，用者又宜日月木金时禽，俱吉。用火水土时禽，俱凶。以上诸事，用木禽重忌截路空亡时，纵时禽好，亦不可用。五不遇时，亦其轻忌者。

四金禽

鬼金羊，子日登垣。

牛金牛，午日登垣。

亢金龙，卯日登垣。

娄金狗，酉日登垣。

鬼子牛午金登垣，亢卯娄酉垣度躔。
病任征伐最高妙，务合登垣始验然。
商贾出行多利益，钉门作灶最安康。
再逢生巳旺酉日，相助金星极妙玄。
若遇寅午戌三日，虽宜金宿福难全。
造葬嫁娶并移徙，六畜骨肉尽伤残。
只宜在巳旺酉日，怕遇寅午戌日间。
不拘生旺墓绝地，吉凶随取垣昭然。
威宿如此分别用，万古不易前数言。
造葬嫁娶并移徙，犯着金禽六畜亏。
又加箭射伐金日，丁财官没害相催。
空手求财金得令，尤忌埋没造葬随。

金，乃西方太白星也，名曰威宿。登垣之日，仍有宝、义、专、制、伐之分，及相生相克日主。若遇宝、义、专日，又逢巳酉丑生旺日，亦不吉。

希夷云：此金宿乃天地四方，天上金神是也。

造葬、嫁娶、移徙、做事，一切并忌。只宜上任，得大名望，决然高迁。只宜征伐，获大勋功，定有升授。并宜出行，得人钦敬，经商买卖尚十分利益，钉门作灶，喜事增辉，俱吉。若造葬、嫁娶、移徙及作牛马栏圈等件，用四金禽又合登垣，主损六畜，如犯将军、箭射二煞，入伤小口，破财招官司、瘟疾。又遇庚申、辛酉日，干支纯金相助，其祸尤急。因此见庚申、辛酉二日，亦不是喜辰。若独遇之，亦损六畜，凡事当避之。若遇建是金日，轻忌。独遇干是金日，则不忌矣。

又若值年月日时干支皆是金，或逢暗金伏断日，又山头是金，则是金煞叠叠相逢，其祸加重，破财、伤丁、损舍愈速，凶。

用四金禽合着登垣，若遇宝、义、专日，半吉，可用。或制日，将就用之。若是伐日，极凶，决不可用。

四金禽乃任征伐、出行、经商、钉门、作灶等件，俱重选第一，宜用是吉者，只合登垣，决然是吉。人遇巳日酉日主旺本禽，吉上加吉，福来更速更大。若遇寅日丑日、绝库并灭没、戌日，纵合宝、义、专日，福来轻缓。

如造葬、嫁娶、移徙等件俱忌用，是凶者若合登垣，决然凶。若遇巳酉生旺日，凶上加凶。若遇丑寅、绝库并灭没，或纵合宝、义、专日，祸亦轻缓。

今举凡事宜用禽者，俱同日月木禽时，吉。并所宜所忌吉凶及所用吉凶之时俱然日月木禽，各科用之即定矣。不得已架造，金禽宜用日月木时禽，若用火、水、土、金时禽及天兵时，凶。不得已葬埋，起金禽宜用月、火、水时禽，吉。

若日时禽，必主大祸，并木土金时禽，俱忌。不得已嫁娶，用四金禽，亦宜用日、月、木时禽，吉。用水、火、土、金时禽，俱凶。

前莅任征伐等件，用日、月、木、金俱吉，用水、火时禽，俱凶。独作灶，火、水时禽，吉。又重忌截路空亡时，纵遇好禽亦不吉，暗金伏断时、五不遇皆轻忌。然金生正南、旺西、休北、囚东，又金禽又到冬月，见水而变化，羊牛狗未吉。

四土禽

氐土貉，辰日登垣。

胃土雉，戌日登垣伏断。

柳土獐，巳日登垣。

女土蝠，亥日登垣。

氐辰胃戌土登垣，柳巳女亥垣度躔。
百为做事皆愁怨，登垣祸福在眼前。
独胃土戌是宝日，虽犯伏断嫁娶安。
只宜生申旺子日，又嫌辰巳寅日支。
总括生旺绝没日，吉凶随取理固然。
双从所为乐不怒，官莅晦昧是真言。
从来晦昧莫当头，百事为之只恐愁。
谁能解却心中怒，一派长江洗亦忧。

土乃中央镇星，黄帝之象也，名曰怒宿。登垣日仍有宝、义、专、制、伐之分。土禽忌用寅日，造葬、嫁娶百事忌，定主官符不祥之兆。上官赴任主伤家长及本身患病。如遇初二、十六为不乐，终无所应效。谚曰：初二十六勿嫁居,上官赴任欲亡魂。此之谓也。逢太白同鹤神,如逢吉,无大凶。盖此土禽比水禽便可,此比金禽又略,此比火禽又更高,此惟胃土雉独嫁娶遇丙戌日,法大吉可用,戌日乃胃宿躔度,到戌合垣局,功可取也。其丙戌又是宝日,虽犯伏断亦吉,可用也。宜用申子辰时,并日、月、火、金、土时禽,俱吉。忌巳辰时寅时,其余庚戌日、专日不可用。又甲戌制日,壬戌伐日,不待说也。余柳、氐、女土禽,虽得躔度登垣之宝日,嫁娶亦忌,不用。然四土原非吉曜,又合登垣,是甲子生旺本日禽,灾祸立见。然水土忌生申,旺子,若遇巳辰绝库之日并灭没、寅日,福来轻缓。

重忌截路空亡时,纵时禽好亦凶。暗金、五不遇亦轻,忌用。

以上土星全福,生于西,旺于北,休于东,囚于南。

四时宜宿

春月宜用四木宿吉,夏月宜用四火宿吉,
秋月宜用四金宿吉,冬月宜用四水宿吉。

四时忌宿(收克不吉)

春月忌用水土禽,夏月忌用四金禽,
秋月忌用四木禽,冬月忌用四火禽。

总记七曜及宝义专制伐日

喜善课弱大威怒,随宜取用要相当。
虚昴星房为喜宿,万事皆宜葬不良。
危毕心张为善宿,埋葬行商百事昌。
箕轸参壁为懦宿,病为懦弱受欺残。

角奎斗井为女宿，出仕求名大显扬。
亢牛娄鬼为威宿，上阵征伐最高强。
胃柳氐女为怒宿，定遇官符大不祥。
觜室星翼为燥宿，葬埋疾病深造殃。
四燥若然逢闭日，鬼加鸣吠葬凡良。
间喜虽然为大吉，架造须良葬见殃。
四弱造葬诸事忌，奸盗诬赖见灾殃。

论宝义专制伐

宝、义、专三日，用之必称情，制日尚可，用伐日不堪亲，臣犯君不喜，慎用，损人丁。说无制化美，凶至恶神相逢，己酉、乙卯日更重。

以上五件，天干论其生人，地支论其左右冲合，趋吉避凶，方为全美。

论元辰禄马贵人格

天上贵人观星斗，凤凰啼报五更天。
金鸡未出扶桑顷，玉兔圆明带禄生。
楚地元辰游到申，庚山福禄寿星明。
雷鸣辛酉辽天远，霹面金牛起五更。

注曰：六乙年元辰金旺酉，坐七分庚申，故曰：帝报五更。玉兔到甲卯，乙禄到卯也。六己年、六丁年上坐官禄，六己年元辰在子乃贵人，故楚地元辰游到处曰官禄星也，故称庚山福禄寿星明。六辛年，元辰震雷鸣向庚午日，又辛禄到酉金鸡地，霹面金牛起五更，癸禄居子，入福地也。

论驿马贵人官禄会格

猴虎相逢聚一群，天乙南向作干神。
阴阳未分无人晓，坐向艮寅虎变身。
虎马兔龙何如伴，斗宫寻遁即山壬。
从前燕国先贤地，王母宫中好朝神。
猪兔群羊同一样，地神直奉上天庭。
法从地户寻驿马，九凤飞来见帝君。
麟凤变生寻楚地，南游地上曜星君。
五福大贵无人识，柱在间侍问所行。

注曰：甲子，元辰是也。

丙子、丙申、丙辰，驿马、福星贵人在寅山申向，用艮是也。用玄天本气，是元辰之主也。天乙是南方，故称丙午南离方阴阳。未坤两宫寅午戌，壬戌、壬寅、壬午马居申，坐艮丑也。翼在寅时，坤申是老母，冲寅山，犯必衰也。不可正向分金，三分则不忌也。要元辰生旺亥卯未，癸亥、癸卯、癸未年月日时。元辰在宫，年月日时，亥巽巳，驿马贵人随去换地。北辰行北，所谓乾亥也。地户乃巽巳也。龙九飞者，癸年属火，丙子为九宫，星帝登中宫。五福震为之，登九五位是玉帝，乃向北地谓宝瓶。乾登亥到子通用南方之气，须中妨吉曜，大要制伏无忌，煞重有损元辰。元辰有旺而无忌也。余仿此。

论斗宿生旺到方

持时入穴克应，元辰坐山为主。

元辰持时，主有人坐马持伞，或有亲人来，喜之逢财物进益。

廉贞持时，主有人抱儿来，或孕妇来，鸟声应之。

武曲持时，贵人担物财来，女人送生气物来，白衣人来应。

破鬼持时，有武官军器，或儿童、师巫人、禅僧之人来应。

太极图说

(谓论混沌初判而生阴阳五行八卦等)

太极图

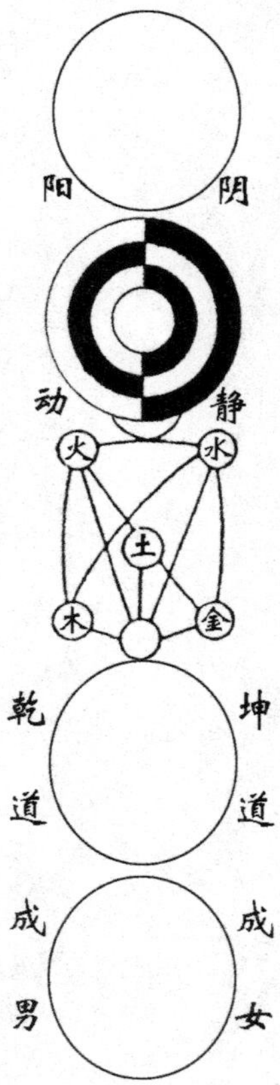

万物生化

无极而太极，太极动而生阳，阳极而静，静而生阴，静极复动，一动一静，互为其根，分阴分阳，两仪立焉。阳变阴合而生水、火、木、金、土(天一生水，地二生火，天三生木，地四生金，天五生土)。五气顺布，四时行焉(四时者，春夏秋冬也)。五行一阴阳也，阴阳一太极也，太极本无极也，五行之生也。各一性无极之真二丑之精，妙合而凝，乾道成男，坤道成女，二气交感，化生万物，生生变化无穷焉。惟人也，得其秀而最灵，形既生矣，神发知矣，五性感动而善恶分，万物出矣。圣人定之，以中正仁义而主静，立太极焉，故圣人与天地合其德，与日月合其明，与四时合其序，与鬼神合其吉凶，君子修之吉，小人悖之凶。

故《易》曰："立天地之道曰柔与刚，立人之道曰仁与义。"又曰"原始反终，故知生死"之说。大哉，《易》也，斯其至矣。周子作《通书》《太极》，只是天地万物之理，在天地则天地中有太极，在万物则万物中有太极，未有天地之先毕竟先有此理。

易有太极

是生两仪

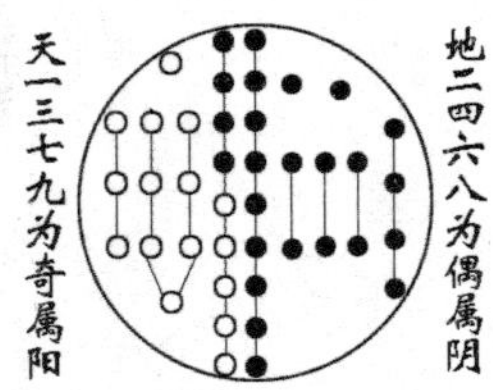

两仪生四象

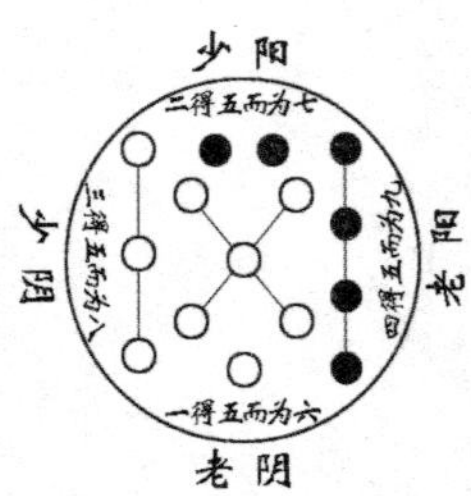

四象生八卦

太极生两仪（天地），两仪生四象（老阳、少阳，老阴、少阴），四象生八卦（乾、坎、艮、震、巽、离、坤、兑），八卦定位（震东、兑西、离南、坎北，乾、坤、艮、巽居于四隅），则各专其令，各专其气矣（东方木春令，南方火夏令，西方金秋，令北方水冬令，中央土附于四季）。天道成，地道生，人道立矣。夫历家术学星辰神煞要亦不过自八卦中六十甲子内而取之也，相生相克，相刑相绊，相冲相害，合与不合，和与不和而吉凶之星象立矣，世人不知此而昧于吉凶之趋深于此，惟而先辈诸公《通书》之所作也，今具此图，以觉后学之人要领使知星辰神煞向立方所有自来矣。

天地定位之图

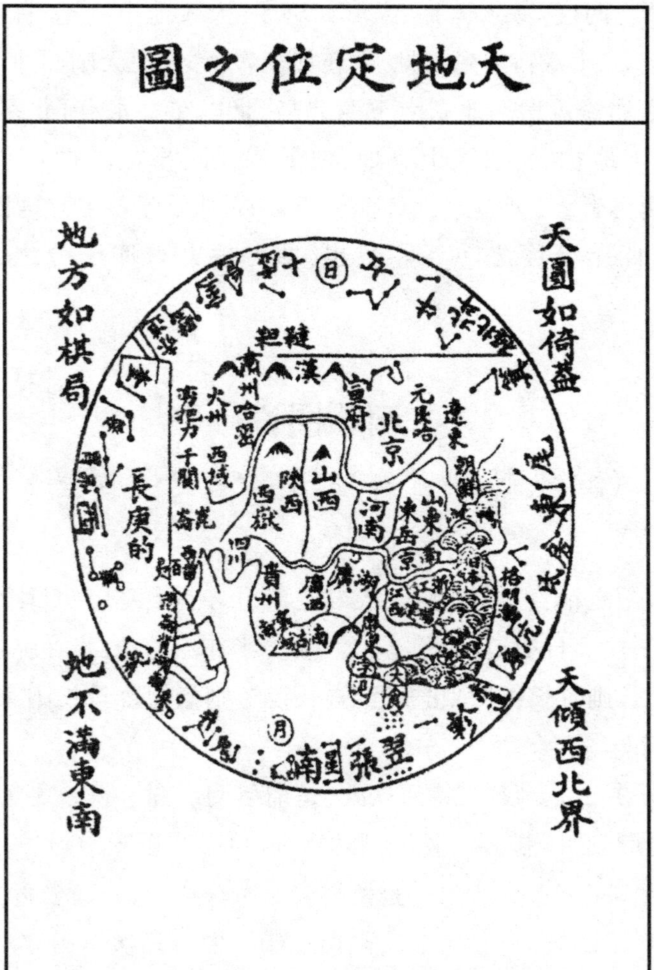

天地定位

（谓两仪图说并天体度数等事）

易有太极，是生两仪。疏云：太极谓天未分之前，元气混而为一，二气既分之后，阳气居上为天，阴气居下为地，居上者轻清，居下者重浊，有如此是天地位焉，乃谓之两仪（易系说）。天形如鸡子，天大地小，表里有水，地乘气而立，载水而浮，二十八宿半隐半见，天转如车毂，浑天说天圆而地方，天南高而北下，故望之如倚盖焉。地东南下西北高，是以东多水，西北多山也。天复地，地载天，天地相涵，故天上有地，地下有天，《皇极经世》：天体圆，地体方，圆者动而方者静，天包地，地倚天，天体周围三百六十五度四分度之一，凡度为九百四十分度之一者零数也，即一度九百四十分之二百三十五度也。

两曜图说

（谓论日月出入蚀明魄望交会等事）

日者，太阳之精，主生养恩德，人君之象也。丽天左旋一日，绕地一周，天地天运不及一度。日中道（中道者，黄道也）半在赤道内，半在赤道外，日去南极远，昼短夜长则景长；日去北极近，昼长夜短则景短。景长则寒，景短则暑。（《万花谷说》）

日出于阳谷，浴于咸池，拂于扶桑，是谓晨明。登于扶桑之上，东方之野，爰始将行，是谓朏明（朏，音"裴"。朏明，将明也）。至于曲阿（山名），是谓朝阴。临于鲁泉（东方多水之地），是谓早食。次扶桑野，是谓晏食。臻于衡阳，是谓禺中。对于昆吾（南方邱名），是谓正中。靡于乌次西南方（山名），是谓小迁。至于悲谷（大壑），是谓晡时。回于女纪，是谓大迁。经于泉禺，是谓高舂（未冥）。顿于连石，是谓下舂。欲明爰止义和，爰息六螭，是谓悬车。日驾六螭，义和御之至，虞泉迫六螭。溥牧虞泉，是谓黄昏。谕放蒙谷，是谓定昏。

自入于虞泉之池历，于蒙谷之浦，行九州上，舍有五亿万七千三百九里。（详见《淮南·鸿列解》）

太阴图说

月者，太阴之精，主刑罚威权，后妃之象也。亦丽天左旋一日，不及天十二度。魄者，月之体也，月本无光，受日则光。合壁谓之朔，近一远二谓之弦，相与为衡分天之中，则谓之望。以速及舒光静体复则谓之晦。月光当满而有弦、望、晦、朔者，所见之地不同也。说见《万花谷》。朔月初之名也。朔，苏也，月死复苏生也。晦，月尽之名也。晦，灰也，月死为灰，月光尽似之也。弦，月半之名也。其形一旁曲，一旁直，若张方弦也。望，月满之名也。日月遥相望也。释名对日之衡，其大为日，日光不照，谓之暗虚。暗虚逢月则为月蚀。同经同纬，日为月之掩，不得其光，则谓日蚀也。

又云：罗睺为天首星，计都为地尾星，若日与罗睺、计都二星同度则掩其光，故为蚀矣（详见下论）。罗睺、计都二星一十八个月移一宫，十九年一周天。诸星并顺行度逆行宫，惟罗计二星逆行度顺行宫。朔日遇日则日蚀，望日遇月则月蚀，不是朔望不蚀，乃横逆施恶之星，欲要细查过度，以七政历考之。

周天三百六十五度四分度之一太阳躔度过宫图

周天三百六十五度四分度之一太陽躔度過宮圖

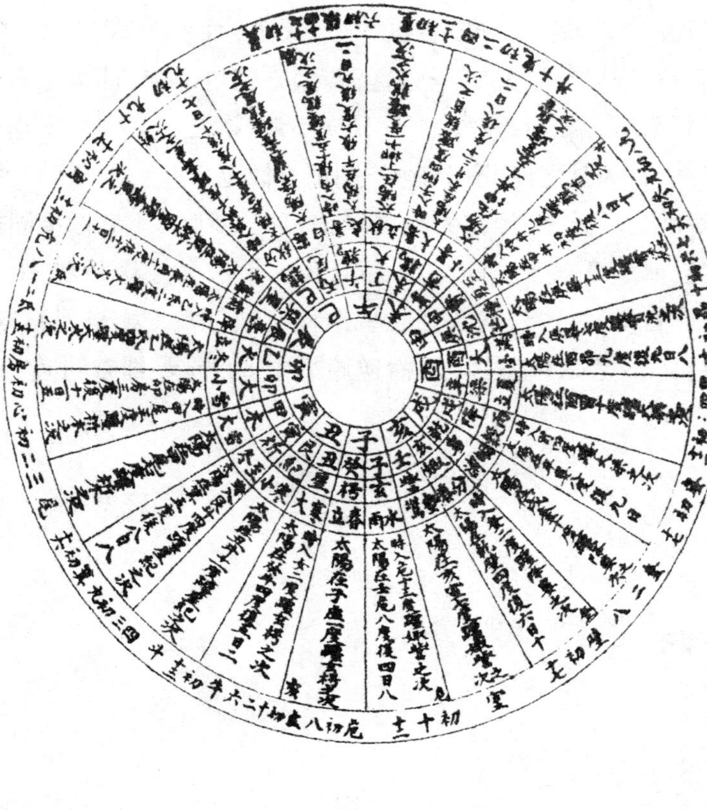

日月蚀之图

晦朔弦望魄之图

明魄朔望之图

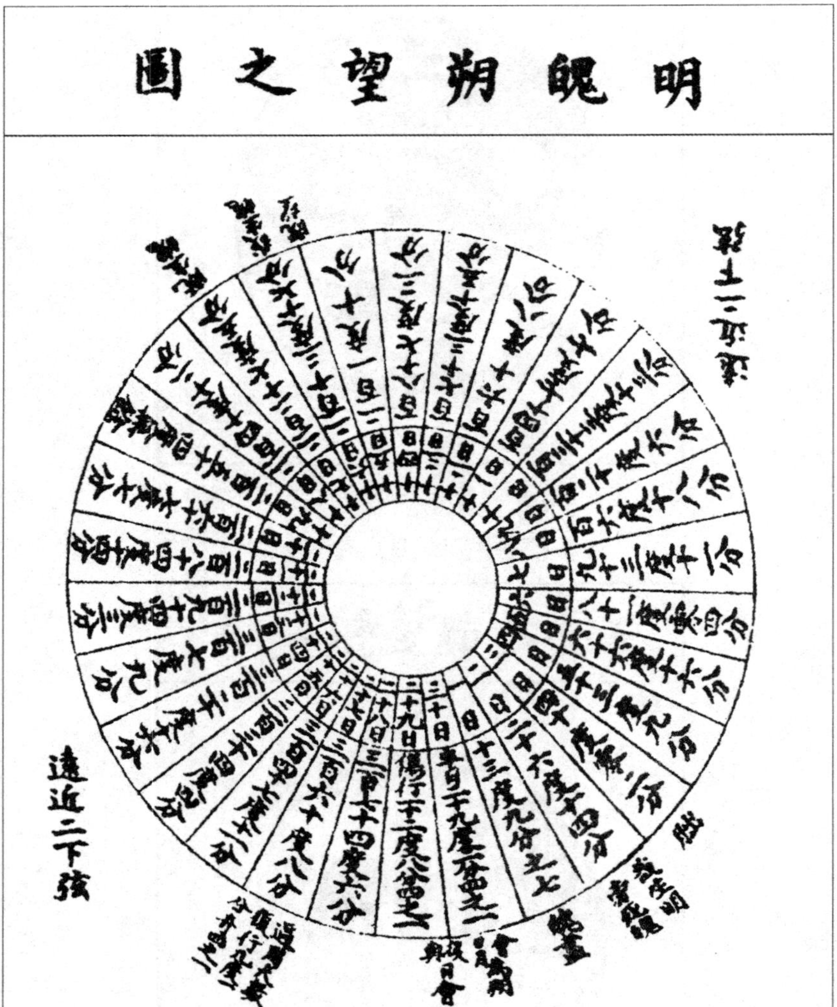

十二次日月交会之图

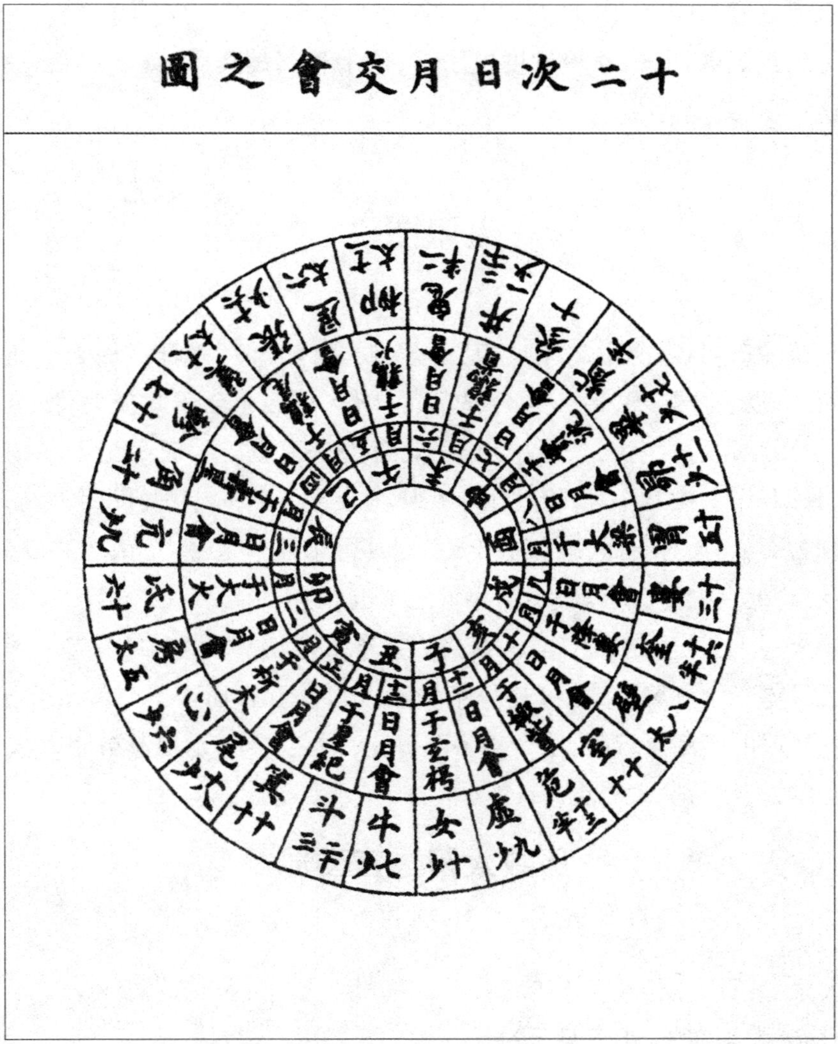

二十八宿过宫诗诀

奎二过戌胃四酉，毕七从申未井九，柳四方绕过午行(如午宫柳四度起，是也)。

张十五度归蛇首，轸十过辰氐二卯(如辰宫氐一度止，是也)。

尾三过寅斗四丑，女星二度过子宫，危十三亥是其筹(如亥宫奎一度止，亢三十一度，是也)。

太阳图说

陈抟注曰：日者阴中之阳也，其德至刚，其体至健，一日一周天。而在天为不及，一度一岁之积，恰与天会，故曰：日有中道，北至东井极近，南至牵牛去极远，东至角，西至娄，去极中道，南北道为一道也。盖极南至于牵牛则为冬至，昼四十刻，夜六十刻，极北至于东则为夏至。昼六十刻，夜四十刻，南北极中则为春秋分，昼五十刻，夜五十刻，则其行东陆谓之春，行南谓之夏，行西谓之秋，行北谓之冬，所以成阴阳寒暑之节也。

周天一十二宫，分廿八宿，总统三百六十五度四分度之一，以应一年三百六十五日零二十五刻。或问曰：一年期三百六十五日而多五日零二十五刻，何也？尽以旧年冬至日起，至今年冬至日止，谓之一年，是得其数也。太阳一日行一度，一年行一大周也。

历数太阳过宫硬局
(谓官历中气躔度乃为真诀)

大寒，五日太阳到癸，十五日过子。

立春，太阳在子，十五日后过壬。

雨水，四日太阳到壬，十五日过亥。

惊蛰，太阳在亥，十五日后过乾。

春分，六日太阳到乾，十五日过戌。

清明，太阳在戌，十五日后过辛。

谷雨,九日太阳到辛,十五日过酉。

立夏,太阳在酉,十五日后过庚。

小满,九日太阳到庚,十五日过申。

芒种,太阳在申,十五日后过坤。

夏至,七日太阳到坤,十五日过未。

小暑,太阳在未,十五日后过丁。

大暑,九日太阳到丁,十五日过午。

立秋,太阳在午,十五日后过丙。

处暑,十一日太阳到丙,十五日过巳。

白露,太阳在巳,十五日后过巽。

秋分,十二日太阳到巽,十五日过辰。

寒露,太阳在辰,十五日后过乙。

霜降,十二日太阳到乙,十五日过卯。

立冬,太阳在卯,十五日后过甲。

小雪,十一日太阳到甲,十五日过寅。

大雪,太阳在寅,十五日后过艮。

冬至,七日太阳到艮,十五日过丑。

小寒,太阳在丑,十五日后过癸。

按《授时历》每月中气前后各七日,共十三日为天干之位,月中后七日之外,太阳改躔之日,方为地支。如正月,雨水中气前后各七日为壬,雨水后八九日改躔之次方为后。如大寒后五日躔玄枵之次,入于女二度。虽云入子方到癸,若对照牛斗,可以禀光,若三合则巽庚二方得禀光于申辰,则无干矣。

斗母太阴临到山方

右(下表)太阴每行太阳所到之宫,再起初一逆行十二宫,寻所用之日,每宫管两日,只有子午卯酉管三日,推所用之日,到山为吉也。

月	正	二	三	四	五	六	七	八	九	十	十一	十二
壬子山方	初一	廿六	廿四	廿二	十九	十七	十五	十二	初十	初八	初五	初三
壬子山方	初二	廿七	廿五	廿三	二十	十八	十六	十三	十一	初九	初六	初四

（续表）

月	正	二	三	四	五	六	七	八	九	十	十一	十二
壬子山方	初三	廿八	廿六	廿四	廿一	十九	十七	十四	十二	初十	初七	初五
乾亥山方	初四	初一	廿七	廿五	廿二	二十	十八	十五	十三	十一	初八	初六
乾亥山方	初五	初二	廿八	廿六	廿三	廿一	十九	十六	十四	十二	初九	初七
辛戌山方	初六	初三	初一	廿七	廿四	廿二	二十	十七	十五	十三	初十	初八
辛戌山方	初七	初四	初二	廿八	廿五	廿三	廿一	十八	十六	十四	十一	初九
庚酉山方	初八	初五	初三	初一	廿六	廿四	廿二	十九	十七	十五	十二	初十
庚酉山方	初九	初六	初四	初二	廿七	廿五	廿三	二十	十八	十六	十三	十一
庚酉山方	初十	初七	初五	初三	廿八	廿六	廿四	廿一	十九	十七	十四	十二
坤申山方	十一	初八	初六	初四	初一	廿七	廿五	廿二	二十	十八	十五	十三
坤申山方	十二	初九	初七	初五	初二	廿八	廿六	廿三	廿一	十九	十六	十四
丁未山方	十三	初十	初八	初六	初三	初一	廿七	廿四	廿二	二十	十七	十五
丁未山方	十四	十一	初九	初七	初四	初二	廿八	廿五	廿三	廿一	十八	十六
丙午山方	十五	十二	初十	初八	初五	初三	初一	廿六	廿四	廿二	十九	十七
丙午山方	十六	十三	十一	初九	初六	初四	初二	廿七	廿五	廿三	二十	十八
丙午山方	十七	十四	十二	初十	初七	初五	初三	廿八	廿六	廿四	廿一	十九
巽巳山方	十八	十五	十三	十一	初八	初六	初四	初一	廿七	廿五	廿二	二十
巽巳山方	十九	十六	十四	十二	初九	初七	初五	初二	廿八	廿六	廿三	廿一
乙辰山方	二十	十七	十五	十三	初十	初八	初六	初三	初一	廿七	廿四	廿二
乙辰山方	廿一	十八	十六	十四	十一	初九	初七	初四	初二	廿八	廿五	廿三
甲卯山方	廿二	十九	十七	十五	十二	初十	初八	初五	初三	初一	廿六	廿四
甲卯山方	廿三	二十	十八	十六	十三	十一	初九	初六	初四	初二	廿七	廿五
甲卯山方	廿四	廿一	十九	十七	十四	十二	初十	初七	初五	初三	廿八	廿六
艮寅山方	廿五	廿二	二十	十八	十五	十三	十一	初八	初六	初四	初一	廿七
艮寅山方	廿六	廿三	廿一	十九	十六	十四	十二	初九	初七	初五	初二	廿八
癸五山方	廿七	廿四	廿二	二十	十七	十五	十三	初十	初八	初六	初三	初一
癸五山方	廿八	廿五	廿三	廿一	十八	十六	十四	十一	初九	初七	初四	初二

太阴行度过宫定局

正月初一日，从子宫虚危度行起，至廿八日又到虚危度，廿九日、三十日到室壁度。

二月初一日，从亥宫壁奎度行起，至廿八日又到壁奎度，廿九日、三十日到奎娄度。

三月初一日，从戌宫娄胃度行起，至廿八日又到娄胃度，廿九日、三十日到胃昴度。

四月初一日，从酉宫昴毕度行起，至廿八日又到昴毕度，廿九日、三十日到毕参度。

五月初一日，从申宫参井度行起，至廿八日又到参井度，廿九日、三十日到井鬼度。

六月初一日，从未宫井柳度行起，至廿八日又到井柳度，廿九日、三十日到柳星度。

七月初一日，从午宫星张度行起，至廿八日又到星张度，廿九日、三十日到张翼度。

八月初一日，从巳宫张翼度行起，至廿八日又到张翼度，廿九日、三十日到翼轸度。

九月初一日，从辰宫轸角度行起，至廿八日又到轸角度，廿九日、三十日到角亢度。

十月初一日，从卯宫氐房度行起，至廿八日又到氐房度，廿九日、三十日到房心度。

十一月初一日，从寅宫尾箕度行起，至廿八日又到尾箕度，廿九日、三十日到箕斗度。

十二月初一日，从丑宫斗牛度行起，至廿八日又到斗牛度，廿九日、三十日到牛女度。

盖月有大小，行有迟速，故太阴有晨昏之算时不同刻也，欲要细查时刻躔在何度，宜将七政历考之。但查前是何日时过宫，所用日躔到某宫之次，再加周天圆内一时一度，逐一查至所用之时，即知太阴躔到宫度则无差矣，用之极吉之兆，系斗母所临诸神降伏。

周天三百六十五度四分度之一太阴躔度过宫图

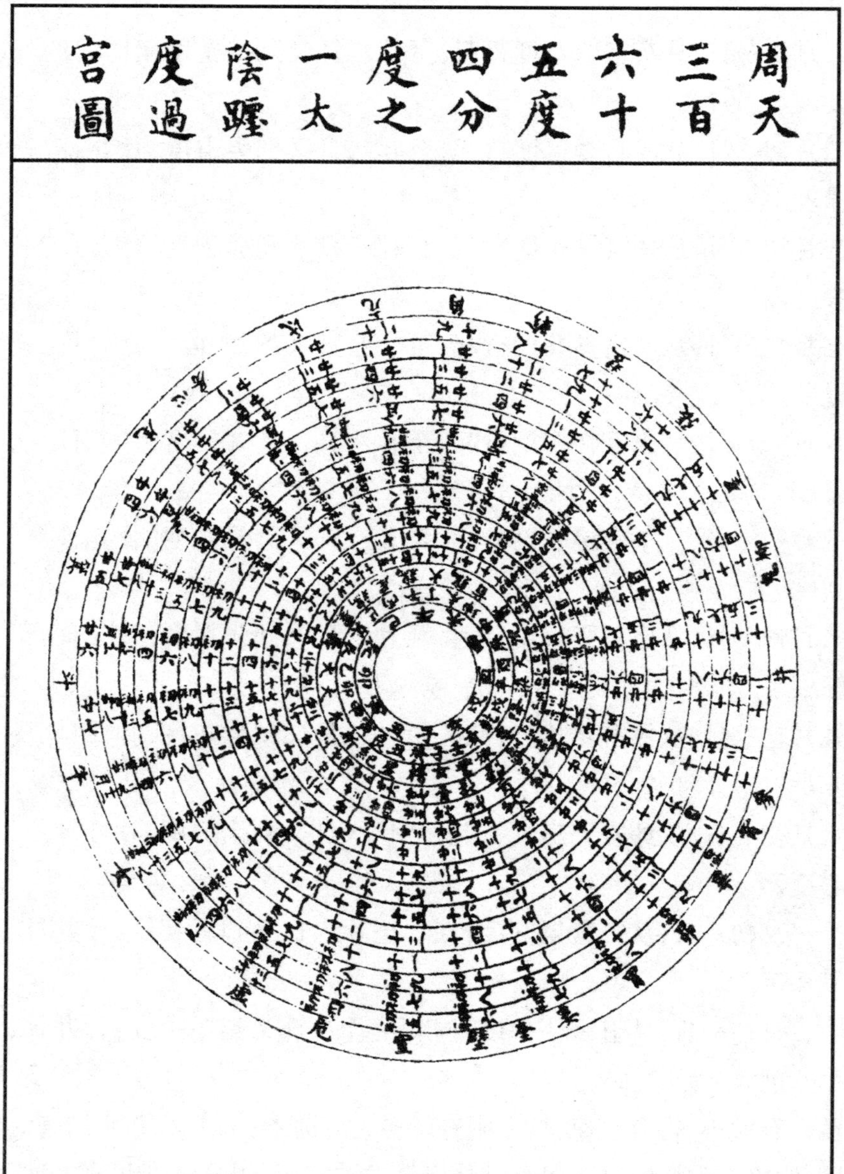

子宫:女二度至危十二度。丑宫:牛四度至女一度。

寅宫:尾三度至斗十三度。卯宫:氐二度至尾二度。

辰宫:轸十度至氐一度。巳宫:张十五度至轸九度。

午宫:柳四度至张十四度。未宫:井九度至柳三度。

申宫:毕七度至井八度。酉宫:胃四度至毕六度。

戌宫:奎二度至胃三度。亥宫:危十三度至奎一度。

五星图说

木　星

夫木星者,东方木之精也,其名岁星,又名摄提星。其色青,其性仁,君臣之象也。《青囊经》云:木为岁星,其德配仁,其方配东,其时配春,超舍为盈,退舍为缩。出入当其轨则国有庆,不当其轨必有天妖,其行天之分星光所照之方,或三方四正得之,大可扦立,不问天时地煞,俱可降伏。若顺值轨入垣升殿旺乐喜之时,主文章科第,更与水星同宫,太阳对照,不犯四余战斗,主状元及第。若在留际,名曰长丧曜,主减福生灾。若值逆假,名曰灾愁星,主夭折,木压枷杖之祸。若值叚伏,名曰栏杆,不管事,无祸无福。

《天机歌》:木德东方步号星,厥色亦维青。行有留伏顺与逆,害度见诸历。留时名为长丧曜,减福与灾咎。入逆又曰灾愁星,主祸却非轻。伏时乃号天兰干,祸福总无干。此顺星轨无他曜,致福应难聚。当其顺度遇刑星,减半福力轻。其行六日历一度,此亦非常路。或是三日一度游,或是五日周。大抵一年移一宫,此是约行宫。十二年中一小周,密度要详求。几时历遍,大周天,八十有三年。

历家云:太岁在子午卯酉之岁,已行二宿太岁在寅申巳亥辰戌丑未之年,岁行二宿寅申巳亥辰戌丑未岁,四四一十六子午卯酉岁,三四一十二而行二十八宿,十二年而周天,凡六日行一度,或三日五日行一度,十一月移一宫,疾则五六个月移一宫,十二年一小周天,八十三年一大周天。

火　星

夫火星者,南方火之精也,其名荧惑,应朱雀之位。其色赤,其性礼,为执法之象。《青囊经》云:火为荧惑,其德配礼,其方配南,其时配夏,火行一舍二舍为不祥,出入当其道则国有庆,失次为旱饥,其行天之分星光所照之方大可扦立。三合四正亦吉,天曜地煞俱可制伏。若值顺轨入垣升殿,旺乐喜叚中主爵禄。增新圣君宠眷,烜第威名,权倾中外,亦主文章炳焕,神童、状元。若留叚名曰天虹,主火灾。若在逆叚名曰天坎,主瘟疫。又名破家星,主横祸破败。若入伏叚名曰黑天曜,主横祸飞灾,冤枉强盗之事,及眼疾音瞎之灾。

《天机歌》:南方荧惑火之精,列象甚分明。行有疾迟并顺逆,留伏宜强识。迟留伏逆总与灾,顺轨主荣昌。入留假号曰天虹,招火最为凶。逆号天坎破家星,瘟疫遭天刑。入休名号黑天曜,作恶机残暴。入垣旺乐总为祥,权耀焕文章。其行天度细推论,莫作等闲文。一十八日周一度,乃是顺游路。五十四日一宫移,此际任为施。降福须如在此时,坐向总相宜。更遇入垣庙乐宫,权贵快如风。此星专主文章贵,状元人及第。更主神童入庙郎,宰辅近君王。若遇迟留并伏逆,一日一度历。两月方总过一宫,此际机与回。疾行七日过五度,四十五日一宫就。迟限行时三四月,拾移一宫越。二年应一小周天,玄妙不轻传。七十九年大周天,密度细精研。

历家云:当以十月入太微垣,受制而出行宿,所司无道,其出入无常行,一舍二舍为不祥,东行疾则兵聚于东,西行疾则兵于西,南北亦然。晨始见去日半,以顺日行九十二分度之五十三,二百七十六日复留不行而旋退,逆日行六十二度七之十七,六十日复留,十日不行而旋复,顺日行九十二分度之五十三,二百七十六日而伏,晨伏七十一日,行五十一度,去日七十度,晨见东方,夕伏七十一日,九十日半行二度,五十日移一宫。若疾七日半,行五度,四十五日移一宫。若迟退二四个月移一宫,二年行一小周天,七十九年行一大周天。

土　星

夫土星者,中央土之精也,其名镇星,应勾陈之位。其色黄,其性德,尊主之象。《青囊经》云:土为镇星,其德配信,其位居中,其时奇玉,其行顺轨国有庆,失度为国戚,其行天之分星兆游照之方及二方四正之位,大可扦立。凡天曜地煞,悉可制伏。若值顺轨入垣升殿旺乐,假中三财帛横至,当富积敌国,位极人臣,公侯方伯,宰执重臣,五福寿考。若在伏假,名曰瘟星,主疫瘟,极凶。若在留假,名曰暗曜,主固疾冷退,长音哑等凶。若在逆假,名曰破穴星,主横祸、破财、退产。

《天机歌》:坤德中央号镇星,戊己土之精。经中又曰地曜侯,凶吉细推淘。行有伏留逆与顺,逐一须详论。伏时名号曰瘟星,误犯祸非轻。留时又名曰暗曜,亦主与灾咎。逆时名唤破家星,迟之横祸生。入垣乐□顺逆逢,富贵永兴隆。若遇月孛同到宫,凶吉半相从。其行三岁移一宫,小周念八同。大周五十九年期,厚重故行迟。

历家云:帝以甲辰元始建斗之岁,失次而辰上一舍二舍则为水火,次失而下三舍,有后戚之变,晨始见,去日半次,顺日行十五度之二十八日始留,三十四日不行而旋退,逆日行八十一分度五,一百一日伏留,三十二日有奇,而旋后日行十五分度之一,八十五日而伏,晨伏二二十一日有奇,行二度七十五分,去日十九度,而晨见于东方,夕伏二十一日有奇,与日会,三年移一宫,五十九年一大周天。

金　星

夫金星者,西方金之精也,其名太白,主白虎之位。其色白,其性义,将军之象。《青囊经》云:金为太白,其德配义,其方配西,其时配秋,其行顺轨为国庆,失度有天殃。其行天之分及三方四正之位,大可扦立。凡天曜尽可制,仅若值顺轨入垣升殿旺乐喜假中,主文武全才,出将入相,后纪宠眷,武将威名。若在迟留伏逆假中,不为祸福。

《天机歌》云:西方太白曰金星,又号曰长庚。行有迟留顺与逆,占候分晨夕。伏见循时行顺轨,为福真无比。失度经天非时宜,兵革祸相随。与火同宫为受制,斯时何足贵。与土同宫正得宜,福祉味常时。当时留逆并逆行,无凶但福轻。只畏字及首尾同(即罗计也),威力莫相逢。日月水星同到位,一举登科第。其行日半周一度,一月一宫就。一年行历小周天,□□毋相逢。六遍周天是几时,记取八年期。此星大抵不为灾,逢之多福泽。盖照山方为大利,尤喜太阳聚。入垣升殿福无涯,富贵列□□。若值木星同在垣,敌国富堪言。

历家云:金曰太白也,出辰戌入丑未,晨东方二百四十日而入夕,出西方二百四十日而入,三十日复出,与日同行南北为盈,与日分南北为缩。出早为日蚀,出晚为天妖,出兵象也,此星附日而行,不离太阳前后二宫,晨始见,去日半次,逆行日二分度之二,六日始留,八日不行而旋退始,顺行日四十六分度之一,三十三伏四十六日顺疾。

行一度九十二分度之十五,一百八十四日而伏,夕伏三十九日而行四十九度五十分半而夕见。晨伏三十九日而行四十九度,五十九度五十分,凡日六时,止行一度,一月移一宫三年亦行一小周天,八年行一大周天。

水　星

夫水星者,北方水之精也,其名辰星,其色黑,应玄武之位,其性智,为衡尉之象。《青囊经》云:水为辰星,其德配智,其方配北,其时配冬,其行顺轨则岁丰,失舍则兵与。其行天之分星见时照之方及三方四正之位,大可扦立,不问天曜天煞,悉可制伏。若值顺轨,入垣升殿旺乐喜假中,主女贵,孙善进财,得水利官,淮泊开津。若在迟留伏退假中,主减福,亦不致祸。

《天机歌》:北方水德同辰星,悬象列天庭。行有疾藏退伏时,当顺无逆期。此星大抵主为相,遇日福无量。若值退迟力稍减,孛火同相反。其行如近太阳旁,如相辅君王。一日常行一度半,一月一宫过。迟行六十九日移,疾行二十期。最疾十七过一宫,每月不相同。大抵一年周一遍,察度宜查算。六十五载大周天,妙诀谢师传。

历家云:春见奎娄,夏见东井,秋见角亢,冬见牵牛,出次辰戌,入以丑未,晨见候于东,夕见候于西。出早为日蚀,出晚为慧星。四时不出,天下大饥,出牧房间主地动,晨始见去日半次,日行二度,十日始留二日不行而旋顺,日行七分度之六,十七日顺日待一度三分度之一,顺迟十日去三十一日度五十分,十八日而伏,伏十八日行,三十四度五十分而夕见于西方,晨伏十八日,凡一日行一度半,一月过一宫。迟则六十九日始过一宫,疾则二十日或十七日过一宫,一年一小周天,六十年五一大周天。

紫　气

夫紫气者,木星之余气也。又曰余奴,凡入山向,主助福生一切祥瑞喜庆之事。

《天机歌》:木星之余名紫气,为福宜遭际。祯祥瑞气喜相逢,所作尽亨通。此星大抵多招福,性善无凶毒。入垣旺乐福非常,密度可推祥。其行常顺易寻求,无迟逆伏留。大抵一月行一度,年周十二度。三年共行过一宫,此是定游踪。历遍浑天□□□,天周共春秋。

月　孛

夫月孛者,水星之余奴也。凡入山向,遇吉星同宫则为福,遇凶星同宫则为福。大抵视他曜为吉凶,乃奴仆之星助主而已。

《天机歌》:月孛本是水之余,名号太阴神。又曰慧扫大将军,减吉助凶深。五行顺轨恰相逢,亦有助福功。若遇逢逆本星恶,逢孛凶大作。月孛入垣与乐庙,祸福观大曜。凶方愈助其方凶,吉则吉相从。其行无有迟留逆,一月三度历。九个月中过一宫,行度有常踪。十二月中行几度,恰好四十九。九年行一小周天,密度好推研。六十二年一周天,□□□□□□。

罗　睺

夫罗睺者,火星之余奴也。凡入山向,主火灾、瘟疫、盗贼。

《天机歌》:罗睺本是火之余,天首名不殊。不逢喜曜最有权,凶吉细推研。全无伏退无迟留,常道逆行游。此星大抵性凶恶,为福力全薄。朔遇太阳同度时,日蚀不相疑。望遇太阴同在度,月蚀为凶咎。常具薄蚀最为祟,万事不堪逢。若还不番误逢之,克日见凶危。唯有入庙逢火星,助福力非轻。一十九日行一度,一月度半就。十八月中移一宫,诸历总相同。一十九年一小周,步步逆行游。大周九十有三年,天机莫乱传。

计　都

夫计都者,土之余奴也。凡入山向,主少亡、孤寡、横祸。

《天机歌》:土余名号计都星,蚀神豹尾称。此星性与罗睺似,凶多吉少遇。趁常度也无形伏，迟留不用许。日月同度即相蚀，为恶莫相敌。人问诸事忌相逢，逢着便成凶。入垣庙乐有同星，吉凶却相伴。火土同宫轨顺时，为福不须疑。若当火土伏逆际，横祸从天至。其行常与火罗对，都无留与退。十九日中行一度，半一月□遇。一年半始过一宫，十九年小周。九十三年一大周，循环何有休。

右五星同余过度推作定局，要明查过度，需将七政停历巧而用之。

定诸星入垣

（图局定位载后以便推览）

陈抟注曰：天顺行，诸星亦顺行。每日一时，诸星居垣入局，则为大吉得福。但登垣入局，元有所定，四土、四日、四月定在子午卯酉之宫，四木、四金定在辰戌丑未之宫，四火、四水定在寅申巳亥之宫。善推步者以中星定之，则知某日时诸星居垣入局，竖造安葬，百事吉利。如星宿失位，或侵垣局，若上官赴任必有休官退败之祸，当详之下，不可忽略。

每年以冬至日度为首日，在箕五度，日与天会，其日寅时初三刻，天运始于寅日，行亦始于寅，其时星宿在午，诸星居垣入局。又如大寒后五日，日入女二度，躔玄枵之次，其夜子时初四刻，女宿在子，卯宿在午，诸星垣入局。立春日日在虚度宿一度，其月子时正一刻，虚宿在子，张宿在午，诸星居垣入局。余例。此朝廷颁降历日，每以四大吉时定度数。四大吉时，乃合日月五星各居其正位，俾士庶遵行可法。

诸星曜入垣升殿颇相类，但入垣只到其宫，即是升殿，须各分度。下如子宫，月在危度为升殿，在虚、女度即非升殿矣。似仕宦之在朝，当权秉政，恩泽及于民，故吉信也。

星曜入垣升殿庙旺喜乐之图

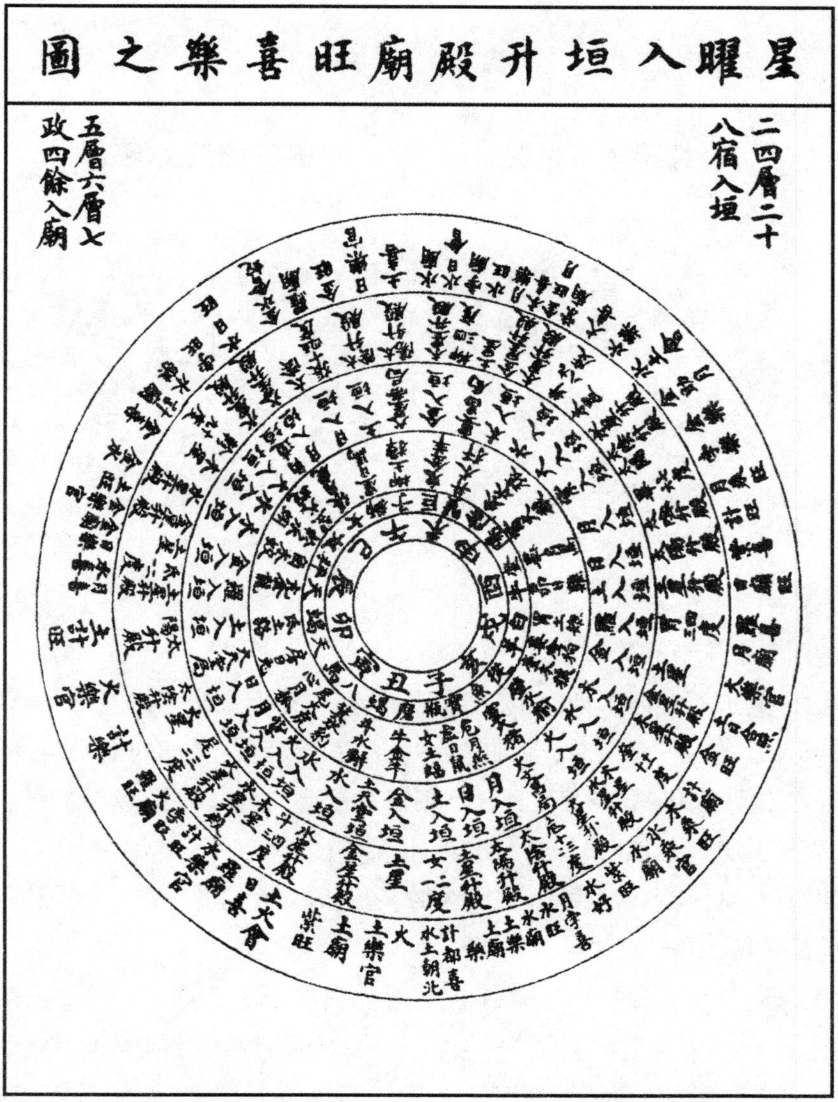

凡星曜入庙及旺乐喜好之宫，谓之得地，最能为福，纵有仇难同度，不能加害，若更得合时令，为福尤大。又为权星，或值迟留，亦为福神，其得地故也。

此图三层、四层二十八宿入垣，五层、六层七政四余入庙。

纬星本初

（谓四时配气节候等事）

纬星本初之图

五行配气之图

谓四时配气节候等事。

孔丙曰：五行之时即四时也，言抚愿五行之时，则众功皆成。

礼运曰：播五行于四时，盖四时者气也，五行者象也，四时各分九十一日八十分之二十五为一时之正，而五行则以木配春，以火配夏，以金配秋，以水配冬，以土则分旺于四时，每季一十八日。

胡氏曰：凡五行在地为物，在天为时，顺其时而行之。

前汉律历志注。

张晏曰：推历去二辰以生律吕也，言十一月冬至一阳自下而生，至四月六阳而终，自五月夏至一阴自下而生，至十月六阴而终。终则复生，盖阳极生阴，阴极生阳，天地盛衰消长之理如此，然二至常在月之中，如未交冬至阴，未交夏至阳，故与十二辰十二卦皆相配也。

律吕配卦之图

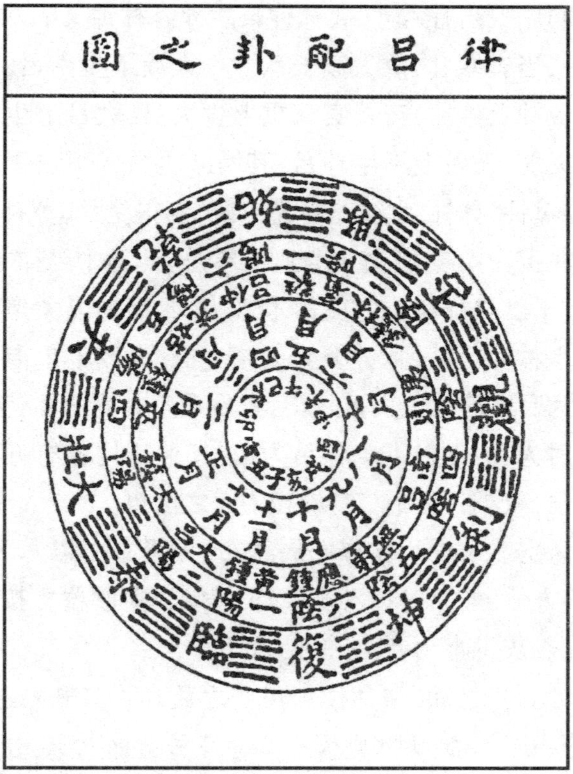

论律吕隔八以相生

陈抟注曰：先王因辨天地阴阳之气而辨十二辰，阳六为律，阴六为吕，谓之十二律。每三分而损益，隔八位以相生，损益即乘除之数，相生即循环之道也。故以气候之管为乐声之均，子为黄钟，丑为大吕，寅为太簇，卯为夹钟，辰为姑洗，巳为仲吕，午为蕤宾，未为林钟，申为夷则，酉为南吕，戌为无射，亥为应钟。法用竹管十二损益而长短之正五音者，以之而成则上气者，以之而验也。其隔八相生之法则先黄钟之地，以九寸为法，明阳数之极，故用九自乘，九九八十一数，数多者下生，阳律生阴吕为下生；数少者上生，阴吕生阳律。自上生下，生者三分损一，上生者三分益一宫，生徵宫数八十一，二分去一得五四以为徵，每分二十七徵，生商徵数五十四，益一分得七十二以为商，每分十八商,生羽商数七十二,三分去一得四十八以为羽,每分二十四羽,生角羽数四十八,三分益一得六十四,以为角,分十六。如黄钟九十隔八下生林钟,则三分九寸而损其一,当有六寸,故林钟长六寸。林钟又隔八上生太簇,则三分六寸而益其一,当有八寸,故太簇长八寸。太簇下生南吕,南吕上生姑冼,姑冼下生应钟,应钟上生蕤宾,蕤宾又重上生大吕,大吕上生夷则,夷则下生夹钟,夹钟上生无射,无射上下生仲吕,其增减之数皆不出于三,故相生之数皆不出于八。惟黄钟、林钟、太簇三管为三统,各得全寸,黄钟子行为天统,林钟丑为地统,太簇寅为人统,除外九管则有零分,此乃十二律三分损益隔八相生之法也。所谓十二律旋相为宫先以本管为均,而加以象声加黄钟之均,是以黄钟为宫,下生林钟为徵,林钟上生太簇为商,太簇下生南吕为羽,南吕上生姑洗为角,如大吕之均是以大吕之均,大吕上生夷则为徵,夷则下生夹钟为商,夹钟上生无射为羽,无射下生仲吕为角,其他诸均各有五声,皆自为宫所为,迭为宫、商、角、徵、羽,此十二宫旋相为宫之法也。

气候之法,为室三重户闭涂寡必周密布,提漫室中以木为按,每律各一,按内卑外高从其方位,如律以管入葭灰,实其端以薄妙覆之按历而候之气至,则灰飞而管通矣。灰飞半出者为和气,灰飞全出者为猛气,灰飞不出者为衰气,以验气之管为五音之和,和其长短正变之数耳。其升降之数在冬至则黄钟九寸气升五分一厘三毫,大寒则大吕八寸三分七厘六毫,廿三分七厘六毫,雨水则太簇八分升四分五厘一毫,春分则夹钟七寸四分三厘七毫三丝升三分三厘七毫三丝,谷雨则姑洗七寸一分升四分三厘五毫三丝,小满则仲吕六寸五分八厘三毫四丝五忽升三分五厘四毫三丝六忽,夏至则蕤宾六寸二分八厘升二分八厘,大暑则林钟六寸升一分三厘四毫,处暑则夷则五寸五分五厘五毫升二分五厘五毫,秋分则南吕五寸三分升三分五厘四毫一丝,霜降则无射四寸八分八厘四毫八丝升二分二厘四毫八丝,小雪则应钟四寸六分六厘,气弱不升。

论卦爻以配七十二候,陈抟注曰:冬至日在坎,夏至日在离,春分日在震,秋分日在兑,四正之卦每卦爻主一气,每时之卦又配成三卦,而十二月之卦备,而每爻主一候焉。余六十,余每卦主六日七分,八十分日之七岁有十二日,三百六十五日四分之日一,十六卦一周也。圣人仰观俯察,远求近取,以四卦之爻计二十有四而成二十四卦,以十二卦之爻计七十二而成七十二候,用以推气建候,是故冬至之候“蚯蚓结,麋角解,水泉动”小寒之候“雁北乡,鹊始巢”矣。

金音生于兑，石音生于乾，丝音生于离，竹音生于震。

朱子曰：自今年冬至至明年冬至，只是一气周匝。把来折你两截，则春夏为阳，秋冬为阴，分作四截便是四时，又分作二十四气七十二候，皆自此始。

鲍景翔云：五日一候者，一月六候，六五三十日也，三候一气者十五日也。

下气候图说见《五代史司天考》，今按《授时历》正用此法。

五声八音七十二候总图

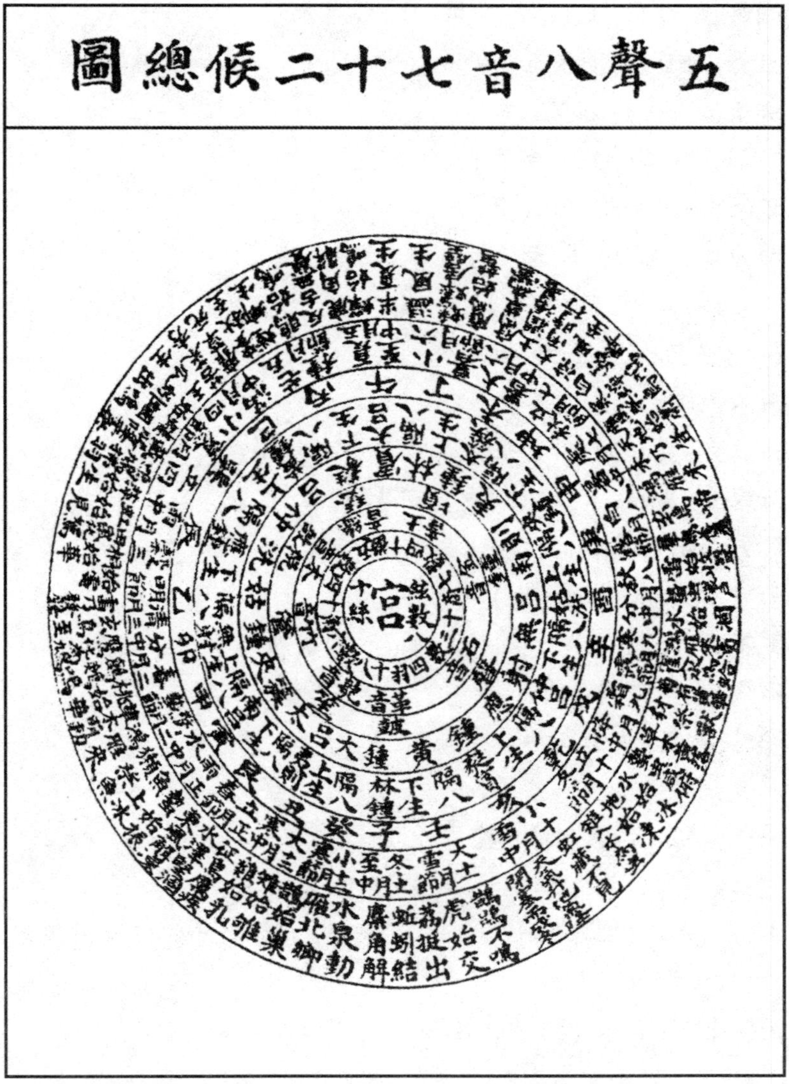

编者注：上图外层文字为：东风解冻，蛰（虫）始振，鱼（陟负）冰。

獭祭鱼，候雁北，草木萌动。

桃始华，鸧鹒鸣，鹰化为鸠。

玄鸟至，雷乃发声，始电。

桐始华，田鼠化为鴽，虹始见。

萍始生，鸣鸠拂其羽，戴胜降于桑。

蝼蝈鸣，蚯蚓出，王瓜生。

苦菜秀，靡草死，麦秋至。

螳螂生，鵙始鸣，反舌无声。

鹿角解，蜩（蝉）始鸣，半夏生。

温风至，蟋蟀居壁，鹰始挚。

腐草为萤，土润溽暑，大雨时行。

凉风至，白露降，寒蝉鸣。

鹰（乃）祭鸟，天地始肃，禾乃登。

鸿雁来，玄鸟归，群鸟养羞。

雷始收声，蛰虫坯户，水始涸。

鸿雁来宾，雀入（大）水为蛤，菊有黄华。

豺（乃）祭兽，草木黄落，蛰虫咸俯。

水始冰，地始冻，雉入（大）水为蜃。

虹藏不见，天气（上）升，地气（下）降，闭塞而成冬。

鹖不鸣，虎始交，荔挺出。

蚯蚓结，麋角解，水泉动。

雁北乡，鹊始巢，雉始雊。

鸡始乳，征鸟厉疾，水泽腹坚。

以上讲的是从“立春”到“大寒”的气候，其变化大概以黄河流域的气候为准。

下面附上“五声八音六律六吕之图”，请读者参看。

五声八音六律六吕之图

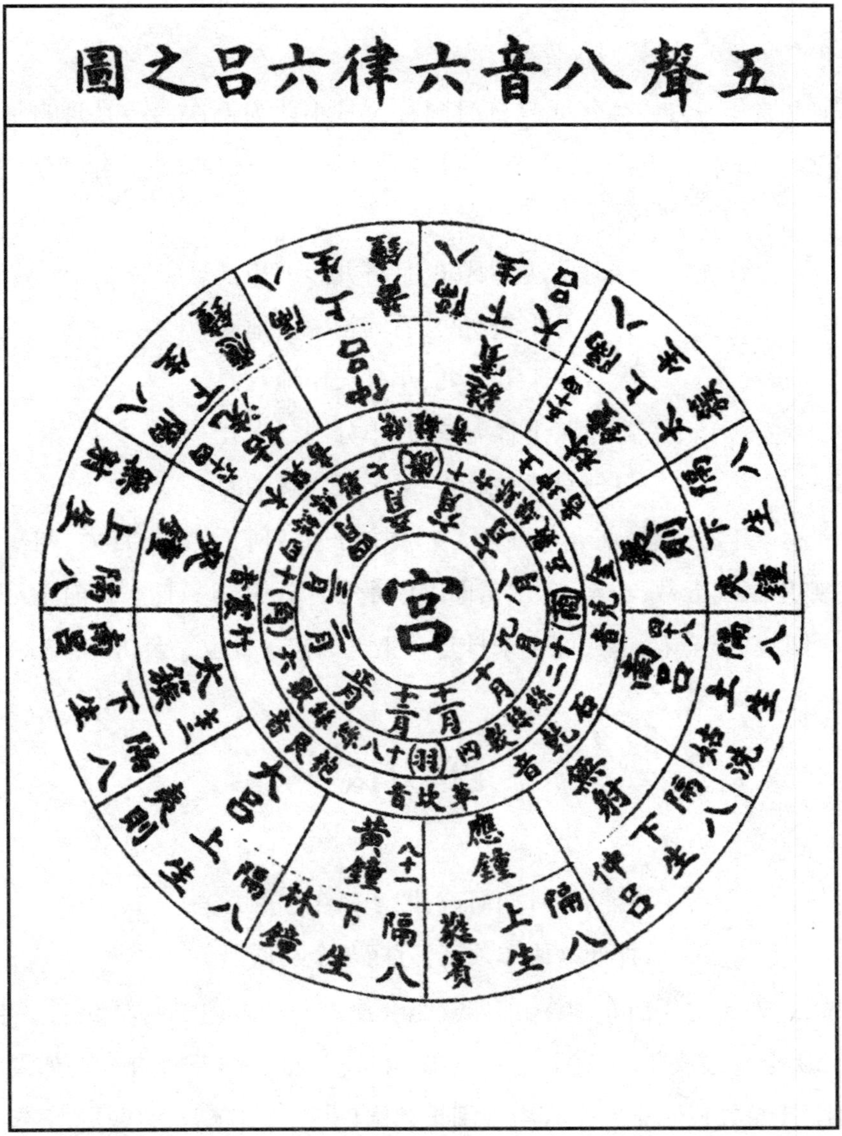

定月大小法

前九之年二月中今年元旦日时同月大月小此为例次第推来理自通。又云:正月一日辰说九年二月十五同二月一日日辰位即是九年三月中秋。诀云:

授时历法要君知,且将九年旧历推。
月大月小起初一,看其初一天地支。
大月天干五支九,小月天四地八偶。
月大三十日无差,月小分明二十九。
节气只凭九年历,二十四气真端的。

欲起今年历,当推前九年前历,看每月初一日何干,如正月大,初一日是甲子,则甲至戊五数,子至申九数,即戊申是今年正月初一日。如前正月小则甲至丁四数,子至未八数,即丁未日是今年正月初一日也。余仿此。

定闰月法

若问闰月如何截,四十一年加两月。
神仙妙诀本须高,万两黄金莫漏泄。

又云:四十七年前有闰,闰前两月是今逢。假如以丙戌年算起到壬申年,如是四十七年丙戌年闰三月,壬申年加两月,其年必闰四月方合。如两月之说并闰月,总算成三十三个月为一闰也。廖氏云:上年天干来克我,下年天干我克他,有闰之年地支同,无闰之岁地支中。假如乙卯年该闰以前,甲寅年正月初一日辰以对乙卯年正月初一日辰者,是干克支冲,其年必无闰也。如甲寅年十一月初一日是戊戌,却对乙卯年十一月初一日辰是壬戌,乃是上年天干春克我,又是地支相同,其年必有闰也。故曰:有闰之年地支同。余仿此。

论日月一岁

凡三百五十四日有闰,三百八十四日自今年立春至明年立春二十四气全数,凡三百六十五日零一时七刻一十分,故经云:期三百六旬有六日者,此也。一气有十五日零二时五刻二十分,一时八刻,一十分一刻六十分有初初刻十分,正初刻十分,一月有二气,必有三十日零五时二刻,始交后月节气。四时各九十一日零三时六刻二十分,十二月有大小,尽因节气之有余与小尽之不足而置闰于其间,然后四时不差,岁功得成。置闰之法,以小尽有余之数,积之与而难言,故立捷法于后。又法云:欲知来岁闰,先算至之余,更有大小尽,决定不差移。如来岁欲置闰,则以今冬至后余日为率,如十一月二十二日冬至尚余八日,即明年闰八月,若月小余七日即闰七月,若冬至在上,自以望日为断,十二日足复起一数焉。

闰月定时成岁之图

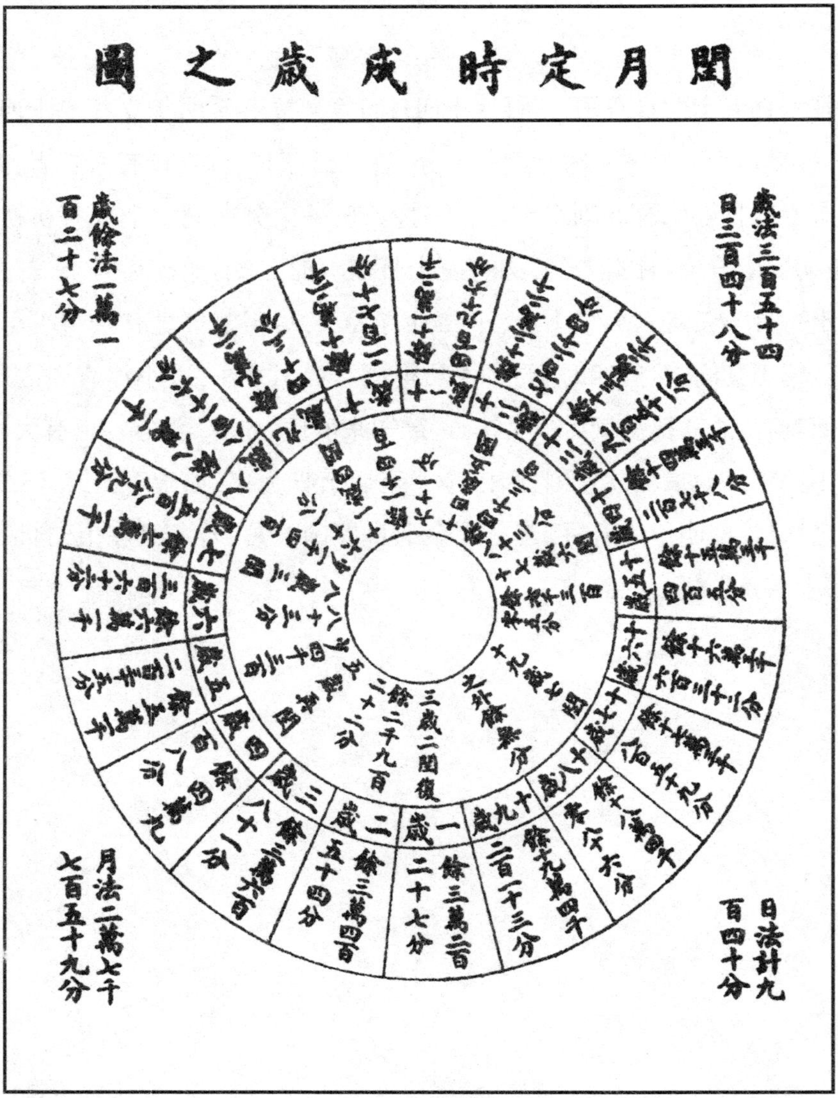

按律历诸书与周礼皆云：日行一度，月行十三度十九分度之七，周天三百六十五度四分度之一，故曰：一周天为岁上十二月而无整数，故以闰月定四时，三岁一闰，五岁再闰，及十九年而余一百九十日一万九千五百一十三分，是谓七闰之外无余分。

以日法除之,共得二百六十六百七十三分,为七闰之数,是谓一章。然必以十九岁而无余分者,盖天数终于九,地数终于十。十、九者,天地二终之,数积八十一章,则其盈虚之除尽而复始,推此以定四时岁,功其有不成者乎!

虞书日永日短之图

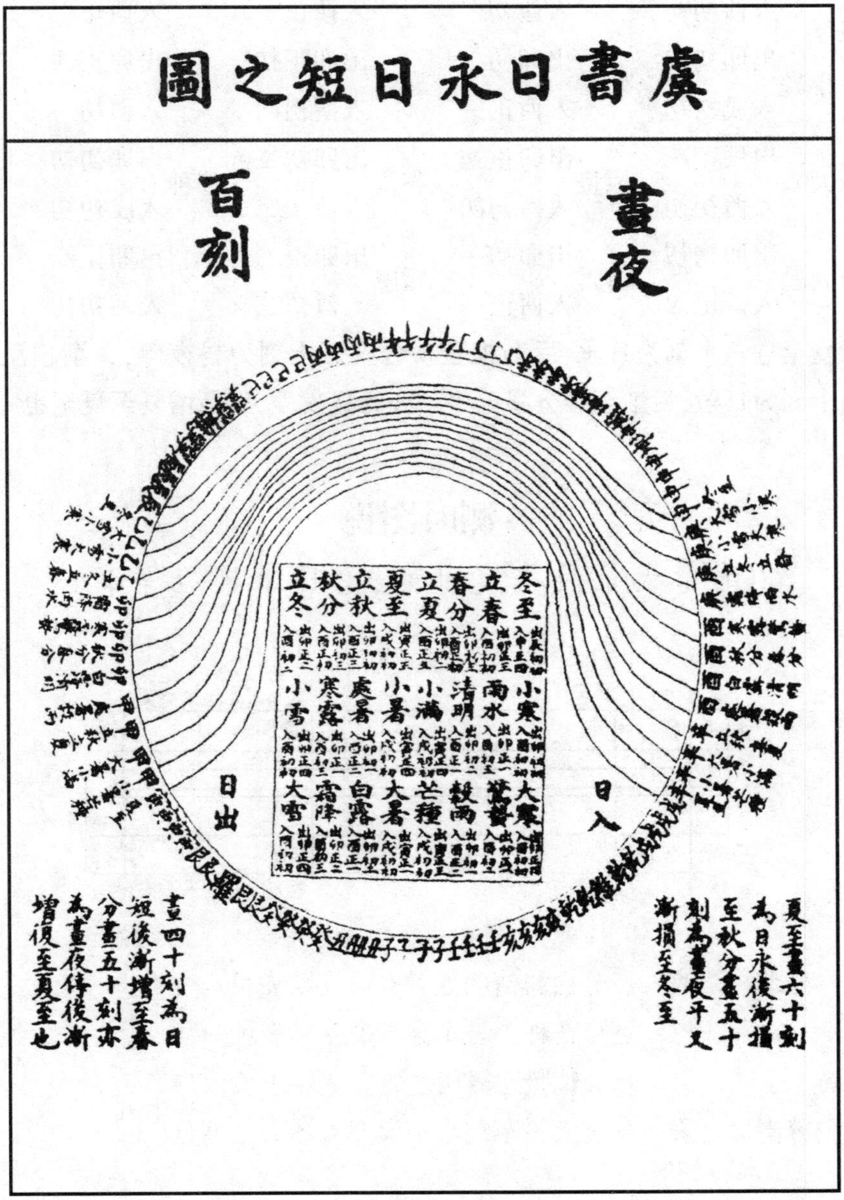

节气	出	入	节气	出	入	节气	出	入	节气	出	入
冬至	出辰初初	入申正四	立春	出卯正二	入酉初二	春分	出卯初四	入酉正初	立夏	出卯初一	入酉正二
夏至	出卯正四	入戌初初	立秋	出卯初二	入酉正三	秋分	出卯初四	入酉正初	立冬	出卯正二	入酉初一
小寒	出辰正四	入酉初初	雨水	出卯正二	入酉初二	清明	出卯初三	入酉正一	小满	出卯初一	入酉正二
小暑	出卯初初	入戌初初	处暑	出卯初二	入酉正一	寒露	出卯正初	入酉初四	小雪	出卯正四	入酉初一
大寒	出辰正三	入酉初初	惊蛰	出卯正初	入酉初四	谷雨	出卯初二	入酉正二	芒种	出卯初初	入戌初初
大暑	出卯初初	入酉正四	白露	出卯初一	入酉正一	霜降	出卯正二	入酉初三	大雪	出卯正四	入酉初初

夏至昼六十刻为日永,后渐损至秋分昼五十刻为昼夜停,又渐损至冬至昼四十刻为日短,后渐至春分昼五十刻亦为昼夜停,后渐增复至夏至也。

测时图说

(谓量天景尺推定时刻,论日永日短等事)

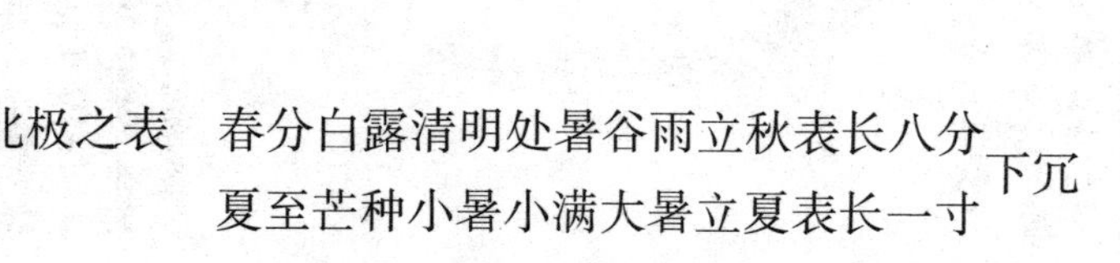

春分北极之表	春分白露清明处暑谷雨立秋表长八分	下冗
背	夏至芒种小暑小满大暑立夏表长一寸	
面	秋分惊蛰寒露雨水霜降立春表长六分	上冗
秋分南极之表	冬至大雪小雪小寒大寒立冬表长五分	

右量天景尺，长四寸八分，宽一寸，厚四分。正面划以刻数，首有二冗以定南北二极之天，表上冗深一分半，下冗深一分而傍墙刻天表寸数，以草量截，安冗内对日影中正墨为度，表头尽处即是其时。背面以节气用表方寸而为准验之规。

冬至日在斗，去极一百五十五度，影一丈三尺三寸。

小寒日在女，去极一百一十五度，影一丈二尺三寸。

大寒日在虚，去极一百一十度，影一丈一尺。

立春日在危，去极一百六度，影九尺六寸。

雨水日在室，去极一百十一度，影七尺七寸五分。

惊蛰日在壁，去极九十五度，影六尺五寸。

春分日在奎，去极九十一度，影五尺二寸。

清明日在胃，去极八十三度，影四尺一寸五分。

谷雨日在昴，去极九十七度，影二尺五寸。

立夏日在毕，去极七十三度，影二尺五寸。

小满日在参，去极六十九度，影一尺六寸五分。

芒种日在井二度，去极六十七度，影一尺六寸八分。

夏至日在井十五度，去极六十七度，影一尺六寸。

小暑日在柳，去极六十七度，影一尺五寸。

大暑日在星，去极七十度，影一尺。

立秋日在张，去极七十二度，影二尺二寸五分。

处暑日在翼，去极七十八度，影二尺三寸。

白露日在轸，去极八十四度，影四尺二寸五分。

秋分日在角，去极九十一度，影五尺五寸二分。

寒露日在亢，去极九十六度，影六尺八寸五分。

霜降日在氐，去极一百八十三度，影八尺四寸。

立冬日在尾，去极一百七十三度，影一丈八寸三分。

小雪日在箕，去极一百八十一度，影一丈四寸。

大雪日在斗，去极一百八十一度，影一丈二尺五寸。

定太阳出入歌诀

正七出乙入庚方，二八出兔入鸡场。
三九发甲入辛地，四六生寅入戌房。
五月生艮归乾上，仲冬出巽入坤方。
惟有十与十二月，出辰入申仔细详。

定太阴出时歌诀

三辰五巳八午升，初十出未十三申。
十五酉时十八戌，二十亥上记其神。
二十三日子时出，二十六日丑时行。
二十八日寅时立，三十加来卯上轮。

定晓昏时总论

日未出地二刻半，而地上已明，即晓昏时。日入地二刻半，而地上明，即黄昏时，故昼常多夜五刻，夜常少昼五刻，说见前《天文志》，世人但知以昏明为昼夜，不知日出在已明之后、日入在未昏之前也。

定论时上下四刻

分数日百刻配之十二时之数，天行之同昼夜百刻，每一时得八刻，十时得八十刻。又二时得十六刻，总九十六刻，所余四刻，每刻分为六十分，四刻该二百四十分，谓之十二时，每一时得八刻二十分，故有初初刻者一十分正，正初刻者一十分,一时有五百分,初初刻十分初一刻至初四刻,各六十分,共二百五十分,谓之上四刻。正初刻至正四刻亦二百五十分,谓之下四刻。

论定半夜子时隔界说

凡半夜子时隔界之类,一时有八刻二十分,上四刻属本日管,下四刻属第二日管。谨按大明成化十八年壬寅岁《授时》官历,四月二十六日甲子夜子时初二刻,小满是上四刻作二十六日管,故有夜字等。下四刻交节,则无夜字,是第二日管,但凡择时者详之。

钦天七政太阳交节躔度歌

立春虚二雨危八,惊蛰室七分壁四。
清明奎九谷娄七,立夏胃十满昴八。
芒毕十二夏井初,小井十四大念九。
立秋柳十处张六,白露翼四分十九。
寒轸十三角十一,立冬氐三小房四。
大雪尾七冬箕五,小斗十一大牛四。

论十一曜行度例

太阳一日行一度,太阴一日行十三度,土星或一日行二度,或五日行一度,火星三日行一度,水星三日一迟,十三日一留。若金星与土星同,三日一退、十二日一留,金星一日行三度,孛星见太阳留,五星见日皆伏藏,三合逢阳且是留气足二十日行一度,罗计星十八日行一度。

寅太阳躔度

	冬至	小寒	大寒	立春	雨水	惊蛰	春分	清明	谷雨	立夏	小满	芒种
一日	箕五	斗二	牛三	虚一	危七	室七	壁五	奎十	娄八	胃十	昴九	毕五
二日	寅六	丑 十二	癸四	子二	壬八	亥八	乾六	戌 十一	辛九	酉 十二	酉十	庚 十三
三日	七	十三	五	三	九	九	七	十二	十	十二	毕初	十四
四日	八	十四	六	四	十	十	八	十三	十一	十三	一	十五
五日	九	十五	女初	五	十一	十一	九	十四	十二	十四	二	觜一
六日	斗一	十六	一	六	十二	十二	奎初	十五	胃初	十五	三	参初
七日	二	十七	二	七	十三	十三	一	十六	一	昴初	四	一
八日	三	十八	三	八	十四	十四	二	十七	二	一	五	二
九日	四	艮 十九	女四	九	十五	十五	三	娄一	三	二	六	三
十日	五	二十	五	危一	室一	十六	四	二	四	三	七	四
十一日	六	廿一	六	二	二	室 十七	五	三	五	四	八	五
十二日	七	廿二	七	三	三	壁二	六	四	六	五	九	六
十三日	八	廿三	八	四	四	二	七	五	七	六	十	七
十四日	九	牛一	九	五	五	三	八	六	八	七	十一	八
十五日	十	二	虚初	六	六	四	九	七	九	八	十二	九

立春正月节。
日出卯正三刻属乙，
日没酉初一刻，
昼四十四刻，
夜五十六刻。

雨水正月中。
日出卯时正二刻，
日没酉初二刻，
昼四十六刻，
夜五十四刻。

惊蛰二月节。
日出卯正一刻，
日没酉初三刻，
昼四十八刻，
夜五十二刻。

春分二月中。
日出卯时初四刻，
日没酉正初刻，
昼五十刻，
夜五十刻。

清明三月节。
日出卯初三刻，
日没酉正一刻，
昼五十二刻，
夜四十八刻。

谷雨三月中。
日出卯初二刻属甲，
日没酉正三刻，
昼五十四刻，
夜四十六刻。

立夏四月节。
日出卯初二刻属甲，
日没酉正三刻属申，
昼五十六刻，
夜四十四刻。

小满四月中。
日出卯初一刻，
日没酉正三刻属辛，
昼五十七刻，
夜四十三刻。

芒种五月节。
日出卯初一刻属甲，
日没酉正一刻，
昼五十八刻，
夜四十二刻。

夏至五月中。
日出寅正四刻属甲，
日没戌初初刻属辛，
昼五十九刻，
夜四十一刻。

小暑六月节。
日出卯初初刻属甲，
日没戌初初刻属辛，
昼五十八刻，
夜四十二刻。

大暑六月中。
日出卯初一刻属甲，
日没酉正四刻属辛，
昼五十七刻，
夜四十三刻。

立秋七月节。
日出卯初一刻属甲，
日没酉正三刻属辛，
昼五十六刻，
夜四十四刻。

处暑七月中。
日出卯初二刻，
日没酉正二刻，
昼五十四刻，
夜四十六刻。

白露八月节。
日出卯初三刻属乙，
日入酉正一刻，
昼五十二刻，
夜四十八刻。

秋分八月中。
日出卯初四刻，
日没酉正初刻，
昼五十刻，
夜五十刻。

寒露九月节。
日出卯正一刻，
日没酉初四刻，
昼四十八刻，
夜五十二刻。

霜降九月中。
日出卯正二刻，
日没酉初三刻，
昼四十六刻，
夜五十四刻。

立冬十月节。
日出卯正二刻，
日没酉初二刻属申，
昼四十五刻，
夜五十五刻。

小雪十月中。
日出卯正三刻属乙，
日没酉初初刻属庚，
昼四十三刻，
夜五十七刻。

大雪十一月节。
日出卯正四刻属乙，
日没酉初初刻属庚，
昼四十三刻，
夜五十七刻。

冬至十一月中。
日出辰初初刻属乙，
日没申正初刻属庚，
昼四十一刻，
夜五十九刻。

小寒十二月节。
日出辰初初刻，
日没酉初初刻，
昼四十二刻半，
夜五十八刻半。

大寒十二月中。
日出卯正四刻属乙，
日没酉初初刻属庚，
昼四十三刻，
夜五十七刻。

太阳阴局

	夏至	小暑	大暑	立秋	处暑	白露	秋分	寒露	霜降	立冬	小雪	大雪
一日	井初	井 十三	井 三十	柳 十二	张七	四	翼九	轸 十四	角 十一	氐四	房三	尾七
二日	申一	申 十六	未 鬼初	丁 翼初	午八	丙五	巳 轸四	巽 十五	辰 十二	己五	卯四	甲八
三日	二	十七	一	一	九	六	一	十六	亢初	六	五	九

（续表）

	夏至	小暑	大暑	立秋	处暑	白露	秋分	寒露	霜降	立冬	小雪	大雪
四日	三	十八	柳初	二	十	七	二	十七	一	七	心初	十
五日	四	十九	一	三	十一	八	三	觜初	二	八	一	十一
六日	五	二十	二	四	张十二	九	四	一	三	九	二	十二
七日	六	廿一	三	五	十三	十	五	二	四	十	三	十三
八日	七	廿二	四	六	十四	十一	六	三	五	氏十一	四	十四
九日	八	廿三	五	张初	十五	翼十二	七	四	六	十二	五	十五
十日	九	廿四	六	一	十六	十三	八	五	七	十三	尾一	十六
十一日	十	廿五	七	二	十七	十四	九	六	八	十四	二	十七
十二日	十一	廿六	八	三	巽初	十五	轸十	七	氏初	十五	三	巽一
十三日	十二	廿七	九	四	一	十六	十一	八	一	房初	四	二
十四日	十三	廿八	十	五	二	十七	十二	九	二	一	五	三
十五日	十四	廿九	十一	六	三	十八	十三	十	三	二	六	四

钦天七政历太阳二十四宫躔度定局

立春虚一雨危七，惊蛰室七分壁五，清明奎七谷娄八。

立夏胃十满昴九，芒种十二至井初，小井十二大三十。

立秋柳十二处张七，白露翼四分十九，寒轸十二霜角十二。

立冬氏四小房三，大雪尾七冬箕五，小斗十一大牛二。

论十一曜移宫诀

太阳一月移一宫,太阴二日半别逢。
木住一年过一位,火星二月是真踪。
土星到宫三年足,金水一月一宫中。
奴气二年一宫满,孛星九月始不同。
再有罗计二星住,到宫十八月方终。

论十一曜

日属阳,月属阴。木星属阳,火星属阴。土星属阳,金星属阴。水星属阳,气星属阳,孛星属阳,计星属阴,罗星属阴。

斗首五行

二十四山五行

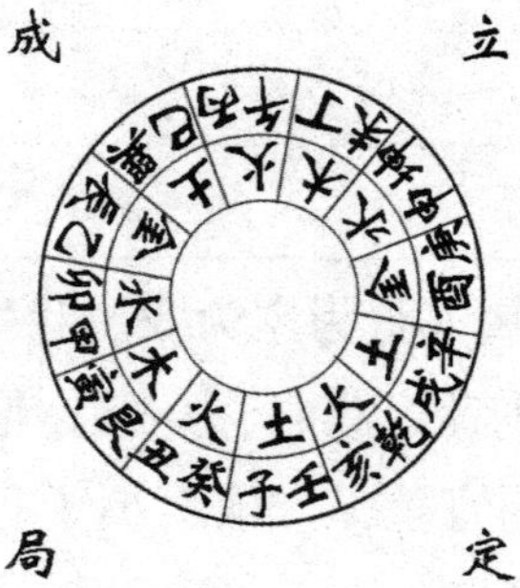

起例诗曰:

甲己土元子巳戌,乙庚辰酉是金神。
丙辛卯申元属水,丁壬寅未木成林。
戊癸丙午木属火,乾亥癸丑火同宗。

年月日时元辰五气立成定局

	甲己属土	乙庚属金	丙辛属木	丁壬属水	戊癸属火
土山壬子	元土	廉水	武火	破金	贪木
火山癸丑	廉金	武木	破土	贪水	元火
木山艮寅	武水	破火	贪金	元木	廉土
水山甲卯	破木	贪土	元水	廉火	武金
金山乙辰	贪火	元金	廉木	武土	破水
土山巽巳	元土	廉水	武火	破金	贪木
火山丙午	廉金	武木	破土	贪水	元火
木山丁未	武水	破火	贪金	元木	廉土
水山坤申	破木	贪土	元水	廉火	武金
金山庚酉	贪火	元金	廉木	武土	破水
土山辛戌	元土	廉水	武火	破金	贪木
火山乾亥	廉金	武木	破土	贪水	元火

凡论斯格,俱以坐山所属五行为主为我。我生他者为廉贞、为子孙,他生我者为贪狼、为官鬼,我克他者为武曲、为妻财,他克我者为破军、为破鬼也。但廉贞为子孙,只喜一位,不宜重见。廉贞损子孙,与我同类者为元辰,宜生旺有气,宜生出,不宜死绝受克。生我者为贪官,不宜生入克入,宜休囚月上,相生无害,不宜在日时。我克他者为武才,宜生旺有气,宜生入克入,吉;不宜生出克出。克我者为破鬼,宜克出,又宜休囚,无气两头关得倒者,无妨。正所谓"关鬼鬼衰鬼自灭"者是也,不宜在日时。若见生旺有气,立见损人退财,大凶。重则人命官非,轻则丁粮耗散。凡择日期,以年月为上、为外、为出,日时为下、为内、为入。凡武财决宜生入克入,不可生出克出,立见退财;生入克入,立见进财。又看纳音四柱属何星,即以先天数断之,水一、火二、木三、金

四、土五数之,百发百中,万无一失。

论周流四干于世分经造化
化六十四卦龙分经十干化气

八卦番复问真龙,逐岁元辰定见踪。
斗柄夜始天上照,北辰维达在离宫。
以天合地问支干,要合元辰问鼠即。
乙庚鸡唱龙吟处,北极元辰斗上藏。
惟有三台存一位,乃求太岁与元辰。
丙辛宫中属水神,兔猴照见星斗辰。
戊癸马牛猪一队,丁壬羊虎同一群。
甲己鼠蛇同戌犬,阴阳变化义由深。
一坐元辰魁斗曜,太初一气是为灵。
二仪分判三才定,万物因兹性命生。

杨公老夫,元辰之理,天地之间,此道隐妙深微,不可言传外人!精究留与子孙,在乎人之聪明作用,用之祸福有验,万无一失。

体用五气之法

出为体兮柱为用,用干化气观生克。
克体破鬼最为凶,武财吉曜体之赋。
生体贪官反不顺,我生廉子忌多得。
金见金兮为元辰,元辰福德为利域。

其法以山头五行为体、为内、为主,以四柱为外、为用、为客。要客来生主,用下救主为吉。如火山喜柱中亥卯未木局生入内,忌申子辰水局克入,比和生扶者吉,克入泄气者凶。夫以年月日时十干化气与山头五行,论生克比和而分五曜,以山头之生化气者为廉贞、为子孙,如金山见丙辛二干也。以山头之克化气者为武财,如金山见丁壬二干是也。以化气克山头者为破鬼,如金山见戊癸二干是也。以化气生山头者为贪官,如金山见甲己二干是也。以山头与化气同类者为元辰、为福德,如金山见乙庚二干是也。

论元辰立法

太初元辰始先天气,在天管星斗,在地应人间万物之性命,在御街管官禄之星。玄释修持此宗成道。若见元辰五气,三阳交泰,日月光辉,春雷震动,万物发生,夜时临诸苗皆秀。若无元辰五气,有天不成形,阴阳皆失度,种子也焦枯,修而无成,花发一场空,如鱼之失水,诸物皆不成。若元辰五气全,万物皆化生,诸命喜完成,盖载之吉也。

论元辰起例歌

要求太岁与元辰,须向干头仔细明。
衰病绝官无福力,长生墓旺始为荣。
造葬若逢元辰旺,富贵荣华日日新。
时师若会元辰诀,莫把诸家误杀人。
修方造葬皆如此,立宅安坟要贵人。
阳损家长阴损魂,坐穴管照逢消息。
何止同宫恶星辰,安坟自有神龙护。
立宅须知有贵人,分配五行真祸福。
更无玄妙与追寻,甲己甲子起于元。
乙庚丙子起廉贞,丙辛戊子逢武曲。
丁壬庚子破军边,戊癸壬子贪先数。
五星逢鼠便一般,永定元辰皆此法。

专用天干所用年月日时而言之,年月日时皆从壬子顺行,甲己即是元辰,壬子为正元,廉、武、破、贪、巽巳、辛戌为偏元。廉贞生旺为生气,有气进入为吉利。重坐廉贞犯子孙,但要仔细与推分。

解曰:此星不宜重见,必损子孙。

长生 沐浴 冠带 临官 帝旺 衰 病 死 墓 绝 胎 养

论元辰注魂

(修造忌生命犯元辰,埋葬忌亡命犯元辰)

天地阴阳二气分,清为阳物浊为阴。
阴阳二气为根本,主出元辰作祸魂。
安坟立宅为主曜,次论星宿护元辰。
寻取五行相聚会,何愁福禄不臻荣。
休将本命为宫主,错认神魂误杀人。
修方造葬皆如此,阳损家长阴损魂。

论元辰阴阳

(立宅安坟要别阴阳)

法曰:立舍用阴气为灭没元辰,安坟用阴气为元魂,仍要入墓,乃得龙神拥护。立宅星辰扶持,夫五气为福也。若埋葬务要五气交度,遇生旺者大贵也。若休囚者家长亡,若然人命刑冲元辰,正杀家长。若犯元辰魂,损亡人,克子孙。顺相生相合福德也。且如甲己年,忌甲子、甲戌、己巳亡命,生命忌修方,下同。如乙庚年忌乙酉、庚辰二命,丙辛年忌丙申、辛卯二命,丁壬年忌壬寅、丁未二命,戊癸年忌戊午、癸丑、癸亥三命。余仿此。

论五气吉凶

同我者为元辰,元辰宜生出,有位有气,宜生出,不宜死绝受克、失散刑冲。

我生他者为廉子，子只喜一位有气，不可重犯，重犯则泄气，反损子孙，纵山水紧拱亦主慢发，盖元辰亦关子孙。若值死绝刑冲空陷则二三相扶，有气反吉，清闲一生，子孙兴旺昌盛，刑冲破损失子孙。

他生我者为贪官，番气为杀，故名凶曜。宦家可用，只许一位，多则反害。或贪财去职，必被降。庶民得之，若当山头衰时，则因官破财，或生好子孙。交官破收，妄求幸图富贵而致祸，官非牢狱不免。居年月位上为外，逢内克出，无妨。若居日时为福，不宜克入为凶，不宜有位有气。如火生年寅日有位，旺在午火，曰有气火。凡造葬多而有气，有位更重，重主人命官非，轻则丁粮耗散。如值死绝空亡，亦损六畜，口舌官非，生旺年月见。若见居死绝或日上相生克出亦无大害，不宜生入克入，只在日时上，生旺为忌。

我克他者为武曲、为妻财，宜生旺有气，宜生入克入，不宜生出克出。喜三武共一家，清纯无刑冲克害失损死绝，则生旺三合之年发财。以先天之数，水一、火二、木三、金四、土五，天数年月纳音断之，再合奇门，主大发财富贵。如刑冲克破，非损妻亦破财。若无气失陷，虽重见无益。逢败绝位，即使四柱清纯，立见破财。

他克我者为破鬼，是凶星。偏宜立庙建学堂，日时带鬼生克出，干不受制鬼旺灵，建学要鬼生克出，凶鬼干头生贪官，宜禄马贵人到山头本命，官鬼生旺岁高迁。立宅安坟嫌贪破，重入损丁财，若逢生旺克入，不出周年灾殃见。又怕干头化气制，制着廉子损丁亡。制着元辰家长殃，制着武曲克妻财。又要两头关得住，破鬼无气莫甚嫌。大凡吉神要生入半吉，凶宜克出。元辰及天干地支化气俱要相生相合。吉星生入为顺也，凶星克出亦宜。以年月为外、为上，日时为内、为下。克出自下克上，克入自上克下。

元辰武财廉贞为吉神，贪官破鬼为凶曜。吉神要当阳进气，生旺得位，又从外宜生入，从内宜克出，不宜生出。年月为外、为上，日时为内、为下，长生为有位，帝旺为有气，库墓大吉，嫌病死绝空亡。三武喜为一家，廉子只宜一位，不宜重见。泄气吉神遇子财进，若无气刑冲、死绝、败陷，损丁破财。

贪官破鬼生旺，主官非人命退败。如值休囚败绝，亦主六畜小口之灾。不宜生入克入，生旺克制破鬼，干头最忌番化克制，比廉克子，制财损财，制元辰，家长先败。

论元辰五气配合

合者,阴阳交度;刑者,三刑五逆。又曰:合者,周回配合,元辰五气中和是也。诗曰:

静纯乾坤不可言,玄中妙理在阴阳。
元辰不合阴阳道,纵有诸家总徒然。

又曰:

先看元辰生不生,次看元辰向何星。
五气配合元辰旺,坐山立向气相通。
山向元辰被克散,动定瘟瘽灾病生。
冲破刑害损家长,冲山克向见灾殃。
上克下冲出入失,休囚死绝万物枯。
贪官廉贞瘟火至,必然戌土官非连。
五气元辰喜生合,全凭吉曜得生旺。
妻财子孙逢三合,定出清高富贵人。
克出生回须兴旺,无财空禄集刑人。
一辰二财三子位,四山五气六合运。
元辰五气生造化,克出生入福丁杀。

论元辰五气相生

元辰五气要相生,生我元辰定富荣。
生辰有力方为吉,退气休囚福不成。
乙庚金生丙辛水,定断其家福无比。
若逢马虎猪为贵,必定才子登科第。

丙金狗鼠,辛蛇是福生。

丙辛水生丁壬木,三六九年进官禄。

亥卯未年生贵子，人口安宁长发福。

木应三六九及亥卯未年，喜东方，忌乙庚伤元辰。

丁壬戊癸好修装，进入田园岁岁昌。

六畜田蚕多兴吉，蚕丝丰足出贤良。

火应寅午戌一七四年期，喜南方，忌丙辛三合木局。

戊癸火生甲己土，须要吉地人发福。

元辰若得生旺地，金银财宝入门屋。

要吉库怕丁壬木伤，应辰戌丑未年，乙庚金局泄气。

甲己土生乙庚金，定是金门富贵人。

辰戌丑未年应旺，加官进爵足丰盈。

金喜秋旺得令，巳酉丑金局应克出生回，迎财进禄刑伤忌火局。

论五气克制歌

大抵要吉星克恶曜，如一水克一火，阳胜阴衰，旺宜生旺，制为制伏。

乙庚克制丁壬木，犯着须臾便杀人。

苍木气衰病无休，百般美事化为尘。

丁壬克制甲己土，造葬退败见贫苦。

元辰再行木旺冲，定主家长命先死。

甲己制伏丙辛水，水神受病见祸殃。

造葬渺茫应年到，血财牛羊绝无踪。

丙辛克制戊癸火，元辰遭逢有徒流。

离别夫妇浪荡成，误杀世间多少人。

戊癸火克乙庚金，多少营谋费用心。

若不退财并损失，亦教福禄一时倾。

丁壬乙庚只忌多，三合格局反成磨。

泄气身衰无旺相，退败妻财怎奈何。

甲己仍愁丁壬木，柱中亥卯未难当。

床头因见淫欲事，泄气之年有祸殃。

乙庚最忌戊癸火，寅午戌年出疯狂。
五气再行衰绝地，一家人眷反遭亡。
丙辛愁怕甲己木，大煞元辰不可当。
定断瘟火退田庄，口舌官灾闹一场。
戊癸丙辛反为殃，必遭官事损丁粮。
五气再逢休囚地，人丁六畜尽皆伤。

牧牛师诀曰：自甲子至癸亥六十日，日日可安坟，在人活法用之，智者能知，则气化护阴山命，富贵立至。时师拘泥大葬之日，反致凶祸，是不知元辰五气之法也。牧牛师即杨公。

总断元武诗诀

三元三武共一家，子孙世代享荣华。
时师若会元辰法，必出公侯宰相家。
立宅安坟元辰主，次论星宿护元辰。
寻取五行相聚会，何愁福禄不臻荣。
元辰为吉又为凶，受气临官总不同。
若逢生旺墓为吉，或逢衰病即成空。
五气亦要生旺墓，死绝衰病定为凶。
元辰死绝不可用，五气败绝病亦凶。
二气得合方为吉，冲伤山向气不钟。
若然克山在外死，男子不死过房中。

论贵人

起造若逢天乙星，上曜临方下曜临。
更明五星生旺气，何愁同位恶星辰。
立法须合山与向，造葬修方要贵人。

牧羊师论元气有无贵人诗，惟六壬、六癸、六辛有之，其余元辰无贵人。

论命杀

祸福元来有所钟，天星地曜命同求。
申子辰年杀己命，命入衰方不可修。
但将太岁干神遁，遇见三杀便杀人。
识得元辰中和气，何愁凶曜破元辰。

论明官鬼

忌曜重重见鬼贪，定要破败见伤残。
家中积得千金重，恰如水溢浪洗沙。

如修桥梁坐元辰，不可坐子孙方。看有克子孙在何方，若在方道，定杀子孙。破贪怕居日财，若有气为祸甚速。若用之建庙，起儒学，主克上亦好。

贪官廉贞不言凶，要合山向妙理通。
五气交度番时贵，何愁太岁急相逢。
不值太岁遇相克，泄气身衰定有凶。

牧牛师曰：立舍用阴气为灭没元辰，用阴为元魂，故曰：阳损家长阴损魂，损魂便杀克子孙。仍或乃墓，方得龙神拥护，葬埋务要五气交度，吉星生旺，墓生人不生出，无刑冲克害、败死绝空。若休囚家长亡，若然年命刑冲元辰，主杀家长。犯元辰魂损亡人，克子孙。

如：甲己年忌甲子、甲戌、己巳亡命，盖甲己元辰子巳戌土。

乙庚年忌庚辰、乙酉二命，盖乙庚辰酉元辰金。

丙辛年忌丙申、辛卯二命，盖丙辛甲卯元辰水。

丁壬年忌壬寅、丁未二命，盖丁壬寅未未戌木。

戊癸年忌戊午、癸亥、癸丑三命，盖戊癸元辰本属火，亥丑年总一同。

乃命犯元辰，修造忌生命，安坟忌亡命，犯之凶。又忌阴府太岁，忌主重凶,损户丁。

元辰兴衰法

元辰为吉又为凶,受气临官总不同。若逢生旺墓为吉,若遇衰病死绝命用事即成空。

甲己元辰子巳戌

坎山元辰最旺,为福最厚。戌山冠带福力平,巳山元辰逢绝无气,然坎山甲子年正旺,何主退不利,若犯伏吟。申年元辰大利三合。甲辰年,元辰入墓,吉。甲午年冲山,家长凶。戌年冠带,甚好。然向犯伏吟,不利家长。甲辰年冲山反吟,不利家母。甲午半吉。

乙庚辰酉元辰金

如酉山用酉年造葬,元辰虽旺,然冲向伏吟,不利。卯年冲山,反吟不利。巳年逢生,大吉。丑年入墓,吉。未年冠带,半吉。乙亥年无气,有病。

丁壬寅未木元辰

木生在亥,用寅年值临官,吉。又用寅山丁卯年、丁亥年生,丁未年墓库,吉。壬申冲山反吟,主退。未山用丑冲山,主退。丁卯年旺,吉。壬辰年衰,巳年病,无气主退。

丙辛卯申元辰水

丙申年,水长生,其福最厚。若卯山逢死气,申山用丙申造葬,冲向伏吟,主退。丙子年正旺,大发。丙辰年入墓,大吉。丙戌年冠带,半吉。寅年反气,冲山反吟,凶。余同此。

戊癸元辰亥丑午火

如午山用戊寅年,逢生大吉。戊子年冲山,主退,反吟。戊午年冲向,主退,伏吟。戊辰年冠带,戊申年逢败,戊戌年入墓,吉。癸亥年火绝,不吉。坤申老母冲寅山,犯必衰不可正向,用三七分经,乾亥天门,巽巳地户。

论先天元辰

人之一身,配分天地元辰,应阴阳五气,合乎六甲五气,并分五行六运,并分六甲。盖五行有旺有衰,有顺有逆,合者阴阳交度,刑者忤逆不调。元辰不离五气,五气不离元辰,二样有应相生,盖顺荣华显达。甲己坐于勾陈,丙丁定见发福,戊己天干为主,四柱要在生旺,辰戌丑未四墓之地。甲己元辰,四季刚强,逢乙庚便是子孙金多泄气,反害子孙。

丁壬木逢伤而有祸,主伤户头。取选丙辛结局,天地荣贵,克出生回,切忌戊癸生申刑酉而得和。木气喜在东方,春在荣昌,甲乙有根,亥卯未成祥。丙辛化水,墓辰旺子,木根水旺,水盛木漂。乙庚忌见有杀,反凶,伤破元辰,家损退败。

赤天火气正南,南方炎帝之精,丙丁之地,木主生火,切忌丙辛三合水局,有刑有害。墓旺午戌,火生于寅,五行土贵元辰,配于六合之地。甲己当权,子孙必然发福。

乙庚元辰,庚辛之地,白帝之方。乙逢庚旺,秋令刚强,墓旺酉丑巳土长生,克出生回,迎财就禄。若见刑伤,家业飘散。

甲己化土,金赖土生,祖宗有根,子孙必贵。金能生水,多则泄气。元辰被克,吉地反凶。克出生回,而因财库居生旺之地,龙运得合造化者贵。玄天水气,即分壬癸丙辛,透露壬癸为奇。甲己官星,见煞为凶,乙庚父母,养育为根。丁壬木为子孙,喜逢三合,青云得路,水居冬旺,生救丙辛,子孙富贵。木多泄气,水能生木,损母不祥。长生墓旺便遇吉昌,龙凤成祥,水土发明火,龙凤三合,木金化者,微理难明。

以上元辰妙论,大抵欲五气生回,元辰及气生于生旺之月,及地支三合结局助旺。如元辰旺,甚难,鬼贪官而不忌,克鬼破鬼而不忌泄。若得破鬼有转生之妙,则反为福。若鬼元辰不旺,求五气回生,又宜在中和。若木无根,遇水而浮,金轻微遇土而沉晦,火将灭逢湿木而反息是也。如生中不生,夏木见水而无用,冬火见木而反寒是也。又如元辰空亡,刑冲破害,皆无受生受用之地。及元辰太旺,反为无依,孤克而断。经所谓:生旺过甚喜剥削,衰病太过宜生扶。又曰:生我之神再喜生神之为吉,克我之煞重忌扶煞之为殃。此四句足以尽一篇之大旨。

论生旺克制

如辛亥年作甲山庚向,天元辛化水,是元辰大忌。辛卯、辛亥遇得辛卯地元,纳音属木,自鬼旺亥乃木之长生。辛水临官亥地,天元临水不破。

论金五行生旺(乙辰庚酉四山属金)

乙庚化金,惟庚辰乙巳年宜作庚酉甲卯向。乙庚得卯酉,天元有气,庚辰本家自旺,又辰为养金,为有气,天元水如旺官,宜用壬寅到,遁得巳酉戌土金器。或用辛巳为长生,须遁武才元辰金见吉。是年不宜坐酉,是反吟、伏吟,破财退败。

论木五行生旺(艮寅丁未四山属木)

丁壬化木,惟有丁亥长生,丁卯旺,壬寅临官,壬戌养。如丁卯年天元旺,丁壬化木为天元,木旺在卯,遁得壬寅为元辰木,临元有气。盖艮寅山属木,用丁卯年五虎遁得壬寅。丁壬化木至寅为临官有气也,坤向为向,驿马扶元辰吉,壬寅寅午戌合马居申是也,宜坐寅。丁亥年天元自生地元,上临官在亥,入元遁得丁未,鬼元辰入墓吉。宜坐丁未、壬戌年天元胜,宜坐艮寅吉。且如丙子、丙辰、丙戌、辛亥、辛未宜作坤申山,既得丙申化真水,是水入中行也。

论火五行生旺(乾亥癸丑丙午六山属火)

戊癸化火,惟戊寅长生,戊午自旺,戊戌库,戊子胎,宜作丙午山。盖丙午属火,生寅,旺午,库戌,故也。戊辰、癸丑、癸未宜作乾亥山,火发也。

论水五行生旺(甲卯坤申四山属水)

丙辛化水,惟丙子、丙申、丙辰、丙戌、辛亥、辛未宜作坤申山,辛亥遁得丙辛化真水,元辰长生在申,旺在子,冠在戌,墓在辰,胎在午,养在未,官在亥,皆吉。若卯丑子山是为无气。

论土五行生旺(壬子巽巳辛戌六山属土)

土旺辰戌丑未及申子辰年月日时,得气大吉。且如甲己化土,宜坐壬子巽巳辛戌六山,用亥月乃临官,有气大吉。宜亥子午未,大吉。余多凶。

论元辰生旺年月日时

如:丙午山宜用戊癸丙丁寅午戌年月日时。

艮丁山宜用甲丁壬申巳亥卯未年月日时。

坤申山宜用丙辛戊癸申子辰年月日时。

庚酉山宜用乙庚甲巳酉丑年月日时。

如甲己元辰,土旺辰戌丑未山,取四季月日及戊己辰戌丑未申子辰之支,如水山吉,喜冬月五十日。火山喜夏月,土山喜四季月,金山喜秋月,木山喜春月,各有司令之气而断其衰旺,以五运六气司令之月而定之为妙。

论元辰诗诀曰

元辰一曜最相关，大忌刑冲并死亡。
有位有气兼交度，人财昌盛世荣光。

元辰者，与山头五行相同是也。最为最要，有位有气，无冲克害。空亡死绝之地凶。或得运气生扶及天干来助，则山家有气矣。既有气，即能生育，即能担当利名，纵聚凶杀，反谓之生煞两停，假煞为权之美，加以贵人禄马，阳乌、阴兔、帝星临照，三奇到方，则昌盛富贵矣。但元辰有隐见吉凶之异，不可不察。如壬山属土，柱中见元辰土，是元辰见也。若四柱并无元辰土出，是元辰隐也。若见最怕刑冲破害、空亡死绝、带刃劫煞，其祸紧速。又怕破鬼、贪官、克制之灾，若元辰隐而山头之五行亦忌刑冲破害、空亡死绝、带刃劫等凶煞，及无位无气，克制之害，但祸稍缓耳。

论五行所由生

山为体兮柱为用，用干化气观生克。
克体为鬼用为武，生我贪官又无益。
生用廉子生子孙，元辰即是山家客。
如火见火同一类，最喜生旺方得力。

此皆由干头化气所由生也。如山属火，见甲己干头化土，火生土。我生者为廉子也，见丙辛干头化水，水克火。克我者破鬼，见乙庚干头化金，火克金。我克他为武财，见丁壬干头化木，木生火。生我者为贪官，见戊癸干头化火，火见火为比和，为元辰是也。其余仿此而推。

论干头化气

甲己化土,乙庚化金,丁壬化木,丙辛化水,戊癸化火。

论五行生旺墓

火生寅旺午墓戌,木生亥旺卯墓未,水土生申旺子墓辰,金生巳旺酉墓丑。

第一要山家旺。

如木山要春天,要柱中有丁壬二字及亥卯未,或有壬癸亥子水来则吉。火山头要夏天,要戊癸二字及寅午戌,或甲乙寅卯吉。金山头要秋天,要乙庚出及巳酉丑吉。水山头要冬天,要壬癸亥子及丙辛二字及庚辛申酉子辰出吉。土山头要四季月,要甲己及辰戌丑未丙丁申子辰出则吉。

第二要元辰有气。

如土山见土是元辰,土生旺申子辰及四季月,要见申子辰支及甲己干,吉。

第三要武才有位有气。

第四要贪鬼无位无气,要居外下,要生入,要空亡冲散。

第五要禄马贵人。

第六要知吉凶何事。

如贪破有位有气,遇干田土事破败官司,如见贪丑事生争财,见水主水利,见木争五谷,树木见火生因火烧疾。

五气立成

壬子巽巳辛戌六山属土,甲己元辰土,化土元。乙庚廉子水,化水财。丙辛武财火,化火官。丁壬破鬼金,化金子。戊癸贪官木,化木破。

癸丑丙午乾亥六山属火,甲己廉子金,乙庚武财水。丙辛破鬼土,丁壬贪官水,戊癸元辰火。

艮寅丁未四山属木,甲己武才水,乙庚破鬼火子。丙辛贪官金鬼,丁壬元辰木元,戊癸廉子土才。

甲卯坤申四山属水,甲己破鬼木子,乙庚贪官土鬼。丙辛元辰水元,丁壬廉子火才,戊癸武财金贪。

乙庚辰酉四山属金,甲己贪官火鬼,乙庚元辰金元。丙辛庚子木财,丁壬武财土贪,戊癸破鬼火子。

以上所属五行,俱以四柱干头起五子元遁至本山止。如子山亦数到本山所附之支,看得何干而化气论之。

武财论

武者,武曲也,属金,为执斗,九星中之至吉也。财,妻财也,合者为妻,不合者为财。财乃养命之源,亦是吉曜,故曰武财。以山头克者为武财,然克之中又有生我之妙,只患我所克者无气力,不旺而已倘旺祖当横我反得其生扶之美,自无未旺身衰之嫌,所以为美也。倘元辰衰而武财旺,财主退败之余而有再享之兆,故牧牛师所谓“三元三武共一家”者,殆有见乎!最怕空亡、死绝、败衰病之乡,及刑冲克害,关克之凶,最有生于库墓长生之位,则用之不竭。

断因祖业之财

如年上见财,坐冠带、帝旺、临官之地,而日之干支交合之,则主因上祖之财业享福。若年月刑冲破衰害病空亡,及与日家冲刑克害,及年月上逢马,则祖业退败,或有福不享矣。

断因妻子之财及本身进退

以日干为自己,以日支为妻妾。或曰:以日为自己,以时之干支为妻妾。知日上带财,得五气交生于无刑冲等杀,又得内外有位有气,或自坐长生、胎、养、库之宫,则自进财。若得贵人禄马,主因贵人得财,或因财得官。若带劫刃等煞,财因空手求来,或艺术得之,或多聚散,或合日支及时之年支交合位,气及武财入于时座亦三合交气,定因妻子进财。倘日时冲刑克害,空亡死绝等是破伤贫贱又见劫刃等,或因抢劫致死,见孤寡华盖,定因入僧道而食闲饭矣。

牧牛师曰:武财宜生旺有气。宜生入,年月为出,日时为入,财位在年月而生日时为生入。或财在年月,而日时有位有气亦是。财在外克入是财来克身,大吉。喜三武共一家,则格局清纯,无刑冲克害失陷死绝,则生旺三合之年主发财。如犯刑冲等,非损妻亦破财。若无气失陷,虽重见无益。逢败绝位,虽四位清纯,立见败财。

廉子论

廉者,廉贞也;子者,子孙也。以山头所生者为廉子,主生育子孙后裔长久之兆,亦为吉曜。但元辰生他为泄气,而廉子下变,又为元辰之所克者,而盗气为深使元辰衰,或山头失令无助,则有衰弱不兴之兆,纵生子孙,亦是幼失所养,贫贱懦夫矣。况四柱之中,不可多见。经曰:廉子不宜重见,重见则克子孙。不克子孙,亦损父母,又怕刑冲破害、克贼鬼关、空亡死绝、败病、带凶神恶煞、无位无气,非多生少养,则是不生不育;非忤逆愚顽、不送亲老,则幼失所夭、中道死亡。若廉子带禄马贵人等,则子孙出贵矣。

贪官论

贪者，贪狼也；官者，官星也。经曰：生我者为贪狼官星。夫曰，贪武乃恶曜也。盖其贪如狼，其凶可知。况生我之门，反为克我之户，如火生土，火一变而木之类，而官星至重，又非庸常之人、浅薄之地所当者。夫山家既凶克则畏官，而祸害不免矣。第一怕贪官有位有气，争月令之势而生入克入，纵元辰有合旺生墓之美，亦谓之两敌。流年遇生扶贪官知支干，则贪官恃当而作祸矣。第一喜贪官无位无气，库墓无妨，居于衰病死绝败胎之位，或值刑冲破害空亡之地，纵有亦不生祸矣。经曰：贪官重见最为凶，又嫌有位并有气。造葬犯多而有位有气，重则人命官非，轻则丁粮耗散。如值死绝空亡，亦损六畜，口舌官非。生旺年月见，若居死绝或月上相生克出，无大害。若有位有气，又居日时之内及年月中见，而克入者带凶神恶煞，其祸难遣矣。

牧牛师曰：人皆知贪官之恶煞，而不知恶有美者。使元辰健旺，山头有气，武财三合有位，最喜贪官一位，有气则有财，旺生官之美，富贵两全之妙。盖贪官生财，财生元辰，此所谓五气交度者也。若贪官又混杂破鬼则谓之官煞混杂，多不成终。又如建学堂、起官衙、士大夫门第及架高楼亭阁，及世族官家整整正堂，则用一位不为凶，反为进贵加官之庆。又要贪官在外，生入在内，克出带禄贵马元，与元辰交互，及命主与之生合，则可推贵矣。又若山家秉令得奇门阳乌等吉神，及山头有贵禄有气，四柱中天干地支生扶，阴阳不驳，或天干地支一气与山头有情，而贪官四见，或三见而无位无气，未可断为凶也。所谓官多无官，鬼多无鬼，亦平平而已。若遇刑冲则终必有灾矣。

破鬼论

破者，破军也；鬼者，鬼煞也。以克山头者为破鬼，其名又已凶，又能盗窃元辰之气，使人忘其克入为祸而不知。盖破鬼一化而为我所生者，其贪灾乐祸何如，故甚忌之。若秉令当阳进气有生临官、冠、库生扶之位，而克入居内，则凶灾甚速。重则瘟病死亡，丧服叠见，加以劫刃等凶星，则主强盗、抢夺、杀伤、服药、悬梁、水火之灾，面颜之恶，轻则破财，贼病连累，亏负小口，窃盗之祸亦主家中不和，及淫逸赌荡，血光之厄，官非口舌，积年不散。纵逢空亡亦主六畜多灾。阴宅冲克亡命，主亡人作怪，迟变不定，水蚁之患。若居死地无位无气，刑冲破害在外克出亦无妨。若单见并无贪官重混，有独旺则可以反祸为祥，其吉凶略同贪官。

贪鬼总断

忌曜重重见鬼贪，定遭破败见伤残。
家中积德千金宝，恰如水溢浪淘沙。

破军总断

立定安攻见破军，叠叠官灾不可论。
官鬼两混俱吉位，合家灾殃死无存。

此言贪破之凶，夫曰：贪而见官，必因贪财取祸。有官者败职，名节扫地。无位者，放利而行，廉耻尽丧。而富贵之家，不久亦败。此句是指言元辰，衰败者有此，而贫贱者，凶可知矣。夫曰：破而见鬼，必主先破败家国，财产费尽。因飞败暗昧之事，而充军徒流，断之以财败人亡之惨，而入于鬼禄矣。用者详之。

若破鬼带禄贵马元在外生入，及生元辰，或在内克出或生山头，及干头有制化，纵一位有气，也无妨。反因祸变福，永世无灾，不过虚惊而已。及起官衙、建社庙学堂，一切大事俱可用之。亦要带吉神无妨，若小事无吉神，亦不忌。

贪官廉贞不言凶，要合山向妙理通。
五气交度番成贵，何愁太岁急相逢。

此言变凶反为吉。

相生相顺方为吉，克出生回何必定。
若然相克泄身命，太岁生扶两泪汪。

五气总断

若五气吉凶之曜，俱以山向为主，建山论山，修向论向，修方论方。元辰及天干地支化气，俱要相生和合，吉星生入为顺也，凶星克入亦宜。年月位为上、为外，日时位为下、为内。大抵要吉神生入克入，凶星要生出克出。若吉星生出克出，其福亦薄，居于外地亦然。凶星克入，其祸重矣。吉星亦要当阳进气，生旺得位，凶星要受制克，又要克倒。如水克火，水旺火衰，曰克倒。

牧牛师曰：吉凶进期，各以生三合之年，主发财。以先天水一、火二、木三、金四、土五，天数年月纳音所属断之。

论何吉凶

不论吉凶神煞，各以人之本命支干化气三合生克断之。如甲己化土，申子辰之类，如申是破鬼得己人命，是如贪官无位无气属水，见申子辰人是也。及本命归禄马，非及刑冲破害之凶矣。

断生子事

元辰亦为子孙，若元辰有位有气，虽无廉子出现，亦主多育。若空亡死绝，纵别宫有位有气，亦是多生少养，螟蛉侧室之儿。若元辰无位无气，犯前项之凶，又无廉子，或有廉子，亦居败绝空亡冲刑，则平生不育，或多生女子。或廉子被干头化气制者，或两头关格，多是胎不成而生不育矣。元辰廉子无气，则主生子夭折不寿矣。

断夭折不寿

山家休囚,元辰无位无气又泄气,或多居在沐浴、病、死、胎、绝之地,则出夭寿之人矣。

断人财利进退吉凶

要元辰克五气,五气怕克元辰,五气生元辰,吉。元辰生五气为泄,泄多则凶,故曰:泄气太重,当代贪贱;泄气稍轻,后代必兴。先看本山休旺之年,次怕神煞生旺之岁,五气吉者亦应三合之年吉神。衰绝者,亦怕死绝之岁,应验。

五气中别用吉凶神煞

第一要参入列宿。如木元辰要用角亢氐房心尾箕七宿,水元辰要用斗牛女虚危室壁七宿,金元辰要用奎娄胃昴毕觜参七宿,火元辰则用井鬼柳星张翼轸七宿。又曰:木山宜用四木宿,水山宜用四水宿,火山宜用四火宿,土山宜用四土宿,金山宜用四金宿,此为真诀。

第二要明五运六气及四时旺相合乎山头。见通书局。

第三要合奇门遁甲必使奇门到山向为尽善。见通书局。

第四要推禄马贵人,见后集,如申子辰年月日时马在艮寅山。余仿此。

论元辰会天乙贵人福星贵人诗例

金鸡啼起惹殷勤,飞向申酉对虎林。

马带钉铃人不识,此星拱北对南辰。

秦臣辅位登金殿,楚地风波作贵人。

虽有九宫留日月,年头定见斗元辰。

《经》曰:元辰入庙,须要天乙、福星二贵人合之,对君臣会聚,主方山贵也。金鸡者,六辛年遇戊子日,申乃丙申长生,元辰有气。如坤山向艮寅,是为贵人。六辛逢马虎,六辛遇寅午山向年月日时,并是辛字为上,甚吉。马带钉铃者,如甲年坐子癸山向,是天乙、福星二贵人,对元辰为福德、临官贵人,辛年月日时吉。秦臣辅位,是六癸年作乾亥山,是元辰向巽巳,六癸逢贵也。且如癸酉年元辰逢酉不可作用。如九宫得戊癸二干化气,作丙午山,盖元辰有气,金精交度,遇者发福。作干遇禄元辰,对贵人禄马到吉日月,取天乙贵人对元辰,年己斗不增空,二十四辅十二宫,惟有天乙贵人难,寻还其向日月轮。大抵要禄马贵人同到山为上,或到时,或时干禄贵到合为妙。

论三煞

如申子辰年煞在南方,巳午未及巳午未命。余仿此。

又忌阴府太岁,重主损户丁。

凡造葬二事有分别,立宅乃生人所居,有活动之理,故以天干化气之元辰生之,为之阳元辰。第一要干德干禄干马五气生旺之,而遇刑冲破害,虽凶但稍轻,而祸易过耳。

至若埋葬,乃死者阴魂所依,欲其永达保固,如地支之不动,故以下论之化气,观气之交度,会合刑冲破害等而断其吉凶。

第一要元辰入墓,方得龙神拥护,百年发福。若阳宅元辰入墓,则不为全美,主出人愚昧,但亦享安逸老寿之休。经曰:立舍用阴气,为灭没,凶。埋葬用阴气,为元魂,此理最妙。又曰:埋葬又要五气交度生旺,主大吉。若休囚者,主家长亡。若人命冲刑元辰,主杀家长。若犯元魂,损亡人,克子孙。且如甲己年忌甲子、甲戌、己巳亡命,忌修方下向,盖甲己元辰子戌巳是也。

两头关格相关吉凶

相关相克两头强,中有大关及鬼关。七鬼鬼裴鬼自灭关人人必受灾殃财须要财乡旺冲破财乡退一场或是元辰亦生旺贵人进物喜非常,或关年月或关日时日如年时是甲己月日是乙庚依此之类为两头关格今集经验一二以为后学之法程庶不疑惑马。

两头关格　金山头　乙庚山

己酉　贪官火
乙亥　元辰金
乙亥　元辰金
己卯　贪官火

解曰:此是两头关,火克入中心,金关绝子孙,纵有酉为金之旺,见卯中之元辰,自坐病位亦为凶。幸火居败死之位,则亦无大害矣,难为子孙也。

以年时天干是甲己,乃甲己化土,土生金,山向贪官。再以甲己起甲子,遁至辰酉见戊辰、癸酉,贪官之下系戊癸化火。年时属火,再以乙亥月日,天干是乙乃乙庚化金为元辰金。再以乙庚起丙子,遁至辰酉是庚辰乙酉番化,又是乙庚属金。余仿此遁。

番化捷诀

乙酉　武财木
甲申　廉子金
己酉　廉子金
乙丑　武财木

元辰武化贪,官鬼子孙财。只此两句即知。

解曰:元辰化元辰,武财化贪官,五气朝元向者,即此也。

贪官化破鬼,五气克元辰者,此也。破鬼化子孙,盗气泄元辰者,此也。

子孙化武财,原忌子孙为泄,元辰番化武财,元辰克泄太甚,故廉子忌多,只取一位为美。

且如乾山巽向,乾属火,此格中心克出两头财格,主先克妻后生子。

相关诗

内外五行信有常,中心克出主灾殃。
元辰之位或财位,半是吉祥半是凶。
财物有求又是煞,财煞死气祸难当。
有妻便是妻有难,无妻却是退财郎。
妻财在外受两克,必能重叠娶两房。
若然克出在外死,男子不死过房郎。
倘见克入成家计,外送儿孙入叫娘。

又癸山丁向属火

癸丑　元辰火
壬寅　贪官水
丁卯　贪官水
癸卯　元辰火

此癸山亦中心克出两头格,凶。星虽要克出,然克元辰忌克子孙,克出在外死,不死亦过房。又曰:克妻主妻失,无妻主退财,有气亦减半,无气定见灾。

此格切忌元辰关贪破,要贪破无气,且关在月日上,则不可关入鬼,却得有向关之气,关鬼要关得倒。又如两头关克入,若造庙观、寺院,要生起鬼有气不受克,是显灵。太抵凶者主克出,吉者主克入,吉。

三元一子格

甲午　元辰土

甲申　元辰土

甲戌　元辰土

庚午　廉子水

此巽山属土,见三元一廉子,土克入此谓吉神,喜克入也。四柱有位,经曰:三元三武共一家,子孙世代享荣华。主申子辰年大发财发福。

又三元格　癸山火

己亥　廉子金

癸酉　元辰火

戊寅　元辰火

癸丑　元辰火

此癸山属火,三火克金,克出次之。元辰火生在寅有位,金病在亥,子孙不旺。幸有酉丑旺气,吉。亦取三元三武共一家吉局。

三武财格

己亥　元辰土

丙子　武财火

丙辰　武财火

丙申　武财火

此壬山属土,三武火生出元辰土为灭气,但生元辰则山家有气,系冬月山头主水有气。元辰土见申子辰三合,有位有气,虽武财火无位,幸三丙助之,吉。遇申子辰年发福。

四武财格

辛卯　武财火
辛卯　武财火
辛卯　武财火
辛卯　武财火

此巳山元辰,属土属阴,用四阴干支得阴阳不驳杂之美,人皆谓奇。殊不知四火俱坐败地,辛金俱绝在卯,所以主官非、大败、贫穷。昔黄姓人用此格,有五百租,不十余年,大败尽矣。

克出格

甲申　元辰土
癸酉　贪官木
癸亥　贪官水
辛酉　武财火

此巳山属土,贪木生武火,火生元辰土,似吉,但武财已死在酉土山,八月无气,贪官得长生,胎居内,其凶势甚急,虽元辰土坐申长生,难当二木克之,所以大凶。昔湖广武江彭钦用之后,廿七日双生子夭亡,是其验也。

克出格　艮山属木

庚子　破鬼火
己丑　武财水
甲申　武财水
丁卯　元辰木

此艮山属木，亦克出，吉局。盖木山丑月进气，元辰居旺地，武财长生，克破鬼，应申子辰年进财，亥卯未年生贵子，吉局。

三武格　乙山属金

壬寅　武财土

癸丑　破鬼水

壬子　武财土

壬寅　武财土

此乙山属金，三武有气，所谓甲己土生乙庚金，定是金门富贵人。辰戌丑未年应旺，加官进职。三土克水水必灭，所谓鬼关、鬼灭是也，故吉局不论破鬼有气也。

三贪官格　巽山属土

壬寅　破鬼金

癸丑　贪官木

癸卯　贪官木

癸丑　贪官木

此巽山属土，破鬼克入鬼煞有气，官煞混杂。法曰：丁壬克制甲己土，造葬退则见贫穷。是也。卞洞黄仁台用此葬父，至丁未年大败矣。

四廉格　寅山属木

癸巳　廉子土

癸亥　廉子土

戊午　廉子土

戊午　廉子土

此寅山属木,见四土已嫌太泄,又年月相冲,又癸巳年以午为空亡。断曰:午未年损幼丁。又一说,寅山木即是丁壬木克制甲己土,造葬退败见贫穷,元辰最行木旺地,定主家长命先终。寅申冲克之年,亥卯未木旺之岁损丁。

四贪格　亥山巳向属火

丁酉　贪官木

壬寅　贪官木

丁酉　贪官木

壬寅　贪官木

此课贪官重见,虽贪官无气无位,似若不凶,但贪乃贼也,兵刃也,群贼持刀来刺,彼空拳之夫,虽有重瞳之力,亦败之矣,况元辰又不旺扶。经曰:贪破重混,重则人命徒流;轻则丁粮耗散,后果应之。申子辰巳酉丑年人丁六畜尽皆空。

四鬼格　丙山壬向属火

辛丑　破鬼土

辛丑　破鬼土

丙申　破鬼土

丙申　破鬼土

此课重见破鬼,本为凶,又鬼煞坐于长生申位,而元辰无位无气,伏藏病收申位,火生鬼土,愈资其剥削,而破鬼之干又有相生之害,所不出月余,为人命破败。盖火山本急,丙申纳音火,所以二月即应验矣。

此局系张玉湖葬亲,止四十日为人命败家之。

三廉格　水山

辛丑　元辰水
丁酉　廉子金
壬午　廉子金
壬寅　廉子金

此克入格。元辰克子孙,须子孙有气有位,廉贞重鬼可修方,不可造葬,灭气太重损户头。

修方格

己酉　廉子金
辛未　破鬼土
庚辰　武财木
乙酉　武财木

此乾山属火,喜木火,金忌土水。此用金化土,金制木元辰,虽伏藏,幸夏月火旺,二木乘旺四生,虽破鬼见辰日有气,但两木克之又廉子金,化凶反吉,所以为美。主大吉进生气物,果周年生贵子,申子辰得绝户,田地横财,大造大发,少修小儿。

艮山属木

庚子　破鬼火
己丑　武财水
丁酉　元辰木
甲辰　武财水

艮山木也，月时水生元辰，吉。经曰：丙年水生丁壬木，三六九年进官禄，亥卯未年生贵子，人口安宁长发福。况武财有气成吉，但子一庚克木，未全妙也。此陈步云墓父，三年果入学。

申山属水　三贪格

庚子　贪官土

己丑　破鬼木

乙酉　贪官土

庚辰　贪官土

申山属水，贪官三土重见，再行元辰休囚之地，丁财尽空，水败酉死卯绝巳丑等，平败兼贪官有气，其凶甚矣。

经验五气朝引证

甲申　元辰土

丙子　武财火

辛丑　武财火

戊子　贪官木

有饶师与许乡臣择起造，断丑年发科者也。木山生辛乙，辛属土，以土为主，而课中元辰生于申乃长生之位，又见两子为土之旺地，是山家独旺。又见贪官之木，武财之火回生元辰土，是财官两见，生身格局，甚美值日房日鬼，冬至后得地，翼宿值时，又助其美。且元辰为子，火旺福力绵远，应申子辰年添丁进财，果戊子科得选矣。但贪官属木，乃克元辰之煞，虽臣家不忌，但亥卯未年助木旺，故损宅母。寅午戌年吉，巳酉丑年定然损伤，申子辰年半吉半凶，是为土格。

酉山卯向属金

壬寅　武财土

壬寅　武财土

戊午　破鬼水

戊午　破鬼水

酉山属金一富家,用此课武鬼并见,虽武财回生,但春季土已休囚,又坐于病官,岂有回生之理?破鬼虽无位无气,但坐午上,乃胎宫酉中生出耗气,助破鬼之旺,幸戊土制之,所以未至大凶。次年亥卯未之岁,元辰休囚,又水局克破武财,且癸卯年纳音金,又生扶破鬼,兼癸与戊合化火,又是破鬼,故是年损丁破财。然破鬼居戊午纳音木之下火出救,故应二年损败,验矣。

续集近用验课

己酉　元辰土

丁丑　破鬼金

戊寅　贪官木

癸丑　贪官木

此造壬山丙向,土元辰,败在酉,衰在丑,病在寅,为无气无位。破鬼贪官俱有气,为官移走害己,运年官非破财损丁,乙卯春偶所其验,遂议修改林家课。

又验课　巳山属土

癸丑　贪官木

乙丑　廉子水

壬午　破鬼金

戊申　贪官木

此朝阳邻人葬巳山,元辰属土,隐伏不现。破鬼之金墓丑,贪官年时重见,木虽无位,冠带在丑。乙卯年卯月逢旺有气,二月丙被人牵连,破财已尽矣。诀曰:丁壬克制甲己土,造葬退败见贫苦,元辰再行生旺地,定主家长命先终。

癸酉　武财金

癸亥　武财金

戊午　武财金

戊午　武财金

此卯土属木元辰格。四格俱财旺于酉年,大吉。亥中甲木又生财,葬主得财大发福。

十二星断

建宜出行收嫁娶,定宜冠带满修仓。

破除疗病执宜捕,危本安床闭葬良。

成开所作成而吉,平乃作事总平常。

十二星所属

建计除阴满是罗,平火定金执水河。

破木危阳成是土,收气开金闭孛过。

建日相逢造葬凶,颠狂乱舞破家风。

行嫁出行上任吉,教牛教马此事通。

建日可谋木为事,若改前为再莫逢。

总计建除平收日,出兵斩破大有功。

建者,健也,乃健旺之气。宜教马、教牛、习武、行兵、出行,亦吉。惟正、四、七、十一月不宜出行。最忌架造、埋葬,主出行妄之人,酒色昏迷,胡作乱为,破坏家门。只宜行嫁、谒贵、上书,吉。如二、五、八、十二月遇建日,又更利害，是木旺在卯，午火旺之类。

除遇娶妻并造葬，求官上任阻前程。
经商出行及移徙，兴工动土楚战秦。
疗病捉贼除服好，宜合帷帐除邪情。
斩毒断蚊塞鼠穴，解释冤愆一切灵。
贪酷官吏恶人类，除日告之问假真。

除者，乃除旧生新之象。宜除服、疗病、断邪、塞鼠穴、出行、嫁娶，亦吉。埋葬、修造遇吉宿好，生旺亦吉。又曰：最忌嫁娶埋葬。凡求官、上任、经营、移徙、出行并起工、动土俱忌，只宜做帐帷及宜解释冤愆、治邪魔、斩鬼精、捉盗贼、断白蚁、告贪恶人。

满宜造仓并作柜，诸事为之大吉昌。
婚姻结义完全好，一园春色百色香。
古云满日土瘟是，架造可为葬不良。
不宜栽种并服药，开鉴池塘鱼满塘。

满乃丰亨豫大益之义也，号曰土瘟。不可动土、栽种、布菜，只宜造仓箱笼柜、婚姻、结义、开塘，如合好宿，宜架造，出富强壮。忌埋葬，然葬者，藏也，不用满日决不能受益，岂能藏乎？

平宜收盗及收瘟，剥削除灾百事亨。
又宜行嫁及教畜，遇伐逢金断贼根。
造葬埋之俱平过，余肯守分及高增。

平者，乃绳邪齐一之义，平常之谓。宜行船、收捕、治邪瘟、治病、除灾、行嫁、教牛马，与平治道及屋场地基、修造、泥饰墙壁等事。若遇伐日及逢金宜出兵、除贼根。若造葬用之，亦是平常。

定可冠带及安床，余条虽为是不良。
招惹官非名死气，纵逢吉曜也平常。
造葬若逢此定日，好事生来却有妨。

定者，废气也，忌做六畜栏、经商、出行、移徙、入宅、词讼、见官，俱凶。只宜冠带、安床、嫁娶、上任、求官，若造葬不得宝、义、专日及合日、月本宿，福不周全也。

执有威仪总势权，得遇之星出大贤。
捕贼擒凶称妙手，狂教捆绑百心寒。
若合宝义专好宿，用之亦在破败中。

执乃固执之义，亦曰：执结操守之义也。又有威仪权势，宜捕贼擒凶，此执日宜逢造、葬、嫁娶三件。若遇本宿登垣，主出文明贤主，宜宝、义、专吉日，及月宿尤大吉。

破日造葬嫁娶凶，诸事交关无始终。
说合不和谋不就，经商买卖求不通。
纵好宝义专好宿，用之亦在破败中。
疗病针灸皆可用，秀士赴考夺天工。

破者，刚旺破败之义，百事俱忌。婚姻不谐，纵合宝、义、专日及好宿，决不能成，见破败矣。若遇辰戌丑未日值本宿，逢此破日，秀士赴考，名为破天荒。并求医疗病、服药、针灸、破屋坏垣、破贼阵亦可。

危日登高及行船，日良好宿却多缘。
作事交关全得好，所谋百事独称先。
危日安床亦可许，造屋迁移亦不安。

危乃危险之义，高大之象，荒唐之谓。最忌登高、履险、行船。若伏降峻渊深之地，又有阻抑着惊之事。又遇伐日并逢弱怒二宿，主见伤人之祸。若遇宝、义、专日及好宿，最宜与人交关，全得利益。经商、求官，谋为百事，俱吉，独称先过人。惟造葬、嫁娶俱凶，但行安床而已。

成日百为事诸谐，造葬分明待贵来。
娶妻必定生贵子，求名求利亦快哉。
若问隔年新旧事，结冤结仇不须裁。

成者,结果成就之义。凡为百事,只有成就之说,俱吉,先难后易,注有和合之义。若遇日吉宿好,凡为俱吉。造葬、出贵、嫁娶、生贵子、求名利遂意皆成就。若事已成,不必再谋,更移欲结冤害,亦不必谋,为去栽种也。

收日娶妻埋葬吉,人好出行及买庄。
若遇宝义专好宿,百为皆美及作商。
架造不宜用收日,阳若宜显阴宅藏。

收者,收天下之溟也,有收成之义,又为藏纪之象。用此日遇宝、义、专日及好宿,最宜娶妻,定生贵子,葬必出贵,及经商、出行、移徙但得利益。实买卖金银财物、收财千箱及收买田地屋宇、纳财取债,诸事大吉利。入学、捕捉、畋猎、收置仓廒等件,若此收日,纵合宝、义、专日及好宿,亦不宜架造。盖阳宅宜显,阴宅要收藏也。

开日相逢百事昌,天开生气到生方。
最宜架造生贵子,开门放水进田庄。
嫁娶移徙出行吉,求名求利喜增光。

开者,乃天下也,系生气之位。最宜架造、生贵子、开门放水、进田庄、嫁娶、移徙、出行、求财,百事宜用开日。如遇太阳登垣驾之日,主生贵子,福禄至独。埋葬主大灾祸,极凶,切不可用。

闭日埋葬及藏宝,遇此为之终到老。
六畜栏枋造亦宜,架造医日最不好。
施针下炙不当为,塞路合帐称妙巧,
大宜娶妇不造动,守静闺门名誉好。

闭者,乃牢固之义也。最宜埋葬,主得富贵大吉,收金藏宝不被盗贼偷劫,造六畜栏枋、合帐、塞路、断蚁鼠穴、修筑茔坟、作厕等件,忌医眼、针炙、上任、经商、移出,端事不宜。又忌架造屋宇。如遇坐正闭而不通,定主暗祸。此日娶妇主本妇静守不妄动,闺门端正,名誉好。

秘传五气朝元玉函经选择要旨

一论五运六气,二论大利年月,三论龙运生死,四论山运生克,五论太阳太阴,六论星宿入垣,七论奇门遁甲,八论演禽星象,九论天河转运,十论雷霆太阳,十一论真禄马贵,十二论生命化命,十三论三白吉星,十四论差方禄马,十五论星宿日时,十六论五气元辰,十七论推官推富,十八论补龙补运,十九论修方修造,二十论阴府吉凶,廿一论捉煞帝星,二十二论时克应。

新镌编历法总览合节鳌头通书卷之二

鳌峰　道轩　熊宗立

后裔　月畴　秉　懋　重订
　　　淑明　启　灿　梓行

郭氏心经序

伏羲本河图而画八卦，夏王得洛书而布九畴，玄女因八卦而明地理，皆所以顺天地之精微，明阴阳之奥妙，将使人趋吉避凶而已。至于万物之繁可辨于台属之内，寓世之远可观于瞬息之间，大如万国，细若鹿荷，须远在遐陬迁在自捷。夫沉沦于不测，幽显于无形者，莫不默而该之，真而会之，圣人既定于法，不传于世久矣，故家国多非横而亡，使人民有夭折之丧。伏恐来世愈失其由回蹈尤衣于遗书，还推候于成数，山山合于八卦，卦卦合于六爻，妙坊用于乾坤，记精神于离坎乾坤应在离坎。艮巽发枢机之要，震兑问造化之端，艮巽应在坎兑。上马正八曜之昭回。下马定五行之生克，自六明而通乾，二气而周旋，由本宫而算起，随节候以推迁，循环乎一十二卦之宫中，经由乎二十八宿之躔度，自然推合则无设也。夫然后剥者则知复之道，泰者则知否之任，验将承之休咎，表已往之兴亡，审人间之姓氏，识地理之稽详。其生也，知时死生知日，福来也知微，祸来也知机又伏。凶人免其凶，吉人集其吉，且建邦、立都、迁坟、立宅，所欲其方而定其位者，舍此何求，非斯文莫能正也。仆不虞大谜集以成书，君曰正心，夫正心者，正天地之心，直以救世，为之非敢拟而作也，凑方类包八荒，上可替王者之治国，下可俾黎庶以安居，易所谓幽冥之故，知生死之诀，知鬼神之情状矣夫。

天地定位篇论

天地定位,数行其间,河洛图书,圣人寓意,学之者易,语之者难。逢师者授,熟了如闪,真夸已能,遥逸任缘。古人遭遇,凶士愚顽,洛开造化,法出神仙,有人知此,万代留传,此一篇论得数者也。那氏达英数者也,太极判而有天地,有天地而后有河洛之数,上行乎其间人禀天地之气而生,此随数之,吉凶已有分定。是数也,人患乎不得,既得之矣,又患乎不达,达数者英天地并立而不悖,寄世而不住世,信缘而不泥缘,去住自由,逍遥自在,虽生乎宇宙之内者,孰不欲趋富贵而厌贫贱也。且生者不可无所居,死者不可无所葬,夫阴阳风水者,君走贫贱之方,顺之者昌,逆之者亡,是知建都、立邦、安坟、入宅不可不得,其人有得,其人反疑不用者,有达数者当如所走向知近就如虚不可为也,故曰:吉人遭遇凶士愚顽。余初授此篇不甚注意,唯留心形象而已,师笑曰:汝去后观此一篇,有大利益,然而未晤及归,体法用事,明阻不中和未当,与人王立河图不奇偶未当,与人用葬,必九六同宫,三气顺序,然后属意焉。奈何用舍由人,皆不可执,方省师语,固叹曰:用之则行,含之则藏,圣贤事也。

河图洛书二论

河洛图书,地理枢机,圣贤心传,知音者希,鲧湮洪水,昧于地理,九载不成,幸然有禹,禹列九州,不复尧忧,九州斯定,未居吉流,溶决亩仡,万邦作大,凭禹河洛,功成自若,箕子居周,始陈其由,曰天锡禹,洪范九畴,象有大小,数无不由,阴阳五行,二至所出。阴阳者奇偶也,五行者五气也,皆胜于河图也,不识本始,有生有杀,相河洛者,地理奇绝。

河洛者数也,未有天地而有此数,经月天地者于此数中也,而此数者该乎天地之大,是凡位乎其中者皆不逃此数也。穷造化之端,究寻伦之序,圣贤相承,未当离此数,是故伏羲以之而演八卦,夏主得之以布九畴,玄女因之而明地理,郭璞用之以玄通。盖表正而影正,原清而流清,历世犹一月也,见河洛本始也,不识本始,有杀有生明矣。本始者五行所自出五气之所卦分也,且人之生得之不得曰有命,及其死之所无得无天命,果安在方其生也。有岁月日时与之谓五行,五行者命也,及其五行之数终,数终则人死,人死则五行不复生矣,盖死者有形而无命也,葬者用河洛来生气则为当矣,若用之不当未免穴吉葬凶之患也。且生者之得五行与葬者之得五气一也,故其生者得其岁时则终身致福,失其岁时则终身致贱。及其葬也,以形入土也,得其岁时与失其岁时,致吉凶之理,亦犹此也。经曰:穴吉葬凶,与弃尸同。是谓河洛不明也。

人托秋密,大巧若拙,游数之用也,避凶趋吉之理,自信甚笃,不可必之信,施之各当,不可强大之从,所以大巧若拙。

推洛河,洛成数万无一损,成数一篇用河洛来五气也,能知形坐向背,用葬者有吉而无凶也。或不识河洛则气不明,阴阳天序,乘独阳独阴则嗣续多绝。五气颠倒则凶祸如响,皆穴吉葬凶之所致也,河洛其可忍哉!得此方是地理也。能知河洛,天地同布,掷地金吉,人天集护,非人莫宫,非人莫传,人贱德全,贵地当贱;人贵德无,智士登途。

一行云:吉人卜地论阴德,不去支顾论孙息。那支却有阴德扶,便去那支前官职。那支作恶那支贫,那全支支阴得均。但得阴德助阴德,不又拘拘咎术人。此语非惟戒人德,福时势艺天道当。与善人固可以为戒,然术者当观起例。

例阳日入中宫顺,阴日入中宫逆。

一例用日,只随阴阳二遁分逆顺。

阳遁用阴日亦顺,阴遁用阳日亦逆,前二例脱未深明,但阳遁用阳日阴遁用阴日,虽难入用数,必为二例而得,虽以四仲伏吟孟季,互迎为正。

生成数法

支山用月支,月支起洛书,月干起洛书,入于并四维。指用云:甲丁之日震宫求,丙辛己月在离州。庚癸之月临酉兑,戊壬乙月坎宫求。阳山须用阳数入,阴山阴入便阴流。

洛书求其数,阴偶而阳奇,阻顺而用逆,中宫九路飞数遇本宫坐偶则寻后奇,遇奇便寻偶,二至六阳内三元逆顺推。二至,冬至夏至也。六阳子寅辰午申戌月中气也,自子至辰谓之阳三元,自午至戌谓之内三元,阳顺而逆。冬至一七四,夏至九三六也。四正日不移,孟季日互迎。云孟山用季日,季用孟日,四正之山用四正之本宫逐月布,先用通尽数求日丁,次用正孟季求日支,后用河洛逐甲密逆数。河洛甚得数,以数入中宫,阴阳逆顺,布今偶,遇前偶,前偶换日依前计,生成奇偶成利用鬼神惊,前偶洛书之偶也。

璞记地理之精微,五气之行平地中,皆不逃此数。用之葬者,乘得生气,生成奇偶则公侯可致,灾害不生。若春风和气,生长万物,殊无龃龉,自然发达,荣茂至神妙矣。

干支贵贱论

渍阳宅支干须识,不识支干,迁立不宜,天贵干,地贵支。

干神属天,支神属地,天贵干,地贵其支,亦各贵异类也。地理不贵于神亦犹贵命妇人反所以为贱也,干配定向配俱庆。阳生于子,子复、丑临、寅泰、卯壮、辰夬、巳乾。

阴生于午,午姤、未遁、申否、酉观、戌剥、亥坤,自能韬合七星照临。

爻阴阳按图可见,奇偶生成。

松曰:地升九星照墓宅,天乙司帝降七星。常游十二支太乙及紫微照临,所以地贵其支也。

干不属照临支神,天下辅弼并无定度,建立坟宅,干神莫措,乾坤艮巽五鬼文曲甲庚丙壬乙辛丁亥文曲五鬼。

干神非特不顺,一半属文曲,一半属廉贞。

原旷野切宜避忌,干向干凶吉平原也。

支向支昌,吉形应也。

松曰:史有二星尊作主,此贵偏安,贵当逆入干反爵离,官爵宅中,推穴无正,受官不久,年少多灾咎是也。

神迎鬼避篇

坎艮震阳宫顺进，离坤兑阴宫逆退，取数居中用洛寻宫，夏至阴逆，冬至阳顺，上中下元中气分三体，法推数移居中布还宫下马合成前数，奇偶生成，感召有灵，此是神迎也。诸杀建杀须蒙，不明此是鬼避也。神仙秘蒙，似佛六情，不合人情。

神藏合朔篇

通天窍精河洛，当明日用河洛，方无一错。

前云推修成数方无误，此云日用河洛方无错，河洛者维持成数。数者出入何格，虑后人不识，故重复举示，用之葬者决定复数，故用方无一错。

王侯所自公卿所出，愚蒙疮症贫贱寿夭，皆从此分别。

祸来也知微福来也，知几故此见也。

君子趋吉，小人避凶，独阳不生，独阴不成，不得奇偶之数则伤子孙。

洛书始起河图，后乘六阳当明二气，当精逆顺祥，当孟季互迎，起伏当熟，不然误人。藏神合朔要在通灵，将来学者即此书寻藏，悉具备七篇正心，此书甚显，其旨至深，得旨观书自无余蕴，即书寻旨言或难明，后学不可轻用念之哉！

河洛五行数

水数一，火数二，木数三，金数四，土数五。

其五行之数共成十五之数，其成十五之数配月，因五行之气而回，因五行之气而缺，故河洛图书、洪范、九畴、五行、八卦所以不离纵横十五之数，阴阳奇偶合则为之真夫妇也。

符应生成大数。

如丁山丙穴用乙卯年正月戊寅,以五数入中顺飞,地八到艮丙。

甲庚丙壬乙辛丁癸,八穴用月午数取入中宫,顺行。

甲月用天三入中宫,乙月用地八入中宫,

丙月用天七入中宫,丁月用地二入中宫,

戊月以天五入中宫,己月用地十入中宫,

庚月以天九入中宫,辛月用地四入中宫,

壬月以天一入中宫,癸月用地六入中宫。

乾坤艮巽四山,论月家纳音所属,取属入中宫。

如甲用水月,即以天一入中宫,顺行。

属火以地二入中宫,属木以天三入中宫,属金以地四入中宫,属土用天五入中宫,各入中宫看坐穴。

寅申巳亥辰戌丑未八山,以月支取数入中宫,顺行。

月支正寅天三入中宫,二卯地八入中宫,三辰天五入中宫,四巳地二入中宫,五午天七入中宫,六未地十入中宫,七申天九入中宫,八酉地八入中宫,九戌天五入中宫,十亥地八入中宫,十一子天一入中宫,十二丑地十入中宫。各以其入中宫顺飞看坐穴。

子午卯酉四山坐穴。

以月支三合辰数入中宫,顺看。

寅午戌月天七入中宫,申子辰月天一入中宫,亥卯未月地八入中宫,巳酉丑月地四入中宫。各入中宫看坐穴得数为主。

如艮山坐丑穴,丑属兑宫,管十二月,葬以地十入中宫顺行。地二到丑穴,合用辛月得天七数以成之,钧卦管宫。

右前山家坐穴得数与日数合成大数,谓之生成,如地六直山则用一数而取月合成。余仿此推。

乾坤父母生成大数。

乾生三男,坤生三女,奇偶生成数也。乾甲配天配父,震亥庚未长男,坎癸申辰中男,艮丙少男。坤乙配地配母,巽辛长女,离寅壬戌中女,兑丁巳丑少女。

乾亥阳金山,自得天九,宜用乙未、乙丑、癸酉、癸卯、辛巳、辛卯阴金,曰地四合天九成数。

兑丁阴金山，自得地四，宜用甲子、甲午、壬申、壬寅、庚辰、庚戌阳金，曰天九合地四成数。

震长阳本山，自得天三，宜用癸未、癸丑、辛卯、辛酉、己巳、己亥阴木，曰地八合天一成偶。

巳山阴本，自得地八，宜用壬午、戊辰、戊戌、庚申、庚寅、壬子阳木，曰天三合地八成偶。

坎申辰阳水山，自得天一，用丁丑、丁亥、乙酉、乙卯、癸巳、癸亥阴水，曰地六合天一成数。

巽辛寅戌阴水山，自得地六，宜用丙子、丙午、甲申、甲寅、壬辰、壬戌阳水，自天一合地六成偶。

丙阳火山，自得天七，宜用己丑、己未、丁卯、丁酉、乙巳、乙亥阴火，曰地二合天七成偶。

壬乙阴火山，自得地二，宜用戊子、戊午、丙寅、丙申、甲辰、甲戌阳火，曰天七合地二成偶。

庚癸阳土山，自得天五，宜用辛丑、辛未、己卯、己酉、丁巳、丁亥阴土，曰地十合天五成偶。

壬土山，自得地十，宜用庚子、庚午、戊寅、戊申、丙辰、丙戌阳土，曰天五合地十成偶。

右假如一旬郡玉匣金钗离巳阴火山，用戊子阳火，曰天七合地二偶成。

周提刑坎山阳水，用乙酉阴水，曰地六合天一。

巽太保乾阳金山，用癸酉阴金，曰地四合天九。

寅司空艮阳木山，用癸丑阴木，曰地八合天三。

童丞相辛山阴木，用壬戌月阳，曰天一合地六。

左侍郎丁阴金山，用壬寅阳，曰天九合地四。

山
(乾坤艮巽四山坐向)

	水	火	木	金	土
中宫	天一	地二	天三	地四	天五
乾宫	地二	天三	地四	天五	地六
兑巳丑	天三	地四	天五	地六	天七
艮丙	地四	天五	地六	天七	地八
离壬甲戌	天五	地六	天七	地八	天九
坎癸申辰	地六	天七	地八	天九	地十
坤乙	天七	地八	天九	地十	天一
震庚辛未	地八	天九	地十	天一	地二
巽辛	天九	地十	天一	地二	天三

月家数立成

一数乙巳酉丑　亥卯未	二数丙寅午戌　申子辰
三数丁亥卯未　巳酉丑	四数戊寅午戌　申子辰
五数己亥卯未　巳酉丑	六数庚寅午戌　申子辰
七数辛亥卯未　巳酉丑	八数壬寅午戌　申子辰
九数癸亥卯未　巳酉丑	十数甲寅午戌　申子辰

坎宫冬至惊蛰一七四,坤宫小寒二八五为期。

震宫大寒秋分三九六，艮宫立春八五二中觅。
离宫雨水九六三是宜，乾宫清明立夏四一七。
乾宫谷雨小满二五八，乾宫芒种六三九周的。
离宫夏至白露九三六，艮宫小暑八五二中得。
兑宫大暑秋分七一四，坤宫立秋三九六局出。
坎宫处暑七一四中观，乾宫寒露立冬六九三。
中宫霜降小雪五二八，巽宫大雪四七一无偏。

右冬至顺，夏至逆，遁寻丁甲子，通天宝窍诗例。

年家诗例

通天窍局少人会，子酉寅申并巳亥。
本年小吉顺宫飞，顺进逆飞大吉位。
辰戌丑未支大吉，干进一神迎小时。
卯年本位起天罡，干乙天罡逆为敢。
干干支上顺河魁，于丁逆作河魁配。
逐年排家看山头，逆顺吉凶随太岁。
直丁一行是年位，年位横寻认本山。
岁值吉星真为美，若合月日时全欢。

通天宝窍月家诗例

子午卯酉须寻究，寅申巳亥马头当。
辰戌丑未随天走，择日寻山仔细推。
甲庚丙壬申主起，乾坤艮巽子宫求。
乙辛丁癸骑龙背，山头取月顺行游。

通天宝窍日家诗例

月日须知合吉星，通天窍妙是通艮。
九天玄女推宫算，六十甲子合天星。
子午卯酉四宫起，寅申巳亥入申游。
辰戌丑未当二策，午畔退后一宫求。
甲庚丙壬三宫起，乾坤艮巽七山头。
乙辛丁癸居坤位，但把干辰顺九州。
甲丙戊寅壬接去，乙辛丁巳癸周流。
三白九紫局吉推，更加三绿得相投。
择日须教合罡主，用之必定出王侯。

又云：

下穴须合黄道星，山头用日一同情。
子午卯酉伏吟吉，孟季元来互相迎。
甲庚丙壬四仲吉，乙辛丁癸穴通明。
乾坤艮巽四季吉，起造埋葬大通明。
天有九星名九曜，照临地下八山名。
奉劝后人须详细，年月日时最通灵。

一白生龙，二黑建龙，三碧明龙，四绿单龙，五黄狂龙，六白宝龙，七赤游龙，八白旺龙，九紫进龙，十贴龙。

癸壬日遇癸干补位，吉凶总一般。

年月日时须顺合，各起天罡拘要知。
甲庚巽上丙壬艮，乙辛癸位顺推移。
丁癸乾宫戌坎位，巳日丁时顺布求。
若能此法名会龙，时师莫气泄天机。
直写一行日十位，干为横寻凶吉时。

宝窍立穴深浅法

立穴干龙乾居武，甲蛇寅雀乙居虎。

辰陈一天四位推，只怕凶神伤本主。

子山坐下乃勾陈直穴，不可深一丈二尺，伤本主。

甲庚丙壬山坐下勾陈，将不可深四尺，伤本山将。九天玄女入山天是童步点穴法。例云：

乾巨艮文坤破乡，离贞坎武兑存当。

震行左辅巽右弼，排定星辰仔细详。

六尺为步，但于山下小坑畔山乡下步量，取吉穴或步长穴要高则周而复始，且如乾甲九天起贪狼，二步即是巨门也。余依例推。

气运天通法

进作宅基，先定坐山，阳生于子，故自子至巳为阳，乾卦主之。阳生于午，自午至亥为阴，坤卦主之。阳山宜坐阳七水，而阴水出阴山，宜坐阴七水，入而阳水出，则阴阳相济，无不吉矣。

一岁有十二月，月有三十日，三百六十日一岁之常数也。一岁常数以坎震离兑四正卦配之，冬至日在坎，春分日在震，夏至日在离，秋分日在兑。卦有六爻，爻主一气十五日，六爻共九十日，四卦四九三百六十日而周一岁。常数又以一周常数配六十卦，一卦管六日，一日值一爻，五卦得一月，十二月得六十卦，六六三百六十日全周一岁之常数也。周天三百六十五度四分度之一，一岁全数自今年冬至至明年冬至共有三百六十五日四分日之一。除一岁常数一百六十日余五日五百四十分之日，二百三十五分为气盈，又一岁月小五日九百四十分日之五百四十九分为朔虚，禽气盈朔虚而闻土马是闰名岁之枢纽也。一岁闰率则十日九百四十分之八百廿三岁，一闰则三十二日九百四十分日，六百单十五岁再闰则五十四日九百四十分，日之三百七十五分十九岁七闰是为天运一章。日行周天三百六十五度四分度之一，月行一月行周天为不及六十五度九分度之七躔，二十八宿属八八六十四卦所主气候，以验生物，出见隐藏，见天地四时气候，一定无差惑也。故日用体为当如卦气之盛衰节候之浅深，运天配合山家，日辰配合浑天官，其相生不宜相克，卦气以律吕相为表里。如择日已合造葬正日，又合浑天爻象，天干取合，地支亦取合，务要与本山头相关，否则贵客遇门不入也。

用卦气法

凡甲日以四时卦及阴阳配日辰，务取本卦爻中配合，如甲子日爻中无合之吉，则取日辰庚爻中甲子十支合亦吉。或三合，或六合，或律吕，随入相生日时与本山和闰则有应验。

假如择日，用春分节值辰卦初爻，庚子、庚申之日申子辰三合。

若候卦春分节值晋卦，外三爻巳酉值专，又解卦云三爻大射六爻各卦内，有庚子、庚申、甲子、甲寅俱吉。

假如戌山，戌乃五音剥卦之地，合在取二月春分，大壮卦用事，二月卯与戌合，律吕相生及大壮四阳并进，此乃阳辅阴之法。

大凡造葬，先审坐向，察四阳有余之气，观节气卦候盛衰，以年月日时如病配合为例。

节卦候卦，壆爻论浑天纳音为主，日辰为客，客生主则吉，主生客则凶。

主克客者为财也，和坎之，上音克下音为财，下音克上音者为煞凶也。

玄机玉历卦爻配山。

如乾山棣戌亥二山，乾为父，必须用坤为母卦，六爻浑天甲子取一爻日辰配之。或乙未、乙卯、乙巳、癸丑、癸亥、癸酉之日配乾卦。

如子山棣壬癸二山，坎为中男，用离为中女卦，六爻日辰配之，或己卯、己丑、己亥、己酉、己未、己巳之日配坎卦。

如艮山棣丑寅二山，艮为少男，用兑卦为少女，六爻日辰配之，或丁巳、丁卯、丁丑、丁亥、丁酉、丁未之日配艮卦。

如酉山棣庚辛二山，兑为少女，用艮卦为少男，六爻日辰配之，或丙辰、丙午、丙申、丙戌、丙子、丙寅之日配兑卦。

如震山棣甲乙二山，震为长男，用巽卦为长女，六爻日辰配之。或辛丑、辛亥、辛酉、辛未、辛巳、辛卯之日配震卦。

如离山棣丙丁二山，离为中女，用坎卦为中男，六爻日辰配之，宜戊寅、戊辰、戊午、戊申、戊戌、戊子之日配离卦。

如坤山棣未坤二山，坤为母，用乾卦为父，六爻日辰配之，宜甲子、甲寅、甲辰、壬午、壬申、壬戌此六日配坤卦。

如巽山棣辰巳二山，巽为长女，用震卦为长男，六爻日辰配之，宜庚午、庚辰、庚寅、庚子、庚戌、庚申日辰配巽卦。

用日各山配合以符河洛生成之数也。

天行经气候合朔

天地阴阳，自然之数，而其应卦以为数则配三阴三阳，流奇以每岁七十二候卦变爻，视七十二候而为变也。凡变者，由表而里，由里出表，布在二十四位以为实数，下临坐穴，然后参以究元五行，求所用之日也。五行生成，故得五行、奇偶、六气、八卦、九星、七曜、二十八宿同居于穴。

其法，先定地气之常，次求天运之常，考四时之主气，厥阴风木守丑寅之月为风之常，少阳相火守巳午之月为热之常，太阴湿土守未申之月为湿之常，阳明燥金守酉戌之月为燥之常，太阳寒水守亥子之月为寒之常。分地而守之象地之静，故曰：地气之常物，不可以终静时动而变。变者四时之客气也。

子午之岁少阴司天，阳明在泉治，冬至小寒为初之气，太阳始雨水、惊蛰为二之气，厥阴始谷雨、立夏为三之气，少阴始夏至、小暑为四之气，太阴由处暑、白露为五之气，少阳始霜降、立冬为六之气。

丑未之岁太阴司天，太阳在泉。

寅申之岁少阳司天，厥阴在泉。

卯酉之岁阳明司天，少阴在泉。

辰戌之岁太阳司天，太阴在泉。

巳亥之岁厥阴司天，少阳在泉。

随岁周旋，易始谓之天令，令行而始之象天之动。故曰：天气之变守，分者地行令者天也，令行于地分之主随天令而分用。故曰：大寒、立春后十二气地分守之而用事也。此三阴三阳统摄二十四气之事，各有攸司，而天地卦数之所由也。天一生于子，变坤之阴而阳冬至之复卦。□候五日蚯蚓结，爻用初九而应天地之数为天一。甲候五日麋角解，爻用六二而应天地之数为地六。丁候五日水泉动，爻用六三而应天地之数为地六。余爻各随阴阳爻变之数，上知六气五行，中视节气三候，下视六爻九六，斯为天地之卦数也。既得数，然后由表而里，随阴阳二遁自里随阴阳二行之如九章之数飞临八卦所管之地，乃知其数。然坐穴谓之客数，客不可胜主，反求主数参之。主数者，穴元五行也，龙胳之火在阳宫为地二，在阴宫为天七；龙项之金在阳宫为地四，在阴宫为天五；龙腹之土在阳宫为天五，在阴宫为地十；龙脐之水在阳宫为天一，在阴宫为地六；龙尾之木在阳宫为天三，在阴宫为地八。而入于四维干阳支阴客既不贼，则成日数生，成日数者在山六气之例末，少阴少阳之气加天停，其日用寅申巳亥；加地停，其日用子午卯酉；加人停，其日用辰戌丑未。寅卯为木其数八，巳为火其数七，申为金数九，亥为水数六，子寅卯三十二国四辰戌丑未十，各以生成得之也，以求日干定甲三、乙八、丙一、丁七、戊五、己十、庚四、辛九、壬一、癸六，合二支为数，满十去十而用余，如九用数以月数为己身，日数为父母，父母生我者为上，比和者次之，我克者又次之，反克我者大凶，用此卦数入穴也。

丁丑年开坤山，丁丑未运，自辰至丙属□，午丁未属火，坤山得火运，分少阳司天，左属火，火之生数二、成数初七也。配节立秋，六月卦也，卦名天山游，二阴在下，四阳在上，若立秋候阳爻用事，丑半相火属坤未，初中末三候皆阳爻遁，卦外爻用生数，地二入中宫逆飞，得天五到坤，遁属坤宫，官以地六就坤宫起，顺飞到中宫，得天五，夏至过于阴遁进，地六在巽，天七在震地，八到坤守山用天三日符命黄道，以为生成之数，如用玄武初候寻天一日干会地八，如无天二日，合数则不成矣。

岁时祀事

求龙治水

自岁旦数去，遇辰日为龙治水，如正月一日得辰，便为一龙治水是也。

求牛耕地

自岁旦数去，遇丑日为牛耕地，如正月一日遇丑日，便为一牛耕地是也。

求日得辛

自岁旦数去，遇辛日便为得辛，正月一日遇辛，便为一日得辛，折岁法帝祀。

求二社日

自立春、立秋第五个戊字便为社。又云：春分、秋分前后，近戊者为社。又有六戊为社者，何也？曰：其立春秋分近见戊字，取得节气时刻在午前，定五戊为社。如在午后定六戊为社，故春社常在二月之内。春祭祀谷之生，秋社常在八月内，秋祭祀析谷之熟。按《礼记·祭仪》云：共工氏之子曰勾为后土，能平水土，故祀之以为社。春社日雨，年丰果少，秋社日雨，来年丰稔。

求姑把蚕

凡四孟年一姑把蚕，四仲年二姑把蚕，四季年三姑把蚕，却以岁旦数去，见木日为蚕食枝叶。如正月一日，纳音属木，便是蚕食一叶也。

定三伏日

夏至后三庚日为初伏，四庚日中伏，立秋后逢庚为末伏。若三庚在立秋前不为伏，须用见秋方是，如夏至日遇庚便数也。

求腊日法

冬至后第三戊为腊日，如冬至日值戊，便为一戊之数，或三戊在十一月之内，须用第四戊日，在十二月内定系第五戊为腊日也。

定雷雨

南以三月为迎雷雨，五月为送雷雨。理推云：闽人以五月逢庚日入雷，芒种后逢壬日山雷得雨直耕。神枢云：芒种后逢丙入小暑后，逢未出亦曰雷。碎金云：芒种后逢壬日入，夏至后逢庚日出，亦曰欲天。按芒种逢丙之说，近是其时。

定夜雨时

冬至后十日为液入,至小雪为出,取得雨谓之夜,亦曰乐雨。百虫饮此雨则蛰至,来年春二月,雷鸣启蛰也。

占雷鸣法

乾天见艮巽风门,东木西金人户神。南火北水依次第,若雷初起定灾凶。金木门起兑多疾,正北水灾南大旱。天门疫定损田风,人门人疾为伤虫。

四时杂占

岁白三风

月一日平,旦渐渐风云,暮渐渐晴明,十有风一有阳号三有阴,云其年大丰稔,缺一不验。子日未出时至晚,自旦至暮,无风云大收。

岁首占天时

正月一日,天气晴明,人安国泰,四夷来贡。二日狗无风雨,大熟。三日猪,天气晴明,君安民乐。四日羊,天气晴和,臣顺君命。五日牛,晴明,四望无怨气。六日马,日月光明,大熟。七日人,日夜晴,人民安,君臣和悦。八日谷,夜见星,五谷丰。

正日得甲

月二日甲为正岁,四日甲为中岁,五日甲为下岁。

正月一日得辛

子日阳高田熟,四日米贵,禾麦收,蚕不受。丑日高田收,牛羊马麻谷贵。寅日先旱后雨不静,三四月人病。卯日春旱秋雨虫生,大豆熟,五六月人病。辰日高田蚕麻少收,五六月大水。巳日比人不安,少收牛瘴,四月米贵,燕赵虫生灾。午日旱,蚕少布帛贵,八月雨,吴灾。未日六畜人病。酉日米贵,牛布帛贱,五九月鲁不安。戌日少收,人牛灾。申日亥日田蚕折收,春雨夏不宁,宋主女灾。

立春日观云

东方青云小麦收,南方赤云小豆收,西方白云糯谷收,北方黑云小麦贵、黄云禾收,中央黄黄参半收。至晚不见日色,大收,有风半收。立春日天气晴明百物成,阴则滂东有积云丰,东风谷贱西方旱,谷贵。又云:大风人难遇,无风万姓欢,天明岁多滂雨雪,国民安,阴阳一气先造化,总由天常看,立春日甲乙是丰年,丙丁遭大旱,戊己损伤田,庚辛人不静,壬癸水盈川。

四立占

立春日,雨四时雨均,其日属金,三伏温和,民多疾。三月三日是龙王生日,若晴主旱。夏热雨下一日主大水。雨下半日,主旱。连下三日夜,主水茫茫。三月七日南风而晴岁旱,北风而雨年丰。春甲子晴,夏至后有六十日大雨。

立夏日,蝉鸣稻缺收,夏前鸣来年丰,四月八日是泉涌日,有雨主旱。夏至日是雨分路日有雨,雨寻田路,其夜天河中,星密有雨,星疏内多。五月二十五日谓龙王会日,下雨旱,廿六日雨,雨寻田路年丰,六月有甲子旱,晚禾十分无,半收无。壬午晚禾半收,六月六日蝉鸣旱,下雨多雨夏甲子晴,秋有六十日旱。

立秋日,雷鸣禾缺,收其日雨菜熟,无雨多霜属金火日,霜降日一下霜,冬至后主风雨三冻八月无,壬子晚禾缺收,八月朔日晴明,来年丰,赤霞来年旱,果木田花来年旱,秋甲子雨秋有十六日雨,一次雨低可耕三次,雨低莫种,九月九日旱雨归路日有雨,来年丰稔。立冬日,属火无雨雪主暖,来年旱,属水木来年春雨多,果木开花来年旱。

问刻答应

东方朔问于孙子曰:岁时丰稔,米价若何?先知之否?答曰:夏至在五月初二三四,主米贵,一云上旬初七八米价平,一云中五末旬米贵。又问:水旱若何？答曰：正月有三亥大水，三巳三午大旱，三卯麦豆收，东风、北风大雨，南风旱，西风丰。问：雨水若何？答曰：但是正月朔日得甲寅雨在春多，丙寅夏至后雨多，戊寅雨在秋多，若壬寅雨在冬多。

六甲晴雨占

正月甲申风雨，五谷暴贵，小雨小贵，大雨大贵。若沟渎涨满，急备防饥。春甲申至己丑雨粮贵，甲寅乙卯雨夏米贵，庚寅至癸巳雨数粮贵，夏庚辰辛巳雨主蝗，大雨大虫，丙寅丁卯雨主秋谷贵。夏三月辰日雨发虫，未日雨杀虫。秋庚寅辛卯日雨来春谷贵。庚寅至癸巳日雨粮来折本。

甲子日占云色

东方青云甲乙日雨，南方赤云丙丁日雨，西方白云庚辛日雨，北方黑云壬癸日雨，中央黄云戊己日雨。

占甲子雨

春甲子雨，赤土千里。夏甲子雨，撑船入市。秋甲子雨，禾头生耳。冬甲子雨，牛羊冻死。

朔晦日占

正月朔日疾风盛雨，主丝贵蚕败，五谷不登。

二月朔日雨稻贵，晦日雨人多疾。

三月朔日风雨，民疾虫生，晦日雨麦不熟。

四月朔日风雨，多米贵，晦日同。

七月朔日风雨，米贵，人不安。

八月朔日风雨，豆麦布芝麻贵。

九月朔日风雨，来春旱，夏水，麻贵。

十月朔日风雨，来年夏旱，芝麻贵。

十一月朔日大雪，民灾，月内雪，冬春米平。

十二月朔日风雨，春旱夏雨，米价长。

占四丙晴

春丙阳阳无水根秧,夏丙旸旸乾死禾根,秋雨旸旸干晒入仓,冬丙旸旸无雪无霜。

占己卯风

春己卯风树头空,夏己卯风禾头空,秋己卯风水里空,冬己卯风牛栏空。

占日月时法

子丑寅逢忧牛多,卯辰丰稔万民欢。巳午必定人不静,未申一样见奔波。酉逢红日光天德,戌亥连年水渍禾。

八节风候吉气占

元旦东风,粮贵。南风粮贱,主旱。西风夏米贵,麦熟。北风水灾,四方黄云,五谷丰贵,杂黄云主蝗,赤云主旱,黑云主大水。

春分日东风麦熟年丰,南风五日先水后旱,西风麦贵一倍,北风米贵一倍,东方青云宜麦岁丰,无云万物不实,其日晴明,万物不成。

立夏日,东风雷电,五谷收,人无瘟疫。东南风,年丰民安。西风,瘟起人灾。北风,泉涌地动,人疫首临广,若巳时东南青云气年丰,如无青云,岁多灾,序在十月。

夏至日,东风八月人病,南风大热,西风秋大雨,北风大水出,午时南方赤云气百谷丰,无云日月无光,五谷不成,人病目痛。

立秋日,东风人疫,草木更荣,南风秋旱,西风大雨,北风冬多雪,其日申时西南赤黄云,宜谷。如无,万物不成,地瘴牛羊死,序在来年正月。

秋分日,东风万物不次谷贵,南风凶,北风民安年丰,冬酷寒,西风白云,如年稍热不至多霜,人民灾疾泣,在来年二月。

立冬日,东风冬雷凶,南风来年五月人疫,西风凶,北风冬雪冻死兽,西北风白云如龙马,宜麻。如不至,大灾伤物人役,应来年四月。

冬至日,东风人灾,南风谷贵,北风年丰,西风禾熟人安,北方青云,来年丰无凶,赤云蔽日旱,黑云主大水,白云人疾。

占月中三朔

三甲朔热三伏大热，三乙朔小麦大豆熟，三丙朔麻熟，三丁朔小豆熟，三戊朔大豆熟，三己朔大麦熟，三庚朔小麦熟，三辛朔田少收，三壬朔旱，三癸朔涝。

占　风

正月一日平旦西风，北风收豆，秋雨多。东风麦收，秋涝。东北风小收，民疫。东南风五谷平收，六月多风雨风旱，五月谷贵。西南风宜禾，牛羊瘴、民病。

占　云

正月一日平旦至午，无风宜早禾，午至暮无风宜晚禾，东风黑云春雨多，南风黑云夏雨多，赤云旱，五月见六月雨足，西方黑云秋雨多开，白云秋民不静。

元旦烧香

国度上皆以元旦为首，各谨致香花灯烛果品香案，择取丑寅卯辰时，忌空亡时合，焚香、诵经、拜告天地万灵，祝延圣寿，四府福神香火及家祖宗，礼毕，然后各尽其职。假如元旦丁未日忌寅卯时系是截路空亡，又是旬中空亡，宜丑辰时焚香开门吉。或交春后忌用寅时开门，系犯捶门将官，凶。

截路空亡诗例

甲己申酉取为愁，乙庚午未不须求。
丙辛辰巳君休问，丁壬寅卯一场忧。
戊癸子丑高堂坐，时犯空亡万事休。

旬中空亡诗例

甲子旬中戌亥空，甲戌旬中申酉同。
甲申旬中空午未，甲午旬空辰巳逢。
甲辰旬中空寅卯，甲寅子丑俱为空。

元旦烧香，出行忌截路空亡时及旬中空亡时，五不遇时并忌。

出行吉日

宜于丙子、乙丑、丙寅、丁卯、戊辰、辛未、甲戌、乙亥、己卯、甲申、己丑、庚寅、甲寅、乙未、庚子、辛丑、壬寅、癸卯、丁未、己酉、壬子、甲寅、乙卯、庚申、辛酉、壬戌。

历该有庚午、丁丑、丙戌、丙午、癸丑，宜满、成、开日吉，忌每月十五日。

四顺日：建宜行，成宜离，寅宜往，卯宜归。四逆日：申不行，酉不离，七不往，八不归。

商贾与贩吉日

宜己卯、丙戌、壬寅、丁未、己酉、甲寅日，宜天德、月德、天德合、月德合、满、成、开、日、建、除日、驿马、天马、四相日。

出行求财，忌六壬空亡、大小空、荒芜、天贼、往亡。远回忌归忌、月厌、月忌。乘船忌九空、焦坎、招摇、龙禁、八风、咸池、触水龙。

合伴吉日，宜六合、三合、天德合、月德合、黄道、宝、义、德、成、开日。

忌赤口、咸池、空亡、破日。

专驾凶日，忌月厌、天杀、闭日及破、危日。

且要安、平、定日登高映龙，出行宜合八天吉局及奇门三奇、驿马、五马、四相、建、满、成、开日。

忌灭没、荒芜、月忌、旬中空、截路空、离绝、往亡、五不遇、天贼、巳日。

总　论

论出行远回日，宜天月德并合天恩、月恩、上吉、次吉、除、满、执、成、开日。

忌月厌、四离、四绝、受死、伏断、咸池、空亡。远回忌归忌、九丑，鬼日不用。

论出行回家日时，看官历逐月下末四大吉时，并用黄道时，且得一吉神到可免大凶，所有九丑、天罡、河魁、旬中、截路空、孤虚、建、破、大败、禄罡空亡等时皆不避忌，既得不问方道，八方皆大吉。旧有孤虚方、孤辰寡宿方、太白游方、建破魁罡方并不必忌，但依此吉时出行，远回不避诸杂凶忌。

论九土鬼日，出行百事有始无终，与建、破、平、收同日的大忌之。

论离窠日，九丑日，与建、破、平、收同日则亦忌之。

论天地争雄日，犯之最忌，有检，昔书中间有兄弟二人于弘治十年正月初丙午日往广西买卖，犯之俱丧他乡。

八门总论

休门，主仕宦高远，求财经商百事大吉。

死门，主百里外遇疾病，失财物，出师行兵大败。

伤门，主六十里内见血光，兵阵相伤，宜渔猎。

杜门，主远行必忧，求谋不遂，出军大败不利。

开门，主求财见贵，万重利，宜见官陈词得理。

惊门，主求财不遂，防有血光之灾，见惊恐大凶。

生门，主万事吉利，买卖得意，见贵得财，出军得胜。

景门，主八十里外逢盗贼，求谋不遂，出军大败。

行船装载论

论占风云

春夏之季必有风暴，遇天色温热，其日午后或云起、或雷声所起之方，必有暴雨起，急宜安船避之。

秋冬雨季虽无风雨,每日行船先观四方天色明净,五更初解缆,至辰时以来天色无变,虽有微风,不问顺与不顺,行船不妨。

云头从东起必有疾风,或是云头从西从必有西风,南北亦然。如前面云头已过后面云脚不尽则是风未止,如云脚处天色明白,后面无云则风渐大。

云片片相还聚常不散,其色洁白,围绕日光,主有风禽鸟翻飞,天色昏淡主有风鸢高冲飞天,主大风,云行急主大风,星摇主大风,日月昏晕主大风,太白尽见主大风,参星动摇主大风,灯火焰明作声主大风,人道烦热主大风。

行船须知准备缓急物件,如遇顺风便帆之时,风势颠猛便须放减既慢,投奔港汉稍泊,不得贪程,恐风势不正,天色昏暮,进退前行,不知宿泊之处,多有疏失,不可不止。

如遇顺风正使帆,其间忽然转打头风,便当回风寻港汉为稳,勿得当江抵掉指望风息,恐致误事。如缓急卒遇风暴,奔港汉不及之时,急抢上风,多把铁锚牢系绳绳。如重载船则频频点勘太仓指客水浸入随处节船,如小船则看风势如何,别寻泊处。如春夏间于港汉而泊船头要多用壮缆深打桩缴,不然早晚恐有山水发洪冲之患。如秋冬间行船当江稍泊,夜间动起看视风色加麻后缆,恐有贪睡不加风起,仓卒之间措不手铁。船上合用物件,如帆幔樯桅之类须要完备,稍有损坏预先修整,绳缆桩掀铁锚竹篙等物不可少缺,宁须有余,临时要用无买处。随船准备大斧、打钻锯、鉴水斗、大小针、曲灰旧府被絮之类,火把暮夜际难为照烛。在船人等周晚不可尽醉,恐不测,要人使与。所到州县府关津口岸,不可令妇女出露头面,恐惹眼目。在船器皿勿用金银,衣服不必新华。所到处卖过货物交收钱钞,密地包藏,上船勿得彰露。遇晚泊船须趁同伴在后向前,在前向后,不可孤另。所到处或有生人搭船,不可容易把载,恐是外脚之人。泊船去州城回远,无人烟去处,若有军器遇夜取植使内船中诸舱,勿得隔断通放往来,先令二人制,稍后轮替,坐更后有不测,急起齐向船稍存住开舵,楼门可以施弓箭及长枪等物。如用军器得竹管五七条使用暗地亦难近旁,不可带弓箭环刀在于船内,宿卧暮夜贼来坐定杜板把住舱口,船内弯曲不得舒展,取出不能须有军器坐以待毙,切宜戒之。大凡上水船忽见后面小船,远远相逐,恐是异色人,宜早奔港汉宿泊。日将落时,先泊西洋港汉,俟黄昏不见人时,浙江移船过东岸,行船行下数里水路宿泊,则可免盗贼之患。或插伴入众船中,卸帆下挽,移转船上动用作下水船规模泊夜毕,盗贼难至，一时不能辨认，庶可以免。右行船法大江合避日辰德，俟风云准备缓急物件。

总　论

论行船装载，必须择吉日移船，又择日行船，不问拘定旧本行船下载吉日。

高行船俗忌，遇七、九日不行船，若前一日移转船头，则亦不忌。

雕刻印板牌坊吉日

宜天德、月德、天德合、月德合、显曲传星、月财、旺相、黄道、续世、成、开、除、满日。

忌天皇、天地、火独、天贼、荒芜、正四废、伏断、天休废、灭没、亡羸、天穷、财离日。

出财放债日

宜庚辰、庚午、乙酉、丙戌、癸巳、己亥、乙巳、辛亥、乙卯、辛酉、成、满、开日。

忌戊申、戊寅、戊戌、丙辰日，赤口、空亡、财离、破债木、债不凶日。忌出财放债，六月初三、十一、十九、二十七日，八月初二、初十、十八、二十六日。

立契交易

宜丁未、丙子、壬午、癸未、甲申、辛卯、乙未、癸卯、庚子、壬子、甲寅、乙卯、己未、辛酉、执、成、收日。

宜天月德、天月德合、六合、三合、五合、阳德、黄道日。

忌空亡、长短星、赤口、咸池、荒芜、天贼、魁罡、勾绞、受死、五离、大小耗、财离、耗绝、九土鬼、伏断、正四废、五穷、虚败、耗绝日。

习学技艺

宜天德、月德、天德合、月德合、黄道、普护、福生、天马、驿马、月空、活跃星、显曲传星、满、成、开日。

忌正四废、赤口、破日、六不成、十恶大败无禄、受死、荒芜、九土鬼、灭没、天地凶败、天休废。

逐月吉日与后偃武教兵逐日同看。

凶日即与下局同查。

大败六不成凶日

例曰：

正寅二午三月戌，四巳五酉六是丑。

七申八子九月辰，十亥仲卯十二未。

出兵收捕

出师吉日：乙丑、丙寅、丁卯、庚子、辛丑、庚戌、丁酉、甲午。

宜兵吉、兵宝、兵福、天月德、天月德合、天恩、普护、黄道、斗建、唐符并宜用之。

攻取吉日：甲子、丙寅、甲戌、乙亥、己丑、乙未、己亥。

巳庚戌除午辛日。

忌伐日、八专、猖败亡、五不归、八绝、十恶大败日、往亡、危日。

收捕出行吉日：宜用干克支日，名制日，乙丑、甲戌、壬午、戊子、庚寅、辛卯、癸巳、己未、丙申、丁酉、己亥、甲辰。以上制日宜捕人。

支克干日，名曰伐日，庚午、丙子、戊寅、己卯、辛巳、癸未、甲申、乙酉、丁亥、庚午、癸丑、壬戌并凶。

攻取举兵忌日，即前支克干伐日，凶。

八专日：丁未、癸丑、甲寅、乙卯、己未、庚申，忌出兵教武。

八绝日：庚辰、辛巳、丙戌、丁亥、庚戌、辛亥、丙辰、丁巳日，行兵切忌不可用。

猖鬼败亡：丁卯、戊辰、戊寅、辛巳、戊子、己丑、戊戌、己亥、辛丑、庚戌、戊午、壬戌。

五不归日：己卯、辛巳、丙戌、壬辰、丙申、己酉、辛亥、壬子、丙辰、庚申、辛酉。

论出兵征讨贼寇

先贤俱无立逐月吉日。

其事疑多惊恐，必有差讹，况军情重务，不可不慎，故将原定吉凶条款选定成局逐月吉日于下层以便急用。大忌游都、虏都、奴都、天网四张、五不遇、旬中空亡并太岁方，月建行兵大凶。详见符龙经及武经总要，在统兵之首，不可不知。当用正政反闲之法，以全万亿军人。

秘云：当以旬神符卦于竿上，以指敌人，则敌人自服。

大金刚日

角亢奎娄鬼牛星，出兵定是不还兵。忌行兵、征讨、出行，其例载在出行局。

建除所属九星诗

建计除阴满罗睺，平定木贪执水破。
破木危阳成是土，收□开金闭月孛。
建为青龙用为头，阴是明堂黄道游。
满为天刑平朱雀，定为金匮吉神求。
执为天德直黄道，破为白虎危玉堂。

成为天牢坚固守，收为玄武盈贼愁。

开德司命为黄道，勾陈为闭主亡流。

黄道出行为大吉，行军开战黑龙忧。

凡天刑者，出军必主伤肠，狂六畜，死亡之事。

凡天牢黑道，主人伤贼害，亡财失利。

犯玄武者，亡败走，失利息，奴婢遭劫，贼伤胎孕也。

犯青龙者，父母兄弟□妇死，入狱出逃，出贼，主恶凶之事。

犯白虎者，治明堂。

犯朱雀者，囚死，见血光，亡财故地。

犯天牢者，治玉堂即此，处以消灾大有功，惟合死道日，百事大吉。

总　论

论收捕出行讨征，其日不值麻外火日，宜用旺相时，如败绝使甲日合旺相时亦可用。如旺相日再得旺相时，大吉。若与黄道日并行黄道方，不避孤虚方，旺相日时如丙午属午，取巳时寅灾亦火旺于时，黄道干支柱吉。

四旬旺相局，下款欲看。

论兵吉日，万年历云：宜行远方。如二月用寅日为兵吉，其日亦与兵禁日同，恐难信服，宜酌之。

地贼日，合吉多不忌。

论收捕出行征讨，忌难绝日、灭没日、往亡日。

四顺四逆日，惟建宜行，又忌五鬼、破、败、天地争雄、三不返、大败、六不成、受死、离窠、天贼、蚩尤、破、平、收日，与九土鬼同日凶。

童蒙训读

求师吉日：甲戌、乙亥、丙子、癸未、甲申、丁亥、庚寅、辛卯、壬辰、乙未、丙申、癸卯、甲辰、乙巳、丙午、丁未、甲寅、乙卯、丙辰、庚申、辛酉，及寅申巳亥日亦吉。

宜天德、月德、天德合、月德合、六合、要安、上吉、黄道、益后、续世、定、成、闭日。

忌赤口、平、收、闭日、阴阳错、正四废、天休废、灭没日、荒芜、受死、大败、六不成、六壬空、大小空亡、九土鬼、离窠、上下不举、黑道。

造试卷

吉日:宜甲子、甲戌、乙亥、丙子、甲申、癸卯、辛卯、甲寅、乙卯及满、成、开日。

宜天德、月德、天德合、月德合、六合、五合、要安、上吉、益后、续世、黄道、生气日吉。

忌六壬空亡、月空、正四废、天休废、火星、破日。

童蒙杂忌

入学求师忌离窠。

离窠日:丁卯、戊辰、己巳、壬申、戊寅、辛巳、壬午、戊子、己丑、戊戌、己亥、辛丑、戊申、辛亥、戊午、壬戌、癸亥。

九土鬼凶日:乙酉、癸巳、辛丑、丁巳、庚戌、甲午、壬寅、己酉、戊午。

灭没凶日:弦虚、晦娄、朔角、望亢、虚鬼、盈牛。

逐月吉日:不犯阴阳错、天地灭没、天贼、九空、赤口、破、平、收、除、伏断、荒芜、空亡、四离、四绝、受死。

黑道日惟合明星、天月德合,吉星多凶星少亦为次吉,论可用。

不举日,童蒙入学忌春子、夏卯、秋午、冬酉四日不利,忌用。

应试吉日(与出行兼用)

宜甲子、乙丑、丙寅、丁卯、辛未、甲戌、乙亥、丙子、丁丑、己卯、甲申、己丑、庚寅、乙未、庚子、癸卯、丁未、甲寅、乙卯、庚申、辛酉。

历法有庚午、丙戌、丙午、癸丑日,宜满、成、开日。

宜天德、月德、天德合、月德合、明星、明堂、天恩、月恩、天贵、岁德、月德、岁德合、黄道、上吉日。

又天马、驿马日。

右吉日不犯黑道、死气官符、十恶大败、无禄日、天休废、四不祥、猖鬼、凶败、往亡、阴阳错、天贼、九空、赤口、九土鬼、破、平、收、闭日、伏断、各煞空亡、四离、四绝、受死、离别、五不归、三不返、争凶日、天隔日。

黑道日,惟明星、天德、月德,吉星多凶星少,亦可为次吉。

所忌诸凶星例,在出行求财局同看,载于同卷。

求贤吉日

宜天德、月德、天德合、月德合、岁德、龙德、上吉、黄道、天喜、福星、福德、六合、三合、天贵、天成、天恩、成、开、执日。

忌月破、天休废、灭没、上朔、不举、荒芜、伏断、往亡、十恶大败、蚩尤、天隔、人隔、上下兀、正四废、平、收、破凶日。

天隔日

忌求贤、求官、应试、上表章。正七逢寅二八子,三九戌上四十申,五十一月午,六十二辰。

人隔日

忌求贤赴举。正七酉日二八未,三九巳日四十卯,五十一月丑,六十二亥。

三不返凶日:正月戌亥,二月子卯酉,三月辰申,四月寅未卯,五月卯未,六月辰巳未,七月辰巳,八月卯午酉,九月寅戌,十月申戌亥,十一月酉丑,十二月丑戌亥。

五不遇日

正戌,二亥,三逢午,四未,五寅,六是卯,七辰,八巳,九月子,十丑,十一申,十二逢酉。

五不遇时亦忌

甲日午时,乙日巳,丙日辰时,丁卯日,戊日寅时,己日丑,庚日子时,辛日酉,壬日申时,癸日未。

往亡凶日

立春后七日,惊蛰后十四日,清明后廿一日,立春后八日,芒种后十六日,小暑后廿四日,立秋后九日,白露后十八日,寒露后廿七日,立冬后十日,大雪后二十日,小寒后二十日。

施恩拜封

(谓恩命、宜入朝等事)

宜丙寅、丙子、丁卯、庚午、丙子、戊子、壬午、甲申、戊子、辛卯、丁酉、己亥、庚子、壬寅、癸卯、辛亥、壬子、丁巳、戊午、庚申日。

宜天明日、黄道、天恩、天德、月德、天德合、月德合、福德、上吉、龙德、天喜、民、旺、相日。

忌月破、天休废、灭没、伏断、荒芜、凶败、破、平、收、闭日、伏罪、罪至、四废、罪刑。

凡逐月吉日与上册拜封同看。

上官赴任

总　论

论正五九月,按宝唐书皆训其证高祖乱,正五九月不行刑。移民智论曰:天帝怪以大宝镜照见四大神州,每月一移,察人善恶,正五九月照南瞻部州,故于此三月省刑条善。隋唐以来,事佛甚谨者,在法律遇此九月则禁刑断屠,后人以其有禁刑断屠之条,故士大夫于此正月不上官,以其有断屠之令,官中清奉逢此三月不支羊肉钱,故元朝每年遇正五九月犹有禁刑断屠之条,其实法唐乾故事而后人相传,以正五九月为凶月而忌用。

论上官受职,宜用天官即司命,贵人即明堂,天德、黄道、要安即荣官日,同旺。官见前局恩胜即相日,成勋即民日,寡怨即守成日,同天良春甲寅、夏丙寅、秋庚寅、冬壬寅,甲□、庚申、辛亥、丁未、戊申、戊午七曜吉日,春太阳、太阴、木星、水星,夏太阴、火星,秋太阴、金星、水星,冬太阴、木星、水星。

论袭爵谥时、上官赴任吉时,宜用《授时历》逐月用四大吉时并用黄道时,不忌诸凶。

论本命日,本命对神忌用,假如甲午本命忌甲子日,对神日忌庚午、戊午日,其余仿此。

上兀下兀日,盖危饿不安之义,参详古历,初无兀日,至京相始有和经,所谓六轮兀、本命九九宫兀、月兀、凉兀、传神兀、坎离兀、九元兀、顺逆兀,凡有三十家,皆突鉴本经,惟六轮兀乃沈学士存中在翰林院,修元丰历问下,寻出用之有验,今世士官以为凶日,尤忌之。

论四不祥,四欧阳参政记事云:犯之多不终任,逐察阅免云林复之言,上官用此日者,鲜有善罢,犯此日者,皆不得善脱。

论九土鬼日,赵垣奄云:遇当累日之凡事有始无终者,吉星相扶则免祸,而已如凶神相会,其祸尤速。曾尝叔云:其日与建破魁罡相并者大凶余日。

论牢日,春未狱日,春申徒隶,春酉俱是,春月有差,令依颁历书考正。

论伏断日,忌辰克日,日若其时又值亢娄牛鬼宿极凶,乃暗金伏断时,亦须忌之。

月忌日,年月附要云:初五、十四、廿三,俗常忌。

前辈云:此俗忌之,吉多可用。

猖鬼大败日,世说李林甫相唐,每阴谋大臣必以猖鬼大败日除,擢公卿立见祸败,然考诸历书,其说不同,实无可据,若其日与建、破、平、收日并则凶。

八金门即死之说为非,只有八月辛酉日未即是,余日无载,传送、从魁为金门。

假令八月辛酉未时,传送从魁亥子上,若从巳午向亥子上堂是也。余仿此。吉星多则亦不忌。

正官上任避忌，据俗传正官上任之日，不宜从城市南门入，乃离宫九紫正火方，主惟正官礼任则忌之，犯者主城市火灾。

上官横推吉日，与凶日同参详，正月天福己日与天罡日同，天库甲与破日同，天德玄与河魁日同。以上并犯凶忌而列作上官吉日用，诚不是应，故不编入。

凡八门上神克年上神主死，假令行年亥向午方上官，其日时中小吉，上官文任杂武须选吉日方可交任，如未得良日而先到者，且合收、岁德、天道、天德、岁合之佐，乃选日时放致，然后谒之也。

拜封施恩事出于上官无所忌，惟用逐年十二月上历占见历法合考正入逐月。

红纱杀日忌上任

四仲金鸡四孟蛇，四季丑日是红纱。
出行赴任皆不吉，起造埋葬事如麻。
买卖经营皆不遂，中途将本不留些。
若人不信红纱杀，移根接木不开花。

天地荒芜诗例

孟平仲破季逢收，子寅巳戌毒为仇。
用看历日心牢记，犯着荒芜万事休。

正又历云：

正蛇二鸡鸣，三牛四猴精。
五鼠六龙位，七猪八兔寻。
九牛并十虎，十一马头真。
惟有十二月，逢犬便相侵。

辨正天地荒芜

孟春巳日，仲春酉日，季春丑日，孟夏申日，仲夏子日，季夏辰日，孟秋亥日，仲秋卯日，季秋未日，孟冬寅日，仲冬午日，季冬戌日。

盖春三月以木司令为主气，巳酉丑会金局为客气，春木旺、火相、金受克，故荒芜。夏三月以火为主气，申子辰会水局为客气，夏火旺、土相、水受克，为荒芜。春夏二季系客气受制为荒芜也。然秋三月以金司令为主气，亥卯未为客气，冬三月以水司令为主气，寅午戌为客气，秋冬二季系主气克客气，故为荒芜也。兼云孟平、仲破、季逢收，翻为歉矣。

且主客相克为忌者，明实有等通书所载，春三日巳酉丑日，是以孟夏卯日、仲夏申、季夏子日，孟秋卯日、仲秋未日、季秋亥日、孟冬寅日、仲冬戌日、季冬午日，此数日系执除危开吉日也，何反为荒芜？观此差说辩明，备录考正。

春巳酉丑，夏申子辰，秋亥卯未，冬寅午戌。

此系古本正理也，其后新增妄载者，切不可信也。

上官赴任宜用四季生旺。

相有气之日为上吉，休囚死绝之日大凶。

春甲寅乙卯旺、丙丁巳午相、庚辛申酉囚、壬癸亥子休，上在寅功曹木加年是也。他仿此。

年上神克所入门上神，主有招摇不安，假令年在亥于午方上官，其日时中大中本加亥，河魁上加午也。其余仿此。

论推迁官时，以上官月日干生青龙太常远近为年迁期，以日吉生青龙太常远近为月迁之期，以青龙太常所生为日迁期，所克为时。假令三月甲戌日未时文官视事，以从克加未，青龙乘胜光火加辰，与甲日相生吉。度延及祖宗甲去青龙隔三位则三年为迁期，又从戌上数至青龙得七，则七月为甲期入此日，青龙乘胜光火生上以戊巳日为迁期。又青龙加辰为食时则第三年戊巳日食当迁官，他仿此胜数。

论迁官内外，凡曰干生青龙太常则迁在外，青龙太常生日干者则迁在内，又青龙太常所畏者为凶期，以四时之气休旺推其轻重。凡上官不宜向六甲金门，凶。

论六甲金门，甲子旬午地，甲戌旬辰地，甲申旬寅地，甲午旬子地，甲辰旬戌地，甲寅旬申地是也。辰戌丑未戊己死。

丙丁巳午旺、庚辛申酉囚、壬癸亥子休、甲乙寅卯死、戊己辰戌丑未相。庚辛申酉旺、壬癸亥子相、甲寅乙卯囚、丙丁巳午死、戊己辰戌丑未休。壬癸亥子旺、甲乙寅卯相、丙丁巳午休、庚辛申酉死、戊己辰戌丑未囚。择日上官赴任、拜命授官、袭爵受封、出行、应试、给由考满、往京等事，俱宜选旺相之日为吉，休囚死绝之日凶。

上任拜官出行黄道日：正七起子二八寅，三九原来卦在辰。四十一须知午上是，三十二月故居申，六十二月起于戌，黄道为详黑道遮。

其法，假如正月从子宫起道达，凡时通达，路遥何日还乡，遇字有之远者为黄道，无之远者为黑道。余仿此。

黄道百事吉，黑道凶，若合明星与吉星多则亦为吉用。

天德、黄道宜上堂谒贵。

惟黄道宜出行、商贾，玉堂明堂参官、见贵吉。

乾隆万年历

未来流年

（谓月分星宿年月节候日时等事）

嘉靖四十三年甲子，系中元，虚宿值年，虚宿主事，以至癸亥年，壁星值年，虚宿主事，而中元毕矣。

天启四年甲子，系下元奎星值年，氐宿主事，以至癸亥年，昴宿值年，虚宿主事，而下元毕矣。

康熙二十三年甲子复系上元，毕星值年，鬼宿主事，以至癸亥年，井星值年，氐宿主事，而上元毕矣。

乾隆九年甲子，系中元，鬼星值年，奎宿主事，以至癸亥年，张星值年，鬼宿主事，而中元毕矣。

嘉庆九年甲子，系下元，翼星值年，箕宿主事，以至癸亥年，亢星值年，虚宿主事，而下元毕矣。

同治三年甲子，复系上元，逐一开列于左，以便观览，历数万万年。

甲子年

太岁姓金名赤，氐土星值年，鬼宿管局，正月胃宿值月，卯女戌胃日暗金伏断。

正月小癸(卯丑亥)，十二申雨水，廿七未惊蛰。

二月小壬(申午辰)，十三申春分，廿八戌清明。

三月大辛(丑亥酉)，十五寅谷雨，三十申立夏。

四月小辛(未巳卯)，十六寅小满。

五月大庚(子戌申)，初二戌芒种，十八未夏至。

六月小庚(午辰寅)，初四卯小暑，二十子大暑。

七月大己(亥酉未)，初六申立秋，廿二卯处暑。

八月大己(巳卯丑)，初七酉白露，廿三寅秋分。

九月小己(亥酉未)，初八巳寒露，廿三午霜降。

十月大戊(辰酉未)，初九午立冬，廿四辰小雪。

十一月大戊(戌申午)，初九寅大雪，廿三亥冬至

十二月小戊(辰寅子)，初八未小寒，廿三辰大寒。

乙丑年

太岁姓陈名泰，房日星值年，室宿值事，正月角宿管月，巳房一日暗金伏断。

正月大丁(酉未巳)，初九丑立春，廿三亥雨水。

二月小丁(卯丑亥)，初八戌惊蛰，廿三亥春分。

三月小丙(申午辰)，初十丑清明，廿五巳谷雨。

四月大乙(丑亥酉)，十二戌立夏，廿七巳小满。

五月小乙(未巳卯)，十三丑芒种，廿八酉夏至。

又五月大甲(子戌申)，十五午午正二刻二分小暑。

六月小甲(午辰寅)，初一卯大暑，十六亥立秋。

七月大癸(亥酉未)，初二午处暑，十八子白露

八月大癸(巳卯丑)，初四巳秋分，十九申寒露。

九月小癸(亥酉未)，初四酉霜降，十九酉立冬。

十月大壬(辰子寅)，初五未小雪，廿巳大雪。

十一月大壬(戌申午)，初三酉冬至，十九戌小寒。

十二月小壬(辰子寅)，初四丑大寒，十九辰立春。

丙寅年

太岁姓沈名兴，心月星值年，毕宿官局，正月室值月，子虚未张暗金伏断。

正月大辛（酉未巳），初五寅雨水，二十丑惊蛰。

二月小辛（卯丑亥），初五寅春分，二十辰清明。

三月小庚（申午辰），初六申谷雨，廿二丑立夏。

四月大己（丑亥酉），初八申小满，廿三辰芒种。

五月小己（未巳卯），初十子夏至，廿五酉小暑。

六月小戊（子戌申），十二午大暑，廿八寅立秋。

七月大丁（巳卯丑），十四酉处暑，三十卯白露。

八月大丁（亥酉未），十五申秋分，三十亥寒露。

九月小丁（巳卯丑），十六子霜降。

十月大丙（戌申午），初一夜子立冬，十六戌小雪。

十一月大丙（辰寅子），初一申大雪，十六巳冬至。

十二月大丙（戌申午），初一丑小寒，十五戌大寒，三十未立春。

丁卯年

太岁姓耿名章，尾火星值年，氐宿管局，正月星宿值月，酉觜寅室暗金伏断。

正月小丙（辰寅子），十五巳雨水。

二月大乙（酉未巳），初一辰惊蛰，十六巳春分。

三月小乙（卯丑亥），初一未清明，十六亥谷雨。

四月小甲（申午辰），初三辰立夏，十八亥小满。

五月大癸（丑亥酉），初五未芒种，廿一卯夏至。

六月小癸（未巳卯），初七子小暑，廿二酉小暑。

七月小壬（子戌申），初九巳立秋，廿五子处暑。

八月大辛（巳卯丑），十一午白露，廿六亥秋分。

九月小辛（亥酉未），十二寅寒露，廿七卯霜降。

十月大庚（辰寅子），十三卯立冬，廿八丑小雪。

十一月大庚（戌申午），十二亥大雪，廿七未冬至。

十二月大庚（辰寅子），十二辰小寒，廿七丑大寒。

戊辰年

太岁姓赵名达，箕木星值年，奎宿管局，正月牛宿值月，辰箕亥壁暗金伏断。

正月小庚（戌申午），十一戌立春，廿六申雨水。

二月大己（卯丑亥），十二未惊蛰，廿七申春分。

三月大己（酉未巳），十二戌清明，廿八寅谷雨。

四月小己（卯丑亥），十三未立夏，廿九寅小满。

又四月小戊（申午辰），十五戌初一刻二分芒种。

五月大丁（丑亥酉），初二午夏至，十八卯小暑。

六月小丁（未巳卯），初三夜子大暑，十九申立秋。

七月小丙（子戌申），初六卯处暑，廿一酉白露。

八月大乙（巳卯丑），初八寅秋分，廿三巳寒露。

九月小乙（亥酉未），初八午霜降，廿三午立冬。

十月大甲（辰寅子），初九辰小雪，廿四寅大雪。

十一月大甲（戌申午），初八戌冬至，廿三未小寒。

十二月小甲（辰寅子），初八卯大寒，廿三丑立春。

己巳年

太岁姓郭名焕，斗木星值年，翼宿管局，正月觜宿值月，午角一日暗金伏断。

正月大癸（酉未巳），初八亥雨水，廿三戌惊蛰。

二月大癸（卯丑亥），初八亥春分，廿四丑清明。

三月小癸（酉未巳），初九巳谷雨，廿四戌立夏。

四月大壬（寅壬戌），十一巳小满，廿七丑芒种。

五月小壬（申午辰），十二酉夏至，廿八午小暑。

六月大辛（丑亥酉），十五卯大暑，三十亥立秋。

七月小辛（未巳卯），十六午处暑。

八月小庚（子戌申），初二夜子白露，十七巳秋分。

九月大己（巳卯丑），初四未寒露，十九酉霜降。

十月小己（亥酉未），初四酉立冬，十九未小雪。

十一月大戊（辰寅子），初五巳大雪，二十丑冬至。

十二月小戊（戌申午），初四戌小寒，十九午大寒。

庚午年

大岁姓王名清,牛金星值年,奎宿管局,正月心宿值月,丑斗申鬼暗金伏断。

正月大丁(卯丑亥),初五辰立春,二十寅雨水。

二月大丁(酉未巳),初五丑惊蛰,二十寅春分。

三月大丁(卯丑亥),初五辰清明,二十申谷雨。

四月小丁(酉未巳),初六丑立夏,廿一申小满。

五月大丙(寅子戌),初八卯芒种,廿三夜子夏至。

六月小丙(申午酉),初九酉小暑,廿五巳大暑。

七月大乙(丑亥酉),十二寅立秋,廿七酉处暑。

八月小乙(未巳卯),十三卯白露,廿八未秋分。

九月小申(子戌申),十四戌寒露,廿九夜子霜降。

十月大癸(巳卯丑),十五亥立冬,三十戌小雪。

又十月小癸(亥酉未),十五未大雪。

十一月大壬(辰寅子),初一辰冬至,十六丑小寒,三十卯大寒。

十二月小壬(戌申午),十五午立春。

辛未年

太岁姓召名于,女土星值年,翼宿管局,正月胃宿值月,丑女戌胃暗金伏断。

正月大辛(卯丑亥),初一辰雨水,十六辰惊蛰。

二月大辛(酉未巳),初一辰春分,十六未清明。

三月小辛(卯丑亥),初一亥谷雨,十七辰立夏。

四月大庚(申午辰),初三午小满,十九午芒种。

五月大庚(寅子戌),初五卯夏至,二十夜子小暑。

六月小庚(申午辰),初七申大暑,廿三巳立秋。

七月大己(丑未酉),初八夜子处暑,廿四午白露。

八月小己(未巳卯),初十戌秋分,廿五寅寒露。

九月大戊(子戌申),十一子霜降,廿六寅立冬。

十月小戊(午辰寅),十一丑小雪,廿五戌大雪。

十一月小丁(亥卯未),十一未冬至,廿五辰小寒。

十二月大丙(辰寅子),十二子大寒,廿六卯立春。

壬申年

太岁姓刘名旺，虚日星值年，虚宿管局，正月角宿值月，巳房一日暗金伏断。

正月小丙（戌申午），十一未雨水，廿六未惊蛰。

二月大乙（卯丑亥），十二未春分，廿八戌清明。

三月小乙（酉未巳），十三丑谷雨，廿八未立夏。

四月大甲（寅子戌），十五丑小满，三十未芒种。

五月大甲（申午辰），十六午夏至。

六月小甲（寅子戌），初二卯小暑，十七亥大暑。

七月大癸（未巳卯），初四未立秋，二十卯处暑。

八月小癸（丑亥酉），初五酉白露，廿一丑秋分。

九月大壬（午辰寅），初七辰寒露，廿二巳霜降。

十月大壬（子戌申），初七巳立冬，廿二辰小雪。

十一月小壬（午辰寅），初七丑大雪，廿一戌冬至。

十二月大辛（戌酉未），初七未小寒，廿二卯大寒。

癸酉年

太岁姓康名志，尾日星值年，鬼宿管局，正月室宿值月，子虚未张暗金伏断。

正月小辛（巳卯丑），初一子立春，廿一戌雨水。

二月小庚（戌申午），初七戌惊蛰，廿一戌春分。

三月大己（卯丑亥），初九子清明，廿四辰谷雨。

四月小己（酉未巳），初九戌立夏，廿四辰小满。

五月大戊（寅子戌），十二子芒种，廿七酉夏至。

六月小戊（申午辰），十三巳小暑，廿九寅大暑。

又六月大丁（丑亥酉），十五戌立秋。

七月大丁（未巳卯），初一午处暑，十六夜子白露。

八月小丁（丑亥酉），初二辰秋分，十七未寒露。

九月大丙（午辰寅），初三申霜降，十八申立冬。

十月大丙（子戌申），初三未小雪，十八辰大雪。

十一月小丙（午辰寅），初三丑冬至，十七酉小寒。

十二月大乙（亥酉未），初三午大寒，十八卯立春。

甲戌年

太岁姓誓名广，室火星值年，箕宿管局，正月心宿值月，酉觜寅室一暗金伏断。

正月小乙（巳卯丑），初三丑雨水，十八子惊蛰。

二月小甲（戌申午），初四丑春分，十九卯清明。

三月大癸（卯丑亥），初五未谷雨，廿一丑立夏。

四月小癸（酉未巳），初六未小满，廿二卯芒种。

五月大壬（寅子戌），初八夜子夏至，廿四申小暑。

六月小壬（申午辰），初十巳大暑，廿六丑立秋。

七月大辛（丑亥酉），十二申处暑，廿八卯白露。

八月小辛（未巳卯），十二未秋分，廿八戌寒露。

九月大庚（子戌申），十四亥霜降，廿九亥立冬。

十月大庚（午辰寅），十四戌小雪，廿九未大雪。

十一月大庚（子戌申），十四辰冬至，廿九子小寒。

十二月小庚（午辰寅），十三酉大寒，廿八午立春。

乙亥年

太岁姓伍名保，壁水星值年，毕宿管事，正月牛宿值月，辰箕亥壁暗金伏断。

正月大己（亥酉未），十四辰雨水，廿九卯惊蛰。

二月小己（巳卯丑），十四辰春分，廿九午清明。

三月小戊（戌申午），十五戌谷雨。

四月大丁（卯丑亥），初二丑立夏，十七戌小满。

五月小丁（酉未巳），初三午芒种，十九申夏至。

六月小丙（寅子戌），初五亥小暑，廿一申大暑。

七月大乙（未巳卯），初八辰立春，廿三亥处暑。

八月小乙（丑亥酉），初九巳白露，廿四戌秋分。

九月大甲（午辰寅），十一丑寒露，廿六寅霜降。

十月大甲（子戌申），十一寅立冬，廿六丑小雪。

十一月大甲（午辰寅），初十戌大雪，廿五未冬至。

十二月小甲（子戌申），初十卯小寒，廿四夜子大寒。

丙子年

太岁姓郭名嘉，奎木星值年，氐宿管局，正月觜宿值月，午角丑心暗金伏断。

正月大癸（巳卯丑），初十酉立春，廿五未雨水。

二月大癸（亥酉未），初十午惊蛰，廿五未春分。

三月小癸（巳卯丑），初十酉清明，廿六丑谷雨。

四月小壬（戌申午），十二午立夏，廿八丑小满。

五月大辛（卯丑亥），十四酉芒种，三十巳夏至。

又五月小辛（酉未已），十六寅小暑。

六月小庚（寅子戌），初二亥大暑，十八未立秋。

七月大己（未巳卯），初五寅处暑，二十申白露。

八月小己（丑亥酉），初六丑秋分，廿一辰寒露。

九月大戊（午辰寅），初七巳霜降，廿二巳立冬。

十月大戊（子戌申），初七午小雪，廿二丑大雪。

十一月小戊（午辰寅），初六戌冬至，廿一午小寒。

十二月大丁（亥酉未），初七卯大寒，廿二夜子立春。

丁丑年

太岁姓汪名文，娄金星值年，奎宿管事，正月心宿值月，丑斗申鬼暗金伏断。

正月大丁（巳卯丑），初六戌雨水，廿一酉惊蛰。

二月大丁（亥酉未），初六戌春分，廿二子清明。

三月小丁（巳卯丑），初七辰谷雨，廿二酉立夏。

四月小丙（戌申午），初九辰小满，廿四夜子芒种。

五月大乙（卯丑亥），十一申夏至，廿七巳小暑。

六月小乙（酉未巳），十三寅大暑，廿八戌立秋。

七月小申（寅子戌），十五申处暑。

八月大癸（未巳卯），初一亥白露，十七辰秋分。

九月小癸（丑亥酉），初二未寒露，十七申霜降。

十月大壬（午辰寅），初三申立冬，十八午小雪。

十一月小壬（子戌申），初三辰大雪，十八丑冬至。

十二月大辛（廿卯丑），初三酉小寒，十八午大寒。

戊寅年

太岁姓曾名光,胃土星值年,翼宿管事,正月胃宿值月,卯女戌一日暗金伏断。

正月大辛(亥酉未),初三卯立春,十八丑雨水。

七月大己(酉未巳),初十丑立秋,廿五申处暑。

二月大辛(巳卯丑),初三子惊蛰,十八丑春分。

八月小戊(寅子戌),十二寅白露,廿七未秋分。

三月小辛(亥酉未),初三卯清明,十八未谷雨。

九月大丁(未巳卯),十三戌寒露,廿八亥霜降。

四月大庚(辰寅子),初五子立夏,二十未小满。

十月小丁(丑亥酉),十三亥立冬,廿八酉小雪。

五月小庚(戌申午),初六卯芒种,廿一亥夏至。

十一月大丙(午辰寅),十四未大雪,廿九辰冬至。

六月大己(卯丑亥),初八申小暑,廿四巳大暑。

十二月小丙(子戌申),十四子小寒,廿八酉大寒。

己卯年

太岁姓伍名仲,昴日星值年,虚宿管局,正月角宿值月,巳星子房暗金伏断。

正月大乙(巳卯丑),十四午立春,廿九辰雨水。

二月大乙(亥酉未),十四卯惊蛰,廿九辰春分。

三月小乙(巳卯丑),十四午清明,廿九戌谷雨。

又三月大甲(戌申午),十六卯立夏。

四月大甲(辰寅子),初一戌小满,十七午芒种。

五月小甲(戌申午),初三寅夏至,十八亥小暑。

六月癸(卯丑亥),初五申大暑,廿一辰立秋。

七月小癸(酉未巳),初六亥处暑,廿二巳白露。

八月小壬(寅子戌),初八戌秋分,廿四丑寒露。

九月大辛(未巳卯),初十寅霜降,廿五寅立冬。

十月小辛(丑亥酉),初十子小雪,廿四戌大雪。

十一月大庚(午辰寅),初十午冬至,廿五卯小寒。

十二月小庚(子戌申),初十夜子大寒,廿五酉立春。

庚辰年

太岁姓重名德，毕月星值年，鬼宿管事，正月室宿值月，子虚一日暗伏断。

正月大己（巳卯丑），初十未雨水，廿五午惊蛰。

二月小己（亥酉未），初十未春分，廿五酉清明。

三月大戊（辰寅子），十一丑谷雨，廿六午立夏。

四月大戊（戌申午），十三申小满，廿八申芒种。

五月小戊（辰寅子），十四巳夏至。

六月大丁（酉未巳），初一寅小暑，十六戌大暑。

七月大丁（卯丑亥），初二未立秋，十八寅处暑。

八月小丁（酉未巳），初三申白露，十九子秋分。

九月大丙（寅子戌），初五卯寒露，二十巳霜降。

十月小丙（辰午辰），初五巳立冬，二十卯小雪。

十一月小乙（丑亥酉），初六丑大雪，二十酉冬至。

十二月小甲（午辰寅），初六午小寒，廿二寅大寒。

辛巳年

太岁姓韩名祖，参水星值年，箕宿管局，正月心宿值月，酉觜寅室暗金伏断。

正月小甲（子戌申），初五夜子立春，二十戌雨水。

二月大癸（巳卯丑），初六酉惊蛰，廿一酉春分。

三月小癸（亥酉未），初六夜子清明，廿二辰谷雨。

四月大壬（辰寅子），初八酉立夏，廿四辰小满。

五月小壬（戌申午），初九亥芒种，廿五申夏至。

六月大辛（卯丑亥），十二巳小暑，廿八丑大暑。

七月大辛（酉未巳），十三戌立秋，廿九巳处暑。

又七月小辛（卯丑亥），十四亥白露。

八月大庚（申午辰），初一卯秋分，十六午寒露。

九月大庚（寅子戌），初一申霜降，十六未立冬。

十月小庚（申午辰），初一午小雪，十六卯大雪。

十一月大已（丑亥酉），初三子冬至，十六酉小寒。

十二月小己（未巳卯），初一巳大寒，十六卯立春。

壬午年

太岁姓陆名明，觜火星值年，毕宿管局，正月牛宿值月，辰箕亥壁暗金伏断。

正月小戊（子戌申），初二丑雨水，十六夜子惊蛰。

二月大丁（巳卯丑），初二子春分，十八卯清明。

三月小丁（亥酉未），初三午谷雨，十八夜子立夏。

四月大丙（辰寅子），初五午小满，廿一寅芒种。

五月小丙（戌申午），初六亥夏至，廿二申小暑。

六月大乙（卯丑亥），初九亥大暑，廿五子立秋。

七月小乙（酉未巳），初十申处暑，廿六寅白露。

八月大甲（寅子戌），十二午秋分，廿七酉寒露。

九月大甲（申午辰），十二亥霜降，廿七戌立冬。

十月小甲（寅子戌），十二酉小雪，廿七午大雪。

十一月大癸（未巳卯），十三卯冬至，廿七夜子小寒。

十二月大癸（丑亥酉），十二申火寒，廿七巳立春。

癸未年

太岁姓魏名仁，井木星值年，氐宿管局，正月觜宿值月，午角一日暗金伏断。

正月小癸（未巳卯），十二卯雨水，廿七卯惊蛰。

二月小壬（子戌申），十三卯春分，廿八午清明。

三月大辛（巳卯丑），十四酉谷雨，二十卯立夏。

四月小辛（亥酉未），十五酉小满。

五月小庚（辰寅子），初二巳芒种，十八寅夏至。

六月大己（巳卯丑），初四戌小暑，二十未大暑。

七月小己（卯丑亥），初六卯立秋，廿一亥处暑。

八月大戊（申午辰），初八巳白露，廿三酉秋分。

九月大戊（寅子戌），初九子寒露，廿三寅霜降。

十月大戊（申午辰），初九丑立冬，廿三夜子小雪。

十一月小戊（寅子戌），初八酉大雪，廿三夜冬至。

十二月小丁（未巳卯），初九卯小寒，廿三亥大寒。

甲申年

太岁姓方名公,鬼金星值年,奎宿管局,正月心宿值月,丑斗申鬼暗金伏断。

正月大丙(子戌申),初八申立春,廿三午雨水。

二月小丁(未巳卯),初八午惊蛰,廿三午春分。

三月小丙(子戌申),初九申清明,廿五子谷雨。

四月大乙(巳卯丑),十一午立夏,廿七子小满。

五月小乙(亥酉未),十二申芒种,廿八巳夏至。

又五月小甲(辰寅子),十五酉小暑。

六月大癸(酉未巳)。初一戌大暑,十五午立秋。

七月小癸(卯酉亥),初三寅处暑,十八申白露。

八月大壬(申午辰),初五子秋分,二十卯寒露。

九月大壬(寅子戌),初五辰霜降,二十辰立冬。

十月小壬(申午辰),初五卯小雪,二十子大雪。

十一月大辛(丑亥酉),初五酉冬至,二十巳小寒。

十二月大辛(未巳卯),初五寅大寒,十九亥立春。

乙酉年

太岁姓蒋名端,柳土星值年,翼宿管局,正月胃宿值月,卯女戌胃暗金伏断。

正月大辛(丑亥酉),初四酉雨水,十九申惊蛰。

二月小辛(未巳卯),初四酉春分,十九亥清明。

三月小庚(子戌申),初六卯谷雨,廿一酉立夏。

四月大己(巳卯丑),初八卯小满,廿三亥芒种。

五月小己(亥酉未),初九未夏至,廿五辰小暑。

六月小戊(辰寅子),十三丑大暑,廿七酉立秋。

七月大丁(酉未巳),十四辰处暑,廿九戌白露。

八月小丁(卯丑亥),十五卯秋分。

九月大丙(申午辰),初一午寒露,十六未霜降。

十月小丙(寅子戌),初一未立冬,十六午小雪。

十一月大乙(未巳卯),初二卯大雪,十八夜子冬至。

十二月大乙(丑亥酉),初一申小寒,十六巳大寒。

丙戌年

太岁姓向名谷，星日宿值年，牛星管局，正月角宿值月，巳星一日暗金伏断。

正月大乙（未巳卯），初一寅立春，十六子雨水，三十亥惊蛰。

二月小乙（丑亥酉），十六子春分。

三月大甲（午辰寅），初一寅清明，十七午谷雨。

四月小甲（子戌申），初二亥立夏，十八午小满。

五月大癸（巳卯丑），初五寅芒种，二十戌夏至。

六月小癸（亥酉未），初六未小暑，廿二申大暑。

七月小壬（辰寅子），初九子立秋，廿四未处暑。

八月大辛（酉未巳），十一丑白露，廿六午秋分。

九月小辛（卯丑亥），十一酉寒露，廿六戌霜降。

十月大庚（申午辰），十二戌立冬，廿七酉小雪。

十一月小庚（寅子戌），十二巳大雪，廿七卯冬至。

十二月大己（未巳卯），十二亥小寒，廿七申大寒。

丁亥年

太岁姓均名斋，张月星值年，毕宿管局，正月室宿值月，子虚一日暗金伏断。

正月大己（丑亥酉），十二巳立春，廿七卯雨水。

二月小己（未巳卯），十二寅惊蛰，廿七卯春分。

三月大戊（子戌申），十三巳清明，廿六酉谷雨。

四月大戊（午辰寅），十四寅立夏，廿九酉小满。

又四月小戊（子戌申），十五巳芒种。

五月大丁（巳卯丑），初二丑夏至，十七戌小暑。

六月小丁（亥酉未），初三未大暑，十九卯立秋。

七月小丙（辰寅子），初五戌处暑，廿一辰白露。

八月大乙（酉未巳），初七酉秋分，廿三夜子寒露。

九月小乙（卯丑亥），初八丑霜降，廿二丑立冬。

十月十甲（申子辰），初八亥小雪，廿三酉大雪。

十一月小甲（寅子戌），初八午冬至，廿二寅小寒。

十二月大癸（未巳卯），初八亥大寒，廿三酉立春。

戊子年

太岁姓郭名班，翼火星值年，氐宿管局，正月心宿值月，酉觜寅室暗金伏断。

正月大癸（丑亥酉），初八午雨水，廿三巳惊蛰。

二月小癸（未巳卯），初八午春分，廿三申清明。

三月大壬（子戌申），初九夜子春分，廿五巳立夏。

四月大壬（午辰寅），初十夜子小满，廿六申芒种。

五月小壬（子戌申），十二辰夏至，廿八子小暑。

六月大辛（巳酉丑），十四戌大暑，三十午立秋。

七月小辛（亥酉未），十六丑处暑。

八月大庚（辰寅子），初二未白露，十七夜子秋分。

九月大己（酉未巳），初四卯寒露，十九辰霜降。

十月小己（卯丑亥），初四辰立冬，十九寅小雪。

十一月大戊（申午辰），初四夜子大雪，十九酉冬至。

十二月小戊（寅子戌），初四巳小寒，十九寅大寒。

己丑年

太岁姓潘名盖，轸木星值年，奎宿管局，正月牛宿值月，辰箕亥壁暗金伏断。

正月大丁（未巳卯），初四亥立春，十九酉雨水。

二月小丁（丑亥酉），初四申惊蛰，十九酉春分。

三月大丙（午辰寅），初五亥清明，廿一卯谷雨。

四月大丙（午辰寅），初六申立夏，廿二卯小满。

五月小丙（午辰寅），初七亥芒种，廿三未夏至。

六月大乙（亥酉未），初十辰小暑，廿六丑大暑。

七月小乙（巳卯丑），十一酉立秋，廿七辰处暑。

八月大甲（戌申午），十三戌白露，廿九卯秋分。

九月小甲（辰寅子），十四午寒露，廿九未霜降。

十月大癸（酉未巳），十五未立冬，三十巳小雪。

十一月小癸（卯丑亥），十五卯大雪，廿九夜子冬至。

十二月大壬（申午辰），十五申小寒，三十巳大寒。

庚寅年

太岁姓邵名桓，角木星值年，翼宿管局，正月觜宿值月，午角一日暗金伏断。

正月小壬（寅子戌），十五寅立春，廿九夜子雨水。

二月大辛（未巳卯），十五亥惊蛰，三十夜子春分。

又二月小辛（未巳卯），十六寅清明。

三月大庚（午辰寅），初二午谷雨，十七亥立夏。

四月小庚（子戌申），初三午小满，十九丑芒种。

五月大己（丑卯巳），初五戌夏至，廿一未小暑。

六月小己（亥酉未），初七辰大暑，廿二夜子立秋。

七月大戊（辰寅子），初九未处暑，廿五丑白露。

八月大戊（戌申午），初十午秋分，廿五酉寒露。

九月小戊（辰寅子），初十戌霜降，廿五戌立冬。

十月大丁（酉未巳），十一申小雪，廿六午大雪。

十一月小丁（卯丑亥），十一卯冬至，廿五亥小寒。

十二月大丙（申午辰），十一申大寒，廿六丑立春。

辛卯年

太岁姓范名宁，亢金星值年，虚宿管局，正月心宿值月，丑斗申鬼暗金伏断。

正月小丙（寅子戌），十一卯雨水，廿六寅惊蛰。

二月大乙（未巳卯），十二卯春分，廿七巳清明。

三月小乙（丑亥酉），十二酉谷雨，廿八寅立夏。

四月大甲（午辰寅），十四酉小满，三十辰芒种。

五月小甲（子戌申），十六丑夏至。

六月大癸（卯巳酉），初二戌小暑，十八午大暑。

七月小癸（亥酉未），初四卯立秋，十九戌处暑。

八月大壬（辰寅子），初六辰白露，廿一申秋分。

九月大壬（戌申午），初五亥寒露，廿二丑霜降。

十月小壬（辰寅子），初五丑立冬，廿一亥小雪。

十一月大辛（酉未巳），初七酉大雪，廿二巳冬至。

十二月小辛（卯丑亥），初七寅小寒，廿一亥大寒。

壬辰年

太岁姓彭名泰，氐土星值年，鬼宿管局，正月胃宿值月，卯女戌胃暗金伏断。

正月小辛（酉未巳），初六申立春，廿一午雨水。

二月小庚（寅子戌），初七巳惊蛰，廿二午春分。

三月大己（未巳卯），初八申清明，廿三夜子谷雨。

四月小己（丑亥酉），初九巳立夏，廿四夜子小满。

五月小戊（午辰寅），十一未芒种，廿七辰夏至。

六月小丁（亥酉未），十四丑小暑，廿九酉大暑。

又六月小丁（巳卯酉），十五巳立秋。

七月大丙（戌申午），初二丑处暑，十七未白露。

八月大丙（辰寅子），初二亥秋分，十八寅露寒。

九月小丙（戌申午），初三辰霜降，十八辰立冬。

十月大乙（卯丑亥），初四寅小雪，十八夜子大雪。

十一月大乙（酉未巳），初三申冬至，十八巳小寒。

十二月大乙（卯丑亥），初三丑大寒，十七亥立春。

癸巳年

太岁姓徐名舜，房日星值年，室宿值事，正月角宿管月，巳房一日暗金伏断。

正月小乙（酉未巳），初二酉雨水，十七申惊蛰。

二月小甲（寅子戌），初三申春分，十八亥清明。

三月大癸（未巳卯），初五寅谷雨，二十申立夏。

四月小癸（酉亥酉），初六寅小满，廿一戌芒种。

五月小壬（午辰寅），初八未夏至，廿四卯小暑。

六月大辛（亥酉未），初十子大暑，廿五申立秋。

七月小辛（巳卯酉），十二寅处暑，廿七戌白露。

八月大庚（戌申午），十四寅秋分，廿九巳寒露。

九月小庚（辰寅子），十四未霜降，廿九午立冬。

十月大己（酉未巳），十五丑小雪，三十寅大雪。

十一月大己（卯丑亥），十四亥冬至，廿九申小寒。

十二月大己（酉未巳），十四辰大寒，廿九丑立春。

甲午年

太岁姓张名构，心月星值年，毕宿管局，正月室宿值月，子虚未张暗金伏断。

正月小己(卯丑亥)，十三亥雨水，廿八亥惊蛰。

二月大戊(申午辰)，十四亥春分，三十寅清明。

三月小戊(寅子戌)，十五巳谷雨。

四月大丁(未巳卯)，初二亥立夏，十七巳小满。

五月小丁(丑亥酉)，初三丑芒种，十八戌夏至。

六月小丙(午辰寅)，初五午小暑，廿一卯大暑。

七月大乙(亥酉未)，初七亥立秋，廿三未处暑。

八月小癸(巳卯丑)，初九丑白露，廿四巳秋分。

九月大甲(戌申午)，初十申寒露，廿五戌霜降。

十月小甲(辰寅子)，初十酉立冬，廿五申小雪。

十一月大癸(酉未巳)，十一巳大雪，廿六寅冬至。

十二月大癸(卯丑亥)，初十亥小寒，廿五未大寒。

乙未年

太岁姓杨名贤，尾火星值年，氐宿管局，正月心宿值月，酉觜寅室暗金伏断。

正月大癸(酉未巳)，初十辰立春，廿五寅雨水。

二月小癸(卯丑亥)，初十寅惊蛰，廿五寅春分。

三月大壬(申午辰)，十一辰清明，廿六申谷雨。

四月小壬(寅子戌)，十二寅立夏，廿七申小满。

五月大辛(未巳卯)，十四辰芒种，三十午夏至。

又五月小辛(丑亥酉)，十五酉小暑。

六月小庚(午辰寅)，初二午大暑，十八寅立秋。

七月大己(亥酉未)，初四酉处暑，二十辰白露。

八月小己(巳卯丑)，初五申秋分，二十亥寒露。

九月大戊(戌申午)，初七子霜降，廿二子立冬。

十月小戊(辰寅子)，初六亥小雪，廿一申大雪。

十一月大丁(酉未巳)，初七巳冬至，廿二寅小寒。

十二月大丁(卯丑亥)，初六戌大寒，廿一未立春。

丙申年

太岁姓管名仲，箕木星值年，奎宿管局，正月牛宿值月，辰箕亥壁暗金伏断。

正月小丁（酉未巳），初六巳雨水，廿一巳惊蛰。

二月大丙（寅子戌），初七巳春分，廿二未清明。

三月大丙（申午辰），初七亥谷雨，廿三辰立夏。

四月小丙（寅子戌），初八亥小满，廿四未芒种。

五月大乙（未巳卯），十一卯夏至，廿七子小暑。

六月小乙（丑亥酉），十二酉大暑，廿八巳立秋。

七月小甲（午辰寅），十五子处暑。

八月大癸（亥酉未），初一午白露，十六亥秋分。

九月小癸（巳卯丑），初二寅寒露，十七卯霜降。

十月大壬（戌申午），初三卯立冬，十八寅小雪。

十一月小壬（辰寅子），初二亥大雪，十七申冬至。

十二月大辛（子酉未），初三辰小寒，十八寅大寒。

丁酉年

太岁姓康名杰，斗木星值年，翼宿管局，正月觜宿值月，午角一日暗金伏断。

正月小辛（卯丑亥），初二戌立春，十七申雨水。

二月大庚（申午辰），初三未惊蛰，十八申春分。

三月大庚（寅子戌），初三戌清明，十九寅谷雨。

四月小庚（申午辰），初四未立夏，二十寅小满。

五月大己（丑亥酉），初六戌芒种，廿二午夏至。

六月小己（未巳卯），初八卯小暑，三夜子大暑。

七月大戊（子戌申），初十申立秋，廿六卯处暑。

八月小戊（午辰寅），十二丑白露，廿七寅秋分。

九月大丁（亥酉未），十三巳寒露，廿八午霜降。

十月小丁（巳卯丑），十三午立夏，廿八巳小雪。

十一月大丙（戌申午），十四寅大雪，廿八亥冬至。

十二月小丙（辰寅子），十三未小寒，廿八辰大寒。

戊戌年

太岁姓姜名武，牛金星值年，虚宿管局，正月心宿值月，丑斗申鬼暗金伏断。

正月大乙（酉未巳），十四丑立春，廿八亥雨水。

二月小乙（卯丑亥），十三戌惊蛰，廿八亥春分。

三月大甲（申午辰），十五丑清明，三十巳谷雨。

又三月小甲（寅子戌），十五戌立夏。

四月大癸（未巳卯），初二巳小满，十八丑芒种。

六月小癸（未巳卯），初五卯大暑，二十亥立秋。

五月大癸（丑亥酉），初三酉夏至，十九午小暑。

七月大壬（子戌申），初七午处暑，廿三子白露。

八月小壬（午辰寅），初八丑秋分，廿三申寒露。

九月大辛（亥酉未），初九酉霜降，廿四酉立冬。

十月小辛（巳卯丑），初九申小雪，廿四巳大雪。

十一月大庚（戌申午），初十寅冬至，廿四戌小寒。

十二月小庚（辰寅子），初九未大寒，廿四辰立春。

己亥年

太岁姓谢名寿，女土星值年，鬼宿管局，正月胃宿值月，卯女戌胃暗金伏断。

正月大己（酉未巳），初十寅雨水，廿五丑惊蛰。

二月小己（卯丑亥），初十寅春分，廿五辰清明。

三月大戊（申午辰），十一申谷雨，廿七丑立夏。

四月小戊（寅子戌），十二申小满，廿八辰芒种。

五月大丁（未巳卯），十四子夏至，三十酉小暑。

六月小丁（丑亥酉），十六午大暑。

七月大丙（午辰寅），初三寅立秋，十八申处暑。

八月大丙（子戌申），初四卯白露，十九申秋分。

九月小丙（午辰寅），初四亥寒露，十九子霜降。

十月大乙（亥酉丑），初三夜子立冬，二十戌小雪。

十一月小乙（巳卯午），初五申大雪，二十巳冬至。

十二月大甲（戌申午），初六丑小寒，二十戌大寒。

庚子年

太岁姓虞名起，虚日星值年，箕宿管局，正月角宿值月，巳房一日暗金伏断。

正月小甲(辰寅子)，初五未立春，二十巳雨水。

二月大癸(酉未巳)，初六辰惊蛰，廿一巳春分。

三月小癸(卯丑亥)，初六未清明，廿一亥谷雨。

四月小壬(申午辰)，初八辰立夏，廿三亥小满。

五月大辛(丑亥酉)，初十午芒种，廿六卯夏至。

六月小辛(未巳卯)，十一夜子小暑，廿七酉大暑。

七月大庚(子戌申)，十四巳立春，二十夜子处暑。

八月大庚(午辰寅)，十五午白露，三十亥秋分。

又八月小庚(子戌申)，十六寅寒露。

九月大己(卯巳丑)，初二卯霜降，十七卯立冬。

十月大己(亥酉未)，初二丑小雪，十六亥大雪。

十一月小己(巳卯丑)，初一申冬至，十六辰小寒。

十二月大戊(戌申午)，初二丑大寒，十七戌立春。

辛丑年

太岁姓汤名信，危月星值年，毕宿管局，正月室宿值月，子虚未张暗金伏断。

正月小戊(辰寅子)，初一申雨水，十六未惊蛰。

二月大丁(酉未巳)，初二申春分，十八戌清明。

三月小丁(卯丑亥)，初三寅谷雨，十八未立夏。

四月小丙(申子辰)，初五寅小满，二十酉芒种。

五月大乙(丑亥酉)，初七午夏至，廿三卯小暑。

六月小乙(未巳卯)，初八亥大暑，廿四申立秋。

七月大甲(子戌申)，十一卯处暑，廿六酉白露。

八月小甲(午辰寅)，十三寅秋分，廿七巳寒露。

九月大癸(亥酉未)，十三午霜降，廿八午立冬。

十月大癸(巳卯丑)，十二辰小雪，廿八寅大雪。

十一月大癸(亥酉未)，十二亥冬至，廿七未小寒。

十二月小癸(巳卯午)，十二辰大寒，廿七丑立春。

壬寅年

太岁姓贺名谔，室火星值年，氐宿管局，正月星宿值月，酉觜寅室暗金伏断。

正月大壬(戌申午)，十二亥雨水，廿七戌惊蛰。

二月小壬(辰寅子)，十二亥春分，廿八丑清明。

三月大辛(酉未巳)，十四巳谷雨，廿九戌立夏。

四月小辛(巳卯丑)，十五巳小满。

五月小庚(申午辰)，初一子芒种，十七酉夏至。

六月大己(丑亥酉)，初四午小暑，十九寅大暑。

七月小己(未巳卯)，初五亥立秋，廿一午处暑。

八月大戊(子戌申)，初七夜子白露，廿三辰秋分。

九月小戊(午辰寅)，初八未寒露，廿三酉霜降。

十月大丁(亥酉未)，初九酉立冬，廿四未小雪。

十一月大丁(巳卯丑)，初九巳大雪，廿四丑冬至。

十二月大丁(亥酉未)，初八戌小寒，廿三未大寒。

癸卯年

太岁姓成名壬，壁水星值年，奎宿管局，正月牛宿值月，辰箕亥壁暗金伏断。

正月小丁(巳卯丑)，初八辰立春，廿三寅雨水。

二月大丙(戌申午)，初九丑惊蛰，廿四寅春分。

三月小丙(辰寅子)，初九辰清明，廿四未谷雨。

四月大乙(酉未巳)，十一丑立夏，廿六未小满。

五月小乙(卯丑亥)，十二卯芒种，廿七夜子夏至。

又五月小甲(申午辰)，十四申小暑。

六月大癸(丑癸酉)，初一巳大暑，十七丑立秋。

七月小癸(未巳卯)，初二酉处暑，十八卯白露。

八月小壬(子戌申)，初四未秋分，十九戌寒露。

九月大辛(巳卯丑)，初五夜子霜降，二十夜子立冬。

十月大辛(亥酉未)，初五戌小雪，二十申大雪。

十一月小辛(巳丑卯)，初五辰冬至，二十丑小寒。

十二月大庚(戌申午)，初五戌大寒，二十未立春。

甲辰年

太岁姓李名成,奎木星值年,翼宿管局,正月觜宿值月,午角一日暗金伏断。

正月大庚(辰寅子),初五辰雨水,二十辰惊蛰。

二月大庚(戌申午),初五辰春分,二十未清明。

三月小庚(辰寅子),初五戌谷雨,廿一辰立夏。

四月大己(酉未巳),初七戌小满,廿三午芒种。

五月小己(卯丑亥),初九卯夏至,廿四亥小暑。

六月小戊(申午辰),十一申大暑,廿七辰立秋。

七月大丁(丑亥酉),十三夜子处暑,廿九午白露。

八月小丁(未巳卯),十四戌秋分。

九月小丙(子戌申),初一丑寒露,十六卯霜降。

十月大乙(巳卯丑),初二寅立冬,十七丑小雪。

十一月大乙(亥酉未),初一亥大雪,十六未冬至。

十二月小乙(巳卯丑),初一辰小寒,十六子大寒。

乙巳年

太岁姓吴名遂,娄金星值年,虚宿管局,正月心宿值月,丑斗申鬼暗金伏断。

正月大甲(戌申午),初一戌立春,十六申雨水。

二月大甲(辰寅子),初一未惊蛰,十六未春分。

三月小甲(戌申午),初一戌清明,十七寅谷雨。

四月大癸(卯丑亥),初三未立夏,十九丑小满。

五月大癸(酉未巳),初四酉芒种,二十巳夏至。

六月小癸(卯丑亥),初六寅小暑,廿一亥大暑。

七月小辛(未巳午),初八未立秋,廿四寅处暑。

八月大辛(丑亥酉),初十酉白露,廿六寅秋分。

九月小辛(未巳卯),十一辰寒露,廿六午霜降。

十月大庚(子戌申),十一巳立冬,廿七辰小雪。

十一月小庚(午辰寅),十二丑大雪,廿六戌冬至。

十二月大己(亥酉未),十二未小寒,廿七卯大寒。

丙午年

太岁姓文名折，胃土星值年，鬼宿管局，正月虚宿值月，卯女戌未暗金伏断。

正月小己（巳卯丑），十二子立春，廿六戌雨水。

二月大戊（戌申午），十三戌惊蛰，廿七戌春分。

三月大戊（辰寅子），十三子清明，廿八寅谷雨。

四月大戊（戌申午），十三酉立夏，廿九辰小满。

又四月大丁（卯丑亥），十五夜子芒种。

五月小丁（酉未巳），初一申夏至，十七巳小暑。

六月大丙（寅子戌），初四寅大暑，十九戌立秋。

七月小丙（申午辰），初五巳处暑，二十亥白露。

八月大乙（丑亥酉），初七辰秋分，廿二未寒露。

九月小乙（未巳卯），初七申霜降，廿二申立冬。

十月大甲（子戌申），初八未小雪，廿三辰大雪。

十一月小甲（午辰寅），初八丑冬至，廿二戌小寒。

十二月大癸（亥酉未），初八午大寒，廿三卯立春。

丁未年

太岁姓伍名丙，昴日星值年，箕宿管局，正月角宿值月，巳房一日暗金伏断。

正月小癸（巳卯丑），初八子雨水，廿三丑惊蛰。

二月大壬（戌申午），初九丑春分，廿四卯清明。

三月小壬（辰寅子），初九未谷雨，廿五子立夏。

四月大辛（酉未巳），十一未小满，廿七卯芒种。

五月小辛（卯丑亥），十二亥夏至，廿八申小暑。

六月大庚（申午辰），十五巳大暑。

七月大庚（寅子戌），初一丑立秋，十六申处暑。

八月小庚（申午辰），初二寅白露，十七未秋分。

九月大己（丑亥酉），初二戌寒露，十八亥霜降。

十月小己（未巳卯），初三亥立冬，十八戌小雪。

十一月大戊（子戌申），初四未大雪，十九辰冬至。

十二月小戊（午辰寅），初四丑小寒，十八酉大寒。

戊申年

太岁姓俞名志，毕月星值年，毕宿管局，正月室宿值月，子虚未张暗金伏断。

正月大丁（亥酉未），初四午立春，十九酉雨水。

二月小丁（巳卯丑），初四卯惊蛰，十九辰春分。

三月小丙（戌申午），初五午清明，二十戌谷雨。

四月大乙（卯丑亥），初七卯立夏，二十戌小满。

五月大乙（酉未巳），初八午芒种，廿四寅夏至。

六月小乙（卯丑亥），初九亥小暑，廿四申大暑。

七月大甲（申午辰），十二辰立秋，廿七亥处暑。

八月小甲（寅子戌），十三巳白露，二八戌秋分。

九月大癸（未巳卯），十五丑寒露，三十寅霜降。

十月大癸（丑亥酉），十五寅立冬，三十丑小雪。

十一月小癸（未巳卯），十四戌大雪，廿九未冬至。

十二月大壬（子戌申），十五卯小寒，三十子大寒。

己酉年

太岁姓程名寅，参水星值年，氐宿管局，正月星宿值月，酉嘴寅室暗金伏断。

正月小壬（午辰寅），十四酉立春，廿九未雨水。

二月大辛（亥酉未），十五午惊蛰，三十未春分。

三月小庚（戌申午），初二丑谷雨，十七午立夏。

四月大己（卯丑亥），初四丑小满，十九酉芒种。

五月小己（酉未巳），初五巳夏至，廿一辰小暑。

六月大戊（寅子戌），初七亥大暑，廿二未立秋。

七月小戊（申午辰）。初九寅处暑，廿四申白露。

八月大丁（丑亥酉），十一丑秋分，廿六辰寒露。

十月大丁（丑亥酉），十一辰小满，廿六丑大雪。

十一月小丁（未巳卯），初十戌冬至，廿二午小寒。

十二月大丙（子戌申），十一卯大寒，廿六子立春。

庚戌年

太岁姓伍名秋，觜火星值年，奎宿管局，正月牛宿值月，辰箕亥壁暗金伏断。

正月小丙（午辰寅），初十戌雨水，廿五酉惊蛰。

二月大乙（亥酉未），十一戌春分，廿七子清明。

三月小乙（巳卯丑），十二辰谷雨，廿七酉立夏。

四月小甲（戌申午），十四辰小满，廿九夜子芒种。

五月大癸（卯丑亥），十六甲夏至。

六月小癸（酉未巳），初二巳小暑，十八寅大暑。

七月大壬（寅子戌），初四戌立秋，二十巳处暑。

八月小壬（申午辰），初五亥白露，廿一辰秋分。

九月大辛（丑亥酉），初七未寒露，廿一辰秋分。

十月大己（未巳卯），初七申立冬，廿二未小雪。

十一月大辛（丑亥酉），初七辰大雪，廿二丑冬至。

十二月小辛（未巳卯），初八酉小寒，廿一午大寒。

辛亥年

太岁姓叶名坚，井木星值年，翼宿管事，正月觜宿值月，午角一日暗金伏断。

正月大庚（子戌申），初七卯立春，廿二丑雨水。

二月小庚（午辰寅），初七亥惊蛰，廿二丑春分。

三月大己（亥酉未），初八卯清明，廿三未谷雨。

四月小己（巳卯丑），初八子立夏，廿四未小满。

五月小戊（戌申午），十一寅芒种，廿六亥夏至。

六月大丁（卯丑亥），十三申小暑，廿九辰大暑。

又六月小丁（酉未巳），十五丑立秋。

七月小丙（寅子戌），初一申处暑，十七午白露。

八月大乙（未巳卯），初三未秋分，十八戌寒露。

九月大乙（丑亥酉），初三亥霜降，十八亥立冬。

十月小乙（未巳卯），初三酉小雪，十八未大雪。

十一月大甲（子戌申），初四辰冬至，十九子小寒。

十二月大甲（午辰寅），初三酉大寒，十八午立春。

壬子年

太岁姓邱名德，鬼金星值年，虚宿管局，正月心宿值月，丑斗申鬼暗金伏断。

正月大甲（子戌申），初三辰雨水，十九寅惊蛰。

二月小甲（午辰寅），初三辰春分，十八午清明。

三月大癸（亥酉未），初四戌谷雨，十九卯立夏。

四月小癸（巳卯丑），初五戌小满，廿二巳芒种。

五月小壬（戌申午），初八寅夏至，廿三亥小暑。

六月大辛（卯丑亥），初十未大暑，廿六辰立秋。

七月小辛（酉未巳），十一亥处暑，廿七巳白露。

八月小庚（寅子戌），十三戌秋分，廿八丑寒露。

九月大己（未巳卯），十五寅霜降，三十寅立冬。

十月大己（丑亥酉），十五子小雪，廿九戌大雪。

十一月小己（未巳卯），十四未冬至，廿九卯小寒。

十二月大戊（子寅申），十三子大寒，廿九酉立春。

癸丑年

太岁姓林名满，柳土星值年，鬼宿管事，正月胃宿值月，卯女戌胃暗金伏断。

正月大戊（午辰寅），十四未雨水，三十巳惊蛰。

二月小戊（子戌申），十四未春分，廿九酉清明。

三月大丁（巳卯丑），十六丑谷雨。

四月大丁（亥酉未），初一午立夏，十八丑小满。

五月小丁（巳卯丑），初二申芒种，十八巳夏至。

六月小丙（戌申午），初五寅小暑，二十戌大暑。

七月大乙（卯丑亥），初七未立秋，廿三寅处暑。

八月小乙（酉未巳），初八申白露，廿四丑秋分。

九月大甲（寅子戌），初十辰寒露，廿四丑秋分。

十月小甲（申午辰），初十巳立冬，廿五卯小雪。

十一月大癸（丑亥酉），十一丑大雪，廿五戌冬至。

十二月小癸（未巳卯），初十午小寒，廿五卯大寒。

甲寅年

太岁姓张名朝,星日星值年,箕宿管局,正月角宿值月,巳房一日暗金伏断。

正月大壬(子戌申),初十子立春,廿五戌雨水。

二月大壬(午辰寅),十一申惊蛰,廿五戌春分。

三月小壬(子戌申),十一子清明,廿六辰谷雨。

四月大辛(巳卯丑),十二酉立夏,廿八辰小满。

五月小辛(亥酉未),十三亥芒种,廿九申夏至。

又五月大庚(辰寅子),十六巳小暑。

六月小庚(戌申午),初二丑大暑,十七戌立秋。

七月大己(卯丑亥),初四巳处暑,十九亥白露。

八月小己(酉未巳),初五辰秋分,二十未寒露。

九月大戊(寅子戌),初六申霜降,廿一申立冬。

十月小戊(申子辰),初六午小雪,廿一辰大雪。

十一月大丁(丑亥酉),初七丑冬至,廿一酉小寒。

十二月小丁(未巳卯),初六午大寒,二十卯立春。

乙卯年

太岁姓方名清,张日星值年毕宿管事正月室宿值月午虚未张暗金伏断。

正月大丙(子辰申),初七丑雨水,廿二亥惊蛰。

二月小丙(午辰寅),初七丑春分,廿二卯清明。

三月大乙(亥酉未),初八未谷雨,廿三子立夏。

四月小乙(巳卯丑),初九未小满,廿五寅芒种。

五月大甲(戌申午),十一亥夏至,廿七申小暑。

六月大甲(辰寅子),十三辰大暑,廿九丑立秋。

七月小甲(戌卯午),十四处暑。

八月大癸(卯丑亥),初一寅白露,十六未秋分。

九月小癸(酉未巳),初一戌寒露,十六亥霜降。

十月大壬(寅子戌),初二亥立冬,十七酉小雪。

十一月小壬(申午辰),初二未大雪,十七辰冬至。

十二月大辛(丑亥酉),初三子小寒,十七酉大寒。

丙辰年

太岁姓辛名亚，翼火星值年，氐宿管局，正月星宿值月，酉觜寅室暗金伏断。

正月小辛(未巳卯)，初一午立春，十七辰雨水。

二月小庚(子戌申)，初四寅惊蛰，十八辰春分。

三月大己(巳卯丑)，初四午清明，十九戌谷雨。

四月小己(亥酉未)，初四卯立夏，二十戌小满。

五月大戊(辰寅子)，初七巳芒种，廿三寅夏至。

六月小戊(戌申午)，初八亥小暑，廿四未大暑。

七月大丁(卯丑亥)，十一辰立秋，廿六亥处暑。

八月大丁(酉未巳)，十二巳白露，廿七戌秋分。

九月小丁(卯丑亥)，十三丑寒露，廿八寅霜降。

十月大丙(申午辰)，十四寅立冬，廿九子小雪。

十一月大丙(寅子戌)，十三戌大雪，廿八未冬至。

十二月小丙(申午辰)，十三卯小寒，廿八子大寒。

丁巳年

太岁姓易名彦，轸水星值年，奎宿管局，正月牛宿值月，辰箕亥壁暗金伏断。

正月大乙(丑亥酉)，十一酉立春，廿八未雨水。

二月小乙(未巳卯)，十四巳惊蛰，廿八未春分。

又二月小甲(子戌申)，十四酉清明。

三月大癸(巳卯丑)，初一丑谷雨，十五午立夏。

四月小癸(亥酉未)，初二丑小满，十七申芒种。

五月大壬(辰寅子)，初四巳夏至，二十寅小暑。

六月小壬(戌申午)，初五戌大暑，廿一未立秋。

七月大辛(卯丑亥)，初八寅处暑，廿三申白露。

八月大辛(酉未巳)，初九丑秋分，廿四辰寒露。

九月大辛(卯丑亥)，初九巳霜降，廿四巳立冬。

十月小辛(酉未巳)，初九卯小雪，廿四丑大雪。

十一月大庚(寅子戌)，初九戌冬至，廿四午小寒。

十二月小庚(申午辰)，初九卯大寒，廿三子立春。

戊午年

太岁姓姚名黎,角木星值年,翼宿管局,正月觜宿值月,午角一日暗金伏断。

正月大己(丑亥酉),初九戊雨水,廿五申惊蛰。

二月小己(未巳卯),初九戊春分,廿五子清明。

三月小戊(子戌申),十一辰惊蛰,廿五酉立夏。

四月大丁(巳卯丑),十三辰小满,廿八亥芒种。

五月小丁(戌酉未),十四申夏至。

六月大丙(辰寅子),初一巳小暑,十七丑大暑。

七月小丙(戌申午),初二戌立秋,十八巳处暑。

八月大乙(卯丑亥),初四亥白露,二十辰秋分。

九月大乙(酉未巳),初五未寒露,二十申霜降。

十月大乙(卯丑亥),初四申立冬,二十午小雪。

十一月小乙(酉未巳),初五辰大雪,二十丑冬至。

十二月大甲(寅子戌),初五卯小寒,二十午大寒。

己未年

太岁姓傅名悦,亢金星值年,虚宿管局,正月心宿值月,丑斗申鬼暗金伏断。

正月小甲(申午辰),初四卯立春,二十丑雨水。

二月大癸(丑亥酉),初六亥惊蛰,廿一丑春分。

三月小癸(未巳卯),初六卯清明,廿一未谷雨。

四月小壬(子戌申),初七子立夏,廿三未小满。

五月大辛(巳卯丑),初十寅芒种,廿五亥夏至。

六月小辛(亥酉未),十一申小暑,廿七辰大暑。

七月小庚(辰寅子),十四丑立秋,廿九申处暑。

又七月大己(酉未巳),十六寅白露。

八月大己(卯丑亥)初一未秋分,十六戌寒露。

九月小己(酉未巳),初一亥霜降,十五亥立冬。

十月大戊(寅子戌),初二酉小雪,十七未大雪。

十一月大戊(申午辰),初二辰冬至,十七子小寒。

十二月大戊(寅子戌),初一酉大寒,十五午立春。

庚申年

太岁姓毛名倖，氐土星值年，鬼宿管局，正月胃宿值月，卯女戌未暗金伏断。

正月小戊（申午辰），初一辰雨水，十七寅惊蛰。

二月大丁（未酉亥），初二辰春分，十七午清明。

三月小丁（未巳卯），初二戌谷雨，十七卯立夏。

四月小丙（子戌申），初四戌小满，二十巳芒种。

五月大乙（巳卯丑），初七寅夏至，廿二亥小暑。

六月小乙（亥酉未），初八未大暑，廿四辰立秋。

七月小甲（辰寅子），初十亥处暑，廿六巳白露。

八月大癸（酉未巳），十二戌秋分，廿八丑寒露。

九月大癸（卯丑亥），十三寅霜降，廿七寅立冬。

十月小癸（酉未巳），十三子小雪，廿七戌大雪。

十一月大壬（寅子戌），十三未冬至，廿八卯小寒。

十二月大壬（申午辰），十三子大寒，廿六酉立春。

辛酉年

太岁姓文名政，房日星值年，寒宿值月，正月角宿管月，巳房一日暗金伏断。

正月小壬（寅子戌），十一未雨水，廿八巳惊蛰。

二月大辛（未巳卯），十三未春分，廿八酉清明。

三月大辛（丑亥酉），十四丑谷雨，廿八午立夏。

四月小辛（未巳卯），十五丑小满。

五月大己（亥酉未），初二申芒种，十八巳夏至。

六月大己（巳卯丑），初四寅小暑，十九戌大暑。

七月小己（亥酉未），初五未立秋，廿一寅处暑。

八月大戊（辰寅子），初七申白露，廿三丑秋分。

九月小戊（戌申午），初八辰寒露，廿三巳霜降。

十月大丁（卯丑亥），初八巳立冬，廿四卯小雪。

十一月小丁（酉未巳），初九丑大雪，廿二戌冬至。

十二月大丙（寅子戌），初九午小寒，廿四卯大寒。

壬戌年

太岁姓洪名范，心月星值年，毕宿管局，正月室宿值月，子虚未张暗金伏断。

正月大丙（申午辰），初八子立春，廿二戌雨水。

二月小丙（寅子戌），初九申惊蛰，廿三戌春分。

三月大乙（未巳卯），初十子清明，廿五辰谷雨。

四月小乙（丑亥酉），初九酉立夏，廿六辰小满。

五月大甲（午辰寅），十一亥芒种，廿八申夏至。

又五月小甲（子戌申），十四巳小暑。

六月大癸（巳卯丑），初一丑大暑，十六戌立秋。

七月小癸（亥酉未），初二巳处暑，十七亥白露。

八月大壬（辰寅子），初四辰秋分，十九未寒露。

九月小壬（戌申午），初四申霜降，十八申立冬。

十月大辛（卯丑亥），初五午小雪，二十辰大雪。

十一月小辛（酉未巳），初四丑冬至，十九酉小寒。

十二月大庚（寅子戌），初五午大寒，十九卯立春。

癸亥年

太岁姓虞名程，尾火星值年，氐宿管局，正月星宿值月，酉觜寅室暗金伏断。

正月小庚（申午辰），初四丑雨水，二十亥惊蛰。

二月大己（丑亥酉），初六丑春分，廿一卯清明。

三月小己（未巳卯），初六未谷雨，廿一子立夏。

四月大戊（子戌申），初八未小满，廿四寅芒种。

五月大戊（子辰寅），初九亥夏至，廿五申小暑。

六月小戊（丁戌申），十一辰大暑，廿七丑立秋。

七月大丁（巳卯丑），十三申处暑，廿九寅白露。

八月小丁（亥酉未），十四未秋分，廿九戌寒露。

九月大丙（辰寅子），十五亥霜降，廿 九亥立冬。

十月小丙（戌申午），十五戌小雪。

十一月小乙（卯丑亥），初一未大雪，十五辰冬至。

十二月小乙（酉未巳），初十子小寒，十五酉大寒，二十□立春。

河洛图说

《系辞》曰:河出图,洛出书,圣人则之。又曰:天一地二,天三地四天五地六天七地八天九地十,天数五地数五,五位相得而各有合天数二十有五地数三十,凡天地之数五十有五以成变化生鬼神也。

河　图

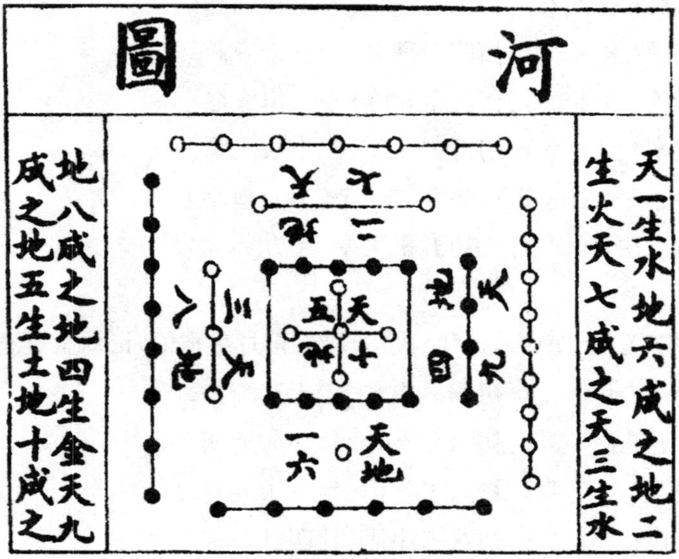

洛 书

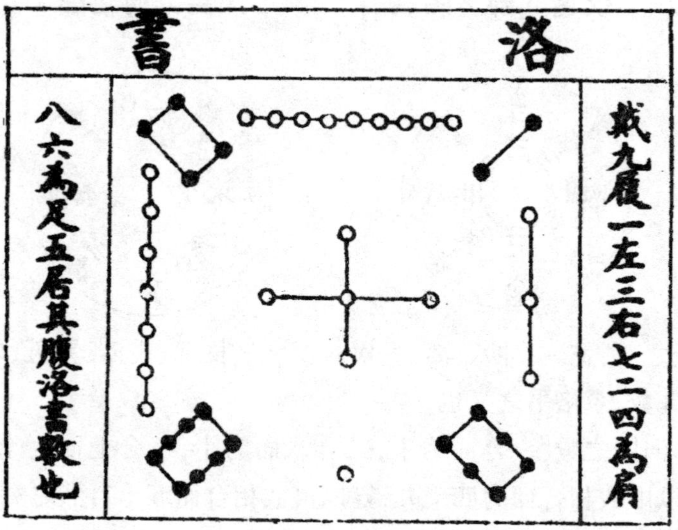

晦菴曰:河图之数,一与六居北,二与七居南,三八居东,四九居西,五与十居中,盖其为数不过一阴一阳,一奇一偶,以两其五行而已。阳数奇,故一三五七九属天;阴数偶,故二四六八十属地。天数五,地数五,各以类相求之,天一生水,地六成之。地二生火,天七成之。天三生木,地八成之。地四生金,天九成之。天五生土,地十成之。所谓各有合也,积五奇而为二十五,积五偶而为三十,是谓五十有五也。河图不取其数而取其位,虽取其位而复其中位,盖虚中以为用也,取五而不配五位为成数也。

洛书取其数而不尽其数,取其一至九而不取其十,盖建中以为体也,此则纵横十五之数也。

康节先生曰:图者是也,河图之数方者七也,洛书之文也。蔡元定曰:洛书九宫之数,戴九履一,左三右七,二四为肩,八六为足,正龟背之象,□于明,邵康节皆以十为河图,九为洛书。

臆见以九为河图,十为洛书,其易置图书并无明验,但谓伏羲兼取图书则为可疑,其实天地二理,图象圆,圆者天也,书象方,方者地也,图数十而书数九,原先贤义取则十为河图九为洛书明矣。图中五数者,以配四方为成数,凡十为主数五，则成之五为主，则十不能成也。

伏羲八卦之图

大禹九畴之图

原先天之卦，乾一、坤八、离三、坎六、兑二、艮七、震四、巽五，取九宫虚中对数，各成九数，系洛书之义也。

九畴本河图之数，一合而为十，二合八而为十，三合七而为十，四合六而为十，河图以虚数相合而为四十九，筹以寅数相合而五十自然之数也。

河图洛书二十四山合阴阳之诀

阳干山，乾壬癸艮甲乙。阳支山，戌亥子丑寅卯，阳山天数顺返顺。

阴干山，巽丙子坤庚辛。阴支山，辰巳午未申酉，阴山地数用逆流。

乾坤辰巽原无姓，子午卯酉帝宫避，逐一推详排地位，吉人吉穴产公侯。

四正日不移孟季互卜，四正者，子午卯酉以阳干丙壬甲庚配其位，亦名四仲。寅申巳亥为四孟，以乾坤艮巽配其位。辰戌丑未为四季，以乙辛丁癸配其位也。惟四仲年月日时不移也。

生成数列，八卦属配，乾坎艮震属阳，巽离坤兑属阴。

干山用干月例：

甲丁之月震宫本木，阳山天三入中宫，阴山地八入中宫。

丙辛己月用离州火，阳山天七入中宫，阴山地二入中宫。

癸庚之月临西兑金，阳山天九入中宫，阴山地四入中宫。

戊壬乙月坎宫游水，阳山天一入中宫，阴山地六入中宫。

右以上阳山遇阳月天数入中宫，阴山遇阴月地数入中宫，顺飞九宫，阳山遇阴月以阳数入中宫，逆飞看何数守山，如生数到山用成数合之，成数到山寻生数合之。

支山用支月例：

寅宫戌月离宫取，阳山天七入中宫，阴山地二入中宫。

巳酉丑月兑山头，阳山天九入中宫，阴山地四入中宫。

申子辰月居坎位，阳山天乙入中宫，阴山地六入中宫。

亥卯未月震宫求，阳山天三入中宫，阴山地八入中宫。

右以上阳山遇阳月将天数入中宫，顺飞，阴月入中宫，逆飞阴山遇阳月将地数入中宫，顺飞阴月地数入中宫，逆飞九宫看何数守山，如生数到山求成数月合之，如成数到山则求生数同合矣。

乾坤艮巽入干山，寻取阴阳月建干。

阳月干求天数起，阴干地数取循环。

支辰山论月支起，数到归山总一般。

如得本山头上数乃天五数，九宫无地十合数，将日在何宫数入中宫，飞宫本山得地十合之，此乃名归山还家也。

依前次亭走归山，乃看山头数何数，合取生成在日干，得乙便从庚上合，生成窍法定班宫。

甲丙戊庚壬属阳，一三五七九来详，贵命二星相配合。

乙丁己辛癸属阴，二四六八十合数，乃合窍法最为真。

四维山用纳音月例

甲（子午）壬（申寅）庚（辰戌）月金局，天九入中宫。乙（丑未）癸（卯酉）辛（巳亥）月金局，地四入中宫。

丙（寅申）甲（辰戌）戊（子午）月火局，天七入中宫。丁（卯酉）乙（巳亥）巳（未丑）月火局，地一入中宫。

戊（辰戌）壬（子午）庚（寅申）月木局，天三入中宫。己（巳亥）癸（丑未）辛（卯酉）月木局，地八入中宫。

庚（午子）戊（寅申）丙（戌辰）月土局，天五入中宫。辛（未丑）巳（卯酉）丁（亥巳）月土局，地十入中宫。

丙（子午）甲（申寅）壬（辰戌）月水局，天一入中宫。丁（丑未）乙（卯酉）癸（亥巳）月水局，地六入中宫。

右四维山月取纳音五行为例，阳月阳山天数入中顺，阴月阴山地数入中逆,看所何山穴属何数,如生数守山求成数和合,成数守山求生数合卦气。

起日数例

冬至、小寒、小寒、立春,一宫起甲子顺。

雨水、惊蛰、春分、清明,七宫起甲子顺。

谷雨、立夏、小满、芒种,四宫起甲子顺。

夏至、小暑、大暑、立秋,九宫起甲子逆。

处暑、白露、立秋、寒露,三宫起甲子逆。

霜降、立冬、小雪、大雪,六宫起甲子逆。

右例起日数法也,依例随气起甲子,寻所用日到何宫定其数为主,以例起等支山用支月。如离山用乙卯月,葬特地八入中宫,逆数得天三到离为主数,用戊子日系惊蛰候,于七宫起甲子,顺寻戊子日在巽四宫,系地四数即以地四入中宫,顺寻地八到离宫本山为客数方。前主数天二地八,合成本数生成,回真夫妇也。

取如用葬日

离山用乙卯月惊蛰候戊子日(山月)数(天三地八),乾山用甲子月冬至候丙辰日(山月)数(地八天九),□山用乙卯月春分候壬午日(山月)数(地十天五),艮山用辛卯月惊蛰候乙未日(山月)数(地十天五)。

元生成数诀起日

一元虚,二元奎,三元毕,四元鬼,五元翼,六元氐,七元箕,见《授时历》。

虚坤奎兑毕从乾,鬼坎原来翼艮存。

氐震箕从巽位起,宫宫甲子顺飞迁。

顺寻葬日归何位,七六生成次第分。

出不九宫皆合数,夺天造化妙难言。

王希夷迁何丞相祖,坎离山癸向,作乙辛用戊子年二月乙卯初五日,戊子系四元甲子管值日毕月。离是阳支山用月支例地八入中宫顺飞,到离得地二火。次求日数就坎宫起甲子,顺寻戊子日到兑,便是七数,离宫属穴八得地二生数后,得天七成数为还家数,福发至速。

天一生水,地六成之。地二生火,天七成之。天三生木,地八成之。地四生金，天九成之。天五生土，地十成之。

河洛生成之数和合为吉

阴干山用月干例：

如癸山丁向，用乙丑年、甲申月、辛□日，癸山亥坟管阳干山甲丁之月，天三入中宫逆，巽四、震五、坤六，坎得天七守山，辛丑日甲午旬管，甲丁月震宫起甲子，坤宫甲戌，坎宫甲申，离宫甲午，艮宫乙未，兑宫丙申，乾宫丁酉，中宫戊戌，巽宫己亥，震宫庚子，坤宫辛丑，得地二数合天七成数，吉。

又如天山用丙午年、丁酉月、壬午日，壬阳干山，离宫管事，用甲丁月天三入中宫逆，巽四、震五、坤六、坎七，离得地八守山，用六候处暑节二宫起甲子，壬午日甲戌旬管，坤宫甲戌，坎乙亥，离丙子，艮丁丑，兑戊寅，乾己卯，中庚辰，巽辛巳，震壬午，天三生数合地八成数，吉。以干年壬山太乙明龙酉月合天乙，吉。

阴支山用月支例：

如子山午向，用丁卯年、癸卯月、戊子日，阴支山天三入中宫顺，乾四、兑五、艮六、离七、坎八，成数守山，用雨水中候六节起甲子，兑宫甲戌，艮宫甲申，离宫乙酉，坎宫丙戌，坤宫丁亥，震宫戊子，得天三生数合地八成数，吉。卯年子山合大吉天龙，卯月合太乙宝龙戊丁日，合太白武曲三龙，吉。

阳日干用干山例：

如坤山坐未向丑，用乙未年、戊寅月、丁亥日，作坤阴干山戊壬乙月地六入中宫顺，乾七、兑八、艮九、离十、坎一、坤二数守山，用立春下候，二宫起甲子，震甲戌，巽甲申，中宫乙酉，乾丙戌，兑丁亥，得天七成数合地二生数，未年未山合，大吉。天龙月合传送日，合九紫。

支用月支例：

如作辰山坐巽向，乾用丙辰年、丙申月、辛未日，巳时辰阴支坎宫管事，用申子辰月，地六入中宫逆，巽七、震八、坤九、坎十，成数守山，用六候震宫起甲子，坤一丑，坎丙寅，数至申得辛未，天五生数合地十成数，辰午巽小吉，生龙月合神后日，合六白时合传送。

右上七十二候，依阴阳二遁，顺逆九宫，寻冬至坎宫一七四，顺行。

夏至离宫三六九例，六候遁甲例，每节管六十日，推冬至一七四例在后上层。

二十四山定局

（起例法上层）

坤乾艮巽	阳阴阳阴阳阴阳阴阳阴阳阴阳阴阳阴阳阴
寅申巳亥同宫	遁遁遁遁遁遁遁遁遁遁遁遁遁遁遁遁遁遁
甲庚丙壬	阳阴阳阴阳阴阳阴阳阴阳阴阳阴阳阴阳阴
子午卯酉同宫	日日日日日日日日日日日日日日日日日日
乙辛丁癸	到到到到到到到到到到到到到到到到到到
辰戌丑未同宫	乾乾兑兑艮艮离离坎坎坤坤震震巽巽中中
中　宫	地六地六天七天七地八地八天九天九地一天三天三地四地四天五天五
乾甲丁	天七天五地八地六天九天七天一地八地二天七天三地八地四地二天五天三地六地四
兑巳丑	地八地四天九天五天一地六地二天七天三地八地四天九天五天一地六地二天七天三
艮丙辛	天九天三天一地四地二天五天三地六地四天七天五地八地六天九天七天一地八地二
离寅戌	天一地二地二天三天三地四地四天五天五地六天七天七地八地八天九天九天一天五
坎申辰	地二天一天三地二地四天一天五地四地六天五天七地六地八天七天九地八天一天九
坤壬乙	天三天九地四天一天五地一地六天三天七地四地八天五天九地六天一天七地二地八
震亥未	地四地八天五天二地六天一天七地二地八天三天九地四天一天五地二地六天三天七
巽庚癸	天五天七地六地八天七天九地八天一天九地二天一天三地二地四天三天五地四地六

二 局

洛书起始	乾甲巽庚乾甲巽庚乾甲巽庚乾甲巽庚子卯丑寅申子寅午甲子寅午申子寅午
河图后乘	艮丁坤癸艮丁坤癸艮丁坤癸艮丁坤癸辰未巳午辰亥戌巳辰亥戌巳辰亥 戌巳
河图起始	丙辛壬乙丙辛壬乙丙辛壬乙丙辛壬乙申亥酉亥卯未酉丑卯未酉丑卯未酉丑
洛书后乘	阳 阴 阳 阴 阳 阴 阳 阴 阳 阴 阳 阴 阳 阴 阳 阴
干山用月干	干 干 干 干 干 干 干 干 干 干 干 干 干 干 干 干
支山用月支	山 山 山 山 山 山 山 山 山 山 山 山 山 山 山 山
月干支	甲丁甲丁庚癸庚癸丙(辛巳)丙(辛巳)戊(壬乙)戊(壬乙)寅(午戌)寅(午戌)申(子辰)申(子辰)巳(酉丑)巳(酉丑)亥(卯未)亥(卯未)
中　宫	天三天七天九地四天七地二天一地六天九地二天一地六天九地四天三地八
乾甲丁	地四地六地十地二地八地十地二地四地八地十地二地四地十地三地四地六
兑巳丑	天五天五天一天一天九天九天三天三天九天九天三天三天一天一天五天五
艮丙辛	地六地四地二地十地十地八地四地二地十地八地四地二地二地十地六地四
离寅戌	天七天五天三天九天一天七天五天十天一天七天五天十天三天九天七天三
坎申辰	地八天二地四地八地二地六地六地二地二地六地六地十地四地八地八地二
坤壬乙	天九天一天五天三天三天七天九天九天三天五天七天九天五天九天九天一
震亥未	地十地十地六地四地四地四地八地八地四地四地八地八地六地六地十地十
巽庚癸	天一天九天七天五天五天五天九天七天五天三天九天七天七天五天一天九

二局书数

一宫 七宫 四宫 九宫 三宫 六宫

甲子顺 甲子顺 甲子顺 甲子逆 甲子逆 甲子逆

冬至小寒雨水惊蛰谷雨立夏夏至小暑处暑白露霜降立冬

大寒立春春分清明小满芒种大暑立秋秋分寒露小雪大雪

戊辰丁丑丙戌辛未庚辰己丑乙丑丙戌癸未戊辰丁丑丙戌辛未庚辰己丑乙丑甲戌癸未

中五 壬戌 己未 戊戌 己未

乙未甲辰癸丑戊戌丁未丙辰壬辰辛丑庚戌乙未甲辰癸 戊戌丁未丙辰壬辰辛丑庚戌

己巳戊寅丁亥壬申辛巳庚寅丙寅乙亥甲申丁卯丙子乙巳庚子己卯戊子申子癸酉壬午

乾六 癸亥 庚申 辛酉 戊午

丙申乙巳甲寅己亥戊申丁巳癸巳壬寅辛亥甲午癸卯壬子丁酉丙午乙卯辛卯庚子己酉

庚午己卯戊子甲子癸酉壬午丁卯丙子乙酉丙寅乙亥甲申己巳戊寅丁亥壬申辛巳庚寅

兑七 戊午 辛酉 庚申 癸亥

丁酉丙午乙卯辛卯己酉庚子甲午癸卯壬子癸巳壬寅辛亥丙申乙巳甲寅己亥戊申丁巳

辛未庚辰己丑乙丑甲戌癸未戊辰丁丑丙戌乙丑甲戌癸未戊辰丁丑丙戌辛未庚辰己丑

艮八 己未 壬戌 壬戌

戊戌丁未丙辰壬辰辛丑庚戌乙未甲辰癸丑壬辰辛丑庚戌乙未甲辰癸丑戊戌丁未丙辰

壬申辛巳庚寅丙寅乙亥甲申己巳戊寅丁亥甲子癸酉壬午丁卯丙子乙酉庚午己卯戊子

离九 庚申 癸亥 辛酉

己亥戊申丁巳癸巳壬寅辛亥丙申乙巳戊午甲寅辛卯庚子己酉甲申癸卯壬子丁丑丙午乙卯

甲子癸酉壬午丁卯丙子乙酉庚午己卯戊子壬申辛巳庚寅丙寅乙亥甲申己巳戊寅丁亥

坎一 戊午 辛酉 庚申 癸亥

辛卯庚子己酉甲午癸卯壬子丁酉丙午乙卯己亥戊申丁巳癸巳壬寅辛亥丙申乙巳甲寅

乙丑甲戌癸未戊辰丁丑丙戌辛未庚辰己丑辛未庚辰己丑乙丑甲戌癸未戊辰丁丑丙戌

坤二 己未 壬戌 己未 壬戌

壬寅辛丑庚戌乙未甲辰癸丑戊戌丁未丙辰戊戌丁未丙辰壬辰辛丑庚戌乙未甲辰癸丑

丙寅乙亥甲申己巳戊寅丁亥壬申辛巳庚寅庚午己卯戊子甲子癸酉壬午丁卯丙子己酉

震三 庚申 癸亥 戊午

癸巳壬寅辛亥丙申乙巳甲寅己亥戊申丁巳丁酉丙午乙卯庚子辛卯己酉甲午癸卯壬子

丁卯丙子乙酉庚午己卯戊子甲子癸酉壬午己酉戊寅丁亥壬申辛巳庚寅丙寅乙亥甲申

巽四 辛酉 戊午 癸亥 庚申

甲午癸卯壬子丁酉丙午己卯辛卯庚子己酉丙申乙巳甲寅己亥戊申丁巳癸巳壬寅辛亥

乾甲丁山数日数依候定生成局

阳遁顺甲天三中丁地四主月天九成艮八(震顺)丙辛乙月天七山地八主天三成坤二(离顺)庚天九中癸天十主月天五成

巽四(兑顺)戊壬乙月天一中地二生天七成乾六(坎顺)

一宫顺

冬至小寒辛未庚辰己丑乙丑甲戌癸未己未丁卯丙子乙酉辛酉己巳戊寅丁亥

大寒立春戊戌丁未丙辰壬辰辛丑庚戌甲午癸卯壬午丙申乙巳甲寅

七宫顺

雨水惊蛰乙丑甲戌癸未乙未戊辰丁丑丙戌壬戌壬午己卯戊子壬申辛巳庚寅

春分清明壬辰辛丑庚戌乙未甲辰癸丑丁酉丙午乙卯己亥戊申丁巳

四宫顺

谷雨立夏戊辰丁丑壬戌壬戌辛未庚辰己丑甲子癸酉壬午戊午丙寅乙亥甲申庚申

小满芒种乙未甲辰癸丑戊戌丁未丙辰辛卯庚子己酉癸巳壬寅辛亥

阴局逆　地四主坎一地八主巽四地十主乾六地二主艮八

九宫逆

夏至小暑壬申辛巳庚寅己巳戊寅丁亥癸亥丁卯丙子乙酉辛酉乙丑甲戌癸未己未

大暑立秋己亥戊申丁巳丙申乙巳甲寅甲午癸卯壬子壬辰巳丑庚戌

三宫逆

处暑白露丙寅乙亥甲申庚申庚申辛巳庚寅庚午己亥戊子戊辰丁丑壬戌壬戌

秋分寒露癸巳壬寅辛亥乙巳戊申丁巳丁酉丙午乙卯乙未甲寅癸丑

六宫逆

霜降立冬己巳戊寅丁亥癸亥丙寅乙亥甲申庚申甲子癸酉壬午戊午辛未庚申己丑

小雪大雪丙申乙巳甲寅癸巳壬寅辛亥辛卯庚子己酉戊戌丁未丙辰

艮丙辛山数日数依候生成定局

阳遁顺甲丁月天一中地六主天五成兑七丙辛巳月天一中地十主天五成坤二庚癸月天九中地二主天七成巽四戊壬乙月天一中地四主天九成乾六

一宫顺

冬至小寒庚午己卯戊子乙丑甲戌癸未丁卯丙子乙酉辛酉己巳戊寅丁亥癸亥

大寒立春丁酉丙午乙卯壬辰辛丑庚戌甲午癸卯壬午甲申乙巳甲寅

七宫顺

雨水惊蛰甲子癸酉壬午戊午戊辰丁丑丙戌庚午己卯戊午壬申辛巳庚寅

春分清明辛卯庚子己酉乙未甲辰癸丑丁酉丙午乙卯己亥戊申丁巳

四宫顺

谷雨立夏丁卯丙子乙酉辛酉辛未庚辰己丑甲子癸酉壬午戊午丙寅乙亥甲申庚申

小满芒种甲子癸卯壬子戊戌丁未丙辰辛卯庚午己酉癸巳壬寅辛亥

阴遁逆主数同前客数异前巽四主数同客数异艮八主数同客数异坎一主数同客数异震三

九宫逆

夏至小暑己巳戊寅丁亥癸亥乙丑甲戌癸未己未壬申辛巳庚寅庚子己卯戊子

大暑立秋丙申乙巳甲寅壬辰辛丑庚戌己亥戊申丁巳丁酉丙子乙卯

三宫逆

处暑白露壬申辛巳庚寅戊辰丁丑丙戌壬戌癸巳壬寅庚申甲子癸酉壬午戊午

秋分寒露己亥戊申丁巳乙未甲辰癸丑乙亥甲申辛亥庚子辛卯己酉

六宫逆

霜降立冬丙寅乙亥甲申庚申辛未庚辰己丑己巳戊寅丁亥丁卯丙子乙酉辛酉

小雪大雪癸巳壬寅辛亥戊戌丁未丙辰丙申乙巳甲寅甲午癸卯壬子

巽庚癸山数日数依候生成定局

阳遁顺	甲地八中逆 丁天九主 月地四成	中五	丙 辛 乙 月	地中逆 天三主 地八成	离九	庚 癸 月	天五主数 地十不能成	戊 壬 乙 月	地六逆 天五主 地二成	震三

一官顺

冬至小寒	戊辰丁丑	丙戌 壬戌	壬申辛巳庚寅丁卯丙子	乙酉 辛酉	丙寅乙亥	甲申 庚申

大寒立春乙未甲辰癸丑己亥戊申丁巳甲午癸卯壬子癸巳壬寅辛亥

七官顺

雨水惊蛰	辛未庚辰己丑丙寅乙亥	甲申 庚申	庚午己卯戊子己巳戊寅	丁亥 癸亥

春分清明戊戌丁未丙辰癸巳壬寅辛亥丁酉丙午乙卯丙申乙巳甲寅

四官顺

谷雨立夏	乙丑壬戌	癸未 己未	己巳戊寅	丁亥 癸亥	甲子癸酉	壬戌 戊午	壬申辛巳庚寅

小满芒种壬辰辛巳庚戌丙申乙巳甲寅辛卯戊子己酉己亥戊申丁巳

阴遁逆	主数同前天三主数同前天七天五生数 日数入异中逆日数入异中逆地十不成	主数同前 客数入异中	坎一逆

九官逆

夏至小暑	庚午己卯戊子丙寅乙亥甲申己巳戊寅	丁亥 癸亥	壬申辛巳庚寅

大暑立秋丁酉丙午乙卯癸巳壬寅辛亥丙申乙巳甲寅己亥戊申丁巳

三官逆

处暑白露	甲子癸酉	壬午 戊午	己巳戊寅	丁亥 癸卯	壬申辛巳庚寅丙寅乙亥	甲申 庚申

秋分寒露辛卯庚子己酉丙申乙巳甲寅己亥戊申丁巳癸巳壬寅辛亥

六官逆

霜降立冬	丁卯丙子	乙酉 辛酉	丙申辛巳庚寅丙寅乙亥	甲申 庚申	己巳戊寅	丁亥 癸亥

小雪大雪甲午癸卯壬子癸巳壬寅辛亥戊戌丁未丙辰丙申己巳甲寅

坎申辰山数日数依候生成定局

阳遁顺　寅午戌月　天中七　地二主　天七成　坤二　巳酉丑月　天九中　地四主　天九成　巽四　申子辰月　天一中　地六生　天一成　中五　亥卯未月　天三中　地八生　天三成　兑七

一宫顺

冬至小寒乙丑甲戌癸未己未丁卯丙子乙酉辛酉戊辰丁丑丙戌壬戌庚午己卯戊午

大寒立春壬辰辛丑庚戌甲午癸卯壬子乙未甲辰癸丑丁酉丙午乙卯

七宫顺

雨水惊蛰戊辰丁丑丙戌壬戌庚午己卯戊子辛未庚辰己丑甲子癸酉壬午戊午

春分清明己未甲辰癸丑丁酉丙午乙卯戊戌丁未丙辰辛卯庚子己酉

四宫顺

谷雨立夏辛未庚辰己丑甲子癸酉壬午戊午乙酉甲戌癸未己未丁卯丙午乙酉辛酉

小满芒种戊戌丁亥丙辰辛卯庚子己酉壬辰辛丑庚戌甲午癸卯壬子

阴遁逆　同前天三　同前中五　同前乾六　同前艮八

九宫逆

夏至小暑庚午己卯戊子戊辰丁丑丙戌壬戌丁卯丙子乙酉辛酉乙丑甲戌癸未己未

大暑立秋丁酉丙午乙卯乙未甲辰癸丑甲午癸卯壬子壬辰辛丑庚戌

三宫逆

处暑白露甲子癸酉壬午戊午辛未庚辰己酉庚午己卯戊子戊辰丁丑丙戌壬戌

秋分寒露辛卯庚子己酉戊戌丁未丙辰丁酉丙午乙卯乙未甲辰癸丑

六宫逆

霜降立冬丁卯丙子乙酉辛酉乙丑甲戌癸未己未甲子癸酉壬午戊午辛未庚辰己丑

小雪大雪甲午癸卯壬子壬辰辛丑庚戌辛卯庚子己酉戊戌丁未丙辰

震亥未山合数依候生成定局

阳遁顺 寅午戌月 天三中 地四生 天九成 坤二 巳酉丑月 天九中 地六生 天一成 辰三 申子辰月 天一中 地八生 天三成 中五 亥卯未月 天三中 地十生 天五成 兑九

一宫顺

冬至小寒乙丑甲戌癸未己未丙寅乙亥甲申庚申戊辰丁丑丙戌壬戌庚午己卯戊午

大寒立春壬辰辛丑庚戌癸巳壬寅乙亥乙未甲辰癸丑丁酉丙午乙卯

七宫顺

雨水惊蛰戊辰丁丑丙戌壬午己巳戊寅丁亥癸亥辛未庚辰己丑甲子癸酉壬午丙午

春分清明乙未甲辰癸丑丙申乙巳甲寅戊戌丁未丙辰辛卯庚子己酉

四宫顺

谷雨立夏辛未庚辰己丑壬申辛巳庚寅乙丑甲戌癸未己未丁卯丙子乙酉辛酉

小满芒种戊戌丁未丙辰己亥戊申丁巳壬辰辛丑庚戌甲午癸卯壬午

阴遁逆　同前兑七　同前艮八　同前坎一　同前艮三

九宫逆

夏至小暑丙寅乙亥甲申庚申乙丑甲戌癸未壬申辛巳庚寅庚午己卯戊子

大暑立秋癸巳壬寅辛亥壬辰辛丑庚戌己亥戊申丁巳丁酉丙午乙卯

三宫逆

处暑白露己巳戊寅丁亥癸亥戊辰丁丑丙戌壬戌丙寅乙亥甲申庚寅甲子壬午癸酉戊午

秋分寒露丙申乙巳甲寅乙未甲辰癸丑癸巳壬寅辛亥辛卯庚子己酉

六宫逆

霜降立冬壬申辛巳庚寅辛未庚辰己丑己巳戊寅丁亥癸亥丁卯丙子乙酉辛酉

小雪大雪己亥戊申丁巳戊戌丁未丙辰丙申乙巳甲寅甲午癸卯壬子

兑巳丑山数日数依候生成定局

阳遁顺 寅午戌月 地二中逆 天八生 地四成　坤二 巳酉丑月 地四中逆 天一生 地六成　巽四 申子辰月 地六中逆 天三生 地八成　乾六 亥卯未月 八 此月河图取数天五洛书无成

一宫顺

冬至小寒乙丑甲戌癸未己未丁卯丙子乙酉辛酉己巳戊寅丁亥癸亥

大寒立春壬辰辛丑庚戌甲午癸卯壬子丙申乙巳甲寅

七宫顺

雨水惊蛰戊辰丁丑丙戌壬戌庚午己卯戊子壬申辛巳庚寅

春分清明乙未甲辰癸丑丁酉丙午乙卯己亥戊申丁巳

四宫顺

谷雨立夏辛未庚辰己丑甲子癸酉壬午戊午丙寅乙亥甲申庚申

小满芒种戊戌丁未丙辰辛卯庚子己酉癸巳壬寅辛亥

阴遁逆　同前乾六　同前艮八　同前坎一

九宫逆

夏至小暑丁亥丙子乙酉乙丑甲戌癸未己未壬申辛巳庚寅

大暑立秋甲午癸卯壬子壬辰辛丑庚戌己丑戊申丁巳

三宫逆

处暑白露庚午己卯戊子戊辰丁丑丙戌壬戌丙寅乙亥甲申庚申

秋分寒露丁酉丙午乙卯乙未甲辰癸丑癸巳壬寅辛亥

六宫逆

霜降立冬甲子癸酉壬午辛未庚辰己丑己巳戊寅丁亥

小雪大雪辛卯庚子己酉戊戌丁未丙辰丙申乙巳甲寅

寅午戌山数日数依候生成定局

阳遁顺 寅午戌月 地一中逆 天七生 地二成 兑七 申子辰月 地六中逆 天一生 地六成 坤二 亥卯未月 地八中逆 天三生 地八成 巽四 巳酉丑月 地六中逆 天九生 地四成 离五

一官顺

冬至小寒庚午己卯戊子壬申辛巳庚寅乙丑甲戌癸未己未丁卯丙子乙西亥辛

大寒立春丁酉丙午乙卯己亥戊申丁巳壬辰辛丑庚戌甲午癸卯壬子

七官顺

雨水惊蛰甲午己酉壬午戊午丙寅乙亥甲申庚申戊辰丁巳丙戌壬戌庚午己卯戊子

春分清明辛卯庚子己酉癸巳壬寅辛亥己未甲辰癸丑丁酉丙午乙卯

四官顺

谷雨立夏丁卯丙子乙酉辛酉己巳戊寅丁亥癸亥己未甲辰己丑甲子癸酉壬午戊午

小满芒种甲午癸卯壬子丙申乙巳甲寅戊戌丁未丙辰辛卯庚子己酉

阴遁逆　同前乾六逆　同前艮八逆　同前坎一逆　同前震三逆

九官逆

夏至小暑丁卯丙子乙酉辛酉乙丑甲戌癸未己未壬申辛巳庚寅午己卯戊子

大暑立秋甲午癸卯辛巳壬辰辛丑庚戌己亥戊申丁巳丁酉戊戌乙卯

三官逆

处暑白露庚午己卯戊子戊辰丁丑丙戌壬戌丙寅乙亥甲庚甲申甲子癸酉壬午戊午

秋分寒露丁酉丙午乙卯乙未甲辰癸丑癸巳丙寅辛亥辛卯庚子己酉

六官逆

霜降立冬甲子癸酉壬午戊午辛未庚辰己丑己巳戊寅丁亥癸亥丁卯丙子乙酉

小雪大雪辛卯庚子己酉庚戌□未丙辰丙申乙巳甲寅甲午癸卯壬子

黄道生成数二十四山立成定局

坎山	申子辰 巳酉丑月	地六 地四	直山	乙卯乙酉天一 癸卯癸酉天五	合	寅午戌 亥卯未月	地二 地八	直山	辛卯辛酉天七 丁卯丁酉天三	合
癸山	巳酉丑 申子辰月	地四 地六	直山	癸巳癸亥天五 乙巳乙亥天一	合	亥卯未 巳酉丑月	地八 地七	直山	丁巳丁亥天三 辛巳辛亥天七	合
丑山	寅午戌 申子辰月	地四 地八	直山	癸巳癸亥天九 丁巳丁亥天三	合	亥卯未 寅午戌月	地十 地六	直山	己巳己亥天五 乙巳乙亥天一	合
艮山	巳酉丑 申子辰月	天七 天九	直山	丙辰壬戌地二 戊辰戊戌地四	合	亥卯未 寅午戌月	天七 天五	直山	庚辰庚戌地六 甲辰甲戌地十	合
寅山	巳酉丑 申子辰月	天三 天五	直山	壬辰壬戌地八 甲辰甲戌地十	合	亥卯未 寅午戌月	天七 天一	直山	丙辰庚戌地二 庚辰庚戌地六	合
申山	寅午戌 申子辰月	地八 地二	直山	丁卯丁酉天三 辛卯辛酉天二	合	亥卯未 巳酉丑月	地四 地十	直山	癸卯癸酉天九 己卯巳酉天五	合
卯山	寅午戌 申子辰月	天九 天三	直山	戊子戊午地四 壬子壬午地八	合	亥卯未 巳酉丑月	天五 天一	直山	甲子甲午地十 庚子庚午地六	合
乙山	寅午戌 申子辰月	天三 天七	直山	壬寅壬申地八 丙寅丙申地二	合	亥卯未 巳酉丑月	天九 天五	直山	戊寅戊申地四 甲寅甲申天十	合
辰山	寅午戌 巳酉丑月	地二 地四	直山	辛巳辛亥天七 癸巳癸亥天五	合	申子辰 亥卯未月	地六 地八	直山	乙巳乙亥天二 丁巳丁亥天三	合
巽山	寅午戌 巳酉丑月	地一 地四	直山	己丑己未天五 辛丑辛未天七	合	亥卯未 申子辰月	地六 地四	直山	乙丑乙未天一 癸未癸丑天五	合
巳山	寅午戌 申子辰月	地四 地八	直山	癸丑癸未天九 丁丑丁未天三	合	亥卯未 巳酉丑月	地十 地六	直山	己丑己未天五 辛丑辛未天一	合
丙山	寅午戌 申子辰月	天五 天九	直山	甲子甲午地十 戊子戊午地四	合	亥卯未 巳酉丑月	天一 天七	直山	庚子庚午地六 丙子丙午地二	合
午山	寅午戌 申子辰月	天一 天五	直山	庚子庚午地六 甲子甲午地十	合	亥卯未 巳酉丑月	天七 天三	直山	丙子丙午地二 壬子壬午地八	合
丁山	寅午戌 申子辰月	地四 地八	直山	癸巳癸亥天九 丁巳丁亥天三	合	亥卯未 巳酉丑月	地十 地六	直山	己巳己亥天五 乙巳乙亥天一	合
未山	寅午戌 申子辰月	天九 天三	直山	戊寅戊申地四 壬寅壬申地八	合	亥卯未 巳酉丑月	天五 天一	直山	甲寅甲申地十 庚寅庚申地六	合
坤山	寅午戌 申子辰月	天三 天七	直山	壬辰壬戌地八 己卯己酉地二	合	亥卯未 巳酉丑月	天九 天五	直山	戊辰戊戌地三 甲辰甲戌天四	合
申山	寅午戌 申子辰月	地二 地六	直山	辛丑辛未天七 乙丑乙未天三	合	亥卯未 巳酉丑月	地八 地四	直山	丁丑丁未天三 癸丑癸未天九	合

（续表）

庚山	寅午戌 申子辰月	天九 天二	直山	戊子戊午地四 壬子壬午地八	合	亥卯未 巳酉丑月	天五 天二	直山	甲子甲午地十 庚子庚午地六	合
酉山	寅午戌 申子辰月	地四 地八	直山	癸卯癸酉天九 丁卯丁酉天三	合	亥卯未 巳酉丑月	地十 地六	直山	己卯己酉天五 乙卯乙酉天五	合
辛山	寅午戌 申子辰月	地十 地四	直山	己巳己亥天五 癸巳癸亥天九	合	亥卯未 巳酉丑月	地六 地二	直山	乙巳乙亥天二 辛巳辛亥天七	合
戌山	寅午戌 申子辰月	天二 天五	直山	庚寅庚申地六 甲寅甲申地十	合	亥卯未 巳酉丑月	天七 天二	直山	丙寅丙申地二 壬寅壬申地八	合
乾山	寅午戌 申子辰月	地二 地八	直山	丁丑丁未天二 辛丑辛未天七	合	亥卯未 巳酉丑月	地四 地十	直山	癸丑癸未天九 己丑己未天三	合
亥山	寅午戌 申子辰月	天九 天三	直山	戊辰戊戌地四 壬辰壬戌地八	合	亥卯未 巳酉丑月	天五 天一	直山	甲辰甲戌地十 庚辰庚戌地六	合
壬山	寅午戌 申子辰月	天一 天五	直山	庚子庚午地六 甲子甲午地十	合	亥卯未 巳酉丑月	天九 天十	直山	丙子丙午地二 壬子壬午地八	合

山家月家成数定局

山	甲庚丙壬乙辛丁癸八山									
月干	甲	乙	丙	丁	戊	己	庚	辛	壬	癸
中宫	天三	地八	天七	地二	天五	地十	天九	地四	天一	地六
乾坤	地四	天九	地八	天三	地六	天一	地十	天五	地二	天七
兑丁巳丑	天五	地十	天九	地四	天七	地二	天一	地六	天三	地八
艮丙	地六	天一	地十	天五	地八	天三	地二	天七	地四	天九
离壬甲戌	天七	地二	天一	地六	天九	地四	天三	地八	天五	地十
坎癸申辰	地八	天三	地二	天七	地十	天五	地四	天九	地六	天一
坤乙	天九	地四	天三	地八	天一	地六	天五	地十	天七	地二
震庚辛未	地十	天五	地四	天九	地二	天七	地六	天一	地八	天三
巽辛	天一	地六	天五	地十	天三	地八	天七	地二	天九	地四

山	子午卯酉四山			
月支	寅午戌月	申子辰日	亥卯未日	巳酉丑日
中宫	天七	天一	地八	地四
乾坤	地八	地二	天九	天五
兑丁巳丑	天九	天三	地十	地六
艮丙	地十	地四	天一	天七
离壬甲戌	天一	天五	地二	地八
坎癸申辰	地二	地六	天三	天九
坤乙	天三	天七	地四	地十
震庚辛未	地四	地八	天五	天一
巽辛	天五	天九	地六	地二

山家月家立成定局

寅申巳亥辰戌丑未八山坐次

月	正	二	三	四	五	六	七	八	九	十	十一	十二
中宫	天三	地八	天五	地二	天七	地十	天九	地四	天五	地六	天一	地十
乾坤	地四	天九	地六	天三	地八	天一	地十	天五	地六	天七	地二	天一
兑丁巳丑	天五	地十	天七	地四	天九	地二	天一	地六	天七	地八	天三	地二
艮丙	地六	天一	地八	天五	地十	天三	地二	天七	地八	天九	地四	天三
离壬寅戌	天七	地二	天九	地六	天一	地四	天三	地八	天九	地十	天五	地四
坎癸申辰	地八	天三	地十	天七	地二	天五	地四	天九	地十	天一	地六	天五
坤乙	天九	地四	天一	地八	天三	地六	天五	地十	天一	地二	天七	地六
震庚亥未	地十	天五	地二	天九	地四	天七	地六	天一	地二	天三	地八	天七
巽辛	天一	地六	天三	地十	天五	地八	天七	地二	天三	地四	天九	地八

二十四山生成数

（又名夫妇入房数）

乾山　癸未癸丑	亥山　辛丑辛未	壬山　戊子戊午
子山　己卯己酉	癸山　己巳己亥	丑山　丙寅丙申
艮山　丁丑丁未	寅山　戊辰戊戌	甲山　癸卯癸酉
卯山　辛卯辛酉	乙山　甲寅甲申	辰山　己巳己亥
巽山　庚辰庚戌	巳山　丙辰丙戌	丙山　丁卯丁酉
午山　戊子戊午	丁山　丙寅丙申	未山　辛巳辛亥
子山　甲辰甲戌	申山　己丑己未	庚山　辛卯辛酉
酉山　丙子丙午	辛山　庚寅庚申	戌山　戊寅戊申

李淳风帑星例

（凡造葬修报其功莫测之灵）

乾甲壬 子寅巳 午申亥	坎戊 子申辰 寅午戌	辰丙 辰子申 戌午寅	震庚 子寅庚 壬申戌
巽辛 丑巳酉 未亥卯	离己 卯丑巳 未酉亥	坤乙 未巳卯 丑亥酉	兑丁 巳卯未 丑亥酉

河洛通天宝窍年家定局

年支		子 丑 寅 卯 辰 巳 午 未 申 酉 戌 亥
天罡游龙	凶破军	辛酉巽辰壬亥乙卯坤未甲寅癸子乾戌巳丁午艮丑庚申
太乙明龙	吉禄存	庚戌乙巳乾子甲辰丁申艮卯壬丑辛寅庚午丙未癸寅卯酉
胜光青龙	凶禄存	亥甲午辛丑艮巳丙酉癸辰乾寅庚子乙未巽中壬卯丁戌
小吉黄龙	吉贪狼	子艮未庚寅癸午巽戌壬巳辛卯坤丑甲申乙酉乾辰丙亥
传送王龙	吉贪狼	丙丑癸申坤卯壬未乙亥乾午丙辰丁寅艮酉甲戌辛巳巽子
从魁舟龙	凶文曲	巽寅辛酉壬辰乾申甲子辛未坤巳丙卯癸戌艮亥庚午乙丑
河魁舟龙	凶文曲	卯坤戌丙巳辛酉艮丑庚申丁未巽辰壬亥癸子坤未甲寅
登明宝龙	吉武曲	辰辛亥巽午庚戌庚寅坤酉丙未乙巳乾子壬丑丁申艮卯
神后宝龙	吉武曲	艮巳庚子乙未坤亥壬卯丁戌巽申甲午辛丑乾寅丙酉癸辰
大吉 天乙龙	吉巨门	癸午癸丑甲申丁子乾辰丙亥乙酉艮未庚寅辛卯巽戌壬巳
功曹任龙	凶廉贞	壬未丁寅艮酉丙丑辛巳巽子甲戌癸申坤卯庚辰乙亥乾午
大重狂龙	凶廉贞	乾申丙卯癸戌巽寅庚午乙丑艮亥壬酉丁辰坤巳甲子辛未

右通天宝敷横推，年直看山，值吉者用。

通天宝窍月家二十四山定局

二十四山	子午 卯酉	寅申 巳亥	辰戌 丑未	甲寅 丙壬	乾坤 艮巽	乙辛 丁癸
天罡、破军、狂龙凶	正月	五月	九月	七月	十一月	三月
太乙、禄存、进龙吉	二月	六月	十月	八月	十二月	四月
胜光、禄存、单龙吉	三月	七月	十一月	九月	正月	五月
小吉、贪狼、明龙吉	四月	八月	十二月	十月	二月	六月
传送、贪狼、明龙吉	五月	九月	正月	十一月	三月	七月
从魁、文曲、建龙吉	六月	十月	二月	十二月	四月	八月
河魁、文曲、建龙凶	七月	十一月	三月	正月	五月	九月
登明、武曲、宝龙吉	八月	十二月	四月	二月	六月	十月
神后、武曲、宝龙吉	九月	正月	五月	三月	七月	十一月
大吉、巨门、天龙吉	十月	二月	六月	四月	八月	十二月
功曹、廉贞、直龙凶	十一月	三月	七月	五月	九月	正月
大坤、廉贞、直龙凶	十二月	四月	八月	六月	十月	二月
将	甲子四 青龙	乙丑八 朱雀	丁巳三 勾陈	甲午二 螣蛇	乙未七 玄武	丙申二 白虎

日家二十四山	子午　寅申　辰戌　甲庚　乾坤　乙辛 卯酉　巳亥　丑未　丙壬　艮巽　丁癸
四绿、文曲、单龙凶	甲子甲午乙丑乙未丙寅丙申丙子午丁丑未戊寅申
五黄、廉贞、狂龙凶	丙子丙午丁丑丁未戊寅戊申戊子午己丑未丙寅申
六白、武曲、宝龙凶	戊子戊午己丑己未庚寅庚申庚子午辛丑未壬寅申
七赤、破军、游龙凶	庚子庚午辛丑辛未壬寅壬申壬子午甲辰戌乙巳亥

（续表）

日家二十四山	子午 卯酉　寅申 巳亥　辰戌 丑未　甲庚 丙壬　乾坤 艮巽　乙辛 丁癸
八白、左辅、旺龙吉	壬子壬午甲辰甲戌乙巳乙亥乙卯酉丙辰戌丁巳亥
九紫、右弼、进龙吉	乙卯乙酉丙辰丙戌丁巳丁亥丁卯酉戊辰戌己巳亥
二白、贪狼、生龙吉	丁卯丁酉戊辰戊戌乙巳乙亥己卯酉庚辰戌辛巳亥
二黑、巨门、建龙凶	己卯己酉庚辰庚戌辛巳辛亥辛卯酉壬辰戌甲寅申
三碧、禄存、明龙吉	丁卯丁酉壬辰壬戌甲寅甲申甲子午乙丑未丙寅申
癸目、附甲、胎龙吉	辛酉辛卯癸丑癸未癸巳癸亥癸卯酉癸丑癸未巳亥
寄宫　吉凶龙	舟龙 会凶　旺龙 会吉　胎龙 会吉　胎龙 会吉　游龙 会凶　建龙 会凶

通天宝窍时家定局（合四大吉时）

日干取时	日	甲	乙	丙	丁	戊	己	庚	辛	壬	癸
天罡、破军、游龙	凶	巽	癸	艮	乾	坤	丁	巽	癸	艮	乾
太乙、禄存、明龙	吉	丙	艮	甲	壬	庚	坤	丙	艮	甲	壬
胜光、禄存、青龙	凶	丁	甲	乙	癸	辛	庚	丁	甲	乙	癸
小吉、贪狼、生龙	吉	坤	乙	巽	艮	乾	辛	坤	乙	巽	艮
传送、贪狼、生龙	吉	庚	巽	丙	甲	壬	乾	庚	巽	丙	申
从魁、文曲、单龙	凶	辛	丙	丁	乙	癸	壬	辛	丙	丁	乙
河魁、文曲、单龙	凶	乾	丁	坤	巽	艮	癸	乾	丁	坤	巽
登明、武曲、宝龙	吉	壬	坤	庚	丙	甲	艮	壬	坤	庚	丙
神后、武曲、宝龙	吉	癸	庚	辛	丁	乙	甲	坎	庚	辛	丁
大吉、巨门、宝龙	吉	艮	辛	乾	坤	巽	乙	癸	辛	乾	甲
功曹、廉贞、狂龙	凶	甲	乾	壬	庚	丙	巽	艮	乾	壬	庚
太冲、廉贞、旺龙	凶	乙	壬	癸	辛	坎	丙	甲	壬	癸	辛

通天宝窍立穴深浅法定局

山位	甲庚 丙壬	子午 卯酉	乾坤 艮巽	寅申 巳亥	乙辛 丁癸	辰戌 丑未
贵人　吉	丈二	八尺	四尺	丈一	六尺	九尺
螣蛇	一尺	九尺	五尺	丈二	七尺	一丈
朱雀	二尺	一丈	六尺	一尺	八尺	丈一
六合　吉	三尺	丈一	七尺	二尺	九尺	丈二
勾陈	四尺	丈二	八尺	三尺	一丈	一尺
青龙　吉	五尺	一尺	九尺	四尺	丈一	二尺
天空	六尺	二尺	一丈	五尺	丈二	三尺
白虎	七尺	三尺	丈一	六尺	一尺	四尺
太常　吉	八尺	四尺	丈二	七尺	二尺	五尺
玄武	九尺	五尺	一尺	八尺	三尺	六尺
太阴　吉	一丈	六尺	二尺	九尺	四尺	七尺
天后	丈一	七尺	三尺	一丈	五尺	八尺

九天玄女推步点穴法立成

	乾甲	艮丙	坤乙	巳辛	坎癸申辰	离壬寅戌	震庚	亥未	兑丁	己丑
贪狼	九尺步同	七尺步同	四尺步同	二尺步同	五尺步同	六尺步同	三尺步同	三尺步同	八尺步同	八尺步同
巨门	一步	八步	五步	三步	六步	七步	四步	四步	九步	九步
禄存	二步	九步	六步	四步	七步	八步	五步	五步	一步	一步
文曲	三步	一步	七步	五步	八步	九步	六步	六步	二步	二步
廉贞	四步	二步	八步	六步	九步	一步	七步	七步	三步	三步
武曲	五步	三步	九步	七步	一步	二步	八步	八步	四步	四步
破军	六步	四步	一步	八步	二步	三步	九步	九步	五步	五步
左辅	七步	五步	二步	九步	三步	四步	一步	一步	六步	六步
右弼	八步	六步	三步	二步	四步	五步	二步	二步	七步	七步

周易象图局

周易大象天地定位图

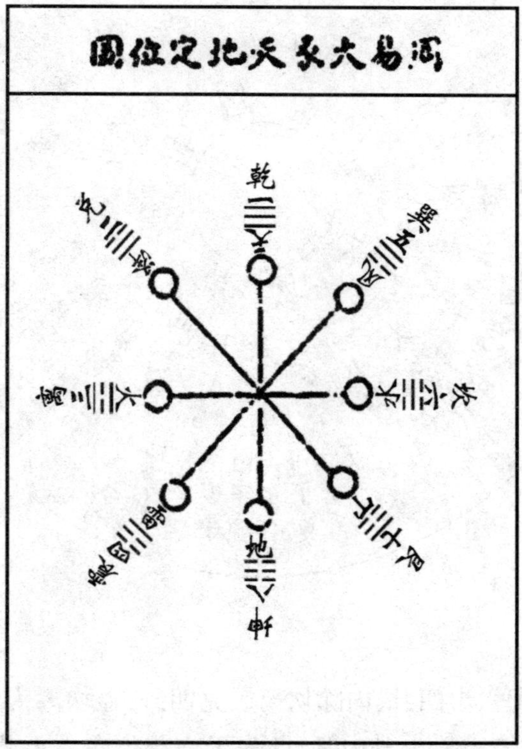

六十甲子配卦图

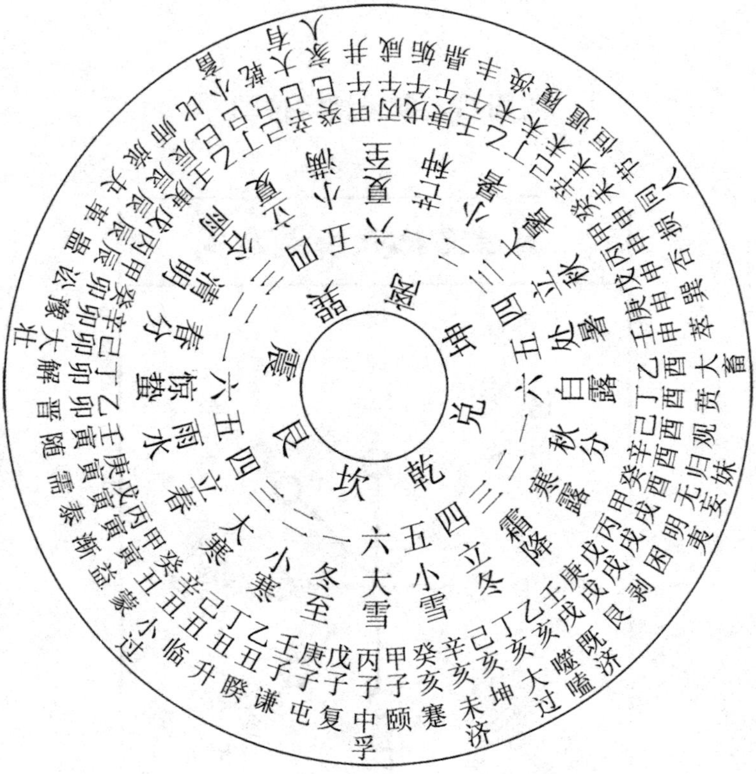

右六十甲子配六十四卦，内除坎离震兑四卦，盖坎离为阴阳之枢纽，震兑为日月之门路，实统于六十卦内耳，此先天之卦位应周天节气也。地法因之以察生气，审孤虚明吉凶者也，重六十四而为百二十分金者，皆本于此。

按陈希夷云：分金之法则以甲丙戊庚壬分隶子寅辰午申戌之位，乙丁己辛癸分隶丑卯巳未酉亥之位，重而倍之为百二十分金。其所以隶五行生旺休衰则同一例，其归藏大卦所用，除坎离震兑为本体不用，每值戊己位为本卦之体。

以次行则甲子配颐、丙子配孚、戊子配复、庚子配遁、壬子配谦，此子癸宫之分金也。

乙丑得睽，丁丑得升，己丑得临，辛丑得小过，癸丑配蒙，此丑艮宫之分金卦也。

甲寅配益、丙寅配渐、戊寅配泰、庚寅配需、壬寅配随,此寅甲宫分金卦也。

乙卯配晋、丁卯配解、己卯配壮、辛卯配豫、癸卯配讼,此卯乙宫分金卦也。

甲辰配蛊、丙辰配革、戊辰配夬、庚辰配旅、壬辰配师,此辰巽宫之分金卦也。

乙巳配比、丁巳配小畜、己巳配乾、辛巳配大有、癸巳配家人,此乙丙宫之分金卦也。

甲午配井、丙午配咸、戊午配姤、庚午配鼎、壬午配丰,此午丁宫之分金卦也。

乙未配涣、丁未配履、己未配遁、辛未配恒、癸未配节,此未坤宫之分金也。

甲申配同人、丙申配损、戊申配否、庚申配巽、壬申配萃,此申庚宫之分金也。

乙酉配大畜、丁酉配贲、己酉配观、辛酉配归妹、癸酉配无妄,此酉辛宫之分金卦也。

甲戌配明夷、丙戌配困、戊戌配剥、庚戌配艮、壬戌配既济,此乾戌宫之分金卦也。

乙亥配噬嗑、丁亥配大过、己亥配坤卦、辛亥配未济、癸亥配蹇,此亥壬宫之分金卦也。

一气甲子,二气甲戌,三气甲申,四气甲午,五气甲辰,六气甲寅,随天而左旋。

一元甲子,二元丙子,三元戊子,四元庚子,五元壬子,随地而右旋。

圣人所以别地理,宜以立人极,实在于此。

节气爻象候气入山立成

震离坎兑分之,一年四季,一卦六爻,每一爻管十五日,一卦管九十日,四卦得四九三百六十日而周一小岁也。如震卦起春分节,前后寻甲巳日之变耳,震初爻庚子。

震卦	春分	初爻	庚子十五日二月中后日躔降娄入戌乾亥日。
	清明	二爻	庚寅十五日三日节。
	谷雨	三爻	庚辰十五日三月中后日躔大梁入辛酉戌日。
	立夏	四爻	庚午十五日四月节。
	小满	五爻	庚申十五日四月中后日躔实沈入坤申庚日。
	芒种	六爻	庚戌十五日五月节。
离卦	夏至	初爻	己卯十五日五月中后日躔鹑首入丁未坤日。
	小暑	二爻	己丑十五日六月节。
	大暑	三爻	己亥十五日六月中后日躔鹑火入丙午丁日。
	立秋	四爻	己酉十五日七月节。
	处暑	五爻	己未十五日七月中后日躔鹑尾入巽巳丙日。
	白露	六爻	己巳十五日八月节。
兑卦	秋分	初爻	丁巳十五日八月中后日躔寿星入辰巽巳日。
	寒露	二爻	丁卯十五日九月节。
	霜降	三爻	丁丑十五日九月中后日躔天火入甲卯乙日。
	立冬	四爻	丁亥十五日十月节。
	小雪	五爻	丁酉十五日十月中后日躔析木入艮寅甲日。
	大雪	六爻	丁未十五日十一月节。
坎卦	冬至	初爻	戊寅十五日十一月中后日躔星纪入丑艮寅日。
	小寒	二爻	戊辰十五日十二月节。
	大寒	三爻	戊午十五日十二月中后日躔玄枵入子癸丑日。
	立春	四爻	戊申十五日正月节。
	雨水	五爻	戊戌十五日正月中后日躔娵訾入亥壬子日。
	惊蛰	六爻	戊子十五日二月节。

《易》大象曰:天地定位,山泽通气,雷风相薄,水火不相射。此为日用之准也,故用年月日时须按八卦纳甲取甲大象为法,一取节卦,二取候卦,三取日卦,然后加诸以奇门及诸吉曜同照山向方偶为吉。

年月日时卦例

（每月太阳躔度日月交会昏中旦中星律吕立成例）

子年 地雷复卦	正月 地天泰卦	寅日寅时 泰卦	正月日在室昏参中旦尾中 日月会娵訾之次律中太簇
丑年 地泽临卦	二月 雷天大壮	卯日卯时 大壮	二月日在奎昏孤中旦建中 日月会降娄之次律中夹钟
寅年 地天泰卦	三月 泽天夬卦	辰日辰时 夬卦	三月日在娄昏星中旦牵牛中 日月会在大梁之次律中姑洗
卯年 雷天大壮	四月 乾为天卦	巳日巳时 乾卦	四月日在昴昏翼中旦女中 日月会实沈之次律中仲吕
辰年 泽天夬卦	五月 天风后卦	午日午时 姤卦	五月日在参昏亢中旦危中 日月会鹑首之次律中蕤宾
巳年 乾为天卦	六月 天山遁卦	未日未时 遁卦	六月日在柳星昏火中旦奎中 日月会鹑火之次次律林钟
午年 天风姤卦	七月 天地否卦	申日申时 否卦	七月日在张昏建中旦在毕中 日月会鹑尾之次律中夷则
未年 天山遁卦	八月 风地观卦	酉日酉时 观卦	八月日在翼昏张生中旦觜中卦 日月会寿星之次律中南吕
申年 天地否卦	九月 山地剥卦	戌日戌时 剥卦	九月日在角昏虚中旦旦中卦 日月会天火之次律中无射
酉年 风地观卦	十月 坤为地卦	亥日亥时 坤卦	十月日在房昏危申旦七星中卦 日月会析木之次律中应钟
戌年 山地剥卦	十一月 地雷复卦	子日子时 复卦	十一月日在箕昏壁中旦轸中卦 日月会星纪之次律中黄钟
亥年 坤为地卦	十二月 地泽临卦	丑日丑时 临卦	十二月日在斗昏娄中旦工中卦 日月会玄枵之次律中大吕

日卦日星

中星卦气定届立六爻六，五爻五，四爻四，三爻三，二爻二，一爻一。

丙子 风泽中孚	上九辛卯 斗三麋角解	九五辛巳 斗二	六四辛未 斗一	六三丁丑 箕六	九三丁卯 箕七	初七丁巳 冬至蚯蚓结
戊子 地雷复	上六癸酉 斗九	六五癸亥 斗八水泉动	六四癸丑 斗七	六三庚辰 斗六	六二庚寅 斗五	初九庚子 斗四
庚子 水雷屯	上六戊子 斗十五	九五戊戌 斗十四	六四戊申 小寒雁北乡	六三庚辰 斗十二	六二庚寅 斗十一	初九庚子 斗十
壬子 地山谦	上九癸酉 斗十一	六五癸亥 斗二十	六四癸丑 斗十九	六三丙申 斗十八鹊始巢	六二丙午 斗十七	初六丙辰 斗十六
乙丑 火泽睽	上九己巳 牛四	六五己未 牛三	九四己酉 牛二	六三丁丑 牛一	九二丁卯 斗廿三	初九丁巳 斗廿二
丁丑 地风升	上六癸酉 女三	六五癸亥 女二	六四癸丑 女一	九三辛酉 女初	九二辛亥 牛六	初六辛丑 大寒鸡乳
己丑 地泽临	上六癸酉 女九	六五癸亥 女八	六四癸丑 女七	六三丁丑 女六	九二丁卯 女五	初九丁巳 女四
辛丑 雷山小过	上六庚戌 虚五	六五庚申 虚四	九四庚午 立春东风解冻	九三丙申 虚二	六二丙午 虚一	初六丙辰 虚初
癸丑 山水蒙	上九丙寅 危二	六五丙子 危一	六四丙戌 虚九	六三戊午 虚八蛰虫始振	九二戊辰 虚七	初六戊寅 虚六
甲寅 风雷益	上九辛卯 危八	九五辛巳 危七	六四辛未 危六	六三庚辰 危五	六二庚寅 危四鱼陟负冰	初九庚子 危三
丙寅 风山渐	上九辛卯 危十四候雁北	九五辛巳 危十三	六四辛未 危十二	九三丙申 危十一	六二丙午 危十一	初六丙辰 雨水獭祭鱼

（续表）

戊寅 天地泰	上六癸酉 室五	六五癸亥 室四草木萌动	六四癸亥 室三	九三甲辰 室二	九二甲寅 室一	初九申子 危十五
庚寅 水天需	上六戊子 室十一	九五戊戌 室十	六四戊申 惊蛰桃始华	九三甲辰 室八	九二甲寅 室七	初九申子 室六
壬寅 泽雷随	上六丁未 室十七	九五丁酉 室十六	九四丁亥 室十五	六三庚辰 室十四仓庚鸣	六二庚寅 室十三	初九庚子 室十二
乙卯 水地比	上九己巳 壁六	六五己未 壁五	九四己酉 壁四	六三乙卯 壁三	六二乙巳 壁二鹰化为鸠	初六乙未 壁一
丁卯 雷水解	上六庚戌 奎二雷乃发声	六五庚申 奎一	九四庚午 奎初	六三戊子 壁九	九二戊辰 壁八	初六戊寅 春分玄鸟至
己卯 雷天大壮	上六庚戌 奎八	六五庚申 奎七始电	九四庚午 奎六	九三甲辰 奎五	九二甲寅 奎四	初九甲子 奎三
辛卯 雷地豫	上六庚戌 奎十四	六五庚申 奎十三	九四庚午 清明桐始华	九三乙卯 奎十一	六二乙巳 奎十	初六乙未 奎九
癸卯 天水讼	上九壬戌 娄三	九五壬申 娄二	九四壬午 娄一	九三戊午 奎十七田鼠化鴐	九二戊辰 奎十六	初六戊寅 奎十五
甲辰 山风蛊	上九丙寅 娄九	六五丙子 娄八	六四丙戌 娄七	九三辛酉 娄六	九二辛亥 娄五虹始见	初六辛丑 娄四
丙辰 泽火革	上六丁未 胃三鸣鸠拂其羽	九五丁酉 胃二	九四丁亥 胃一	九三己亥 娄十二	六二己丑 娄十一	初九乙卯 谷雨萍始生
戊辰 泽天夬	上六丁未 胃九	九五丁酉 胃八戴胜降于桑	九四丁亥 胃七	九三甲辰 胃六	九二甲寅 胃五	初九甲子 胃四
庚辰 火山旅	上九己巳 胃十五	六五己未 胃十四	九四己酉 立夏蝼蝈鸣	九三丙申 胃十二	六二丙午 胃十一	初六丙辰 胃十
壬辰 地水师	上六癸酉 昴五	六五癸亥 昴四	六四癸丑 昴三	六三戊午 昴二蚯蚓出	六二戊辰 昴一	初六戊寅 昴初

（续表）

乙巳 水地比	上六戊子 昴十一	九五戊戌 昴十	六四戊申 昴九	六三乙卯 昴八	六二乙巳 昴七王瓜生	初六乙未 昴六
丁巳 风天小畜	上九辛卯 毕五靡草死	九五辛巳 毕四	六四辛未 毕三	九三甲辰 毕二	九二甲寅 毕一	初九甲子 小满苦菜秀
己巳 巽	上九壬戌 毕十一	九五壬申 毕十麦秋至	九四壬午 毕九	九三甲辰 毕八	九二甲寅 毕七	初九甲子 毕六
辛巳 火天大有	上九己巳 毕十七	六五己未 毕十六	九四己酉 芒种螳螂生	九三甲寅 毕十四	九二甲辰 毕十三	初九甲子 毕十二
癸巳 风火人家	上九辛卯 参四	九五辛巳 参三	六四辛未 参二	九三己亥 参一䴗始鸣	六二己丑 参初	初九己卯 觜一
甲午 水风井	上六戊子 井初	九五戊戌 参九	六四戊申 参八	九三辛酉 参七	九二辛亥 参六反舌无声	初六辛丑 参五
丙午 泽山咸	上六丁未 井六蜩始鸣	九五丁酉 井五	九四丁亥 井四	九三丙申 井三	六二丙午 井二	初六丙辰 夏至鹿角解
戊午 天风姤	上六壬戌 井十一	九五壬申 井十一半夏生	九四壬午 井十	九三辛酉 井九	九二辛亥 井八	初六辛丑 井七
庚午 火风鼎	上九己巳 井十八	六五己未 井十七	九四乙酉 小暑温风至	九三辛酉 井十五	九二辛亥 井十四	初六辛丑 井十三
壬午 雷火丰	上六庚戌 井廿四	六五庚申 井廿三	九四庚午 井廿二	九三己亥 井廿一	六二己丑 井二十	初九己卯 井十九
乙未 风水涣	上九辛卯 井三十	九五辛巳 井廿九	六四辛亥 井廿八	六三戊辰 井廿七	九二戊辰 井廿六鹰始挚	初六戊寅 井廿五
丁未 天泽履	上九壬戌 柳一土润溽暑	九五壬申 柳初	九四壬午 鬼三	六三丁丑 鬼二	九二丁卯 鬼一	初九丁巳 大暑腐草为萤
己未 天山遁	上九壬戌 柳七	九五壬申 柳六大雨时行	九四壬午 柳五	九三丙申 柳四	六二丙午 柳三	初八丙辰 柳二

（续表）

辛未 雷风恒	上六庚戌 星初	六五庚申 柳十五	九四庚午 立秋凉风至	九三辛酉 柳十	九二辛亥 柳九	初六辛丑 柳八
癸未 水泽节	上六戊子 星六	九五戊戌 星五	九四戊申 星四	六三丁丑 星三白露降	九二丁卯 星二	初九丁巳 星一
甲申 天火同人	上九壬戌 张五	九五壬申 张四	九四壬午 张三	九三己亥 张二	九二己丑 张一寒蝉鸣	初九己卯 星七
丙申 山泽损	上九丙寅 张十一天地始肃	六五丙子 张十	六四丙戌 张九	六三丁丑 张八	九二丁卯 张七	初九丁巳 处暑
戊申 天地否	上九壬戌 翼初	九五壬申 张十六禾乃登	九四壬午 张十五	六三乙卯 张十四	六二乙巳 张十三	初六乙未 张十二
庚申 巽	上九辛卯 翼六	九五辛巳 翼五	六四辛未 白露鸿雁来	九三辛酉 翼三	九二辛亥 翼二	初六辛丑 翼一
壬申 泽地萃	上六丁未 翼十二	九五丁酉 翼十一	九四丁亥 翼十	六三乙卯 翼九玄鸟至	六二乙巳 翼八	初六乙未 翼七
己酉 山天大畜	上九丙寅 翼十八	六五丙子 翼十七	六四丙戌 翼十六	九三甲辰 翼十五	九二甲寅 翼十四群鸟养羞	初九甲子 翼十三
丁酉 山火贲	上九丙寅 轸五	六五丙子 轸四	六四丙戌 轸三	九三己亥 轸二	六二己丑 轸一	初六己卯 秋分雷始收声
己酉 风地观	上九辛卯 轸十一	九五辛巳 轸十水始涸	六四辛未 轸九	六三乙卯 轸八	六二乙巳 轸七	初六乙未 轸六
辛酉 雷泽归妹	上六庚戌 轸十七	六五庚申 轸十六	九四庚午 寒露鸿雁来宾	六三丁卯 轸十四	九二丁卯 轸十三	初九丁巳 轸十二
癸酉 天雷无妄	上九壬戌 角五	九五壬申 角四	九四壬午 角三	六三庚辰 角二雀入大水为蛤	六二庚寅 角一	初九庚子 角初
甲戌 地火明夷	上六癸酉 角十一	六五癸亥 角十	六四癸丑 角九	九三己亥 角八	六二己丑 角七	初九己卯 角六

（续表）

丙戌 泽水困	上六丁未 亢五草木黄落	九五丁酉 亢四	九四丁亥 亢三	六三戊午 亢二	九二戊辰 亢一	初六戊寅 霜降豺乃祭兽
戊戌 山地剥	上九丙寅 氐三	六五丙子 氐一蛰虫咸俯	六四丙戌 亢九	六三乙卯 亢八	六二乙巳 亢七	初六乙未 亢六
庚戌 艮	上九丙寅 氐八	六五丙子 氐七	六四丙戌 立冬水始冰	九三丙申 亢六	六二丙午 氐四	初六丙辰 亢三
壬戌 水火既济	上六戊子 氐十四	九五戊戌 氐十三	六四戊申 氐十二	九三己亥 氐十一地始冻	六二己丑 氐十	初九己卯 氐九
乙亥 火雷噬嗑	上六己巳 房三	九五己未 房二	六四己酉 房一	六三庚辰 房初	六二庚寅 氐十六雉入大水为蜃	初九庚午 氐十五
丁亥 泽风大过	上六丁未 心四天气上升地气下降	九五丁酉 心三	九四丁亥 心二	九三辛酉 心一	九二辛亥 房五	初六辛丑 小雪虹藏不见
己亥 坤	上六癸酉 尾四	六五癸亥 尾三闭塞而成冬	六四癸丑 尾二	六三乙卯 尾一	六二乙巳 尾初	初六乙未 心五
辛亥 火水未济	上六己巳 尾十	六五己未 尾九	九四己酉 大雪鴠鸣不鸣	六三戊午 尾七	九二戊辰 尾六	初六戊寅 尾五
癸亥 水山蹇	上六戊子 尾十六	九五戊戌 尾十五	六四戊申 尾十四	九三丙申 尾十三虎始交	六二丙午 尾十二	初六丙辰 尾十一
甲子 山雷颐	上九丙寅 箕四	六五丙子 箕三	六四丙戌 箕二	六三庚辰 箕一	六二辰寅 尾十八荔挺出	初九庚子 尾十七

时一半日之半　半余度　半日
日酉分度之　　　　　　半度

半余度每度半八分每见包四分半夜度之一

上用四卦日星，依十二月节气，以节自甲子自下高上，连爻业用，然后看易卦爻辞，吉凶自见。假如巳卯年用正月廿七日癸酉，看《大统历》十六日壬戌雨水亥，风山渐卦初爻即将壬戌日，初爻癸亥日，二爻甲子日，三爻乙丑日，四爻逐爻算去,在地天泰卦六爻,癸酉日系上六。

明公规

(谓官员拜正迎春、祝诞、致祭、劝农等事)

正月朔旦为元日,各衙门官吏于公所设立,率士庶以道称贺春节。先一日,各府州县官吏士庶耆老社稷鼓乐,出东郊迎春,勾芒神至衙门,各安位官吏,香灯花烛,拜勾芒神。次日立春时,官吏公服行礼毕,各执采杖,鞭春牛,谓十二月建丑属牛,寒将极以送之。二月十五日,花朝节各府县州官长出郊劝农。

洪武八年,钦天监奏降春牛经式,礼部案卷通行天下,遵依牛式。

春牛颜色诗:

年干为头身属支,纳音为腹不差移。
春日天干角尾耳,支为膝胫纳音蹄。
阳年牛口开为的,牛尾左缴不须疑。
阴年牛口端合的,牛尾右缴与人知。

年干:甲乙木青色,丙丁火红色,庚辛金白色,壬癸水黑色,戊己土黄色。年支:亥子水黑色,寅卯木青色,巳午火红色,申酉金白色,辰戌丑未土黄色。

如甲子日立春,纳音属金白色,属木青色,属水用黑色,属火用红色,属土用黄色。笼头构索:以立春支日为龙头色,孟日用麻,仲日用苧,季日用丝,构子日用桑柏木。孟日寅申巳亥,仲日子午卯酉,季日辰戌丑未。

芒神服色:以立春支辰受克为衣色,克衣色为系腰色。假如立春子日属水,用辰土,取黄色,克衣色为系腰色。用木取青色,其法亥子日黄衣青系腰,寅卯日白衣红系腰,巳午日黑衣黄系腰,申酉日红衣黑系腰,辰戌丑未日青衣白系腰。

芒神闲忙:以每年正旦前后各五日内,立春者是农忙,芒神与牛并立在正旦日前五辰外。立春者是农早忙,芒神在牛前立,在正旦后五辰外。立春者是农事闲忙,芒神在牛后立,阳年在左边立,阴年在右边立。阳年子寅辰午申戌,阴年丑卯巳未酉亥。

策芒神罨:以立春时为法,从卯至戌八时,芒神用手提罨耳,辰午申戌阳时左手提,卯巳未酉阴时右手提。八时见日温和,寅时芒神戴罨耳,揭起左边。亥时芒神戴罨耳,揭起左边。寅亥时为通气,故揭起一边。子丑时芒神全戴罨耳,为严凝时,故全罨也。

芒种头髻:以立春日纳音为法,金日平梳两髻在耳前。木日平梳两髻在耳后。水日平梳两髻,右髻在耳后,左髻在耳前。火日平梳两髻,右髻在耳前,左髻在耳后。土日平梳两髻,在耳直顶上。

芒神鞋袴行躔:以立春日纳音为法,金日系行躔,鞋袴全,左关行躔在腰左悬。木日系行躔鞋袴全,右关在腰右悬。水日系行躔鞋俱全。火日行躔袴俱无。土日着袴无行躔鞋。

芒神老少高低鞭结:以立春年为法,如寅申巳亥,孟年立春,芒种老像。子午卯酉仲年立春,芒神少壮。辰戌丑未季年立春,芒神孩童像。芒神身高三尺六寸,按一年三百六十日,鞭手用柳枝,长二尺四寸,按二十四气,上用结子,其结子以立春为法,孟日立春用麻,仲日立春用苧,季日立春用丝,俱用五彩色蘸染。

造春牛式胎骨木植长短法:以冬至节后辰日于岁德方取水土,用桑柘木为胎骨,牛头至尾,椿八尺按八节,牛尾一尺二寸,按十二时。高四尺,按四时。踏板用县衙门扇子,寅辰午申戌阳年用左扇,丑卯巳未酉亥阴年用右扇。

牛头朝向祭拜方位以牛头向东方木神之位。

春牛取土水方

年干	甲	乙	丙	丁	戊	己	庚	辛	壬	癸
岁德方位	甲	庚	丙	壬	戊	己	庚	丙	壬	戊
	东	西	南	北	东南	东	西	南	北	东南

地母经占

五子岁

甲子年,水潦损田畴,蚕姑须即喜,耕夫不免愁,桑枯无人采,高低禾稻收。春夏多淹浸,秋冬少滴流,吴楚桑麻好,齐燕禾麦稠。陆种无成实,鼠雀共啾啾。地母曰:少种空心草(是油麻也),多种老婆须(是豆也),白鹤土中渴(本名),黄龙水底眠(是麦也),虽然桑叶茂,绸绢不成钱。

丙子年,春秋多雨水,桑叶无人要,青女如金贵(是秧),黄龙土内杀,化成蝴蝶起,高山半成实,低下禾后喜,鲁卫炎炎热,齐楚五谷美。地母经曰:田禾忧鼠耗,豆麦半中收,蚕娘空房坐,前喜后怀愁,丝绵绸绢黄,税赋急啾啾。

戊子年,疾横相侵夺,吴楚多灾瘴,燕齐民快活,种植高下偏,鼠耗不成割,春夏淹没场,秋冬土龙渴,桑叶头尾贵,簇上如霜雪。地母曰:岁中逢戊子,人饥灾横死,玉女土中成,无人收拾汝,若得见三冬,瘟瘟方始起。

庚子年,人民多暴卒,春夏虽淹普,秋冬多饥渴,高田犹得半,晚稻无可割,秦淮足流荡,吴楚多劫夺,桑叶头后贱,蚕娘情不悦,见蚕不见丝,徒劳用心切。地母曰:鼠耗出头年,高低多颇偏,更看山东里,山头起墓田。

壬子年:旱涸耕夫苦,早禾一半空,秋后无甘雨,豆麦熟齐吴,饥荒及燕鲁,桑柘贵中贵,丝绵满箱贮,百物无定价,一物五商估。地母曰:鼠头出值年,夏秋多甘泉,麻麦不宜晚,田蚕切向前,更忧三秋里,疮疾起偏偏。

五丑岁

乙丑年,春瘟害万民,偏伤于鲁楚,多损魏燕人,高田宜种早,晚禾成八分,蚕娘争闹走,枝叶乱纷纷,渔父沿山钓,流郎陌上巡,牛羊多瘴死,春夏米如珍。地母曰:水牯田头卧(是油麻),犊子水中眠(是豆也),桑叶初生贵,三伏不成钱,有人解言语,种植倍收全。

丁丑年,高下物得收,桑叶初还贱,蚕娘未免愁,春夏多淹没,鲤鱼庭际游,燕齐生炎热,秦吴渺漠浮(多雨水),黄牛岗际卧(麦也),青女逐波流(禾也),六畜多瘴难,家已无一留。地母曰:少种黄蜂子(麦也),多下白头翁(禾也),农夫相贺喜,尽道岁年丰。

己丑年,高低得成穗,燕鲁遭兵杀,赵卫奸妖起,春夏豆麦丰,秋多谷苗媚,士女田中卧,耕夫无一工,桑叶自青青,谁能采得汝。地母曰:岁名值破田,早晚得团圆,金玉满街道,罗绮不成钱。

辛丑年,疾病稍纷纷,吴越桑麻好,荆楚米麦臻,春秋均甘雨,秋冬得十分,桑叶树头秀,蚕娘自喜忻,人民自苏息,六畜瘴逡巡。地母曰:辛丑牛为首,高低甚可怜,人民留一半,快活好桑田。

癸丑年,人民多忧煎,淮吴主旱涸,燕宋定流连,黄龙与青牯,价例觅高钱,更主麻麦贵,桑柘叶不长,蚕娘愁不眠,禾苗多蛙蝗,收成苦不成。地母曰:岁号牛为首,田桑五分收,甘泉时复关,淹没在三冬,六畜遭瘴厄,耕犁枉用工(牛多死)。

五寅岁

丙寅年,虫兽沼林走,疾疫多忧煎,燕子居山岩,牛羊宿高荒,虾鱼入庭牖,燕魏桑麻贵,荆楚禾稻厚。地母曰:桑叶初贱不成钱,蚕娘无分却相煎,鱼行人道豆麦少,晚禾干枯不全多,贫儿乏粮相对泣,只愁米谷贵当年。

戊寅年,高下田禾秀,桑叶枝头空,讨蚕争斗走,吴楚值麦多,齐燕米谷少,三春流郎归,九秧多苗草,百物价例高,经商相懊恼。地母曰:蚕娘行乡村,人民皆被伤,冬令严霜雪,灾劫起妖狂,早收田家女(禾名),莫见犯风寒。

庚寅年,人物事风流,麻麦虽然秀,禾苗多损忧,燕宋多淹没,梁吴兵祸侵,桑叶初生贱,后贵何处求,田蚕如金价,桑叶好搔抽。地母曰:虎年高下熟,水旱又多年,黄牛耕田出(小麦),老牛卧陇前,稼穑经霜早,田家哭泣连,更看来春后,人民相逼煎。

壬寅年,高低尽得丰,春夏承其润,秋冬处处通,蚕桑熟吴地,谷麦益江东,桑叶不堪贵,蚕丝却半丰,看其三秋里,禾稻穗重重,人民虽富乐,六畜尽遭凶。地母曰:虎首值岁头,在处好田苗,桑柘叶不贵,蚕娘免忧愁,禾稻多成实,耕夫不用忧。

甲寅年,早晚不全收,春夏多淹没,调释在冬秋,虎豹巡村野,人民不自由,鲁魏多炎热,秦吴麦豆稠,桑枯前后贵,得半勿搔抽,地母曰:先岁民不泰,耕种任施为,桑柘叶难得,又是少天虫,五谷价初高,后来亦中庸。

五卯岁

丁卯年,犹未得时豆,春来多雨水,旱涝在秋冬,农夫相对泣,耕种任施工,鲁卫桑麻灾,梁宋麦麻空。地母曰:桑叶不值钱,种禾秋有厄,低田多不收,高田还本复,宜下空心草,黄龙卧山陌。

己卯年,犁夫多快活,春来多雨水,种植还若渴,夏多雨秋足,流荡遭淹没,蚕娘沿路行,无叶相煎逼,黄龙山际卧(麦也),逡巡化蝴蝶,禾涸竭秋苗,农家早收割,淮鲁人多疾,吴楚桑麻活。地母曰:春中溪涸竭,秋苗入土焦,蚕姑望天泣,桑树叶下生,黄黍不成粒,六畜多瘟妖,三秋多淹没,九夏白波漂,夏秋主雨水多。

辛卯年,高下甚辛勤,麻麦逢淹没,禾苗早得荣,秦淮受饥馁,吴无旱涸频,桑柘不生叶,蚕姑说苦辛,天虫少成实,丝绵换金银,强徒多瘴疫,善者少灾迍。地母曰:玉兔出年头,处处桑麻好,早禾大半收,晚稻九分好,谷米稼穑高,渐渐相煎讨,要看龙头来,耕夫少烦恼。

癸卯年,高低半忧喜,春夏雨雹多,秋水缺雨水,燕赵好桑麻,吴地禾稻美,人民多忧祸,六畜瘴湮起,桑叶枝上空,天虫无可食,蚕妇走忙忙,提筐相封泣,虽得多绵丝,费尽人心力。地母曰:癸卯免头丰,高低稻麦农,耕夫皆勤种,贮积在三冬,桑叶虽然贵,丝绵却已丰。

乙卯年,五谷有盈余,秦燕麦豆好,年丰吴越足,粮储春夏水,均调秋冬趋,入涧天虫虽则好,桑叶树头无,蚕娘相对泣,得兰少成丝。地母曰:岁中逢乙卯,高下好田蚕,豆麦山坡熟,禾粮在楚庭。

五辰岁

戊辰年,禾苗虫横起,人民多疾病,六畜忧多死,龙头出角年,水旱多淮楚,低田莫种多,秋季忧洪水,桑叶无定价,蚕娘空自喜,豆麦秀山岗,结实无多子。地母曰:龙尾禾半熟,蛇头喜得全,流郎夏中少,豆麦满山川,桑叶不值钱。

庚辰年,燕卫灾殃起,六畜尽遭伤,田禾蝗虫起,春夏地竭泉,秋冬丰实子,桑叶贱如土,蚕娘哭少丝。地母曰:少种豆多种麻,家家多得收,处处总相似,春夏少滴流,秋冬饱雨水,农务急急煎,莫待冰冻起。

壬辰年,高下恐遭伤,春夏蛟龙明,秋冬却集藏,豆麦无成实,桑麻五谷廉,齐鲁绝炎热,卫吴好田蚕,蚕子延筐卧,哭泣问蚕娘,见雨丝绵少,租税甚恓惶。地母曰:是岁遇壬辰,蚕空度春,禾苗多有损,田家又虚惊,保福收成日,却得六分成。

甲辰年,稻麻一半空,春夏遭淹没,秋冬流不通,鲁地桑麻好,吴邦谷不丰,桑叶禾后贵,相贺好天虫,估货价例贵,雪冻在三冬。地母曰:龙头属甲辰,高低共五分,豆麦无成实,六畜亦遭迍,更看冬至后,霜雪积纷纷。

丙辰年,春来雨水润,豆麦乏齐燕,田蚕好吴越,牛犊瘴烟生,亦兼多病疫,桑叶树头多,蚕丝白如雪,秋夏无滴流,深冬足湮没。地母曰:龙来为岁首,淹没应须有,豆麦宜早种,晚随波流走。

五巳岁

己巳年,鱼游在路衢,乘船登陇头,鱼鳖入沟渠,春夏多潦浸,扬楚及胡禾,早禾宜涸种,一颗倍千株,蚕娘哭太岁,桑叶贵如珠。地母曰:岁里逢蛇出,人民贺太平,桑麻吴地熟,豆麦越淮青,多种天仙草(稻),秋冬仓廪盈,虽然多雨水,黎庶尽欢忻。

辛巳年,鲤鱼庭际逢,高田犹可旺,低下枉施土,桑叶初来贱,末后蚕贵龙,蚕娘相对泣,筐箱一半空,燕楚麦苗秀,赵齐禾稻丰,六畜多瘴气,人民虐疾重。地母曰:蚕娘未为欢,果实天钱快,车头千万两,纵子得输官。

癸巳年,农民半忧色,丰歉各有方,封疆多种谷,楚地甚炎热,荆川无灾厄,桑枝叶苗秀,天虫兰如雪,粟麦有颇偏,晚禾半收得。地母曰:蛇头为岁首,陆种有虚耗,秋成五六分,老幼生烦恼,三冬足冰雪,晚禾宜及早。

乙巳年,高下禾苗翠,春夏冬漂流,秋冬五谷美,豆麦足燕齐,桑柘益吴楚,天虫筐内走,蚕娘哭叶贵,丝绵不上秤,匹绵低无比。地母曰:蛇头值岁初,五谷食盈余,早禾莫令晚,蚕桑莫令迟,夏季麦苗秀,三冬成实肥。

丁巳年,丰熟民多害,鲁卫豆麦少,秦禾桑麻多,高低总得成,种值无妨碍,桑叶前后空,天虫好十倍,春夏丰淹留,偏益秋冬在。地母曰:蛇首值岁中,农夫宜种莳,黄龙搬不尽,宜多下麦青,如是追秋少,蚕娘虽哭叶,还得秤头丝。

五午岁

庚午年,春蚕多灾厄,洪尧水旱伤,荆湘少谷米,桑叶贵如金,蚕娘空作计,春三流郎归,秋来还田庆,早禾典晚禾,不了官中税。地母曰:白鹤田中唱(禾名),黄龙陇上眠(麦苗),蚕妇携筐走,桑叶泣熬煎,春夏多雨水,秋冬地少泉,有泉有人会,我意识候在,其年江东水,旱荆渐少米。

壬午年,水旱不调匀,高田唯可望,低下枉施工,蚕麦家家秀,蚕娘喜周全,蚕妇皆望叶,及早莫因循。地母曰:吴楚好蚕麦,鲁卫分多灾,多下空心草,少种老麦头,桑叶后来贵,天虫及早催,晚禾纵淹没,耕夫不用哀。

甲午年,人民不用忧,禾苗皆荣秀,高田全得收,吴越多风雷,荆襄井涓流,蚕妇争競走,哭叶闹啾啾,蚕老多成兰,何须更尽忧。地母曰:蛇头马将来,稻麦喜倍堆,人民绝灾厄,牛羊亦少灾,织候丰年里,耕夫不用精。

丙午年,春夏多洪水,鲁卫逢灾疫,谷熟益江东,种植宜高地,低源遭水冲,天虫见少丝,桑柘贱成笼,六畜多瘟瘴,人民少卒终。地母曰:马首值岁里,丰稔好田桑,春夏须防备,种植怕流荡,豆麦与麻粟,偏好宜高冈。

戊午年,高低一半空,扬楚遭湮没,荆吴足暴风,豆麦宜低下,麦稻得全工,桑叶从来贱,蚕老贵丝从,蚕娘车畔美,丝绵倍常年。地母曰:稀逢今岁里,蚕桑无可偏,种植宜于臣,美候见秋前,虽然夏旱涸,低下得全收。

五未岁

辛未年,高下尽可怜,江东豆麦秀,魏土少流泉,桑叶初还贵,向后不成钱,国土无灾难,人民须感天。地母曰:玉女衣裳秀(禾),青女陌上黄(油麻),从今二三载,贫富总成仓,若人识此语,种植足饭粮。

癸未年,高下尽堪怜,一井百家共,春夏少甘泉,燕赵豆麦秀,齐吴多颇偏,天虫待常岁,讨叶怨苍天,六种宜成早,青女得貌鲜。地母曰:岁若逢癸未,田蚕多称意,青牛山上秀,一子倍盈穗,更看三秋后,产满闲白色。

乙未年,五谷皆和稔,燕卫少田桑,偏益丰吴魏,春夏定漂流,秋多旱地,桑叶向来贱,晚蚕还值价,人民难无灾,六畜多瘴气,六种不宜晚,收拾无成置。地母曰:岁逢羊头出,高下中无失,叶贵好蚕桑,斤斤皆有实。

丁未年,枯焦在秋后,早禾稔稔收,晚禾丰吴越,宜下黄龙苗,不益空心草,桑叶前后贵,天虫见少丝,春夏雨水调,秋末忧失稻,是物稼穑高,丝丝何处讨。地母曰若遇逢羊岁高低中半收瘴烟防六畜民庶也须忧。

己未年,种植家家秀,燕魏熟田桑,吴楚粮储有,春夏流郎归,鲤鱼天庭捕,桑叶应是贱,搔收娘子喜,豆麦结实多,宜在三阳后。地母曰:是岁值羊首,高低民物欢,稼穑多商估,来往足交用,农夫宜早种,莫候北风寒。

五申岁

壬申年,春夏多浸过,高下也无偏,中夏甘泉少,豆麦方岐秀,桑叶稍成钱,耕夫与蚕妇,相见勿忧虫。地母曰:白鹤土中秀(禾名),水牯羊山青,高低皆得稔,地土喜安宁,三冬足严冷,六畜有伤刑。

甲申年,高低定可忧,春来雨不足,早晚焦枯死,秋夏无雨束,鲁卫生瘟瘴,燕齐粒不收,桑叶初生贱,蚕娘不用愁。地母曰:岁逢甲申里,旱柘切须防,高低苗不秀,燕齐主徬徨,舟船空下载,仰面哭流郎。

丙申年,高下浪涛洪,春来雨降凶,其中还未利,秋冬杳不通,早禾难得割,晚稻枉施工,燕楚好豆麦,秦淮麻麦空,天虫相稻走,蚕娘哭天公,六畜多灾障,人民子暴终。地母曰:岁值逢丙申,桑田亦主迍,分野须岁看,节候助黎民。

戊申年,丰富人烟美,燕齐足田桑,齐邦熟谷子,黄龙土中藏,化成蝴蝶起,种植高低安,若实遭洪水,桑叶枝头空,蚕娘空自喜,绵价及时空。地母曰:高下偏宜早,逢晚见流郎,豆麦无成实,淹没尽遭伤,更看三冬里,蝴蝶得成殍。

庚申年,高下尽无偏,燕宋田桑好,淮吴禾麦全,六畜多瘴灾,人民少横疫,桑叶初生贱,蚕妇多快乐,去没又成钱,更看三阳后,秋叶偏相连,地母曰:岁若遇庚申,四方民物新,夫妇与蚕妇,欢笑喜忻忻,秋来有淹没,收割莫因循。

五酉岁

癸酉年,人民亦快活,雨水在三春,阴冻花无实,蚕娘走不停,争忙蚕桑叶,蝴蝶飞高陇,田夫愁杀人。地母曰:春夏人厌雨,秋冬混鱼龟,早禾收得全,晚禾半活灭,丝绵价例高,种植多耕折,燕宋桑麻好,齐吴豆麦丰,禾稻物增高,封疆主盗贼。

乙酉年,早晚虽收半,田夫亦苦辛,人物无快活,雨水不调匀,燕鲁桑麻好,荆吴麦豆青,蚕娘虽要叶,簇上白如银,三冬雪严冻,淹没浸车轮。地母曰:苗蚕半丰足,种作不宜迟,空心多结子,禾稻生蝗起,看蚕娘负喜,总道得银丝。

丁酉年，高低徒种植，春夏遭淹没，秋冬少流滴，吴楚足咨嗟，荆扬虚叹息，桑柘桑首盛，天虫求半失，筐箱少丝锦，蚕娘无喜色。地母曰：岁逢见丁酉，蚕叶多偏颇，豆麦有些些，其苗尚不可，六畜瘴气多，五谷不成颗。

己酉年，高低尽可怜，鲁卫丰豆麦，淮吴好水田，桑柘空虫叶，天虫足颇偏，蚕娘相怨恼，得兰少丝绵，六种植于早，收成得十全。地母曰：酉岁好桑麻，豆麦益家家，百物成高价，民物有生涯，春夏遭淹没，三冬雪结花。

辛酉年，高低禾不美，齐鲁多遭没，秦吴六畜死，秋冬井无泉，春夏涝有水，豆麦山头黄，耕夫挑不起，蚕娘笑求泣，争奈叶还贵，种植宜及早，迟晚恐失利。地母曰：酉年民多瘴，田蚕七分收，豆麦高处好，低下恐难留。

五戌岁

甲戌年，田禾有蝗虫，吴浙民劳疫，淮楚粮储室，蚕好提筐走，田夫枉用工，早禾虽即好，晚禾薄薄丰，春夏多淹没，秋深滴不通，多种青牛草，少植白头翁，六畜冬多瘴，又恐犯奸凶。地母曰：春来桑叶贵，秋至米粮高，丰登九去半，一半是蓬蒿。

丙戌年，夏秋井无泉，春冬伤淹没，耕锄莫怨天，早禾宜早下，晚稻早留连，扬益桑麻乏，吴齐最可怜，桑叶初生贱，蚕老却成钱。地母曰：岁临于丙戌，高下皆无失，豆麦穿土长，在处得成实，六畜多瘟瘴，人民少灾疾。

戊戌年，耕夫渐渐愁，高下多偏颇，雨水在春秋，燕宋豆麦熟，齐吴禾成收，桑叶初生贱，蚕娘未免忧，牛羊逢瘴气，百物主漂游。地母曰：戌亥忧多咎，耕夫不足欢，早禾难即稔，晚稻不能全，一晴兼一雨，三冬多雪寒。

庚戌年，瘴疫害黎民，禾麻吴地好，麦稔在荆秦，夏春漂流没，秋冬早水浸，桑柘叶虽贵，天虫成十分，田夫与蚕妇，相看喜欣欣。地母曰：岁逢庚戌者，四方民物收，高下田桑好，麻麦豆麦忧，严冬多雨雪，收成莫犯寒。

壬戌年，高低亦不空，秦楚遭没淹，梁宋豆麦丰，叶贱天虫少，秧漂苗不稠，雨水浇深夏，旱涸在秋高，六畜遭灾障，田家少得半。地母曰：岁下逢壬戌，耕植宜麦粟，低下虚用工，漂流无一粒，春夏灾瘴起，六畜多遭疫。

五亥岁

乙亥年，高下总无偏，淮楚忧水潦，燕吴禾麦全，九夏甘泉竭，三秋衢通船，蚕娘吃青饭，桑叶两误连，丝绵入皆贵，麻米不成钱，六畜多瘴疾，人民少横缠。地母曰：蚕娘眉不展，携筐采叶忙，更看五六月，相望哭流郎。

丁亥年，高低尽得通，吴越桑麻好，秦淮豆麦通，三冬足雨水，九夏禾无踪，桑叶前后贵，簇畔不施工，见蚕不见茧。地母曰：夏种逢秋渴，秋得八分成，人民多虐瘴，六畜尽遭迍。

己亥年，人民多横起，秋冬草木焦，春夏少秧莳，豆麦熟燕吴，桑麻淮鲁死，叶少天虫多，蚕娘面无喜，稼穑不值□。地母曰：岁逢己亥是，贫富少粮储，蚕娘相对泣，采叶桑空枝，更看夏秋里，蜂蝶满村飞。

辛亥年，耕夫多快活，春夏两地调，秋冬好收割，燕淮无瘴疾，鲁卫不饥渴，桑叶雨后虫，蚕娘多喜悦，种植宜山坎，苗禾得盈结。地母曰：猪头出岁中，高下好施工，耕夫与蚕妇，急不荷天公，六畜春多瘴，积薪供过冬（主春冬多寒）。

癸亥年，家家活业丰，春夏亦多水，豆麦主漂逢，种莳及宜早，晚者不成工，吴地桑叶贵，江越少天虫，禾麻不结实，旱涸忌秋中。地母曰：岁逢六甲末，人民亦得安，田桑七成熟，割禾须及早，莫过绝冬寒。

元旦出行

（谓正首一日出行游方趋吉避凶等事）

宜天德合、天德、月德合、月德吉方，元旦宫游吉利，忌截路空亡时行。

忌鹤神日游方，元旦出行不利，其日在天宫，宜行本月吉方。

元旦何方好出行，东西道方利春前，已六后利西南北（鹤神在天吉）。

鹤神游方

乙卯、丙辰、丁巳、戊午、巳未五日，忌正东，甲卯乙。

庚申、辛酉、壬戌、癸亥、甲子、乙丑六日，忌东南，辰巽巳。

辛未、壬申、癸酉、甲戌、乙亥、丙子六日，忌西南，未坤申。

丁丑、戊寅、己卯、庚辰、辛巳五日，忌正西，庚酉辛。

壬午、癸未、甲申、乙酉、丙戌、丁亥六日，忌西北，戌乾亥。

戊子、己丑、庚寅、辛卯、壬辰五日，忌正北，壬子癸。

癸巳起至戊申，此十六日，鹤神在天宫。

己酉、庚戌、辛亥、壬子、癸丑、甲寅六日，忌东北，丑艮寅。

丙寅、丁卯、戊辰、己巳、庚午五日，忌正南，丙午丁。

鹤神游日

未交春用此图尚正月节	正东	宜行正西	天德在庚大吉		
	东南	宜行正西	天月德在庚吉	正东	天月德合在乙吉
	正南	宜行正西	天月德在庚吉	正东	天月德合在乙吉
	西南	宜行正西	天月德在庚吉	正东	天月德合在乙吉
	正西	宜行正东	天月德合在乙吉		
	西北	宜行正西	天月德在庚吉	正东	天月德合在乙吉
	正北	宜行正西	天月德在庚吉	正东	天月德合在乙吉
	东北	宜行正西	天月德在庚吉	正东	天月德合在乙吉
已交春后用此图正月节	正东	宜行正南北	天德在丁合壬	正西	月德在丙合辛吉
	东南	宜行正西正北	天月德合壬辛	正南	天德丁月德丙
	正南	宜行正北	天德合壬	正西	月德合在辛
	西南	宜行正西正北	天月德合壬辛	正南	天德丁月德丙
	正西	宜行正南正北	天德在丁壬	正南	月德在丙吉
	西北	宜行正南	天月德在丁丙	正西	天德合在壬
	正北	宜行正南	天月德在丁丙	正西	月德合在辛
	东北	宜行正南	天月德在丁丙	正西 正北	天月德合在壬辛

求财出行

(谓商贾经营乘船渡水等事)

堂司出行吉日,出行正子午,二申丑未良,三月寅申吉,四子卯天长,正月寅申马,七马猴最强,八未申酉亥,九子戌吉祥,十子者和酉,六未十二亥,十一子寅禺。

凶日	月											
	正	二	三	四	五	六	七	八	九	十	十一	十二
归忌	丑	寅	子	丑	寅	子	丑	寅	子	丑	寅	子
受死	戌	辰	亥	巳	子	午	丑	未	寅	申	卯	酉
天贼	辰	酉	寅	未	子	巳	戌	卯	申	酉	午	亥
地贼	子	子	亥	戌	酉	午	午	午	巳	辰	卯	子
往亡	寅	巳	申	亥	卯	午	酉	子	辰	未	戌	丑
五鬼	午	寅	辰	酉	卯	申	丑	酉	子	亥	未	戌
荒芜	巳	酉	丑	申	子	辰	亥	卯	未	寅	午	戌
咸池	卯	子	酉	午	卯	子	酉	午	卯	子	酉	午
九空	辰	丑	戌	未	卯	子	酉	午	寅	亥	申	巳
财离	辰	丑	戌	未	寅	子	酉	午	亥	丑	申	巳
天罡	巳	午	未	寅	酉	辰	亥	午	丑	申	卯	戌
河魁	亥	午	丑	申	卯	戌	巳	子	午	寅	酉	辰
月厌	戌	酉	申	未	午	巳	辰	卯	寅	丑	子	亥
天地争雄切忌	巳午	亥子	午未	子丑	未申	丑寅	申酉	寅卯	酉丑	卯辰	戌亥	辰巳
亡嬴	寅甲	甲午	甲戌	丁卯	丁巳	庚辰	庚寅	庚子	戊辰	癸亥	癸巳	癸巳

（续表）

凶日	月											
	正	二	三	四	五	六	七	八	九	十	十一	十二
阴错	庚戌	辛酉	庚申	丁未	丙午	丁巳	甲辰	乙卯	甲寅	癸丑	壬子	癸巳
阳错	甲寅	乙卯	甲辰	丁巳	丙午	丁未	庚申	辛酉	庚戌	癸亥	壬子	癸巳
天翻出行忌如正月巳日	巳	辰	申	巳	丑	子	亥	戌	卯	午	寅	巳
地覆不用亥时亥不用巳	亥	戌	酉	申	卯	午	酉	辰	酉	辰	未	卯
天隔	寅	子	戌	申	午	辰	寅	子	戌	申	午	辰
赤松子忌出行造作嫁娶等事	初七初四十六初九初一初六初一初八初二廿四初三初六 十一初十廿六初一廿七廿三十五二十廿一廿二廿五											
伏断	子虚丑斗寅奎卯女辰箕巳房午角未张申鬼酉嘴胃亥壁丁卯 戊辰己巳戊寅辛巳戊子己丑戊戌己亥辛丑戊午壬戌癸亥											
人民离	戊申　己酉											
五鬼	己卯 辛巳 丙戌 壬申 丙申 己酉 辛亥 壬子 丙辰 庚申 辛酉日											
九土鬼	乙酉 癸巳 辛丑 庚戌 丁巳 甲午 壬寅 己酉 戊申											
九丑	壬午 乙酉 戊午 辛卯 壬子 戊子 己酉 己卯 辛酉											
四离	春分秋分夏至冬至各前一日是											
四绝	立春立夏立秋立冬各前一日是											

周公八天定局

天门日	初一 初九 十七 廿五	主得贵人助之大吉
天城日	初二 初十 十八 廿六	主有非灾所为大凶
天财日	初三 十一 十九 廿七	主倍获财宝喜大吉
天阳日	初四 十二 二十 廿八	主见贵人方事大吉
天仓日	初五 十三 廿一 廿九	主因商贾得利大吉
天集日	初六 十四 廿二 三十	主所为百事不遂凶
天富日	初七 十五 廿三	主为商贾求财大吉
天盗日	初八 十六 廿四	主百事所为不宜凶

右周公八天局,日择有吉辰,多有不合,人有所疑,按此无验不令多有吉星,不犯凶亦吉。

逐月出行吉日

正月:乙丑、辛未、癸酉,外丁丑、癸未、丁未、丁酉、甲子、庚子、丙子。

二月:辛未、甲申、己未、癸未、丁未、己未、甲戌、乙亥。

三月:庚午,外丙午、甲子、丁卯。

四月:甲子、戊子、庚子、乙卯,外庚午、辛卯、戊子、戊午。

五月:丙辰、乙丑、丁丑,外己亥、辛未、丁未、己未。

六月:乙未、乙亥、辛卯、癸卯、乙卯,外丙寅、庚寅、甲寅、辛未、乙未。

七月:甲子、庚子、辛未,外丁未、庚午、丙午、癸未、丙子、癸卯。

八月:乙丑、乙亥,外丁丑、癸丑、己亥、辛亥、癸酉、己丑、丁酉、壬戌。

九月:庚午、甲戌,外丙午、癸卯。

十月:庚午、甲戌、甲子、庚子、癸酉、丁酉、甲午。

十一月:乙丑,外丁丑、癸丑、乙亥、戊寅、庚寅、甲寅。

十二月:乙丑、丙寅、癸丑、庚寅、乙卯、甲寅、甲申、甲午。

右吉日不犯破、平、收日、魁罡、勾绞、天贼、地贼、受死、九空、财离、往亡、九丑、咸池、大耗、小耗、五不归、月厌、五鬼、离窠、转杀、亡嬴、破败、九土鬼、正四废、阴阳错、人民离、天地争雄、凶败、赤松子日、天翻地覆时、丑日，犯归忌并忌远回，惟出行不忌。

日家八门定局

（见时家局上）

八门日	门	休	死	伤	杜	开	惊	生	景
甲子乙丑丙寅戊子己丑庚寅壬子癸丑甲寅		坎	坤	震	巽	乾	兑	艮	离
丁卯戊辰己巳辛卯壬辰癸巳乙卯丙辰丁巳		震	坤	乾	坎	离	巽	兑	艮
癸酉甲戌乙亥辛酉壬戌癸亥丁酉戊戌己亥		巽	坎	坤	兑	震	艮	离	乾
丙子丁酉戊寅　庚子辛丑壬寅		乾	离	艮	震	兑	坤	坎	巽
己卯庚辰辛巳　癸卯甲辰乙巳		兑	巽	坎	艮	坤	离	乾	震
壬午癸未甲申　丙子丁未戊申		艮	兑	巽	离	坎	乾	震	坤
乙酉丙戌丁亥　己酉庚戌辛亥		离	艮	兑	乾	巽	震	坤	坎

大金刚日

（忌经商远行）

奎娄角亢鬼牛星，出军定是不选兵。
买卖远行逢贼盗，经商求利百无成。
行船耗散遭沉没，买卖交关不称心。
穿井须知无水出，参官拜职罢功名。
起造埋葬多破碎，成亲嫁娶主分离。
男女下生逢此日，十个全无一个生。
更有路途商旅客，只见书回不见人。
欲识星辰吉凶处，出在天符秘密经。

行船装载

（附修造舟楫等事）

行船装载吉日：宜甲子、丙寅、丁卯、戊辰、己巳、丁丑、戊寅、壬午、乙酉、辛卯、癸巳、甲午、乙未、庚子、辛丑、壬寅、辛亥、丙辰、戊午、己未、辛酉，宜满、成、开日。忌灭没、危日。

造船起工驾马吉日（与修造起工驾马同日），逐月成舵定日合舵吉日，今底起房安梁头与竖柱上梁日同，船关头前三条宜黄道、天恩、月恩、天德、月德、天德合、月德合、要安、平、定、成日。忌天贼、地贼、火星、伏断、正四废、水痕、灭没、受死、执、破日。

做板宜向天月德方起工吉。行船忌张宿、丙子、癸未、戊戌、癸丑、乙卯。

触水龙日丙子、癸丑，忌行船。盖船逢吉日与盖屋同日用，忌天火、天地贼、八风、破日。舱船吉日，宜伏断、收、闭日，吉。忌执、破日。

新船下水吉日与出行日同，宜天德合、月德合、要安、月财、平、定、成日。

忌风波白浪、咸池、水痕、触水龙日、大恶时、天地争雄日、天翻地覆时、河伯张宿。

天转地旋日忌造船。

正月：初一、初七、十三、十九、二十、廿五。

二月：初八、十二、十八、廿四、三十日。

三月：初五、十一、十七、廿二、廿九日。

四月：初二、初八、十四、二十、廿六日。

五月：初二、初九、十二、廿一、廿七日。

六月：初四、初十、十六、廿二、廿八日。

七月：初十、十三、十九、廿五、初一日。

八月：初六、十二、十八、廿四、三十日。

九月：初五、十一、十七、廿二、廿九日。

十月：初二、初八、十四、二十、廿六日。

十一月：初二、初九、十五、廿一、廿七日。

十二月:初四、初十、十六、廿二、廿八日。

江河离日,壬申、癸酉。河伯死日庚辰。子胥死日壬辰。

子胥死日,每月忌七九不行船,若先一日移转船头,则亦不忌。

年建为风波,月建为白浪,时建为天恶。

凶日	年											
	子	丑	寅	卯	辰	巳	午	未	申	酉	戌	亥
风波日太岁辰	子	丑	寅	卯	辰	巳	午	未	申	酉	戌	亥
河伯日主温润	亥	子	丑	寅	卯	辰	巳	午	未	申	酉	戌
吉日　月	正	二	三	四	五	六	七	八	九	十	十一	十二
白浪	寅	卯	辰	巳	午	未	申	酉	戌	亥	子	丑
覆舟	申	酉	戌	亥	子	丑	寅	卯	辰	巳	午	未
咸池	卯	子	酉	午	卯	子	酉	午	卯	子	酉	午
大败	辰	酉	寅	未	子	巳	戌	卯	申	丑	午	亥
荒芜	巳	酉	丑	申	子	辰	亥	卯	未	寅	午	戌
受死	戌	辰	巳	亥	子	午	丑	未	寅	申	卯	酉
招摇	辰	卯	寅	丑	子	亥	戌	酉	申	未	午	巳
殃败	卯	寅	丑	子	亥	戌	酉	申	未	午	巳	辰
九空	辰	丑	戌	未	卯	子	酉	午	寅	亥	申	巳
蛟龙	未	申	戌	申	戌	丑	辰	未	辰	申	子	巳
水隔	戌	申	午	辰	寅	子	戌	申	午	辰	寅	子
危日	酉	戌	亥	子	丑	寅	卯	辰	巳	午	未	申
四激	春丑日　夏戌日　秋辰日　冬未日											
八风	春丁丑己酉　夏甲申甲辰　秋辛未丁未　冬甲寅甲戌											
正四废	春庚申辛酉　夏壬子癸亥　秋甲寅乙卯　冬丙午丁巳											
凶日	日											
	子	丑	寅	卯	辰	巳	午	未	申	酉	戌	亥
大恶即时建	子	丑	寅	卯	辰	巳	午	未	申	酉	戌	亥

（续表）

凶日	年											
	子	丑	寅	卯	辰	巳	午	未	申	酉	戌	亥
海角经	氐大吉,尾大吉,箕室斗牛危房娄参胃井昴次吉,毕次吉,张忌龙禁日,星轸忌龙禁日											
水浪日忌	大月初一、初七、廿三、三十,小月初三、初七、十二、廿六,忌造船行船											
灭没日	弦	虚	晦	娄	朔	角	望	亢	虚	鬼	盈	牛

逐月行船吉日（造舟楫同）

正月：辛亥，外壬午、甲子、庚子、壬子。

二月：乙未、辛亥，外丁未、己亥、辛未、己未。

三月：甲子、丁卯、己巳、庚子，外壬子。

四月：丁卯、辛卯、辛酉，外丁酉。

五月：戊辰、乙未、丙辰，外辛未、己未。

六月：丁卯、辛未、辛酉，外甲寅。

七月：甲子、乙未、庚子、壬子、己未。

八月：丙寅、己丑、戊寅、辛卯、甲戌、庚寅。

九月：甲子、庚子、辛酉，外丙午。

十月：丁卯、辛卯、辛酉，外丁酉。

十一月：戊辰、丙辰、辛亥、乙丑、丁丑。

十二月：丙寅、丁卯、戊寅、庚寅、辛卯、癸卯、乙卯。

右吉日不犯建、破、勾绞、天贼、受死、白浪、张宿、触水龙、咸池、蛟龙、四激、招摇、殃败、九空、正四废、九土鬼、转杀、水隔、江河离、子胥河伯死日、灭没、龙禁、危、破、执、巳日。

许真君传授龙神行日（不可行船主风）

正月：初三、初八、十一、廿五、三十，龙会。

二月：初三、初九、十二、三十，龙神朝上帝。

三月：初三、初七、廿六，龙神朝星辰。

四月：初八、十二、二十、廿九，龙会太白。

五月：初五、十一、廿九，天帝龙王朝玉皇。

六月：初七、廿七，地神龙王朝玉皇。

七月：初七、初九、十五、廿七，神杀交会。

八月：初三、初八、廿七，龙王朝会。

九月：初八、十五、廿七，龙神朝玉皇。

十月：初八、十五、廿七，东海君朝玉皇。

开张店肆

（谓开市铺场邸店等事）

司开市吉日：三、五、七、八、九、十、十二月皆用满、成、开，余月成开开市好。乱编开市废心怀。开市吉日：宜天德合、月德合、月财、六合、要安、五富、阳德、满、成、开日。

忌天贼、地贼、荒芜、灭没、正四废、九土鬼、虚耗、亡嬴、小耗、大耗、大小空亡、受死、赤口、长短星、九空、五穷、伏断、建、平、执、破、收、闭日。

凶日	月											
（雕刻同看）	正	二	三	四	五	六	七	八	九	十	十一	十二
九空财离	辰	丑	戌	未	卯	子	酉	午	寅	亥	申	巳
财离岁空	辰	丑	戌	未	寅	子	酉	午	亥	卯	申	巳
天地荒芜	巳	酉	丑	申	子	辰	亥	卯	未	寅	午	戌
日流财	亥	申	巳	寅	卯	午	子	酉	丑	未	辰	戌
天贼	辰	酉	寅	未	子	巳	戌	卯	申	丑	午	亥
地贼	子	子	亥	戌	酉	午	午	午	巳	辰	卯	子
天穷	子	寅	午	酉	子	寅	午	酉	子	寅	午	酉
受死	戌	辰	亥	巳	子	午	丑	未	寅	申	卯	酉
亡嬴	甲寅	甲子	甲戌	丁卯	丁巳	庚辰	庚寅	庚子	戊辰	癸未	癸巳	癸卯

（续表）

凶日（雕刻同看）	月											
	正	二	三	四	五	六	七	八	九	十	十一	十二
四方耗	初二	初三	初四	初五	初二	初三	初四	初五	初二	初三	初四	初五
五虚	丑	丑	丑	子	子	子	未	未	未	寅	寅	寅
五穷	春甲子乙亥　夏丙子丁亥　秋庚子辛亥　冬壬子癸亥											
四耗	春壬子　夏乙卯　秋戊子　冬辛酉											
虚败	春己酉　夏甲子　秋辛卯　冬庚午											
正四废	春庚申辛酉　夏壬子癸亥　秋甲寅乙卯　冬丙午丁巳											
伏断	子虚丑午寅室卯女辰箕巳房午角未张申鬼酉觜戌胃亥壁											
灭没	弦	虚	晦	娄	朔	角	望	亢	虚	鬼	盈	牛
九丑鬼	戊子 戊午 壬子 壬午 己卯 己酉 辛卯 辛酉 乙酉											
九土鬼	丁巳 癸巳 乙酉 己酉 壬寅 戊午 甲子 庚戌 辛丑											
五离日	戊申 己酉 人民离											

逐月开张店肆吉日

正月：己卯、癸卯、壬午、丙午，外丁卯、丁酉、癸酉。

二月：己巳、乙未、己未、辛未、癸未，外乙巳、辛巳、丁未、乙亥、辛亥、癸亥。

三月：丙子、庚子、己卯、辛卯、癸卯、壬午，外戊子、丁卯、丙申、壬申。

四月：乙丑、己卯、辛卯、癸卯、庚午、壬午，外丁丑、癸丑、乙丑。

五月：丙辰、己未、辛未，外甲辰、戊辰、庚辰、壬辰。

六月：己卯、辛卯、癸卯、乙亥、己亥，外丁卯、辛亥。

七月：乙卯、癸卯、丙辰，外丁卯、戊辰、庚辰、壬辰。

八月：乙丑、己巳、庚申、甲戌、乙亥、己亥，外丁丑、己丑、癸丑、乙巳、辛巳、壬戌。

九月：丙午、庚午、壬午、辛酉。

十月：甲子、丙子、庚子、壬午、戊子、丁酉、癸酉。

十一月：乙丑、丁丑、甲戌、乙亥、癸丑、己丑。

十二月：乙卯、辛卯、癸卯、庚申、丙申、戊申、壬申。

右吉日不犯建、破、收、平、执日，九空、财离、天贼、地贼、荒芜、受死、五虚。

雕刻印板

（附勒牌碑打造牌坊及册板等事）

逐月雕刻造牌坊吉日（考正与起造日同）

正月：癸酉、丁酉、丁卯、庚午、壬午、癸卯、乙卯。

二月：辛未、乙亥、丁亥、己亥、丁未、己未、辛亥、癸未。

三月：甲子、丙子、戊子、壬子、甲申、丙申、己巳、癸巳。

四月：丁卯、己卯、甲午、乙卯，外甲子、庚午、丁丑、己丑、庚子、丙午、癸丑。

五月：丙寅、庚寅、甲寅、庚辰、丙辰，外辛未、己未、甲戌、乙未、戊辰。

六月：辛未、甲申、丙申、庚申、己未，外乙亥、辛亥、丙寅、甲寅、丁亥、己亥。

七月：戊辰、庚辰、丙子、壬子、丙辰，外辛未、乙未、丁未、戊子、庚子、丁卯、癸卯。

八月：己巳、乙丑、乙亥、丁巳、癸丑，外丁丑、丙辰、戊辰、庚辰、丁巳、辛亥。

九月：庚午、壬午、丙午、乙亥、丁亥、辛亥，外戊午、丙戌、庚戌。

十月：甲子、辛未、乙未、丁未、癸酉、己酉、辛酉，外庚午、壬午、壬子、甲午、戊子。

十一月：甲戌、庚戌、甲寅，外戊辰、庚辰、甲辰、壬辰、丙辰、甲申、壬寅。

十二月：乙丑、辛丑、甲寅、丙寅、甲申、丙申、庚申、甲子、壬子、癸丑、壬寅。

出财放债

（谓放生金银谷粟等事）

逐月出财放债吉日（凶星在开张店肆同看）

正月：丙寅、庚午、癸酉、壬午、丙午、丁酉。

二月：己巳、乙巳、辛未、乙未、辛亥、丁亥、己亥、辛巳、癸巳、己卯。

三月：丙子、丙午、戊申、乙巳。

四月：乙丑、庚午、己卯、戊子、己丑、庚子。

五月：甲戌、丙戌、庚戌、庚申。

六月：辛未、己卯、乙亥、己丑、辛亥、辛酉。

七月：丁卯、己卯、戊辰、庚辰、癸卯、丙申、戊申。

八月：己巳、丙辰、丁亥、己亥、辛巳、己丑、癸丑。

九月：庚午、丙子、壬午、丙戌、丙午。

十月：庚午、壬午，外癸酉。

十一月：甲子、戊子、庚寅、甲寅、甲戌。

十二月：乙丑、己丑、辛卯、癸丑、乙卯、庚申、甲子。

纳财取债

（谓放敛财货等事）

宜天德、月德、天月德合、天恩、月恩、天财、月财、天富、天仓、母仓、丰旺、收、成、满、闭日。

逐月吉日：与出财放债吉日同。丰班吉日：春亥、夏巳、秋申、冬寅。

忌财离、虚破、败日、十干无禄、大败、天地大空亡、月空、长短星、四废，外凶星日，与交易局同看。天上大空亡日：丁丑、戊寅、丁未、壬辰、癸巳、戊申、壬戌、癸亥。

立券交易

（谓书立契券买田屋交易等事）

宜财聚日：壬午、壬辰、辛酉、收、满、成、闭日。

凶日	月											
	正	二	三	四	五	六	七	八	九	十	十一	十二
天贼	辰	酉	寅	未	子	巳	戌	卯	申	丑	午	亥
地贼	子	子	亥	戌	酉	午	午	午	巳	辰	卯	子
荒芜	巳	酉	丑	申	子	辰	亥	卯	未	寅	午	戌
小耗	未	申	酉	戌	亥	子	丑	寅	卯	辰	巳	午
亡嬴	甲寅	甲午	甲戌	丁卯	丁巳	庚辰	庚寅	庚子	戊辰	癸未	癸巳	癸卯
大耗	申	酉	戌	亥	子	丑	寅	卯	辰	巳	午	未
财离	辰	丑	戌	未	寅	子	酉	午	亥	卯	申	巳
勾绞	亥	午	丑	申	卯	戌	巳	子	未	寅	酉	辰
受死	戌	辰	亥	巳	子	午	丑	未	寅	申	卯	酉
长星	初七	初四	初一	初九	十五	初十	初八	初三 初四	初三 初四	初一	十二	初一
短星	廿一	十九	廿六	廿五	廿五	二十	廿二	十八 十九	十六 十七	十四	廿二	廿五
四方耗	初二	初二	初四	初五	初二	初三	初四	初五	初二	初三	初四	初五
四耗	春壬子　夏乙卯　秋戊午　冬辛酉											
虚败	春己酉　夏甲子　秋辛卯　冬庚午											
五穷	春甲子乙亥　夏丙子丁亥　秋庚子辛亥　冬壬子癸亥											
正四废	春庚申辛酉　夏壬子癸亥　秋甲寅乙卯　冬丙午丁巳											

（续表）

凶日	月											
	正	二	三	四	五	六	七	八	九	十	十一	十二
伏断	子虚	丑斗	寅室	卯女	辰箕	巳房	午角	未张	申鬼	酉觜	戌胃	亥壁
耗总	庚辰 辛巳 丙戌 丁亥 庚戌 辛亥 丙辰 丁巳											
九土鬼	乙酉 癸巳 甲午 辛丑 壬寅 己酉 庚戌 丁巳 戊午											

逐月立契吉日

正月：丁丑、甲寅、辛卯、癸卯、乙卯、壬午、辛酉，外丙子、庚子、壬子、癸酉。

二月：癸未、甲寅、辛卯、癸卯、乙卯，外丁酉。

三月：丙子、庚子、壬子、壬午、辛卯。

四月：丙子、庚子、壬子、壬午、辛卯、癸卯、乙卯、丁卯、丁酉、丁丑、辛酉。

五月：丁丑、辛未、壬午、壬辰、癸未、乙未、丁未。

六月：丁卯、甲申、甲寅、辛卯、癸卯、乙卯、癸未、乙未、辛酉。

七月：丙子、庚子、壬子、壬辰、丁未、辛未、癸未、甲申，外壬午。

八月：乙亥、辛酉、癸丑、丁丑、壬辰、甲申。

九月：丙子、庚子、癸未、丙午、辛酉。

十月：丙子、庚子、壬子、癸未、辛未、乙未、辛酉，外壬午。

十一月：甲子、癸丑、丁丑、丁未、辛未、癸未、甲寅、壬辰。

十二月：癸卯、辛卯、乙卯、丁丑、甲申、甲寅，外甲子、丙子、庚子、壬子、壬寅。

偃武教兵

（谓教军伍偃习武艺附祭旗纛等事）

宜天月德、兵宝、黄道、恩胜、成勋、普护、福生、天马、驿马、成、开日。

忌十恶无禄、大败日、正四废、赤口、荒芜、灭没、受死、天贼、蚩尤、伏兵、凶日、罪至、大败、六不成。以上未入，逐月日用集宜可看。

逐月演武教兵日（吉凶星与后立寨款同查）

正月：辛卯、丁卯、己卯、乙卯、癸卯、丁酉、甲子、乙丑、辛未、癸酉、乙丑、丁丑、丁未、己未。

二月：己巳、乙巳、癸酉、丁酉、丁卯、甲申、丙申、乙丑、癸丑、乙亥、丁亥、丁未、己未、癸未、辛亥。

三月：己巳、乙巳、癸酉、丁酉、丁卯、甲申、丙申、甲子、庚子、壬子、丙子。

四月：丁卯、乙卯、辛卯、庚子、庚午、辛丑、癸卯、甲戌、丙子、丙戌、壬午、丙午、戊辰。

五月：丙寅、戊寅、庚寅、甲寅、甲申、庚申、戊辰、庚辰、壬辰、甲辰、丙辰、辛未、乙亥。

六月：甲寅、甲申、丙申、丁亥、己寅、庚寅、丙寅、戊寅、庚寅、辛卯、辛亥、乙亥、乙卯、辛卯、癸卯。

七月：甲子、庚子、丁丑、癸卯、己巳、辛未、己未、庚午、丙子、壬子、丙午、壬午。

八月：乙丑、丙寅、乙亥、己巳、庚寅、戊寅、辛亥、乙巳、庚申、癸丑。

九月：乙亥、丁亥、己亥、辛亥、辛卯、癸卯、癸酉、丙申、丁酉、辛酉、丙子。

十月：甲子、庚子、庚午、癸酉、丁酉、辛酉、甲戌、丙戌、丙子、壬午、乙未。

十一月：乙丑、辛丑、丙寅、戊寅、庚寅、甲寅、壬申、甲申、庚申、甲子、庚子、壬辰、丁丑。

十二月：丙寅、甲寅、庚寅、乙卯、丁卯、己卯、癸卯、辛卯、甲申、丙申、庚申、己巳。

祭旗纛：每年季秋月值霜降日，各府卫州县设旗纛，依仪祭致。

兵凶日	月											
	正	二	三	四	五	六	七	八	九	十	十一	十二
兵福　宜问武	亥	子	丑	寅	卯	辰	巳	午	未	申	酉	戌
兵宝　宜出兵	卯	辰	巳	午	未	申	酉	戌	亥	子	丑	寅
兵禁　忌出兵	寅	子	戌	申	午	辰	寅	子	戌	申	午	辰
天马　宜远征	午	申	戌	子	寅	辰	午	申	戌	子	寅	辰

兵吉日

正月：子、丑、寅、卯。　二月：亥、子、丑、寅。

三月：戌、亥、子、丑。　四月：酉、戌、亥、子。

五月：申、酉、戌、亥。　六月：未、申、酉、戌。

七月：午、未、申、酉。　八月：巳、午、未、申。

九月：辰、巳、午、未。　十月：卯、辰、巳、午。

十一月：寅、卯、辰、巳。　十二月：丑、寅、卯、辰。

逐月出兵征讨吉日

（吉凶星与立寨局同看）

正月：甲子、乙亥、庚子，外癸未、辛未、丁丑、癸卯、癸酉。

二月：丙寅、甲寅，外壬寅、癸卯。

三月：乙巳，外癸卯、己巳、癸酉。

四月：甲午，外甲辰、丙子

五月：丙寅、乙亥，外己巳、癸亥。

六月：乙巳、乙亥，外辛未。

七月：甲子、庚子、甲午、丙午、辛未、丙子。

八月：乙亥、乙巳、丁丑、己巳、癸酉、乙丑。

九月：乙亥、庚午、甲子、丁丑、癸卯、丙午、壬午。

十月：甲子、庚子、癸酉、丁酉。

十一月：甲子、丙寅、壬寅、甲寅、丁丑。

十二月：丙寅、壬寅、甲寅、癸卯、辛卯、庚寅。

右吉日不犯伐日、八专、□鬼、败亡、五不归、八绝、十恶大败、往亡、荒芜、受死。

立寨置烟墩

（谓修筑城池等事同）

吉日	月											
	正	二	三	四	五	六	七	八	九	十	十一	十二
天德	丁	申	壬	辛	甲	癸	寅	丙	亥	乙	巳	庚
月德	丙	申	壬	庚	丙	甲	壬	庚	丙	甲	壬	庚
天德合	壬	巳	丁	丙	寅	巳	戊	亥	辛	庚	申	乙
月德合	辛	巳	子	乙	辛	巳	丁	乙	辛	巳	丁	乙
天德黄道	巳	未	酉	亥	丑	卯	巳	未	酉	亥	丑	卯
明堂	丑	卯	巳	未	酉	亥	丑	卯	巳	未	酉	亥
金匮	辰	午	申	戌	子	寅	辰	午	申	戌	子	寅
玉堂　天成同	未	酉	亥	丑	卯	巳	未	酉	亥	丑	卯	巳
司命	戌	子	寅	辰	午	申	戌	子	寅	辰	午	申
兵宝　吉期同	卯	辰	巳	午	未	申	酉	戌	亥	子	丑	寅
普护	申	寅	酉	卯	戌	辰	巳	亥	子	午	丑	未
天马	午	申	戌	子	寅	辰	午	申	戌	子	寅	辰
驿马	申	巳	寅	亥	申	巳	寅	亥	申	巳	寅	亥
益后	子	午	丑	未	寅	申	卯	酉	辰	戌	巳	亥
续世	丑	未	寅	申	卯	酉	辰	戌	巳	亥	午	子
守日	春酉日　夏子日　秋卯日　冬午日											
成勋	春午日　夏酉日　秋子日　冬卯日											
恩胜	春巳日　夏申日　秋亥日　冬寅日											
福厚	春寅日　夏巳日　秋申日　冬亥日											

凶日	月											
	正	二	三	四	五	六	七	八	九	十	十一	十二
阴私	酉	亥	丑	卯	巳	未	酉	亥	丑	卯	巳	未
天贼	辰	酉	亥	未	子	巳	戌	卯	申	丑	午	亥
天瘟	未	戌	辰	寅	午	子	酉	申	巳	亥	丑	卯
劫煞	亥	申	巳	寅	亥	申	巳	寅	亥	申	巳	寅
受死	戌	辰	亥	巳	子	午	丑	未	寅	卯	申	酉
蚩尤	寅	辰	午	申	戌	子	寅	辰	午	申	戌	子
天地破败	卯	寅	丑	子	亥	戌	酉	申	未	午	巳	辰
后日	甲	乙	戊	丙	丁	戊	庚	辛	巳	壬	癸	巳
荒芜	巳	酉	丑	申	子	辰	亥	卯	未	寅	午	戌
三不返	寅	卯	丑	寅	卯	辰	辰	卯	寅	丑	子	申
	戌	酉	辰	巳	亥	巳	巳	午	戌	申	酉	戌
	亥	子	申	未	午	未	申	酉	未	亥	酉	亥
破日	申	酉	戌	亥	子	丑	寅	卯	辰	巳	午	未
天地争雄	巳	亥	午	子	未	丑	申	寅	酉	卯	戌	辰
	午	子	未	丑	申	寅	酉	卯	戌	辰	亥	巳
十恶大败	甲己年三月戊戌、七月癸亥、十月丙申、十一月丁亥，乙庚年四月壬申、九月乙巳，戊癸年六月己丑， 丙辛年五月辛巳、九月庚辰、十月甲辰，丁壬年无忌											
灭没日	弦	虚	晦	娄	朔	角	望	亢	虚	鬼	盈	牛

此吉星凶星定局与演武教兵、出兵征讨、收捕行兵、左寨同看。

逐月立寨置烟墩吉日

正月：庚子、乙丑，外丙子、丁丑、己丑、癸丑。

二月：乙未、辛未，外丁未、癸未、己丑、丁丑、癸丑

三月：丁卯、癸酉、丁酉，外甲子、丙子、庚子、癸卯、乙卯。

四月：戊辰、庚辰、丙戌、壬辰、甲辰、庚午、癸酉、丁酉、甲戌、戊戌、壬戌、壬午。

五月：丙寅、甲寅、壬辰、甲辰、丙辰。

六月：丁卯、癸卯、乙卯、己卯。

七月：丁卯、癸卯、乙卯、辛未、乙未，外丁未、癸未、丙子、己未。

八月：乙丑、甲戌、丙戌、戊戌、壬戌、丁丑、己丑。

九月：丁卯、乙卯、癸卯，外丙午。

十月：甲子、甲戌、庚子、戊戌、癸酉、丁酉，外丙子。

十一月：壬辰、戊辰、庚辰、丙辰。

十二月：庚午、庚申、丙午、壬申、甲申、丙申、戊申。

右吉日不犯九土、九丑、十恶大败、天地争雄、阴私、劫杀、天贼、受死、重复日、天瘟、荒芜、灭没、休废、蚩尤、三不返、凶败、地贼、吉多不忌。

日时	季月	春	夏	秋	冬
干旺	戊己	甲乙	丙丁	庚辛	壬癸
干相	庚辛	丙丁	戊己	壬癸	甲乙
支旺	辰戌丑未	寅卯	巳午	申酉	亥子
支相	申酉	巳午未	辰戌丑未	亥子丑	寅卯辰

入学求师

（谓尊师传授经业等事）

圣贤死葬日，乙丑日孔子死、丁巳日葬，丙寅日仓颉死、辛巳日葬，

忌入学日。

凶日	月											
	正	二	三	四	五	六	七	八	九	十	十一	十二
天贼	辰	酉	寅	未	子	巳	戌	卯	申	丑	午	亥
月空	壬	庚	丙	甲	丁	庚	丙	甲	壬	庚	丙	甲
荒芜	巳	酉	丑	申	子	辰	亥	卯	未	寅	午	戌
受死	戌	辰	亥	巳	子	午	丑	未	寅	申	卯	酉
河魁	亥	午	丑	申	卯	戌	巳	子	未	寅	酉	辰
天罡	巳	子	未	寅	酉	辰	亥	午	丑	申	卯	戌
阴错	庚申	辛酉	庚戌	丁未	丙午	丁巳	甲辰	乙卯	甲寅	癸卯	壬子	癸亥
阳错	甲寅	乙卯	甲辰	丁巳	丙子	丁未	庚申	辛酉	庚戌	癸亥	壬子	癸丑
六不成	寅	午	戌	巳	酉	丑	申	子	辰	亥	卯	未
正四废	春庚申辛酉　夏壬子癸亥　秋甲寅乙卯　冬丙午丁巳											

凶日	月					
	正七	二八	三九	四十	五十一	六十二
赤口	初三初九十五廿一廿七	初二初八十四二十廿六	初一初七十三十九廿五	初六十二十八廿四三十	初五十一十七廿三廿九	初四初十十六廿二廿八
六壬空	初五十一十七廿三廿九	初四初十十六廿二廿八	初三初九十五廿一廿七	初二初八十四二十廿六	初一初七十三十九廿五	初六十二十八廿四三十
天休废	初四初九	十三十八	廿二廿七	初四初九	十三十八	廿二廿七
伏断	子虚丑斗寅室卯女辰箕巳房午角未张申鬼酉觜戌胃亥壁					

阳年六轮兀日（甲丙戊庚壬年定局）

正、七	上兀	初四	初十	十六	廿二	廿八
	下兀	初六	十二	十八	廿四	三十
四、十	上兀	初一	初七	十三	十九	廿五
	下兀	初二	初九	十五	廿一	廿七
二、八	上兀	初三	初九	十五	廿一	廿七
	下兀	初五	十一	十七	廿三	廿九
五、十一	上兀	初六	十二	十八	廿四	三十
	下兀	初二	初八	十四	二十	廿六
三、九	上兀	初二	初八	十四	二十	廿六
	下兀	初四	初十	十六	廿二	廿八
六、十二	上兀	初五	十一	十七	廿三	廿九
	下兀	初一	初七	十三	十九	廿五

阴年上下兀日（乙丁己辛癸年定局）

正、七	上兀	初一	初七	十三	十九	廿五
	下兀	初三	初九	十五	廿一	廿七
四、十	上兀	初四	初十	十六	廿二	廿七
	下兀	初六	十三	十八	廿四	三十
二、八	上兀	初六	十一	十八	廿四	三十
	下兀	初二	初八	十四	二十	廿六
五、十一	上兀	初三	初九	十五	廿一	廿七
	下兀	初五	十一	十七	廿三	廿九
三、九	上兀	初五	十一	十七	廿三	廿九
	下兀	初一	初七	十三	十九	廿五
六、十二	上兀	初二	初八	十四	二十	廿六
	下兀	初四	初十	十六	廿二	廿八

魁星吉日：甲戌、庚辰、甲辰、庚戌。

文星吉日：乙亥春属木，木长生在亥，临官在寅，成、开日学生高贵。

逐月入学吉日（入泮宫同用）

正月：甲子、癸酉、丁酉，外丙子、癸未、丙午、丁未、乙卯、壬子，子删吉多。

二月：甲戌、癸未、乙未、壬寅、甲寅，外丁未、丁丑、己未、丙寅、乙亥。

三月：甲子、甲申、丁酉、庚辰、癸酉，外庚子、壬子、丙子。

四月：甲戌、辛卯、乙卯、癸卯、辛酉，外甲子、庚午、丁卯、己卯、癸丑、丙子。

五月：甲戌、乙亥、庚寅、甲寅、壬寅，外丙辰、己未、戊辰、丙寅。

六月：乙亥、甲申、庚寅、辛卯、癸卯、甲寅、乙卯，外己卯、壬寅、庚申、丙申。

七月：壬辰、乙未、辛未、丙子，外庚子、丙午、丁未、壬午、丙辰、壬子。

八月：乙亥、庚寅、壬寅、丙寅，外庚申、壬寅、丙寅、丁丑。

九月：辛卯、庚午、庚申、辛酉，外壬子、丙子、丙午、癸卯、戊午。

十月：甲戌、辛卯、壬辰、乙未，外癸卯、癸未、甲子、癸酉、己未、辛未。

十一月：甲申、庚寅、甲寅、壬寅，外癸未、庚申、癸丑、丁丑、壬寅、丙辰。

十二月：乙亥、庚寅、辛卯、癸卯，外乙卯、庚申、壬寅、甲申。

右吉日不犯建、破、魁罡、受死、阴阳错、正四废、离窠、休废、赤口、荒芜、上下兀。

应试赴举

（谓士子赴科场求功名等事）

宜黄道、天德、月德、三合、天官贵人、显曲传星、六合。

忌黑道、死气、十恶无禄不祥、灭没、不举、阴阳错。

逐月应试赴举吉日

不举：春子，夏卯，秋午，冬酉。

正月：甲子、乙丑、辛未、乙未、丁酉、丙午、丁丑、癸未、丁未、癸丑、己未、庚子。

二月：丙寅、己卯、庚寅、辛卯、壬寅、癸卯、甲申、甲寅、丁巳、癸巳、丙戌、甲戌。

三月：癸酉、庚寅、乙酉、丁酉、己酉，外壬午、壬子。

四月：甲子、乙丑、丁丑、庚寅、丙戌，外癸丑、壬庚、丙子、乙卯。

五月：丙寅、乙亥、癸丑、丙戌、庚申、庚寅、乙丑、丙辰。

六月：丙寅、庚寅、壬寅、甲寅。

七月：辛未、乙未、丁未、癸卯、己未、癸未

八月：丙寅、庚寅、癸巳、乙巳、丁巳，外壬寅、壬辰、丙辰。

九月：癸酉、丁酉、辛酉、己卯、辛卯，外丙午、乙酉、己酉、庚午。

十月：庚辰、庚午、甲午、壬辰、壬午。

十一月：甲子、庚子、壬寅、乙巳、丙子、丁未。

十二月：己卯、甲申、辛卯、丙申、癸卯、甲子、庚子、壬子。

求贤进士

（谓招进贤良等事）

逐月求贤进士往京会试吉日

正月：癸卯、乙卯、辛未、癸酉、丁酉、丙午。

二月：乙丑、甲申、己巳、丁亥。

三月：丙寅、庚寅、甲寅、癸酉、丁酉、戊寅、壬寅。

四月：庚午、丙午、甲子、丙子、庚子、壬午、甲午、丁酉。

五月：丙寅、乙亥、庚寅、壬寅、甲寅、戊寅。

六月：甲申、丙申、乙亥、辛亥、丙寅、壬寅、庚寅、甲寅。

七月：甲子、庚子、戊子、壬子、丁酉。

八月：乙亥、甲申、丙寅、庚寅、壬寅、庚申。

九月：甲申、丙申、丁卯、庚申、辛卯、丁亥、己亥、癸卯。

十月：甲子、丙子、庚子、庚午、癸卯、壬子。

十一月：丙寅、庚寅、甲寅、甲申、壬申、庚申。

十二月：丙寅、庚寅、乙亥、甲寅、癸卯、辛卯、甲子、甲申、庚子、庚申、壬寅、丙申。

袭爵受封

（谓受官赐爵等事）

宜甲子、丙寅、丁卯、庚午、丙子、甲申、戊子、辛卯、癸巳、丁酉、壬午、己亥、庚子、壬寅、癸卯、辛亥、壬子、丁巳、庚申。

黄道、天德、月德、天月德合、天恩、岁德、天赦、天喜，旺、相、官、民、守、土吉日。

忌死别、伏罪、不举、罪刑、牢狱、破、平、收、闭、官符、徒隶、黑道、荒芜、受死、天休废、正四废、凶败、灭没、伏断、往亡，本命刑冲日及六不成日。

凶日	正	二	三	四	五	六	七	八	九	十	十一	十二
牢日	春辰日			夏未日			秋戌日			冬丑日		
狱日	春未日			夏戌日			秋丑日			冬辰日		
徒隶	春申日			夏亥日			秋寅日			冬巳日		
死别	春戌日			夏丑日			秋辰日			冬未日		
伏罪	春亥日			夏寅日			秋巳日			冬申日		
不举	春子日			夏卯日			秋午日			冬酉日		
刑狱	春丑日			夏辰日			秋未日			冬戌日		
官符	午	未	申	酉	戌	亥	子	丑	寅	卯	辰	巳

逐月袭爵受封吉日

正月：辛卯、丁卯、癸酉、己酉、乙酉、丁酉、乙卯、辛酉。

二月：丁卯、辛卯、癸卯，外己巳、己卯、乙卯、乙巳、丁巳、癸巳。

三月：戊寅、癸巳、壬寅、丙午，外丙寅、己巳、癸酉、乙酉、庚寅、己酉、丁酉、甲寅、辛巳、乙巳。

四月：庚午、甲午、乙酉，外丙午、壬午、戊午。

五月：丙寅、庚午、戊申，外丙午、壬午、甲午、戊午。

六月：甲申、癸巳、丁巳、庚申、戊申、己巳、丙申、辛巳、壬申、乙巳、己酉。

七月：外丁酉、壬申。

八月：丁酉、己酉、癸酉、丁亥、乙亥、乙酉、己亥。

九月：甲申、庚申，外壬申、丙申、辛卯、壬子、戊申。

十月：庚午、己亥、辛亥，外丙子、乙亥、丁亥、己卯、戊子、庚子、壬午、戊午。

十一月：甲子、庚子，外丙子、戊子、壬子、丙寅、庚寅、甲寅。

十二月：丙寅、戊寅、壬寅、丁卯、辛卯、癸卯、己亥、辛亥、庚寅、甲寅、乙卯、己卯、乙亥、丁亥。

上册受封
（谓立坛墠受册封谥等事）

宜天德、月德、天德合、月德合、益后、续世、福星、福德、黄道、上吉日。

忌罪至、伏罪、牢狱、死别、罪刑、建、破、平、收、闭日，荒芜、往亡、凶败日。

逐月上册受封

正月：辛卯。　　二月：己巳。

三月：丁巳。 四月：乙卯。
五月：无。 六月：己巳、己酉。
七月：丁酉、丁卯。 八月：乙亥。
九月：辛卯、辛亥。 十月：无。
十一月：原无载。 十二月：乙亥、乙卯。

上官赴任

（谓奉承恩命赴任治政等事）

赴任吉日，宜甲子、丙寅、丁卯、戊辰、庚午、乙亥、丙子、己卯、壬午、甲申、丙戌、戊子、庚子、壬寅、丙午、辛亥、壬子、癸丑、庚申、辛酉。

宜天月德、天月德合、天月恩、天赦、天贵、母仓、天月德岁德合、黄道、上吉，旺、官、民、相、守日，驿马宜赴任，月德、月恩宜上官。

忌建、破、平、收、满、闭、灭没、天吏、天狱、受死、阴阳错、牢狱日、徒隶、死别、伏罪、不举、刑狱、正四废、离窠、猖鬼败亡、伏断、离绝日、休废、赤口空亡、天地空亡、凶亡、罪亡、不祥、九丑，本命时冲，同旬冲月。

吉日　年	甲	乙	丙	丁	戊	己	庚	辛	壬	癸
岁月德	甲	庚	丙	壬	戊	甲	庚	丙	壬	戊
岁德合	己	乙	辛	丁	癸	己	乙	辛	乙	癸

吉日	月											
	正	二	三	四	五	六	七	八	九	十	十一	十二
天德	丁	申	壬	辛	亥	甲	癸	寅	丙	乙	巳	庚
天德合	壬	巳	丁	丙	寅	巳	戊	亥	辛	庚	申	乙
月德	丙	甲	壬	庚	丙	甲	壬	庚	丙	甲	壬	庚
月德合	辛	己	丁	乙	辛	巳	丁	乙	辛	巳	丁	乙

（续表）

吉日	月											
	正	二	三	四	五	六	七	八	九	十	十一	十二
月空	壬	庚	丙	甲	壬	庚	丙	甲	壬	庚	丙	甲
月恩	丙	丁	庚	巳	戊	辛	壬	癸	庚	乙	甲	辛
驿马	申	巳	寅	亥	申	巳	寅	亥	申	巳	寅	亥
旺日 即福厚	寅	寅	寅	巳	巳	巳	申	申	申	亥	亥	亥
官日 即怀安日	卯	卯	卯	午	午	午	酉	酉	酉	子	子	子
民日 即成勋	午	午	午	酉	酉	酉	子	子	子	卯	卯	卯
相日 即恩胜	巳	巳	巳	申	申	申	亥	亥	亥	寅	寅	寅
守日 寡怨日	酉	酉	酉	子	子	子	卯	卯	卯	午	午	午
天贵	甲乙	甲乙	甲乙	丙丁	丙丁	丙丁	庚辛	庚辛	庚辛	壬癸	壬癸	壬癸
天赦	戊寅	戊寅	戊寅	甲午	甲午	甲午	戊申	戊申	戊申	甲子	甲子	甲子
母仓	亥子	亥子	亥子	寅卯	寅卯	寅卯	辰戌 丑未	辰戌 丑未	辰戌 丑未	申酉	申酉	申酉

凶日	月											
	正	二	三	四	五	六	七	八	九	十	十一	十二
天吏	酉	午	卯	子	酉	午	卯	子	酉	午	卯	子
天狱	子	卯	午	酉	子	卯	午	酉	子	卯	午	酉
受死	戌	辰	亥	巳	子	午	丑	未	寅	申	卯	酉
阴错	庚申	辛酉	庚申	丁未	丙午	丁巳	甲辰	乙卯	甲寅	癸丑	壬子	癸亥
阳错	甲寅	乙卯	甲辰	丁巳	丙午	丁未	庚申	辛酉	庚戌	癸亥	壬子	癸丑
牢日 即虎穴	辰	辰	辰	未	未	未	戌	戌	戌	丑	丑	丑
狱日 分骸日	未	未	未	戌	戌	戌	丑	丑	丑	辰	辰	辰
徒隶 获罪	申	申	申	亥	亥	亥	寅	寅	寅	巳	巳	巳
死别 即抱刑	戌	戌	戌	丑	丑	丑	辰	辰	辰	未	未	未

（续表）

凶日	月											
	正	二	三	四	五	六	七	八	九	十	十一	十二
不举 即容奸	子	子	子	卯	卯	卯	午	午	午	酉	酉	酉
别狱 非袂	丑	丑	丑	辰	辰	辰	未	未	未	戌	戌	戌
伏罪	亥	亥	亥	寅	寅	寅	巳	巳	巳	申	申	申
冰消瓦陷	巳	子	丑	申	卯	戌	亥	午	未	寅	酉	辰
正四废	春庚申辛酉　夏壬子癸亥　秋甲寅乙卯　冬丙午丁巳											
九土鬼	己酉 癸巳 辛丑 庚戌 丁巳 乙酉 甲午 壬寅 戊午											
伏断	子虚丑斗寅室卯女辰箕巳房午角未张申鬼酉觜戌胃亥壁											
九丑	壬午 乙酉 戊子 辛卯 壬子 戊午 己酉 己卯 辛酉											
离窠	丁卯 戊辰 己巳 戊寅 辛巳 戊子 己丑 戊戌 己亥 辛丑 戊午 壬戌 癸亥											
涓鬼败亡	丁卯 戊辰 戊寅 辛巳戊子 己丑 戊戌 己亥 辛丑 庚戌 戊午 壬戌											
四不祥	每月初四、初七、十六、十九、二十八日											
灭没	弦虚晦娄朔角望亢虚斗盈牛											
上朔	甲年癸亥日 己年癸巳日 乙年己巳日 庚年己亥日 丙年乙亥日 辛年乙巳日 丁年辛巳日 壬年辛亥日 戊年丁亥日 癸年丁巳日											
四离	春分、秋分、冬至、夏至，俱前一日是											
四绝	立春、立夏、立秋、立冬，俱前一日是											

上官坛经（值迁字吉）

月	正	二	三	四	五	六	七	八	九	十	十一	十二
上旬	迁	迁	迁	凶	死	吉	失位	迁	连祸	迁	殃	迁
中旬	公事	讼	吉	迁	死位	三公	狱亡	迁	凶	口舌	方伯	失火
下旬	大凶	凶	失位	迁	死位	三公	狱亡	大吉	吉	吉	失火	方伯

天迁图定局（值迁字吉）

月 （看月之大小）	正 大	七 小	二 大	八 小	三 大	九 小	四 大	十 小	五 大	十一 小	六 大	十二 小
初一初七十三十九廿五	迁	迁	迁	迁	亡	亡	如	如	失	罪	罪	罪
初二初八十四二十廿六	如	迁	迁	亡	迁	失	罪	迁	亡	失	失	如
初三初九十五廿一廿七	罪	亡	如	失	迁	罪	失	迁	迁	如	亡	迁
初四初十十六廿二廿八	失	失	罪	罪	如	如	亡	亡	迁	迁	迁	迁
初五十一十七廿三廿九	亡	罪	失	如	罪	迁	迁	失	如	迁	迁	罪
初六十二十八廿四三十	迁	如	亡	迁	失	迁	迁	罪	罪	亡	如	失

右图内值迁字大吉，如字次吉。值罪、亡、失字凶，不用。

赴任出行吉方	正	二	三	四	五	六	七	八	九	十	十一	十二
阳时方	子	丑	寅	卯	辰	巳	午	未	申	酉	戌	亥
天德方	丁	坤	壬	辛	乾	甲	癸	艮	丙	乙	巽	庚
月德方	丙	甲	壬	庚	丙	甲	壬	庚	丙	甲	壬	庚
德合方	辛	己	丁	乙	辛	己	丁	乙	辛	己	丁	乙
月空方	壬	庚	丙	甲	壬	庚	丙	甲	壬	庚	丙	甲

右历云：黄道百事吉，最宜上官，天官时阳宜拜封出行，吉。天德、月德、天月德合、月空并宜上章、献策、拜封、上任，大吉。忌三杀方，忌日。

逐月上官赴任吉日

上下兀六轮载在入学局查看。

正月：己卯、癸卯、丁酉、癸卯、甲午、庚午、乙卯、辛卯、癸未、丁未、壬午、丁卯、丙午。

二月：己□，外乙丑、丁丑、甲申、乙亥、丙寅。

三月：己酉、丙寅、癸酉、庚寅、丁酉、甲寅，外庚午、壬辰、戊寅、壬寅。

四月：丁酉、己卯、庚午、甲午、丙午、壬午、乙丑、丁酉、丁丑、癸丑、己丑、乙卯、甲子。

五月：外丙寅、辛未、乙亥、丙戌、庚寅、壬辰、甲寅、丙辰、戊寅、戊辰。

六月：己巳、甲寅、庚申、甲申、丙申，外丙寅、乙亥、庚寅、壬寅、辛亥、丙子。

七月：甲子、庚子，外壬子、戊子、丙子。

八月：丙寅、乙亥、甲申、庚寅，外甲戌、丙戌、癸丑、庚戌。

九月：甲申、癸卯、辛卯、戊申、丙申、壬申、己卯、庚申，外丙子、庚子、己亥。

十月：甲子、庚子，外乙酉、辛未、丁未、甲戌、癸酉、壬子、丙子、丙戌、乙未、己未、辛酉、癸卯。

十一月：丙寅、庚寅、甲寅，外乙丑、壬申、甲申。

十二月：丙寅、乙亥、庚寅、癸卯、甲寅、辛卯、壬寅，外甲子、甲申、庚子、庚申。

右吉日不犯建、破、平、满、收、闭、灭没、上朔、往亡、空亡、本命对冲克日、天吏、牢狱、受死、阴阳错、徒隶、死别、不举、刑狱、罪至、正四废、倡鬼、四不祥、离窠、伏断、兀日、四离、四绝、天休废、赤口、灭没日、天廷日、十官□日。

按原历所载，有犯凶局，今考出不载并忌出行凶日，故分外吉也。

假如子年太岁，即从子上起正月，月上起初一日，在子上为地空，节节数去，初五日到午上为天空。又如二月从丑寅上起初一，节节数去，初节四日到午上为天空，数至初八到子上为地空。其余仿此并顺行。又名天扫地扫，上官、入宅忌天空，埋葬、种植忌地空。

天地空亡图例

游神歌

（上官赴任出行求财皆忌太白游神方位）

游神癸巳上天堂十六日，己酉下来东北方四十四日。

天上凶星不可游，正七闭分二八收。

三九危分四十执，五十一月平上忧。

六十二月除中忌，拜官封职万事休。

四不祥日

上官初四不为祥，初七十六最堪伤。

十九更嫌二十八，愚人不信定遭殃。

准定任上人马死，防此五日最为昌。

宜大明、天赦、天恩、天解、解神、圣心、普护、阴阳合、人民合。

忌上帝、杀害、罪至、罪刑、狱日、牢日、徒隶、伏罪、政原官符、死气、咸池、赤口、受死、天瘟，凶。

逐月吉日与词讼日同。

给由考满

（致仕归老同看）

宜黄道、天恩、天福、天成、要安、天解、益后、续世、生气、成勋、福厚、民日、守日、旺日、复日。

忌九土鬼、十恶大败、天地破败、冰消瓦陷、死别、死气、受死、正四废、荒芜、五不遇、六不成、三不返、伏断日。

替职宜黄道、执储、生气、天福、旺守成日、福生、要安、续世、益后、成勋日。

忌五离、八绝、上明、绝阻、十恶无禄大败、大小空亡。

谢恩宜天恩、天赦、天喜、天德、月德、天月德合日。

逐月给由考满吉日

正月：甲子、庚子、乙丑、己卯、辛未、乙未、癸酉、丁酉、丁亥、辛亥。

二月：丙寅、庚寅、甲寅、壬申、丙申、戊申、丁亥、辛亥，外戊寅、己巳、辛巳、甲申、丁亥。

三月：甲子、庚子、己卯、戊卯、己巳、乙巳、癸酉、丁酉，外丙子、壬子、丁卯、辛卯。

四月：甲子、庚子、丁卯、己卯、辛卯、乙卯、癸卯、戊辰、庚辰、甲辰、庚子、甲戌、壬戌、戊子、壬辰、壬午。

五月：戊辰、庚辰、壬辰、甲辰、丙辰、辛巳、辛未、癸未、丙申、壬申、戊申、甲申、庚申、□亥、己亥、乙亥。

六月：丙寅、壬寅、甲寅、壬申、丙申、甲申、庚申、癸酉、丁酉、辛酉。

七月：丁卯、己卯、辛卯、癸卯、乙卯、辛未、己未、乙未，外壬午、丙午、癸未、己未。

八月：丙寅、庚寅、甲寅、己巳、乙己、□巳、癸巳、庚申、甲戌、戊戌、丙戌，外戊寅、壬戌。

九月：丁卯、辛卯、庚午、癸酉、丁酉、辛酉、乙亥、丁亥、辛亥，外壬午、丙午。

十一月：甲子、庚子、乙丑、丙寅、甲寅、己巳、乙巳、甲戌、丙戌、丁巳、庚戌、戊戌、壬戌、丁亥、辛亥，外丙子、戊子。

十二月：甲子、庚子、甲寅、戊寅、丙寅、庚寅、丁卯、辛卯、己卯、癸卯、乙卯、庚午、壬申、甲申、戊申、丙申、庚申，外丙子、戊子、壬子、壬寅、壬午。

右吉日不犯九土鬼、十恶大败、天地殃败、冰消瓦陷、死别、死气、受死、灭没、休废、荒芜、休废、正四废、九空、赤口、五不遇、六不成、三不返。

纳表上章

（谓进纳表章、披陈利害、伸理词讼等事）

宜天月德、天月德合、月空、圣心、解神、定成日。

忌天狱、天吏、官符、临日、癸日、受死、天隔、月刑、建、破、平、收、满、开、反支日。

反支凶日

初一戌亥一日反，初一申酉二日反，
初一午未三日反，初一辰巳四日反，
初一寅卯五日反，初一子丑六日反。

逐月纳表上章吉日

正月：甲子、丙子、辛卯，外丙午、壬子。

二月：甲申、戊申、庚戌、甲寅，外甲戌。

三月：甲子、丙寅、庚子、丙子、壬子、壬寅、甲寅、己酉。

四月：庚午、甲戌、甲午、壬午、丙午、丙戌、庚戌。

五月：乙丑、壬辰、辛丑、壬寅，外丁丑。

六月：甲子、庚子、庚寅、庚申、丙子、壬子。

七月：丙辰。

八月：丙寅、甲戌、戊寅、庚寅、壬寅、甲寅。

九月：丁卯、己卯、辛卯、乙卯、壬午。

十月：戊辰、丙辰、己酉、壬子、庚子、辛酉、己酉、壬辰。

十一月：丙辰。

十二月：甲申、甲寅，外庚午、壬午、甲午、丙午、戊午。

论进表、呈策、上书、陈言、恭见官贵，宜天德、月德、天月德合、黄道、月空、母仓日。忌建、破、平、收、满、闭日。

论求谋、文书、印信，宜天德、月德合、六合、黄道。忌赤口、大小空亡、荒芜、伏断、受死、凶败、争讼日。

公庭讼诉

（谓出官伸理冤情等事）

诉讼日，宜天德、月德、天月德合、成、定日。忌破日、罪至、刑狱、伏罪、孚日、天狱、天吏、魁罡、勾绞，癸不诉讼，州隔忌投词入状，合六壬理讼日则不忌。

六壬理讼干克支日，制日，上讼下者，用乙丑、甲戌、壬午、戊子、庚寅、辛卯、甲辰、乙未、丙申、丁酉、己亥。支克干日，伐日，下讼上者，用庚午、丙子、戊寅、己卯、辛巳、壬戌、甲申、乙酉、丁亥、壬辰、癸丑。干生支日，宝日。支生干日，蒙日。干支同日，和日。和解者用之，如甲午、甲子、甲寅之类。

六合出行吉凶掌诀

六合出行吉凶掌

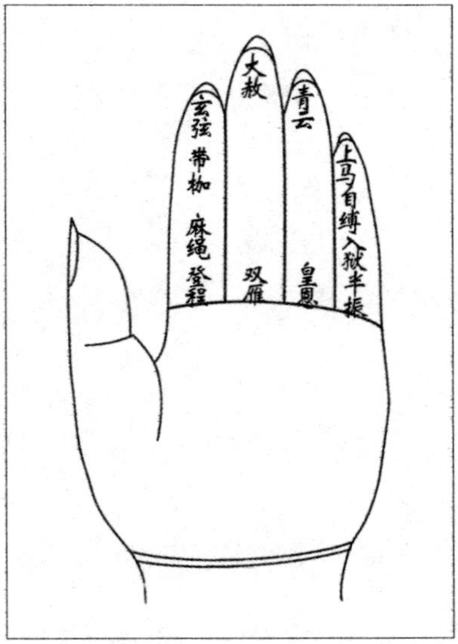

每从月建上起，初一顺行，一日一位，遇吉则吉，遇凶则凶，万无一失。假如正月初六日出行，就于寅上起初一，顺数初六日到未是青云，吉。歌曰：

子午皇恩并大赦，丑未双雁大青云，

寅申登程扶上马，卯酉麻绳自缚身，

辰戌带枷须入狱，巳亥玄弦半振明。

罪人赴狱宜活曜、天恩、天赦、天解、生气、狱钥、天月德、乙巳、丙寅、己巳、开、除日。

忌罪至、罪刑、伏罪、狱日、不举、分骸、天刑、黑道日时。

见官宜黄道、上吉、天官贵人、天喜、天月德、人民合、阴阳合日。

服罪宜天恩、天赦、天喜、贵人、天祐、解神、天解、狱钥、要安、普护日。

论本命支干对冲日

干冲：甲庚冲，乙辛冲，丙壬冲，丁癸冲，戊己无冲。

支冲：子午冲，丑未冲，寅申冲，卯酉冲，辰戌冲，巳亥冲。

假如丙寅生人忌壬申日，壬申生人忌丙寅日。其余仿此。

赴任忌对金门日凶，庚午、庚辰、庚寅、庚子、庚申日是。

临政亲民

（谓礼上参贺、颁布条令、受负囚籍、决狱讼等事）

宜旺、官、民、相、守日，六仪日，大吉。忌建、破、平、收、满、闭日，上朔、九土鬼、凶败、死气、灭没、受死、休废、空亡、天吏、雷公、飞流、天捧、阴私、上勒、黑道日。

逐月临政亲民吉日

三月：丙寅、己巳、戊寅、辛巳、庚寅、癸巳、壬寅、乙巳、甲寅、丁巳、辛酉，外癸酉、乙酉、丁酉、己酉。

六月：己巳、壬申、乙亥、辛巳、甲申、丁亥、癸巳、丙申、己亥、乙巳、戊申、辛亥、丁巳、庚申、癸亥。

九月：壬申、甲申、丙申、戊申、庚申。

十二月：丙寅、己巳、乙亥、戊寅、辛巳、丁亥、庚寅、癸巳、己亥、壬寅、辛亥、甲寅、丁巳、癸亥，外庚午、壬午、甲午、丙午、戊午。

右按选择历书无载正、二、四、五、七、八、十、十一月，不敢擅增。

愚考之，宜与袭爵受封吉日同看，以备全用。

临官视事

(按逐月吉日与上官赴任例同看)

宜天恩、天德、月德、六仪日。忌雷公、天流、天捧、阴私、土孛、黑道、天吏、庚日、建、平、收、满、闭日。勿令年上神克受官日，假令行年在丑，以甲乙受官不日凶，天干相克，地支相冲，故言凶。

文武视事

(按逐月吉日亦与上官赴任同看)

文官欲令日辰之阳，用传中有青龙。武官欲令日辰之阴，用传中有太常。又无雘蛇白虎相克者无咎，如用雘蛇相克，主有厄也。

又欲令青龙、太常与令日相生，将神不内战，上下不和克，加官高迁都无灾咎盗贼，君臣利用，子孙富福。若上克下必得免咎，下克上不居此官及多病，凶。

检举刑狱

(谓下狱点举罪人等事)

逐月吉日

正月：庚寅、戊寅、己卯、辛卯、乙卯、戊辰、壬辰。

二月：戊寅、庚寅、甲寅、己卯、辛卯、乙巳。

三月：戊寅、庚寅、甲寅、己卯、乙卯、戊辰、壬辰。

四月：丙子、戊子、庚午、壬午、丙午、辛酉。

五月：丙辰、戊辰、庚寅、丁巳、辛巳、甲辰、辛未、己未。

六月：辛巳、甲申、丙申、庚申、乙酉、丁酉。

七月：丙子、戊子、壬子、己卯、辛卯、戊辰、壬辰、庚子、甲子、甲辰、丙辰。

八月：乙酉、丁酉、丁亥、己巳、辛巳、乙巳、丁巳。

九月：丙子、壬子、己卯、辛卯、甲申、丙申、庚申、乙酉、辛酉、丁亥、己亥、丙午。

十月：丙子、戊子、己卯、辛卯、己卯、庚午、壬午。

十一月：丙子、戊子、戊寅、庚寅、甲寅。

十二月：丙子、戊子、壬子、戊寅、庚寅、庚午、壬午、甲申、丙申、庚申。

右吉日除不犯毕至、分骸、抱刑、伏罪、狱日、咸池、赤口、受死、天瘟、月忌、荒芜、凶败、灭没、不举、往亡等日，天下卫门向南，南为火宜木日，入克之事大成小。

速用纵横法

事急不暇，当作纵横法。

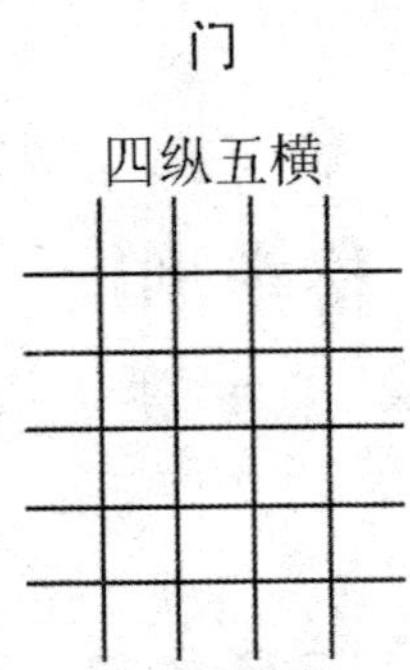

正立门内扣齿三十六遍，以右手大拇指先画四纵，后画五横，画讫，即念咒。

四纵五横，吾令出行，禹王卫道，蚩尤辟兵，贼盗不得起，虎狼不得行，远归故乡，遇吾者死，当吾者亡，急急如九天玄女律令。咒毕，出行慎勿返顾，每出行将此咒念七遍，画地毕，以土压之，吉。

又奇门藏身法

凡出门足以丁字步，口念足蹈。

藏身图式

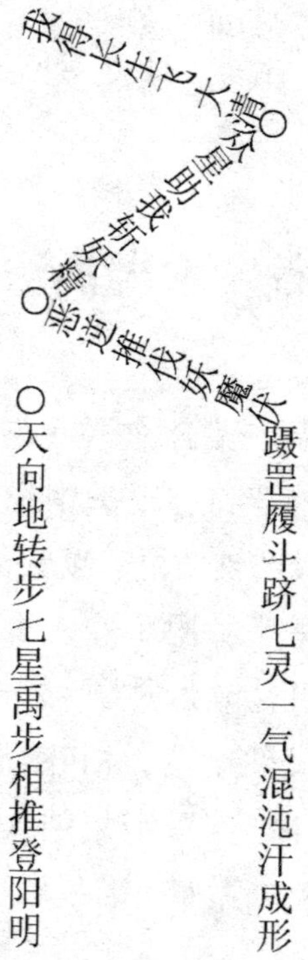

以上禹罡，每以左足先步，凡出行等事，先遁合奇门等至奇吉门行，就望吉门出步。此罡举咒，如值乙奇，就默念乙奇咒，出一百二十步外，不可回头。

新镌历法总览合节鳌头通书卷之三

鳌峰　道轩　熊宗立

后裔　月畴　秉　懋　重订
　　　淑明　启　灿　梓行

香发木樨油法

但宜采桂花半开者，拾去华蒂合净，每花二觔，用香油一斤，轻手拌匀，纳入瓮器中。用油纸紧封器口，于釜中汤煮一饷，持起安顿燥处，十数日后倾出夏布一方，绞滤其清液收之，要封闭谨密，愈久愈香，极美。

茉莉花油香法：采其花去蒂，用小瓮入香油拌匀，油纸封器口，釜汤煮一饷，持起数日，去渣密封，愈久愈香。

结发威灵仙油法：用威灵仙十茎，柏叶二枝，牙皂角三茎，黑牵牛二十粒，黄药一斤，手指大，各细剉以绢袋纳入瓮器中，入真香油一斤，浸十日煮之，安顿冷处用之，能去垢腻。若发结不堪梳，用以涂抹立解。

结发神梳散

用当归、荆芥、黑牵牛、白芷、附子、威灵仙、侧柏叶。

右各等分为细末，隔夜用油渗发中，次早理之，能去风，消除垢腻，解结发极妙。

三元合婚法

上元：男七宫起甲子。中元：男一宫起甲子。下元：男四宫起甲子。

男例：逆行。女例：顺行。

上元：女五宫起甲子。中元：女二宫起甲子。下元：女八宫起甲子。

小儿生命关煞

百日关

寅申巳亥月生辰戌丑未时是。子午卯酉月生寅申巳亥时是。辰戌丑未月生子午卯酉时是。俗忌百日不出门，止忌大门房门，不忌无妨。

夫百日关者，专以十二生肖月忌各所值时，犯之重，限月内百日必有星辰难养。又云忌过周岁，又云止忌百日，之外则无妨。

千日关

甲乙马头龙不住，丙丁猴叫奔山岗。

戊己逢蛇藏在草，庚辛遇虎竹林下。

壬癸丑亥时须忌，孩儿值此有吁嗟。

夫千日关者，且如甲乙生人忌午时是，余仿此。犯之乃惊风吐乳也。

铁蛇关

金戌化成铁，火向未申绝。

木辰枝叶见，水土丑寅灭。

此关最凶，童命时上带，童限更值之则难养。并忌见麻痘凶，旺命行限值之亦有灾。以命纳音，如甲子生戌时。

短命关

寅午戌生龙位当，巳酉丑人在虎乡。

申子辰生蛇头立，亥卯未人去寻羊。

此关生时上带，主鳌叫夜啼难养。惟日干旺健则可无事矣。

夜啼关

子午卯酉单怕羊，寅申巳亥处牛乡。

辰戌丑未蝉常叫，连宵不睡到天光。

春天怕马夏逢鸡，秋子冬卯不暂移。

小儿若犯此关煞，定有三周半夜啼。

此关利害难治，只是两样起例不同，因并录之，云后则有验。

四柱关

正七休生巳亥时，二八辰戌不堪推。

三九卯酉生凶恶，四十寅申主哭悲。

五十一月丑未死，六十二月子午真。

此关俗云，忌坐轿存，止忌生时带，童限不忌。

鸡飞关

甲己巳酉丑，孩儿难保守。

庚辛亥卯羊，父母哭断肠。

壬癸寅午戌，生下不见日。

乙戊丙丁子，不过三朝死。

此关童命，犯之难养，童限遇之亦凶，以午明顺。

断桥关

正寅二兔三猴走，四月耕牛愿下田。

五犬六鸡门外立，七龙战水八蛇缠。

九马十羊十一猪，冬季老鼠闹啾啾。

此关以月建取时，生时带难养，限值遇凶星加以划广，凶星到必倒寿。

落井关

甲己见蛇伤，乙庚鼠内藏。

丙辛猴见果，丁壬犬吠汪。

戊癸愁逢兔，孩儿有水殃。

如甲己生人巳时是，若年注沉合之灾旺，命该有水厄之灾，切宜防吉。

阎王取命关

春忌牛羊水上波，夏逢辰戌见阎罗。

秋遇子午君须避，冬字生人虎兔嗟。

甲乙丙丁申子辰，戊己庚辛亥卯未。

辛兼壬癸寅午戌，生孩切虑不成人。

日主生旺不妨，弱则难养。

鬼门关

子丑寅生人，酉午未时嗔。

卯辰巳生人，申亥戌为刑。

午未申生命，莫犯丑寅卯。

酉戌亥生命，子巳辰时嗔。

支生取时嗔，限奇远行。

李广将军箭

酉戌辰时春不旺，未卯子时夏中亡。

子寅丑时秋并忌，冬季亥申巳为殃。

一箭伤人三岁死，二箭定教六岁亡。

三箭伤人九岁夭，四箭伤之九二殃。

此前有亏则凶可也，十二支相冲是如酉戌辰时春生带箭，八字有相冲遇箭全不吉，无冲则不忌矣。

桃花煞

寅午戌兔徒荣视仕，巳酉丑曜马南方走。

申子辰鸡叫乱人伦，亥卯未鼠子当头忌。

此煞男女皆忌，乃五行沐浴也，主淫乱不节，女命最忌，又名咸池煞。

红艳煞

多情多欲少人知，六丙逢寅辛见鸡。

癸临申上丁见未，眉开眼笑乐嬉嬉。

甲乙午申庚见戌，世间只是众人妻。

戊己怕辰壬怕子，禄马相随作路歧。

任是富豪官臣女，花前月下会佳期。

如丙年生人遇寅时是，辛年生人遇酉时。余仿此。

流霞煞

甲鸡乙犬丙羊如，丁见猴儿戊怕蛇。

己马庚龙辛见兔，壬猪癸虎福如麻。

流霞煞，如甲生命见酉时，行酉限运是。忌羊刃同到，女主产厄，男主刀伤。又云：男主他乡死，女主产后亡。

白虎关

火人白虎须在子，金人白虎在卯方。

水土生人白虎午，木人白虎酉中藏。

此关时时带，主见惊风一症，又忌出症时带难养。童限遇之，则有血光损伤之厄。

雷公脑关

甲牛乙马丙丁鼠，戊己原来在戌乡。

庚辛逢虎须防避，壬鸡癸猪有梦肠。

此限遇而流年天厄子暴，明月星值之主雷火之厄，若遇天月二德可以解之。

天狗关

子人见戌丑人亥，寅人见子卯人丑。

辰人见寅巳人卯，午人见辰未人巳。

申人见午酉人未，戌人见申亥人酉。

此即天狗星是也。如子生人则从戌上起子顺行，丑亥寅子卯丑辰寅巳卯也。小儿行年重限值之，有惊风血光之疾。命中时上带，则有狗伤之厄，切宜防之，慎之。

浴盆关

浴盆之煞最无良，春忌龙兮夏忌羊。

秋季人见切须忌，冬月逢午定主伤。

此煞，生子浴时不用瓦盆，宜用铁铜大盆洗之后无忌。

汤火煞

子午卯酉休遇马，寅申巳亥虎惊人。

辰戌丑未羊相斗，常防汤火厄相侵。

其煞如子午卯酉生人忌午时犯，小儿犯此，招汤火之厄。

四季关

春生巳丑不为祥，夏遇申辰惹祸殃。

秋季猪羊都不吉，冬逢虎兔两相伤。

此关乃四季天地荒芜日，人命逢此日，有始无终，苗而不秀，难养。

急脚关

春忌亥子不遇关，夏逢卯未在中间。

秋季寅戌还须忌，冬月辰戌死不难。

此关即八座煞，惟忌修造动土，犯之凶。

急脚煞

甲乙命人申酉是，丙丁亥子寅甚悲。

戊己怕逢寅卯字，庚辛巳午不须防。

壬癸切须防丑未，更加辰戌命遭殃。

此煞，如甲乙年生人遇申酉时是也，主幼小之来难养。

五鬼关

子人见辰丑人卯，寅人见寅卯人丑。

辰人见子巳人亥，午人见戌未人申。

申人见酉酉人未，戌人见午亥人巳。

此关只是死气也。四柱多见难养，童伤值之，主有跌伤之患。

金锁关

戌上起子不通音，顺年顺月任循环。

顺日顺时依此煞，男逢辰戌便为关。

女逢丑未轮为害，遇看应须用解关。

惟犯此关，则不可佩戴金银锟锁之物，及纽扣串绳索之终有验也。

直难关

小儿最怕通直难，羊刃劫煞不须论。

甲壬戊旬逆申起，庚丙旬人数起字。

数至本年方是煞，三九六十二为真。

小儿若是逢斯难，父母徒然生此身。

此关主多秋乡星辰，却不为大害，琴堂所说更灵，而此复载随人用。

以上关煞，小儿命宫所絮重者，极难抚养。今世俗不知其故，自幼结亲，贵用财礼，男或夭折无得，完婚者不恤哉，今录附此，合婚者不可不知，切宜避之。

嫁娶总论

论女家大利月妨亲属月，出吕才大议婚书，今此人用之。

论嫁娶择日，但女家惟择吉月吉时出门，男家亦择吉时入门，若女家遥远又先择吉日时出门，男家择嫁娶吉日吉时。

论入门成婚

披蔴煞日：正五九月子日，二六十月酉日，三七十一月午日，四八十二月卯日，犯之主孝服。俗有厌禳法：其日入门时，令新人手势麻布，门后即除之手外，或用麻在包头上向厅前斩禳并论，吉。

古历书不可尽看，假如有正月用丁丑日，春有五男二女之喜，二卯日春有杀夫之嫌，而丁卯有不将、天德、天恩、玉堂、上吉，辛卯有月德合、天福、玉堂，虽二卯有杀夫之嫌，得吉神尤多，而丁丑有五男二女之喜，却犯妇忌，善择日者宜活用，论之不可拘也。

受死日，如十一月辛卯日乃受死，有人不忌，新人入门时则斩牲于地以压魇禳无妨。亦见纳壻用此自制禳无事避之。

月忌日不忌嫁娶，如辛亥年十一月初五日辛卯壬子，十二月初五日乙卯，嫁娶用之亦多，略举此以袪俗忌。

论伏断日支克干日极凶，如庚午、丙子、戊寅、己卯、辛巳、甲申、乙酉、丁亥、壬辰、癸丑、壬戌是也。

论雷霆白虎、大煞白虎，其日占中宫，新人从旁门入房间，坐床则不忌。

历云：于新中斩牲魇禳，然当新人一入厅，下轿拜见，不宜在正堂，更忌中宫大宴作鼓乐。

论隐伏血刃占中宫，其日纳音属金，凶。若凶吉二事，忌用鼓乐，凶。如月家九紫，或日家九紫到中宫则不忌。

天地官符到中宫亦忌中宫鼓乐。

上朔日忌会客。

论白虎占中宫，娶妇用鼓乐。且如延祐，庚申十一月初二日丁卯，新淦县南门邓家，欲用鼓乐娶妇，街者云，其日早最从大街上起动鼓乐行人，厅堂用鼓乐大宴正厅，今以三载并无灾祸。大抵白虎占厅堂，其日忌从厅堂中间起鼓喧哗，如乡村人家吉凶二事，亦宜门外远处起动鼓乐，左右行入厅堂则亦无妨。其余仿此。

论行嫁周堂，如其日成亲周堂值翁姑及夫，新人入门之时，从俗权出外少避，候新人入房坐床后，翁姑及夫可回家。如其自拜见，宜门厅，忌中堂。至于大宴厅堂则不妨。如夫去就新妇人行嫁，若值别择吉日。

论周堂，历云：值第女宅家。吕才书云：值妇人之弟，于弟有害。姑有其说，会试亦有验。

论行嫁白虎，如其日值路，先就门外路上斩牲以魇禳之。若值其余亦不必忌。尝见人误犯，值门路者主新人入门，其日见虚惊。

论纳壻周堂，其日周堂值姑弟翁可宜出外少避，若值夫别择吉日至，若嫁娶周堂亦须兼用。

论红纱煞，出杨会教法，歌曰：四仲金鸡四孟蛇，四季丑日是红纱，若还有人犯着者，生离死别嫁三家。又云：戊寅己卯是红纱者，嫁无义理，盖戊寅己卯是人民合，各月取以为吉日，不可以无义理之说惑人。

论古历行嫁凶方，其说无验，不必忌之。

论太白游方，日忌迎婚嫁娶往来抵向。

论总圣用辛亥日嫁娶，据俗百忌日，亥不行嫁，今人忌用。

论翻弓倒踏煞俗忌日，其法以月建上起初一逆行，遇寅午戌为翻弓是也。倒踏煞即人隔是也，翻弓倒踏不全者则不忌。

论表门方，凡新人入门忌踏其方，正五九月未，二六十月戌，三七十一月丑，四八十二月辰方是。

论推年游月游、官符、月建、天官符，新人入门忌行其方，年月游官符从太岁月建前取第四位，如子年游在辰之类。余仿此。天官符申子辰火局临官到之类，又忌夫妻本命上行。

论新人入门杂忌，如新人入门之时，翁姑只得坐于堂上，不可下也，行令杀克身亡，候新人进房坐床，方可来往行也。

新人入初门之时，不送客出，新人遇夜不可将火照面，令人相嫌并无子三朝不得失火及相骂。打破家事物件。又忌出财，令人家破，又不可于夫本命上行，主杀夫。又不可新人本命上行，主妨自身。又不得于太文上行，主妨公姑，又不可与孕妇交接物色。

论新人初下轿，进门出拜四方之时，面向东杀家公，面向南杀家母，面向北杀丈夫，面向西富贵大吉利也。大凡新人家父母先宜嘱附，勿令四顾，勿视四方。

论红嘴朱雀值坤宫六日嫁杀犯之，主损宅长，宜用云箭付以朱砂书禳之，吉。符法在后可查式而用书贴厅堂，压之本吉。

洗头沐浴

宜甲子、丁卯、辛未、癸酉、壬申、乙亥、丙子、丁丑、戊子、辛卯、丁酉、己酉、癸丑、丁巳、戊子、辛亥等日。

宜初一富贵，初四光彩，初八长命，初九宜婚，初十加饮，十一眼明，十三宜男，十四招财，十五大吉，廿二酒食，廿三、廿吉，廿七自如。

以上太子剃头吉日，忌立秋、三伏、二社，四煞之神，须避。

洗头吉日

宜甲子、丙子、丁丑、己卯、庚辰、辛巳、丁亥、辛卯、壬辰等日。

忌癸未、建、破、平、收日。

小儿复洗

值天气晴暖无风处洗，无瘸症之患，慎之。

宜逐月吉日用，可好。

释氏披剃

宜天德、月德、天德合、月德合、天恩、月恩、黄道、福生、益后、续世、上吉、次吉日、除、满、定、执、成、开日。

小儿断乳

宜伏断日、卯日、天德合、黄道、除、满、成日。

忌五月、七月死气、受死凶日。

小儿穿耳

宜曲星、黄道、活曜星、天月德合日。

忌黑道、血支、血忌、月厌、受死、破日。

女人缠足

缠足吉日

宜天德、月德、天德合、月德合、黄道、死气、天喜、天成、吉庆、活曜、足变、天乙绝气、收、成、闭日天。

忌黑道、破败、血支、血忌、人神在足本命日、九曜、生气、受死、月忌、荒芜、开日。

养蚕作茧吉论

将军入室方，蚕室系将军之妻，若误犯蚕室，惟将军入室至，用果酒于本方谢之，吉。

如甲子年二月蚕室在时方，将军在酉以日建丁卯入中宫顺飞，得癸酉在坤宫即是。余仿此。

每遇人夜以香茶果米午钱纸于蚕室方纪之，令人得蚕王。

蚕吉日

甲子、丁卯、庚午、壬午、戊午。

又吉日

甲子、庚午、癸酉、庚辰、乙酉、甲午、乙巳、甲申、壬午、乙未、癸卯、丙午、丁未、戊申、甲寅、戊午、生旺日，吉。

安蚕架吉日

甲子、庚午、癸酉、丙子、戊寅、己卯、丙戌、庚寅、甲午、乙未、丙午、甲寅、戊午，宜满、成、生、气开日及卯巳未午日。

出蚕浴蚕日

宜天德、月德、天月德合、黄道、天月恩、满、成、收、开日。

庚午蚕父生日，吉。

忌庚戌蚕姑死日，不用。

作取蚕灶吉日

宜壬寅、申、酉、成、收、开日吉。

忌耗绝、蚕王仓、荒芜、天瘟、正四废日。

经络吉日

乙丑、丁卯、癸酉、甲丑、己卯、癸未、甲申、壬申、丁亥、戊子、己丑、壬辰、癸巳、甲午、丙申、丁酉、戊戌、己亥、壬寅、甲辰、乙巳、辛亥、壬子、癸丑、甲寅、丙辰日。

宜满、成、开日。

安机忌庚日、建、破、收日。

宜机吉日，宜平、定日、黄道、上吉、天月德合、活曜星、要安、天喜、福生、六忌合日。

天贼、受死、天罡、河魁、勾绞、正四废、九土鬼、建、破、收日。

忌伏断、蚩尤凶日、天地荒芜日、灭没、六不成等日。

起缸作染吉日

黄道、天德、月德、天月恩、显曲传星、上吉、益后、续世、生气、福生、母仓、月煞。

宜飞廉、天地正转日。

忌除、成、定、危、开、闭日，天罡、河魁、勾绞、天贼、地贼、天瘟、受死、月厌、死气、火星、正四废、天休废、大小空亡、天地灭没、九土鬼、月破、荒芜、伏断。

执破满日

黑道日合吉星多，及明星到日则不忌。

裁衣合帐吉日

甲子、乙丑、丙寅、丁卯、戊辰、己巳、癸酉、甲戌、乙亥、丙子、丁丑、己卯、庚辰、辛巳、癸未、庚申、乙酉、丙戌、丁亥、戊子、己丑、庚寅、壬辰、癸巳、甲午、乙未、丙申、戊戌、庚子、辛丑、癸卯、甲辰、乙巳、戊申、己酉、癸丑、甲寅、乙卯、丙辰、辛酉。

宜天德、月德、天德合、月德合、九合、黄道、天恩、月恩、天喜、福生。

忌天贼、刀砧、火星、天火、月火、独火、朱雀、受死、正四废、九土鬼、天瘟、长短星值日凶，执、破日并荒芜、赤口日。

裁衣二十八宿吉凶

角安稳，亢得食，氐不安，房益衣，心盗贼，尾必害，箕疾病，斗美味，牛进喜，女有疾，虚得粮，危遭毒，室必危，壁得宝，奎得财，娄益寿，胃减服，昴火烧，毕多丑，觜鼠咬，参逢盗，井离别，鬼吉祥，柳丧服，星孝服，张逢欢，翼得财，轸长病失火。

洗污法

腻污衣用萡蓬灰洗，又捣碎雏葡洗，茶子去壳捣烂洗，墨污嚼米洗，半夏洗。急用根去壳膜嚼碎，揉污处及水洗，杏仁亦可。油污用蜜洗，饮汤亦可。嚼篾葡吐其上擦之，其污油即消。

油污用生银杏，捣碎用热汤洗，用海磦硝活石为末糁而烫之即去。色缎油污，用酸枣和皂荚洗，红紫衣油污，用豆豉汤摆去，色不动。

安床设帐吉日

宜甲子、乙丑、丙寅、丁卯、己巳、庚午、辛未、甲戌、丙子、丁丑、庚辰、辛巳、乙酉、丙戌、丁亥、戊子、癸巳、丁酉、乙未、己亥、庚子、壬寅、癸卯、甲辰、乙巳、丙午、甲寅、乙卯、丙辰、丁巳、戊午、己未、辛酉。

宜天德、月德、天德合、月德合、三合、六合、天喜、益后、续世、青龙、金柜、黄道、生气、要安、活曜星、吉庆、生三白、闭、成、定、建日。

忌心、昴、奎、娄、箕、尾、参、危宿值日，凶不用。

诗例云：

仙人留下一张床，心昴箕娄奎尾参。
安床若犯此星宿，十个孩儿九个亡。

又忌建、破、平、收、天罡、河魁、勾绞、申日、灭没、天地贼、荒芜、赤口、受死、五离死煞、天休废、正四废、赤口、朱雀、空亡、离窠、火星、伏断、天瘟、孤辰、寡宿、天狗、天刑。又忌安病待方游神所在之方。

日游神所不宜安床并忌安产室。胎产杂忌在嫁娶例后。

癸巳、甲午、乙未、丙申、丁酉日在房内北方。

戊戌、己亥日在房内中央方。

庚子、辛丑、壬寅日在房内南方。

甲辰、乙巳、丙午、丁未日在房内东方。

癸卯日在房内西方。

戊申日在房内中。

己酉至壬辰日出如近四干日。

移床周堂

富吉　疾凶　凶凶
平吉　　　　地吉
病凶　安吉　例凶

起　例

大月从平向富顺行，小月从地向凶逆行。

安床维忌

吉日不犯建、破、平、收、魁罡、勾绞、荒芜、天贼、卧刃等杀。

造作桩㞐吉日

甲子、乙丑、辛未、癸酉、丁丑、己卯、壬午、甲申、丁亥、壬辰、壬寅、丙午、辛亥、丙辰、己未、庚申、辛酉。

宜黄道、生气、要安、活曜、吉庆星、天喜、金堂、益后、续世、天德、月德、天德合、月德合、三合、六合、上吉、天成、开成日。

忌天贼、大败、六不成、九土鬼、离窠、天休废、正四废日。

造作仪仗

（谓造男女轿牛车马车推车等事）

宜黄道、鸾舆、凤辇、禄库、天成、吉庆星、大仪、天恩、福生、福德、天福、天德、月德、天喜、建、除、开、定、闭、成日、天地转杀日。

天恩吉日：甲子、乙丑、丙寅、丁卯、戊辰、己卯、庚辰、辛巳、壬午、癸未、己酉日。

天福吉日：己卯、辛巳、庚寅、辛卯、壬辰、癸巳、己亥、庚子、辛丑、乙巳、丁巳、庚申日。

天明吉日：辛未、壬申、癸酉、己卯、壬申、甲申、壬寅、甲辰、丙午、己酉、庚戌、丙辰、己未、庚申、辛酉日。

忌朱雀黑道、正四废、九土鬼、伏断、穴星、魁罡、勾绞、受死、荒芜、灭没、天贼、大败、六不成、执、破、危、平、收、十恶大败日。

十恶无禄大败日

甲己年：三月戊戌日，七月癸亥日，十月丙申日，十一月丁亥日。

乙庚年：四月壬申日，九月乙巳日。

丙辛年：三月辛巳日，九月庚辰日，十月甲申日。

丁壬年：无忌。

戊癸年：六月己丑日。

火星凶日

子午卯酉月：甲子、癸酉、壬午、辛卯、庚子、己酉、戊午。

寅申巳亥月：乙丑、甲戌、癸未、壬辰、辛丑、庚戌、己未。

辰戌丑未月：壬申、辛巳、庚寅、己亥、戊申、丁巳。

作仪仗逐月吉日

与下层造乐器逐月同看。

种栽吉日

耕种吉日：甲子、乙丑、丁卯、己巳、庚午、辛未、癸酉、乙亥、丙子、丁丑、戊寅、己卯、辛巳、壬午、癸未、甲申、乙酉、丙戌、己丑、辛卯、壬辰、癸巳、甲午、乙未、戊戌、己巳、庚子、辛丑、壬寅、癸卯、甲辰、丙午、戊申、己酉、癸丑、甲寅、丙辰、丁巳、戊午、己未、庚申、辛酉、癸亥。

浸谷吉日

甲戌、乙亥、壬午、乙酉、壬辰、乙卯、成、开日。今人多用社日浸种。

分秧吉日

辛未、癸酉、壬午、庚寅、甲午、甲辰、乙巳、丙午、丁未、戊申、己酉、乙卯、辛酉日。

栽植吉日

宜母仓、六仪、除、满、成、收、开日。忌死神、死气、建、破日。

栽木吉日

甲子、丙子、丁丑、己卯、壬辰，宜四相成日。

栽竹吉日

辰日午月十三日竹醉日，又云：正月一日，二月二日，三月三日。

种花木吉日

宜除、满、成、收、开、闭、日，四州日。

栽移接花果吉日

宜满、成、开、闭日，甲子、丙子、丁丑、己卯、癸未、壬辰，正月吉日。

种蔴吉日

宜四月三卯日。

种豆吉日

宜六月三卯日。

种葵吉日

宜八月三卯日。

种莳吉日

宜母仓四日，并除、满、成、收、开日。

百虫不食日

乙丑、乙亥、乙未、己亥、壬寅、癸卯、壬子，宜亡种子吉。忌天火、地火、焦坎日。

鼠雀不食日

甲午、癸亥日，宜种植。

飞虫不食日

初一、初四日，初五、初七、初九、初十日，廿一、廿九日宜种谷，吉。天如不成收凶日。丙戌、乙未、壬辰、辛亥日，忌天贼、地贼、空亡，种作无收。

弄风旬日

秋社前逢庚入，秋社后逢巳住，十日内忌种菜，无收。

田父田祖田夫后稷死葬日

丙戌、丁亥、丁未、甲寅、乙巳、辛亥、癸日，忌种植。

田痕忌日

大月，初六、初八、廿二、廿三。小月，初八、十一、十三、十七日，忌耕种，凶。

造酒吉日

宜天月德、天月德合、黄道、生气、福生、天月恩、上吉日，春用氐箕宿，夏用亢宿，秋用奎宿，冬用危宿。

忌戊子、甲辰、灭没日，丁酉杜康死日，忌造酒。

造曲饼药吉日

辛未、乙未、庚子日，忌六甲蛀日不用。

藏醃脯胙瓜姜吉日

初一、初三、初七、初九日，十一、十三、十五日，忌灭没日晦日（晦即神日）。

造医吉日

丁卯及黄道、天月德、天月德合、六合诸吉日。

忌辛日蛀日。

煮酒法

每酒一斗，入黄蜡二钱，竹叶五片，天南星一片，入酒中煮滚，揭起则置于净处不得移动，白酒煮时桑叶遮味不退。

治酸酒法

每酒一坛，用铅一斤，火炙令热，投于酒中，停一日酸味即去，铅可再用。又法：用甘草一两，桂二枝，白芷砂仁各二钱为末，入酒中不酸。

作坡塘吉日

宜甲子、己巳、庚午、癸酉、甲戌、己卯、辛巳、癸未、甲申、乙酉、乙巳、庚寅、丙申、己亥、壬子、癸丑、乙卯、伏断、土闭、黄道、天月德合日。

忌满、破、开日，冬壬癸日及崩腾龙蛇会日。

修筑堤防吉日

壬、闭、成日。

塞水吉日

宜伏断、土闭日。忌土瘟、破、开日。

造酒决水吉日

癸酉、戊申四吉星，伏断水闭日。忌壬不决水。

周黄昊吉日

甲子、乙丑、辛未、己卯、庚辰、丙戌、平、开日。忌天贼、四部、子日。

红嘴朱雀凶日

辛未、庚辰、己丑、戊戌、丁未、丙辰日。忌开沟渠凶。

作陂吉日

不犯天贼、受死、土瘟、魁罡、勾绞、龙蛇会、龙口、咸池、伏龙蛇龙日、大小耗、转煞、正四废、水隔、开日、天百空、荒芜、破日、水痕忌。以上凶星载在开池塘局例同看。

修塘作陂宜伏断日，吉。

开池塘吉日

宜甲子、乙丑、壬午、甲申、庚子、辛丑、癸亥、乙巳、丁巳、辛酉、癸亥。

宜诸吉及成、开日。忌建、破、满、执、闭日。死气、天百空亡、天贼、地贼诸凶日。

天狗守塘吉日

诗例：

春虎夏马良，秋鸡冬鼠藏，有人会得此，獭耗不来塘。

右吉日会合暗金伏断，吉。

暗金伏断日

太阳星值年逢巳日房月，太阴星值年子虚未张年，火星值年酉觜寅壁二日，水星值年辰箕亥壁二日，木星值年逢午角日是，金星值年丑斗申鬼二日，土星值年卯女戌胃二日。

暗金伏断时例

太阳房昴虚星四宿值日，子寅酉时是伏断。太阴心危毕张四宿值日，午时是伏断。木星角斗奎井四宿值日，辰亥时是伏断。金星亢牛娄鬼四宿值日，申时是伏断。土星氐女胃柳四宿值日，巳时是伏断。火星危室觜翼四宿值日，丑卯戌时是伏断。水星箕壁参轸四宿值日，未时是暗金伏断。以上宜修作陂塘，筑堤断獭，宜收日时，大吉。

右开塘吉日，不犯玄武黑道、天贼、土瘟、受死、大小耗、池耗、龙口、水隔、九空、池耗龙煞、鬼贼、天百穿、天休废、正四废、荒芜、灭没、凶贼，冬忌壬癸日、九土鬼，不与建、破、平、收同日间不忌，吉多可用。

论开塘放水法

用罗经于塘心格定，取辰戌丑未寅方放水去则大吉。如辰戌方用庚戌日放，丑未方用乙丑、乙未日，寅方用丙寅日，合开水路吉。惟再合娄尾二宿值日为上吉。

将塘塞水满、补垣塞穴、断鼠獭、砌新塘、修筑并宜用暗金伏断日。

畋猎渔网吉日

宜月杀、飞廉、上朔、执、危、收日。

五合寅卯日

注云：壬寅、癸卯江河合日，宜渔猎。禽兽鱼物宜用三奇死门，主得利。

作网罟吉日

宜用杀、收、执、受死、飞廉、黑道、天地转杀日，雨水后、立夏前，收、执、危、日宜捕鱼，霜降后、立春前，收、危、执日宜畋猎，吉利。

鱼会日

戊辰、庚辰、己亥日，宜捕鱼。忌天赦、天恩、月恩、天解、月解、大小空亡、大小耗、九空、焦坎、开日、山隔、林隔，不宜捕鱼、畋猎不利。

鱼鸟会日

己巳、甲辰、壬子、丙辰、丁巳、戊午日，宜捕鱼打鸟，畋猎获利。

天恩日

忌出猎、捕鱼。甲子、乙丑、丙寅、丁卯、戊辰、己卯、庚辰、辛巳、壬午、癸未、己酉、庚戌、辛亥、壬子、癸丑忌用此日。

以上逐月吉日，不犯天恩、天赦、月空、五虚、空亡、月破、荒芜、灭没、争雄、天地凶败。

割蜂宜忌

除危定执旺蜂家，建满平收生黑鸦。
更有成开宜可用，破闭由来忌用他。

蜂王杀日

春忌丙寅并六辛，夏忌辰戌巳双神。
秋忌戊辰冬丙戌，此是蜂王大杀神。

切忌取蜜割蜂。

吉日不犯建、破、平、收、满、闭、天贼、天瘟、受死、飞廉、荒芜、四废、破败、灭没、火星、天休废、四方耗、凶败、大败、六不成日。

修造总论

论利田年月，即是十二合利田，建田年月令人修。

造大利田

假如申子辰生命用亥子丑为利田年月，寅卯为建田年月。大抵申子辰生命惟有寅卯二年，虽是建田却犯三煞星六壬死运，若用寅卯年修造又得申酉戌亥子月合六壬生运亦吉，日吉令得生运亦可。余仿此推断。

论六壬死运求年月，其法以十二命分五行，申子辰生人属水，寅午戌生人属火，巳酉丑生人属金，亥卯未生人属木，以五行长生至帝旺为壬运吉，以衰病至胎养为死运凶。假令申子辰生人以申酉戌亥子年月为生运，以丑寅卯辰巳午未年月为死运凶。

假如子生人未上修造，其年值死运，若用亥月又值生月，月亦吉。若用寅卯年修造，又得申酉戌亥子月合六壬生运亦吉，日吉今得生运亦可。余仿此推断。

假如子生人未上修造，其年值死运，若用亥月又值生月，月亦吉。又值例田亦吉，宜修造，若修造不值利田而合六壬生运月日亦利。

论三灾星年，假如申子辰生人，寅卯辰年值天虫星、天刑星、天劫星，巳酉丑生人亥子丑年值天败星、地败星、地刑星，寅午戌生人申酉戌年值人皇星、天祸星、地从星，亥卯未生人巳午未年值黑恶星、阴谋星、白杀星。以上修主长病死亡破败。

论命入天宫三邱五墓、旬中空亡，主不利修造。太岁入宅年人命前五辰为太岁入宅，其年不宜修造，主破败。

假如子生人，巳年若值例田，年用则不忌。

论命破年，如子生人忌对冲午则午年不宜修造，合得例田年月不忌。

命刑年合得例田六壬主运则亦不忌。

按黄石公通真论，以命五辰为宅神，七辰为墓命，后一辰为破宅命，前一辰为破墓。

假如子生人，数至巳为宅神，亥为破宅，未为墓，丑为破墓，以周年五子元遁为宅神上得甲子，以别吉凶。若得甲乙在命前丑辰上名青龙入宫，旺人丁吉。得丙丁名喜神，主喜事大吉。得戊己曰仓库神，主禾往盈仓。得庚辛曰白衣神，二年后主哭声不利也。得壬癸名曰盗贼入宅，主十四个月招盗，不利建造。

论人生修作，如丙子年生人，八月十四日生用丁丑年修造，如八月十三以前作丙子年修之吉，如八月十四以后修造作丁丑年却犯六壬，如运如得酉戌子月日时亦吉。余仿此。

论修造作主，如家长不利，两次之人命利者为作主，以姓名年岁昭告山头龙神，或立符使起辰，移宫修方俱用此人年命，行符起杀但用作主一人名姓，昭告龙神。

论人修造宅长年命

凡创立宅舍及修造房屋，止看家长年命，再无合家通论之理，今将家主年命修开于后。丑寅年生人遇丙辛丁壬年利，卯辰年生人遇乙庚丙辛丁壬年利，巳午年生人遇甲己乙庚丙壬年利，未申酉戌年生人遇甲己乙庚戊癸年利，亥子年生人遇甲己丁壬戊癸年利。修造家主年合此大吉利，选择五行生旺吉日，相合更吉。

营造宅经

（附修造杂件宜忌等事）

《周书依奥》云：黄帝造成宅宇，人得居之，宅者人之根本，人从宅中而生，宅旺人荣，宅败人丧也。

圣人将欲纳民于富贵，使趋利而避害，余遍采宅经审其可否，削其繁冗，撮诸权要，齐物利世，不亦美欤！

造人宅欲左有流水谓之青龙，右有长道谓之白虎，前有汙池谓之朱雀，后有丘陵谓之玄武，为最贵地，若无则凶。

若种树，东种桃柳，南种梅枣，西种栀榆，北种李杏。

宅东有杏凶，宅北有李、宅西有桃皆为淫邪。宅西有柳，为被刑武。宅东种柳益马，宅西种枣益牛。中门有槐，富贵三世。宅后有榆，百鬼不近。

凡宅东下西高，富贵雄豪。前高后下，绝无门户。后高前下，多足马牛。

凡宅地欲平坦，名曰梁土。后高前下，名曰善土，居之益吉。西高东下，名曰智土，居之富贵，当出贤人。前高后下，名曰楚土，居之凶。四面高，中央下，名曰卫土，居之则先富后贫。

凡宅不居当冲口处，不居古庙寺及祠社炉冶处，不居草木不生处，不居故军常战地，不居正当水流处，不居山谷冲处，不居大城门口处，不居对狱门处，不居百川口处。

凡宅东有流水达江海吉，东有大路贫，北有大路凶，南有大路富贵。

凡树木皆欲向宅者吉，背宅者凶。凡宅地形卯酉不足，居之自如。子午不足，居之大凶。子丑不足，居之口舌。南北长，东西狭，吉。东西长，南北狭，先凶后吉。

凡人居宅滋润，光降阳气者，吉。干燥无润者，凶。

凡宅前低后高，世出英豪。前高后低，长幼昏迷。左下右高，男子荣昌，阳宅则吉，阴宅不强。右下左高，阴宅丰豪。阳宅不吉，主必奔走。两新夹故，死须不住。两故夹新，荣显宗亲。新故俱半，陈粟朽贯。实东空西，家无君书。有西无东，家无老翁。壤宅诸屋，终不痛哭，宅栋木新，人旺于春。本屋土柱，人散无主。间梁成双，潜觅衣食。接梁造屋，三年一哭。

凡住祖上之屋而欲修造，即依祖上作阳宅阴宜连用方偶，如是则累成富贵，子孙隆盛。如居处不利，即宜转阳作阴，或加阴加阳，吉。

凡人居住之室，必须周密，勿令右羽隙致有风气得入，但觉有风勿强忍之，令坐必须急急避之。居处不得人贪婪无厌，乃患害之源，但令盖屋布椽，不得当柱头梁上者，须是两边倚梁者，不得以上压大也。

凡造屋宅，切忌先筑墙并外门，主难成。

造新屋防木匠放木笔于屋柱下，令人不吉。更防倒木作柱，令人不吉。

人家不可多种芭蕉，久而招祸。又云：人家房户前，不宜种芭蕉，云引鬼妇不吉。

住宅四畔竹木青翠进财，梁与门不用双，只梁为大吉。水檐头相射，主残伤，内射外外人死，外射内谓内当。

凡屋外檐头广阔为上，不得高促。斜雨泼壁，家多痢疾。风吹不着，不用服药。廨屋漏浆，新媳无良。

梁栋偏欹，家多是非。屋势倾斜，赌博贪花。瓦移栋摧，子孙贫贱。

栋柱尾为柱坊尾为杻杻在科下为不顺，主有不孝子弟，科在科下大吉。

椽梁四木头朝柱，主人大吉，本屋有成。

凡宅四面高，必使子孙弱。一古路炙坛、神前佛后、水田水池之所，共坤不堪居。

凡宅前后高下，定主孤儿寡妇，令须使妇人宅中聚水汪汪，养蚕桑之难得。

凡屋头有厦，衰病莫不由期，桑柘不宜作屋木，死树不宜作栋梁。

向谓安处日非垂堂邃字重栏广柳之谓也，在于南而坐东首而寝阴阳过中，明暗相半，屋宜高，高则阳气盛而明多。屋毋低，低则阴气盛而阴多，谓阴多则伤魂，谓暗多则伤魄，人之魂伤而归阴，苟伤明暗则疾病生焉，此所谓居处之高下使之然也。况天地之气有亢明之液，肌淫明之浸沐，岂不防慎哉，修养之所倘不法此，非安术之道。术曰：吾所居室四面皆窗户，遇风则合，风息则开，吾厅居坐则有帘后屏大门，门下帘以和其内，杀太暗则卷帘以通其外曜，内以安心，外以安目，心目皆安则身安矣。明暗且然，况太多事虑，太多情态，岂能安其内外哉？故学道以安处为次。

楼凡居宅造楼，莫近大街，头低吉高凶，能招五通门楼高大须荣贵。

厅堂凡人之居宅，厅后不宜作灶，盖堂应须用偶数则主家和睦。私居厅不及高大，亦要数单，厅上单，厅上单栋，恐招内故预事。

私居堂要十分华饰则夫妇偕老，子息昌盛。若有厅无堂，孤寡难当，堂前有绿树，吉。

南厅连于西屋，令岁月之忧煎，拆里为厅终不利，拆厅为里则无妨。

庭轩若有大树近轩，疾病连绵。人家种植中庭，一月散财千万，中庭树主分张，门庭双束喜加祥，长植庭心主祸殃。

房室但凡人卧室，宜常令洁净，净则受爽气，不净则受浊气之乱，人室宇者，所为不成，所依不立，一身亦尔当洗沐，儿孙不尔无异。

人卧床当高，高则地气不及，鬼气不干，鬼气之得，人常依地而逆上高谓一尺以上也。昔一人病在地，卧病中乃见鬼神于壁穿下，以手为管吹之，此即鬼之事也。

房屋当头莫安柜，房门两壁莫开窗，房门不得正对天井，此主房人频灾。

灶房门亦不得对卧房门，主口舌病患。挂帐不用闭日，犯者蚊虫扇不能尽，须用水闭日为佳，若用土闭日，泥饰屋宇蚊虫不能人，累效。

门户但凡门以粟米为关者，夜可以远盗。

凡门面两辟壁须大小一般，左大招安，右大孤寡。

门面上坊空蛀屈痕，主动瘟疮痍之疾，门栋柱不着地无家长，栋柱空蛀家长益育，门塞栋梁家长忧惧，退财破田血畜耗妇，大门十柱，小门六柱皆着地吉。门高于壁，法多哭泣。门装虚坐，类招瘟火。粪屋对门，痈疖常存。

仓口向门，家退动瘟。捣石当门，居屋出离。书门前直，屋家无余。杀门口水坑家破伶仃。大树当门，罗鼓喧天。墙头当门，常被人伦。两路丈门，人口不存。众路直冲，家无老翁。门被水射，家破人哑。神社对门，常病财耗。门中水出，财散冤屈。门着井水，常招神鬼。

门前不宜种柳，所居向巽方开门及隙穴开窗之类，立有灾害。

日夜忌于宫舍正厅私家正堂南向坐，多招异事，当门勿安卧榻不利。人家门左右，不可安神堂，十三年一哭。

扫粪草置门下，令人患白虎病，东人应骨风白虎鬼。

凡宅门下水出，财物不聚。东北开门，多招怪异之事。

宅户之门莫相对，门前青草多愁怨，门外垂杨非吉祥。

水路冲门，悖逆子孙。

灶井勿鼓井，今古大忌。

见露井莫窥损，时俗以清明日淘井为新泉，以铅十斤投之，井中水清而甘。

凡井勿取东向，三百六十步外见一青石以酒煮放井中止步。

卯不穿井，井泉不香。

勿塞故井，令人耳聋目盲。

凡堂前不可穿井，男子起井，女人上灶，皆招不意口舌分外之祸，勿越井越灶在虚耗运年，井灶相看，法主男女内乱，井灶不可令相见，女子登灶不祥。

井北灶南家悖逆，井畔栽花物业荒。

厅内房前休穿井，主人堂后莫开泉。

刀斧不宜安灶上，簸箕放灶前，令人家不安。

凡于厅后安灶丙火煌煌，主有灾殃残害，灶上令人患疮。

灶堂无灶家必破，灶前歌笑大惊惶，粪土毋令壅灶前。

凡灶中午夜勿烧烟，午夜乃是后帝灶君交会之夜，宜避之。即安妇人勿跂足，坐灶大忌。

凡向灶骂詈不祥，不可对灶吟咏及哭，不可将灶火烧香。

作灶法，长七尺九寸，上象北斗下应九州，广四尺象四时，高三尺象三才，口阔一尺二寸象十二时，安两釜象日月，突大八寸象八风，须备新传净洗以净上和合香水泥，不可用壁泥相杂，大忌之，以水和泥，令新妇孝顺。

凡作灶泥先涂地面土上三寸，取下面净土以井花水和泥吉。

凡灶面向西吉。向东北凶。

灶神晦日上天白人罪过善恶事。

子孙满堂，灶在明堂，徵音内卯音不在，羽音明堂在戌，角音明堂在申地，丙丁作灶引火光。

凡遇釜甑鸣鬼名婆女，但呼其名字亦不为灾，却招吉利。

金鸡不得不呼，或男子作妇人，拜妇人作男子，拜即可止之，釜鸣甑虚气冲则鸣，非怪伯揭去盖亦可矣。

凡人家厨下头遇夜须制流争满注水，切不可令干，如空则使人心焦。又云：锅釜夜莫停水，意以停水为是。

天井大九四向堂屋前看遇逆中亭，有一天井象日月为空，有眼目主大癸少炙，若只作一天井亦癸，只是出患眼，反损少丁少妇。

天井着花元淫伏，又云：天井著元村，主心病疾瘴眼着花，防小口患。

凡人家天井方者为上，不可直长，主丧祸。

所前灰井停水不出者，主病患，父子相残，有下痔肠风之疾，有漏胎伤子之厄。

天井栽木，大凶。天井种花，主妇淫乱，切不可种。

天井中不可积屋水，主患痢疾。不可堆乱石，主患眼疾。

开井中若门壁有窗，主横事天坎，宜就左边开，乃青龙开眼目。

沟渠凡沟渠通后屋宇游净无藏气，不生瘟疾病。

水路冲门，悖逆儿孙。水寄宅边，东流无祸。

水若倒流宅，主女为家长。水从门出主耗散之贫穷。若塞沟滨，令人目盲。

阴前屋后沟渠水，不可分八字，主绝取财。

论造屋间架数吉凶

凡阴阳二宅，造屋一间单独，二间自如，三间吉，四间凶，东三间无子，主绝。五间吉，六间贫破凶，七间大吉。堂屋五间，厅四间；或堂屋二间，厅五间，法主三年杀五人，五年杀七人，七年祸发，破败迹亡。谓五间属土，二间属木，木克土故也。堂屋四间厅三间，堂屋三间厅四间，三年杀四人，五年杀七人，火来克金故也。堂屋三架，厅屋七架，主凶亦如是。

凡通造堂屋五间，别无屋宇，必主伤折。

凡宅横造三重及五间，别无屋宇，此名三阴，主败。

凡前造厅屋，未造余屋，值入里作者，必害三人。

凡于厅屋下安灶两火，生人人有灾。

凡屋有厅无堂，孤寡难当。

凡造屋一间，经数年主夫妻不和，合出孤寡。

凡造宅三重并无厅厢各三，若二姓同居自如，后亦凶。

经曰：前屋为□屋，中屋为堂屋，后屋为屋向，又何有妨？三重植屋，两畔无厢，屋生并自主凶，惟人本命入大宫年起造，破命招灾，大凶。子人辰年，丑人戌年，寅人未年，卯人丑年，辰人午年，巳人子年，午人申年，未人寅年，申人酉年，酉人卯年，戌人亥年，亥人巳年。

集正麻推禄宅起造年月

甲癸生人禄宅属土，乙戊生人禄宅属水，俱以申酉戌亥子年月日吉，余并凶。

丙辛生人禄宅属木，亥子丑寅卯年月日吉，余凶。

丁生人禄宅属金，巳午未申酉年月日吉，余凶。

庚己壬生人禄宅属火，寅卯辰巳午年月日吉，余凶。

以上年，假如甲生人禄在寅，禄宅在未，便遁起丙寅，至辛未是土，故禄宅是土。其余依此。各从禄宅之位数至帝旺丑未年月日，吉。

动土方论

论动土方，陈希夷《玉钥匙》云：土皇方，犯之令人害风痨水蛊。

土府所在之方，动土取土之令人浮肿水气。又云：土瘟日并方，犯之主两脚浮肿。天贼日起手，犯之主招盗。

论取土动土主宫修造不出火避宅宜忌年月家凶神紧杀方道凶。

取土填基宜生气方、生土方、地仓方取土。忌土皇煞、土皇游方，凶。

动土吉日

宜甲子、癸酉、戊寅、庚辰、辛巳、甲申、丙戌、甲午、丙申、甲戌、乙亥、庚子、甲辰、癸丑，宜月空、成、开日。

癸酉土公生日。

甲子、乙丑、戊子、己丑、庚子、辛丑、甲寅、戊寅、庚寅、乙卯、己卯、辛卯、戊辰、己巳、庚辰、辛巳、甲辰、乙巳、庚午、辛未、甲午、乙未、丙午、丁未、己未、甲申、戊申、庚申、乙酉、己酉、辛酉、甲戌、戊戌、庚戌、乙亥、己亥、己丑、土公、收日。

甲子、庚午、辛未、庚子、丙午、丁未、丙辰、丁巳、辛酉、土公、收日，此日动土，日避伏龙土公。

癸卯、乙未，土公死葬日。

忌动土日，戊己日不宜动土填基，犯之凶，系是戊己杀日，不可犯之。

戊午日是黄帝死日，忌动土，犯之凶。

动土吉日

宜天德合、月德合、天德、月空、天恩、月恩、黄道、上吉、生气、满德星、吉庆星，宜除、定、执、平、成、开日。

诸凶日忌

土瘟、土府、土忌、土痕忌、土公箭、天贼、受死、天瘟、天罡、河魁、天恩、转杀、月建同日建、平、危、开日，惟九土鬼与执、破、平、收同日则凶。若逐月吉日不犯建、破、魁罡、勾绞、玄武黑道、日天贼、受死、天瘟、土瘟，并忌土府、转杀、正四废日，大杀白虎占中宫日。

伐木吉日

入山伐木法

凡伐木起工日，切不可犯穿山杀。匠人入山伐木起工，且用看好木头根数，具立平坦处砍伐。如或木植到场，不可堆放黄杀方，不可犯黄帝八座、九天大煞、三煞、炙退、官符、都天太岁方及戊己杀方，凶。

宜己巳、庚午、辛未、壬申、甲戌、乙亥、戊寅、己卯、壬午、戊子、乙酉、甲午、乙未、丙申、壬寅、丙午、丁未、甲寅、乙卯、己未、庚申、辛酉。

宜明星、黄道、天德、月德、天月德合、天月恩及诸吉星，定、成、开日。

忌天贼、正四废、龙虎、刀砧、赤口、蛀日、破败、鲁班煞、虎头煞、建、破、平、收日、受死、荒芜、月破、山隔、红嘴朱雀、山痕忌。

砍伐竹木

伐竹木宜不蛀日，及每月初五以前，遇血忌日伐之，吉。

七月甲辰、壬辰、丙辰日，值飞廉、血忌伐之，吉。

春蛀竹，夏蛀木，十月小阳春伐竹蛀，又宜立冬后、立春前择日用危日。

忌建、破、平、收日。

凡伐竹木宜秋冬月，多不蛀，屡试验之。

历书云：六甲蛀日，砍伐竹木则生蛀虫，鸡鹅鸭抱卵忌蛀日，虽初出多死，虫子亦生蛀虫，验矣。

古德蛀历日

六甲蛀日

甲子●甲申○甲辰○　乙丑　乙酉　乙巳○　丙寅○丙戌○丙午●

丁卯○丁亥○丁未○　戊辰○戊子○戊申○　己巳○己丑○己酉○

庚申●庚寅○庚戌○　辛酉●辛卯○辛亥○　壬申○壬辰●壬子○

癸酉●癸巳○癸丑○

甲戌●甲午●甲寅○　乙亥　乙未　乙卯　丙子●丙申○丙辰○

丁丑○丁酉○丁巳●　戊寅○戊戌○戊午●　己卯○己亥○己未●

庚辰○庚子●庚申●　辛巳●辛酉●辛丑○　壬午○壬寅○壬戌●

癸未○癸卯○癸亥●

古德砍伐日，历书云：图全黑是竹木并蛀日，图全白是竹木不蛀日，图左边黑者是木蛀日，图右边黑者是竹蛀日。

诗曰：

白星砍伐尽皆通，遇黑应知有蛀虫。
黑白半边分竹木，木归西畔竹归东。

拆屋吉日

宜甲子、乙丑、戊辰、己巳、辛未、壬申、癸酉、甲戌、丁丑、戊寅、己卯、庚辰、辛巳、癸未、甲申、丁亥、己丑、壬辰、癸巳、甲午、乙未、己亥、辛丑、癸卯、甲辰、乙巳、己酉、庚辰、辛亥、癸丑、丙辰、丁巳、庚申、辛酉、除、破日。

忌正四废、赤口、天贼。

拆屋忌方

凡修造坐宫修作方道，起手拆屋忌年家天官符、月家州县官符、小儿煞、打火头、阴阳的杀、身皇定命、炙退、三杀，并忌从此方起手，须从本命利月，月下三奇日方起手则吉。出宅避火后，拆除后折并不问方道杀神。

起工总论方道

论架马凶方

忌年木马杀、三杀、独火、官符、月家州县官符、月流财、身皇定命，惟坐宫备方不出火避宅忌之，又忌堆黄杀、白虎杀日方，月剑锋杀方。

论新立宅架马法

架马，作主人眷既已出火避宅，如起工只就坐山架马，至于竖造吉日，亦可通用。

论移宫修方

架马作主人眷不出火避宅，则就所修之方拣取吉方上起工架马。如出火避宅，起工架马却不问方道。

论净尽拆除旧屋倒堂竖造，作主人眷既已出火避宅，如起工架马，与新立宅舍架马亦同。

论架马活法

凡修作主近空屋内，或在百步之外起撩架马，并不问方道神煞。

逐月起工吉日

不犯建、破、魁罡、勾绞、破败、独火、天贼、受死、木马杀、斧头杀、刀砧杀、鲁班杀、月建转杀、正四废、阴阳错、五穷、四离、四绝、月破、天地、荒芜、赤口，曰九土鬼不与建、破、平、收同日，吉星多亦为次吉可用。

画梁柱吉日

宜天德、月德、天月德合日、黄道、上吉、天月恩、六合、天喜、天福、显星、曲星、传星、三白、九紫、成、开日。

开柱眼栽柱脚吉日

宜寅申巳亥、开、成日。诸吉并同前。

忌火星、天地火、独火，凶。

论画柱梁开柱眼，俱以白星为主，盖三白九紫匠人之大用也，先择日时之紫白，后定尺寸之紫白，上合天星之应照，下合吉曜之祥光，获福为家，主应益后代之昌盛也。

定磉吉日

宜甲子、乙丑、丙寅、戊辰、己巳、庚午、辛未、甲戌、乙亥、己卯、辛巳、壬午、癸未、甲申、丁亥、己丑、庚寅、癸巳、乙未、丁酉、己亥、庚子、壬寅、癸卯、丙午、己酉、壬子、癸丑、甲寅、乙卯、丙辰、丁巳、己未、庚申、辛酉。

宜天德、月德、天月德合、天福、天富、天喜、天月恩及诸吉日，满、成、平、闭日。忌正四废、天地贼、魁罡、月建转杀、建、破、天瘟日、天地火、独火、阴阳错、火星、天地、荒芜、受死、朱雀黑道。

定磉总论

（论定磉扇架与造竖吉日亦可以通用）

论定磉便为立向修方，如用三月竖造，则清明前尤是二月节，若其月有凶神占，决不可择日定磉。盖未得三月竖造，山向方道吉神而犯二月凶神矣，如前月不利，则虽与竖造同月，但竖造既得吉日，则在前定磉难择全吉之日，吉多凶少，亦可用之，扇架又轻于定磉故也。

右逐月吉日不犯凶星，说见前同上。

起手发槌

假如交正月节后，划削血刃煞在亥方，鲁班煞在寅方，切忌此二方起手发槌，犯之损人。夫工匠日并方宜避之。

鲁班煞

甲己日辰方，乙庚日午方，丙辛日申方，丁壬日亥方，戊癸日寅方。

右煞如甲戌日造忌辰方，发槌主跌损匠人。

三杀方：

申子辰日忌巳午未方。

巳酉丑日忌寅卯辰方。

寅午戌日忌亥子丑方。

亥卯未日忌申酉戌方。

日三杀忌起手发槌。

起造竖柱上梁吉日

竖造吉日

吉忌日墓，只有己巳、辛卯、甲戌、乙亥、乙酉、己酉、壬子、乙卯、己未、庚申。今日六甲图又有：戊子、己未、己亥，通前其十三日。《撮要》外有：己卯、甲申、己丑、庚寅、癸卯、戊申、壬戌七日。

注云：此七日遇黄道、天月德可用，又有戊寅、丙寅、壬寅，虽非正道日，以月家若神多亦可用也。

己酉日在六月、正月，虽吉不用。以九土鬼论，止忌与建、破、平、收同日。

若月内无此等吉日，须别择吉多凶少者用之，不可错过本月吉利山向。依天机权文内，先贤撰用过年月，悉编于逐月，只要八字五行生旺合局得过则自然辐辏也。

忌本命日，本命时冲日，火星、伏断、冰消瓦陷、杨公忌、子午头杀、荒芜、天贼、地贼、受死、天地凶败、灭没、正四废，转杀与月建同日，大忌刑冲克害，要与山向同干为吉，取日命为主宰。

上梁吉日

宜甲子、乙丑、丁卯、戊辰、己巳、庚午、辛未、甲戌、丙子、戊寅、庚辰、壬午、甲申、丙戌、戊子、庚寅、甲午、丙申、丁酉、己亥、庚子、甲丑、壬寅、癸卯、乙巳、丁未、己酉、丁巳、辛亥、癸丑、乙卯、己未、辛酉，若上梁与竖造同日，不必再择。

杨公凶日：正月十三，二月十一，三月初九，四月初七，五月初五，六月初三，七月初九，八月廿七，九月廿五，十月廿三，十一月廿一，十二月十九。

右竖柱上梁通忌犯之凶。

竖造总论

黄帝问玄女曰：世人所用日辰造作屋宇，何兴废如许不一？宜传未人。

玄女对曰：凡造宅舍，值合天开地通六合主之主神是吉，万事大吉。

若值玄武、勾陈、朱雀、白虎四神值之日并凶，不宜起造，正宜合太阳吉日。

大明吉日

李淳风奏用此二十一日，合大明历，乃天地开通太阳所值之辰，百事大吉利。

辛未　壬申　癸酉　丁丑　己卯　壬午　甲申
丁亥　壬辰　乙未　壬寅　甲辰　乙巳　丙午
己酉　庚戌　辛亥　丙辰　己未　庚申　辛酉

全吉日

甲子、乙丑、丙寅、己巳、庚午、辛未、癸酉、甲戌、乙亥、丙子、丁丑、癸未、甲申、丙戌、庚寅、壬寅、壬辰、乙未、丁酉、庚子、癸卯、丙午、丁未、甲寅、丙辰、癸丑、己未。以上竖造大吉利也。

论修造，先看作主行年得利，用运例用吉年月日，次看山家墓运，正阴府、太岁不克山头，浮天空亡、天官符占舍一并忌立向。次论月家飞宫州县官符，开山立向又论山家墓运，正阴府太岁月日时，忌克山。

如山家官符、巡山大耗、穿山罗睺、山家朱雀并忌开山，吉星到能制，俱用通天窍、走马六壬、天罡、天符、金星马贵人为主，克择利宜年月庚求壬紫白禄马贵人诸家鸾驾帝星，若有一吉神向到盖山向，以佐其吉，然后择日竖造，大吉。

论内堂竖造克择年月与新立宅舍一同，若在前原有旧宅净尽折去，谓之倒堂，竖造于在近择吉方出火避宅，俟工夫完备，别择吉利年月日入宅归火，最忌命龙坎。

论先造内堂、后造厅屋，凡人家修造内堂完备，已归火入宅，向后续造厅廊，只用备方向择年月所有山家墓运耳，阴府太岁并不须忌，惟择天空亡、巡山罗睺及月家飞宫方道黑杀，尤宜忌之。

论竖造不忌中宫神煞，凡修造已避宅出火则不忌中宫神煞，只忌开山立向凶神。竖造之月，其月有州县官符飞入中宫，其月竖造不妨，止忌当日归火，犯之立见官事。如有以上凶神，又须别择吉日入宅归火。

论工力未辨先竖柱成日子，凡小可人家竖造宅舍，工力未辨而竖造日子稍隔，宜择吉日无妨，起一门以应日干，以后或按工夫逐日竖柱，亦无妨也。

盖屋吉日

宜甲子、丁卯、戊辰、己巳、辛未、壬申、癸酉、丙子、庚辰、癸未、乙酉、丙戌、戊子、庚寅、丁酉、癸巳、乙未、己亥、辛丑、壬寅、癸卯、乙巳、戊申、庚戌、辛亥、癸丑、乙卯、丙辰、庚申、辛酉。

盖屋凶日

忌天火、八风、火足、午日、赤帝死、丁巳、月独火、天瘟、天贼、冰消瓦解、月建转杀、正四废、天百穿、月破、蚩尤、朱雀黑道、破日。

增补阳宅放水法

二十四山定局

子山水宜放甲丁辛方吉，黄泉杀在坤方凶。

癸山水宜放丙丁辛方吉，黄泉煞在坤方凶。

丑山水宜放庚丙方吉，黄泉杀在坤方凶。

寅山水宜放乾方吉，黄泉杀在坤方凶。

甲山水宜放庚丁方吉，黄泉杀在坤乾方凶。

卯山水宜放辛方吉，黄泉杀在坤乾方凶。

乙山水宜放庚辛方吉，黄泉杀在戊乾方凶。

辰山水宜放辛方吉，黄泉杀在乾方凶。

巽山水宜放癸方吉，黄泉杀在乾壬方凶。

巳山水宜放癸方吉，黄泉杀在乾壬方凶。

丙山水宜放壬辛戌方吉，黄泉杀在乾方凶。

壬山水宜放癸方吉，黄泉杀在乾方凶。

丁山水宜放辛方吉，黄泉杀在乾艮方凶。

未山水宜放甲方吉，黄泉杀在艮方凶。

坤山水宜放甲方吉，黄泉杀在甲方凶。

甲山水宜放甲方吉，黄泉杀在艮方凶。

庚山水宜放申壬方吉，黄泉杀艮巽方凶。

酉山水宜放乙方吉，黄泉杀在巽巳方凶。

辛山水宜放乙方吉，黄泉杀在巽巳方吉。

戌山水宜放甲乙方吉，黄泉杀在辰巽巳方凶。

乾山水宜放巽甲方吉，黄泉杀在巽巳方凶。

亥山水宜放巽方吉，黄泉杀在巳方凶。

壬山水宜放甲丁方吉，黄泉杀在辰巽方凶。

乾坤艮巽为御街水，甲寅丙壬为大神水，乙辛丁癸为小神水。

造门吉日

宜甲子、乙丑、辛未、癸酉、甲戌、壬午、甲申、乙酉、戊子、己丑、辛卯、癸巳、乙未、己亥、庚子、壬寅、戊申、壬子、甲寅、丙午、戊午。

宜择天德、月德、天德合、月德合、天月恩、满德星、吉庆星、天喜、天富、福星、六合、上吉、黄道、显曲传星、满、成、开日。

忌火星、天地贼、月建转杀、正四废、灭没、凶败、荒芜、大小耗、天火、独火、日火、受死、财离、岁空、阴阳错、朱雀黑道、冰消瓦陷、伏断、执、破、平、收日。

塞门吉日

宜伏断、闭日，诸吉日。忌丙辰、己巳、庚午、丁巳日。

鲁班尺式

财	疾	离	义	官	劫	害	本
财帛荣昌	灾病难免	主人分张	主生孝顺	主生贵人	主祸如麻	主被盗侵	主家兴隆

按鲁班尺只分八寸，书曰：财、病、义、离、官、劫、害、本八字，其尺八寸，以曲尺一尺四寸四分为之，鲁班尺一寸比曲尺有一寸尺分，故

八寸，该曲尺有一尺四寸四分也，凡人家造门，依用此尺。

曲尺之图

曲尺之图	一白	二黑	三白	四禄	五黄	六白	七赤	八白	九紫	一白

右曲凡有十寸，每寸有十分。凡遇起造及开门高低，皆在此上，做门须当对凑鲁班尺八寸，合吉字则吉，若造宅但用此尺。造门，假如单扇小者，开二尺一寸，压一白班尺在义上，单扇开二尺八寸在，八白班尺合官上。双扇门用四尺四寸一分，合四绿一白则为本门在吉上。如财门者，用四尺三寸八分合财门吉。大双扇门用广五尺六寸六分合两白，又在吉上。今时匠人则开门阔四尺二寸，乃为二黑班尺，又在吉上。及五尺六寸者则吉上二分，如六分正在吉中为佳也。

鲁班经云：凡造宅开门，须用准合阴阳，然后使尺寸量度，用合财吉星三白为吉，其白外但得九紫为小吉，只要合班尺与曲尺上下相同为吉相。

入宅移居吉日

明论入宅归火，世俗但以日下神杀为避，殊不知新立宅舍，未入香火则无五宰。既入宅香火，人眷则有司命之神，不可不谨。择月归火当合山运生命则吉。若凿造土罪吉日时，即请香火福神入中宫，候工毕，择日人眷入宅，更无疑忌。

本宅有丙寅、乙亥、甲申、壬寅、庚申犯红嘴朱雀（今删去不载）。

入宅吉日

甲子、乙丑、丁卯、己巳、庚午、辛未、甲戌、丁丑、癸未、庚寅、壬辰、乙未、庚子、癸卯、丙午、丁未、庚戌、癸丑、甲寅、乙卯、壬寅、丙辰、己未、丁巳。

宜天德、月德、天德合、月德合、天月恩、明星、月财、黄道、母仓。

忌家主本命日神，月将空亡、冰消瓦陷、子午头杀、披麻杀、杨公忌、受死、归忌、天贼、正四废、天厌、九丑、荒芜、灭没、大杀白虎雷霆白虎占中宫、红嘴朱雀入中宫日、建破平收日、魁罡、勾绞、月厌、离窠、博杀、天火、独火、地凶败、四忌、五穷、阴阳错日、冰消瓦解。

入宅总论

论大煞白虎、雷霆白虎入中宫，其日不宜入宅，如用其日入宅，宜权祭中宫厅堂一日，勿令人出入，只从横门来往，候其半夜子时后，遂开正门，入出无妨。

论随茅归火，其月官符在中宫，忌入宅归火。

论入宅归火者，移祖先福神香火入宅，其法先看修作主年命合其年例田年月例田运白，或得通天窍、走马六壬合得例田吉。年月并不拘诸家运，又须出向合得通天窍、走马六壬年月内吉神，方有应效。

又看浮天、六害、罗睺止忌占向，合位州县官符不占山向吉。次看月家飞宫州县官符不占山头，立向中宫，却宜入宅归火。又取其天德、月德、天月德合方并诸吉方入。

论归火与竖造同日，惟择吉时，家主先移祖先福神香火随位入宅，俗谓随茅入宅，先进香火，俟工毕，后择吉日同家眷从吉方入宅。

如竖造之日不先移香火入宅，必待山向年月得利，方可入宅归火。若竖造其日虽吉，却犯归忌、九丑，切忌随符入宅，又须别择吉日。

如竖造之月，飞宫州县官符在中宫，止忌入宅归火，至于六月竖造，不妨。

在入新宅选定吉日时，如入宅后搬家火财吉，宜进财不宜出财，若搬家火子先，人后入宅不应吉日。

如次日入宅，隔夜先要备香炉于中庭，当日吉时烧香点烛，宅长捧香炉，宅母、长男抱器皿五谷，长女将彩帛蚕种，以次男女各执财帛珍宝，婢妾各要执物，不可空手入至中庭，宅主焚香致诚歆礼祷祈福祉。

绝烟火杀

正七分居辰戌防，二八猪蛇不可当。
三九切忌游子午，四十又怕犯牛羊。
五十一月寅申忌，六十二月卯酉煞。
若人不信绝烟煞，犯着之时定凶亡。

绝烟煞例

正五九月卯日凶，二六十月子莫逢。
三七十一酉日忌，四八十二午绝踪。

辨正绝烟火论

夫绝烟火，乃五行二合局败日也。以天干所居配地支为之，其亥卯未三合会木局，而木生在亥，败在子，天干甲居木，故丑子是也。寅午戌月会合火局，火生在寅，败在卯，天干丁居火，故丁卯是也。申子辰三合水局，水生在申，败在酉，天干癸居水，则癸酉日是也。巳酉丑三合金局，金生巳，败在午，而天干庚属金，故庚午日是也。

二、六、十月惟甲子日是，正、五、九月惟丁卯日是，三、七、十一月惟癸酉是，四、八、十二月惟庚午是。

前诗例非。

修厨杂忌

九良星：乙丑、丁丑、戊子、己丑、壬寅、戊午年占厨，三、四、十二月占厨。九良煞：丑年占厨，十二月占厨。六甲胎神：丙辛日占厨。修厨日子午卯酉年占厨，主杀新妇。

丘公暗刃杀日

甲己年六月占厨，乙庚年八月占厨，丙辛年十月占厨，丁壬年十二月占厨，戊癸年三月占厨。

以上占厨，忌修厨房，新造则不论无忌。

作灶吉日

宜甲子、乙丑、癸酉、甲戌、乙亥、癸未、甲申、乙酉、己丑、壬辰、甲午、甲辰、乙巳、己酉、辛亥、癸丑、甲寅、乙卯、己未、庚申。

甲子、庚午、辛未、庚子、丙午、丁未、丙辰、丁巳、辛酉系土公败日，宜作灶动土，不避伏龙土公占。

灶宜向西南吉，东北凶。

宜天德、月德、天月德合、玉堂、黄道、生气、平、定、成日。

拆灶凶日

忌初八、十六日、十七日修，初七、十五日、二十七日忌拆动。

祀灶吉日

宜丁卯、壬申、癸酉、甲戌、乙亥、己卯、庚辰、甲辰、乙酉、丁酉、己丑、丁酉、癸卯、甲辰、丙午、己酉、辛亥、癸丑、乙酉、辛酉、六癸日，三元祖日。

宜天德、月德、福生、黄道、天福、神在、除、成、开日。

忌天狗、游祸、寅日、建、破、平、收、灭没、空亡日。

问响卜疏

灶者，五祀之首也，视福之柄，悉归所主。凡事疑虑，候破稍静，洒扫暖室，祭金注水令满，以木杓一个，安顿水上，釜边布方道，灶上燃灯二盏，一致灶腹，一置灶上，安镜一面在灶门边，净茶果在灶上。

疏曰：维某年、某月、某官，敬焚信香，昭告于司命。

灶君之神切闻福既何自敬，岂无征事之先兆，维神是司以令，某伏为某事中心，营营罔知，攸指敬于静夜，移新息焚修釜泉注求趋响卜之途，恭候指迷之柄，情之所属，神宝鉴之，某不胜听命之至。祷毕，以手拨锅水令在旋抗杓。祝曰：四纵五横，天地分明，神杓所指，祸福攸分。祝毕，以杓置水上任其自旋自定，随杓所指之处，抱镜沿门，不得回头，窃听旁人言语，即是响卜事产。或杓指处无路则是有阻，宜再占。

烧窑灶吉日

宜天德、月德、天德合、月德合、要安、黄道、上吉、成、开日。

忌火隔、焦坎、建、破日。

打窑灶吉日

宜要安、六合、建、平、定、收、成、开日。忌天地凶、受死、正四废、土瘟、荒芜、灭没、天休废、破日、六不成日、火隔、焦坎日。

男冠女笄

（谓冠带巾服等事）

宜用天德、月德、天月德合、天月恩、生气、福生、益后、续世、黄道、天乙绝气。

忌用蚩尤、火星日。丑日不冠带，惟忌八月定日，余月定日吉。

蚩尤凶日：正、七月寅，二、八月辰，三、九月午，四、十月申，五、十一月戌，六、十二月子。

犯之主发带结作乱故也，忌火星日，主发干燥枯结。

逐月冠笄吉日

正月：甲子、丙子、壬午、辛卯、丙午，外壬子、癸卯、己卯、庚午、癸酉、辛酉。

二月：丙寅、丁卯、甲寅、癸卯、癸巳、丁巳、辛未、己未、甲申、丁亥、己亥、辛亥、壬寅。

三月：甲子、丙子、丁卯、癸巳、乙巳，外庚子、壬子、己卯、丁酉、癸酉、乙卯。

四月：甲子、丁卯、戊辰、庚午、壬午、辛酉、辛卯、庚辰、己卯、癸卯、乙卯、甲辰、丙辰。

五月：丙寅、戊辰、辛未、戊寅、壬寅、甲辰、庚寅、甲寅、庚辰、丙辰、癸未、己未。

六月：丙寅、戊寅、甲寅、丁卯、辛卯、癸卯、甲申、丙申、庚申、己卯、乙卯、乙亥、辛亥、丁酉、辛酉。

七月：甲子、丙子、庚子、辛未、丙午、壬午、丁未、辛卯、癸卯、庚午、丁卯、壬辰、丙辰。

八月：丙寅、戊寅、癸巳、乙巳、丙戌、庚寅、己巳、甲戌、乙亥、丁卯、丁巳、壬戌。

九月：甲子、丙子、丁卯、辛卯、癸卯、己卯、乙亥、辛亥、辛酉、丙戌、庚子、壬子。

十月：甲子、丙子、丁卯、辛卯、癸卯、乙卯、壬午、甲午、辛酉、丙戌、庚子、壬子、己卯、庚午、癸酉、丁酉、己酉、壬戌。

十一月：丙寅、戊寅、甲寅、戊辰、壬辰、甲辰、癸巳、乙巳、壬申、丙申、戊申、庚申。

十二月：甲子、丙寅、戊寅、己巳、壬寅、甲寅、乙巳、癸巳、甲申、丙申、庚申、庚寅、乙卯、辛卯、癸卯。

右吉日，不犯魁罡勾绞、月厌、荒芜、阴阳错、正四废、九土鬼、九丑、破日、蚩尤、火星、天贼、灭没日。九土鬼不与建、破、平、收同日则不忌，亦吉也。

男女合婚

（谓推合八字吉凶合婚等事）

古本三元男女，各从本宫起甲子，数至本命宫分，却以男女两宫之数合卦，如男命在一宫，女命在四宫，即令之生气，吉。余仿此推之。

三元男女合婚

三元男女合婚定局法

男女生命	上元 男 女	中元 男 女	下元 男 女
甲子 癸酉 壬午 辛卯 庚子 己酉 戊午	七 八	一 二	四 八
乙丑 甲戌 癸未 壬辰 辛丑 庚戌 己未	六 六	九 三	三 九
丙寅 乙亥 甲申 癸巳 壬寅 辛亥 庚申	二 七	八 四	二 一
丁卯 丙子 乙酉 甲午 癸卯 壬子 辛酉	四 八	七 八	一 二
戊辰 丁丑 丙戌 乙未 甲辰 癸丑 壬戌	三 九	六 六	九 三
己巳 戊寅 丁亥 丙申 乙巳 甲寅 癸亥	二 一	一 七	八 四
庚午 己卯 戊子 丁酉 丙午 乙卯	一 二	四 八	七 八
辛未 庚辰 己丑 戊戌 丁未 丙辰	九 三	三 九	六 六
壬申 辛巳 庚寅 己亥 戊申 丁巳	八 四	二 四	二 七

福德		生气		天医		五鬼	
一三 三一 六八 八六	二七 四九 七二 九四	一四 三九 六七 八二	二八 四一 七六 九三	一八 三六 六三 八一	二四 四二 七九 九七	一七 三二 六四 八九	二三 四六 七一 九八
游魂		**归魂**		**绝体**		**绝命**	
一六 三八 六一 八三	二九 四七 七四 九二	一一 三三 六六 八八	二二 四四 七七 九九	一九 三四 六二 八七	二六 四三 七八 九一	一二 三七 六九 八四	二一 四八 七三 九六

编者注：上表中福德即延年，绝体即祸害，归魂即伏位，游魂即六煞，下同。

古本云：合得福德、生气、天医为上吉，子孙昌盛，不避冲刑害绝勾绞，及胞胎有犯月内，诸凶并无忌也。如遇游魂、归魂、绝体者，称之中等，可以较量轻重而言之，合取命卦通和，月中少忌，然后可以成。婚姻之事，理无十全，但得中平之上者亦之用吉。若遇五鬼之婚，于男女多主口舌相连。若遇绝命之婚，祸必深重，于男女各有忧亡，纵使命卦和悦，又得凡吉相当，亦不宜为婚也。

十二生命	亥子丑	寅卯辰	巳午未	申酉戌
孤辰 （男忌孤辰不宜）	正月	四月	七月	十月
寡宿 （女忌寡宿主嫁别婢）	九月	十二月	三月	六月

男女生命	寅申	卯酉	辰戌	巳亥	子午	丑未
胞胎相冲	四月 十月	五月 十一月	六月 十二月	七月 正月	二月 八月	三月 九月

胞胎冲，名穿胎，如寅生男不娶四、十月女，卯酉生女不嫁五、十一月男。

十二生命		子	丑	寅	卯	辰	巳	午	未	申	酉	戌	亥
骨髓破	男破女	二	三	十	五	十二	正	八	十	四	十一	六	七
	女破男	六	四	三	正	六	四	三	正	六	四	三	正
铁扫帚	男扫女	正	六	四	二	正	六	四	二	正	六	四	二
	女扫男	十二	九	七	八	十二	九	七	八	十二	九	七	八
六害		六	五	四	三	二	正	十二	十一	十	九	八	七

四败下生	大败	狼藉	飞天狼藉	八败
子辰巳生命	四月	五月	二三月	六月
丑申酉生命	七月	八月	正七月	九月
寅卯午生命	十月	十一月	五六月	十二月
未戌亥生命	正月	二月	十一月	三月

男女生命	孤	虚	男女生命	孤	虚
甲子旬中	九十月	三四月	甲戌旬中	七八月	正二月
甲申旬中	五六月	十一十二月	甲午旬中	三四月	九十月
甲辰旬中	正二月	七八月	甲寅旬中	十一十二月	五六月

吕才云：男女孤虚，浪荡难居，男多伤妻，女必妨夫，纵然匹配，后写离书，年虽上吉，犯此有危。

男命	益财	退财	望门守鳏	妻多厄	死墓防妻
金	七月至十二月生 益女家十七年	正月至六月生 退女家九年	七月	五六月	五六七月
木	七月至十二月生 益女家五十年	正月至六月生 退女家九年	四月	二三月	二三四月
水	正月至六月生 益女家四十年	七月至十二月生 退女家三十年	十月	八九月	八九十月
火	四月至九月生 益女家三十年	十月至十二月生 退女家廿九年	正月	十一十二月	十一十二正月
土	五月至十月生 益女家三年	十一月至四月生 退女家廿九年	四月	二三月	二三四月

女命	益财	退财	望门守寡	夫多厄	死墓防夫
金	十二月至五月生 益夫家廿九年	六月至十一月生 退夫家十九年	十月	八九月	五六七月
木	三月至八月生 益夫家廿九年	九月至十二月生 退夫家廿五年	正月	十一十二月	二三四月
水	七月至十二月生 益夫家卅九年	正月至六月生 退夫家十九年	四月	二三月	八九十月
火	六月至十一月生 益夫家廿九年	十二月至五月生 退夫家卅九年	四月	二三月	十一十二正月
土	十月至三月生 益夫家五十年	四月至九月生 退夫家卅五年	七月	五六月	二三四月

阴错阳差

阴错阳差是如何，辛卯壬辰癸巳多。

丙午丁未戊申位，辛酉壬戌癸亥过。

丙子丁丑戊寅日，十二宫中仔细推。

女子逢之命孤寡，男子逢之退外家。

凡遇此与妻是非少合，其煞不论男女月日时，两重三重犯之极重，只男家犯之尤重，不得外家力，纵有妻财亦成虚话，久后与妻家如仇，不相往来也。

曲脚煞

乙巳、己巳、丁巳日是曲脚煞，人命日主犯之主克头妻。

平头煞

如甲子年、乙亥月、丙寅日、丁酉时，一路犯之，人命犯之男克妻，女克夫也。

论检婚书法：先将男女生命要合看生月，或值大败、八败、骨髓破、铁扫帚、退财等煞。但男女合婚，大抵无十全美，要两家神煞相抵敌得则又无妨，今人多将年月命隐藏，反成自害矣。

论男女生月看节气，假如男命是十二月二十八日生，先一日已交春节，以后生命便作次年，壬辰亥未年月吉凶。

论退财，凡男女命值退财之年凶，男退女家，女退夫家，犯之惟忌九年、十八年、十九年最毒，除退年数多年则亦无妨。

论子息多寡，诗诀云：长生之位中旬半，沐浴一双保吉昌。冠带临官三子位，旺中五子自成行。衰中二子病中一，死中至老没儿郎。除非养取他人子，入墓之时难保双。受气为绝一个子，胎中头女有孤娘。养中三子只留二，男女宫中仔细详。

男女宫者，坐命宫逆第五位也，以克我者起长生，如火年入亥宫，坐命男女宫在未，以水主长生在申，则火命人未宫是，养中三子只留二是也。

论骨髓破煞，男破女家，女破男家，诀云：蛇鼠牛猴兔，犬猪马羊虎，鸡龙十二位，此是破家子。参详其煞与逐月河魁罡方同也。

论死墓绝，若男命犯之妨三妻，女命犯之妨三夫。假如甲子生男，纳音属金，金能克木，死于午墓在未绝在申。若男子生命于五六七月生，则能克妻。娶得丙寅生女，纳音属火，火能克金，则两家神煞自可抵敌，又无妨也。余仿此。

男女结婚

（谓结婚、会亲、聘礼、纳吉、请期等事）

结婚吉日：丙寅、丁卯、戊寅、己卯、丙子、戊子、丙戌、戊戌、庚寅、壬寅、癸卯、乙巳。

宜天德、月德、天月德合、六合、吉期即除日、阳德、时阳、开日同，三合、五合、玉堂、续世、六仪、天宝、天对、天岳、天府、天王、执储、月恩、执、危、成、开日。

忌五离、上朔、小时、四耗、八龙、七鸟、九虎、六蛇、大时、月刑、月害、劫煞、建、破、收、满、破、闭日及红嘴朱雀日。

纳采问名吉日：乙丑、辛未、戊寅、己卯、庚辰、丙戌、己丑、乙未、辛丑、甲辰、丁未、庚戌、癸丑、丙辰，宜天喜、定、危、成日。忌破、平、收日。

吉日	正	二	三	四	五	六	七	八	九	十	十一	十二
天德	丁	申	壬	辛	亥	甲	癸	寅	丙	乙	巳	庚
天德合	壬	巳	丁	丙	寅	巳	戊	亥	辛	庚	甲	乙
月德	丙	甲	壬	庚	丙	甲	壬	庚	丙	甲	壬	庚
月德合	辛	巳	丁	乙	辛	巳	丁	乙	辛	巳	丁	乙
月恩	丙	丁	庚	巳	戊	辛	壬	癸	庚	乙	甲	辛
六合	亥	戌	酉	申	未	午	巳	辰	卯	寅	丑	子
阳德	戌	子	寅	辰	午	申	戌	子	寅	辰	午	申
六仪	辰	卯	寅	丑	子	亥	戌	酉	申	未	午	巳
续世	丑	未	寅	申	卯	酉	辰	戌	巳	亥	午	子
天宝金厄	辰	午	申	戌	子	寅	辰	午	申	戌	子	寅
天对天德	巳	未	酉	亥	丑	卯	巳	未	酉	亥	丑	卯

（续表）

吉日	正	二	三	四	五	六	七	八	九	十	十一	十二
天王玉堂	未	酉	亥	丑	卯	巳	未	酉	亥	丑	卯	巳
执储明星	丑	卯	巳	未	酉	亥	丑	卯	巳	未	酉	亥
五合	注云：甲寅乙卯日月合，戊寅己卯人民合。											

凶日	正	二	三	四	五	六	七	八	九	十	十一	十二
月害	巳	辰	卯	寅	丑	子	亥	戌	酉	申	未	午
月刑	巳	子	辰	申	午	丑	寅	酉	未	亥	卯	戌
劫煞	亥	申	巳	寅	亥	申	巳	寅	亥	申	巳	寅
大时	卯	子	酉	午	卯	子	酉	午	卯	子	酉	午
四耗	春壬子　夏乙卯　秋戊午　冬辛酉											
八龙	春　甲子乙亥　　七鸟　　夏　丙子丁亥											
九虎	秋　庚子辛亥　　六蛇　　冬　壬子癸亥											
五离	注云:戊申己酉人民离忌结婚,丙申丁酉日月离忌会客。											

逐月求婚吉日

正月:丙子、辛卯、丁丑、癸卯、庚午、辛未、丙午、辛未、壬子、壬午。

二月:丙寅、丁卯、己巳、乙巳、庚寅、辛卯、癸卯、己卯、甲寅、丙戌、甲戌、壬戌。

三月:丁卯、庚子、丙子、戊子、壬子、癸酉、己酉。

四月:丙子、戊子、庚子、乙丑、丁丑、庚午、丁卯、辛卯、癸丑、乙卯。

五月:戊寅、丙寅、庚寅、甲寅、壬辰、辛未、甲辰、戊辰、丙辰、己未。

六月:戊寅、己卯、甲寅、乙卯、丙寅、丁卯、庚寅、辛卯、壬寅、癸卯。

七月:甲子、丙子、戊子、庚子、壬子、戊辰、壬辰、丙辰、壬午、癸未、丙午、丁未。

八月:乙丑、丁丑、癸丑、丙寅、庚寅、壬辰、乙巳、乙亥、丙辰。

九月:丙子、庚午、壬午、丙午、辛卯。

十月:丙子、庚午、壬午、辛未、乙未、丁未、己未、癸未。

十一月:甲寅、戊寅、庚寅、甲寅。

十二月:乙丑、丙寅、戊寅、甲寅、乙卯、己卯、辛卯、癸卯。

上吉日,不犯魁罡、勾绞、月破、受死、九空、人隔、阴阳错差等凶煞则吉。

逐月下定结婚吉日

正月:辛未、丙子、戊子、乙未、丁未,外癸未、庚子。

二月:辛未、己丑、乙未、丁未,外丁丑、癸未、丁亥、己亥、辛亥、己未、戊戌、丙戌。

三月:丙寅、丙子、戊子、戊寅、庚寅,外戊子、庚子。

四月:丁卯、乙丑、己卯、丙戌、癸卯,外甲子、甲戌、辛卯、乙卯、庚子、壬子、庚子。

五月:丙寅、辛未、戊寅、庚寅、庚辰、丙戌、甲辰、丙辰、戊辰、壬辰、甲寅。

六月:丙寅、丁卯、戊寅、己卯、庚寅、辛卯、癸卯、乙亥、辛亥、甲寅、乙卯、己卯。

七月:丙子、戊子、壬午、庚辰、甲辰、壬辰、丙辰、丁卯、辛卯、癸卯。

八月:乙丑、丁丑、癸丑、丙辰、壬辰、戊辰、庚辰。

九月:庚午、壬午、丙午、丙子、己巳、辛卯、乙卯。

十月:丁卯、庚午、辛未、壬午、癸未、丙子、乙未、丁未、己未、癸卯、乙卯。

十一月:乙丑、癸丑、戊辰、壬辰、壬申、丁丑、甲寅、庚寅、庚申、甲申。

十二月:壬寅、丁卯、戊寅、己卯、庚寅、辛卯、癸卯、甲寅、乙卯。

均依古本考正。

上吉日不犯月刑、月害、大时、七鸟、八龙、九虎、六蛇、人民离、破、平、收等煞则吉。

送礼纳吉

(谓送仪礼请期、纳采等事)

送礼吉日:己卯、庚寅、辛卯、壬辰、癸巳、己亥、庚子、辛丑、乙巳、丁巳、庚申。

天德合、月德合、天喜、要安、益后、续世、上吉、黄道日。

忌勾绞、正四废、月忌、赤口、大小空亡、受死、凶败、天贼、荒芜、灭没、伏断、破、平、收日。

男女嫁娶

(谓女行嫁、男求婚等事)

男婚凶年	犯此多疾少乐	生命	子	丑	寅	卯	辰	巳	午	未	申	酉	戌	亥
		年	未	申	酉	戌	亥	子	丑	寅	卯	辰	巳	午
女嫁凶年	犯此厄多疾患	生命	子	丑	寅	卯	辰	巳	午	未	申	酉	戌	亥
		年	卯	寅	丑	子	亥	戌	酉	申	未	午	巳	辰

男女命	子	午	丑	未	寅	申	卯	酉	辰	戌	巳	亥
大利月 合得大利辰月上吉	六	十二	五	十一	二	八	正	七	四	十	三	九
妨媒氏首子	正	七	四	十	三	九	六	十二	五	十一	二	八
妨翁姑 无翁姑不忌	二	八	三	九	四	十	五	十一	六	十二	正	七
妨父母 无父母不忌	三	九	二	八	五	十一	四	十	正	七	六	十二
妨夫主	四	十	正	七	六	十二	三	九	二	八	五	十一
妨女自身	五	十一	六	十二	正	七	二	八	三	九	四	十

女命得行嫁大利月，无诸忌则吉，若用有犯亲属之月，各防其咎。

嫁娶吉日：宜不将、天德、月德、天月德合、母仓、黄道、上吉、次吉、月恩、益后、续世、戊寅己卯人民合，无不将亦为吉日，不必拘也。忌月厌、土府、归忌、赤口、天贼、离绝，大煞白虎、雷霆白虎入中宫，亥日人民离日及月厌煞、厌对煞，凶。

嫁娶凶日	正	二	三	四	五	六	七	八	九	十	十一	十二
归忌(忌进人口)	丑	寅	子	丑	寅	子	丑	寅	子	丑	寅	子
月厌(杀公)	戌	酉	申	未	午	巳	辰	卯	寅	丑	子	亥
厌对(杀姑)	辰	卯	寅	丑	子	亥	戌	酉	申	未	午	巳
天贼(嫁娶俱忌)	辰	酉	寅	未	子	巳	戌	卯	申	丑	午	亥
月破(娶忌)	申	酉	戌	亥	子	丑	寅	卯	辰	巳	午	未
受死(娶忌)	戌	辰	亥	巳	子	午	丑	未	寅	申	酉	卯
往亡(嫁忌)	寅	巳	申	亥	卯	午	酉	子	辰	未	戌	丑
天寡(嫁忌) 地寡(嫁忌)	春卯酉　夏午子　秋酉卯　冬午子											
红沙煞(娶忌)	巳	酉	丑	巳	酉	丑	巳	酉	丑	巳	酉	丑
披麻煞(嫁娶忌)	子	酉	午	卯	子	酉	午	卯	子	酉	午	卯
天罡勾绞(娶妇忌)	巳	子	未	寅	酉	辰	亥	午	丑	申	卯	戌
河魁勾绞(娶忌)	亥	午	丑	申	卯	戌	巳	子	未	寅	酉	辰
缙绅(嫁娶忌)	酉	巳	丑	酉	巳	丑	酉	巳	丑	酉	巳	丑
无翘(婚姻忌)	亥	戌	酉	申	未	午	巳	辰	卯	寅	丑	子
天雄(忌娶妇)	戌	亥	子	丑	寅	卯	辰	巳	午	未	申	酉

（续表）

地雄(忌嫁女)	辰	巳	午	未	申	酉	戌	亥	子	丑	寅	卯
阴错(娶妇忌)	庚戌	辛酉	庚申	丁未	丙午	丁巳	甲辰	乙卯	甲寅	癸丑	壬子	癸亥
阳错(娶妇忌)	甲寅	乙卯	甲辰	丁巳	丙午	丁未	庚申	辛酉	庚戌	癸亥	壬子	癸丑
荒芜	巳	酉	丑	申	子	辰	亥	卯	未	寅	午	戌
婚娶(忌宿)	心翼兼鬼参　亢氐及昴牛　婚姻不犯此　夫妇乐无忧											
天狗(无嗣)	立春　春分　立夏　夏至　立秋　秋分　立冬　冬至											
灭没	弦虚　晦娄　朔角　望亢　虚鬼　盈牛											
伏断	子虚丑斗寅室卯女辰箕巳房午角未张申鬼酉觜戌胃亥壁若遇伏断，辰克午日极凶，如庚午、丙子、戊寅、己卯、辛巳、甲申、乙酉。											
红嘴朱雀(损宅长)	壬申　辛巳　庚寅　卯　戊申　丁巳											
离窠	丁卯 戊辰 己巳 戊寅 辛巳 戊子 己丑 壬申 壬午 戊戌 己亥 辛丑 戊午 辛亥 壬戌 癸亥											
上朔	甲年丁亥 乙年己巳 丙年乙亥 丁年辛巳 戊年丁巳 己年癸巳 庚年己亥 辛年乙巳 壬年辛亥 癸年丁亥											
四离	春分前一日 秋分前一日 夏至前一日 冬至前一日											
四绝	立春前一日 立夏前一日 立秋前一日 立冬前一日											

人民离：戊申、己酉。亥日不行嫁，主生离。

雷霆白虎入中宫日：甲己月：丁卯、丙子、乙酉、甲午、癸卯、壬子、辛酉。乙庚月：戊辰、丁丑、丙戌、乙未、甲辰、癸丑、壬戌。丙辛戊癸月：辛未、庚辰、己丑、戊戌、丁未、丙辰。丁壬月：乙丑、甲戌、癸未、壬辰、辛丑、庚戌、己未。

大煞白虎入中宫日：戊辰、丁丑、丙戌、乙未、甲辰、癸丑、壬戌。

横天朱雀：每月初一日是，书至初一不行嫁王甫娶。

嫁娶周堂

堂	翁	第
姑		灶
夫	厨	妇

论月分大小，不问节气。大月从夫向姑顺行，小月从妇向灶逆行，逢第、堂、厨、灶日用之，如值翁、姑，宜出宅少避，无翁姑不忌。

行嫁周堂

死	睡	门
床		路
堂	灶	门

大月从灶向堂顺行，小月从厨向路逆行。如在死、睡、厨、灶吉，如值门、床、堂、路则祈牡禳之，吉。

阴阳不将日例定局

正月月厌在戌，厌对在辰，自辛至巽为前为阳，自乾至乙为后为阴。阳边取干，阴边取支，干支配合为阴阳不将，纯阳边取干支为阳将，纯阴边取干支

为阴将,若反阴边取干、阳边取支为阴阳俱将。总圣云:阴将女死,阳将男亡,阴阳俱将男女相伤,阴阳不将夫妇吉昌(将字平声)。

《撮要》云:若非不将日虽得天月德诸吉星,亦不可用也。

二月月厌在酉,厌对在卯,其余仿此推。

论正月阴阳不将日:丙寅、丁卯、辛卯、丙子、己卯、庚寅、庚子,是阳边取干,阴边取支,阴阳配合,故为不将也。更有辛亥、丁亥、丁丑、辛丑四日亦是不将,盖亥日不行嫁,丑日犯归忌,所以逐日定局不载矣。

阳将日:辛酉、辛未、辛巳、庚申、庚午、戊午、丙午、己酉、己未、己巳、丁酉、丁未、丁巳,纯是阳边干支,故为阳将。

阴将日:壬子、壬寅、癸卯、癸亥、甲子、甲寅、乙卯、乙丑、乙亥,纯是阴边干支,故为阴将。

阴阳俱将日:如壬午、壬申、癸巳、癸未、癸酉、甲午、甲申、乙未、乙酉、乙巳,纯是阴边干、阳边支,为阴阳俱将。余仿此。

逐月不将吉日定局

正月:丙寅、丁卯、丙子、己卯、庚寅、辛卯、庚子,外丁丑、己丑、辛丑、丁亥、辛亥。

二月:乙丑、丙子、丁丑、乙酉、丙戌、己丑、庚子、庚戌,外丙寅、庚寅。

三月:乙丑、甲戌、丁丑、乙酉、丙戌、己丑、丁酉、己酉,外甲子、丙子。

四月:甲子、甲戌、丙子、甲申、乙酉、丙戌、戊子、丙申、丁酉、戊戌、戊申。

五月:癸酉、甲戌、癸未、甲申、乙酉、丙戌、乙未、丙申、戊戌、戊申。

六月:壬申、癸酉、壬午、癸未、甲申、乙酉、癸巳、甲午、乙未、乙巳、戊申、戊午。

七月:壬申、癸酉、甲戌、癸未、甲申、乙酉、乙未、戊戌、戊申。

八月:戊辰、壬申、戊午、辛巳、壬午、甲申、壬辰、癸巳、甲午、甲辰、戊申、戊子。

九月:己巳、庚午、辛未、庚辰、辛巳、壬午、癸未、辛卯、壬辰、癸巳、癸卯、戊子。

十月:戊辰、庚午、己卯、庚辰、壬寅、庚寅、癸卯、辛卯、壬辰、壬午、戊寅、戊子。

十一月:己巳、丁丑、庚辰、辛巳、己丑、壬辰、辛丑、丁巳。

十二月:丙寅、丁卯、丁丑、己卯、庚辰、己丑、庚寅、辛卯、辛丑、丙辰、戊寅。

上吉日不犯阴将阳将、阴阳俱将、月厌、厌对、亥日、人民离、受死、归忌。

嫁娶通用吉日:今考正六甲用只乙丑、丁卯、丙子、丁丑、辛卯、癸卯、乙巳七日有不将,壬子、癸丑、乙卯三日无不将。今以为吉,是不可拘也。《百忌》取用癸巳、壬午、乙未。《总圣》又取丙辰、辛酉、辛亥。六甲图兼取己丑、庚寅八日为次吉,为内外分四季吉日。

四季吉日:丙子、丁丑、壬子、癸丑、壬午春秋吉。癸巳、癸卯、乙巳夏秋冬吉。乙丑、己丑、乙未春夏秋吉。辛卯秋冬吉。丁卯、乙卯夏冬吉。

逐月嫁娶吉日

正月:丙子不将,合季分。丁卯、辛卯系不将。壬午、壬子、己未合季分,己卯人民合。

二月:乙丑、己丑、丁丑系不将,合季分。乙未癸丑合季分。

三月:己卯人民合月。

四月:丁卯、癸卯、乙卯合季分。己卯人民合。卯日犯披麻煞,禳之吉。

五月:乙丑、己丑合季分。丁丑、癸丑不合季,亦可用也。

六月:癸卯、丁卯、乙卯合季分。辛卯、庚寅不合季,亦可用戊寅,己卯人民合。

七月:壬午、乙未上吉,不将合季分。午日犯披麻煞,禳之吉,癸丑、壬子合季分。

八月:乙丑、丁丑、癸丑、己丑合季分。

九月:癸卯、癸巳上吉不将合季分。辛卯、壬午合季分。己卯人民合月。

十月:辛卯、癸卯、己卯不将合季分,上吉。己卯、丁卯合季分。

十一月:癸巳、己巳合季分。

十二月:辛卯、丁卯、己卯、庚寅系不将,合季分。癸卯、乙卯合季分。

以上吉日,不犯魁罡、月厌、厌对、月破、天贼、受死、红沙、吟神、人民离、四忌、五穷、阴阳错、亥日、往亡日、四离、四绝、红嘴朱雀。

逐月嫁娶结婚吉日

（备急用此者犯朱雀，禳之吉）

正月：丁卯、丙子、辛卯不将，癸卯、乙卯五合，壬午、丙午三合，辛未月德合。

二月：乙丑、丙戌不将，己巳月合。

三月：壬寅、戊寅、甲寅、乙卯系三合。

四月：甲戌、丙戌、戊戌系不将，辛卯系三合。

五月：甲戌、丙戌系不将，辛丑月德合，乙丑系大吉日。

六月：壬申、癸酉、甲申、乙酉不将，戊寅、庚寅五合，癸卯、乙卯三合五合。

七月：乙未不将。

八月：甲申、辛巳不将，戊戌大吉期，乙巳、己巳、己丑、癸丑系三合。

九月：庚午、壬午、癸巳、癸卯、辛巳不将，辛卯六合，丙午系三合五合。

十月：庚午、辛未、丁未系三合，辛卯系三合五合。

十一月：丁丑、壬辰系不将，丙申、庚申、甲辰系三合。

十二月：庚寅、辛卯、己巳不将，癸巳三合，壬寅、甲寅、戊寅五合。

嫁娶日依历取三合、五合、不将、月德合、六合备急用，不必拘六甲神煞。

铺筵设席

（谓开筵、会亲等事）

宜满、定、执、危、成、开日。忌赤口、破日、酉日、上朔日，忌作乐。

雷霆白虎大杀、白虎忌入中宫。隐伏血刃忌到中宫（三者俱忌值中宫）。

上云二白虎入中宫日，忌用鼓乐，俗用魇禳法以朱大书“狮子占此”贴中宫。客将坐先以酒滴地则不忌。又用州县官符在中宫月日，有九紫到中宫不忌。若误用酉日，大书一“酉”字倒悬以禳之，惟大宴忌之，小饮急客皆不忌。

大杀白虎入中宫日：丁丑、丙戌、乙未、戊辰、甲辰、癸亥、壬戌。

雷霆白虎入中宫日：甲己月：丁卯、丙子、甲午、癸卯、壬子、乙酉、辛酉。乙庚月：戊戌、丁丑、丙戌、乙未、甲辰、癸丑、壬戌。丙辛戊癸月：辛未、庚辰、己丑、戊戌、丁未、丙辰。丁壬月:乙丑、甲戌、癸未、壬辰、辛丑、庚戌、己未。

隐伏血刃:甲己丙辛年:五月、八月占中宫。丁壬年:正、三、十二月占中宫。乙庚年:二月、十一月占中宫。戊癸年:六、四、七、十月占中宫。

养子纳婿

(谓应后招赘血抱养子过房等事)

养子吉日:宜天德、月德、天月德合、黄道、益后、续世、六合、天喜日。

纳婿吉日:宜忌与嫁娶日同择,忌人隔日。

人隔日:正、七酉,二、八未,三、九巳,四、十卯,五、十一丑,六、十二亥。

纳婿周堂

姑	弟	翁
夫		门
户	厨	灶

只论月分大小,不论节气。大月从夫向姑顺行,小月从户向厨逆行。若值姑翁可出外少避,惟值夫则别值吉日,嫁娶同堂兼用同论。

兄弟结义

(谓小儿契拜父母等事)

结义吉日:宜司命、黄道、生气、执储、天庆、天德、月德、天月德合、阴阳德、五合、六合日。忌五离、八绝、人隔、赤口、咸池、破败日。

买纳奴婢

（谓买小斯工雇进人口等事）

买纳奴婢日吉：宜甲子、乙丑、丙寅、丁卯、戊辰、壬申、乙亥、戊寅、甲申、丙戌、辛卯、壬辰、癸巳、甲午、乙未、乙亥、庚子、癸卯、丙午、丁未、辛亥、壬子、甲寅、乙卯、己未、辛酉，宜明堂、玉堂、司命、黄道、天月德、收、满日。忌勾绞、赤口、破败日。

凶日	月											
	正	二	三	四	五	六	七	八	九	十	十一	十二
归忌	丑	寅	子	丑	寅	子	丑	寅	子	丑	寅	子
天贼	辰	酉	亥	未	子	巳	戌	卯	申	丑	午	亥
荒芜	巳	酉	丑	申	子	辰	亥	卯	未	寅	午	戌
受死	戌	辰	亥	巳	子	午	丑	未	寅	申	卯	酉
别死	春戌　夏丑　秋辰　冬未											
伏罪	春亥　夏寅　秋巳　冬申											
徒隶	春申　夏亥　秋寅　冬巳											
正四废	春庚申辛酉　夏壬子癸亥　秋甲寅乙卯　冬丙午丁未											
鸡缓	丁卯 甲戌 辛丑 戊子 乙未 壬寅 乙酉 丙辰 癸酉											
离窠	丁卯 戊辰 己巳 戊寅 辛巳 戊子 己丑 戊戌 己卯 辛丑 壬申 戊申 辛亥 戊午 壬戌 癸亥											
九土鬼	乙酉 癸巳 辛丑 庚戌 丁巳 戊午 甲午 己酉 壬寅											
九丑日	乙酉 辛卯 戊子 壬子 戊午 己酉 己卯 辛酉 壬午											

凶日	月					
	正七月	二八月	三九月	四十月	五十一月	六十二月
天休废	初四初九	十三十八	廿二廿七	初四初九	十三十八	廿二廿七
赤口	初三初九 十五廿一 廿七	初二初八 十四二十 廿六	初一初七 十三十九 廿五	初六十二 十八廿四 三十	初五十一 十七廿三 廿九	初四初十 十六廿二 廿八

逐月纳奴婢吉日

正月：丁卯、辛未、壬午、乙卯、丙午、丁未，外辛卯、癸卯、己未。

二月：乙丑、乙卯、辛卯、癸巳，外丁丑、乙丑、癸丑。

三月：乙卯、癸卯，外辛卯、己卯、壬辰、丙午、丁酉。

四月：甲子、丙子、庚子、丙午、甲午，外戊辰、壬辰、丁酉、辛酉。

五月：戊辰、辛未、丁未、己未、甲申、丙戌，外癸未、丙申、庚申、壬辰。

六月：乙卯、癸卯、己未、甲申，外己卯、辛卯、丙申、庚申。

七月：甲子、庚子、辛未、丁未，外丙子、壬子、癸未、癸卯。

八月：乙丑、甲申、丙戌、乙亥，外癸丑、丁丑、庚戌、庚申。

九月：癸卯、丙戌、丙午，外己卯、辛卯、庚午、甲午、己亥、辛亥、乙亥。

十月：甲子、庚子、甲午、辛酉、丙戌，外丙子、壬子、庚午、丁酉、庚戌、壬戌。

十一月：甲子、庚子、壬辰，外戊辰、庚辰、丁辰、壬戌、丙戌。

十二月：乙丑、甲寅、丙寅、戊寅、庚寅、己卯、癸卯、辛卯、己卯、丁卯。

以上吉日不犯归忌、人隔、天贼、月破、受死、伏罪、徒隶、正四废、勾绞、鸡缓、九土鬼、九丑、休废、荒芜、灭没、凶败、九土鬼、离窠，不与建、平、收同日。

胎产杂忌

（附婴儿避忌等事）

凶方	年											
	子	丑	寅	卯	辰	巳	午	未	申	酉	戌	亥
禄存	兑	乾	中	巽	震	坤	坎	坤	震	巽	中	乾
文曲	艮	兑	乾	中	巽	震	坤	震	巽	中	乾	兑
血道	壬丙	丁	癸	甲庚	乙	辛	壬丙	丁	癸	申庚	乙	辛

凶方	月											
	正	二	三	四	五	六	七	八	九	十	十一	十二
六甲	床	户	门	灶	身	床	碓	厕	门	房	灶	房
胎神	房	窗	堂	灶	床	仓	磨	户	房	床	灶	床
四季伤胎杀	春	子	午	夏	丑	未	秋	辰	戌	冬	巳	亥
凶杀方		甲	己	乙	庚	丙	辛	丁	壬	戊	癸	
六甲胎神	门 碓 磨 厨 灶 仓 库 床 房											

凶方	日					
	子午	丑未	寅申	卯酉	辰戌	巳亥
六甲胎神	碓	厕	炉	大门	鸡栖	木

论胎神月日所值处,切忌修整,犯者损身孕。《年月备要》所载,昔有戌日于房中钉换门,当夜果损身孕。厩素云:邻有王洪,癸日修房其夜损孕妇,亡。又有邻黄允,用丑日修厕,即日亦损孕妇身。凡有孕妇者,宜仔细推究,不可轻用有误。

藏胎衣法:宜于一百二十步外埋藏,并不问方道吉凶,又宜生气方,如产女孩用覆埋之,以黑炭夹于阴门,主生男子也。忌九良星方犯之,主九年无子,今复试有验。如正月起子,二月丑,顺行。余仿此,十二良星杀,切宜避之。

小儿剃头

(谓剃头蓄发、女子开面、穿耳、断乳、缠足)

剃头吉日:宜乙丑、壬申、丙子、已卯、壬午、丙戌、甲寅、辛酉,宜天德、月德、黄道、益后、续世。忌建、破丁日、每月十五日。

逐月小儿剃头吉日

正月:壬午、甲午、己卯、辛卯、癸卯、乙卯,外乙亥、己亥、辛亥、癸亥、甲子、戊子。

二月:乙亥、己亥、辛亥、癸亥、乙丑、己丑、辛丑、癸丑、乙巳、癸巳、己巳、甲申、戊申,外甲子、戊子、庚子、壬子。

三月:甲子、戊子、庚子、壬子、己巳、乙巳、癸巳、癸酉、乙酉、己酉,外癸未、己未、庚午、壬午、甲午、甲申、戊申。

四月:乙丑、己丑、辛丑、癸丑、己卯、辛卯、癸卯、乙卯、庚午、壬午、甲午、甲戌、戊戌、庚戌,外甲子、戊子、庚子、癸酉、乙酉、己酉、辛酉、辛未、己未、乙未。

五月:戊寅、庚寅、壬寅、甲寅、戊辰、庚辰、甲辰、辛未、癸未、乙未、己未、乙丑、己丑、辛丑、癸丑、甲戌、庚戌、壬戌、甲申、庚申、乙亥、己亥、辛亥、戊戌。

六月:己卯、辛卯、癸卯、乙卯、甲申、庚申、乙亥、己亥、辛亥、戊寅、壬寅、庚寅、甲寅、己巳、乙巳、辛巳、癸巳。

七月:己巳、乙巳、辛巳、癸巳、庚午、壬午、甲午、乙卯、癸卯、辛卯、甲子、戊子、庚子、壬子、甲戌、戊戌。

八月:乙丑、己丑、辛丑、癸丑、己巳、辛巳、癸巳、乙巳、戊寅、庚寅、壬寅、甲寅、乙亥、己亥、辛亥、癸亥、戊辰、庚辰、壬辰、甲辰。

九月:庚午、壬午、甲午、甲子、戊子、壬子、己卯、辛卯、癸卯、壬申、甲申、戊申、庚申、乙亥、己亥、辛亥。

十月:甲子、戊子、庚子、壬子、戊辰、庚辰、壬辰、辛未、乙未、己未、癸酉、乙酉、己酉、辛酉,外庚午、壬午、甲午、癸未、乙卯、辛卯、癸卯、己卯。

十一月:庚寅、壬寅、甲寅、戊辰、庚辰、壬辰、甲辰、壬申、甲申、戊申、甲戌、庚戌、辛未、癸未、乙未、己未、乙酉、戊寅。

十二月:庚午、壬午、甲午、戊午、戊寅、庚寅、壬寅、甲寅、壬申、甲申、戊申、庚申、乙亥、己亥、辛亥、己巳、乙巳、癸巳。

以上吉日,不犯建、破、丙丁望日、正四废、天瘟、受死、荒芜(建、破、望日剃头主生疮),小儿剃胎发须待察其清爽之时,择吉日,无风处洗剃,先用手探水温,势得宜却用软绵蘸水,次第洗之,次剃第之,则儿不惊,为妇不可不知,宜四季午日。

小儿坐栏

（谓坐轿子、立栏等事）

猖鬼败亡凶日	丁卯 戊辰 壬申 戊寅 辛巳 戊子 己丑 戊戌 己亥 辛丑 庚戌 辛亥 戊午 庚申 壬戌
关煞凶忌	金生命忌戌日时 火生命忌未申日时 木生命忌辰日时 水土生命忌丑寅日时（即跌跎关）
四柱关	正七休生巳亥时 二八辰戌不能推 三九卯酉生人恶 四十寅申主吴恐 五十一月逢丑未 六十二月子午辰

此关俗云，忌坐轿子，立栏止忌儿命生时。

小儿坐栏轿日时：甲己命忌巳酉丑日时，庚辛命忌亥卯未日时，壬癸生命忌寅午戌日时，乙戊丙丁生命忌申子辰日时。

逐月小儿坐栏吉日（考正吉日）

正月：辛卯、甲子、辛未、癸酉、丙子、癸未、丁酉、庚子、丙午、壬午、丁未。

二月：乙丑、辛未、甲戌、丁丑、癸未、甲申、丙戌、乙未、丁未、己未。

三月：甲子、丙寅、戊寅、庚寅、甲寅、癸酉、丁酉、丙子、庚午。

四月：甲子、乙丑、庚午、丙午、甲戌、丙子、丁丑、壬午、丙戌、庚子、癸丑、乙卯。

五月：丙寅、乙亥、辛未、乙丑、庚寅、壬寅、甲寅、壬辰、丙辰、己未、丙戌。

六月：丙寅、庚寅、甲寅、甲申、丙申、乙亥、辛卯、癸卯、乙卯。

七月：甲子、丙子、庚子、庚午、辛未、壬辰、乙未、丙午、丁未、丙辰、壬子。

八月：乙亥、乙丑、丙寅、甲申、庚寅、丙戌、壬辰、癸丑、丙辰、申戌。

九月：庚午、乙亥、甲申、丙申、辛卯、癸卯。

十月：甲子、丙子、庚子、庚午、辛未、癸未、己未、丁未、癸酉、丁酉、癸卯。

十一月：乙丑、丙寅、庚寅、甲寅、甲申、壬辰、丁丑、壬寅。

十二月：丙寅、庚申、甲寅、甲申、丙申、辛卯、癸卯、甲子、庚子、乙亥、壬寅。

以上吉日不犯勾绞、四废、受死、猖鬼、败亡、六不成、空亡，关无凶日。

养蚕作茧

（谓修作蚕架丝灶等事）

年方凶	子	丑	寅	卯	辰	巳	午	未	申	酉	戌	亥
蚕官	未	未	戌	戌	戌	丑	丑	丑	辰	辰	辰	未
蚕室	坤	坤	乾	乾	乾	艮	艮	艮	巽	巽	巽	坤
蚕命	未	午	亥	戌	巳	丑	寅	申	卯	辰	子	酉

以上蚕官、室命逐年官历方位，遇之春三月修葺犯之凶。

凶日	月											
	正	二	三	四	五	六	七	八	九	十	十一	十二
天瘟	未	戌	辰	寅	未	子	酉	申	巳	亥	丑	卯
小耗	未	申	酉	戌	亥	子	丑	寅	卯	庚	巳	午
大耗	申	酉	戌	亥	子	丑	寅	卯	辰	巳	午	未
天贼	辰	酉	寅	未	子	巳	戌	卯	申	丑	午	亥
受死	戌	辰	亥	巳	子	午	丑	未	寅	申	卯	酉
地贼	子	子	亥	戌	酉	午	午	午	巳	辰	卯	子
狼藉	子	卯	午	酉	子	卯	午	酉	子	卯	午	酉
荒芜	巳	酉	丑	申	子	辰	亥	卯	未	寅	午	戌
蚕王谷仓	申丑辰未戌 亥卯子酉午 寅丑辰未戌 己卯子酉午											
正四废日	春庚申辛酉 夏壬戌癸亥 秋甲寅乙卯 冬丙午丁巳											
九土日	乙酉 癸巳 甲午 辛丑 壬寅 己酉 庚戌 丁巳 戊午											

以上凶日，修作动土犯之损蚕，最忌春三月、夏五月，正值蚕时。

逐月养蚕安架吉日

正月:癸卯、癸酉、甲寅、丁卯、庚午、壬午、丙午。

二月:乙巳、戊寅、庚寅。

三月:丁卯、癸卯、乙巳、甲申、戊申。

四月:甲子、丁卯、癸卯、庚午、丙午、壬午。

五月:乙未、戊寅、甲寅、乙巳、庚午、庚寅,外丁未、壬未。

六月:甲寅、乙未、甲申、戊申、癸酉、庚寅、戊寅。

七月:甲子、癸酉、乙未、丙子。

八月:甲申、戊申、乙巳。

九月:庚午、癸酉、壬午、丙午。

十月:甲子、庚午、癸酉、乙未、壬午、丁未。

十一月:戊寅、甲寅、庚寅。

十二月:乙卯、戊申、甲寅、庚寅、戊寅、甲申、乙巳。

以上吉日不犯天贼、受死、魁罡、勾绞、大小耗、狼藉、破败、四耗、九土鬼。

安机经络

(谓经纺续丝麻、织造布帛绸缎等事)

凶日	月											
	正	二	三	四	五	六	七	八	九	十	十一	十二
天贼	辰	酉	寅	未	子	巳	戌	卯	申	丑	午	亥
荒芜	巳	酉	丑	申	子	辰	亥	卯	未	寅	午	戌
受死	戌	辰	亥	巳	子	午	丑	未	寅	申	卯	酉
蚩尤	寅	辰	午	申	戌	子	寅	辰	午	申	戌	子
勾绞	巳	子	未	寅	酉	辰	亥	午	丑	申	卯	戌
正四废	春庚申辛酉 夏壬子癸亥 秋甲寅乙卯 冬丙午丁巳											
伏断	子	丑	寅	卯	辰	巳	午	未	申	酉	戌	亥
九土鬼	乙酉 癸巳 甲午 辛丑 壬寅 己酉 庚戌 丁巳 戊午											

逐月经络吉日

正月:甲子、乙丑、丁卯、丁丑、己卯、戊子、壬子、癸丑。

二月:乙丑、甲戌、辛巳、癸未、丁亥、己丑、戊戌、己亥、己巳、癸丑,外己未。

三月:甲子、戊子、壬子、辛巳、甲申、丙申、乙巳。

四月:甲子、乙丑、丁卯、癸酉、丁丑、己卯、戊子、己丑、丁酉。

五月:乙丑、甲戌、丁丑、癸未、己丑、壬辰、癸丑、甲寅、丙辰。

六月:丁酉、己卯、甲申、己卯、丁亥、丙申、己亥、辛亥、甲寅、丁酉。

七月:甲子、癸酉、戊子、壬辰、甲辰、壬子、丙辰、丁未。

八月:乙丑、丁丑、辛巳、己丑、己亥、甲辰、乙巳、癸丑、丙辰、甲申。

九月:丙子、戊子、庚子、癸酉、丁酉、己亥。

十月:甲子、丁卯、癸酉、甲戌、己卯、癸未、乙未、戊戌、丁酉、己未。

十一月:乙丑、丙辰、癸丑、丁丑、癸未、甲申、己丑、乙未、丙申、甲寅、壬辰。

十二月:甲子、壬子、丁卯、己丑、甲申、丙申、乙巳、甲寅。

凶星宜忌,见上节。

起缸作染

(谓染造布帛绸缎等事)

逐月起缸染作吉日

正月:丁丑、己丑、癸丑,外丁卯、癸卯。

二月:乙亥、丁亥、癸亥、己亥。

三月:己巳、乙巳、乙卯,外甲子、丙子、戊子、壬子。

四月:戊子、戊辰、丁丑、庚辰、己丑、甲辰、丙辰、甲子、丙子、己卯、乙卯、戊午、丙午、庚子、辛卯。

五月:乙丑、丁丑、己丑、辛丑、丙寅、戊寅。

六月：乙丑、丁丑、己丑、辛丑、丙寅、戊寅、戊辰、丁未、庚寅、庚辰、辛巳、壬辰、丙辰、乙未、丁巳。

七月：外丁卯、辛卯、乙卯、癸卯。

八月：外戊辰、己巳、庚辰、辛巳、壬辰、丙辰、甲辰。

九月：丁亥、丁酉、辛酉，外庚午、癸酉、壬午、丙戌、丙午、戊戌、壬戌、癸亥。

十月：乙未、辛未、丙戌、戊戌、壬戌，外甲子、庚子、戊子、庚午、壬子、辛酉。

十一月：外辛未、甲戌、癸未、乙未、己未、壬戌。

十二月：甲申、庚申，外甲子、乙丑、戊子、丙子、壬子、庚子、癸丑。

裁衣合帐

（谓制造冠冕佩带衣衾等事）

凶日	月											
	正	二	三	四	五	六	七	八	九	十	十一	十二
天瘟	未	戌	辰	寅	午	子	酉	申	巳	亥	丑	卯
天贼	辰	酉	寅	未	子	巳	戌	卯	申	丑	午	亥
荒芜	巳	酉	丑	申	子	辰	亥	卯	未	寅	午	戌
天火	子	卯	午	酉	子	卯	午	酉	子	卯	午	酉
月火	巳	辰	卯	寅	丑	子	亥	戌	酉	申	未	午
受死	戌	辰	亥	巳	子	午	丑	未	寅	申	卯	酉
小耗	未	申	酉	戌	亥	子	丑	寅	卯	辰	巳	午
大耗	申	酉	戌	亥	子	丑	寅	卯	辰	巳	午	未
长星	初七	初四	初一	初九	十五	初十	初八	初一 初五	初二 初四	初一	十二	初九
短星	廿一	十九	十六	廿五	二十	廿二	十八 十九	十六 十七	十二	十四	廿二	廿五
正四废	春庚申辛酉 夏壬子癸亥 秋甲寅乙卯 冬丙午丁巳											

（续表）

<table>
<tr><td rowspan="2">凶日</td><td colspan="12">月</td></tr>
<tr><td>正</td><td>二</td><td>三</td><td>四</td><td>五</td><td>六</td><td>七</td><td>八</td><td>九</td><td>十</td><td>十一</td><td>十二</td></tr>
<tr><td>刀砧煞</td><td colspan="12">春亥子　夏寅卯　秋巳午　冬申酉</td></tr>
<tr><td>九土鬼</td><td colspan="12">乙酉 癸巳 甲午 辛丑 壬寅 己酉 庚戌 丁巳 戊午</td></tr>
<tr><td>火星凶日</td><td colspan="12">正四七十月:乙丑 甲子 癸未 壬辰 辛丑 庚戌 己未
二五八十一月:甲子 癸亥 壬午 辛卯 庚子 乙酉 戊午
三六九十二月:壬申 辛巳 庚寅 己亥 戊申 丁巳</td></tr>
</table>

逐月裁衣合帐吉日（考正）

正月:癸酉、丁酉,外丁丑、己丑、癸丑。

二月:乙丑、庚寅、乙未、甲寅、丙戌,外丙寅、戊寅、癸未、己未、甲戌、丁丑、己丑、癸丑、丁巳。

三月:己巳、戊辰、壬辰、乙巳、甲申、丙申。

四月:甲子、丙子、庚子、丁丑、癸丑、庚午、戊辰、庚辰、甲辰、己丑、丙午、丁未。

五月:乙亥、甲申、辛亥、庚申,外癸酉、丁酉、辛酉、丙申、丁亥。

六月:戊辰、壬辰、丙辰、己巳、乙未、辛未、己未、癸未、庚辰、甲辰、甲申、甲戌、丙戌、戊戌。

七月:甲子、戊辰、庚子、丙辰,外庚辰、甲辰、辛未、丙子、戊子、丁未。

八月:乙丑、癸丑、戊辰、壬辰、丙辰、乙亥、甲申,外庚辰、甲辰、丁丑、己丑。

九月:丙寅、戊戌、丙戌,外乙亥、丁亥、辛亥。

十月:甲子、丙子、庚子、乙未、丙戌、庚午、辛未、壬午、戊子、壬子、丁未、壬戌。

十一月:乙丑、庚寅、壬辰、丁丑、乙亥、癸丑、丙寅、戊寅、壬寅、丙辰、甲寅。

十二月:甲子、乙丑、庚子、甲寅、乙卯、己卯、癸卯、乙巳、辛卯、戊寅、丙寅。

以上吉日不犯天火、月火、朱雀、受死、天贼、天瘟、正四废、大小耗、刀砧煞、九土鬼、长短星值日凶、执、破、荒芜、大小耗日。

造作床吉日

造床吉日:宜天德、月德、天月德合、三合、六合、黄道、天喜、益后、续世、生气、成、定日,与竖造起工凶例同,造床与竖造逐月吉日同。

忌宿诗:

心昴奎娄箕尾参,危宿逢之总不安。
造床不犯此星宿,夫妻和乐子成行。

逐月造床吉日

正月:丁卯、辛未、壬午、丁丑、癸丑、丁酉、癸酉、辛卯、癸卯、乙卯。

二月:丙寅、戊寅、庚寅、甲寅、己巳、丁丑、癸丑、丁巳、辛巳、癸巳、丁巳。

三月:己巳、乙巳、癸巳。

四月:丁丑、庚午、壬午、丙午、甲午、己丑、丙子、庚子、癸丑。

五月:辛未、癸未、乙未、乙亥、己亥、辛亥。

六月:癸酉、乙亥、辛亥、丁酉、甲申、庚申、辛酉。

七月:戊辰、丙辰、庚辰、丙子、壬子、丁卯、癸卯。

八月:乙亥、己亥、辛亥、庚辰、丙辰、庚寅。

九月:乙亥、丁亥、辛亥。

十月:甲子、辛未、乙未、丁未、丙戌。

十一月:丙寅、庚寅、壬寅、甲寅、乙巳、戊寅、乙丑、丁丑。

十二月:丙寅、戊寅、壬寅、甲寅、甲子、甲申。

以上吉日不犯天火、独火、水星、鲁班刀砧、错木马杀,余同吉。

安床设帐

（谓安置产室竖立帏帐张挂帷幄等事）

凶日	月											
	正	二	三	四	五	六	七	八	九	十	十一	十二
天瘟	未	戌	辰	寅	午	子	酉	申	巳	亥	丑	卯
天贼	辰	酉	寅	未	子	巳	戌	卯	申	丑	午	亥
荒芜	巳	酉	丑	申	子	辰	亥	卯	未	寅	午	戌
受死	戌	辰	亥	巳	子	午	丑	未	寅	申	卯	酉
卧尸	子	酉	未	申	巳	辰	卯	寅	丑	午	戌	亥
月破	申	酉	戌	亥	子	丑	寅	卯	辰	巳	午	未
九空	辰	丑	戌	未	卯	子	酉	午	寅	亥	申	巳
朱雀	卯	巳	未	酉	亥	丑	卯	巳	未	酉	亥	丑
天罡	巳	子	未	寅	酉	辰	亥	午	丑	申	卯	戌
河魁	亥	午	丑	申	卯	戌	巳	子	未	寅	酉	辰
死气	午	未	申	酉	戌	亥	子	丑	寅	卯	辰	巳
建日	寅	卯	辰	巳	午	未	申	酉	戌	亥	子	丑
正四废	春庚申辛酉 夏壬子癸亥 秋甲寅乙卯 冬丙午丁巳											
平日	巳	午	未	申	酉	戌	亥	子	丑	寅	卯	辰
收日	亥	子	丑	寅	卯	辰	巳	午	未	申	酉	戌
伏断日	子	丑	寅	卯	辰	巳	午	未	申	酉	戌	亥
	虚	斗	室	女	箕	房	角	张	鬼	觜	胃	壁
九土鬼	辛丑 癸巳 乙酉 己酉 壬寅 庚戌 甲午 丁巳 戊午											
五离日	戊辰　己酉　丙申　丁酉											

（续表）

凶日	月											
	正	二	三	四	五	六	七	八	九	十	十一	十二
四离日	春分前一日 秋分前一日 夏至前一日 冬至前一日											
四绝日	立春前一日 立夏前一日 立秋前一日 立冬前一日											
死别日	春月戌日 夏月丑日 秋月辰日 冬月未日											
火星凶日	寅申巳亥月　壬申 辛巳 庚寅 辛巳 壬午 戊子 己丑 子午卯酉月　甲子 癸酉 壬午 辛卯 庚子 己酉 戊午 辰戌丑未月　壬申 辛巳 庚寅 己亥 戊申 丁巳											
离窠日	丁卯 戊辰 己巳 壬申 戊寅 辛巳 壬午 戊子 己丑 戊戌 己亥 辛丑 戊申 辛亥 戊午 壬戌 癸亥											
灭没日	弦 虚 晦 娄 朔 角 望 亢 虚 鬼 盈 牛											
病行方	子年起亥,丑年起子,顺行十二位是也											
红嘴朱雀凶日	丁卯 丙子 乙酉 甲午 癸卯 壬子 辛酉 忌安床,造不忌。											

逐月安床设帐吉日

正月:癸酉、丁酉、乙卯,外己卯、辛卯、乙丑、丁丑、癸丑。

二月:丙寅、甲寅、乙未、丁未、辛未、庚寅。

三月:甲子、庚卯、乙卯、乙巳。

四月:甲子、庚子、庚午、乙卯、丙子、丁丑、丙辰,外辛卯。

五月:丙寅、辛未、乙未、甲寅、庚寅、丙寅、甲辰、庚辰,外壬辰(丙壬月己丙占),宜辛丁。

六月:丙寅、甲寅、乙卯,外丁亥。

七月:甲子、辛未、庚子、壬子、丙辰、乙未。

八月:乙丑、乙亥、丁亥、丁丑、丁亥、丁巳、甲辰、庚辰、丙辰。

九月:庚午、乙亥,外癸酉、辛亥、丙午、丙子、丁亥、癸卯。

十月:甲子、丙子、辛未、乙未、庚午、丙戌。

十一月:丁亥、乙亥、丙寅、甲寅、辛未、乙未、癸巳。

十二月:外乙丑、丙寅、甲寅、甲子、丙子、庚子、壬子、壬寅。

造作桩奁

（谓打造首饰行嫁棹物件等事）

凶日	月											
	正	二	三	四	五	六	七	八	九	十	十一	十二
天瘟	未	戌	辰	寅	午	子	酉	申	巳	亥	丑	卯
天贼	辰	酉	寅	未	子	巳	戌	卯	申	丑	午	亥
受死	戌	辰	亥	巳	子	午	丑	未	寅	申	卯	酉
天罡	巳	子	未	寅	酉	辰	亥	午	丑	申	卯	戌
河魁	亥	午	丑	申	卯	戌	巳	子	未	寅	酉	辰
破日	申	酉	戌	亥	子	丑	寅	卯	辰	巳	午	未
危日	酉	戌	亥	子	丑	寅	卯	辰	巳	午	未	申
天休废	初四	十三	廿二	初四	十三	廿二	初四	十三	廿二	初四	十五	廿二
	初九	十八	廿七	初九	十八	廿七	初五	十八	廿七	初九	十八	廿七
荒芜	巳	酉	丑	申	子	辰	亥	卯	未	寅	午	戌
正四废	春庚申辛酉 夏壬子癸亥 秋甲寅乙卯 冬丙午丁巳											
九土鬼	乙酉 癸巳 辛丑 庚戌 丁巳 戊午 壬寅 己酉 甲午											
离窠	丁卯 戊辰 己巳 壬申 戊寅 辛巳 壬午 戊子 己丑 戊戌 己亥 辛丑 戊申 辛亥 戊午 壬戌 癸亥 日											
火星凶日	子午卯酉月 甲子 癸酉 壬午 辛卯 庚子 己酉 戊午 辰戌丑未月 壬申 辛巳 庚寅 己亥 戊申 丁巳 日											

逐月造作桩奁吉日

正月:丁卯、癸卯、乙卯、辛卯、癸丑。

二月:丙寅、甲寅、乙亥、丁亥、庚寅。

三月:甲子、丙子、庚子、癸卯、乙卯、乙巳、壬子。

四月：寅午、丙午、庚辰、癸卯、乙卯、丁丑、癸丑、甲辰、丙辰、辛卯。

五月：丙寅、癸未、乙未、甲寅、庚辰、丙辰、庚寅、甲辰、壬辰、丁未、己未。

六月：甲申、甲寅、丁亥、辛亥。

七月：丙辰、戊辰、甲辰、庚辰、甲子、丙子、庚子、壬子。

八月：乙丑、丁丑、甲戌、丙戌、乙亥、丁亥。

九月：庚午、丙午、乙亥、丁亥、癸酉、辛酉、丁酉。

十月：甲子、丙子、辛未、乙未、丙戌、庚子，外壬子。

十一月：乙亥、丁亥、丙寅、甲寅、乙巳、癸巳。

十二月：甲子、丙子、庚子、壬子，外乙丑。

以上吉日不犯魁罡、勾绞、火星、灭没、凶败、荒芜、天瘟破日。

置造乐器

（谓打造器皿首饰铜锡器物附油漆物）

宜天成、天库禄、天财、地财、月财、天德、月德、福厚、寅日、庚寅辛卯金石合日、天恩、天福、大明吉日在上局。忌大败、六不成、乙卯师旷死日。

吉日	月											
	正	二	三	四	五	六	七	八	九	十	十一	十二
天德	丁	申	壬	癸	亥	甲	癸	寅	丙	乙	巳	庚
月德	丙	甲	壬	庚	丙	甲	壬	庚	丙	甲	壬	庚
禄库	戌	子	寅	辰	午	申	戌	子	寅	辰	午	申
天财	辰	午	申	戌	子	寅	辰	午	申	戌	子	寅
地财	巳	未	酉	亥	丑	卯	巳	未	酉	亥	丑	卯
月财	午	巳	巳	未	酉	亥	午	巳	巳	未	酉	亥
福厚	春寅日　夏巳日　秋申日　冬亥日											
天库天成	未	酉	亥	丑	卯	巳	未	酉	亥	丑	卯	巳

凶日	月											
	正	二	三	四	五	六	七	八	九	十	十一	十二
大败六不成	寅	午	戌	巳	酉	丑	申	子	辰	亥	卯	未
破败	申	戌	子	寅	辰	午	申	戌	子	寅	辰	午
天贼	辰	酉	寅	未	子	巳	戌	卯	申	丑	午	亥

逐月置造乐器吉日

正月:壬午、丙午,外戊午。

二月:丙寅、乙亥、丁亥、癸未、乙未、己亥、辛亥、丁未、甲寅、己未,外乙丑、戊寅。

三月:甲子、己巳、丙子、戊子、丙申、乙巳,外壬子、乙卯、甲申。

四月:丁卯、戊辰、庚午、丁丑、己卯、庚辰、己丑、辛卯、甲辰、丙午、乙卯、丙辰。

五月:丙寅、戊辰、辛未、戊寅、庚寅、庚辰、甲辰、甲寅、乙未、己未,外乙丑、戊寅。

六月:辛未、乙未、丁未、辛亥、乙亥、丁亥。

七月:戊辰、庚辰、丙辰、壬子、丙子、庚子、戊子。

八月:甲戌、乙亥、乙丑、丁丑、己丑、癸丑、庚寅。

九月:庚午、丙午、壬午、丁亥、辛亥、癸酉、辛酉。

十月:甲子、戊子、乙未、辛未、庚子、戊戌、壬子。

十一月:甲戌、乙丑、丁丑、壬辰、丙辰。

十二月:甲子、庚子、戊寅、丙子、壬子、甲寅、壬寅。

打造桔槔

(谓造水车附造纺车组车等事)

造水车吉日:宜青龙、黄道、平、定日。忌黑道、虚耗、焦坎、天百穿、鬼火、地火、九土鬼、水隔、水痕、四废、勾绞、伏断、执、破日。

造纺车组车吉日：宜黄道、天地转煞、建、除、满、开、闭、定、成日。忌勾绞、伏断、四废、荒芜、赤口日。逐月吉日与前置造乐器吉日同看。

种莳栽植

（谓播种百谷菜蔬栽接花木竹等事）

凶日	月											
	正	二	三	四	五	六	七	八	九	十	十一	十二
小耗	未	申	酉	戌	亥	子	丑	寅	卯	辰	巳	午
大耗	申	酉	戌	亥	子	丑	寅	卯	辰	巳	午	未
天贼	辰	酉	寅	未	子	巳	戌	卯	申	丑	午	亥
地贼	子	子	亥	戌	酉	午	午	午	巳	辰	卯	子
受死	戌	辰	亥	巳	子	午	丑	未	寅	申	卯	酉
焦坎	辰	丑	戌	未	卯	子	酉	午	寅	亥	申	巳
天火	子	午	卯	酉	子	午	卯	酉	子	午	卯	酉
地火地狼藉	戌	酉	申	未	午	巳	辰	卯	寅	丑	子	亥
死气	午	未	申	酉	戌	亥	子	丑	寅	卯	辰	巳
死神	巳	午	未	申	酉	戌	亥	子	丑	寅	卯	辰
土瘟耕作忌	巳	辰	午	未	申	酉	戌	亥	子	丑	寅	卯
荒芜	巳	酉	丑	申	子	辰	亥	卯	未	寅	午	戌
鬼火成日	戌	亥	子	丑	寅	卯	辰	巳	午	未	申	酉
地隔	辰	寅	子	戌	申	午	辰	寅	子	戌	申	午
水隔	戌	申	午	辰	寅	子	戌	申	午	辰	寅	子
月建转杀	春 卯日　夏 午日　秋 酉日　冬 子日											

逐月种莳栽植吉日

正月：丁卯、癸酉、己卯、辛卯、丁酉、己亥、癸卯、己酉、乙卯、癸亥、丁丑、癸巳。

二月:丙寅、己巳、丁未、甲戌、庚戌、癸未、辛未、戊戌、己亥、辛亥。

三月:丁卯、己巳、己卯、辛巳、癸巳、壬子、甲子、丙子。

四月:甲子、丁卯、庚午、丙子、己卯、壬午、辛卯、甲午、庚子、壬子、癸卯。

五月:戊辰、辛未、庚辰、辛巳、甲辰、壬辰、丙辰。

六月:丁卯、己巳、己卯、癸巳、丁巳、辛巳。

七月:甲戌、庚戌、壬戌。

八月:庚午、己巳、己酉、辛酉、甲戌、壬午。

九月:甲子、庚子、癸酉、丙子、壬午、戊子、甲午、丁酉、庚子、己酉、壬子、辛巳。

十月:癸酉、甲戌、丁酉、己酉、庚戌、癸丑、辛酉。

十一月:壬申、甲寅、甲申、丙申、戊申、庚申。别本用戌日,犯荒芜,俱删去。

十二月:丙寅、戊寅、庚寅、壬寅、甲申、丙申、庚申。

以上吉日不犯大小耗、受死、天地火、死神、天地贼、天地不成收、地空。

六种收割

(谓收割稻粟麦豆麻子等事)

逐月收割吉日

正月:庚午、壬午、甲午、己卯、癸卯、癸酉、己酉,外丙午、丁卯、乙卯、辛卯、丁酉、乙酉。

二月:癸未、甲戌、丙戌、戊戌、壬戌、丁亥、己亥、己巳、辛巳、癸巳、乙巳、丁巳。

三月:己卯、癸卯、甲辰,外丙子、戊子、丁卯、乙卯、戊辰、丙辰、己巳、癸巳、乙巳。

四月:甲子、丁卯、庚午、丙子、己卯、壬午。

五月:戊辰、辛未、庚辰、辛巳、甲辰、壬辰、丙辰。

六月:丙寅、戊寅、庚寅、壬寅、甲申、丙申、庚申。

七月:丁卯、己巳、己卯、癸巳、丁巳、辛巳。

八月:甲戌、庚戌、壬戌。

九月:庚午、己巳、己酉、辛酉、甲戌、壬午。

十月:甲子、庚子、癸酉、丙子、壬午、戊子、甲午、丁酉。

十一月:癸酉、甲戌、丁酉、己酉、庚戌、癸丑、辛酉。

十二月:壬申、甲寅、甲申、丙申、戊申、庚申。

以上吉日不犯大小耗、天地贼、受死、荒芜、五虚、四耗、天败、天穷、四废。

五谷试新

(谓试食五谷等事)

宜忌宿诗:

建日尝新宅长亡,除日贫穷满祸殃。
危日吉庆平利福,定日招客上高堂。
执破大凶官事至,成收开闭定田庄。

逐月试新吉日

正月:癸酉、丁酉。

二月:己亥、丁亥、辛亥、癸亥。

三月:丙子、庚子、己卯、癸卯、丁卯、辛卯。

四月:丁丑、己丑、癸丑、乙丑、丁卯、己卯、癸卯。

五月:丙辰、戊辰、庚辰、辛巳、甲辰、壬辰、乙丑、己巳、辛丑、丙寅、庚寅、甲寅。

六月:辛卯、癸卯、己卯、丙寅、甲寅、乙卯、丁卯。

七月:丁卯、己卯、癸卯、丙辰、丁巳、乙未、辛未、癸巳、己巳、辛卯、庚辰、壬辰。

八月:己巳、辛巳、乙巳、癸巳、丁巳、戊辰、庚辰、壬辰、丙辰。

九月:庚午、壬午、丙午、癸酉、丁酉。

十月:庚午、辛未、癸酉、辛酉、甲午、乙未、己未。

十一月:无吉。

十二月:庚申、甲申、壬申、丙申、戊午。

造酒醋酱

(谓藏淹脯酢等事)

造酒吉日:宜丁卯、癸亥、庚午、甲午、己未、满、成、收、开日。

凶日	月											
	正	二	三	四	五	六	七	八	九	十	十一	十二
天贼	辰	酉	寅	未	子	巳	戌	卯	申	丑	午	亥
地贼	子	子	亥	戌	酉	午	午	午	巳	辰	卯	子
荒芜	巳	酉	丑	申	子	辰	亥	卯	未	寅	午	戌
天瘟	未	戌	辰	寅	午	子	酉	申	巳	亥	丑	卯
月厌	戌	酉	申	未	午	巳	辰	卯	寅	丑	子	亥
受死	戌	辰	亥	巳	子	午	丑	未	寅	申	卯	酉
死气	午	未	申	酉	戌	亥	子	丑	寅	卯	辰	巳
水痕	大月初一、初七、十一、十七、廿三、三十。 小月初三、初七、十二、廿六日。											

逐月造酒吉日

正月:丁卯、己卯、癸卯、乙卯、辛卯。

二月:乙丑、己巳、乙亥、丁丑、己亥、癸丑。

三月:甲子、丙子、庚子、庚午、壬午、丙午。

四月:乙丑、丁卯、庚午、丁丑、壬午、丙午、辛卯、乙卯、癸卯。

五月:丙寅、辛未、戊寅、庚寅、甲寅、己未。

六月:丁卯、己卯、癸酉、戊寅、甲寅、癸卯、辛卯、乙卯。

七月：辛未、丁未、乙未、癸未。

八月：戊辰、己巳、乙亥、壬辰、己亥、丙辰。

九月：庚午、壬午、丙午、辛酉。

十月：甲子、庚子、庚午、辛未、癸酉、甲戌、乙未、丁未。

十一月：丙寅、戊寅、甲寅、甲申、戊申、庚申。

十二月：乙丑、甲申、丙申、戊申、庚申。

以上吉日不犯天牢黑道、勾绞、天地贼、受死、天瘟、月厌、死气、破日。

堆垛禾秆

（谓堆垛禾秆料理了打椿等事）

宜天德、月德、暗金伏断、三白、建、除、开、成、定日。忌年三煞、太岁凶方。

逐月堆垛吉日

正月：丁卯、己卯、壬午、癸卯、乙卯。

二月：乙亥、戊寅、癸未、乙未、丁未、甲寅、丁亥、己亥。

三月：甲子、己巳、戊子、壬子、乙卯。

四月：戊辰、庚辰、庚午、丁丑、己丑、甲辰。

五月：己巳、辛未、甲戌、戊寅、辛巳、庚寅、乙未、戊戌、乙巳、丁未、己未、甲寅。

六月：辛未、乙亥、丁亥、乙未、丁未、辛亥、己未。

七月：戊辰、庚辰、戊子、庚子、壬子。

八月：己巳、丁丑、乙丑、辛巳、壬辰、癸巳。

九月：庚午、壬午、丁亥、戊戌、辛亥。

十月：甲子、辛未、戊子、乙未、戊戌、庚子、壬子、壬戌。

十一月：戊辰、庚辰、甲辰、丙辰、乙亥、辛亥。

十二月：甲子、乙丑、庚子、壬子、癸丑、己丑。

以上吉日不犯天地贼、大小耗、四方耗、执、破、荒芜、正四废、火星。

修作陂塘

(谓潴积水利种萌田禾等事)

逐月修作陂塘吉日

正月:癸酉、乙丑、癸丑、丁酉、丁丑。

二月:丙寅、戊寅、庚寅、甲寅、乙亥、丁亥、辛亥、己亥。

三月:甲子、庚子、丙子、壬子、甲申、丙申、乙巳。

四月:庚午、乙丑、癸酉、癸丑。

五月:丙寅、庚寅、己巳、辛巳、壬寅。

六月:乙亥、辛亥、丁卯、甲申、庚申、庚寅、丙申。

七月:甲子、丙子、壬子、壬辰、丙辰、庚子。

八月:甲申、庚申、己巳、甲戌、辛巳、戊申。

九月:庚午、壬午、丙戌、丙午。

十月:甲子、庚午、辛未、己卯、乙卯、己未。

十一月:癸未、甲申、庚申、丙辰。

十二月:甲申、丙申、庚申、甲寅、庚寅、壬寅、乙丑。

开凿池塘

(谓蓄养等事)

凶日	月											
	正	二	三	四	五	六	七	八	九	十	十一	十二
天贼	辰	酉	寅	未	子	巳	戌	卯	申	丑	午	亥
地贼	子	子	亥	戌	酉	午	午	午	巳	辰	卯	子
大耗	申	酉	戌	亥	子	丑	寅	卯	辰	巳	午	未
小耗	未	申	酉	戌	亥	子	丑	寅	卯	辰	巳	午

（续表）

凶日	月											
	正	二	三	四	五	六	七	八	九	十	十一	十二
土瘟	辰	巳	午	未	申	酉	戌	亥	子	丑	寅	卯
龙口	卯	子	酉	午	卯	子	酉	午	卯	子	酉	午
荒芜	巳	酉	丑	申	子	亥	辰	卯	未	寅	午	戌
天瘟	未	戌	辰	寅	午	子	酉	申	巳	亥	丑	卯
水隔	戌	申	午	辰	寅	子	戌	申	午	辰	寅	子
九空	辰	丑	戌	未	卯	子	酉	午	寅	亥	申	巳
受死	戌	辰	亥	巳	午	子	丑	未	寅	申	卯	酉
死气	午	未	申	酉	戌	亥	子	丑	寅	卯	辰	巳
池耗	申	戌	子		辰	丑	申	戌	子		辰	丑
地耗	辰	卯	寅	未	子	巳	戌	酉	申	丑	午	亥
鬼贼	初二	初三		初五	初二	初三		初三	初十	初二	初九	初七
天休废	初四	十三	廿二	初四	十三	廿二	初四	十三	廿二	初四	十三	廿二
	初九	十八	廿七	初九	十八	廿七	初九	十八	廿七	初九	十八	廿七
五虚	春 丑日　夏 子日　秋 未日　冬 寅日											
四耗	春 壬子　夏 乙卯　秋 戊午　冬 辛酉											
四部	午	午	午	卯	卯	卯	子	子	子	酉	酉	酉
龙会	未	戌	亥	亥	丑	戌	未	卯	丑	丑	戌	卯
蛇会	午未	午未	戌	戌	戌	戌	丑	丑	辰	戌	戌	亥
月建转杀	春 卯日　夏 午日　秋 酉日　冬 子日											
天地转杀	春乙卯辛卯　夏丙午戊午　秋辛酉癸酉　冬壬子丙子											
天地正转	春 癸卯　夏 丙午　秋 丁酉　冬 庚子											
正四废	春庚申辛酉　夏壬子癸亥　秋甲寅乙卯　冬丙午丁巳											

（续表）

凶日	月											
	正	二	三	四	五	六	七	八	九	十	十一	十二
年支	子	丑	寅	卯	辰	巳	午	未	申	酉	戌	亥
修陂塘凶日	亥	戌	酉	申	未	午	巳	辰	卯	寅	丑	子
九土鬼	乙酉 癸巳 辛丑 庚戌 丁巳 戊午 壬寅 己酉 甲午											
天百穿	每月初一、初三、初五、初七、十三、十六、十七、十九、廿一、廿七、廿九。											
天百空	每月初一、初三、初五、十一、十三、十六、十七、十九、廿七、廿九、三十。											
土痕忌	大月初三、初五、初七、十五、十八。小月初一、初二、初六、廿二、廿六、廿七。											
水痕忌	大月初一、初五、初十、十七、廿三、三十。小月初三、初七、十二、廿六											
黄獭星	丁丑、癸未、庚寅、壬辰、甲午、己亥、丁未、甲寅、戊午、壬戌日是也。											
狐狸星	大月危日是，小月定日是。											
鹦鹉星	大月初五、初十、十九。小月初五、初八日。											

逐月考正开池吉日（依古辨正）

正月：甲子、乙丑、癸酉、丁酉，外丙子、庚午、辛亥、丁丑。

二月：戊寅、庚寅、甲寅，外乙亥、己亥、丁亥、辛未、丁未、己未。

三月：甲子、庚子、甲申、乙巳，外丁卯、乙卯、己巳、壬子。

四月：乙丑、庚午、丁丑、甲子、庚子。

五月：乙丑、辛未、己未、丙戌、丙辰、辛巳、己巳。

六月：甲申、辛亥，外戊寅、庚寅、甲寅、庚申、乙亥、丁卯、辛卯、己亥。

七月：丙辰、戊辰、庚午、辛未、壬午、丙午、丁未、庚辰。

八月：乙丑、甲辰、丁辰、丙辰，外甲戌、癸丑、辛巳、己巳、庚辰。

九月：壬午、丙午、庚午。

十月：甲子、辛未、乙未，外甲戌、丙戌、癸未、己未、庚午。

十一月：乙丑、甲申、丁未、乙未、庚申、丙辰。

十二月:甲申、丙申、庚申、庚寅、甲寅、戊申、戊寅。

开池塘正吉:乙丑(牛宿)、丙寅(尾宿)、庚辰(亢宿)、乙未(鬼宿)、庚戌(娄宿),合此宿值日吉。

论取鱼吉日:辛巳、戊子、辛卯、壬辰、丙申、己酉、辛酉日,吉。

鱼破群日

正月逢子二亥即,三犬四鸡五猴殃。
六羊七马八蛇位,九龙十兔子寅伤。
十二逢牛君莫取,十个鱼儿九个亡。

筑池断獭

逐月吉日与畋猎网鱼同看。

筑池断獭开池用天狗坐塘日,天狗下食日时,天狗食畜日暗金伏断时,宜选用时家奎娄尾箕四宿,能制其獭,若合时宜同求断其獭也,但宜择生旺吉日放鱼下池吉也。宜于池中心安定罗经,从戌方开池门埋水沟以戌方属人也,又宜寅方亦吉。

天狗坐塘日,宜开池及筑池门埋水沟能断獭。其法以每月初一日是辰戌丑未日则此月有天狗日,不是辰戌丑未值初一则此月无天狗日。其例将初一日辰入中宫,顺数九宫,遇戌入中宫便是天狗坐塘日,吉。

畋猎网鱼

(谓畋猎捕获禽兽,附结网罟等事)

忌日	月											
	正	二	三	四	五	六	七	八	九	十	十一	十二
山隔	未	巳	卯	丑	亥	酉	未	巳	卯	丑	亥	酉

(续表)

<table>
<tr><th rowspan="2">忌日</th><th colspan="12">月</th></tr>
<tr><th>正</th><th>二</th><th>三</th><th>四</th><th>五</th><th>六</th><th>七</th><th>八</th><th>九</th><th>十</th><th>十一</th><th>十二</th></tr>
<tr><td>林隔</td><td>卯</td><td>丑</td><td>亥</td><td>酉</td><td>未</td><td>巳</td><td>卯</td><td>丑</td><td>亥</td><td>酉</td><td>未</td><td>巳</td></tr>
<tr><td>月恩</td><td>丙</td><td>丁</td><td>庚</td><td>巳</td><td>戊</td><td>辛</td><td>壬</td><td>癸</td><td>庚</td><td>乙</td><td>甲</td><td>辛</td></tr>
<tr><td>飞廉</td><td>戌</td><td>巳</td><td>午</td><td>未</td><td>寅</td><td>卯</td><td>辰</td><td>亥</td><td>子</td><td>丑</td><td>申</td><td>酉</td></tr>
<tr><td>受死</td><td>戌</td><td>辰</td><td>亥</td><td>巳</td><td>子</td><td>午</td><td>丑</td><td>未</td><td>寅</td><td>申</td><td>卯</td><td>酉</td></tr>
<tr><td>月杀</td><td>丑</td><td>戌</td><td>未</td><td>辰</td><td>丑</td><td>戌</td><td>未</td><td>辰</td><td>丑</td><td>戌</td><td>未</td><td>辰</td></tr>
<tr><td>天狗食畜</td><td>子</td><td>子</td><td>子</td><td>卯</td><td>卯</td><td>卯</td><td>午</td><td>午</td><td>午</td><td>酉</td><td>酉</td><td>酉</td></tr>
<tr><td>三合</td><td>子戌</td><td>亥未</td><td>甲午</td><td>酉丑</td><td>寅戌</td><td>亥卯</td><td>子辰</td><td>巳丑</td><td>寅午</td><td>卯未</td><td>申辰</td><td>巳酉</td></tr>
<tr><td>六合</td><td>亥</td><td>戌</td><td>酉</td><td>申</td><td>未</td><td>午</td><td>巳</td><td>辰</td><td>卯</td><td>寅</td><td>丑</td><td>子</td></tr>
<tr><td>天赦</td><td colspan="12">春戊寅　夏甲午　秋戊申　冬甲子</td></tr>
<tr><td>三合日月</td><td>子</td><td>丑</td><td>寅</td><td>卯</td><td>辰</td><td>巳</td><td>午</td><td>未</td><td>申</td><td>酉</td><td>戌</td><td>亥</td></tr>
<tr><td>三合</td><td>申辰</td><td>巳酉</td><td>午戌</td><td>亥未</td><td>申子</td><td>酉丑</td><td>寅戌</td><td>亥卯</td><td>子辰</td><td>巳丑</td><td>寅午</td><td>卯未</td></tr>
<tr><td rowspan="2">六合</td><td>丑</td><td>子</td><td>亥</td><td>戌</td><td>酉</td><td>申</td><td>未</td><td>午</td><td>巳</td><td>辰</td><td>卯</td><td>寅</td></tr>
<tr><td>子</td><td>丑</td><td>寅</td><td>卯</td><td>辰</td><td>巳</td><td>午</td><td>未</td><td>申</td><td>酉</td><td>戌</td><td>亥</td></tr>
<tr><td>天狗下食 日</td><td>亥</td><td>子</td><td>丑</td><td>寅</td><td>卯</td><td>辰</td><td>巳</td><td>午</td><td>未</td><td>申</td><td>酉</td><td>戌</td></tr>
<tr><td>天狗下食 时</td><td colspan="12">春亥子　夏寅卯　秋巳午　冬申酉</td></tr>
</table>

刀砧日	甲	乙	丙	丁	戊	己	庚	辛	壬	癸
八禄时	寅	卯	巳	午	巳	午	申	酉	亥	子

逐月结网渔猎吉日

（外者忌结网，筑池断獭同用）

正月：甲戌、丙戌、戊戌、癸酉、乙酉、丁酉、辛酉、乙亥、丁亥、己亥、辛未、丁未、乙未、己未、壬戌、癸亥。

二月:丙子、戊子、庚子、丙申、庚申、甲戌、丙戌、戊戌、己巳、癸巳、丁巳、乙巳,外壬申、甲申、戊戌、甲戌、壬戌。

三月:庚午、甲午、丙午、戊午、辛未、乙未、己未、癸酉、乙酉、丁酉、乙亥、丁亥、己亥,外丁未、辛酉。

四月:甲戌、丙辰、庚寅、甲寅、壬寅、甲辰、丙戌、戊戌,外壬戌、丙寅、戊寅、壬辰。

五月:辛丑、庚寅、壬寅、甲寅、乙亥、丁亥、己亥、己丑,外丁丑、戊寅、癸亥。

六月:甲戌、丙戌、戊戌、壬戌、辛卯、癸卯、乙卯、戊寅、庚寅、壬寅、甲寅,外壬辰、癸亥、戊寅。

七月:甲辰、丙辰、乙亥、丁亥、己亥、庚寅、壬寅、甲寅,外壬辰、癸亥、戊寅。

八月:甲辰、丙辰、辛卯、癸卯、乙卯、己巳、乙巳、丁巳,外壬辰、丙寅、戊寅、壬辰。

九月:丙子、戊子、庚子、辛丑、乙丑、癸卯、辛卯、乙卯、己巳、乙巳,外丁巳、丁丑、癸巳。

十月:甲戌、丙戌、戊戌、丙辰、庚午、甲午、甲申、丙申、戊申、庚申、甲辰,外壬辰、壬戌、壬申。

十一月:乙未、己巳、癸酉、丁酉、丁巳、乙酉、辛酉,外辛未、丁未、己未、癸巳。

十二月:甲辰、丙辰、癸酉、乙酉、丁酉、辛酉、庚午、丙午、戊午、壬申、丙申、甲申、壬辰、甲午、庚申。

收割蜂蜜

(谓移安除蜂王取蜜等事)

逐月收割蜂蜜吉日

(移安吉凶神在上层查忌。)

正月:丁卯、乙卯、癸酉、乙酉、己酉、癸卯。

二月:乙丑。
三月:己巳、癸巳、乙巳。
四月:甲子、丙子、庚子、戊子、丁丑、己丑、庚午、甲午、丙午、戊午、辛卯。
五月:辛未、乙未、丁未、己未。
六月:甲申、丙申。
七月:丁卯、辛卯、癸卯。
八月:丁丑、己丑、癸丑。
九月:丁亥、辛亥、癸亥。
十月:甲子、戊子、庚子、壬子、庚午、己巳。
十一月:甲戌、庚戌、壬戌、庚辰、甲辰。
十二月:壬寅、己巳、乙巳。

年命修造

(谓选年命运白通利等事)

例日六壬生运年月定局

年命修造吉年例	年月	六壬生运吉	六壬死运年月凶
申子辰生	亥子丑寅卯	申酉戌亥子	丑寅卯辰巳午未
巳酉丑生	申酉戌亥子	巳午未申酉	戌亥子丑寅卯辰
寅午戌生	巳午未申酉	寅卯辰巳午	未申酉戌亥子丑
亥卯未生	寅卯辰巳午	亥子丑寅卯	辰巳午未申酉戌

旬中空亡

甲子旬生戌亥年月日时方,甲戌旬生申酉年月日时方。
甲申旬生午未年月日时方,甲午旬生辰巳年月日时方。
甲辰旬生寅卯年月日时方,甲寅旬生子丑年月日时方。

十二命修造凶年定局

凶年	刑	破	三灾星	太岁	宅墓	劫	灾	天	地	天官	三丘	五墓
子生命	卯	午	寅卯辰	巳	辰	巳	午	未	申	辰	戌	辰
丑生命	戌	未	亥子丑	午	丑	寅	卯	辰	巳	戌	戌	辰
寅生命	巳	申	申酉戌	未	戌	亥	子	丑	寅	未	丑	未
卯生命	子	酉	巳午未	申	未	申	酉	戌	亥	丑	丑	未
辰生命	辰	戌	寅卯辰	酉	辰	巳	午	未	申	午	丑	未
巳生命	申	亥	亥子丑	戌	丑	寅	卯	辰	巳	子	辰	戌
午生命	午	子	甲酉戌	亥	戌	亥	子	丑	寅	申	辰	戌
未生命	丑	丑	巳午未	子	未	申	酉	戌	亥	寅	辰	戌
申生命	寅	寅	寅卯辰	丑	辰	巳	午	未	申	酉	未	丑
酉生命	酉	卯	亥子丑	寅	丑	寅	卯	辰	巳	卯	未	丑
戌生命	未	辰	申酉戌	卯	戌	亥	子	丑	寅	卯	辰	丑
亥生命	亥	巳	巳午未	辰	未	申	酉	戌	亥	巳	戌	辰

十二命建造年

十二命建造命	宅神	破宅	墓	甲己年	破墓	乙庚年	丙辛年	丁壬年	戊癸年
子生人	巳	亥	未	丑	仓库	白衣	盗贼	青龙	明喜
丑生人	午	子	申	寅	白衣	盗贼	青龙	明喜	仓库
寅生人	未	丑	酉	卯	白衣	盗贼	青龙	明喜	仓库
卯生人	申	寅	戌	辰	盗贼	青龙	明喜	仓库	白衣
辰生人	酉	卯	亥	巳	盗贼	青龙	明喜	仓库	白衣

(续表)

十二命建造命	宅神	破宅	墓	甲己年	破墓	乙庚年	丙辛年	丁壬年	戊癸年
巳生人	戌	亥	子	午	青龙	明喜	仓库	白衣	盗贼
午生人	亥	巳	丑	未	青龙	明喜	仓库	白衣	盗贼
未生人	子	午	寅	申	青龙	明喜	仓库	白衣	盗贼
申生人	丑	未	卯	酉	青龙	明喜	仓库	白衣	盗贼
酉生人	寅	申	辰	戌	明喜	仓库	白衣	盗贼	青龙
戌生人	卯	酉	巳	亥	明喜	仓库	白衣	盗贼	青龙
亥生人	辰	戌	午	子	仓库	白衣	盗贼	青龙	明喜

论运白起例以三元命推,弘治十七年甲子为上元,嘉靖四十三年甲子为中元。凡六阳命,子寅辰午申戌是也。凡六阴命,丑卯已未酉亥是也。

修造运白

(谓修造诸家白星吉凶年事)

天元运身	一十	二十	三十	四十	五十	六十	七十	八十	九十
上元人	三碧	四绿	五黄	六白	七赤	八白	九紫	一白	二黑
中元人	九紫	一白	二黑	三碧	四绿	五黄	六白	七赤	八白
下元人	六白	七赤	八白	九紫	一白	二黑	三碧	四绿	五黄

起例:上中下三元,三六九顺行求年,一十数零年节节顺宫,紫白值年吉。

以上天元运身,论家主所作之年,修造值三白大吉,九紫次吉。造作之年不值紫白,修后终不兴旺,运白人多用之赤,不可全拘。

集正三元	一十	二十	三十	四十	五十	六十	七十	八十	九十
上元人	三碧	二黑	一白	九紫	八白	七赤	六白	五黄	四绿
中元人	六白	五黄	四绿	三碧	二黑	一白	九紫	八白	七赤
下元人	九紫	八白	七赤	六白	五黄	四绿	三碧	二黑	一白

起例:上元男起三碧,中元男起六白,下元男起九紫,以上并逆行,零年依例逆行,值紫白为吉。

盘古三元	一十	二十	三十	四十	五十	六十	七十	八十	九十
上元男	六白	七赤	八白	九紫	一白	六白	七赤	五黄	四绿
中元男	九紫	一白	二黑	三碧	二黑	九紫	一白	八白	七赤
下元男	三碧	四绿	五黄	六白	五黄	三碧	四绿	二黑	一白

起例:上元男起六白,中元男九紫,下元男三碧,一十并顺行,零年依例。

老子三元	一十	二十	三十	四十	五十	六十	七十	八十	九十
上元男	一白	九紫	八白	七赤	六白	五黄	四绿	三碧	二黑
中元男	四绿	三碧	二黑	一白	九紫	八白	七赤	六白	五黄
下元男	七赤	六白	五黄	四绿	三碧	二黑	一白	九紫	八白

起例:上元男起六白,中元男起四绿,下元男起七赤,一十并逆行,零年依例。

破军三元	一十	二十	三十	四十	五十	六十	七十	八十	九十
上元男	六白	五黄	四绿	三碧	二黑	五黄	四绿	三碧	二黑
中元男	九紫	八白	七赤	六白	五黄	八白	七赤	六白	五黄
下元男	三碧	二黑	一白	九紫	八白	二黑	一白	九紫	四绿

起例:凡上元男起六白,中元男起九紫,下元男起三碧,一十并逆行,零年依例逆行。

永定总圣三元定局

定局	一十	二十	三十	四十	五十	六十	七十	八十	九十
三元男	三碧	四绿	五黄	六白	七赤	八白	九紫	一白	二黑

例云:永定三元男同俱一十起三碧顺行,零年依例顺行。

通天窍目	一十	二十	三十	四十	五十	六十	七十	八十	九十
申子辰 寅午戌生	三碧	四绿	五黄	六白	七赤	八白	九紫	一白	二黑
天镜图运	天哭	天杀	天鬼	天禄	天败	天财	天宝	天福	天祸
天机图运	天怨	天灭	天贼	天德	天狱	天库	天运	天建	天空
天福经运	天灾	天劫	天耗	天荣	天虎	天华	天谷	天安	天刑

以上六阳命生人一十起三碧顺行,零年自上数至下。

通天窍目	一十	二十	三十	四十	五十	六十	七十	八十	九十
巳酉丑 亥卯未生	二黑	一白	九紫	八白	七赤	六白	五黄	四绿	三碧
天镜图运	一十	二十	天宝	天财	天败	天禄	天鬼	天杀	天哭
天机图运	二黑	天建	天运	天库	天狱	天德	天贼	天灭	天怨
天福经运	天祸	天安	天谷	天华	天虎	天荣	天耗	天劫	天灾

以上六阴命生人一十起二黑逆行,零年自上数至下。

五音胎运	一十	二十	三十	四十	五十	六十	七十	八十	九十
上元男	一坎	九离	八艮	七兑	六乾	五中	四巽	三震	二坤
中元男	四巽	三震	二坤	一坎	九离	八艮	七兑	六乾	五中
下元男	七兑	六乾	五中	四巽	三震	二坤	一坎	九离	八艮

起例:上元男坎宫起甲子,中元男巽宫起男一,下元男兑宫起甲二,逆行寻家主本命在何宫,却用宫之星。如在坎宫用一白入中宫顺行,九宫寻本命之宫,遇三白九紫星吉。余仿此推之。

女柳三元	一十	二十	三十	四十	五十	六十	七十	八十	九十
上元男	七赤	六白	五黄	四绿	三碧	二黑	一白	九紫	八白
中元男	一白	九紫	八白	七赤	六白	五黄	四绿	三碧	二黑
下元男	四绿	三碧	二黑	一白	九紫	八白	七赤	六白	五黄

起例:上元男起七宫,中元男起一宫,下元男起四宫,并从本宫起,零年依例逆行。

九星运	一十	二十	三十	四十	五十	六十	七十	八十	九十
	奎	珠	魁	魒	魡	魑	[illegible]	斴	镇

起例:如一岁起奎,二岁珠,逐位顺行,惟有奎、珠、斴、镇四星为吉。

金楼运	坤一	兑二	乾三	坎四	中五	艮六	震七	巽八	离九
	十岁 二十 三十	十一 二十一 三十一	十二 二十二 三十二	十三 二十三 三十三	十四 二十四 三十四	十六 二十六 三十六	十七 二十七 三十七	十八 二十八 三十八	十九 二十九 三十九

其法不问阴阳命人,并自坤宫起一岁顺行,兑乾坎中艮震巽离八宫每遇五数与五十,其年便入中宫。以上八卦九宫惟乾坤艮震不可用,惟坎离震兑中宫用之无不利,人命每五数之年如五岁、十五、二十五、三十五,其年并入中宫并坎离震兑中宫,名金楼,大正之年利修造,吉。乾坤艮巽为金楼不正之年,凶。

修造壬运

（谓生命适合诸家星运等事）

透天六壬大运	一十	二十	三十	四十	五十	六十	七十	八十
申子辰	四十九 五十八				四十一 五十一	四十三 五十二	四十四 五十三	四十五 四十六 四十 四十 五十四 五十五 五十一 四十一
寅午戌	寅 丑 子 亥 戌 酉 申 未 午 巳 辰 卯							
六阳命	功曹 大吉 神后 登明 河魁 从魁 传送 小吉 胜光 太乙 天罡 太冲							

假如六阳命人,四十九岁修造,一十起寅,二十丑,三十子,四十亥,四十一戌,节节数去,四十九在寅,得功曹吉。余仿此。

透天六壬大运	一十	二十	三十	四十	五十	六十	七十	八十				
己酉丑	五十八 六十七					五十一	五十二 六十一	五十三 六十二	五十四 六十三	五十五 六十四	五十六 六十五	五十七 六十六
亥卯未	申	酉	戌	亥	子	丑	寅	卯	辰	巳	午	未
六阴命	传送	从魁	河魁	登明	神后	大吉	功曹	太冲	天罡	太乙	胜光	小吉

假如六阴命人，五十八岁修造，一十起申顺行，二十酉，三十戌，四十亥，五十子，五十一丑，节节数去，五十八岁在申，得传送星。余仿此。

透天六壬小运	一岁　十一　二十一　三十一　四十一　五十一											
申子辰	二十九 二十七　二十二　二十三　二十四 三十二　二十五 三十三　二十六 三十四　二十七 三十五　二十八 三十六											
寅午戌	寅	丑	子	亥	戌	酉	申	未	午	巳	辰	卯
六阳命	功曹	大吉	神后	登明	河魁	从魁	传送	小吉	胜光	太乙	天罡	太冲

假如六阳命，三十五岁修造，一岁起寅功曹逆行，十一子，二十一戌，三十一申，零年节节逆行，数到三十五岁得天罡星，吉。余仿此。

透天六壬小运	一岁　十一　二十一　三十一　四十一　五十一											
巳酉丑	二十九 三十七　二十二　二十三　二十四 三十二　二十五 三十三　二十六 三十四　二十七 三十五　二十八 三十六											
亥卯未	申	酉	戌	亥	子	丑	寅	卯	辰	巳	午	未
六阴命	传送	从魁	河魁	登明	神后	大吉	功曹	太冲	天罡	太乙	胜光	小吉

假如六阴命，二十九岁修造，一岁起申顺行，十一戌，二十一子，零年节节顺行，数到二十九岁，其年在申传送星，大吉。余仿此。

走马六壬中运	一十	二十	三十 二十一	四十 二十二	五十 二十三	六十 二十四	七十 二十五	八十 七十一	九十 七十二	七十三	七十四	七十五
申子辰 寅午戌	子	丑	寅	卯	辰	巳	午	未	申	酉	戌	亥
亥卯未 巳酉丑	神后	大吉	功曹	太冲	天罡	太乙	胜光	小吉	传送	从魁	河魁	登明

猪头身壬

子寅辰	四十五	四十四	四十三	四十二	四十一	四十九	四十八	四十七	四十六
			七十	六十	五十	四十	三十	二十	一十
午申戌	午	未	申	酉	戌	亥	子	丑	寅
六阳命	胜光	小吉	传送	从魁	河魁	登明	神后	大吉	功曹
丑卯巳	五十三	五十四	四十五	四十	三十	四十	六十一	五十一	五十二
			一十	二十	三十	四十	五十	六十	七十
未酉亥	午	未	申	酉	戌	亥	子	丑	寅
六阴命	胜光	小吉	传送	从魁	河魁	登明	神后	大吉	功曹

夫起运白身壬，举理甚多，惟猪头壬身颇近于理，盖以六十甲子并从亥起，故名曰猪头。其法不问阴阳逆顺，一岁起亥，循环九宫，十岁复归于亥。所谓九宫者，以十二支掌内顺退卯辰巳三位，顺行则从寅过午，逆行则从午过寅为例。

假如阳命，从亥起十岁，随节顺行，二十在丑，三十还回在子，四十亥，五十戌，六十酉，七十申，零年亦随此数数。如四十五岁正午为胜光吉，跳过巳辰卯三宫，阴命亦从亥起十岁，随节逆行，二十在酉，三十顺回在戌，四十亥，五十子，六十丑，七十寅，零年亦随此顺数。如五十一岁在丑凶，五十二岁在寅，跳过卯辰巳三宫不数，则五十二岁在午为胜光吉。以阴阳一命，但值子午寅申四宫为吉。

起　例

阳命一岁起寅，十一岁起子，廿一戌，三十一岁起申，三十二岁转酉，零年节节顺数，遇子午寅申吉。阴命一岁起申，十一岁起戌，二十一子，二十二亥，零年节节逆数，如遇子午寅申者吉。

壬运合法之图

假如阳命戊辰年生人,行年三十四岁,八月过火论年日,二岁起寅,十一子,二十一戌,三十一申,三十二转酉,三十三戌,三十四至亥,就亥上起正月逆数至辰位,是位是八月天罡,却将天罡从三十四岁亥上数顺行天罡亥,太乙子,胜光丑,是小墓。小吉寅,传送卯,是宅神。神后未,大墓。此宅命宅神二墓皆言。又如阴命乙丑金生人,行年四十三岁六月过火,一岁起申,十一戌,二十一子,三十一寅,四十一辰,四十二转卯,四十三寅,就寅上起正月,逆数至酉位,是六月从魁,却又将从魁于四十三寅上数顺行,从魁寅,河魁卯,登明辰,神后巳,大吉午,功曹未,为小墓金命吉,六月入宅合得五行壬运,用之大吉。

五行壬运

（谓迁居入宅移入祖先福神香火等事）

木命人:卯为宅神,亥为宅命,大墓在未,小墓在丑。

火命人:午为宅神,寅为宅命,大墓在戌,小墓在辰。

金命人:酉为宅神,巳为宅命,大墓在丑,小墓在未。

水命人:子为宅神,申为宅命,大墓在辰,小墓在戌。

总　论

五行六壬运，李仙章云：修造论交生，过火论年却不论交生。

凡人迁居入宅，得吉星到所用月分，然后择吉日，此一例专论六壬运，若丑未生人过火，得神后、功曹、胜光、传送，最为大利。前人用之大有验。

修造诸家壬运执成定局

生命	甲丙戊庚壬生人属阳					乙丁己辛癸生人属阴				
横推直看	金楼运	猪头身壬	透天六壬大运	透天六壬小运	走马六壬中运	金楼运	猪头身壬	透天六壬大运	透天六壬小运	走马六壬中运
十岁	坤宫	功曹	功曹	太乙	吉	坤宫	传送	传送	太乙	凶
十一岁	兑宫	大吉	大吉	神后	凶	兑宫	从魁	从魁	功曹	吉
十二岁	乾宫	神后	神后	登明	吉	乾宫	河魁	河魁	登明	凶
十三岁	坎宫	登明	登明	河魁	凶	坎宫	登明	登明	神后	吉
十四岁	中宫	河魁	河魁	从魁	吉	中宫	神后	神后	大吉	凶
十五岁	中宫	从魁	从魁	传送	凶	中宫	大吉	大吉	功曹	吉
十六岁	艮宫	传送	传送	小吉	吉	艮宫	功曹	功曹	太冲	凶
十七岁	震宫	小吉	小吉	胜光	凶	震宫	胜光	太冲	天罡	吉
十八岁	巽宫	胜光	胜光	太乙	吉	巽宫	小吉	天罡	太乙	凶
十九岁	离宫	功曹	太乙	天罡	凶	离宫	传送	太乙	胜光	吉
二十岁	坤宫	大吉	大吉	太冲	吉	坤官	从魁	从魁	小吉	吉
二十一岁	兑宫	神后	神后	河魁	吉	兑宫	河魁	河魁	神后	凶
二十二岁	乾宫	登明	登明	从魁	凶	乾宫	登明	登明	大吉	吉
二十三岁	坎宫	河魁	河魁	传送	吉	坤宫	神后	神后	功曹	凶
二十四岁	中宫	从魁	从魁	小吉	凶	中宫	大吉	大吉	太冲	吉

（续表）

生命	甲丙戊庚壬生人属阳					乙丁己辛癸生人属阴				
横推直看	金楼运	猪头身壬	透天六壬大运	透天六壬小运	走马六壬中运	金楼运	猪头身壬	透天六壬大运	透天六壬小运	走马六壬中运
二十五岁	中宫	传送	传送	胜光	吉	中宫	功曹	功曹	天罡	凶
二十六岁	艮宫	小吉	小吉	太乙	凶	艮宫	胜光	太冲	太乙	吉
二十七岁	震宫	胜光	胜光	天罡	吉	震宫	小吉	天罡	胜光	凶
二十八岁	巽宫	功曹	太乙	太冲	凶	巽宫	传送	太乙	小吉	吉
二十九岁	离宫	大吉	天罡	功曹	吉	离宫	从魁	胜光	传送	凶
三十岁	坤宫	神后	神后	大吉	吉	坤宫	河魁	河魁	从魁	凶
三十一岁	兑宫	登明	登明	传送	凶	兑宫	登明	登明	功曹	吉
三十二岁	乾宫	河魁	河魁	小吉	吉	乾宫	神后	神后	太冲	凶
三十三岁	坎宫	从魁	从魁	胜光	凶	坎宫	大吉	大吉	天罡	吉
三十四岁	中宫	传送	传送	太乙	吉	中宫	功曹	功曹	太乙	凶
三十五岁	艮宫	胜光	胜光	太冲	吉	中宫	胜光	太冲	胜光	吉
三十六岁	震宫	功曹	太乙	功曹	凶	艮宫	小吉	天罡	传送	凶
三十七岁	中宫	小吉	小吉	天罡	凶	震宫	传送	太乙	传送	吉
三十八岁	巽宫	大吉	天罡	大吉	吉	巽宫	从魁	胜光	从魁	凶
三十九岁	离宫	神后	太冲	神后	凶	离宫	河魁	小吉	河魁	吉
四十岁	坤宫	登明	登明	登明	凶	坤宫	登明	登明	登明	吉
四十一岁	兑宫	河魁	河魁	胜光	吉	兑宫	神后	神后	天罡	凶
四十二岁	乾宫	从魁	从魁	太乙	凶	乾宫	大吉	大吉	太乙	吉
四十三岁	坎宫	传送	传送	天罡	吉	坎宫	功曹	功曹	胜光	凶
四十四岁	中宫	小吉	小吉	太冲	凶	中宫	胜光	太冲	小吉	吉
四十五岁	中宫	胜光	胜光	功曹	吉	中宫	小吉	天罡	传送	凶
四十六岁	艮宫	功曹	太乙	大吉	凶	艮宫	传送	太乙	从魁	吉
四十七岁	震宫	大吉	天罡	神后	吉	震宫	从魁	胜光	河魁	凶
四十八岁	巽宫	神后	太冲	登明	凶	巽宫	河魁	小吉	登明	吉
四十九岁	离宫	登明	功曹	河魁	吉	离宫	登明	传送	神后	凶
五十岁	坤宫	河魁	河魁	从魁	吉	坤宫	神后	神后	大吉	凶

（续表）

生命	甲丙戊庚壬生人属阳					乙丁己辛癸生人属阴				
横推直看	金楼运	猪头身壬	透天六壬大运	透天六壬小运	走马六壬中运	金楼运	猪头身壬	透天六壬大运	透天六壬小运	走马六壬中运
五十一岁	兑宫	从魁	从魁	天罡	凶	兑宫	大吉	大吉	胜光	吉
五十二岁	乾宫	传送	传送	太冲	吉	乾宫	功曹	功曹	小吉	凶
五十三岁	坎宫	小吉	小吉	功曹	凶	坎宫	胜光	太冲	传送	吉
五十四岁	中宫	胜光	胜光	大吉	吉	中宫	小吉	天罡	从魁	凶
五十五岁	中宫	功曹	太乙	神后	凶	中宫	传送	太乙	河魁	吉
五十六岁	艮宫	太乙	天罡	登明	吉	艮宫	从魁	胜光	登明	凶
五十七岁	震宫	神后	太冲	河魁	凶	震宫	河魁	小吉	神后	吉
五十八岁	巽宫	登明	功曹	从魁	凶	巽宫	登明	传送	大吉	凶
五十九岁	离宫	河魁	大吉	传送	吉	离宫	神后	从魁	功曹	吉
六十岁	坤宫	从魁	从魁	小吉	吉	坤宫	大吉	大吉	太冲	吉
六十一岁	兑宫	传送	传送	功曹	吉	兑宫	功曹	功曹	传送	凶
六十二岁	乾宫	小吉	小吉	大吉	吉	乾宫	胜光	太冲	从魁	吉
六十三岁	坎宫	胜光	胜光	神后	吉	坎宫	小吉	天罡	河魁	凶
六十四岁	中宫	功曹	太乙	登明	凶	中宫	传送	太乙	登明	吉
六十五岁	中宫	大吉	天罡	河魁	吉	中宫	从魁	胜光	神后	凶
六十六岁	艮宫	神后	太冲	从魁	凶	艮宫	河魁	小吉	大吉	吉
六十七岁	震宫	登明	功曹	传送	吉	震宫	登明	传送	功曹	凶
六十八岁	巽宫	河魁	大吉	小吉	凶	巽宫	神后	从魁	太冲	吉
六十九岁	离宫	从魁	神后	胜光	吉	离宫	大吉	河魁	天罡	凶
七十岁	坤宫	传送	传送	太乙	吉	坤宫	功曹	功曹	太乙	凶
七十一岁	兑宫	小吉	小吉	神后	凶	兑宫	胜光	太冲	河魁	吉
七十二岁	乾宫	胜光	胜光	登明	吉	乾宫	小吉	天罡	登明	凶
七十三岁	坎宫	功曹	太乙	河魁	凶	坎宫	传送	太乙	神后	吉
七十四岁	中宫	大吉	天罡	从魁	吉	中宫	从魁	胜光	大吉	凶
七十五岁	中宫	神后	太冲	传送	凶	中宫	河魁	小吉	功曹	吉
七十六岁	艮宫	登明	功曹	小吉	吉	艮宫	登明	传送	太冲	凶

（续表）

生命	甲丙戊庚壬生人属阳					乙丁己辛癸生人属阴				
横推直看	金楼运	猪头身壬	透天六壬大运	透天六壬小运	走马六壬中运	金楼运	猪头身壬	透天六壬大运	透天六壬小运	走马六壬中运
七十七岁	震宫	河魁	大吉	胜光	凶	震宫	神后	从魁	天罡	吉
七十八岁	巽宫	从魁	神后	太乙	吉	巽宫	大吉	河魁	太乙	凶
七十九岁	离宫	传送	登明	天罡	凶	离宫	功曹	登明	胜光	吉
八十岁	坤宫	小吉	小吉	太冲	凶	坤宫	胜光	太冲	小吉	吉

以上修造诸家壬运，照前阴阳命干推之则吉凶可见矣，得三者亦吉。

十八局通天窍运身修造吉凶图局

十八局通天窍个造定局

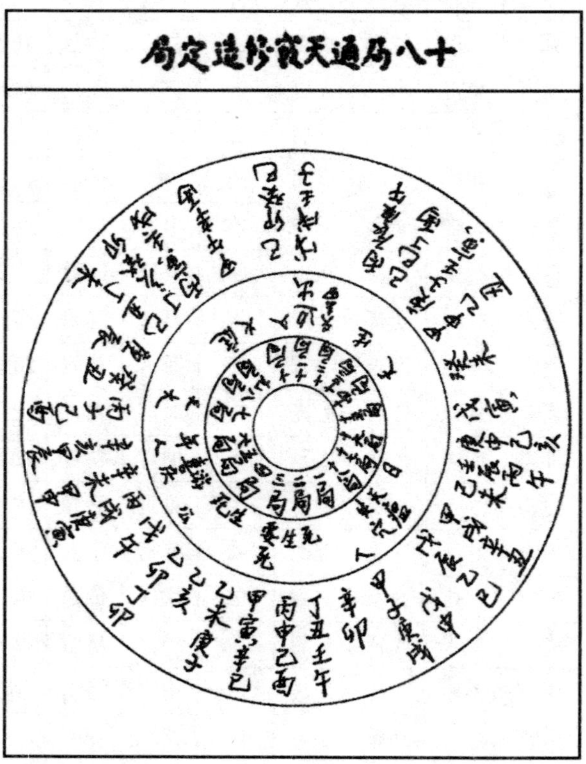

起 例

各从生命上起一十顺数,零年亦顺,遇吉则吉,遇凶则凶。

假如甲子生,二十四岁从一宫起一十二局,二十则二十四局,凡值一局、五局、六局、十二局、十三局、十四局、十七局,此七等遇之并吉,其余各局遇之并凶。歌曰:

角出龙头逆数流,商音卯上顺去求。
徵音起戌必须逆,宫羽还循未顺游。

五音三斗火

经云:天火与地火,年逢灾祸。

亥子丑三位不数,如值人火灾地火,家不安,天火大凶。起例:且如角音姓人,癸酉生,四十四岁修造,从辰上起甲子,乙丑在卯,丙寅在寅,丁卯戊辰酉,逆行至辰是癸酉本命。又从辰上起一十,二十卯,三十寅,数四十四在午,值天火大凶,此年不可造葬。又如商音,甲子生,四十岁起卯,亦数到午,上值天火大凶。徵音起戌,不须逆,不字当作必字,用合勿忌。此三火予见人造作,合得猪头身壬诸家运白,然犯此天火后亦吉,此亦无验。

论阳的杀,以太岁遁起五虎元,逢亥入中宫顺数,寻本命所到之宫,不可修作,谓之太岁寻本命,是为阳的杀。

假如庚申生人于甲辰年修作,甲己之年遁起丙寅,至亥是乙亥,以乙亥入中宫,顺数丙子乾、丁丑兑、戊寅己卯离、庚辰坎、辛巳坤,累累顺数去,寻戊午震,己未巽,庚申中,庚申生人甲辰年修中宫,凶。余仿此。

论阴的杀，以本命生命年遁起五虎元，逢亥入申宫顺数，寻太岁所到离宫，不可修作，谓之本命寻太岁，是为阴的杀。

假如甲辰年庚辰生人修作，乙庚生人正月起遁戊寅，至亥是丁亥，便以丁亥入中宫，顺数戊子乾、己丑兑，累累顺数去，寻癸卯震、甲辰巽，则甲辰年庚辰生人不可修巽方。其余仿此。

古历书云：凡修方造作必须究此二杀所在，不可先于其方上起手，先修吉方而后连及之，若在中宫出火过宅，方可修作。

年的命杀，忌修造。

太岁入中宫，顺寻本命向何宫为年的命杀。

如庚子生甲申年，顺寻庚子向震则甲卯乙方宫忌修造。

月的命杀，忌修造。

月建入中宫，顺寻本命向何宫为月的命杀。

如庚子生用甲申年七月壬运入中宫，顺寻庚子生乾则戌乾亥方忌修造。

阴阳的杀定局

甲己太岁　甲己生人	中	乙亥	甲申	癸巳	壬寅	辛亥	庚申	乙巳
	乾	丙子	乙酉	申午	癸卯	壬子	辛酉	庚午
	兑	丁丑	丙戌	乙未	甲辰	癸丑	壬戌	辛未
	艮	戊寅	丁亥	丙申	乙巳	甲寅	癸亥	壬申
	离	己卯	戊子	丁酉	丙午	乙卯	甲子	癸酉
	坎	庚辰	己丑	戊戌	丁未	丙辰	乙丑	甲戌
	坤	辛巳	庚寅	己亥	戊申	丁巳	丙寅	
	震	壬午	辛卯	庚子	己酉	戊午	丁卯	
	巽	癸未	壬辰	辛丑	庚戌	己未	戊辰	

乙庚太岁　乙庚生人							
中	丁亥	丙申	丁巳	甲寅	癸亥	壬申	辛巳
乾	戊子	丁酉	戊午	乙卯	甲子	癸酉	壬午
兑	己丑	戊戌	丁未	丙辰	乙丑	甲戌	癸未
艮	庚寅	己亥	庚申	丁巳	丙寅	乙亥	甲申
离	辛卯	庚子	己酉	戊午	丁卯	丙子	乙酉
坎	壬辰	辛丑	庚戌	己未	戊辰	丁丑	丙戌
坤	癸巳	壬寅	辛亥	庚申	己巳	戊寅	
震	甲午	癸卯	壬子	辛酉	庚午	己卯	
巽	乙未	甲辰	癸丑	壬戌	辛未	庚辰	

丙辛太岁　丙辛生人							
中	己亥	戊申	丁巳	丁巳	乙亥	甲申	癸巳
乾	庚子	己酉	戊午	戊午	丙子	乙酉	甲午
兑	辛丑	庚戌	己未	戊辰	丁丑	丙戌	乙未
艮	壬寅	庚戌	庚申	己巳	戊寅	丁亥	丙申
离	癸卯	辛亥	辛酉	庚午	己卯	戊子	丁酉
坎	甲辰	壬子	壬戌	辛未	庚辰	己丑	戊戌
坤	乙巳	癸丑	癸亥	壬申	辛巳	庚寅	
震	丙午	甲寅	甲子	癸酉	壬午	辛卯	
巽	丁未	乙卯	乙丑	甲戌	癸未	壬辰	

丁壬太岁　丁壬生人							
中	辛亥	庚申	己巳	戊寅	丁亥	丙申	乙巳
乾	壬子	辛酉	庚午	己卯	戊子	丁酉	丙午
兑	癸丑	壬戌	辛未	庚辰	己丑	戊戌	丁未
艮	甲寅	癸亥	壬申	辛巳	庚寅	己亥	戊申
离	乙卯	甲子	癸酉	壬午	辛卯	庚子	己酉
坎	丙辰	乙丑	甲戌	癸未	壬辰	辛丑	庚戌
坤	丁巳	丙寅	乙亥	甲申	癸巳	壬寅	
震	戊午	丁卯	丙子	乙酉	甲午	癸卯	
巽	己未	戊辰	丁丑	丙戌	乙未	甲辰	

戊癸太岁　戊癸生人	中	癸亥	壬申	辛巳	丁亥	己亥	戊申	丁巳
	乾	甲子	癸酉	壬午	辛卯	庚子	己酉	戊午
	兑	乙丑	甲戌	癸未	壬辰	辛丑	庚戌	己未
	艮	丙寅	乙亥	甲申	癸巳	壬寅	辛亥	庚申
	离	丁卯	丙子	己酉	甲午	癸卯	壬子	辛酉
	坎	戊辰	丁丑	丙戌	乙未	甲辰	癸丑	壬戌
	坤	己巳	戊寅	丁亥	丙申	乙巳	甲寅	
	震	庚午	己卯	戊子	丁酉	丙午	乙卯	
	巽	辛未	庚辰	己丑	戊戌	丁未	丙辰	

身皇定命杀占方向定局

（零年节节自上而下）

男女行年		一十	二十	三十	四十	五十	六十	七十	八十	九十
身皇定命	上元男	艮	离	坎	坤	震	巽	中	乾	兑
		坤	坎	离	艮	兑	乾	中	巽	震
	中元男	中	乾	兑	艮	离	坎	坤	震	巽
		中	巽	震	坤	坎	离	艮	兑	乾
	下元男	坤	震	巽	中	乾	兑	艮	离	坎
		艮	兑	乾	中	巽	震	坤	坎	离

上定命杀，术者云师巫行符灵应者可用符值暂时逐起作之不妨矣，作主交生过则无事方卸则吉。

命九皇入土定局

命局岁数	一十	二十	三十	四十	五十	六十	七十	八十	九十
甲子丙寅戊辰己巳乙亥戊寅癸未生	吉	入土	吉	吉	入土	吉	吉	入土	吉
甲申丁亥癸巳甲午丙申戊戌癸卯生	吉	入土	吉	吉	入土	吉	吉	入土	吉

（续表）

命局岁数	一十	二十	三十	四十	五十	六十	七十	八十	九十
乙巳戊申癸丑甲寅丁巳癸亥生命	吉	入土	吉	吉	入土	吉	吉	入土	吉
乙丑丁卯乙巳庚午丙子己卯庚辰生	入土	吉	吉	吉	入土	吉	吉	入土	吉
乙酉戊子庚寅乙未丁酉己亥庚子生	入土	吉	吉	吉	入土	吉	吉	入土	吉
丙午己酉庚寅戊戌乙卯戊午庚申生命	入土	吉	吉	入土	中	吉	入土	吉	吉
辛未壬申甲戌丁丑辛巳壬午丙戌	吉	吉	入土	吉	吉	入土	吉	吉	入土
己丑辛卯壬辰辛丑壬寅甲辰丁未	吉	吉	入土	吉	吉	入土	中	吉	入土
辛亥壬子丙辰己未辛酉壬戌生命	吉	吉	入土	吉	吉	入土	吉	吉	入土

假如甲子生，五十三岁修造归火，用命龙入土，凶。

衍云：命龙入土，惟忌倒堂，修造犯者不吉，及三六九年内官事拘音。又云：修造中宫尤忌，动土凶。

修作中宫

（谓修整公厅佛堂等事）

九良星	壬申、丙子、甲申、戊申年占中厅。辰、申、亥、寅年在中所									
凶年	甲	乙	丙	丁	戊	己	庚	辛	壬	癸
邱公暗刃杀占所	三、九	五、十一	正、七	三、九	五、七	三、九	五、十一	正、七	三、九	五、十一
饥渴血刃	四、九十一	三、六、八	二、七、十	正、八	五、七、十	四、九十一	二、六、八	二、七、十	正、六、九	五、七、十

（续表）

九良星	壬申、丙子、甲申、戊申年占中厅。辰、申、亥、寅年在中所									
凶年	甲	乙	丙	丁	戊	己	庚	辛	壬	癸
隐伏 血刃	五、八	二、 十一	五、八	正、 三、十 十二	六、七	五、八	二、 十一	五、八	正、 三、十 十一	六、七
大月 建杀	四	正、十	七	四	正、十	七	四	正、十	七	四

凶年	子	丑	寅	卯	辰	巳	午	未	申	酉	戌	亥
九良	中堂　后堂 后堂　中庭　堂											
天官符	正十	七十	四七	正四	正七	七十	四七	正四	正十	七十	四七	正四
地官符	正六	四七	五八	六九	七十	八十	九 十二	正 十二	二 十一	三 十二	正四	正五
小儿杀	正十	六	正十	六	正十	六	正十	六	正十	六	正十	六
打头火	二 十一	八 十一	五八	二五	二 十一	八 十一	五八	二五	二 十一	八 十一	五八	二五
飞独火	二五	二 十一	八 十一	五八	二五	二 十一	八 十一	五八	二五	二 十一	八 十一	五八
月游火	三七	十二		三	六	十二	四	八		五	九	
凶月	正	二	三	四	五	六	七	八	九	十	十一	十二
食星	中堂　中庭　中宫 中堂											
耗星	中庭　中宫											
宅龙	中厅　中堂 中庭　堂 堂											
土公	冬在中堂，忌动土，主宅长宅母足肿，土公败日不妨											

真太岁入中宫（忌修中宫）

甲戌年九月，庚辰年三月，乙酉年八月，辛卯年二月，丙申年七月，壬寅年正月，丁未年六月，壬子年十一月，戊午年五月，癸亥年十二月，大杀白虎、雷霆白虎修日忌入中宫，凶。命九入，主尤忌之。

破坏修营

（谓玄女劫寨同太阴能伏九良星吉）

大偷修吉日：宜壬子、癸丑、丙辰、丁巳、戊午、己未、庚申、辛酉，以上八日乃凶神朝天，八方俱吉，任从起工修作无忌。

九天玄女劫寨三奇，此经曰：天宝偷安乃轩辕黄帝亲授九天玄女，修造不忌官符、三杀、流财、火血，太岁管下诸神煞不依此天宝经日辰，修方造作方无一忌，此法将罗经中宫按定二十四向三日扎在何方，依此修之大吉。

修方总吉

甲子、乙丑、丙寅日，宜修乾、亥、壬、子、癸、丑、艮、寅方。

丁卯、戊辰、己巳日，宜修丙、午、丁、未、坤、申、庚、酉、辛、戌方。

庚午、辛未、壬申日，宜修乾、亥、壬、子、癸、丑、艮、寅、甲、乙、卯。

癸酉日，宜修甲、卯、乙、辰、巽、巳、丙、午、丁方。

甲戌、乙亥日，宜修中宫八方二十四向吉，诸神朝天。

丙子、丁丑、戊寅日，宜修坤、申、庚、酉、辛、戌、乾、亥方。

己卯、庚辰、辛巳日，宜修坤、申、庚、酉、辛、戌、乾、亥方。

壬午、癸未、甲申日，宜修坤、申、庚、酉、辛、戌、乾、亥方。

乙酉、丙戌、丁亥日，宜修坤、申、庚、酉、辛、戌、乾方。

戊子、己丑、庚寅日，宜修丙、丁、午、未、坤、申、庚、酉方。

辛卯、壬辰、癸巳日，宜修巽、巳、丙、丁、未、坤方。

甲午、乙未、丙申日，宜修亥、壬、子、癸、丑方。

丁酉、戊戌、己亥日，宜修丙、午、丁、未、坤、申、庚、酉方。

庚子、辛丑、壬寅日，宜修乾、亥、辛、戌、壬子、癸丑艮方。

癸卯、甲辰、乙巳日，宜修中宫四方八位皆吉，诸神朝天。

丙午、丁未、戊申日，宜修未、坤、申、庚酉辛戌乾方。

己酉、庚戌、辛亥日，宜修巽、巳、丙、丁、午、未、坤、申、庚、酉、辛、戌、乾方。

壬子、癸丑、甲寅日，宜修乾、亥、壬、子、癸、丑、艮、寅方。

乙卯、丙辰、丁巳日，宜修丙、午、丁、未、坤、申、庚、酉、辛方。

戊午、己未、庚申日，宜修壬、子、癸、丑、艮、寅、甲、卯、乙方。

辛酉、壬戌、癸亥日，宜修辰、巽、巳、丙、午、丁方。

总　论

论偷修日辰，只宜小可修整，如年家天地官符、月家天地官符、小儿杀、大月建、剑锋血刃、阴阳的杀、只皇定命、打头火、三杀、炙退、独火，修首招灾祸，动土尤凶。大杀雷霆白虎日，吉方又须忌之。

论逐月神煞吉方忌修葺，如丘公暗方、六甲胎神、六畜胎占处忌，或月流财、净栏杀、畜官符、大小耗星所占，惟忌修整，犯之损六畜，不宜修，栏杀亦忌。

论修营，宜天德、岁德、月德合、岁德合、天恩、天赦、母仓，所会日辰修之吉。

年月家紧杀占处，吉不能制，宜避之。

动土平基

（谓开基土填平基址等事）

填基吉日：宜甲子、乙丑、丁卯、庚午、辛未、己卯、辛巳、甲申、乙未、丁酉、己亥、丙午、丁未、壬子、癸丑、甲寅、乙卯、庚申、辛酉、戊午。黄帝死日，凶。

取土平基吉方	正	二	三	四	五	六	七	八	九	十	十一	十二
生气方	子	丑	寅	卯	辰	巳	午	未	申	酉	戌	亥
生土方	辰	午	申	戌	午	未	酉	午	申	戌	子	巳
地仓方	午	申	亥	辰	丑	寅	巳	辰	午	酉	巳	辰
土凶方	子	丑	寅	卯	辰	巳	午	未	申	酉	戌	亥
土皇杀	巽	巽	坤	坤	乾	乾	子	卯	午	午	艮	艮
土皇凶	乾	乾	艮	艮	巽	巽	午	寅	子	子	坤	坤

月凶方	正	二	三	四	五	六	七	八	九	十	十一	十二
土皇杀	巳	辰	卯	寅	丑	子	亥	戌	酉	申	未	午
上庚方	丑	巳	酉	寅	午	戌	卯	未	亥	辰	申	子

日凶	正	二	三	四	五	六	七	八	九	十	十一	十二
天贼	辰	酉	寅	未	子	巳	戌	卯	申	丑	午	亥
受死	戌	辰	亥	巳	子	午	丑	未	寅	申	卯	酉
天瘟	未	戌	辰	寅	午	子	酉	申	巳	亥	丑	卯
天罡	巳	子	未	寅	酉	辰	亥	午	丑	申	卯	戌
河魁	亥	午	丑	申	卯	戌	巳	子	未	寅	酉	辰
土忌	寅	巳	申	亥	卯	午	酉	子	辰	未	戌	丑
土符	寅	卯	辰	巳	午	未	申	酉	戌	亥	子	丑
地破	亥	子	丑	寅	卯	辰	巳	午	未	申	酉	戌
月破	申	酉	戌	亥	子	丑	寅	卯	辰	巳	午	未
玄武黑道	酉	亥	丑	卯	巳	未	酉	亥	丑	卯	巳	未

（续表）

日凶	正	二	三	四	五	六	七	八	九	十	十一	十二
动土取土	巳	辰	卯	寅	丑	子	亥	戌	酉	申	未	午
地囊	庚子	癸丑	甲子	己丑	戊辰	癸巳	丙寅	丁卯	戊辰	庚子	辛未	乙未
	庚午	癸未	甲寅	己卯	戊午	癸未	丙申	丁巳	戊子	庚辰	辛丑	乙酉
土瘟日	辰	巳	午	未	申	酉	戌	亥	子	丑	寅	卯
土忌日	初六	廿三	十二	初八	十六	廿四	初九	廿七	初十	十四	二十	十六
正四废日	春庚申辛酉　夏壬子癸亥　秋甲寅乙卯　冬丙午丁巳											
天地转煞	春乙卯辛卯　夏丙午戊午　秋己酉癸酉　冬壬子丁亥											
天地正转	春癸卯　夏丙午　秋丁酉　冬庚子											
月建转煞	春卯日　夏午日　秋酉日　冬子日											
九土鬼	乙酉 癸巳 甲午 辛丑 壬寅 己酉 庚戌 丁巳 戊午											
土公箭	每月初七、十七、二十七日忌动土。											
土痕忌	大月初二、初五、初七、十五、十八， 小月初一、初三、初六、廿二、廿六、廿七日。											
土公占	大月初三、初五、初八，小月初一、初十、廿八日。											
土公忌方	东及灶　南及门　西及井　北及中庭											

选定逐月平基动土吉日

正月：甲子、壬午、庚子、己丑、辛卯、丙午、丁卯、丙子、壬子。

二月：乙丑、壬寅、庚寅、甲寅、辛未、丁未、癸未、甲申、丙寅。

三月：癸巳、丁卯、甲子、庚午、癸酉、丙子、壬子、丁酉。

四月：甲子、戊子、庚子、甲戌、乙丑、庚午、丙子。

五月：乙丑、辛未、乙亥、辛亥、庚寅、甲寅、丁未、己未、丙辰、丙寅。

六月：乙亥、辛卯、乙卯、甲申、甲寅、庚申、辛亥、丙寅、丁卯。

七月：甲子、庚子、庚午、辛未、丁未、壬子、壬辰、丙子。

八月：乙丑、甲戌、壬寅、庚寅、丙辰、庚戌、壬辰，外乙亥。

九月：丁卯、辛卯、庚午、丙午、癸卯。

十月：甲子、癸酉、辛酉、庚午、甲戌、壬午。

十一月：丁未、辛未、甲申、丙申、庚申、壬辰、丙辰、乙亥、辛亥。

十二月：甲子、壬寅、庚寅、甲寅、甲申、丙申、庚申、丙寅。

入山伐木

（谓伐木破竹古德蛀日等事）

日凶	正	二	三	四	五	六	七	八	九	十	十一	十二
刀砧鲁班杀	春亥子　夏寅卯　秋巳午　冬申酉											
斧头杀	春辰日　夏未日　秋酉日　冬子日											
鲁班杀	春子日　夏卯日　秋午日　冬酉日											
龙虎	巳	亥	午	子	未	丑	申	寅	酉	卯	戌	辰
受死	戌	辰	亥	巳	子	午	丑	未	寅	申	卯	酉
天贼	辰	酉	寅	未	子	巳	戌	卯	申	丑	午	亥
月破	申	酉	戌	亥	子	丑	寅	卯	辰	巳	午	未
破败次破败	申	戌	子	寅	辰	午	申	戌	子	寅	辰	午
独火用火雷火	巳	辰	卯	寅	丑	子	亥	戌	酉	申	未	午
建日	寅	卯	辰	巳	午	未	申	酉	戌	亥	子	丑
危日	酉	戌	亥	子	丑	寅	卯	辰	巳	午	未	申
荒芜	巳	酉	丑	申	子	辰	亥	卯	未	寅	午	戌
山隔	未	巳	卯	丑	亥	酉	未	巳	卯	丑	亥	酉
正四废	春庚申辛酉　夏壬子癸亥　秋甲寅乙卯　冬丙午丁巳											
九土鬼	乙酉 癸巳 甲午 辛丑 己酉 壬寅 庚戌 丁巳 戊午											

（续表）

日凶	正	二	三	四	五	六	七	八	九	十	十一	十二
山痕忌	大月初二、初八、十七、二十， 小月初五、十四、十六、廿一、廿七											
红嘴朱雀凶日	乙丑　甲戌　癸未　壬辰　辛丑　庚戌　己未											

选定逐月伐木吉日

正月：戊寅、甲寅、壬午、丙午、己卯、丁丑、丙寅。

二月：戊寅、辛未、甲寅、甲申、戊申、乙未、丁未、己未。

三月：己巳、甲申、癸酉、丁酉。

四月：庚午、壬午、丙戌。

五月：己巳、甲戌、丙戌、戊辰、丙辰。

六月：乙亥、甲申、庚申、癸酉、丁酉、辛亥。

七月：戊子、庚子、丙子、壬子、戊辰、庚辰。

八月：甲戌、乙亥、甲申、戊申、庚申。

九月：己卯、丙戌。

十月：辛未、乙未、丁未、乙亥、甲子、丙辰。

十一月：甲辰、丁丑、乙丑、癸丑、丙辰、丙寅。

十二月：戊寅、甲寅、己卯、乙卯。

右吉日不犯魁罡、龙虎、受死、天贼、刀砧、斧头杀、山隔、荒芜、正四废。

搭厂堆木

（谓解除旧宅、新搭厂屋、推木料等事）

凡木植堆架及搭厂，先须择天道、天德、月德、三奇，太阳临照之方堆放，不可置于年三杀、天地官符、月建，造主本命之方，大忌断木起工。令主人匠人不安，值百步外则无禁忌。

凡作栋梁之木，须罡吉方架起，勿使妇人男女坐消秽污。

避宅出火

（谓请祖先福神香火暂居空界等事）

避宅出火吉日：甲子、丁卯、己巳、辛未、甲戌、乙亥、丙子、丁丑、戊寅、己卯、壬午、甲申、乙酉、戊子、甲午、乙未、庚申、己酉、壬子、癸丑、乙卯、己丑。宜天德、月德、黄道诸吉日，与移居吉日可以通用。

论修造，主人眷就居前后旧宅安处住近新造堂居，或隔园池相近也，谓坐宫修方不出火，或在一二百步之外空闲屋内出避，则亦不问方道亦可。

六壬逐年出火例

寅申子午年辰上起天罡，丑未年寅上起，卯酉年未上起，辰戌丑未年申上起，巳亥年丑上起，起天罡顺寻胜光、传送、神后、功曹四方出避吉。

吉方	寅申子午	丑未	卯酉	辰戌	巳亥
胜光	午	辰	酉	戌	卯
传送	申	午	亥	子	巳
神后	子	戌	卯	辰	酉
功曹	寅	子	巳	午	亥

避宅出火吉方，宜月德、天德、月德合、月空、三奇方出避吉。

逐月出火吉日

如不合六壬出火，又当别择，不可拘定。

正月：乙亥、乙卯、癸卯。

二月：辛未、乙亥、甲申、丁未、己未、癸未、乙未、癸丑、乙丑。

三月：乙卯、癸酉、丁酉。

四月：甲子、丙子、乙卯、庚午、庚子、癸卯、丙午。

五月：甲戌、戊寅、辛未、乙未、癸丑、乙丑、壬辰、己未。

六月：乙亥、戊寅、甲申、庚申，外丙寅、甲寅。

七月：甲子、乙未、丙子、壬子，外庚子、丁未、丙辰。

八月：甲戌、癸丑、乙丑、壬辰、丙辰。

九月：庚午、壬午、丙午。

十月：甲子、辛未、丙子、乙未、壬子、庚午、庚子、丁未。

十一月：辛未、乙亥、甲申、庚申、癸未、壬辰、丙辰。

十二月：戊寅、甲申、庚申、丙寅、甲寅。

论避宅出火，乃是回避命星出火，移出祖先福神香火也。或因建修营，或就旺改革，故移家口暂居停外，此作当权大小修营亦用之，土木犯轻，人犯重。此理时师那得知，小可修营不动中宫，须少缓以待年月利，不可轻易百人云出火易归火难也。

论倒堂净尽折去旧宅，于吉方小屋权居，盖因净尽折去，别无在盖，故不得已就吉方避之，与符使祖先香火同归一处，俟修造完日移香火入宅，最忌命龙入土。（命龙入土载在前卷十二造局）

起工架马

（谓起手、架马、兴工造作等事）

起工吉日：宜己巳、辛未、甲戌、乙亥、丙寅、己卯、壬午、甲申、乙酉、戊寅、戊子、庚寅、乙未、己亥、壬寅、癸卯、丙午、戊申、己酉、壬子、乙卯、己未、庚申、辛酉、成、开日。

忌火星、受死、月破、天贼、地贼、正四废、刀砧杀、赤口、大小空亡、荒芜、四绝、凶败日。

架马吉方：宜天德、月德、月空、三奇、帝星诸吉方。

开柱眼用寅申巳亥四柱吉日。

山杀例月	正	二	三	四	五	六	七	八	九	十	十一	十二
刀砧杀	春亥日　夏寅日　秋巳日　冬申日											
鲁班杀	春子日　夏卯日　秋午日　冬酉日											
斧马杀	春辰日　夏未日　秋酉日　冬子日											
木马杀	巳	未	丑	申	戌	子	亥	丑	卯	寅	辰	午
天贼	辰	酉	寅	未	子	巳	戌	卯	申	丑	午	亥
受死	戌	辰	亥	巳	子	午	丑	未	寅	申	巳	亥
月破	申	酉	戌	亥	子	丑	寅	卯	辰	巳	午	未
荒芜	巳	酉	丑	申	子	辰	亥	卯	未	寅	午	戌
破败次破败	申	戌	子	寅	辰	午	申	戌	子	寅	辰	午
独火月火雷火	巳	辰	卯	寅	丑	子	亥	戌	酉	申	未	午
建日	寅	卯	辰	巳	午	未	申	酉	戌	亥	子	丑
天贼	丑	子	亥	戌	酉	申	未	午	巳	辰	卯	寅
天穷	子	寅	午	酉	子	寅	午	酉	子	寅	午	酉
天罡勾绞	巳	子	未	寅	酉	辰	亥	午	丑	申	卯	戌
河魁勾绞	亥	午	丑	申	卯	戌	巳	子	未	寅	酉	辰
月建转杀	春卯日　夏午日　秋酉日　冬子日											
正四废	春庚申辛酉　夏壬子癸亥　秋甲寅乙卯　冬丙午丁巳											
刀砧杀	春亥子　夏寅卯　秋巳午　冬申酉											
阳错	庚戌	辛酉	庚申	辛未	丙午	丁巳	甲辰	乙卯	甲寅	癸丑	壬子	癸亥
阴错	甲寅	乙卯	甲辰	丁巳	丙午	丁未	庚申	辛酉	庚戌	癸亥	壬子	癸丑
九土鬼	乙酉 癸巳 甲午 辛丑 壬寅 己酉 庚戌 丁巳 戊午											
四离	春分、秋分、夏至、冬至各前一日是											
四绝	立春、立夏、立秋、立冬各前一日是											

选定逐月起工吉日

正月:辛未、乙未、壬午、丙午、癸酉、丁丑、癸丑、丁酉。

二月:戊寅、庚寅、己巳、丙寅、丁丑、癸丑、甲寅、壬寅。

三月:己巳、甲申、癸巳、乙巳。

四月:壬午、丁丑、丙戌、丙午、丙子、庚子。

五月:乙亥、辛亥、己亥、甲寅、庚午。

六月:癸酉、丁酉、乙亥、甲申、庚申、辛酉。

七月:戊子、壬子、己卯、丙子、庚子、戊辰、丙辰、丁卯。

八月:庚寅、己亥、乙亥、庚寅、庚申、甲申、戊申、戊辰、丙辰、壬辰。

九月:乙亥、丁亥、癸卯、辛卯、辛亥。

十月:壬午、辛未、乙未、庚午、丁未。

十一月:甲戌、庚寅、壬寅,外戊寅、乙丑、丁丑、癸丑、甲寅。

十二月:己巳、戊寅、己卯、丙寅、甲寅、乙卯、壬寅、甲申、丁卯、辛卯、癸卯。

画柱绳墨

(谓画梁柱、开柱眼、裁柱脚等事)

逐月画柱绳墨吉日

正月:立春,癸酉、壬午、辛卯、己酉、戊午一白,辛未八白,丁卯、乙酉、甲午、癸卯合一白。

二月:辛巳、庚寅、己亥六白,乙丑、甲戌、癸未、己未八白,乙亥、丙寅、甲申、辛亥,合九紫。

三月:清明,丙子、乙酉、壬子一白,甲申、癸巳九紫。谷雨,戊子、丁酉合一白,己巳、乙巳、丙申合九紫。

四月:庚午、己卯、戊子、丙午、乙卯,一白戊辰、丁丑、甲辰、癸丑,合八白。

五月:芒种己巳、戊申、甲寅九紫,戊辰、乙未、甲辰八白,丙寅、乙亥、壬寅、辛亥八白。夏至,庚寅一白,甲戌、癸未、己未、壬辰、庚戌合八白。

六月:癸未、己未、乙酉、辛酉八白,癸酉、己酉九紫。

七月:立秋,丙子、壬子六白,甲子、庚子九紫。处暑,癸巳一白,戊子六白,戊辰乙未合八白。

八月:丙寅、乙亥、甲申、癸巳、壬寅、辛亥、庚申合一白,戊辰、丁丑、癸丑、甲辰八白。

九月:乙亥、辛亥一白,庚午、丙午六白。霜降,丁亥一白,壬午、戊午、辛卯六白。

十月:甲子、庚子、癸酉、己酉、壬午、戊午六白,辛未、丁未、戊戌八白,庚午、丁酉、戊子九紫。

十一月:戊寅、丙寅、甲寅一白,己丑、丙辰八白,壬申、庚申、戊寅合九紫。

十二月:甲子、辛卯、庚子一白,己巳、戊寅、丙申、乙巳、甲寅合六白。

三元紫白冬夏二至定局

冬至	上元	子午卯酉日	子酉时一白	巳时六白	未时八白	申时九紫
	中元	辰戌丑未日	丑戌时八白	寅亥九紫	卯时一白	申时六白
	下元	寅申巳亥日	寅亥时六白	辰时八白	巳时九紫	午时一白
夏至	上元	子午卯酉日	子酉时九紫	丑戌八白	卯时六白	申时一白
	中元	辰戌丑未日	寅亥时一白	午时六白	辰时八白	卯时九紫
	下元	寅申巳亥日	子酉时六白	未时八白	巳时一白	午时九紫

以上吉不犯灭没、荒芜、四废、凶破败日,诸凶星同前起二黄例。

定磉扇架

（谓下磉石、拼架等事）

凶日	月											
	正	二	三	四	五	六	七	八	九	十	十一	十二
朱雀黑道	卯	巳	未	酉	亥	丑	卯	巳	未	酉	亥	丑
月建转煞	卯	卯	卯	午	午	午	酉	酉	酉	子	子	子
天罡	巳	子	未	寅	酉	辰	亥	午	丑	申	卯	戌
河魁	亥	午	丑	申	卯	戌	巳	子	未	寅	酉	辰
天瘟	未	戌	辰	寅	午	子	酉	申	巳	亥	丑	卯
天贼	辰	酉	寅	未	子	巳	戌	卯	申	丑	午	亥
地贼	子	子	亥	戌	酉	午	午	午	巳	辰	卯	子
天火	子	卯	午	酉	子	卯	午	酉	子	卯	午	酉
地火	巳	午	未	申	酉	戌	亥	子	丑	寅	卯	辰
独火	巳	辰	卯	寅	丑	子	亥	戌	酉	申	未	午
荒芜	巳	酉	丑	申	子	辰	亥	卯	未	寅	午	戌
阳错	甲寅	乙卯	甲辰	丁巳	丙午	丁未	庚申	辛酉	庚戌	癸亥	壬子	癸丑
阴错	庚戌	辛酉	庚申	丁未	丙午	丁巳	甲辰	乙卯	甲寅	癸丑	壬子	癸亥
受死	戌	辰	亥	巳	子	午	丑	未	寅	申	卯	酉
正四废	春庚申辛酉 夏壬子癸亥 秋甲寅乙卯 冬丙午丁巳											
九土鬼	乙酉 癸巳 甲午 辛丑 己酉 壬寅 庚戌 丁巳 戊午											
火星凶日	寅申巳亥月，乙丑、甲戌、癸未、壬辰、辛丑、庚戌、己未 子午卯酉月，甲子、癸酉、壬午、辛卯、庚子、己酉、戊午 辰戌丑未月，壬申、辛巳、庚寅、己亥、戊申、丁巳											

逐月定磉扇架吉日

正月:丁酉、丙午、癸丑、癸酉。

二月:乙丑、丙寅、乙亥、戊寅、癸未、庚申、己亥、癸酉、甲寅、己未。

三月:甲子、戊子、壬子、丁酉、庚子。

四月:甲子、庚子、庚午、丙午、戊午、癸丑。

五月:丙寅、戊辰、辛未、甲戌、戊寅、癸未、庚寅、甲寅、丙辰、己未、壬寅。

六月:壬寅、丙寅、乙亥、戊寅、甲申、甲寅、庚申。

七月:甲子、戊辰、辛未、戊子、庚子、丙辰、壬子。

八月:乙丑、丙寅、乙亥、戊寅、己亥、癸丑、丙辰。

九月:戊午、庚午、己卯、壬午、癸卯、丙午。

十月:甲子、庚午、辛未、壬午、戊子、乙未、庚子、壬子、丙辰、辛酉、戊午。

十一月:丙寅、戊寅、甲申、庚寅、戊申、甲寅、丙辰、庚申、壬辰、戊辰、壬申。

十二月:甲子、丙寅、己巳、戊寅、甲申、戊子、庚子、壬子、甲寅、庚申、壬寅。

右吉日,不犯朱雀黑道、火星、四废、荒芜、天贼、天火、天罡、河魁、地火。

发槌凶方

(谓穿柱坊,宜吉方起手打槌等事)

发槌凶日	正	二	三	四	五	六	七	八	九	十	十一	十二
划削血刃	亥	申	巳	寅	卯	午	未	酉	丑	戌	子	辰
鲁班跌扑杀	寅	巳	申	亥	卯	午	酉	子	辰	未	戌	丑

以上发槌竖柱,择其方不犯划削杀、鲁班杀、跌扑杀、大杀白虎、雷霆白虎所在方,切忌之。凡发槌宜向前及左右,忌向后。

大杀白虎入中宫日		戊辰	丁丑	丙戌	乙未	甲辰	癸丑	壬戌
雷霆白虎入中宫日	甲己月	丙子	丁卯	乙酉	甲午	癸卯	壬子	辛酉
	乙庚月	戊辰	丁丑	丙戌	乙未	甲辰	癸丑	壬戌
	丁壬月	乙丑	甲戌	癸未	壬辰	辛卯	庚戌	己未
	丙辛戊	癸月	辛未	庚辰	己丑	戊戌	丁未	丙辰

竖造宅舍

（谓起造所堂、竖柱上梁等事）

凶日	月											
	正	二	三	四	五	六	七	八	九	十	十一	十二
朱雀黑道	卯	巳	未	酉	亥	丑	卯	巳	未	酉	亥	丑
天牢黑道	申	戌	子	寅	辰	午	申	戌	子	寅	辰	午
独火月火	巳	辰	卯	寅	丑	子	亥	戌	酉	申	未	午
天火狼藉	子	午	卯	酉	子	午	卯	酉	子	午	卯	酉
次地火限平	巳	午	未	申	酉	戌	亥	子	丑	寅	卯	辰
冰消瓦解	巳	子	丑	丑	卯	戌	亥	午	未	寅	酉	辰
天贼	辰	酉	寅	未	子	巳	戌	卯	申	丑	午	亥
地贼	子	丁	亥	戌	酉	午	午	午	巳	辰	卯	子
天瘟	未	戌	辰	寅	午	子	酉	申	巳	亥	丑	卯
荒芜	巳	酉	丑	申	子	辰	亥	卯	未	寅	午	戌
土瘟	辰	巳	午	未	申	酉	戌	亥	子	丑	寅	卯
天穷	子	寅	午	酉	子	寅	午	酉	子	寅	午	酉
月火大耗	申	酉	戌	亥	子	丑	寅	卯	辰	巳	午	未

（续表）

凶日	月											
	正	二	三	四	五	六	七	八	九	十	十一	十二
天罡勾绞	巳	子	未	寅	酉	辰	亥	午	丑	申	卯	戌
河魁勾绞	亥	午	丑	申	卯	戌	巳	子	未	寅	酉	辰
划削血刃	亥	申	巳	寅	卯	午	未	酉	戌	丑	子	辰
受死	戌	辰	亥	巳	子	午	丑	未	寅	申	卯	酉
五墓	乙未	己未	戊辰	丙戌	戊辰	辛丑	辛丑	戊辰	丙戌	壬辰	壬辰	戊辰
阳错	甲戌	辛酉	庚申	丁未	庚申	辛酉	庚戌	癸亥	甲寅	癸丑	壬子	癸亥
阴错	甲寅	乙卯	甲辰	丁巳	丙午	丁未	庚申	辛酉	庚戌	癸亥	壬子	癸丑
月建转杀	春卯日　夏午日　秋酉日　冬子日											
鲁班刀砧	春子日　夏卯日　秋午日　冬酉日											
正四废	春庚申辛酉　夏壬子癸亥　秋甲寅乙卯　冬丙午丁巳											
灭没日	弦	虚	晦	娄	朔	角	望	亢	虚	鬼	盈	牛
九土鬼	辛丑 壬寅 癸巳 丁巳 甲午 戊午 己酉 乙酉 庚戌											
伏断	子虚	丑斗	寅室	卯女	辰箕	巳房	午角	未张	申鬼	酉觜	戌胃	亥壁
火星凶日	寅申巳亥月：乙丑、甲戌、癸未、壬辰、辛丑、庚戌、乙未 子午卯酉月：甲子、癸酉、壬午、辛卯、庚子、己酉、戊午 辰戌丑未月：壬申、辛巳、庚寅、己亥、戊申、丁巳											

冰消瓦解子午正煞凶定局

子年	正	二	三	四	五	六	七	八	九	十	十一	十二
丑年	十二	正	二	三	四	五	六	七	八	九	十	十一
寅年	十一	十二	正	二	三	四	五	六	七	八	九	十
卯年	十	十一	十二	正	二	三	四	五	六	七	八	九
辰年	九	十	十一	十二	正	二	三	四	五	六	七	八

（续表）

巳年	八	九	十	十一	十二	正	二	三	四	五	六	七
午年	七	八	九	十	十一	十二	正	二	三	四	五	六
未年	六	七	八	九	十	十一	十二	正	二	三	四	五
申年	五	六	七	八	九	十	十一	十二	正	二	三	四
酉年	四	五	六	七	八	九	十	十一	十二	正	二	三
戌年	三	四	五	六	七	八	九	十	十一	十二	正	二
亥年	二	三	四	五	六	七	八	九	十	十一	十二	正

	正	**二**	**三**	**四**	**五**	**六**	**七**	**八**	**九**	**十**	**十一**	**十二**
冰消位 午日凶	初一	十二	十一	初十	初九	初八	初七	初六	初五	初四	初三	初二
	十三 廿五	廿四	廿三	廿二	廿一	二十	十九	十八 三十	十七 廿九	十六 廿八	十五 廿七	十四 廿六
瓦解位 子日凶	初七	初六 十八	初五 十七	初四 十六	初三 十五	初二 十四	初三 十五	初二 十四	初一 十三	十二	十一	初八
	十九	三十	廿九	廿八	廿七	廿六	廿五	廿四	廿三	廿二	廿一	二十

竖柱、入宅、安门忌天空亡。安葬、栽种忌地空亡，火日则不忌。

天地空亡凶定局

子年	五	六	七	八	正九	二十	三 十一	四 十二				
丑寅年	四 十二	五	六	七	八	正九	二十	三 十一				
卯年	三 十一	四 十二	五	六	七	八	正九	二十				
辰巳年	二十	三 十一	四 十二	五	六	七	八	正九				
午年	正九	二十	三 十一	四 十二	五	六	七	八				
未申年	八	正九	二十	三 十一	四 十二	五	六	七				

（续表）

酉年	七	八	正九	二十	三 十一	四 十二	五	六					
戌亥年	六	七	八	正九	二十	三 十一	四 十二	五					
	初一	初九	初八	十六	初七	十五	初六	十四	初五	十三	十一	初二	初十
	十七	廿五	廿四	廿三	廿三	廿二	三十	廿一	廿九	二十	廿八 十九	廿七	十八 廿六
	初五	十三	初四	十二	初三	十一	初二	初十	初一	初九	初八	十六 初七	十五 初六
	廿一	廿九	二十	廿八	十九	廿七	十八	廿六	十七	廿五	廿四	廿三	廿二 三十
十恶无 禄大败	甲己年二月戊戌、七月癸亥、九月丙申、十一月丁亥。 乙庚年四月壬申、九月乙巳。丙辛年三月辛巳、九月庚辰。 戊癸年六月己丑。丁壬年无忌也												

造命天克地冲

（干支对冲忌正造日，出《道藏》）

甲子对庚午戊午，丁丑乙丑对癸未，丙寅戊寅对壬申。

丁卯己卯对癸酉，戊辰丙辰对甲戌，乙丑对己未辛未。

庚午对甲子戊子，辛未对己丑丁丑，壬申对丙寅戊寅。

己巳丁巳对乙亥，甲戌对庚辰戊辰，乙亥对己巳辛巳。

丙子戊子对壬午，癸酉对己卯丁卯，庚辰对甲戌庚戌。

辛巳对己亥辛亥，壬午对丙子戊子，癸未对丁丑己丑。

甲申对庚寅戊寅，乙酉对己卯辛卯，丙戌戊戌对壬辰。

丁亥己亥对癸巳，己丑对丁未乙未，庚寅对甲申戊申。

辛卯对乙酉丁酉，壬辰对丙戌戊戌，癸巳对丁亥己亥。

甲午对庚子戊子，乙未对己丑辛丑，丙申戊申对壬寅。

丁酉己酉对癸卯，庚子对甲午戊午，壬寅对丙申戊申。

癸卯对丁酉己酉，甲辰对庚戌戊戌，乙巳对己亥辛亥。

丙午戊午对壬子，丁未己未对癸丑，庚戌对甲辰戊辰。

辛亥对乙巳丁巳，壬子对丙午戊午，癸丑对丁未己未。

甲寅对庚申戊申,乙卯对己酉辛酉,庚申对甲寅戊寅。

辛酉对乙卯丁卯,壬戌对丙辰戊辰,癸亥对丁巳己巳。

太岁及本命忌十恶大败(出《元经》)

庚戌生忌甲辰日,辛酉生忌乙酉日。

壬寅生忌丙申日,癸巳生忌丁亥日。

甲辰生忌戊戌日,乙未生忌辛丑日。

甲戌生忌庚辰日,乙亥生忌辛巳日。

丙寅生忌壬申日,丁巳生忌癸亥日。

本命则年年忌之,太岁则一年止忌此一日。

竖造忌值鬼柳翼亢氐心斗女觜虚宿,俱不犯,竖造福来随。

逐月竖柱上梁吉日(考正不吉者,删去)

正月:己酉、乙酉、癸酉、丁酉、壬午、甲午、丙午、庚午。古本寅字犯天贼,火不成,故不取。

二月:辛未、己未、乙亥、乙未、癸未、丁未,辛亥、甲申、丙寅、甲寅、丁亥、丁丑、己丑、戊寅、丁未、丁巳,癸日宜甲戌庚命,吉。

三月:己巳、甲申、壬子、丙子、戊子、癸巳、甲午、丙午、丙申、乙巳,天伤贵可化。

四月:己卯、癸卯、乙卯、丁卯、庚午、丁丑、己丑、癸丑、甲子、甲午、丙午、辛卯、庚子。

五月:丙寅、庚寅、甲寅、辛未、甲戌、癸未、乙未、己未、庚戌、戊寅、丁未。

六月:乙亥、甲申、庚申、丙申、辛亥、辛未、丁亥、丁未、戊寅、庚戌、庚午。

七月:壬子、戊子、乙未、辛未、丁未、丁卯、戊辰、庚子、丙辰、丙子、庚辰。

八月:乙亥、己巳、乙丑、丁丑、癸丑、庚寅、庚辰、壬辰、丙辰、戊寅、己亥。

九月:庚午、壬午、丙午、甲戌、甲午,外庚戌。

十月:壬子、辛未、乙未、丁未、甲子、庚子、庚午、壬午、辛酉、甲午、癸酉、丁酉、乙酉。

十一月:甲申、戊申、丙申、壬申、丙辰、庚申,丙戊壬日宜癸乙巳生命,吉。

十二月:甲申、庚申、丙申、丙寅、甲寅、壬寅、乙巳、己巳。

右吉日,不犯朱雀黑道、天牢、独火、天火次地火、冰消瓦陷、天贼、天瘟、地贼、正四废、天穷、建破日、天罡、河魁、受死、五墓、阴阳错、日月建、转杀、九土鬼。

盖屋泥饰

(谓修盖屋宇、泥饰宅舍等事)

八风凶日:丁丑、己酉、甲申、甲辰、丁未、辛未、甲戌、甲寅。

天百穿:初一、初三、初五、十一、十三、十六、十七、十九、廿九、廿七、三十。

泥壁吉日:甲子、己丑、己巳、甲戌、丁丑、庚辰、辛巳、乙酉、丁亥、庚寅、辛卯、癸巳、甲午、乙未、甲辰、乙巳、丙午、辛亥、丙辰、丁巳、庚申、建、平日。

逐月盖屋吉日(凶星与前造例同看)

正月:癸酉、丁酉。

二月:辛未、癸未、甲申、庚寅、己未、己亥、辛亥。

三月:甲子、丙子、戊子、己巳、癸酉、丁酉、甲寅、庚子,外壬子。

四月:甲子、丙子、戊子、己巳、癸酉、丁酉、甲寅、庚子,外壬子。

五月:己巳、辛未、庚寅、戊寅、丙辰、庚申、甲寅、己未、壬辰、壬寅。

六月:癸酉、甲戌、丁酉、辛亥、庚申、甲寅、乙亥、丙申、辛酉。

七月:甲子、戊子、丙子、庚子、丙辰、戊辰、壬子。

八月:庚寅、辛亥、己亥、乙丑、癸丑。

九月:己卯、癸卯、辛卯。

十月:甲子、辛未、戊子、乙未、庚子、壬子、乙亥。

十一月:庚寅、甲申、丙辰、戊申、庚申、壬寅。

十二月:己巳、甲申、庚申、丙寅、戊寅、丙申、壬寅、乙巳。

以上吉日,不犯朱雀黑道、天火、独火、天瘟、天贼、地贼、月破、受死、蚩尤、月建转杀、四废、八风、土鬼、火星、午日。

天井放水

(谓结砌天井、砌阶基、开沟理等事)

天井放水诗诀

决沟折放有真机，须向天干忌四隅。
十二支神君莫犯，阴田依旧折阳渠。
阴龙仍折阴干水，阴局阳干说是非。
若是脱龙并就局，阴阳须混莫胡为。

假如阳宅放水,甲庚丙壬乙辛丁癸八干放之,主人财兴旺,富贵无疆,切忌放十二支神上,流通内有寅申巳亥,名曰四隅支,凶不宜折放。又名曰四维水,犯之主五姓伤残,不吉之兆也。

秘云:阴山阳向水流阳,富贵百年昌。阴山阴向水流阴,家富斗量金。正此谓也。又如来龙属阳,或后二节值阴三节又阳,先宜放阳干,次折阴干,再复折阳干而出,大吉。或到头一节、二节俱属阳,只宜阳干水曲折而放,大不宜放阴干,犯之主人财散退,阴龙须放阴水。其余仿此。

阳干阳向放水所宜甲壬乙癸乾坤六向,阳宅放阳水吉。

阴干阴向放水所宜丙丁庚辛艮巽六向,阴宅放阴水吉。

又秘云:阴阳二宅,或有脱落龙脉以就前局朝迎,仍放天干吉水,并不论阴阳来山,如就龙脉作向,俱要论阴阳折放。切宜详审向道,大忌大杀、黄泉、白虎、空亡占向,若失龙水祸不旋踵矣。

黄泉水路诗云:

庚丁坤上是黄泉,乙丙须防巽水先。
甲癸向中休见艮,辛壬水路怕当乾。

如庚子向忌坤门水路犯凶。其余仿此。

红觜朱雀修作水沟凶日:辛未、庚辰、己丑、戊戌、丁未、丙辰。

开门放水忌宿鬼柳奎星翼虚危昴女牛,开门井放水莫犯此是头。

逐月结砌天井放水吉日

正月:外丁卯、癸酉、己卯、丁酉、癸卯、乙卯、壬辛。

二月:外癸未、丁亥、己亥、己未。

三月:乙巳,外甲子、丙子、壬子、戊子、丁酉。

四月:庚午,外甲子、丁卯、己卯、辛卯、庚子、乙卯、戊子。

五月:外戊辰、乙亥、庚寅、甲寅、甲辰、乙未。

六月:乙亥、丁亥、辛亥、甲申、甲寅、丙申、辛卯、乙未。

七月:戊辰、丁卯、戊子、丙子、壬子、辛卯、癸卯、庚午、丙午。

八月:外己巳、癸丑、丁巳、乙丑、庚寅。

九月:庚午、壬午、丙午、辛卯。

十月:乙未,外甲子、庚午、癸酉、戊子、庚子、辛酉、壬午。

十一月:外戊辰、甲辰、壬辰。

十二月:甲申、庚申、甲寅、丙寅。

上吉不犯天贼、地贼、土瘟、土忌、白虎、天瘟、受死、九土鬼、土公箭、土皇杀、正四废、转杀、四方耗、财离、荒芜、水隔。

开渠放水

(谓埋堵沟水堵辅渠等事)

红嘴朱雀在前篇看。

逐月埋沟放水开渠吉日

正月:甲子、丙子、庚子、癸酉。

二月:辛亥、癸亥、乙亥、己亥。

三月:甲子、丙子、庚子、癸未、丁酉、壬子。

四月:甲子、丙子、庚子、癸丑、乙丑、丁丑、庚午。

五月:乙丑、丁丑、癸未、己未、丁丑。

六月:甲申、庚申、甲寅、己未。

七月:壬子、丙午、戊辰。

八月:己巳、己酉、己辰、癸巳。

九月:癸丑、丙戌。

十月:壬午、癸未、乙未、己未、辛酉、癸酉、庚午。

十一月:癸未、己未、丁未。

十二月:甲申、甲寅、丙寅、庚申。

上吉日,不犯天贼、受死、天瘟、土忌、土府、地破、土痕、水痕、四废。峨山云:水法多门,难以备载,此其大略,以备取用。若夫民居,惟论大中小神,宜放天干而出勿放地支而出,天干乃虚无之虚,地支有形质之位,故无水冲动太岁之年,恐生灾□,故天干无忌地支有杀也。然放水有前后中天井,必自中宫达前,则大中小神天下由出曲,而由不曲则财不聚,不出中宫曰无元辰,水无根也。

造作门楼

(谓修门塞门尺寸等事)

九良星占门	己卯、丁亥、癸巳、甲辰年占大门,壬寅、己未、庚申年在门。丁巳年占前门,丁卯、癸酉、己卯年占后门,忌修门凶
丘公杀占门	甲己年九月、乙庚年十一月、丙辛年正月占门,壬寅年三月、戊癸年九月,以上忌修门凶
债木星占方	甲己年占辰、乙庚年占坎寅、丙辛年占午方、丁壬年占乾、戊癸年占坤庚,不宜修门安门
债水星日	大月初三、十一、十九、廿七,小月初二、初十、十八、廿六
修门忌日	春不作东门,夏不作南门,秋不作西门,冬不作北门,庚寅门大天死日,以上忌安修门
红觜朱雀日	庚午、己卯、戊子、丁酉、丙午、乙卯日占门,忌安修大门

（续表）

六白胎神年	甲午年占门三九月在门，丑巳卯酉日在门换胎，忌修安门
六畜胎占门	午黄五、七、十一月在门，牛胎三、九月在门， 猪胎三、四月占门
大小耗星日	正、七月在门，逐月是所值切忌修门整门凶

凶日	月											
	正	二	三	四	五	六	七	八	九	十	十一	十二
天牢黑道	申	戌	子	寅	辰	午	申	戌	子	寅	辰	午
朱雀黑道	卯	巳	未	酉	亥	丑	卯	巳	未	酉	亥	丑
独火月火	巳	辰	卯	寅	丑	子	亥	戌	酉	申	未	午
财离九 岁空亡	辰	丑	戌	未	寅	子	酉	午	亥	卯	申	巳
天火狼藉	子	卯	午	酉	子	卯	午	酉	子	卯	午	酉
死气官符	午	未	申	酉	戌	亥	子	丑	寅	卯	辰	巳
月破大耗	申	酉	戌	亥	子	丑	寅	卯	辰	巳	午	未
小耗	未	申	酉	戌	亥	子	丑	寅	卯	辰	巳	午
天贼	辰	酉	寅	未	子	巳	戌	卯	申	丑	午	亥
天瘟	未	戌	辰	寅	午	子	酉	申	巳	亥	丑	卯
受死	戌	辰	亥	巳	子	午	丑	未	寅	申	卯	酉
冰消瓦解	巳	子	丑	寅	卯	巳	亥	午	未	寅	酉	辰
日虚月空	丑	戌	未	辰	丑	戌	未	辰	丑	戌	未	辰
阴错	庚戌	辛酉	庚申	丁未	丙午	丁巳	甲辰	乙卯	甲寅	癸丑	壬子	癸亥
阳错	甲寅	乙卯	甲辰	丁巳	丙午	丁未	庚申	辛酉	庚戌	癸亥	壬子	癸丑
荒芜	巳	酉	丑	申	子	辰	亥	卯	未	寅	午	戌

(续表)

凶日	月											
	正	二	三	四	五	六	七	八	九	十	十一	十二
天地转杀	春卯日 夏午日 秋酉日 冬子日											
正四废	春庚申辛酉 夏壬子癸亥 秋甲寅乙卯 冬丙午丁巳											
四耗	春壬子 夏乙卯 秋戊午 冬辛酉											
伏断日	子虚丑斗寅室卯女辰箕巳房午角未张申鬼酉觜戌胃亥壁											
火星凶日	寅申巳亥月:乙丑、甲戌、癸未、壬辰、辛丑、庚戌、己未。 子午卯酉月:甲子、癸酉、壬午、辛卯、庚子、己酉、戊午。 辰戌丑未月:壬申、辛巳、庚辰、己亥、戊申、丁巳											
雷霆白虎入中宫日	甲己月:丁卯、丙子、乙酉、甲午、癸酉、壬子、辛酉。 乙庚月:戊辰、丁丑、丙戌、乙未、甲辰、癸丑、壬戌。 丙辛戊癸月:辛未、庚辰、己丑、戊戌、丁未、丙辰。 丁壬月:乙丑、甲戌、癸未、壬辰、辛丑、庚戌、己未											
大杀白虎入中宫日	戊辰、丁丑、丙戌、乙未、甲辰、癸丑、壬戌											
九土鬼	辛丑、壬寅、癸巳、丁巳、甲午、乙酉、己酉、庚戌、戊午											

门光星吉日,修开造作安门并宜选此星。大月从右数左,小月从左数右。

小月数下(左) ○○○●●●○○●●●○○○●●●○○○●●●○○●●●○○ 大月数上(右)

逐月修门吉日(安门同用)

正月:癸酉、丁酉、丁卯、己酉。

二月:甲申、丁亥、己亥、甲寅,壬癸命吉。

三月:庚子、癸酉、丁酉、乙巳。

四月:甲子、庚子、庚午、辛卯、癸卯。

五月:甲寅,外丙寅(宫丁巳辛合吉)、辛未。

六月:甲申、甲寅,外丙申、庚申。

七月:丙辰、戊辰。

八月:乙丑、乙亥、己巳、癸巳。

九月:庚午、壬午、丙午、辛亥。

十月:甲子、乙未、庚未、辛未、壬午、庚午。

十一月:甲寅、壬寅、丙寅。

十二月:戊寅、甲寅、甲申、丙寅、丙申、庚申、甲子、庚子。

上吉日,不犯朱雀、天牢黑道、天火、独火、九空、大小耗、天贼、地贼、死气。

总　论

论安门,不可专主门楼经、玉辇经,误人不浅。门向须避直冲、尖射、砂水、路道、恶石、山坳、崩破、孤峰、枯木、神庙之类,谓之乘杀入门,凶。宜迎山、迎水、避水斜割悲声。经云:以水为朱雀者,忌天端激。

论造门修门法,如立向亦忌浮天空亡,若在方忌炙退,更忌架紧占处,犯之凶,若鼎新道门仍勿论修方杂忌。

入宅归火

(谓入宅安奉福神香火等)

凶日	月											
	正	二	三	四	五	六	七	八	九	十	十一	十二
朱雀黑道	卯	巳	未	酉	亥	丑	卯	巳	未	酉	亥	丑
天牢黑道	申	戌	子	寅	辰	午	申	戌	子	寅	辰	午
归忌	丑	寅	子	丑	寅	子	丑	寅	子	丑	寅	子
月厌	戌	酉	申	未	午	巳	辰	卯	寅	丑	子	亥
天贼	辰	酉	寅	未	子	巳	戌	卯	申	丑	午	亥
地贼	丑	子	亥	戌	酉	申	未	午	巳	辰	卯	寅

（续表）

凶日	月											
	正	二	三	四	五	六	七	八	九	十	十一	十二
天瘟	未	戌	辰	寅	午	子	酉	申	巳	亥	丑	卯
受死	戌	辰	亥	巳	子	午	丑	未	寅	申	卯	酉
天罡勾绞	巳	子	未	寅	酉	辰	亥	午	丑	申	卯	戌
河魁勾绞	亥	午	酉	申	卯	戌	巳	子	未	寅	酉	辰
天火狼藉	子	卯	午	酉	子	卯	午	酉	子	卯	午	酉
独火月火	巳	辰	卯	寅	丑	子	亥	戌	酉	申	未	午
冰消瓦解	巳	子	丑	申	卯	戌	亥	午	未	寅	酉	辰
往亡	寅	巳	申	亥	卯	午	酉	子	辰	未	戌	丑
荒芜	巳	酉	丑	申	子	辰	亥	卯	未	寅	午	戌
披麻杀	子	酉	午	卯	子	酉	午	卯	子	酉	午	卯
死气官符	午	未	申	酉	戌	亥	子	丑	寅	卯	辰	巳
建日	寅	卯	辰	巳	午	未	申	酉	戌	亥	子	丑
破日	申	酉	戌	亥	子	丑	寅	卯	辰	巳	午	未
平日	巳	午	未	申	酉	戌	亥	子	丑	寅	卯	辰
收日	亥	子	丑	寅	卯	辰	巳	午	未	申	酉	戌
空宅 吉多不忌	申	申	申	寅	寅	寅	巳	巳	巳	亥	亥	亥
阴错	庚戌	辛酉	庚申	丁未	丙午	丁巳	甲辰	乙卯	甲寅	癸丑	壬子	癸亥
阳错	甲寅	乙卯	甲辰	丁巳	丙午	丁未	庚申	辛酉	庚戌	癸亥	壬子	癸丑
正四废	春庚申辛酉　夏壬子癸亥　秋甲寅乙卯　冬丙午丁巳											
四忌五穷	春甲子乙亥　夏丙午丁亥　秋庚子辛亥　冬壬子癸亥											
杨公忌	十三、十一、初九、初七、初五、初三(初一、廿九)、 廿七、廿五、廿二、廿一、十九											
九土鬼	辛酉 癸巳 甲午 辛丑 壬寅 己酉 庚戌 丁巳 戊午											
九丑	己卯 壬午 乙酉 戊子 辛卯 己酉 壬子 戊午 辛酉											
离窠	丁卯 戊辰 己巳 壬申 辛巳 壬午 戊子 己丑 戊戌 辛丑 戊申 辛亥 戊午 壬戌 癸亥											

天地空凶日定局（入宅忌天空亡）

子年	五	六	七	八	正九	二十	三十一	四十二
丑寅年	四十二	五	六	七	八	正九	二十	三十一
卯年	三十一	四十二	五	六	七	八	正九	二十
辰巳年	二十	三十一	四十二	五	六	七	八	
午年	正九	二十	三十一	四十二	五	六	七	八
未申年	八	正九	二十	三十一	四十二	五	六	七
酉年	七	八	正九	二十	三十一	四十二	五	六
戌亥年	六	七	八	正九	二十	三十一	四十二	五
天空亡	初一、初九、初八、初六、初七、十五、初六、十四、初五、十三、初四、十二、初三、十一、初二、初十、十七、廿五、廿四、廿三、廿二、三十、廿一、廿九、二十、廿八、十九、廿七、十八、廿六							
地空亡	初五、廿七、初四、十一、初二、十一、初二、初十、初一、初九、初八、十六、初七、十五、初六、十四、廿一、廿九、二十、廿八、十九、廿七、十八、廿六、十七、廿五、廿四、廿三、廿二、三十							

上天地空亡，若金火日宜用真太阳、太阴、天月德贵人不忌。

雷霆白虎入中宫日	甲己月，丁卯、丙子、乙酉、甲午、癸卯、壬子、辛酉。 乙庚月，戊辰、丁丑、丙戌、乙未、甲辰、癸丑、壬戌。 丙辛戊癸月，辛未、庚辰、己丑、戊戌、丁未、丙辰。 丁壬月，乙丑、甲戌、癸未、壬辰、辛丑、庚戌、己未
伏断日	子虚丑斗寅室卯女辰箕巳房午角未张申鬼酉觜戌胃亥壁
大杀白虎入中宫日	丁巳、丙戌、乙未、甲辰、癸丑、壬戌
红嘴朱雀入中宫日	乙亥、甲申、癸巳、壬寅、辛亥、庚申

（续表）

入宅周堂	月清　六道　台阶　三徒　昌盛 三刑　　　　　　　　　　家亡 三才　　　　　　　　　　天福 五离　　　　　　　　　　五严 玉堂　天良　玄武　地耗　月福 大月初一起月清，顺行六道定行程。 小月初一玉堂起，逆行天良吉凶明
安香火周堂例	天　害　煞 利　灾　富 安　灾　师 大月从安向利顺行。 小月从天向利逆行，即安香火福神，若遇神在日合此周堂上吉
火星凶日	寅申巳亥月：乙丑、甲戌、癸未、壬辰、辛丑、庚戌、己亥。 子午卯酉月：甲子、癸酉、壬午、辛卯、庚子、己酉、戊午。 辰戌丑未月：壬申、辛巳、庚寅、己亥、戊申、丁巳

逐月入宅归火吉日

冰消瓦解例在竖造局看。

正月：癸酉、丁酉，外乙酉、己酉。

二月：乙丑、辛未、丁亥，外癸未、丁未、己未。

三月：外癸酉、丁酉、乙巳、己巳。

四月：甲子、庚子、庚午、乙卯，外辛卯、癸卯。

五月：辛未，外己未。

六月：丙申、甲寅。

七月：辛未、甲子、丙子。

八月：乙丑、壬辰，外乙亥、庚辰。

九月：庚午、丙午、癸卯、辛卯。

十月：甲子、庚午，外甲午、乙未、庚子、丁未。

十一月：庚午、丙申。

十二月：丙申、甲寅，外丙寅、甲寅、壬寅。

上吉日，不犯天牢黑道、牢狱日、徒隶、死别、伏罪、刑狱、归忌凶神上房。

分居各爨

（谓分烟各炊等事）

逐月分居各烟吉日

正月：癸酉、丁酉。

二月：乙丑。

三月：己巳、乙巳，外癸丑。

四月：甲子、庚子、庚午、乙卯、辛卯、癸卯。

五月：辛未、乙未，外庚寅、甲寅。

六月：丙申、甲寅、甲申。

七月：辛未。

八月：庚辰、丙辰、壬辰。

九月：庚午、丙午。

十月：庚午、壬午、甲午。

十一月：外甲申、庚申。

十二月：丙寅、甲寅、壬寅。

上吉日，不犯朱雀、天牢黑道、归忌、魁罡、受死、天瘟、天火、独火、冰消瓦解、火星、阴阳、荒芜、正四废、休废、凶败、赤口、空亡、往亡、天贼、九空、债木、四离、四绝、离窠、州县官符、大杀白虎忌占中宫、绝烟火、建、破、平、收日。

债木星：大月初三、十一、十九、十七，小月初二、初十、十八、廿六日。

争讼日：大月初六、十四、廿三，小月初七、十五、廿三日。

均分家财

（谓分田产金银器皿等事）

吉日	月											
	正	二	三	四	五	六	七	八	九	十	十一	十二
天成	未	酉	亥	丑	卯	巳	未	酉	亥	丑	卯	巳
天财	辰	午	申	戌	子	寅	辰	午	申	戌	子	寅
地财	巳	未	酉	亥	丑	卯	巳	未	酉	亥	丑	卯
月财	午	乙	巳	未	酉	亥	午	乙	巳	未	酉	亥
天富	辰	巳	午	未	申	亥	寅	巳	申	亥	丑	寅
五富	亥	寅	巳	申	亥	寅	巳	申	亥	寅	巳	申
天贵	春甲乙　夏丙丁　秋庚辛　冬壬癸											
福厚	春寅日　夏巳日　秋申日　冬亥日											
忌人革日	酉	未	巳	卯	丑	亥	酉	未	巳	卯	丑	亥

逐月均分家财吉日

正月：己卯、壬午、癸卯、丙午、丁卯、癸酉、丁酉。

二月：己巳、辛未、癸未、丁亥、己亥、乙未、己未、辛巳、丁未、辛亥。

三月：丙子、辛卯、丁卯、戊子、丙申，外甲子。

四月：乙丑、庚午、壬午、己卯、辛卯、丁丑、己丑，外癸卯、乙卯。

五月：辛未、丙辰、己未、戊辰、庚辰、辛巳、壬辰。

六月：乙亥、己卯、辛卯、癸卯、丁卯、辛亥。

七月：丙辰、戊辰、庚辰、壬辰。

八月：庚午、壬午、丙午、辛酉。

九月：乙丑、乙巳、甲戌、乙亥、己亥、庚申、丁丑、癸丑。

十月：甲子、丙子、戊子、庚子、癸酉、丁酉。

十一月：乙丑、乙亥、丁丑、癸丑、己丑。

十二月：辛卯、乙卯、癸卯、庚申、丙申、甲申、戊申。

上吉日，不犯建、破、九空、财离、天贼、地贼、天穷、九土鬼、荒芜、灭没日。

修作厨房

厨门宜高四尺一寸，阔二尺三寸。

修厨吉日	宜丙寅、己巳、辛未、戊寅、己卯、甲申、乙酉、戊申、己酉、壬子、甲寅、乙卯、己未、庚申、成定开日，与竖造日亦可用凶星亦同
占厨忌修	宅龙 六七月　伏龙 十二月　耗星 五十一月　牛胎 五十二月　马胎 七月　猫胎 十一月占厨
红嘴朱雀日	甲子、癸酉、壬午、辛卯、庚子、己酉、戊午，犯之损新妇

逐月修造厨房吉日

正月：辛未、戊寅。

二月：丙寅、己巳、戊寅、甲申、辛未、甲寅、己未。

三月：己巳、甲申，外丙子、庚子、壬子。

四月：癸丑、戊申、乙卯、庚申。

五月：丙寅、乙卯、辛未、戊寅、甲寅、庚寅、壬辰、癸未、己未，时用有乙。

六月：丙寅、己巳、戊寅、甲寅、庚申、辛亥、甲申，时用有壬辰是荒芜。

七月：壬子、丙辰。

八月：丙寅、戊寅、庚寅、乙亥、庚申、丙辰、壬子，不吉。

九月：庚午、丙午、辛卯。

十月：辛未、乙未、丁未、壬子、丙子，时用庚子红觜朱雀。

十一月：丙寅、戊寅、庚寅、壬寅、甲寅、庚申、戊申、甲申。

十二月：丙寅、戊寅、壬寅、甲寅、己巳、甲申、庚申，凶星同竖造者。

泥作火灶

（谓修灶作灶开乡卜等事）

修灶凶忌九良星，戊子、戊午年占灶，若在前其地无灶，向新灶不忌，若在前其地原是灶或折动，此方有杀切忌。

修灶杂忌

宅龙正、二、三、八月占灶，兴龙七、八月占灶，耗星二、八月占灶。

六甲胎神四、十一月占灶，游龙八、十月占灶，伏龙正、八月占灶。

羊胎四、五、十、十一月占灶，猪胎三、七、十一月占灶，马皇十二月占灶。

牛胎三、十、十一月占灶，牛黄杀十月占灶，土公三月占灶，丑公杀甲己年六月占灶、丙辛年十月占灶、乙庚年八月占灶、丁壬年十二月占灶、戊癸年十二月占灶、六甲胎神丙辛日占灶。

凶日	月											
	正	二	三	四	五	六	七	八	九	十	十一	十二
朱雀	卯	巳	未	酉	亥	丑	卯	巳	未	酉	亥	丑
天瘟	未	戌	辰	寅	午	子	酉	申	巳	亥	丑	卯
土瘟	辰	巳	午	未	申	酉	戌	亥	子	丑	寅	卯
受死	戌	辰	亥	巳	子	午	丑	未	寅	申	卯	酉
天火	子	午	卯	酉	子	午	卯	酉	子	午	卯	酉
独火	巳	辰	卯	寅	丑	子	亥	戌	酉	申	未	午
建日	寅	卯	辰	巳	午	未	申	酉	戌	亥	子	丑
月破	申	酉	戌	亥	子	丑	寅	卯	辰	巳	午	未

（续表）

凶日	月											
	正	二	三	四	五	六	七	八	九	十	十一	十二
天贼	辰	酉	寅	未	子	巳	戌	卯	申	丑	午	亥
地贼	子	子	亥	戌	酉	午	午	午	巳	辰	卯	子
荒芜	巳	酉	丑	申	子	辰	亥	卯	未	寅	午	戌
毁败	寅	寅	辰	辰	午	午	申	申	戌	戌	子	子
丰至	申	申	戌	戌	子	子	寅	寅	辰	辰	午	午
徽冲	酉	酉	亥	亥	丑	丑	卯	卯	巳	巳	未	未
重折	卯	卯	巳	巳	未	未	酉	酉	亥	亥	丑	丑
阴错	庚戌	辛酉	庚申	丁未	丙午	丁巳	甲辰	乙卯	甲寅	癸丑	壬子	癸亥
阳错	甲寅	乙卯	甲辰	乙巳	丙午	丁未	庚申	辛酉	庚戌	癸亥	壬子	癸丑
正四废	春庚申辛酉　夏壬子癸亥　秋甲寅乙卯　冬丙午丁巳											
月建转杀	春二月卯日　夏五月午日　秋八月酉日　冬十一月子日											
九土鬼	乙酉 癸巳 壬寅 己酉 甲午 辛丑 庚戌 丁巳 戊午											
火星凶日	寅申己亥月，乙丑、甲戌、癸未、壬辰、辛丑、庚戌、己未。 辰戌丑未月，壬申、辛巳、庚寅、己亥、戊申、丁巳											

逐月作灶吉日

考正原未有犯荒芜、地火、火星，不吉者但删去不载，吉者增入。

正月：癸丑、乙亥、辛亥、戊寅、天赦。

二月：乙丑、癸丑、乙亥、辛亥、辛未、癸未、乙未、己未。

三月：甲子、乙巳、己巳、癸酉、甲申、壬子、庚子。

四月：甲子、己丑、癸丑、乙卯，外辛卯、癸卯。

五月：己巳、辛未、壬辰、申戌、甲寅、甲辰，外戊辰、庚辰。

六月：乙亥、甲申、辛亥、甲寅，外戊寅、庚申。

七月：己巳、辛未、乙未、壬子，外戊辰、庚辰、辛巳。

八月：乙丑、癸丑、壬辰、庚辰、戊辰、甲辰。

九月：乙亥、乙丑、辛卯、癸丑。

十月：甲子、辛未、乙未、壬子。

十一月：甲辰、甲申、甲寅、壬辰、乙巳、庚申。

十二月：己巳、甲戌、甲申、甲寅、壬辰、庚申、戊寅、己巳。

上吉日，不犯朱雀黑道、天瘟、土瘟、天贼、受死、天火、独火、荒芜、火星。

炉冶铸银

（附造窑烧窑等事）

炉冶铸银吉日：宜庚寅、辛卯日金石合，平、定、成、开日。忌庚申、辛酉日金石离、火隔、焦坎、建、破日。

凶日	月											
	正	二	三	四	五	六	七	八	九	十	十一	十二
火隔	午	辰	寅	子	戌	申	午	辰	寅	子	戌	申
焦坎	辰	丑	戌	未	卯	午	酉	子	寅	亥	申	巳
天贼	辰	酉	寅	未	子	巳	戌	卯	申	丑	午	亥
地贼	子	子	亥	戌	酉	午	午	午	巳	辰	卯	子
荒芜	巳	酉	丑	申	子	辰	亥	卯	未	寅	午	戌
正四废	春庚申辛酉　夏壬子癸亥　秋甲寅乙卯　冬丙午丁巳											
金痕忌	大月初五、初六、初七、廿七， 小月初二、廿八、廿九，忌铅金银铜锅											

安修碓磨

（附油榨吉日同）

安碓吉日：宜庚午、辛未、甲戌、乙亥、庚寅、庚申、定、成、开日。忌建、破、平、收日，土瘟、土符、土府、土公箭日。

古代纪历文献丛刊③

鳌头通书

[明] 熊宗立　撰
闵兆才　编校

（第二册）

华龄出版社
HUALING PRESS

第二册　目录

新镌历法总览合节鳌头通书卷之四

增全补历法合节鳌头通书卷之五

青黎阁新订增补合节鳌头通书卷之六

新镌历法总览合节鳌头通书卷之四

鳌峰　道轩　熊宗立

后裔　月畴　秉　懋　重订
　　　淑明　启　灿　梓行

建造仓廒格式

按鲁班总法，凡作仓廒用名术之士，择须吉辰兴旺，匠人先将一好木为柱，安向北方，吉。人却归在迪执斧向为所人则吉，或大小、长短、高低、阔狭皆要按二黑，虽然留下十寸八白则各有用处。其他者合白俱廒仓不侵，此月合二黑则鼠耗不侵。

造仓禁忌并择方所

凡建造其间多有禁忌，造作辰所切忌将墓斗几子钮于口内，又忌作场之工吃食者物其仓成后安门之时，不可着早，虽入内只宜赤神，凡伏此例无不吉庆丰盈。

凡动用须寻建利之年方大利，吉。如遇皆空破田之年，非将退契，又主田园荒芜、禾稻少收。

仓高阔

仓门宜高六尺八寸二分，阔二尺零四寸三分，吉。

论仓经止用甲庚壬丙向，吉；不可与干相对，凶。放水不宜流破财方。

如甲向禄在寅，财在辰。丙向禄在巳，财在未方。庚向禄在甲，财在戌。壬向禄在亥，财在丑。面前水入吉，水去凶。

入仓吉方：申子辰年丑方吉，寅午戌年未方，巳酉丑年戌方，亥卯未年辰方。

地仓吉日：正、九月午，二月申，三月亥，四、八、十二月辰，五月丑，六月寅，七、十、十一月戌。

月财星：正、七月丙午丁，六月甲卯乙，三、九月辰巽巳，四、十月未坤申，五、十一月庚酉辛，六、十二月戌乾亥。

总　论

论造仓屋先须登堂局观水城平旦，立向看地势作之，若不合地形不合甲庚丙壬不可拘定。又宜别立山向，如拣用年月日只取利田年月，若造仓在屋近，当兼用修方造作法，若在屋檐如水内须论以宫。

论人命值利田建田年月起仓，惟田值告田空田年月退田地失财物，若新起仓屋仍论修造杂忌年月，恶杀宜避，新宅未居火则不忌也。

论修整仓库忌大小耗：忌月十二月占仓，公暗刃杀占仓库忌，甲己年七、八月占仓库，乙庚年九、十月占仓，丙辛年十一、十二月占，丁壬年正、二月占，戊癸年三、四月占。以上暗刃杀占仓库忌。

此修整仓库新立则不忌。神占仓库忌此月修。羊胎：六、九月。马胎：四、九月占。牛黄：六、九月。牛胎：三、五、九月占。六甲胎神：六月占。忌修整仓，宜修仓塞鼠穴。

凡用暗金伏断时，其宿主以鬼娄亢为四金宿，在日家为明金，在时家为暗金，虽云暗金，其亢金龙、鬼金羊、牛金牛不能制鼠，故不用也，止用娄金狗能制其鼠，能用暗金时，真日正永其鼠。

入仓开库吉日：乙丑、丙寅、巳巳、庚午、辛未、乙亥、丙子、巳卯、壬午、癸未、庚寅、辛卯、乙未、己亥、庚子、癸卯、丙子、壬子、乙卯、己未、庚申、辛酉。

宜天德、月德、六合、天月、德合、天仓、天富、五富、月财、阳德、黄道、母仓、□德、危、满成、开日。各将月忌、天地贼、荒芜、灭没、正四废、空亡、四方耗、大小耗、月虚、天地日败、赤口、受死、九空、四忌、五穷、建、破、闭、平、收日。

合忌凶日：壬申、戊申、戊寅、戊戌、戊午日，小乙酉天地离，甲日不宜开仓。

春丑、夏子、秋未、冬寅，忌四方耗、大小耗、日虚、五虚，并前所忌日。

修路吉日

宜天德、月德、天月德合、黄道、建、平日，忌月建转杀、天贼、四废。

修路忌九良星占路，凶，壬寅、庚申二年占路，牛黄煞二、十二月占，修路满忌，水路忌年九良星丁丑、乙未年占大路。一云：力步墙忌室龙六、七月占墙，伏龙六、七月占西墙。

墙垣因风雨倾倒，当时就筑，不必择日，若俟晴后三五日，则须择避凶杀，不可轻动。

补破屋坏垣宜除、破日，补塞墙穴宜闭日、伏断日，忌年月紧杀方。筑砌阶甚宜平、定、建、成、开日。

作厕杂忌

作厕忌年月紧杀方道，如新立宅避舍，未经归火不须忌方道神杀。

修厕忌六甲胎神八月十五、未日占。牛胎四月十日占，新作不忌。

作厕占方，宜甲庚乙辛丙壬丁癸辰戌丑未十二位方，立之大吉。

作厕忌凶方，子午为天纵，卯酉为天横，寅申巳亥为四主四隅，乾为天门，巽为地户，坤为人门，艮为鬼路，又为四维，立之大害。不可对前门，不可对后门，不可对栋及山，有来龙又不可近井灶。经云：鬼来跳。正谓此也。

厕门高四尺，阔三尺二寸半。

修井杂忌

修井吉日：宜甲申、庚子、辛丑、乙巳、辛亥、癸丑、丁巳。穿井宜通用。

修井穿井凶日：忌天地转杀、月建转杀同日。忌土瘟、正四废、伏断日。

求穿井方道：取本山生旺流，流泉则大。

论神杀方：凡穿井切忌年家二杀、州县官符及月家紧杀皆不可犯，若在一百二十步外则不忌。惟岁官交承之际降吉日开则不问方道，吉。

修井忌九良星年占井，辛丑、癸未、乙未、壬寅、己未、庚申六年占井，若在前其地原无井则先定杀，古今择日、鼎新、穿井不忌其杀。

若在前其地原有井则方有杀占，切忌修整淘洗。

修井忌月凶：大小耗星二、八月在井，土公占七、八月在井，游龙八、九月在井，伏龙八月在泉井，牛黄杀五、七月占井。猪胎神五、六月占，犬胎羊胎十月占井，以上各所值处，犯之凶。

淘井切忌夏月，不可淘井，多致死人。

依天罡五音穿井

宫音属土：

食宫音水常时不足，
食角音水败害家门，
食商音水生贵子孙，
食羽音水出人聋哑，
食徵音水进田产地。

商音属金：

食商音水常不足，
食角音水来不足，
食徵音水主人落水，

食宫音水主大吉利，
食羽音水亦主吉利。

角音属木：

食角水出人落水亡，
食羽音水兴旺人丁，
食商音水主大吉昌，
食宫音水无子招财，
食徵音水主人疾病。

徵音属火：

食徵音水主常不足，
食商音水先吉后凶，
食羽音水多灾多害，
食宫音水主大吉利，
食角音水亦主吉利。

羽音属水：

食羽音水常不足，
食宫音水先吉后凶，
食徵水主人浊水凶，
食角音水主大吉利，
食商音水主大吉昌。

袁天罡穿井吉凶方道

子上穿井主出颠人，丑上穿井兄弟不和。
寅卯辰巳方上吉利，午戌方上俱不吉利。
未亥方开井主大凶，申上开井先凶后吉。

论穿井避忌，其日穿井用工之人宜持斋戒，不可饮酒及无厌秽妨碍之人，则穿井后得水清洁。或前忤有犯井，须有泉水不能清洁，昏而浊，宜慎之。

鲁班经造栏格

造牛栏者无须用，术人拣择吉方，切不可犯倒栏杀及刀砧杀、牛黄杀，用左畔是坑，右畔是川，主生犊必得长寿。

造牛栏法式

用木尺寸法度

用向阳木一根，作栋柱用之，在火屋牛性怕寒，使牛要温暖，柱长短尺寸用压白，不可犯二黑。上合下作栏者，杀方取株木一根作左边角柱用，高六尺一寸。或是二门四间不可作单间，人家各别禄子用合四只以按四季则吉，不可犯五尺五寸，乃为五黄不祥也，甚不可使。直按孙为牛朴开门用，合二尺六寸，高四尺六寸为六畜，按六白为吉，若八寸为六白则为八败，不可使之，恐损群队也。

诗例曰：

鲁班法度并牛栏，无用推寻吉上安。
必使工师求好木，次将尺寸细推详。
切须不可当人屋，实要相宜约草间。
时师依此规模作，致使牛牲食禄宽。
不甚匠石在栏前，必主牛遭虎咬遭。
切忌栏前大小官，无牛难真鼻难穿。
牛栏休在母沟边，定堕牛胎损干连。
栏后不堪有行路，主牛必损栏强肩。

牛黄诗

牛黄一十起于坤，二十还居震巽门。
四十中宫归乾路，此是神仙妙诀分。

定牛入栏分砧诗

春月大忌亥子位，夏月须在寅卯方。
秋月休逢在巳午，冬时申酉不须疑。

起栏日辰

起栏不得犯空亡，犯着之时牛必亡。
癸日不堪起造作，牛瘟必定两相防。

牛神出入

午神三月初一日出栏，宜修造大吉。九月初一日牛神归栏。

牛黄出入法

牛黄八月入栏，至次年三月方出，并不可修造，大凶。牛黄出栏后可修造，大吉。

总　论

论六畜方位图，有一安六畜方，杨救贫六畜金境图，郭景纯六畜方位图今将三家方位卜其吉凶，惟郭景纯安六畜方位图式而用之。又法：由李淳风入山牛栏放土局，以生山寻六星位安六畜亦旺。

论修作整换六畜栏枋，如年家大小耗方，月家净栏、畜官、流财、刀砧、剑锋犯之俱主损六畜，牧养不旺，宜避之。

论整换栏枋，如逐月六吉神所道，切忌修葺。

论造六畜栏枋不避神煞，且如新立宅舍向未日火入宅，今鼎新修造则不忌。

论造牛栏、马枋、羊栈、猪椆、寺屋，未入宅惟择吉日，并不问年月方道神煞。

论造六畜栏枋须避神煞，且如现今欲新造牛栏、马枋、羊栈、猪椆等屋，如造作在百二十步之内，须看月方道无凶杀占，却宜起手修作，百步外不论太岁。牛神诗杀见下年吉凶神例。

论修造六畜栏枋屋竖造日忌火星，盖屋日忌天火并火星，如动土日与前修作动土例通用，忌修造整换栏椆，并忌小耗、大耗、天贼、飞廉、正四废、刀砧、瘟星、入日千斤杀方、刀砧杀方。

并忌月家立公杀，及年日紧杀凶神方动土并忌天瘟、月建转煞。

纳畜用龙虎日，今云：吉方宜牧养。

造作牛屋

造牛屋、动土平基吉日：宜甲子、丙寅、丁卯、癸酉、庚辰、甲申、乙酉、乙未、丁酉、甲辰、丙午、丁未、壬子、甲寅、乙卯、庚申、辛酉。忌土瘟、天贼、瘟星入日。

作牛栏吉日

宜甲子、己巳、庚午、甲戌、乙亥、丙子、庚辰、壬子、癸未、庚寅、庚子日。

黄经又有：戊辰、戊午、己未、辛酉日，又戊己庚辛壬癸日，又初一、初五、初六、十二、十三、十五日，吉。

修牛栏吉日

春子戌亥，夏寅卯丑，秋巳午辰，冬申酉未。

又忌牛火血、飞廉、勾绞、天贼、刀砧、执、破、正四废、地贼、大小空亡、争雄、凶败。

穿牛吉日

宜丙寅、丁卯、庚午、丁丑、癸未、甲申、辛卯、丁酉、戊戌、庚子、庚戌、辛亥、戊午、壬戌，正月寅午戌日，六月亥卯未日，宜成、收、开日。穿牛吉日宜戊辰、己巳、辛未、甲戌、乙亥、辛巳、乙酉、戊子、乙巳、乙卯、戊午、己未日，吉。

忌刀砧、血刃、血支、血忌、破日。

教牛吉日

宜庚午、壬午、己丑、甲午、庚子、辛亥、壬子、甲寅。

取牛吉日

初一、初二、初四、初五、初七、初八、初九、初十、十四、十五、十九、二十、廿二、廿三、廿四、廿五、廿七、廿八、廿九、三十日。以上名曰三井日，宜取牛。闽俗用过井日，吉。

纳牛吉日

宜丙寅、壬寅、乙巳、辛亥、戊午。

纳牛凶日

忌乙丑、壬申、己卯、庚寅、癸丑、甲寅、庚申，又忌破群日。

针牛忌日

忌血支、血忌、刀砧、受死日。

造牛栏吉方

宫音庚癸地为吉，商音庚亥椆无忧。
丁亥方道角音好，甲庚地上徵音求。
推有未庚羽音吉，外无凶占旺于秋。

牛屋安在申方上，九十头长旺。戌亥卯辰巽午巳，二三头不谎。却有酉地不堪居，乾地十头看。

牛栏门高七尺，阔三尺。

买马吉日

宜乙亥、乙酉、戊子、壬辰、乙巳、壬子、己未，并戊巳三并日。忌戊寅、戊申、甲寅日。

纳马吉日

宜乙亥、己丑、乙巳。忌戊午并破群日，天贼、正四废日。

教马驹吉日

宜己巳、甲戌、乙亥、丁丑、壬午、丙戌、戊子、己丑、癸巳、乙未、丙申、壬辰、丁未、己酉、甲寅、丙辰、丁巳、辛□，建、收日。

伏马吉日

宜乙丑、戊子，收、执。

马针灸马凶日

忌血支、血忌、刀砧、受死、荒芜、月厌、天瘟、午日及大风阴晦，并不得针灸。

以上血忌即续世，血支即开日是也。

造作羊栈图经式

五音造羊栈格式

凡人家养羊作栈者，用选木牛药子，如椑树之类为四柱，象四时，四季开花结子长青之木为吉，切忌不可使枯木柱子。用八条乃按八节禄，干用二十四个按二十四气，前高四尺一寸，高下二尺六寸，门口阔一尺六寸，高一尺六寸，中间作羊栈并周就地二尺四寸高，主生羊子绵绵不绝，不可不信，大验。

养羊法

羊者，火畜也，其性温湿恶，利居高燥作侧栈，宜高除粪秽，巳时放、未时收之，若食露水则生疮。

凡羊种以腊月、正、二月生羔为种者，吉。

造猪牢法

放水吉凶定局

按猪宜宫音大墓辰小墓戌。大凡属音便用之。

第一放寅申水大旺，辰水客猪自来，巳水瘦残，午水自喫，子并鸡鸭牢瘦死，申水牝盛，酉水困猪遭官，戌水无一头，亥子绝种，子水无踪。

猪牢放水诀诗

猪牢水流寅，不食自然肥，
放去不曾失，猛兽不敢欺。
水流申中好，放去终不走。
猪儿生货卖，入钱常是有。
戌亥若低悬，其牢不可安。
牢内外灾死，何曾卖得钱。
戌亥若长高，其猪必满牢。
肥子未经久，肚里浑似膏。
辰巳有混汀，其猪走满路。
呜呼不肯归，山上寻宿处。
辰巳岭向盘，其猪自满栏。
寅上无恶石，虎狼不敢看。
水流入于乾，此牢不堪然。
牢边十步地，无猪有空栏。
辰巳有高峰，其猪大如龙。
戌亥山长大，牢内守不容。
辰戌山肥满，猪子不栏棡。
其位怕低垂，猪瘦只有皮。

水流入巽巳，一个也须死。
开门辰巳向，虎狼伴贼盗。
门向引于西，水流走夏远。
纵若有其猪，皮骨相连时。
乾坤若不足，辰巳无帮时。

俱存《济鸟经》。吕才同用此，术者仔细详，拣择要相当，此系放水法，用者自猜详。

相猫儿法

猫儿身短最为良，眼用金银尾用长。
面似虎威声要喊，老鼠闻之立便亡。

又云：爪利能翻瓦，腰长会走家，面长鸡种绝，尾大懒如蛇。

又法：口中生三坎捉一季，五坎捉二季，七坎捉三季，九坎捉四季，花朝巳咬顷牲耳，传不怕震花纯白纯黑绝黄者，好在或绪身上花要四足反尾作缠得过方好。

又猫眼定时诀：

猫儿定时有其方，子午卯酉一线长.
寅申巳亥枣核样，辰戌丑未太背光。

黄罗飞宫排方论

使值星入中宫，飞到方禄，吉星亦吉，凶星亦凶。

假如丙辰年五月庚戌日辰时作丁向，使将中星如太岁辰上顺上到月建，午值荣曜入中宫顺行，到丁是刑祸，此月凶将中皇加月建午上顺行，至戌上是刑祸，卯将刑祸入中宫顺飞，至丁是黄罗值日吉。再以中宫如日支戌上顺行至辰，得黄罗入中宫，顺祭到丁是宥神值时，吉。此是阳年月日时例。

阴年月日时例

若阴年月日则逆行，飞宫亦逆，须是阳年得阴年月日时，阴年得阳年月日时，大吉。

又如坤乙向用子年申月辰日巳时，以子加中皇顺行到中是宥神，移宥神入中宫亦顺行到坤，乙向是荣曜。又以申加中皇顺行，到辰是宥神移月入中宫，顺行到坤乙，又是荣曜，是日得吉星，又以辰加中星顺行到巳，是德星移德星入中，顺到坤乙行，自是紫罗，此年月日时得吉星到日吉，到阴仿此推。

凡年月日时阳年皆顺行入中宫亦顺，若阴年月日时逆行入中宫飞亦逆行，求吉星到同。

又诗例云：

年月日时次第求，并行建上起中皇。
阳顺阴逆求星例，星入中宫顺逆移。
吉星到向堪堕杀，官衙店铺宜造修。

又起店歌诀：

年月日时分阴阳，星辰坐向一般详。
时人若遇吉星到，照例墟市大吉昌。

金华经申本诗例：

子午年天罡加子，寅申年用道行方。
卯酉子居紫衣位，辰戌年来道禄长。
巳亥每临华盖上，丑未道符子位藏。
顺行十二常加子，有人会者细推详。

起月法例：

正七月分起道教，二八常居下元边。
三九太清位上是，四十道行位为尊。
五十一月上元位，六十二月道流长。
每以十二常加子，达子道通是神仙。

创殿角式

凡宫观、神庙寺院、殿角之式，垂昂排序则规，宏深昊用耕科栱相称深浅阔狭，用合尺寸，或地基阔二丈，柱用高二丈，不可走视，此为大略。

起造钟楼格式

凡起造钟楼，用风字脚，四柱并用神成梗木。宜高大相称放水，不可太低，低则淹，钟声不响，败四方，更不宜左右魁合在左边寺廊之下，或有就楼盘下作佛堂，上作平基盘顷，结中间盘心透上，直见钟作六角栏杆则风送，钟声远播百里之外，则为妙也。

庙轮经吉凶断

社稷值此，难为劝首，社户不利，招官事，伤人命，退田蚕，不成收，大凶。

左厢值此，卯益劝首，进田庄，生贵子，富贵日进，封侯，牛马旺田，蚕熟，亦主香火，大旺吉。

右厢值此，劝首前富后贵，社户进田，主六畜旺，出人及第，不生官事，不招盗贼，蚕丰熟，吉。

大王值此大凶，东南打死人，近邻损生口舌，六畜损伤，劝首匠人不吉，人民不利，全不通用。

太子值此，劝首社户难为，损人丁，阴人自缢，乡村破财，退田，损人公事，口舌是非，盗贼，凶。

夫人值此小吉，利益乡村，劝首平和，进产，旺人丁、血财、五谷，不生公事，纠首进田，人户荣昌。

小娘值此，利益人户劝首，子孙富贵进业，东西方出白花，连年牛发积，不生口舌，田蚕大熟。

直殿值此，重重公事，乡村退财，人丁少处劝首，平失牛马，女人产亡，田产不熟，工匠不利，近邻生灾，父不顺安。

神宫值此，利益神户，人口兴旺，生贵子，劝首进产，出人富贵，田禾大熟，六畜血财兴旺，大吉。

判官值此，重生口舌，常遭贼盗，劝首不利，退田破财，客庄起火，打杀人命，女人奸非，室女怀胎，损伤劝首匠人。

三台值此，利劝首，乡村祭积，生贵子，旺人丁，不生公事，黑牛自犊，富贵登科，传名闾里。

庙祖值此，损伤劝首，社户遭官，少死自吊，杀伤瘟火，公事血财，乡井大凶，寡妇怀孕，室女生子，蛇虎伤人，大凶。

造庙殿角此一局先选利道，得十分利益，乡村井邑人户安静，不生横事，发财福吉。如选凶年月定凶，生灾祸起，杀人事则损人。

凡修造庙宇，切不可犯九良星，推信杀庙而看善恶个可作，宜推庙轮经一局一撰年月日时吉凶，则万无一失也。

九良星修庙吉凶年

酉辰戌子卯丑年，更加午岁一遇吉。
修朝整旦刑害起，主人六畜起灾瘟。
吉年巳亥及寅申，更亦未上一同论。
修宫造殿及果潢，富贵兴隆有万年。

造庙忌破群日

己卯庚申是破群，甲寅庚寅两个寅。
壬辰戊辰两个日，犯之人户畜难成。

造庙破碎煞

寅犯地主大难当，劝首逢申命不长。
辰犯大王无灵圣，乡村逢戌起瘟瘟。
巳犯时师难躲闪，断头逢亥见阎王。

虎星犯伤六畜

岁会切忌用收成，季月败成以同行。
孟月却居平定上，仲月休逢执破乡。

中白虎神诀诗

子年丑牛白虎神，丑年寅日莫难寻。
寅年申亥己巳是，卯年酉日辰年戌。
巳年酉亥午年子，未年莫犯亥酉日。
申年巳亥莫相逢，酉年寅卯二日是。
戌年辰日犯白虎，亥年巳日是凶神。

又名七杀，犯之伤人。

起庙怕切杀日，凶。

子年怕丑亥二日，戌年怕酉亥二日，亥年怕子戌二日。以上日忌。

入庙吉日

月下除日好驱邪，闭日抽恶劝善家。
寅卯定日并执日，月建木木可避人。

入庙凶日

日时属木损劝首，日时属金匠人当。
日时属火损术者，日时属水损客商。

修造师人宅舍凶日

甲子乙亥日，东王公忌，不行东。丁酉日西王母忌，不行西。丙辰日南斗忌。不行南。丙寅日北斗忌，不行北。丁酉日太岁死，不宜祀神。戊子日召侯，不宜行兵。壬戌日天师父死，丁亥日地师殁，丙戌日地师母死，甲寅日本师忌，辛亥日师父死，庚子日师母死。以上忌日不宜修建师人宅舍。

建造寺院论

（台塔佛骨等说）

以世尊生在东方，出在西天，圣化南间，浮提法论。

北方圣居虚空，广大十方，普开大法，预救众生之业，须知机玄，禅瑜高坐之拉住净衣钵，经藏僧哪等位，天通合众行风水，山环水秀周围朝，主建立上台安稳，古代有禅定法师紫衣之僧，亦出聪明，常衣禄之僧不说，凡修绛宇楚殿，须合主骨，连年通利，来山坐向星辰俱录《宝塔佛骨经》，列下层。

择日吉凶诗断

天王值日大堪伤，鬼怪常招降不强。
疾病凌侵多枉死，僧徒凋甚栖惶落。
观音罗汉是凶星，端的令人祸便生。
和尚小师多折损，即打万户不安宁。
金刚值日庆祥星，僧人常得贵人钦。
檀越乡民皆福壮，官清民乐沐恩深。
阿难吉宿主欢欣，修目相将遇吉星。
院门从此多兴旺，进宝招财旺人丁。
世尊值日自堪当，施主常逢大吉昌。
院宇僧徒多利益，诵经声誉播他方。
迦乘之日最利宜，进益招财喜气奇。
僧侣名高身职贵，得逢此宿任施为。
善神童子并三台，进宝田庄宝库开。
檀越僧门添吉庆，常招施主舍香财。
圣僧值日足田庄，自然牛羊遍山岗。
施主万民皆福佑，山门兴旺喜非常。
恶神当日失财凶，用事致令口舌逢。

僧徒寂寞瘟疫死，田园退落主贫穷。
善神值日福来亲，院门进人纳财珍。
僧行檀越声价重，禅间宁同保千春。
丧人瘟位起灾殃，年年瘟病染颠狂。
院行文业多零落，僧侣无宁事不祥。

天轮经诗例

子午戌亥上，卯酉寅申方。寅申辰巽位，巳亥甲庚乡。
辰戌午丁作，丑未子癸场。地轮为起例，术者细推详。

许真君三元起例

一七子上起蛟龙，二八寅上是行踪。
三九辰上居本位，四十午上是龙宫。
五十一月申宫取，六十二月戌宫轮。

其法，以每月当起蛟龙，顺行十二宫位。余仿此推之，以定吉凶。宜忌同前。

修桥梁路道忌年九良星，庚申、壬寅二年吉。

立桥忌日

水土痕日不用长生，只用水土衰败年月日时，逢金音日克木凶，若木怕衰败，水土生旺，易桥易损，宜用暗金、伏断、建、成定日及暗金时，吉。

总　论

凡修造僧尼院宇、宫观、坛社庙、师人宅舍，应用坐向立向修方克择与吉年月一向，如建桥天轮经宜忌，已载前经，加得百年月日时与向通利，下石俱尽一日之吉，建僧尼寺院、宫社坛宫观、神庙、师人宅舍，如修作山头方道，得吉年月日时，本须俱合吉神到位。

造塑绘神像，依前吉日用之。

凡起上塑绘神像、雕刻画神像及行乐像，并宜天德、月德、天月恩福、生气、建、除、满成、开日，七圣头星神在日。

言书云：合此日必主通支，忌伏断、天贼、荒芜、正四废、天地空、六壬空、旬月空、截路空亡时。

九龙台塔定局

开神光起手要合九龙台塔吉，龙值日合太阴太阳值日为吉。

一龙属水吉日

己巳、丙子、乙酉、辛亥、壬子、庚申、辛酉日，吉。

二龙属土凶日

乙丑、甲戌、乙亥、庚辰、辛巳、癸未、癸巳、甲午、乙未、庚子、壬寅、癸卯、丙午、甲寅日，凶。

三龙属木凶日

丙寅、壬午、辰巳、□未，凶。

四龙属火凶日

甲子、丁卯、戊午、□卯。

五龙属土凶日

庚寅、己亥、□巳。

六龙属金吉日

辛未、丁丑、戊寅、甲申、丙戌、辛丑、己丑、辛卯、戊戌、丁未、己酉、庚戌、丙辰、癸亥。

七龙属金凶日

庚午、壬申、戊子、丁酉、□戌。

八龙属土吉日

戊辰、乙巳、甲辰、癸丑、己卯、壬戌。

九龙属火凶日

癸酉、丁亥、丙申。

塑神像、开神光要合一龙、六龙、八龙值日为吉，佛必灵圣，感应。

安香火周堂吉日

大月：初一、初二、初三、初六、初七、初九、初十、十一、十四、十五、十、七、十八、十九、二十二、二十三、二十五、二十六、二十七、三十日，合吉日。

小月：初一、初二、初三、初五、初六、初九、初十、十一、十三、十四、十七、十八、十九、二十一、二十二、二十五、二十六、二十七、二十九日，合吉日。

安香案周堂

天吉	利吉	安吉
害凶		灾凶
师吉	富吉	煞凶

大月初一从安向利顺轮行，小月初一从天向利逆轮行。

绘真行乐吉日

阳吉日，合此大吉。

宜辛未、壬申、癸酉、己卯、壬午、甲申、壬寅、甲辰、丙午、庚申、丙辰、己未、庚申、辛酉，此合太阳所照之日。

天恩吉日

甲子、乙丑、丙寅、丁卯、戊辰、己巳、庚辰、辛巳、壬午、癸未、己酉，合此吉。

天福吉日

己卯、辛巳、庚寅、辛卯、壬辰、癸巳、己亥、庚子、辛丑、乙巳、丁巳、庚申，合此亦吉。

天瑞吉日

戊寅、己卯、辛巳、庚寅、壬子。

忌十干无禄日诗

甲辰乙巳与壬申，丙申丁亥及庚辰。
戊戌癸亥如辛巳，己丑都来十位神。
国家用兵须大忌，龙蛇出穴不能伸。
世人如若用此日，百般诸事化作尘。

右十日为十恶大败之神禄，入空亡无气之日，诸事不可用。

天乙绝气日

正月初六日，二月初七日，三月初八日，四月初九日，五月初十日，六月十一日，七月十二日，八月十三日，九月十四日，十月十五日，十一月十六日，十二月十七日，八月九日，十宜福生并生气日吉，绝气日不用。

忌天地灭没日

诗曰：

天地灭没用何求，正七逢闭二八收。
三九逢危四十执，五十一月向平求。

六十二月除日是，若人犯此诸事休。

作事若是用此日，必然定有贼来偷。

右凶日开神光、画佛像、行乐图并忌。

宜取天月德、天月恩、生气、福生、普护、宝象日为上吉之日。

祭祀鬼神通用日

宜甲子、乙丑、丁卯、戊辰、辛未、壬申、癸酉、甲戌、丁丑、己卯、庚辰、壬午、甲申、乙酉、丙戌、丁亥、己丑、辛卯、甲午、乙未、丙申、丁酉、乙巳、丙午、丁未、戊申、己酉、庚戌、乙卯、丙辰、丁巳、戊午、己未、辛酉、癸亥。

以上三十五日神在日，宜祭祀、祈神、作福。

又宜普护、福生、圣心、敬心。忌天狗、游祸、寅日、建、破日，凡时祭不拘，又忌每月初二、初四、初五、初十、二十七日。九月初一系四部禁日，虽神在不可祭祀，天狗下食宜避。

国立祀皇天后土，正月上旬神在、天德、黄道之日。

祀社稷，春秋仲旬上戊午日，上丁祀孔子。孟春四日祭户。孟夏一日祭灶。季夏遇土旺戊日土王用事祭中雷。孟秋一日祭门。季秋霜降以祭旗纛。孟冬一日祭井神。

祭土神土公合日：丙寅、丁卯、戊寅、己卯、壬寅、癸卯、甲寅、乙卯、庚寅、辛卯。

祭祀坟墓

（丙午不守月）

祭墓吉日：庚午、辛未、壬申、癸酉、戊寅、己卯、壬午、癸未、甲申、乙酉、甲午、乙未、丙申、丁酉、壬寅、癸卯、丙午、丁未、戊申、己酉、庚申、辛酉，宜结墓、砌拜坛，并吉。

祭享家庙

按伊川先生[①]曰：冬至阳生之始，宜祭始祖。

立春日生物之始，祭先祖。立秋日成物之始，祭祀各祖配祀。

明道先生[②]曰：拜坟则十月一日，拜之感霜降也，寒食则从常礼祀之。

张九韶[③]曰：古人之祭祀鬼神，非以求福也，将以尽报本之意耳，是以竭其诚敬荐其时物而奉其祭祀，故能致鬼神之始，后内此理不明，其所以祀鬼神者，既无诚敬之心，徒故祈祷之语如此，古人之意亡矣。

祈福吉日

宜壬申、乙亥、丙子、丁丑、壬午、癸未、丁亥、己丑、辛卯、壬辰、甲午、乙未、丁酉、壬寅、甲辰、戊申、乙卯、丙辰、戊午、壬戌、癸亥。

又宜福生、黄道、天恩、天赦、天德、月德、母仓、上吉、福德、天医、天月德合。

忌龙虎、受死、天狗、寅日、建、破、平、收日。

六戊日不烧香并祈福还愿。

解冤日

午朔酉日，寅卯朔戌日，巳朔亥日，丑未朔子日，酉朔丑日，戌亥朔辰日，受死、执、破、收日。谓翻解压鬼之事。

校者注 ① 伊川先生：（1）宋代理学家、易学大师邵雍的别号。邵雍字尧夫。（2）宋代理学家程颐的别号。程颐字正叔，宅于河南嵩县东北耙耧山下，地处伊川，故称。

② 明道先生：指宋代理学家、教育家程颢，字伯淳，人称明道先生。

③ 张九韶：明初学者，字美和，清江（今属江西）人，官至翰林院编修。著有《元史节要》《理学类编》《群书拾唾》。

送解吉日

以宝坐山论之，如壬亥山巳丙向屋，宜申子辰日杀出南方，亥卯未日杀出西方，巳酉丑日杀出东方，并吉。惟忌寅午戌日杀在北方，亥子丑日凶。

设斋吉日

宜甲子、乙丑、丙寅、庚午、壬申、甲戌、乙亥、戊寅、辛巳、甲申、乙酉、己丑、辛卯、壬辰、甲午、乙未、戊戌、庚子、辛丑、癸卯、戊申、己酉、丁卯、丙辰、丁巳、己未、庚申日，吉。

忌龙虎、受死、神隔、天隔、天狗下食时、伏断、荒芜、凶败、空亡、灭没日。

预修吉日

与祈福、祭祀、设斋通用。

宜天德、月德、天德合、月德合、天恩、月恩、上吉、次吉、敬心、圣心、普护、福生、生气、黄道、成开、除日。

黄箓预修吉日

建大会择节会日开坛。

超斋若用节会日，不避诸凶，节会日开于发。

会日：正月初七天曹迁赏会，七月初七地府度生申会，十月十五水府建生大会。

会日：庚申日户神白人罪过，甲子日太乙筒闽神祇本命日领神朝。

八节日：立春、立夏、立秋、立冬、春分、秋分、夏至、冬至。

腊日：正月初一天腊日，五月初五日地腊日，七月初七日道德腊，十月十五日民岁腊，十一月逢腊日为王侯腊，冬至第三戊为腊日，冬至本日值戊即为一戊，若三戊在十一月内，须用第四戊为腊日。

始日：正月初一日，四月初一日，十月初一日是会日。甲午天节、甲申地节、甲子人节、甲辰四时会，甲戌五行会，丙午天会，壬午地会，壬子戊会，丁卯真仙会，辛酉星辰人会，庚午日会，庚申月会，月三日斗辰会，本命日万神会。

女青律

忌日：丙寅、丁卯道父忌，丙申、丁酉道母忌，壬辰、壬戌北帝忌，戊辰、戊戌南帝忌。忌龙虎日、受死日、天神鬼隔日。

十天逐月下降日，明值利后度死魂对上品帝，以六阳月，每月十日及八节日，甲子、庚申依威仪，其法开启，每月一、八、十四、十五、十八、廿三、廿四、廿八、廿九、三十日，小尽取二十。旨出玉清符日。

建大斋降节会开坛吉，散坛更值良日尤佳，虽得丁辰仍避丙寅、丁卯、丙申、丁酉、戊辰、戊戌日及受死、龙虎、凶败为善，惟王会日无避。若启斋先得吉日，而后日分，或值当避之日则须不忌，章忌六戊日，乃天门不开故也。见《符应经》。

拜表进章总论

《玄都经》所载上章忌戊辰、戊戌日，戌为天门，辰为地户；戌为狗，辰为龙。偶戊中宫土神，其日大士诸君丈人对校天下男女生死善恶，龙游五岳，狗行河梁，中黄大大，神备守天门，犯者摄人魂魄。若戊辰、戊戌卒有灾病，次新吉者，但正心端坐思过悔，责上天悬知当为宽存候，吉日上表章，无不如愿。其日或遇三元二会八节本命，亦于上章不忌，谓此日正许人载谢余日，不许童奏，吉人写年月日下云，天门开时令人则写吉时发行，此理最好盖，别有法谓阳日当阴时开，阴日当阳时开，吾修不可不知，说见道门定制。设清醮建佛事，大杀白虎、雷霆白虎，其日入中宫，州县官符入中宫，忌在正所用钟鼓动法器之损人。如白虎入中宫，隔日钟鼓动法器，君次日入中宫则不忌。

昔人家误用乙未日建蘸保病，其日铺神佛像连逐三次，病者日死，验也。

奏名传法请香火

老君乙酉日本香火一行便发。一叶清庚申日月，三个庚申日，香火行天师，己丑日七日后香火便行。

重仲己卯日二白，二十日后香火便行。

吴侦君辛卯日，登香火即发。

元星张赵甲申乙酉度法，香火即行。

三元传法日、丙辰日，香火即发。

忌大败、六不成日、隔绝破日。

造电旗印剑令牌尺日，宜显、曲、传星及天地转杀日。凶忌日不宜受师、教法、行兵、治病。已见上卷上层《修造师人宅舍》内同看。

炼丹凶忌日

忌庚申、辛酉金石离日，火隔、焦坎破日、正四废、六不成日。

春戊辰。夏丁巳、戊申、己巳、丑未辰也。

秋戊戌、己亥、庚子、辛亥。

冬戊寅、己卯、癸酉、未戌及壬丙戊乙亥逢七戊癸辛巳逢建及日杀支吉，收、闭、晦、朔、上朔、人绝、往亡日。

以上皆凶，炼丹难成。

云游吉日

宜三月十日吉，其他月宝、义、专日吉，制、伐日凶。

王日：丁丑、丙戌、甲午、庚子、壬寅、癸卯、乙巳、丁未、戊申、辛亥、丙辰，以上吉日。

义日：甲子、丙寅、丁卯、己巳、丁未、壬申、癸酉、甲戌、乙亥、戊午，以上吉日。

司日：戊辰、己丑、戊戌、丙午、壬子、甲寅、乙卯、丁巳、己未、庚申、辛酉、癸亥吉日。

制日：乙丑、甲戌、壬午、戊子、癸巳、甲辰、庚寅、辛卯、乙未、丙申、丁酉，以上凶日。

伐日：庚午、丙子、戊寅、己卯、辛巳、癸未、甲申、乙酉、丁亥、壬辰、癸丑、壬戌、癸巳，主凶日，制日、伐日忌用。

送瘟疫时灾吉凶诗

甲子送神神便去，乙丑不去损人凶。
丙寅值向南方去，送瘟之后主兴隆。
丁卯戊辰主人凶，己巳南方千里通。
庚午辛未伤人命，壬申癸酉不回踪。
甲戌须教大难当，乙亥丙子去西方。
丁丑戊寅千里外，己卯真去不回藏。
庚辰辛巳永无妨，壬午癸未去西安。
甲申乙酉与丙戌，送瘟去后便回还。
丁亥送神仍旧病，戊子己丑去西行。
庚寅辛卯壬辰日，三四五人不安宁。
癸巳送神杀长子，甲午损人不须详。
乙未丙申并丁酉，送去八十里回侵。
戊戌己亥主午去，庚子辛壬西不归。
壬寅送神神不去，癸卯大吉永无危。
甲辰乙巳三口亏，丙子丁未南行利。
戊申送神神又搏，己酉庚戌吉无疑。
辛亥壬子并癸丑，甲寅乙卯病仍旧。
丙辰丁巳又回还，戊午伤人送不遇。
己未今日二人病，损师庚申及辛酉。
壬戌癸亥损人丁，仙人口诀宜遵受。

气往亡月忌服药

立春后七日，惊蛰后十四日。
清明后廿一日，立夏后八日。
芒种十六日后，小暑后廿七日。
立秋后九日，白露后十八日。
寒露后廿七日，立冬后十日。
大雪后二十日，小寒后三十日。

针灸吉日

宜丁卯、庚午、甲戌、丙子、丁丑、壬午、甲申、丙戌、丁亥、辛卯、壬辰、丙申、戊戌、己亥、庚子、辛丑、甲辰、乙巳、丙午、戊申、壬子、癸丑、乙卯、丙辰、己未、壬戌。

天医要安执除成开日

忌血支、血忌、灭没、白虎、受死日、辛未日、独火日。

针灸孕妇

五胎神占身，切忌月。

逐日人神所在

（忌针灸）

初一日在足大指，初二日外踝，初三日在股内，初四日在腰，初五日在口，初六日在手，初七日在内踝，初八日在胸腕，初九日在尻，初十日在腰背，十一日在鼻柱，十二日在发际，十三日在牙齿，十四日在胃腕，十五日在遍身，十六日在□，十七日在气冲，十八日在股内，十九日在足，二十日人神在内踝，二十一日在手小指，二十二日在□足，二十三日在手阳明，二十四日在足阳明，二十六日在阴，二十七日在阳，二十八日在阴，三十日在足踝。

以上逐日人神所在之处忌针灸，切不宜用。

阴宅秘旨

治寿木棺之法

朱子曰：治棺油杉为上，柏木次之，土杉为下。其制方直头大足小，仅取容身，勿令高大及为虚，以高足内外旨为灰漆誉炼熟焚末，取铺其底四寸许，加七星板，其曰沥青钉铭，则恐不然。

彭氏曰：棺以松脂宜于北方，江南适为秘房而钉钚亦引水用之，其木易为病朽，则在孝子自细考焉。

治筑圹作灰法

朱子曰：虽得吉地而葬之不厚，藏之不深，则兵戈离乱之际无不遭其发掘暴露之忧，此又其所常虑之大也。

程子曰：虽所他日不为道路，不为城廓，不为沟池，不为贵势所夺，不为耕犁所及。

一云：沟渠道路避村路途井窖，此皆谨防，虑外之后也。

治圹法：其穿圹圹外勿令高，阔仅取容木炭、石灰、沙土三物和匀等城郭外。

朱子曰：炭御木根避水，石灰得沙而实得也，而结岁火结为金石蝼蚁盗贼，皆不可进也。

又曰：久之沙灰怕乱入其登如石。灰末七八寸，既避湿气，免水患，又绝树根不入，树根遇灰皆生转去，以此见炭灰之妙，盖灰是死物无情，故树根不入也。

杨氏曰：沙灰以隔蝼蚁，愈淳愈佳，须当见籍溪先生说见用灰葬者，后因迁葬则见灰化为石矣。

开生基甃砌作圹宜忌

谛举符开山日宜四废、空亡、伏断，不宜择斩草破土日，忌土破天地转杀、月建。

论斩草破土，明下砖甃砌舍土亦与□事择年月，要开山立向不犯年家凶杀不占方，月家飞宫、州县官符不占方，及不见中宫，择年月犯利，更得吉神盖照山向，以通天窍、走马六壬为主，兼求三奇、飞天活禄马贵人到山向，年家月家帝星鸾驾，但得一二加临到山向，兴工起手、破土、开山大吉。

论生坟且以作主命交主，先看本杨救贫催尸年月，妙行真人游魂年月，此二家合得过，方可用事。又忌本命日及本命克冲日，纳音受克本命日，受死、重丧日，建、破日、收日，不取用。

开生基吉凶日

甲子日，金木命吉水土命凶，申子辰生人魂印入墓凶。

乙丑日，巳酉丑亥命人乃衣催尸之日，金生人魂入墓凶。

丙寅丁卯日，五音皆遇吉，春卯传杀不利。

戊辰日，辰生人辰年催尸杀，不吉。

己巳日，十全大吉。

庚午日，夏凶。

辛未日，亥卯未金木命凶。

壬申日，五音不吉。

癸酉日，五音吉，秋凶。

甲戌日，寅午戌并申戌命人土呼杀凶。

乙亥日，五音吉，秋凶。

丙子日，水土命人入墓冬凶，余吉。

丁丑戊寅日，五音凶。

己卯日，春凶，余吉。

庚辰日，申子辰生，宫羽音不用。

辛巳、壬午、癸未，亥卯未夏日凶。

甲申、乙酉日，秋凶，余并吉。

丙戌、丁亥、戊子日，是水土命人入墓，秋时杀凶。

己丑日，商角音吉，余凶。

庚寅日，皆吉。

辛卯日，春凶，余吉。

壬辰日，寅生人不用，冬凶。

癸巳、甲午、乙未日，是亥卯未命土随杀，春夏凶。

丙申日，皆吉。

丁酉日，水命凶，余吉。

戊戌日，火命金随杀。

己亥、庚子日，土公败卯命犯土，随水命人忌。

辛丑、壬寅、癸卯、甲辰日，庚戌命凶，余吉。

乙巳日，辛亥命凶。

丙午日，火命入墓凶。

丁未日，冬凶，余吉。

戊申日，吉，十日凶受死。

己酉日，吉，火命秋凶。

庚戌、辛亥日，凶。

壬子日，土命不用，冬凶，余吉。

癸丑日，巳酉丑亥盗命催尸入墓凶。

甲寅日，火命凶，秋冬吉。

乙卯日，春冬凶，余吉。

丙辰日，吉，申子辰命大凶。

丁巳日，吉，冬凶。

戊午日，己未并凶。

庚申日，是吉十月凶。

辛酉日，五音凶。

壬戌日，凶。

癸亥日，并皆凶。

合寿木开生基总论

合寿木总论

论合木，如纪上马杀日，令匠人先用板凳架起木板，用工砍成一并起年后方可用木马架起用工然，此杀前后者亦无验矣。犯欲忌之，宜用前法无妨，只有催尸上马杀年为凶。论合寿木，用日法先取长生有气日，复用其年自休四废并空亡与本命无相冲相克，大吉。

假如癸巳生人用己酉年正月建丙寅利，庚申日合木，本命纳音木取长生居甲，沐浴酉，为之有气之年己酉年。孙在甲辰旬中，取寅卯为空亡，则取丙寅月为空亡，取庚申日系是正四废吉，癸巳命水长生甲日，沐浴酉，年空亡寅月日四废。其余仿此。

论合寿木日，宜正四废、傍日废日及本命纳音生旺有气之日。忌本命日，本命对冲日，受死、重丧、建、破日，又忌日辰克本命纳音，凶。

论木呼木随日，不足信凭。假如廷佑己未二月十四庚子日，有一邻人合本历得致之日。乃本呼经随日，已逾三年，并无祸患，不足信矣。

论乡俗用，日用同有，止取六不成、破日为吉。

论合木，逢忌身皇定命、小儿大杀、月建、剑锋杀、财流、年州县官符、三杀等方，切忌于其他土顷合缝，又忌月建转杀同日。

论合木，忌中宫神杀，如其月在州县官符占中宫，其公暗刀杀，其日有大杀雷霆白虎占中宫，其年身皇定命如在中宫忌厅堂中间，顿合本缝，犯之凶。若在空地方顿合，则不忌，惟忌在中宫顿合。

论决带合木法，如男其年利合木，如女命不利，亦欲合，必先设计，令匠人同日同时起工，砍起两副左箱，用男命利年带合一副，前后作之，有验，吉。又如男亡女存，女命不利，将亡人姓名昭告山头龙神无举女命。

如女亡男存，男命不利，以男为主女难夹带，则虽俟利内合。

论合寿木，宜本建日，正月庚寅、二月辛卯、三月戊辰、四月己巳、五月壬午、六月癸未、七月庚申、八月辛酉、九月戊戌、十月己亥、十一月壬子、十二月癸丑，以上日宜合寿木。

论合寿木生坟，风俗不同。如北方人才充旋作木头旬内即葬，惟南方人预先合寿木作生坟。吾闻四方风俗不同者，难以概论。

作生坟总论

论作生坟，法且以作主本命交生，先看杨救贫催尸年月，妙行真人游魂年月，此二家年月俱要过，方可用事。如子生人，不可用子年子月子日子时，又忌本命日、受死日、重丧、建、破、收日。

合木六同论

论甃葬生坟法：凡用砖不结砌成生坟，亦如葬事择年月，要开山立向不犯年月家凶杀，更得吉神盖照山向，却可用事及起工之月，最要中宫不犯，年家飞宫，州县官符，次要年月得吉神，一一用工不佳。若一仕于逝日逾节，或为凶神杀，取古义须别择吉月吉日，方可用工也。若作中堂土推，惟择吉日，不问山向吉凶。

论开山立向用年月法，以通天窍、走马六壬、天罡为主魁，择吉到正月日永三奇、飞天活马、飞天活禄、诸家鸾驾、帝星，但得一二吉加临，作之则大吉。

论作生坟一带法：如男命大利，女命不利，则须用男命姓名昭告山头龙神不举女命姓氏，吉。

论符开山日，宜四废、空亡、伏断日，不拘用斩草破土日，忌土瘟日、天地转杀与月建同日。

论斩草破土日圹下砖砌金井，忌重丧、建、破、收日。

冬三月壬辰，须是葬日。

四时大墓凶。

论开圹甃砌金井，宜用正傍四废、旬中空亡月日，乃本命纳音有气月日，为吉利。

论金井下砖作椁日，择日则与葬日同。

论开生基作圹，宜避年月凶杀、三杀方、太岁、州县官符、中宫州县官符，若占山头，切不可作用，候大利则吉。

论开生坟合寿木，先于纪局日仔细看得七八分吉，不必更去查看木入局的，唯有上马杀日用看，若犯之者宜从儿禳起法乙时，只用板拨架起坎乙井，后用木马前无妨，犯者屡用此法，大吉。

后十六局合总局

一　局：二十岁。　　二　局：二十一岁。
三　局：二十二岁。　四　局：二十三岁。
五　局：二十四岁。　六　局：二十五岁。
七　局：二十六岁。　八　局：二十七岁。
九　局：二十八岁。　十　局：二十九岁。
十一局：三十九岁。　十二局：四十九岁。
十三局：五十九岁。　十四局：六十九岁。
十五局：七十九岁。　十六局：八十九岁。

合寿木吉凶日

六甲旬中空亡吉日

甲子旬人用戌亥，甲戌旬用申酉吉，
甲申旬用午未日，甲午旬用辰巳日，
甲辰旬用寅卯，甲寅旬用子丑。

正傍四废吉日

正四废吉日：

春，庚申、辛酉；夏，壬子、癸亥；
秋，甲寅、乙卯；冬，丙午、丁巳。

傍四废吉日：

春庚辛，夏壬癸，秋甲乙，冬丙丁。

杨国忠通天窍吉日

春申酉，夏亥子，秋寅卯，冬巳午。

本命纳音生旺有气月

水土命宜申酉戌亥子，金生命宜巳午未申酉，
木生命宜亥子丑寅卯，火生命宜寅卯辰巳午。

生命入墓凶月日

水土命忌辰月日墓凶，金生命忌丑月日墓凶，
木生命忌未月日墓凶，火生命忌戌月日墓凶。

寿木宜安在天德、月德、月恩方，年月俱利，月要见双月即利，年见双年则利，年月即利则当选吉利日用。

论安寿木忌棺木杀方

棺木杀方定局

寅午戌人忌寅卯辰方，申子辰人忌申酉戌方，
巳酉丑人忌巳午未方，亥卯未人忌亥子丑方。

圣人谕论

孔子曰：人生事之以礼，死葬之以礼，祭之以礼。又曰：事死如事生，事亡如事存。又曰：慎终追远，民德归厚矣。

孟子曰：生不足以当大事，惟送死可以当大事。

夫子曰：丧葬，称家之有无；贫而厚葬，不循礼也。

按伊川先生曰：卜其宅兆，卜其地之美恶也，地美则神灵安稳，荫子孙昌盛，富贵聪明。地大美者，土色光润，草木之茂盛，乃其验也。

惟五患者，为人子不得不知，谨使异日后不为道路，不为沟池，不为城郭所迫，不为贵势所夺，不为耕锄所及。五患者，城郭、沟渠、道路、村落、井室，不葬是五患，其为相先忧也，为孝子者则当慎之矣。

按《文公家礼》云：浅则为人近迫，深则湿润易朽，故必择土厚水深之地为土圹，内宜以砖垒实葬之，不可卷郭高大虚空，久则易崩陷。诗见《文公家礼》。

入棺大殓逐日吉时

通日入棺吉时

子日甲庚时，丑日乙辛时，寅日丁癸时，卯日丙壬时，
辰日丁辛时，巳日乙庚时，午日丁癸时，未日乙辛时，
申日甲癸时，酉日丁壬时，戌日庚壬时，亥日乙辛时。

逐日大殓吉时

甲子日申酉，乙丑日寅卯，丙寅日亥子，丁卯寅卯午，
戊辰日巳申，己巳日午申，庚午日辰巳，辛未日申壬，
壬申日未申亥，癸酉日辰申，甲戌日申酉，乙亥日酉亥，
丙子日卯辰，丁丑日寅卯，戊寅日辰巳，己卯日巳申，
庚辰日巳申，辛巳日巳未，壬午日巳未，癸未日丑未，
甲申日酉亥，乙酉日申酉，丙戌日戌申，丁亥日巳未，
戊子日寅申，己丑日丑未，庚寅日丑申，辛卯日丑未，
壬辰日申酉，癸巳日丑未，甲午日巳申，乙未日申酉，
丙申日卯辰，丁酉寅卯辰，戊戌日巳申，己亥日巳申，
庚子日戌亥，辛丑日丑寅，壬寅日亥子，癸卯日丑未，
甲辰日寅申，乙巳日亥子，丙午日寅卯，丁未日巳亥，
戊申日寅申，己酉日巳申，庚戌日巳申，辛亥日巳未，
壬子日辰戌，癸丑日丑未，甲寅日辰酉申，乙卯日申酉，

丙辰日巳亥，丁巳日亥子，戊午日巳申，己未日午申，
庚申日辰巳，辛酉日寅申，壬戌日丑寅，癸亥日巳申。

入殓安葬的呼日

甲子呼辛丑，乙丑日呼辛巳。
丙寅日呼丙午，丁卯日呼甲子、甲午。
戊辰日呼癸未、癸申，己巳呼甲辰、己未。
庚午呼庚戌，辛未呼己亥。
壬申呼丁巳，癸酉呼辛亥。
甲戌呼戊子，乙亥呼乙未。
丙子呼丁丑，丁丑呼癸未。
戊寅呼甲辰、丙午，己卯呼丁亥、己未。
庚辰呼戊戌、戊辰，辛巳呼己未。
壬午日呼壬寅，癸未呼甲申。
甲申日呼壬辰，乙酉日呼丙子。
丙戌日呼甲子，丁亥日呼呼丁巳、丁亥。
戊子日呼己卯，己丑日呼丁未。
庚寅呼丙申，辛卯呼丁未。
壬辰呼壬申，癸巳呼甲午。
甲午呼丁酉、庚子，乙未日呼丙子、丙午。
丙申呼己丑，丁酉呼丁酉。
戊戌呼癸亥，己亥呼辛未。
庚子呼乙未，辛丑呼壬子。
壬寅呼甲辰，癸卯呼丙辰、丁巳。
甲辰呼庚辰，乙巳呼丙子。
丙午呼丁巳、丁未呼己未。
戊申呼庚戌，己酉呼庚申。
庚戌呼辛丑，辛亥呼丁亥。
壬子呼乙亥，癸丑呼丁亥、甲寅。
甲寅呼癸巳、丁未，乙卯呼戊子、丙辰。

丙辰呼甲辰、甲申，丁巳呼庚子。

戊午呼辛未，己未呼丙戌。

庚申呼辛巳、辛酉，辛酉日呼庚辰。

壬戌呼辛丑、辛酉，癸亥呼丙寅。

以上的呼之日，犯者小避则吉。

行丧凶方

年剑锋杀（忌立向行丧）

子年丙方	丑年艮方	寅年庚方	卯年辛方
辰年乾方	巳年壬方	午年癸方	未年艮方
甲年酉方	酉年申方	戌年巳方	亥年丙方

逐年皇帝入座日（忌行丧）

子年癸酉日	丑年甲戌日	寅年丁亥日	卯年甲子日
辰年乙丑日	巳年甲寅日	午年丁卯日	未年甲辰日
申年己巳日	酉年甲午日	戌年丁未日	亥年甲申日

以上忌行丧出柩之日，又忌每月收日大忌之。

丧葬主避忌

凡主人谓祭主者，是人子送终而卒哭而在朝器，或有改葬闻葬及从葬者，又或又有月将家主人主月，取岁月忌见魁罡，此法繁碎合拢法。又常阳经，葬不得用主人刑杀岁令，主人夭寿，又不得用主人生用，主有分立事，又正相冲同旬冲，令主人得病，唯□唯元□月吉。

又法：阳中以大吉加阴岁，以小吉加太岁，若家中有其次之人，年命在斗魁罡之下者，不可送丧、临圹，亦不可为主人，所为主人有未忌，合以其次代之，若不已者，主时暂避亦可也，故曰：合宜变，圣人教人以大法也。

凡主人何年本命有忌，送丧临圹又不宜为主人，可以将岁月日时但求有吉德，凶自散亡。

书曰：二德扶持，众凶皆散。若百忌安葬其为咎也。

行葬相法立方总论

凡主人长大者为之，头顶黄色道冠，脸戴四目面具，身着玄朱衣装，左手执盾，右手扬戈，颇张威势，先丧举而行之，至葬所则以戈刺金井四隅及葬所周围之内，凶神恶煞自然退避，然葬举直生乃可获吉矣。

今人以五色纸装成降神岁君也。

论出丧凶神难避，别有论出丧法诸历书所忌出丧凶方，神杀最多，难以尽避，如丘公暗刃杀、报怨撞命杀、流年官符、剑锋年月、八座、三杀、丧门、崩腾等杀，难以尽避。盖人家止有一门可出，况居城市道塞，去处尤难回避，幸古来有偷丧一法，为停丧者设也。幸俗有不动声色，于吉日夜净时密密起，或于半夜以后拣四杀没时，或卯寅二时，量柩轻重，人夫以叶砧铺地连相贴脚，暮抬出外，愈远愈好，家人老幼权安寝，不知所出，却从屋外远处架丧起行，前后屡用，多获吉。

五音安葬忌日

宫音忌用甲乙日。

商音忌用丙丁日。

角音忌用庚辛日。

徵音忌用壬癸日。

羽音忌用戊己日。

四季忌用日

春未日，夏戌日，秋丑日，冬辰日。

太阳密日

（忌安葬凶）

论太阳密日，葬日忌值房、虚、昴、星四宿，属太阳乃明光之昴，真气之形，照耀万物，荣生二象。死葬明晤之事，凡人死魂归化于阴冥之方，骨内葬藏于阴阳之处，此之者反逆之逆，故忌葬埋。又曰：更忌宿泊克制，祭主命宜避之，以泊宿木值日冲克戌土生人，并宿木值日冲克丑土生人，奎宿本星值日冲克辰土生人，斗宿木星值日冲克未土生人，柳宿土星值日冲克子水生人，昴宿火星值日冲克申金生人，壁宿水星值日冲克巳火生人。其余是生值，非辰对冲，须是相克者为无所制也。

安葬论

先看山家墓运，正阴府、太岁不克山头，深天空年太岁官符忌亡开山立向山家幕运正阴府太岁月日时忌克山。如用山罗睺、巡山太保、山家官符、山家朱雀并忌开山，吉星能押，宜用通天窍、走马六壬，天行经同论择取得利年月，更求三奇、禄马贵人、诸家帝星，得一位吉星同到山向，以佐其吉，然后祥日吉时斩草破土安葬，乃为善也。

广陵子验穴，惟恒风地以烛验之，入而辄灭者，非吉地也。烛入而烛动，此亦风地，吹之能翻棺转尸凶，不可不验也。

论开穴几灰隔顷底，铺砌用工宜速，则不泄气，如三五七日造成，卦闭庶仅可也，若遇旬半月则穴之吉气露泄尽矣，何时得元气薰蒸乎？盖地中生地朝阳，交构真精，雄雌配偶，久结久闭，暴露则真气荡散矣，尸柩入内何时得温暖乎？且千里来龙真龙结穴，构精于一圹之地，能之几阔之所，今闻闽人作生圹，一圹多则十数柩，少亦五六柩，开圹则二三丈，一穴能有许多生气乎？且吉穴一二代共之，穴凶二三代共之，误矣，而选择又惑于庸师，其兴替安不可指日而待也。

论开穴一日大吉，二日次之，三日又次之，四日而葬失其常也。

先早葬说云：仁子卜其地之美恶也，取其土色之光润，树木之茂盛，他日不为沟池、道路、井窟、城郭所迫，及贵势所夺则为美矣；地之美则神灵安而子孙盛，富贵绵远也。如壅培其根而枝叶必茂盛，理固然也。

论斩草鸣吠对日：白木用庚子斩草乃是甲子日，盖后人传写之误，刊刻有依今《道藏经》改正。

按：三元甲子图，庚子鸣吠对日却与庚申、庚戌对，一云庚子对甲子，非是。

斩草铁券仪式

券式以铁为之，或梓木为之，长一尺，阔七寸，以朱书其文，顺写一行，倒写一行，须令满板，不可空缺，要写单行，不可双行。二券之阴书合同二字，将合同一右券于所定坟心发土埋之。后开穴之日，取弃于深水之中，外有下二五铁券，后安葬之时，则将埋于墓中柩之前。

立券文式朝宜双文

维

大明某年某月某日某乡某社孝信某人，以某亲生于某年月日时，故于某年月日时，停柩未葬，今卜某乡方某山之原，筮龟叶吉，易占允藏，谨凭白鹤先师置金银财九万九千九百九十九贯文兼五彩礼，虔诚致敬，于开元皇君位下买到本山，东至青龙，西至白虎，南至朱雀，北至玄武，上至青天，下至黄泉，中至亡人吉穴，四方勾陈分掌四域，某丞墓伯谨守封界道路，将军斋肃叶陌，若辄干犯河禁将军，即行勅付河伯，今以山牲牢酒礼共盟誓，财地两相交付，谨择于某年月日时，天地开通日吉时良时斩草立穴，破土安葬，用工修建。工程毕后，另择天地和宁，玉犬金鸡鸣吠歌吼吉辰，择柩安葬，山川钟灵，神祗保佑，永锡洪庥，若违斯约，地府主

吏自当厥祸神，共掌操内外存亡，永叶祯吉，急急奉
太上五帝律令　敕

天子斩竹，诸侯斩苇，庶人斩草，从祭主大命行年立成论篇立定局于后。

夫男女行年者，盖因元气也，元气混而为二气斯判，是日两仪始分天地位，男女之庆开。《易》曰：乾道成男，坤道成女。既其女然后有夫妇元气此方其数有二，固于为阴阳之基，次后判而有三喜遇配合之清土，男二十而冠三十而娶，女十五而笄二十而嫁，此是婚会之时，不可失其候也。男子初受元气顺三十而至午巳，女逆二十而亦到己巳而为偶合之地，既有夫妇而后初十月顺而生男，背而生女，故男在寅女在申，明矣。男取丙寅，女取壬申者，何也？凡论支以子为首，论干以甲为首。甲，东方也，万物候生之地。取干支相配，甲配于子是子布手，又甲木生丙火，自丙寅为男，纳音人元金主壬水却壬申为女，犹恐未惧，乃以岁运配六十花甲子立成于后。

男行年定局

一岁丙寅	二岁丁卯	三岁戊辰	四岁己巳	五岁庚午	六岁辛未
七岁壬申	八岁癸酉	九岁甲戌	十岁乙亥	十一岁丙子	十二岁丁丑
十三岁戊寅	十四岁己卯	十五岁庚辰	十六岁辛巳	十七岁壬午	十八岁癸未
十九岁甲申	二十岁乙酉	廿一岁丙戌	廿二岁丁亥	廿三岁戊子	廿四岁己丑
廿五岁庚寅	廿六岁辛卯	廿七岁壬辰	廿八岁癸巳	廿九岁甲午	三十岁乙未
三十一岁丙申	三十二岁丁酉	三十三岁戊戌	三十四岁己亥	三十五岁庚子	三十六岁辛丑
三十七岁壬寅	三十八岁癸卯	三十九岁甲辰	四十岁乙巳	四十一岁丙申	四十二岁丁未
四十三岁戊申	四十四岁己酉	四十五岁庚戌	四十六岁辛亥	四十七岁壬子	四十八岁癸丑
四十九岁甲寅	五十岁乙卯	五十一岁丙辰	五十二岁丁巳	五十三岁戊午	五十四岁己未
五十五岁庚申	五十六岁辛酉	五十七岁甲辰	五十八岁癸亥	五十九岁甲子	六十岁乙丑

女命行年定局

一岁壬申	二岁辛未	三岁庚午	四岁己巳	五岁戊辰	六岁丁卯
七岁丙寅	八岁乙丑	九岁甲子	十岁癸亥	十一岁壬戌	十二岁辛酉
十三岁庚申	十四岁己未	十五岁戊午	十六岁丁巳	十七岁丙辰	十八岁乙卯
十九岁甲寅	二十岁癸丑	廿一岁壬子	廿二岁辛亥	廿三岁庚戌	廿四岁己酉
廿五岁戊申	廿六岁丁未	廿七岁丙午	廿八岁乙巳	廿九岁甲辰	三十岁癸卯
三十一岁壬寅	三十二岁辛丑	三十三岁庚子	三十四岁己亥	三十五岁戊戌	三十六岁丁酉
三十七岁丙申	三十八岁乙未	三十九岁甲午	四十岁癸巳	四十一岁壬辰	四十二岁辛卯
四十三岁庚寅	四十四岁己丑	四十五岁戊子	四十六岁丁亥	四十七岁丙戌	四十八岁乙酉
四十九岁甲申	五十岁癸未	五十一岁壬午	五十二岁辛巳	五十三岁庚辰	五十四岁己卯
五十五岁戊寅	五十六岁丁丑	五十七岁丙子	五十八岁乙亥	五十九岁甲戌	六十岁癸酉

右男女行年，各依次第，周而复始，且男行年六十岁至乙丑六十一岁后到丙寅六十二岁，丁卯次第顺排。女行年六十岁到癸酉六十一岁，又复到壬申六十二岁，辛未次第逆排去。

如男五十岁行年到卯，得乙卯，造葬忌用乙丑年月日时，亦忌使用年月日相冲行年。余仿此。

日流太岁诗诀

壬子癸山戊子旬，丑艮寅位戊寅真。
甲卯乙山己卯忌，辰巽巳山戊辰轮。
丙午丁山寻戊午，未坤申山忌己未。
庚酉辛山己酉值，戌乾亥山戊戌运。

假如壬子癸山忌戊子旬中十日，名曰日流太岁。旬中值戊己凶，余次之，余不犯戊己，云戊己日即戊己煞，凡造葬动土忌之。

葬局总论

论横推历葬，犯凶日按凶，一云诸历书以葬日犯天吞、天建、天赦，损宅长、长子、长孙，今参订正、四、七十、月天德与天吞同日，又与相日同，相日与天赫同，月空与月吞同，诸历书云大吉，何例凶日取用可乎大葬，乃前贤研遗百良利之日，屡试无误，惟通人不拘，岂可谓其惑哉！

论凶葬法，按《周公七分周堂经》云：凶葬不避凶年恶月，天罡地杀月墓内癸终及众神，皆不能为咎。《百忌》又云：凡人初死，不问年月，若三日内乘凶葬之吉，虽值凶神，亦不为害，以其不犯地域故也。今日凶葬，尽三日之内或一旬之内，并不问山向年月，但择吉日诀，当日破土，尽此一日之内成圹。唯有月家州县官府占开山立向之处，不宜斩草、举哀拜圹，俟凶神过，方可择日加出谢墓。

论落圹忌方，假如癸酉日葬事，其日三杀寅卯辰方开圹之时，孝养忌于日三杀方上立。余仿此。

论埋葬有中宫生葬埋，或谓山头立圹，临时开圹，即无中宫之辟，此说似通，且如州县官府在中宫，当日以早开圹，即时结砌厝之棺掩塞，尽一日内成坟，即为无犯。若欲加土甃砌，则别择利年月用工，若次日又于坟上加工用工，虽止一宿，即是犯昨日之中宫也。多见世人执泥山头无中宫之说，或前日安墓，后一日加土，皆见大祸，验矣。

凡安葬，其月中宫无杀，但取吉日斩草，以后相连用工不住手，虽过月逾节，作用不妨。若住手从月节已过，再起手用工，虽无吉神，但无凶杀，亦可用工；若过月节，凶日乃占，切忌不可再起手作用也，宜另择吉月日可也。

凡葬坟以棺木为中宫，如其月州县官符在中宫，切忌动坟。

论葬不斩草、不立券，名曰盗葬。斩草以去灾咎。

论亡命犯落地空亡，主冷过日时最毒，年月次之，忌纳音克亡命之音。

凡安葬先忌穴刺亡人用法，乃山家变运克亡命纳音者是也，次看寸土无光，其他乃亡命地支对穴取纳音克亡命者是也，如甲子金忌戊午火也。

增论戊己杀，论戊己土能生万物者也。

立春后丑戊为春社。

立秋后丑戊为秋社。

所谓社者，五土之神祭之报成也。凡修造动土坟墓破土埋葬开山开穴并切忌戊己二日，用之大凶。且如燕作巢亦避戊己日，鹊作巢口背太岁禽，鸟尚知避忌，何况人乎？又有蜂逢戊己日不出。

论坟上加土结砌墓茔拜坛法：如安葬谢土之后，相连用一结砌坟茔拜坛，子百余五一任造作，若一住手逾月过节，凶神所占，切不可用工，则虽别择吉日，要开山立向不犯年月家凶神并州县官符占山向中宫墓，天牛不守冢月日方可用工，若作印堂上推，惟择日吉不犯重丧、重服、土瘟、建、破日。

论清明前后修墓法：已葬坟茔或坟上未加土，或坟前未砌拜坛，应及破垓修整，宜于寒食节日及清明节，用人夫工匠，须要尽一日之内毕工，如第二日又不可轻动也。

论寒食节日，《荆楚记》云：冬至一百零五日是也。

论亡运，古历共有十八条，推详吉凶，互有得失，难于专用，今葬师滞五音专于命，然人既死，安有命也？杨子弱云：亡人命运有亥解不合也，如闲若得吉年月，乃亡人更生年月，后代发福大吉。

又云：人死魂散于天魄归于地，渺渺茫茫安有魂入于墓亦不可拘矣。

论葬日周堂，所值父母孙女夫母妇密出殡棺之时，宜权时出外回避，俟丧柩出门后却可回家，若停丧在家论此周堂，或出柩在外法论此。

亦有偷柩之法无忌。

论斩草破土日，撮要云：与后安葬逐月吉日通用。

论斩草三凶日：初一、初八、十五。其日并忌用鸡斩草破土，盖触犯地神，能使亡魂不安，生人受祸。至如用此日，不斩牲亦不忌。

论地隔日，遇每月地隔日凶，只忌斩草、破土、穿金井。

论三圹日，初六、十六、廿六。备要云：切忌穿圹。据术者云：其日落圹时，忌孝子人眷，不宜临圹，吾尝见人犯之，祸亦无应。

论葬事用鼓乐，如其日大杀白虎、雷霆白虎在中宫，并州县官符、隐伏血刃俱在中宫，其法宜门外远处动鼓乐行，入厅堂前，后人用之屡复吉。

论落圹下建之时，孝子人眷忌于日三杀方上立，葬师忌立命座方日，命座方并忌立。

论剑年剑杀忌立向行丧

寅年庚方卯年辛，辰年乾位巳年壬。
午年癸方未年艮，申年酉上酉年申。
戊年甲乙亥年巳丙，子年丙方丑年艮。

逐年皇帝八座日

子年癸酉日，丑年甲戌日，寅年丁亥日，卯年甲子日。
辰年乙丑日，巳年甲寅日，年年丁卯日，未年甲辰日。
申年己巳日，酉年甲午日，戌年丁未日，亥年甲申日。

四季入座凶日

春癸卯日，夏丙午日，秋庚申日，冬辛酉日。
每月逢收日大忌。

改葬总论

论改墓启攒，以棺木为中宫，最忌甲官神杀，如飞宫州县官符在中宫，切忌动土、改攒。或云：改去不为妨害，殊不知葬者以棺木为中宫，见前安葬论中宫，动土、启攒，立见灾殃。若中宫不犯杀，却看六甲通天窍图吉日，墓龙不守冢月，又择天牛不守冢日。

论开墓土宿杀，乃祖坟方道如何祖安葬，犯之主杀入，惟服内祖改忌之。

论改墓寿为白鹤经云：凡要改墓有三祥瑞即不可改：一开生龟见生气物蛇，二见中有水温暖色如乳气或为雾，三紫气交含棺木并大吉，若改之必受殃，如见有五不祥者，即速改之。

一冢无故自陷，二冢上草木枯死，三冢有错乱风声，四男女忤逆、颠狂、劫盗、刑伤，五人口、六畜死绝，田蚕家产耗散，官事不息，有此五者即当改之。

论修墓祭墓，宜择天牛不守冢日，盖其日冢开。

论龙穴砂水得吉，选年月差错，人日丧亡，官灾破败，宜须选吉期，中宫无占启之，尽三日成坟，或深用土填之，或浅依经凿葬，使气不上不下，风水自成。

论改墓上宙杀，按管氏云：见猪者与一家在方山下修祖墓边九月庚上，葬后果杀三人，验矣。

论吕氏经云：有十二种死，不可渴葬，牵连后人，殃注子孙，须入殡三五年方可打葬，不犯地祇位，则亡人安，生人吉。久殡须出宅外吉方停柩，待年利月日吉而往葬之，以杜后祸。

十二种为恶病死，溺水死，虎咬死，蛇伤死，生产死，久病死，房病死，肿病死，自缢死，牛伤死，水瘕死，马伤死。

以上不宜凶葬日，犯地祇凶。

凶葬续论

论安葬棺法为贫之计也，盖以死夏月雪灾之天，或六七月蘸热之时，衣食不赡，棺木破坏，臭秽莫闻，岂可久停？故不得已而通权法葬之，有福之家默逢吉课吉穴葬之，无福之家反逢凶课凶穴葬之，屡见败绝，不可胜记。今术董谅其家稍有力则与攒出幽阴之处，掘土砂以押之，使伏十气，免致败害，与撰吉日另行埋葬，以使人致福，后世无灾，乃术者仁人之心，后世子孙之幸也。今多见稍有力石得窨凶葬一事，以为饮食之吝，殊不知所费者小，所害者大也，子覆宗纪嗣，须悔何追噫，父母之丧苟有力者，宜慎厥初也。

修作仓库

（附修仓柜囷及格式等事）

论人命值利田年月，起仓进田地若值皆田空年月，过田地失财物，若新起仓屋仍论。修仓杂忌年月梁煞，宜避新宅，未居火则不忌。

十二利田年月	○背凶	○空凶	○利吉	○建吉
申子辰生命人	巳午未	申酉戌	亥子丑	寅卯辰
寅午戌生命人	亥子丑	寅卯辰	巳午未	申酉戌
巳酉丑生命人	寅卯辰	巳午未	申酉戌	亥子丑
亥卯未生命人	申酉戌	亥子丑	寅卯辰	巳午未

以上十二命人值利建年月造大吉，值背空年月则凶。

造仓吉日：春己巳、丁未，夏甲午，秋乙亥、壬午，冬辛未、庚寅、壬辰、乙未己亥丙辰壬戌。宜成、开、满、天仓、天富、天财日则吉。

起仓吉日：乙丑、己巳、庚午、丙子、己卯、壬午、庚寅、壬辰、甲午、乙未、庚子、壬寅、丁未、甲寅、戊午、壬戌。宜满、成、开日。忌灭没、十恶、大败空亡日。

盖仓吉日：甲子、乙丑、辛未、乙亥、庚子、丁酉、甲申、辛卯、乙未、己亥、乙巳、癸丑。宜成，开日。

汎仓吉日：己巳、乙亥、庚辰、乙酉、庚寅、壬辰、甲午、乙未、乙卯、建日、闭日。

修仓吉日：甲子、乙丑、丙寅、丁卯、壬午、癸未、甲午、乙未、甲辰。

修作仓库吉日：丙寅、丁卯、庚午、己卯、壬午、癸未、庚寅、癸卯、戊午、己未、甲午、乙未、癸丑。宜满、成、开日。忌大小耗日、空亡。

修仓柜吉日：宜伏断日，忌大小耗、天地贼、九空、月虚、四废。

凶月	日											
	正	二	三	四	五	六	七	八	九	十	十一	十二
天牢黑道	申	戌	子	寅	辰	午	申	戌	子	寅	辰	午
朱雀黑道	卯	巳	未	酉	亥	丑	卯	巳	未	酉	亥	丑
天罡勾绞	巳	子	未	寅	酉	辰	亥	午	丑	申	卯	戌
河魁勾绞	亥	午	丑	申	卯	戌	巳	子	未	寅	酉	辰
财离九空	辰	丑	戌	未	寅	子	酉	午	亥	卯	申	巳
小耗	未	申	酉	戌	亥	子	丑	寅	卯	辰	巳	午
大耗	申	酉	戌	亥	子	丑	寅	卯	辰	巳	午	未
月虚	丑	戌	未	辰	丑	戌	卯	辰	丑	戌	未	辰
天贼	辰	酉	寅	未	子	巳	戌	卯	申	丑	午	亥
地贼	子	子	亥	戌	酉	午	午	午	巳	辰	卯	子
受死	戌	辰	亥	巳	子	午	丑	未	寅	申	卯	酉
天瘟	未	戌	辰	寅	午	子	酉	申	己	亥	丑	卯
天火	子	卯	午	酉	子	卯	午	酉	子	卯	午	酉
次地火	巳	午	未	申	酉	戌	亥	子	丑	寅	卯	辰
独火	巳	辰	卯	寅	丑	子	亥	戌	酉	申	未	午
荒芜	巳	酉	丑	申	子	辰	亥	卯	未	寅	午	戌
四耗（忌开仓）	春壬子　夏乙卯　秋戊午　冬辛酉											
五虚（忌开仓）	春丑日　夏子日　秋未日　冬寅日											
天地转煞	春卯日　夏午日　秋酉日　冬子日											
四忌五穷	春甲子乙亥　夏丙子丁亥　秋庚子辛亥　冬壬子癸亥											
正四废	春庚申辛酉　夏壬子癸亥　秋甲寅乙卯　冬丙午丁巳											
冰消瓦陷	巳	子	丑	申	卯	戌	亥	午	未	寅	酉	辰
四方耗	初二	初三	初四	初五	初二	初三	初四	初五	初二	初三	初四	初五
九土鬼	辛丑 癸巳 丁巳 乙酉 庚戌 甲午 壬寅 己酉 戊午											

逐月修作仓库吉日（修整仓廒库同）

正月：丙寅、庚寅。

二月：丙寅、己亥、庚寅、癸未、辛未、乙未、丁未、甲寅、己未。

三月：己巳、丙子。

四月：庚子、丁卯、庚午、己卯、丙子。

五月：己未。

六月：丙寅、甲寅。

七月：丙子，外壬子。

八月：乙丑、乙亥、己亥、癸丑。

九月：庚午、壬午、丙午、戊午。

十月：庚午、辛未、乙未，外甲申、庚申、壬寅。

十一月：丙寅、庚寅、壬寅、甲寅。

十二月：丙寅、甲寅，外甲申、庚申、壬寅。

右吉日不犯朱雀、天牢、魁罡、大小耗、财离、月虚、天地贼、受死、天瘟、天火、独火、地火、火星、冰消瓦解、荒芜、四耗、转煞、五穷、正四废、凶败、九空。

修仓塞鼠穴

塞鼠穴宜用飞廉、受死、月煞、暗金、伏断、闭日、除日、满日。

忌大小耗、天地贼、四耗、月虚日、空亡日。

伏断日：子虚、丑斗、寅室、卯女、辰箕、巳房、午角、未张、申鬼、酉觜、戌胃、亥壁。

伏断时：角斗奎井值日亥辰时，亢午娄鬼值日申时，氐女胃昴日巳时，房虚星昴时子酉寅时，心危毕张日午时，尾室觜翼日丑卯戌时，箕壁参日未申时。

暗金伏断日：太阳值年巳日房宿是，太阴值年子虚未张日是，火星值年酉觜寅室是，水星值年辰箕壁亥是，木星值年午角是，金星值年丑斗申鬼是，土星值年卯女戌胃是。

暗金日求时：太阳逢巳时，太阴子未时，火星马虎论，水星辰亥居，土星卯戌值，木星午时星，金星申时真。

塞鼠穴吉日：宜壬辰、庚寅、满、闭、除日，正月上辰鼠兆日，穴天狗吼戌受死日，暗金伏断时，时忌破、执、空亡、正四废日。天狗满日是。

塞鼠穴极验星	正	二	三	四	五	六	七	八	九	十	十一	十二
受死	辰	酉	寅	未	子	巳	戌	卯	申	丑	午	亥
月煞	丑	戌	未	辰	丑	戌	未	辰	丑	戌	未	辰
死气	午	未	申	酉	戌	亥	子	丑	寅	卯	辰	巳
闭日	丑	寅	卯	辰	巳	午	未	申	酉	戌	亥	子
天狗满日	辰	巳	午	未	申	酉	戌	亥	子	丑	寅	卯

天狗满日：如正、七、十月与天贼同日，则四孟月满日不用。

除白蚁吉日：宜用暗金、伏断、受死、火闭、满日，月煞同到极验，吉。

入仓开库

（谓五谷入仓、开张坊等事）

逐月入仓开库吉日

开仓推甲日不用，余日凶星同前。

正月：丁卯、壬午、癸卯、丙午，外己卯、癸酉、丁酉。

二月：己巳、辛未、癸未、乙未、己亥、己未，外辛巳、丁亥、乙巳、丁未、辛亥。

三月：己卯、丙子、壬午、辛卯、庚子、癸卯，外丁卯、戊子、丙申。

四月：乙丑、庚午、壬午、辛卯、己卯、癸卯，外丁丑、己丑、癸丑。

五月：辛未、丙辰、己未，外戊辰、壬辰、庚辰、辛巳。

六月：乙亥、己卯、辛卯、癸卯、丁亥，外丁卯、辛亥、己未、乙未、辛未、癸未。

七月：丙辰，外戊辰、庚辰、壬辰。

八月：乙丑、己巳、乙亥、己亥、庚申，外丁丑、辛巳、己丑、乙巳、癸丑。

九月：庚午、壬午、丙午、辛酉。

十月：丙子、庚子、戊子、癸酉、甲子、庚午、壬酉。

十一月：乙丑、乙亥，外丁丑、己丑、癸丑。

十二月：辛卯、癸卯、庚申、乙卯，外壬申、丙申、戊申。

右吉日不犯大小耗、九空、财离、天地贼、月虚、天穷、受死、流财日、五穷、五虚、正四废、凶败、五离、灭没、四方耗、九土鬼。

修筑墙垣

（谓填覆坑、穿泥筋墙垣等事）

宜天德、月德、六合、黄道日、建、成、满、闭日。

忌月建转杀、同日天地贼、四废、凶败、荒芜日、破日。

逐月修筑墙垣吉日

正月：甲子、乙丑、丁卯、己卯、丁丑、癸丑，外丙子、戊子、壬子。

二月：乙丑、丙庚、寅甲、寅辛、甲申，外丁未、己未。

三月：己巳、己卯、庚子、丁卯、庚午、癸酉，外丙子、壬子、己酉。

四月：甲子、庚子、乙丑、甲戌、庚午，外丙子、戊子。

五月：乙丑、辛未、乙亥、庚寅、甲寅、丙辰，外丁未、辛亥、丙寅、己未、戊寅。

六月：乙亥、戊寅、甲寅、己卯、辛卯、甲申、庚申，外丙寅、丁卯、己亥、辛亥。

七月：庚午、辛未、庚子、丙子、壬辰，外丙午、丁未、壬子、己未、戊子。

八月：乙丑、甲戌、戊寅、庚寅、丙辰，外壬辰、庚戌。

九月：庚午、己卯、辛卯、丙午、癸卯。

十月：甲子、庚午、癸酉、辛酉、甲戌、壬申。

十一月：甲申、庚申、壬辰、丙辰、丁未、己未，外戊申、乙亥、己亥、辛亥。

十二月：甲子、戊寅、庚寅、甲寅、甲申、庚申、丙寅、丙申。

右吉日不犯月破、魁罡、玄武黑道、天贼、受死、天瘟、土瘟、土忌、土府、地破、地囊、转煞、九土鬼、正四废、荒芜、崩胸日。

造作厕道

(附结窑硐□□等事)

作厕吉日：丙寅、戊辰、丙子、丙申、庚子、壬子、丙辰为天聋日，百事大吉。

乙丑、丁卯、己卯、辛巳、乙未、丁酉、己亥、辛丑、辛亥、癸丑、辛酉地哑日，百事吉。

又宜天乙绝气、伏断、开日，忌破、执、开、满日。

吉日	月											
	正	二	三	四	五	六	七	八	九	十	十一	十二
太乙绝气	初六	初七	初八	初九	初十	十一	十二	十三	十四	十五	十六	十七
伏断	子虚	丑斗	寅室	卯女	辰箕	巳房	午角	未张	申鬼	酉觜	戌胃	亥壁

逐月作厕所吉日

正月：丁卯、己卯、壬寅、癸卯、己酉、甲寅、乙卯，外癸丑、乙丑、丙午、戊午。

二月：戊寅、庚寅、甲寅、丁亥、乙未、己亥，外丁未、己未、癸未。

三月：丁卯、己卯、庚子、癸卯、乙卯、己巳、甲午、丙申、甲申、乙巳、丙子、壬子、戊子。

四月：戊辰、庚子、丙辰、甲辰、甲子、庚辰、庚子、甲午、丁巳、丙子、戊子、己丑、丙午。

五月：丙寅、辛未、甲寅、乙未、己未、丙戌、乙巳、己巳、辛巳、甲戌、丁巳、辛丑。

六月：丙申、辛亥、丙寅、甲寅、甲申、庚申、乙亥、辛未、乙未、丁亥、己未。

七月：庚子、丁卯、癸卯、己卯、戊辰、辛未、庚辰、辛卯、壬申、丙辰、丙子、壬子、戊子、庚申。

八月：丙辰、戊辰、庚辰、辛丑、己巳、丁巳、辛巳、乙丑。

九月：庚午、癸酉、丙辰、丁亥、丁酉、己酉、戊戌、庚戌、辛酉、丙午、壬午、戊午。

十月：甲子、庚午、辛未、甲午、乙未、庚子，外戊子、壬午、壬子、戊子。

十一月：乙亥、己亥、辛亥、戊辰、丙辰、庚辰、辛未、乙未、甲辰，外己未、丁亥。

十二月：甲子、庚子、甲申、甲寅、庚申、乙丑、辛丑、壬寅，外戊子、己丑、壬子。

右吉日不犯玄武黑道、受死、天瘟、土瘟、土忌、土府、地破、月破、正四废、天地转煞、月建转煞、执、破、平、收、开日、天贼、赤口、九土鬼日。

土公箭：每月初七、十七、廿七。土公占：大月初三、初五、初八，小月初一、初十、廿八日忌。

穿井导泉

（谓格龙地方鉴井尺寸淘修符法等事）

穿井吉日：甲子、乙丑、甲申、丁亥、甲午、乙未、庚子、辛丑、壬寅、乙巳、己酉、辛亥、癸丑、丁巳、辛酉，外壬午。宜开日，惟三、六、九、十二月开日犯天贼忌起手动土。

历法兼取癸酉、丙子、癸未、乙酉、戊子、癸巳、戊午、己亥、癸亥、庚寅日，穿井吉。

忌土符、土府、地囊、建、破、平、收、闭日。

凶日	月											
	正	二	三	四	五	六	七	八	九	十	十一	十二
天贼	辰	酉	寅	未	子	巳	戌	卯	申	丑	午	亥
地贼	子	子	亥	戌	酉	午	午	午	巳	辰	卯	子
受死	戌	辰	亥	巳	子	午	丑	未	寅	申	卯	酉
天瘟	未	戌	辰	寅	未	子	酉	申	巳	亥	丑	卯
土瘟	辰	巳	午	未	申	酉	戌	亥	子	丑	寅	卯
九空	辰	丑	戌	未	卯	子	酉	午	寅	亥	申	巳
官符定日	午	未	申	酉	戌	亥	子	丑	寅	卯	辰	巳
大耗月破	申	酉	戌	亥	子	丑	寅	卯	辰	巳	午	未
小耗	未	申	酉	戌	亥	子	丑	寅	卯	辰	巳	午
芜无	巳	酉	丑	申	子	辰	亥	卯	未	寅	午	戌
飞廉	戌	巳	午	未	寅	卯	辰	亥	子	丑	申	酉
血忌	丑	未	寅	申	卯	酉	辰	戌	巳	亥	午	子
水隔	戌	申	午	辰	寅	子	戌	申	午	辰	寅	子
闭日	丑	寅	卯	辰	巳	午	未	申	酉	戌	亥	子
天地转煞	春癸卯　夏丙午　秋丁酉　冬庚子											
天转地转	春乙卯辛卯			夏甲午戊午			秋辛酉癸酉			冬壬子丙子		
月建转煞	春二月卯			夏五月午			秋八月酉			冬十一月子		
正四废	春庚申辛酉			夏壬子癸亥			秋甲寅乙卯			冬丙午丁巳		
伏断	子虚	丑斗	寅室	卯女	辰箕	巳房	午角	未张	申鬼	酉觜	戌胃	亥壁

(续表)

凶日	月											
	正	二	三	四	五	六	七	八	九	十	十一	十二
泉渴	辛巳 己丑 庚寅 壬辰 戊申											
泉闭	戊辰 辛巳 己丑 庚寅 甲寅											
九土鬼	乙酉 癸巳 甲午 辛丑 壬寅 己酉 庚戌 丁巳 戊午											
水痕忌	大月，初一、初七、十一、十七、廿三、三十。 小月，初三、初七、十二、廿八											

逐月穿井吉日（修井同看）

宜开日。

正月：甲子、丙子、庚子、壬子。

二月：辛亥、癸亥、乙亥、己亥。

三月：甲子、丙子、庚子、癸未、己未、乙未、庚午、丁丑。

四月：甲子、丙子、庚子、癸未、乙丑、庚午、丁丑。

五月：乙丑、癸丑、癸未、乙未、丁丑。

六月：甲申、庚申、癸未、己未。

七月：壬午、丙午。

八月：丙辰、己巳。

九月：癸丑、丙戌、丙午。

十月：壬午、癸未、己未、辛酉、癸酉、乙未、辛未、庚子。

十一月：癸未、己未、丁未。

十二月：甲申、庚申。

右吉日不犯天瘟、土瘟、天贼、受死、土忌、血忌、飞廉、九空、小耗、水隔、泉竭、泉闭、正四废、卯日、荒芜、天地转、煞月建转煞、闭、破日。

李淳风穿井经

每步许三尺五寸常尺。

乾甲金	生巳	东龙巳酉井清洁吉	西坤龙得巳酉井半吉半凶
	旺酉	南巽龙巽吉酉井少亡	北乾龙得巳井佳酉井不利

乾甲山利中宫，却无病水亦不泥，八尺九尺之中有泉水。

坤乙土	生申	东艮龙甲子井本吉井利	西坤龙甲子井吉甲申同子最
	旺子	南巽龙申井吉子不利	北乾龙申井吉子井不利

坤乙山利西南不利东北，八尺九尺之中有泉水。

艮丙土	生申	东艮龙申子井有横财	西坤龙申井吉子井不利
	旺子	南巽龙子井吉祀申利	北乾龙子井吉申井不利

艮丙山利西南不利东北，八九尺之中有泉水尺。

巽辛木	生亥	东艮龙卯井吉旺儿孙亥不利	西坤龙亥卯皆利季月少泉
	旺卯	南巽龙亥井佳卯井少亡	北乾龙卯井佳亥不利人忤逆

巽辛山利西南不利东挖，八尺九尺之中有泉水。

震庚亥未木	生亥	东艮龙卯井旺儿孙亥不利	西坤龙卯井清而洁吉利
	旺卯	南巽龙卯井佳亥不利	北乾龙得亥吉利卯井不利

震庚亥未山利东南不利西北，八尺九尺之中有泉水。

离壬寅戌火	生寅	东艮龙十二步得寅并枚佳午平平
		西坤龙十二步午井最佳寅井不利
	旺午	南巽龙午井吉寅不利
		北乾龙得寅井为佳

离壬寅戌山利西南不利东北，八尺九尺之中有泉水。

坎癸 申辰	水	生申 旺子	东艮龙得申子辰井俱吉　西坤龙得申吉妙子井凶 南巽龙得子井最吉妙　北乾龙得辰并吉有横财

坎癸申辰山利东北不利西南，八尺九尺之中有泉水。

兑丁 巳丑	金	生巳 旺酉	东艮龙得巳酉井清洁　西坤龙得酉井吉巳井平 南巽龙得巳酉井不利　北龙辰井有得横财

兑丁巳丑山利西不利北，得南井亦旺。

右穿井法从中宫起十二步得井则水冬夏不干。

八步得井为贪狼吉，十二步得井为武曲吉。

总论穿井，人家以茶亭为中宫，寺观以神座为中宫，取山向方道大利为主，以视穿井方道，如屋坐卯向酉，龙自坤申庚辛戌酉上来，得卯方井水清而洁。

论发龙，东艮寅甲卯乙辰，西龙卯甲庚酉辛戌，南龙巽巳丙午丁未，北龙乾亥壬子癸丑之方。

穿井符

五音穿井图局

开井吉日：宜庚子、辛丑、壬寅、辛卯、乙巳、甲子、乙丑、甲午、癸酉、辛亥。修井吉日：宜壬午、戊戌日。获横财。修井凶日：忌卯日及三六七月。

泉闭日：己丑、戊申、庚寅、辛巳、甲寅，此五日穿井泉不出，穿井浅八九尺得泉，深丈六或式入得泉又深二丈七得泉，如西北地土厚，得水龙深。

牧养栏枋

（谓安六畜栏槽附格式等事）

郭景纯六畜金镜定局

<table>
<tr><td rowspan="12">坤乙兑丁巳丑艮丙震庚亥未十二坐山</td><td>刀兵</td><td>凶</td><td>占壬丙方</td><td rowspan="12">乾甲申子辰癸巽辛寅午戌壬十二坐山</td><td>刀兵</td><td>凶</td><td>占甲庚方</td></tr>
<tr><td>刀砧</td><td>凶</td><td>占子午方</td><td>刀砧</td><td>凶</td><td>占卯酉方</td></tr>
<tr><td>紫气</td><td>吉</td><td>占癸丁方</td><td>紫气</td><td>吉</td><td>占乙辛方</td></tr>
<tr><td>一德</td><td>吉</td><td>占丑未方</td><td>一德</td><td>吉</td><td>占辰戌方</td></tr>
<tr><td>虎豹</td><td>凶</td><td>占艮坤方</td><td>虎豹</td><td>凶</td><td>占乾巽方</td></tr>
<tr><td>狐狸</td><td>凶</td><td>占寅申方</td><td>狐狸</td><td>凶</td><td>占巳亥方</td></tr>
<tr><td>贪狼</td><td>凶</td><td>占甲庚方</td><td>贪狼</td><td>吉</td><td>占丙壬方</td></tr>
<tr><td>太阳</td><td>吉</td><td>占卯酉方</td><td>太阳</td><td>吉</td><td>占子午方</td></tr>
<tr><td>豺狼</td><td>凶</td><td>占乙辛方</td><td>豺狼</td><td>凶</td><td>占丁癸方</td></tr>
<tr><td>三台</td><td>吉</td><td>占辰戌方</td><td>三台</td><td>吉</td><td>占未丑方</td></tr>
<tr><td>奇罗</td><td>吉</td><td>占乾巽方</td><td>奇罗</td><td>吉</td><td>占艮坤方</td></tr>
<tr><td>血刃</td><td>凶</td><td>占巳亥方</td><td>血刃</td><td>凶</td><td>占寅申方</td></tr>
</table>

以上图局皆以坐山论，凡庶人以茶亭为中宫，寺观以坛座为中宫，将罗经中宫格定方，从前寻吉方安置栏槽为吉。无茶亭重屋，以正栋为中宫，二重以天井为中宫，三重以二重中柱是中宫定论。

歌诀曰：

一德中宫宜养马，三台位上定猪方。
牛屋奇罗为上吉，羊逢紫气定高强。
贪狼位上安鸡鸭，太阳六畜最宜良。
虎豹豺狼最不吉，更兼血刃大难当。
月兵连及刀砧煞，六畜必定见灭亡。
只此便为金镜位，世人畜养自商量。

修造栏枋

（谓修造六畜栏枋栖栈通用）

年凶方	子	丑	寅	卯	辰	巳	午	未	申	酉	戌	亥
岁牛神	震 巽	巽 艮	艮 乾	酉 巽	南 艮	栏 乾	东 巽	卯辰 艮	巽巳 乾	坤 巽	南 艮	乾 乾
牛火血	子	午	丑	未	寅	申	卯	酉	辰	戌	巳	亥
牛飞廉	辰	辰	午	午	申	申	戌	戌	子	子	寅	寅
大耗	午	未	申	酉	戌	亥	子	丑	寅	卯	辰	巳
小耗	巳	午	未	申	酉	戌	亥	子	丑	寅	卯	辰
月凶方	正	二	三	四	五	六	七	八	九	十	十一	十二
净栏煞	未	申	酉	戌	亥	子	丑	寅	卯	辰	巳	午
畜官符	午	未	申	酉	戌	亥	子	丑	寅	卯	辰	巳
月破	申	酉	戌	亥	子	丑	寅	卯	辰	巳	午	未
剑锋煞	甲	乙	巽	丙	丁	坤	庚	辛	乾	壬	癸	艮
流财方	甲庚	丁癸	甲庚	丁癸	乙辛	丙壬	乙辛	丁癸	丙壬	甲庚	乙辛	壬丙

	正	二	三	四	五	六	七	八	九	十	十一	十二
牛胎煞	磨堂	栏	门仓	门厕	厨仓	场堂	磨碓	栏厅	门仓	门厕	灶仓	灶厨
	栏	沟路	厕碓	灶	井炉	困仓	井	炉灯	目仓	灶	门	路沟
马枋煞	枋	枋枋	枋唯	庭门	枋仓	碓枋	枋堂	枋	堂仓	枋门	中仓	症厨
马胎	门	枋	户	仓	枋	枋	厨	房	仓	井	门碓	厨
羊胎	栈	卯沟	门亲	沟灶	碓灶	仓栈	厅楼	卯碓	仓门	灶沟	门灶	水阁栈
猪胎	梁	沟	沟	户	磨	井	栖	房	枧	栏	厨	房
猪胎	身椆	身椆	门灶	门	井	井	灶	灶	篱壁	篱壁	门椆	椆

凶日	子	丑	寅	卯	辰	巳	午	未	申	酉	戌	亥
牛星煞	仓	仓	仓	仓	厕	厕	厕	厕	栏	栏	栏	栏
凶日	月											
	正	二	三	四	五	六	七	八	九	十	十一	十二
二火血	丑	未	寅	申	卯	酉	辰	戌	巳	亥	午	子
牛飞廉	午	午	申	申	戌	戌	子	子	寅	寅	辰	辰
牛腹胀	戌	戌	戌	丑	丑	丑	辰	辰	辰	未	未	未
牛勾绞	申酉	申酉	申酉	亥子	亥子	亥子	寅卯	寅卯	寅卯	巳午	巳午	巳午
畜官日	午	未	申	酉	戌	亥	子	丑	寅	卯	辰	巳
受死	戌	辰	亥	巳	子	午	丑	未	寅	申	卯	酉
天瘟	未	戌	辰	寅	午	子	酉	申	巳	亥	丑	卯
飞廉天煞	戌	巳	午	未	寅	卯	辰	亥	子	丑	申	酉
土瘟	辰	巳	午	未	申	酉	戌	亥	子	丑	寅	卯
天贼	辰	酉	寅	未	子	巳	戌	卯	申	丑	午	亥

(续表)

凶日	子	丑	寅	卯	辰	巳	午	未	申	酉	戌	亥
地贼	子	子	亥	戌	酉	午	午	午	巳	辰	卯	子
大耗	申	酉	戌	亥	子	丑	寅	卯	辰	巳	午	未
小耗	未	申	酉	戌	亥	子	丑	寅	卯	辰	巳	午
荒芜	巳	酉	丑	申	子	辰	亥	卯	未	寅	午	戌
九空空亡	辰	丑	戌	未	卯	子	酉	午	寅	亥	申	巳
瘟星入月	初六	初五	初三	廿五	廿四	廿三	二十	廿七	十七	十三	十二	十一
杨公凶日	十三	十一	初九	初七	初五		初一 廿九	廿七	廿五	廿三	廿一	十九
千斤煞方	春巽			夏坤			秋乾			冬艮		
刀砧煞日方	春亥子			夏寅卯			秋巳午			冬申酉		
正四废	春庚申辛酉			夏壬子癸亥			秋甲寅乙卯			冬丙午丁巳		
天狗食色	春子日			夏卯日			秋午日			冬酉日		
九土鬼	乙酉 癸巳 甲午 辛丑 壬寅 己酉 庚戌 丁酉 戊午											
惊定日	大月初五、十七、廿九，小月初八、二十											
破群日	戊辰、己卯、庚寅、壬辰、甲寅、庚申忌出入											

牛黄煞方

子丑寅卯原在仓，辰巳午未廨中藏。

更有四辰难吉利，申酉戌亥入栏房。

申酉戌亥四日忌修牛栏，凶。

牧养六畜通用吉吉凶日

纳畜宜天德、月德、定、成、开日，忌飞廉、天贼、受死、大耗、小耗日、月刑、月害、建、闭、收日、破群日。

穿牛、割牛、骟马、羯羊、割猪、镦鸡、犬割净猫并忌刀砧、血忌、飞廉、受死、血支日。

牛栏、马枋、羊栈、猪椆、鸡栖及诸畜栏枋出，并宜大月三十日，小月廿九日。

倒栏煞定局

（谓忌安六畜栏圈椆等事）

倒栏煞定局

日凶局	甲己年	乙庚年	丙辛年	丁壬年	戊癸年
猪椆	乙巳 丁巳 辛卯 癸卯	乙巳 丁巳 辛巳 癸巳	乙巳 丁巳 癸未 辛未	乙巳 丁巳 辛酉 癸酉	乙巳 丁巳 辛亥 癸亥
牛栏	乙巳 丁巳 辛巳 癸巳	乙巳 丁巳 辛未 癸未	乙巳 丁巳 辛酉 癸酉	乙巳 丁巳 辛亥 癸亥	乙巳 丁巳 辛丑 癸丑
马枋	甲戌 丙戌 戊戌 庚戌 壬戌	甲子 丙子 戊子 庚子 壬子	甲寅 丙寅 戊寅 庚寅 壬寅	甲辰 丙辰 戊辰 庚辰 壬辰	甲午 丙午 戊午 庚午 壬午
羊栈	乙亥 丁亥 己亥 辛亥 癸亥	乙丑 丁丑 己丑 辛丑 癸丑	乙卯 丁卯 己丑 辛丑 癸丑	乙巳 丁巳 己巳 辛巳 癸巳	乙未 丁未 己未 辛未 癸未
鸡栖	乙丑 丁丑 己丑 辛丑 癸丑	乙卯 丁卯 己卯 辛卯 癸卯	乙卯 丁卯 己卯 辛卯 癸巳	乙未 丁未 辛未 己辛 癸未	乙酉 丁酉 己酉 辛酉 癸酉

倒栏煞诗

年于五虎遁甲子，遁见甲午把支安。
将支来跨虎顺走，遇亥名为猪倒栏。
丑牛午马鸡逢酉，未上须知羊倒栏。

假如甲己年五虎遁甲戌，将戌跨寅上顺行，亥倒卯则卯，日者倒栏。子到辰，丑到巳则巳日牛倒栏，顺行午到戌则戌日马倒栏，未到亥则亥日羊到栈，酉到丑则丑日离到栖，余仿此，用指掌推。

李淳风牛栏图

牛栏放水图

乾山起兑，兑山起乾。
震山起离，离山起震。
坤山起艮，艮山起坤。
巽山起坎，坎山起巽。

山山起破禄贪巨文廉武，转顺行，贪巨武辅四星皆吉，余星并皆凶。

入山放水吉神定局

乾甲山	贪坤乙	巨坎癸申辰	武离壬寅戌	辅乾甲
坤乙山	贪乾甲	巨离壬寅戌	武坎癸申辰	辅坤乙
艮丙山	贪兑丁巳丑	巨震庚亥未	武巽辛	辅艮丙
巽辛山	贪震庚亥未	巨兑丁巳丑	武艮丙	辅巽辛
坎癸申庚山	贪离壬寅戌	巨乾甲	武坤乙	辅坎癸申辰

离壬寅戌山	贪坎癸申辰	巨坤乙	武乾甲	辅离壬寅戌
震庚亥未山	贪巽辛	巨艮丙	武兑丁巳丑	辅离壬寅戌
兑丁巳丑山	贪艮丙	巨巽辛	武震庚亥未	辅震庚亥未

逐月造作牛栏吉日

正月：庚寅，外戊寅、丁卯、己卯、癸卯。

二月：戊寅，外丙寅、甲寅。

三月：己巳、乙巳。

四月：庚午，外壬子、丙午。

五月：己巳、壬辰，外乙未、丙辰。

六月：庚申，外甲申、乙未、己未、癸未。

七月：戊申、庚申。

八月：乙丑，外丙子、壬子。

九月：甲戌。

十月：甲子、庚子，外丙子、壬子。

十一月：乙亥、庚寅，外丙寅。

十二月：外乙丑、丙寅、甲申、丙寅

右吉日不犯魁罡、勾绞、牛火血、牛飞廉、牛腹胀、刀砧、天地贼、凶败、瘟星、九空、受死、大小耗、九土鬼、天瘟、正四废、癸日。推壬午、壬子、丙子、壬辰、丙辰日，忌用，先伤边者则无。

逐月穿牛吉日

（附线牛针牛日同考正）

正月：乙卯、戊午。

二月：乙丑、乙卯、戊午。

三月：己巳、乙巳。

四月：乙酉、甲戌、戊午。

五月：戊辰、己巳、辛未、己未、甲戌、戊午、乙酉、乙巳。

六月：戊辰、辛未、甲戌、己未。

七月：辛未、乙酉、丁巳、戊子、己未。

八月：乙丑、乙酉、乙亥、辛丑。

九月：辛未、甲戌、乙酉、乙丑。

十一月：戊辰、乙巳、戊子。

右不犯牛勾绞、牛腹胀、血忌、血支、天狗食、畜破日、刀砧受死、四废、天瘟、月厌、荒芜。

逐月教牛吉日（凶星同前查看）

正月：庚午、壬午、庚子、壬子、辛亥。

二月：庚午、壬午、辛亥、庚子、壬子、甲寅。

三月：庚午、壬午、庚子、壬子。

四月：庚午、壬午、庚子、甲寅。

五月：庚午、壬午、辛亥、甲寅。

六月：庚午、壬午、辛亥、甲寅。

七月：庚午、壬午、庚子、壬子。

八月：庚午、壬午、辛亥、甲寅。

九月：庚午、壬午、庚子、壬子。

十月：庚午、壬午、庚子、壬子、辛亥。

十一月：庚子、壬午、辛亥、甲寅。

十二月：庚子、壬子、辛亥、甲寅。

造作马枋
（附安马槽、骟马、针灸、灌药等事）

造马枋吉日：宜甲子、丁卯、辛未、乙亥、己卯、甲申、戊子、辛卯、壬辰、庚子、壬寅、乙巳、壬子、天月德日。忌戊寅、庚寅、戊午、天贼、四废、受死、天瘟、争雄、地贼、凶败日。

修马枋吉日：宜戊子、己丑、甲辰、乙巳日。

逐月作马枋吉日（凶星同前例查看）

正月：丁卯、乙亥、己卯、庚午。

二月：辛未、丁未、己未。

三月：丁卯、己卯、甲申、乙巳。

四月：甲子、戊子、庚子、庚午。

五月：辛未、壬辰、丙子、丙辰。

六月：辛未、乙亥、甲申、庚申。

七月：庚子、戊子、丙子、庚子、壬子、辛未。

八月：壬辰、乙丑、甲戌、丙辰。

九月：辛酉。

十月：甲子、辛未、庚子、壬午、庚午、乙未。

十一月：辛未、壬辰、乙亥。

十二月：甲子、戊子、庚子、丙寅、甲寅。

逐月教马驹吉日（凶星同前例查看）

正月：无。

二月：甲戌、乙亥、丁丑、壬子、丙戌、戊子、丁未、乙未、甲寅、丙辰。

三月：己巳、乙亥、壬午、戊子、甲寅、丙辰。

四月：己巳、甲戌、丁丑、壬午、丙戌、乙未。

五月：己巳、甲戌、丁丑、壬午、丙戌、乙未。

六月：己巳、乙未、壬午、甲寅、丙辰、辛酉、己酉。

七月：无。

八月：己巳、甲戌、乙亥、丁丑、壬午、丙戌、戊子、乙未、丙辰、辛酉。

九月：己巳、甲戌、丁丑、壬子、丙戌、戊子、乙未、辛酉、己酉。

十月：无。

十一月：同。

十二月：壬戌、乙亥、丁丑、丙戌、戊子、乙未、甲寅、丙辰。

造作羊栈

（附羯羊日、修栈格式等事）

造羊栈吉日：宜丁卯、戊寅、己卯、辛巳、甲申、庚寅、壬辰、甲午、庚子、壬子、癸丑、甲寅、庚申、辛酉，忌天贼、地贼、四废、刀砧。

买羊吉日：甲子、丙寅、庚午、丁丑、庚辰、辛巳、壬午、癸未、甲申、己丑、甲午、庚子、丁巳、戊午。镦羊吉日：亦宜伏断日。

逐月作羊栈吉日

（凶星同前例查看）

正月：丁卯、戊寅、己卯、甲寅、丙寅。

二月：戊寅、庚寅、甲寅。

三月：丁卯、己卯、甲申、己巳。

五月：壬辰、癸丑、乙丑、丙辰。

七月：甲申、庚子、壬子、庚申、戊申。

九月：癸丑、辛酉、丙戌。

十一月：戊寅、庚寅、壬辰、甲辰、丙辰。

右吉日不犯天瘟、天贼、受死、飞廉、血忌、刀砧、大小耗、九土鬼、四废、凶败、地贼荒芜日。

造作猪椆

（谓修椆安槽镦猪等事）

造猪椆吉日：宜甲子、戊辰、壬申、甲戌、庚辰、戊子、辛卯、癸巳、甲午、乙未、庚子、壬寅、癸卯、甲辰、乙巳、戊申、壬子。修猪椆日：宜用申子辰日，切忌正四废、飞廉、刀砧、天贼日。

猪椆门高二尺，阔二尺五寸。打猪槽吉日（安猪槽同看）：宜禄旺在亥及食神、六合、三合、天月德合、龙德日。买猪吉日：甲子、乙丑、癸未、乙未、甲辰、壬子、癸丑、丙辰、壬戌。出猪凶日：俗忌亥日不出猪，又忌破群日，买猪亦忌。

逐月作猪椆吉日

（凶星同前六畜例看）

正月：丁卯、戊寅、庚寅、己卯。

二月：乙未、戊寅、庚未、癸未、己未。

三月：辛卯、丁卯、己巳。

四月：甲子、戊子、庚子、甲午、壬子、丁丑、癸丑。

五月：戊辰、甲戌、乙未、丙辰。

六月：甲申、庚申。

七月：甲子、戊子、庚子、壬子、乙未、戊申。

八月：甲戌、乙丑、癸丑。

九月：甲戌、辛酉。

十月：甲子、己未、庚子、壬午、庚午、辛未。

十一月：戊辰、乙未、丙辰。

十二月：甲子、甲戌、庚子、壬子、戊寅、甲寅。

右吉日不犯天瘟、天贼、地贼、九空、受死、飞廉、刀砧、血忌、九土鬼、正四废日、伏断灭没日、月刑、月煞、月害、天狗食、酉日、瘟星八日、惊走日，镦猪宜伏断。

六畜破群日：甲寅、庚寅、壬辰、戊辰、己卯、庚申。

六畜肥日：春申子辰，夏卯酉未，秋寅午戌，冬巳酉丑。

六畜瘦日：春巳酉丑，夏寅午戌，秋亥卯未，冬申子辰。

郭丁煞日：三、四、七、十一月忌修椆。猪胎，正、二、十一、十二月猪有胎无不忌。

鸡鸭鹅栖

(附修栖线鸡鸭等事)

造鸡栖吉日：乙丑、戊辰、癸酉、辛巳、壬午、癸未、庚寅、辛卯、壬辰、乙未、丁酉、庚子、辛丑、甲辰、乙巳、壬子、丙辰、丁巳、戊午、壬戌，宜满、成、开日。

忌大耗、小耗、天贼、四废日，修换栖日同，栖门高一尺，阔八寸。

狐狸煞：大月建日，小月危日是。

郭丁煞：正、六、十月占鸡栖，忠修挽。

逐月造鸡鹅鸭栖吉日

正月：癸酉、庚寅、丁酉，外壬午。

二月：乙未、庚寅，外丁未、己未、癸未。

三月：辛卯，外丁卯、己巳。

四月：庚子，外庚午、丙午、癸丑、壬午。

五月：乙丑、戊辰、壬辰、乙未、丙辰，外癸未。

六月：癸酉、丁酉、甲申、乙亥、丁亥、庚申。

七月：庚午、乙未、丁未、丙子、戊子、壬子。

八月：乙丑、戊辰、壬辰、丙辰，外辛丑、癸丑、甲戌、壬戌。

九月：癸酉、丁酉、己酉，外甲、戌丙、戌辛酉。

十月：乙未、庚子、壬子、甲子、辛未、丁未、壬午。

十一月：戊辰、庚寅、壬辰、乙未，外癸未。

十二月：庚子，外甲子、乙丑、戊寅、甲寅、壬寅、壬子。

右吉日不犯魁罡、勾绞、天瘟、天贼、地贼、九空、受死、大小耗、飞廉、血忌、刀砧、正四废、月刑、月煞、月害、瘟星、入惊走、灭没、凶败、九土鬼日。

买鸡鹅鸭吉日：甲子、乙丑、壬申、甲戌、壬午、癸未、甲午、丁未、甲辰、乙巳，忌破群日，酉日不出鸡。相鸡法：头小眼高颈小细身长多为第一。

镦鸡凶日：忌刀砧、飞廉、血支、血忌、受死日，宜伏断日。

抱鸡鹅卵吉日：宜天德、月德、黄道、生气、益后、福生日吉。忌月煞、受死、荒芜、月厌、鸭灭没、休废、四废、大小耗、月破、天瘟、死气、血支、血忌、天地贼、六不成、空亡、蛀日闭日。

买纳猫犬

（附契式相猫等事）

纳猫吉日：宜天德、月德、生气日，宜天德、月德、生气方大吉。

日吉方	月											
	正	二	三	四	五	六	七	八	九	十	十一	十二
天德	丁	申	壬	辛	亥	甲	癸	寅	丙	乙	巳	庚
月德	丙	甲	壬	庚	丙	甲	壬	庚	丙	甲	壬	庚
生煞	子	丑	寅	卯	辰	巳	午	未	申	酉	戌	亥

纳猫见契式之图

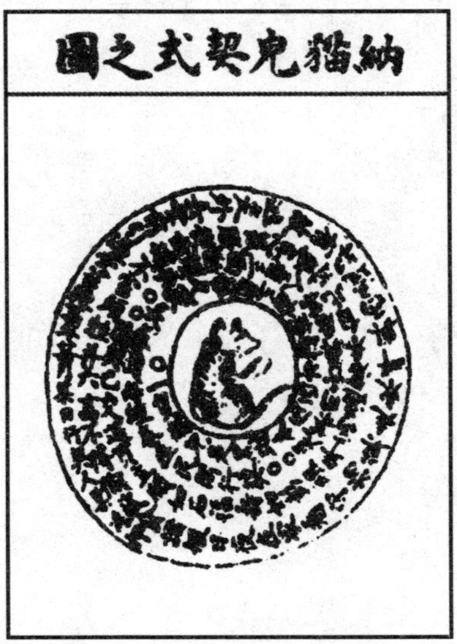

东王公证见南不去。西王母证知北不游。买法用斗桶等物以袋盛之，毋令人见，至其家讨筋一根和猫置于桶内盛去，每过水沟缺处，将石置之，使不过家，从吉处将归，取猫出拜堂灶犬甲，将猫筋插于土堆上，使不在家撒屎，然后复入未睡，勿令走往为法也。

忌飞廉、大煞日并方，及鹤神游方，忌入取猫吉日：宜甲子、乙丑、丙子、丙午、丙辰、壬午、庚午、庚子、壬子。

针猫吉日与逐月同用，宜伏断日，忌日刃受死日。

取犬吉日：宜辛巳、壬午、乙酉、壬辰、甲午、乙未、丙午、丙辰、戊午，宜龙虎日，忌戌日净猫割犬，忌刀砧、飞廉、受死日。历法纳六畜日：戊寅、壬午、辛卯、甲午、己亥、壬子、成、收日。

逐月纳猫犬吉日

正月：乙丑、丙午、庚午、壬午。

二月：乙丑。

三月：无。

四月：甲子、乙丑、庚午、丙子、壬子、壬午。

五月：乙丑，外丙辰、戊辰、壬辰。

六月：外甲申、庚申。

七月：甲子、丙子、庚子、壬子，外乙巳。

八月：乙丑。

九月：外辛未、辛酉。

十月：甲子、丙子、庚子、壬子、庚午、壬午，外乙卯、丁未、乙未、己未、辛未、癸未。

十一月：乙丑，外壬子。

十二月：甲子、庚子、丙子、壬子、丙寅、戊寅、甲寅、甲申。

右吉日不犯勾绞、受死、飞廉、荒芜、九空、归忌、空亡、天狗下食、灭没、六畜惊走。日。

建府县衙门

（谓造司院、帅府、宫观、庙宇、寺桥等事）

黄罗年月

中皇吉	德星吉	荣耀吉	伏神凶	刑祸凶	奸隶凶
黄罗吉	紫檀吉	宥神吉	伏罪凶	显星吉	狱符凶

黄罗紫檀年月起例：

以将中皇星加太岁月建日，辰阳顺阴逆。

右将桃花山所得值星入中宫，依阳顺阴逆，飞见吉凶到方。

排山掌诀

乾甲六　兑七丁巳丑　艮丙　离壬寅午戌

中五

巽四辛　震庚亥未三　坤乙二　坎癸申子辰

起例：以年求月，以月求日，以日求时，以所得之星入中宫，顺逆飞九宫，所得星吉，凶向首得吉星，不问官符三煞，凶神不能为灾。

造龙紫坛年月立成定局

	阳年月日时						阴年月日时局					
年月日时	子	寅	辰	午	申	戌	丑	卯	巳	未	酉	亥
中皇	子癸	寅甲	辰巽	午丁	申庚	戌乾	丑艮	卯乙	巳丙	未坤	酉辛	亥壬
德星	丑艮	卯乙	巳丙	未坤	酉辛	亥壬	子癸	寅甲	辰巽	午丁	申庚	戌乾
荣耀	寅甲	辰巽	午丁	申庚	戌乾	子癸	亥壬	丑艮	卯乙	巳丙	未坤	酉辛

（续表）

	阳年月日时						阴年月日时局					
年月日时	子	寅	辰	午	申	戌	丑	卯	巳	未	酉	亥
灾神	卯乙	巳丙	未坤	酉辛	亥壬	丑艮	戌乾	子癸	寅甲	辰巽	午丁	申庚
刑祸	辰巽	午丁	申庚	戌乾	子癸	寅申	酉辛	亥壬	丑艮	卯乙	巳丙	未坤
奸隶	巳丙	未坤	酉辛	亥壬	丑艮	卯乙	申庚	戌乾	子癸	寅辰	甲巽	午丁
黄罗	午丁	申庚	戌乾	子癸	寅甲	辰甲	未坤	酉辛	亥壬	丑艮	卯乙	巳丙
紫檀	未卯	酉辛	亥壬	丑艮	卯乙	巳丙	午丁	申庚	戌乾	子癸	寅甲	辰巽
宥神	申庚	戌乾	子癸	寅甲	辰巽	午丁	巳丙	未坤	酉辛	亥壬	丑艮	卯乙
伏罪	酉辛	亥壬	丑艮	卯乙	巳丙	未坤	辰巽	午丁	申庚	戌乾	子癸	寅甲
显星	戌乾	子癸	寅申	辰巽	午丁	申庚	卯乙	巳丙	未坤	酉辛	亥壬	丑艮
狱符	亥壬	丑艮	卯乙	巳丙	未坤	酉辛	寅甲	辰巽	午丁	申庚	戌乾	子癸

右起例，假如吉星载上层，宜在上查看。

逐月造院司府县衙门鼓楼儒学吉日

（并用凶星同竖造局）

正月：癸酉、己酉、丁酉、乙酉，外丙午壬午庚午（午系考正）。
二月：己未、乙亥、辛未、癸未，外丁亥、己亥、甲申、辛亥、己丑。
三月：己巳、甲申、癸巳、乙巳，外甲子、丙子、壬子、丙申。
四月：乙卯、丁卯、己癸，外甲子、甲午、丁丑、己丑、庚子、辛卯。
五月：丙寅、庚寅、甲寅、辛未，外己未、癸未、甲戌、庚戌。
六月：乙亥、庚申、甲申、丙申，外辛亥、辛未、辛亥、甲寅。

七月：甲子、壬子、丙子、辛未，外戊辰、丙辰、庚辰、庚子。

八月：甲子、壬子、丙子、辛未，外戊辰、丙辰、庚辰、庚子。

九月：庚午、丙午、壬午、甲戌，外乙亥、辛亥、甲午。

十月：甲子、辛未、庚子、壬子，外壬午、甲午、乙未、辛酉、丁未。

十一月：甲申、戊申、庚申、丙申，外壬申、丙辰、戊辰。

十二月：甲申、丙申、庚申、甲寅、丙寅、壬寅，外戊寅、乙巳。

右吉日不犯独火、天火、冰消瓦陷、火星、天地贼、荒芜、正四废、天瘟、阴阳错、受死、转煞、灭没、伏断、凶败、十恶大败、天空亡日、杨公忌。凶星局在竖造例同看。

新增补　逐月竖造帅府将台吉日

正月：丁酉、壬午、丙午、丙子、辛卯、癸卯。

二月：乙丑、甲申、己亥、辛亥、甲寅、己亥。

三月：癸巳、己巳、乙巳、丙子、壬子。

四月：己卯、辛卯、庚午、癸卯、乙卯、壬午。

五月：丙寅、庚寅、甲寅、甲戌。

六月：乙亥、甲申、庚申、辛亥、丙申。

七月：壬子、庚子、丙子、丙辰。

八月：乙丑、乙亥、己巳、庚寅、癸巳。

九月：庚午、壬午、丙午。

十月：壬子、辛未、乙未、甲子、庚子、甲子、壬子。

十一月：甲申、丙申、庚申。

十二月：甲寅、甲申、寅申、庚申、丙寅、丙申。

右吉日不犯兵禁、羊鸡等神，凶星同前造局避忌。

建造宫观

（与竖造逐月吉日同、凶星并同）

金华经年月星例（但以诗法起上层）

金华经年

天罡凶　道财吉　财库吉　经历吉　道教凶　河魁凶

小师凶　华盖吉　道禄吉　紫衣吉　道刑凶　道符凶

右起例法，以年建加天罡顺行十二位。

	子午	寅申	卯酉	辰戌	巳亥	丑未
道财吉方	丑	卯	辰	巳	午	寅
道库吉方	寅	辰	巳	午	未	卯
经历吉方	卯	巳	午	未	申	辰
华盖吉方	未	酉	戌	亥	子	丑
道禄吉方	申	戌	亥	子	丑	酉
紫衣吉方	酉	亥	子	丑	寅	戌

金华经月

金华经月，道教天师道流道坐上元三师道刑中元大清道耗下元道名。

道教凶　天师凶　道流凶　道坐凶　上元吉　三师吉

道刑凶　中元吉　太清吉　道耗凶　下元吉　道符凶

金华经月方定局

日吉	正七	二八	三九	四十	五十一	六十二
天师吉	丑	卯	巳	未	酉	亥
上元吉	辰	午	申	戌	子	寅
三师吉	巳	未	酉	亥	丑	卯
中元吉	未	酉	亥	丑	卯	巳
太清吉	申	戌	子	寅	辰	午
下元吉	戌	子	寅	辰	午	申

九良星占宫观年忌：丁卯、戊辰、己巳、乙亥、己卯、庚辰、丁酉、己亥、己酉、辛亥、癸丑、壬戌。以上十二占忌修。

九良煞：亥年占宫观。

建造神庙

（与竖造逐月吉日并览）

开市立向神煞依造例同忌

大王回庙忌局

春　大王辰巳　土地寅卯　劝首　人户戌亥　师人未申　匠人未申
夏　大王丑寅　土地巳午　劝首　人户未申　师人丑寅　匠人辰巳
秋　大王戌亥　土地申酉　劝首　人户辰巳　师人丑寅　匠人丑寅
冬　大王未申　土地戌亥　劝首　人户丑寅　师人辰巳　匠人戌亥

庙轮经图局

论经起例

假如子年以子加社稷，年上起月，月上起日，日上起时，顺行十二宫，看坐向吉凶。山向。其余仿此。推损则无益。吉凶断在上层有览。

金华经日：横路、郎君、五路、大王、神会、夫人、小王、神福、神禁、神禄、使者。

诗例：

正七起子二八寅，三九原未却在辰。
四十须知午上始，五十一月并居申。
六十二月起于戌，横路为头用顺轮。

凡人修作社庙、神宫、塑画神像，吉日值神会、神福、神禄三日，大吉。劝首村众平安。若遇大王、小王、郎君三日，吉星多可用，若遇横路、五伤、五路、夫人、神禁、使者六日，人众不安，百事不利（田禾七伤今作夫人）。

金华经吉日	正七	二八	三九	四十	五十一	六十二
大王吉日	辰	午	申	戌	子	寅
神会吉日	巳	未	酉	亥	丑	卯
小王吉日	午	酉	亥	丑	卯	巳
神福吉日	申	戌	子	寅	辰	午
神禄吉日	戌	子	寅	辰	午	申
郎君吉日	丑	卯	巳	未	酉	亥

拆庙神不在吉日：丙寅、乙巳、庚午、乙亥、丙子、戊寅、辛巳、癸卯、壬子、庚寅、壬辰、癸巳、戊戌、己亥、庚子、辛丑、壬子、癸丑、甲寅、庚申、壬戌日。

庙移宫向：功曹、九司、鼓乐、香炉、礼拜、神案、神符、天罡、斗讼、村主、神镇、大吉。

假如乾未加功曹，坤向辰加，艮向戌加，巽向丑加，申向子加，丙丁向卯加功曹，庚向辛加，午壬癸向酉加功曹，顺行，得吉星吉，当将年月日时加神案顺行，值鼓乐，香炉，礼拜，神符吉，余凶。

庙经取日：横路、紫气、村主、游岩、香炉、礼拜、官符、神案、神祈、少丁、旺人、火星。

右取日与金华经同例“正七起子二八寅，三九原来却在辰”同。

庙经取时：青龙、明堂、天刑、朱雀、金柜、天德、白虎、玉堂、天牢、玄武、司命、勾陈。

右取时，寅申日子卯酉寅，辰戌日时便起辰。巳亥二日午时起，子午二日起于申。丑未之日戌时始，青龙为首顺流行。

庙经取时：太乙、地皇、地火、地凶、地吉、地造、地煞、地宫、小煞、大煞、进财、大凶。

右取时，寅申日子加太乙，卯酉日寅加辰戌，辰加己亥日，午加丑未日，戌加子午日，申加太乙，顺行取时。

年凶方	子	丑	寅	卯	辰	巳	午	未	申	酉	戌	亥
众保官符亦名朱雀	卯	子	酉	午	卯	子	酉	午	卯	子	酉	午
众栏煞犯之损丙子	艮	乾	坤	巽	艮	乾	坤	巽	艮	乾	坤	巽
月凶方　月	正	二	三	四	五	六	七	八	九	十	十一	十二
建方	寅	卯	辰	巳	午	未	申	酉	戌	亥	子	丑
破方并日	申	酉	戌	亥	子	丑	寅	卯	辰	巳	午	未

（续表）

年凶方	子	丑	寅	卯	辰	巳	午	未	申	酉	戌	亥
月游刀砧方并日	申	巳	寅	亥	申	巳	寅	亥	申	巳	寅	亥
戌号鬼哭日	戌未	亥戌	子辰	丑寅	寅午	卯巳	辰酉	巳申	午巳	未亥	申丑	酉卯
本髓煞日忌伐木	辰申	子寅	甲戌	午未	卯辰	寅申	巳酉	午未	寅申	亥卯	巳酉	未辰
本呼煞日忌攻日	寅	巳	申	亥	卯	子	酉	午	辰	丑	戌	未
刀砧煞方	丁癸	寅申	乙辛	壬丙	丁癸	寅申	乙辛	壬丙	丁癸	寅申	乙辛	壬丙
四时忌方	丁癸损申子辰人			甲庚损寅午戌人			丙壬损亥卯未人			乙辛损巳酉丑人		
斧头煞方	春　辰巽			夏　丑艮			秋　戌乾			冬　未坤		
五凤日又名五虎血入艮	春　庚寅			夏　庚午			秋　庚申			庚子乙酉		

五音忌建庙方：角音乾乙方，商音忌辛阳，徵音午艮土，宫羽坤癸方。

修造神庙忌九良：甲子、丁卯、甲戌、壬午、戊戌、甲辰、丁未、己酉、庚戌、癸丑、庚申，十一年占，九良煞，子午卯酉年占神庙，七月占庙，神归殿，宜用月恩日，上吉。

建立社坛

（谓迁安社坛石礤龛等事）

金华经

村主　神头　大吉　功曹　社典　鼓乐

香炉　礼拜　神案　神符　天罡　开讼

其法，子年月以子加村主上，顺行十二宫。余仿此。

金华经一本云，十二位山水形势，今据“历法统宗”云四建常加村主神，年月日时一顺行。若人晓得金华例，便是桃源洞里人。

金华年月日时	子	丑	寅	卯	辰	巳	午	未	申	酉	戌	亥
大吉吉并方	寅	卯	辰	巳	午	未	申	酉	戌	亥	子	丑
社典吉	辰	巳	午	未	申	酉	戌	亥	子	丑	寅	卯
鼓乐吉	巳	午	未	申	酉	戌	亥	子	丑	寅	卯	辰
香火吉	午	未	申	酉	戌	亥	子	丑	寅	卯	辰	巳
礼拜吉	未	申	酉	戌	子	丑	寅	卯	亥	辰	巳	午
神符吉	酉	戌	亥	子	丑	寅	卯	辰	巳	午	未	申

修社坛忌年九良星：甲子、戊戌、甲辰、丁未、庚戌、癸丑、庚申，以上七年占社庙宜忌之。

建师入宅

（与竖造吉日同看，忌刑冲刃克，更合宝楼经为上吉）

宝楼经

老君　祖师　兵马　文疏　弟子　水碗

本师　鞭笏　尊主　香炉　神杖　本身

起年月日法：太岁年年问老君，顺行十二有元因。月向本师日求祖，时师检择甚堪凭。

起年：如子年以子加老君，丑年以丑加老君，顺行，起月如：子月以子加本师，丑月以丑加本师，顺行。起日：如子日以子加祖师，丑日以丑加祖师，顺行。上宝楼经年月日时，占吉凶神位与前金华并同。

宝楼经吉方年	子	丑	寅	卯	辰	巳	午	未	申	酉	戌	亥
祖师吉	丑	寅	卯	辰	巳	午	未	申	酉	戌	亥	子
文疏吉	卯	辰	巳	午	未	申	酉	戌	亥	子	丑	寅
弟子吉	辰	巳	午	未	申	酉	戌	亥	子	丑	寅	卯
鞭笏吉	未	申	酉	戌	亥	子	丑	寅	卯	辰	巳	午
尊主吉	申	酉	戌	亥	子	丑	寅	卯	辰	巳	午	未
香炉吉	酉	戌	亥	子	丑	寅	卯	辰	巳	午	未	申
吉方月	子	丑	寅	卯	辰	巳	午	未	申	酉	戌	亥
鞭笏	丑	寅	卯	辰	巳	午	未	申	酉	戌	亥	子
尊主	寅	卯	辰	巳	午	未	申	酉	戌	亥	子	丑
香炉	卯	辰	巳	午	未	申	酉	戌	亥	子	丑	寅
祖师	未	申	酉	戌	亥	子	丑	寅	卯	辰	巳	午
文疏	酉	戌	亥	子	丑	寅	卯	辰	巳	午	未	申
弟子	戌	亥	子	丑	寅	卯	辰	巳	午	未	申	酉
吉方日	子	丑	寅	卯	辰	巳	午	未	申	酉	戌	亥
祖师	子	丑	寅	卯	辰	巳	午	未	申	酉	戌	亥
文疏	寅	卯	辰	巳	午	未	申	酉	戌	亥	子	丑
弟子	卯	辰	巳	午	未	申	酉	戌	亥	子	丑	寅
鞭笏	午	未	申	酉	戌	亥	子	丑	寅	卯	辰	巳
尊主	未	申	酉	戌	亥	子	丑	寅	卯	辰	己	午
香炉	申	酉	戌	亥	子	丑	寅	卯	辰	巳	午	未

殿塔寺院

（与竖造逐月吉日同更合佛骨经年月吉）

佛有经年月

僧命　经藏　大德　徒弟　僧财　佛刑
僧身　衣钵　钵盂　佛口　僧库　佛骨

起例法：以太岁月建加僧命，顺行十二位。

佛骨经旧本歌云：

子午年月加僧命，卯酉常加佛口前。
寅申年月开僧库，巳亥常逢衣钵连。
丑未每遇居佛骨，辰戌之位钵盂传。
顺游十二常加子，僧命依然连行迁。

法：子午年以子加僧命，卯酉年以子加佛口。今佛经参详，其用中吉凶神位同但起例不同，今后依年例为定。

佛骨经

年　月	子午	卯酉	寅申	巳亥	辰戌	丑未
经藏吉方	丑	辰	卯	午	巳	寅
僧财吉方	辰	未	午	酉	申	巳
衣钵吉方	未	戌	酉	子	亥	申
僧库吉方	戌	丑	子	卯	寅	亥

佛骨经诗断

若值僧命僧身方，院门凶败见灾殃，
失败已后更身亡，徒弟大德修营宫。

修之疾病讼相逢，日地退时走西东。
经藏僧财最好修，兴工大小永无忧。
僧众和尚数百秋，钵盂佛口最凶神。
寺闭无事也伤人，血光疾病不休停。
僧库衣钵是吉方，十旬之内进齐粮。
定招大德僧满堂，佛刑佛骨亦凶神。
老少僧徒必怀心，修后失财火来亲。

择日图局

十二月起例顺行式

正七月寅加天王，
二八月辰加天王，
三九月午加天王，
四十月申加天王，
五十一月戌加天王，
六十二月子加天王，
寅申岁寻虎，卯酉就龙门。
辰戌龙骑马，巳亥逐猴孙。
子午归逢犬，丑未鼠边存。
要识时中宿，与日一同轮。

假如正七月以寅加天王，如未日顺行，值世尊吉。又亥日以寅上天王，寻亥值恶神凶。其余仿此。

红嘴朱雀凶日：己巳、戊寅、丁亥、丙申、乙巳、甲寅、癸亥。忌造修寺院。

修僧尼寺院忌凶年九良星，戊辰、己巳、乙亥、己卯、庚辰、丁亥、癸巳、丁酉、戊戌、己亥、甲辰、丁未、己酉、辛亥、癸丑、壬戌、十六年占寺院。

四季九良星：春逢楼殿莫修安，夏季城隍起灾殃，秋季桥头引劝首，冬逢门户主重丧。三月清明节占寺院十一日，四月立夏节占庙寺院九日，九月寒露节占寺院庙在一位，余不占。

逐月九良星所占凶

正月：修井，损子生人，占申酉方，犯亥子师人。

二月：修院，损丑生人，占辰方，损丑未术人并劝首。

三月：修堂，损寅申生人，占子方，损甲卯戌亥主人。

四月：修寺观，损六畜猪羊，及子主人凶。

五月：修僧堂、佛殿，损丑未生人。

六月：修庙，损卯生人及木匠公事，杀寅午戌生人。

七月：修桥，损亥未生人及劝首并术人。

八月：修桥，损戌亥命工匠三命公事损人亦不少，凶。

九月：修五通堂，犯杀六畜牛羊，亦主公事。

十月：占寺修之，损术士及匠人，并释子凶。

十一月：占钟楼，犯损辰生人及匠人，申戌亥命僧道。

十二月：九良在天日月无忌。

总论：论造僧尼寺院、宫观、神庙、菴堂、社坛、师人宅舍，一并开山立向修方克择年月与俗并一竖柱年月吉凶，逐月吉日同览。

建立桥梁

（与竖造逐月吉日并同看）

凡竖立桥梁，其法以水来处为坐，水去处为向。所择年月坐向与起造宅舍一同。如竖桥日只要天轮经合过吉星，须择年月四课相应，如无年月用合日时相应，大吉。不用寅申巳亥日时，为四绝、四离，盖犯天关地轴矣。已成之后择日开桥，来往则用移居入宅，吉日同时用。

天轮经年月

地轴凶　地竖凶　金龙吉　渡河吉　水库凶　金池吉
拦路凶　地禁凶　金华吉　祭河凶　头将凶　天台吉

修桥造桥合天轮经吉方黄道吉方同局

天轮黄道年吉方	子午	卯酉	寅申	巳亥	辰戌	丑未
金龙星黄道同	子癸	辰巽	午丁	戌乾	申庚	寅申
渡河星	丑艮	巳丙	未坤	亥壬	酉辛	乙卯
金池星金木城同	卯乙	未坤	酉辛	丑艮	亥壬	巳丙
金华星金水德同	午丁	戌乾	子癸	巽	寅甲	申庚
天台星天地合同	酉辛	丑艮	卯乙	未坤	巳丙	亥壬

凡造桥，看坐源流向水去通用，金部罗睺星台塔四顾相应，与黄道日时同。不用寅申己亥日时，天罡建破细推之，不用水土生旺，桥道易损水土，要衰绝，不用长生。

许真君三元日

蛟龙　河母　水宫　精灵　鬼雾　河伯
水母　济渡　龙王　三宫　真君　海神

造桥一干吉日：丁辛二日合泽风大过卦。

造桥六支吉日：丑、卯、辰、未、酉、戌日，不犯四天井水，旺日不用。

四旺凶日：春忌乙卯日，夏忌丙午日，秋忌辛酉日，冬忌壬子日。

四忌凶日：寅日杀主人，申日杀劝首，巳日杀师人，亥日杀匠人。

四天井凶日：天地转、八风、飞廉、天赦、天赦日龙禁咸池蛟龙。行椿吉日：甲子、戊子、庚子、乙丑、己丑、辛丑、乙卯、己卯、辛卯、戊辰、庚辰、甲辰、甲午、丙午、辛未、己未、乙酉、己酉、辛酉、甲戌、戊戌、庚戌。

土公日：败庚午、丁未、丙辰、以上土公败日不定，与定磉同。

下石竖桥吉日：与竖造吉日通用。

上桥板日：与上梁吉日通用，若上桥板与下石竖桥日同，不必再择。

逐月竖桥、下桥石、上石板、行椿通用吉日

正月：己丑、癸丑、甲午、丙午、丁酉，外乙酉、己酉、癸酉、庚午。

二月：乙丑、己丑、癸丑、辛未、乙未、丁未、己未，外癸未、乙未。

三月：壬子、乙酉、己酉、丁酉，外癸酉、庚子、丙子。

四月：戊子、己丑、乙卯、己卯、癸卯、甲子、丙子、庚子、癸丑、丁卯、甲午、壬午、庚午，外丁丑、辛卯、丙午。

五月：乙未、己未、辛未、甲戌、壬戌、丙戌、戊戌，外癸未、庚戌。

六月：无。

七月：戊子、壬子、甲子、丙子、庚辰、戊辰、庚子、丙辰、甲辰。

八月：乙丑、己丑、癸丑、辛丑、戊辰、庚辰，外丁丑、丙辰、壬辰、甲辰。

九月：己卯、癸卯、丁卯、辛卯。

十月：乙未、辛未、甲子、丙子、戊子、庚子、庚午、甲午、壬午、丁未、丙申。

十一月：无。

十二月：壬子、戊午、甲子、丙子、庚子。

右吉日选安不犯朱雀黑道、建、破、魁罡、天牢黑道、天贼、天瘟、

土瘟、天穷、十恶无禄、大败、受死、冰消瓦陷、划削血刃、鲁班跌扑、鲁班刀砧、阴阳错、月建转杀、正四废、独火、月火、天地火、并火星凶日、子午头杀、杨公忌、寅申巳亥日时。

塑画神像

（谓雕刻绘神塑佛开光、写真容、行乐等事）

塑画神像开光吉宿：春夏二季宜用心危举张，四宿值日属太阴，吉。

秋冬二季宜用房虚昴星，四宿值日属太阳，吉。

开神佛光吉日：戊辰、己巳、辛未、戊寅、己卯、丙子、丁丑、甲申、乙酉、丙戌、己丑、辛卯、戊戌、辛丑、甲辰、乙巳、丁未、己酉、庚戌、辛亥、壬子、癸丑、丙辰、庚申、辛酉、壬戌、癸亥，以上二十七日系合九龙值台吉龙值日，右不犯伏断、正四废、天贼、荒芜、天地空、六壬空凶日。

宜天月德、天月德合、黄道、生气、福生、显曲传星、除、满、成、开日吉。

忌神号、鬼哭、鬼神空月日、月厌、黑道。

凶日	月											
	正	二	三	四	五	六	七	八	九	十	十一	十二
天瘟	未	戌	辰	寅	午	子	酉	申	巳	亥	丑	卯
天贼	辰	酉	寅	未	子	巳	戌	卯	申	丑	午	亥
地贼	子	子	亥	戌	酉	午	午	午	巳	辰	卯	子
荒芜	巳	酉	丑	申	子	辰	亥	卯	未	寅	午	戌
受死	戌	辰	亥	巳	子	午	丑	未	寅	申	卯	酉
月建	寅	卯	辰	巳	午	未	申	酉	戌	亥	子	丑
月破	申	酉	戌	亥	子	丑	寅	卯	辰	巳	午	未
神号	戌	亥	子	丑	寅	卯	辰	巳	午	未	申	酉

（续表）

凶日	月											
	正	二	三	四	五	六	七	八	九	十	十一	十二
鬼哭	未	戌	辰	寅	午	子	酉	申	巳	亥	丑	卯
天罡	巳	子	未	寅	酉	辰	亥	午	丑	申	卯	戌
河魁	亥	午	丑	申	卯	戌	巳	子	未	寅	酉	辰
九空	辰	丑	戌	未	卯	子	酉	午	寅	亥	申	巳
独火月火	巳	辰	卯	寅	丑	子	亥	戌	酉	申	未	午
破败	申	戌	子	寅	辰	午	申	戌	子	寅	辰	午
神隔	巳	卯	丑	亥	酉	未	己	卯	丑	亥	酉	未
鬼隔	申	午	辰	寅	子	戌	申	午	辰	寅	子	戌
朱雀	卯	巳	未	酉	亥	丑	卯	巳	未	酉	亥	丑
破家煞	巳	子	丑	申	卯	辰	亥	午	未	寅	酉	辰
阴错	庚戌	辛酉	庚申	丁未	丙午	丁巳	甲辰	乙卯	甲寅	癸丑	壬戌	癸亥
阳错	甲寅	乙卯	甲辰	乙巳	丙午	丁未	戊申	辛酉	庚戌	癸亥	壬子	癸丑
鬼神空	春申日			夏寅日			秋巳日			冬亥日		
天地转煞	春乙卯辛卯			夏丙午戊午			秋辛酉癸酉			冬丙子壬子		
天地正煞	春　癸卯			夏丙午			秋丁酉			冬庚子		
正四废	春庚申辛酉			夏壬子癸亥			秋甲寅乙卯			冬丙午丁巳		
九土鬼	乙酉 癸巳 辛丑 庚戌 丁巳 甲午 壬寅 己酉 戊子											
九丑	壬子 乙酉 戊子 辛卯 壬子 戊午 己卯 己酉 戊午											
离巢日	戊辰 己巳 丁卯 戊寅 辛巳 戊子 己丑 辛卯 戊戌 己亥 戊午 壬戌 癸亥											

凶日	正七	二八	三九	四十	五十一	六十二
六壬空亡	初五十一 十七二三 二十九	初四初十 十六廿二 二十八	初三初九 十五廿一 二十七	初二初八 十四二十 二十六	初一初二 十三十九 二十五	初六十二 十八廿四 三十

天地空亡凶日定局

子　年	五	六	七	八	正九	二十	三十一	四十二
寅丑年	四十二	五	六	七	八	正九	二十	三十一
卯　年	三十一	四十二	五	六	七	八	正九	二十
辰巳年	二十	三十一	四十二	五	六	七	八	正九
午　年	正九	二十	三十一	四十二	五	六	七	八
未申年	八	正九	二十	三十一	四十三	五	六	七
酉　年	七	八	正九	二十	三十一	四十二	五	六
戌亥年	六	七	八	正九	三十	三十一	四十二	五
天空亡	初一初九 十七廿五	初八十六 二十初四	初七十五 二十初三	初六十四 廿二三十	初五十三 廿一廿九	初四十二 二十廿八	初三十一 十九廿七	初二初十 十八廿六
地空亡	初五十三 廿一廿九	初四十二 二十廿八	初三十一 十九廿七	初二初十 十八廿六	初一初九 十七廿五	初八十六 二十初四	初七十五 二十初三	初六十四 廿二三十
伏断日	子虚丑斗寅室卯女辰箕巳房午角未张申鬼酉觜戌胃亥壁							

逐月塑画雕刻神像吉日

正月：癸酉、丁酉、乙酉。

二月：癸未、乙未、己未。

三月：癸酉、丁酉、乙巳。

四月：甲子、乙丑、庚辰、庚子、乙卯。

五月：外丙寅、辛未、戊寅。

六月：乙亥、丁酉、辛亥、庚寅。

七月：甲辰、壬辰、丙辰、甲子。

八月：乙丑、丁丑、庚辰、壬辰、丙辰。

九月：庚午、丙午。

十月：庚午、辛未、癸未、乙未、丙午、己未、丁未。

十一月：丙寅、庚寅、乙巳。

十二月：甲申、丙申、庚申、丙寅。

右吉日不犯天瘟、受死、破败、勾绞、天地贼、神隔、鬼隔、九空、独火、朱雀破家煞、阴阳错、鬼神、空屋、转煞、正四废、九土、九丑、离巢、天地空亡、六空亡日。

宜日干生旺有气，日吉神号鬼哭日切忌。

绘真行乐

（谓写容画像行乐图等事）

宜甲子、乙丑、丙寅、丁卯、戊辰、己巳、辛巳、壬午、癸未、庚寅、辛卯、壬辰、癸巳、己亥、庚子、辛丑、乙巳、丁巳、甲申、庚申、壬寅、癸卯日，吉。

宜天恩、天福、福生、福厚、天月、德要、安圣、心普、护活、曜幽、徽明、星神、在天、瑞司、命黄、道生、气阴、德益、后续、世吉日。忌受死、天瘟、独火、正四废、受死、建、破、勾绞、神隔日。

吉日	月											
	正	二	三	四	五	六	七	八	九	十	十一	十二
天德	丁	申	壬	辛	亥	甲	癸	寅	丙	乙	巳	庚
月德	丙	甲	壬	庚	丙	甲	壬	庚	丙	甲	壬	庚
月恩	丙	丁	庚	巳	戊	辛	壬	癸	庚	乙	甲	辛
益后	子	午	丑	未	寅	申	卯	酉	辰	戌	巳	亥
续世	丑	未	寅	申	卯	酉	辰	戌	己	亥	午	寅
福生	酉	卯	戌	辰	亥	巳	子	午	丑	未	寅	申
福厚	春寅日			夏巳日			秋申日			冬亥日		
普护	申	寅	酉	卯	戌	辰	亥	巳	子	午	丑	未
要安	寅	申	卯	酉	辰	戌	巳	亥	午	子	未	丑
生气	子	丑	寅	卯	辰	巳	午	未	申	酉	戌	亥

凶日	正	二	三	四	五	六	七	八	九	十	十一	十二
天瘟	未	戌	辰	寅	午	子	酉	申	巳	亥	丑	卯
死神	巳	午	未	申	酉	戌	亥	子	丑	寅	卯	辰
死气	午	未	申	酉	戌	亥	子	丑	寅	卯	辰	巳
受死	戌	辰	亥	巳	子	午	丑	未	寅	申	卯	酉
致死	酉	午	卯	子	酉	午	卯	子	酉	午	卯	子
死别	春戌日			夏丑日			秋辰日			冬未日		

逐月绘真行乐图吉日

(画佛像并用宜避神号鬼哭)

正月：丁卯、丙子、己卯、辛卯、丁丑，外乙卯、壬子。

二月：丙寅、戊寅、甲申、甲寅、丁亥，外乙丑、己丑、丁丑、辛丑、癸丑、己巳。

三月：甲子、丙子、壬子、丁酉、癸酉，外丙寅、壬寅、甲寅、乙巳。

四月：丁卯、己卯、庚辰、乙卯、辛卯、甲午、癸卯、丁丑。

五月：丙寅、戊辰、乙亥、庚辰、庚寅、壬辰、辛丑、甲寅、丙辰、辛亥、辛巳。

六月：甲申、庚申、丙申、丙寅、甲寅、辛卯、癸卯、乙卯、戊寅、癸巳、乙巳。

七月：戊辰、庚辰、壬午、丙午、甲午、壬辰。

八月：丙寅、庚寅、庚午、辛亥、癸巳、丁巳。

九月：甲申、丙申、壬午、丁亥、乙亥、庚申。

十月：甲子、辛未、乙未、丁未、癸酉、乙酉、辛酉、庚子。

十一月：庚寅、甲申、壬寅、丙申、戊寅、庚申、丙寅、戊申。

十二月：丙寅、壬寅、甲寅、甲申、丙申、庚申、戊寅、辛亥。

右吉日不犯天瘟、受死、致死、死神、死气日，圆神佛像神号鬼哭宜合上层大明吉，天恩、天福、天月德、黄道、生气日吉。

祭祀鬼神

（谓祭祀家庙祈神作福设斋谢土等事）

吉日	月											
	正	二	三	四	五	六	七	八	九	十	十一	十二
天德	丁	申	壬	辛	亥	甲	癸	丑	丙	乙	巳	庚
月德	丙	申	壬	庚	丙	甲	壬	庚	丙	甲	壬	庚
福生	酉	卯	戌	辰	亥	巳	子	午	丑	未	寅	申
普护	申	寅	酉	卯	戌	辰	亥	巳	子	午	丑	未
阴德	酉	未	巳	卯	丑	亥	酉	未	巳	卯	丑	亥
敬心	未	丑	申	寅	酉	卯	戌	辰	亥	巳	子	午
天解	午	申	戌	子	寅	卯	午	申	戌	子	寅	卯
益后 续世 求嗣吉	子	午	丑	未	寅	申	卯	酉	辰	戌	己	亥
	丑	未	寅	申	卯	酉	辰	戌	己	亥	子	午

凶日	月											
	正	二	三	四	五	六	七	八	九	十	十一	十二
天贼	辰	酉	寅	未	午	巳	戌	卯	申	丑	子	亥
天罡	巳	子	未	寅	酉	辰	亥	午	丑	申	卯	戌
河魁	亥	午	丑	申	卯	戌	巳	子	未	寅	酉	辰
龙虎	巳	亥	午	子	未	丑	申	寅	酉	卯	戌	辰
受死	戌	辰	亥	巳	子	午	丑	未	寅	申	卯	酉
鬼隔	申	午	辰	寅	子	戌	申	午	辰	寅	子	戌
神隔	巳	卯	丑	亥	酉	未	巳	卯	丑	亥	酉	未
天隔	寅	子	戌	申	午	辰	寅	子	戌	申	午	辰

（续表）

凶日	月											
	正	二	三	四	五	六	七	八	九	十	十一	十二
游祸	巳	寅	亥	申	巳	寅	亥	申	巳	寅	亥	申
穴天狗	辰	巳	午	未	申	酉	戌	亥	子	丑	寅	卯
荒芜	巳	酉	丑	申	子	辰	亥	卯	未	寅	午	戌
天狗下食时	子亥时	丑子时	寅丑时	卯寅时	辰卯时	巳辰时	午巳时	未午时	申未时	酉申时	戌酉时	亥戌时
祭土地衙蓂日	每月初二、十六日，出佛说安土地经											

逐月祭祀鬼神吉日

正月：乙丑、丁卯、辛未、癸酉、己卯、乙酉、辛卯、甲午、丁酉、己酉、己未、丁丑、壬午。

二月：辛未、壬申、甲戌、甲申、丙戌、乙未、丙申、戊申、庚戌、己未。

三月：甲子、丁卯、壬申、己卯、癸酉、甲申、己酉、乙酉、辛卯、丙申、丁酉、己酉、戊申、丁巳。

四月：乙丑、丁卯、戊辰、辛酉、癸酉、甲戌、庚辰、丙辰、乙酉、壬午、甲午、丁丑、己丑、丙午。

五月：乙丑、甲戌、丙戌、庚戌、丙辰、丁丑、辛丑。

六月：甲子、丁卯、己卯、丁亥、辛卯、乙卯、丙申、戊申。

七月：甲子、丁卯、戊辰、辛未、己卯、乙卯、乙未、丁未、丙辰、丁酉、辛酉、戊辰。

八月：乙丑、戊辰、甲戌、庚辰、丙戌、乙巳、庚戌、丙辰、丁巳，外丁丑、己丑。

九月：丁卯、辛卯、己卯、甲午、丁亥、乙卯、壬午、丙午、戊午、癸亥。

十月：甲子、戊辰、辛未、甲戌、庚辰、丙戌、庚戌、甲午、戊午、乙未、丁未、丙辰、丙午、己未。

十一月：乙丑、丁丑、戊辰、辛未、壬申、己卯、甲申、乙未、丁未、与丙申、戊申、丙辰、己未、庚申、庚辰。

十二月：甲子、乙巳、庚午、壬午、甲午、丙午、戊午。

右吉日不犯天罡、天贼、河魁、受死、鬼神、天隔、天狗日下食时。

设斋谢土

宜甲子、乙丑、丙寅、庚午、壬申、甲戌、乙亥、戊寅、辛巳、甲申、乙酉、己卯、辛卯、壬申、甲午、乙未、戊戌、庚子、辛丑、癸卯、乙卯、丙辰、丁巳、己未、庚申。谢土宜庚午至丁丑，庚子至丁未日，甲申至癸巳，甲 寅至癸亥日。土神入山宫宜谢土安龙，吉。

祈神作福

（谓建立道场开设斋醮求福等事）

逐月祈神作福吉日

正月：辛卯、甲午、乙未，外壬午、癸酉、乙酉、己酉、辛酉。

二月：癸未、乙未，外辛未、甲申、丁未、己未。

三月：甲子、丙子、丁卯、己卯、壬子、丁巳、己巳、壬寅。

四月：甲子、庚午、丙辰、丁丑、壬午、丙午、庚辰、丙戌。

五月：乙亥、丙寅、壬寅，外丁丑、辛丑、庚寅、辛亥。

六月：壬申、己卯、甲申、辛卯、乙卯、庚申、辛亥、戊申、己亥。

七月：壬辰、丙辰、甲辰，外丙子、甲子、庚辰、庚子、壬子。

八月：丙辰、甲辰、壬辰，外丁丑、庚辰、乙丑。

九月：辛卯、甲午、庚午、壬午、丙午。

十月：甲午、乙未，外庚午、壬午、辛未、癸未、丙午、丁未、戊午。

十一月：壬申、戊申、乙未，外甲辰、丙辰、庚申、丁丑、癸未。

十二月：庚午、甲午、壬寅、乙巳、壬午、庚寅、戊寅、甲寅、戊申。

右吉日不犯建、破、魁罡、神鬼隔、天狗下食、凶败、伏断、荒芜。

求嗣继续

（谓祈求子愿等事）

逐月求嗣吉日

正月：乙丑、丁丑，外己丑。
二月：辛未、乙未，外丁未、己未。
三月：甲子、庚子，外丙子、壬子。
四月：庚午、甲午，外壬午。
五月：丙寅、戊寅、庚寅、壬寅、甲寅。
六月：壬申、甲申、丙申、戊申、庚申。
七月：己卯、庚辰、辛卯、乙卯、丙辰。
八月：甲戌、庚戌、丙戌。
九月：辛巳、丁巳，外庚午、丙午。
十月：甲戌、丙戌、戊戌、庚戌。
十一月：乙巳、丁巳。
十二月：甲子、庚子、戊寅、庚寅、甲寅、壬寅。
右吉日不犯建、破、魁罡、龙虎、受死、神隔、天隔、游祸、满日。宜益后、续世、二德、神在日。忌与神福日同，又忌天狗下食时。

设斋建醮

（谓设斋建醮炼度预修因果存亡等事）

逐月设斋建醮吉日

正月：庚午、乙酉、甲午、乙未、癸卯、己酉。
二月：甲戌、甲申、乙未、己未。

三月：甲子、甲申、乙酉、庚子、辛酉。

四月：乙丑、庚午、甲戌、乙酉、甲午、辛丑，外丁丑。

五月：乙丑、戊寅、辛丑、丁丑。

六月：乙亥、戊寅、甲申、癸卯、乙卯、庚申。

七月：甲子、庚子、丙子。

八月：乙丑、辛丑，外丁丑。

九月：庚午、甲午、癸卯、壬午。

十月：甲子、庚午、甲午、乙未、庚子、己未。

十一月：乙丑、甲申、乙未、辛丑、庚申，外丁丑、己未。

十二月：甲子、甲申、庚子、丙申、庚申。

右吉日不犯天瘟、天贼、受死、龙虎、鬼神、天隔、荒芜、灭没、天罡日。

男女合案定局

子	丑	寅	卯	辰	巳	午	未	申	酉	戌	亥
豫修院 功德案	秦广王 造业案	楚江王 畜类案	宋帝王 欢喜案	五官王 功德案	阎罗王 追死案	六成王 饿鬼案	泰山王 崇福案	平等王 福寿案	都市王 地狱案	转轮王 畜生案	三司院 人天案

从本命上起一十顺行，零年亦顺行，迁吉则吉。

女亦从本命上起一十逆行，零年亦逆行。忌本命日、受死、龙虎、凶败、灭没、破日。

如夫妇有一不过案首连带做去屡试，男从本命者顺，女从命逆非，子卯辰兼未申亥十分音。

六甲修斋吉凶日

甲子日，善缘童子招世间检齐，设斋还愿者，子孙绵远富贵，大吉。

乙丑、丙寅日，阿难尊者天喜神检，齐还愿者一年招财，大吉。

丁卯日，司命神典恶簿童子检齐，若设斋还愿者，损害人口，凶。

戊辰、己巳日，哪吒太子于世间检齐，设斋还愿者过恶，凶。

庚午日，青衣童子下降，作福还愿者大吉。

辛未日，王命饿鬼下降，作福还愿者主破财，损六畜，凶。

壬申、癸酉日，司命曹官下降，祈福还愿者起官府，我。

甲戌、乙亥、丙子、丁丑、戊寅、己卯、此六日马明王菩萨下降，作福大吉。

庚辰、辛巳日，善缘童子下降，作福还愿者主三年大吉利。

壬午、癸未日，玄武下界，作福还愿者，主二年小口啾唧。

甲申、乙酉日，阿弥陀佛下界，修齐还愿者获福，主三年大吉利。

丙戌、丁亥日，朱雀下界，还愿者主有官，司大凶。

戊子、己丑日，受罪司命府君下界，作福还愿者，主一年大祸，凶。

庚寅、辛卯日，大杀神下降，作福还愿者，口舌是非，大凶。

壬辰日，护福无量佛下降，作福还愿者，主十倍，大吉。

癸巳日，六煞神下降，保安还愿者，主十年不利，大凶。

甲午、乙未、丙申、丁酉、戊戌、己亥、庚子、辛丑日，取世尊下界，修齐还愿十年大吉。

壬寅、癸卯日，请佛下界作福还愿者大吉利也。

甲辰、乙巳日，四门天王下降，作福不利一年，大凶。

丙午、丁未日，牛头夜叉下降，不宜作福，大凶。

戊申、己酉日，千佛下降，作福还愿传齐者，大吉。

庚戌、辛亥、壬子、癸丑、甲寅、乙卯，此六日作福还愿，大凶。

丙辰、丁巳、戊午日，牛头夜叉金刚下界，作福者失火，是非口舌，凶。

己未日，诸佛下界，作福还愿者，大吉利。

庚申、辛酉日，释迦佛下降，作福不愿者十倍大吉利也。

壬戌、癸亥日，袁天罡下降，不宜作福，主大不利。

圣忌日凶：丙寅、丁卯道父忌，丙申、丁酉道母忌，壬辰、壬戌北帝忌，戊辰、戊戌南帝忌。

	正	二	三	四	五	六	七	八	九	十	十一	十二
帝酷煞日	庚申	辛卯 辛亥	甲戌 庚戌	癸亥	壬子	癸丑	甲寅	乙卯	甲辰	丁巳	丙午	乙未 丁未
	初三	初九	初十	十一	十二	初十	十二	十三	十三	初八	十五	十五

拜进表章

（谓设道场建延生求嗣升度祈福等事）

拜进表章吉日：甲子、乙丑、壬申、丙子、丁丑、己卯、壬午、己丑、辛卯、壬辰、庚子、壬寅、甲辰、丙午、己酉、壬子、甲寅、丙辰、己未、庚申、辛酉日。

宜黄道、福生、显曲、传星、普护、上吉，忌龙虎、受死凶日。

逐月拜表上章吉日

正月：甲子、己卯、辛卯、庚子、己酉，外丙子、壬午、丙午、壬子。

二月：乙丑、丁丑、甲申、甲戌。

三月：甲子、壬寅、己酉、庚子，外丙子、壬子。

四月：乙丑、丁丑、己卯、辛卯、辛酉，外壬午、丙午、丙戌、庚戌。

五月：乙丑、壬寅、甲寅、丙辰、丁丑。

六月：己卯、辛卯、壬寅、甲寅、庚申。

七月：甲子、庚子、丙辰，外丙子、壬午、丙午、壬子。

八月：乙丑、丁丑、庚戌、庚申。

九月：己卯、辛卯、庚申，外丙午。

十月：甲子、庚子、己酉、丙辰、辛酉，外壬午、庚午、壬子。

十一月：乙丑、丙辰、庚申、丁丑。

十二月：壬午、甲寅、庚申、壬寅。

右祈福、设斋、进表章，不犯魁罡、龙虎、受死、天隔、鬼隔、神隔、满日、破日、戌日，戌天门闭日也。

月将选时定局	天罡	太乙	胜光	小吉	传送	从魁	河魁	登门	神后	大吉	功曹	太冲
六阳日	子日	卯	辰	巳	午	未	申	酉	戌	亥	子	丑
	寅日	巳	午	未	申	酉	戌	亥	子	丑	寅	卯
	辰日	未	申	酉	戌	亥	子	丑	寅	卯	辰	巳
	午日	酉	戌	亥	子	丑	寅	卯	辰	巳	午	未
	申日	亥	子	丑	寅	卯	辰	巳	午	未	申	酉
	戌日	丑	寅	卯	辰	巳	午	未	申	酉	戌	亥
月将选时定局	**天罡**	**太乙**	**胜光**	**小吉**	**传送**	**从魁**	**河魁**	**登门**	**神后**	**大吉**	**功曹**	**太冲**
六阴日	丑日	辰	卯	寅	丑	子	亥	戌	酉	申	未	午
	卯日	午	巳	辰	卯	寅	丑	子	亥	戌	酉	申
	巳日	申	未	午	巳	辰	卯	寅	丑	子	亥	戌
	未日	戌	酉	申	未	午	巳	辰	卯	寅	丑	子
	酉日	子	亥	戌	酉	申	未	午	巳	辰	卯	寅
	亥日	寅	丑	子	亥	戌	酉	申	未	午	巳	辰

右月将选时法，阳日起大吉顺行，阴日起小吉逆行。

皆以本日支起，遁天罡、太乙、胜光、小吉、传送、从魁、河魁、登明、神后、大吉、功曹、太冲。

天门开闭时

阳日：阴时开，阳时闭，子寅辰午申戌为阳。

阴日：阳时开，阴时闭，丑卯巳未酉亥为阴。

右选时法取阴阳为例，阳日阴时天门开，阴日阳时门亦开，是值大吉、小吉、传送、功曹时佳。如祈福、荐、关发拔文字亦依月将选时用，忌截路空亡时。

空亡时

甲己日申酉时，乙庚日午未时，丁壬日寅卯时，丙辛日辰巳时，戊癸日子丑时。发表章忌。

立坛祈祷

（谓结幡祈求晴雨等事）

祈雨吉日：丙子、癸未、乙丑、癸丑、壬辰、癸巳、壬子，宜纳音水日并申子辰水局日，忌壬申、癸酉、甲子，风伯死日、雨师死日。

宜用水潦、金水、天罡、血刃、月孛、紫气交会，主雨。合将血刃、月孛、土溽、天罡，主雷。祈晴吉日：宜太阳、月孛、奇罗、燥火，主晴。忌灭没、灭门、受死、荒芜、天神、鬼隔、水隔。祈晴忌火隔，以上详见雷霆祈祷例。

日	子	丑	寅	卯	辰	巳	午	未	申	酉	戌	亥
天乙水星方	子	寅	午	子	亥	酉	子	寅	午	子	亥	酉
月	正	二	三	四	五	六	七	八	九	十	十一	十二
受死	戌	辰	亥	巳	子	午	丑	未	寅	申	卯	酉
天地灭没方	巳	子	未	寅	酉	辰	寅	午	丑	卯	戌	申
鬼隔	申	午	辰	寅	子	戌	申	午	辰	寅	子	戌
神隔	巳	卯	丑	寅	酉	未	己	卯	丑	寅	酉	未
水隔	戌	申	午	辰	寅	子	戌	申	午	辰	寅	子
死日	戌	亥	子	丑	寅	卯	辰	巳	午	未	申	酉

奏名传法

（谓剖符破券揆将传法等事，附释氏传衣钵同，
造雷旗、剑印卯令牌、天蓬尺等事）

法官奏日名，庚申、甲子。仙官言三六九日且望日，出女清律。

宜黄道、神在、显星、曲星、传星、天德、月德、益后、续世、守日，吉。

金华经拜受师教法禄年月

子命人	未丑卯巳申年吉辰年大旺	利六十二月一万三千兵度	子寅午酉戊亥年凶
丑生命	寅卯子巳午戌年吉	利五十一月主万二千兵度	辰申酉亥午年凶
寅生命	辰巳未申年吉	利二五八十一月二万千兵度	寅卯午酉戊亥子丑年凶
卯生命	未酉亥子年吉	利正五九月三百八十兵度	卯辰巳午甲戌寅丑年凶
辰生命	巳酉戊子丑寅卯年吉	利三九月二千四百七兵度	辰午未甲亥年凶
巳生命	午甲酉亥寅卯辰年吉	利二三六十二月七百兵度	巳未戊子丑年凶
午生命	未酉子卯辰年吉	利三六九十二月一千兵度	午申戌亥丑寅巳年凶
未生命	申酉亥巳卯年吉	利五十一月十万兵度	未戌子丑寅辰午年凶
申生命	酉亥丑卯辰未年吉	利六月一万兵度	申戌子寅巳午年凶
酉生命	戌亥子卯未年吉	利正四七十月三万兵度	酉丑寅辰巳午甲年凶
戌生命	寅巳酉未辰年吉	利四十月七千兵度	戌子丑卯午申亥年凶
亥生命	子丑卯未年戌年吉	利正七月五百兵度	亥寅辰巳酉申年凶

入室坐禅

(附修养择丹鼎行法等事)

宜甲寅、乙卯日月合，丙寅、丁卯阴阳合，上吉、黄道、甲子、庚申、成、开日。

忌天隔、地隔、六不成、建、破、魁罡、凶，修养、择鼎、行法见崔公人药位而并悟真参同气例，桑门坐禅用月空、守日、闭日。

募缘题化

(谓题疏化缘施舍建修等事)

宜六合、天财、地财、月财、天富、天贵、天喜、天恩、禄库、天德、月德、天月德合、成日。

忌空亡、赤口、大败、六不成、天耗、地耗、鬼贼、破败、四方耗、荒芜、灭没、伏断。

炼丹点黄

(谓抱炉火起炉煎销等事)

炼丹吉日：宜庚申、辛卯金石合，平、定、成、开，甲子、显曲传星、上吉、黄道、生气、神在、天月二德、天月德合、紫微、幽微、少微、天恩、天成、吉庆星、成、定日。

铸丹鼎，宜甲子、六十之首阳，择黄道、神在、金石合、成日吉多者。

忌六不成、焦坎、金石离、天隔、赤口、破凶败、灭没日，凶。

造丹灶，炉同，六戊日取勾陈阳土，六甲日作青龙阳木，六丙日用朱雀阳火，六庚日用白虎阳金，六壬日取玄武阳水，乃以五行合阳土筑坛砌灶，吉。

传炼丹点置宝盂，天照与铸鼎同地照壬子日。

太阴望中尘，照丙午日，太阳中时针，凡炼丹无此不能成。

桑门游方（出行同）

入山采药，宜天仓开日，地仓开日。

天仓开日：正月十日，二月廿五日，三月二十日，四月十六日，五月十一日，六月六日，七月二日，八月廿五日，九月廿一日，十月十六日，十一月十二日，十二月六日。

地仓开日：正月子日，二月丑日，三月寅日，四月卯日，五月辰日，六月巳日，七月午日，八月未日，九月申日，十月酉日，十一月戌日，十二月亥日。

春秋不入东西中，凶，冬夏不入南北山，凶。

瘟鬼所在

（谓入瘟家问病瘟鬼占处所忌等事）

初一在中庭	初二东壁下	初三在大门	初四在中门	初五在外
初六东壁下	初七西壁下	初八西壁下	初九在外	初十在外
十一西壁下	十二在房中	十三在房中	十四南方路上邸客	十五在后门候客
十六在灶前	十七在病人床上	十八在中庭	十九在灶前	二十日在灶宫
廿一在西方果树下	廿二在堂前	廿三在路等诸客六亲	廿四在东方候客	廿五在路等师人
廿六在树下	廿七在病人床边	廿八在井边	廿九在庙中	三十在病人床上

逐时瘟鬼出入（姑存俗览）

子日：午时入申时，出在大门。丑日：未时入酉时，出在大厅。

寅日：寅时入戌时，出在前宅。卯日：酉时入亥时，出屋中病人身上。

辰日：戌时入子时，出在药店。巳日：亥时入丑时，出在后门。

午日：子时入寅时，出在中厅。未日：丑时，入卯时出在东方。

申日：寅时入辰时，出在东方。酉日：丑时入卯时，出在家中。

戌日、亥日：西南北方，申时入在病人门户。

送年壬吉日　凶日不兵

甲戌庚辰去不回，甲申乙酉笑徘徊。
丙戌丁亥千里远，壬辰癸巳乐无涯。
更有壬寅与甲辰，壬子癸丑去坎歌。
壬戌癸亥无回意，天师留下救凡人。

求医疗病
（谓用针灸服药饵施禁咒治诸病等事）

治病吉日：己酉、丙辰、壬辰，宜天医、天后、天巫、生气、普护、要安、破、除、成、开日。忌死神、死气、致死、游祸、月害、月厌、月气、往亡、朔望弦晦、灭没、建、平、满、收日、气往亡。

合药吉日：戊辰、己巳、庚午、壬申、乙亥、戊寅、甲申、丙戌、辛卯、乙未、丙午、辛亥、己未，宜除、破、开日，忌辛未、扁鹊死日。

服药吉日：乙丑、壬申、癸丑、癸酉、乙亥、丙子、丁丑、壬午、甲申、丙戌、己丑、壬辰、癸巳、甲午、丙申、丁酉、戊戌、己亥、庚子、辛丑、戊申、己酉、辛酉。

宜天医、要安除、破、成、开日。忌血支、灭没、受死、白虎、辛未日。

按《明堂经》云：忌月厌、月刑、月煞、死别，建不治头，闭日不治目，男忌除日，女忌破日。又：云男忌戌日，女忌巳日。

吉日	正	二	三	四	五	六	七	八	九	十	十一	十二
天医	戌	亥	子	丑	寅	卯	辰	巳	午	未	申	酉
天后	申	巳	寅	亥	申	巳	寅	亥	申	巳	寅	亥
普护	申	寅	酉	卯	戌	辰	亥	巳	子	午	丑	未
生气开日	子	丑	寅	卯	辰	巳	午	未	申	酉	戌	亥
要安	寅	申	卯	酉	辰	戌	巳	亥	午	子	未	丑
除日女吉	卯	辰	巳	未	午	申	酉	戌	亥	子	丑	寅
破日男吉	申	酉	戌	亥	子	丑	寅	卯	辰	巳	午	未

凶日	正	二	三	四	五	六	七	八	九	十	十一	十二
白虎	午	申	戌	子	寅	辰	午	申	戌	子	寅	辰
死神	巳	午	未	申	酉	戌	亥	子	丑	寅	卯	辰
死气	午	未	申	酉	戌	亥	子	丑	寅	卯	辰	巳
致死	酉	午	卯	子	酉	午	卯	子	酉	午	卯	子
游祸胀针灸	巳	寅	亥	申	巳	寅	亥	申	巳	寅	亥	申
月害	巳	辰	卯	寅	丑	子	亥	戌	酉	申	未	午
往亡	寅	巳	申	亥	卯	午	酉	子	辰	未	戌	丑
月厌	戌	酉	申	未	午	巳	辰	卯	寅	丑	子	亥
月煞	丑	戌	未	辰	丑	戌	未	辰	丑	戌	未	辰
除日男忌	卯	辰	巳	午	未	申	酉	戌	亥	子	丑	寅
破日女忌	丑	寅	卯	辰	巳	午	未	申	酉	戌	亥	子
血忌忌针灸	丑	未	寅	申	卯	酉	辰	戌	巳	亥	午	子
火隔忌针灸	午	辰	寅	子	戌	申	午	辰	寅	子	戌	申
死别	春戌日　夏丑日　秋辰日　冬未日											

逐月求医治病吉日

正月：甲子、丁卯、壬申、己卯、甲申、辛卯、丙申、庚子、癸卯，外丙子、戊子、壬子。

二月：乙丑、乙亥、丁亥、己丑、辛丑、辛亥、癸亥，外丁丑、己丑、癸丑。

三月：甲子、丙寅、己巳、癸酉、戊寅、辛巳、乙酉、庚寅、癸巳、丁酉、庚子、壬寅、乙巳、己酉、甲寅、丁巳，外丙子、戊子、壬子。

四月：乙丑、丁卯、庚午、己卯、辛卯、甲午、辛丑、癸卯、丁丑、己丑、壬午、丙午、癸丑、戊戌。

五月：戊辰、庚辰、壬辰、甲辰，外丙寅、戊寅、庚寅、壬寅、甲寅、丙辰。

六月：乙丑、丁卯、己卯、辛卯、癸卯、乙卯，外壬申、丙申、甲申、戊申、庚申、丁丑、己丑、癸丑。

七月：丙辰、戊寅、庚寅、壬寅、甲寅。

八月：己巳、辛巳、癸巳、乙巳、丁巳。

九月：庚午、壬申、甲申、丙申、甲午、丙午、戊申、壬午、丁亥、戊午、丁亥、己亥、庚申、辛亥、癸亥。

十月：己巳、癸酉、辛巳、乙酉、癸巳、丁酉、乙巳、己酉、丁巳、辛酉。

十一月：乙丑、壬申、丙申、甲申、辛丑、戊申、庚申，外丁丑、己丑、癸丑、庚午、壬午、戊午、丙午。

十二月：丙寅、戊寅、乙亥、庚寅、丁亥、己亥、壬寅、甲寅、辛亥、乙卯、癸亥。

神农经

九宫	一岁起坤自上 而下周而复始	坤踝　震牙指　巽头冕　中肩尻　乾背胸 兑手膊　艮腰头　离膝胁　坎脚肘肚
九部人神	后起胸 周而复始	脐　心　肘　咽　口　脊　腰　足

（续表）

十二部人神	要起心，同前	心 喉 项 肩 背 腰 腹 头 足 膝 阴
十干日人神		甲头、乙喉、丙肩、丁心、戊腹、己脾、庚腰、辛膝、壬腿、癸足
十二支日人神	口舌所在忌针灸	子口、舌，丑腰、口，寅胸，卯脾、鼻，辰腰、膝，巳手，午口、心，未头、手，申头、背，酉背，戌头、面，亥头、顶
四季人神	春在左胁　夏有脐　　秋在右胁　冬在腰	

逐月针灸吉日

正月：庚子、壬辰、甲辰、丙辰、丁卯、辛卯、乙卯、甲申、丙子、壬子、丁亥、己亥。

二月：己亥、辛丑、丁卯、辛卯、乙卯、庚午、丁亥、庚子、丙子、丁丑、癸丑、壬子。

三月：庚子、壬辰、甲辰、丙辰、庚午、丁巳、丙子、己巳、乙巳、壬午、丙午、壬子。

四月：己卯、辛卯、丁卯、庚午、甲戌、丙戌、戊戌、壬午、丙午。

五月：壬辰、甲辰、丙辰、乙亥、辛亥，外己未、辛未。

六月：丁卯、辛卯、乙卯、甲申、丁亥、己亥，外己未、庚申。

七月：庚子、乙巳、甲戌、丙戌、戊戌，外丙子、壬子。

八月：庚午、壬子、辛丑、乙巳、丁亥、己亥、丙子、壬午、丙午、丁丑、癸丑。

九月：丁卯、庚午、甲申、庚子、辛卯、乙卯，外丙子、壬午、丙午。

十月：丁卯、辛卯、乙卯、壬辰、甲辰、丙辰、乙巳、庚午、壬午、丙午。

十一月：庚子、辛丑、壬辰、甲辰、丙辰、乙巳、甲申，外丙子、丁丑、癸丑。

十二月：丁卯、辛卯、乙卯、乙巳，外辛丑、丁丑、癸丑。

右吉日不犯死气、死神、致死、月害、白虎黑道、月厌、月气、死别、血支、血忌、闭日、火隔。

男忌戊日，女忌巳日。

总　论

论人得病，以药疗之，以针灸补泻，卒然有疾，岂待择日而求医服药？然先贤必用择日，欲人不轻服也。至如针灸详逐日人神所值之处，尤宜避之。

论人神每月十五日在遍身，二十八日在阴及朔、望、弦、晦、甲子、庚申，本命日丙丁日、四离日、二至、二分日、并雷霆狂风猛雨之时，及火光之下忌行房事，能令人生疾。又且元阳易衰，妊子亦生愚夫，及大病初瘥，若不避忌，再复作症，切宜戒之。

开生基法

白鹤仙人，传唐贞观三年进士，王可崇开生基法。

法以其人本姓所属五音取长生墓库，须用青龙上天年月大利，时师与人开生基并安历，多有不明，年月休咎只知六轮，先经亡运，有误不少，令人死亡耗散。殊不知青龙上天宜开生穴，白虎入地宜葬亡者。唐进士可崇授此年月为寿基，以起母寿，次年登科，委有明验。其母甲子年八月十五日生，四十有四取十月十二日未时开生基，此日合青龙上天之吉，亦从本命五音旺处为例起甲子，头行九宫，遇本命上起一十，至开生基行年住处起正月，就月上起日，日上起时，王氏属商音，当在辰巽巳上时起一十，二十中，三二十乾，四十兑，四十一在艮，四十二在离，四十三坎，四十四坤，得青龙上天之吉，却以本命宫起正月顺飞，十月到坤，再坎坤起初一至十二日到巽，亦是青龙上天之吉，又起甲子时至未时到坤，又合青龙上天之吉，系年月日时合青龙上天，吉。余仿此。

飞宫图

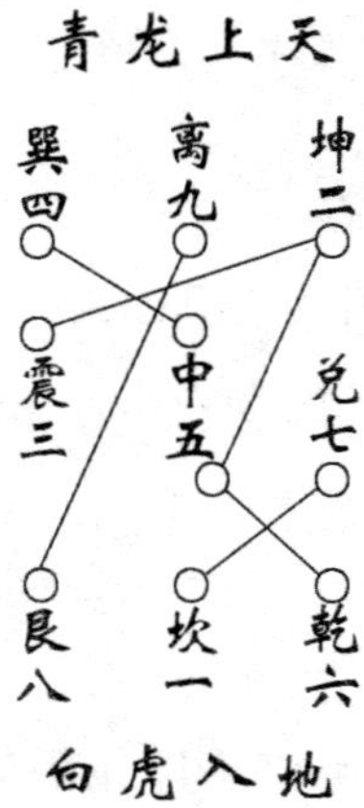

此九宫即是洛书之数以此起例皆从五行生处起一十顺飞。

角音起例属，木木养在戌，乾上起甲子，寻本命宫上起一十。

江六乾州作艮垣，更兼震兑角音迁。

四大吉星宜寻访，若问青龙尽上天。

徵音属火，火养在巳，艮上起甲子，寻本命宫上起一十。

陈八相呼出艮乡，更兼坎巽度南阳。

此是徵音寻起例，艮宫甲子细推详。

商音属金，金养在辰，巽上起甲子，寻本命宫上起一十。

谁识张公出巽游，须宜坤兑震宫求。

惟有商音开穴吉，绵延福寿永无休。

宫羽二音属水，水养在未，坤上起甲子，寻本命宫上起一十。

宫羽二音向坤行，吉从乾上又离生，

若得此宫开寿穴，何愁金榜不题名。

又生穴诗

长生位上起依依，六甲顺随申子随。

数至本命起一十，坎离震兑四宫推。

以上每从辰生上寻本命起子，顺行四位吉。余仿此。

生穴法例

子午卯酉为人魂，入墓之年主有灾。
寅申巳亥名天魂，入墓之年主延寿。
辰戌丑未为人魂，入墓之年主大凶。

金书四字

其法，不论阴阳二命，只论金木水火土纳音死处起一十顺行，且如金命人一十死子到巳，为天魂吉，午为人魂，木命人一十起午，寅申巳亥为天魂吉。火命人一十起酉，子午卯酉为人魂亦吉。水土命人一十起卯，寅申巳亥年大吉。

十二宫图

申命在天宫	酉命在身宫	戌年魂不利	亥命在天宫
未月魂不利			子命在中宫
午命在中宫			丑命魂不利
巳命在天宫	辰年魂不利	卯命在中宫	寅命在天宫

男顺行十二支，女逆行十二支。

其法不问男女，各从本命上起一十，男顺女逆则吉，凶可见也。

假如金命人一十子，二十丑，三十寅，四十卯，四十一辰，四十二巳，天魂吉。四十三午，四十四未，入墓凶。余仿此。

诗曰：

命在天宫任所为，若逢身命亦同推。
生坟若用斯年月，坐向五音皆宜利。
生人安添寿期颐，福禄均应无尽时。
误用年庚逢四墓，必定枉死入泉扉。

别法：四个中宫五音也，三条死路坤艮中也。

寿木生基别有功，时师不合五行踪。

四个中宫起甲子，三条死路莫相逢。
坤艮中宫皆不吉，犯之却似烛多风。
乾坎离震巽兑吉，寿如松柏福坚荣。

生人魂印法

金丑、木未、火戌、水土辰。

只此山头起例推，更将音徵五行飞。
山人若用生魂印，三年和促入泉扉。
金生巳酉丑魂灵，不犯尸魂更安宁。
水土申子辰为是，尸魂入墓土非迟。
更有木生亥卯未，犯着儿孙相遂移。
火生寅午戌生魂，儿孙不犯步云梯。
犯着当年定须卒，生魂入墓不堪闻。
午生丁亥连丁未，干方记取其中义。
申生乙未不堪问，六十日内人黄泉。
酉生辛丑不可作，犯之令人见消索。
戌生壬戌大难当，亥生癸酉恶须防。
子生莫犯己未日，丑生乙丑莫商量。
时人不晓其中意，便见灾疾不可禳。
生人魂印今留下，术者须知仔细详。

合寿木作生坟

妙行真人游魂年

游魂绝命 催官进禄 长命富贵 黄泉急脚 延生主气 益福进德 催尸的煞 延年增寿 迎财进宅 灭魂急脚 喜隆合禄 增龄进禄 其法不问男女，并从本命上起游魂，顺行，遇吉，则吉遇凶则凶。

假如子生人，即以子上加游魂，绝命丑上，催官进禄，若值子午卯酉年不可作生坟合寿木，要逢八煞，白圈者则吉，黑圈则凶。余仿此。

古法系子午卯酉生人忌用子午卯酉年，寅申巳亥生人忌用寅申巳亥年，辰戌丑未生人忌用辰戌丑未年，乃是生命犯建、破、魁、罡之年，开要之忌。

杨救贫催尸年

起例诗

甲龙头子甲戌犬头游，甲申甲午未中求，甲辰但向起，甲寅还是问清生，寅申巳亥为长寿，子午卯酉利宜修，辰戌丑未为正煞，犯之即见祸瘟头。

其法不问男女，甲子甲戌旬中生人一十起戌上，隔位逆行，二十申，三十午，三十一未，三十二申，零年节节顺回，值辰丑未上不可用事。甲申甲午旬中生人一十起未，甲辰旬中生人二十起辰，甲寅旬中生人一十起丑。

如台诗木开生坟以上二家年月如过得一任合寿木砌生坟，如不得之时，周年半载百日定见岁亡。

九轮催尸	乾凶　兑吉　艮凶　离吉 中凶 巽凶　震吉　坤凶　坎吉	起例诀 男一十起艮顺飞 女一十起坤逆飞

阎王催尸

起　例

其法，男一十起震宫顺行，二十巽，三十中，四十乾，五十兑，六十坎，六十一离，六十二坎为例。

女一十起兑逆行，二十乾，三十中，四十巽，四十一震为例。男女二命行年值坎、离、震、兑、中宫大吉，余皆凶。

命地福吉 木长生	土星吉	墓绝凶 火长生	天喜吉
龙瘟星凶			
星紫气金长生 吉	木星吉	病死水土长生 凶	福星吉

以本命纳音长生上起甲子，男顺行女逆行。如甲午命人，紫气上起甲子，寻本命到兑上起十一顺行，四十到坎，四十一病死。女命依例逆行，此例难作定局。

以上五家起例，论合寿木作生坟皆有定局在后，惟命龙星无入定局。

八宫催尸

起　例

男一十起黄泉，顺行，零年亦顺行。女一十起香炉，逆行，零年亦逆行。

歌诀曰：

黄泉当年死，路口卖他人。
棺木葬儿妇，旒旐埋子孙。
火把为人借，吉利逢贵人。
香炉生贵子，如意进金银。

右八宫催尸煞，男起乾宫黄泉，乾称父，用顺行。女一十起坤宫香炉，坤称母，用逆行。

狗迹三元

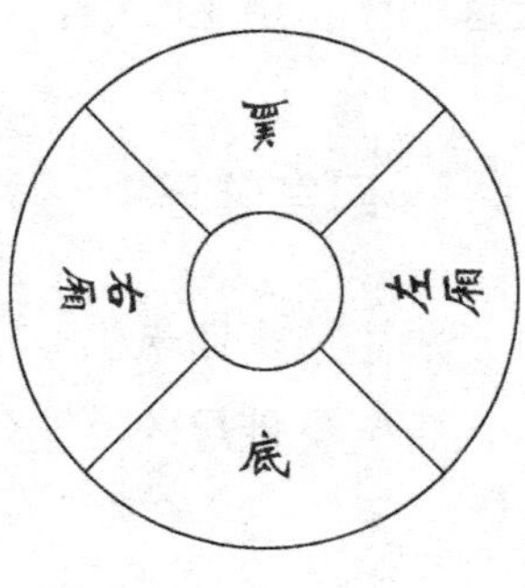

起　例

男起盖上顺行，数向左厢。女起底上逆行，数向右厢。假如男命六十二岁合木，一十起盖顺行，数至六十二在右厢，其年值右厢，合木大吉。又如女命五十一岁合木，一十起底逆行，二十左厢，三十盖，数至五十一岁值左厢，其年大吉。

催尸大煞

起　例

如木命生亥起凤凰，火命生寅起催尸，金命生巳起长生水土生，申起大败。

其法不问男女，各从本命纳音长生起一十并逆行，零年亦逆行。如甲子命纳音金，金在巳就巳上起一十，遇生旺则吉。

四宫催尸

巳酉丑生	申子辰生	亥卯未生	寅午戌生
讼笔凶	福庆吉	催尸凶	延寿吉

其法不问男女，各从本命宫起一十顺行，从上而下，零年亦同。

催尸煞

起　例

男一十起催尸顺行，零年亦同。

女一十起福禄逆行，零年亦同。

十二宫长生运

起　例

其法不问男女，各从本命纳音五行生处起甲子，顺行，寻至本命住处，却又从本命上起一十进宫顺数，零年亦节节顺行数去，遇生旺则吉，逢墓则凶不用。

四宫年月

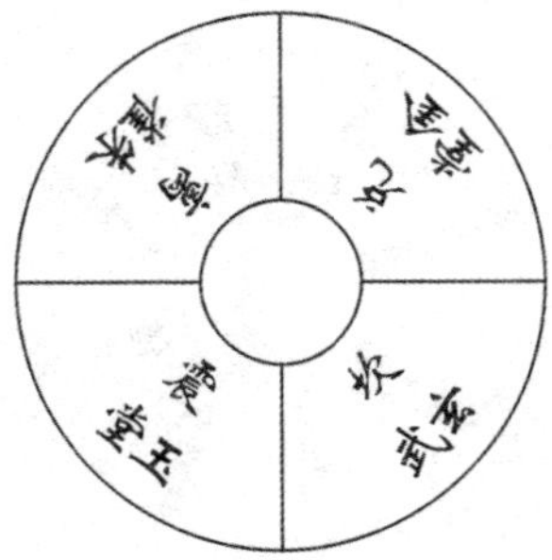

起 例

男起玄武顺行，零年亦顺行。

女起朱雀逆行，零年亦逆行。

如值震兑则吉值坎离则凶。一云：男忌玄武为盖，女忌朱雀为底。又年月日时俱合坎离二宫，为之四片木齐足，犯之大凶。假如男命五十四岁四月初四日卯时合木，一十起坎，二十震，三十离，四十兑，五十坎。前一位震上起正月，数得四月又在坎。又于前一位震上起初一，数得初四日又在坎。又于前一位震上起子时至卯时，又在坎，此年月日时俱在坎位则凶，要合得震兑二宫则吉。

八宫长生墓运

起 例

其法各从本命长生起一十，遇乾坤艮巽为四，生又为四墓。且如本命属木墓在未，从乾上起一十顺行，零年亦顺行，数到坤乃未坤申同宫，其年忌合木。

历法云：亦忌作生坟。

<table>
<tr><td>一绿三元</td><td>利吉</td><td>女一十
男三十</td><td>进吉</td><td>女二十
男二十</td><td>催凶</td><td>女三十
男一十</td><td>男从下数上，
女从上数下，零亦同</td></tr>
<tr><td>虎口三元</td><td>御尸</td><td>男一十
女三十</td><td>大延年</td><td>男二十
女二十</td><td>小延年</td><td>男三十
女一十</td><td>男从上数下，
女从下数上，零亦同</td></tr>
<tr><td>上马煞年</td><td colspan="6">巳 一岁
五岁　午 三十
五十　未 十
七　申 二十
四十</td><td>上马煞年巳上起，不问男女皆顺移。巳午未申四宫轮，遇午上马煞当知。</td></tr>
</table>

其法从上数至下，假如五十岁合木，不问男女，一岁起巳，二岁午，即七数去，又去午上起一十岁，二十申，三十午，四十申，五十午。上系午上为煞，其年值上马煞，最忌合木凶。

上马煞

申
未
午
巳

其法，假如四十二岁三月初五日合木起，巳上起一十，二十到午，三十未，四十申，四十一巳，四十二午又从未上起，正月二月申，三月到巳，又于午上起初一，初五到午，值午为上马煞日，凶。

以上十二家起例，并论合寿木，内有九家立成定局在后，外有三家系十二宫长生运，四宫年月，上马煞日，此三条事难入定局。

开立生坟

王可崇九龙星

乾木车凶　兑死败凶　艮金库吉　离狮子吉

中紫袍吉

巽血光凶　震金华吉　坤天仙吉　坎飘逢凶

起法上元男坤宫中元男中宫下元男艮宫并起一十顺行。

上元女坎宫中元女兑宫下元女巽宫并起一十逆行。

九宫运

乾戌火墓吉　兑凶　　艮丑金墓吉　离吉

中凶

巽辰水土墓凶　震凶　　坤未木墓凶　坎吉

其法：男一十起艮顺数，零年亦顺。女一十起坤逆数，零年逆，遇坎乾艮离紫白吉，其余凶。

又法：自九宫本命顺上起甲子，逆寻本命落何宫，即就其宫起一十，不问阴阳男女，零年皆逆行，逢本命纳音墓凶，余宫值墓不忌。

假如癸未生人木墓未于坤上，起甲子逆数甲戌坎乙亥离丙子艮，逆行得癸未，本命在坎起一十逆数，二十离，八十至震宫。吉八十一在坤，犯木墓凶。八十二坎，一白吉。八十三离，九紫吉。八十四艮，八白吉。八十五兑，七赤凶。却交生后方为一岁。

四轮经

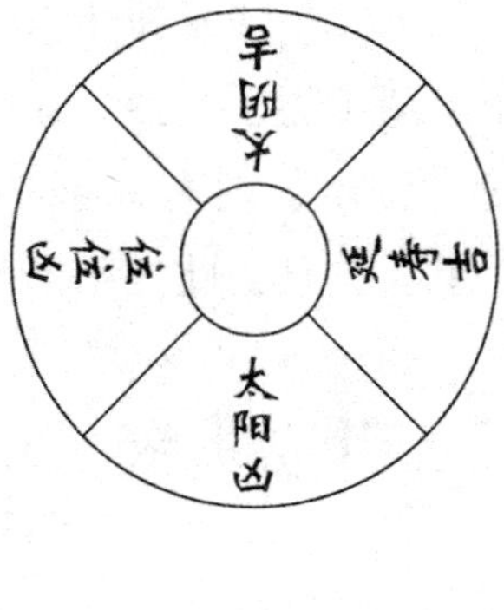

起　例

男一十起太阳顺行，零年亦顺行。

女一十起太阴逆行，零年亦逆行。

以上三家起例，论开作生坟，九轮星、四轮经二家俱有立成定，惟局九宫运难入定局。

合寿木开生坟诸家吉凶年例永定总局

四宫催尸		王可一上元	崇九ヨ中元	龙经ヨ下元	八宫长生运	四轮经	九轮催尸	阎王催尸	催尸煞	克线皮三元	狗迹三元	八宫催尸	男女位	催尸大煞	杨救贫催尸

忌合木　忌 生 坟　坟木 合坟 合木 生坟 合木 合木 合木忌合木　忌合木 坟木

一局		男路日 女火把	左右凶	巽离 乾坎 休	震 乾 离 离 乾 震	六阳命凶
二局	木 金 命凶	男贵人 女旃旃	底吉 盖凶 吉	中 坎阴 离阳	巽兑坎 艮中坤	六阴命凶
三局	凶	男 女 棺木	右 凶 吉 凶	乾坤 巽艮 延	中艮坤 兑巽坎	六阳命凶
四局	火 土命凶 水	男旃旃 女贞人	盖 吉 吉 底 凶	兑震阳 震兑阴	乾 离震 震离	六阴命凶
五局		男火把 女路口	左 吉凶 凶吉	艮巽 坤乾 休	兑坎巽 中坤艮	六阳命凶
六局	凶 木 金 命凶	男香炉 女黄泉	底凶 盖吉 凶	离 中 阴 坎 阳 凶	艮坤中 巽坎兑	六阴命凶
七局		男 女 如意	右吉 吉 凶	坎乾 离巽 延	离震 震离 乾	六阳命凶

八局	火 水命凶 土	男黄泉 女香炉	盖吉凶 底吉凶	坤兑阳 艮震阴	坎巽兑 坤艮中	六阴命凶
九局	凶	男路口 女火把	左凶凶 吉	震艮休 兑坤	坎中艮 坎兑巽	六阳命凶
十局	水命凶 金	男贵人 女旒旒	底吉吉 盖	巽离阴 乾坎阳	震离 乾 离震	六阴命凶
十一局		男棺木 女	右吉凶 凶	中坎延 离	巽兑坎 中艮坤	六阴命凶
十二局	火 凶水命凶 土	男旒旒 女贵人	盖凶吉 底吉凶	乾坤阳 巽艮阴	中艮坤 兑巽坎	六阴命凶
十三局		男火把 女路口	左吉凶 吉	兑震休 震离	乾离震 震离	六阳命凶
十四局	木命凶 金	男香炉 女黄泉	底吉凶 盖凶	艮巽阴凶 坤乾阳	兑坎巽 申坤艮	六阴命凶
十五局	凶	男如意 女	右凶吉 吉凶	离中延 坎	艮坤中 巽坎兑	六阳命凶
十六局	火 木命凶 土	男黄泉 女香炉	盖吉凶 底吉	坎乾阳 离震阴	离震乾 震离	六阴命凶

不问男女，如行年二十岁看一局，二十一岁看二局，依后局查行年在何局，再依局看总局内吉凶。余仿此。

总局既设，外有十二宫运，四宫年月，上马煞日论命，十九宫运及论作生坟，此四家起例多端，难入总局，选择君子请自检，看在前起例局。

论合寿木作生坟，若遇得总局有七八分吉，只看上马煞日，余者亦无妨也。

八十八岁　　无牌黑字者不犯催尸上马煞合木大吉

七十八岁　八十七岁

六十八岁　七十七岁　八十六岁

五十八岁　六十七岁　七十六岁　八十五岁

四十八岁　五十七岁　六十六岁　七十五岁　八十四岁

三十八岁　四十七岁　五十六岁　六十五岁　七十四岁　八十三岁

三十七岁　四十六岁　五十五岁　六十四岁　七十三岁　八十二岁

三十六岁　四十五岁　五十四岁　六十三岁　七十二岁　八十一岁　九十岁

三十五岁　四十四岁　五十三岁　六十二岁　七十一岁　八十岁

三十四岁　四十三岁　五十二岁　六十一岁　七十岁

三十三岁　四十二岁　五十一岁　六十岁

三十二岁　四十一岁　五十岁

三十一岁　四十岁

三十岁　　黑牌白字者犯催尸上马煞合木大凶

凶日	正	二	三	四	五	六	七	八	九	十	十一	十二
天瘟	未	戌	辰	寅	午	子	酉	申	巳	亥	丑	卯
重丧	甲	乙	巳	丙	丁	巳	庚	辛	巳	壬	癸	巳
受死	戌	辰	亥	巳	子	午	丑	未	寅	申	卯	酉
建日	寅	卯	辰	巳	午	未	申	酉	戌	亥	子	丑
破日	申	酉	戌	亥	子	丑	寅	卯	辰	巳	午	未
月建转煞	卯	卯	卯	午	午	午	酉	酉	酉	子	子	子

(续表)

凶日	正	二	三	四	五	六	七	八	九	十	十一	十二
木呼煞	壬	庚	戊辰	庚戌	丁亥	己未	乙未	辛	壬	丁	癸未	乙丑
	甲	子	戊申	庚戌	己巳	己卯	庚申	酉	戌	巳	癸酉	乙酉
木随煞	辰	寅	申	午未	午	申	巳	丑	寅	卯	午	未
	申	子	戌	申	酉	辰	酉	酉	亥	亥	酉	辰

天上大空亡日：丁丑、戊寅、壬辰、癸巳、丁未、戊申、壬戌、癸亥，此日宜合寿木、开生坟，吉。更用逐日大小空亡日宜。

逐月合寿木吉日

正月：丁丑、戊寅、癸巳、辛酉、癸酉、乙酉。

二月：丁丑、癸巳、丁未、戊申、癸亥、戊寅、庚申。

三月：癸巳、丁未、戊寅、壬申、庚申。

四月：丁丑、壬辰、丁未、戊戌、壬戌。

五月：戊寅、壬辰、丁未、戊申、壬戌、癸亥。

六月：戊寅、戊申、壬戌、甲申、庚申、壬申、癸亥。

七月：乙卯、壬戌、壬辰、丁未。

八月：戊寅、癸巳、甲寅、壬戌、癸亥、壬辰。

九月：戊申、癸亥、乙卯、甲申。

十月：丁丑、戊寅、丙午、丁未、丁酉。

十一月：戊寅、壬辰、戊申、丁未、壬戌。

十二月：戊寅、癸巳、丙午、癸亥、丁巳。

右吉日不犯天瘟、受死、重丧、重服、死气、建、破、大祸、天火、鲁班刀砧日。

新增逐月开生坟吉日

正月：丁丑、戊寅、辛酉、癸巳、癸酉、己酉。

二月：丁丑、丁未、戊申、戊寅、庚申、癸亥。

三月：癸巳、丁未、戊寅，外壬申、甲申、丙申、庚申。

四月：丁丑、壬戌、戊申、壬辰，外乙酉、丁酉、辛酉。

五月：戊寅、壬辰、丁未、甲寅、癸亥。

六月：戊寅、壬辰、癸亥、壬申、甲申、丙申、庚申。

七月：壬辰、壬戌、乙卯、丁未。

八月：戊寅、甲寅、癸巳、壬戌。

九月：丁丑、戊申、乙卯、庚午、丙午、庚申、甲申。

十月：丙午、丁未、戊寅，外乙酉、丁酉、癸酉、辛酉、庚午、辛未、甲子。

十一月：壬辰、戊申、壬戌。

十二月：戊寅、壬辰、癸巳、丙午、丁巳、癸亥。

右吉日不犯天瘟、土禁、重丧、受死、月煞、凶败、死煞、月建转煞、荒芜、地贼、四时墓、四柱刑冲、刀害，犯者不吉。灭没日合得命禄贵马到，上吉。

昌大富贵之家所以富贵者，由祖宗积德获地以旺秀也，世俗多见其富贵族人则倚穴其旁，或以为福力尚大，只管附葬，不思仙，廖克遯曰：千里来龙上求一席之地以获福，再侵左侵右以得直穴而漏泄坟祖穴之气，以招祸也。

生坟圹符

葬事总览

（谓葬法入棺掩殓成服除服等事）

亡人落枕六轮

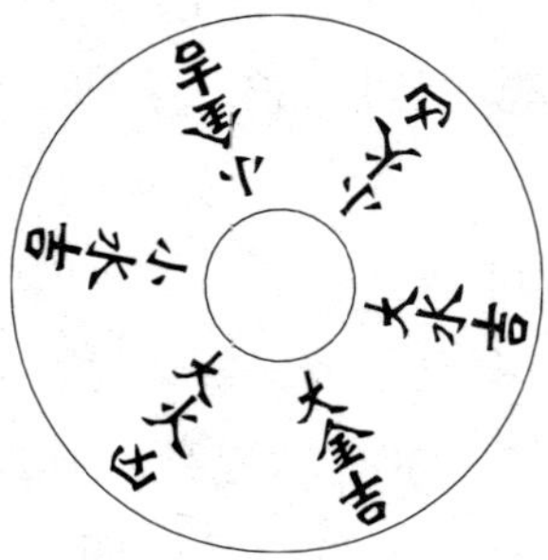

起　例

惟男命一十起大火顺行，二十小水，三十小金，四十小火，五十大水，六十大金，零年亦顺数至死年即住。女一十起小火，逆行，二十小金，三十小水，四十大火，五十大金，六十大水，零年亦逆行，数至死年住处，遇吉则吉，逢凶则凶，一起月日时。

起月法：就年住处前一位起正月。逐位数去，男顺女逆，至死月前一位起初一，数至死日。住又于前一位起，时看亡人死年月日时值何星，以辨吉凶。

论亡人落忱之时，先看六轮，数得大水、大金、小水年月日者，便可安葬，易得吉地，子孙昌盛。如值大火、小火、小金者，主家破口舌，生人有灾，须停丧，择吉年月日安葬，吉。

亡人枕中记

起　例

男一十起坎，二十艮，三十巽，四十离，五十坤，六十乾，顺行，零年亦顺。女一十起离，二十巽，三十艮，四十坎，五十乾，六十坤，逆行，零年亦逆。

年下起月，月下起日，日下起时，看亡人年月日到处，遇吉则吉，遇凶则改。或停柩，别择吉年月日安葬。

右落枕六轮及亡人枕中记二条，似不近理，凡人死生皆有日时，子孙富贵贫贱各自命分定，岂容择日而死冬月犹可，况霉夏之时，死而不举，必待吉日，以致败朽。嗟呼！何忍！忽然人专一凭信，吁习俗之难变，姑存其例以修用耳，然用与不用，存乎人之贤愚。

落忱空亡

猪犬羊人忌卯辰，龙蛇鼠畏午未侵。

牛鸡猴人嫌酉戌，虎马卯人子丑嗔。

日时最毒月次之，年又次之，亡人破，犯此主冷退，葬不忌。

六道分	行年	一十 七十	二十 八十	三十 九十	四十	五十	六十
	男	天道	地道	人道	佛道	畜道	鬼道
	女	佛道	人道	地道	天道	鬼道	畜道

占六道分法起例：不问男女，皆从上数下，男一十天道，二十地道，

零年亦顺行。且如男亡五十二岁，合得天道是也。余仿此。

诗曰：

天道进田禄，人道即超生。
佛道终善利，地道地府行。
畜道人不利，鬼道害人丁。

死日杀方定局

（死日若犯重丧见后丧事根法占）

死日凶方	子	丑	寅	卯	辰	巳	午	未	申	酉	戌	亥
丧七十	酉	戌	亥	子	丑	寅	卯	辰	巳	午	未	申
丧殃	卯	辰	巳	午	未	申	酉	戌	亥	子	丑	寅
星入丧家	卯中十步 四十二步 卯 丧家 大门 户内 午地十二步 子 大门二十五步 巽方二十五步 大门二十五步											
毕死鬼	申	酉	戌	亥	子	丑	寅	卯	辰	巳	午	未

论雌雄殓鬼二煞的呼之说，切以臆度之因一人已死而有是煞出邻家，又复杀人，又回丧家杀人畜也，何方此理？不足信也，故不编入。

成服吉日：宜甲子、己巳、己酉、庚寅、癸巳、丁酉、丙午、辛亥、癸丑、戊午、庚申，宜鸣吠日、鸣吠时日。忌重丧、建、破日、州县官符，大煞雷霆白虎若占中宫不宜举哀成服。

鸣吠吉日：壬申、庚午、癸酉、壬午、甲申、乙酉、庚寅、丙申、丁酉、壬寅、丙午、己酉、庚申、辛酉、鸣吠对日、丙寅、丁卯、丙子、庚子、辛酉、甲午、癸卯、壬子、甲寅、乙卯。

逐月成服吉日

正月：乙酉、庚寅、丙午、丁酉、癸巳、癸丑、戊午。

二月：甲子、庚申、庚午、丙午、癸丑。

三月：甲子、乙酉、庚寅、丙午、癸丑。

四月：甲子、乙酉、庚寅、庚申、丁酉、戊午、癸丑。

五月：乙酉、庚寅、庚申。

六月：甲子、乙酉、庚寅、丁酉、丙午、庚申。

七月：甲子、乙酉、丙午、丁酉、癸丑、戊午。

八月：甲子、庚寅、庚申、戊午。

九月：甲子、乙酉、丁酉、丙午、庚申。

十月：甲子、丁酉、乙酉、庚寅、庚申、丙午、戊午。

十一月：甲子、乙酉、丁酉、庚寅、庚申。

十二月：甲子、丁酉、乙酉、丙午、庚申、戊午。

右吉日不犯重丧、重复日、阴阳错日。以上唯有癸巳癸丑、戊午不是鸣吠日。

论成服月有丧之家道殓成服不用此我服之日但是无丧之家或在外亡闻丧则行择日成服之理。

除服吉日：宜壬申、丙申、丙子、甲申、辛卯、庚子、丙午、戊子、己酉、辛亥、壬子、乙卯、己未、庚申、除日。忌重丧、定、破日。

除灵周堂

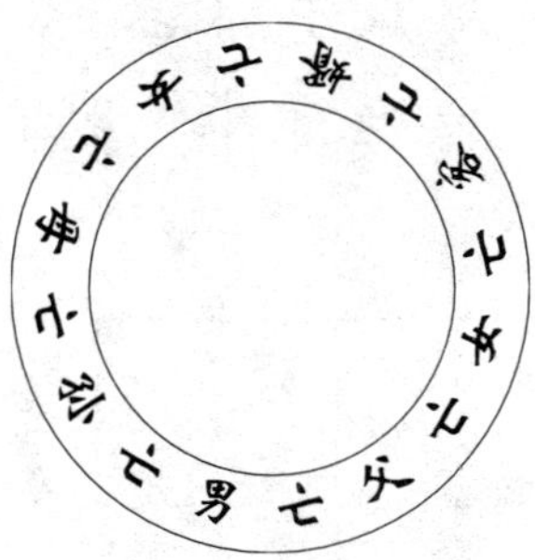

起　例

大月初一从父向男顺行，小月初一从母向孙逆行，一日一位，推值亡吉，值人损人，有人则忌，无不妨。或值者避吉。其法只问月分大小，不问节气。五音色除服，宫羽寅，角巳，徵申，商亥。

逐月除服吉日

正月：辛卯、乙卯，外丁卯、己卯、乙卯。

二月：戊辰、庚辰、丙辰、壬辰。

三月：辛巳、乙巳、癸巳、丁巳。

四月：庚午、甲午、戊午、壬午。

五月：乙未、己未，外辛未、癸未。

六月：壬申、甲申、丙申、庚申。

七月：己酉、癸酉、丁酉、乙酉、辛酉。

八月：甲戌、丙戌、戊戌、庚戌、壬戌。

九月：辛亥，外乙亥、丁亥、癸亥。

十月：丙子、庚子，外甲子、庚子。

十一月：乙丑、己丑、辛丑。

十二月：戊寅、丙寅、庚寅、壬寅、甲寅。

右不犯重丧、重复、阴阳错、破日。除服举哀，设醮动法器忌白虎占中宫。

丧事总忌

（谓丧行葬等事）

年	子	丑	寅	卯	辰	巳	午	未	申	酉	戌	亥
入座月	酉	戌	亥	子	丑	寅	卯	辰	巳	午	未	申
月	正	二	三	四	五	六	七	八	九	十	十一	十二
入座月	亥	子	丑	寅	卯	辰	巳	午	未	申	酉	戌
重丧日	甲	乙	巳	丙	丁	巳	庚	辛	巳	壬	癸	巳

死者犯重丧，主再有丧。其法只作小函，用朱书函于棺下，及葬，置于棺上，屡犯用此禳之，俱吉。

禳重丧法

正、三、六、九、十一月并书六庚天刑，二月书六辛天庭，四月书六壬天火，五月书六癸天狱，七月书六甲天福，八月书六乙天德，十月书六丙天威，十二月书六丁太阴。

行丧凶日	正	二	三	四	五	六	七	八	九	十	十一	十二
报怨煞	丙	申	庚	丙	甲	壬	庚	丙	甲	壬	庚	丙
撞命煞	甲	壬	庚	丙	甲	壬	庚	丙	甲	壬	庚	丙
景公暗刃煞（又名修厨煞）	忌逐十月家占门，出丧忌，冲撞凶											
四季入座凶日	春乙卯　夏丙午　秋辛酉　冬辛巳											

行丧葬日，如犯年月日入座，宜向日中青龙、华盖方坐立，今立于后。

日吉	子	丑	寅	卯	辰	巳	午	未	申	酉	戌	亥
青龙	戌	亥	子	丑	寅	卯	辰	巳	午	未	申	酉
华盖	辰	巳	午	未	申	酉	戌	亥	子	丑	寅	卯

停丧凶忌方

年	子	丑	寅	卯	辰	巳	午	未	申	酉	戌	亥
重丧煞方	艮	午	乾	坎	卯子	酉乾	艮	午	戌	艮戌	午乙	坤
天官符方	亥	申	巳	寅	亥	申	巳	寅	亥	申	巳	寅
地官符方	辰	巳	午	未	申	酉	戌	亥	子	丑	寅	卯
的煞方	未	辰	丑	戌	未	辰	丑	戌	未	辰	丑	戌
太岁方	子	丑	寅	卯	辰	巳	午	未	申	酉	戌	亥
丧门方	寅	卯	辰	巳	午	未	申	酉	戌	亥	子	丑
三煞方	巳	寅	亥	申	巳	寅	亥	申	巳	寅	亥	申
	午	卯	子	酉	午	卯	子	酉	午	卯	子	酉
	未	辰	丑	戌	未	辰	丑	戌	未	辰	丑	戌

凡停丧未丧者因年月不利山头不利，不得不停，则四利方道寻太阳、太阴、月德、福德贵人、三奇所临之位，安之吉。

新增出丧方向及山家年月日时安葬忌犯天坑方例

年天坑	巳酉丑年乾	申子辰年巽	亥卯未年坤	寅午戌年艮
月天坑	正五九月艮	二六十月巽	三七十一月乾	四八十二月坤
日天坑	寅卯辰日南丙，巳酉丑日庚辛方，余日无犯			
时天坑	巳酉丑时乾	寅午戌时艮	亥卯未时坤	申子辰时巽

右年月日时天坑方，忌山家坐向方道，切忌出丧，大不利，最凶。

岁月魁罡合上层节论

庚午日合地下庚辰	正七月复日	二八月为天罡河魁	五十月为建破	余月吉
壬申日合地下壬寅	四十月复日	四十月为天罡河魁	七正月为建破	余月吉
癸酉日合地下癸丑	五十二月复日	五十一月为天罡河魁	八二月为建破	余月吉
壬午日合地下壬辰	四十月复日	二八月为天罡河魁	五十一月为建破	余月吉
甲申日合地下甲寅	正七月复日	正七月为天罡河魁	七正月为建破	余月吉
乙酉日合地下乙丑	六月复日	五十一月为天罡河魁	八二月为建破	余月吉
庚寅日合地下庚申	正月复日	四十月为天罡河魁	正七月为建破	余月吉
丙申日合地下丙寅	四十月复日	十四月为天罡河魁	七正月为建破	余月吉
丁酉日合地下丁卯	五十月复日	五十二月为天罡河魁	八二月为建破	余月吉
壬寅日合地下壬申	四十月复日	四十月为天罡河魁	二七月为建破	余月吉

（续表）

丙午日合地下丙子	四 十 月复日	八 二 月为 天罡 河魁	五 十一 月为 建 破	余月吉
己酉日合地下己卯	二九 十三 月复日	五 十一 月为 天罡 河魁	八 二 月为 建 破	余月吉
庚申日合地下庚寅	正 七 月复日	十 四 月为 天罡 河魁	七 正 月为 建 破	余月吉
辛酉日合地下辛卯	二月复日	五 十一 月为 天罡 河魁	二 八 月为 建 破	余月吉

右二十四日金鸡鸣、玉犬吠、上下不相呼日，大吉。

丙子日合地下丙戌	四 十 月复日	二 八 月为 天罡 河魁	十一 五 月为 建 破	余月吉
庚子日合地下庚戌	正 七 月复日	二 八 月为 天罡 河魁	十一 五 月为 建 破	余月吉
壬子日合地下壬戌	四 十 月复日	二 八 月为 天罡 河魁	十一 五 月为 建 破	余月吉
乙卯日合地下乙未	二 八 月复日	十一 五 月为 天罡 河魁	二 八 月为 建 破	余月吉
辛卯日合地下辛未	六月复日	十一 五 月为 天罡 河魁	二 八 月为 建 破	余月吉
丁卯日合地下丁未	五 十一 月复日	十一 五 月为 天罡 河魁	二 八 月为 建 破	余月吉
癸卯日合地下癸未	五 十一 月复日	十一 五 月为 天罡 河魁	二 八 月为 建 破	余月吉
丙寅日合地下丙申	四 十 月复日	四 十 月为 天罡 河魁	正 七 月为 建 破	余月吉
甲午日合地下甲辰	正 七 月复日	八 二 月为 天罡 河魁	五 十一 月为 建 破	余月吉
甲寅日合地下甲申	正 七 月复日	四 十 月为 天罡 河魁	正 七 月为 建 破	余月吉

右十日，吕才云：金鸡不鸣，玉犬不吠，而与鸡吠之日相对，可斩草。

五音大葬日

壬申日	宫羽商徵吉　角音绝凶　合四十二家书　地虎不食 鸣吠歌吼吉　诸历并通　的呼丁巳生人　月呼十二月内吉
癸酉日	宫羽商徵吉　角音凶　合三十八家书　地虎不食 鸣吠歌吼吉　的呼辛丑辛巳生人　月呼十二月内并吉
壬午日	商角徵辛吉　宫羽白虎凶　合四十二家书　地虎不食 鸣吠歌吼吉　的呼壬寅生人　月呼十一十二月凶
甲申日	宫羽商音吉　角绝凶徵接灵　合三十四家书地虎不食 鸣吠歌吼吉　的呼壬辰生人　月呼十二月　并凶
乙酉日	宫羽商徵吉　角音平平　合四十二家书　地虎不食 鸣吠歌吼吉　的呼丙午生人　月呼七月凶　余月吉
丙申日	宫羽商徵吉　角子凶　合四十八家书 鸣吠歌吼吉　的呼己丑生人　月平并吉
丁酉日	宫羽商徵吉　角女凶　合四十二家书　地虎不食 鸣吠歌吼吉　的呼丁酉生人　月呼并吉
壬寅日	宫羽商徵吉　角绝凶　合四十八家书　地虎不食 鸣吠歌吼吉　的呼甲辰生人　月呼并吉
丙午日	宫角羽徵吉　商母凶　合四十一家书　地虎不食 鸣吠歌吼吉　的呼丁亥生人　月呼并吉
己酉日	宫角商羽吉　徵子凶　合四十八家书　地虎不食 鸣吠歌吼吉　的呼庚申生人　月呼并吉
庚申日	宫羽商徵吉　角呼母　合四十八家书　地虎不食 鸣吠歌吼吉　呼辛巳丁巳人　月呼并吉
辛酉日	宫羽商徵吉　角女凶　合四十二家书　地虎不食 鸣吠歌吼吉　的呼庚辰生人　月呼并吉

五音小葬日

庚午日	商徵角音吉　宫羽白虎凶　合一十八家书　地虎不食 鸣吠吉　呼壬辰生人　月呼三四五八九十十二吉余凶
壬辰日	商角吉　宫羽绝凶　合一十八家书　地虎不食 歌吼凶　呼壬申生人　月呼并吉
甲辰日	商角吉　商羽绝人　合一十八家书　地虎不食 歌吼凶　呼庚辰生人　月呼三九月凶　余月吉
乙巳日	商角徵吉　宫羽绝凶　合一十八家书　地虎不食 歌吼凶　呼丙子生人　月呼四十月凶　余月吉
甲寅日	宫羽商徵吉　角呼母　合一十八家书　地虎不食 鸣吠吉歌吼凶　呼癸巳生人　月呼正十月凶　余月吉
丙辰日	商角吉　宫羽凶　合一十八家书　地虎不食 歌吼凶　呼甲申甲辰生人　月呼并吉
庚寅日	角徵羽吉　商宫呼弟凶　合四十二家书　地虎不食 鸣吠吉歌吼凶　呼丙寅生人　月呼四八十十二月吉　余月凶

以上大小葬日并是选定合历吉日，但照上层降五音及四季合忌日辰更须忌地空、正四废周堂的呼等，须临门之际，宜于各月内避开日，太阳密日节房虚昴星四宿为密日，争之勿葬。

葬日入中宫太岁压本命祭主忌日，犯此宜避则吉，切忌。

排山掌诀

巽	中	乾
震	每一卦占三山	兑
坤		艮
坎		离

其法，以葬日入中宫顺数至本年太岁所到之宫立，乃将甲子入中宫遍数，如其家有本命与太岁同宫者，为太岁押本命，其人必有大凶，是葬主者尤宜避之，如所葬之山在本命宫穴来，尤忌。

假如辛酉年乙卯日，葬以乙卯入中宫，顺数至二坤宫，得辛酉是本年太岁，如其家祭主本命有庚午、己卯、戊子、丁酉、丙午、乙卯生人同在坤宫，为本岁押本命是也。如葬是未坤山，灾来尤紧，切忌。

太岁押本命定局

（今人用此例）

甲子岁	押	癸酉	壬午	辛卯	庚子	己酉	戊午生命
乙丑岁	押	甲戌	癸未	壬辰	辛丑	庚戌	己未生命
丙寅岁	押	乙亥	甲申	癸巳	壬寅	辛亥	庚申生命
丁卯岁	押	丙子	乙酉	甲午	癸卯	壬子	辛酉生命
戊辰岁	押	丁丑	丙戌	乙未	甲辰	癸丑	壬戌生命
己巳岁	押	戊寅	丁亥	丙申	乙巳	甲寅	癸亥生命
庚午岁	押	己卯	戊子	丁酉	丙午	乙卯	甲子生命
辛未岁	押	庚辰	己丑	戊戌	丁未	丙辰	乙丑生命
壬申岁	押	辛巳	庚寅	己亥	戊申	丁巳	丙寅生命
癸酉岁	押	壬午	辛卯	庚子	己酉	戊午	丁卯生命
甲戌岁	押	癸未	壬辰	辛丑	庚戌	己未	戊辰生命
乙亥岁	押	甲申	癸巳	壬寅	辛亥	庚申	己巳生命
丙子岁	押	乙酉	甲午	癸卯	壬子	辛酉	庚午生命
丁丑岁	押	丙戌	乙未	甲辰	癸丑	壬戌	辛未生命

（续表）

戊寅岁	押	丁亥	丙申	乙巳	甲寅	癸亥	壬申生命
己卯岁	押	戊子	丁酉	丙午	乙卯	甲子	癸酉生命
庚辰岁	押	己丑	戊戌	丁未	丙辰	乙丑	甲戌生命
辛巳岁	押	庚寅	己亥	戊申	丁巳	丙寅	乙亥生命
壬午岁	押	辛卯	庚子	己酉	戊午	丁卯	丙子生命
癸未岁	押	壬辰	辛丑	庚戌	己未	戊辰	丁丑生命
甲申岁	押	癸巳	壬寅	辛亥	庚申	己巳	戊寅生命
乙酉岁	押	甲午	癸卯	壬子	辛酉	庚午	己卯生命
丙戌岁	押	乙未	甲辰	癸丑	壬戌	辛未	庚辰生命
丁亥岁	押	丙申	乙巳	甲寅	癸亥	壬申	辛巳生命
戊子岁	押	丁酉	丙午	乙卯	甲子	癸酉	壬午生命
己丑岁	押	戊戌	丁未	丙辰	乙丑	甲戌	癸未生命
庚寅岁	押	己亥	戊申	丁巳	丙寅	乙亥	甲申生命
辛卯岁	押	庚子	己酉	戊午	丁卯	丙子	乙酉生命
壬辰岁	押	辛丑	庚戌	己未	戊辰	丁丑	丙戌生命
癸巳岁	押	壬寅	辛亥	庚申	己巳	戊寅	丁亥生命
甲午岁	押	癸卯	壬子	辛酉	庚午	己卯	戊子生命
乙未岁	押	甲辰	癸丑	壬戌	辛未	庚辰	己丑生命
丙申岁	押	乙巳	甲寅	癸亥	壬申	辛巳	庚寅生命
丁酉岁	押	丙午	乙卯	甲子	癸酉	壬午	辛卯生命
戊戌岁	押	丁未	丙辰	乙丑	甲戌	癸未	壬辰生命
己亥岁	押	戊申	丁巳	丙寅	乙亥	甲申	癸巳生命
庚子岁	押	己酉	戊午	丁卯	丙子	乙酉	甲午生命

（续表）

辛丑岁	押	庚戌	己未	戊辰	丁丑	丙戌	乙未生命
壬寅岁	押	辛亥	庚申	己巳	戊寅	丁亥	丙申生命
癸卯岁	押	壬子	辛酉	庚午	己卯	戊子	丁酉生命
甲辰岁	押	癸丑	壬戌	辛未	庚辰	己丑	戊戌生命
乙巳岁	押	甲寅	癸亥	壬申	辛巳	庚寅	己亥生命
丙午岁	押	乙卯	甲子	癸酉	壬午	辛卯	庚子生命
丁未岁	押	丙辰	乙丑	甲戌	癸未	壬辰	辛丑生命
戊申岁	押	丁巳	丙寅	乙亥	甲申	癸巳	壬寅生命
己酉岁	押	戊午	丁卯	丙子	乙酉	甲午	癸卯生命
庚戌岁	押	己未	戊辰	丁丑	丙戌	乙未	甲辰生命
辛亥岁	押	庚申	己巳	戊寅	丁亥	丙申	乙巳生命
壬子岁	押	辛酉	庚午	己卯	戊子	丁酉	丙午生命
癸丑岁	押	壬戌	辛未	庚辰	己丑	戊戌	丁未生命
甲寅岁	押	癸亥	壬申	辛巳	庚寅	己亥	戊申生命
乙卯岁	押	甲子	癸酉	壬午	辛卯	庚子	己酉生命
丙辰岁	押	乙丑	甲戌	癸未	壬辰	辛丑	庚戌生命
丁巳岁	押	丙寅	乙亥	甲申	癸巳	壬寅	辛亥生命
戊午岁	押	丁卯	丙子	乙酉	甲午	癸卯	壬子生命
己未岁	押	戊辰	丁丑	丙戌	乙未	甲辰	癸丑生命
庚申岁	押	己巳	戊寅	丁亥	丙申	乙巳	甲寅生命
辛酉岁	押	庚午	己卯	戊子	丁酉	丙午	乙卯生命
壬戌岁	押	辛未	庚辰	己丑	戊戌	丁未	丙辰生命
癸亥岁	押	壬申	辛巳	庚寅	己亥	戊申	丁巳生命

以上排定太岁，押祭主本命，若祭主一家不押最好。或人多，只要长子、长孙、长媳命不押，吉。若押长子，灾祸立至。若只一子犯押，尤宜避之，决不用太岁押命，试之屡验，但人知者避之为吉。

祭主本命忌对冲日定局立成

年月时次之，惟日冲大忌，同旬次之。

祭主本命	甲子	乙丑	丙寅	丁卯	戊辰	己巳	庚午	辛未	壬申	癸酉
正冲	甲午	乙未	丙申	丁酉	戊戌	己亥	庚子	辛丑	壬寅	癸卯
同旬冲	庚午	辛未	壬申	癸酉	甲戌	乙亥	丙子	丁丑	戊寅	己卯
祭主本命	甲戌	乙亥	丙子	丁丑	戊寅	己卯	庚辰	辛巳	壬午	癸未
正冲	甲辰	乙巳	丙午	丁未	戊申	己酉	庚戌	辛亥	壬子	癸丑
同旬冲	庚辰	辛巳	壬午	癸未	甲申	乙酉	丙戌	丁亥	戊子	己丑
祭主本命	甲申	乙酉	丙戌	丁亥	戊子	己丑	庚寅	辛卯	壬辰	癸巳
正冲	甲寅	乙卯	丙辰	丁巳	戊午	己未	庚申	辛酉	壬戌	癸亥
同旬冲	庚寅	辛卯	壬辰	癸巳	甲午	乙未	丙申	丁酉	戊戌	己亥
祭主本命	甲午	乙未	丙申	丁酉	戊戌	己亥	庚子	辛丑	壬寅	癸卯
正冲	甲子	乙丑	丙寅	丁卯	戊辰	己巳	庚午	辛未	壬申	癸酉
同旬冲	庚子	辛丑	壬寅	癸卯	甲辰	乙巳	丙午	丁未	戊申	己酉
祭主本命	甲辰	乙巳	丙午	丁未	戊申	己酉	庚戌	辛亥	壬子	癸丑
正冲	甲戌	乙亥	丙子	丁丑	戊寅	己卯	庚辰	辛巳	壬午	癸未
同旬冲	庚戌	辛亥	壬子	癸丑	甲寅	乙卯	丙辰	丁巳	戊午	己未
祭主本命	甲寅	乙卯	丙辰	丁巳	戊午	己未	庚申	辛酉	壬戌	癸亥
正冲	甲申	乙酉	丙戌	丁亥	戊子	己丑	庚寅	辛卯	壬辰	癸巳
同旬冲	庚申	辛酉	壬戌	癸亥	甲子	乙丑	丙寅	丁卯	戊辰	己巳

按《金精天机历书》云：凡葬用年月日与主人家本命行年，及同旬正

冲干支同者，并不可用，若单支则不忌，本命与日冲最忌。行年月犹可也，行年者，即子运也，男一岁起丙寅顺行，二岁丁卯，六十岁至乙丑起壬申逆行，二岁辛未，六十岁女一岁到癸酉，如男四十一岁得丙年，即不用丙午年月日时，不可以年月相冲之说为忌。

葬日总忌

（行年小运玄成篇论，如上层即祭主本命年是也）

二十四山正傍阴府太岁定局

艮丙巽辛山属水	忌甲己土
乾甲兑丁巳丑山属木	忌乙庚金
离壬寅戌山属土	忌丁壬水
坎癸申辰坤乙山属火	忌丙辛水
辰庚亥未山属金	忌戊癸火

以上年月日时俱忌犯。

二十四山天星地曜定局

（一名活阴府太岁造葬俱忌）

甲乙寅卯巽山属水	忌庚辛为天星开口	申酉为地曜杀人
庚辛申酉乾山属金	忌丙丁为天星开口	巳午为地曜杀人
丙丁巳午四山属火	忌壬癸为天星开口	亥子为地曜杀人
壬癸亥子四山属水	忌戊己为天星开口	辰戌丑未为地曜杀人
坤艮辰戌丑未属土	忌甲乙为天星开口	寅卯为地曜杀人

正消灭杀

乙卯酉日消艮丙山	丙子午日消巽辛山	辛丑未日消乾甲山
甲戌辰日消兑丁山	丁卯酉日消震庚山	庚子午日消坤乙山

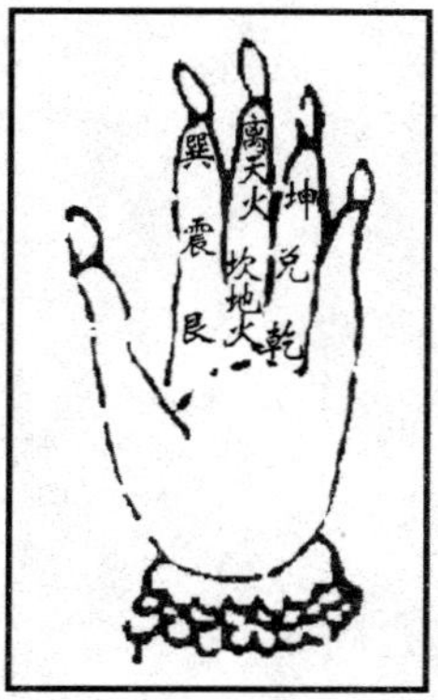

天地燥火掌诀

天地燥火，造忌天火，葬忌地火。天火居离土，地火须居坎。若人不信此，阴坟阳宅危。其煞屡试屡验，惟忌时。

天地燥火诗诀起例

甲申酉向震宫求， 寅申天火巳亥地火	乙庚戌山巽门游， 丑未天火辰戌地火
丙午亥宫离火发， 子午天火卯酉地火	巽辛辰向顺坤流， 巳亥天火寅申地火
丑未坤宫兑上是， 巳亥天火寅申地火	庚寅卯口向乾口， 辰戌天火丑未地火
艮丁癸水坎家觅， 卯酉天火子午地火	壬子巳山寻艮周， 寅申天火己亥地火

李广将军箭诗例

甲庚卯酉年为祸，乙辛龙火杀人多。
丁癸牛羊跳踏逐，丙壬子午动干戈。
乾巽中向猪蛇卧，坤艮虎猴不堪过。
天干无箭支有箭，犯着灾临怎奈何。

此煞即羊刃、飞刃是也。古云：李广将军箭似枪，有人犯着祸难当。一箭一人死，二箭二人亡，三箭并四箭，父子不相见。假如甲庚山向忌用卯酉年月日时。余同此。又云。甲庚山忌卯酉壬子，俱全相冲，为之有力有箭，主杀人。如单犯有帝星入中宫，吉。

化命避忌

（谓亡命忌犯诸空亡等煞）

扫地空亡诗例

又名贴身空亡，死犯名曰落枕空，葬犯名曰扫地空。

猪犬羊命忌卯辰，龙蛇鼠畏午未嗔。

虎马兔兼子丑位，猴鸡牛怕酉戌征。

假如亥戌未亡命，忌卯辰年月日时。其余仿此。

昔廖公与南剑州将乐县崔氏下祖坟，坤山艮向，丁亥亡命用壬辰年、戊申月、庚申日、庚辰时，乃年犯时犯，二纪年出五府尚书之职。只要合得禄马贵人、帝星、太阳并山大利生旺年月，反吉福。如不合此，取用切宜慎之。每合此法，屡犯有吉，或纳音五行四柱自不克亡命之纳音者，吉。如年月生旺纳音，克亡命之纳音，主凶。

天地空亡诗例

甲己看马马入栏，乙庚龙位变山川。

丙辛虎入青峦外，丁壬犬在路傍眠。

戊癸猿猴须切忌，亡人入地散牛田。

惟为葬日乃为忌，年月时犯永无疆。

其法只论日辰，不论年月时。假如甲己亡命，惟忌庚午日是也。

甲己亡忌命庚午日，

乙庚亡命忌庚辰日，

丙辛亡命忌庚寅日，

丁壬亡命忌庚戌日，

戊癸亡命忌庚申日。

昔范公与当阳县杜氏下祖坟，用戊辰年、丙辰月、壬申日、庚子时，系戊申亡命戊癸忌猴，其日有犯申字，奈不是庚申，乃无庚字，壬申无害，秋云如或犯之，只要日山家向首大利，运合真禄马贵人、大帝星到中宫，大全大吉。先贤教法屡犯合此，皆吉，在明师订而用之。

冷地空亡诗例

甲己亡人子午常，乙庚人怕虎猴乡。

丙辛切忌鸡与兔，丁壬丑未切须防。

戊癸犬龙与大祸，六丁年中冷地空。

日时有忌余无忌，犯着亡人卧冷场。

假如甲己亡命惟忌子午日时，年月不忌。若合禄马贵人、太阳、生气、火星到宫，并选合生旺有气年月，及通天窍年月，诚犯亦吉，何冷地空之有。

亡命忌缠身官符

申子辰亥土不动尘，寅午戌蛇头动纸笔。

巳酉丑逢申便转手，亥卯未逢寅切须忌。

葬以亡为主，造以主为主。

如亡命申子辰属水，长生在申，遇临官到即是亥缠身官符，忌时，年日次之。

岁害杀诗

亡命五虎遁山音，遁记山音属甚神。

再把岁君遁五虎，岁音克命祸难伸。

相生我吉名为印，我克他兮财修真。

他克我兮为鬼煞，比和稳当不为嗔。

假如戊寅亡命，葬酉山卯向，却将亡命五虎遁寻其山，辛酉纳音属木，用甲己年。又将甲己太岁五虎遁得其山，是癸酉纳音金，乃金克木，故曰：

岁害煞。犯之主人财退散。余仿此。只论支辰，不论山头干辰。

刺害煞诗

金命亡人忌火山，金山木命祸相关。
水命土山君忌取，水山火命主艰难。
土命木山为大祸，最凶切记莫为闲。
教君刺害休相犯，犯着之时祸百端。

假如甲子、乙丑亡命，纳音属金，葬午山子向，山元本属火，乃火克亡命纳音之金。其余仿此。以正五行论山所属。

倒冲煞诗

金命葬父有元由，年月日时木局求。
巳酉丑申金局忌，倒冲相犯主生愁。
木命葬父事何知，年月须求金局堆。
亥卯未寅为此例，犯之必定见灾危。
水土葬父人何晓，寅午戌巳年月讨。
申子辰亥水为局，有人犯者命难逃。
火命生人葬父身，申子辰亥好安亲。
寅午戌巳君须记，犯之必定损人丁。

假如金命人，葬父用亥卯未寅木局，年月日时忌巳酉丑申金局，大凶，乃亥冲巳，卯冲酉，未冲丑，寅冲申之类。余仿此。不与正冲合局则亦不忌。

穴刺煞诗（出分金论）

亡命属金须忌火，火命尤忌水相关。
木命逢金君须忌，水命逢土不自安。
土遇木宫尤可畏，犯之灾祸乃难当。
逢生生处须堪用，受克分金灾必临。

假如甲子亡命属金，葬忌火字分金，乃火克亡命，主凶。余仿此。

刺血杀诗

假如亡命原属水，坐山变运忌属土。
此是亡命刺血煞，举此一隅皆可救。

假如甲子亡命，纳音属金，用癸卯年作艮亥卯山，将太岁五虎遁得支山运己未火，为之墓克亡命，凶。以洪范变论。

造葬最忌入山黄泉曜星煞

乾山壬午不堪当，乙卯坤山切要防。
更有辛酉巽山忌，丙寅艮山仔细详。
坎山戊辰君莫犯，已亥离山定见殃。
庚兑辛山忌丁巳，庚申克却震山场。

假如乾山属金，以乾宫浑天甲子，遁至壬午火克金也。

灭门大祸日：忌安葬、起造，即魁罡勾绞日，凶。

正七月巳亥日，二八月子午日，三九月丑未日，四十月寅申日，五十一月卯酉日，六十二月辰戌日，忌。

灭门凶时

正巳七亥时莫逢，二辰八戌定其踪。
三卯九酉时休犯，四寅十申祸重重。
五丑十一月未忌，六子十二午时穷。
此是灭门真大煞，百日之内定主凶。

扫地空亡、入地空亡、冷地空亡、寸土无光，总汇立成，以例观览。

甲子亡命扫地空忌子未	入地空忌庚午	冷地空忌子午	寸土无光忌戊午
乙丑亡命扫地空忌酉戌	入地空忌庚辰	冷地空忌寅申	寸土无光忌己未
丙寅亡命扫地空忌子丑	入地空忌庚寅	冷地空忌卯酉	寸土无光忌甲申

（续表）

丁卯亡命扫地空忌子丑	入地空忌庚戌	冷地空忌丑未	寸土无光忌乙酉
戊辰亡命扫地空忌午未	入地空忌庚申	冷地空忌辰戌	寸土无光忌庚戌
己巳亡命扫地空忌午未	入地空忌庚午	冷地空忌子午	寸土无光忌辛亥
庚午亡命扫地空忌子丑	入地空忌庚辰	冷地空忌寅申	寸土无光忌壬子
辛未亡命扫地空忌卯辰	入地空忌庚寅	冷地空忌卯酉	寸土无光忌癸丑
壬申亡命扫地空忌酉戌	入地空忌庚戌	冷地空忌丑未	寸土无光忌丙寅
癸酉亡命扫地空忌酉戌	入地空忌庚申	冷地空忌辰戌	寸土无光忌丁卯
甲戌亡命扫地空忌卯辰	入地空忌庚午	冷地空忌子午	寸土无光忌壬辰
乙亥亡命扫地空忌卯辰	入地空忌庚辰	冷地空忌寅申	寸土无光忌癸巳
丙子亡命扫地空忌午未	入地空忌庚寅	冷地空忌卯酉	寸土无光忌庚午
丁丑亡命扫地空忌酉戌	入地空忌庚戌	冷地空忌丑未	寸土无光忌辛未
戊寅亡命扫地空忌子丑	入地空忌庚申	冷地空忌辰戌	寸土无光忌庚申
己卯亡命扫地空忌子丑	入地空忌庚午	冷地空忌子丑	寸土无光忌辛酉
庚辰亡命扫地空忌午未	入地空忌庚子	冷地空忌寅申	寸土无光忌甲戌
辛巳亡命扫地空忌午未	入地空忌庚寅	冷地空忌卯酉	寸土无光忌乙亥
壬午亡命扫地空忌子丑	入地空忌庚戌	冷地空忌丑未	寸土无光忌甲子
癸未亡命扫地空忌卯辰	入地空忌庚申	冷地空忌辰戌	寸土无光忌乙丑
甲申亡命扫地空忌酉戌	入地空忌庚午	冷地空忌子午	寸土无光忌戊寅
乙酉亡命扫地空忌酉戌	入地空忌庚辰	冷地空忌寅申	寸土无光忌己卯
丙戌亡命扫地空忌卯辰	入地空忌庚寅	冷地空忌卯酉	寸土无光忌戊辰
丁亥亡命扫地空忌卯辰	入地空忌庚戌	冷地空忌丑未	寸土无光忌己巳
戊子亡命扫地空忌午未	入地空忌庚申	冷地空忌辰戌	寸土无光忌丙午
己丑亡命扫地空忌酉戌	入地空忌庚午	冷地空忌子午	寸土无光忌丁未

（续表）

庚寅亡命扫地空忌子丑	入地空忌庚辰	冷地空忌寅申	寸土无光忌壬申
辛卯亡命扫地空忌子丑	入地空忌庚寅	冷地空忌卯酉	寸土无光忌癸酉
壬辰亡命扫地空忌午未	入地空忌庚戌	冷地空忌丑未	寸土无光忌丙戌
癸巳亡命扫地空忌午未	入地空忌庚申	冷地空忌辰戌	寸土无光忌丁亥
甲午亡命扫地空忌子丑	入地空忌庚午	冷地空忌子午	寸土无光忌戊子
乙未亡命扫地空忌卯辰	入地空忌庚辰	冷地空忌寅申	寸土无光忌己丑
丙申亡命扫地空忌卯辰	入地空忌庚寅	冷地空忌卯酉	寸土无光忌甲寅
丁酉亡命扫地空忌酉戌	入地空忌庚戌	冷地空忌丑未	寸土无光忌乙卯
戊戌亡命扫地空忌卯辰	入地空忌庚申	冷地空忌辰戌	寸土无光忌庚辰
己亥亡命扫地空忌卯辰	入地空忌庚午	冷地空忌子午	寸土无光忌辛巳
庚子亡命扫地空忌午未	入地空忌庚辰	冷地空忌寅甲	寸土无光忌壬午
辛丑亡命扫地空忌酉戌	入地空忌庚寅	冷地空忌卯酉	寸土无光忌癸未
壬寅亡命扫地空忌子丑	入地空忌庚戌	冷地空忌丑未	寸土无光忌丙申
癸卯亡命扫地空忌子丑	入地空忌庚申	冷地空忌辰戌	寸土无光忌丁酉
甲辰亡命扫地空忌午未	入地空忌庚午	冷地空忌子午	寸土无光忌壬戌
乙巳亡命扫地空忌午未	入地空忌庚辰	冷地空忌寅申	寸土无光忌癸亥
丙午亡命扫地空忌子丑	入地空忌庚寅	冷地空忌卯酉	寸土无光忌庚子
丁未亡命扫地空忌卯辰	入地空忌庚戌	冷地空忌丑未	寸土无光忌辛丑
戊申亡命扫地空忌酉戌	入地空忌庚申	冷地空忌辰戌	寸土无光忌庚寅
己酉亡命扫地空忌酉戌	入地空忌庚午	冷地空忌子午	寸土无光忌辛卯
庚戌亡命扫地空忌卯辰	入地空忌庚辰	冷地空忌寅申	寸土无光忌甲辰
辛亥亡命扫地空忌卯辰	入地空忌庚寅	冷地空忌卯酉	寸土无光忌乙巳
壬子亡命扫地空忌卯辰	入地空忌庚戌	冷地空忌丑未	寸土无光忌甲午

（续表）

癸丑亡命扫地空忌酉戌	入地空忌庚申	冷地空忌辰戌	寸土无光忌乙未
甲寅亡命扫地空忌子丑	入地空忌庚午	冷地空忌子午	寸土无光忌戊申
乙卯亡命扫地空忌子丑	入地空忌庚辰	冷地空忌寅申	寸土无光忌己酉
丙辰亡命扫地空忌午未	入地空忌庚寅	冷地空忌卯酉	寸土无光忌戊戌
丁巳亡命扫地空忌午未	入地空忌庚戌	冷地空忌丑未	寸土无光忌己亥
戊午亡命扫地空忌子丑	入地空忌庚申	冷地空忌辰戌	寸土无光忌丙子
己未亡命扫地空忌卯辰	入地空忌庚午	冷地空忌子午	寸土无光忌丁丑
庚申亡命扫地空忌酉戌	入地空忌庚辰	冷地空忌寅申	寸土无光忌壬寅
辛酉亡命扫地空忌酉戌	入地空忌庚寅	冷地空忌卯酉	寸土无光忌癸卯
壬戌亡命扫地空忌卯辰	入地空忌庚戌	冷地空忌丑未	寸土无光忌丙辰
癸亥亡命扫地空忌卯辰	入地空忌庚申	冷地空忌辰戌	寸土无光忌丁巳

岁冲煞诗

（论安葬男女）

葬男须求坐山取，坐山克命名为鬼。

葬女论向不求山，太岁克命起祸灾。

假如葬女则将亡命五虎遁至向属某音。

又将太岁五虎遁至其向，纳音属某生克制化、皆同前推之，最怕命刃煞坐向，若合禄马贵人财印到坐向为吉，与前岁害煞大同。

破土安葬

(谓开生基掘金井下砖放棺木等事)

安葬吉日：壬申、癸酉、壬午、甲申、乙酉、丙申、丁酉、壬寅、丙午、己酉、庚申、辛酉，此十二日鸣吠歌吼吉。地虎不食日：庚寅、庚午、甲寅，鸣吠吉。地虎不食日：壬辰、甲辰、丙辰、己未，地虎不食日此七日小葬吉。日外戊寅、乙巳，六甲图以为吉，是为十二日，乃十金大吉日，后九日乃次日也。

年方凶	子	丑	寅	卯	辰	巳	午	未	申	酉	戌	亥
岁禁方	南	北	东	西	东	北	西	南	东	北	西	南
太岁方	子	丑	寅	卯	辰	巳	午	未	申	酉	戌	亥
三煞方	巳	寅	亥	申	巳	寅	亥	申	巳	寅	亥	申
	午	卯	子	酉	午	卯	子	酉	午	卯	子	酉
	未	辰	丑	戌	未	辰	丑	戌	未	辰	丑	戌
命座方	酉	戌	亥	子	丑	寅	卯	辰	巳	午	未	申
月方凶	正	二	三	四	五	六	七	八	九	十	十一	十二
月命座	亥	子	丑	寅	卯	辰	巳	午	未	申	酉	戌

以上年月命座方，只取金井当中以论方道，如落圹之时，葬主、葬师忌立此方，犯之主横死。此名为葬主、葬师命座煞。

日方凶月	正	二	三	四	五	六	七	八	九	十	十一	十二
白虎黑道	午	申	戌	子	寅	辰	午	申	戌	子	寅	辰
玄武黑道	酉	亥	丑	卯	巳	未	酉	亥	丑	卯	巳	未
地中白虎	巳	辰	卯	寅	丑	子	亥	戌	酉	申	未	午

（续表）

日方凶月	正	二	三	四	五	六	七	八	九	十	十一	十二
白虎破煞	申	酉	戌	亥	子	丑	寅	卯	辰	巳	午	未
月建转煞	卯	卯	卯	午	午	午	酉	酉	酉	子	子	子
入座地破	亥	子	丑	寅	卯	辰	巳	午	未	申	酉	戌
重丧重复	甲	乙	己戊	丙	丁	己戊	庚	辛	己戊	壬	癸	己
天贼	辰	酉	寅	未	子	巳	戌	卯	申	丑	午	亥
天罡勾绞	巳	子	未	寅	酉	辰	亥	午	丑	申	卯	戌
河魁勾绞	亥	午	丑	申	卯	戌	巳	子	未	寅	酉	辰
人皇人建	寅	卯	辰	巳	午	未	申	酉	戌	亥	子	丑
阴错	庚戌	辛酉	庚申	丁未	丙午	丁巳	甲辰	乙卯	甲寅	癸丑	壬子	癸亥
阳错	甲寅	乙卯	甲辰	乙巳	丙午	丁未	庚申	辛酉	庚戌	癸亥	壬子	癸丑
四时大墓	乙未	乙未	乙未	丙戌	丙戌	丙戌	辛丑	辛丑	辛丑	壬辰	壬辰	壬辰
土禁	亥	亥	亥	寅	寅	寅	巳	巳	巳	申	申	申

四大魂入墓

起 例

男命一十起寅顺行卯，女命一十起申逆行未，零年亦逆。年下生月，月下生日，日下生时，遇辰戌丑未入墓。假如男命五十一岁三月初九日巳时葬，则以寅上起一十顺行，五十一岁到未，从甲上起正月，三月到戌，亥上起初一，初九到未，从申上起子，巳时到丑，此四魂俱入墓，吉。

葬日周堂

起 例

只论月分大小，不论节气。大月初一起父向男顺行，小月初一起母向女逆行，一日一位，值亡人则吉，若值亡人则出外避之，无妨。停丧在家者论此，或停丧在外不论矣。更有此偷丧法。

斩草破土

斩草吉日：甲子、乙丑、丁卯、戊辰、己巳、庚午、壬申、癸酉、己卯、壬午、甲申、丙戌、丁亥、辛卯、壬辰、乙未、丙申、丁酉、壬辰、癸卯、丙午、辛亥癸丑、甲寅、乙卯。《集正》有丙寅、成日。忌破土。《百忌》有戊辰、壬午。皆有鸣吠对。

破土鸣吠对日：甲子、丙寅、丁卯、丙子、庚寅、辛卯、癸卯、壬子、甲寅、乙卯。

下砖石吉日：壬申、癸酉、壬午、乙酉、壬辰、丙申、丁酉、甲辰、乙巳、丙午、己酉、甲寅、丙辰、己未、庚申、辛酉。土禁在前局。

逐月斩草吉日

正月：庚午、丁卯、壬午。

二月：庚午、壬午、甲午。

三月：壬申、甲申、壬辰、甲申。

四月：甲子、乙丑、丁卯、庚午、戊辰、庚子、壬午、辛卯、壬辰、癸丑、癸卯、甲辰、乙卯。

五月：乙丑、壬寅、甲寅、癸丑。

六月：丁卯、壬申、甲申、辛卯、丙申、癸卯、乙卯。

七月：甲子、丁卯、己卯、壬午、辛卯、壬辰、戊辰、癸卯、丙午、乙卯。

八月：乙丑、壬辰、戊辰、癸丑。

九月：庚午、壬午、辛卯、癸卯、丙午、乙卯、丁卯。

十月：甲子、丁卯、庚午、辛未、辛卯、乙卯、丙午。

十一月：壬申、甲申、乙未、丙申、戊申、庚申。

十二月：壬申、甲申、丙申、壬寅、甲寅。

右吉日不犯天瘟、重丧、重复、天贼、地破、四时大墓、阴阳错日。

逐月安葬吉日

正月：癸酉、丁酉、己酉，外乙酉、辛酉、壬午、丙午、丙寅、壬寅，壬丙日宜，辛丁巳生亡命吉。

二月：壬申、甲申、己未、庚申、辛未、庚寅、丙寅、丙申、壬寅、丁未，甲庚己乙癸命。

三月：壬申、甲申、丙申、癸酉、丁酉、庚申、壬午、丙午、庚午、乙酉、甲子、丙子。

四月：乙酉、丁酉、己酉、癸酉、辛酉、壬子、庚午，外甲午、乙丑、辛丑、丁丑、癸丑。

五月：甲申、丙申、庚申、壬申、庚寅、壬寅、甲寅，外辛未、丙辰、甲戌、壬寅、日禁。

六月：壬申、癸酉、甲申、乙酉、丙申、丁酉、庚申、庚寅、壬寅、甲寅、辛卯。

七月：癸酉、丁酉、乙酉、己酉，外壬申、丙子、甲申、丙申，外丁巳、丙辰、辛未、壬午。

八月：壬申、丙申、甲申、庚申、庚寅、壬寅、壬辰、丙辰、乙巳、丁巳、酉日，天地转煞不录。

九月：壬午、丙午、庚午、庚寅、壬寅、丙申，外甲申、庚申、辛亥，壬丙日宜午巳辛命。

十月：庚午、辛未、丙子、丙辰、丙午、乙未、己未、甲子，酉开日忌，葬删去。

十一月：庚寅、甲寅、壬寅，外甲申、丙申、壬申、庚申（犯土空忌开金井）、壬丙日寅乙巳亥命吉，甲辰、壬辰。

十二月：甲申、丙申、壬申、庚申（四日土禁）、丙寅、庚寅、壬寅、甲寅，外乙酉、辛酉。

右吉日不犯建、破、魁罡、重丧、重复、八座、月建转煞、地中白虎、人鬼、人建、四时大墓、冰消瓦陷、阴阳错、收日、灭没日、横天朱雀、每月十七日。

通书云：彭祖百忌载，开日可求仕，安葬不详。历法每月开日虽值鸣吠则不载安葬，十月俱载酉日，则通书自反而与彭祖相拘也，今十月删酉日不载（总论俱在上层查看）。

择葬年月启攒迁附

五音傍通立成

	宫土	商金	角木	徵火	羽水	
大墓	戊辰	辛丑	乙未	丙戌	壬辰	此年不可葬，主凶， 行年至此亦凶
小墓	戊戌	辛未	乙丑	丙辰	壬戌	此年不可，葬主凶， 行年至此亦凶
大通	子午	酉卯	卯酉	午子	子午	此年合蒿里、黄泉
小通	申寅	巳亥	亥巳	寅申	申寅	此年合光明、沐浴
次吉	酉卯	午子	子午	卯酉	酉卯	此年合重神、入墓
天覆	巳午	辰戌	亥子	寅卯	申酉	此年葬，亡人安宁
地载	申酉	亥子	巳午	丑未	寅卯	此年葬，亡者安稳
大墓受煞	乙丑 己巳 癸酉	甲午 戊戌 壬寅	丙申 庚子 甲辰	丁亥 辛卯 乙未	乙酉 己丑 癸亥	此年不开夫墓， 若别卜大凶，葬不忌。 别卜穴凶葬不忌
小墓受煞	乙未 己亥 癸卯	甲子 戊辰 壬申	丙寅 庚午 甲戌	丁乙丑 巳 辛酉	乙卯 己未 癸亥	此年不开妇墓。 若别卜穴凶葬则不忌
龙入圹	申	巳	亥	寅	申	此年亡人有父凶， 若因祖宗空则不忌
虎入圹	寅	亥	巳	申	寅	此年亡人有母凶， 若因祖宗葬不忌
五龙胎忌	乙亥 乙未 乙卯	丙寅 丙午 丙戌	辛巳 辛丑 辛酉	壬申 壬辰 壬子	戊辰戊戌 己丑己未	此年支干被克，葬凶

（续表）

	宫土	商金	角木	徵火	羽水	
大墓	三月	十二月	六月	九月	三月	此月不可葬，主凶
小墓	九月	六月	十二月	三月	九月	此月不可葬，主凶
大通	五 十二月	二 八月	二 八月	五 十月	八 十月	此月合蒿里、黄泉
小通	正 七月	四 十月	四 十月	四 十月	正 七月	此月合光明、沐浴
次吉	二 八月	五 十一月	五 十一月	二 八月	二 八月	此月合重神、入墓月
天覆	八 七月	十 十一月	十 十一月	正 二月	七 八月	此月葬，亡者安宁
地载	四 五月	三 九月	四 五月	六 十二月	正 二月	此月葬，亡者安宁
大墓受煞	四八 十二月	正五 九月	四八 十八月	二六 十月	四八 十二月	此月不开父墓， 若别卜穴凶葬不忌
小墓受煞	二六 十月	三七 十月	正五 九月	四八 十二月	二六 十二月	此月不开妇墓， 若别卜穴凶葬不忌
龙入圹	七月	四月	十月	正月	七月	此月亡人有父凶，若别 卜穴因祖宗葬则不忌
虎入圹	正月	十月	四月	七月	正月	此月认有母凶
五龙胎忌	二六 十月	正五 九月	四八 十二月	三七 十一月	三六 九十二月	此月干克，葬凶

以上吉凶年月，出《茔原总录》，今北方人用之。

一行禅师 六甲之天窍之图	青龙	朱雀	明堂	大煞	白虎	金匮	勾陈	天刑	玉堂	玄武	大煞	大明
甲申冢壬子 癸丑四向	申	酉	戌	亥	子	丑	寅	卯	辰	巳	午	未
甲戌冢艮寅 甲卯四向	戌	亥	子	丑	寅	卯	辰	巳	午	未	申	酉
甲子冢乙辰 巽巳四向	子	丑	寅	卯	辰	巳	午	未	申	酉	戌	亥
甲寅冢丙午 丁未四向	寅	卯	辰	巳	午	未	申	酉	戌	亥	子	丑
甲辰冢坤申 庚酉四向	辰	巳	午	未	申	酉	戌	亥	子	丑	寅	卯
甲午冢辛戌 乾亥四向	午	未	申	酉	戌	亥	子	丑	寅	卯	辰	巳

右四位年月日时吉凶，系明堂金匮玉堂大明，开墓启攒用之吉。

四季	春	夏	秋	冬
故墓宿煞改墓忌	木墓未 神南午	火墓戌 神西酉	金墓丑 神北子	水墓辰 神东卯

	正	二	三	四	五	六	七	八	九	十	十一	十二
墓龙在塚	在	冢	动	子	冢	在	冢	卯	冢	去	亥	冢
	尸	酉	冢	地	心	冢	侧	地	中	冢	地	酉
四八十月吉	杀	开	奠	改	杀	杀	杀	开	大	开	开	开
二十二月改吉	长	吉	穷	吉	长	七人	人	吉	凶	吉	吉	吉

天牛不守冢：庚午、辛未、壬申、癸酉、戊寅、己卯、壬午、癸未、甲申、乙酉、甲午、乙未、丙申、丁酉、壬寅、癸卯、丙午、丁未、戊申、己酉、庚申、辛酉。二十二日，一移开改吉，人修墓结砌拜坛并吉。

启攒棺厝鸣吠对日：丙寅、丁卯、丙子、辛卯、甲午、庚子、癸卯、壬子、甲寅、乙卯、日吉。

五音祖坟逐月方道煞

正月：乙杀一人，辛杀八人。　二月：丙杀一人，庚杀二人。

三月：丁杀一人，庚杀二人。　四月：丁杀一人，癸杀二人。

五月：癸杀八人，壬杀二人。　六月：癸杀十一人，乙杀八人。

七月：庚杀二人，丙杀二人。　八月：庚杀二人，丙杀二人。

九月：庚杀七人，乙杀三人。　十月：壬杀二人，乙杀五人。

十一月：壬杀一人，乙杀五人。　十二月：乙杀二人，壬杀一人。

五音改墓吉月：宫羽音，正、七、十一月。商音，六、九、十一月，吉。角音，正、二、三、四、五、十、十一月。徵音，四、六、七、八、十二月，吉。

五音改墓吉日：宫音辛丑、己酉，商角音戊戌，徵羽音辛丑、己酉、辛卯（忌月建转煞同日凶）。

会同改墓吉日：甲子、丙寅、己卯、甲申、乙酉、庚寅、丙申、辛酉、癸亥。

论五音之说，义理该僻，知礼者勿用。

安葬权法

论岁官交承安葬择日，大寒节五日后立春节及新田岁官交承，先择日破土，又择吉日安葬。如开山立向不忌年月日时克山家，更不忌年月诸家凶，就立春前依时谢墓。或来年寒食节，或清明日用工匠，尽一日之内加土谢墓则无禁忌。

接俞峨峰论岁官交承之谬，以诸煞不得全吉，而设为岁官交承之法，谓如开山立向并不忌年月克山家及岁月诸凶，愚深以为不然。就年克山以三百六十日论起于先年冬至，而大寒立春并其交代之时，正如官司交代之际，去心匆匆，不及逐一计较。若依慎终如始之说，与夫凶星退度始为殃之言，犹恐不轻视，况月克可者，不但大寒立春为其交代，至于日克时克则亥子之间，八刻一刻之际，皆可言也，不经之甚。

增全补历法合节鳌头通书卷之五

鳌峰 道轩 熊宗立

后裔 月畴 秉 懋 重订
淑明 启 灿 梓行

五行总论克择入门

正五行歌诀

甲乙寅卯巽东木，丙丁巳午离南火。
庚辛申酉乾西金，壬癸亥子坎北水。
辰戌丑未坤艮土，此是五行老祖宗。

洪范五行歌

甲寅辰巽大江水，戌坎辛申水一同。
艮震巳山原属木，离壬丙乙火为宗。
乾亥兑丁金生处，丑癸坤庚未土中。
此是五行真妙诀，时师各自要精通。

八卦五行歌

巽辛卯庚亥未水，子癸申辰水之因。
离壬寅午戌宫火，乾甲兑丁巳丑金。
艮丙坤乙皆属土，配合年家月日成。

年月起遁诀

甲己之年丙作首，乙庚之岁戊为头。
丙辛之年庚寅上，丁壬壬寅顺行流。
戊癸却从何处起，甲寅头上好追求。

假如甲己之年，正月即起丙寅，二月丁卯。余仿此。

日时起遁例

甲己之日还加甲，乙庚之日丙作初。
丙辛之日从戊起，丁壬之日庚子居。
戊癸之日何处觉，原来壬子是程途。

假如甲子日，即起甲子时，乙庚日起丙子时。

五行墓库例

金库居丑，火库居戌，木库居未，水土库居辰。

五行相生

金生水，水生木，木生火，火生土，土生金。

五行相克

金克木，木克土，土克水，水克火，火克金。

五行生旺死绝例

金生在巳，败在午，冠带在未，临官在申，帝旺在酉，衰在戌，病在亥，墓在丑，绝在寅，胎在卯，养在辰。

木生在亥，败在子，冠带在丑，临官在寅，帝旺在卯，衰在辰，病在巳，死在午，墓在未，绝在申，胎在酉，养在戌。

火生在寅，败在卯，冠带在辰，临官在巳，帝旺在午，衰在未，病在申，死在酉，墓在戌，绝在亥，胎在子，养在丑。

水土生在申，败在酉，冠带在戌，临官在亥，帝旺在子，衰在丑，病在寅，死在卯，墓在辰，绝在巳，胎在午，养在未。

五行旺相

当生者旺，所生者相，生我者休，克我者死。

春	木旺	火相	水休	金囚	土死
夏	火旺	土相	木休	水囚	金死
秋	金旺	水相	土休	火囚	木死
冬	水旺	木相	金休	土囚	火死

天干所属

甲乙属木，春旺。丙丁属火，夏旺。戊己属土，季夏旺。庚辛属金，秋旺。壬癸属水，冬旺。

天干阴阳所属

甲属阳，乙属阴；丙阳，丁阴；戊阳，己阴；庚阳，辛阴；壬阳，癸阴。

天干相生

甲木生丁火，乙生丙火。
丙火生巳土，丁生戊土。
戊土生辛金，巳生庚金。
庚金生癸水，辛生壬水。
壬水生乙木，癸生甲木。

天干相克

甲木克戊土，乙克己土。
丙火克庚金，丁克辛金。
戊土克壬水，己克癸水。

庚金克甲木，辛克乙木。
壬水克丙火，癸克丁火。

天干相食（即食神）

甲食丙禄，乙食丁禄。
丙食戊禄，丁食己禄。
戊食庚禄，己食辛禄。
庚食壬禄，辛食癸禄。
壬食甲禄，癸食乙禄。

天干相合化元

甲与己合化土，
乙与庚合化金，
丙与辛合化水，
丁与壬合化木，
戊与癸合化火。

地支相合即六合

子与丑合，寅与亥合，卯与戌合。
辰与酉合，巳与申合，午与未合。

地支三合会局

寅午戌合会成火局，申子辰合会成水局。
巳酉丑合会成金局，亥卯未合会成木局。
寅卯属木居东春旺，巳午属火居南夏旺。
申酉属金居西秋旺，亥子属水居北冬旺。

十二支宫所藏

子宫癸水在其中，丑癸辛金己土同。
寅宫甲木兼丙火，卯宫乙木独相逢。

辰宫乙戊三分癸，巳宫庚金丙戊丛。
午宫丁火并己土，未宫乙己丁共宗。
申宫庚金壬水在，酉宫辛金独丰隆。
戌宫辛金并丁戊，亥藏壬甲是真踪。

地支相冲

子冲午，丑冲未，寅冲申，卯冲酉，辰冲戌，巳冲亥。

六支相穿

子穿未，丑穿午，寅穿巳，卯穿辰，申穿寅，酉穿戌。

地支相刑

子刑卯上寅刑子，寅刑巳上巳刑申。
申刑寅上戌刑未，丑刑戌上定其真。
辰刑酉亥自相刑，三刑犯着太无情。

羊刃飞刃

甲逢卯为羊刃，酉即飞刃。乙见辰为羊刃，戌则飞刃。
丙戊遇午羊刃，子是飞刃。丁己见未羊刃，丑为飞刃。
庚逢酉为羊刃，卯即飞刃。辛遇戌为羊刃，辰是飞刃。
壬见子为羊刃，午即飞刃。癸逢丑为羊刃，未是飞刃。

支属四时

寅卯辰属春，巳午未属夏，申酉戌属秋，亥子丑属冬。

支属三季

寅申巳亥为四孟（正、四、七、十）月，子午卯酉为四仲（二、五、八、十一）月，辰戌丑未为四季（三、六、九、十二）月。

支属卦位

子属坎位，丑寅属艮。卯属震宫，辰巳属巽。午属离位，未申属坤。酉属兑上，戌亥属乾。四正卦属单支，四维卦属双居。

干纳八卦

乾纳甲壬，坎纳戊，艮纳丙，震纳庚，巽纳辛，离纳己，兑纳丁，坤纳乙癸。

支纳八卦

乾子午，坎寅申，艮辰戌，震子午，巽丑未，离卯酉，坤丑未，兑巳亥。

干支纳八卦

乾纳甲，坎癸申辰，艮纳丙，震庚亥未，巽辛，离壬庚戌，坤乙，兑丁巳丑。

六亲取用

他生我者为印绶父母，我生者为伤官食神子孙，克我者为官鬼，我克者为妻财。比和者为兄弟劫财，阳见阳、阴见阴为正，阳见阴、阳见阳为偏。食神即偏生，伤官即正生，兄弟为劫财，弟见兄为偏财。右值八字生旺者，喜官喜财，制其太过而得中和。衰弱者喜印喜比忌盗气，则补其不足，亦得中和也。

起禄例

甲禄在寅，乙禄在卯，丙戊禄在巳，丁己禄居午，庚禄居申，辛禄居酉，壬禄在亥，癸禄在子。

起马例

申子辰年马居寅，寅午戌年马居申，亥卯未年马在巳，巳酉丑年马在亥。

假如申子辰属木，长生申，败酉，冠戌，临亥，旺子，衰丑，病寅，逢病基即是。

太乙贵人例

庚戊见牛甲见羊，乙猴己鼠丙鸡方。
丁猪癸蛇壬是兔，六辛逢虎贵人阳。

阴贵人例

甲贵庚午庚戊阳，乙逢子壬己猴乡。
丙猪丁鸡辛见马，壬蛇癸兔属阴方。

阴阳贵人总例

甲戊庚牛羊，乙己鼠猴乡。
丙丁猪鸡位，壬癸兔蛇藏。
六辛逢马虎，此是贵人方。

造葬合此大吉。

女星贵人例

甲猪丙戊逢猴贵，壬虎癸山庚蛇当。
丁己金午乙遂马，丁辛逢火贵人乡。

造葬合北出贵子。

起山命法

各从子上起，正月二月亥，三月戌，四月酉，五月申，六月未，七月午，八月巳，九月辰，十月卯，十一月寅，十二月在丑。择某月期轮某月上，某日某时逢卯，即安命宫。假如用二月□日卯时，即安命在亥卯未山上利也。

比山运法

从天干阴阳而定。

甲丙戊庚壬五干属阳，男顺数未来节，女逆数过去节。

乙丁己辛癸五干属阴，男逆数过去节，女顺数未来节。

各逢行日如一止，一日除一日，少一日借一日，人命一字管五年，山运一字管十年。假如丙午年二月十四日，顺数未来节至清明，则是十七日少一日，借一日添作太平运，即起壬辰癸巳顺行。又如丁未年二月十四日卯时，数过去节下一日素宜四日作正，运初一行壬寅辛丑逆运行也。余仿此推。

造命诀

按甲寅山命逢甲为比肩，乙为劫财，丙食神，丁伤官，戊偏财，己正财，庚七煞，辛正官，壬偏印，癸正印。

乙巽山逢甲为劫财，乙比肩，丙伤官，丁食神，戊正财，己偏财，庚正官，辛七煞，壬正印，癸偏印。

丙午山逢甲为偏印，乙正印，丙比肩，丁劫财，戊食神，己伤官，庚偏财，辛正财，壬七煞，癸正官。

丁巳山逢甲为正印，乙偏印，丙劫财，丁比肩，戊伤官，己食神，庚正财，辛偏财，壬正官，癸七煞。

辰戌艮山见甲七煞，乙正官，丙偏印，丁正印，戊比肩，己劫财，庚食神，辛伤官，壬偏财，癸正财。

丑未坤山逢甲正官，乙七煞，丙正印，丁偏印，戊劫财，己比肩，庚伤官，辛食神，壬正财，癸偏财。

庚申乾山见甲偏财，乙正财，丙七煞，丁正官，戊偏印，己正印，庚比肩，辛劫财，壬食神，癸伤官。

辛酉山逢甲正财，乙偏财，丙正官，丁七煞，戊正印，己偏印，庚劫财，辛比肩，壬伤官，癸食神。

壬子山逢甲食神，乙伤官，丙偏财，丁正财，戊七煞，己正官，庚偏印，辛正印，壬比肩，癸劫财。

癸亥山见甲伤官，乙食神，丙正财，丁偏财，戊正官，己七煞，庚正印，壬劫财，辛偏印，癸肩比。

通变今山头运，以家主生命，葬以亡命，干为壬于四柱中管得何干神，定其格局，次以本命并太岁与禄马贵人合成格局，上局。

正印论

如印命人见子，癸为印绶，用四癸或四子年月日时是也。

又如丙命人取卯乙为印绶，用甲戌年、乙亥月、乙未日、乙卯时亦是也。

偏印例

如甲命人甲见亥壬为偏印，或用四亥、四壬年月日时是也。

正财格

如乙命人用辰戊，戊为正谋财，取四壬、四戌、或四戊年月日时，是合格也。

偏财格

坤乙命人用丑未巳为偏财，课取四丑、四未、四巳年月日时。

正官格

如丁命人以亥壬为正官，用亥年月日时，或壬年日月时是也。

偏官格

如丁命以子癸为偏官，或用子年月日时，或是癸年月日时是也。

拱贵格

如庚命贵人在未，用庚申年、壬午月、庚申日、壬午时是也。

拱禄格

如甲命人，甲禄在庚，用丑年、卯月、丑日、卯时，禄在其中是也。又名夹禄格填实者不是，反为凶。

建禄格

如甲命禄在寅，宜用寅年月日时是也。

冲禄格

如辛命人禄在酉月，四卯年月日时是也。

食禄格

如癸命人，癸食乙禄，乙禄在卯，用卯年月日时是也。

堆禄格

如甲命人，甲禄在寅，用四壬寅。又如乙命人用辛卯是也。

遥禄格

如甲命人，甲禄在寅，用午年、戌月、午日、戌时，三合寅午戌，禄在其中也。

合禄格

如癸命人，癸禄在子，用丑年月日时，子庚在合，或用申辰年月日时三合是也。

起禄栏马格

如甲戌命人，申禄在寅，须得丁丑以起之，寅午戌马在申，须得酉以栏之。余仿此。

两干不杂格

如用甲子年、乙亥月、甲戌日、乙丑时，甲乙二字不乱。又如丙寅年、丁酉月、丙辰日、丁酉时，丙子二字不乱是也。又名两干连珠。

双飞蝴蝶格

用庚申年、壬午月、庚甲日、壬午时是也。又云：用庚戌年、戊寅月、癸卯日、乙卯时，系二阴二阳者亦是也。

三奇格

乙丙丁为天上三奇，取年月日时，月日时三位相连若是。又云：甲戊庚地下三奇，亦同。

天地同流格

四壬寅，四庚辰，四己巳，四戊午，四丁未，四辛卯，四乙酉，四癸亥，四甲戌，四丙申，又名天干一气，地支同流。

地支一气格

如己未年、辛未月、己未日、辛未时，但四地支相同者皆是，又名一气堆支格。

长生格

本命以长生为宝，如甲乙属木长生在亥，皆以长生为主，盖天下之至宝莫若长生为宝，以本命年干为主，暗藏四柱之中以成补山相主之格。

论拱格

拱者，夹也。乙丑年、己卯月、乙丑日、己卯时，以天干言谓两干不杂，以地支言谓两支不杂，以二丑二卯暗夹一寅字故曰拱格。甲命谓拱禄、丙命谓拱宝、辛命谓拱贵、壬命谓拱福、丁命谓拱印、庚辛命谓拱财、己命谓拱官。大抵马不宜拱，用拱格。竖造不忌重丧日，安葬不忌受死日，造葬不忌死气官符建日。余以推类。

论真禄格

如甲禄在寅、乙禄在卯、丙戊禄在巳、丁己禄在午，以十干居禄内主以本命年干为主，暗藏四柱之中以成补山相生之格。

真马格

如申子辰马在寅，寅午戌马居申，巳酉丑马在亥，亥卯未马在巳，乃地居马为主。又以本命支为主，暗藏四柱之中以成相补山之格。

论贵人格

如甲戊庚命贵人在丑未，乙己命贵人在子，甲丁命贵人在酉亥，壬命贵人在卯巳，辛命贵人在寅午。以本命贵人为主，暗藏四柱之中，以成补山相生之格局，造葬之福基。

论福德格

夫人命以食神为福德，甲命见丙，乙见丁，丙见戊，丁见己，戊见庚，己见辛，庚见壬，辛见癸，壬见甲，癸见乙己，本命年干为主，暗藏四柱之中，以成相生之格。

印绶格

夫命以父母为印绶，甲见癸，乙见壬，丙见乙，丁见甲，戊见丁，己见丙，庚见己，辛见戊，壬见辛，癸见庚，名曰印绶。乃命之根，以本年干为主，四柱以成相生之格也。

财神格

如甲乙见戊己，丙丁见庚辛，庚辛见甲乙，壬癸见丙丁，名曰财神，乃养命之根，以本命年干为主，暗合四柱之中，以成相生之格。

官星格

如甲见辛，乙见庚，丙见癸，丁见壬，戊见乙，己见甲，庚见丁，辛见丙，壬见己，癸见戊，名曰壬官星。以本命年干为主，暗合四柱之中，以成补山相生之格。

以用配成诸格壬龙本命，互相不偏，推主六十四格，积至三百六十五格，各以选择历书为主，世之夫全历府通书，皆大抵补山贵明，题相生贵暗藏，此系造命之精微。

凡竖造、埋葬造命年月日时，凡人生世遇富贵之命，则受以富贵之福也。若遇休囚则贫夭不能为福矣，当先熟诸《继善篇》，并取富贵歌诀精细详论，方能成格局矣。

年月引证

先贤竖造以作造命为干，主取命格局，或拱禄、拱贵、食禄、合禄、正官、正印、正财、天干一气、地支同流格局。

如埋葬以亡人命下为主，取合何格便亡人再生富贵之年月，荫益儿孙之昌隆，先贤之要诀矣。

年月启蒙

按悟斋洪氏曰：山向修方之法，须要山向通利，更与年月日时相关，阴阳纯粹好，阴山向方用阳年月日时，阴山向方用阴年月日时，亦有分别，须要山向逢三合补之有力，即孟仲季之说，得三才之道修矣。若合山者不可合向，若合山者不可合山，若一位合山，一位合向，则散阴灵，为福轻矣。如修方亦仿此。

如子山午向，用寅午戌四柱合成火局，为子山之财局，吉。若午山子丙用申子辰合成水局，为杀克局，凶。如寅山申向用寅午戌合成火局，支泄寅山子气，不吉，宜用申子辰合成水局，生起寅木为佳。如辰戌丑未山合得一二相冲，盖库中有物用钥方开，若年月日时自相刑冲，皆不吉也。如甲子年冲庚午月日时之类，如子年利卯年月日时之类。又岁干支与日合，不吉，如乙丑年月庚子日之类。余仿此。作主本命被四柱冲克者，凶，岁干支与作主本命冲合，不吉，如壬申生命用丙寅年为冲，如壬戌生命用丁卯为合。余仿此。

修造以日干禄位为命宫，何由宅宫管禄福德，如在所修之方择吉也。

克择值日

总　论

克择之法，造葬此家最难，年月日吉凶皆在五行之中，山向进利不出四大利星之外。凡选择竖造葬埋，先将四大利星考之，看山向利否，但得大利之年更合最吉，四大利星或得其利，再得龙马年月通利，则可大兴工造作，开山所忌者，山家墓龙变年日不克次。正傍明府、太岁忌克山家三杀、天官符、李广箭，忌开坎山向，天星、灸退忌作山头六害，浮天空亡、巡山罗睺只忌立向。忌上凶神为紧的，不可犯，纵有制押亦不吉也。其他官符、穿山罗睺、山家困龙、坐山罗睺、天禁朱雀、山家刀砧、山家血刃、翎毛禁向、坐杀、向杀、入山头白空亡、本年太岁等煞，俱有制伏，选合窍马贵人生旺有气年月，屡见祯吉。如合太阳、太阴、禄马、贵人、解神、星、天赦、三奇、诸德、尊帝二星、临照，能押凶神恶煞，作之无妨。观诸先贤所作年月，得吉神多者则亦不忌。凡修造宅舍先取家长本命为主，过利田六壬生运，如年上不过取月家过六壬利田生旺亦吉。诸家三元运自不必拘泥，若合得本命禄马贵人到山向，尤吉，及合本命生旺有气年月日时，吉。

凡安墓取吉命祭主本命为主，若合本命禄马贵人到山最吉。杨公云：人生则有命，人死安有命耶？止要山头合得大利格局年月葬之，乃亡人更生之年月也。亡命者在其略也，其诸家亡运、四大魂入墓、刺血空亡、落圹空亡之类皆无限之论，不可专焉，此术大抵造葬俱有年月禁煞，凶神不犯，然后择月以山为经，年月为纬，务要取山头生旺有气，年月最宜坐向逢三合，或合山，或合向，合得生气为主，不可使山圹坐山为泄气，凶大难。来龙正运飞泊何宫，切忌日主休囚、龙运死绝，神煞生旺山向虽利，亦难发福。如选择年月日传当合取真太阳，山向为第一吉也，及乌兔太阳是德太阳雷霆太阳，三等帝星五龙土库提煞帝星岁月，将三德、紫白、禄马、解神、天赦诸吉同到，依之无不吉也。

或年月小利，诸家不过，只要选合年月。

生旺四柱扶作无相克利，中则自然福辏，故乙年月乃为造命，命忽人为是也。

论造方将罗经放中宫格定，其中宫之说有三：一曰止有一所厅廊则正栋之中；二曰有重堂厢屋之分，则罗经格天井之中；三曰有三重厅堂，罗经二重所厅正栋之中，和其所作之宫，察其所占之杀。如所作之宫年家无杀，相占相逐月凶煞之例有无占否，无占者为通利，有占者则为不利。或遇寺观庙堂皆以佛殿为中宫，凡择修作中宫者，必要中宫通利，无诸煞所占方向，选用如在正屋后起造，年克阴府并月家紧杀皆忌之。系是向。山之而论，如正屋前起厅廊厢屋，系立向修方而论，年克、阴府俱不忌也。或两傍起造亦是修方而论，正忌年月内系杀，年克、阴府俱不忌。或起造埋葬年利而月不利，或吉多，而凶以成合一二凶杀所占，则用月建入中宫，遁寻其杀所占向宫为法制作，能为吉也。勿因山向小疵，悉为拘忌。五行得失，选无定制，使吉月良辰悉行葬过，予定诸家通书及香舌，本翰林集要年月，并无许多忌神，其犯者反为吉福。近见术人选课逐月某吉日合某吉神，其无犯者反招灾咎。奈何不明五行道礼，不遵古本取用，尊诬言妄语讹谬之论，诬人惑世，愚人生灵，课为可患。愚按诸家通用者编计图局，以成一诀，名曰：鳌头备要通书，注阅明白，以便观览。

诸家口诀诗注

克择须知论五行，不明义理莫妄传。

先合命格为定主，以选利星体用全。

注云：此言警初学之人，须明五行生克制化之理，若不明此理，切勿妄言为选择。但造葬年月以造命为体，吉星为用，不以造命格局为主，俱以吉星取用，则五天重子皆解，按图而索星矣。

凡为术者，当以造命为生机，以吉星为佐，使庶几体用两全而获吉之道也。

再将来龙变运言，莫把其范遁元龙。

指教入首山为主，运起来山正五行。

注云：言来龙变运者，即来山入首朦胧，却以正五行遁，莫把洪范五行以来龙作坐山遁运。今术者多不知五行之用，悉以洪范五行起遁坐山取用者，非也。

洪范谁将唤灭蛮，那知取样卦音中。

坐山墓运斯为遁，音及干支克运凶。

注云：此明山坐墓运以洪范五行遁运，即详见造葬一节。如克山家，但看干支生克如何，干支俱吉止纳音相克者，只要四柱中纳音有木金制，吉。今术谓灭蛮之说，悉以正五行而选年月者，亦非也。

阴府生旺不堪言，相合逢时入九泉。

单犯休囚居绝地，日干生旺福长年。

注云：此言阴府太岁，最不宜年旺相合逢时杀人横祸，如单干犯者，若时值休囚，四柱枭煞显露，日主健旺，反为吉福，若不明其理，半字不犯。

李广将军箭似枪，若还双犯祸萧墙。

帝星虽值贵人到，祸福须知不等闲。

注云：此言李广将军本为凶煞，如地支两字俱全主祸，不在远也。萧墙，言其近耳，若命日得贵人值支辰，屡试祯吉，即羊刃飞刃也。

马前灸退号凶神，山向修方犯六仁。

冷退只因无贵禄，休囚得禄自无遁。

注云：此言灸退本为凶曜，为用庚丙壬，切忌立向。子午卯酉忌作山修方，犯之主人财冷退。若选得贵人堆禄年月，或刑伏之法以三合制之，反吉。

三煞之方不可裁，洎当生旺必为灾。

选支三合局相制，合看三奇更发财。

注云：此言三煞至凶，不可修作。若遁得洎言生旺，切不可用。若其煞休囚，洎当受制，再选得三合，其局年月制伏，合着三奇到位，反吉。故曰：若要发，作三煞。凡三煞若临山方道，切忌选择年月扶杀生旺，不吉。

天地官符拯不仁，山向修方官事临。

遁值休囚宜打报，解神喝散贵人亲。

注云：此言天地官符，若日向修方如通值休囚，洎宫受制，再选合解神贵人喝散三奇休门到位，法用木植三固打根官符，主讼即散也。

九天朱雀不堪言，山向方隅莫可犯。

的主浮空官事至，巡抚来往哭昊天。

注云：九天者，浮空之谓，与山向方相刑尤凶，如值州县官符同位，主祸不旋踵，犯者遭巡抚之厄。可用贵人喝散解神或太阳到位，得洎宫受制，专以九星内当方解神符报之，方得解脱。

古有浮天号破军，犯之灾讼不离身。

太阳尊帝三奇到，年方相冲福自申。

注云：天空亡，号曰破军星。若阡向，犯主招官灾，宜用太阳、尊帝、三奇吉星到位，再取年月，冲刑奇者，壬用午冲之例。刑者，如卯用子之类。经曰：救人冷退作空亡，年月日时中此方。是也。

穿山罗睺恶陋神，山家造葬是卯临。

常招灾病尸生禄，窍马三奇一白亲。

注云：又名坐山官符，若造葬犯之，主是大灾疾，曰尸食。选值窍马，云可用一白水星年月，作之无咎。亲者，亲近之辞也。

巡山罗睺虢火神，向犯官灾横事临。

三五六年多不吉，太阳一白最堪亲。

注云：又名无头火星，犯主三五六年内官灾横祸，不吉。若选值太阳一白星，临之不妨。

山向修方杀最多，但明制伏理如何。

若然修忌诸般煞，吉月良辰悉挫过。

注云：此总结以上山向修方神煞，凡用所犯之煞，必祥究神杀生旺、休囚何如，方选年月制伏之理，若要无犯，修忌则十无一二可作矣，故吉月良辰悉行挫过，此深言术者不能明察神煞五行之性，挫过年月。

小儿神煞不堪备，犯之小口一时休。

三奇禄马贵人到，解神捉煞月财求。

注云：此言休方，若犯小口煞，主损小口。若选三奇、禄马贵人或解神、捉煞月财诸德到位则吉。

修选尤忌逆小儿，宅长小口入泉扉。

泊官克制求三白，尊帝三白日月推。

太阳躔度论

按《授时历》太阳每月中气前后各七日，共成十四日，为天子之位。月后七日之外太阳改躔之日方为地支。假如正月雨水中气前后各七日，为壬雨水后七八日躔娵訾之次亥后。

又如大寒十四日躔玄枵之次，入于子宫女二度，虽云入子方到癸中，前后各七日在癸子，若对照午丁可以禀光，若三合则巽庚二方亦得其光矣。余依此推。

太阳过宫流年图说

一太阳按新台历推岁例，一日一夜行一度，亥宫躔二十二日六时五刻戌宫二十一日八时六刻，酉宫躔三十一日申宫二十九日七时二刻，未宫躔二十九日九时二刻，午宫躔三十一日四时六亥，巳宫躔三十二日十时，辰刻躔三十一日九时少一刻，卯宫躔一十九日四刻，寅宫躔二十七日二刻，丑宫躔二十七日六时六刻，子宫躔三十日少一刻。

二年一周天求日度法

先查交节之日，太阳躔在某度，以周天图逐日逢度二用，如立春后五日，立春日太阳在虚一度起，一日一度则五日在虚五度，系太阳到子宫虚五度是也。

太阳所照临之宫，忌四大丑土之星，掩蔽其光，故忌土星木星同度，不吉。喜金星水星同度，则愈吉也。今七八政历可推之。

太岁山向本太阳之光，虽月隙之下，光无不到，论土木岂能掩乎？盖不隙有空洞以透其光，故曰穿其隙以射其孔为之明无不到。若夫木之以明之，高覆则安能不蔽？其光裕谓山高，日出迟而相下可乘阴也是矣，故木为仇星，罗睺为难星，金水为喜星也。

太阳之诀为至吉之首，但取盖山照坐，不忌一切三煞、灸退、李广箭、阴府、浮天空、罗睺、都天雷霆诸煞。凡十位凶神，一百二十四家凶煞，俱不能为害，此是众星之主，用最有难，当以七政历数真太阳逐日躔度次，以考其时刻过到位者，外为天符阳也。

有乌兔太阳、雷霆太阳、都天宝照太阳、四利三元太阳、天心都纂太阳，非真太阳也。

所云以某其吉同太阳之故，皆以太阳名之。杨公曰“七位太阳中间紧，历数太阳第一亲”也。日行迟，一日行一度。月行速，一日行一十三度。行日蚀于朔，月蚀于望，行迟，故食数少行运，故食数多月之朔月之望与天首星、地尾星会，为其度而始食矣。日何食朔，谓日月会于辰，遇首尾二星则以月之阴气盛而得掩日之明，乃日蚀矣。月何食望，谓日月相会得日之气，而遇首尾二星则月之气二星所夺而月乃蚀矣。天首星，罗睺也。地尾星，计都也。其日一年一周天，与二星相会非朔日不食，月一月一周天，则一年十二月次，与二星相会，非望不食，推朔望同度相食也，遇此为天变，凶，凡事不宜。

日月所照临之位，亦如君后之至，莫不福泽于民，是为诸星之主，众吉之首。但嫌与罗、计二星同度，则为天变日蚀，犯之大凶也。

喜与金水二星同度则更吉，二阴福泽也。

诸星发用召吉法

通天窍马论

通天窍、走马六壬，此两家年月，乃杨救贫祖传真诀。其法：取用三合年月日时，如造葬用山头吉星取应，如修方以方道吉星取克应，主有十二年田蚕、血财大旺。

诗云：

通天窍马古今传，年月无成枉用心。
吉宿天将扶日主，谁知造命值千金。

注云：窍马乃古今之通得传也。殊不知先要选择八字日主为吉，次合窍马年月日时为第一吉也，多见小利。有不合窍马年月，每选得八字格局富贵，屡见巨福，可见选择以造命为主，以吉神为用。诚若无用之人，纵有贵人扶佐，亦不过眼前之吉耳。

论历数真太阳

用历数太阳，乃人君之象为极吉之首，能制三煞、官符、太岁、将军、金神煞、灸退、符天流财、天贼、朱雀罗睺一切凶煞，并不须忌，能旺人财、发官禄、旺田蚕，万事皆吉也。

诗云：

如有阳乌照古今，须将造命注真情。
吉临山向固为美，扶佐人间大吉昌。

注云：此方山向修方造葬，得诸家太阳照临，因为吉福之富贵，要选择年月知吉人之命，再得贵人抚佐，则发福。何有其言？贵选好年月为先，向后方能长久，否则太阳岂无来去而终于此乎？六个太阳三个紧，三位之中历数亲。

论太阴，乃后妃之象也。佐理太阳，百事用之极吉。不问诸凶神煞皆可。

论制伏，号曰斗母太阴也。

论用乌兔太阳，在人则发官贵，百事皆吉。

论用雷霆太阳，可以旺财官，可以制凶神恶犯也。

诗云：

雷霆四吉福非轻，山向临之最有情。
未得吉人寻吉课，曾如池水结霜冰。

注云：此言山向修方造葬，合雷霆四合之神，再得吉课为第一吉也。若只合四吉，未得年月，课恰如水上之冰，终无致福，可知矣。

论用天心都纂太阳，又名天地三奇，有甲乙丙丁为上吉，合天宝，宝盖主拾宝容自来财物，乃进财之星也。

论用龙德太阳，又名转天开，用之吉。有力者力之葬山向修方，合着最吉，用尊帝二星为福最大。极紫要之星，用之有力，修方山向最吉，大能夺制凶煞解犯也。

诗云：

天河转运最堪亲，年月休囚怎救贫。
吉宿若临逢吉课，天河转运始通灵。

曰言天河转运、尊帝二星临山向修方，偶合得年月生旺则能救贫。若年月休囚纵合吉神，亦无应效，故经曰：尊帝二星实用亲，用着百般新。用五龙五库、捉煞帝星主催官禄、旺人财，大能制压凶煞，召吉最为紧要，乃年月之立移也。论月八节三奇者，乃天上乙丙丁，贵人干福之气萃于一官，能压制地下凶神恶煞，发福吉祥，并坐向得之，造葬、移居上官、娶妇、入宅并吉。

又论修造埋葬，三奇到山为盖，前方向为照，如奇星到处能压小可凶煞，惟年月家紧切凶神不能制压，最忌犯之，犯者见灾。此奇所到乙奇，止得十五日，丙奇得三十，自丁奇得四十五日，惟用丁奇，得日稍久。

遁甲三奇最有功，山向修方实可宗。
选择良期如合此，何悉诸煞不皈从。

注云：此方山向修方，若与吉课再合三奇四吉临位，则神煞自降伏矣。

论飞天禄马、六壬天罡年月所载，佐玄真人云：夫人五音立宅迁坟，但课取禄马相对山头方向者，一任用二大作，十二年无灾，年年进益。又云：修方下向动作山头，年年发福一纪昌荣。诀云：马到山头人富贵，禄到山头贵子生；忽然禄马皆同到，定知富贵出公卿。此之谓也。

贵人禄马喜相过，八字休囚怎奈何，
格局相成扶日建，管教发福不消磨。

注云：言山向修方，若遁得命下贵人禄马及年家贵人、禄马同位，再得课中八字生旺合成格局，则自然发福不替矣。

消择何曾羡吉期，全凭造化讨真机，
年月若然成格局，世代荣华福禄基。

注云：此言若得以上诸吉神而不得吉课，无用也。深言造葬修方皆贵在年月上吉，故经曰“年月无如造命法，装成好命资人为”是也。

论用年月日法，一行神师及桑道茂定宅经论，凡人起造指为第一必先得三白九紫在，其得当有气年月用之。

按陈希夷三元遁甲择日之法，乃日白之法，既旺日白又将日白入中宫飞出八方，求紫白到方，或入中宫能押地下凶煞。历书云：千工万工当求年白，百工十工当用月白，日白兼用时白。凡开山、立向、修方、新立舍宇，或修作方道遇三白、九紫有气生旺年月最吉，推月白、日白福为重，时名为福较轻。

论用都天转运帝星所到之宫，或官符、流财、血刃一任修作，大吉，遇凶即凶，遇吉即吉，此老成者试之有验也。

论用紫微鸾驾，阳龙阴克帝星君年月日时，诸星到开山立向修方之处，能押制月家琐碎，诸神煞较之诸家帝星，此一家帝星众术者用之。

论用紫微鸾驾日帝星又中宫修茸中宫，人多用之，知其月有煞，煞在中宫则不能押制，如无紫煞，修作无妨。如厅堂值日大煞白虎、雷霆白虎到中宫，亦不能押制。

论用紫微鸾驾帝星年月，此一家年月取天台星、天克、天帝、天福到方山向，修作大利。

论用紫微鸾驾年帝星入中宫，月帝星入中宫。

诀云：帝星入中宫宜倒堂、立宅、修造并合阳年阳月、阴年阴月，又合通天窍、走马六壬。以上诸吉月日，用之修作、安葬，大主进益，若中宫杀忌之。

论用紫微鸾驾，年龙、月兔、日虎、时牛、帝星、周仙罗星，年龙月兔帝星与紫微鸾驾帝星同位，又名夹罗帝星，修作大吉。

论用人皇鸾驾帝星年月，如修造葬埋修方吉星所到之处，任意施为。

论押杀帝星年月，人家作用如何排，名随五行报休咎。金星但用火星擒，木星却用金真好。火星用水押灾殃，上用木星为吉兆。若还遇得此立微，变凶作吉为祥曜。帝星押煞属水方向，遇之能押火星。司徒煞属木方向，遇之能押太岁帝星。崇班此星属水方向，遇之能押火星凶煞。

以上诸家帝星，开山、立向、修方如不值年月紧杀，但得一家帝星吉神尽照，竖造、安葬、修方并吉，但是平稳而已。

论用盖山黄道、黄罗年月内，若得吉神到山头，立向修方之处，造葬修造大利。

论用阴阳贵人，冬至后用阳贵人，夏至后用阴贵人。如时家贵人，子时至巳时用阳贵人，午时至亥时用阴贵人。如贵人到山头方，并能制地下凶神恶煞。

论用三元蚕白，修方开门放水大宜养蚕，如人家火不熟蚕宜修，逐年月家三白九墓方道即见应验。仍避本年蚕室至命方道，如值春二月，切忌修作。

论用一行神师四利三元年月，惟太阳，龙德、太阴、福德四星，如中宫山头方向，若到修营造葬，百事大吉。

论用李淳风四利三元年月，此名押煞三元，惟四吉加临之处，首宜修作大吉利。

论用本命禄马贵人、太岁禄马贵人，开山立向修方至吉，三合拱照财日外至应速正照山向应禄马与贵人同此例推，能旺财官生贵子，发福添丁进眷。

论用差方禄马贵人，主旺人财谷产业官贵，坐山向至吉，修方次之。

论用催官年月，主催利用发官禄，其法用官里印星催官鬼，使官国星利用黄甲方验也，更合诸贵，各局神妙。

论用三德，岁德、天德、月德是也，能押官符，解官讼，制凶神，百事用之吉，宜还宫力垂，吊宫次之。

论用解神、天赦、唱散星、星恩、天赫、天恩，能解官讼，诸凶神煞山向修方，用之至吉，百事皆吉。

论用岁合天道，着合到山宫修造、安葬、出行、嫁娶、行兵、出伍，并不忌一百二十位神煞，万事吉。

论用太阳正殿四大吉时，凡遇加临山向方隅，六神藏四煞没，每日一时，居垣入局，用之极吉。，余三时亦吉，万事并吉。不忌旬中空亡、截路空、孤辰、寡宿、大败等时。

论用唐符、国印、五符、三星到方，并不忌一百二十位神杀，出行、日实、出兵、捕盗，万事所为御吉。

论天罡时，凡遇天罡到方，并不忌一百二十位凶神等煞，行兵破阵必胜，凡所用并吉。

论用奇门遁甲，全在超接正闰分明，用之验也。若超接正闰不明知，盲人端物，暂得而不常，用之无益，能明超神接气正闰之法，克择为神妙。不问出行、嫁娶，主官入宅。日家同断，修造、埋葬，万事□动，无往不吉也。

诸论吉星到山及方向吉星到山，为到方向为照，若吉星到山到向并照中宫，竖造、安葬大利。如修方对官方，主大吉星，名曰吉星照方，修作大吉利。

诸书可用

凡天德及天德合、月德并月德合、岁干、岁干德合、支德合、天道行岁、天道、黄道、吉方鸣吠、四大吉向、奏书、博士、金星、房星、人道、利道、天仓、地仓、人仓、同生气、华盖、官国星之类，亦宜参互用之，但不可以专于此，亦不可以求全备也，但先以造命为主，遇成格局生旺有气，然后合而用之，则可以吉也。

论用金匮方修造，主旺财人丁。申子辰年午方，亥卯未年卯方，巳酉丑年酉方，寅午戌年午方。

从辰吉论

论天赦日

春戊寅日，夏甲午日，秋戊申日，冬甲子日。

盖云天之生育万物也，而宥有其罪，甲戊为干之德，子午为阴阳之成，寅申为阴阳之立，以午配之赦宜疏狱、洗冤、施恩、恕罪、祀神、赛愿，更为上吉。次吉并可修造、起工、入宅、分居，动作百事皆吉。世人若合此日修墓最吉。然五月甲午、十一月甲子为天赦，却与天地转煞日同，加以月建厌动，忌修造起工，动工极凶。

论天喜日

按春戌，夏丑，秋辰，冬未，而今人不原其理，全于卦书中得其要领，大抵天喜日辰与月建合起谓之天喜。假如正月建寅用亥日，乃寅与亥合。又如二月建卯用戌日，卯与戌合是也。

论天德母仓日

正丁二坤宫，三壬四辛同。

五乾六甲上，七癸八艮逢。

九丙十居乙，子巽丑庚中。

然有甲丙庚壬乙丁辛癸日而无乾坤艮巽之日，如坤即甲、乾即亥、艮寅巽即巳。

论天德合日

陈中火云：天德合，盖二月申日，申与巳合。五月亥日，亥与寅合。八月寅日，寅与亥合。十一月巳日，巳与申合。如正月丁为天德，丁与壬合以壬为天德合日。又如六月甲为天德，甲与巳为天德合日。余仿此。

五行论月德壬子，故巳日恩也。

论月德日

赵哉云：正五九月寅午戌火，火旺在丙。二六十月亥卯未木，木旺在申。三七十一月申子辰水，水旺在壬。四八十二月巳酉丑金，金旺在庚。皆取四旺处以为月德之地也。

论岁天道

陈希夷云：

丑未之年甲庚过，寅申之岁乙辛坐。

卯酉却向辰巽上，辰戌如福丙壬做。

巳亥之年丁癸方，子午之年坤长厝。

今参详旧本惟有辰戌丑未四年所占方向并同，如子午寅申卯酉巳亥八年与甲本方向不同。

论青龙黄道

青龙黄道须值诸凶，厝书半古，若得天德月德天值吉神，仅可少为吉而用。

明堂黄道、金匮、天德、玉堂、司命百之用之吉。黑道凶。

正七起子二八寅，三九原来却在辰。

四十须知午上立，五十一月宿居申。

六十二月起在戌，黄道为祥黑道兴。

更从月加十二字，有之近吉无之凶。

假如正月从子上起，道远几时通达，路届何日还乡，十二字遇字有之达者为黄道，无之达者为黑道，黄道百事吉。

论福生要安日

正寅二申三起卯，四酉五辰六戌先。

七巳八亥九起午，十子十一未上传。

十二月从何处起，却从丑上起回旋。

假如正月从寅上起要安，顺行十二宫。余仿此。

要安吉　金堂吉　玉堂吉

龙虎凶　罪至凶　敬心吉

普护吉　福生吉　受死凶

圣心吉　益后吉　续世吉

右从要安数起，逐位数至绩世，遇吉则吉也。

吉神总论

天德、月德、天德、合月、德合、天恩、天瑞、天福、天喜、月恩、日吉，母仓、玉堂、金堂、要安、普护、福生、明星、黄道、上吉、次吉，诸吉用之，百事皆吉。

论天地转杀凶日

历云：盖物极则反谓之转。如春兔忌二月卯日，夏马忌五月午日，秋鸡忌八月酉日，冬鼠忌十一月子日。

如起造、修茔、动土、填塞、起井、穿井、街路筑墙用其日，起工、修造、动土决主凶祸。开池禁止外不忌右其煞，如春木旺见乙卯乃连干旺，谓之天转；见辛卯乃旺连纳音谓之地转。夏火旺见丙午乃旺连干，谓之天转；见戊午旺连纳音谓之地转。秋金旺见辛酉乃旺连干，谓之天转；见癸酉乃旺连纳音谓之地转。冬水旺见壬子乃旺连干，谓之天转；见丙子乃旺连纳音，谓之地转。与月建同日最凶。

今人但知春兔、夏马、秋鸡、冬鼠，不自知有正转杀日，春癸卯金，夏丙午水，秋辛酉火，冬庚子土，与月建同日则此四日最凶。盖天地之间惟旺主杀，如无刑击克，克或未见其凶，所以为祸最惨，克其支之旺，若犯此四日，决主见灾矣。

论四废日

春以庚金为废，夏以壬水为废。

秋以甲木为废，冬以丙火为废。

春庚者而申亦属金，夏壬者而子亦属水，秋甲者而寅亦属木，冬丙者而午亦属火，谓之干支连见逢。经云：日废者五行无气之日，福德不临之辰，百事皆忌用。

《阴阳备要》云：春庚辛，夏壬癸，秋甲乙，冬丙丁，为四废之日。乃五行无气，福德不临之辰，诸历皆忌修造，用之或事不能了，因值正四废之日。

诗曰：

庚申辛酉春四废，壬子癸亥夏时当。
甲寅丁卯秋月值，丙午丁巳冬季防。

尤当避也，其日只宜置棺木，主生生贵，如破土安葬亦不忌，余事并忌，单为傍四废，吉星多则不忌。

论天地争雄受死日

争雄受死日，归河皆断绝。
本持山川地，平原成窟穴。
出军用此日，不久遭亡灭。
嫁娶用此日，生死并离别。
出行用此日，遇虎亦蛇龙。
行船用此日，波浪遭沉没。
经商用此日，本利尽消折。
每月有三日，凶败离言说。
世人若避此，代代逢明月。

论天贼日例

孟满仲破季逢开，春夏秋冬日共裁。
荧入白兮贼不至，反此必主贼人来。

且此日若修造、动土、竖柱、上梁、求财、出行定遭贼盗，若值天狗不食时，再合奇门荧入太白，方能守护，其余不准。

论地贼日例

地贼星辰不自由，正七逢开二八收。

三九逢危四十执，五十一月向平求。

六十二月逢闭位，犯着之时事不周。

竖柱营经皆宜忌，种植逢之种不留。

按：地贼自此诗考之不错，原正七逢闭，六十二逢除，正月从丑逆行，非是也。今改正七逢闭之例，则子午各占三个月，而丑寅未出俱无犯此，何故？明无差是也。

论灭没日

朔辰遇角望亢求，弦日逢虚晦遇娄。

虚鬼盈牛为灭没，造葬经营百事休。

其日乃天地灭绝之日，凡上官、出行、起造、入宅、婚姻，百事忌用，乃虚为灭，又盈为没，皆非天地之全气，故凡事不可用也。

永定二十四山年月

大利配合山头吉凶。

假如壬子山属水，阳山宜用申子辰寅午戌年月日时合格，不宜夹阴杀，则指男子。《天符经》云：先课子午寅申岁，更兼辰戌共同推。只有丙午主子吉，坤庚寅申旺儿孙。此之谓也。

其壬山又宜阴年以进三煞，取阳年月日阳以补气无害。

如正月半吉，合马在寅，正月须泄无，却无阴煞，喜有马扶为吉。二月犯阴煞，又泄气陷长子，三月库在辰，故半吉，四月火旺水死，五月同，六月土旺克制，七月金旺水利，三冬水旺皆吉。余山依此逐一开列于后以便推究。

亥山丙向，年宜子丑卯辰巳未未酉亥年大利，阴府太岁忌丁壬二干。

子山午向，年宜子寅辰午申戌年大利，余凶。

阴府太岁忌丙辛二干山，用阳年阳月日时吉，正月半吉，二月泄气损长子凶，三月半吉，四月杀家长宅母凶，五月损小口退败凶，六月损阴人，七月大吉进口，八月进血财人口，九月半吉，十月半吉壬山吉，十一月封官职，十二月半吉，进牛羊。

四柱以上为天星开口。

黑煞曜斩人。

甲次吉进田，乙损阴人，壬山次吉，丙合壬山、进牛、甲子山凶，丁半吉，戊大吉，己犯天星杀人，庚封官职，辛退田牛、奴婢，壬进田牛、壬山凶，癸小吉，进人口猪羊。

申子辰三合，正局发福。

寅午戌三合，财局封官。

巳酉丑三合，犯杀，凶。

亥卯未三合，泄气换人丁，一气干支暗并贵格吉，禄暗三合不可犯阴杀。

癸山丁向，年宜子丑卯巳未酉亥年大利，余凶。阴府太岁忌丙辛二干。

亥山巳向，年宜丑卯巳未酉亥年大利，余凶。

阴府太岁忌戊癸二干。

癸山周号年月合禄，吉。

正月泄气损宅长，二月变木运、半吉、进财，三月凶，四月变火运、半吉，五月杀阴人小口，六月变土运、进牛羊，七月犯阳，八月大吉进田，九月地曜杀人，十月大吉封官，十一月半吉，十二月进田半地牛羊。

四柱以上为天星开口。

辰戌为地曜斩人。

甲申得下干合亥山半吉，乙变金火运进田地，丙犯阳杀损人丁，丁封官，戊天星癸山半吉，己天星开口，庚合癸山半吉，辛合亥山进财、癸山凶，壬进田地生贵子，癸合癸山进相地生平。申子辰合巳阳杀凶，巳酉丑合生局封官，寅午戌合杀阴人小口。

亥卯未合变金木运，大吉。

亥卯未合变水土运，大凶。

丑山未向，年宜丑卯巳未辰酉戌亥年，大利。

阴府太岁忌乙庚二干。

未丑丑向，年宜辰巳未酉戌亥年，大利。

阴府太岁忌戊癸二干。

辰戌午小利，合局吉。

正月杀宅母奴婢，二月半吉，三月次吉，四月大吉进田，五月半吉，六月大吉进牛羊，七月退田地中场，八月变金水运吉，九月半吉，十月大吉，十一月半吉，十二月大发。

四柱木为天星开口。

八字为地曜斩人。

甲遇丁合未山半吉，乙合未山半吉、丑山凶，丙半吉，丁封官吉，戊半吉，己进田地，庚杀男子，辛变金火运大吉，壬半吉，癸合丑山进田地、未山凶。申子辰合犯明杀损小口，巳酉丑合变金运方申酉字吉，寅午戌合退凶，亥未暗合吉，变木运方用卯字吉，辰戌丑未正、局大吉，夹巳午吉，余凶。

辰山坤向，年宜子寅午戌年，大利。

阴府太岁忌甲己二干。

戌山辰向，年宜子丑寅申午戌年，吉利。

阴府太岁忌丁壬二干。

坤山艮向，年宜寅辰午申戌，年利。

阴府太岁忌丙辛二干。

辰山戌向，年宜子丑寅辰午申未戌年，大利。

阴府太岁忌丙辛二干。

正月半吉进牛羊，二月损小口奴婢，三月大吉进田，四月半吉，五月大吉，六月次吉，七月变金运大吉，八月不吉，九月进田地，十月小吉，十一月进田地中场封官，十二月次吉进人口牛羊。

四柱口为天星开口。

卯为地曜斩人。

甲变木运、生贵子、进牛羊、艮山凶，乙杀家长、坤山半吉，丙封官、坤艮二山凶，丁损男子小口，戊进田地吉，己半吉、艮山凶，庚变水火运封官，辛退败，壬进田地，癸犯阴杀凶。申子辰合财局封官，巳酉丑合退败，寅午戌合助局大旺，辰戌丑未正局大吉，亥卯未合伤阴人小口。

寅山申向，年宜子辰寅午申戌年，大利。

阴府太岁忌丁壬二干山，辛向年宜子寅辰午申戌年，大利。

阴府太岁忌丙辛二干。

正月旺人丁，二月半吉，三月进田地金银，四月泄气伤长子，五月变水火土运吉，六月凶，七月变金水木运吉，八月犯地曜杀小口，九月半吉，十月小吉，十一月大吉进金银，十二月半吉。

四柱辛为天星开口。

酉为地曜斩人凶。

甲大主封官，乙半吉，丙变火运大吉、乙山凶，丁损小口，戊进田地，己伤人口退田，庚变金水运大吉，辛犯天星开口，壬合乙山、进损财、寅山凶，癸犯阴煞凶。申子辰合生旺局封官，寅戌暗合大吉，庚火运方用午字，巳酉合地暗斩人凶，亥卯未合犯阴煞，合格不可犯阴煞，凶。

丙山庚向，年宜子寅辰午申戌亥年利。

阴府太岁忌乙庚二干。

卯山酉向，年宜丑卯巳未酉亥年利。

阴府太岁忌戊癸二干。

巽山乾向，年宜子丑寅卯巳未酉亥年利。

阴府太岁忌甲己二干。

正月次吉，二月封官生贵子，三月半吉，四月变火运吉、巽内进牛羊，五月杀宅母奴婢，六月次吉，七月杀小口，八月犯地曜、巽山半吉，九月犯阴杀，十月福禄至，十一月半吉，十二月进人口金银。

四柱庚为天星开口。

申为地曜斩人。

甲次吉进田、巽山凶，乙合卯山进田、甲山凶，丙泄气损男子、退牛羊，丁大吉进牛田，戊退败，己进田地、巽山凶，庚杀小口、巽山半吉，辛变金火运进金银，壬半吉，癸合甲巽吉。卯山凶，申子辰合犯阴杀凶，巳酉丑合凶、巽山半吉，酉字宜暗合，寅午戌合泄气损人口，亥卯未合正局封官，吉。

巳山亥向，丁山癸向，年宜丑卯巳未酉午年，大利。

阴府同忌乙庚二干。

正月犯阴杀凶，二月进田地山场，三月伤人口退牛羊，四月封官，五月半吉，六月吉，七月退败，八月变金运吉，九月凶损小口，十月变水运次吉，十一月杀家长长子，十二月半吉。

四柱壬为天星开口。

子水地曜斩人凶。

甲合丁壬吉，乙杀二人，丙半吉，丁封官戊退败，己变金运吉，庚退奴婢，辛封赠官贱生贵子，壬天星开口杀人，癸变木运吉。申子辰合犯地曜斩人，巳酉丑合财局兴旺，亥卯未暗合封官，阴官卯字癸，福生贵子。

寅午戌合凶，四丁，四乙，四己，四巳，四水，四丑，合局吉。

丙山壬向，年宜丑寅巳午未酉亥年利。

阴府太岁忌甲己二干。

午山丁向，年宜子寅辰午申戌年，大利。

阴府太岁忌丁壬二干。

正月进田地，二月杀阴人，三月半吉，四月半吉，五月封官，六月退败，七月变金运吉，八月大凶，九月次吉，十月杀宅母小口，十一月变水运次吉，十二月退败。

四柱癸水为天星开口。

亥未为地曜斩人。

甲合午上进田、丙山凶，乙杀宅长长子，丙封官，丁半吉、午山凶，戊变口运，吉，己退败，庚进田地，辛合丙山吉，壬凶，癸犯天星。

申子辰合犯地曜斩人。巳酉丑合伤小口。寅午戌合正局封官生贵子。亥卯未合退败。

丙山用阳年阳月阳日时补，吉，寅午二年大吉。

甲山寅向，年宜子寅辰午申戌年，大利。

阴府太岁忌丙辛二干。

辛山乙向，年宜子寅辰午申戌年，大利。

阴府太岁忌甲己二干。

正月半吉，二月退田，三月进田地，四月杀宅长，五月凶败，六月退瘟灾凶，七月封官，八月大吉，九月进金，十月退败，十一月进田地，十二月凶。

四柱丁火为天星开口。

巳火为地曜斩人。

甲合申山吉辛山凶，乙退败，丙合辛山吉、申山凶，丁犯天星凶，戊进甲午，己杀宅长长子，庚封官大吉，辛合辛山吉、申山凶，壬大吉进人口，癸泄气。

申子辰合泄气，亥卯未合犯阴杀。巳酉丑合正局亥克制。寅午戌合凶。

四庚，四申，吉。

庚山甲向，年宜子寅辰午申戌小利，酉年小利。

阴府太岁忌戊癸二干。

酉山卯向，年宜丑卯巳未申酉亥年，大利。

乾山巽向，年宜丑卯巳未申酉亥年，大利。

阴府酉乾向忌乙庚二干。

正月杀宅长及长子，二月、三月退败，四月损人口牛羊，五月退败，六月进坤地牛羊，七月半吉，八月封官，九月退败，十月吉、乾山封官，十一月、十二月次吉。

四柱丙为天星开口。

午为地曜斩人

甲合乾山大吉，乙合庚山吉、酉乾山凶，丙天星，丁进金银器，戊凶，己进田地山场，庚合庚山半吉，辛封官吉，壬退败凶，癸次吉、庚山凶。

申子辰合犯阳杀泄气。巳酉丑合正局封官吉。亥卯未合财局发福吉。寅午戌合地曜斩人凶。六丁，六巳，六酉，六丑，俱吉。

以上二十四山未定年月大利，十干配合进退吉，立三合配山俱以正五行山头所属而论迪吉，避凶，合吉，无不吉利。

生进克出定论

山头须要克年干，年月日时总一般。
若遇桓生为吉庆，合支克日见封官。
山头克年家长益，山头克月宅母强。
山头克日人丁旺，山头克时百事昌。

但凡选择年月，宜生旺时支，宜克出纳音，俱宜生进山头，不可生年月日时为气泄，不可用也。

如前一二干支有他及纳音泄，须求时日有补败则为吉，若俱泄则大凶，一合者亦要补助山，不宜泄气，克山则凶矣。

按山家为君，年月日时为臣，纳音为从役奴婢。

太岁未山纳甲为将帅君使臣以礼，臣事君以忠，不得臣悖君恩，奴来欺主，败而民乱也。

太岁者，当年太岁也，统领诸臣而事君也。四柱干支俱生进此利，此谓通大进神之妙，君臣庆云之格矣。

论山头克年干者，为君使臣以礼，若年干生山头是臣事君以忠，山家变运则是君臣之将帅，五行纳音有气乃佐助之神。若无佐助是败国之人也，若将帅佐助其君，得其位以致富盛，若不佐助人君则君败臣去。

凡要山头克年干为大吉，山头若生年干为泄气。又要皇运主山头大妙，只用四柱纳音金木水火土，首全神关为音也。

玄机云：

少死泉门眷属多，只因移造犯凶课。
牛田卖尽倾家去，彼败贫穷怎奈何。
第一且看山头利，次论行年运及身。
四柱合路为奇妙，虽凭造命体中和。
通本年月谁家有，时师熟记玄机歌。

穿山甲

（一名崩天太岁一名本山太岁）

取本年甲以五虎元遁起冬至后，来年例用。

甲己之岁乾为首，丙辛却在午上藏。
丁壬但逢巽上是，戊癸却问艮州郎。
乙庚但从何处是，此杀元来在坤方。

若戌日辰并纳音克犯本山太岁吊客煞，名曰崩天太岁，煞至凶。

又看六甲战克，地支克天干大凶，干克地支比和，则大吉。

年年以穿山甲为主，若本山以吊宫比和，主进财，生贵子，子孙科第相继。寅太岁，假如寅山甲向用甲辰年遁得丙寅火山，用十一月甲申日，水克本山丙寅，火三年内主寅灾死亡人，但甲申顺数去见庚寅木有救，故主先凶后吉。

此例不宜克本山遁见，又不可泄本山之气，俱凶。宜午求山比和，克山为吉福也。

禄马贵人起例

本命太岁真禄马贵人起例

真禄歌诀：

以五虎遁如甲在起丙寅为真禄也。

甲禄在寅，乙禄在卯。
丙禄在巳，丁禄居午。
戊禄在巳，巳禄居午。
庚禄居申，辛禄居酉。
壬禄居亥，祭禄居子。

真禄歌诀：

以五虎遁，如甲申辛丙寅为真马是也。

申子辰马居寅，寅午戌马居申。
巳酉丑马居亥，亥卯未马居巳。

阳贵人歌诀：

庚戊逢午甲在辛，乙猴己鼠丙鸡方。
丁猪癸蛇壬是兔，六辛逢虎贵人阳。

阴贵人歌诀：

甲贵寻牛庚戊羊，乙逢鼠位己猴乡。
丙鸡丁猪辛见马，壬蛇癸兔属阴方。

本命太岁真禄马贵人定例

诗云：

本命禄马顺支游，年月日时一例求。
真从本命寻禄马，天乙贵人亦同流。
求官求禄巽求见，贵人禄马如相随。
十二宫中飞一匝，天皇地曜应休期。

太岁入宫寻命贵，月建入宫寻岁贵。

若还两贵同到宫，富贵功名容易至。

例云：寻造葬本命禄马贵人，以太岁入中宫遁飞，到所作山向，谓之命贵也。

岁贵例云：寻用事当年太岁禄马贵人，以时用月建入中宫遁到山向，谓之岁贵。

本命真禄马贵人以本岁入中宫例云

凡用禄马贵人，必复寻本命真禄、真马、真贵方为有力，盖竖造以家长本命为主，葬以亡人本命为主。假如辛酉生人，禄在酉，马在亥，阳贵在寅，阴贵在午，用亢雷贵辛酉，起庚寅即是本命真阴贵人，甲午是阴贵人也，丁酉是真禄，己亥是真马。更将太岁入中宫顺飞，看贵人禄马遁到何方位，如用申年甲申即将甲申太岁入中宫，乙酉在乾，丙戌在兑，丁亥在寅，戊子在离，己丑在坎。庚寅阳贵人在坤，辛卯在震，壬辰在巽，癸巳在中。甲午阴贵人到乾，乙未在兑，丙申在寅，丁酉真禄到离，戊戌在坎，己亥真马到坤，则坤乾离三位得真禄马贵人立以此为例，他皆依此，更合得太岁真禄马贵人同到山为上吉也。

太岁真禄马贵人以月建入中宫遁例诀

凡禄马贵人，次当太岁真禄、真马、真贵人方为有验在，如甲子年禄在寅，马亦在寅，阳贵人在未，阴贵人在丑，用五虎遁，甲子起丙寅，即丙寅为真禄真马，辛未为阳贵人，丁丑是阴贵人。冬至后逆遁，如正月用事，即将月建丙寅入中宫，其年正月丙寅真禄真马到中宫顺行，丁卯到乾，戊辰兑，己巳艮，庚午离，辛未阳贵人到坎，壬申在坤，癸酉在震，甲戌在巽，乙亥在中，丙子在乾，丁丑在贵人到兑，则中坎兑三方得真禄真马吉，以此为例，他皆以此遁例。

如有本命太岁真禄真贵人，乃为造葬极吉之神也，如到山到向造葬上吉利，到方修造催官发财进禄至速，如官员主在禄马，随临贵人集禄，位至高升，极吉之兆也。

如安葬亡人本命，遁得禄马贵人到山向，极吉也。太岁禄马贵人若合得到山向，诸空亡亦能控制，盖未有得官禄而空亡，无权之理耳，故先辈习杨曾廖诸遗课，不避亡人空亡，空亡非故犯也。

盖其是合得亡人真禄马真贵人到山向，所以空亡无足为害矣，后人不知察此，遂藉此谓古人不忌空亡而招其害者有之，以存其说字者，不可不知。

论禄马贵人，竖造要家长本命造，葬以亡人本命起真禄马贵人为上吉，太岁真禄马贵人次之，古本通书皆逐日单取十二支者，故不为真禄马贵人，不足信矣。

论太岁压本命，合得真禄马贵人者亦不忌，如甲申生人丙寅年、壬申月修甲宫，即木命上太岁同宫，却不是压命杀。盖甲申生人丙寅为真禄马，谓之岁禄临身而反吉福矣，其太岁压本命，若命得真禄马贵人到年月日则不忘也。余仿此而推。

十干喜神

（百事合之主有喜事）

甲年（寅卯）　乙年（戌亥）
丙午（申酉）　丁年（午未）
戊年（巳午）　巳年（寅卯）
庚年（戌亥）　辛年（申酉）
壬年（午未）　癸年（辰巳）

差方禄马贵人阴阳贵人年月日时九宫起例歌

阳子午乾辰戌震，寅申离上戊还原。
六样顺布三奇逆，行到中宫寄艮垣。
阴子午乾辰戌离，寅申旬首震宫期。
戌亦还原申坤阳，六样逆布顺三奇。

冬至阳遁六三九起甲逆三奇，顺布六样，逢戊还元。

夏至阴遁六九三起甲顺三奇，逆布六样，逢戊还元。

差方禄马贵人起例歌诀

坎来羊位艮头龙，巽官犬吠巽宫牛。
乾宫赤马无人问，坤宫庚子开秋秋。
金鸡飞上扶桑国，玉兔还归西岭起。

金鸡飞上扶桑，即是卯兑宫年月日时，卯上起十二星是也。

玉兔即是震，西岭即是酉，震宫年月日时，酉上起十二星是也。

十二星例

天罡，正马，太阳，太乙，胜光，小吉，传送为雁禄，太阴，从魁，河魁，登明，神后为贵人，大吉，功曹，太冲。

三合到白

三合：寅午戌，巳酉丑，申子辰，亥卯未，乾甲丁，坤乙辰，艮丙辛，巽庚癸。

注曰：正马到，君子加官，常人进财；正禄到，君子加官，常人进横财。

贵人到，主三年内生贵子，君子加官，常人进财，俱要合白星同生旺为上吉也。

其法须先看前阴阳二局图内外，用午月日财化位何宫。如冬至后丙子在坎宫，歌云：坎求羊位即在未上起十二星，不问阴阳二遁，俱顺数，掌上十二宫，未上天罡正马太阳，申上太乙，酉上胜光，戌上小吉，亥上传送。正禄太阴子上从魁，丑上河魁，寅上登明，卯上神后贵人，辰上大吉，巳上功曹，午上太冲，数到未上即天罡正马，则亥未卯三山有差方禄马贵人。又看盖山白星，亦查前图中到其宫，如在坟即移一白星人柳山掌，不问阴阳，俱顺行九宫，一白中宫，二黑到乾，三碧到兑，其余节节数去，则中宫得一白，坎宫得六白，震宫得八白，巽宫得九紫。余仿此推。

捷诀歌

坎兑皆宜木局方，水局坤艮位真良。
震巽二方金局吉，乾离火局兆祯祥。

山家墓龙变运定局

（二十四山墟法）

山家运	金　木　火　水　土
正五行	乾申庚酉巽寅申卯巳丙午丁亥壬子癸坤艮辰戌 辛　乙　离　坎　丑
八卦五行	乾甲酉丁巽辛卯庚午壬寅戌子癸申辰艮丙坤乙 巳丑　亥未
洪范五行	酉丁乾亥卯艮巳午壬丙乙甲寅辰巽丑癸坤庚 戌坎辛申未
甲己年	乙丑金运忌辛未土运忌甲戌火运忌戊辰木运忌金年月日时 大年月日时木年月日时水年月日时冬至后当作下年运用事
乙庚年	己丑火运忌癸未木运忌丙戌土运忌庚辰金运忌火年月日时 水年月日时金年月日时木年月日时冬至后当作下年运用事
丙辛年	己丑火运忌乙未金运忌戊戌木运忌壬辰水运忌木年月日时 水年月日时火年月日时金年月日时冬至后当作下年运用事
丁壬年	辛丑土运忌丁未水运忌庚戌金运忌甲辰火运忌水年月日时 木年月日时土年月日时火年月日时冬至后当作下年运用事
戊癸年	癸丑木运忌己未火运忌壬戌水运忌丙辰土运忌木年月日事 金年月日时水年月日时土年月日时冬至后当作下年运用事

年克山运定局

甲己年年克山运定局

山运		金	木	火	水	土
甲己年	先年冬至	辛未土运	甲戌火运	戊辰木运	戊辰木运	
甲子年	后乙丑金运				年克冬至	年克山运
甲午年					后不克	冬至后不克
甲寅年				年克冬至		
甲申年				后不克		
甲戌辰年		年克冬至				
己丑未年		后不克				
己酉年		本年冬至				
己卯年		后克丁丑水运				
己巳年			年克冬至	冬至后半		
己亥年			后不克	月年克		

乙庚年年克山运定局

山运		金	木	火	水	土
乙庚年	先年冬至后	丁丑水运	癸未水运	丙戌土运	庚辰金运	庚辰金运
乙卯年		本年冬至后			过冬至后	过冬至后
乙酉年		克己丑火运			半月年克	半月年克
乙巳年						
乙亥年						
乙丑未年			年克冬至	过冬至后		
庚辰戌年			后不克	半月年克		
庚子年		年克过后				
庚午年		至后不克				
庚寅年				年克冬至		
庚辰年				后不克		

丙辛年年克山运定局

山运		金	木	火	水	土
丙辛年	先年冬至后	己丑火运	乙未金运	戊戌水运	壬辰水运	壬辰水运
丙子年		年克冬至			过冬至后	过冬至后
丙午年		后不克			年克	年克
丙寅年			年克冬至	过冬至后		
丙申年			后不克	年克		
丙辰戌年			过冬至后		年克冬至	年克冬至
辛丑未年			半月年克		后不克	后不克
辛卯年		本年冬至后				
辛酉年		克辛丑土运				
辛巳年			年克冬至			
辛亥年			后不克			

丁壬年年克山运定局

山运		金	木	火	水	土
丁壬年	先年冬至后	辛丑土运	丁未水运	庚戌金运	甲辰火运	甲辰火运
丁卯年				年克冬至		
丁酉年				后不克		
丁巳年			年克冬至	过冬至后		
丁亥年			后不克	半月年克		
丁丑未年		冬至后年		年克冬至	年克冬至	
壬辰戌年		克山运		后不克	后不克	
壬子年		年克冬至				
壬午年		后不克				
壬申年		本年冬至后				
壬寅年		克癸丑木运				

戊癸年年克山运定局

山运		金	木	火	水	土
戊癸年	先年冬至后	癸丑水运	己未火运	壬戌水运	丙辰土运	丙辰土运
戊子年		本年冬至后				
戊午年		克乙丑金运				
戊寅年				年克冬至		
戊申年				后不克		
戊辰戌年					年克冬至	年克冬至
癸丑未年		年克冬至			后不克	后不克
癸卯年		后不克			过冬至后	
癸酉年					半月年克	
癸巳年			年克冬至	过冬至后		
癸亥年			后不克	半月年克		

月克山运在后月家凶神定局。

年家开山立向凶神定局

开山立向诸家凶神局

<table>
<tr><th>岁干凶神</th><th>甲</th><th>乙</th><th>丙</th><th>丁</th><th>戊</th><th>己</th><th>庚</th><th>辛</th><th>壬</th><th>癸</th></tr>
<tr><td>正阴府</td><td>艮巽</td><td>乾兑</td><td>坎坤</td><td>离</td><td>震</td><td>艮巽</td><td>乾兑</td><td>坎坤</td><td>离</td><td>震</td></tr>
<tr><td rowspan="4">傍阴府</td><td rowspan="2">丙</td><td>甲</td><td>乙</td><td>丑</td><td>庚</td><td rowspan="2">丙</td><td>甲</td><td>乙</td><td>壬</td><td>庚</td></tr>
<tr><td>丁</td><td>癸</td><td>寅</td><td>亥</td><td>丁</td><td>癸</td><td>寅</td><td>亥</td></tr>
<tr><td rowspan="2">辛</td><td>巳</td><td>申</td><td>寅</td><td>亥</td><td rowspan="2">辛</td><td>巳</td><td>申</td><td rowspan="2">戌</td><td rowspan="2">未</td></tr>
<tr><td>丑</td><td>辰</td><td>戌</td><td>未</td><td>丑</td><td>辰</td></tr>
<tr><td>山家困龙</td><td>乾</td><td>庚</td><td>丁</td><td>巽</td><td>甲</td><td>乾</td><td>庚</td><td>丁</td><td>巽</td><td>甲</td></tr>
<tr><td>山家官符</td><td>亥</td><td>酉</td><td>未</td><td>巳</td><td>卯</td><td>亥</td><td>酉</td><td>未</td><td>巳</td><td>卯</td></tr>
<tr><td>穿山罗睺</td><td>戌</td><td>申</td><td>午</td><td>辰</td><td>寅</td><td>戌</td><td>申</td><td>午</td><td>辰</td><td>寅</td></tr>
<tr><td>浮天空亡</td><td>丙壬</td><td>丁癸</td><td>惭辛</td><td>庚甲</td><td>丁癸</td><td>丙壬</td><td>丁癸</td><td>丙壬</td><td>庚甲</td><td>乙辛</td></tr>
<tr><td>廖浮天空</td><td>壬</td><td>癸</td><td>辛</td><td>庚</td><td>坤</td><td>乾</td><td>丁</td><td>丙</td><td>甲</td><td>乙</td></tr>
<tr><td>头白空白</td><td>午</td><td>子</td><td>巽</td><td>子</td><td>丁癸</td><td>酉</td><td>坤</td><td>艮</td><td>乾</td><td>卯</td></tr>
<tr><td>值山血刃</td><td>申酉</td><td>壬</td><td>辛子</td><td>亥酉</td><td>巳</td><td>申酉</td><td>壬</td><td>辛子</td><td>亥酉</td><td>巳</td></tr>
<tr><td>山家血刃</td><td>乾兑</td><td>坎巽</td><td>坤艮</td><td>震</td><td>离</td><td>乾兑</td><td>坎巽</td><td>坤艮</td><td>震</td><td>离</td></tr>
<tr><td>四大星</td><td>丁</td><td>巽</td><td>甲</td><td>乾</td><td>庚</td><td>丁</td><td>巽</td><td>甲</td><td>乾</td><td>庚</td></tr>
<tr><td>千金血刃</td><td>申</td><td>寅</td><td>子</td><td>亥</td><td>巳</td><td>申</td><td>寅</td><td>子</td><td>亥</td><td>巳</td></tr>
<tr><td>升玄燥火</td><td>丑丁</td><td>申艮</td><td>辰辛</td><td>未癸</td><td>戌乙</td><td>丑丁</td><td>申艮</td><td>辰辛</td><td>未癸</td><td>戌乙</td></tr>
</table>

开山立向凶神修方凶煞

<table>
<tr><th>岁干凶</th><th>甲</th><th>乙</th><th>丙</th><th>丁</th><th>戊</th><th>己</th><th>庚</th><th>辛</th><th>壬</th><th>癸</th></tr>
<tr><td rowspan="4">金神
七煞</td><td>午</td><td rowspan="2">辰</td><td>子</td><td>丑</td><td>戌</td><td>午</td><td rowspan="2">辰</td><td>寅卯</td><td>戌</td><td>申</td></tr>
<tr><td>未</td><td>寅</td><td>卯</td><td>亥</td><td>未</td><td>子丑</td><td>亥</td><td>酉</td></tr>
<tr><td>申</td><td rowspan="2">巳</td><td>午</td><td>寅</td><td>子</td><td>申</td><td rowspan="2">巳</td><td rowspan="2">午未</td><td>庚</td><td>子</td></tr>
<tr><td>酉</td><td>未</td><td>卯</td><td>丑</td><td>酉</td><td>卯</td><td>丑</td></tr>
<tr><td>隐伏血刃</td><td>乾巽</td><td>子未</td><td>寅戌</td><td>亥乾</td><td>丑卯</td><td>乾巽</td><td>子未</td><td>寅戌</td><td>亥乾</td><td>丑卯</td></tr>
<tr><td>破败五鬼</td><td>巽</td><td>艮</td><td>坤</td><td>震</td><td>午</td><td>坎</td><td>兑</td><td>乾</td><td>巽</td><td>艮</td></tr>
<tr><td>□天太岁</td><td>辰巳</td><td>寅卯</td><td>亥戌</td><td>申酉</td><td>午未</td><td>辰巳</td><td>寅卯</td><td>戌亥</td><td>申酉</td><td>午未</td></tr>
<tr><td>升玄血刃</td><td>巳甲</td><td>子辛</td><td>申丙</td><td>亥庚</td><td>壬寅</td><td>己甲</td><td>子辛</td><td>申丙</td><td>亥庚</td><td>壬寅</td></tr>
<tr><td>朱雀</td><td>乾</td><td>坤</td><td>午</td><td>巽</td><td>寅</td><td>乾</td><td>坤</td><td>午</td><td>巽</td><td>寅</td></tr>
<tr><td>羊刃</td><td>卯</td><td>辰</td><td>午</td><td>未</td><td>午</td><td>未</td><td>酉</td><td>戌</td><td>子</td><td>丑</td></tr>
<tr><td>飞刃</td><td>酉</td><td>戌</td><td>子</td><td>丑</td><td>子</td><td>丑</td><td>卯</td><td>辰</td><td>午</td><td>未</td></tr>
<tr><td>正都天</td><td>子</td><td>乾</td><td>子</td><td>乾</td><td>兑</td><td>午</td><td>巽</td><td>午</td><td>巽</td><td>卯</td></tr>
<tr><td>傍都天</td><td>艮兑 中</td><td>乾
兑</td><td>巽</td><td>卯
坤</td><td>午
子</td><td>艮
兑</td><td>中
乾</td><td>巽
中</td><td>坤
卯</td><td>午
子</td></tr>
<tr><td>游都天</td><td>兑</td><td>午</td><td>巽</td><td>卯</td><td>子</td><td>卯</td><td>子</td><td>乾</td><td>兑</td><td>离</td></tr>
<tr><td>夹杀都天</td><td>巽</td><td>申</td><td>乾</td><td>庚</td><td>丁</td><td>巽</td><td>甲</td><td>乾</td><td>庚</td><td>丁</td></tr>
</table>

开山立向修方凶神定局

岁支凶	子	丑	寅	卯	辰	巳	午	未	申	酉	戌	亥
坐山罗睺	乾	艮	巽	离	兑	坤	坤	艮	坎	坎	巽	乾
天官符	亥	申	巳	寅	亥	申	巳	寅	亥	申	巳	寅
地官符	辰	巳	午	未	申	酉	戌	亥	子	丑	寅	卯

（续表）

岁支凶	子	丑	寅	卯	辰	巳	午	未	申	酉	戌	亥
罗天灸退	申卯	壬子	庚酉	丙午	甲卯	壬子	庚酉	丙午	甲卯	壬子	庚酉	丙午
支神退	巽兑	巽兑	坎	坎	坎	坎	乾	乾	坤艮	坤艮	离	离
山家火血	甲庚	乙辛	丙壬	丁癸	甲庚	乙辛	丙壬	丁癸	甲庚	乙辛	丙壬	丁癸
山家刀砧	乙辛	甲庚	甲庚	丁癸	甲庚	丁癸	甲庚	丁癸	甲庚	乙辛	丙壬	丁癸
白虎煞	申	酉	戌	亥	子	丑	寅	卯	辰	巳	午	未
阴中太岁	未	午	巳	辰	卯	寅	丑	子	亥	戌	酉	申
打劫血刃	坤	艮	乾	坤	离	巽	坤	艮	乾	坤	离	巽
劫煞方	巳	寅	亥	申	巳	寅	亥	申	巳	寅	亥	申
灾煞即二煞	午	卯	子	酉	午	卯	子	酉	午	卯	子	酉
岁煞	未	辰	丑	戌	未	辰	丑	戌	未	辰	丑	戌
坐煞向煞	丙壬	甲庚	丙壬	甲庚	丙壬	甲庚	丙壬	甲庚	丙壬	甲庚	丙壬	甲庚
	丁癸	乙辛	丁癸	乙辛	丁癸	乙辛	丁癸	乙辛	丁癸	乙辛	丁癸	乙辛

立向凶神修方凶神紧煞定局

岁支凶	子	丑	寅	卯	辰	巳	午	未	申	酉	戌	亥
巡山罗睺	乙	壬	艮	甲	巽	丙	丁	坤	辛	乾	癸	庚
马前六害	甲	壬	庚	丙	甲	壬	庚	丙	甲	壬	庚	丙
翎毛禁向	甲庚	乙辛	丙	丙	甲庚	丙壬	甲庚	甲	丁	癸庚	庚	丙
	丙壬	甲庚	壬	壬	丁癸	丁癸	丙壬	庚	壬	丙壬	辛	壬
九天朱雀	卯	戌	巳	子	未	寅	酉	辰	亥	午	丑	申
通天大煞	寅卯 辰巳	申子	申酉戌	午未	寅卯 子辰	亥	子	申酉戌	午子 未卯	寅亥 辰子	申酉戌	午未
星天大煞	卯	子	酉	午	卯	子	酉	午	卯	子	酉	午

（续表）

岁支凶	子	丑	寅	卯	辰	巳	午	未	申	酉	戌	亥
打头火	子	酉	午	卯	子	酉	午	卯	子	酉	午	卯
飞天独火	卯	子	酉	午	卯	子	酉	午	卯	子	酉	午
独火	艮	卯	卯	子	巽	巽	酉	午	午	坤	乾	乾
流财煞	戌乾	未申	子丑	子丑	子丑	戌乾	戌乾	戌乾	子丑	未申	未申	未申
天太岁	亥	申	巳	寅	亥	申	巳	寅	亥	申	巳	寅
地太岁	未	巳	辰	寅	丑	亥	戌	申	未	巳	辰	寅
天皇灸退	卯乙	子癸	酉辛	午丁	卯乙	子癸	酉辛	午丁	卯乙	子癸	酉辛	午丁
天命煞	酉	卯	亥	巳	丑	未	酉	卯	亥	巳	丑	未

修方忌用神煞占方不修方

太岁堆黄	子	丑	寅	卯	辰	巳	午	未	申	酉	戌	亥
傍煞	巳	午	未	申	酉	戌	亥	子	丑	寅	卯	辰
的煞	午	未	申	酉	戌	亥	子	丑	寅	卯	辰	巳
照煞	未	申	酉	戌	亥	子	丑	寅	卯	辰	己	午
鬼煞	丙壬	丁癸	坤艮	甲庚	乙辛	乾巽	壬丙	癸丁	坤艮	庚甲	辛乙	巽乾
兵道	乙辛	乾巽	丙壬	丁癸	坤艮	甲庚	乙辛	乾巽	丙壬	丁癸	坤艮	甲庚
□道	丁癸	坤艮	甲庚	乙辛	乾巽	丙壬	丁癸	坤艮	甲庚	乙辛	乾巽	丙壬
面道	丙壬	丁癸	丁癸	甲庚	乙辛	乙辛	丙壬	丁癸	丁癸	甲庚	乙辛	乙辛
火道	丁癸	甲庚	甲庚	乙辛	乙辛	丙壬	丁癸	丁癸	甲庚	乙辛	乙辛	丙壬
地道	甲庚	乙辛	乾巽	丙壬	丁癸	坤艮	甲庚	乙辛	乾巽	丙壬	丁癸	坤艮
净栏煞	巳	午	未	申	酉	戌	亥	子	丑	寅	卯	辰
铁扫帚	丁癸	乙辛	丙壬	甲庚	乙辛	丙壬	丁癸	乙辛	丙壬	甲庚	乙辛	丙壬

（续表）

太岁堆黄	子	丑	寅	卯	辰	巳	午	未	申	酉	戌	亥
破碎煞	巳	酉	丑	巳	酉	丑	巳	酉	丑	巳	酉	丑
三紧示煞	午	寅	亥	酉	未	卯	子	戌	巳	辰	丑	申
甲官符	乾	乾	丑 子 亥	丑 子 亥	丑 子 亥	乾	乾	酉 申 未	丑 子 亥	酉 申 未	酉 申 未	酉 申 未

修方神煞忌修方

年支凶	子	丑	寅	卯	辰	巳	午	未	申	酉	戌	亥
飞天火星	戌	亥	申	酉	午	未	辰	巳	寅	卯	子	丑
将军大煞	酉	酉	子	子	子	卯	卯	卯	午	午	午	酉
暗刀煞	辰	卯	亥	申	丑	未	辰	卯	亥	申	丑	未
帝车煞	丑	寅	卯	辰	巳	午	未	申	酉	戌	亥	子
丧门	寅	卯	辰	巳	午	未	申	酉	戌	亥	子	丑
病符	亥	子	丑	寅	卯	辰	巳	午	未	申	酉	戌
入座	酉	戌	亥	子	丑	寅	卯	辰	巳	午	未	申
官符星	午	未	巳	辰	卯	寅	丑	子	亥	戌	酉	申
游年五鬼	戌	癸	申	申	乙	乙	丙	酉	子	庚	庚	巳
地轴煞	未	申	酉	戌	亥	子	丑	寅	卯	辰	巳	午
九良星	厨 灶	僧堂 城隍 社庙	桥 门 路	道 观	僧堂 城隍 社庙	船	厨 灶	僧堂 城隍 社庙	桥 门 路	道 观	僧堂 城隍 社庙	船
九良煞	中庭 水 后堂 后堂 寺观 门神 庙门 中庭 寺观 庙堂厅 及厨 井 水 西时 尼见 厅 寺戌 井水宫神庙 神庙 寅酉 午庙 水寅 辰观 亥方 路北方南方 北方寺观巳											

月方凶神

（月克山若乃月建纳旨克山运，如甲己年正月丙寅火克金山，系先年冬至后乙丑金运）

月克山运阴府太岁

甲己年月	正	二	三	四	五	六	七	八	九	十	十一	十二
正五行	申	申	寅	寅			亥壬	亥壬	甲庚	中	巳	巳
	庚	庚	甲	甲			子癸	子癸		庚	丙	丙
	辛	辛	卯	卯			坤艮	坤艮	乾	酉	午	午
	酉	酉	乙	乙			辰戌	辰戌	酉辛	辛	丁	丁
	乾	乾	巽	巽			丑未	丑未		乾		
洪范五行	乾	酉	艮	艮			申艮	辰巽	乾	乾	午	午
	亥	丁	卯	卯			戌子	坤	亥	亥	丙	丙
	酉	亥					丑癸		酉	酉	丙	丙
	乾	乾	巳	巳			庚未	甲辛	丁	丁	乙	乙
正阴府	坎	离	震	艮	乾	坤	离	震	艮	乾	坤	离
	坤			巽	兑	坎			巽	兑	坎	
傍阴府	乙癸申辰	壬寅戌	庚亥未	丙辛	甲丁巳丑	乙癸申辰	壬寅戌	庚亥未	丙辛	甲丁己丑	乙癸申辰	壬寅戌

月克山运阴府太岁

<table>
<tr><th>乙庚年月</th><th>正</th><th>二</th><th>三</th><th>四</th><th>五</th><th>六</th><th>七</th><th>八</th><th>九</th><th>十</th><th>十一</th><th>十二</th></tr>
<tr><td rowspan="3">正五行</td><td>甲庚</td><td>甲庚</td><td>甲寅</td><td>甲寅</td><td>丙</td><td>丙</td><td></td><td></td><td>甲庚</td><td>甲庚</td><td>亥子</td><td>壬庚</td></tr>
<tr><td>乾</td><td>乾</td><td>巽</td><td>巽</td><td>午丁</td><td>午丁</td><td></td><td></td><td>乾</td><td>乾</td><td>坤</td><td>艮</td></tr>
<tr><td>酉辛</td><td>酉辛</td><td>乙卯</td><td>乙卯</td><td>巳</td><td>巳</td><td></td><td></td><td>酉辛</td><td>酉辛</td><td>辰丑</td><td>辛未</td></tr>
<tr><td rowspan="3">洪范五行</td><td>乾</td><td>乾</td><td>艮</td><td>艮</td><td>离</td><td>离</td><td></td><td></td><td>乾</td><td>乾</td><td>甲寅</td><td>庚巽</td></tr>
<tr><td>亥</td><td>亥</td><td rowspan="2">震</td><td rowspan="2">震</td><td>壬</td><td>壬</td><td></td><td></td><td>亥</td><td>亥</td><td>戌</td><td>甲辛</td></tr>
<tr><td>酉</td><td>酉</td><td>丙</td><td>丙</td><td></td><td></td><td>兑</td><td>兑</td><td>丑癸</td><td>坤庚</td></tr>
<tr><td rowspan="3">正阴府</td><td>丙</td><td>丙</td><td>巳</td><td>巳</td><td>乙</td><td>乙</td><td></td><td></td><td>丁</td><td>丁</td><td>未</td><td>未</td></tr>
<tr><td rowspan="2">震</td><td>艮</td><td>乾</td><td>坤</td><td rowspan="2">离</td><td rowspan="2">震</td><td>艮</td><td>乾</td><td>坤</td><td rowspan="2">离</td><td rowspan="2">震</td><td>艮</td></tr>
<tr><td>艮</td><td>兑</td><td>坎</td><td>巽</td><td>兑</td><td>坎</td><td>巽</td></tr>
<tr><td>傍阴府</td><td>亥
亥
未</td><td>丙
辛</td><td>甲
丁
巳
丑</td><td>乙
癸
申
辰</td><td>壬
寅
戌</td><td>庚
亥
未</td><td>丙
辛</td><td>甲
丁
巳
丑</td><td>乙
癸
申
辰</td><td>壬
寅
戌</td><td>庚
亥
未</td><td>丙
辛</td></tr>
</table>

月克山运阴府太岁

<table>
<tr><th>丙辛年月</th><th>正</th><th>二</th><th>三</th><th>四</th><th>五</th><th>六</th><th>七</th><th>八</th><th>九</th><th>十</th><th>十一</th><th>十二</th></tr>
<tr><td rowspan="5">正五行</td><td></td><td></td><td>甲庚</td><td>甲庚</td><td>丙</td><td>丙</td><td>甲寅</td><td>甲寅</td><td></td><td></td><td>亥</td><td>壬</td></tr>
<tr><td rowspan="2"></td><td rowspan="2"></td><td rowspan="2">乾</td><td rowspan="2">乾</td><td rowspan="2">午丁</td><td rowspan="2">午丁</td><td rowspan="2">巽</td><td rowspan="2">巽</td><td rowspan="2"></td><td rowspan="2"></td><td>子</td><td>癸</td></tr>
<tr><td>坤</td><td>艮</td></tr>
<tr><td rowspan="2"></td><td rowspan="2"></td><td rowspan="2">酉辛</td><td rowspan="2">酉辛</td><td rowspan="2">巳</td><td rowspan="2">巳</td><td rowspan="2">乙卯</td><td rowspan="2">乙卯</td><td rowspan="2"></td><td rowspan="2"></td><td>辰</td><td>戌</td></tr>
<tr><td>丑</td><td>未</td></tr>
</table>

（续表）

<table>
<tr><th>丙辛年月</th><th>正</th><th>二</th><th>三</th><th>四</th><th>五</th><th>六</th><th>七</th><th>八</th><th>九</th><th>十</th><th>十一</th><th>十二</th></tr>
<tr><td rowspan="4">洪范五行</td><td colspan="2"></td><td>乾</td><td>乾</td><td>午</td><td>午</td><td>艮</td><td>艮</td><td colspan="2"></td><td>甲寅</td><td>甲寅</td></tr>
<tr><td colspan="2" rowspan="2"></td><td>亥</td><td>亥</td><td>壬</td><td>壬</td><td rowspan="2">卯</td><td rowspan="2">卯</td><td colspan="2" rowspan="2"></td><td rowspan="2">戊子</td><td>甲辛</td></tr>
<tr><td>酉</td><td>酉</td><td>丙</td><td>丙</td><td>坤庚</td></tr>
<tr><td colspan="2"></td><td>丁</td><td>丁</td><td>乙</td><td>乙</td><td>巳</td><td>巳</td><td colspan="2"></td><td>丑癸</td><td>未</td></tr>
<tr><td rowspan="2">正阴府</td><td>乾</td><td>坤</td><td rowspan="2">离</td><td rowspan="2">震</td><td>艮</td><td>乾</td><td>坤</td><td rowspan="2">离</td><td rowspan="2">震</td><td>艮</td><td>乾</td><td>坤</td></tr>
<tr><td>兑</td><td>坎</td><td>巽</td><td>兑</td><td>坎</td><td>巽</td><td>兑</td><td>坎</td></tr>
<tr><td>傍阴府</td><td>甲丁
巳丑</td><td>乙癸
申辰</td><td>壬寅戌</td><td>庚亥未</td><td>丙辛</td><td>甲丁
巳丑</td><td>乙癸
申辰</td><td>壬寅戌</td><td>庚亥未</td><td>丙辛</td><td>甲丁
巳丑</td><td>乙癸
申辰</td></tr>
</table>

月克山运阴府太岁

<table>
<tr><th>丁壬年月</th><th>正</th><th>二</th><th>三</th><th>四</th><th>五</th><th>六</th><th>七</th><th>八</th><th>九</th><th>十</th><th>十一</th><th>十二</th></tr>
<tr><td rowspan="5">正五行</td><td colspan="2"></td><td>丙</td><td>丙</td><td>亥</td><td>壬</td><td>甲寅</td><td>甲寅</td><td colspan="2"></td><td>申</td><td rowspan="5">冬至后克辛山</td></tr>
<tr><td colspan="2" rowspan="2"></td><td rowspan="2">丁</td><td rowspan="2">丁</td><td>丁</td><td>癸</td><td rowspan="2">巽</td><td rowspan="2">巽</td><td colspan="2" rowspan="2"></td><td>寅</td></tr>
<tr><td>坤</td><td>辰</td><td>乾</td></tr>
<tr><td colspan="2" rowspan="2"></td><td>巳</td><td>巳</td><td>艮</td><td>戊</td><td rowspan="2">乙卯</td><td rowspan="2">乙卯</td><td colspan="2" rowspan="2"></td><td>酉</td></tr>
<tr><td>午</td><td>午</td><td>丑</td><td>未</td><td>水壬</td></tr>
<tr><td rowspan="4">洪范五行</td><td colspan="2"></td><td>离</td><td>离</td><td>甲寅</td><td>辰巽</td><td>艮</td><td>艮</td><td colspan="2"></td><td>乾</td><td rowspan="4">冬至后克水壬山</td></tr>
<tr><td colspan="2" rowspan="2"></td><td>壬</td><td>壬</td><td>戊子</td><td>申辛</td><td rowspan="2">卯</td><td rowspan="2">卯</td><td colspan="2" rowspan="2"></td><td>亥</td></tr>
<tr><td>丙</td><td>丙</td><td>癸丑</td><td>坤</td><td>兑</td></tr>
<tr><td colspan="2"></td><td>乙</td><td>乙</td><td>庚</td><td>未</td><td>巳</td><td>巳</td><td colspan="2"></td><td>丁</td></tr>
</table>

（续表）

<table>
<tr><th>丁壬年月</th><th>正</th><th>二</th><th>三</th><th>四</th><th>五</th><th>六</th><th>七</th><th>八</th><th>九</th><th>十</th><th>十一</th><th>十二</th></tr>
<tr><td rowspan="2">正阴府</td><td rowspan="2">离</td><td rowspan="2">震</td><td>艮</td><td>乾</td><td>坤</td><td rowspan="2">离</td><td rowspan="2">震</td><td>艮</td><td>乾</td><td>坤</td><td rowspan="2">离</td><td rowspan="2">震</td></tr>
<tr><td>巽</td><td>兑</td><td>坎</td><td>巽</td><td>兑</td><td>坎</td></tr>
<tr><td>傍阴府</td><td>壬
寅
戌</td><td>庚
亥
未</td><td>丙
辛</td><td>甲
丁
巳
丑</td><td>乙
癸
申
辰</td><td>壬
寅
戌</td><td>庚
亥
未</td><td>丙
辛</td><td>甲
丁
巳
丑</td><td>乙
癸
申
辰</td><td>壬
寅
戌</td><td>庚
亥
未</td></tr>
</table>

月克山运阴府太岁

<table>
<tr><th>戊癸年月</th><th>正</th><th>二</th><th>三</th><th>四</th><th>五</th><th>六</th><th>七</th><th>八</th><th>九</th><th>十</th><th>十一</th><th>十二</th></tr>
<tr><td rowspan="4">正五行</td><td>甲寅</td><td>甲寅</td><td>丙</td><td>丙</td><td colspan="2"></td><td>亥子</td><td>壬癸</td><td>甲寅</td><td>甲寅</td><td>甲庚</td><td rowspan="4">冬至后克水</td></tr>
<tr><td rowspan="2">巽</td><td rowspan="2">巽</td><td>丁</td><td>丁</td><td colspan="2" rowspan="2"></td><td rowspan="2">坤</td><td rowspan="2">艮</td><td rowspan="2">巽</td><td rowspan="2">巽</td><td rowspan="2">乾</td></tr>
<tr><td>巳</td><td>巳</td></tr>
<tr><td>乙卯</td><td>乙卯</td><td>午</td><td>午</td><td colspan="2"></td><td>辰丑</td><td>戌未</td><td>卯乙</td><td>卯乙</td><td>酉辛</td></tr>
<tr><td rowspan="4">洪范五行</td><td>艮</td><td>艮</td><td>离</td><td>离</td><td colspan="2"></td><td>甲寅</td><td>辰巽</td><td>震</td><td>震</td><td>乾</td><td></td></tr>
<tr><td rowspan="2">卯</td><td rowspan="2">卯</td><td rowspan="2">壬丙</td><td rowspan="2">壬丙</td><td colspan="2" rowspan="2"></td><td>戊坎</td><td>甲辛</td><td>艮</td><td rowspan="2">艮</td><td>亥</td><td rowspan="3">至后不克</td></tr>
<tr><td>丑癸</td><td>甲庚</td><td>巳</td><td>兑</td></tr>
<tr><td>巳</td><td>巳</td><td>乙</td><td>乙</td><td colspan="2"></td><td>未</td><td>壬</td><td>山</td><td>巳</td><td>丁</td></tr>
<tr><td rowspan="3">正阴府</td><td>艮</td><td>乾</td><td>坤</td><td rowspan="2">离</td><td rowspan="2">震</td><td>艮</td><td>兑</td><td>坤</td><td rowspan="2">离</td><td rowspan="2">震</td><td>艮</td><td>乾</td></tr>
<tr><td>巽</td><td>兑</td><td>坎</td><td>巽</td><td>兑</td><td>坎</td><td>巽</td><td>兑</td></tr>
<tr><td></td><td>甲</td><td>乙</td><td>寅</td><td>庚</td><td></td><td>甲</td><td>乙</td><td>壬</td><td>庚</td><td></td><td>甲</td></tr>
<tr><td rowspan="3">傍阴府</td><td>丙</td><td>丁</td><td>癸</td><td></td><td></td><td>丙</td><td>丁</td><td>癸</td><td></td><td></td><td>丙</td><td>丁</td></tr>
<tr><td rowspan="2">辛</td><td>巳</td><td>申</td><td>壬</td><td>亥</td><td rowspan="2">辛</td><td>巳</td><td>甲</td><td>寅</td><td>亥</td><td rowspan="2">辛</td><td>巳</td></tr>
<tr><td>丑</td><td>辰</td><td>戌</td><td>未</td><td>丑</td><td>辰</td><td>戌</td><td>未</td><td>丑</td></tr>
</table>

月家紧煞天官符凶局

月凶	正	二	三	四	五	六	七	八	九	十	十一	十二
山家朱雀	离离	坎坤	巽艮	乾	艮兑		离	坎坤	巽	乾	艮兑	
劫煞	亥	申	巳	寅	亥	申	巳	寅	亥	申	巳	寅
灾杀	子	酉	午	卯	子	酉	午	卯	子	酉	午	卯
岁杀	丑	戌	未	辰	丑	戌	未	辰	丑	戌	未	辰
剑锋杀	甲	乙	巽	丙	丁	坤	庚	辛	乾	壬	癸	艮
		辰	甲	未	壬	丙	丑	庚	戌		庚	戌
申子辰年	中	巽	卯	坤	子	午	艮	酉	乾	中	酉	乾
		巳	乙	申	癸	丁	寅	辛	亥		辛	亥
	未	壬	丙	丑	庚	戌		庚	戌		辰	甲
巳酉丑年	坤	子	午	艮	酉	乾	中	酉	乾	中	巽	卯
	申	癸	丁	寅	辛	亥		辛	亥		巳	乙
	丑	庚	戌		庚	戌		辰	甲	未	壬	丙
寅午戌年	艮	酉	乾	中	酉	乾	中	巽	卯	坤	子	午
	寅	辛	亥		辛	亥		巳	乙	申	癸	丁
		庚	戌		辰	甲	未	壬	丙	丑	庚	戌
亥卯未年	中	酉	乾	中	巽	卯	坤	子	午	艮	酉	乾
		辛	亥		巳	乙	申	癸	丁	寅	辛	亥

月家飞宫地官符局占山向方

占山向方凶月	正	二	三	四	五	六	七	八	九	十	十一	十二
	寅	戌		庚	戌		辰	甲	未	壬	丙	丑
子年	酉	乾	中	酉	乾	中	巽	卯	坤	子	午	艮
	辛	亥		辛	亥		巳	乙	申	癸	丁	寅
	丑	庚	戌		庚	戌		辰	甲	未	壬	丙
丑年	艮	酉	乾	中	酉	乾	中	巽	卯	坤	子	午
	寅	辛	亥		辛	亥		巳	乙	申	癸	丁
	丙	丑	庚	戌		庚	戌		辰	甲	未	壬
寅年	午	艮	酉	乾	中	酉	乾	中	巽	卯	坤	子
	丁	寅	辛	亥		辛	亥		巳	乙	申	癸
	壬	丙	丑	庚	戌		庚	戌		辰	甲	未
卯年	子	午	艮	酉	乾	中	酉	乾	中	巽	卯	坤
	癸	丁	寅	辛	亥		辛	亥		巳	乙	申
	未	壬	丙	丑	庚	戌		庚	戌		辰	甲
辰年	坤	子	午	艮	酉	乾	中	酉	乾	中	巽	卯
	申	癸	丁	寅	辛	亥		辛	亥		巳	乙
	甲	未	壬	丙	丑	庚	戌		庚	戌		辰
巳年	卯	坤	子	午	艮	酉	乾	中	酉	乾	中	巽
	乙	申	癸	丁	寅	辛	亥		辛	亥		巳
	辰	甲	未	壬	丙	丑	庚	戌		庚	戌	
午年	巽	卯	坤	子	午	艮	酉	乾	中	酉	乾	中
	巳	乙	申	癸	丁	寅	辛	亥		辛	亥	

（续表）

占山向方凶月	正	二	三	四	五	六	七	八	九	十	十一	十二
		辰	甲	未	壬	丙	丑	庚	戌		庚	戌
未年	中	巽	卯	坤	子	午	艮	酉	乾	中	酉	乾
		巳	乙	申	癸	丁	寅	辛	亥		辛	亥
	戌		辰	甲	未	壬	丙	丑	庚	戌		庚
申年	乾	中	巽	卯	坤	子	午	艮	酉	乾	中	酉
	亥		巳	乙	申	癸	丁	寅	辛	亥		辛
	庚	戌		辰	甲	未	壬	丙	丑	庚	戌	
酉年	酉	乾	中	巽	卯	坤	子	午	艮	酉	乾	中
	辛	亥		巳	乙	申	癸	丁	寅	辛	亥	
		庚	戌		辰	甲	未	壬	丙	丑	庚	戌
戌年	中	酉	乾	中	巽	卯	坤	子	午	艮	酉	乾
		辛	亥		巳	乙	申	癸	丁	寅	辛	亥
	戌		庚	戌		辰	甲	未	壬	丙	丑	庚
亥年	乾	中	酉	乾	中	巽	卯	坤	子	午	艮	酉
	亥		辛	亥		巳	乙	申	癸	丁	寅	辛

打头火占山向方

	正	二	三	四	五	六	七	八	九	十	十一	十二
	戌		辰	甲	未	壬	丙	丑	庚	戌		庚
申子辰年	乾	中	巽	卯	坤	子	午	艮	酉	乾	中	酉
	亥		巳	乙	申	癸	丁	寅	辛	亥		辛
	甲	未	壬	丙	丑	庚	戌		庚	戌		辰
巳酉丑年	卯	坤	子	午	艮	酉	乾	中	酉	乾	中	巽
	乙	申	癸	丁	寅	辛	亥		辛	亥		巳

（续表）

	正	二	三	四	五	六	七	八	九	十	十一	十二
	丙	丑	庚	戌		庚	戌		辰	甲	未	壬
寅午戌年	午	艮	酉	乾	中	酉	乾	中	巽	卯	坤	子
	丁	寅	辛	亥		辛	亥		巳	乙	申	癸
	戌		庚	戌		辰	甲	未	壬	丙	丑	庚
亥卯未年	乾	中	酉	乾	中	巽	卯	坤	子	午	艮	酉
	亥		辛	亥		巳	乙	申	癸	丁	寅	辛

飞天独火局

占方月凶	正	二	三	四	五	六	七	八	九	十	十一	十二
	戌		庚	戌		辰	甲	未	壬	丙	丑	庚
申子辰年	乾	中	酉	乾	中	巽	卯	坤	子	午	艮	酉
	亥		辛	亥		巳	乙	申	癸	丁	寅	辛
	戌		辰	甲	未	壬	丙	丑	庚	戌		庚
巳酉丑年	乾	中	巽	卯	坤	子	午	艮	酉	乾	中	酉
	亥		巳	乙	申	癸	丁	寅	辛	亥		辛
	甲	未	壬	丙	丑	庚	戌		庚	戌		辰
寅午戌年	卯	坤	子	午	艮	酉	乾	中	酉	乾	中	巽
	乙	申	癸	丁	寅	辛	亥		辛	亥		巳
	丙	丑	庚	戌		庚	戌		辰	甲	未	壬
亥卯未年	午	艮	酉	乾	中	酉	乾	中	巽	卯	坤	子
	丁	寅	辛	亥		辛	亥		巳	乙	申	癸

大月建占方

	正	二	三	四	五	六	七	八	九	十	十一	十二
	丑	庚	戌		庚	戌		辰	甲	未	壬	丙
甲癸丁庚年	艮	酉	乾	中	酉	乾	中	巽	卯	坤	子	午
	寅	辛	亥		辛	亥		巳	乙	申	癸	丁
		辰	甲	未	壬	丙	丑	寅	戌		庚	戌
乙辛戊年	中	巽	卯	坤	子	午	艮	酉	乾	中	酉	乾
		巳	乙	申	癸	丁	寅	辛	亥		辛	亥

小儿煞

月家修方凶	正	二	三	四	五	六	七	八	九	十	十一	十二
		戌	辰	丑	丙	壬	未	甲	辰		戌	庚
申子辰 寅午戌年	中	乾	酉	艮	午	子	坤	卯	巽	中	乾	酉
		亥	辛	寅	丁	癸	申	乙	巳		亥	辛

丙丁独火占方局

	正	二	三	四	五	六	七	八	九	十	十一	十二
	丙	壬	未	甲	辰		戌	庚	丑	丙	壬	未
巳酉丑 亥卯未年	午	子	坤	卯	巽	中	乾	酉	艮	午	子	坤
	丁	癸	申	乙	巳		亥	辛	寅	丁	癸	申
甲己年 丙火			巽	卯	坤	子	午	艮	酉	乾		
甲己年 丁火	乾			巽	卯	坤	子	午	艮	酉	乾	
乙庚年 丙火	巽	卯	坤	子	午	艮	酉	乾			巽	卯
乙庚年 丁火		巽	卯	坤	子	午	艮	酉	乾			巽

（续表）

		正	二	三	四	五	六	七	八	九	十	十一	十二
丙辛年	丙火	坤	子	午	艮	酉	乾			巽	卯	坤	子
	丁火	卯	坤	子	午	艮	酉	乾			巽	卯	坤
丁壬年	丙火	午	艮	酉	乾			巽	卯	坤	子	午	艮
	丁火	子	午	艮	酉	乾			巽	卯	坤	子	午
戊癸年	丙火	酉	乾			巽	卯	坤	子	午	艮	酉	乾
	丁火	艮	酉	乾			巽	卯	坤	子	午	艮	酉
巡山火星	占火	乾	坤	坎	坎	中	卯	卯	酉	艮	艮	离	坤
		七赤							九紫			七赤	

月游火星占方

月方凶	正	二	三	四	五	六	七	八	九	十	十一	十二
子丑年	艮	午	子	坤	卯	巽	中	乾	酉	艮	午	子
寅　年	卯	巽	中	乾	酉	艮	午	子	坤	卯	巽	中
卯辰年	巽	中	乾	酉	艮	午	子	坤	卯	巽	中	乾
巳　年	午	子	坤	卯	巽	中	乾	酉	艮	午	子	坤
午未年	坤	卯	巽	中	乾	酉	艮	午	子	坤	卯	巽
申　年	酉	艮	午	子	坤	卯	巽	中	乾	酉	艮	午
酉戌年	乾	酉	艮	午	子	坤	卯	巽	中	乾	酉	艮
亥　年	子	坤	卯	巽	中	乾	酉	艮	午	子	坤	卯

升玄血刃占

	正	二	三	四	五	六	七	八	九	十	十一	十二
甲己年顺	申	亥	寅	巳	子	申	亥	寅	巳	子	申	亥
甲己年逆	丙	庚	壬	甲	辛	丙	庚	壬	甲	辛	丙	庚
乙庚年顺	寅	巳	子	申	亥	寅	巳	子	申	亥	寅	巳
乙庚年逆	壬	甲	辛	丙	庚	壬	甲	辛	丙	庚	壬	甲
丙辛年顺	子	申	亥	寅	巳	子	申	亥	寅	巳	子	申
丙辛年逆	辛	丙	庚	壬	甲	辛	丙	庚	壬	甲	辛	丙
丁壬年顺	亥	寅	巳	子	申	亥	寅	巳	子	申	亥	寅
丁壬年逆	庚	壬	申	辛	丙	庚	壬	申	辛	丙	庚	壬
戊癸年顺	巳	子	申	亥	寅	巳	子	申	亥	寅	巳	子
戊癸年逆	甲	辛	丙	庚	壬	甲	辛	丙	庚	壬	甲	辛

月凶方忌修造	正	二	三	四	五	六	七	八	九	十	十一	十二
向之主 翎毛禁向损血财 凶	癸	乙 辛	壬丙 丁癸	乙 辛	癸	乙 辛	丙 午	卯酉 乙辛	癸	乙 辛	丙壬 丁癸	乙 辛
入山刀砧忌修造损六畜	丁癸	乙辛	丁癸	乙辛	丁癸	乙辛	丁癸	乙辛	丁癸	乙辛	丁癸	乙辛
	丙壬	甲庚	丙壬	甲庚	丙壬	甲庚	丙壬	甲庚	丙壬	甲庚	丙壬	甲庚
月家禁向	寅	卯	辰	巳	午	辰	申	丙	戊	壬	子	癸
	甲	乙	巽	寅	丁	巽	庚	庚	乾	亥	癸	丑
	巽	丁	坤	丁	酉	未	壬	酉	丑	甲	甲	辛
	巳	癸	申	申丙	辛	坤	亥	丁	艮	寅	卯	戌
修造动 流财星土犯之 主退财	巳 午 未	申 酉 戌	酉 戌 亥	丑 寅	寅 卯	辰 巳	巳 午 未	申 酉 戌	酉 戌 亥	丑 寅	寅 卯	辰 巳

（续表）

月凶方忌修造	正	二	三	四	五	六	七	八	九	十	十一	十二
九紫飞宫火	丁	坤	甲	乙	乾	壬	丁	坤	甲	乙	乾	午
满天红火星忌修造	癸	庚	庚	辛	壬	癸	丁	甲	甲	乙	丙	丁
皇帝入座方	亥	子	丑	寅	卯	辰	巳	午	未	申	酉	戌
土皇杀方	巳	辰	卯	寅	丑	子	亥	戌	酉	申	未	午
土符方	丑	巳	酉	寅	午	戌	卯	未	亥	辰	申	子
土瘟方忌动土	辰	巳	午	未	申	酉	戌	亥	子	丑	寅	卯
月独火方	乙	丙	丁	巳	丙	丁	辛	壬	癸	辛	壬	癸

日月同	正	二	三	四	五	六	七	八	九	十	十一	十二
月建	寅	卯	辰	巳	午	未	申	酉	戌	亥	子	丑
地皇	午	巳	辰	卯	寅	丑	子	亥	戌	酉	申	未
怨煞	寅	卯	申	巳	寅	亥	申	巳	寅	亥	申	巳
游都神	丙	丁	坤	庚	辛	乾	壬	癸	艮	甲	乙	巽
鬼道	艮坤	甲庚	乙辛	乾巽	壬丙	癸丁	艮坤	甲庚	乙辛	乾巽	丙壬	丁癸
兵道	壬丙	癸丁	艮坤	甲庚	乙辛	巽乾	壬丙	癸丁	艮坤	甲庚	乙辛	巽乾
伤胎神	春子午			夏丑未			秋辰戌			冬巳亥		
四季天煞	酉	酉	酉	子	子	子	卯	卯	卯	午	午	午
地辂	酉	戌	亥	子	丑	寅	卯	辰	巳	午	未	申
白虎煞	戌	亥	子	丑	寅	卯	辰	巳	午	未	申	酉
崩腾	辛	乙	丙	壬	庚	甲	癸	丁	巳	酉	坤	乾
帝车	春寅日			夏巳日			秋申日			冬亥日		

（续表）

日月同	正	二	三	四	五	六	七	八	九	十	十一	十二
帝舍	春辰日			夏未日			秋戌日			冬丑日		
帝辂	春卯日			夏午日			秋酉日			冬子日		
镇天火煞	卯	寅	丑	子	亥	戌	酉	申	未	午	巳	辰

日家凶神	正	二	三	四	五	六	七	八	九	十	十一	十二
天罡即灭门火	巳	子	未	寅	酉	辰	亥	午	丑	申	卯	戌
河魁祸首事忌	亥	午	丑	申	卯	戌	巳	子	未	寅	酉	辰
五贪	巳	申	亥	寅	巳	申	亥	寅	巳	申	亥	寅
天火	子	卯	午	酉	子	卯	午	酉	子	卯	午	酉
地火	巳	午	未	申	酉	戌	亥	子	丑	寅	卯	辰
月火血	申	亥	寅	巳	酉	子	卯	午	戌	丑	辰	未
独火灭门同安葬忌	巳	辰	卯	寅	丑	子	亥	戌	酉	申	未	午
月破	申	酉	戌	亥	子	丑	寅	卯	辰	巳	午	未
月刑	巳	子	辰	申	午	丑	寅	酉	未	亥	卯	戌
月害	巳	辰	卯	寅	丑	戌	亥	戌	酉	申	未	午
月煞月虚同	丑	戌	未	辰	丑	戌	未	辰	丑	戌	未	辰
月厌	戌	酉	申	未	午	巳	辰	卯	寅	丑	子	亥
天地破败	卯	寅	丑	子	亥	戌	酉	申	未	子	巳	辰
天罗地网	子	申	巳	辰	戌	亥	丑	申	未	子	巳	辰
天地贼没	丑	子	亥	戌	酉	申	未	午	巳	辰	卯	寅

日凶神月	正	二	三	四	五	六	七	八	九	十	十一	十二
天刑黑道	寅	辰	午	申	戌	子	寅	辰	午	申	戌	子
朱雀黑道	卯	巳	未	酉	亥	丑	卯	巳	未	酉	亥	丑
白虎黑道凶	午	申	戌	子	寅	辰	午	申	戌	子	寅	辰
天空黑道日	申	戌	子	寅	辰	午	申	戌	子	寅	辰	午
玄武黑道忌	酉	亥	丑	卯	巳	未	酉	亥	丑	卯	巳	未
勾陈黑道用	亥	丑	卯	巳	未	酉	亥	丑	卯	巳	未	酉
日流财	亥	申	巳	寅	卯	午	子	酉	丑	辰	未	戌
天穷忌分居入宅起造	子	寅	午	酉	子	寅	午	酉	子	寅	午	酉
五穷忌分居	申	酉	戌	亥	子	丑	寅	卯	辰	巳	午	未

日凶方	甲	乙	丙	丁	戊	己	庚	辛	壬	癸
游都方	丑	子	寅	巳	申	丑	子	寅	巳	申
正阴府	艮	乾	坤	离	震	艮	乾	坤	离	震
	巽	兑	坎			巽	兑	坎		
傍阴符	丙 辛	甲 丁 巳 丑	乙 癸 申 辰	寅 壬 戌	庚 亥 未	丙 辛	甲 丁 巳 丑	乙 癸 申 辰	壬 寅 戌	庚 亥 未

灭门大祸凶日		正	二	三	四	五	六	七	八	九	十	十一	十二
甲己年	灭门	己巳	丙子	辛未	丙寅	癸酉	戊辰	乙亥	庚午	丁丑	壬申	丁卯	甲戌
	大祸	乙亥	庚午	丁丑	壬申	丁卯	甲戌	己巳	丙子	辛未	丙寅	癸酉	戊辰
乙庚年	灭门	辛巳	戊子	癸未	戊寅	乙酉	庚辰	丁亥	壬午	己丑	甲申	己卯	丙戌
	大祸	丁亥	壬午	己丑	甲申	己卯	丙戌	辛巳	戊子	癸未	戊寅	乙酉	庚辰
丙辛年	灭门	癸巳	庚子	乙未	庚寅	丁酉	壬辰	己亥	甲午	辛丑	丙申	辛卯	戊戌
	大祸	己亥	甲午	辛丑	丙申	辛卯	戊戌	癸巳	庚子	乙未	庚寅	丁酉	壬辰
丁壬年	灭门	乙巳	壬子	丁未	壬寅	己酉	甲辰	辛亥	丙午	癸丑	戊申	癸卯	庚戌
	大祸	辛亥	丙午	癸丑	戊申	癸卯	庚戌	乙巳	壬子	丁未	壬寅	己酉	甲辰
戊癸年	灭门	丁巳	甲子	己未	甲寅	辛酉	丙辰	癸亥	戊午	乙丑	庚申	乙卯	壬戌
	大祸	癸亥	戊午	乙丑	庚申	乙卯	壬戌	丁巳	甲子	己未	甲寅	辛酉	丙辰

右灭门大祸日，桑道茂云：即岁魁罡以天罡为灭门，河魁为大祸，主死盗贼，百事忌，惟太岁月建同旬乃凶，不同旬单支吉星多不忌。

倒家煞	甲己年五午年	乙庚年五申年	丙辛年五戌年
	丁壬年五子年	戊癸年五寅年	忌修造百事忌

右煞如甲己年庚午日，乙庚年甲申日，丙辛年戊戌日，丁壬年壬子日，戊癸年甲寅日，是外四日不忌，辨明推庚午、甲申、戊戌、壬子、甲寅日是。

日三煞方	申子辰日巳午未方，巳酉丑日寅卯辰方， 寅午戌日亥子丑方，亥卯未日申酉戌方	
横天朱雀	初一行嫁主再娶	初九造屋回禄殃
	十七埋葬令退死	廿五移徙人财伤

红嘴朱雀

红嘴朱雀丈二长，眼似流星火耀光。
等闲无事伤人命，千里飞来会过江。
但从震宫起甲子，巽宫甲戌顺行装。
行到中宫莫归火，乾宫一辰莫安床。
兑上占之莫修井，艮宫莫作僧道堂。
离宫大门君落犯，坎宫水沟大难当。
坤宫嫁娶损宅长，震宫修厨新妇亡。
巽宫一位管山野，入山伐木定遭殃。

昔有一人五月初二甲申日入宅归火，未经一七被人禽斗赖，每试多验矣。

北帝符能压食红嘴朱雀占中宫，若遇红嘴朱雀占中宫之日，必先一日书此符，隔日粘于中宫，次日朱雀见此符先占中宫则不为害，入宅无妨，则吉。又云：书李广将军占此，隔日粘于中宫则吉利事占。

内书朱雀涂黑，用六诀再点，依奇门太岁下讳号于内，涂之即吉。

横天赤口日，正辰，二卯，三寅，四丑，五子，六亥，七戌，八酉，九申，十未，十一午，十二巳。

横天赤口时，子午卯酉日忌辰戌丑未时，寅申巳亥日忌子丑时凶，辰戌丑未庚酉辛戌未时。

横天赤口时诗：

忌竖造入宅分居嫁娶并凶。正龙二兔三虎吼，四牛五虎六猪要。

七犬八鸡九是猴，十月横天羊奔走。

仲冬见马多推折，腊月逢蛇皆赤口。

天上空亡日：丁丑、丁未、壬辰、壬戌、戊寅、戊申、癸巳、癸亥。

宜合寿木，作生坟吉。忌起造、分居、分家财、纳财、放债。

独鬼败亡日：戊辰、戊寅、戊子、戊午、辛巳、辛丑、己丑、己亥、庚戌、壬戌、丁卯。

忌上官到任、应试出兵。其日与破、建、平、收同日则忌，余者不忌。及壬申、戊申、辛亥、庚申合大明吉日，百事吉不忌。

五不归日：己卯、己酉、辛巳、辛亥、丙辰、丙戌、壬子、壬辰、丙申、庚申、辛酉。忌嫁娶、远行、出兵、商贾。

五离日：甲申、乙酉天地离，忌开店、造仓库。丙申、丁酉日月离，忌会客。戊申、己酉人民离，忌嫁娶、出行。庚申、辛酉金石离，忌铸器械。壬申、癸酉江河离，忌行船。

五帝死日：壬戌日青帝死，不宜栽果木嫁。娶庚戌日白帝死，不宜铸器械。甲戌日黑帝死，不宜决水穿井。又云甲午日青帝死，丁巳日赤帝死，不宜盖屋远行。戊午日黄帝死，不宜起竖造动土、祭祀。

八绝日：庚辰、辛巳、庚戌、辛亥、丙辰、丁巳、丙戌、丁亥忌出财、置业、行立。

正游傍夹煞都天戊己煞定局

一卦管三山，忌修造动土，大凶。

年方凶	甲	乙	丙	丁	戊	己	庚	辛	壬	癸
正都天	坎	乾	坎	乾	兑	离	巽	震	巽	震
文魁星	巽	巽	乾	乾	兑	兑	兑	兑	离	离
	午	午	辰	卯	辰	辰	巳	子	午	未
	丁	丁	酉	戌	酉	酉	申	丑	午	未
催官星	辰	巳	午	卯	寅	寅	申	子	未	子
	酉	申	午	戌	亥	亥	巳	丑	未	丑
天禄星	丑	甲	辰	丙	辰	丙	未	庚	戌	壬
	良	卯	巽	午	巽	午	卯	丙	乾	子
	寅	乙	巳	丁	巳	丁	甲	辛	亥	癸

（续表）

年方凶	甲	乙	丙	丁	戊	己	庚	辛	壬	癸
天财星	未	辰	辰	寅	寅	戌	戌	申	申	午
	未	巳	巳	卯	卯	亥	亥	酉	酉	未
文昌贵人	巳	午	申	酉	申	酉	亥	戌	寅	卯
黄甲星	戌	申	午	辰	寅	戌	申	午	辰	寅
天贵星	寅	卯	巳	午	巳	午	申	酉	亥	巽
丙解神	巳	巳	申	申	寅	寅	酉	酉	卯	卯

支吉方	子	丑	寅	卯	辰	巳	午	未	申	酉	戌	亥
月支吉方	十一	十二	正	二	三	四	五	六	七	八	九	十
天支合	丑	子	亥	戌	酉	申	未	午	巳	辰	卯	寅
天逆行	东南	西	南	西南	北	西	西北	东	北	东北	南	东
天德	巽	庚	丁	坤	壬	辛	乾	甲	癸	艮	丙	乙
天德合	申	乙	壬	巳	丁	丙	寅	巳	戊	亥	辛	辰
月德	壬	庚	丙	甲	壬	庚	丙	甲	壬	庚	丙	申
月德合	丁	乙	辛	巳	丁	乙	辛	巳	丁	乙	辛	巳
岁支德	巳	午	未	申	酉	戌	亥	子	丑	寅	卯	辰
岁德合	申	未	午	巳	辰	卯	寅	丑	子	亥	戌	酉

	甲	乙	丙	丁	戊	己	庚	辛	壬	癸
游都天	兑	离	巽	震	坎	震	坎	乾	兑	离
傍都天	艮兑	中乾	巽中	坤震	离坎	艮兑	中乾	巽中	坤震	离坎
夹煞都天	巽	申	乾	庚	丁	巽	申	乾	庚	丁
戊已煞	巽巳	子丑 寅卯	戌亥	申酉	午未	辰巳	子丑 寅卯	戌亥	申酉	午未

年方吉神

（附日月立向通用百事吉）

年干吉方	甲	乙	丙	丁	戊	己	庚	辛	壬	癸
岁干德造葬百事吉	甲	庚	丙	壬	戊	甲	庚	丙	壬	戊
干德合	巳	乙	辛	丁	癸	巳	乙	辛	丁	癸
岁干禄即天贵星同位	寅	卯	巳	午	巳	午	申	酉	亥	子
福星贵人	寅	丑亥	子戌	酉	申	未	午	巳	辰	卯
天乙贵人阳	未	申	酉	亥	丑	子	丑	寅	卯	巳
天乙贵人阴	丑	子	亥	酉	未	申	未	午	巳	卯
天官贵人	酉	申	子	亥	卯	寅	午	巳	午	巳
天喜星	寅	戌	申	午	辰	寅	戌	申	午	辰
	卯	亥	酉	未	巳	卯	亥	酉	未	巳
文曲星造葬修方空登科发财	巳	午	申	辛	申	酉	亥	乾	寅	卯
	丙	丁	庚	酉	庚	辛	壬	戌	申	乙
科甲星	丁	巳	辛	卯	乙	卯	巳	辛	辛	乙
	艮	离	坎	坤	震	巽	中	中	乾	兑
	丑	卯	卯	癸	卯	丁	卯	卯	亥	卯
天帑星主出贵	戌	未	丑	庚	壬	丙	甲	辰	丙	未
	乾	坤	艮	酉	子	午	卯	巽	午	坤
	亥	申	寅	辛	癸	丁	乙	巳	丁	甲
魁名星	震	震	巽	巽	坤	坤	乾	乾	坎	坎

	子	丑	寅	卯	辰	巳	午	未	申	酉	戌	亥
岁位合	辰	巳	午	未	申	酉	戌	亥	子	丑	寅	卯
华盖生	戌	亥	子	丑	寅	卯	辰	巳	午	未	申	酉
驿马	寅	亥	申	巳	寅	亥	申	巳	寅	亥	申	巳
金匮星	子	酉	午	卯	子	酉	午	卯	子	酉	午	卯
天富星	寅申	卯乙	巽辰	巳丙	午丁	未坤	申庚	酉辛	戌乾	亥壬	子癸	丑艮
天财星	坎	艮	巽	离	坤	乾	坎	艮	巽	离	坤	乾
地财星	丑艮	卯乙	巳丙	未坤	酉辛	壬亥	丑艮	卯乙	巳丙	未坤	酉辛	壬亥
月财星	艮寅	亥丑	丑子	乾亥	辛戌	庚酉	坤申	丁未	丙午	巽巳	乙辰	甲卯
横财星	辰巽	巳酉	午子	未坤	申庚	酉辛	戌乾	亥壬	子癸	丑艮	寅甲	卯乙
天仓星	酉	戌	亥	子	丑	寅	卯	辰	巳	午	未	申
地仓星	辰戌	寅申	子午	巳亥	卯酉	寅申	卯酉	丑未	子午	辰戌	卯酉	寅甲
人仓星	丑	戌	未	辰	丑	戌	未	辰	丑	戌	未	辰
财帛星	庚酉	戌乾	丙午	甲卯	辰巽	未坤	庚酉	戌乾	丙午	甲卯	辰巽	未坤
岁时位	辰戌	卯酉	子午	丑未	巳未	巳亥	辰戌	卯酉	子午	丑未	丑未	寅申
田宅位	卯酉	辰戌	巳亥	子午	丑未	寅申	卯酉	辰戌	巳亥	子午	丑未	寅申
□□星	未	申	酉	戌	亥	子	丑	寅	卯	辰	巳	午
天嗣星	甲卯	巽巳	丁未	庚酉	乾亥	庚酉	辛戌	壬子	艮寅	辛戌	壬子	癸丑
天寿星	庚酉	乾亥	癸丑	甲卯	巽巳	甲卯	乙辰	丙午	坤申	乙辰	丙午	未坤
子孙逆	乾巽	丙辰	丁癸	坤艮	甲庚	乙辛	乾巽	丙辰	丁癸	坤艮	甲庚	乙辛
天财星	戌	亥	子	丑	寅	卯	辰	巳	午	未	申	酉
红鸾星	卯	寅	丑	子	亥	戌	酉	申	未	午	巳	辰
天喜星	酉	申	未	午	巳	辰	卯	寅	丑	子	亥	戌
太阳侍殿	戌巳	亥午	子未	巳申	庚酉	未戌	辰亥	酉子	午丑	未寅	申卯	酉辰

（续表）

	子	丑	寅	卯	辰	巳	午	未	申	酉	戌	亥
太阴守殿	丙壬	丑未	子午	巳亥	甲庚	丁癸	坤艮	卯酉	丙壬	卯酉	辰戌	巳亥
进禄星	亥壬	巽巳	坤甲	亥壬	巽巳	坤甲	亥壬	巽巳	坤甲	亥壬	巽巳	坤甲
催官鬼使	子	午	丑	未	寅	申	卯	酉	辰	戌	巳	亥
年魁星	乙辰	巽巳	丙午	丁未	坤申	庚酉	辛戌	乾亥	壬子	癸丑	艮寅	甲辰
转官星	丑	寅	卯	辰	巳	午	未	申	酉	戌	亥	子
进龙星	寅辰	卯甲	辰乙	巳巽	午丙	未丁	申坤	酉庚	戌辛	亥乾	子壬	丑癸
官国星	戌乾	亥壬	子癸	丑艮	寅甲	卯乙	辰巽	巳丙	午丁	未坤	申庚	酉辛
生天太阳	坤申	辰巽	壬子	乾亥	坤申	卯乙	未坤	申卯	丙午	卯辰	巽乾	亥
青龙太阴	辛戌	乾亥	壬子	癸丑	艮寅	甲卯	乙辰	巽巳	丙午	丁未	坤申	庚酉
天道	坤艮	甲庚	乙辛	乾巽	丙壬	丁癸	坤艮	甲庚	乙辛	乾巽	丙壬	丁癸
人道	乾巽	丙壬	丁癸	坤艮	甲庚	乙辛	乾巽	丙壬	丁癸	坤艮	甲庚	乙辛
利道	乙辛	丙壬	丙壬	丁癸	甲庚	甲庚	乙辛	丙壬	丙壬	丁癸	甲庚	甲庚
兵道	乙辛	巽乾	丙壬	丁癸	坤艮	庚申	辛乙	乾巽	壬丙	癸丁	艮坤	甲庚
天庆乌曲星	子	艮寅	辰巽	午	甲申	戌乾	子	艮寅	辰巽	午	甲申	戌乾
天官紫微星	酉	乾亥	丑艮	卯	巽巳	未坤	酉	乾亥	丑艮	卯	巽巳	未坤
天库少微星	卯	巽巳	未坤	酉	乾亥	丑艮	卯	巽巳	未坤	酉	乾亥	丑艮
天官凤辇星	午	坤申	戌乾	子	艮寅	辰巽	午	坤申	戌乾	子	艮寅	辰巽
天宝御游星	坤	亥	巽	坤	亥	巽	坤	亥	巽	坤	亥	巽
四驾帝星	子午	寅申	辰戌	子午	寅申	辰戌	子午	寅申	辰戌	子午	寅申	辰戌
天贵星	酉	戌	亥	子	丑	寅	卯	辰	巳	午	未	申
天宝星	午	申	戌	子	寅	辰	午	申	戌	子	寅	辰
捉财星	庚	辛	乾	壬	癸	艮	甲	乙	巽	丙	丁	坤

（续表）

	子	丑	寅	卯	辰	巳	午	未	申	酉	戌	亥
五富星	巳丙	申寅	壬亥	寅甲	巳丙	申庚	亥壬	寅甲	巳丙	申庚	壬亥	寅甲
福德星	巽	离	坤	坤	兑	乾	乾	坎	艮	艮	震	巽
青龙生气	辛	乙	壬	丙	艮	坤	乙	辛	丙	壬	坤	艮
年解星	戌	未	未	未	巳	巳	辰	卯	亥	巳	子	午
	未	酉	申	申	酉	酉	戌	戌	寅	亥	午	亥
驿马临官	甲庚	丙壬	甲庚	丙壬	甲庚	丙壬	甲庚	丙壬	甲庚	丙壬	甲庚	丙壬
	乙辛	丁癸	乙辛	丁癸	乙辛	丁癸	乙辛	丁癸	乙辛	丁癸	乙辛	丁癸

月家总吉方定局

月家吉方	甲	乙	丙	丁	戊	己	庚	辛	壬	癸
月干德	甲	庚	丙	壬	戊	甲	庚	丙	壬	戊
干德合	巳	乙	辛	丁	癸	巳	乙	辛	丁	癸
福星贵人	寅	亥丑	戌子	酉	申	未	午	巳	辰	卯
月正禄	寅	卯	巳	午	巳	午	申	酉	亥	子

月支吉方(日同)	正	二	三	四	五	六	七	八	九	十	十一	十二
天道行	南	西南	北	西	西北	东	北	东北	南	东	东南	西
天道吉方	乙辛	乾巽	壬丙	癸丁	艮坤	庚甲	乙辛	乾巽	壬丙	癸丁	艮坤	庚甲
天德方	丁	坤	壬	辛	乾	甲	癸	艮	丙	乙	巽	庚
天德合	壬	巳	丁	丙	寅	巳	戊	亥	辛	庚	申	乙
月德方	丙	甲	壬	庚	丙	甲	壬	庚	丙	甲	壬	庚

（续表）

月支吉方(日同)	正	二	三	四	五	六	七	八	九	十	十一	十二
月德合	辛	巳	丁	乙	辛	巳	丁	乙	辛	巳	丁	乙
月恩方	丙	丁	庚	巳	戊	辛	壬	癸	庚	乙	甲	辛
月空方	壬	庚	丙	甲	壬	庚	丙	甲	壬	庚	丙	甲
青龙黄道	子	寅	辰	午	申	戌	子	寅	辰	午	申	戌
金匮黄道	辰	午	申	戌	子	寅	辰	午	申	戌	子	寅
天德黄道	巳	未	酉	亥	丑	卯	巳	未	酉	亥	丑	卯
玉堂黄道	未	酉	亥	丑	卯	巳	未	酉	亥	丑	卯	巳
明堂黄道	卯	丑	巳	未	酉	申	丑	卯	巳	未	酉	亥
司命黄道	戌	子	寅	辰	午	申	戌	子	寅	辰	午	申
月财方	午	乙	巳	未	酉	戌	午	乙	巳	未	酉	戌
生气方	子	丑	寅	卯	辰	巳	午	未	申	酉	戌	亥
天仓方	亥	子	丑	寅	卯	辰	巳	午	未	申	酉	戌
地仓方	午	申	亥	辰	丑	寅	巳	辰	午	酉	巳	辰
生土方	卯	午	申	戌	午	未	酉	午	申	戌	子	巳
停部方	未	申	酉	戌	亥	子	丑	寅	卯	辰	巳	午
天解方	申	戌	子	寅	辰	午	申	戌	子	寅	辰	午
地解方	申	申	酉	酉	戌	戌	亥	亥	子	子	丑	丑
月小解神方	申	酉	戌	亥	子	丑	寅	卯	辰	巳	午	未
天富星方	午	未	申	酉	戌	亥	子	丑	寅	卯	辰	巳
五福星	乙	巳	子	丁	申	卯	辛	亥	午	癸	寅	酉
火医神	卯	亥	丑	未	巳	卯	亥	丑	未	巳	卯	亥
支德星	未	申	酉	戌	亥	子	丑	寅	卯	辰	巳	午
支德合	午	巳	辰	卯	寅	丑	子	亥	戌	酉	申	未

飞宫天月德定局

	正	二	三	四	五	六	七	八	九	十	十一	十二
甲己年天德	乾	坎	离	兑	坎	艮	乾	坎	兑	中	坎	艮
甲己年月德	中	震	离	乾	坤	艮	中	震	兑	中	坤	艮
乙庚年天德	中	坎	兑	中	坎	乾	中	坎	中	巽	坎	乾
乙庚年月德	巽	坎	兑	中	离	乾	巽	坎	中	震	离	乾
丙辛年天德	震	坎	中	巽	坎	中	震	坎	巽	坤	坎	中
丙辛年月德	坤	艮	中	震	兑	中	坤	艮	巽	坎	兑	中
丁壬年天德	坎	坎	巽	坤	坎	震	坎	坎	坤	离	坎	震
丁壬年月德	离	乾	巽	坎	中	震	离	乾	坤	艮	中	震
戊癸年天德	艮	坎	坤	离	坎	坎	艮	坎	离	兑	坎	坎
戊癸年月德	兑	中	坤	艮	巽	坎	兑	中	离	乾	坤	坎

飞宫水德星定局

	正	二	三	四	五	六	七	八	九	十	十一	十二
甲己年壬	坤	坎	离	艮	兑	乾	中	中	巽	震	坤	坎
甲己年癸	震	坤	坎	离	艮	兑	乾	中	中	巽	震	坤
乙庚年壬	离	艮	兑	乾	中	中	巽	震	坤	坎	离	艮
乙庚年癸	坎	离	艮	兑	乾	中	中	巽	震	坤	坎	离
丙辛年壬	兑	乾	中	中	巽	震	坤	坎	离	艮	兑	乾
丙辛年癸	艮	兑	乾	中	中	巽	震	坤	坎	离	艮	兑
丁壬年壬	中	中	巽	震	坤	坎	离	艮	兑	乾	中	中
丁壬年癸	乾	中	中	巽	震	坤	坎	离	艮	兑	乾	中

（续表）

		正	二	三	四	五	六	七	八	九	十	十一	十二
戊癸年	壬	巽	震	坤	坎	离	艮	兑	乾	中	中	巽	震
	癸	中	兑	震	坤	坎	离	艮	兑	乾	中	中	巽

飞宫天赦星局

	正	二	三	四	五	六	七	八	九	十	十一	十二
甲己年	艮	兑	乾	震	坤	坎	中	巽刑	震	离	艮	兑
乙庚年	中	坎	离	离刑	艮	兑刑	坤	坎	离	乾	中	巽
丙辛年	艮	兑	乾	乾	中	坎	艮刑	兑	乾	震	坤	坎
丁壬年	中	巽刑	震	离刑	艮	兑	中	坎	离	离	艮	兑
戊癸年	坤刑	坎	离	乾	中	巽	艮刑	兑	乾	乾	中	坎

日家吉神定局

日吉	月											
	正	二	三	四	五	六	七	八	九	十	十一	十二
天德诸事吉	丁	申	壬	辛	亥	甲	癸	寅	丙	乙	巳	庚
天德合	壬	巳	丁	丙	寅	巳	戊	亥	辛	庚	申	乙
月德	丙	甲	壬	庚	丙	甲	壬	庚	丙	甲	壬	庚
月德合	辛	巳	丁	乙	辛	巳	丁	乙	辛	巳	丁	乙
月恩	丙	丁	庚	巳	戊	辛	壬	癸	庚	乙	甲	辛
月财	午	乙	巳	未	酉	亥	午	乙	巳	未	酉	亥
月空	壬	庚	丙	甲	壬	庚	丙	甲	壬	庚	丙	甲

（续表）

日吉	月											
	正	二	三	四	五	六	七	八	九	十	十一	十二
天喜	戌	亥	子	丑	寅	卯	辰	巳	午	未	申	酉
生气	子	丑	寅	卯	辰	巳	午	未	申	酉	戌	亥
要安	寅	申	卯	酉	辰	戌	巳	亥	午	子	未	丑
玉堂	卯	酉	辰	戌	巳	亥	午	子	未	丑	申	寅
金堂	辰	戌	巳	亥	午	子	未	丑	申	寅	酉	卯
敬心	未	丑	申	寅	酉	卯	戌	辰	亥	巳	子	午
普护	申	寅	酉	卯	戌	辰	亥	巳	子	午	丑	未
福生百事吉	酉	卯	戌	辰	亥	巳	子	午	丑	未	寅	申
圣心	亥	巳	子	午	丑	未	寅	申	卯	酉	辰	戌
益后	子	午	丑	未	寅	申	卯	酉	辰	戌	巳	亥
续世	丑	未	寅	申	卯	酉	辰	戌	巳	亥	午	子
五富造葬作	亥	寅	巳	申	亥	寅	巳	申	亥	寅	巳	申
天富仓库吉	辰	巳	午	未	申	酉	戌	亥	子	丑	寅	卯
驿马	申	巳	寅	亥	申	巳	寅	亥	申	巳	寅	亥
六合	亥	戌	酉	申	未	午	巳	辰	卯	寅	丑	子
天仓作仓吉	寅	丑	子	亥	戌	酉	申	未	午	巳	辰	卯
天财造葬作仓库吉	辰	午	申	戌	子	寅	辰	午	申	戌	子	寅
地财同上	巳	未	酉	亥	丑	卯	巳	未	酉	亥	丑	卯
金匮	子	酉	午	卯	子	酉	午	卯	子	酉	午	卯

（续表）

日吉	月											
	正	二	三	四	五	六	七	八	九	十	十一	十二
天医	丑	寅	卯	辰	巳	午	未	申	酉	戌	亥	子
解神	申	申	戌	戌	子	子	寅	寅	辰	辰	午	午
天寿星作生坟寿木吉	子丑	子丑	子丑	戌亥	戌亥	戌亥	子丑	未申	未申	未申	戌亥	未申
天嗣星求嗣吉	未	酉	亥	酉	戌	子	寅	戌	子	丑	卯	巳
天地解祈福解冤	申	酉	戌	亥	子	丑	寅	卯	辰	巳	午	未
喝散神词讼治病	巳	巳	巳	申	申	申	亥	亥	亥	寅	寅	寅
入仓日作仓库吉	未	辰	丑	戌	未	辰	丑	戌	未	辰	丑	戌
阳德日嫁娶入学	戌	子	寅	辰	午	申	戌	子	寅	辰	午	申
阴德日设斋祭祀	酉	未	巳	卯	丑	亥	酉	未	巳	卯	丑	亥
太阳百事吉	酉	子	申	午	酉	子	卯	午	酉	子	卯	午
吉夫星诸事吉	酉	寅	亥	辰	丑	午	卯	申	巳	戌	未	子
未马日远行出征	午	申	戌	子	寅	辰	午	申	戌	子	寅	辰
福厚星赴任嫁娶	寅	寅	寅	巳	巳	巳	申	申	申	亥	亥	亥
吉期日会亲送礼	卯	辰	巳	午	未	申	酉	戌	亥	子	丑	寅
天岳星造葬娶	申	戌	子	寅	辰	午	申	戌	子	寅	辰	午

（续表）

日吉	月											
	正	二	三	四	五	六	七	八	九	十	十一	十二
支德星百事吉	未	申	酉	申	酉	戌	亥	子	丑	寅	卯	辰
青龙日诸事吉	子	寅	辰	午	申	戌	子	寅	辰	午	申	戌
时阴日诸事吉	午	未	申	酉	戌	亥	子	丑	寅	卯	辰	巳
天赦日	春戊寅			夏甲午			秋戊申			冬甲子		
母仓日	春亥子			夏寅卯			秋辰戌丑未			冬申酉		
旺日	春甲乙寅卯			夏丙丁巳午			秋庚辛申酉			冬壬癸子亥		
相日	春丙丁巳午			夏戊己辰戌丑未			秋壬癸亥子			冬甲乙寅卯		
天贵	春甲乙			夏丙丁			秋庚辛			冬壬癸		
天良	春甲寅			夏丙寅			秋庚寅			冬壬寅		

日吉青龙干吉得吉星同并作吉用	正七	二八	三九	四十	五十一	六十二
青龙黄道天雷星星天丧天魔毛头	子	寅	辰	午	申	戌
明堂黄道执储明星贵人紫微吉人	丑	卯	巳	未	酉	亥
金匮黄道天宝明星鸾舆天财天庆	辰	午	申	戌	子	寅
天德黄道天讨明星上官邑从地财	巳	未	酉	亥	丑	卯
玉堂黄道天库明星天库少微天成	未	酉	亥	丑	卯	巳
司命黄道天府明星天官凤辇禄军	戌	子	寅	辰	午	申

天恩上吉日：甲子、乙丑、丙寅、丁卯、戊辰、己卯、庚辰、辛巳、壬午、癸未、己酉、庚戌、辛亥、癸丑。宜上表、颁放、上官、参谒、嫁娶行，主吉。

天福吉日：□卯、辛巳、庚寅、辛卯、壬辰、癸巳、己亥、庚子、辛丑。宜治宅。

天开吉日:辛未、壬申、癸酉、丁丑、巳卯、壬午、甲申、丁亥、壬辰、乙未、壬寅、甲辰、乙巳、丙午、己酉、庚戌、辛亥、丙辰、己未、庚申、辛酉,此二十二日合大明历,乃天地开通太阳所照之辰,唐贞观三年,国师李淳风令上准。

神在吉日:甲子、乙丑、丁卯、戊辰、辛未、壬申、癸酉、甲戌、丁丑、巳卯、庚辰、壬午、甲申、乙酉、丙戌、丁亥、己丑、辛卯、甲午、乙未、丙申、丁酉、丙午、丁未、戊申、己酉、庚戌、乙卯、丙辰、丁巳、戊午、己未、辛酉。宜祈福、还愿、设寿。

五帝生日:甲子(青帝生),甲辰(赤帝生),戊子(黄帝生),壬子(黑帝生),宜造作,百事用之上吉。

五合吉日:甲寅、乙卯日月合宜造作、嫁娶。丙寅、丁卯阴阳合宜营造、婚姻、移居。戊寅、己卯人民合宜嫁娶、参谒。庚寅、辛卯金石合,宜砌石、熔铸。壬寅、癸卯江河合,宜远行、渔船。

地虎不食日:壬申、癸酉、壬午、甲申、乙酉、壬辰、丁酉、甲辰、丙午、己酉、丙辰、己未、庚申、辛酉。宜安葬、栽种,并大吉。

天聋地哑日:丙寅、戊辰、丙子、丙申、庚子、壬子、丙辰,为天聋日;乙丑、丁卯、己卯、辛巳、乙未、丁酉、己亥、辛丑、辛亥、癸丑、辛酉,为地哑日。用之百事吉。今云:宜作厕、安碓磨吉。

十二月上吉日

正月:甲子、丁卯、丙子、丁丑、甲午、丙午、丁未、丙辰。

二月:甲戌、甲辰、甲申、丁亥、己丑、己亥、甲辰、丁未、丁巳。

三月:丁卯、壬申、丁酉、庚子、壬寅、壬子,丁亥受死之日。

四月:乙丑、庚午、庚辰、壬午、庚子、辛丑、庚戌、壬戌,辛未、癸未,天贼。

五月:丙寅、辛丑、戊寅、丙戌、丙申、辛丑、戊申、辛亥、丙辰。

六月:甲子、乙丑、癸酉、甲申、庚寅、丙申、己亥、癸卯,甲午、丙午、受死。

七月:丁卯、庚午、庚辰、壬辰、丁酉、庚子、丁未,丁丑受死,庚戌、壬戌,天贼日。

八月:乙丑、乙亥、庚辰、甲申、己丑、庚寅、壬寅、乙巳、庚戌、丙辰、庚申。

九月:丙子、辛巳、戊子、庚子、丙午、辛亥,丙申、戊申天贼,丙寅受死。

十月:甲子、癸酉、癸未、甲午、乙未、巳未,甲申受死,甲辰、乙巳、甲寅不吉。

十一月:壬申、甲戌、甲申、壬辰、壬寅、甲辰、乙巳、甲寅、丁巳正四废,壬戌。

十二月:庚午、乙亥、庚寅、庚子、乙巳、庚申,丁亥天贼,丁巳正四废。

右依百忌及大全诸历书,参详用之,百事大吉。十二月上吉日,内有犯天贼,受死者,系逐月有犯,详查考出勿用。

历数真太阳行度过宫

太阳者,星中之天子也。历数炎光者,天上日也。为万宿之祖,诸吉之宗。天而无日,则万古长夜,月星诸宿无日,其体何光。

杨公云:尝将历数考诸天,天上星辰万万千。才到五更星尽落,唯有阳乌亘古全。又云:请君专把太阳照,茅屋光辉亿万年,是也。盖太阳至尊极贵,万德而生,故吉曜逢之,愈增辉;凶星遇之,拱手敛伏。不问宫方到处皆吉,能压诸凶所缠之分。其光所照之方,大可造葬,三合四正用之亦可叨光,是名山家帝驾,或遇房虚星昴四躔者,名为太阳月数,用之尤吉。若值日蚀为天变,方不可用,宜避之。

神龙经曰:太阳乃诸吉之首,旺田产,生贵子,论坐山、照向、坐方、照方、三合方位亦为有力。召吉之星如到子午卯酉,齐照寅申巳亥所对宫三合福力发是也。凡竖造、安葬、修方、动土,百事无不吉也。但宜查避罗睺计都二星,不可与太阳同度,为难星也。或云:土木星与太阳同度,能掩蔽日之光,列宿本无光,安能掩也?

太阳周天三百六十五度宫分循环之图

正	二	三	四	五	六	七	八	九	十	十一	十二
子	亥	戌	酉	申	未	午	巳	辰	卯	寅	丑
女二 木	危 十三	奎二 乾	胃四 计	毕七 戌	井九 坤金	柳四 丁气	张十五 丙	轸十 巽	氐二	尾二 甲	斗三 艮

(续表)

正	二	三	四	五	六	七	八	九	十	十一	十二
三癸气	十四罗壬山	三	五辛山	八	十	五	十六	十一孛	三	三	四
四	十五	四	六辛山	九	十一	六水	十七	十二	四立冬	四	五
五气	室孛刀	五	七孛	十	十二气	七	十五水刀	十三	五太阳	五	六气
六	一	六	八立夏	十一芒种	十三	八	一	十四寒露	六在乙	六	七
七	二	七孛	九太阳	十二太阳	十四计	九	二白露	十五太阳	七木气	七大雪	八
八气	三	八乾止	十在酉	十三在庚	十五小暑	十立秋	三太阳	十六在巽	八	八太阳	九小寒
九癸止	四壬止	九清明	十一	十四	十六太阳	十一太阳	四在丙	十七角初	九	九在甲	十太阳
虚刀	五	十太阳	十二孛	十五	十七在坤	十二在丁	五土	一	十	十	十一在丁
一立春	六惊蛰	十一在戊	十三	十六罗	十八	一计木	六七	二火	十一孛	十一	十二金
二太阳	七太阳	十二	十四	觜初	十九	二火	八	三金四金	十二气十三水	十二	十三水
三在子	八在亥	十三十四	十五昴初	参初	二十	三木	九	五	十四	十三罗	十四
四	九十	十五	一	一土	廿一	四罗	十一丙	六巽	房孛初	十四	十五
五	十一	十六	二	二	廿二才	五	十二	七	一	十五	十六
六气	十二	十七	三	三	廿三	六丁山	十三	八	二	十六	十七
七木	十三	娄初	四	四	廿四	张初	十四	九	三小雪	十七	十八

（续表）

正	二	三	四	五	六	七	八	九	十	十一	十二
八	十四	一 罗	五	五	廿五	一	十五	十 霜降	四 太阳	氐初	十九
九罗	十五	二	六	六	廿六	二	十六	十一 太阳	五 在甲	一寅	二十
危	十六 十七	三	七	七	廿七	三	十七	十二 在乙	心 初 火	二	廿一
一 二计	壁初	四	八小 满	八	廿八	四	十八 秋分 太阳	亢 初 火	一	三	廿二
三	一	五	九太 阳	九	廿九	五	十九 在庚	一	二	四	廿三
四	二	六 谷雨	十 在庚	角 夏至	三十 大暑	六 处暑	轸初	二	三	五 冬至	牛初
五	三 春分	七 太阳	十一	一 太阳	鬼初 太阳	七 太阳	一	三	二	六 太阳	一
六	四 太阳	八 在辛	毕 计初	二 在坤	一 在丁	八 在丁	二	四	三	七 在艮	二
七 雨水	五 在乾	九	一	三	二	九	三	五	四	八	三
八 太阳	六孛	十	二	四	柳	十	四	六	五	斗	四 大寒
九 在壬	七	十一 十二	五	初	三	十一	五	七	六	初	五 太阳
十气	八	胃	六	一	四	十二	六	八	尾初	一	六 在癸
十 一计	九	一 二	七	二	五	十三	七 八	氐 辰正	一	二	女初
十 二木	奎初 一金	三	八	三	六	十四	九	一 二	二	三	一木

历数太阳躔度过宫

十二月躔度宫次

正月立春,太阳在子,虚初度,躔玄枵之次,宜用乙丁辛时,吉。雨水,太阳在丑,危七度,后五日入危十三度,躔娵訾之次,宜用甲庚丙壬时。

二月惊蛰,太阳在亥,室六度,躔娵訾之次,宜用甲庚丙壬时,吉。春分,太阳在乾,壁三度,后七日入奎二度,躔降娄之次,宜乾坤艮巽时。

三月清明,太阳在戌,奎九度,躔降娄之次,宜用乾坤艮巽时,吉。谷雨,太阳在辛,娄六度,后九日入胃四度,躔大梁之次,宜用癸乙丁辛时。

四月立夏,太阳在酉,胃八度,躔大梁之次,宜用癸乙丁辛时,吉。小满,太阳在酉,昴九度,十日入庚毕七度,躔实沈之次,宜用甲丙庚壬时。

五月芒种,太阳在庚,毕十二度,躔实沈之次,宜用甲庚丙壬时,吉。夏至,太阳在申,参九井初,后九日入坤井九度,躔鹑首之次,宜用艮巽坤乾时,吉。

六月小暑,太阳在坤,井十五度,躔鹑首之次,宜用艮巽坤乾时吉。大暑太阳在未,井廿九度,后八日入柳四度,躔鹑火之次,宜用癸乙丁辛时。

七月立秋,太阳在丁,柳十一度,躔鹑火之次,宜用丁辛癸乙辛时。处暑,太阳在午,张五度,后九日入丙张十五度,躔鹑尾之次,宜用壬申丙庚时。

八月白露,太阳在丙,翌二度,躔鹑尾之次,宜用壬甲丙庚时,吉。秋分,太阳在巳,翌十八度,后十一日入巽轸十度,躔寿星之次,宜用艮巽坤乾时。

九月寒露,太阳在巽,轸十二度,躔寿星之次,宜用艮巽坤乾时,吉。霜降,太阳在辰,角十度,后十二日入巳氐二度,躔大火之次,宜用巽乙丁辛时。

十月立冬,太阳在乙,氐四度,躔大火之次,宜用癸乙丁辛时,吉。小雪,太阳在卯,房三度,后十一日入甲尾三度,躔析木之次,宜用壬甲丙庚时。

十一月大雪,太阳在甲,尾七度,躔析木之次,宜用壬甲丙庚时,吉。冬至,太阳在寅,箕四度,后八日入艮斗四度,躔星纪之次,宜用艮巽坤乾时。

十二月小寒,太阳在丑,斗十一度,躔星纪之次,宜用艮巽坤乾时,吉。大寒,太阳在癸,牛三度,后五日入女二度,躔玄枵之次,宜用癸乙丁辛时。

论太阳过宫,有迟速,月将即有早暮,欲要细查过宫时刻,宜将授时、大统历考之,但看月下某日时刻躔到宫之次,再合周天图内某时节,到某度躔何宫次即明。假如躔玄枵之次,就女二度数起,一日一度,逐日数至使用之次,即知太阳行到某宫度,万无一失也。前周天横立图及此逐月节气过度与圆图并同。

太阳与太阴会合,以为合朔临到本山,则太明大空五音修造、安葬、动土诸煞,尽皆替换伏主,添人进口,加官进职,若修寿山主福寿延长,实天机之局,护身之宝。又云:合朔到山最吉,临照之宫大可扦立,若遇危毕星张四宿乃太阴月殿入庙之时,尤吉。

歌曰:

举动明天星,修造鬼神惊。
有缘方遇此,千金莫示人。
正月析木在寅,日月合朔在壬亥山。
二月大火在卯,日月合朔在乾亥山。
三月寿星在辰,日月合朔在辛酉山。
四月鹑尾居巳,日月合朔在庚申山。
五月鹑火在午,日月合朔在坤未山。
六月鹑首在未,日月合朔在丁午山。
七月宾沈在申,日月合朔在丙巳山。
八月大梁在酉,日月合朔在巽辰山。
九月降娄在戌,日月合朔在乙卯山。
十月娵訾在亥,日月合朔在甲寅山。
十一月玄枵在子,日月合朔在艮丑山。
十二月星纪在丑,日月合朔在癸子山。

天星真太阴者,乃星中后妃也。玄堂素曜曰:天上月也,万宿之母,诸吉之尊,善慈柔同仁懿德,不问宫方,尽降福泽,镇制凶神恶煞,皆化吉祥,一得照临,吉云志也。

千金歌曰:更得玉兔照旺处,能使生人沾恩泽。言太阳、太阴合朔到山最吉,照临之宫。

通天窍年月定局

年月日时	申子辰	巳酉丑	寅午戌	亥卯未
迎财星	坤申	巽巳	艮寅	乾亥
进宝星	庚酉	丙午	甲卯	壬子
库珠星	辛戌	丁未	乙辰	癸丑
大州牢	乾亥	坤申	巽巳	艮寅
小县狱	壬子	庚酉	丙午	甲卯
小重丧	癸丑	辛戌	丁未	乙辰
大吉星	艮寅	乾亥	坤申	巽巳
进甲星	甲卯	壬子	庚酉	丙午
青龙星	乙辰	癸丑	辛戌	丁未
大火血	巽巳	艮寅	乾亥	坤申
小火血	丙午	甲卯	壬子	庚酉
大重丧	丁未	乙辰	癸丑	辛戌

右通天窍年月，修造、安门、放水、埋葬，妙用大吉。

通天窍吉凶诗断

（通天年月坐三六九宫，诸家经书通利，即天符经）

青龙大吉及迎财，修之金宝入门来。
若遇青龙家荣贵，进口添丁职库开。

修方下向二、七、六、十日，进角、羽音田地富贵，子孙昌盛大旺，丝蚕广收，五谷丰登。

进田进宝库珠星，修方下向百福生。

人口牛羊田地进，丝蚕大旺更兴丁。

竖造安葬修方六十日、一百二十日进人口，角、羽音田地，申子辰年百事大旺，兴发。

州牢县狱大重丧，犯者瘟灾百祸生。

田地退财牛马死，横祸公事手追胸。

修方下向，一百二十日损畜，官事三年杀三人，失火，因女人退财，田土败业，申子辰年凶。

大小火血小重丧，二个星辰不可修。

遭官瘟火年年至，退败死丁哭不休。

三年内杀三人，忧家长，公事退。

艮坤甲庚乙辛开山立向修方，课取申子辰寅午戌，阳年阳月阳日阳时，吉。

乾巽丙壬丁癸开山立向修方，课取巳酉丑亥卯未，阴年阴月阴日阴时，吉。

走马六壬年月定局

年月日时	子	丑	寅	卯	辰	巳	午	未	申	酉	戌	亥
天罡	乙辰	甲卯	艮寅	癸丑	壬子	乾亥	辛戌	庚酉	坤申	丁未	丙午	巽巳
太乙	巽巳	乙辰	甲卯	艮寅	癸丑	壬子	乾亥	辛戌	庚酉	坤申	丁未	丙午
胜光	丙午	巽巳	乙辰	甲卯	艮寅	癸丑	壬子	乾亥	辛戌	庚酉	坤申	丁未
小吉	丁未	丙午	巽巳	乙辰	甲卯	艮寅	癸丑	壬子	乾亥	辛戌	庚酉	坤申
传送	坤申	丁未	丙午	巽巳	乙辰	甲卯	艮寅	癸丑	壬子	乾亥	辛戌	庚酉
从魁	庚酉	坤申	丁未	丙午	巽巳	乙辰	甲卯	艮寅	癸丑	壬子	乾亥	辛戌
河魁	辛戌	庚酉	坤申	丁未	丙午	巽巳	乙辰	甲卯	艮寅	癸丑	壬子	乾亥
登明	乾亥	辛戌	庚酉	坤申	丁未	丙午	巽巳	乙辰	甲卯	艮寅	癸丑	壬子

（续表）

年月日时	子	丑	寅	卯	辰	巳	午	未	申	酉	戌	亥
神后	壬子	乾亥	辛戌	庚酉	坤申	丁未	丙午	巽巳	乙辰	甲卯	艮寅	癸丑
大吉	癸丑	壬子	乾亥	辛戌	庚酉	坤申	丁未	丙午	巽巳	乙辰	甲卯	艮寅
功曹	艮寅	癸丑	壬子	乾亥	辛戌	庚酉	坤申	丁未	丙午	巽巳	乙辰	甲卯
太冲	甲卯	艮寅	癸丑	壬子	乾亥	辛戌	庚酉	坤申	丁未	丙午	巽巳	乙庚

右走马六壬，佐亥真人云：第一莫负天罡讯，第二天符经莫讳；酉二六壬生死运，三经总成共同推。

走马六壬诗断

天罡星位好安排，须凭吉地作良谋。

修方下向居其位，进入金银及横财。

注云：顺阳之神，土德之主，作之进横财及生田，周年生贵子，进南方财，巳酉丑年发。

太乙星辰极是凶，修逢退败见贫穷。

官灾枷锁无休歇，瘟瘴岁岁定遭逢。

注云：顺阴之神，火德之主，修造杀宅长，退血财，加在四孟宫遭瘟火，此星在阳宫杀男，阴宫杀女，百二十日应。

胜光星下好修装，连年进入好田庄。

横财岁岁终须入，人口安宁大吉昌。

注云：顺阳之神，火德之主，逢者先进田则后进银帛，寅戌年生贵子，亥卯年发财福。

小吉星位不堪闻，犯者须臾便杀人。

三十二载终须见，百万资财化作尘。

犯之损宅母、女人、小口、血财，巳酉丑年见，申子辰年败。

传送金星富贵昌，连年长见进田庄。

人丁大旺资财盛，加官进职喜非常。

注云：顺阳之神，金德之主，先进田产，后进横财，蚕丝血财一纪荣昌，巳酉丑年生贵子，申子辰年应发财。

从魁星位退田畴，官事牢狱实堪忧。

年年争讼无休歇，退败资财不得休。

犯之忧，女人起官灾，巳酉丑年见少亡长病。

河魁星下好修装，进入田园岁岁昌。

金银横进多盛旺，儿孙从此富豪强。

遇之周年生贵子，后进财物，申子辰年应发。

登明星宫阴顺逢，犯者宅母命先倾。

修方下向君须避，少亡宅长定遭凶。

犯之损阴命，后损血财，申子辰年退败。

神后星宫号言媒，金银退入女家财。

坐向修方居其位，儿孙卿紫入门来。

注云：顺阳之神，水德之主，遇此先进横财，后进寡妇土，若大作逢三台加官富贵，甲子辰年生贵子。

大吉星位主灾伤，犯之妇女定先亡。

官灾牢狱无休歇，更忧小口入泉乡。

犯之百日后损血财，杀新妇，周年内官至。

功曹星下好修营，资财进入足丰隆。

修方下向逢三合，子孙跳紫换门闾。

遇者家生贵子，人财兴旺，申子辰年兴发，亥卯未年生贵子。

太冲星宫不堪迁，连年见祸退田园。

血光横祸年年起，少年定主入黄泉。

犯者损宅母，伤六畜。若至周年，退产损女人。

六壬课取阳年月日时下阴山，阴年月日时下阳山，修方造作亦同。

罗天大进年家吉方定局

六十年方位

甲子	乙丑	丙寅	丁卯	戊辰	己巳	庚午	辛未	壬申
癸酉	甲戌	乙亥	丙子	丁丑	戊寅	己卯	庚辰	辛巳
壬午	癸未	甲申	乙酉	丙戌	丁亥	戊子	己丑	庚寅
辛卯	壬辰	癸巳	甲午	乙未	丙申	丁酉	戊戌	己亥
庚子	辛丑	壬寅	癸卯	甲辰	乙巳	丙午	丁未	戊申
己酉	庚戌	辛亥	壬子	癸丑	甲寅	乙卯	丙辰	丁巳
戊午	己未	庚申	辛酉	壬戌	癸亥			
兑	艮	离	坎	坤	震	巽	中	乾

罗天大进月家吉方定局

月方吉	正	二	三	四	五	六	七	八	九	十	十一	十二
子年	震	巽	中	天	天	天	乾	兑	艮	离	坎	坤
丑年	坤	震	巽	中	天	天	天	乾	兑	艮	离	坎
寅年	坎	坤	震	巽	中	天	天	天	乾	兑	艮	离
卯年	离	坎	坤	震	巽	中	天	天	天	乾	兑	艮
辰年	艮	离	坎	坤	震	巽	中	天	天	天	乾	兑
巳年	兑	艮	离	坎	坤	震	巽	中	天	天	天	乾
午年	乾	兑	艮	离	坎	坤	震	巽	中	天	天	天

（续表）

月方吉	正	二	三	四	五	六	七	八	九	十	十一	十二
未年	天	乾	兑	艮	离	坎	坤	震	巽	中	天	天
申年	天	天	乾	兑	艮	离	坎	坤	震	巽	中	天
酉年	天	天	天	乾	兑	艮	离	坎	坤	震	巽	中
戌年	中	天	天	天	乾	兑	艮	离	坎	坤	震	巽
亥年	巽	中	天	天	天	乾	兑	艮	离	坎	坤	震

掌诀：

六乾	七兑	八艮	九离
五中 四巽	三震	二坤	一坎

诗例：

罗天大进喜非常，问向寻风须细详。
从巽过中天上去，在天三月下乾乡。

四巽、三震、二坤、一坎，假如甲子年从子数起，至卯是四位，卯乃二月建，即以卯二月入巽宫顺行，三月到中，四五六月在天上，七月下乾，逐一行去，十二月到坤，正月在震。余仿此。

右罗天大进在天宜起造，在地宜安葬，在方宜修作，大吉。

罗天大退年月凶方定局

（附日时诗例）

罗天大退年诗例

罗天大退最非常，丙丁二年居艮乡。
戊己却来坤上立，庚辛巽位不堪迁。
壬癸逢鸡人口损，甲岁营造子位伤。
乙岁震宫皆切忌，阴人小口入泉乡。

马前灸退尤自可，罗天大退见死亡。

罗天大退少人知，问五寻风逆数推。

掌上九宫行一遍，回来三月上天梯。

如子年从子数起，至辰乃三月建，即以三月入巽逆行，四月到震，逐一行去，十一月到中宫，十二月正月二月并在天，三月在巽是也。余仿此。

罗天大退日例

初一休逢鼠，初三莫遇羊，初五马头上，初九问鸡乡。

十一莫遇兔，十三虎在傍，十七牛耕地，廿一鼠绝粮。

廿五怕犬吠，廿七兔遭伤，廿九猴作戏，甲退最难当。

用四季星宿，春箕夏轸，秋参冬壁。

罗天大退时例

甲己退蛇乙庚猴，丙辛宰猪丁壬牛。

戊己二日共寅巳，事若逢之件件休。

罗天大退月家定局

月方	正	二	三	四	五	六	七	八	九	十	十一	十二
子年	天	天	巽	震	坤	坎	离	艮	兑	乾	中	天
丑年	天	天	天	巽	震	坤	坎	离	艮	兑	乾	中
寅年	中	天	天	天	巽	震	坤	坎	离	艮	兑	乾
卯年	乾	中	天	天	天	巽	震	坤	坎	离	艮	兑
辰年	兑	乾	中	天	天	天	巽	震	坤	坎	离	艮
巳年	艮	兑	乾	中	天	天	天	巽	震	坤	坎	离
午年	离	艮	兑	乾	中	天	天	天	巽	震	坤	坎

（续表）

月方	正	二	三	四	五	六	七	八	九	十	十一	十二
未年	坎	离	艮	兑	乾	中	天	天	天	巽	震	坤
申年	坤	坎	离	艮	兑	乾	中	天	天	天	巽	震
酉年	震	坤	坎	离	艮	兑	乾	中	天	天	天	巽
戌年	巽	震	坤	坎	离	艮	兑	乾	中	天	天	天
亥年	天	巽	震	坤	坎	离	艮	兑	乾	中	天	天

右罗天大退在天忌起造，在地忌安葬，在方忌修方。

三奇帝星诗曰

飞天宝宿号三奇，立向安坟切要知。
修方若得奇临位，山头坐向一同推。
若遇三奇到坐向，兴工起造任施为。
不避流财诸恶煞，官符太岁尽皈依。
更得奇星临对照，令人富贵足丰衣。
此是某公真口诀，千金不可与人知。

子午卯酉年	正	二	三	四	五	六	七	八	九	十	十一	十二
乙奇	乾	艮	午	坎	坤	震	巽	中	乾	兑	艮	午
丙奇	震	巽	中	乾	兑	艮	离	坎	坤	震	兑	中
丁奇	中	乾	兑	艮	离	坎	坤	震	巽	中	乾	兑

寅申巳亥年	正	二	三	四	五	六	七	八	九	十	十一	十二
乙奇	巽	中	乾	兑	艮	离	坎	坤	震	巽	中	兑
丙奇	离	坎	坤	震	巽	中	乾	兑	艮	离	坎	坤
丁奇	坤	震	巽	中	乾	兑	艮	午	坎	坤	震	巽

辰戌丑未年	正	二	三	四	五	六	七	八	九	十	十一	十二
乙奇	坎	坤	震	巽	中	乾	兑	艮	离	坎	坤	震
丙奇	乾	兑	艮	离	坎	坤	震	巽	中	乾	兑	艮
丁奇	艮	离	坎	坤	震	巽	中	乾	兑	艮	离	坎

都天宝照吉凶定局

年月日时	子午	丑未	寅申	卯酉	辰戌	巳亥
太阳	坤申	乾亥	艮寅	巽巳	丙午	丁未
土宿	庚酉	壬子	甲卯	丙午	坤申	庚酉
贪狼	辛戌	癸丑	乙辰	丁未	坤申	庚酉
禄存	乾亥	艮寅	巽巳	坤申	庚酉	辛戌
巨门	壬子	甲卯	丙午	庚酉	辛戌	乾亥
破军	癸丑	乙辰	丁未	辛戌	乾亥	壬子
武曲	艮寅	巽巳	坤申	乾亥	壬子	癸丑
文曲	甲卯	丙午	庚酉	壬子	癸丑	艮寅
左辅	乙辰	丁未	辛戌	癸丑	艮寅	甲卯
廉贞	巽巳	坤申	乾亥	艮寅	甲卯	乙辰
右弼	丙午	庚酉	壬子	甲卯	乙辰	巽巳
罗睺	丁未	辛戌	癸丑	乙辰	巽巳	丙午

右都天宝照内太阳贪狼巨门武曲左辅右弼六星吉余凶。

天星四龙经定局

年月日时	子	丑	寅	卯	辰	巳	午	未	申	酉	戌	亥
亡龙	子癸	丑艮	寅甲	卯乙	辰巽	巳丙	午丁	未坤	申庚	酉辛	戌乾	亥壬
总龙	丑艮	寅甲	卯乙	辰巽	巳丙	午丁	未坤	申庚	酉辛	戌乾	亥壬	子癸
祸龙	寅甲	卯乙	辰巽	巳丙	午丁	未坤	申庚	酉辛	戌乾	亥壬	子癸	丑艮
死龙	卯乙	辰巽	巳丙	午丁	未坤	申庚	酉辛	戌乾	亥壬	子癸	丑艮	寅甲
总龙	辰巽	巳丙	午丁	未坤	申庚	酉辛	戌乾	亥壬	子癸	丑艮	寅甲	卯乙
明龙	巳丙	午丁	未坤	申庚	酉辛	戌乾	亥壬	子癸	丑艮	寅甲	卯乙	辰巽
败龙	午丁	未坤	申庚	酉辛	戌乾	亥壬	子癸	丑艮	寅甲	卯乙	辰巽	巳丙
福龙	未坤	申庚	酉辛	戌乾	亥壬	子癸	丑艮	寅甲	卯乙	辰巽	巳丙	午丁
衰龙	申庚	酉辛	戌乾	亥壬	子癸	丑艮	寅甲	卯乙	辰巽	巳丙	午丁	未坤
病龙	酉辛	戌乾	亥壬	子癸	丑艮	寅甲	卯乙	辰巽	巳丙	午丁	未坤	申庚
进龙	戌乾	亥壬	子癸	丑艮	寅甲	卯乙	辰巽	巳丙	午丁	未坤	申庚	酉辛
怨龙	亥壬	子癸	丑艮	寅甲	卯乙	辰巽	巳丙	午丁	未坤	申庚	酉辛	戌乾

总龙到山,总管三十八龙,大啥一午声收尽山头运,主八十年大富贵,申子年大发。

明龙到半吉,初进用地财昌,或出文人,知者成名,即损奴利问利亡。福龙管二十八龙,大啥年声,进龙管五十一龙,大吉,即吉造葬大吉。

都天运转行衙帝星年月日时

年建　年	子	丑	寅	卯	辰	巳	午	未	申	酉	戌	亥
月建　月	正	二	三	四	五	六	七	八	九	十	十一	十二
日建　日	辰	巳	午	未	申	酉	戌	亥	子	丑	寅	卯
时建　时	午	未	申	酉	戌	亥	子	丑	寅	卯	辰	巳

（续表）

年建　年	子	丑	寅	卯	辰	巳	午	未	申	酉	戌	亥
贪狼吉	中	巽	震	坤	坎	离	艮	兑	乾	中	巽	震
巨门吉	乾	中	巽	震	坤	坎	离	艮	兑	乾	中	巽
禄存	兑	乾	中	巽	震	坤	坎	离	艮	兑	乾	中
文曲	艮	兑	乾	中	巽	震	坤	坎	离	艮	兑	乾
廉贞	离	艮	兑	乾	中	巽	震	坤	坎	离	艮	兑
武曲吉	坎	离	艮	兑	乾	中	巽	震	坤	坎	离	艮
破军	坤	坎	离	艮	兑	乾	中	巽	震	坤	坎	离
左辅吉	震	坤	坎	离	艮	兑	乾	中	巽	震	坤	坎
右弼吉	巽	震	坤	坎	离	艮	兑	乾	中	巽	震	坤

右行衙帝星局，贪狼、巨门、武曲、左辅、右弼五星吉，余凶。

宝镜龙吟经立成定局

龙首	子	丑	寅	卯	辰	巳	午	未	申	酉	戌	亥
龙剑	子	丑	寅	卯	辰	巳	午	未	申	酉	戌	亥
龙唫一千声	癸	艮	甲	乙	巽	丙	丁	坤	庚	辛	乾	壬
龙唫唫五百声	丑	寅	卯	辰	巳	午	未	申	酉	戌	亥	子
龙春	艮	甲	乙	巽	丙	丁	坤	庚	辛	乾	壬	癸
龙困	寅	卯	辰	巳	午	未	申	酉	戌	亥	子	丑
龙劫	甲	乙	巽	丙	丁	坤	庚	辛	乾	壬	癸	艮
龙败	卯	辰	巳	午	未	申	酉	戌	亥	子	丑	寅

（续表）

龙死	乙	巽	丙	丁	坤	庚	辛	乾	壬	癸	艮	甲
龙唅 唅三千声	辰	巳	午	未	申	酉	戌	亥	子	丑	寅	卯
龙唅 唅五百声	巽	丙	丁	坤	庚	辛	乾	壬	癸	艮	甲	乙
龙喜	己	午	未	申	酉	戌	亥	子	丑	寅	卯	辰
龙破	丙	丁	坤	庚	辛	乾	壬	癸	艮	甲	乙	巽
龙哭	午	未	申	酉	戌	亥	子	丑	寅	卯	庚	巳
龙怨	丁	坤	庚	辛	乾	壬	癸	艮	甲	乙	巽	丙
龙唅 唅三千声	未	申	酉	戌	亥	子	丑	寅	卯	辰	巳	午
龙唅 唅六百声	坤	庚	辛	乾	壬	癸	艮	甲	乙	巽	丙	丁
龙病	申	酉	戌	亥	子	丑	寅	卯	辰	巳	午	未
龙走	庚	辛	乾	壬	癸	艮	甲	乙	巽	丙	丁	坤
龙狂	酉	戌	亥	子	丑	寅	卯	辰	巳	午	未	申
龙哭	辛	乾	壬	癸	艮	甲	乙	巽	丙	丁	坤	庚
龙唅 唅三声	戌	亥	子	丑	寅	卯	辰	巳	午	未	申	酉
龙唅 唅九百声	乾	壬	癸	艮	甲	乙	巽	丙	丁	坤	庚	辛
龙逆	亥	子	丑	寅	卯	辰	巳	午	未	申	酉	戌
龙离	壬	癸	艮	甲	乙	巽	丙	丁	坤	庚	辛	乾

龙唅年月无人晓，天涯海角有谁知。

二十四山分祸福，执明奥妙五龙身。

修造埋葬不依此，误了凡间世上人。

若有时师留得此，黄金万两不传人。

起例：每示以太岁加龙首星顺行，如加到孟月加丑，仲月加酉，季月加巳，凡遇龙首、龙喜、龙唅、龙笑，大吉。龙剑、龙困、龙劫、病、败、死、哭、怨、走、狂、逆、离、破十三龙，大凶。

凡修方下向造葬，合此年月，能致诸煞变吉。

盖山黄道吉局

年支吉	子	丑	寅	卯	辰	巳	午	未	申	酉	戌	亥
天皇	兑丁	巽	巽离	壬	震亥	亥	庚艮	坎	癸申	辰	乾坤	乙
	巳丑	辛	辛寅	戌	庚未	震	未丙	申	辰坎	癸	甲乙	坤
黄罗	震庚	艮	丙乾	兑	丁巳	兑	巽坤	乙	离壬	坎	癸坎	癸
	亥未	丙	艮申	巳	丑丁	丑	辛乙	坤	寅戌	申	辰申	辰
紫檀	坤离	壬	离壬	巽	坎癸	乾	震庚	亥	未艮	兑	丁丑	丁
	乙寅	戌	寅戌	辛	申辰	申	辰申	亥未	震庚	丙巳	丑兑	巳
地皇	巽兑	丁	兑丁	坤	丙丙	震	戌乾	甲	坎癸	离	壬寅	戌
	辛巳	丑	巳丑	乙	艮艮	亥	未甲	乾	甲辰	寅	戌离	子

撼龙帝星吉局

年干吉	甲	乙	丙	丁	戊	己	庚	辛	壬	癸
泰龙	艮寅	甲卯	乙辰	巽巳	丙午	丁未	坤申	庚酉	辛戌	乾亥
益龙	乙辰	巽巳	丙午	丁未	坤申	辛酉	辛戌	乾亥	壬子	癸丑
升龙	丙午	丁未	坤申	庚酉	辛戌	乾亥	壬子	癸丑	艮寅	甲卯
丰龙	坤申	庚酉	辛戌	乾亥	壬子	癸丑	艮寅	甲卯	乙辰	巽乙
萃龙	辛戌	乾亥	壬子	癸丑	艮寅	甲卯	乙辰	巽巳	丙午	丁未
比龙	壬子	癸丑	艮寅	甲卯	乙辰	巽巳	丙午	丁未	坤申	庚酉

最吉四大利星二十四利方向定局

年支	子	丑	寅	卯	辰	巳	午	未	申	酉	戌	亥
廿四山利方向定局	乾坤	寅申	子午	乾坤	寅申	子午	乾坤	寅申	子午	乾坤	寅申	子午
	艮巽	巳亥	卯酉	艮巽	巳亥	卯酉	艮巽	巳亥	卯酉	艮巽	巳亥	卯酉
	丑未	甲庚	乙辛	辰戌	甲庚	乙辛	辰戌	甲庚	乙辛	辰戌	甲庚	乙辛
	辰戌	丙壬	丁癸	丑未	丙壬	丁癸	丑未	丙壬	丁癸	丑未	丙壬	丁癸

右四大利星乃诸家之总要,假如子午卯酉乙辛丁癸八山,利在寅申巳亥四年月。甲庚丙壬寅申巳亥八山,利在丑未辰戌四年。乾坤艮巽丑未辰戌八山,利在子午卯酉午。凡造葬修方合此最吉,四大利年不犯诸家紧煞所占,为七占之年月矣。

星马贵人吉凶方位定局

天乙、天定、太乙三吉星,余皆凶煞。

星马吉凶神	金神	将军	太岁	太乙	大耗	丧门	吊客	天定	官符	小耗	病符	天乙
申子辰年	乾亥	壬子	癸丑	艮寅	甲卯	乙辰	巽巳	丙午	丁未	坤申	庚酉	辛戌
巳酉丑年	坤申	庚酉	辛戌	乾亥	壬子	癸丑	艮寅	甲卯	乙辰	巽巳	丙午	丁未
寅午戌年	巽巳	丙午	丁未	坤申	庚酉	辛戌	乾亥	壬子	癸丑	艮寅	甲卯	乙辰
亥卯未年	艮寅	甲卯	乙辰	巽巳	丙午	丁未	坤申	庚酉	辛戌	乾亥	壬子	癸丑

玉皇鸾驾阳局立成

甲己丁壬戊癸阳干

年月日时	子	丑	寅	卯	辰	巳	午	未	申	酉	戌	亥
玉皇	庚酉	辛戌	乾亥	壬子	癸丑	艮寅	甲卯	乙辰	巽巳	丙午	丁未	坤申
火轮	辛戌	乾亥	壬子	癸丑	艮寅	甲卯	乙辰	巽巳	丙午	丁未	坤申	庚酉
金轮	乾亥	壬子	癸丑	艮寅	甲卯	乙辰	巽巳	丙午	丁未	坤申	庚酉	辛戌
木轮	壬子	癸丑	艮寅	甲卯	乙辰	巽巳	丙午	丁未	坤申	庚酉	辛戌	乾亥
土轮	癸丑	艮寅	甲卯	乙辰	巽巳	丙午	丁未	坤申	庚酉	辛戌	乾亥	壬子
炽轮	艮寅	甲卯	乙辰	巽巳	丙午	丁未	坤申	庚酉	辛戌	乾亥	壬子	癸丑
天乙	甲卯	乙辰	巽巳	丙午	丁未	坤申	庚酉	辛戌	乾亥	壬子	癸丑	艮寅
火帝	乙辰	巽巳	丙午	丁未	坤申	庚酉	辛戌	乾亥	壬子	癸丑	艮寅	甲卯
天定	巽巳	丙午	丁未	坤申	庚酉	辛戌	乾亥	壬子	癸丑	艮寅	甲卯	乙辰
宝台	丙午	丁未	坤申	庚酉	辛戌	乾亥	壬子	癸丑	艮寅	甲卯	乙辰	巽巳
炽帝	丁未	坤申	庚酉	辛戌	乾亥	壬子	癸丑	艮寅	甲卯	乙辰	巽巳	丙午
炎帝	坤申	庚酉	辛戌	乾亥	壬子	癸丑	艮寅	甲卯	乙辰	巽巳	丙午	丁未

玉皇鸾驾阴局立成

乙庚丙辛阴干定局

年月日时	子	丑	寅	卯	辰	巳	午	未	申	酉	戌	亥
玉皇	甲寅	艮丑	癸子	壬亥	乾戌	辛酉	庚申	坤未	丁午	丙巳	巽辰	乙卯
火轮	艮丑	癸子	壬亥	乾戌	辛酉	庚申	坤未	丁午	丙巳	巽辰	乙卯	甲寅
金轮	癸子	壬亥	乾戌	辛酉	庚申	坤未	丁午	丙巳	巽辰	乙卯	甲寅	艮丑
水轮	壬亥	乾戌	辛酉	庚申	坤未	丁午	丙巳	巽辰	乙卯	甲寅	艮丑	癸子
土轮	乾戌	辛酉	庚申	坤未	丁午	丙巳	巽辰	乙卯	甲寅	艮丑	癸子	壬亥
炽轮	辛酉	庚申	坤未	丁午	丙巳	巽辰	乙卯	甲寅	艮丑	癸子	壬亥	乾戌
天乙	庚申	坤未	丁午	丙巳	巽辰	乙卯	甲寅	艮丑	癸子	壬亥	乾戌	辛酉
火帝	坤未	丁午	丙巳	巽辰	乙卯	甲寅	艮丑	癸子	壬亥	乾戌	辛酉	庚申
天定	丁午	丙巳	巽辰	乙卯	甲寅	艮丑	癸子	壬亥	乾戌	辛酉	庚申	坤未
宝台	丙巳	巽辰	乙卯	甲寅	艮丑	癸子	壬亥	乾戌	辛酉	庚申	坤未	丁午
炽帝	巽辰	乙卯	甲寅	艮丑	癸子	壬亥	乾戌	辛酉	庚申	坤未	丁午	丙巳
炎帝	乙卯	甲寅	艮丑	癸子	壬亥	乾戌	辛酉	庚申	坤未	丁午	丙巳	巽辰

紫微鸾驾年龙月兔日虎时牛定局

甲己丁壬戊癸六阳干定局

年龙	子	丑	寅	卯	辰	巳	午	未	申	酉	戌	亥
月兔	亥	子	丑	寅	卯	辰	巳	午	未	申	酉	戌
日虎	戌	亥	子	丑	寅	卯	辰	巳	午	未	申	酉
时牛	酉	戌	亥	子	丑	寅	卯	辰	巳	午	未	申
天乙	庚酉	辛戌	乾亥	壬子	癸丑	艮寅	甲卯	乙辰	巽巳	丙午	丁未	坤申
天定	乾亥	壬子	癸丑	艮寅	甲卯	乙辰	巽巳	丙午	丁未	坤申	庚酉	辛戌
太乙	壬子	癸丑	艮寅	甲卯	乙辰	巽巳	丙午	丁未	坤申	庚酉	辛戌	乾亥
玉皇	甲卯	乙辰	巽巳	丙午	丁未	坤申	庚酉	辛戌	乾亥	壬子	癸丑	艮寅
金轮	巽巳	丙午	丁未	坤申	庚酉	辛戌	乾亥	壬子	癸丑	艮寅	甲卯	乙辰
水轮	丙午	丁未	坤申	庚酉	辛戌	乾亥	壬子	癸丑	艮寅	甲卯	乙辰	巽巳

乙庚丙辛四阴干定局

年龙	子	丑	寅	卯	辰	巳	午	未	申	酉	戌	亥
月兔	亥	子	丑	寅	卯	辰	巳	午	未	申	酉	戌
日虎	戌	亥	子	丑	寅	卯	辰	巳	午	未	申	酉
时牛	酉	戌	亥	子	丑	寅	卯	辰	巳	午	未	申
天乙	甲卯	艮寅	癸丑	壬子	乾亥	辛戌	庚酉	坤申	丁未	丙午	巽巳	乙辰

（续表）

年龙	子	丑	寅	卯	辰	巳	午	未	申	酉	戌	亥
天定	癸丑	壬子	乾亥	辛戌	庚酉	坤申	丁未	丙午	巽巳	乙辰	甲卯	艮寅
太乙	壬子	乾亥	辛戌	庚酉	坤申	丁未	丙午	巽巳	乙辰	甲卯	艮寅	癸丑
玉皇	庚酉	坤申	丁未	丙午	巽巳	乙辰	甲卯	艮寅	癸丑	壬子	乾亥	辛戌
金轮	丁未	丙午	巽巳	乙辰	甲卯	艮寅	癸丑	壬子	乾亥	辛戌	庚酉	坤申
水轮	丙午	巽巳	乙辰	甲卯	艮寅	癸丑	壬子	乾亥	辛戌	庚酉	坤申	丁未

李淳风四利三元压煞局

寅申巳亥年	正十	二十一	三十二	四	五	六	七	八	九
子午卯酉年	七	八	九	正十	二十一	三十二	四	五	六
辰戌丑未年	四	五	六	七	八	九	正十	二十一	三十二
一白 戊子水	巽	中	乾	兑	艮	离	坎	坤	震
二黑 乙未土	中	乾	兑	艮	离	坎	坤	震	巽
三碧 庚寅木	乾	兑	艮	离	坎	坤	震	巽	中
四绿 辛卯木	兑	艮	离	坎	坤	震	巽	中	乾
五黄 己未土	艮	离	坎	坤	震	巽	中	乾	兑
六白 壬申金	离	坎	坤	震	巽	中	乾	兑	艮
七赤 丁酉金	坎	坤	震	巽	中	乾	兑	艮	离
八白 丙辰土	坤	震	巽	中	乾	兑	艮	离	坎
九紫 丁巳火	震	巽	中	乾	兑	艮	离	坎	坤

山家日星吉方定局

年支吉	子	丑	寅	卯	辰	巳	午	未	申	酉	戌	亥
一白	中	兑	兑	震	坤	坤	乾	巽	巽	艮	离	离
六白	坎	震	震	艮	兑	兑	坤	离	离	巽	中	中
八白	震	中	中	坎	离	离	巽	坤	坤	乾	兑	兑
九紫	巽	乾	乾	坤	坎	坎	中	震	震	兑	艮	艮

天星在任太阳吉方定局

（又名十干帝星凶星未载）

年干吉方	甲	乙	丙	丁	戊	己	庚	辛	壬	癸
太阳	子癸	戌乾	申庚	午丁	辰巽	子癸	戌乾	申庚	午丁	辰巽
太阴	丑艮	亥壬	酉辛	未坤	巳丙	丑艮	亥壬	酉辛	未坤	己丙
天门	寅甲	子癸	戌乾	申庚	午丁	寅甲	子癸	戌乾	申庚	午丁
地刀	卯乙	丑艮	亥壬	酉辛	未坤	卯乙	丑艮	亥壬	酉辛	未坤
天庭	辰巽	寅甲	子癸	戌乾	申庚	辰巽	寅甲	子癸	戌乾	申庚
天宜	申庚	午丁	辰巽	寅甲	子壬	申庚	午丁	辰巽	寅甲	子癸
宝盖	酉辛	未坤	己丙	卯乙	丑艮	酉辛	未坤	巳丙	卯乙	丑艮

循环太阳吉星定局

月干吉	甲	乙	丙	丁	戊	己	庚	辛	壬	癸
太阳　武曲	丁未	壬子	辛戌	甲卯	坤申	艮寅	癸丑	丙午	乙辰	庚酉
太阴　左辅	艮寅	丁未	巽巳	辛戌	甲卯	庚酉	坤申	癸丑	乾亥	乙辰
水星　贪狼	巽巳	辛戌	坤申	癸丑	丙午	壬子	乾亥	乙辰	庚酉	丁未
紫气　巨门	辛戌	甲卯	癸丑	丙午	乾亥	巽巳	乙辰	庚酉	丁未	壬子

循环太阳月支推吉星

月支吉 即月直册丁支	子	丑	寅	卯	辰	巳	午	未	申	酉	戌	亥
太阳　武曲	甲卯	乙辰	巽巳	丙午	丁未	坤申	庚酉	辛戌	乾亥	壬子	癸丑	艮寅
太阳　左辅	巽巳	丙午	丁未	坤申	庚酉	辛戌	乾亥	壬子	癸丑	艮寅	甲卯	乙辰
水星　贪狼	艮寅	甲卯	乙辰	巽巳	丙午	丁未	坤申	庚酉	辛戌	乾亥	壬子	癸丑
紫气　巨门	庚酉	辛戌	乾亥	壬子	癸丑	艮寅	甲卯	乙辰	巽巳	丙午	丁未	坤申

右支神乃历数真太阳所到十二宫是也。如戊子年正月初二日,立春太阳向在子,即以子支横推,则太阳武曲在甲卯方向吉,太阴在巽巳方向吉,更合干坤同到山方向,为十全大吉。

乌兔太阳吉星定局

日	星	冬至	立春	春分	立夏	夏至	立秋	秋分	立冬
甲子壬子庚子 戊午日 癸酉辛卯己酉	金星	坤	离	巽	中	艮	坎	乾	申
	太阳	乾	巽	艮	离	巽	乾	坤	坎
	太阴	兑	中	离	坎	震	中	坎	离
	木星	离	兑	坤	震	坎	震	艮	兑

日	星	冬至	立春	春分	立夏	夏至	立秋	秋分	立冬
乙丑癸未辛丑 己未日 甲戌壬辰庚戌	金星	震	坤	申	乾	兑	离	中	巽
	太阳	兑	中	离	坎	震	中	坎	离
	太阴	艮	乾	坎	坤	坤	巽	离	艮
	木星	坎	艮	震	巽	离	坤	兑	乾

日	星	冬至	立春	春分	立夏	夏至	立秋	秋分	立冬
丙寅甲申壬寅 庚申日 乙亥癸巳辛亥	金星	巽	坤	乾	兑	乾	艮	巽	震
	太阳	艮	乾	坎	坤	坤	巽	离	艮
	太阴	离	兑	坤	震	坎	震	艮	兑
	木星	坤	离	巽	中	艮	坎	乾	中
丁卯乙酉癸卯 辛酉日 丙子甲午壬子	金星	中	震	兑	艮	中	兑	震	中
	太阳	离	兑	坤	震	坎	震	艮	兑
	太阴	坎	艮	震	巽	离	坤	兑	乾
	木星	震	坎	中	乾	兑	离	中	巽

（续表）

日	星	冬至	立春	春分	立夏	夏至	立秋	秋分	立冬
戊辰丙戌甲辰 丁丑乙未癸丑 壬戌日	金星	乾	巽	艮	离	巽	乾	坤	坎
	太阳	坎	坤	震	巽	离	坤	兑	乾
	太阴	坤	离	巽	中	艮	坎	乾	申
	木星	巽	坤	乾	兑	乾	艮	巽	震
己巳丁亥乙巳 戊寅丙申甲辰 癸亥日	金星	兑	中	离	坎	震	中	坎	离
	太阳	坤	离	巽	中	艮	坎	乾	中
	太阴	震	坎	中	乾	兑	离	中	巽
	木星	中	震	兑	艮	中	兑	震	坤
庚午戊子丙午 己酉丁卯乙酉 日	金星	艮	乾	坎	坤	坤	巽	离	艮
	太阳	震	坎	中	乾	兑	离	中	巽
	太阴	巽	坤	乾	兑	乾	艮	巽	震
	木星	乾	巽	艮	离	巽	乾	坤	坎
辛未己丑丁未 庚辰戊戌丙辰 日	金星	离	兑	坤	震	坎	震	艮	兑
	太阳	巽	坤	乾	兑	乾	坤	巽	震
	太阴	中	震	兑	艮	中	兑	震	坤
	木星	兑	中	离	坎	震	中	坎	离
壬申庚寅戊申 辛巳己亥丁巳 日	金星	坎	艮	震	巽	离	坤	兑	乾
	太阳	中	震	兑	艮	中	兑	震	坤
	太阴	乾	巽	艮	离	巽	乾	坤	坎
	木星	艮	乾	坎	坤	坤	巽	离	艮

五龙捉煞帝星黄石公年月吉星定局

（凶星不载）

年月日时	子	丑	寅	卯	辰	巳	午	未	申	酉	戌	亥
贵人　寅胜	丑	寅	卯	辰	巳	午	未	申	酉	戌	亥	子
	艮	甲	乙	巽	丙	丁	坤	庚	辛	乾	壬	癸
五龙　惟寄	辰	巳	午	未	申	酉	戌	亥	子	丑	寅	卯
	巽	丙	丁	坤	庚	辛	乾	壬	癸	艮	甲	乙
武库　福寿	未	申	酉	坤	亥	子	丑	寅	卯	辰	巳	午
	坤	庚	辛	戌	壬	癸	艮	甲	乙	巽	丙	丁
五龙　七宿	戌	亥	子	丑	寅	卯	辰	巳	午	未	申	酉
	乾	壬	癸	艮	甲	乙	巽	丙	丁	坤	庚	辛

周望仙罗星吉年月总定局

甲己丁壬年	辰	巳	午	未	申	酉	戌	亥	子	丑	寅	卯
戊癸为阳月	卯	辰	巳	午	未	申	酉	戌	亥	子	丑	寅
紫气	癸丑	艮寅	甲卯	乙辰	巽巳	丙午	丁未	坤申	庚酉	辛戌	乾亥	壬子
太阴	甲卯	乙辰	巽巳	丙午	丁未	坤申	庚酉	辛戌	乾亥	壬子	癸丑	艮寅
太阳	乙辰	巽巳	丙午	丁未	坤申	庚酉	辛戌	乾亥	壬子	癸丑	艮寅	甲卯
木星	丁未	坤申	庚酉	辛戌	乾亥	壬子	癸丑	艮寅	甲卯	乙辰	巽巳	丙午
金星	庚酉	辛戌	乾亥	壬子	癸丑	艮寅	甲卯	乙辰	巽巳	丙午	丁未	坤申

（续表）

甲己丁壬年	辰	巳	午	未	申	酉	戌	亥	子	丑	寅	卯
水星	辛戌	乾亥	壬子	癸丑	艮寅	甲卯	乙辰	巽巳	丙午	丁未	坤申	庚酉
乙庚辛　年	辰	巳	午	未	申	酉	戌	亥	子	丑	寅	卯
丙阴局　月	卯	辰	巳	午	未	申	酉	戌	亥	子	丑	寅
紫气	乾亥	辛戌	庚酉	坤申	丁未	丙午	巽巳	乙辰	甲卯	艮寅	癸丑	壬子
太阴	庚酉	坤申	丁未	丙午	巽巳	乙辰	甲卯	艮寅	癸丑	壬子	乾亥	辛戌
太阳	坤申	丁未	丙午	巽巳	乙辰	甲卯	艮寅	癸丑	壬子	乾亥	辛戌	庚酉
木星	巽巳	乙辰	甲卯	艮寅	癸丑	壬子	乾亥	辛戌	庚酉	坤申	丁未	丙午
金星	甲卯	艮寅	癸丑	壬子	乾亥	辛戌	庚酉	坤申	丁未	丙午	巽巳	乙辰
水星	艮寅	癸丑	壬子	乾亥	辛戌	庚酉	坤申	丁未	丙午	巽巳	乙辰	甲卯

周望仙罗星阳日定局

甲己丁壬 戊癸阳局	初一	初二	初三	初四	初五	初六	初七	初八	初九
	初十	十一	十二	十三	十四	十五	十六	十七	十八
辰日朔月	十九	二十	二十一	二十二	二十三	二十四	二十五	二十六	二十七
	二十八	二十九	三十						
丁卯戊寅 己丑壬辰 癸巳癸丑 甲寅	罗	金	阳	火	水	阴	火	计	土
戊子甲午 壬子戊午	金	阳	火	水	阴	木	计	土	罗
戊辰己巳 壬寅甲辰	阳	火	水	阴	木	计	土	罗	金

（续表）

乙庚丙辛阴局	初一	初二	初三	初四	初五	初六	初七	初八	初九
	初十	十一	十二	十三	十四	十五	十六	十七	十八
癸酉丁酉己酉	火	水	阴	木	计	土	罗	金	阳
丁卯己卯癸卯	水	阴	木	计	土	罗	金	阳	火
甲戌丁亥己未	阴	木	计	土	罗	金	阳	火	水
甲子壬午	木	计	土	罗	金	阳	火	水	阴
壬申癸未甲申戊戌己亥丁未戊申壬戌癸亥	计	土	罗	金	阳	火	水	阴	木

右定局不问是何月，但看月朔初一旦日辰是，甲己丁壬戊癸便是阳局。假如月期是子丑则初一便是罗星，初二便是金星，初三是太阳，逐月查看。又如初一日辰是卯，则初一是水星，初二是太阴星，初三木星，节节数去，遇太阳金星、太阴水星、木星为吉，罗、计、火、土星为凶。

周望仙罗星阴日定局

乙庚丙辛阴局	初一	初二	初三	初四	初五	初六	初七	初八	初九
	初十	十一	十二	十三	十四	十五	十六	十七	十八
辰日朔月	十九	二十	二十一	二十二	二十三	二十四	二十五	二十六	二十七
	二十八	二十九	三十						
庚寅丙辰	罗	金	阳	火	水	阴	火	计	土
丙子	金	罗	土	计	木	阴	水	火	阳

（续表）

乙庚丙辛阴局	初一	初二	初三	初四	初五	初六	初七	初八	初九
	初十	十一	十二	十三	十四	十五	十六	十七	十八
辛未	计	木	阴	水	火	阳	金	罗	土
庚午庚子丙午	木	阴	水	火	阳	金	罗	土	计
乙未乙亥丙戌丙申庚戌辛亥庚申	阴	水	火	阳	金	罗	土	计	木
辛卯乙卯	水	火	阳	金	罗	土	计	木	阴
乙酉辛酉	火	阳	金	罗	土	计	木	阴	水
乙丑丙寅庚辰辛巳辛丑乙巳	阳	金	罗	土	计	木	阴	水	木

右阴日定局，如初一朔日，辰是寅，寅初二罗星，初三土星。余仿此。

周望仙罗星时家定局

时	子	丑	寅	卯	辰	巳	午	未	申	酉	戌	亥
甲己日	水	阴	木	计	土	罗	金	阳	火	水	阴	木
丁壬日	火	水	阴	木	计	土	罗	金	阳	火	水	阴
戊癸日	土	罗	金	阳	火	水	阴	木	计	土	罗	金
乙　日	阳	金	罗	土	计	木	阴	水	火	阳	金	罗
庚　日	金	罗	土	计	木	阴	火	水	阳	金	罗	土
辛丙日	木	阴	水	火	阳	金	罗	土	计	木	阴	水

紫微鸾驾帝星年干吉

甲己丁壬戊癸阳干年月日时定局

山方	壬子	癸丑	艮寅	甲卯	乙辰	巽巳	丙午	丁未	坤申	庚酉	辛戌	乾亥
星	紫微	荧惑	太乙	宝台	游都	奕游	天乙	天煞	荧光	朗曜	凶煞	星煞

乙庚辛丙阴干年月日时定局

山方	壬亥	乾戌	辛酉	庚申	坤未	丁午	丙巳	巽辰	乙卯	甲寅	艮丑	癸子
星	紫微	荧惑	太乙	宝台	游都	奕游	天乙	天煞	荧光	朗曜	凶煞	黑煞

右帝星局合得紫微、太乙、星台、天乙、荣光、朗耀到山向吉,余凶。

三元年方白定局	甲子	乙丑	丙寅	丁卯	戊辰	己巳	庚午	辛未	壬申
	癸酉	甲戌	乙亥	丙子	丁丑	戊寅	己卯	庚辰	辛巳
山向修方七八但三	壬午	癸未	甲申	乙酉	丙戌	丁亥	戊子	己丑	庚寅
白九紫并吉利	辛卯	壬辰	癸巳	甲午	乙未	丙申	丁酉	戊戌	己亥
上元年　中元年　下元年	庚子	辛丑	壬寅	癸卯	甲辰	乙巳	丙午	丁未	戊申
	己酉	庚戌	辛亥	壬子	癸丑	甲寅	乙卯	丙辰	丁巳
	戊午	己未	庚申	辛酉	壬戌	癸亥	每一卦占三山		
一白　四绿　七赤	中	乾	兑	艮	离	坎	坤	震	巽
二黑　五黄　八白	乾	兑	艮	离	坎	坤	震	巽	中
三碧　六白　九紫	兑	艮	离	坎	坤	震	巽	中	乾
四绿　七赤　一白	艮	离	坎	坤	震	巽	中	乾	兑
王黄　八白　二黑	离	坎	坤	震	巽	中	乾	兑	艮

（续表）

六白　九紫　三碧		坎	坤	震	巽	中	乾	兑	艮	离
七赤　一白　四绿		坤	震	巽	中	乾	兑	艮	离	坎
八白　二黑　五黄		震	巽	中	乾	兑	艮	离	坎	坤
九紫　三碧　六白		巽	中	乾	兑	艮	离	坎	坤	震
三元	寅申巳亥年	四	五	六	七	八	九	正十	二 十一	三 十二
	子午卯酉年	正十	二 十一	三 十二	四	五	六	七	八	九
	辰戌丑未年	七	八	九	正十	二 十一	三 十二	四	五	六

月白山向修方定局

一白	兑	艮	离	坎	坤	震	巽	中	乾
二黑	艮	离	坎	坤	震	巽	中	乾	兑
三碧	离	坎	坤	震	巽	中	乾	兑	艮
四绿	坎	坤	震	巽	中	乾	兑	艮	离
五黄	坤	震	巽	中	乾	兑	艮	离	坎
六白	震	巽	中	乾	兑	艮	离	坎	坤
七赤	巽	中	乾	兑	艮	离	坎	坤	震
八白	中	乾	兑	艮	离	坎	坤	震	巽
九紫	乾	兑	艮	离	坎	坤	震	巽	中

右三元年月紫白法，凡开山立向修方年月，虽得紫白方吉，尤须所到之宫有气则福重，无气则力轻。又当避其入墓暗建受克等杀，所谓“白中有杀少人知”今具定局于后，用者察焉。

三元日方白法定局

<table>
<tr><td rowspan="2">冬至</td><td rowspan="2">雨水</td><td rowspan="2">谷雨</td><td rowspan="2">夏至</td><td rowspan="2">处暑</td><td rowspan="2">霜降</td><td>甲子</td><td>乙丑</td><td>丙寅</td><td>丁卯</td><td>戊辰</td><td>己巳</td><td>庚午</td><td>辛未</td><td>壬申</td></tr>
<tr><td>癸酉</td><td>甲戌</td><td>乙亥</td><td>丙子</td><td>丁丑</td><td>戊寅</td><td>己卯</td><td>庚辰</td><td>辛巳</td></tr>
<tr><td rowspan="2">小寒</td><td rowspan="2">惊蛰</td><td rowspan="2">立夏</td><td rowspan="2">小暑</td><td rowspan="2">白露</td><td rowspan="2">立冬</td><td>壬午</td><td>癸未</td><td>甲申</td><td>乙酉</td><td>丙戌</td><td>丁亥</td><td>戊子</td><td>己丑</td><td>庚寅</td></tr>
<tr><td>辛卯</td><td>壬辰</td><td>癸巳</td><td>甲午</td><td>乙未</td><td>丙申</td><td>丁酉</td><td>戊戌</td><td>己亥</td></tr>
<tr><td rowspan="2">大寒</td><td rowspan="2">春分</td><td rowspan="2">小满</td><td rowspan="2">大暑</td><td rowspan="2">秋分</td><td rowspan="2">小雪</td><td>庚子</td><td>辛丑</td><td>壬寅</td><td>癸卯</td><td>甲辰</td><td>乙巳</td><td>丙午</td><td>丁未</td><td>戊申</td></tr>
<tr><td>己酉</td><td>庚戌</td><td>辛亥</td><td>壬子</td><td>癸丑</td><td>甲寅</td><td>乙卯</td><td>丙辰</td><td>丁巳</td></tr>
<tr><td>立春</td><td>清明</td><td>芒种</td><td>立秋</td><td>寒露</td><td>大雪</td><td>戊午</td><td>己未</td><td>庚申</td><td>辛酉</td><td>壬戌</td><td>癸亥</td><td></td><td></td><td></td></tr>
</table>

白赤绿紫碧白	中	巽	震	坤	坎	离	艮	兑	乾
黑白黄白黑黄	乾	中	巽	震	坤	坎	离	艮	兑
碧紫白赤白绿	兑	乾	中	巽	震	坤	坎	离	艮
绿白赤白紫碧	艮	兑	乾	中	巽	震	坤	坎	离
黄黑白黄白黑	离	艮	兑	乾	中	巽	震	坤	坎
白碧紫绿赤白	坎	离	艮	兑	乾	中	巽	震	坤
赤绿白碧白紫	坤	坎	离	艮	兑	乾	中	巽	震
白黄黑黑黄白	震	坤	坎	离	艮	兑	乾	中	巽
紫白碧白绿赤	巽	震	坤	坎	离	艮	兑	乾	中

三元时方白法定局

冬至后	夏至后	子午卯酉	子酉	丑戌	寅亥	卯	辰	巳	午	未	申
		寅申巳亥	午	未	申	子酉	丑戌	寅亥	卯	辰	巳
		辰戌丑未	卯	辰	巳	午	未	申	子酉	丑戌	寅亥
白	紫		中	巽	震	坤	坎	离	艮	兑	乾
黑	白		乾	中	巽	震	坤	坎	离	艮	兑
碧	赤		兑	乾	中	巽	震	坤	坎	离	艮
绿	白		艮	兑	乾	中	巽	震	坤	坎	离
黄	黄		离	艮	兑	乾	中	巽	震	坤	坎
白	绿		坎	离	艮	兑	乾	中	巽	震	坤
赤	碧		坤	坎	离	艮	兑	乾	中	巽	震
白	黑		震	坤	坎	离	艮	兑	乾	中	巽
紫	白		巽	震	坤	坎	离	艮	兑	乾	中

右诸历书云：三白方即大奇帝星也，修方遇之，不避帝星、太岁、大小耗、官符及作主本命，诸凶煞不能为害，惟天恩最旺，凡大煞月建方不得动土，凶不能压，姓云：凡起造必先得紫白，不其方大。

白中凶杀定局	九紫	一白	二黑	三碧	四绿	五黄	六白	七赤	八白
入墓年月 即大建杀	戌	辰	辰	未	未	辰	丑	丑	辰
暗建杀 为臣夺君位	离	坎	坤	震	巽	中	乾	兑	艮
受克杀 客强主弱	坎	坎坤	震巽	乾兑	震巽	离	离震	震	巽
穿巳杀 各相对冲	坎	离	艮	兑	乾		巽	震	坤

（续表）

白中凶杀定局	九紫	一白	二黑	三碧	四绿	五黄	六白	七赤	八白
交剑杀金同位						兑乾			
斗牛杀			震巽			震巽	震巽	震巽	

一白贪狼居坎属水，申酉戌亥子年为有气，逢辰年月为入墓凶。入中宫不作坎暗建煞，一白在中宫不作中宫受克杀。

六白武曲居乾属金，巳午未申酉年为有气，逢丑年月为入墓凶。入中宫不作乾暗建煞，六白在离不作正南受克杀。

八白左辅居艮属土，申酉戌亥子年为有气，逢辰年月为入墓凶。入中宫不作艮暗建煞，八白在震不作正东受克杀。

九紫右弼居离属火，寅卯辰巳午年为有气，逢戌年月为入墓凶。入中宫不作离暗建杀，九紫在坎不作正北受克杀。

金与金同位为交剑杀，金土与木同位为斗牛杀。

天河转运尊帝二星定局

（尊星即太乙，帝星即天乙）

三元起例诗诀

上元甲子乾宫起，中元甲子坎宫推。
下元甲子艮乾取，不入中宫寻岁支。
太岁到处尊星是，岁君对处帝星居。
顺飞入宫游掌止，到山方向任施为。

三元六十年永定局

		甲子	乙丑	丙寅	丁卯	戊辰	己巳	庚午	辛未
		壬申	癸酉	甲戌	乙亥	丙子	丁丑	戊寅	己卯
		庚辰	辛巳	壬午	癸未	甲申	乙酉	丙戌	丁亥
		戊子	己丑	庚寅	辛卯	壬辰	癸巳	甲午	乙未
		丙申	丁酉	戊戌	己亥	庚子	辛丑	壬寅	癸卯
		甲辰	乙巳	丙午	丁未	戊申	己酉	庚戌	辛亥
		壬子	癸丑	甲寅	乙卯	丙辰	丁巳	戊午	巳未
		庚申	辛酉	壬戌	癸亥				
上下元	尊星	乾	兑	艮	离	坤	坎	震	巽
	帝星	巽	震	坤	坎	离	艮	兑	乾
	玉印	艮	坎	巽	兑	震	乾	离	坤
	玉清	坤	离	乾	震	巽	巽	坎	艮
中元	尊星	坎	坤	震	巽	乾	兑	艮	离
	帝星	离	艮	兑	乾	巽	震	坤	坎
	玉印	震	乾	离	坤	艮	坎	巽	兑
	玉清	兑	巽	坤	艮	坤	离	乾	震

月家尊帝星　月		正	二	三	四	五	六	七	八	九	十	十一	十二
甲己	尊星	艮	离	坎	坤	震	巽	乾	兑	艮	离	坎	坤
丙辛	帝星	坤	坎	离	艮	兑	乾	巽	震	坤	坎	离	艮
戊癸	玉印	巽	兑	震	乾	离	坤	艮	坎	巽	兑	震	乾
阳年	玉清	乾	震	兑	巽	坎	艮	坤	离	乾	震	兑	巽

月家尊帝星	月	正	二	三	四	五	六	七	八	九	十	十一	十二
乙庚	尊星	震	巽	乾	兑	艮	离	坎	坤	震	巽	乾	兑
丁壬	帝星	兑	乾	巽	震	坤	坎	离	艮	兑	乾	巽	震
阴年	玉印	离	坤	艮	坎	巽	兑	震	乾	离	坤	艮	坎
定局	玉清	坎	艮	坤	离	乾	震	兑	巽	坎	艮	坤	离

天河转运日家阳遁定局

尊星北斗内尊星，四面星辰尽拱迎。
遇者名标龙虎榜，腰金衣紫做朝臣。
帝星位列北辰节，至尊至贵不待言。
遇者声名扬四海，金阶殿上任盘旋。

冬至后日家用尊帝二星定局

		甲子	乙丑	丙寅	丁卯	戊辰	己巳	庚午	辛未
		壬申	癸酉	甲戌	乙亥	丙子	丁丑	戊寅	己卯
		庚辰	辛巳	壬午	癸未	甲申	乙酉	丙戌	丁亥
		戊子	己丑	庚寅	辛卯	壬辰	癸巳	甲午	乙未
		丙申	丁酉	戊戌	己亥	庚子	辛丑	壬寅	癸卯
		甲辰	乙巳	丙午	丁未	戊申	己酉	庚戌	辛亥
		壬子	癸丑	甲寅	乙卯	丙辰	丁巳	戊午	己未
		庚申	辛酉	壬戌	癸亥				
阳遁局	尊星	乾	兑	艮	离	坎	坤	震	巽
	帝星	巽	震	坤	坎	离	艮	兑	乾
	玉印	艮	坎	巽	兑	震	乾	离	坤
	玉清	坤	离	乾	震	兑	巽	坎	艮

尊帝二星日家阴遁定局

玉印之星位列东，世人若遇受恩封。
名扬都邑田财旺，子子孙孙福无穷。
玉清之位列西方，遇者驰名翰墨场。
辅佐朝廷安社稷，丁多财广寿无疆。

夏至后日家用尊帝二星定局

		甲子	乙丑	丙寅	丁卯	戊辰	己巳	庚子	辛未
		壬申	癸酉	甲戌	乙亥	丙子	丁丑	戊寅	己卯
		庚辰	辛巳	壬午	癸未	甲申	乙酉	丙戌	丁亥
		戊子	己丑	庚寅	辛卯	壬辰	癸巳	甲午	乙未
		丙申	丁酉	戊戌	己亥	庚子	辛丑	壬寅	癸卯
		甲辰	乙巳	丙午	丁未	戊申	己酉	庚戌	辛亥
		壬子	癸丑	甲寅	乙卯	丙辰	丁巳	戊午	己未
		庚申	辛酉	壬戌	癸亥				
阴遁局	尊星	坎	坤	震	巽	乾	兑	艮	离
	帝星	离	艮	兑	乾	巽	震	坤	坎
	玉印	震	乾	离	坤	艮	坎	巽	兑
	玉清	兑	巽	坎	艮	坤	离	乾	震

时家阳局

甲己丙辛 戊癸日局　时	子申	丑酉	寅戌	卯亥	辰	巳	午	未
尊星	乾	兑	艮	离	坎	坤	震	巽
帝星	巽	震	坤	坎	离	艮	兑	乾
玉印	艮	坎	巽	兑	震	乾	离	坤
玉清	坤	离	乾	震	兑	巽	坎	艮

时家阴局

乙庚丁壬日局时	子申	丑酉	寅戌	卯亥	辰	巳	午	未
尊星	坎	坤	震	巽	乾	兑	艮	离
帝星	离	艮	兑	乾	巽	震	坤	坎
玉印	震	乾	离	坤	艮	坎	巽	兑
玉清	兑	巽	坎	艮	坤	离	乾	震

天弩星立成

弩星乃帝星之灼星，合帝星要合星到山则大富贵。

壬子癸山，合得戊字年月日吉。

丑艮寅山，合得丙字天干吉。

甲卯乙山，合得庚字年月日吉。

辰巽巳山，合得辛字年月日吉。

丙午丁山，合得己字天干月时吉。

未坤申山，合得乙字年月日时吉。

庚酉辛山，合得丁字天干年月吉。

戌乾亥山，合得甲字天干吉。

假如壬子癸三山造葬，课用干戊字年月日时，即是弩星也。

金精鳌极

（谓配卦取样以明生克吉凶）

定穴爻位清浊

乾坤艮巽天穴清，子午卯酉天穴浊。

寅申巳亥人穴清，辰戌丑未人穴浊。

甲庚丙壬地穴清，乙辛丁癸地穴浊。

乾坤艮巽天穴清，永定在第六爻。子午卯酉天穴浊，额定在第五爻。寅申巳亥人穴清，额定在第四爻。辰戌丑未人穴浊，额定在第三爻。甲庚壬丙地穴清，永定在二爻。乙辛丁癸地穴浊，永定在初爻。其法每从太岁支爻上起一甲，如子年作戌山辰向，就在乾局二爻起一甲，初爻二辛，六爻三丙，五爻四乙，四爻五庚，三爻六丁，值四乙、五庚、六丁者，大吉也。余仿此。凡遇一甲、二辛、三丙者为后天散气，俱凶。四已、五庚、六丁者，为先天盈气，俱吉。

金精主山

二十四山爻穴定局	爻	六爻	五爻	四爻	三爻	二爻	一爻
	穴山位	天穴清	天穴浊	人穴清	人穴浊	地穴清	地穴浊
		乾　坤	子　午	寅　申	辰　戌	寅　甲	乙　辛
		艮　巽	卯　酉	巳　亥	丑　未	丙　壬	丁　癸
壬子癸山	太岁	子午年	巳亥年	辰戌年	卯酉年	寅甲年	丑未年
	爻穴气	戊子水	戊戌土	戊申金	戊午火	戊辰土	戊寅木
		天穴清	天穴浊	人穴清	人穴浊	地穴清	地穴浊
		玄天气	黅天气	素天气	赤天气	黅天气	苍天气

（续表）

二十四山爻穴定局	爻	六爻	五爻	四爻	三爻	二爻	一爻
	穴山位	天穴清	天穴浊	人穴清	人穴浊	地穴清	地穴浊
		乾 坤	子 午	寅 申	辰 戌	寅 甲	乙 辛
		艮 巽	卯 酉	巳 亥	丑 未	丙 壬	丁 癸
丑艮寅山	太岁	寅申年	丑未年	子午年	巳亥年	辰戌年	卯酉年
	爻穴气	丙寅木	丙子水	丙戌土	丙申金	丙午火	丙辰土
		天穴清	天穴浊	人穴清	人穴浊	地穴清	地穴浊
		苍天气	玄天气	黅天气	素天气	赤天气	黅天气
甲卯乙山	太岁	辰戌年	巳亥年	寅申年	丑未年	子午年	巳亥年
	爻穴气	庚戌土	庚申金	庚午火	庚辰土	庚寅木	庚子水
		天穴清	天穴浊	人穴清	人穴浊	地穴清	地穴浊
		黅天气	素天气	赤天气	黅天气	苍天气	玄天气
辰巽巳山	太岁	卯酉年	寅申年	丑未年	子午年	巳亥年	辰戌年
	爻穴气	辛卯木	辛巳火	辛未土	辛酉金	辛亥水	辛丑土
		天穴清	天穴浊	人穴清	人穴浊	地穴清	地穴浊
		苍天气	赤天气	黅天气	素天气	玄天气	黅天气
丙午丁山	太岁	巳亥年	辰戌年	卯酉年	寅申年	丑未年	子午年
	爻穴气	己巳火	巳未土	己酉金	己亥水	己丑土	巳卯木
		天穴清	天穴浊	人穴清	人穴浊	地穴清	地穴浊
		赤天气	黅天气	素天气	玄天气	黅天气	苍天气
未坤申山	太岁	卯酉年	寅申年	丑未年	子午年	巳亥年	辰戌年
	爻穴气	癸酉金	癸亥水	癸丑土	癸卯木	癸巳火	癸未土
		天穴清	天穴浊	人穴清	人穴浊	地穴清	地穴浊
		素天气	玄天气	黅天气	苍天气	赤天气	黅天气

（续表）

<table>
<tr><td rowspan="4">二十四山爻穴定局</td><td>爻</td><td>六爻</td><td>五爻</td><td>四爻</td><td>三爻</td><td>二爻</td><td>一爻</td></tr>
<tr><td rowspan="3">穴山位</td><td>天穴清</td><td>天穴浊</td><td>人穴清</td><td>人穴浊</td><td>地穴清</td><td>地穴浊</td></tr>
<tr><td>乾　坤</td><td>子　午</td><td>寅　申</td><td>辰　戌</td><td>寅　甲</td><td>乙　辛</td></tr>
<tr><td>艮　巽</td><td>卯　酉</td><td>巳　亥</td><td>丑　未</td><td>丙　壬</td><td>丁　癸</td></tr>
<tr><td rowspan="4">庚酉辛山</td><td>太岁</td><td>丑未年</td><td>子午年</td><td>巳亥年</td><td>辰戌年</td><td>卯酉年</td><td>寅申年</td></tr>
<tr><td rowspan="3">爻穴气</td><td>丁未土</td><td>丁酉金</td><td>丁亥水</td><td>丁丑土</td><td>丁卯木</td><td>丁巳火</td></tr>
<tr><td>天穴清</td><td>天穴浊</td><td>人穴清</td><td>人穴浊</td><td>地穴清</td><td>地穴浊</td></tr>
<tr><td>黔天气</td><td>素天气</td><td>玄天气</td><td>黔天气</td><td>苍天气</td><td>赤天气</td></tr>
<tr><td rowspan="4">戌乾亥山</td><td>太岁</td><td>辰戌年</td><td>卯酉年</td><td>寅申年</td><td>丑未年</td><td>子午年</td><td>巳亥年</td></tr>
<tr><td rowspan="3">爻穴气</td><td>壬戌土</td><td>壬申金</td><td>壬午火</td><td>壬辰土</td><td>壬寅木</td><td>壬子水</td></tr>
<tr><td>天穴清</td><td>天穴浊</td><td>人穴清</td><td>人穴浊</td><td>地穴清</td><td>地穴浊</td></tr>
<tr><td>黔天气</td><td>素天气</td><td>赤天气</td><td>黔天气</td><td>苍天气</td><td>玄天气</td></tr>
</table>

日精到穴定局

<table>
<tr><th>太岁</th><th>子午年</th><th>丑未年</th><th>寅申年</th><th>卯酉年</th><th>辰戌年</th><th>巳亥年</th></tr>
<tr><td rowspan="2">一甲暗凶</td><td>寅甲辰</td><td>癸巳丙</td><td>辛亥</td><td>卯巽</td><td rowspan="2">午乾</td><td rowspan="2">子丑乙</td></tr>
<tr><td>丁未酉</td><td>申戌</td><td>壬艮</td><td>坤庚</td></tr>
<tr><td rowspan="2">二辛暗凶</td><td rowspan="2">子丑乙</td><td>寅甲辰</td><td>癸巳丙</td><td>辛亥</td><td>卯巽</td><td rowspan="2">午乾</td></tr>
<tr><td>丁未酉</td><td>申戌</td><td>壬艮</td><td>坤庚</td></tr>
<tr><td rowspan="2">三丙暗凶</td><td rowspan="2">午乾</td><td rowspan="2">子丑乙</td><td>寅甲辰</td><td>癸巳丙</td><td>辛亥</td><td>卯巽</td></tr>
<tr><td>丁未酉</td><td>申戌</td><td>壬艮</td><td>坤庚</td></tr>
<tr><td rowspan="2">四乙明吉</td><td>卯巽</td><td rowspan="2">午乾</td><td rowspan="2">子丑乙</td><td>寅甲辰</td><td>癸巳丙</td><td>辛亥</td></tr>
<tr><td>坤庚</td><td>丁未酉</td><td>申戌</td><td>壬艮</td></tr>
</table>

（续表）

<table>
<tr><th>太岁</th><th>子午年</th><th>丑未年</th><th>寅申年</th><th>卯酉年</th><th>辰戌年</th><th>巳亥年</th></tr>
<tr><td rowspan="2">五庚明吉</td><td>辛亥</td><td>卯巽</td><td rowspan="2">午乾</td><td rowspan="2">子丑乙</td><td>寅甲辰</td><td>癸巳丙</td></tr>
<tr><td>壬艮</td><td>坤庚</td><td>丁未酉</td><td>申戌</td></tr>
<tr><td rowspan="2">六丁明吉</td><td>癸巳丙</td><td>辛亥</td><td>卯巽</td><td rowspan="2">午乾</td><td rowspan="2">子丑乙</td><td>寅甲辰</td></tr>
<tr><td>申戌</td><td>壬艮</td><td>坤庚</td><td>丁未酉</td></tr>
</table>

月华金精图定局

<table>
<tr><th>金精</th><th>一甲</th><th>六丁</th><th>五庚</th><th>四乙</th><th>三丙</th><th>二辛</th></tr>
<tr><td rowspan="2">子午年</td><td>寅甲辰</td><td>癸巳丙</td><td>辛亥</td><td>卯巽</td><td rowspan="2">午乾</td><td rowspan="2">子丑乙</td></tr>
<tr><td>丁未酉</td><td>申戌</td><td>壬艮</td><td>坤庚</td></tr>
<tr><td rowspan="2">丑未年</td><td>癸巳丙</td><td>辛亥</td><td>卯巽</td><td rowspan="2">午乾</td><td rowspan="2">子丑乙</td><td>寅甲辰</td></tr>
<tr><td>申戌</td><td>壬艮</td><td>坤庚</td><td>丁未酉</td></tr>
<tr><td rowspan="2">寅申年</td><td>辛亥</td><td>卯巽</td><td rowspan="2">午乾</td><td rowspan="2">子丑乙</td><td>寅甲辰</td><td>癸巳丙</td></tr>
<tr><td>壬艮</td><td>坤庚</td><td>丁未酉</td><td>申戌</td></tr>
<tr><td rowspan="2">卯酉年</td><td>卯巽</td><td rowspan="2">午乾</td><td rowspan="2">子丑乙</td><td>寅甲辰</td><td>癸巳丙</td><td>辛亥</td></tr>
<tr><td>坤庚</td><td>丁未酉</td><td>申戌</td><td>壬艮</td></tr>
<tr><td rowspan="2">辰戌年</td><td rowspan="2">午乾</td><td rowspan="2">子丑乙</td><td>寅甲辰</td><td>癸巳丙</td><td>辛亥</td><td>卯巽</td></tr>
<tr><td>丁未酉</td><td>申戌</td><td>壬艮</td><td>坤庚</td></tr>
<tr><td rowspan="2">巳亥年</td><td rowspan="2">子丑乙</td><td>寅甲辰</td><td>癸巳丙</td><td>辛亥</td><td>卯巽</td><td rowspan="2">午乾</td></tr>
<tr><td>丁未酉</td><td>申戌</td><td>壬艮</td><td>坤庚</td></tr>
</table>

<table>
<tr><td>初一日至初五日</td><td>○五庚</td><td>○六丁</td><td>●二甲</td><td>●二辛</td><td>●三丙</td><td>○四乙</td></tr>
<tr><td>初六日至初十日</td><td>○六丁</td><td>●一甲</td><td>●二辛</td><td>●三丙</td><td>○四乙</td><td>○五庚</td></tr>
<tr><td>十一日至十五日</td><td>●一甲</td><td>●二辛</td><td>●三丙</td><td>○四乙</td><td>○五庚</td><td>○六丁</td></tr>
</table>

（续表）

十六日至二十日	●二辛	●三丙	○四乙	○五庚	○六丁	●一甲
廿一日至廿五日	●三丙	○四乙	○五庚	○六丁	●一甲	●二辛
廿六日至三十日	○四乙	○五庚	○六丁	●一甲	●二辛	●三丙

<table>
<tr><td>五天生旺定局</td><td colspan="3">八十一年</td><td colspan="3">六十四年</td><td colspan="3">三十四年</td><td colspan="3">四十一年</td><td colspan="3">四十九年</td><td colspan="3">二十九年</td><td colspan="3">二十六年</td><td colspan="3">三十六年</td></tr>
<tr><td>年月日时</td><td colspan="2">子</td><td colspan="2">丑</td><td colspan="2">寅</td><td colspan="2">卯</td><td colspan="2">辰</td><td colspan="2">巳</td><td colspan="2">午</td><td colspan="2">未</td><td colspan="2">申</td><td colspan="2">酉</td><td colspan="2">戌</td><td colspan="2">亥</td></tr>
<tr><td>苍天木气</td><td colspan="2">败</td><td colspan="2">冠</td><td colspan="2">临</td><td colspan="2">旺</td><td colspan="2">衰</td><td colspan="2">病</td><td colspan="2">死</td><td colspan="2">墓</td><td colspan="2">绝</td><td colspan="2">胎</td><td colspan="2">养</td><td colspan="2">生</td></tr>
<tr><td>赤天火气</td><td colspan="2">胎</td><td colspan="2">养</td><td colspan="2">生</td><td colspan="2">败</td><td colspan="2">冠</td><td colspan="2">临</td><td colspan="2">旺</td><td colspan="2">衰</td><td colspan="2">病</td><td colspan="2">死</td><td colspan="2">墓</td><td colspan="2">绝</td></tr>
<tr><td>素天金气</td><td colspan="2">死</td><td colspan="2">墓</td><td colspan="2">绝</td><td colspan="2">胎</td><td colspan="2">养</td><td colspan="2">生</td><td colspan="2">败</td><td colspan="2">冠</td><td colspan="2">临</td><td colspan="2">旺</td><td colspan="2">衰</td><td colspan="2">病</td></tr>
<tr><td>玄天水气</td><td colspan="2">旺</td><td colspan="2">衰</td><td colspan="2">病</td><td colspan="2">死</td><td colspan="2">墓</td><td colspan="2">绝</td><td colspan="2">胎</td><td colspan="2">养</td><td colspan="2">生</td><td colspan="2">败</td><td colspan="2">冠</td><td colspan="2">临</td></tr>
<tr><td>黅天土气</td><td colspan="2">旺</td><td colspan="2">衰</td><td colspan="2">病</td><td colspan="2">死</td><td colspan="2">墓</td><td colspan="2">绝</td><td colspan="2">胎</td><td colspan="2">养</td><td colspan="2">生</td><td colspan="2">败</td><td colspan="2">冠</td><td colspan="2">临</td></tr>
</table>

右五天气及金精之诀，凡得胎养之气，主人口盛。生旺之气，财谷丰盈主。冠临之地，主官禄近贵。墓库之气，主血财盛衰。败减气，主官讼退败病死。病气，主凶祸病亡。绝减气，主人丁败替。凡造葬用事课，四乙、五庚、六丁谓之先天盈气，吉。次求生旺年月日时不犯减气，然后详论支干生克制化，有用者为吉局。若值一甲、二辛、三丙，谓之后天败气，凶。若取生旺之气，反自害也。

生我者为朝元日，福德比和者为入朝日，护旺我生者为泄气日，害气克我者为官鬼日，受伤我克者为偏制日，反仇也。

富贵生旺局

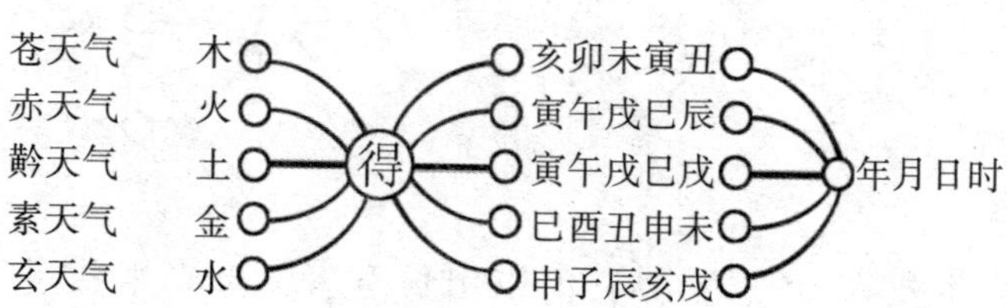

以上长生、冠带、临官、帝、旺、墓、库年月日时，要乙庚丁先天盈气，不远三年大发门庭，大吉，富贵自永。若逢甲辛丙，从天散气退败。

子孙胎养局

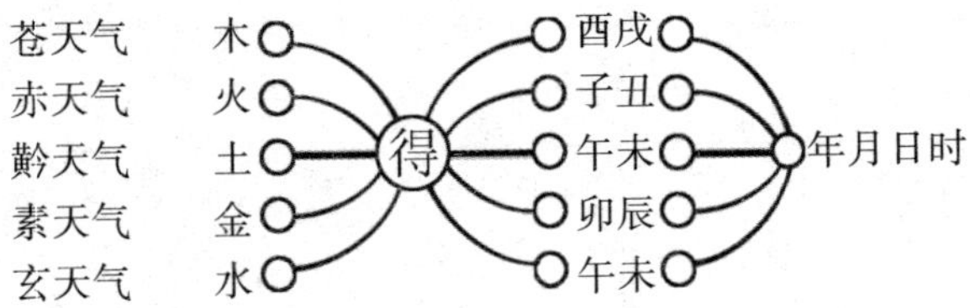

以上胎养年月日时，要合乙庚丁盈气，吉。若合甲辛丙散气，大凶。

贫贱衰败局

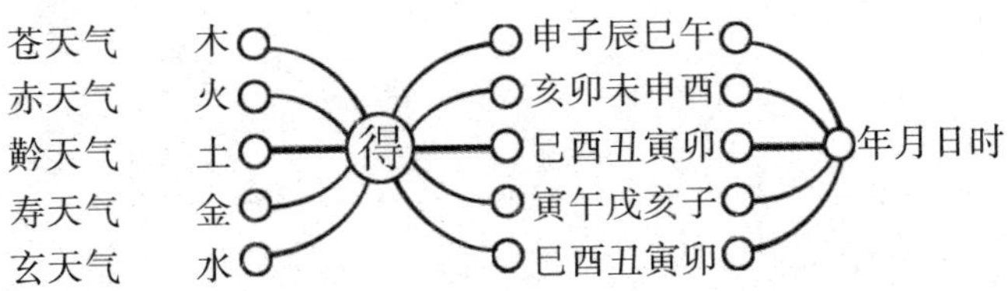

以上败、衰、病、死、绝年月日时减退福气，若遇先天盈气乙庚丁，颇福平和，虽然不吉，且亦不凶，遇后天甲辛丙散气，愈加凶兆也。

生气朝元吉局

（主祭福招财寿命延长儿孙昌盛）

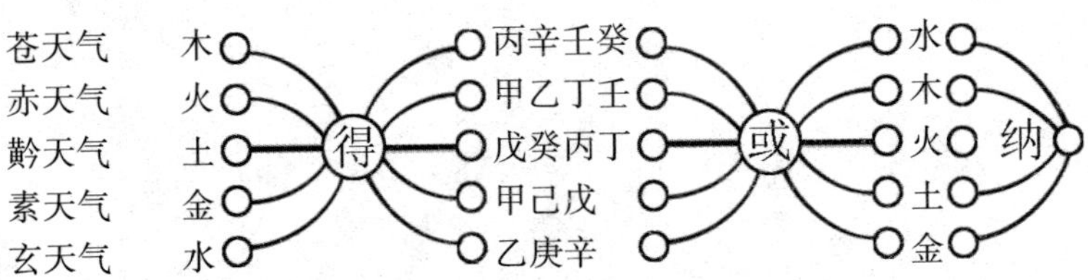

以上母来生我为生气朝元局，何以出长寿者？母来生我进福朝元，是以生气吉，所以出夭亡者。我去生他，泄气、虚耗、减福、衰亡也。

雷霆年亭星起例定局

丙寅　甲辰	己丑辛未丙子 壬午	甲寅	甲子庚午乙亥 辛巳丙戌丁酉
申 天罡	酉 台将	戌 金水	亥 月孛
癸巳　乙卯	丁亥 戊戌己酉庚申		戊申癸卯 壬辰癸丑己未
壬申丁丑戊子			仇格
未 土潺			子 太阳
己亥庚戌辛酉			不数
丁卯戊寅癸未	仇格		
午 奇罗			丑 血刃
甲午乙巳丙辰			不到
巳丑　庚子	戊辰癸酉乙卯 甲申	辛丑	己巳壬戌庚辰 乙酉辛卯
巳 燥火	辰 丙乙	卯 水潦	寅 紫气
辛亥　壬戌	庚寅 乙未丙午乙巳		壬寅丙申 戊午丁未癸亥

惟定六十年十二宫,就本年上起正月为甲子年在亥,系月空,为正月二月太阳,三月血刃,四月紫气,至十二月金水将本月星入中宫顺飞,如正月以月孛入中宫,金水乾,台将兑丁巳壬,天罡艮丙,土潺离壬寅戊,奇罗坎癸申辰,燥火坤乙丙乙震庚亥未,水潦巽辛。

雷霆六十年十宫求年月日时定局

十干年	宫	丙丁年	乙辛年	甲庚年	戊年	横推直看		月星				己年	壬丙年
甲子庚午 乙亥辛巳 丙戌丁酉 癸卯戊申 癸丑己未 壬辰	亥	正	二	三	四	五	六	七	八	九	十	十一	十二
甲寅年	戌	二	三	四	五	六	七	八	九	十	十一	十二	正
乙丑戊戌 辛未丙子 己酉丁亥 壬午庚申	酉	三	四	五	六	七	八	九	十	十一	十二	正	二
丙寅甲辰 乙卯癸巳	申	四	五	六	七	八	九	十	十一	十二	正	二	三
己亥壬申 丁丑庚戌 戊子辛酉	未	五	六	七	八	九	十	十一	十二	正	二	三	四
丁卯癸未 乙巳戊寅 丙辰甲午	午	六	七	八	九	十	十一	十二	正	二	三	四	五
庚子辛亥 己丑壬戌	巳	七	八	九	十	十一	十二	正	二	三	四	五	六
戊辰癸酉 壬午甲申 庚酉丁巳 乙巳	辰	八	九	十	十一	十二	正	二	三	四	五	六	七
辛卯 壬子年	卯	九	十	十一	十二	正	二	三	四	五	六	七	八
己巳甲戌 壬寅丁未 庚申乙酉 辛卯戊午 癸亥丙申	寅	十	十一	十二	正	二	三	四	五	六	七	八	九

雷霆年月山向方位定局

十干月	戊		乙	丁			丙			甲		
	癸		庚	壬			辛			己		
十二支时	亥	子	丑	寅	卯	辰	巳	午	未	申	酉	戌
十干日取时	丁	乙		戊			甲			丙		
	壬	庚		癸			巳			辛		
中	孛	阳	血	气	潦	丙	燥	罗	潺	罡	台	金
乾甲	金	孛	阳	血	气	潦	丙	燥	罗	潺	罡	台
兑丁巳丑	台	金	孛	阳	血	气	潦	丙	燥	罗	潺	罡
艮丙	罡	台	金	孛	阳	血	气	潦	丙	燥	罗	潺
离壬寅戌	潺	罡	台	金	孛	阳	血	气	潦	丙	燥	罗
坎癸申辰	罗	潺	罡	台	金	孛	阳	血	气	潦	丙	燥
坤乙	燥	罗	潺	罡	台	金	孛	阳	血	气	潦	丙
震庚亥未	丙	燥	罗	潺	罡	台	金	孛	阳	血	气	潦
巽辛	潦	丙	燥	罗	潺	罡	台	金	孛	阳	血	气

升雷霆正煞年月凶方定局

诗云:架屋之时君切忌金割,犯盖也,或其可忽之。

月方凶		正	二	三	四	五	六	七	八	九	十	十一	十二
亥	甲子庚午 乙巳辛巳 丙戌丁酉 戊申癸丑 壬辰己未	卯	寅	丑	子	亥	戌	酉	申	未	午	巳	辰

（续表）

月方凶		正	二	三	四	五	六	七	八	九	十	十一	十二
戌	癸卯 甲寅年	寅	丑	子	亥	戌	酉	申	未	午	巳	辰	卯
酉	乙丑戊戌 辛未丙子 己酉壬午 丁亥庚申	丑	子	亥	戌	酉	申	未	午	巳	辰	卯	寅
申	丙寅甲辰 乙卯癸巳	子	亥	戌	酉	申	未	午	巳	辰	卯	寅	丑
未	己亥壬申 丁丑庚戌 戊子辛酉	亥	戌	酉	申	未	午	巳	辰	卯	寅	丑	子
午	丁卯乙巳 戊寅癸未 甲午丙辰	戌	酉	申	未	午	巳	辰	卯	寅	丑	子	亥
巳	庚子辛亥 己丑壬戌	酉	申	未	午	巳	辰	卯	寅	丑	子	亥	戌
辰	戊辰癸酉 壬子己卯 甲申庚寅 丁巳乙未	申	未	午	巳	辰	卯	寅	丑	子	亥	酉	申
卯	辛丑壬子	未	午	巳	辰	卯	寅	丑	子	亥	戌	酉	申
寅	己巳甲戌 庚辰乙酉 辛卯壬寅 丁未戊申 丙申癸亥	午	巳	辰	卯	寅	丑	子	亥	戌	酉	申	未

二十四山穿甲立成

	甲己	乙庚	丙辛	丁壬	戊癸
子山壬山同	丙子水	戊子火	庚子土	壬子木	甲子金
丑山癸山同	丁丑水	巳丑火	辛丑土	癸丑木	乙丑金
寅山艮山同	戊寅火	戊寅土	庚寅木	壬寅金	甲寅水
卯山甲山同	己卯火	己卯土	辛卯木	癸卯金	乙卯水
辰山乙山同	庚辰木	庚辰金	壬辰水	甲辰火	丙辰土
巳山巽山同	辛巳木	辛巳金	癸巳水	乙巳火	丁巳土
午山丙山同	庚午土	壬午木	甲午金	丙午水	戊午火
未山丁山同	辛未土	癸未木	乙未金	丁未水	己未火
申山坤山同	壬申金	甲申水	丙申火	戊申土	庚申木
酉山庚山同	癸酉金	乙酉水	丁酉火	己酉土	辛酉木
戌山辛山同	甲戌火	丙戌土	戊戌木	庚戌金	壬戌水
亥山乾山同	乙亥火	丁亥土	己亥木	辛亥金	癸亥水

选择之用,先以穿山甲定年月日时,不可克本山太岁,名曰崩天太岁。不宜日辰纳音克山,及吊宫克本山,一破财、二损家本长退败,宜日辰吊宫生本山,主发财福、科甲之贵。

交经黄道图

甲子至癸酉年不作辰巳山,甲戌至癸未年不作寅卯山。

甲申至癸巳年不作子丑山,甲午至癸卯年不作戌亥山。

甲辰至癸丑年不作申酉山,甲寅至癸亥年不作午未山。

右交经黄道图,师有口诀传授,山不可坐戊己煞,凡正坐皆为戊己煞及不用戊己日,山若坐戊己,名曰家长煞,主凶。合真太阳到不如。

吊客土皇煞

如寅山不用戊寅针并日，卯山不用巳卯针并己卯日。

如甲子年不作寅卯二山，不用戊寅、己卯日，此正犯土皇煞日。

如乙亥年戌乾辰巽山向，忌用戊子、己丑日不言。

如卯山甲子年五虎遁丁卯火山，遁得己卯土火，坐土为泄气冷退，向忌戊辰己巳一旬，皆不必用，名曰交经黄道，土星二出，交接之谓也。余山皆以五虎遁，惟子丑二山，皆以五干遁矣。

本命太岁真贵人禄马定局

本命真禄马贵人定局，太岁入中宫遁例。

太岁年月日时阳命局

	六甲生命	六丙生命	六戊生命	六庚生命	六壬生命
	真申寅阳阴 禄子午贵贵 辰戌人人 马马 丙丙壬辛丁 寅寅申未丑	真申寅阳阴 禄子午贵贵 辰戌人人 马马 癸庚丙丁己 巳寅申酉亥	真申寅阳阴 禄子午贵贵 辰戌人人 马马 丁甲庚乙己 巳寅申丑未	真申寅阳阴 禄子午贵贵 辰戌人人 马马 甲戊甲己癸 申寅申丑未	真申寅阳阴 禄子午贵贵 辰戌人人 马马 辛壬戊癸乙 亥寅申卯巳
甲子	兑兑巽震离	兑巽坎坤巽	巽坎兑乾乾	兑坎兑震乾	兑兑巽艮坎
乙丑	乾乾震坤艮	乾震离坎震	震离乾中中	乾离乾坤中	乾乾震兑离
丙寅	中中坤坎兑	中坤艮离坤	坤艮中坎巽	中艮中坎巽	中中坤乾艮
丁卯	坎坎坎离乾	巽坎艮坎坎	兑巽离震巽	兑巽离震兑	巽巽坎中兑
戊辰	离离离艮中	震离乾兑离	离乾震艮坤	震乾震艮坤	震震离巽乾
己巳	艮艮艮兑巽	坤艮中乾艮	艮中坤坎兑	坤中坤兑坎	坤坤艮震中
庚午	兑兑兑乾震	坎兑巽中兑	兑巽坎乾离	坎巽坎乾离	坎坎兑坤巽

（续表）

	六甲生命	六丙生命	六戊生命	六庚生命	六壬生命
	真申寅阳阴 禄子午贵贵 辰戌人人 马马 丙丙壬辛丁 寅寅申未丑	真申寅阳阴 禄子午贵贵 辰戌人人 马马 癸庚丙丁己 巳寅申酉亥	真申寅阳阴 禄子午贵贵 辰戌人人 马马 丁甲庚乙己 巳寅申丑未	真申寅阳阴 禄子午贵贵 辰戌人人 马马 甲戊甲己癸 申寅申丑未	真申寅阳阴 禄子午贵贵 辰戌人人 马马 辛壬戊癸乙 亥寅申卯巳
辛未	乾乾乾中坤	离乾震巽乾	乾震离中艮	离震离中艮	离离乾坎震
壬申	中中中坎坎	艮中坤震中	中坤艮巽兑	中坤艮巽兑	艮艮中离坤
癸酉	巽巽坎离离	兑巽坎坤巽	巽坎兑震乾	巽坎兑震乾	兑兑巽艮坎
甲戌	震震离艮艮	乾震离坎震	震离乾坤中	乾离乾坤中	乾乾震兑离
乙亥	坤坤艮兑兑	中坤艮离坤	坤艮中坎巽	中艮中坎巽	中中坤乾艮
丙子	坎坎兑乾乾	巽坎兑艮坎	坎兑巽离震	巽兑巽离震	巽巽坎中兑
丁丑	离离乾中中	震离乾兑离	离乾震艮坤	震乾震艮坤	震震离巽乾
戊寅	艮艮中巽坎	坤艮中乾艮	艮中坤兑坎	坤中坎兑坎	坤坤艮震中
己卯	兑兑巽震离	坎兑巽中兑	兑巽坎乾离	坎坎坎乾巽	坎坎兑坤巽
庚辰	乾乾震坤艮	离乾震巽乾	乾震离中艮	离离离中坤	离离乾坎震
辛巳	中中坤坎兑	艮中坤震中	中坤艮巽兑	艮艮艮巽兑	艮艮中离坤
壬午	巽巽坎离乾	兑巽坎坤巽	巽坎兑震乾	兑兑兑震乾	兑兑巽艮坎
癸未	震震离艮中	乾震离坎震	震离乾坤中	乾乾乾坤中	乾乾震兑离
甲申	坤坤艮兑巽	中坤艮离坤	坤艮中坎巽	中中中坎坎	中中坤乾艮
乙酉	坎坎兑乾震	巽坎兑艮坤	坤兑巽离震	坎巽坎离离	巽巽坎中兑
丙戌	离离乾中坤	震离乾兑离	离乾震艮坤	离震离艮艮	震震离巽乾
丁亥	艮艮中乾坎	坤艮中乾艮	艮中坤兑坎	艮坤艮兑兑	坤坤艮震中
戊子	兑兑巽震离	坎兑巽中兑	兑巽坎离乾	兑坎兑乾乾	坎坎兑坤巽

（续表）

	六甲生命	六丙生命	六戊生命	六庚生命	六壬生命
	真申寅阳阴 禄子午贵贵 辰戌人人 马马 丙丙壬辛丁 寅寅申未丑	真申寅阳阴 禄子午贵贵 辰戌人人 马马 癸庚丙丁己 巳寅申酉亥	真申寅阳阴 禄子午贵贵 辰戌人人 马马 丁甲庚乙己 巳寅申丑未	真申寅阳阴 禄子午贵贵 辰戌人人 马马 甲戊甲己癸 申寅申丑未	真申寅阳阴 禄子午贵贵 辰戌人人 马马 辛壬戊癸乙 亥寅申卯巳
己丑	乾乾震坤艮	离乾震巽乾	乾震离中艮	乾离乾中中	离离乾坎震
庚寅	中中坤坎兑	艮中坤震中	中兑艮巽兑	中艮中坎巽	艮艮中离坤
辛卯	巽巽坎离乾	兑巽坎坤巽	巽坎兑震乾	巽兑巽离震	兑兑巽艮坎
壬辰	震震离艮中	乾震离坎震	震离乾坤中	震乾震艮坤	乾乾震兑离
癸巳	坤坤艮兑巽	中坤艮离坤	坤艮中坎巽	坤中坤兑坎	中中坤乾艮
甲午	坎坎兑乾巽	坎坎兑艮坎	坎兑巽离震	坎巽坎乾离	巽巽坎中兑
乙未	离离乾中坤	离离乾兑离	离乾震艮坤	离震离中艮	震震离巽乾
丙申	艮艮中巽坎	艮艮中乾艮	艮中坤兑坎	艮坤艮巽兑	坤坤艮震中
丁酉	兑兑巽震离	兑兑坎中兑	兑巽坎乾离	兑坎兑震乾	坎坎兑坤巽
戊戌	乾乾震坤艮	乾乾离坎乾	乾震离中艮	乾离乾坤中	离离乾坎震
己亥	中中坤坎兑	中中艮离中	中坤艮巽兑	中艮中坎巽	艮艮中离坤
庚子	巽巽坎离乾	巽坎兑艮坎	巽坎兑震乾	巽兑巽离震	兑兑巽艮坎
辛丑	震震离艮中	震离乾兑离	震离乾坤中	震乾震艮坤	乾乾震兑离
壬寅	坤坤艮兑巽	坤艮中乾艮	坤艮中坎巽	坤中坤兑坎	中中坤乾艮
癸卯	坎坎兑乾震	坎兑巽中兑	坎兑巽离震	坎巽坎乾离	巽坎坎中兑
甲辰	离离乾中坤	离乾震巽乾	离乾震艮坤	离艮离中艮	震离离坎乾
乙巳	艮艮中巽坎	艮中坤震中	艮中坤兑坎	艮坤艮巽兑	坤艮艮离中
丙午	兑兑巽震离	兑巽坎坤巽	兑巽坎乾离	兑坎兑震乾	坎兑兑艮坎

（续表）

	六甲生命	六丙生命	六戊生命	六庚生命	六壬生命
	真申寅阳阴 禄子午贵贵 辰戌人人 马马 丙丙壬辛丁 寅寅申未丑	真申寅阳阴 禄子午贵贵 辰戌人人 马马 癸庚丙丁己 巳寅申酉亥	真申寅阳阴 禄子午贵贵 辰戌人人 马马 丁甲庚乙己 巳寅申丑未	真申寅阳阴 禄子午贵贵 辰戌人人 马马 甲戊甲己癸 申寅申丑未	真申寅阳阴 禄子午贵贵 辰戌人人 马马 辛壬戊癸乙 亥寅申卯巳
丁未	乾乾震坤艮	乾震离坎震	乾震离中艮	乾离乾坤艮	离乾乾兑离
戊申	中中坤坎兑	中坤艮离坤	中坤艮巽兑	中艮中坎巽	艮中中乾艮
己酉	巽巽坎离乾	巽坎兑艮坎	巽坎兑震乾	巽兑巽离震	兑巽坎中兑
庚戌	震震离艮中	震离乾兑离	震离乾坤中	震乾震艮坤	乾震离巽乾
辛亥	坤坤艮兑巽	坤艮中乾艮	坤艮中坎巽	坤中坤兑坎	中坤艮震中
壬子	坎坎兑乾震	坎兑巽中兑	坎兑巽离震	坎巽坎乾离	坎坎兑坤巽
癸丑	离离乾中坤	离乾震巽乾	离乾震艮坤	离震离中艮	离离乾坎震
甲寅	艮艮中巽坎	艮中坤震中	艮中坤兑坎	艮坤艮巽兑	艮艮中离坤
乙卯	兑兑巽震离	兑巽坎坤巽	兑坎坎乾离	兑坎兑震乾	兑兑巽艮坎
丙辰	乾乾震坤艮	乾震离坎震	乾离离中艮	乾离乾坤中	乾乾震兑离
丁巳	中中坤坎兑	中坤艮离坤	中艮艮巽兑	中艮中坎兑	中中坤乾巽
戊午	巽巽坎离乾	巽坎艮兑坎	坎兑兑震乾	巽兑巽离震	巽巽坎中兑
己未	震震离艮中	震离乾兑离	离乾乾坤中	震乾震艮坤	震震离巽乾
庚申	坤坤艮兑巽	坤艮中乾艮	艮中中坎坎	坤中坤兑坎	坤坤艮震中
辛酉	坎坎兑乾震	坎兑巽中兑	兑巽坎离离	坎巽坎乾离	坎坎兑坤巽
壬戌	离离乾中坤	离乾震巽乾	乾震离艮艮	离震离中艮	离离乾坎震
癸亥	艮艮中巽坎	艮中坤震中	中坤艮兑兑	艮坤艮巽兑	艮艮中离坤

太岁年月日时阴命局

	六乙生命	六丁生命	六巳生命	生命	六癸生命
	真亥巳阳阴 禄卯酉贵贵 未丑人人 马马 己丁丁甲戊 卯丑亥申子	真亥巳阳阴 禄卯酉贵贵 未丑人人 马马 丙乙辛辛己 午巳亥亥酉	真亥巳阳阴 禄卯酉贵贵 未丑人人 马马 庚己乙丙壬 午己亥子申	真亥巳阳阴 禄卯酉贵贵 未丑人人 马马 丁癸己庚甲 酉巳亥寅午	真亥巳阳阴 禄卯酉贵贵 未丑人人 马马 甲丁癸丁乙 子巳亥巳卯
甲子	坤巽坎兑坤	坤坎兑兑中	坤坎兑艮巽	坤兑巽巽艮	坤巽坎巽坤
乙丑	坎震离乾坎	坎离乾乾巽	坎离乾兑震	坎乾震震兑	坎震离震坎
丙寅	离坤艮中离	离艮中中震	离艮中乾坤	离中坤坤乾	离坤艮坤离
丁卯	艮坎兑巽坎	艮兑巽巽坤	艮兑巽中坎	艮巽坎坎中	艮坎兑坎艮
戊辰	兑离乾震离	兑震震坎兑	乾震巽离兑	震离离乾巽	兑离乾离兑
己巳	乾艮中坤乾	乾中坤坤离	乾中坤震艮	乾坤艮艮震	乾艮中艮乾
庚午	中兑巽坎中	中巽坎坎巽	坤坎坎坤兑	中坎兑兑坤	中兑巽兑中
辛未	巽乾震离巽	巽震离离兑	坎离离坎乾	巽离乾乾坎	巽乾震乾巽
壬申	震中坤艮震	震坤艮艮乾	离艮艮离中	震艮中中离	震中坤中震
癸酉	坤巽坎兑坤	坤坎兑兑中	艮兑兑艮坎	坤兑巽巽艮	坤巽坎巽坤
甲戌	坎震离乾坎	坎离乾乾巽	兑乾乾兑离	坎乾震震兑	坎震离震坎
乙亥	离坤艮中离	离艮中中震	乾中中乾艮	离中坤坤乾	离坤艮坤离
丙子	艮坎兑巽坎	艮兑巽巽坤	中巽坎中兑	艮巽坎坎中	艮坎兑坎艮
丁丑	兑离乾震兑	兑乾震震坎	巽震离坎乾	兑震离离巽	兑离乾离兑
戊寅	乾艮中坤乾	乾中坤坤离	震坤艮离中	乾艮坤艮震	乾艮中艮乾
己卯	中兑巽坎中	中巽坎坎艮	坤坎兑艮巽	中坎兑兑坤	中兑巽兑中
庚辰	坎乾震离巽	巽震离离兑	坎离乾兑震	巽离乾乾坎	巽乾震乾巽

（续表）

	六乙生命	六丁生命	六巳生命	生命	六癸生命
	真亥巳阳阴 禄卯酉贵贵 未丑人人 马马 己丁丁甲戊 卯丑亥申子	真亥巳阳阴 禄卯酉贵贵 未丑人人 马马 丙乙辛辛己 午巳亥亥酉	真亥巳阳阴 禄卯酉贵贵 未丑人人 马马 庚己乙丙壬 午己亥子申	真亥巳阳阴 禄卯酉贵贵 未丑人人 马马 丁癸己庚甲 酉巳亥寅午	真亥巳阳阴 禄卯酉贵贵 未丑人人 马马 甲丁癸丁乙 子巳亥巳卯
辛巳	离中坤艮震	震坤艮艮乾	离艮中乾坤	震艮中中离	震中坤中震
壬午	艮坎坎兑坤	坤坎兑兑中	艮兑巽中坎	坤兑巽巽艮	坤巽坎巽坤
癸未	兑离离乾坎	坎离乾乾巽	兑乾震巽离	坎乾震震兑	坎震离震坎
甲申	乾艮艮中离	离艮中中震	乾中坤震艮	离中坤坤乾	离坤艮坤离
乙酉	中兑兑坎艮	艮兑巽巽坤	中巽坎坤兑	艮巽坎坎中	艮坎兑坎艮
丙戌	巽乾乾离兑	兑乾震震坎	巽震离坎乾	兑震离离巽	兑离乾离兑
丁亥	震中中艮乾	乾中坤坤离	震坤艮离中	乾坤坎坎震	乾艮中艮乾
戊子	坤巽坎兑中	中巽坎坎艮	坤坎兑艮巽	中坎兑兑坤	中兑巽兑中
己丑	坎震离乾坎	巽震离离兑	坎巽乾兑震	巽离乾乾坎	巽乾震乾巽
庚寅	离坤艮中离	震坤艮艮乾	离艮中乾坤	震艮中中离	震中坤中震
辛卯	艮坎巽兑艮	坤坎兑兑中	艮兑巽中坎	坤兑巽坎艮	坤巽坤巽坤
壬辰	兑离乾震兑	坎离乾乾巽	兑乾震巽离	坎乾震离兑	坎震离震坎
癸巳	乾艮中坤乾	离艮中中震	乾中坤震艮	离中坤艮乾	离坤艮坤离
甲午	中兑巽坎中	艮兑巽巽坤	中巽坎坤兑	艮坤坤兑中	艮坎兑坎艮
乙未	巽乾震离巽	兑乾震震坎	巽震离坎乾	兑离离乾坎	兑离乾离兑
丙申	震中坤艮震	乾中坤坤离	震坤艮离中	乾艮艮中离	乾艮中艮乾
丁酉	坤巽坎兑坤	中巽坎坎艮	坤坎兑艮巽	中兑兑巽艮	中兑巽兑中
戊戌	坎震离乾坎	巽震离离兑	坎离乾兑震	坎乾乾震兑	巽乾震乾巽

（续表）

	六乙生命	六丁生命	六巳生命	生命	六癸生命
	真亥巳阳阴 禄卯酉贵贵 未丑人人 马马 己丁丁甲戊 卯丑亥申子	真亥巳阳阴 禄卯酉贵贵 未丑人人 马马 丙乙辛辛己 午巳亥亥酉	真亥巳阳阴 禄卯酉贵贵 未丑人人 马马 庚己乙丙壬 午已亥子申	真亥巳阳阴 禄卯酉贵贵 未丑人人 马马 丁癸己庚甲 酉巳亥寅午	真亥巳阳阴 禄卯酉贵贵 未丑人人 马马 甲丁癸丁乙 子巳亥巳卯
己亥	离坤艮中离	震坤艮艮乾	离艮中乾坤	离中中坤乾	震中坤中震
庚子	艮坎兑巽艮	坤坎兑兑中	艮兑巽中坎	艮巽坎坎中	坤巽艮巽坤
辛丑	兑离乾震兑	坎离乾乾巽	兑乾震巽离	兑震离离巽	坎震离震坎
壬寅	乾艮中坤乾	离艮中中震	乾中坤震艮	乾坤艮艮震	离坤艮坤离
癸卯	中兑巽坎中	艮兑巽巽坤	中巽坎坤兑	中坎兑兑坤	艮坎兑坎艮
甲辰	巽乾震离巽	兑乾震震坎	巽震离坎乾	巽离乾乾坎	兑离乾离兑
乙巳	震中坤艮震	乾中坤坤离	震坤艮离中	震艮中中离	乾艮中艮乾
丙午	坤巽坎兑坤	中坎坎坎艮	坤坎兑艮巽	坤坎巽巽艮	中兑巽兑中
丁未	坎震离乾坎	坎离离离兑	坎离乾兑震	坎乾震震兑	巽乾震乾巽
戊申	离坤艮中离	离艮艮艮乾	离艮中乾坤	离中坤坤乾	震中坎中震
己酉	艮坎兑巽艮	兑乾乾乾坎	艮兑巽中坎	艮巽坎坎中	坤巽坎巽坤
庚戌	兑离乾震兑	艮兑兑兑中	兑乾震巽离	兑震离离巽	坎震离震坎
辛亥	乾艮中坤乾	乾中中中离	乾中坤震艮	乾坤艮艮震	离坤艮坤离
壬子	中兑巽坎中	中巽坎坎艮	中巽坎坤兑	中坎兑兑坤	艮坎兑坎艮
癸丑	巽乾震离巽	巽震离离兑	巽震离坎乾	巽离乾乾坎	兑离乾离兑
甲寅	震中坤艮震	震坤艮艮乾	震坤艮离中	震艮中中离	乾艮中艮乾
乙卯	坤巽坎兑坤	坤坎兑兑中	坤坎兑艮巽	坤兑巽巽艮	中兑巽兑中
丙辰	坎震离乾坎	坎离乾乾巽	坎离乾兑震	坎乾震震兑	巽乾震乾坎

（续表）

	六乙生命	六丁生命	六巳生命	生命	六癸生命
	真亥巳阳阴 禄卯酉贵贵 未丑人人 马马 己丁丁甲戊 卯丑亥申子	真亥巳阳阴 禄卯酉贵贵 未丑人人 马马 丙乙辛辛己 午巳亥亥酉	真亥巳阳阴 禄卯酉贵贵 未丑人人 马马 庚己乙丙壬 午己亥子申	真亥巳阳阴 禄卯酉贵贵 未丑人人 马马 丁癸己庚甲 酉巳亥寅午	真亥巳阳阴 禄卯酉贵贵 未丑人人 马马 甲丁癸丁乙 子巳亥巳卯
丁巳	离坤艮中离	离艮中中震	离艮中乾坤	离中坤坤乾	震中坤中离
戊午	艮坎兑巽艮	艮兑巽巽坤	艮兑巽中坎	艮巽坎坎中	坤坎坎坎艮
己未	兑离乾震兑	兑乾震震坎	兑乾震巽离	兑巽离离巽	坎离离离兑
庚申	乾艮中坤乾	乾中坤坤离	乾中坤震艮	乾坤艮艮震	离艮艮艮乾
辛酉	中兑巽坎中	中巽坎坎艮	中巽坎坤兑	中坎兑兑坤	艮兑兑兑中
壬戌	巽乾震离巽	巽震离离兑	巽震离坎乾	巽离乾乾坎	兑乾乾乾巽
癸亥	震中坤艮震	震坤艮艮乾	震坤艮离中	震艮中中离	乾坤中中震

太岁真禄马贵人定局

（以月建入中宫通例）

月			正	二	三	四	五 夏至后	六	七	八	九	十	十一 冬至后
六甲年	禄马 申子辰年	丙寅	申	坎	离	艮	兑震	巽	中	乾	兑	艮	离坎
	阳贵人	辛未	坎	离	艮	兑	乾巽	中	离	坎	坤	震	巽乾
	阴贵人	丁丑	兑	乾	中	巽	震兑	艮	离	坎	坤	震	巽乾

（续表）

月			正	二	三	四	五 夏至后	六	七	八	九	十	十一 冬至后
六乙年	真禄	己卯	乾	中	坎	离	艮坤	震	巽	中	乾	兑	艮坤
	阳贵人	甲申	坤	坎	离	艮	兑震	巽	中	离	坎	坤	震兑
	阴贵人	戊子	乾	中	巽	震	坤艮	离	坎	坤	震	巽	中中
六丙年	禄马亥卯未年	癸巳	艮	兑	乾	中	坎离	坎	坤	震	巽	中	乾巽
	阳贵人	丁酉	震	坤	坎	离	艮坤	震	巽	中	离	坎	坤坎
	阴贵人	己亥	中	巽	震	坤	坎离	坎	坤	震	巽	中	离坎
六丁年	真禄	丙午	离	艮	兑	乾	中中	离	坎	坤	震	巽	中中
	阳贵人	辛亥	中	巽	震	坤	坎离	坎	坤	震	巽	中	离坎
	阴贵人	己酉	震	坤	坎	离	艮坤	震	巽	中	乾	坎	坤艮
六戊年	真禄	丁巳	艮	兑	乾	中	坎离	坎	坤	震	巽	中	乾巽
	阳贵人	乙丑	兑	乾	中	巽	震兑	艮	离	坎	坤	震	巽乾
	阴贵人	己未	坎	离	艮	兑	乾巽	中	离	坎	坤	震	巽乾
六己年	真禄	庚午	离	艮	兑	乾	中中	离	坎	坤	震	巽	中中
	阳贵人	丙子	乾	中	巽	震	坤艮	离	坎	坤	震	巽	中中
	阴贵人	壬申	坤	坎	离	艮	兑震	巽	中	离	坎	坤	震兑

（续表）

月			正	二	三	四	五 夏至后	六	七	八	九	十	十一 冬至后
六庚年	禄马寅午戌年	申	坤	坎	离	艮	兑震	巽	中	离	坎	坤	震兑
	阳贵人	己丑	兑	乾	中	巽	震兑	艮	离	坎	坤	震	巽乾
	阴贵人	癸未	坎	离	艮	兑	乾巽	中	离	坎	坤	震	巽乾
六辛年	真禄	丁酉	震	坤	坎	离	艮坤	震	巽	中	离	坎	坤艮
	阳贵人	甲午	中	坎	离	艮	兑震	巽	中	乾	兑	艮	离坎
	阴贵人	庚寅	离	艮	坎	乾	中兑	离	坎	坤	震	巽	中中
六壬年	禄马巳酉丑年	乙亥	中	巽	震	坤	坎离	坎	坤	震	巽	中	离坎
	阳贵人	癸卯	乾	中	坎	离	艮坤	震	巽	中	乾	兑	艮坤
	阴贵人	乙巳	艮	兑	乾	中	坎离	坎	坤	震	巽	中	乾巽
六癸年	真禄	甲子	乾	中	巽	震	坤艮	离	坎	坤	震	巽	中中
	阳贵人	丁巳	艮	兑	乾	中	坎离	坎	坤	震	巽	中	乾巽
	阴贵人	乙卯	乾	中	坎	离	艮坤	震	巽	中	乾	兑	艮坤

右定局，修太岁起遁真禄马贵人，以月建入中宫，冬至后顺夏至后逆，遁看禄马贵人到何方，谓次吉也。前局排定本年真禄马贵人到坐向，谓极之神也。

天官贵人时

大利求官见贵。

甲爱金鸡乙爱猴，丁猪丙鼠己寅头。
戊运玉兔庚壬马，辛癸逢蛇爵禄至。
此为六甲官星贵，管教谈笑觅封侯。

福星贵人时

甲虎丁鸡戊是猴，丙同犬鼠乙猪牛。
己羊庚马辛蛇位，癸兔壬龙贵可求。
甲丙相邀入虎乡，庚逢鼠穴最高强。
戊猴己羊丁宫亥，乙癸逢牛福禄昌。
庚日午时辛到巳，壬骑龙背喜非常。

差方禄马贵人盖山三奇白星

阳遁年月日时九宫定局之图

<table>
<tr><td>乾六 甲子戊辰
辛巳丁亥
甲午戊戌
辛亥丁巳</td><td>己巳丙戌
兑七壬午己亥
壬子丙辰</td><td>庚午癸未
艮八乙酉庚子
癸丑乙卯</td><td>离九 辛未丁丑
甲戌戊子
辛丑丁未
甲寅戊午</td></tr>
<tr><td colspan="4">乙丑庚辰
癸巳乙未
中五庚戌癸亥冬至
此宫并入
艮为例
后用 乾宫起甲子逆行戊辰还原宫顺行
震宫起甲戌逆行戊寅还原宫顺行
离宫起甲寅逆行戊午还原宫顺行
中宫四课寄在艮宫同推</td></tr>
<tr><td>丙寅己卯
巽四壬辰丙申
己酉壬戌</td><td>震三 丁卯甲戌
戊寅辛卯
丁酉甲辰
戊申辛酉</td><td>癸酉乙亥
坤二庚寅癸卯
乙巳庚申</td><td>壬申丙子
坎一己丑壬寅
丙午己未</td></tr>
</table>

阴遁年月日时九宫定局之图

乾六 甲子戊辰 辛巳丁亥 甲戌戊午 辛亥丁巳	兑七 乙丑庚辰 癸巳乙未 庚戌癸亥	艮八 丙寅己卯 壬辰丙申 己酉壬戌	离九 丁卯甲戌 戊寅辛卯 丁酉甲辰 戊申辛酉
中五 己巳壬午 丙戌己亥夏至后用 壬子丙辰	乾宫起甲子顺行戊辰还原宫逆行 离宫起甲戌顺行戊寅还原宫逆行 震宫起甲寅顺行戊午还原宫逆行	中宫四课寄在坤宫同推	
巽四 庚午癸未 乙酉庚子 癸丑乙卯	震三 辛未丁丑 甲申戊子 辛丑丁未 甲寅戊午	坤二 壬申丙午 己丑壬寅 丙子己未	坎一 癸酉乙亥 庚寅癸卯 乙巳庚申

差方禄马贵人盖山三奇白星定局

(三奇即阴阳二图内乙丙丁是也)

冬至后用	甲子乙丑丙寅丁卯癸酉壬申辛未庚午己巳 甲午乙未丙申丁酉癸卯壬寅辛丑庚子己亥
甲子午旬 乙中 丙奇巽 丁震	戊辰癸巳己卯甲戌乙亥丙子丁丑癸丑壬子 戊戌癸亥己酉甲卯乙巳丙午丁未癸未壬午
甲辰戌旬 乙坎 丙奇坤 丁离	辛亥庚辰壬辰戊寅庚寅己丑甲寅乙卯丙辰 辛巳庚戌壬戌戊申庚申己未甲申乙酉丙戌
甲寅申旬 乙艮 丙奇兑 丁乾	丁巳　辛卯　戊子 丁亥艮奇　辛酉　戊子
阳遁　泊宫	乾　中　巽　震　坤　坎　离　艮　兑 赤马龙头寻午酉领鼠子羊位犬大龙头扶未

（续表）

天罡正马　太阳	丙午乙亥癸丑庚酉壬子丁未辛戌乙辰甲卯
传送正禄　太阴	辛戌坤申巽巳癸丑乙辰乾亥艮寅坤申丁未
神后贵人	艮寅壬子庚酉巽巳坤申甲卯丙午壬子乾亥
一白　水	离　坎　坤　震　巽　中　乾　兑　艮
六白　金	中　乾　兑　艮　离　坎　坤　震　巽
八白　土	兑　艮　离　坎　坤　震　巽　中　乾
九紫　火	艮　离　坎　坤　震　巽　中　乾　兑

夏至后用	甲子乙丑丙寅丁卯癸酉壬申辛未庚午己巳 甲午乙未丙申丁酉癸卯壬寅辛丑庚子己亥
甲子午旬　乙　兑 丙奇艮 丁　离	戊辰庚辰己卯甲戌乙亥丙子丁丑癸丑壬子 戊戌庚戌己酉甲辰乙巳丙午丁未癸未壬午
甲辰戌旬　乙　坎 丙奇坤 丁　震	辛亥癸巳壬辰戊寅庚寅己丑甲寅乙卯丙辰 辛巳癸亥壬戌戊申庚申己未甲申乙酉丙戌
甲寅申旬　乙　巽 丙奇中 丁　乾	丁巳　辛卯　戊午 丁亥　辛酉　戊子
阴遁　泊宫	乾　兑　艮　离　坎　坤　震　巽　中 赤马扶桑龙头六扶羊位鼠子酉岭寻午鼠子
天罡正马　太阳	丙午甲卯乙辰辛戌丁未壬子庚酉癸丑壬子
传送正禄　太阴	艮寅乾亥壬子丙午甲卯坤申巽巳庚酉坤申
神后贵人	辛戌丁未坤申艮寅乾亥乙辰癸丑巽巳乙辰
一白　水	坎　坤　震　巽　中　乾　兑　艮　离
六白　金	中　乾　兑　艮　离　坎　坤　震　巽
八白　土	震　巽　中　乾　兑　艮　离　坎　坤
九紫　火	坤　震　巽　中　乾　兑　艮　离　坎

右差方禄马贵人定局，然内有捷诀，不必依此推看，但见前阴阳三图内，年月日时到坎兑，则未亥卯三方得禄马贵人吉，到坤艮则子辰申三位吉，到震巽则酉丑巳三方得禄马贵人吉，到乾离则午戌寅三方得禄马贵人吉。

天星禄马贵人吉山向方并吉。

子丑　土　寅亥　木

辰酉　金　巳申　水

午　太阳　未　太阴

卯戌　火

假如丙子年禄元，以水星为禄元。马在寅，以木星为马元，贵人在酉亥，以金星木星为贵元，到山为守垣，到向为朝元。他仿此。

杨公与许氏下寅山甲向，用甲戌年、庚午月，甲禄到寅，以木为禄元，马居申，以水为马元，是月水木二星同在申宫，照寅山为禄马朝元，为土格，又生太阳在申后。许氏兄弟同年出仕，为官不绝。贵元亦仿此推。

青黎阁新订增补合节鳌头通书卷之六

鳌峰　道轩　熊宗立
后裔　月畴　秉　懋　重订
　　　淑明　启　灿　梓行

日凶杂忌

八风:丁丑巳酉。四穷:乙。
往亡:立春后七日。胎神:占床。
三不返:庚戌辛亥。宅龙:占灶。
绝烟火:辰戌。财离:辰日。
五不遇:戊日。咸池:卯日。
四虚败:巳酉。争雄:巳午。
九良星:占阶。伏龙:中庭。
触水龙:丙子。离别:丙子。
反激:巳未。蛟龙:未日。
四顺:建宜行,成宜离,寅宜往,卯宜归。
四逆:申不行,酉不离,七不往,八不归。

立春二白雨水七赤	甲子	金	宜子丑开义午时
立春二黑雨水八白	乙丑	金	宜寅卯闭制巳申时
立春三碧雨水九紫	丙寅	火	宜子丑建义辰未时
立春四绿雨水一白	丁卯	火	宜寅卯除义午未时
立春五黄雨水二黑	戊辰	水	宜寅辰满专巳申时

（续表）

立春六白雨水三碧	己巳	水	宜丑辰平义午未时
立春七赤雨水四绿	庚午	火	宜子丑定伐卯午时
立春八白雨水五黄	辛未	土	宜卯巳执义时
立春九紫雨水六白	壬申	金	宜丑辰破义巳未时
立春一白雨水七赤	癸酉	金	宜卯寅危义午时
立春二黑雨水八白	甲戌	火	宜寅辰成制巳申时
立春三碧雨水九紫	乙亥	火	宜丑辰收义午时
立春四绿雨水一白	丙子	水	宜子丑开伐卯午时
立春五黄雨水二黑	丁丑	水	宜寅巳闭伐亥时
立春六白雨水三碧	戊寅	土	宜巳未建伐戌时
立春七赤雨水四绿	己卯	土	宜子寅除伐午未时
立春八白雨水五黄	庚辰	金	宜寅辰满义巳午酉时
立春九紫雨水六白	辛巳	金	宜丑辰平伐午未时
立春一白雨水七赤	壬午	木	宜丑卯定制时吉
立春二黑雨水八白	癸未	木	宜寅卯执伐辰巳申时
立春三碧雨水九紫	甲申	水	宜子丑破伐未申戌时
立春四绿雨水一白	乙酉	水	宜子丑危伐寅卯时
立春五黄雨水二黑	丙戌	土	宜寅巳收伐午未时
立春六白雨水三碧	丁亥	土	宜丑辰收伐午未时
立春七赤雨水四绿	戊子	火	宜子午开制申时
立春八白雨水五黄	己丑	火	宜寅卯闭专辰申时
立春九紫雨水六白	庚寅	水	宜子丑建制辰巳时
立春一白雨水七赤	辛卯	水	宜寅辰除制四时

（续表）

六春二黑雨水八白	壬辰	水	宜丑寅满伐辰巳时
立春三碧雨水九紫	癸巳	水	宜丑卯平制午时
立春四绿雨水一白	甲午	金	宜子丑定宝卯时
立春五黄雨水二黑	乙未	金	宜子寅破制卯巳时
立春六白雨水三碧	丙申	火	宜子丑破制辰未时
立春七赤雨水四绿	丁酉	火	宜午未危制时吉
立春八白雨水五黄	戊戌	辰	宜子寅成专卯午时
立春九紫雨水六白	己亥	木	宜丑辰收制午未时
立春一白雨水七赤	庚子	土	宜子丑开宝卯午时
立春二黑雨水八白	辛丑	土	宜卯巳闭义申时
立春三碧雨水九紫	壬寅	金	宜丑寅建宝巳未时
立春四绿雨水一白	癸卯	金	宜卯巳除宝午未时
立春五黄雨水二黑	甲辰	火	宜辰巳满制时
立春六白雨水三碧	乙巳	火	宜丑卯平宝辰午未时
立春七赤雨水四绿	丙午	水	宜子卯定专午时
立春八白雨水五黄	丁未	水	宜寅卯执宝巳申时
立春九紫雨水六白	戊申	土	宜丑卯破宝巳未时
立春一白雨水七赤	己酉	土	宜丑卯危宝辰未时
立春二黑雨水八白	庚戌	金	宜寅辰成未巳午时
立春三碧雨水九紫	辛亥	金	宜子辰收宝午未时
立春四绿雨水一白	壬子	木	宜子丑开专卯午时
立春五黄雨水二黑	癸丑	水	宜寅卯闭伐巳申时
立春六白雨水三碧	甲寅	水	宜巳卯建专辰巳未时

（续表）

立春七赤雨水四绿	乙卯	水	宜子寅除专卯午时
立春八白雨水五黄	丙辰	火	宜寅卯满宝巳时
立春九紫雨水六白	丁巳	火	宜丑辰专午未时
立春一白雨水七赤	戊午	土	宜子丑定义卯午时
立春二黑雨水八白	己未	土	宜子寅执专卯巳时
立春三碧雨水九紫	庚申	木	宜丑辰破专巳时
立春四绿雨水一白	辛酉	水	宜寅卯危专巳午未时
立春五黄雨水二黑	壬戌	水	宜辰巳成伐申酉时
立春六白雨水三碧	癸亥	水	宜丑卯收专时

日凶杂忌

离别：癸丑。财离：丑日。

八风：丁酉巳丑。反激：巳未。

三不返：子卯酉月。

九良：占阶。咸池：子日。

往亡：惊蛰后十四日。

蛟龙：甲日。宅龙：占灶。

五不遇：午丑日。灭门：辰日。

四穷：乙亥日。伏龙：中庭。

绝烟火：己亥。争雄：亥子。

四虚败：巳酉日。胎神：在门。

触水龙：癸丑。

四顺：建宜行，成宜离，寅宜往，卯宜归。

四逆：申不行，酉不离，七不往，八不归。

惊蛰春分	七赤甲子	金	宜子寅收义卯时
惊蛰春分	八白乙丑	金	宜寅卯开制巳申时
惊蛰春分	九紫丙寅	火	宜子丑闭义辰未时
惊蛰春分	一白丁丑	火	宜寅卯建义午未时
惊蛰春分	二黑戊辰	水	宜寅辰除专巳午时
惊蛰春分	三碧己巳	木	宜丑辰满义午未时
惊蛰春分	四绿庚午	土	宜子丑平伐卯午时
惊蛰春分	五黄辛未	土	宜寅申定义巳时
惊蛰春分	六白壬申	金	宜丑辰执义巳未时
惊蛰春分	七赤癸酉	金	宜寅卯破义午时
惊蛰春分	八白甲戌	火	宜寅辰危制巳亥时
惊蛰春分	九紫乙亥	火	宜丑辰成义午时
惊蛰春分	一白丙子	水	宜子丑收伐午申时
惊蛰春分	二黑丁丑	水	宜寅卯闭宝巳时
惊蛰春分	三碧戊寅	土	宜丑巳闭伐未时
惊蛰春分	四绿己卯	土	宜子寅建伐午未时
惊蛰春分	五黄庚辰	金	宜寅辰除义巳午时
惊蛰春分	六白辛丑	金	宜丑辰满伐午未时
惊蛰春分	七赤壬午	木	宜丑卯平制时
惊蛰春分	八白癸未	木	宜寅卯定伐巳申时
惊蛰春分	九紫甲申	水	宜子丑执伐辰巳未时
惊蛰春分	一白乙酉	水	宜子丑破伐寅卯时
惊蛰春分	二黑丙戌	土	宜子寅危宝辰巳时
惊蛰春分	三碧丁亥	土	宜丑辰成伐午未时

（续表）

惊蛰春分	四绿戊子	火	宜卯巳收制午时
惊蛰春分	五黄己丑	火	宜子寅专开卯巳申时
惊蛰春分	六白庚寅	木	宜子丑闭制巳未时
惊蛰春分	七赤辛卯	木	宜子寅建制卯午时
惊蛰春分	八白壬辰	水	宜辰巳除伐亥时
惊蛰春分	九紫癸巳	水	宜丑卯满制午未时
惊蛰春分	一白甲午	金	宜子丑平宝卯时
惊蛰春分	二黑乙未	金	宜子寅定制卯巳时
惊蛰春分	三碧丙申	火	宜子丑执制辰未时
惊蛰春分	四绿丁酉	火	宜午未破制时
惊蛰春分	五黄戊戌	水	宜子寅危专巳午时
惊蛰春分	六白己亥	木	宜丑辰戌制午未时
惊蛰春分	七赤庚子	土	宜子丑收宝卯午时
惊蛰春分	八白辛丑	土	宜寅卯开义巳申时
惊蛰春分	九紫壬寅	金	宜丑辰闭宝巳未时
惊蛰春分	一白癸丑	金	宜寅卯建宝午未时
惊蛰春分	二黑甲辰	火	宜巳亥除制时
惊蛰春分	三碧乙巳	火	宜子丑满宝辰未时
惊蛰春分	四绿丙午	火	宜子丑平专卯午时
惊蛰春分	五黄丁未	水	宜寅卯定宝巳申时
惊蛰春分	六白戊申	土	宜丑卯执宝辰巳时
惊蛰春分	七赤己酉	土	宜子寅破宝卯辰时
惊蛰春分	八白庚戌	金	宜辰巳危义午酉亥时

（续表）

惊蛰春分	九紫辛亥	金	宜丑亥成宝午未时
惊蛰春分	一白壬子	木	宜子丑收专午申时
惊蛰春分	二黑癸丑	木	宜寅卯开伐巳申时
惊蛰春分	三碧甲寅	水	宜子丑闭专辰未时
惊蛰春分	四绿乙卯	水	宜子寅建专卯午时
惊蛰春分	五黄丙辰	土	宜寅酉除宝亥时
惊蛰春分	六白丁巳	土	宜丑辰满专午未时
惊蛰春分	七赤戊午	火	宜卯午平义申酉时
惊蛰春分	八白己未	火	宜寅卯定专巳时
惊蛰春分	九紫庚申	木	宜丑巳执专辰时
惊蛰春分	一白辛酉	木	宜壬寅破专午未申酉时
惊蛰春分	二黑壬戌	水	宜辰巳危伐申酉时
惊蛰春分	三碧癸亥	水	宜午未成专时

日凶杂忌

争雄：午未日。财离戌日。

伏龙：中庭。离别：丙寅。

触水龙：丙丁。咸池：酉日。

四虚败：巳酉。胎神：在门。

八风：丁丑巳酉。四穷：乙亥。

九良：占灶、占厨。灭门：卯日。

往亡：清明后二十四日。

五不遇：午日。宅龙：占灶。

绝烟火：子午。反激：巳未。

三不返:辰申日。六嬴:巳未。

蛟龙:戌日。

四顺:建宜行,成宜离,寅宜往,卯宜归。

清明七赤谷雨四绿	甲子	金	宜子丑成义寅午时
清明八白谷雨五黄	乙丑	金	宜子寅收制卯巳申酉时
清明九紫谷雨六白	丙寅	火	宜子丑开义辰未时
清明一白谷雨七赤	丁卯	火	宜寅卯闭义午未时
清明二黑谷雨八白	戊辰	木	宜寅巳建专午酉时
清明三碧谷雨九紫	己巳	木	宜丑辰除义午未戌时
清明四绿谷雨一白	庚午	土	宜子丑满伐卯卯时
清明五黄谷雨二黑	辛未	土	宜寅申平义戌亥时
清明六白谷雨三碧	壬申	金	宜丑巳定义未时
清明七赤谷雨四绿	癸酉	金	宜午未执义时
清明八白谷雨五黄	甲戌	火	宜寅辰危义戌时
清明九紫谷雨六白	乙亥	火	宜丑辰危义戌时
清明一白谷雨七赤	丙子	水	宜子丑成伐卯午时
清明二黑谷雨八白	丁丑	水	宜巳申收宝戌亥时
清明三碧谷雨九紫	戊寅	土	宜丑辰开伐巳未时
清明四绿谷雨一白	己卯	土	宜子寅闭伐午未时
清明五黄谷雨二黑	庚辰	金	宜寅辰建义巳酉时
清明六白谷雨三碧	辛巳	金	宜丑未除伐时
清明七赤谷雨四绿	壬午	水	宜丑午满制时
清明八白谷雨五黄	癸未	水	宜卯辰平伐巳申亥时
清明九紫谷雨六白	甲申	水	宜丑寅建伐辰未时
清明一白谷雨七赤	乙酉	水	宜子丑执伐寅卯午时

（续表）

清明二黑谷雨八白	丙戌	土	宜寅亥破宝酉亥时
清明三碧谷雨九紫	丁亥	土	宜丑辰危伐未戌时
清明四绿谷雨一白	戊子	火	宜卯巳成制午未时
清明五黄谷雨二黑	己丑	火	宜子寅收专卯戌亥时
清明六白谷雨三碧	庚寅	木	宜子丑开制巳午时
清明七赤谷雨四绿	辛卯	木	宜丑寅闭制巳午时
清明八白谷雨五黄	壬辰	水	宜寅巳建戌时
清明九紫谷雨六白	癸巳	火	宜丑卯除制午时
清明一白谷雨七赤	甲午	金	宜子巳满宝卯时
清明二黑谷雨八白	乙未	金	宜子寅平制卯戌时
清明三碧谷雨九紫	丙申	火	宜子丑定制辰未时
清明四绿谷雨一白	丁酉	火	宜午未执制时
清明五黄谷雨二黑	戊戌	木	宜寅卯破专午亥时
清明六白谷雨三碧	己亥	木	宜午未危制戌时
清明七赤谷雨四绿	庚子	土	宜子丑成宝卯午时
清明八白谷雨五黄	辛丑	土	宜寅巳收义申亥时
清明九紫谷雨六白	壬寅	金	宜丑辰开寅未戌时
清明一白谷雨七赤	癸卯	金	宜寅卯闭宝午未时
清明二黑谷雨八白	甲辰	火	宜巳亥建制时
清明三碧谷雨九紫	乙巳	火	宜丑辰除宝午未时
清明四绿谷雨一白	丙午	水	宜子丑满专卯午时
清明五黄谷雨二黑	丁未	水	宜巳申平宝戌亥时
清明六白谷雨三碧	戊申	土	宜卯巳定宝未时

（续表）

清明七赤谷雨四绿	己酉	土	宜子寅执宝卯辰未时
清明八白谷雨五黄	庚戌	金	宜辰巳破义午未酉时
清明九紫谷雨六白	辛亥	金	宜丑午危宝未申戌时
清明一白谷雨七赤	壬子	木	宜子丑成专午卯时
清明二黑谷雨八白	癸丑	木	宜寅巳收伐申戌亥时
清明三碧谷雨九紫	甲寅	水	宜子丑开专巳申戌时
清明四绿谷雨一白	乙卯	水	宜子寅闭专卯酉时
清明五黄谷雨二黑	丙辰	土	宜丑寅建宝亥时
清明六白谷雨三碧	丁巳	水	宜辰未除专戌时
清明七赤谷雨四绿	戊午	火	宜寅午满义申酉时
清明八白谷雨五黄	己未	火	宜寅卯平专戌时
清明九紫谷雨六白	庚申	木	宜丑辰定专巳时
清明一白谷雨七赤	辛酉	木	宜子申执专午未时
清明二黑谷雨八白	壬戌	水	宜辰巳破伐申酉时
清明三碧谷雨九紫	癸亥	水	宜午戌危专亥时

日凶杂忌

争雄：子丑日。胎神：占灶。

财离：未日。蛟龙：申日。

触水龙：丙子癸未日。

五不遇：未日。咸池：午日。

往亡：立夏后八日。反激：戊辰。

伏龙：占中堂。灭门：寅日。

四虚败：甲子。八风：甲辰甲申。

九良星:在厨。宅龙:大门。

三不返:寅未。四穷:丁亥。

绝烟火:丑未。离别:丙辰。

四顺:建宜行,成宜离,寅宜往,卯宜归。

四逆:申不行,酉不离,七不往,八不归。

立夏小满	四绿甲子	金	宜子丑危义寅卯时吉
立夏小满	五黄乙丑	金	宜子寅成制卯巳申时
立夏小满	六白丙寅	火	宜子丑收义辰戌时
立夏小满	七赤丁卯	火	宜寅卯开义午未时
立夏小满	八白戊辰	木	宜巳午闭专酉亥时
立夏小满	九紫己巳	木	宜丑辰建义午未时
立夏小满	一白庚午	土	宜子丑除伐卯午时
立夏小满	二黑辛未	土	宜寅申满义戌时
立夏小满	三碧壬申	金	宜丑辰平义午未时
立夏小满	四绿癸酉	金	宜寅卯定义午未时
立夏小满	五黄甲戌	火	宜寅卯执制辰巳时
立夏小满	六白乙亥	火	宜丑辰破义戌时
立夏小满	七赤丙子	水	宜子丑危伐卯午时
立夏小满	八白丁丑	水	宜寅卯成宝巳申时
立夏小满	九紫戊寅	土	宜巳未收伐戌时
立夏小满	一白己卯	土	宜子寅开伐午时
立夏小满	二黑庚辰	金	宜寅辰闭义巳酉时
立夏小满	三碧辛巳	金	宜丑寅建伐未戌亥时
立夏小满	四绿壬午	木	宜丑寅除制时
立夏小满	五黄癸未	木	宜丑寅满伐卯申亥时

（续表）

立夏小满	六白甲申	水	宜丑辰平伐巳午未时
立夏小满	七赤乙酉	水	宜子丑宝伐寅卯时
立夏小满	八白丙戌	土	宜寅申执宝酉亥时
立夏小满	九紫丁亥	土	宜丑辰破伐未戌时
立夏小满	一白戊子	火	宜卯巳危制午时
立夏小满	二黑己丑	火	宜子寅成专卯巳亥时
立夏小满	三碧庚寅	水	宜子寅收制辰戌时
立夏小满	四绿辛卯	木	宜子寅收制辰戌时
立夏小满	五黄壬辰	水	宜寅辰闭伐巳时
立夏小满	六白癸巳	水	宜戌辰建制时
立夏小满	七赤甲午	金	宜子丑除宝卯时
立夏小满	八白乙未	金	宜子卯满制午戌时
立夏小满	九紫丙申	火	宜子丑平制未戌时
立夏小满	一白丁酉	火	宜午未定制时
立夏小满	二黑戊戌	木	宜子寅执专午亥时
立夏小满	三碧己亥	木	宜丑辰破制午未戌时
立夏小满	四绿庚子	土	宜子丑危宝卯午时
立夏小满	五黄辛丑	土	宜寅卯成义巳申时
立夏小满	六白壬寅	金	宜丑辰收宝未戌时
立夏小满	七赤癸卯	金	宜寅申开宝午未申时
立夏小满	八白甲辰	火	宜巳亥闭制时
立夏小满	九紫乙巳	火	宜子丑建宝辰未戌时
立夏小满	一白丙午	水	宜子丑除专巳未时

（续表）

立夏小满	二黑丁未	水	宜巳申满宝戌亥时
立夏小满	三碧戊申	土	宜巳未平宝申戌时
立夏小满	四绿己酉	土	宜子寅定宝卯辰未时
立夏小满	五黄庚戌	金	宜辰巳执义午酉时
立夏小满	六白辛亥	金	宜丑午破宝未酉时
立夏小满	七赤壬子	木	宜子丑危专午申时
立夏小满	八白癸丑	水	宜寅卯成伐巳时
立夏小满	九紫甲寅	水	宜子丑收专辰未戌时
立夏小满	一白乙卯	水	宜子寅开专卯未时
立夏小满	二黑丙辰	土	宜酉亥闭宝时
立夏小满	三碧丁巳	土	宜丑辰建专午未戌
立夏小满	四绿戊午	火	宜卯午除义申酉时
立夏小满	五黄己未	火	宜子丑满专卯戌时
立夏小满	六白庚申	木	宜丑辰平专巳时
立夏小满	七赤辛酉	木	宜子寅定专午未时
立夏小满	八白壬戌	水	宜辰巳执伐申酉时
立夏小满	九紫癸亥	水	宜午戌破专亥时

日凶杂忌

争雄：未申日。伏龙：在堂。

财离：寅日。胎神：在身。

离别：丁巳。咸池：卯日。

四穷：丁亥。蛟龙：戌日。

触水龙:丙子癸未。反激:戊辰。
四虚败:甲子。灭门:丑日。
五不遇:寅日。八风:甲辰甲申。
三不返:卯午。宅龙:大门。
绝烟火:寅申。往亡:芒种后二十日。
九良星:东及北路,六白。
四顺:建宜行,成宜离,寅宜往,卯宜归。
四逆:申不行,酉不归,七不往,八不归。

芒种四绿夏至九紫	甲子	金	宜子丑破义寅卯时
芒种五黄夏至八白	乙丑	金	宜子寅危制卯巳申时
芒种六白夏至七赤	丙寅	火	宜子丑成义辰未时
芒种七赤夏至六白	丁卯	火	宜午未收义寅酉时
芒种八白夏至五黄	戊辰	木	宜寅辰开专巳午时
芒种九紫夏至四绿	己巳	木	宜丑辰闭义午未时
芒种一白夏至三碧	庚午	土	宜丑卯建伐申酉时
芒种二黑夏至二黑	辛未	土	宜寅卯除义申时
芒种三碧夏至一白	壬申	金	宜丑辰满义巳申时
芒种四绿夏至九紫	癸酉	金	宜卯午平义时
芒种五黄夏至八白	甲戌	火	宜丑辰执义未时
芒种六白夏至七赤	乙亥	火	宜寅辰定制巳时
芒种七赤夏至六白	丙子	水	宜子丑破伐午酉时
芒种八白夏至五黄	丁丑	水	宜寅巳危宝申时
芒种九紫夏至四绿	戊寅	土	宜丑巳成伐未时
芒种一白夏至三碧	己卯	土	宜子寅收伐午未时
芒种二黑夏至二黑	庚辰	金	宜寅辰开义巳午酉时
芒种三碧夏至一白	辛巳	金	宜丑辰闭伐午未时

（续表）

芒种四绿夏至九紫	壬午	木	宜丑卯建制时
芒种五黄夏至八白	癸未	木	宜寅卯除伐辰巳时
芒种六白夏至七赤	甲申	水	宜丑巳满伐未申戌时
芒种七赤夏至六白	乙酉	水	宜子丑平伐寅卯酉时
芒种八白夏至五黄	丙戌	土	宜寅辰定宝巳亥时
芒种九紫夏至四绿	丁亥	土	宜丑辰执伐未戌时
芒种一白夏至三碧	戊子	火	宜卯午破制申酉时
芒种二黑夏至二黑	己丑	火	宜卯申危专戌亥时
芒种三碧夏至一白	庚寅	木	宜子丑成制辰巳时
芒种四绿夏至九紫	辛卯	木	宜子寅收制午酉时
芒种五黄夏至八白	壬辰	水	宜寅辰开伐巳时
芒种六白夏至七赤	癸巳	水	宜子戌闭制亥时
芒种七赤夏至六白	甲午	金	宜子卯建宝午时
芒种八白夏至五黄	乙未	金	宜子辰除制卯申时
芒种九紫夏至四绿	丙申	金	宜子丑满义辰未时
芒种一白夏至三碧	丁酉	金	宜午未平宝时
芒种二黑夏至二黑	戊戌	木	宜子寅定专辰午时
芒种三碧夏至一白	己亥	木	宜丑辰执伐午未时
芒种四绿夏至九紫	庚子	水	宜子丑收专申未时
芒种五黄夏至八白	辛丑	水	宜寅卯危专巳时
芒种六白夏至七赤	壬寅	土	宜辰巳成宝未时
芒种七赤夏至六白	癸卯	金	宜寅卯收专午未时
芒种八白夏至五黄	甲辰	火	宜辰巳开制时

（续表）

芒种九紫夏至四绿	乙巳	火	宜子丑闭宝辰巳戌时
芒种一白夏至三碧	丙午	火	宜子丑建专申酉时
芒种二黑夏至二黑	丁未	水	宜寅卯除宝巳时
芒种三碧夏至一白	戊申	土	宜丑卯满宝未戌时
芒种四绿夏至九紫	己酉	土	宜子寅平宝卯辰未
芒种五黄夏至八白	庚戌	金	宜寅辰定义巳午时
芒种六白夏至七赤	辛亥	金	宜丑辰执宝午未时
芒种七赤夏至六白	壬子	木	宜子丑破专午申时
芒种八白夏至五黄	癸丑	木	宜卯巳危伐申戌亥时
芒种九紫夏至四黄	甲寅	水	宜子丑成专辰未戌
芒种一白夏至三碧	乙卯	水	宜子寅收专卯酉时
芒种二黑夏至二黑	丙辰	土	宜寅辰开宝巳时
芒种三碧夏至一白	丁巳	土	宜丑午闭专未戌亥时
芒种四绿夏至九紫	戊午	火	宜卯午建义申酉时
芒种五黄夏至八白	己未	火	宜子寅除专巳未时
芒种六白夏至七赤	庚申	木	宜丑辰满专巳时
芒种七赤夏至六白	辛酉	木	宜子午平专未申酉
芒种八白夏至五黄	壬戌	水	宜子寅定伐午未酉时
芒种九紫夏至四绿	癸亥	水	宜午戌执专亥时

日凶杂忌

争雄:丑寅日。伏龙:西边。

财离:子日。效龙:丑日。

离别:丁巳。咸池:子日。

往亡:小暑后二十。胎神:在灶。

触水龙:丙子癸丑。反激:戊辰。

四虚败:甲子。灭门:子日。

五不遇:卯日。八风:甲辰甲申。

三不返:辰巳未。宅龙在坤。

绝烟火:卯酉。四穷:丁亥。

九良星:东及水路。

四顺:建宜行,成宜离,寅宜往,卯宜归。

四逆:申不行,酉不离,七不往,八不归。

小暑大暑	九紫甲子	金	宜子丑执义寅卯时
小暑大暑	八白乙丑	金	宜寅卯破制巳申酉时
小暑大暑	七赤丙寅	火	宜子丑危义辰未时
小暑大暑	六白丁卯	火	宜寅卯成义午未时
小暑大暑	五黄戊辰	水	宜丑寅收专午酉亥时
小暑大暑	四绿己巳	水	宜丑未开义辰午戌时
小暑大暑	庚午三碧	土	宜丑卯闭伐申酉时
小暑大暑	二黑辛未	土	宜寅卯建义巳时
小暑大暑	一白壬申	金	宜丑辰除义巳未时
小暑大暑	九紫癸酉	金	宜寅卯满义午时
小暑大暑	八白甲戌	火	宜寅辰平制巳亥时

（续表）

小暑大暑	七赤乙亥	火	宜丑辰定义午未时
小暑大暑	六白丙子	火	宜子丑执伐午申酉时
小暑大暑	五黄丁丑	火	宜巳申破宝亥时
小暑大暑	四绿戊寅	土	宜寅巳危伐未时
小暑大暑	三碧己卯	土	宜子寅成伐午未时
小暑大暑	二黑庚辰	金	宜寅丑收义巳酉亥
小暑大暑	一白辛巳	金	宜丑午开伐未戌亥时
小暑大暑	九紫壬午	木	宜丑酉开制时
小暑大暑	八白癸未	木	宜寅卯建伐辰巳亥
小暑大暑	七赤甲申	水	宜子丑除伐寅辰未
小暑大暑	六白乙酉	水	宜子丑满伐寅卯午时
小暑大暑	五黄丙戌	土	宜寅申平宝酉亥时
小暑大暑	四绿丁亥	土	宜丑辰定伐午未时
小暑大暑	三碧戊子	火	宜卯午执制申时
小暑大暑	二黑己丑	火	宜子寅破专卯戌亥时
小暑大暑	一白庚寅	木	宜子丑危制辰巳时
小暑大暑	九紫辛卯	木	宜子寅成制巳午时
小暑大暑	八白壬辰	水	宜辰巳收伐亥时
小暑大暑	七赤癸巳	水	宜午戌开制亥时
小暑大暑	六白甲午	金	宜子丑闭宝卯时
小暑大暑	五黄乙未	金	宜子寅制卯戌时
小暑大暑	四绿丙申	火	宜子丑除制辰未时
小暑大暑	三碧丁酉	火	宜午未满制时

（续表）

小暑大暑	二黑戊戌	木	宜子寅平专午亥时
小暑大暑	一白己亥	木	宜丑辰定制午未戌时
小暑大暑	九紫庚子	土	宜子丑执宝申酉时
小暑大暑	八白辛丑	土	宜寅破义戌亥时
小暑大暑	七赤壬寅	金	宜丑辰危宝巳未时
小暑大暑	六白癸卯	金	宜寅卯成宝午未时
小暑大暑	五黄甲辰	火	宜巳亥收制时
小暑大暑	四绿乙巳	火	宜子丑开宝辰戌亥
小暑大暑	三碧丙午	水	宜子丑闭专申酉时
小暑大暑	二黑丁未	水	宜巳申建宝戌亥时
小暑大暑	一白戊申	土	宜卯辰除宝巳未时
小暑大暑	九紫己酉	土	宜子寅满宝卯辰未时
小暑大暑	八白庚戌	金	宜辰巳平义午酉亥时
小暑大暑	七赤辛亥	金	宜丑辰定宝午未时
小暑大暑	六白壬子	木	宜子丑执专午申时
小暑大暑	五黄癸丑	木	宜丑寅破伐卯申戌时
小暑大暑	四绿甲寅	水	宜子丑危专辰巳未
小暑大暑	三碧乙卯	水	宜子寅成专卯未时
小暑大暑	二黑丙辰	土	宜寅酉收宝亥时
小暑大暑	一白丁巳	土	宜丑寅开专午未戌时
小暑大暑	九紫戊午	火	宜卯午闭义申酉时
小暑大暑	八白己未	火	宜子寅建专卯巳时
小暑大暑	七赤庚申	木	宜丑辰除专巳时
小暑大暑	六白辛酉	木	宜寅午满专时
小暑大暑	五黄壬戌	水	宜辰巳平伐申酉时
小暑大暑	四绿癸亥	水	宜午戌定专亥时

日凶杂忌

争雄:申酉日。伏龙:西堂。

蛟龙:辰日。离别:丙子。

往亡立秋后九日,咸池酉日。

胎神:子日。四穷:辛亥。

九良星:在井。灭门:亥日。

三不返:辰巳日。八风:辛未己未。

四虚败:辛卯。财离:酉日。

五不遇:辰日。反激:巳丑。

绝烟火:辰戌。宅龙:在墙。

触水龙:丙子癸未。

四顺:建宜行,成宜离,寅宜往,卯宜归。

四逆:申不行,酉不离,七不往,八不归。

立秋九紫处暑三碧	甲子	金	宜子丑定义寅卯时
立秋一白处暑四绿	乙丑	金	宜子寅执制卯巳酉时
立秋七赤处暑一白	丙寅	火	宜子丑破义未戌时
立秋六白处暑九紫	丁卯	火	宜午未危义申酉时
立秋五黄处暑八白	戊辰	木	宜寅辰成专巳酉时
立秋四绿处暑七赤	己巳	木	宜丑辰收义午未戌
立秋三碧处暑六白	庚午	土	宜丑卯开伐酉时
立秋二黑处暑五黄	辛未	土	宜寅午闭未时
立秋一白处暑四绿	壬申	金	宜丑辰建义巳未时
立秋九紫处暑三碧	癸酉	金	宜寅卯除义午时
立秋八白处暑二黑	甲戌	火	宜丑辰满制巳亥时

（续表）

立秋七赤处暑一白	乙亥	火	宜丑辰平义戌时
立秋六白处暑九紫	丙子	水	宜子丑定伐卯午时
立秋五黄处暑八白	丁丑	水	宜巳申执宝亥时
立秋四绿处暑七赤	戊寅	土	宜巳未破伐戌时
立秋三碧处暑六白	己卯	土	宜子寅危伐午未时
立秋二黑处暑五黄	庚辰	金	宜子寅成义辰巳午
立秋一白处暑四绿	辛巳	金	宜丑午收伐未戌亥
立秋九紫处暑三碧	壬午	木	宜丑卯开制时
立秋八白处暑二黑	癸未	木	宜寅卯闭伐辰巳时
立秋七赤处暑一白	甲申	水	宜丑寅建伐巳未时
立秋六白处暑九紫	乙酉	水	宜子寅除伐丑未时
立秋五黄处暑八白	丙戌	土	宜寅申满宝酉亥时
立秋四绿处暑七赤	丁亥	土	宜丑未平伐申戌时
立秋三碧处暑六白	戊子	火	宜卯巳定制午时
立秋二黑处暑五黄	己丑	火	宜子寅执专卯戌亥
立秋一白处暑四绿	庚寅	木	宜子丑破制辰戌时
立秋九紫处暑三碧	辛卯	木	宜寅巳危制午时
立秋八白处暑二黑	壬辰	水	宜辰巳成伐亥时
立秋七赤处暑一白	癸巳	水	宜午戌收制亥时
立秋六白处暑九紫	甲午	金	宜子寅开宝卯时
立秋五黄处暑八白	乙未	金	宜子寅闭制卯时
立秋四绿处暑七赤	丙申	火	宜子丑收制未时
立秋三碧处暑六白	丁酉	火	宜午未除制时

（续表）

立秋二黑处暑五黄	戊戌	木	宜寅卯满专午亥时
立秋一白处暑四绿	己亥	木	宜丑辰平制午未戌
立秋九紫处暑三碧	庚子	土	宜子丑定宝卯午时
立秋八白处暑二黑	辛丑	土	宜寅申执义戌亥时
立秋三碧处暑一白	壬寅	金	宜丑辰破宝未戌时
立秋六白处暑九紫	癸卯	金	宜寅卯危宝午未时
立秋五黄处暑八白	甲辰	火	宜巳亥成制时
立秋四绿处暑七赤	乙巳	火	宜子丑收宝酉戌亥
立秋三碧处暑六白	丙午	水	宜子丑开宝戌酉时
立秋二黑处暑五黄	丁未	水	宜寅卯闭宝巳午时
立秋一白处暑四绿	戊申	土	宜卯巳建宝未时
立秋九紫处暑三碧	己酉	土	宜子寅除宝卯辰未
立秋八白处暑二黑	庚戌	金	宜辰巳满义午酉卯
立秋七赤处暑一白	辛亥	金	宜丑午平宝未申时
立秋六白处暑九紫	壬子	水	宜子丑宝专卯午时
立秋五黄处暑八白	癸丑	水	宜寅卯执伐巳申戌
立秋四绿处暑七赤	甲寅	木	宜子丑破专辰未戌
立秋三碧处暑六白	乙卯	木	宜午酉危专亥时
立秋二黑处暑五黄	丙辰	土	宜寅辰成宝巳时
立秋一白处暑四绿	丁巳	土	宜丑午收专申未戌
立秋九紫处暑三碧	戊午	火	宜卯午开义申酉时
立秋八白处暑二黑	己未	火	宜子寅闭专卯戌时
立秋七赤处暑一白	庚申	水	宜丑辰建专巳时
立秋六白处暑九紫	辛酉	水	宜子寅除专卯午未
立秋五黄处暑八白	壬戌	水	宜辰巳满伐申酉时
立秋四绿处暑七赤	癸亥	水	宜午戌平专亥时

日凶杂忌

争雄:寅卯日。伏龙:古井。

财离:午日。蛟龙:未日。

离别:庚辰。咸池:午日。

往亡:白露后十八日。胎神:在厕。

三不返:卯午酉。反激:巳丑。

四虚败:辛卯。灭门:戌日。

五不遇:巳日。四穷:辛亥。

九良星:巳午。宅龙:在灶。

绝烟火:巳亥。八风:辛未己未。

触水龙:癸未癸丑。

四顺:建宜行,成宜离,寅宜往,卯宜归。

四逆:申不行,酉不离,七不往,八不归。

白露秋分	三碧甲子	金	宜子丑平义寅卯时
白露秋分	二黑乙丑	金	宜午寅定制卯巳申时
白露秋分	一白丙寅	火	宜子丑执义未酉时
白露秋分	九紫丁卯	火	宜午未破义申酉时
白露秋分	八白戊辰	木	宜寅巳危专午酉亥时
白露秋分	七赤己巳	水	宜丑辰成义午未戌
白露秋分	六白庚午	土	宜丑寅收伐卯申时
白露秋分	五黄辛未	土	宜寅申开义戌时
白露秋分	四绿壬申	金	宜丑辰闭义巳未时
白露秋分	三碧癸酉	金	宜寅卯建义午时
白露秋分	二黑甲戌	火	宜寅辰除制巳时
白露秋分	一白乙亥	火	宜丑辰满义午时

（续表）

白露秋分	九紫丙子	木	宜子丑平伐午申酉
白露秋分	八白丁丑	水	宜寅卯定宝巳时
白露秋分	七赤戊寅	土	宜巳丑执伐未时
白露秋分	六白己卯	土	宜子寅破伐午未时
白露秋分	五黄庚辰	金	宜寅辰危未巳时
白露秋分	四绿辛巳	金	宜丑未成伐戌亥时
白露秋分	三碧壬午	木	宜丑酉收制时
白露秋分	二黑癸未	木	宜寅卯开伐辰巳申
白露秋分	一白甲申	水	宜丑寅闭伐辰巳时
白露秋分	九紫乙酉	水	宜子丑建伐寅卯酉
白露秋分	八白丙戌	土	宜寅申除宝酉亥时
白露秋分	七赤丁亥	土	宜丑辰满伐未戌时
白露秋分	六白戊子	火	宜卯午平制时
白露秋分	五黄己丑	火	宜子寅定专卯午亥
白露秋分	四绿庚寅	木	宜子丑执制辰巳时
白露秋分	三碧辛卯	木	宜子寅破制午酉时
白露秋分	二黑壬辰	水	宜寅辰危伐巳时
白露秋分	一白癸巳	水	宜午未成宝时
白露秋分	九紫甲午	金	宜子丑收宝卯时
白露秋分	八白乙未	金	宜子丑开制卯时
白露秋分	七赤丙申	火	宜子丑闭制巳未时
白露秋分	六白丁酉	火	宜午未建制时
白露秋分	五黄戊戌	木	宜子丑除专寅亥时

（续表）

白露秋分	四绿己亥	木	宜丑卯满制辰未戌
白露秋分	三碧庚子	土	宜子丑平宝申酉时
白露秋分	二黑辛丑	土	宜子寅定义午亥时
白露秋分	一白壬寅	金	宜丑辰执宝未戌时
白露秋分	九紫癸卯	金	宜寅卯破宝午未时
白露秋分	八白甲辰	火	宜巳午危制时
白露秋分	七赤乙巳	火	宜子丑成宝辰戌时
白露秋分	六白丙午	水	宜子丑收专申酉时
白露秋分	五黄丁未	水	宜巳申开宝戌亥时
白露秋分	四绿戊申	土	宜卯巳闭宝戌时
白露秋分	三碧己酉	土	宜寅卯建宝辰巳时
白露秋分	二黑庚戌	金	宜辰巳除义午酉时
白露秋分	一白辛亥	金	宜丑午满宝未申戌
白露秋分	九紫壬子	木	宜子丑平专午申时
白露秋分	八白癸丑	木	宜寅卯宝伐巳申时
白露秋分	七赤甲寅	水	宜子丑执伐辰未戌时
白露秋分	六白乙卯	水	宜子寅破专酉卯时
白露秋分	五黄丙辰	土	宜寅辰危宝巳时
白露秋分	四绿丁巳	土	宜丑辰成专午未戌时
白露秋分	三碧戊午	火	宜卯午收义申酉时
白露秋分	二黑己未	火	宜子寅开专卯戌时
白露秋分	一白庚申	木	宜丑辰闭专巳时
白露秋分	九紫辛酉	木	宜子寅建专未时
白露秋分	八白壬戌	水	宜寅辰除伐巳申时
白露秋分	七赤癸亥	水	宜午戌满专亥时

日凶杂忌

争雄:酉戌日。伏龙:西南。

财离:亥申。蛟龙:和日。

离别:辛未。灭门:酉日。

往亡:寒露后二十日,四穷:辛亥。

三不返:寅未戌。反激:巳丑。

四虚败:辛卯。咸池:卯日。

五不遇:子日。八风:辛丁未。

九良星:大门。宅龙:在房。

绝烟火:子午。胎神:门户。

触水龙:丙子。

四顺:建宜行,成宜离,寅宜往,卯宜归。

四逆:申不行,酉不离,七不往,八不归。

寒露三碧霜降六白	甲子	金	宜子丑满义寅卯时
寒露二黑霜降五黄	乙丑	金	宜子寅平制卯巳酉时
寒露一白霜降四绿	丙寅	火	宜子丑定义未戌时
寒露九紫霜降三碧	丁卯	火	宜寅卯执义午未时
寒露八白霜降二黑	戊辰	木	宜寅巳破专午酉亥时
寒露七赤霜降一白	己巳	木	宜丑辰危义午未戌时
寒露六白霜降九紫	庚午	土	宜子丑成伐卯午时
寒露五黄霜降八白	辛未	土	宜申戌收义时
寒露四绿霜降七赤	壬申	金	宜丑辰开义巳时
寒露三碧霜降六白	癸酉	金	宜寅卯闭义午时
寒露二黑霜降五黄	甲戌	火	宜寅辰建制巳亥时

（续表）

寒露一白霜降四绿	乙亥	火	宜丑辰除义戌时
寒露九紫霜降三碧	丙子	水	宜子丑满伐时
寒露八白霜降二黑	丁丑	水	宜巳申平宝亥时
寒露七赤霜降一白	戊寅	土	宜巳未定伐戌时
寒露六白霜降九紫	己卯	土	宜子寅执伐午未时
寒露五黄霜降八白	庚辰	金	宜寅巳破义申酉亥
寒露四绿霜降七赤	辛巳	金	宜丑午危伐未戌亥时
寒露三碧霜降六白	壬午	木	宜丑卯成制时
寒露二黑霜降五黄	癸未	木	宜寅卯收伐辰巳亥
寒露一白霜降四绿	甲申	水	宜丑巳开伐未申戌
寒露九紫霜降三碧	乙酉	水	宜子丑闭伐寅卯时
寒露八白霜降二黑	丙戌	土	宜寅申建宜酉亥时
寒露七赤霜降一白	丁亥	土	宜丑辰除伐未戌时
寒露六白霜降九紫	戊子	火	宜卯午满制申时
寒露五黄霜降八白	己丑	火	宜子寅平专卯戌亥
寒露四绿霜降七赤	庚寅	木	宜子丑定制辰巳时
寒露三碧霜降六白	辛卯	木	宜寅卯执制午时
寒露二黑霜降五黄	壬辰	水	宜辰巳破伐亥时
寒露一白霜降四绿	癸巳	水	宜午戌危伐亥时
寒露九紫霜降三碧	甲午	金	宜卯寅成宝丑时
寒露八白霜降二黑	乙未	金	宜子寅收制卯巳时
寒露七赤霜降一白	丙申	火	宜子丑开制辰戌未时
寒露六白霜降九紫	丁酉	火	宜午未闭制时

（续表）

寒露五黄霜降八白	戊戌	木	宜子寅建专午亥时
寒露四绿霜降七赤	己亥	木	宜丑辰除制午未时
寒露三碧霜降六白	庚子	土	宜子丑满宝申酉时
寒露二黑霜降五黄	辛丑	土	宜寅申平义戌亥时
寒露一白霜降四绿	壬寅	金	宜丑辰定义巳未时
寒露九紫霜降三碧	癸卯	金	宜寅卯执宝午未时
寒露八白霜降二黑	甲辰	火	宜巳亥破制时
寒露七赤霜降一白	乙巳	火	宜子丑危宝辰亥时
寒露六白霜降九紫	丙午	水	宜子丑成专卯午时
寒露五黄霜降八白	丁未	水	宜巳午收宝戌亥时
寒露四绿霜降七赤	戊申	土	宜卯巳开宝未戌时
寒露三碧霜降六白	己酉	土	宜子寅闭宝卯辰未
寒露二黑霜降五黄	庚戌	金	宜寅辰建义巳午时
寒露一白霜降四绿	辛亥	金	宜丑辰除宝午未时
寒露九紫霜降三碧	壬子	水	宜子丑满专午申时
寒露八白霜降二黑	癸丑	木	宜寅卯平伐巳申戌时
寒露七赤霜降一白	甲寅	水	宜子辰定专未申戌时
寒露六白霜降九紫	乙卯	水	宜丑寅执专卯酉时
寒露五黄霜降八白	丙辰	土	宜寅申破宝亥时
寒露四绿霜降七赤	丁巳	土	宜丑辰危专午未戌时
寒露三碧霜降六白	戊午	火	宜子丑成义卯巳时
寒露二黑霜降五黄	己未	火	宜子寅收专卯戌时
寒露一白霜降四绿	庚申	木	宜丑辰开专巳时
寒露九紫霜降三碧	辛酉	木	宜子寅闭宝卯午未时
寒露八白霜降二黑	壬戌	水	宜辰巳建伐申酉时
寒露七赤霜降一白	癸亥	水	宜午戌除专亥时

日凶杂忌

争雄:卯辰日。伏龙:西南。

财离:卯日。蛟龙:申日。

离别:丙午。咸池:子日。

往亡:冬后十日。胎神:门户。

三不返:戌申亥。反激:戊戌。

四虚败:寅午。灭门:申日。

五不遇:丑日。四穷:癸亥。

九良星:大门。八风:甲寅甲申。

绝烟火:丑未。宅龙:在堂。

触水龙:丙子癸未癸丑。

四顺:建宜行,成宜离,寅宜往,卯宜归。

四逆:申不行,酉不离,七不往,八不归。

立冬小雪	六白甲子	金	宜子丑除义寅卯时
立冬小雪	五黄乙丑	金	宜子寅满制卯巳申酉时
立冬小雪	四绿丙寅	火	宜子丑平义未戌时
立冬小雪	三碧丁卯	火	宜午未定义申酉时
立冬小雪	二黑戊辰	木	宜寅巳执专午酉亥时
立冬小雪	一白己巳	木	宜丑寅破义辰午戌时
立冬小雪	九紫庚午	土	宜子丑危伐卯午时
立冬小雪	八白辛未	土	宜寅成义戌时
立冬小雪	七赤壬申	金	宜丑辰收义巳未时
立冬小雪	六白癸酉	金	宜寅卯开义午时
立冬小雪	五黄甲戌	火	宜寅卯闭制巳时
立冬小雪	四绿乙亥	火	宜丑辰建义辰时
立冬小雪	三碧丙子	水	宜子丑破伐卯午时
立冬小雪	二黑丁丑	水	宜巳申破伐亥时

（续表）

立冬小雪	一白戊寅	土	宜巳未伐寅戌时
立冬小雪	九紫己卯	金	宜寅巳执义申酉亥
立冬小雪	八白庚辰	金	宜寅巳执义申酉戌
立冬小雪	七赤辛巳	金	宜丑午破伐未戌亥时
立冬小雪	六白壬午	木	宜丑卯危制时
立冬小雪	五黄癸未	水	宜寅卯成伐巳时
立冬小雪	四绿甲申	水	宜子丑收伐巳未辰
立冬小雪	三碧乙酉	水	宜子丑开伐寅卯午
立冬小雪	二黑丙戌	土	宜寅申闭宝酉时
立冬小雪	一白丁亥	土	宜丑辰建伐未戌时
立冬小雪	九紫戊子	火	宜子午除制申时
立冬小雪	八白己丑	火	宜子寅满专卯戌亥
立冬小雪	七赤庚寅	水	宜子丑平制辰戌时
立冬小雪	六白辛卯	木	宜子寅定制午酉时
立冬小雪	五黄壬辰	水	宜辰巳制伐亥时
立冬小雪	四绿癸巳	水	宜午戌破制亥时
立冬小雪	三碧甲午	金	宜子丑危宝卯时
立冬小雪	二黑乙未	金	宜子寅成制卯巳时
立冬小雪	一白丙申	火	宜子丑收制未戌时
立冬小雪	九紫丁酉	火	宜午未开制时
立冬小雪	八白戊戌	水	宜子寅开专午亥时
立冬小雪	七赤己亥	水	宜未戌建制时
立冬小雪	六白庚子	土	宜子丑除宝午辰时
立冬小雪	五黄辛丑	土	宜寅申满义戌亥时
立冬小雪	四绿壬寅	金	宜丑辰平宝未戌时
立冬小雪	三碧癸卯	金	宜寅卯定宝午未时
立冬小雪	二黑甲辰	火	宜巳亥执制寅时
立冬小雪	一白乙巳	火	宜子丑破宝辰戌时
立冬小雪	九紫丙午	水	宜子丑危义卯午时
立冬小雪	八白丁未	水	宜寅卯成宝巳申时

（续表）

立冬小雪	七赤戊申	土	宜卯未收宝申戌时
立冬小雪	六白己酉	土	宜子寅开宝卯辰未
立冬小雪	五黄庚戌	金	宜辰巳闭义午申亥
立冬小雪	四绿辛亥	金	宜丑午建宝未辰戌
立冬小雪	三碧壬子	木	宜子丑除专卯午时
立冬小雪	二黑癸丑	木	宜寅卯满伐巳申戌
立冬小雪	一白甲寅	水	宜子丑平专辰未戌
立冬小雪	九紫乙卯	水	宜子卯定专酉时
立冬小雪	八白丙辰	土	宜寅辰执宝巳时
立冬小雪	七赤丁巳	土	宜丑辰破专午未戌
立冬小雪	六白戊午	火	宜卯午危义申酉时
立冬小雪	五黄己未	火	宜子寅成专卯巳时
立冬小雪	四绿庚申	木	宜丑辰收专巳时
立冬小雪	三碧辛酉	木	宜子寅开专午未时
立冬小雪	二黑壬戌	水	宜辰巳闭伐申酉时
立冬小雪	一白癸亥	水	宜午戌建专亥时

日凶杂忌

争雄：戌亥日。伏龙：西南。

财离：申日。蛟龙：子日。

离别：丙午。咸池：酉日。

往亡：大雪后二十日。胎神：在灶。

三不返：酉日。反激：戊戌。

四虚败：寅午。灭门：未日。

五不遇：申日。四穷：癸亥。

九良星：中庭。宅龙：在堂。

绝烟火：寅申。八风：甲寅甲戌。

触水龙:丙子、癸丑。癸未。

四顺:建宜行,成宜离,寅宜往,卯宜归。

四逆:申不行,酉不离,七不往,八不归。

大雪六白冬至一白	甲子	金	宜子丑建义寅卯时
大雪五黄冬至二黑	乙丑	金	宜子寅除制卯巳时
大雪四绿冬至三碧	丙寅	火	宜子丑满义辰未时
大雪三碧冬至四绿	丁卯	火	宜子未平义申酉时
大雪二黑冬至五黄	戊辰	木	宜寅辰定义申巳午时
大雪一白冬至六白	己巳	木	宜丑辰执义午未时
大雪九紫冬至七赤	庚午	土	宜丑卯破伐申酉时
大雪八白冬至八白	辛未	土	宜寅申危义戌时
大雪七赤冬至九紫	壬申	金	宜丑辰成义巳未时
大雪六白冬至一白	癸酉	金	宜寅卯收义午时
大雪五黄冬至二黑	甲戌	火	宜寅辰开制巳亥时
大雪四绿冬至三碧	乙亥	火	宜卯辰闭义巳时
大雪三碧冬至四绿	丙子	水	宜子丑建伐午申酉
大雪二黑冬至五黄	丁丑	水	宜寅卯除宝巳时
大雪一白冬至六白	戊寅	土	宜丑巳满伐未时
大雪九紫冬至七赤	己卯	土	宜子寅平伐午未时
大雪六白冬至八白	庚辰	金	宜寅辰定义巳酉亥
大雪七赤冬至九紫	辛巳	金	宜丑午执伐未戌亥
大雪六白冬至一白	壬午	水	宜丑酉破制时
大雪五黄冬至二黑	癸未	水	宜巳申危伐亥时
大雪四绿冬至三碧	甲申	水	宜子丑成伐辰巳未
大雪三碧冬至四绿	乙酉	水	宜子丑收伐寅卯酉
大雪二黑冬至五黄	丙戌	土	宜寅申开宝酉亥时
大雪一白冬至六白	丁亥	土	宜丑辰闭伐未戌时
大雪九紫冬至七赤	戊子	火	宜卯午建制申时
大雪八白冬至八白	己丑	火	宜子寅除专卯戌亥
大雪七赤冬至九紫	庚寅	木	宜子丑满制辰巳时
大雪六白冬至一白	辛卯	木	宜子寅平制午酉时

（续表）

大雪五黄冬至二黑	壬辰	木	宜辰巳定伐时
大雪四绿冬至三碧	癸巳	水	宜午酉执制亥时
大雪三碧冬至四绿	甲午	金	宜子丑破宝亥时
大雪二黑冬至五黄	乙未	金	宜子寅危制卯戌时
大雪一白冬至六白	丙申	火	宜子丑成制辰未时
大雪九紫冬至七赤	丁酉	火	宜午未收制时
大雪八白冬至八白	戊戌	木	宜子午开专申亥时
大雪七赤冬至九紫	己亥	木	宜辰丑闭制午未时
大雪六白冬至一白	庚子	土	宜子丑建宝申酉时
大雪五黄冬至二黑	辛丑	土	宜寅申除宝戌亥时
大雪四绿冬至三碧	壬寅	金	宜丑辰满宝巳未时
大雪三碧冬至四绿	癸卯	金	宜寅卯平宝午未时
大雪二黑冬至五黄	甲辰	火	宜巳亥定制时
大雪一白冬至六白	乙巳	火	宜子丑执宝辰戌亥
大雪九紫冬至七赤	丙午	木	宜子丑破专申酉时
大雪八白冬至八白	丁未	木	宜巳申危宝戌亥时
大雪七赤冬至九紫	戊申	土	宜丑卯成宝巳未时
大雪六白冬至一白	己酉	土	宜子寅收宝卯辰未
大雪五黄冬至二黑	庚戌	金	宜辰巳开义午未亥
大雪四绿冬至三碧	辛亥	金	宜丑午闭宝寅申时
大雪三碧冬至四绿	壬子	木	宜子丑建专午申时
大雪二黑冬至五黄	癸丑	木	宜寅巳除伐申戌时
大雪一白冬至六白	甲寅	水	宜子丑满专寅辰时
大雪九紫冬至七赤	乙卯	水	宜子寅平专卯酉时
大雪八白冬至八白	丙辰	土	宜寅酉定宝亥时
大雪七赤冬至九紫	丁巳	土	宜辰巳执专午未戌
大雪六白冬至一白	戊午	火	宜卯午破义申酉时
大雪五黄冬至二黑	己未	火	宜子寅危专卯戌时
大雪四绿冬至三碧	庚申	木	宜丑辰成专巳时
大雪三碧冬至四绿	辛酉	木	宜子寅收专午未时
大雪二黑冬至五黄	壬戌	水	宜辰巳开伐申酉时
大雪一白冬至六白	癸亥	水	宜午戌闭专戌时

日凶杂忌

争雄:辰巳。伏龙:在灶。

财离:巳酉。蛟龙:巳丑。

八风:甲寅甲戌。离别:癸巳。

往亡:小□后二十日。咸池:午日。

三不返:丑戌亥。胎神:在戌。

四虚败:寅午。反激:戊戌。

五不遇:酉日。灭门:午日。

九良星:中宫。四穷:癸亥。

绝烟火:卯酉。宅龙:占堂。

触水龙:丙子。

四顺:建宜行,成宜离,寅宜往,卯宜归。

四逆:申不行,酉不离,七不往,八不归。

小寒大寒	一白甲子	金	宜子丑闭义寅卯时
小寒大寒	二黑乙丑	金	宜寅巳建制时
小寒大寒	三碧丙寅	火	宜子丑除义辰未时
小寒大寒	四绿丁卯	火	宜午未满宝申酉时
小寒大寒	五黄戊辰	木	宜寅巳平专子酉亥
小寒大寒	六白己巳	木	宜丑辰定义巳午时
小寒大寒	七赤庚午	土	宜丑卯执伐申酉时
小寒大寒	八白辛未	土	宜寅申破义戌时
小寒大寒	九紫壬申	金	宜丑辰危义巳未时
小寒大寒	一白癸酉	金	宜寅卯成义午时
小寒大寒	二黑甲戌	火	宜寅辰收制巳亥时
小寒大寒	三碧乙亥	火	宜丑辰开义戌时
小寒大寒	四绿丙子	水	宜午申闭伐酉时
小寒大寒	五黄丁丑	水	宜巳申建宝亥时

（续表）

小寒大寒	六白戊寅	土	宜辰巳除伐未时
小寒大寒	七赤己卯	土	宜子寅满伐午时
小寒大寒	八白庚辰	金	宜寅辰平义巳酉亥
小寒大寒	九紫辛巳	金	宜丑午定伐未戌亥
小寒大寒	一白壬午	木	宜子酉执制时
小寒大寒	二黑癸未	木	宜寅卯破伐辰巳申
小寒大寒	三碧甲申	水	宜寅丑危伐辰未时
小寒大寒	四绿乙酉	水	宜子丑成伐寅酉时
小寒大寒	五黄丙戌	土	宜寅申收宝酉亥时
小寒大寒	六白丁亥	土	宜丑辰开伐未戌时
小寒大寒	七赤戊子	火	宜卯午闭制申时
小寒大寒	八白己丑	火	宜子寅建专卯戌亥
小寒大寒	九紫庚寅	木	宜子丑除制辰巳时
小寒大寒	一白辛卯	木	宜子丑满制午酉时
小寒大寒	二黑壬辰	水	宜辰巳平伐亥时
小寒大寒	三碧癸巳	水	宜丑卯定制午时
小寒大寒	四绿甲午	金	宜子丑执宝卯时
小寒大寒	五黄乙未	金	宜子寅破制卯戌时
小寒大寒	六白丙申	火	宜子丑危制巳未时
小寒大寒	七赤丁酉	火	宜午未成制时
小寒大寒	八白戊戌	木	宜子寅收专午未时
小寒大寒	九紫己亥	木	宜丑辰开专午未戌时
小寒大寒	一白庚子	土	宜子丑闭宝甲酉时
小寒大寒	二黑辛丑	土	宜寅申建义戌亥时
小寒大寒	三碧壬寅	金	宜丑辰除宝巳未时
小寒大寒	四绿癸卯	金	宜丑辰满宝未戌时
小寒大寒	五黄甲辰	火	宜巳亥平制时
小寒大寒	六白乙巳	火	宜子丑定宝辰午未时
小寒大寒	七赤丙午	水	宜子丑执专戌亥时
小寒大寒	八白丁未	水	宜巳申破宝戌亥时
小寒大寒	九紫戊申	土	宜卯巳危宝未戌时
小寒大寒	一白己酉	土	宜子寅成宝卯辰未

（续表）

小寒大寒	二黑庚戌	金	宜辰巳收义午酉亥
小寒大寒	三碧辛亥	金	宜丑午开宝未申戌
小寒大寒	四绿壬子	木	宜子丑闭专午申时
小寒大寒	五黄癸丑	木	宜寅巳建伐申戌时
小寒大寒	六白甲寅	水	宜子丑除专寅辰时
小寒大寒	七赤乙卯	水	宜子寅满专卯酉时
小寒大寒	八白丙辰	土	宜寅酉平宝亥时
小寒大寒	九紫丁巳	土	宜辰巳定专午未戌
小寒大寒	一白戊午	火	宜卯午执义申酉时
小寒大寒	二黑己未	火	宜子寅破宝卯戌时
小寒大寒	三碧庚申	木	宜丑辰危专巳时
小寒大寒	四绿辛酉	木	宜子寅成专午未时
小寒大寒	五黄壬戌	水	宜辰巳收伐申酉时
小寒大寒	六白癸亥	水	宜午戌闭专亥时

彭祖百忌日

甲不开仓，财物耗散。乙不种植，千株不长。
丙不修灶，必见火殃。丁不剃头，头必生疮，
戊不受田，田主不祥。己不破券，券比并亡。
庚不经络，织执虚张。辛不求医，主人不当。
壬不决水，更难堤防。亥不词讼，理弱敌强。
子不问卜，自惹灾殃。丑不冠带，主不还乡。
寅不祭祀，鬼神不尝。卯不穿井，水泉不香。
辰不哭泣，必主重丧。巳不远行，财物伏藏。
午不苫盖，屋主更张。未不服药，毒气入肠。
申不安床，鬼祟入床。酉不出鸡，令其耗亡。
酉不宴客，醉坐颠狂。戌不吃犬，作怪上床。
亥不嫁娶，不利新郎。亥不出猪，再养难偿。

建可出行,不宜开仓。除可服药,针灸亦良。
不宜收债,财物难偿。满可市肆,服药遭殃。
平可涂泥,安机吉昌。又忌决水,门沟蚕亡。
定可进畜,入学宜良。执可捕捉,盗贼难藏。
破可治病,必获安康。不可受习,必易其地。
危可讨鱼,不利行船。成若词讼,道理成章。
收宜作吉,却忌行藏。开可求仕,安葬不良。
闭不治病,只许安床。

二十八宿喜畏论

角木蛟——喜合昴须参壁,畏井,怕毕牛禽,交亢,食女奎危。
亢金龙——喜合角牛,食女虚危室,怕井毕娄禽。
氐土貉——食柳,顺鬼金娄,怕星箕奎井毕女。
房日兔——喜合奎,顺张,交尾奎,怕尾箕奎娄毕。
心月狐——合壁,交毕,怕奎箕,食昴胃,顺奎补翌。
尾火虎——喜合室,顺危,交牛娄,怕毕井奎。
箕水豹——喜合危,顺牛,怕奎娄毕星。
斗木獬——合虚,交亢,顺壁参轸,食张翌,怕尾箕毕娄井。
牛金牛——喜合女,交虚,怕箕尾奎娄,食翌。
女土蝠——喜合女,交毕虚危,食怕角亢翌娄。
虚日鼠——合牛,顺张鬼,交毕怕角亢娄。
危月燕——喜合箕,顺觜氐,交虚心尾箕,怕角亢毕。
室火猪——合尾,顺心危,交毕,食女翌危,怕尾箕娄毕。
壁水㺄——合星,顺井,交娄毕,食翌轸,怕尾箕奎娄毕。
奎木狼——合房,顺亢氐危,交井,食怕毕尾箕井。
娄金狗——合氐,顺亢,交尾毕,食房心虚室,怕尾箕参斗。
胃土雉——合亢,顺房斗,交毕,怕心房氐奎娄,食蛇蚓。
昴日鸡——合角,顺鬼,交胃毕心,怕奎娄毕心,食蚓。

毕月乌——合轸,顺氐亢昴胃,食昴胃心房,畏翌井氐,怕尾箕井娄奎。

觜火猴——合翼,顺张心女娄毕,食房,怕尾箕娄奎宿。

参水猿——合张,顺井牛,怕食心,怕虚箕娄奎宿。

井木犴——喜合星,顺鬼,交箕星,食箕奎娄,怕心奎柳宿。

鬼金羊——喜合柳,顺井,交娄奎胃心,畏狼娄毕月乌。

柳土獐——喜合鬼,交娄尾,顺鬼口,食怕奎娄星箕宿。

星日马——喜合井,顺张危六屋,食壁,怕尾箕奎娄宿。

张月鹿——喜合参,顺星娄,怕奎娄星箕毕井宿。

翼火蛇——顺鬼,交心室壁,怕奎娄毕,食女虚危。

轸水蚓——喜合毕,顺交亢鸡,怕毕昴胃危虚宿。

帝星入中宫星论

帝星辩曰:先儒谓天即理也,以其形体而言谓之天,以其主宰而言谓之帝。天之有帝犹人之有心,为善则天心顺,为恶则天心不顺。至轸老子曰:玉皇称皇天至尊,玉皇玉帝天皇紫微称天之大帝。上元天官,中元地官,下元水官,皆称人帝,由是言之,大有阶级之分,而帝若是之多乎!至轸三元值月中宫帝星显、曲、传日,日中宫帝星如此轮流值月值日入中宫,是编排天帝来当差也,苟以入中宫为吉,加宴客喧哗,求凉裸体,凡诸嚷渎,岂不谓犯天帝及遭谴责乎?

如八字生旺勿全者,不拘此。

制凶神法

制金神法

假如甲己年遁得午未之干,属庚辛为天金神,宜用寅卯制之。盖取寅卯之干遁得丙丁故也。又如丙辛年,遁得午未之纳音属金为地金神,宜用申酉制之。盖取申酉之纳音遁得属火故也。余皆仿此。

魇制白虎法

若所用之日大煞雷霆白虎占中宫，忌于中宫用事，动作鼓乐宜杀牲取血，滴于中宫则吉。俗谓白虎见血则止也。又云：用鼓乐从门外击而进之则白虎自避无妨。又云：先一日令人先已铺设吉却中宫，则次日虽犯，白虎亦无害也。其行嫁白虎所占之处，斩牲滴血亦可魇之吉。

制赤口法

用朱书设口字九个，揭翻向下，定安于议事处则无口舌。滴出行依法安于门路上，出门时脚踏三下，则口舌入地矣。又竖造日犯，用钱一文，朱涂字揭字面向下，埋于左边中栋柱下，则竖造决无口舌。凡作法密地，不可令人见。

朱书九□字式

□ □ □

□ □ □

□ □ □

祥木匠魇魅法

人家造屋已完，用铜盘盛水，柳枝蘸酒，令本家男女咒曰："木郎木郎，一去何方，为者自受，作者自当。太上元君，急急如律令勅。"若此遍屋洒咒，则木匠魇魅不能为害，择吉日魇之则吉。

日用集宜

正　月

正月建寅 天德丁，月德丙，地月将在亥，自立春、雨水后并作正月节气使用。天道南行，宜向南行，宜修造南方吉。

立春后太阳尚在子神后为天月将
雨水后太阳始过壬登明为天月将《授时历》日时刻躔玄枵之次，宜用乙辛丁癸时；某日时刻躔娵訾之次，宜用甲丙丁壬时。

初一	十六　四不祥
初二　小空亡、四方耗、龙禁	十七　六壬空
初三　赤口	十八　小空亡
初四　天休废、四不祥	十九　四不祥
初五　六壬空、月忌	二十　龙禁
初六　大空、瘟星、天乙、绝烟	廿一　天地凶败、赤口、短星
初七　天地凶败、四不祥、长星	廿二　大空亡、长短星
初八　龙禁	廿三　六壬空、月忌
初九　瘟星出、赤口、天休废	廿四
初十　小空亡	廿五
十一　六壬空	廿六　小空亡
十二　死气、大乙	廿七　赤口
十三　杨公忌	廿八　四不祥
十四　月忌、龙禁、大空亡	廿九　六壬空
十五　赤口	三十　大空亡

校者注：本节“日用集宜”即是“日用十二月六十日吉凶宜忌”。下文中的黑体字“1.**甲子　金○　开义**”为校者所加。下同。

1.**甲子　金○　开义**

吉：天恩、黄道、母仓、益后、生气、上吉、神在。凶：天火、黑道、重丧、地贼、刀砧。

宜：入学、出行、给由、冠笄、穿井、动土、修筑、祭祀、沐浴、剃头、求医、祀灶、会亲、牧养、开渠、安碓、安产室、出兵。忌：赴任、嫁娶、修造、盖屋、安葬、纳畜。

2.乙丑　金○　闭制

吉:天恩、明堂、黄道、续世、天医、神值、明星。凶:火星、月杀、归忌、血忌、血支。

宜:祭祀、求嗣、补道塞穴、给由、动土、开池、出火、求财、纳猫犬、修筑、应试、求医、结网、塞鼠穴、断蚁、作厕、安床、设帐。忌:嫁娶、远回、移徙、种植、竖造、针灸。

3.丙寅　火○　建义

吉:天恩、月德、月恩、要安、满德、龙德。凶:黑道、天败、六不成、月建、蚩尤。

宜:安葬、伐木、放债、羊栈、解安宅舍。忌:结婚、祀灶、新船下水、栽种、冠笄。

4.丁卯　火●　除义

吉:天恩、天德、显星、玉堂、上吉、五合、不将、神在。凶:朱雀黑道。

宜:修造、动土、出行、移徙、冠笄、天井、祭祀、除服、上官、交易、安葬、嫁娶、立契、求医、修筑马坊、入仓、栽种、造门、扫舍。忌:临官视事、乘船。

5.戊辰　木○　满专

吉:金匮、黄道、天医、天恩、天富、金堂、曲星。凶:土瘟、天贼、九空、焦坎、天狗。

宜:词讼、剃头、求医、结网、畋鱼。忌:祭祀、嫁娶、造仓、种莳、凡事。

6.己巳　木○　平义

吉:天德、黄道、活曜星。凶:地火、独火、月火、游祸、龙虎、天罡、荒芜、冰消。

宜:平治道涂、泥饰墙垣。忌:修造、嫁娶、盖屋,凡百事不宜。

7.庚午　土○　定伐

吉:次吉、月财、三合。凶:黑道、死气、官符、四废。

宜:冠带、结婚、会亲、出行、竖柱、上梁、上官、赴任、栽衣、收割、养蚕、牧牛马、纳猫犬、设斋、斩草、安碓、断蚁。忌:治病、动土、安产室、栽植、安葬、启攒。

8.辛未　土○　执义

吉:月德合、黄道、传星、敬心、次吉、神在。凶:黑道、天瘟、四废。

宜:求婚、下定、出行、赴举、给由、动土、捕捉、修厨、祭祀、起工、进人口、栽植种莳、会亲、牧养、出兵、捕捉、畋猎、祈福。忌:开市、出财、上官、交易、服药。

9.壬申　金○　破义

吉:天德合、月空、明星、普护、神在。凶:黑道、大耗、月破。

宜:治病、祭祀、求医、破屋坏垣。忌:随事不宜。

10.癸酉　金○　危义

吉:福生、吉庆、上吉、神在。凶:黑道。

宜:冠笄、入学、给由、移居、出行、裁衣、安床、入仓、闭库、祭祀、竖造、安葬、盖屋、绘像、剃头、作灶、入宅、收债、起工、分居、养蚕、栽种、结网、割蜂、造门、天井、定磉、祈福、开市。忌:结婚、治病、词讼、会客。

11.甲戌　火○　成制

吉:天喜、黄道、神在、天医。凶:受死、月厌、地火、飞廉、重丧、火星。

宜:宴会、塞鼠、断蚁、畋渔结网。忌:诸事不宜。

12.乙亥　火○　收义

吉:圣心、幽微星、母仓、六合。凶:黑道、刀砧、河魁、勾绞。

宜:结网、出火、剃头、捕捉、纳财。忌:凡事不宜。

13.丙子　水○　开伐

吉:月恩、天德、黄道、母仓、显星、益后、生气、上吉。凶:黑道、天火、刀砧、地贼。

宜:入学、求婚、求医、修筑垣墙、出行、求财、会亲、下定、移徙、冠笄、安碓、启攒、立契、穿井、开店肆、天井、开渠、纳牛。忌:赴任、乘船、裁衣、种植、竖造。

14.丁丑　水○　闭伐

吉:天德、曲星、天医、黄道、续世、上吉、不将、神在。凶:月杀、血忌、血支、月忌。

宜:求婚、交易、祭祀、求嗣、习艺、安床、裁接、修垣、塞穴、伐木、起工、经络、开池、出兵、立寨、应试、裁衣合帐、合陂池、作厕、墙垣。忌:嫁娶、移徙。

15.戊寅　土○　建伐

吉:天赦、天瑞、满德星、要安、龙德、天仓。凶:黑道、月火、六不成天、败蚩尤。

宜:解除、宅舍、词讼、堆垛、安葬、伐木、作陂、修厨、栽种、作羊栈猪栏、作灶、开池。忌:冠笄、祭祀。

16.己卯　土○　除伐

吉:天恩、天福、天瑞、玉堂、不将、神在、五合。凶:黑道。

宜:上官赴任、解除、给由、嫁娶、求婚、修造动土、立券交易、冠笄、祭祀、入仓、开库、词讼、伐木、堆垛天井、马枋、经络、收割、安床、求医、针灸、雕刻。忌:移徙、乘船、结婚。

17.庚辰　金●　满义

吉:天恩、黄道、传星、金堂、天富。凶:土瘟、天贼、四废、九空、焦坎、天狗。

宜:会亲友、求医、结网畋鱼。忌:祭祀、开市、嫁娶、安葬、启攒、交易。

18.辛巳　金○　平伐

吉:天恩、黄道、活曜星、天福。凶:天罡、龙虎、荒芜、地火、游祸、四废、冰消。

宜:平治道涂、泥饰垣墙。忌:凡事不宜。

19.壬午　水●　定制

吉:天德合、月空、天恩、上吉、神在、三合。凶:黑道、罪至、死气、官符。

宜:上官赴任、冠笄、结婚、出行、交易、安葬、竖柱上梁、入仓开库、裁衣、行船、斩草、破土、伐木、起工、安碓、祈福、纳猫、修造动土、裁接木、纳畜、牧牛。忌:入宅。

20.癸未　水○　执伐

吉:天恩、黄道、敬心、次吉、玉堂、明星。凶:火星、天瘟、小耗。

宜:入学、出行、给由、上官赴任、结婚、捕捉、进人口、会亲、牧养、畋鱼。忌:出财、竖造。

21.甲申　木○　破伐

吉:明星、普护、神在。凶:黑道、重丧、大耗、月破。

宜:祭祀、疗病、破屋坏垣、针灸。忌:凡事不宜。

22.乙酉　木○　危伐

吉:福生、吉庆星、神在。凶:黑道。

宜:祈福、祭祀、解除、安床、竖造、安葬、成服、沐浴、破土、结网、割蜂、剃头、出行。忌:交易、结婚、赴任、栽植。

23.丙戌　土○　成宝

吉:天喜、黄道、月德、月恩、曲星、司命、明星。凶:月厌、飞廉、受死。

宜:安葬、结网、塞穴、断鼠。忌:余事不吉。

24.丁亥　土○　收伐

吉:天德、幽微星、母仓、圣心、六合、神在。凶:黑道、刀砧、河魁、勾绞、戌年上朔。

宜:纳财、祭祀、栽种、收敛货财、整容、针灸、结网、捕捉。忌:嫁娶、出行、安葬。

25.戊子　火○　开制

吉:母仓、黄道、益后、生气。凶:黑道、天火、刀砧、地贼。

宜:纳财、祭祀、栽种、收敛货财、整容、针灸、结网、捕捉。忌:移徙、裁衣、种植、竖造。

26.己丑　火○　闭专

吉:黄道、天医、传星、续世、神在。凶:月煞、血支、归忌、血忌。

宜:祭祀、给由、求嗣、祀灶、作厕、塞鼠、断蚁、补垣。忌:余事不吉。

27.庚寅　木○　建制

吉:天福、天德、要安、满德星、龙德、天仓。凶:大败、六不成、四废、黑道、蚩尤。

宜:词讼、成服、作陂、解安宅舍。忌:祭祀、开仓、行船、起工。

28.辛卯　木○　除制

吉:天福、月德合、玉堂、神在、五合。凶:黑道、四废。

宜:受封、赴任、嫁娶、疗病、修造、动土、立券交易、启攒、词讼、剃头、针灸、祭祀、祈福、冠笄、除服、栽种、作鸡栖、求婚。忌:出行、乘船、移徙。

29.壬辰　水●　满伐

吉:天福、天富、天德合、黄道、金堂、次吉。凶:天贼、火星、土瘟、九空、焦坎、荒芜。

宜:上官、词讼、剃头、牧养、针灸。忌:嫁娶、竖造、种莳、乘船。

30.癸巳　水○　平制

吉:天福、活曜星、黄道。凶:天罡、勾绞、芜气、游祸、地火、独火、冰消、月火、巳年上朔。

宜:成服、泥饰垣墙、平治道途。忌:余事不吉。

31.甲午　金●　定宝

吉:显星、上吉、神在、三合。凶:黑道、罪至、重丧、死气、官符。

宜:上官、赴任、入学、冠带、结婚、会亲友、出行、纳财、修造动土、竖柱上梁、定磉、安碓。忌:治病、立券、启攒、安产室、栽植、安葬。

32.乙未　金○　执制

吉:黄道、曲星、敬心、玉堂。凶:天瘟、小耗。

宜:赴举、给由、下定、嫁娶、起工、捕捉、进人口、牧养、畋猎。忌:余事不吉。

33.丙申　火○　破制

吉:普护、明星、月德、月恩、神在。凶:黑道、大耗、月破。

宜:祭祀、求医治病、破屋坏垣。忌:余事不吉。

34.丁酉　火○　危制

吉:天德、吉庆星、福生、次吉、神在。凶:黑道。

宜:入学、冠笄、移居、安葬、裁衣、安床、出行、入仓开库、入宅、造门、盖屋、起工、竖造、天井、祭祀、分居、牧养、定磉、修造、动土、开池、雕刻、应试。

35.戊戌　木○　成专

吉:黄道、天喜、传星。凶:受死、月厌、飞廉。

宜:结网、塞穴、断蚁。忌:余事不吉。

36.己亥　木○　收制

吉:天福、幽微星、圣心、母仓、六合、不将。凶:黑道、刀砧、河魁、庚年上朔。

宜:收敛货财、剃头、捕捉、针灸、畋猎。忌:余事不吉。

37.庚子　土●　开宝

吉:天福、青龙、黄道、母仓、生气、益后、不将。凶:黑道、天火、地火、四废、刀砧、地贼。

宜:结婚、嫁娶、入学、出行、疗病、修置产室、剃头、下定、交易、牧牛、牧养、给由、穿井。忌:余事不吉。

38.辛丑　土○　闭义

吉:天福、黄道、月德合、次吉、续世、天医。凶:月煞、火星、四废、归忌、血支。

宜:补垣塞穴、作厕、结网、修筑垣墙。

39.壬寅　金●　建宝

吉:天德合、月空、满德星、要安、龙德、天仓。凶:六不成、黑道、大败、蚩尤。

宜:解除宅舍、穿井、种莳、接木、安葬。忌:余事不吉。

40.癸卯　金○　除宝

吉:显星、玉堂、次吉、五合。凶:黑道朱雀。

宜:上官赴任、修造动土、立券交易、启攒、冠笄、安葬、除服、嫁娶、剃头、疾病、建醮、入仓开库、养蚕、栽种、破土、天井、雕刻、作酒醋。

41.甲辰　火○　满制

吉:天富、金匮、黄道、曲星、金堂。凶:天贼、土瘟、重丧、九空、焦坎、天狗。

宜:会亲针灸。忌:余事不吉。

42.乙巳　火●　平宝

吉:天福、天德、黄道、活曜星。凶:游祸、龙虎、天罡、勾绞、荒芜、地火、独火、冰消、辛年上朔。

宜:粉饰垣墙、平治道涂。忌:余事不吉。

43.丙午　水●　定专

吉:月德、月恩、上吉、神在。凶:黑道、罪至、死气、官符。

宜:上官赴任、冠带、结婚、出行、纳财、移徙、修造动土、竖柱上梁、入仓开库、安葬。

44.丁未　水●　执宝

吉:天德、玉堂黄道、上吉、敬心、神在。凶:天瘟小耗。

宜:入学、下定、结婚、祭祀、移徙、捕捉、进人口、栽种、牧养、出行、畋猎。

45.戊申　土○　破宝

吉:明心、普护、神在。凶:黑道、大耗、月破。

宜:祭祀、治病、破屋坏垣。忌:余事不吉。

46.己酉　土○　危宝

吉:天恩、吉庆星、福生神在。凶:玄武黑道。

宜:竖柱、安床、祭祀、祈福、破土、安葬、剃头、栽种、解除、设斋雕刻、割蜂、出行。忌:结婚、赴任、移徙、治病、交易、乘船。

47.庚戌　金●　成义

吉:天喜、司命、黄道、天恩。凶:月厌、受死、四废、飞廉、火星。

宜:交易、宴会、塞鼠穴。忌:凡事不吉。

48.辛亥　金●　收宝

吉:天恩、幽微星、月德合、母仓、六合、圣心。凶:黑道、四废、河魁、刀砧、壬年、上朔。

宜:收敛货财、剃头、给由、行船、开仓、作杜、种莳、栽植、捕捉、牧牛。

49.壬子　木●　开专

吉:天德合、天恩、青龙、黄道、母仓、益后、生气、显星。凶:黑道、地贼、天火、刀砧。

宜:入学、出行、交易、冠笄、祈福、治病、经络、剃头、针灸、筑墙、动土、修置产室。忌:赴任、结婚、移徙、苫盖、竖造、安葬。

50.癸丑　木●　闭伐

吉:天恩、明堂、黄道、曲星、次吉、续世、天医。凶:月煞、血支、血忌、归忌。

宜:给由、起工、安床、补垣塞穴、经络、祀灶、定磉、作厕作灶、作灶、栽植。

51.甲寅　水●　建专

吉:天仓、满德星、要安、龙德。凶:黑道、重丧、大败、六不成。

宜:安宅舍、伐木。忌:凡事不吉。

52.乙卯　水●　除专

吉:玉堂、神在、五合。凶:黑道。

宜:上官赴任、祭祀、求医疗病、修造动土、立券交易、给由、破土、启攒、剃头、词讼、出火、分居、嫁娶、除服、穿井、穿牛、针灸、安床、造酒、伐木、起工、纳婢。

53.丙辰　火○　满宝

吉:天富、金匮、黄道、月德、上吉、金堂、传星。凶:土瘟、天贼、九空、焦坎、天狗。

宜:冠笄、宴会、赴任、针灸。忌:余事不吉。

54.丁巳　火○　平专

吉:天德、天福、黄道、活曜星。凶:龙虎、游祸、天罡、荒芜、独火、地火、冰消、癸年上朔。

宜:平治道涂、修筑垣墙。忌:凡事不吉。

55.戊午　土○　定义

吉:三合、神在、月财。凶:黑道、罪至、死气、官符。

宜:上官赴任、冠带、出行、结婚、会亲、祭祀、修造动土、竖柱上梁、安碓、裁衣、纳畜、雕刻、作厕。忌:治病、移徙、安产室、栽植、盖屋、词讼。

56.己未　土○　执专

吉:玉堂、黄道、敬心、神在。凶:天瘟、火星、小耗。

宜:给由、赴举、祭祀、结婚、进人口、会亲、牧养、捕捉、动土。忌:开市、成服、入宅、修造。

57.庚申　水○　破专

吉:天福、天岳、明星、普护。凶:黑道、正四废、大耗、月破。

宜:求医治病、破屋坏垣。忌:凡事不吉。

58.辛酉　木○　危专

吉:月德合、吉庆星、福生、显星、神在。凶:黑道、正四废。

宜:祭祀、祈福、解除、沐浴、破土安葬、交易、栽植。忌:赴任、结婚、移徙、修造。

59.壬戌　水○　成伐

吉:天德合、月空、司命、黄道、天喜、次吉、曲星、三合。凶:受死、月厌、飞廉。

宜:交易、宴会、塞穴。忌:凡事不吉。

60.癸亥　水○　收专

吉:幽微、星、母仓、圣心、六合、神在。凶:黑道、刀砧、勾绞、申年上朔。

宜:祭祀、收敛财货、栽接捕捉。忌:词讼、嫁娶、纳畜、诸事不吉。

二　月

二月建卯　天德坤,月德申,地月将在戌,自惊蛰、春分后作用月令气用。天道西南行,宜向西南行,宜修造西南维。

惊蛰春分后太阳尚在亥始过乾登明河魁为天月将　《授时历》日时刻躔娵訾之次,宜用甲庚丙壬时;某日时刻躔降娄之次,宜用艮巽乾坤时。

初一　小空亡	十六　四不祥、六壬空
初二　赤口、龙禁	十七　小空亡
初三　四方耗	十八　天休废
初四	十九　天地凶败、短星、四不祥
初五　瘟星入、大空亡、月忌	二十　赤口
初六	廿一　大空亡
初七　天乙、绝气、四不祥	廿二　龙禁、大壬空
初八　瘟星出、赤口、龙禁	廿三　月忌
初九　小空亡	廿四
初十　六壬空	廿五　小空亡
十一　杨公忌	廿六　赤口、龙禁
十二　龙神朝帝	廿七
十三　天休废、大空亡	廿八　四不祥、六壬空
十四　赤口、月忌、龙禁	廿九　大空亡
十五	三十　龙神朝北帝

1.甲子　金○　收义

吉:天恩、月德、司金黄道、母仓、神在。凶:天罡、地贼、火星、罪至、刀砧、冰消。

宜:祭祀、收敛货财、种莳、栽植、捕捉、剃头。忌:修造、出行、词讼、纳畜。

2.乙丑　金○　开制

吉:天恩、敬心、生气、天仓、神在、不将。凶:黑道、重丧、九空、焦坎。

宜:上官赴任、祭祀、结婚、嫁娶、求医治病、修造动土、安碓、开渠、穿井、入学、出行、牧养、裁衣、开池、分居、作灶、入宅。忌:造仓库、安葬、冠笄、启攒。

3.丙寅　火○　闭义

吉:天恩、黄道、吉庆星、次吉、显星、普护、天医。凶:游祸、黑道、血支、归忌。

宜:入学、出行、给由、赴举、安床、修灶、立券交易、启攒、起工、定磉、作仓、动土、栽种、牧养、破土、补垣塞穴、设帐修筑。忌:嫁娶、移徙、治病、入宅。

4.丁卯　火○　建义

吉:天恩、月恩、黄道、曲星、福生、龙德、神在。凶:天火、地转煞。

宜:冠笄、祭祀、出行、受封、起筑。忌:剃头、穿井、开仓、修造、动土。

5.戊辰　木○　除专

吉:天恩、幽微星、神在。凶:受死、黑道、独火、蚩尤。

宜:解除、塞鼠穴、捕鱼。忌:凡事不吉。

6.己巳　木○　满义

吉:天德合、圣心、月德合、天富。凶:黑道、飞廉、土瘟、天狗、乙年上朔。

宜:结婚、受封、开市、造仓厨、起工、经络、裁衣、剃头、移徙、开张店肆、放债、造酒醋、结网罟、畋猎。忌:嫁娶、出行、动土、竖造、祭祀、安葬、启攒。

7.庚午　土●　平伐

吉:黄道、月空、传星、益后。凶:河魁、勾绞、四废、地火、大败、六不成。

宜:修造、置产室、泥饰墙垣、平治道涂、针灸、破土斩草。忌:经络、盖屋。

8.辛未　土○　定义

吉:满德星、天德、黄道、续世、神在。凶:血忌、死气、官符、四废。

宜:入学、祭祀、冠带、求嗣、结婚、会亲、修造动土、竖柱上梁、给由、收捕、出行、赴举、入宅、作仓库、安碓、裁衣、安葬、作灶。忌:治病、安产室、针灸。

9.壬申　金○　执义

吉:天德、要安、次吉、神在。凶:黑道、小耗。

宜:祭祀、解除、破土、安葬、给由、冠笄、剃头。忌:结婚、立券、安床、交易。

10.癸酉　金●　破义

吉:玉堂、黄道、神在。凶火星、天贼、大耗、月厌、荒芜。

宜:治病、破屋坏垣。忌:百事不宜。

11.甲戌　火●　危制

吉:月德、天岳、明堂、金堂、上吉、神在、活曜星、六合。凶:黑道、月煞、天瘟。

宜:入学、裁衣、祭祀、纳采、结婚、安床、出行、立券交易、经络、动土、上官、捕鱼、教马、祈福、安神、结网、畋猎。忌:行船、开仓库、纳财、修造、栽种、纳畜。

12.乙亥　火●　成义

吉:天喜、母仓、显星、三合。凶:黑道、龙虎、刀砧、重丧、丙年上朔。

宜:祭祀、解除、破土、安葬、给由、冠笄、剃头。忌:结婚、立券、安床、交易。

13.丙子　水○　收伐

吉:黄道、母仓、不将、曲星。凶:地贼、天罡、勾绞、罪至、刀砧、冰消。

宜:嫁娶、收敛财货、进人口、针灸、捕捉、栽种。忌:安葬、作灶、猪栏、出行。

14.丁丑　水○　开宝

吉:天仓、月恩、敬心、生气、不将、神在。凶:黑道、九空、焦坎。

宜:上官、祭祀、结婚、嫁娶、移徙、入学、治病、修造动土、出行、开渠、穿井、针灸、竖柱、下定、造酒、起染、栽种。忌:修仓库、出纳财货、安葬、启攒、冠笄。

15.戊寅　土○　闭伐

吉:天赦、青龙、黄道、吉庆星、普护、天医、天瑞。凶:黑星、游祸、血忌、归忌。

宜:冠笄、立券交易、补垣塞穴、词讼、修筑、伐木、起土、竖造、开池、动土、安床、修厨、养蚕、井栏、作厕。忌:嫁娶、远回、入宅、治病、祭祀。

16.己卯　土○　建伐

吉:天福、黄道、月德合、天恩、天瑞、传星、神在、福生、龙德。凶:天地转煞、天火。

宜:出行、赴举、词讼、祭祀、求婚、放债、起染。忌:竖造、作灶、安产室、盖屋。

17.庚辰　金○　除义

吉:天恩、月空、幽微星、神在。凶:蚩尤、黑道、受死、四废。

宜:祭祀、解除、除服。忌:凡事不宜。

18.辛巳　金○　满伐

吉:天恩、天德合、天福、天瑞、圣心、天富。凶:黑道、土瘟、四废、飞廉、天狗。

宜:会亲、裁衣、经络、词讼、剃头、入仓开库、开市、开张、出行、开池、作陂、畋猎、断蚁、补塞垣墙。忌:上官、出行、治病、安葬、动土、牛栏。

19.壬午　水○　平制

吉:天恩、金匮黄道、益后、神在。凶:火星、大败、六不成、河魁、勾绞、地火。

宜:祭祀、平治道涂、泥饰垣墙、针灸、斩草。忌:余事不宜。

20.癸未　木○　定伐

吉:天恩、天德、黄道、满德星、次吉、续世。凶:血忌、死气、官符。

宜:入学、冠笄、结婚、会亲、竖柱上梁、裁衣、纳畜、天井、剃头、交易、下定、出行。忌:开金、安床、结婚、交易。

21.甲申　木○　执伐

吉:天德、月德、上吉、显星、要安、神在。凶:黑道、小耗。

宜:祭祀、出行、上官、解除、给由、修造动土、安葬、沐浴、剃头、移居、冠笄、修盖屋、捕捉、祈福、伐木、畋猎、竖造。

22.乙酉　木○　破伐

吉:玉堂、黄道、曲星、神在。凶:荒芜、月厌、地贼、重丧、大耗。

宜:疗病、破屋坏垣。忌:凡事不宜。

23.丙戌　土○　危宝

吉:活曜星、次吉、六合、金堂、神在、明星、不将。凶:月煞、黑道、天瘟。

宜:上官、祭祀、纳采、结婚、出行、移徙、下定、安床、交易、动土、立券、裁衣、结网。

24.丁亥　土○　成伐

吉:天喜、月恩、母仓、上吉、不将、神在、三合。凶:黑道、龙虎、刀砧、戊年、上朔。

宜:立券交易、治病、裁衣、纳财、种植、上官、给由、造门、经络、移居、竖造、开井。

25.戊子　火○　收制

吉:黄道、母仓、传星、明星。凶:天罡、勾绞、刀砧、罪至、地贼、冰消。

宜:进人口、收敛货财、捕捉、取鱼、求医、剃头。忌:作仓、竖造、出行、词讼。

26.己丑　火●　开专

吉:天仓、月德合、敬心、神在、生气、不将。凶:黑道、九空、焦坎。

宜:祭祀、移居、会亲、疗病、竖造、下定、经络、祀灶、起染、剃头、出行。

27.庚寅　木○　闭制

吉:天瑞、天福、月空、普护、黄道、吉庆星。凶:黑道、血支、血忌、游祸、四废。

宜:给由、立券交易、求婚、动土、起工、盖屋、冠笄、安葬、补垣、塞穴、裁衣、开池。

28.辛卯　木○　建制

吉:天福、黄道、福生、龙德、神在。凶:天地、转煞、火星、天火、四废。

宜:求婚、交易、祭祀、出行、词讼、针灸、穿井、造令牌。忌:修造、作灶。

29.壬辰　水○　除伐

吉:天福、幽微星、次吉。凶:受死、独火、黑道、蚩尤。

宜:解除、塞穴、除服、祭祀、祈福、驱邪、治病。忌:凡事不吉。

30.癸巳　水●　满制

吉:天德合、天福、显星、圣心、天富、次吉。凶:黑道、土瘟、飞廉、巳年上朔。

宜:受封、移徙、冠笄、经络、裁衣、纳财、剃头、栽种、雕刻。

31.甲午　金○　平宝

吉:月德、黄道、曲星、益后、神在。凶:河魁、勾绞、天火、大败、六不成。

宜:祭祀、修产室、平治道涂、泥饰垣墙。忌:开仓起工、盖屋、栽种、开沟。

32.乙未　金○　定制

吉:黄道、满德星、次吉、续世、神在。凶:血忌、死气、官符。

宜:祭祀、求嗣、冠带、会亲、绘像、上官、行船、赴任、入学、下定、出行、祈福、作仓库栏椆、伐木、嫁娶、安床、纳畜、出火、安修、碓磨。忌:上梁、动土、安葬、安产室。

33.丙申　火○　执制

吉:天德、要安、次吉、神在。凶:黑道、小耗。

宜:冠笄、给由、祭祀、解除、捕捉、破土、安葬、栽种、种莳、经络、移居、竖造。

34.丁酉　火○　破制

吉:月德、玉堂、黄道、传星。凶:月厌、天贼、大耗、荒芜。

宜:求医治病、破屋坏垣。忌:余事不吉。

35.戊戌　木○　危专

吉:活曜星、金堂、六合、明星。凶:月煞、黑道、天瘟。

宜:纳采问名、经络、立券、交易、进人口、畋猎、收割、栽种。忌:行船、嫁娶。

36.己亥　木○　成制

吉:天福、月德合、母仓、上吉、天喜、不将。凶:黑道、龙虎、刀砧、庚年上朔。

宜:冠笄、入学、治病、结婚、剃头、修造动土、竖柱上梁、交易、造门、行船、盖屋、牧养、移徙、针灸、下定、纳财、安碓、作仓、天井、种莳、栽接、定磉。忌:嫁娶、安葬、出猪。

37.庚子　土●　收宝

吉:天福、司空、黄道、月空、母仓、不将。凶:天罡、勾绞、罪至、刀砧、四废、地贼、火星。

宜:冠笄、嫁娶、敛货财、剃头、牧牛、纳财、取鱼。忌:修作、竖造、造仓、出行。

38.辛丑　土●　开义

吉:天福、敬心、生气、天仓。凶:黑道、四废、九空、焦坎。

宜:出行、会亲、结婚、入学、治病、修造、动土、开渠、穿井、安碓、剃头、牧养。

39.壬寅　金○　闭宝

吉:天医、黄道、显星、吉庆、普护。凶:黑道、游祸、血忌、归忌。

宜:冠笄、立券交易、补垣塞穴、破土安葬、作厕、断蚁。忌:祭祀、嫁娶、移徙。

40.癸卯　金●　建宝

吉:黄道、福生、曲星、龙德。凶:天火、月建、天地转煞。

宜:袭爵受封、出行、交易、求婚、冠笄、起染、造雷尺令牌、穿井、出兵、捕捉。忌:修造、开仓。

41.甲辰　火○　除制

吉:月德、幽微星、上吉。凶:黑道、受死、独火、月火、蚩尤。

宜:塞穴断蚁、会亲、解除、除服、治病。忌:余事不吉。

42.乙巳　火○　满宝

吉:天德合、天福、天富、圣心、次吉。凶:黑道、土瘟、飞廉、重丧、辛年上朔。

宜:受封、求婚、针灸、养蚕、冠笄、剃头、开市、修造仓、开店肆。忌:出行、动土。

43.丙午　水○　平专

吉:金贵匮道、传星、益后、神在。凶:勾绞、地火、大败、六不成。

宜:祭祀、修产室、针灸、斩草、平治道涂、泥饰垣墙。忌:余事不吉。

44.丁未　水●　定宝

吉:天恩、上吉、天德、黄道、满德星、续世、神在。凶:血忌、死气、官符。

宜:祭祀、求嗣、冠带、上官、结婚、会亲、出行、移徙、纳财、修造动土、上梁、裁衣、安葬、入学、交易、下定、行船、入仓库、祈福、开池、入宅、纳畜、安碓、栽接。

45.戊申　土●　执宝

吉:天德、要安、神在。凶:黑道、小耗。

宜:祭祀、解除、修造、捕捉、伐木、剃头、动土、盖屋、取鱼、纳表章、栽植、修筑。

46.己酉　土●　破宝

吉:天恩、玉堂黄道、月德合、神在。凶:月厌、天贼、火星、大耗、荒芜。

宜:求医治病、破屋坏垣。忌:百事不吉。

47.庚戌　金●　危义

吉:天恩、月空、天岳、明星、金堂、活曜星、六合、神在。凶:黑道、月杀、天罡。

宜:纳采问名、祭祀、结婚、安床交易、立券、动土。忌:行船、嫁娶、入宅、修仓。

48.辛亥　金○　成宝

吉:天恩、母仓、显星、天富、天医、次吉。凶:黑道、龙虎、刀砧、四废、壬年上朔。

宜:入学、冠笄、结婚、纳财、治病、修造动土、竖柱上梁、交易、给由、行船、作灶、入仓、开库、安碓、盖屋、下定、穿井、栽种、安床设帐。忌:嫁娶、安葬。

49.壬子　木○　收专

吉:天恩、司命黄道、天瑞、母仓、曲星。凶:天罡、勾绞、罪至、刀砧、地贼、冰消。

宜:进人口、收敛财货、剃头、针灸、捕捉。忌:开市、入仓库、出行、栽种。

50.癸丑　木●　开伐

吉:天恩、敬心、生气、天仓。凶:勾陈黑道、九空、焦坎、五虚。

宜:入学、出行、结婚、牧养、出火、作灶、竖造、治病、进人口、起染、定磉、起工、剃头。忌:百事不吉。

51.甲寅　水○　闭专

吉:天医、月德合、吉庆星、青龙黄道、次吉、普护。凶:黑星、游祸、血支、归忌。

宜:入学、求婚、立券交易、冠笄、动土、起工、造门、安床、赴举、给由、定磉、启攒。

52.乙卯　水●　建专

吉:黄道、传星、福生、龙德、神在。凶:天火、天地转煞、重丧。

宜:出行、交易、祭祀、袭爵受封、纳奴婢、裁衣、穿井。忌:百事不吉。

53.丙辰　土○　除宝

吉:幽微星、次吉、神在。凶:蚩尤、天刑黑道、受死、月火。

宜:解除、扫舍、塞鼠穴。忌:百事不宜。

54.丁巳　土○　满专

吉:天德合、月恩、天福、圣心、上吉、天富、神在。凶:黑道、土瘟、飞廉、癸年上朔。

宜:冠笄、受封、移徙、开市、经络、裁衣、种莳、牧养、起染、词讼、栽接。

55.戊午　火○　平义

吉:金匮黄道、益后、神在。凶:火星、河魁、勾绞、地火、大败、六不成。

宜:祭祀、修产室、泥墙、治路。忌:余事不吉。

56.己未　火○　定专

吉:月德合、天德黄道、满德星、续世、上吉、神在。凶:血忌、死气、官符。

宜:上官赴任、出行、祭祀、结婚、修造动土、竖柱上梁、安碓、下定、绘像、作仓、安葬、入宅、设斋、伐木、出火、作灶、盖屋、入学、安床、行船、裁衣、开池、求嗣、纳畜、祈福。忌:安产室、治病。

57.庚申　木○　执专

吉:天德、月空、天福、要安、显星。凶:黑道、四废、小耗。

宜:成服、破土、安葬、捕捉、畋猎。忌:余事不吉。

58.辛酉　木○　破专

吉:玉堂黄道、曲星、神在。凶:月厌、天贼、正四废、大耗、荒芜。

宜:治病、破屋坏垣。忌:百事不吉。

59.壬戌　水○　危伐

吉:金堂、活曜星、次吉、曲星、六合。凶:月杀、黑道、天瘟。

宜:纳采问名、结婚、裁衣、动土、立券交易、结网捕鱼、畋猎。忌:百事不吉。

60.癸亥　水○　成专

吉:天喜、母仓、神在。凶:黑道、龙虎、刀砧、甲年、上朔。

宜:祭祀、纳财、起染、入仓开库、祀灶、穿井、栽植、治病、安床设帐、种莳。忌:安葬、出行、嫁娶。

三　月

三月建辰　天德壬，月德壬，地月将在酉，自清明、谷雨后并作三月节气使用。天道北行，宜向北行，宜修造北方，吉。

清明谷雨后太阳尚在戌始过辛河魁从魁为天月将　《授时历》日时刻躔降娄之次，宜用巽艮坤乾时；某日时刻躔大梁之次，宜用癸乙丁辛时。

初一　天地凶败、长星、赤口	十六　小空、短星、四不祥
初二　龙禁	十七
初三　瘟星入、六壬空	十八
初四　大空、四不祥、四方耗	十九　四不祥、赤口
初五　月忌	二十　大空亡、龙禁
初六　瘟星出	廿一　六壬空
初七　四不祥、赤口	廿二　天休废
初八　天乙、绝气、龙禁、小空	廿三　月忌
初九　杨公忌	廿四　小空亡
初十	廿五　赤口
十一	廿六　龙禁
十二　天地凶败、大空	廿七　天休废、六壬空
十三　赤口	廿八　大空亡、四不祥
十四　龙禁、月忌	廿九
十五　六壬空	三十

1.甲子　金○　成义

吉:天恩、母仓、圣心、次吉、明星、天仓、天喜、不将、神在。凶:天牢黑道、归忌、刀砧。

宜:入学、冠笄、祭祀、纳采、治病、上梁、交易、安葬、行船、求嗣、给由、进人口、安床、修厨、作灶、盖屋、竖造、作陂、剃头、开池、天井、种莳、定磉、设斋、出行、牧养。忌:嫁娶、移徙、动土。

2.乙丑　金○　收制

吉:天恩、显星、益后、幽微星、神在。凶:黑道、河魁、荒芜、冰消。

宜:祭祀、纳财、捕捉。忌:百事不吉。

3.丙寅　火○　开义

吉:天恩、月空、黄道、次吉、曲星、续世、生气。凶:天贼、血忌。

宜:上官赴任、受封袭爵、治病、启攒、交易、牧养、安碓磨、穿井、开渠、栽植、种莳、冠笄、下定、宴会、求医。忌:造葬、嫁娶、开市。

4.丁卯　火○　闭义

吉:天德合、月德合、天恩、要安、上吉、天医、神在。凶:黑道、血支、独火、月火。

宜:出行、冠笄、祭祀、祈福、求婚、行船、栽种、入仓开库、造栏椆、修筑。

5.戊辰　木○　建专

吉:天恩、黄道、满德星、玉堂、龙德、神在。凶:黑道、天瘟、月建。

宜:祭祀、出行、裁衣、泥饰舍宇。忌:开仓、修造动土、造畜栏。

6.己巳　木○　除义

吉:黄道、传星、金堂、母仓、土旺后。凶:重丧,乙年上朔。

宜:受封袭爵、起工、会亲、扫舍宇、治病、修造动土、开市、裁衣、剃头、行船装载、栽种、竖柱盖屋、给由、移居、穿井。

7.庚午　土○　满伐

吉:天富、月恩、土旺后、母仓。凶:黑道、天火、天狗、土瘟、四废、龙虎、飞廉、血刃。

宜:剃头、破土、开市、裁衣、教牛、安葬、出行、针灸、移徙、造酒、斩草。

8.辛未　土○　平义

吉:活曜星、神在。凶:月杀、四废、地火、黑道、天罡、勾绞、罪至。

宜:祭祀、泥饰垣墙、平治道涂。忌:余事不吉。

9.壬申　金○　定义

吉:天德、黄道、上吉、月德、敬心、神在。凶:月厌、火星、死气、官符。

宜:入学、祭祀、解除、破土、安葬、纳畜、安修碓磨。忌:嫁娶、出行、竖造。

10.癸酉　金○　执义

吉:黄道、次吉、普护、六合、神在。凶:小耗、咸池。

宜:上官赴任、给由、赴举、入学、冠笄、解除、治病、捕捉、安葬、作灶、剃头、伐木。

11.甲戌　火○　破制

吉:显星、福生、神在、不将。凶:大耗、黑道、九空、焦坎、大败、六不成。

宜:祭祀、治病、针灸、破屋坏垣。忌:余事不吉。

12.乙亥　火●　危义

吉:黄道、母仓、吉庆星、次吉、曲星。凶:游祸、受死、刀砧、地贼、丙年上朔。

宜:捕鱼、结网、畋猎。忌:凡事不吉。

13.丙子　水○　成伐

吉:天恩、月空、次吉、母仓、圣心、明星、天仓。凶:归忌、黑道、刀砧。

宜:上官、给由、结婚、会亲、出行、治病、修造动土、入学、冠笄、竖柱上梁、启攒、祈福、入仓、交易、下定、安床、盖屋、天井、平基、种莳、栽接、针灸。忌:作灶、入宅、乘船。

14.丁丑　水○　收宝

吉:天德合、月德、益后、幽微星、不将、神在。凶:黑道、河魁、勾绞、荒芜、冰消。

宜:针灸、栽种、接花木。忌:凡事不吉。

15.戊寅　土○　开伐

吉:天赦、天瑞、传星、黄道、续世、生气。凶:天贼、血忌。

宜:冠笄、袭爵受封、上官、下定、立券交易、会亲、治病、词讼、开渠穿井。

16.己卯　土●　闭伐

吉:天福、天恩、天瑞、要安、天医、神在。凶:黑道、重丧、血忌、独火、月火。

宜:祭祀、祈福、交易、冠笄、裁衣、给由、动土、祀灶、入仓开库、栽种、词讼、补垣塞穴、作厕、马枋、祀灶、修筑、开池、栽接。忌:赴任、修造、安葬、移徙。

17.庚辰　金○　建义

吉:天恩、月恩、满德星、龙德、玉堂黄道、神在。凶:黑道、天瘟、四废。

宜:祭祀、出行、会亲、解除、穿井。忌:凡事不吉。

18.辛巳　金●　除伐

吉:天恩、金堂、明堂、黄道、天瑞、天福、土王后、母仓。凶:火星,子年上朔,四废,午年十恶大败。

宜:会亲、扫舍、解除、治病、开市、除服、修合、种莳。忌:嫁娶、出行、安葬。

19.壬午　木●　满制

吉:天德、月德、土旺后、母仓、天恩、天福。凶:天火、龙虎、黑道、土瘟、飞廉、天狗。

宜:开市、交易、会亲、入仓开库、裁衣、破土、针灸、种莳、栽种、安葬、剃头。忌:祭祀、赴任、移徙、竖柱、上梁、伐木。

20.癸未　木○　平伐

吉:天恩、活曜星、显星。凶:黑道、天罡、勾绞、月煞、地火。

宜:泥墙、治路、栽种。忌:凡事不吉。

21.甲申　水○　定伐

吉:黄道、曲星、敬心、神在。凶:月厌、死气、官符。

宜:祭祀、解除、修造、竖柱、上梁、纳畜、破土安葬、入学、求师、盖屋、作陂、经络、设斋、养蚕、祀灶、裁衣、开池、安碓、伐木、起工、安磉。忌:嫁娶、移徙、赴任。

22.乙酉　水●　执伐

吉:黄道、普护、六合、神在。凶:小耗。

宜:上官、赴任袭爵、受封、解除、求医治病、赴举、纳财、捕捉、安葬、剃头、沐浴、取鱼、祈福、祭祀、设斋、安香火。忌:凡事不吉。

23.丙戌　土○　破宝

吉:福生、月空、神在。凶:黑道、九空、焦坎、月破、大败、六不成、大耗。

宜:祭祀、针灸、治病、破屋坏垣。忌:余事不吉。

24.丁亥　土●　危伐

吉:天德合、母仓、玉堂黄道、月德、上吉。凶:游祸、受死、地贼,戊年上朔。

宜:沐浴、会亲、结网、畋猎。忌:余事不吉。

25.戊子　火○　成制

吉:天福、母仓、月恩、上吉、圣心、明星、天喜、天仓。凶:黑道、归忌、刀砧、四废。

宜:结婚、纳财、治病、修造动土、上梁、交易、下定、立券、安床、牧养、经络、天井、会亲、盖屋、修筑、剃头、种莳、栽种、雕刻。忌:远回、移徙、安葬。

26.己丑　火●　收专

吉:幽微星、益后、神在。凶:黑道、重丧、河魁、勾绞、荒芜、冰消。

宜:捕捉。忌:凡事不吉。

27.庚寅　木○　开制

吉:天福、天瑞、月恩、黄道、续世、生气。凶:天贼、四废、火星、血忌。

宜:上官赴任、受封袭爵、会亲、治病、安葬、下定、词讼、穿井。忌:嫁娶、作仓。

28.辛卯　木●　闭制

吉:天福、要安、天医、神在。凶:黑道、四废、血支、独火。

宜:祭祀、入仓开库、立券交易、破土、启攒、词讼、栽种、造栏枋、作仓。忌:结婚、移徙、修造、赴任。

29.壬辰　水○　建伐

吉:天德、月德、黄道、玉堂、天福、显星、满德、星龙德。凶:黑道、天瘟、月建。

宜:出行、交易、裁衣、泥饰舍宇、上官、针灸、种植、穿井。忌:百事不吉。

30.癸巳　水○　除制

吉:天福、黄道、金堂、曲星、土旺后、母仓。凶:巳年上朔。

宜:袭爵受封、解除、求医治病、修造动土、开市、剃头、开池、分居、起工、进人口、会亲、扫舍、作陂、收割、割蜂、竖造、种莳、栽接、修合、除服、冠笄。忌:结婚、出行、安葬。

31.甲午　金○　满宝

吉:天富、次吉、土旺后、母仓、神在。凶:天火、龙虎、黑道、土瘟、飞廉、天狗。

宜:会亲、整容、经络、破土、启攒、剃头、开市、种莳、栽植、修作、仓库。

32.乙未　金○　平制

吉:活曜星、神在。凶:黑道、月杀、罪至、天罡、勾绞、地火。

宜:祭祀、泥墙、砌路。忌:凡事不宜。

33.丙申　火○　定制

吉:黄道、月空、传星、敬心、神在。凶:死气、官符、月厌。

宜:入学、安葬、祭祀、解除、破土、入仓开库、进人口、竖造、雕刻、纳畜、安碓。忌:嫁娶、出行、移徙、作灶。

34.丁酉　火○　执制

吉:天德合、月德合、黄道、普护、神在。凶:小耗、黑道、大耗、九空、焦坎。

宜:上官赴任、祭祀、解除、治病、牧养、捕捉、安葬、冠笄、入学、立券、给由、赴举、伐木定磉、修造动土、畋猎、移居、修筑、出火、祈福、安神。忌:嫁娶、开市、交易、新船下水。

35.戊戌　木○　破专

吉:福生。凶:白虎黑道、大耗、九空、焦坎。

宜:治病、破屋坏垣。忌:凡事不吉。

36.己亥　木○　危制

吉:天富、玉堂黄道、母仓、吉庆星。凶:受死、火星、游祸、重丧、地贼、刀砧,庚年上朔。

宜:沐浴、捕鱼、种莳、栽接花木。忌:凡事不吉。

37.庚子　土○　成宝

吉:天福、母仓、月恩、上吉、圣心、明星、天喜、天仓。凶:黑道、归忌、刀砧、四废。

宜:入学、给由、纳财、修造动土、上梁、交易、牧养、启攒、安葬、安床、治病、安碓、盖屋、冠笄、下定、行船、求婚、定磉、作灶、剃头、祈福、上官、移徙、词讼、远回、开池。

38.辛丑　土○　收义

吉:天福、显星、益后、幽微星。凶:黑道、四废、河魁、勾绞、荒芜、冰消。

宜:捕捉、取鱼。忌:余事不吉。

39.壬寅　金○　开宝

吉:天德、月德、黄道、上吉、曲星、续世、生气。凶:天贼、血忌。

宜:上官赴任、袭爵受封、冠笄、会亲、治病、穿井、造天井、开渠、雕刻、施恩、拜封、上表章、亲民、立券交易。忌:嫁娶、安葬、出行、祀灶、作仓。

40.癸卯　金○　闭宝

吉:天医、要安、次吉。凶:月害、黑道、血支、独火、月火。

宜:立券交易、破土启攒、补垣塞穴、作厕、断蚁、安床。忌:结婚、出行。

41.甲辰　火●　建制

吉:黄道、满德星、玉堂、龙德、上吉。凶:黑道、天瘟、月建。

宜:泥饰舍宇、出行、穿井、修造、畜栏。忌:百事不吉。

42.乙巳　火○　除宝

吉:天福、明堂黄道、传星、次吉、金堂、土旺后、母仓。凶:辛年上朔。

宜:冠笄、会亲、祭祀、解除、起工、造门、治病、开市、移徙、竖造、作陂、开池、给由、分居、入宅、绘像、求财、针灸、披剃、安床、种莳、修作仓库。忌:结婚、出行。

43.丙午　水○　满专

吉:天富、月空、次吉、土旺后、母仓、神在。凶:天狗、天火、土瘟、飞廉、龙虎。

宜:移徙、出行、剃头、修造动土、开市、经络、裁衣、栽种、牧养、破土、安葬。

44.丁未　水○　平宝

吉:天德合、月德合、活曜星、神在。凶:月杀、黑道、天罡、勾绞、罪至、地火。

宜:祭祀、泥墙、治路。忌:余事不吉。

45.戊申　土○　定宝

吉:金匮、黄道、敬心、天宝、明星、神在。凶:月厌、火星、死气、官符、五离、地火。

宜:祭祀、动土、解除、结婚、交易、纳畜、安碓磨。忌:嫁娶、出行、安床、安葬。

46.己酉　土○　执宝

吉:天恩、天德、黄道、普护、六合、神在。凶:重丧、四耗、五离、五绝。

宜:祭祀、袭爵受封、上官赴任、入学、治病、解除、捕捉、畋猎。忌:结婚、交易、移徙。

47.庚戌　金○　破义

吉:天喜、天恩、月恩、天医、显星、神在。凶:黑道、大耗、四废、大败、六不成。

宜:祭祀、治病、破屋坏垣。忌:凡事不吉。

48.辛亥　金○　危宝

吉:天恩、玉堂黄道、母仓、曲星。凶:地贼、受死、游祸、刀砧、四废,子年上朔。

宜:会亲、纳财、栽种。忌:凡事不吉。

49.壬子　木○　成专

吉:天德、月德、天恩、月恩、母仓、天瑞、天仓、上吉。凶:黑道、归忌、刀砧。

宜:纳财、修造动土、竖柱上梁、定磉、盖屋、破土启攒、安葬、入学、冠笄、安床、作陂、开池、交易、牧养、治病、行船、种莳、栽接花木。忌:结婚、移徙、入宅。

50.癸丑　木○　收伐

吉:幽微星、天恩、益后。凶:黑道、河魁、勾绞、荒芜、冰消。

宜:捕捉、成服。忌:凡事不吉。

51.甲寅　水○　开专

吉:司命黄道、传星、续世、次吉、生气、五合。凶:天贼、血忌。

宜:上官赴任、袭爵受封、冠笄、治病、会亲、启攒、开店。忌:作仓开库。

52.乙卯　水○　闭专

吉:天医、要安、五合。凶:勾陈黑道、血支。

宜:祭祀、立券交易、嫁娶、进人口、安床、冠笄、补垣塞穴、作陂、开池、作灶、破土安葬。忌:结婚、移徙、牧养、栽植。

53.丙辰　土○　建宝

吉:黄道、月空、满德、玉堂、龙德、神在。凶:黑道、天瘟。

宜:祭祀、出行、泥饰、舍宅、穿井。忌:凡事不吉。

54.丁巳　土○　除专

吉:天德合、月德合、明堂、黄道土、旺后、上吉。凶:火星,癸年上吉。

宜:祭祀、祈福、动土、解除、栽植、牧养、治病、进人口、针灸、开市、会亲、拜封、颁诏、招贤、亲民、破土、安葬、除服。忌:结婚、出行、嫁娶、安碓、作仓。

55.戊午　火○　满义

吉:福德、天福、土旺后、母仓、神在。凶:天火、龙虎、土瘟、黑道、飞廉、天狗。

宜:剃头、补垣、开市、经络、整容、种莳、修筑。忌:移徙、安葬、竖柱、动土。

56.己未　火○　平专

吉:上吉、活曜星、显星、神在。凶:黑道、月杀、重丧、天罡、勾绞、罪至、地火。

宜:祭祀、泥塞垣墙、治路。忌:凡事不吉。

57.庚申　木○　定专

吉:天福、月恩、金匮黄道、曲星、敬心、天宝、明星。凶:月厌、四废、死气、官符。

宜:解除、裁衣、纳畜、破土、安葬、安碓磨、进人口。忌:结婚、出行、修造、移徙、安床。

58.辛酉　木○　执专

吉:天德、黄道、普护、六合、神在。凶:正四废、小耗、咸池。

宜:祭祀、解除、治病、捕捉、取鱼、安葬、畋猎。忌:结婚、移徙、交易、动土、竖柱。

59.壬戌　水○　破伐

吉:天德、月德、福生。凶:黑道、大耗、九空、焦坎、大败、六不成、月破。

宜:治病、破屋坏垣、畋猎。忌:凡事不吉。

60.癸亥　水○　危专

吉:玉堂黄道、母仓、传星、神在。凶:受死、游祸、地贼、刀砧,甲年上朔。

宜:捕鱼、结网畋猎。忌:凡事不吉。

古代纪历文献丛刊③

鳌头通书

[明] 熊宗立　撰
闵兆才　编校

(第三册)

华龄出版社
HUALING PRESS

第三册　目录

新镌历法便用合节鳌头通书卷之七

新镌历法总览合节鳌头通书卷之八

四　月

四月建巳　天德辛，月德庚，地月将在申，自立夏、小满后并作四月节气使用。天道西行，宜向西行，宜修造西方，吉。

立夏小满后太阳尚在酉始过庚从魁传送为天月将　《授时历》日时刻躔大梁之次，宜用甲庚丙壬时；某日时刻躔实沈之次，宜用甲庚丙壬时。

初一	十六　四不祥
初二　六壬空、龙禁	十七
初三　大空亡	十八　赤口
初四　天休废	十九　四不祥、大空亡
初五　四方耗、月忌	二十　六壬空、龙禁
初六　赤口	廿一　龙禁
初七　小空亡、四不祥、杨公忌	廿二　龙禁
初八　六壬空、龙禁	廿三　小空亡、月忌
初九　天休废、凶败、长星、天乙绝气	廿四　赤口
初十	廿五　短星、凶败、瘟星入
十一　大空亡	廿六　龙禁
十二　赤口	廿七　大空亡
十三	廿八
十四　月忌、龙禁、六壬空	廿九
十五　小空亡	三十　赤口

1.甲子　金○　危义

吉：天恩、次吉、月空、活曜星、神在。凶：黑道、龙虎。

宜:祭祀、嫁娶、出行、安床、剃头、入学、分居、作灶、竖柱上梁、冠笄、经络、入宅、移居、给由、动土、定磉、盖屋、栽种、裁衣、修造、穿井、下定、安床、设帐、造门。忌:出财、治病。

2.乙丑　金○　成制

吉:天恩、月德合、上吉、玉堂、黄道、天喜、三合、神在。凶:火星、罪至、厌对、归忌。

宜:入学、纳采、祭祀、治病、交易、动土、安碓、开仓库、安葬、开池、纳畜、放债。忌:嫁娶、远回、移徙、栽植、乘船。

3.丙寅　火○　收义

吉:天德合、母仓、天恩、敬心、天岳、明星。凶:天瘟、黑道、重丧、刀砧、天罡、勾绞、独火。

宜:种植、捕捉。忌:凡事不吉。

4.丁卯　火○　开义

吉:天恩、显星、母仓、天仓、敬心、生气、神在。凶:黑道、刀砧。

宜:入学、出行、会亲、治病、修造动土、立券交易、栽种、启攒、牧养、冠笄、求婚、竖柱、上梁、开渠、穿井、祭祀、行船、盖屋、天井、安碓磨、上官赴任、斩草、下定。

5.戊辰　木○　闭专

吉:天恩、司命黄道、吉庆星、福生、曲星、天医、神在。凶:月杀、血支。

宜:出行、移徙、冠笄、修造动土、祭祀、祈福、交易、栽种、修仓、修舍、补垣塞穴、作厕、斩草、起染、定磉、修造、给由、合帐、结网、断蚁。忌:凡事不吉。

6.己巳　木○　建义

吉:月恩、龙德。凶:黑道、受死、大败、六不成,乙庚年上朔。

宜:安葬、塞鼠、断蚁。忌:余事不宜。

7.庚午　土○　除伐

吉:黄道、月德、上吉、幽微星、圣心、吉期、青龙。凶:咸池、黑道。

宜:上官赴任、入学、出行、冠笄、解除、治病、裁衣、安床、开仓库、破土安葬、求嗣、竖柱上梁、扫舍、移居、栽种、剃头、受封、开池、造栏枋、天井。忌:余事不吉。

8.辛未　土○　满义

吉:天德、上吉、明堂黄道、传星、益后、天富。凶:月厌、土瘟、天贼、九空、焦坎。

宜:安产室、进人口。忌:诸事不吉。

9.壬申　金○　平义

吉:六合、续世、神在。凶:黑道、游祸、河魁、勾绞、地火、四废、荒芜、乙庚年十恶大败。

宜:泥墙治路。忌:凡事不吉。

10.癸酉　金○　定义

吉:满德星、要安、神在。凶:黑道、天火、死气、官符、四废。

宜:祭祀、解除、安葬、冠带、剃头、破土、沐浴、经络、作陂、开池、安碓磨、纳畜。忌:结婚等事。

11.甲戌　火○　执制

吉:金匮黄道、月空、玉堂、次吉、不将、神在。凶:火星、小耗、咸池。

宜:祭祀、解除、结婚、进人口、给由、会亲、嫁娶、捕捉、动土、修筑、安床设帐。忌:出行、交易。

12.乙亥　火○　破义

吉:天仓、月德合、天德、黄道、金堂、不将。凶:小耗、月破,丙年上朔。

宜:破屋坏垣。忌:凡事不吉。

13.丙子　水○　危伐

吉:天德合、次吉、活曜星、不将。凶:黑道、龙虎、重丧、致死、五虚。

宜:入学、出行、起工、盖屋、赴学、冠笄、造猪椆、祈福、沐浴、纳财、裁衣、栽植。忌:嫁娶、作灶。

14.丁丑　水○　成宝

吉:天喜、次吉、曲星、黄道、天宝、明星、天医、三合、神在。凶:归忌、罪至。

宜:结婚、纳采、治病、入学、祭祀、修造动土、盖屋、竖柱上梁、安葬、交易、起工、立券、下定、裁衣、安床、上官、纳财、栽种、经络、设醮、平基、入仓、开库。忌:远回、移徙、乘船、穿井、起染。

15.戊寅　土○　收伐

吉:天瑞、母仓、敬心、天岳、明星。凶:黑道、天瘟、天狗、勾绞、刀砧、月火。

宜:栽种、捕捉。忌:凡事不吉。

16.己卯　土○　开伐

吉:天恩、月恩、天瑞、天福、母仓、神在、上吉、五合。凶:黑道、九丑、玄女、刀砧。

宜:入学、祭祀、出行、会亲、结婚、冠笄、下定、治病、交易、给由、竖造、盖屋、经络、下定、嫁娶、牧养、纳财、作仓、祀灶、栽种、雕刻、斩草、剃头、入仓库。

17.庚辰　金○　闭义

吉:天恩、月德、上吉、司命黄道、吉庆星、福生、传星、天医。凶:月杀、血忌。

宜:冠笄、祭祀、祈福、交易、给由、绘像、移居、作厕。忌:开仓、种植、牧养、治病。

18.辛巳　金○　建伐

吉:天恩、天瑞、天德、天福、上吉。凶:受死、黑道、大败、六不成、丁年上朔。

宜:塞鼠、断蚁。忌:诸事不宜。

19.壬午　木○　除制

吉:天恩、幽微星、圣心、青龙黄道、上吉。凶:黑星、四废。

宜:上官赴任、祭祀、冠笄、疗病、剃头、词讼、上表、起工、伐木、交易、针刺、祈福、斩草、栽种、扫舍宇、纳畜、解除、安葬、除服。忌:结婚、移徙、乘船。

20.癸未　木○　满伐

吉:天富、天恩、明堂、黄道、上吉。凶:火星、天贼、土瘟、四废、九空、焦坎、大败。

宜:会亲友、进人口、塞穴。忌:诸事不宜。

21.甲申　水○　平伐

吉:月空、续世、六合、神在。凶:黑道、游祸、河魁、勾绞、血忌、地火、荒芜、冰消。

宜:平治道途。忌:凡事不宜。

22.乙酉　水○　定伐

吉:月德、满德星、要安、神在、显星。凶:黑道、天火、生气、官符。

宜:祭祀、受封、冠带、牧养、剃头、动土、破土安葬、穿井、沐浴。忌:凡事不宜。

23.丙戌　土○　执宝

吉:天德合、金匮、黄道、次吉、玉堂、曲星、不将。凶:重丧、小耗、地贼。

宜:祭祀、祈福、解除、结婚、畋猎、会亲、捕捉、纳表章、安床、设帐。忌:余事不吉。

24.丁亥　土○　破伐

吉:天仓、天德、黄道、玉堂、神在。凶:大耗、月破、戊年、上朔。

宜:祭祀、破屋坏垣、针灸。忌:余事不宜。

25.戊子　火○　危制

吉:活曜星、不将。凶:黑道、龙虎。

宜:出行、嫁娶、安床、修造动土、剃头、经络、冠笄、词讼、盖屋、求婚、立券、竖造、天井、栽种、雕刻、牧养、造猪栏。忌:移徙、出财、治病。

26.己丑　火○　成专

吉:天喜、天恩、月恩、黄道、传星、次吉、神在。凶:月厌、归忌、罪至。

宜:祭祀、纳采问名、会亲、纳财、治病、交易、上官、下定、安葬、竖造、经络、剃头、雕刻、作灶、起染、开库、入仓、割蜂、堆垛。忌:嫁娶、移徙、动土、行船。

27.庚寅　木○　收制

吉:天瑞、月德、母仓、天福、敬心、天岳、明星。凶:黑道、天罡、勾绞、土瘟、刀砧。

宜:种植、捕捉、结网、成服。忌:凡事不吉。

28.辛卯　木○　开制

吉:天德、母仓、天福、普护、生气、神在。凶:黑道、刀砧。

宜:入学、出行、祭祀、结婚、治病、会亲、造门、开仓库、上梁、安碓、修造动土、嫁娶、立券交易、栽种、牧养、启攒、剃头、盖屋、冠笄、行船、作酒。忌:移徙、安葬。

29.壬辰　水○　闭伐

吉:天福、司命、黄道、吉庆星、天医、福生。凶:月煞、火星、四废、血支。

宜:斩草、交易、补垣塞穴、安床、合帐、作厕。忌:开仓、牧养、安葬、作灶。

30.癸巳　水○　建制

吉:天福、龙德。凶:黑道、月建、四废、受死、六不成,己年上朔,大败。

宜:次吉。忌:凡事不宜。

31.甲午　金○　除宝

吉:天赦、月空、幽微星、显星、圣心、青龙黄道、次吉、神在。凶:黑道。

宜:上官赴任、解除、治病、破土、启攒、剃头、移徙、安葬、除服、祈福、祭祀、求嗣、出火、分居、安碓磨、竖造、栽植、进人口、雕刻。忌:结婚、行船、开仓。

32.乙未　金○　满制

吉:天富、月德合、明堂、黄道、益后。凶:土瘟、天贼、飞廉、九空、焦坎、天狗。

宜:进人口、扫舍宇、开店肆、上吉。忌:凡事不吉。

33.丙申　火○　平制

吉:天德合、续世、六合。凶:黑道、重丧、游祸、河魁、勾绞、血忌、地火、荒芜、冰消。

宜:泥饰垣墙、平治道涂。忌:凡事不吉。

34.丁酉　火○　定制

吉:满德星、次吉、要安、神在。凶:黑道、天火、死气、官符。

宜:祭祀、解除、祈福、嫁娶、纳畜、破土、安葬、立券交易、经络、行船、冠带、伐木、裁衣。忌:竖造、作灶、冠笄。

35.**戊戌 木○ 执专**

吉:金匮黄道、传星、玉堂、不将。凶:小耗、地贼。

宜:结婚、会亲、解除、下定、栽种、进人口、上表章、捕捉。忌:出行、交易、开市。

36.**己亥 木○ 破制**

吉:天德、天福、黄道、月恩、金堂、天仓。凶:大耗、月破,庚年上朔。

宜:破屋坏垣、针灸。忌:诸事不吉。

37.**庚子 土○ 危宝**

吉:天福、月恩、上吉、活曜星。凶:黑道、龙虎。

宜:出行、安床、破土、启攒、上官、入宅、赴学、给由、移居、修造动土、定磉、竖造、交易、下定、求婚、裁衣、栽种、分居、立券、进人口、起工、穿井、纳畜、造门。

38.**辛丑 土○ 成义**

吉:玉堂、天德、天福、玉堂黄道、上吉、天喜。凶:火星、归忌、罪至。

宜:结婚、纳采问名、纳财、入学、修筑、交易、安葬、安碓、剃头、栽种、牧养、治病。忌:余事不吉。

39.**壬寅 金○ 收宝**

吉:母仓、敬心、明星。凶:黑道、天罡、天瘟、四废、勾绞、月火。

宜:栽种、捕捉、结婚。忌:诸事不吉。

40.**癸卯 金○ 开宝**

吉:普护、母仓、显星、生气。凶:黑道、四废、月建。

宜:入学、出行、会亲、结婚、治病、修造动土、立券交易、开库、盖屋、上梁、剃头、竖造、下定、嫁娶、开渠、栽植、祀灶、安床。忌:穿井、上官。

41.**甲辰 火○ 闭制**

吉:天医、月恩、司命黄道、福生、曲星、次吉、吉庆星。凶:月杀、血支。

宜:作厕、塞鼠、断蚁、结网、畋猎、修作陂池、祈福、冠笄、移居、出兵、立寨。

42.**乙巳 火○ 建宝**

吉:月德合、天福、龙德。凶:黑道、受死、大败、六不成,辛年上朔。

宜:塞鼠、断蚁。忌:余事不宜。

43.**丙午 水○ 除专**

吉:天德合、幽微星、圣心、青龙黄道、神在。凶:黑道、重丧。

宜:上官赴任、祭祀、祈福、解除、沐浴、剃头、求医、裁衣、移居、定磉、安床设帐。忌:结婚、安葬。

44.丁未　水○　满宝

吉:天富、黄道、传星、益后、天医、明堂。凶:月厌、土瘟、天贼、飞廉、九空、焦坎。

宜:会亲友、进人口、结婚。忌:凡事不吉。

45.戊申　土○　平宝

吉:续世、六合、不将、神在。凶:黑道、游祸、河魁、勾绞、地火、血支、荒芜、冰消。

宜:平治道涂。忌:凡事不吉。

46.己酉　土○　定宝

吉:天恩、月恩满、德星、要安。凶:九丑、五离、天火、黑道、死气、官符。

宜:出行、纳财、祭祀、解除、祈福、沐浴、剃头、栽种、牧养、破土安葬、纳畜。忌:结婚、移徙。

47.庚戌　金○　执义

吉:天恩、月德、上吉、金匮黄道、玉堂、神在。凶:火星、小耗、地贼。

宜:祭祀、解除、结婚、会亲、捕捉、畋猎、上表章。忌:出行、交易、作灶、竖造。

48.辛亥　金○　破宝

吉:天恩、天德、黄道、金堂、天仓。凶:大耗、月破,壬年上朔。

宜:破屋坏垣。忌:凡事不吉。

49.壬子　木○　危专

吉:天恩、天瑞、活曜星、显星。凶:黑道、正四废、龙虎。

宜:出行、交易、栽种。忌:凡事不吉。

50.癸丑　木○　成伐

吉:天恩、曲星、玉堂黄道、天喜。凶:四废、归忌、罪至。

宜:上官、入学、纳采、结婚、纳财、治病、修造动土、上梁、交易、安葬、赴举、进人口、作灶、下定、安床、牧养、剃头、穿井、栽植、定磉、入仓库、雕刻、纳婢奴。忌:嫁娶、移徙、乘船。

51.甲寅　水○　收专

吉:明星、月空、母仓、敬心。凶:黑道、天瘟、天罡、刀砧、勾绞、月忌。

宜:栽种、捕捉、畋猎。忌:凡事不吉。

52.乙卯　水○　开专

吉:月德合、母仓、普护、生气、神在。凶:黑道、刀砧。

宜:入学、冠笄、祭祀、出行、结婚、修造动土、盖屋、分居、作灶、竖造、上梁、造门。忌:临官。

53.丙辰　土○　闭宝

吉:天德合、司命、次吉、黄道、吉庆星、福生。凶:月杀、重丧、血忌。

宜:冠笄、祭祀、祈福、开池、修造、交易、裁衣、补垣塞穴、作厕、结网、作陂、安床。忌:安葬、开仓。

54.丁巳　土○　建专

吉:天福、龙德、神在。凶:受死、大败、六不成,癸年上朔。

宜:塞鼠、断蚁。忌:凡事不吉。

55.戊午　火○　除义

吉:黄道、幽微星、青龙、圣心、神在。忌:黑星、咸池。

宜:上官赴任、袭爵受封、冠笄、出行、牧养、治病、修造、动土、栽莳。忌:结婚、嫁娶、移徙、乘船。

56.己未　火○　满专

吉:天富、月恩、明堂、黄道益后。凶:月厌、土瘟、火星、天贼、飞廉、九空、焦坎。

宜:牧养、进人口。忌:凡事不宜。

57.庚申　木○　平专

吉:天福、月德、续世、六合、天富。凶:黑道、游祸、河魁、勾绞、地火、荒芜、血忌、冰消。

宜:成服、平治道涂、泥饰舍宅。忌:凡事不宜。

58.辛酉　木○　定宝

吉:天德、满德星、要安、神在。凶:黑道、天火、死气、官符、五离。

宜:祭祀、解除、冠带、上官、安葬、交易、行船、入学、开仓库、词讼、剃头、纳畜、安碓磨。忌:结婚、移居。

59.壬戌　水○　执伐

吉:金匮黄道、曲星、玉堂、上吉。凶:小耗、四废、地贼。

宜:结婚、会亲、修造动土、捕捉、冠笄、进人口、上表章。忌:出行、交易、安葬、作灶。

60.癸亥　水○　破专

吉:天德、天仓、黄道。凶:正四废、大耗、月破,甲年上朔。

宜:破屋坏垣。忌:凡事不吉。

五 月

五月建午 天德乾，月德丙，地月将在未，自芒种、夏至后并作五月节气使用。天道西北行，宜向西北行，宜修造西北维。

芒种夏至后太阳尚在申始过坤传送小吉为天月将 《授时历》日时刻躔实沈之次，宜用甲庚丙壬时；某日时刻躔鹑首之次，宜用艮巽坤乾时。

初一　六壬空	十六　四不祥
初二　大空亡、龙禁	十七　赤口
初三	十八　大空亡、天休废
初四　四不祥	十九　四不祥、六壬空
初五　赤口、月忌、杨公忌	二十　龙禁
初六　小空亡	廿一
初七　四不祥、六壬空	廿二　小空亡、龙禁
初八　龙禁	廿三　月忌、赤口
初九	廿四　瘟星入
初十　天乙绝气、大空亡	廿五　天地凶败、短星、六壬空
十一　赤口	廿六　大空亡、龙禁
十二	廿七　瘟星出
十三　天休废、六壬空	廿八　四不祥
十四　月忌、龙禁、小空亡	廿九　赤口
十五　天地凶败、长星	三十　小空亡

1.甲子　金○　破义

吉：天恩、黄道、金匮、天富。凶：月破、火星、受死、大耗、天贼、天火、荒芜。

宜:破屋坏垣。忌:诸事不吉。

2.乙丑　金〇　危制

吉:天喜、天恩、天德、黄道、圣心、吉庆星、神在。凶:月杀、独火、月火。

宜:出行、赴举、祭祀、经络、安床、修造动土、开池、收割、上表章。忌:结婚、出财。

3.丙寅　火〇　成义

吉:天恩、天德合、月德、母仓、显星、益后、天喜。凶:黑道、归忌、飞廉、刀砧、荒芜。

宜:上官赴任、冠笄、下定、结婚、绘像、会亲、出行、入学、求医、修造动土、竖造上梁、交易、安床、安产室、破土起攒、栽种、造门、定磉、收割、合酱、牧养。

4.丁卯　火〇　收义

吉:天恩、玉堂黄道、幽微星、母仓。凶:重丧、河魁、勾绞、九空、焦坎、血忌、刀砧。

宜:祭祀、捕捉。忌:诸事不吉。

5.戊辰　木〇　开专

吉:天恩、月恩、要安、天岳、明星、生气、神在。凶:黑道。

宜:入学、出行、祭祀、结婚、上官、作灶、冠笄、治病、牧养、行船、开仓库、求医、裁衣、剃头、雕刻、栽种、收割、试新、穿井、伐木。

6.己巳　木〇　闭义

吉:福星、天医、玉堂。凶:黑道、游祸、血支,乙年上朔。

宜:祭祀、裁衣、修造动土、种植、牧养、修仓、修厨、出兵、收割、作灶、作厨、伐木、移居、堆垛、盖屋、塞穴、穿井、造畜栏。忌:余事不吉。

7.庚午　土〇　建伐

吉:黄道、满德星、神在。凶:天瘟、月建、月厌、天地转煞。

宜:袭爵、养蚕、收割、出行、教牛、动土。忌:余事不吉。

8.辛未　土〇　除义

吉:月德合、上吉、六合、神在。凶:黑道、龙虎。

宜:冠笄、安床、裁衣、行船、入仓开库、安葬、给由、解除、结婚、会亲、修造动土、开池、出兵、移居、立券、交易、词讼、栽种、纳畜、竖造、立宅、造门。忌:服药、上官、嫁娶。

9.壬申　金〇　满义

吉:青龙黄道、月空、神在。凶:黑道、土瘟、罪至、四废、天狗。

宜:解除、经络、纳财、开市、破土、安葬、剃头、牧养。忌:余事不吉。

10.癸酉　金○　平义

吉:明堂黄道、活曜星、敬心、不将、神在。凶:地贼、火星、大败、六不成、四废、勾绞。

宜:祭祀、嫁娶、剃头、泥墙、治路。忌:余事不吉。

11.甲戌　火○　定制

吉:天仓、次吉、普护、三合、神在、不将。凶:黑道、死气、官符、蚩尤。

宜:祭祀、结婚、冠带、会亲、嫁娶、修造动土、竖柱上梁、裁衣、作灶、入学、安葬、安碓、破土、堆垛、定磉、雕刻、出火、牧养、纳畜、结网。忌:开仓、临官、治病。

12.乙亥　火○　执义

吉:天德、显星、次吉、福生、不将。凶:黑道、小耗、丙年上朔。

宜:上官、入学、赴举、出火、起工、给由、修造、祈福、捕捉、剃头、修筑、动土、出兵、应试、沐浴、会亲、裁衣、结网、畋猎。忌:冠笄、交易、嫁娶、栽植、安葬。

13.丙子　木○　破伐

吉:金匮黄道、月德、曲星。凶:大耗、受死、天贼、天火、荒芜。

宜:破屋坏垣。忌:诸事不吉。

14.丁丑　水○　危宝

吉:天德、黄道、吉庆星、圣心、神在。凶:月杀、重丧、独火、月火。

宜:上官、出行、祭祀、安床、修造动土、裁衣、纳表、经络、交易、祈福。忌:余事不吉。

15.戊寅　土○　成伐

吉:天德合、月恩、母仓、天瑞、天喜、上吉、益后。凶:黑道、归忌、飞廉、刀砧。

宜:入学、出行、上官、结婚、会亲、治病、修造动土、交易、安葬、安产室、冠笄、栽种、求嗣、建醮、安碓磨、合酱。忌:移徙、竖造、上梁、纳畜。

16.己卯　土○　收伐

吉:天恩、玉堂黄道、母仓、天瑞、天福。凶:河魁、勾绞、刀砧、血忌、冰消、九空、焦坎。

宜:祭祀、栽种、捕捉、纳财。忌:余事不吉。

17.庚辰　金○　开义

吉:天恩、要安、次吉、天岳、明星、生气、神在。凶:黑道。

宜:祭祀、会亲、治病、栽种、剃头、给由、赴举、起染、作灶、下定、冠笄、安床、开仓、入库。忌:出财、上官。

18.辛巳　金○　闭伐

吉:天恩、天瑞、天福、月德合、次吉、玉堂、天医。凶:黑道、游祸、血支,丁年上朔。

宜:入仓、开库、冠笄、词讼、补垣、堆垛、起染、移居、作陂、种植。忌:出行、安葬。

19.壬午　木○　建制

吉:天恩、月空、龙德、司命黄道、金堂。凶:天地转杀、四废、月厌、火星、天狗。

宜:祭祀、袭爵受封、纳财、穿井。忌:余事不吉。

20.癸未　木○　除伐

吉:天恩、天合、不将。凶:黑道、四废、龙虎。

宜:冠笄、给由、移居、解除、结婚、会亲、立券交易、竖造、裁衣、经络、修造、穿井。忌:嫁娶、安葬、乘船、服药。

21.甲申　水○　满伐

吉:黄道、次吉、不将、神在。凶:黑道、土瘟、罪至。

宜:出行、纳财、解除、嫁娶、移徙、修造、入仓开库、经络、裁衣、破土、给由、赴举、考满、剃头、泥墙、治路、塞鼠、断蚁。忌:余事不吉。

22.乙酉　水○　平伐

吉:明堂、黄道、活曜星、曲星、敬心。凶:天罡、勾绞、大败、六不成、地贼、地火。

宜:祭祀、上冠、泥墙、治路。忌:余事不吉。

23.丙戌　土○　定宝

吉:天仓、月德、上吉、普护、不将、神在。凶:黑道、死气、官符。

宜:祭祀、上官、冠带、结婚、会亲、裁衣、开池、纳畜、下定、伐木、立券、进人口。忌:修造、动土、作灶。

24.丁亥　土○　执伐

吉:天德、福生、神在。凶:黑道、重丧、小耗、朱雀、劫杀,戊年上朔。

宜:祭祀、祈福、捕捉。忌:诸事不吉。

25.戊子　火○　破制

吉:金匮黄道、月恩、传星。凶:月破、大耗、受死、天贼、荒芜。

宜:破屋坏垣。忌:诸事不吉。

26.己丑　火○　危专

吉:天德、黄道、吉庆星。凶:月杀、独火、月火。

宜:祭祀、嫁娶、起染、经络。忌:诸事不吉。

27.庚寅　木○　成制

吉:天德合、母仓、天瑞、天福、天喜、次吉、益后。凶:黑道、归忌、飞廉、刀砧。

宜:结婚、会亲、出行、治病、入学、修造动土、冠笄、上梁、定磉、安床、盖屋、安葬、安产室、立券交易、天井、作陂、下定、合酱。忌:移徙、纳畜、远回。

28.辛卯　木○　收制

吉:天福、月德合、玉堂黄道、幽微星。凶:河魁、勾绞、刀砧、九空、焦坎、血忌。

宜:祭祀、栽植、捕捉。忌:诸事不吉。

29.壬辰　水○　开伐

吉:天福、月空、要安、天岳、明星、生气。凶:黑道、四废。

宜:结婚、出行、入学、治病、修造动土、安葬、安碓、进人口、下定、穿井、栽种、上表、上官、安床、盖屋、出火、冠笄、裁衣、入仓开库、作灶、竖柱上梁、纳畜。

30.癸巳　水○　闭制

吉:天福、显星、玉堂、天医。凶:黑道、游祸、血支、四废,巳年上朔。

宜:修宅、裁衣、补垣塞穴。忌:出行、安葬、疗病、启攒,凡事不吉。

31.甲午　金○　建宝

吉:天赦、司命黄道、龙德、满德星、金堂。凶:月厌、天瘟、天地转煞。

宜:祭祀、袭爵受封。忌:诸事不宜。

32.乙未　金○　除制

吉:六合、神在。凶:黑道、龙虎。

宜:祭祀、解除、结婚、会亲、立券、交易、剃头、竖造、行船、破土、沐浴、成服、安床、造栏枋、起染、堆垛。忌:嫁娶、临官视事、栽植。

33.丙申　金●　满义

吉:天医、青龙黄道、月德、上吉、天福、神在。凶:黑星、土瘟。

宜:解除、纳财、给由、放债、冠笄、开市、经络、破土安葬。忌:诸事不吉。

34.丁酉　金○　平宝

吉:明堂黄道、活曜星、传星、敬心。凶:重丧、天罡、勾绞、大败、六不成、地贼。

宜:祭祀、栽种、牧养、纳畜、整容、泥饰垣墙、平治道涂。忌:余事不吉。

35.戊戌　水○　定专

吉:天仓、月恩、普护、次吉、不将。凶:黑道、死气、官符。

宜:上官、冠带、结婚、嫁娶、会亲、出行、移徙、修造动土、竖柱上梁、安碓磨、裁衣。忌:治病、安产室、栽植。

36.己亥　水○　执伐

吉:天德、天福、次吉、福生。凶:黑道、小耗,庚年上朔。

宜:出行、移徙、修造动土、栽植、牧养、捕捉、祈福。忌:结婚、交易、启攒、安葬。

37.庚子　水○　破专

吉:天福、金匮黄道。凶:火星、受死、大耗、天贼、天火、荒芜。

宜:破屋坏垣。忌:百事不宜。

38.辛丑　水○　危专

吉:天喜、天福、月德合、吉庆星、天德、黄道、上吉、圣心。凶:月杀、独火、月火。

宜:纳采问名、安床、修造动土、祭祀、嫁娶、设斋、祈福、结网、起染、上表。

39.壬寅　金○　成宝

吉:天德合、月空、显星、母仓、益后、天喜。凶:黑道、飞廉、四废。

宜:结婚、入学、出行、治病、修造动土、安葬、安产室、立券交易、破土、远回、上表章、安碓、栽种、牧养、上官、求嗣、祈福、结网、剃头。忌:移徙、速回、纳财。

40.癸卯　金○　收宝

吉:玉堂黄道、母仓、幽微星、续世、曲星。凶:河魁、勾绞、四废、血忌、九丑、刀砧。

宜:栽种、捕捉。忌:余事不吉。

41.甲辰　火○　开制

吉:明星、要安、次吉、生气。凶:黑道。

宜:会亲、治病、给由、赴举、词讼、安葬、冠笄、求婚、下定、安床、作灶、起染、天井。忌:出财、乘船、上官、开仓。

42.乙巳　火○　闭宝

吉:天福、玉堂、天医、神在。凶:黑道、游祸、血支,辛年上朔。

宜:养蚕、作灶、堆垛、塞鼠补垣。忌:凡事不吉。

43.丙午　水○　建专

吉:传星、司命黄道、月德、满德星、金堂、神在。凶:月厌、天瘟、天地转煞。

宜:祭祀、袭爵受封。忌:余事不吉。

44.丁未　水○　除宝

吉:六合、上吉、神在。凶:黑道、重丧、龙虎。

宜:祭祀、解除、结婚、会亲、立券交易、裁衣、动土、出行、竖造上梁、修筑、起造、收割、纳婢奴、养蚕、割蜂、堆垛、扫除、求医治病。忌:临官、安葬、启攒、服药。

45.戊申　土○　满宝

吉:青龙黄道、月恩、上吉、不将、神在。凶:土瘟、黑星、罪至、天狗、五离。

宜:袭爵受封、冠笄、纳财、出行、移徙、修造动土、裁衣、开市。忌:余事不吉。

46.己酉　土○　平宝

吉:天恩、明堂黄道、活曜星、敬心。凶:地贼、火星、大败、六不成、天罡、勾绞。

宜:祭祀、剃头、泥墙、治路。忌:诸事不吉。

47.庚戌　金○　定义

吉:天恩、普护、次吉、天仓、三合、上吉、神在。凶:黑道、死气、官符。

宜:祭祀、冠带、结婚、会亲、动土、修造、竖柱上梁、裁衣、牧养、安碓、放债。忌:治病、词讼。

48.辛亥　金○　执宝

吉:天德、月德合、天恩、上吉、显星、福生。凶:黑道、小耗,壬年上朔。

宜:祈福、修造动土、捕捉、起工、给由、冠笄、剃头、教牛。忌:结婚、交易。

49.壬子　木○　破专

吉:天恩、月空、天瑞、黄道、曲星。凶:正四废、大耗、天火、天贼、受死、荒芜。

宜:破屋坏垣。忌:凡事不吉。

50.癸丑　木○　危伐

吉:天喜、天恩、吉庆星、天德、黄道、圣心。凶:独火、月杀、四废、复日、月火。

宜:安床、修造动土、经络、纳财、斩草破土。忌:结婚、乘船、安葬、冠笄、词讼。

51.甲寅　水●　成专

吉:天德合、母仓、次吉、益后、天喜、天医。凶:黑道、归忌、飞廉、刀砧、大煞。

宜:结婚、会亲、出行、入学、造门、修造动土、立券交易、安产室、安葬、作灶。

52.乙卯　水○　收专

吉:玉堂黄道、幽微星、母仓、续世。凶:河魁、勾绞、刀砧、血忌、九空、焦坎、冰消。

宜:祭祀、捕捉、畋猎。忌:余事不吉。

53.丙辰　土○　开宝

吉:月德、上吉、要安、天岳、明星、生气、神在。凶:黑道。

宜:祭祀、上官、结婚、出行、入学、修造动土、治病、安葬、裁衣、行船、盖屋、冠笄、开仓库、进人口、下定、安床、安碓、开渠、栽种、穿井、天井、造栏枋、试新。

54.丁巳　土○　闭专

吉:天福、天医、玉堂、神在。凶:黑道、游祸、重丧、血支,癸年上朔。

宜:修舍、裁衣、补垣塞穴、作厕。忌:出行、治病、针刺、启攒、安葬。

55.戊午　火○　建义

吉:司命黄道、月恩、满德星、金堂、龙德。凶:天地转煞、天瘟、火星、月厌。

宜:祭祀、袭爵、穿牛。忌:诸事不吉。

56.己未　火○　除专

吉:上吉、六合、神在。凶:黑道、龙虎。

宜:祭祀、会亲、结婚、出行、移徙、修造动土、立券交易、栽种、牧养、剃头、冠笄、修筑、入宅、安床、行船、盖屋、入学、作仓开库、竖造、除服、定磉、分居。

57.庚申　木○　满专

吉:天德、显星、黄道、青龙、上吉。凶:黑星、罪至、土瘟。

宜:袭爵受封、出行、移徙、修造、开市、裁衣、破土安葬、剃头、放债、纳财、作灶。忌:余事不吉。

58.辛酉　木○　平专

吉:明堂黄道、月德合、活曜星。凶:地贼、天罡、勾绞、大败、六不成、地火。

宜:祭祀、泥墙治路。忌:凡事不吉。

59.壬戌　水○　定伐

吉:天仓、月空、普护、神在。凶:黑道、死气、官符、四废。

宜:结婚、会亲、修造动土、竖造上梁、安碓、裁衣、牧养、冠带。忌:临官、栽植。

60.癸亥　水○　执专

吉:天德、福生、神在。凶:黑道、小耗、正四废、劫杀、朱雀,甲年上朔。

宜:祭祀、祈福、捕捉、畋猎。忌:凡事不吉。

六　月

六月建未　天德甲，月德甲，地月将在午，自小暑、大暑后并作六月节气使用。天道东行，宜向东行，宜修造东方，吉。

小暑大暑后太阳尚在未始过丁小吉胜光为天月将　《授时历》日时刻躔鹑首之次，宜用艮巽坤乾时；某日时刻躔娵訾之次，宜用癸乙丁辛时。

初一　天地凶败、大空亡	十六　四不祥、赤口
初二　龙禁	十七　大空亡
初三　四方耗、龙禁、杨公忌	十八　六壬空
初四　四不祥、赤口	十九　四不祥
初五　小空亡、日忌	二十　天地凶败、短星、龙禁
初六　六壬空	廿一　小空亡
初七　四不祥	廿二　天休废
初八　龙禁	廿三　瘟星入、月忌
初九　大空亡	廿四　六壬空
初十　赤口、长星	廿五　大空亡
十一　天乙绝气	廿六　瘟星出、龙禁
十二　六壬空	廿七　天休废
十三　小空亡	廿八　四不祥、赤口
十四　月忌、龙禁	廿九　小空亡
十五	三十　六壬空

1.甲子　金○　执义

吉：天恩、天德、月德、上吉、金堂、神在。凶：天瘟、九空、焦坎、归忌、小耗、月火。

宜:祭祀、上官赴任、捕捉、解除、破土。忌:结婚、嫁娶、移徙、治病、纳财、乘船。

2.乙丑　金○　破制

吉:天喜、天恩、显星、神在。凶:黑道、龙虎、大耗、大败、六不成、独火。

宜:祭祀、疗病、破屋坏垣。忌:诸事不吉。

3.丙寅　火○　危义

吉:天恩、金匮黄道、活曜星、母仓、曲星。凶:游祸、罪至、刀砧。

宜:上官、出行、结婚、下定、安床、修造动土、开市、交易、立券、冠笄、作仓、修筑、给由、入宅、出火、赴举、进人口、定磉、起染、栽种、雕刻。忌:治病、猪椆。

4.丁卯　火○　成义

吉:天恩、母仓、天德、黄道、敬心、次吉、天喜。凶:飞廉、天火、刀砧。

宜:冠笄、嫁娶、祭祀、结婚、会亲、治病、立券交易、破土、启攒、行船、入仓开库、安碓、动土、修筑、经络、试新、合酱、针灸、下定。忌:赴任、竖柱上梁。

5.戊辰　木○　收专

吉:天恩、普护、神在。凶:黑道、天罡、勾绞、荒芜。

宜:捕捉。忌:随事不吉。

6.己巳　木○　开义

吉:天月德合、福生、传星、玉堂黄道、生气、上吉、母仓。凶:重丧、天贼,巳年上朔。

宜:结婚、剃头、牧养、祈福、动土、安碓、治病、上册受封、开渠穿井、栽植、出兵、拜封、亲民、天井放水。忌:出行、移徙、嫁娶、启攒。

7.庚午　土○　闭伐

吉:天医、月空、天岳、曲星、次吉、六合。凶:黑道、受死、血支、地贼。

宜:补垣塞穴、作厕。忌:余事不吉。

8.辛未　土○　建义

吉:月恩、圣心、龙德、神在。凶:黑道、月建、妖星。

宜:入仓、出行、雕刻、行船、收割、马枋、放债、安葬、竖柱上梁、堆垛、出兵、祭祀、收捕、安床、穿牛、作厕。忌:余事不吉。

9.壬申　金○　除义

吉:司命、黄道、幽微星、益后、神在。凶:火星、四废。

宜:冠笄、求嗣、祭祀、开市、扫舍、给由、解除、破土、安葬、治病。忌:结婚、出行。

10.癸酉　金○　满义

吉:天富、上吉、续世、天仓、不将、神在。凶:黑道、土瘟、血忌、四废。

宜:嫁娶、给由、解除、修舍、开市、经络、裁衣、牧养、破土、安葬、纳财、伐木、起工、安床、造栏栖、盖屋、收割、合酱。忌:祭祀、出兵、针灸、出行。

11.甲戌　火○　平制

吉:天德、月德、青龙黄道、显星、要安。凶:黑道、勾绞、月杀、河魁、地火、冰消。

宜:祭祀、泥墙、治路。忌:余事不吉。

12.乙亥　火○　定义

吉:明堂黄道、满德星、曲星、玉堂、三合。凶:死气、官符,丙年上朔。

宜:入学、出行、冠笄、结婚、修造动土、竖柱上梁、裁衣、上官、下定、作陂、开池、入仓、开库、作灶、安香火、盖屋、修筑、定磉、伐木、设斋、起工、纳畜、绘像。

13.丙子　水○　执伐

吉:金堂、次吉。凶:黑道、九空、焦坎、小耗、归忌、天瘟、蚩尤、月忌。

宜:上官、赴任、解除、捕捉、破土、启攒。忌:余事不吉。

14.丁丑　水○　破宝

吉:天喜、神在。凶:六不成、黑道、大耗、龙虎、大败、独火。

宜:祭祀、治病、破屋坏垣。忌:诸事不吉。

15.戊寅　土○　危伐

吉:天瑞、活曜星、金匮黄道、母仓、传星。凶:游祸、罪至、刀砧。

宜:结婚、会亲、出行、移徙、安床、修造动土、立券交易、冠笄、嫁娶、作灶、修筑、起染、栽种、牧养、披剃、定磉、竖造、进人口、裁衣。忌:安葬、启攒、上官。

16.己卯　土○　成伐

吉:天瑞、天德合、月德合、黄道、母仓、天福、敬心。凶:天火、飞廉、重丧、刀砧。

宜:入学、冠笄、作灶、祭祀、下定、结姻、出行、治病、修造动土、立券、牧养、剃头、嫁娶、经络、入仓开库、祈福、合酱、安碓、交易、裁衣、栽种、收割、试新、筑修。

17.庚辰　金○　收义

吉:月恩、月空、普护、神在。凶:黑道、天罡、勾绞、荒芜。

宜:捕捉。忌:诸事不吉。

18.辛巳 金○ 开伐

吉:天恩、玉堂黄道、天瑞、天福、月恩、生气。凶:月厌、天贼、火星,丁年上朔。

宜:祈福、会亲、治病、词讼、剃头、求医、修舍、栽种、安神、绘像、开市、求婚、施恩、拜封、亲民、试亲。忌:出行、移徙、安葬、启攒、竖柱、作灶、嫁取。

19.壬午 木○ 闭制

吉:天恩、吉庆星、明星、六合、天医、神在。凶:黑道、受死、四废、血支、地贼。

宜:破土、补垣塞穴、立券、安葬。忌:诸事不吉。

20.癸未 水○ 除伐

吉:天恩、显星、圣心、龙德、不将。凶:黑道、月建、四废。

宜:结婚、嫁娶、安葬、交易、收割、穿井、入仓开库。忌:余事不吉。

21.甲申 水○ 建伐

吉:天德、月德、上吉、司命、黄道、幽微星、益后、不将、神在、曲星。

宜:入学、冠笄、解除、嫁娶、治病、修造动土、造畜栏、开市、破土安葬、造门房、祈福、受封、出火、作池、开仓、穿井、修筑、栽种、进人口、割蜂、收割、设斋、雕刻、出行。

22.乙酉 水○ 满伐

吉:天仓、续世、不将、神在。凶:黑道、土瘟、血忌、天狗。

宜:嫁娶、纳财、修造动土、开市、经络、裁衣、牧养、破土、安葬、词讼、塞穴。忌:祭祀、结婚、移徙。

23.丙戌 土○ 平宝

吉:青龙黄道、要安、神在。凶:月杀、河魁、勾绞、地火、冰消。

宜:祭祀、泥墙。治路。忌:余事不吉。

24.丁亥 土○ 定伐

吉:明堂黄道、满德星、玉堂、传星、次吉、神在。凶:死气、官符,戊年上朔。

宜:祭祀、结婚、视事、进人口、纳畜、竖造、上梁、会亲、天井、雕刻、堆垛、断蚁。

25.戊子 火○ 执制

吉:金堂。凶:独火、黑道、归忌、小耗、天瘟、九空、焦坎、蚩尤、月火。

宜:解除、裁衣、栽植、捕捉、上官、进章、赴任、沐浴。忌:余事不吉。

26.己丑 火● 破专

吉:天德合、月德合、神在。凶:黑道、大耗、重丧、龙虎、十恶大败、六不成。

宜:祭祀、治病、破屋坏垣。忌:诸事不吉。

27.庚寅　木○　危制

吉:天福、金匮黄道、活曜星、上吉、月空、母仓。凶:火星、游祸、罪至、刀砧。

宜:结婚、会亲、安床、修造动土、开市、交易、破土、安葬、立券、上表、入学、出行、赴举、给由、栽种、养蚕、祭祀、进人口、成服。忌:治病、竖柱、作灶、牧养。

28.辛卯　木○　成制

吉:天福、月恩、母仓、天德、黄道、敬心、天喜。凶:天火、刀砧、飞廉。

宜:祭祀、结婚、会亲、治病、修造动土、安碓、立券交易、破土、安葬、启攒、入学、祈福、针灸、冠笄、入仓开库、出行、求婚、下定、嫁娶、进人口。忌:移徙。

29.壬辰　水○　收伐

吉:天福、显星、普护。凶:荒芜、黑道、天罡、勾绞、四废。

宜:捕捉、畋猎。忌:诸事不吉。

30.癸巳　水○　开制

吉:天福、玉堂、黄道、福生、曲星、生气、母仓。凶:月厌、天贼、四废,巳年上朔。

宜:祈福、袭爵受封、治病、牧养、剃头、结婚、会亲。忌:出行、嫁娶、移徙、动土。

31.甲午　金○　闭宝

吉:天德、月德合、吉庆、天岳、明星。凶:黑道、受死、血忌、地火。

宜:筑堤、立券、补垣塞穴。忌:诸事不吉。

32.乙未　金○　建制

吉:圣心、神在、龙德、不将。凶:黑道、玄武、月建。

宜:祭祀、嫁娶、出行、入仓开库、竖柱上梁、交易、收割、教牛马、畜栏、穿井。忌:栽植、服药、开仓。

33.丙申　火○　除制

吉:司命、黄道、上吉、幽微星、传星、益后、天府、明星。

宜:祭祀、开市、解除、治病、安葬、冠带、造门、裁衣、入宅、冠笄、上官、经络、给由、词讼、竖造、作陂、栽植、盖屋、破土、雕刻、扫舍、分居。忌:出行、安床、作灶。

34.丁酉　火○　满制

吉:续世、次吉、神在。凶:土瘟、黑道、血忌、天狗、飞廉。

宜:绘像、安床设帐、纳财、动土、修舍、开经络、裁衣、交易、安葬、给由、冠笄、牧养、沐浴。忌:针灸、纳畜。

35.戊戌　木○　平专

吉:青龙、要安、黄道。凶:月煞、黑道、河魁、勾绞、地火、冰消。

宜:结网、泥饰垣墙、平治道涂。忌:余事不吉。

36.己亥　木○　定制

吉:天德合、月德合、明堂黄道、上吉、玉堂。凶:火星、重丧、死气,庚年上朔。

宜:祈福、临官视事、结网、结婚、出行、纳畜、放债、动土、进人口、针灸、下定。

37.庚子　土○　执宝

吉:天福、月空、次吉、金堂。凶:黑道、小耗、归忌、天瘟、九空、焦坎、月火。

宜:上官赴任、进表、解除、沐浴、捕捉、破土、启攒。忌:余事不吉。

38.辛丑　土●　破义

吉:天喜、天福、月忌、显星。凶:黑道、龙虎、大败、大耗、六不成。

宜:治病、破屋坏垣。忌:余事不吉。

39.壬寅　金○　危宝

吉:金匮黄道、活曜星、母仓、曲星。凶:游祸、罪至、四废、刀砧、伏罪。

宜:结婚、会亲、进人口、安床、修造动土、开市、立券、交易、破土、安葬、入学。忌:词讼。

40.癸卯　金○　成宝

吉:天喜、天德、黄道、母仓、敬心、上吉、明星。凶:天火、四废、刀砧、飞廉。

宜:结婚、会亲、治病、立券、交易、破土、启攒、上官、入学、出行、冠笄、下定、嫁娶、入仓库、祀灶、剃头、进人口、合酱、设斋、试新、纳婢奴、斩草。忌:竖柱、修造。

41.甲辰　火●　收制

吉:天德、月德、普护。凶:黑道、天罡、勾绞、荒芜。

宜:纳财。忌:百事不吉。

42.乙巳　火○　开宝

吉:天福、玉堂黄道、福生、次吉、传星、生气。凶:天贼、地火、月煞,辛年上朔。

宜:祭祀、祈福、牧养、下定、动土、剃头、治病、受封袭爵。忌:作仓、出行、栽植。

43.丙午　水○　闭专

吉:天医、吉庆星、天岳、明星、六合、神在。凶:黑道、受死、血忌、地贼。

宜:扫舍、补垣塞穴、立券。忌:余事不吉。

44.丁未　水○　建宝

吉:圣心、龙德、神在。凶:黑道、月建。

宜:祭祀、出行、祈福、收割、穿教牛马、堆垛、破土、安葬。忌:余事不吉。

45.戊申　土○　除宝

吉:司命黄道、幽微星、益后、天府、明星、不将。凶:火星。

宜:祭祀、袭爵受封、解除、嫁娶、治病、开市、安产室、动土、沐浴、冠笄、求婚。忌:出行立券。

46.己酉　土○　满宝

吉:天恩、天德合、月德合、续世、神在。凶:黑道、土瘟、血忌、重丧、天狗。

宜:受封、解除、出行、纳财、修舍、动土、开市、经络、裁衣、栽种、牧养。忌:祭祀、移徙。

47.庚戌　金○　平义

吉:天恩、月恩、青龙黄道、显星、要安、神在。凶:黑星、月煞、河魁、勾绞。

宜:祭祀、泥墙、治路。忌:余事不吉。

48.辛亥　金○　定宝

吉:天恩、月恩、满德星、明堂、黄道、玉堂、次吉、明星。凶:死气,壬年上朔。

宜:结婚、会亲、下定、纳财、修造动土、竖柱上梁、安碓、裁衣、牧养、纳畜、作灶、进人口、盖屋。忌:余事不吉。

49.壬子　木○　执专

吉:天恩、天瑞、金堂。凶:黑道、正四废、归忌、天瘟、小耗、九空、焦坎、荒芜、月火。

宜:解除、沐浴、捕捉、破土、启攒。忌:余事不吉。

50.癸丑　木○　破伐

吉:天恩。凶:黑道、龙虎、大耗、四废、大败、六不成。

宜:治病、破屋坏垣。忌:凡事不吉。

51.甲寅　水○　危专

吉:天德、月德、母仓、活曜星、金匮黄道、传星。凶:游祸、罪至、刀砧。

宜:上官、结婚、会亲、安床、修造动土、开市交易、起工、安葬、造门、冠笄、入学、下定、作灶、出行、移居、盖屋、作仓、修筑、出火、入宅、教牛马、开池。忌:祭祀。

52.乙卯　水○　成专

吉:天喜、天德、黄道、母仓、敬心、明星、三合、神在。凶:天火、刀砧、飞廉。

宜:祭祀、会亲、治病、立券交易、破土、启攒、安床、入学、出行、冠笄、求婚。忌:修造。

53.丙辰　土○　收宝

吉:普护、神在。凶:黑道、天罡、勾绞、荒芜。

宜:不吉。忌:诸事。

54.丁巳　土○　开专

吉:天福、玉堂黄道、福生、生气、母仓、神在。凶:火星、月厌、天贼,癸年上朔。

宜:祭祀、受封袭爵、治病、开渠、牧养。忌:嫁娶、移徙、种植、安葬、启攒。

55.戊午　火○　闭义

吉:天医、吉庆星、六合、天岳、明星。凶:黑道、受死、血忌、地贼。

宜:作厕、纳财、补塞墙垣。忌:余事不吉。

56.己未　火○　建专

吉:天德合、月德合、显星、圣心、龙德、神在。凶:黑道、重丧、月建。

宜:祭祀、出行、求财、入仓、针灸、收割、纳婢、穿井、堆筑木料、开库、穿井。忌:立券、安葬、服药。

57.庚申　木○　除专

吉:天福、月空、司命黄道、幽微星、次吉、曲星、益后、上吉。凶:五虚、五离。

宜:袭爵受封、给由、盖屋、扫舍、治病、安葬、安产室、动土、破土、起工、竖造、纳畜、入学、冠笄、伐木、造门、修筑、作陂、剃头。忌:出行、结婚、作仓、开市、裁衣。

58.辛酉　木○　满专

吉:月恩、续世、天仓、上吉。凶:黑道、土瘟、血支。

宜:纳财、修仓、经络、裁衣、破土、安葬、盖屋、交易、行船、祀灶、给由、开市。忌:结婚、移徙、祭祀、动土。

59.壬戌　水○　平伐

吉:青龙黄道、要安、不将。凶:黑道、月煞、河魁、勾绞、四废、地火、冰消。

宜:嫁娶、泥墙、治路。忌:诸事不吉。

60.癸亥　水○　定专

吉:玉堂、传星、明堂黄道、满德星。凶:正四废、死气、官符,甲年上朔。

宜:祭祀、会亲友、纳畜、沐浴、临官、视事、进人口。忌:诸事不吉。

七　月

七月建申　天德癸，月德壬，地月将在巳，自立秋、处暑后并作七月节气使用。天道北行，宜向北行，宜修造北方，吉。

立秋/处暑后太阳尚在午/始过丙　胜光/太乙为天月将　《授时历》日时刻躔鹑火之次，宜用乙辛丁癸时；某日时刻躔鹑尾之次，宜用甲寅丙壬时。

初一　杨公忌	十六　大空亡、四不祥
初二　龙禁	十七　六壬空
初三　赤口	十八
初四　小空亡、天休废、四方耗	十九　四不祥
初五　月忌、六壬空	二十　瘟星入、小空亡
初六	廿一　天地凶败、赤口
初七　四不祥	廿二　短星
初八　长星、凶败	廿三　瘟星出、月忌
初九　天休废、赤口	廿四　大空亡
初十	廿五
十一　六壬空	廿六　龙禁
十二　天乙绝气、小空亡	廿七　赤口
十三	廿八　小空亡、四不祥
十四　月忌、龙禁	廿九　六壬空、杨公忌
十五　赤口	三十

1.甲子　金○　定义

吉：天恩、青龙黄道、福生、神在。凶：黑道、死气、官符、四废。

宜:上官赴任、冠带、结婚、修造动土、祭祀、祈福、裁衣、祀灶、出行、纳奴、安床、经络、作陂、行船、入宅、出火、盖屋、定磉、扇架。忌:治病、安葬、启攒、造仓。

2.乙丑　金○　执制

吉:天恩、明堂黄道、母仓。凶:火星、受死、归忌、小耗。

宜:捕捉。忌:凡事不吉。

3.丙寅　火○　破义

吉:天恩、月空、圣心。凶:黑道、大耗、月破、蚩尤。

宜:疗病、破屋、坏垣。忌:凡事不吉。

4.丁卯　火○　危义

吉:天恩、月德合、吉庆星、益后、显星、上吉、神在。凶:黑道。

宜:祭祀、结婚、会亲、入仓开库、安葬、立券交易、启攒、放债、雕刻、安修产室、袭爵受封、起工、竖造、求婚、下定、冠带、栽种、收割、试新、合酱起染。忌:余事不吉。

5.戊辰　木○　成专

吉:天德、天恩、母仓、曲星、次吉、续世、天喜、黄道。凶:月厌、血忌、飞廉。

宜:入学、祈福、求嗣、结婚、竖造上梁、祭祀、动土、交易、安碓、牧养、裁衣设帐、伐木、起工、盖屋、进人口、入仓开库、作灶、定磉。忌:出行、移徙、嫁娶、针灸。

6.己巳　木○　收义

吉:天德、黄道、幽微星、要安、六合。凶:河魁、勾绞、刀砧,乙年上朔。

宜:剃头、捕捉、纳财、栽种、收割、畜纳、结网、进人口、整容、收敛货财。忌:余事不吉。

7.庚午　土○　开伐

吉:玉堂、生气、上吉、月财。凶:黑道、天罡、地砧、重丧、刀砧。

宜:求婚、动土、修筑、穿井、冠笄、开渠、会亲友、剃头、上官、出行、入学、治病。忌:安葬、竖柱、作仓。

8.辛未　土○　闭义

吉:天福、玉堂黄道、次吉、母仓、金堂、传星。凶:月杀、血忌。

宜:冠笄、祭祀、修造动土、上官、出行、交易、分居、竖造、上梁、出火、给由、赴举、修灶、造作、安碓、开池、定磉、移徙、安床、安葬。忌:出纳财、货行船、开仓。

9.壬申　金○　建义

吉:天仓、月德、月恩、天岳、明堂、龙德、神在。凶:黑道、龙虎、大败、六不成。

宜:安葬、作厕、祭祀。忌:诸事不吉。

10.癸酉　金○　除义

吉:天德、次吉、神在。凶:黑道、天瘟、罪至、九空、焦坎、咸池、五离、大败。

宜:裁衣、结婚、祭祀、除服、安葬、解除、沐浴、破土、动土。忌:出行、嫁娶,诸事。

11.甲戌　火○　满制

吉:天富、司命黄道、母仓、敬心、神在。凶:火星、土瘟、天贼、四废、天狗。

宜:纳财、立券、牧养、针灸、会宾客剃头、进人口。忌:嫁娶、祭祀、乘船、起造、作仓。

12.乙亥　火○　平义

吉:活曜星、普护。凶:黑道、游祸、天罡、勾绞、四废、地火、荒芜、冰消,丙年上朔,月火。

宜:平治道涂。忌:余事不吉。

13.丙子　水○　定伐

吉:青龙黄道、月空、次吉、显星、福生。凶:黑星、死气、官符。

宜:上官赴任、冠带、结婚、会亲、沐浴、修造动土、竖柱上梁、安碓、裁衣、纳财、破土、安葬、祈福、伐木、起工、竖造、盖屋、入仓、交易。忌:安产室、作灶。

14.丁丑　水○　执宝

吉:明堂黄道、月德合、上吉。凶:受死、小耗、归忌。

宜:捕捉。忌:随事不吉。

15.戊寅　土○　破伐

吉:天德合、天瑞、圣心。凶:黑道、大耗。

宜:治病、破屋坏垣。忌:凡事不吉。

16.己卯　土○　危伐

吉:上吉、天恩、天瑞、天福、吉庆星、益后。凶:黑道。

宜:祭祀、结婚、会亲、立券交易、安产室。忌:诸事不吉。

17.庚辰　金○　成义

吉:天恩、金匮黄道、传星、续世、上吉、母仓、天喜。凶:月厌、重丧、飞廉、血忌。

宜:祭祀、纳财、问名、治病、求嗣、会亲、交易、栽种、修造、下定、安床帐、入仓开库、祈福、祀灶、雕刻、作灶、竖柱上梁、收割、试新、栽种。忌:启攒、安葬。

18.辛巳　金○　收伐

吉:天恩、天德、黄道、天福、天瑞、要安、六合。凶:河魁、勾绞、刀砧,丁年上朔。

宜:祭祀、作灶、收敛货财、捕捉、剃头、栽植。忌:余事不吉。

19.壬午　木○　开制

吉:天恩、月恩、月德、玉堂、生气、不将、神在。凶:黑道、天火、刀砧、地贼。

宜:祭祀、结婚、会亲、嫁娶、出行、纳财、入学、治病、修造动土、安碓、穿井、开池、交易、冠笄。忌:赴任、移居、苫盖、启攒、安葬、竖柱、作仓。

20.癸未　木○　闭伐

吉:天恩、天德、次吉、玉堂、黄道、天福、母仓。凶:火星、月杀、血支。

宜:嫁娶、出行、赴举、交易、祈福、栽接、补垣塞穴。忌:牧养、乘船、作仓。

21.甲申　水○　建伐

吉:天仓、龙德、天岳、明星、幽微星。凶:黑道、罪至、天瘟、四废、九空、焦坎。

宜:针灸、安葬、祭祀。忌:开仓、安床、栽植。

22.乙酉　水○　除伐

吉:显星、不将、神在。凶:黑、道罪至、天瘟、四废、九空、焦坎。

宜:祭祀、解除、破土、安葬、成服。忌:余事不吉。

23.丙戌　土○　满宝

吉:天福、月空、母仓、次吉、司命、黄道、曲星、敬心。凶:土瘟、天贼、天狗。

宜:捕捉、补垣塞穴、交易、针灸、收养。忌:余事不吉。

24.丁亥　土○　平伐

吉:月德合、活曜星、普护。凶:黑道、游祸、天罡、勾绞、天火、荒芜,戊年上朔,天富、月火。

宜:补墙治路。忌:诸事不吉。

25.戊子　火○　定制

吉:天德合、青龙黄道、福生、三合。凶:黑星、死气、官符、九丑。

宜:上官赴任、冠带、结婚、会亲、修造动土、竖柱上梁、裁衣、伐木、盖屋、起工、下定、经络、纳畜、修筑、定磉、造畜栏、天井。忌:移徙、安产室、栽植。

26.己丑　火●　执专

吉:明堂、黄道、母仓、传星。凶:受死、小耗、归忌。

宜:捕捉。忌:诸事不吉。

27.庚寅　木○　破制

吉:天富、天瑞、圣心。凶:黑道、大耗、重丧、月破。

宜:治病、破屋坏垣。忌:凡事不宜。

28.辛卯　木○　危制

吉:天福、吉庆星、益后、神在。凶:黑道。

宜:祭祀、结婚、给由、天井、词讼、结网、斩草、下定、嫁娶、披剃、安床、栽种、起筑、针灸、冠笄、会亲、交易、安置产室、作厕、雕刻、求嗣、启攒。

29.壬辰　水○　成伐

吉:天福、月德、月恩、金匮黄道、上吉、天喜、母仓。凶:地火、月厌、飞廉。

宜:纳财、问名、结婚、入学、祈福、入仓开库、治病、动土、安碓、筑墙、交易、牧养。

30.癸巳　水○　收制

吉:天德、黄道、幽微星、天福、要安、六合、明星。凶:河魁,巳年上朔。

宜:嫁娶、剃头、纳财、捕捉、收敛货财、栽植。忌:余事不吉。

31.甲午　金○　开宝

吉:显星、玉堂、生气、不将、神在。凶:黑道、四废、天火、刀砧、地贼。

宜:祭祀、嫁娶、婚姻、会亲、出行、入学、治病、修造动土、开渠井、牧养、种莳。

32.乙未　金○　闭制

吉:天医、玉堂黄道、母仓、曲星、金堂、神在。凶:月杀、血支、四废。

宜:祭祀、祈福、修舍、上官、行船、修造、上梁、入学、起造、赴举、给由、破土、补垣塞穴、移居。忌:出行、出财、牧养、针灸、作仓、栽植。

33.丙申　火○　建制

吉:天仓、月空、天岳、明星、龙德星、满德星。凶:黑道、龙虎、大败、六不成。

宜:祭祀、安葬、收割、放债。忌:凡事不吉。

34.丁酉　火○　除制

吉:月德、司命、上吉、神在。凶:黑道、天瘟、罪至、九空、焦坎。

宜:祭祀、解除、修造动土、破土安葬、上官、受封。忌:赴任、嫁娶、出行、开市。

35.戊戌　木○　满专

吉:天德合、母仓、司命黄道、传星、天富、敬心。凶:天贼、土瘟、天狗。

宜:纳财、交易、进人口、剃头、针灸。忌:祭祀、作仓、动土。

36.己亥　木○　平制

吉:天福、普护、活曜星。凶:黑道、天罡、勾绞、游祸、地火、荒芜、庚年上朔,冰消月火。

宜:泥墙治路。忌:凡事不吉。

37.庚子　土○　定宝

吉:天福、上吉、青龙黄道、福生、三合。凶:黑道、重丧、死气、官符。

宜:上官赴任、冠带、会亲、修造动土、竖柱上梁、裁衣、纳畜、出行、起工、入学、出火、交易、安床、盖屋、求婚、纳奴婢、行船、修筑、伐木、定磉、祈福。

38.辛丑　土○　执义

吉:月德、月恩、圣心。凶:火星、受死、小耗、归忌。

宜:捕捉。忌:凡事不吉。

39.壬寅　金○　破宝

吉:月德、月恩、圣心。凶:黑道、大耗、月破。

宜:求医、破屋坏垣。忌:凡事不吉。

40.癸卯　金○　危宝

吉:天德、次吉、吉庆星、显星、益后。凶:黑道。

宜:结婚、会亲、出行、立券交易、安产室、牧养、起染、移居、给由、披剃、赴举、启攒、冠笄、结网、造酒醋、合酱、入仓开库、雕刻、放债。忌:余事。

41.甲辰　火○　成制

吉:天喜、金匮黄道、母仓、曲星、续世。凶:地火、月厌、四废。

宜:纳财、求名、会亲、求医、交易、下定、词讼、祈福、祀灶、进人口、经络。忌:嫁娶、出行、远回、移徙、纳财、针灸、种莳、竖造。

42.乙巳　火○　收宝

吉:天德、天福、黄道、幽微星、要安、六合。凶:四废、刀砧、河魁、勾绞,辛年上朔。

宜:祭祀、针灸、结网、捕捉、披剃、收敛货财。忌:凡事不吉。

43.丙午　水○　开专

吉:玉堂、月空、生气、次吉、月财、神在。凶:黑道、天火、刀砧、地贼。

宜:祭祀、结婚、会亲、出行、入学、治病、修造动土、给由、冠笄、祀灶、安床、开渠、穿井、牧养、祈福、招赘、遣使、修筑。忌:出财货、牧养、针刺、乘船。

44.丁未　水●　闭宝

吉:天恩、天德、次吉、玉堂黄道、天福、母仓。凶:火星、月杀、血支。

宜:入学、求婚、祭祀、修舍、动土、上官、安葬、竖造上梁、出火、筑墙、赴举、移居、栽植、冠笄、鸡栖、塞穴、断蚁、补垣。忌:赴任、苫盖、造六畜、栏枋。

45.戊申　土○　建宝

吉:天德合、天赦、龙德、天岳、明星、六合。凶:黑道、龙虎、月建、大败、六不成。

宜:收割、造猪椆、羊栈、作陂、作厕、祭祀、安葬、出行。忌:余事不吉。

46.己酉　土●　除宝

吉:天恩、神在。凶:黑道、天瘟、罪至、九空、焦坎。

宜:祭祀、解除、破土、安葬。忌:凡事不吉。

47.庚戌　金○　满义

吉:天恩、司命黄道、上吉、母仓、敬心、天富。凶:火星、天贼、土瘟、重丧、天狗。

宜:捕捉、纳财、交易、牧养、剃头、会亲、进人口。忌:祭祀、作仓、安葬、动土。

48.辛亥　金○　平宝

吉:天恩、普护、活曜星。凶:黑道、游祸、天罡、勾绞、地火、荒芜,壬年上朔,月火。

宜:泥墙治路。忌:凡事不宜。

49.壬子　木○　定专

吉:天恩、月恩、月德、天瑞、青龙黄道、福生、显星。凶:黑道、死气、官符。

宜:上官赴任、冠带、结婚、会亲、出行、纳财、修造动土、竖柱上梁、裁衣、安床、安碓、启攒、破土、安葬、出火、入学、作仓库、祈福、交易、伐木、定磉、作厕、起工、修筑。

50.癸丑　木○　执伐

吉:天恩、次吉、母仓、黄道。凶:受死、小耗、归忌。

宜:捕捉、动土。忌:凡事。

51.甲寅　水●　破专

吉:圣心。凶:黑道、正四废、月破、大败。

宜:求医、补垣、针灸、破屋。忌:凡事。

52.乙卯　水○　危专

吉:吉庆星、益后。凶:黑道、正四废。

宜:祭祀、会亲、启攒、求嗣、针灸、结婚、剃头。忌:赴任、移徙、竖造、上梁、出行。

53.丙辰　土○　成宝

吉:天喜、月空、黄道、母仓、传星、续世、次吉。凶:月厌、飞廉、血忌。

宜:入学、结婚、会亲、治病、修造动土、裁衣、伐木、安床、安葬、出火、开池、下定、盖屋、竖柱上梁、作门、开帐、绘像、修筑、立券、入仓库、经络。忌:出行、移徙、纳畜。

54.丁巳　土○　收专

吉:天福、月德合、黄道、幽微星、要安、六合。凶:刀砧、河魁、勾绞,癸年上朔。

宜:收敛货财、结网、祭祀、纳财、捕捉。忌:余事不吉。

55.戊午　火●　开义

吉:天德合、玉堂、生气、月财、神在、不将。凶:黑道、天火、刀砧、地贼。

宜:祭祀、祈福、宴会、求医、成服、冠笄、开渠、修造动土、种植、牧养。忌:赴任、结婚、竖柱、盖屋、作栏、枋造、仓库。

56.己未　木○　闭专

吉:天医、黄道、母仓、金堂。凶:火星、月杀、血支。

宜:祭祀、动土、行船、修筑、塞穴、断蚁。忌:出行、牧养、竖造、作灶、出财、针灸。

57.庚申　木○　建专

吉:天福、明星、天仓、满德、龙德。凶:黑道、龙虎、重丧、月建、大败、六不成。

宜:收割、修厨、作厕、牛栏、羊栈、放债、修造、出行。忌:诸事不吉。

58.辛酉　木○　除专

吉:显星、神在。凶:黑道、天瘟、罪至、九空、焦坎。

宜:解除、沐浴、破土、安葬。忌:余事不吉。

59.壬戌　水○　满伐

吉:天富、月德、月恩、敬心、曲星、母仓、上吉。凶:天贼、土瘟、天狗。

宜:会亲、交易、牧养、披剃、补垣塞穴。忌:余事不吉。

60.癸亥　水○　平专

吉:天德、活曜星、普护。凶:黑道、游祸、天罡、勾绞,甲乙年十恶大败,甲年上朔。

宜:治路泥墙。忌:诸事不吉。

八　月

八月建酉　天德艮，月德庚，地月将在辰，自白露、秋分后并用八月节气用。天道东北行，宜向东北行，宜修造东北维。

白露/秋分后太阳尚在巳/始过巽太乙/天罡为天月将　《授时历》日时刻躔鹑尾之次，宜用甲庚丙壬时；某日时刻躔寿星之次，宜用乾巽坤艮时。

初一	十六　四不祥
初二　长星、天地凶败、龙禁、赤口	十七
初三　小空亡、龙禁	十八　天地凶败、短星、天休废
初四　四不祥、六壬空	十九　小空亡、短星
初五　月忌、长星、四方耗	二十　赤口、龙禁
初六	廿一　六壬空
初七　大空亡、四不祥	廿二　龙禁
初八　赤口、龙禁	廿三　大空亡、月忌
初九	廿四
初十　六壬空	廿五
十一　小空亡	廿六　龙禁、赤口
十二	廿七　瘟星入、杨公忌、小空亡
十三　天乙绝气、天休废	廿八　四不祥、六壬空
十四　月忌、龙禁、赤口	廿九
十五　大空亡	三十　瘟星出

1.甲子　金○　平义

吉:天恩、月空、司命黄道、玉堂。凶:火星、河魁、勾绞、大败、六不成、四废。

宜:祭祀、泥墙治路。忌:余事不吉。

2.乙丑　金○　定制

吉:天德、月德合、上吉、母仓、金堂、满德星、神在。凶:勾陈黑道、死气、官刑。

宜:祭祀、结婚、会亲、修造动土、竖柱上梁、裁衣、牧畜、上官、出行、嫁娶、安床、入宅、出火、纳奴、安碓、盖屋、作灶、纳畜。忌:冠笄、交易、栽植、出财。

3.丙寅　火○　执义

吉:天恩、天德、次吉、青龙黄道、显星。凶:黑道、龙虎、归忌、小耗。

宜:冠笄、会亲、修造动土、解除、捕捉、破土、启攒、纳表章。忌:嫁娶、移徙。

4.丁卯　火○　破义

吉:天恩、明堂、黄道、曲星、神在。凶:月厌、天贼、罪至、小耗、荒芜。

宜:破屋坏垣、疗病。忌:诸事不吉。

5.戊辰　木○　危专

吉:天恩、母仓、活曜星、次吉、六合、天喜。凶:黑道、月杀、天刑。

宜:祭祀、结婚、安床、交易、立券、栽植、下定、裁衣、作灶、起工、起染、雕刻。忌:临官、牧养。

6.己巳　木○　成义

吉:天喜、普护、天医。凶:黑道、刀砧、丙年、上朔。

宜:冠笄、结婚、入学、给由、治病、修造动土、竖柱上梁、立券交易、安碓磨、入仓开库。忌:临官、启攒、安葬、造畜栏。

7.庚午　土○　收伐

吉:月德、黄道、传星、福生。凶:天罡、勾绞、地贼、刀砧、九空、焦坎。

宜:针灸、教牛、剃头、捕捉。忌:余事不吉。

8.辛未　土○　开义

吉:天仓、母仓、黄道、生气。凶:受死、重丧、五虚。

宜:纳财。忌:百事不吉。

9.壬申　金○　闭义

吉:天医、圣心、吉庆星、神在。凶:黑道、游祸、天瘟、血支。

宜:解除、破土、安葬、补垣塞穴、栽植。忌:结婚、交易、治病、针灸、纳畜。

10.癸酉　金○　建义

吉:月恩、玉堂黄道、龙德、益后。凶:天地转杀、火星、天火。

宜:袭爵受封、祭祀、出行。忌:余事不吉。

11.甲戌　火○　除制

吉:天空、天岳、明星、母仓、幽微星、续世、神在。凶:黑道、四废、血忌、独火、月火。

宜:上表、冠笄、祭祀、解除、求嗣、动土、栽种、行船、入仓、除服、修舍、给由、考满、修筑、扫舍、开池、造畜、栏栈。忌:结婚、修造、开库、针灸。

12.乙亥　火○　满义

吉:福德、天德合、月德合、上吉、要安、显星。凶:黑道、四废、飞廉,丙年上朔。

宜:出行、受封、修舍、开市、裁衣、上官、入学、交易、求婚、行船、入仓开库、伐木、起工、作门、上册、冠笄、剃头、竖造、祀灶、出火、教牛马、移居、入宅。

13.丙子　水○　平伐

吉:黄道、曲星、玉堂。凶:河魁、勾绞、地火、大败、六不成。

宜:泥墙、治路、饰壁、针灸。忌:诸事不吉。

14.丁丑　水○　定宝

吉:满德星、母仓、金堂、次吉。凶:黑道、死气、牧养。

宜:祭祀、会亲、结网、修造动土、竖柱上梁、安碓、裁衣、牧养、破土、安葬出行、交易、经络、祈福、纳畜、栽植、针灸。忌:安产室、临官、剃头、冠笄。

15.戊寅　土○　执伐

吉:天德、天瑞、青龙黄道、次吉。凶:黑道、归忌、龙虎、小耗。

宜:冠笄、解除、会亲、修造动土、捕捉、平基、起工、竖造、安葬、剃头、进章。忌:余事不吉。

16.己卯　土●　破伐

吉:天恩、天瑞、天福、明堂黄道、传星、神在。凶:月厌、天贼、罪至、大耗、荒芜。

宜:治病、破屋坏垣。忌:诸事不吉。

17.庚辰　金○　危义

吉:天喜、天恩、月德、母仓、活曜星、敬心、上吉。凶:黑道、月杀、蚩尤。

宜:祭祀、纳采问名、立券交易、上官、下定、竖造、安床、分居、作灶、绘像、收割。

18.辛巳　金○　成伐

吉:天恩、天福、天瑞、天喜、次吉、普护、不将。凶:黑道、刀砧、重丧,丁年上朔。

宜:会亲、治病、交易、纳财、上仓库、起染。忌:启攒、安葬、合酱、作栏枋。

19.壬午　木○　收制

吉:天恩、金匮黄道、福生。凶:火星、天罡、勾绞、刀砧、九空、焦坎、地贼、冰消。

宜:祭祀、捕捉。忌:余事不吉。

20.癸未　木○　开伐

吉:天德、月恩、母仓。凶:受死、荒芜。

宜:纳财。忌:诸事不吉。

21.甲申　水○　闭伐

吉:天医、月空、吉庆星、上吉、圣心、显星、神在。凶:黑道、游祸、天瘟、四废。

宜:嫁娶、交易、破土、安葬、上官、伐木、裁衣、经络、作陂、开池、补垣塞穴、设帐、解除。忌:结婚、治病、针灸、出行、开会、安床、纳畜、交易。

22.乙酉　水○　建伐

吉:玉堂黄道、曲星、月德合、龙德、益后。凶:天火、四废、天地转杀。

宜:祭祀、受封袭爵、出行、安置产室。忌:余事不吉。

23.丙戌　土○　除宝

吉:幽微星、母仓、天喜、明星、续世。凶:黑道、血忌、独火。

宜:上官、祭祀、求嗣、解除、修造动土、栽种、冠笄、雕刻、教牛马。忌:余事。

24.丁亥　土○　满伐

吉:天医、天德合、次吉、要安、天富。凶:黑道、土瘟、飞廉、天狗,戊年上朔。

宜:冠笄、给由、经络、开市、词讼、针灸、放债、补垣塞穴。忌:余事。

25.戊子　火○　平制

吉:司命黄道、玉堂、传星。凶:河魁、勾绞、地火、大败、六不成。

宜:泥墙治路。忌:诸事不吉。

26.己丑　火●　定专

吉:满德星、母仓、上吉、金堂。凶:黑道、死气、官符。

宜:祭祀、作灶、会亲、嫁娶、入仓开库、放债、纳畜、栽种。忌:上官、治病、冠笄。

27.庚寅　木○　执制

吉:天德、青龙黄道、月德、上吉、天福、天瑞。凶:黑道、龙虎、小耗、归忌。

宜:上官、会亲、修造、捕捉、冠笄、破土、安葬、定磉、竖柱、盖屋、入学、赴举、行船、给由、修筑。忌:结婚、嫁娶、出行、移徙、开市、交易、远回。

28.辛卯　木○　破制

吉:天福、明堂、黄道、神在。凶:月厌、天贼、火星、重丧、大耗、罪至、荒芜。

宜:祭祀、治病、破屋坏垣。忌:诸事不吉。

29.壬辰　水○　危伐

吉:天福、活曜星、母仓、敬心、六合。凶:黑道。

宜:纳采问名、结婚、出行、移徙、修造动土、立券、安床、交易、竖造、入学、修筑、安葬、起染、下定、分居、裁衣、作灶、绘像。忌:冠笄、开市、嫁娶。

30.癸巳　水○　成宝

吉:天福、活曜星、母仓、显星、天喜、不将。凶:黑道、刀砧,巳年上朔。

宜:结婚、嫁娶、冠笄、移徙、纳财、入学、治病、修造动土、竖柱上梁、安碓磨、栽种、牧养。忌:临官视事、启攒、安葬、作畜栏。

31.甲午　金○　收宝

吉:月空、黄道、曲星、福星。凶:天罡、勾绞、九空、焦坎、地贼、四废、冰消。

宜:祭祀、捕捉、剃头。忌:凡事不吉。

32.乙未　金○　开制

吉:天仓、月德合、母仓、上吉。凶:受死、四废。

宜:纳财。忌:诸事不吉。

33.丙申　火○　闭制

吉:天喜、敬心、吉庆星、神在。凶:黑道、游祸、血支、天瘟。

宜:解除、破土、安葬、补垣塞穴、作陂。忌:结婚、治病、立券、交易、针灸、出行。

34.丁酉　火○　建制

吉:玉堂黄道、益后、传星、龙德。凶:天火、天地、转杀。

宜:祭祀、袭爵受封、出行、词讼、伐木、补垣塞穴。忌:百事不吉。

35.戊戌　木○　除专

吉:幽微星、母仓、天岳、明星、续世。凶:黑道、血忌、独火、月火。

宜:冠笄、解除、栽植、除服、修舍、治病。忌:余事不吉。

36.己亥　木○　满制

吉:天福、要安、天德合、次吉、天富。凶:黑道、土瘟、飞廉、天狗,庚年上朔。

宜:出行、移徙、修造动土、竖柱上梁、盖屋、经络、裁衣、入仓开库、词讼、针灸。忌:余事不吉。

37.庚子　土○　平宝

吉:天福、月德、司命黄道、玉堂。凶:火星、河魁、勾绞、地火、大败、六不成。

宜:泥墙、治路、针灸。忌:余事不吉。

38.辛丑　土○　定义

吉:天福、满德星、母仓、玉堂。凶:黑道、重丧、死气、官符、勾陈。

宜:结婚、会亲、裁衣、牧养、纳畜、针灸、作厕、栽植。忌:修造、动土,凡事不吉。

39.壬寅　金○　执宝

吉:天德、青龙、月德、玉堂、上吉。凶:黑道、龙虎、小耗、归忌。

宜:解除、修造动土、会亲友。忌:纳表、破土、安葬、入学、剃头、定磉。

40.癸卯　金○　破宝

吉:明堂黄道、月恩、曲星。凶:月厌、天贼、罪至、大耗、荒芜。

宜:破屋坏垣、治病。忌:诸事不吉。

41.甲辰　火○　危制

吉:月空、母仓、活曜星、六合、敬心、不将。凶:黑道、月杀、四废。

宜:纳采问名、立券交易、经络、祀灶、祈福、安帐、收割、移居、起染、畋猎、捕鱼、结网罟。忌:余事不吉。

42.乙巳　火○　成宝

吉:天福、月德合、天恩、普护、天喜。凶:黑道、刀砧、四废,辛年上朔。

宜:祭祀、纳采、疗病、交易、给由、赴举、剃头、安碓、冠笄、针灸、试新、出兵、启攒。

43.丙午　水○　收专

吉:金匮黄道、传星、福生、神在。凶:天罡、勾绞、刀砧、九空、焦坎、地贼、冰消。

宜:祭祀、针灸。忌:诸事不吉。

44.丁未　水○　开宝

吉:天德、天仓、黄道、母仓、次吉、生气。凶:受死、荒芜。

宜:不吉。忌:诸事不吉。

45.戊申　土●　闭宝

吉:天赦、吉庆星、次吉、圣心、天医、神在。凶:黑道、游祸、天瘟、血忌。

宜:出行、解除、嫁娶、沐浴、补垣塞穴、伐木、起工、作厕。忌:结婚、治病、针灸、立券交易。

46.己酉　土●　建宝

吉:天恩、玉堂黄道、益后、龙德。凶:天火、天地转杀、火星。

宜:祭祀、出行、袭爵受封。忌:诸事不吉。

47.庚戌　金●　除义

吉:天恩、月德、母仓、天岳、明星、上吉、续世。凶:黑道、独火、血忌、月火。

宜:祭祀、求嗣、上官、解除、修造动土、栽植。忌:结婚、针刺、纳财、牧养。

48.辛亥　金○　满宝

吉:天恩、显星、要安、天德合、次吉、天富。凶:黑道、飞廉、土瘟、重丧,壬年上朔。

宜:出行、移徙、修造、动土、经络、裁衣、行船、伐木、祀灶、盖屋。忌:结婚、移徙、安葬。

49.壬子　木○　平专

吉:天恩、天瑞、司命黄道、曲星、玉堂。凶:河魁、勾绞、大败、地火、六不成。

宜:泥墙、治路、针灸。忌:余事不吉。

50.癸丑　木○　定伐

吉:天恩、月恩、满德星、母仓、金堂、次吉。凶:黑道、死气、官符。

宜:上官、结婚、出行、会亲、移徙、动土、修造、上梁、裁衣、纳财、牧养、盖屋、出火、放债、雕刻、进人口、嫁娶、安葬、入仓开库、造栏栈、作厕。忌:治病、词讼、冠笄。

51.甲寅　水●　执专

吉:天恩、月空、上吉、青龙黄道。凶:黑道、正四废、龙虎、小耗、归忌。

宜:会亲、捕捉、破土、启攒、剃头。忌:余事不吉。

52.乙卯　水○　破专

吉:明星、黄道、月德合、传星、神在。凶:月厌、天贼、罪至、四废、大耗、荒芜。

宜:坏垣、治病、破屋。忌:诸事不吉。

53.丙辰　土○　危宝

吉:活曜星、母仓、六合、敬心、神在。凶:黑道、蚩尤、月厌。

宜:祭祀、结婚、安床、纳财、立券交易、上官、裁衣、起工、竖造、上梁、下定、分居、入宅、安葬、入学、修筑、祀灶、赴举、经络。忌:嫁娶、牧养、作灶。

54.丁巳　土○　成专

吉:天福、普护、次吉、天喜、三合、天医。凶:黑道、刀砧,癸年上朔。

宜:祭祀、结婚、疗病、竖柱上梁、交易、入学、冠笄、天井、雕刻、祈福、纳财、牧割、安床、赴举、求医、词讼、作厕。忌:出行、动土、安葬、交易、修栏枋。

55.戊午　火●　收义

吉:金匮黄道、福生、不将、神在。凶:火星、天罡、勾绞、九空、焦坎、地火、冰消。

宜:祭祀、嫁娶、捕捉。忌:凡事不吉。

56.己未　火○　开专

吉:天德、天仓、黄道、母仓。凶:受死、荒芜。

宜:宴会、纳财。忌:诸事不吉。

57.庚申　木●　闭专

吉:天福、月德、吉庆星、圣心、显星、上吉、神在。凶:黑道、游祸、天瘟、血支。

宜:入学、给由、考满、解除、出行、破土、安葬、伐木、开库、破屋坏垣、起工。忌:治病、交易、安床、结婚。

58.辛酉　木○　建专

吉:玉堂黄道、曲星、龙德、益后、神在。凶:月建、天火、重丧、天地、转杀。

宜:祭祀、祈福、袭爵受封、交易、修置、产室、出行、穿井。忌:余事不吉。

59.壬戌　水○　除伐

吉:幽微星、明星、母仓、续世。凶:独火、黑道、血忌、月火。

宜:除服、栽种、收割、塞鼠、断蚁、冠笄、解除、出行、移徙、修造、动土。忌:结婚、治病、牧养、针灸。

60.癸亥　水○　满专

吉:天富、天德合、月恩、要安、神在。凶:黑道、天狗、飞廉、土瘟、五虚,甲年上朔。

宜:祀灶、收割、剃头、修筑、开市、经络、补塞、种植、开池、作陂、祈福、开张、施恩、拜封、修作仓库、塞鼠、断蚁。忌:祭祀、嫁娶、上官、动土、上梁、安葬。

九　月

九月建戌　天德丙，月德丙，地月将在卯，自寒露、霜降后并作九月节气使用。天道南行，宜向南行，宜修造南方，吉。

寒露霜降后太阳尚在辰始过乙天罡太冲为天月将　《授时历》日时刻躔寿星之次，宜用艮巽坤乾时；某日时刻躔大火之次，宜用丁癸乙辛时。

初一　赤口	十六　天地凶败、短星、四不祥
初二　小空亡、龙禁、四方耗	十七　瘟星入、短星
初三　赤口、凶败、长星、六壬空	十八　小空亡
初四　四不祥、长星	十九　四不祥、赤口
初五　月忌	二十　瘟星出、龙禁
初六　大空亡	廿一　六壬空
初七　赤口、四不祥	廿二　天休废、大空亡
初八　龙禁	廿三　月忌
初九　六壬空	廿四
初十　小空亡	廿五　杨公忌、赤口
十一	廿六　小空亡、龙禁、六壬空
十二　短星	廿七　天休废
十三　赤口	廿八　四不祥
十四　月忌、龙禁、天乙绝气	廿九
十五　六壬空	三十　大空亡

1.甲子　金●　满义

吉：天恩、天岳、明星、普护、次吉、天富。凶：黑道、天火、飞廉、归忌、四废、土瘟。

宜:冠笄、会亲、开市、经络、行船、剃头、沐浴。忌:嫁娶、移徙、竖柱、上梁、动土。

2.乙丑　金●　平制

吉:天恩、显星、母仓、活曜星、福生。凶:黑道、月煞、天罡、勾绞、四废、地火。

宜:祭祀、泥墙、泥壁、治路。忌:余事不吉。

3.丙寅　火●　定义

吉:天恩、曲星、司命黄道、天德、月德。凶:月厌、受死、死气、官符、九空、焦坎。

宜:安产室、破土、启攒。忌:余事不吉。

4.丁卯　火○　执义

吉:天恩、六合、神在。凶:黑道、小耗、咸池、勾陈、大败、天火。

宜:上官赴任、修造、动土、求婚、冠笄、祭祀、捕捉、启攒、移居、针灸、上表章。忌:结婚、交易、嫁娶、出财、开市、行船、作仓。

5.戊辰　木●　破专

吉:天恩、青龙黄道、母仓、益后、神在。凶:黑道、大耗、大败、六不成。

宜:祭祀、安产室、破屋坏垣。忌:诸事不吉。

6.己巳　木○　危义

吉:明堂黄道、吉庆星、次吉。凶:大败、刀砧、血忌、重丧、游祸、地贼,乙年上朔。

宜:结婚、安床、下定、进人口、收割。忌:凡事不吉。

7.庚午　土○　成伐

吉:天喜、月恩、要安、次吉、母仓、天仓、土旺后。凶:黑道、刀砧、蚩尤。

宜:上官、结婚、嫁娶、移徙、剃头、纳财、修造、动土、竖柱上梁、治病、安葬、入学、出行、安床、给由、赴举、盖屋、祀灶、修筑、造门、作仓、定磉、交易、造砌天井。

8.辛未　土○　收义

吉:天德合、月德合、幽微星、玉堂、母仓。凶:黑道、河魁、勾绞、荒芜、冰消。

宜:祭祀、捕捉、纳财。忌:余事吉。

9.壬申　金○　开义

吉:金匮黄道、月德、月空、金堂、生气、神在。凶:火星、天贼。

宜:祭祀、解除、疗病、上官、冠笄、进人口、动土、披剃。忌:竖柱、作灶、开市、安床。

10.癸酉　金○　闭义

吉:天医、天德黄道、次吉、神在。凶:独火、龙虎、血支、月火。

宜:出行、移徙、沐浴、修造、动土、经络、给由、赴举、破土、安葬、补垣塞穴、起染、作鸡栖、收割、祀灶、安床、作厨、祭祀。忌:赴任、结婚、治病、交易。

11.甲戌　火○　建制

吉:显星、满德星、龙德、母仓。凶:黑道、月建、罪至、四废。

宜:竖造、安葬、破土、穿牛、作牛栏猪栏鸡栖、教马、祭祀、盖屋、出行。忌:余事不吉。

12.乙亥　火○　除义

吉:玉堂黄道、曲星、次吉、敬心。凶:四废,丙年上朔。

宜:袭爵受封、上官赴任、给由、进人口、解除、扫舍、沐浴、疗病、开市、裁衣、作灶、冠笄、剃头、求医、会亲友、起工、除服。忌:余事不吉。

13.丙子　水○　满伐

吉:天德、月德、上吉、天岳、明星、普护、天富。凶:黑道、天火、飞廉、土瘟、归忌、天狗。

宜:入学、经络、开市、破土、启攒、交易、针灸、求婚、赴举、冠笄、词讼、放债、沐浴、结婚、宴会、上官、雕刻、塞鼠、开池。忌:嫁娶、移徙、上梁、动土、乘船、苫盖。

14.丁丑　水●　平宝

吉:活曜星、母仓、福生。凶:黑道、月煞、地火、天罡、勾绞。

宜:祭祀、教马、结网、泥饰垣墙、平治道涂。忌:诸事不吉。

15.戊寅　土●　破义

吉:司命黄道、传星。凶:月厌、死气、官符、受死、九空、焦坎。

宜:不吉。忌:诸事不吉。

16.己卯　金○　定伐

吉:天恩、天瑞、天福、六合、圣心、神在。凶:黑道、重丧、小耗。

宜:祭祀、上官赴任、修造、动土、盖屋、纳表、伐木、词讼、修筑、披剃、冠笄。忌:移徙、交易、结婚、嫁娶、出财、开市、启攒、行船、安葬。

17.庚辰　土●　执伐

吉:天恩、月恩、母仓、青龙黄道、益后。凶:黑道、大耗,丙辛年十恶大败。

宜:祭祀、破屋坏垣。忌:诸事不吉。

18.辛巳　金○　危伐

吉:天恩、天德合、月德合、上吉、天福。凶:火星、游祸、刀砧、地贼、血忌,丁年上朔。

宜:祈福、求嗣、会亲、嫁娶交易。忌:诸事不吉。

19.壬午　木○　成制

吉:天恩、月恩、要安、天喜、土旺后、母仓、天医、上吉、神在。凶:黑道、刀砧。

宜:结婚、出行、修造、动土、竖柱上梁、交易、安葬、出火、入学、下定、破土、作厕、针灸、作灶、治病、栽种、作仓、定磉、剃头、天井、上表章、祭祀。忌:造畜栏。

20.癸未　木●　收伐

吉:天恩、幽微星、母仓、玉堂、显星。凶:黑道、河魁、勾绞、冰消瓦陷、荒芜。

宜:不吉。忌:诸事不吉。

21.甲申　水●　开伐

吉:金柜黄道、曲星、金堂、次吉、生气、神在。凶:天贼、四废。

宜:冠笄、上官赴任、袭爵受封、剃头、牧养、治病、开渠、针灸、安床、沐浴。忌:作仓、开市、出行、嫁娶。

22.乙酉　水○　闭伐

吉:天医、天德、黄道、神在。凶:龙虎、血支、四废、独火、月火。

宜:祭祀、解除、沐浴、修造、破土、补垣塞穴、裁衣、设帐、合帐。忌:余事不吉。

23.丙戌　土○　建宝

吉:天德、月德、母仓、龙德、满德、神在。凶:黑道、月建、罪至。

宜:祭祀、出行、伐木、进人口、求财、起染、立券、冠笄、作陂塘、造畜栏。忌:余事不吉。

24.丁亥　土○　除伐

吉:玉堂黄道、传星、敬心、神在。凶:戊年上朔。

宜:祭祀、开市、解除、治病、扫舍、上官、裁衣、词讼、针灸、进人口、雕刻、除服、作厕、堆垛、起染、割蜂、移居、会亲友。忌:余事不吉。

25.戊子　火○　满制

吉:天富、天岳、明星、普护、上吉。凶:黑道、天火、土瘟、飞廉、归忌、天狗。

宜:开市、经络、进人口、词讼、披剃。忌:嫁娶、移徙、动土、竖柱上梁、安葬。

26.己丑　火●　平专

吉:母仓、活曜星、福生。凶:黑道、月煞、天罡、勾绞、重丧、地火。

宜:祭祀、泥墙、治路。忌:凡事不吉。

27.庚寅　木○　定制

吉:天福、天瑞、天恩、司命黄道。凶:火星、月厌、受死、死气、官符、九空、焦坎。

宜:会亲友、破土、安葬。忌:百事不吉。

28.辛卯　木○　执制

吉:天德合、天福、月德合、六合、圣心、神在。凶:黑道、小耗。

宜:上官赴任、纳表、修造、动土、捕捉、破土、启攒、祭祀、祈福、冠笄、入学、针灸、安床、起工、盖屋、入宅、词讼、给由、修筑、求婚、嫁娶、作灶、修厨、斩草。

29.壬辰　水○　破伐

吉:天福、月空、青龙黄道、显星、母仓、益后。凶:黑道、大耗、大败、六不成。

宜:安产室、破屋坏垣。忌:余事不吉。

30.癸巳　水○　危制

吉:天福、明堂黄道、续世、母仓。凶:天瘟、地贼、游祸、刀砧、血忌,巳年上朔。

宜:结嫁、娶婚、捕鱼、安床。忌:余事不吉。

31.甲午　金○　成宝

吉:天喜、要安、母仓、三合、天医、神在。凶:黑道、刀砧、蚩尤、四废。

宜:祭祀、结婚、剃头、纳财、治病、修造、破土、启攒、竖柱上梁、上官、交易、动土、移居、安碓、设斋、收割、会亲友、进人口、给由。忌:赴任、冠笄、造栏枋。

32.乙未　金○　收制

吉:幽微星、玉堂、母仓、神在。凶:黑道、刀砧、河魁、勾绞、荒芜、冰消。

宜:捕捉。忌:凡事不吉。

33.丙申　火●　开制

吉:天德、金匮黄道、月德、传星、金堂、生气。凶:天贼。

宜:上官赴任、祭祀、治病、进人口、牧养、穿井、沐浴、开渠、解除、施恩、拜封、颁诏、袭爵受封。忌:结婚、嫁娶、乘船、交易、出行、作仓、开市。

34.丁酉　火○　闭制

吉:天医、天德黄道、神在。凶:龙虎、血忌、独火、斧头杀、月火。

宜:祭祀、修舍、补塞、给由、起染、解除、词讼、作厕。忌:结网、治病、交易。

35.戊戌　木○　建专

吉:母仓、龙德、满德星。凶:黑道、月建、罪至。

宜:雕刻、收割、作厕、起染、堆垛、修造、盖屋、穿牛、造畜栏。忌:凡事不吉。

36.己亥　木●　除制

吉:天福、玉堂黄道、敬心、次吉。凶:火星、重丧,庚年上朔。

宜:袭爵受封、上官赴任、词讼、解除、沐浴、治病、开市、栽种、进人口、披剃。忌:余事不吉。

37.庚子　土●　满宝

吉:天福、月恩、天岳、明星、上吉、天富。凶:黑道、天火、飞廉、归忌、天狗。

宜:冠笄、破土、启攒、进人口、针灸、行船、披剃、交易、开市、修作仓库、开池塘。忌:余事不吉。

38.辛丑　土○　平义

吉:天德合、月德、福生、显星、天福、母仓。凶:黑道、天罡、勾绞、月杀、地贼、冰消。

宜:结网、修饰垣墙、平治道涂。忌:凡事不吉。

39.壬寅　金○　定宝

吉:司命黄道、月空、曲星。凶:月厌、受死、死气、官符、九空、焦坎。

宜:破土、安葬、会亲友、动土。忌:凡事不吉。

40.癸卯　金○　执宝

吉:圣心、六合、次吉。凶:黑道、小耗。

宜:上官赴任、出行、移徙、修造、动土、栽种、牧养、斩草、破土、启攒、入学、冠笄、天井、修筑、起工、盖屋、进人口、定磉。忌:嫁娶、开市、交易、乘船、作仓。

41.甲辰　火○　破制

吉:母仓、黄道、益后。凶:黑道、大耗、四废、大败、六不成。

宜:破屋坏垣。忌:余事不吉。

42.乙巳　火○　危宝

吉:天福、明堂黄道。凶:天瘟、游祸、四废,辛年上朔,地贼,庚午十恶大败。

宜:求嗣、祭祀、经络、结网。忌:凡事不吉。

43.丙午　水●　成专

吉:天德、月德、上吉、要安、天喜、母仓、天仓。凶:黑道、刀砧、蚩尤。

宜:上官、结姻、纳财、治病、修造、动土、竖柱上梁、交易、破土、安葬、剃头、进人口、入仓开库、安碓、祭祀、嫁娶、入宅、出火、安床、出行、入学、进章、作门、穿牛。忌:作灶。

44.丁未　水●　收宝

吉:幽微星、母仓、六合、玉堂、神在。凶:黑道、河魁、勾绞、荒芜、冰消。

宜:捕捉。忌:诸事不吉。

45.戊申　土○　开宝

吉:天赦、金匮黄道、上吉、金堂、生气、神在。凶:火星、天贼。

宜:上官赴任、冠笄、披剃、解除、袭爵受封、动土、疗病、祭祀、开渠。忌:余事不吉。

46.己酉　土○　闭宝

吉:天恩、天德、黄道、天医、神在。凶:黑道、龙虎、重丧、独火、月火、血支。

宜:祭祀、解除、沐浴、修造、动土、栽种、补垣塞穴、筑堤、作陂。忌:结婚、嫁娶、交易、立券、行船、启攒、安葬。

47.庚戌　金●　建义

吉:天恩、月恩、显星、满德星、龙德、母仓。凶:月建、黑道、罪至。

宜:祭祀、出行、修造、雕刻、作厕、穿牛。忌:凡事不吉。

48.辛亥　金○　除宝

吉:天德合、月德合、上吉、曲星、敬心、玉堂、黄道、天医、明星。凶:壬年上朔。

宜:上官赴任、解除、扫舍、治病、冠笄、堆垛、安葬、考满、造门、盖屋、进人口、会亲、割蜂、除服、起染、祈福、披剃、修厨、作灶。忌:余事。

49.壬子　木○　满专

吉:天恩、天瑞、月空、天岳、明星、普护、天富。凶:黑道、天火、飞廉、土瘟、归忌。

宜:出行、启攒、开市、经络、裁衣、破土、诉讼、交易、冠笄、牧养、剃头、进人口、教牛。忌:余事不吉。

50.癸丑　木○　平伐

吉:天恩、母仓、活曜星、福生。凶:黑道、月杀、天罡、勾绞、地火。

宜:泥墙、治路、作灶、穿井、造羊栈。忌:余事不吉。

51.甲寅　水○　定专

吉:司命黄道、传星。凶:月厌、受死、正四废、死气、官符、九空、焦坎。

宜:破土、启攒、会亲。忌:余事不吉。

52.乙卯　水○　执专

吉:六合、圣心、神在。凶:大败、黑道、正四废、小耗。

宜:祭祀、上官赴任、捕捉、破土、启攒、针灸、斩草。忌:余事不吉。

53.丙辰　土○　破宝

吉:天德、青龙黄道、月德、母仓、益后。凶:黑道、大耗、大败、六不成。

宜:祭祀、安产室、破屋坏垣。忌:余事不吉。

54.丁巳　土○　危专

吉:天福、明堂黄道、续世、吉庆星。凶:火星、游祸、血忌、刀砧、地贼、天瘟。

宜:求祠、结婚、进人口。忌:余事不吉。

55.戊午　火○　成义

吉:天喜、要安、母仓、天仓、三合、天医、神在。凶:黑道、刀砧、重丧、九丑、蚩尤。

宜:祭祀、嫁娶、剃头、纳财、治病、修造、动土、竖柱上梁、交易、入学、作仓、立券、雕刻、安碓、裁衣、定磉。忌:移徙、启攒、安葬、上官、造栏枋。

56.己未　火○　收专

吉:幽微星、母仓、玉堂、显星、神在。凶:黑道、河魁、勾绞、重丧、荒芜、冰消。

宜:祭祀、纳财、捕捉。忌:余事不吉。

57.庚申　木○　开专

吉:天福、金匮黄道、月恩、曲星、金堂、生气、次吉。凶:天贼。

宜:袭爵受封、上官赴任、解除、求医、成服、剃头、词讼、祀灶、进人口。忌:嫁娶、出行、作仓、开市。

58.辛酉　木○　闭专

吉:天德合、月德合、黄道、天医、神在。凶:龙虎、血支、独火、火星。

宜:祈福、解除、沐浴、冠笄、给由、赴举、交易、修造、动土、入仓开库、行船、捕捉、破土、纳鸡犬、祀灶、作厕、补塞、教牛马、求婚、起染、收割。忌:余事不吉。

59.壬戌　水○　建伐

吉:月空、满德星、母仓、龙德。凶:月建、黑道、罪至。

宜:出行、冠笄、起染、收割。忌:余事不吉。

60.癸亥　水○　除专

吉:玉堂黄道、传星、敬心、天医、明堂。凶:甲年上朔。

宜:祭祀、扫舍、开市、解除、祈福、求医、治病、收割、移居、堆垛、起染、披剃、出兵、会亲友、进人口、割蜂、塞鼠断蚁。忌:余事不吉。

十　月

十月建亥　天德乙，月德甲，地月将在寅，自立冬、小雪后并作十月节气使用。天道东行，宜向东行，宜修造东方，吉。

立冬后太阳尚在卯太冲为天月将
小雪后太阳始过甲功曹为天月将　《授时历》日时刻躔大火之次，宜用丁癸乙辛时；某日时刻躔析木之次，宜用甲庚丙壬时。

初一　天地凶败、长星、小空亡	十六　瘟星出、四不祥
初二　六壬空、龙禁	十七　小空亡
初三　四方耗	十八　赤口
初四　天休废、四不祥	十九　四不祥
初五　大空亡、月忌	二十　六壬空、龙禁
初六　赤口	廿一　大空亡
初七　四不祥	廿二
初八　六壬空、龙禁	廿三　杨公忌、月忌
初九　天休废、空亡	廿四　赤口
初十	廿五　小空亡
十一	廿六　龙禁
十二　瘟星入、赤口	廿七
十三　大空亡	廿八　四不祥
十四　天地凶败、龙禁、短星、月忌	廿九　大空亡
十五　天乙绝气	三十　赤口

1.甲子　金○　除义

吉：天赦、天恩、上吉、月德、幽微星、要安、神在。凶：黑道。

宜:上官赴任、解除、出行、移徙、疗病、修造、动土、栽种、牧养、盖屋、竖造、进人口、安葬、作灶、分居、入学、冠笄、造门、给由、入宅、祭祀、设醮、定磉、开池、安床、产室。忌:结婚、乘船。

2.乙丑　金○　满制

吉:天德、天恩、月恩、黄道玉堂。忌:月厌、天财、火星、飞廉、土瘟、天狗。

宜:会亲、披剃、牧养、塞鼠穴。忌:余事不吉。

3.丙寅　火○　平义

吉:天恩、天岳、明星、六合、金堂。凶:黑道、河魁、四废、勾绞、游祸、荒芜。

宜:平治道涂。忌:余事不吉。

4.丁卯　火○　定义

吉:天恩、显星、满德星、次吉、神在。凶:黑道、天火、龙虎、四废、死气、官符。

宜:祭祀、冠带、结婚、会亲、嫁娶、下定、针灸、行船、纳畜、动土。忌:余事不吉。

5.戊辰　木○　执专

吉:天恩、司命、黄道、曲星、天府、明星。凶:罪至、小耗、地贼。

宜:祭祀、解除、纳财、结姻、捕捉、剃头、纳表、进章。忌:余事不吉。

6.己巳　木○　破义

吉:月德合、敬心。凶:黑道、月破、大耗,乙年上朔。

宜:求医、破屋坏垣。忌:余事不吉。

7.庚午　土○　危伐

吉:天德、月空、次吉、活曜星、青龙、黄道、普护、不将。凶:黑道。

宜:入宅、冠笄、给由、赴举、破土、安葬、嫁娶、裁衣、分居、作仓、祈福、作灶、起工、安床、伐木、盖屋、上定、修筑、动土、天井、纳畜、进人口、造门、畜栏。

8.辛未　土○　成义

吉:月财、天喜、天医、明堂黄道、福生、传星、神在、三合。

宜:入学、结姻、动土、竖柱上梁、立券、交易、上官、修造、牧养、冠笄、安葬、裁衣、安床、伐木、造厕、会亲、进人口、绘像、栽种、作灶、定磉、穿井、开池。忌:嫁娶治病。

9.壬申　金○　收义

吉:母仓。凶:黑道、受死、天罡、勾绞、重丧、刀砧、月火。

宜:塞鼠、捕捉、畋猎。忌:诸事不吉。

10.癸酉　金○　开义

吉:母仓、上吉、圣心、生气、神在。凶:黑道、刀砧。

宜:出行、修造、动土、牧养、安葬、冠笄、求财、给由、入学、放债、安碓、开渠、安井、种植、造酒醋、求医、祀灶、起染、祭祀、解除、除服、竖柱上梁、穿井、收割。忌:结姻、立券交易、造畜栏。

11.甲戌　火○　闭制

吉:天医、月德合、吉庆星、金匮黄道、益后、神在。凶:月杀、火星、血支。

宜:祭祀、出行、求嗣、上官、经络、开池、动土、修筑、补垣塞穴、断蚁、作厕、结网。忌:牧养、种莳、出财。

12.乙亥　火○　建义

吉:天德、月恩、黄道、龙德、续世。凶:天瘟、血支、九空,丙年上朔,大败、六不成。

宜:袭爵受封、纳奴婢、砍伐、树木、穿井。

13.丙子　水○　除伐

吉:幽微星、显星、要安、次吉。凶:龙虎、白虎、黑道。

宜:上官、出行、治病、冠笄、裁衣、修作、栽种、入仓开库、移居、安葬、竖造、上梁、出火、给由、交易、词讼、求婚、扫舍、纳畜、纳奴婢、修造椆栏、除服。忌:结婚、破土、启攒、乘船。

14.丁丑　水○　满宝

吉:天富、玉堂黄道、曲星、天医、明堂。凶:地火、天贼、土瘟、飞廉、四废、归忌。

宜:会亲、进人口、补垣塞穴、断蚁、修造、合寿、木开、生坟。忌:余事不吉。

15.戊寅　土○　平伐

吉:天瑞、天岳、明星、金堂、六合。凶:黑道、荒芜、游祸、河魁、勾绞、冰消。

宜:平治道涂、泥饰垣墙、造寿木、开生坟。忌:余事不吉。

16.己卯　土○　定伐

吉:天恩、天瑞、天福、月德合、满德星。凶:黑道、天火、龙虎、死气、官符。

宜:祭祀、冠带、结姻、会亲、嫁娶、剃头、安碓、经络、上册受封、苫盖、裁衣、纳畜、动土、斩草。忌:余事不吉。

17.庚辰　金○　执义

吉:天恩、司命黄道、传星、月空、天德合、天府、明星。凶:地贼、罪至、小耗。

宜:祭祀、祈福、解除、捕捉、祀灶、雕刻、披剃、赴举、结网。忌:余事不吉。

18.辛巳　金○　破伐

吉:天德、天瑞、天福、敬心、天仓。凶:黑道、大耗、月破,丁年上朔。

宜:祭祀、治病、破屋坏垣。忌:余事不吉。

19.壬午　木○　危制

吉:天恩、活曜星、龙虎、黄道、普护、上吉、神在。凶:黑道、重丧。

宜:嫁娶、裁衣、安床、伐木、词讼、交易、下定、修筑、动土、起工、造门、上梁、求婚、祀灶、栽种、立券、纳畜、雕刻、设帐、割蜂、穿井、求财、作厕、宴会、鸡栖。

20.癸未　木○　成伐

吉:天恩、明堂黄道、上吉、福生、天喜。凶:火星、月火。

宜:结婚、纳财、入学、交易、给由、安葬、下定、安碓、纳采、造酒醋、进人口、祈福、动土、开池、穿井、牧养、披剃。忌:嫁娶、出行、赴任、治病。

21.甲申　水●　收伐

吉:月德、母仓、上吉、神在。凶:黑道、受死、天罡、勾绞、刀砧、月火。

宜:捕捉、畋猎。忌:诸事不吉。

22.乙酉　水●　开伐

吉:天德、月仓、母仓、显心、圣心、生气、神在。凶:黑道、刀砧。

宜:上官、出行、沐浴、纳财、入学、治病、修造、动土、牧养、冠笄、安葬、纳表、剃头、安碓、开库井、种莳、竖柱上梁、求婚、纳采、栽种、出行、求财。忌:结婚、经络。

23.丙戌　土●　闭宝

吉:天医、金匮黄道、吉庆星、益后。凶:月煞、血忌、四废。

宜:祭祀、修舍、安产室、求嗣、裁衣、开市、起染、结网、捕猎、作厕、补塞。忌:余事不吉。

24.丁亥　土○　建伐

吉:天德、黄道、续世、龙德。凶:四废、天瘟、血忌、九空,戊年上朔,大败、六不成。

宜:祭祀、施恩、拜封、穿井。忌:余事不吉。

25.戊子　火○　除制

吉:幽微星、要安。凶:黑道。

宜:上官、解除、赴任、出行、沐浴、治病、披剃、动土、竖柱、定磉、天井、穿井、求医、盖屋、栽种、起染、猪栏、除服。忌:结婚、移徙。

26.己丑　火●　满专

吉:天富、月德合、传星、玉堂黄道。凶:月厌、天贼、归忌、土瘟、天狗、飞廉。

宜:会亲、补垣塞穴、祀灶、修造、开池。忌:余事不吉。

27.庚寅　木○　平制

吉:天德合、月空、天福、明星、金堂、六合。凶:黑道、荒芜、河魁、勾绞、游祸、地火。

宜:平治道涂。忌:余事不吉。

28.辛卯　木○　定制

吉:天福、满德星、神在。凶:黑道、天火、龙虎、死气、官符。

宜:祭祀、结婚、冠带、会亲、入学、行船、动土、剃头、启攒、安碓、纳畜、破土、嫁娶、招贤、词讼、针灸、斩草。忌:移徙、安产室、治病、种植、作灶。

29.壬辰　水○　执伐

吉:天福、司命黄道、天府、明星。凶:火星、小耗、重丧、罪至、地贼。

宜:结婚、嫁娶、裁衣、捕捉、畋猎、解除、针灸、上表章、结网。忌:诸事不吉。

30.癸巳　水○　破制

吉:天福、敬心、天仓。凶:黑道、大耗、月破,巳年上朔。

宜:治病、破屋坏垣。忌:余事不吉。

31.甲午　金○　危宝

吉:青龙黄道、月德、显星、上吉、活曜星、普护、神在。凶:黑道。

宜:祭祀、受封袭爵、出行、移徙、修造、动土、天井、给由、赴任、赴举、分居、交易、起工、伐木、剃头、雕刻、牧养、纳畜、祀灶、破土、启攒、祈福、设斋。

32.乙未　金○　成制

吉:天德、曲星、明堂、黄道、福生、月财、上吉、天喜、神在。

宜:结婚、纳财、入学、修造动土、竖柱上梁、祭祀、入宅、出火、移徙、分居、盖屋、出行、求财、纳采、给由、冠笄、安床、作灶、交易、裁衣、破土、安葬、安产室。忌:栽植。

33.丙申　火○　收制

吉:母仓、次吉、神在。凶:黑道、受死、四废、天罡、勾绞,甲己年十恶大败。

宜:捕捉。忌:诸事不吉。

34.丁酉　火○　开制

吉:母仓、次吉、圣心、生气、神在。凶:黑道、四废、刀砧、朱雀。

宜:入学、出行、解除、修造动土、安碓、上梁、冠笄、给由、安葬、起工、行船、装载、沐浴、纳表章、入仓开库、开渠、穿井、种植。忌:结婚、立券、交易。

35.戊戌　木○　闭专

吉:明星、天医、金匮黄道、吉庆星、传星、益后。凶:月杀、血支。

宜:修舍、安产室、补垣塞穴。忌:针灸、作仓、开市、割蜂。

36.己亥　木○　建制

吉:天福、天德、黄道、月德合、龙德。凶:天瘟、血忌、九空,庚年上朔,大败、六不成。

宜:袭爵受封、出行、穿牛。忌:余事不吉。

37.庚子　土●　除宝

吉:天福、天德合、月空、次吉、幽微星、要安。凶:黑道。

宜:上官赴任、解除、疗病、启攒、出行、移居、盖屋、入宅、造门、定磉、竖柱上梁、除服、给由、冠笄、雕刻、交易、开仓库、安床、裁衣、纳畜、经络、造栏椆栈。忌:余事不吉。

38.辛丑　土○　满义

吉:天福、玉堂黄道、天富。凶:月厌、火星、天贼、飞廉、土瘟、归忌、天狗。

宜:会亲、补垣塞穴、披剃、修作、陂池。忌:余事不吉。

39.壬寅　金○　平宝

吉:六合、天岳、明星、金堂。凶:黑道、荒芜、游祸、河魁、勾绞、地火、重丧、冰消。

宜:平治道涂。忌:百事不吉。

40.癸卯　金○　定宝

吉:满德星、上吉、显星。凶:黑道、龙虎、死气、官符。

宜:冠笄、结姻、嫁娶、剃头、纳畜、破土、启攒、安碓、动土、会亲。忌:治病、栽植、安产室、赴任、苫盖、修造、裁衣、竖柱。

41.甲辰　火○　执制

吉:黄道、月德、上吉、曲星。凶:罪至、小耗,丙辛年上朔,十恶大败、地贼。

宜:解除、捕捉、会亲、针灸、畋猎。忌:动土、开市、交易、出行、出财。

42.乙巳　火●　破宝

吉:天福、月恩、天德、上吉、敬心、天仓。凶:黑道、大耗、月破。

宜:祭祀、疗病、破屋坏垣。忌:余事不吉。

43.丙午　水●　危专

吉:青龙黄道、活曜星、次吉、普护。凶:黑道、正四废、五虚。

宜:祭祀、安床、伐木、栽种、祀灶、安葬、针灸、祈福、畋猎。忌:余事不吉。

44.丁未　水○　成宝

吉:天喜、明堂黄道、福生、传星、神在。凶:四废。

宜:结婚、纳财、纳采问名、修造动土、竖柱上梁、盖屋、起工、交易、伐木、出火、入宅、牧养、入学、纳畜、安修碓磨、破土、启攒、作寿、木生、坟安、香火。忌:嫁娶、行船。

45.戊申　土○　收宝

吉:母仓、神在。凶:天罡、勾绞、黑道、受死、刀砧、月火。

宜:捕捉、畋猎。忌:余事不吉。

46.己酉　土○　开宝

吉:天恩、月德合、母仓、神在、圣心、生气、上吉。凶:黑道、刀砧。

宜:入学、出行、修造、动土、治病、牧养、安葬、栽植、祭祀、开渠、穿井。忌:余事不吉。

47.庚戌　金○　闭义

吉:天恩、天德、月空、金匮黄道、次吉、天医、益后。凶:火星、月杀、血支。

宜:祭祀、祈福、求嗣、补垣塞穴。忌:牧养、栽植、动土、作仓、开市、针刺、治病。

48.辛亥　金○　建宝

吉:续世、天恩、天德、黄道、龙德。凶:血忌、天瘟、九空,壬年上朔,六不成。

宜:袭爵受封、穿牛。忌:余事不吉。

49.壬子　木○　除专

吉:天恩、天瑞、幽微星、要安、显星。凶:九丑、咸池、黑道、重丧。

宜:上官赴任、解除、出行、治病、裁衣、栽种、词讼、竖柱、盖屋、出火、冠笄、纳畜、堆垛、定磉、雕刻、起染、除服、修舍、经络。忌:结婚、嫁娶、移徙、安葬。

50.癸丑　木○　满伐

吉:天恩、玉堂黄道、曲星、天富。凶:月厌、天贼、土瘟、血忌、飞廉、天狗。

宜:会亲、补垣、剃头、栽种、修池、作陂。忌:余事不吉。

51.甲寅　水●　平专

吉:月德、天岳、明星、上吉、金堂。凶:黑道、游祸、河魁、勾绞、冰消。

宜:平治道涂。忌:诸事不吉。

52.乙卯　水○　定专

吉:天德、月恩、满德星。凶:黑道、龙虎、天火、死气、官符。

宜:祭祀、冠带、结姻、会亲、出行、剃头、纳财畜、破土、启攒、针灸、嫁娶。忌:竖柱、盖屋、赴任。

53.丙辰　土○　执宝

吉:黄道、次吉、传星、明星、神在。凶:罪至、四废、小耗、地贼。

宜:祭祀、结婚、捕捉、畋猎、伐木、安葬、纳表、上章。忌:出行、动土、开市、交易。

54.丁巳　土○　破专

吉:天仓、天福、敬心、神在。凶:黑道、正四废、大耗、月破,癸年上朔。

宜:祭祀、治病、破土、坏垣。忌:余事不吉。

55.戊午　火○　危义

吉:青龙黄道、活曜星、普护、神在。凶:黑道。

宜:祭祀、袭爵受封、安床、伐木、畋猎、雕刻、定磉、冠笄、安葬、栽种。忌:移徙、赴任、治病、盖屋、行船。

56.己未　火○　成专

吉:天喜、月德合、上吉、明堂黄道、福星、神在。凶:火星。

宜:祭祀、祈福、问名纳采、结姻、纳财、入学、上官、给由、冠笄、下定、交易、祀灶、进人口、种植、牧养、安碓、破土、安葬、安香火。忌:嫁娶、赴任、出行。

57.庚申　木○　收专

吉:天德合、月空、金匮黄道。凶:黑道、受死、天罡、勾绞、刀砧、独火、月火。

宜:捕捉、畋猎。忌:诸事不吉。

58.辛酉　木○　开专

吉:显星、母仓、生气、神在、上吉、圣心。凶:黑道、刀砧。

宜:入学、出行、祭祀、解除、沐浴、安葬、动土、治病、上章、修筑、冠笄、竖造、行船、安碓、天井、定磉、牧养。忌:结婚、上官。

59.壬戌　水○　闭伐

吉:明星、天医、金匮黄道、吉庆星、曲星、益后。凶:月杀、重丧、血支。

宜:修舍、裁衣、安产室、补垣塞穴、起染、冠笄、合帐、结网。忌:出财、作灶。

60.癸亥　水○　建专

吉:天德、黄道、续世、龙德。凶:天瘟、血忌、九空、焦坎、大败、六不成。

宜:祭祀、破土。忌:诸事不吉。

十一月

十一月建子 天德巽，月德壬，地月将在丑日，大雪、立冬后并作十一月节使用。天道东南行，宜向东南行，宜修造东南。

大雪/冬至后太阳尚在寅/始过艮 功曹/大吉为天月将 《授时历》日时刻躔析木之次，宜用甲庚丙壬时；某日时刻躔星纪之次，宜用艮巽坤乾时。

初一	六壬空	十六	天乙绝气、小空亡
初二	龙禁	十七	赤口
初三		十八	天休废
初四	大空亡、四不祥、四方耗	十九	四不祥、六壬空
初五	赤口、月忌	二十	大空亡、龙禁
初六		廿一	杨公忌
初七	四不祥、六壬空	廿二	短星
初八	小空亡、龙禁	廿三	赤口、月忌
初九		廿四	小空亡
初十	天地凶败、瘟星出	廿五	六壬空
十一	赤口	廿六	龙禁
十二	大空亡、长星、瘟星入	廿七	
十三	天休废、六壬空	廿八	大空亡、四不祥
十四	天地凶败、龙禁、月忌	廿九	赤口
十五	天地凶败、瘟星出	三十	

1.甲子　金○　建义

吉：天赦、天恩、月德、金匮黄道、龙德。凶：月厌、火星、天地转煞。

宜:祭祀、袭爵受封、给由考满、赴举、交易、放债、进人口、收捕、出兵、出行、作灶。忌:结婚、开市。

2.乙丑　金○　除制

吉:天恩、天德、黄道、六合、普护、次吉、明星、神在。凶:天瘟。

宜:祭祀、解除、出行、移徙、结婚、给由、下定、裁衣、会亲、修造、动土、交易、治病、行船、栽种、牧养、纳猫犬、入仓开库、开池、扫舍宇、上官、招贤、除服。

3.丙寅　火○　满义

吉:天恩、月空、显星、福生。凶:黑道、土瘟、四废、归忌、天狗。

宜:出行、纳财、修造、动土、开市、交易、立券、经络、裁衣、求婚、上官、安床、作仓、伐木、给由、定磉、会亲、纳聘、冠笄、绘像、修厨、扫舍、破土、启攒。

4.丁卯　火○　平义

吉:天恩、月德合、曲星、玉堂。凶:受死、四废、天罡、勾绞、大败、地贼、六不成。

宜:泥饰墙垣、平治道涂、针灸。忌:余事不吉。

5.戊辰　木○　定专

吉:天恩、天岳、明星、圣心、天仓、神在。凶:黑道、死气、官符。

宜:祭祀、冠笄、结姻、会亲、纳财、修造动土、竖柱上梁、雕刻、下定、行船、猪栏、裁衣、纳畜、天井、进人口、安碓磨。忌:治病、安产室、求官。

6.己巳　木○　执义

吉:天德、益后、不将。凶:黑道、小耗,乙年上朔。

宜:移居、嫁娶、修造动土、安产室、给由、剃头、捕捉、畋猎。忌:余事不吉。

7.庚午　土○　破伐

吉:黄道、传星、续世。凶:大耗、天贼、天火、血忌、荒芜。

宜:疗病、破屋坏垣。忌:余事不吉。

8.辛未　土○　危义

吉:要安、吉庆星、神在。凶:黑道、月杀、独火、月火。

宜:祭祀、纳采问名、安床、冠笄、出火、伐木、起染、交易、畋猎。忌:结婚、动土、治病。

9.壬申　金○　成义

吉:天德合、月德、天喜、青龙黄道、上吉。凶:黑道、飞廉、刀砧、九空、焦坎。

宜:入宅、冠笄、祭祀、伐木、治病、安葬、上官、下定、作灶、移居、祈福、剃头。忌:结婚、开市、立券、交易、动土、竖柱、上梁、造畜栏。

10.癸酉　金○　收义

吉:黄道、幽微星、母仓、金堂。凶:火星、河魁、勾绞、重丧、刀砧、冰消。

宜:祭祀、纳财、栽植、捕捉、畋猎。忌:开市、结婚、动土、上梁。

11.甲戌　火○　开制

吉:月恩、上吉、生气、神在。凶:黑道、龙虎、蚩尤。

宜:结姻、祭祀、移徙、纳财、入学、动土、修造、给由、披剃、栽种、祀灶、起染、出行。忌:余事不吉。

12.乙亥　火○　闭义

吉:天医、显星、次吉。凶:黑道、游祸、罪至、血支,丙年上朔。

宜:出行、补垣、修造、动土、裁衣、牧养、入仓开库、求医、出火、筑墙、移徙、安床、设帐、造畜栏、栽种、堆垛、作厕、塞鼠、断蚁、纳奴。忌:治病、针刺、安葬。

13.丙子　水○　建伐

吉:金匮黄道、月空、满德星、曲星、龙德、敬心。凶:月厌、四废、天地转杀。

宜:袭爵受封、给由、穿井、造畜栏。忌:余事不吉。

14.丁丑　水○　除宝

吉:天德、月德合、黄道、六合、普护、神在。凶:天瘟、四废。

宜:入学、出行、祭祀、解除、结姻、会亲、交易、治病、动土、立券、上官、进表、行船、牧牛马、祈福、进人口、起工、嫁娶、裁衣、经络、设斋、扫舍、作寿木生坟。忌:启攒、安葬、造畜栏。

15.戊寅　土○　满伐

吉:天瑞、福星、天富。凶:黑道、土瘟、归忌、天狗。

宜:会亲、出行、纳财、裁衣、修舍、开市、立券、经络、立券交易、冠笄、词讼、起工、安葬、定磉、造酒。忌:嫁娶、移徙、动土、作仓、祭祀、远回。

16.己卯　土○　平伐

吉:天恩、天瑞、天福、黄道。凶:受死、天罡、勾绞、地贼、大败、六不成、地火。

宜:泥墙、治路。忌:余事不吉。

17.庚辰　金○　定义

吉:天恩、天岳、明星、圣心、次吉、天仓、神在。凶:黑道、死气、官符。

宜:祭祀、会亲、纳财、冠笄、作灶、堆垛、纳畜。忌:临官、治病、安葬。

18.辛巳　金○　执伐

吉:天恩、天德、天瑞、天福、益后、次吉。凶:黑道、小耗,丁年上朔。

宜:冠笄、会亲、捕捉、求嗣、求婚、剃头。忌:裁衣、开市、交易、安葬、启攒。

19.壬午　木○　破制

吉:天恩、月德、司命黄道、续世。凶:火星、大耗、天火、血支、血忌、天贼、荒芜。

宜:治病、破屋坏垣。忌:诸事不吉。

20.癸未　木○　危伐

吉:天恩、要安、吉庆星。凶:黑道、月杀、重丧、独火。

宜:纳采问名、入学、冠笄、出火、交易、起染、安碓、裁衣、栽接、经络。忌:结姻、治病、牧养、安葬。

21.甲申　水○　成伐

吉:天德合、青龙黄道、月恩、母仓、上吉。凶:黑道、飞廉、刀砧、九空、焦坎。

宜:上官、出行、祭祀、入学、定磉、伐木、安葬、移徙、动土、竖柱上梁、入宅、出火、作灶、盖屋。忌:结姻、安床、作栏。

22.乙酉　水○　收伐

吉:明堂黄道、幽微星、母仓、金堂、曲星。凶:河魁、勾绞、冰消瓦陷、刀砧。

宜:祭祀、纳财、剃头、捕捉、畋猎。忌:余事不吉。

23.丙戌　土○　开宝

吉:月空、生气、神在。凶:黑道、龙虎、四废。

宜:给由考满、祭祀、安碓、会亲、结姻、入学、修造、动土、牧养、开渠井。忌:余事不吉。

24.丁亥　土○　闭伐

吉:天医、月德合、次吉、神在。凶:黑道、游祸、四废、罪至、血支,戊年上朔。

宜:安床设帐、给由考满、补垣塞穴、作厕、结网、畋渔。忌:临官、赴任、治病。

25.戊子　火○　建制

吉:金匮黄道、敬心、龙德、明星。凶:月厌、天地转杀。

宜:受封袭爵、词讼、放债、穿牛、造令牌雷尺。忌:余事不吉。

26.己丑　火○　除专

吉:天德、黄道、六合、普护、神在。凶:天瘟。

宜:祭祀、立券交易、解除、会亲、治病、扫舍、入仓开库、栽种、进人口、除服。忌:嫁娶、上官、冠笄。

27.庚寅　木○　满制

吉:天福、天瑞、次吉、福生、天富。凶:黑道、土瘟、归忌、天狗。

宜:出行、开市、求财、交易、立券、裁衣、安葬、词讼、起工、修造动土、竖柱上梁、定磉、平基、盖屋泥饰、求婚、冠笄、绘像、安床、造栏、入学、作仓库、剃头。忌:嫁娶、移徙。

28.辛卯　水○　平制

吉:天福、玉堂黄道、活曜星。凶:火星、受死、天罡、勾绞、大败、六不成。

宜:泥墙治路。忌:诸事不吉。

29.壬辰　水○　定伐

吉:天福、月德、天岳、明星、圣心、天仓、上吉。凶:黑道、死气、官符。

宜:上官、冠笄、嫁娶、会亲、结姻、纳财、裁衣、入学、安葬、动土、作灶、交易、经络、牧养、设帐、出火、进人口、针灸、进栏枋。忌:修造、竖柱上梁、治病、安产室。

30.癸巳　水●　执制

吉:天德、天福、显星、次吉、益后。凶:黑道、重丧,巳年上朔,小耗。

宜:冠笄、剃头、修造、动土、安产室、捕捉、裁衣、畋猎。忌:结婚、出行、开市、交易、安葬。

31.甲午　金○　破宝

吉:黄道、月恩、曲星、续世。凶:大耗、天贼、血忌、天火、荒芜。

宜:治病、破屋坏垣。忌:诸事不吉。

32.乙未　金○　危制

吉:要安、吉庆星、天喜、神在。凶:黑道、月杀、独火。

宜:祭祀、出行、伐木、安床、修造、动土、冠笄、纳采、祈福、雕刻、起染、斩草、栽种、移徙、畋猎。忌:结婚、治病、出财、牧养。

33.丙申　火○　成制

吉:天德合、青龙黄道、月空、母仓、玉堂。凶:黑道、飞廉、四废、刀砧、九空。

宜:祭祀、解除、伐木、治病、安葬、嫁娶、冠笄、移居、竖造、入学、经络。忌:余事不吉。

34.丁酉　火○　收制

吉:明堂黄道、月德合、母仓、幽微星、金堂。凶:四废、刀砧、河魁、勾绞、冰消。

宜:祭祀、纳财、栽植、捕捉、畋猎。忌:余事不吉。

35.戊戌　木○　开专

吉:生气。凶:黑道、龙虎、蚩尤、荒芜。

宜:会亲、栽植、剃头。忌:诸事不吉。

36.己亥 木○ 闭制

吉:天福、天医。凶:黑道、游祸、血支、罪至,庚年上朔。

宜:沐浴、裁衣、收割、修筑、堆垛、补垣塞穴、作厕。忌:上官、治病、安产、室、冠笄。

37.庚子 土○ 建宝

吉:天福、黄道、满德星、敬心、龙德。凶:火星、月厌、天地转煞。

宜:受封袭爵、给由、赴举、穿牛、造雷尺令牌。忌:竖柱、盖屋、作灶。

38.辛丑 土○ 除宝

吉:天德、天福、黄道、六合、普护。凶:天瘟。

宜:结婚、会亲、解除、治病、交易、动土、立券、进人口、栽种、扫舍、除服、祈福。忌:余事不吉。

39.壬寅 金○ 满宝

吉:天富、显星、月德、福生、上吉。凶:黑道、土瘟、归忌、天狗。

宜:出行、纳财、修造、动土、立券交易、破土、安葬、入学、作仓、起工、剃头、修厨、塞鼠、收捕、裁衣、开市、开池、会亲、雕刻、扫舍。忌:嫁娶、出财、祭祀、远回。

40.癸卯 金○ 平宝

吉:玉堂黄道、活曜星。凶:受死、天罡、勾绞、大败、六不成、重丧、地贼。

宜:平治道涂。忌:百事不吉。

41.甲辰 火○ 定制

吉:天仓、月恩、天岳、明星、圣心、上吉。凶:黑道、死气、官符。

宜:结亲、会友、纳财、安葬、嫁娶、冠笄、作灶、天井、纳畜、堆垛、种植、结网。忌:治病、安产室、上官。

42.乙巳 火○ 执宝

吉:天福、天德、益后、上吉、神在。凶:黑道、小耗,辛年上朔。

宜:给由、冠笄、求嗣、祭祀、种植、捕捉、针灸、作灶、畋猎、结网、捕鱼。忌:余事不吉。

43.丙午 水○ 破执

吉:黄道、月空、传星、续世。凶:荒芜、大耗、四废、天贼、天火、血忌。

宜:治病、破屋。忌:诸事不吉。

44.丁未　水○　危宝

吉:天喜、月德合、吉庆星、要安、神在。凶:黑道、月杀、四废、独火、月火。

宜:纳采问名、安床、修造动土、伐木、上官、赴任、开池井、交易。忌:结婚、治病、牧养、启攒、安葬。

45.戊申　土○　成宝

吉:天喜、天德合、黄道、母仓、玉堂、次吉。凶:黑道、飞廉、刀砧、九空、焦坎。

宜:祭祀、冠笄、动土、剃头、造酒、定磉、求医、盖屋、修造、动土、伐木、牧养、祈福、作灶、祀灶、治病、修筑、破土、安葬、立券、交易。忌:结婚、启攒、安床。

46.己酉　土○　收宝

吉:天恩、明堂黄道、母仓、幽微星、金堂。凶:火星、河魁、勾绞、刀砧、冰消。

宜:祭祀、纳财、捕捉、安葬、进人口、栽种。忌:余事不吉。

47.庚戌　金●　开义

吉:天恩、次吉、生气、神在。凶:黑道、龙虎、蚩尤。

宜:祭祀、结姻、修造、动土、开渠井、牧养、安碓、起工、雕刻、剃头、出行、求财。忌:余事不吉。

48.辛亥　金○　闭宝

吉:天恩、次吉、显星、天医。凶:黑道、罪至、游祸、血支,壬年上朔。

宜:沐浴、给由、裁衣、修筑、行船、动土、栽种、补垣塞穴。忌:临官、安葬、冠笄。

49.壬子　木○　建专

吉:天恩、月德、天瑞、敬心、金匮黄道。凶:月厌、天地转杀。

宜:袭爵受封、造雷尺令牌。忌:余事不吉。

50.癸丑　木○　除伐

吉:天恩、天德、黄道、次吉、六合。凶:天瘟、重丧。

宜:结姻、会亲、治病、交易、裁衣、立券、伐木、出行、下定、入学、进人口、开仓库、经络、安机、栽种、扫舍宇、除服、祈福。忌:启攒、安葬、动土、乘船、冠笄。

51.甲寅　水●　满专

吉:天富、福生、上吉、月恩、天医。凶:黑道、土瘟、归忌、天狗。

宜:出行、纳财、开市、交易、裁衣、破土、启攒、上官、词讼、入学、安葬、开池、作破、作仓、造门、安床、求婚、下定、牧养、经络、冠笄、起工、修厨、定磉、平基、作厕。

52.乙卯　水○　平专

吉:玉堂、黄道、活曜星。凶:受死、天罡、勾绞、地火、大败、六不成、地贼。

宜:泥墙、治路。忌:诸事不吉。

53.丙辰　土○　定宝

吉:天仓、月空、天岳、明星、普护。凶:黑道、四废、死气、官符。

宜:结婚、会亲、修造、动土、竖柱上梁、纳财、裁衣、纳畜、入学、伐木、修筑、泥饰、行船、作陂、经络、牧养、定磉、造畜栏、祭祀、祈福。忌:安产室、作灶、栽植。

54.丁巳　土○　执专

吉:天德合、月德合、上吉、天福、益后、神在。凶:黑道、正四废,癸年上朔。

宜:祭祀、安产室、捕捉、安碓、畋猎。忌:结婚、出行、交易、安葬、竖柱。

55.戊午　火○　破义

吉:黄道、续世、神在。凶:火星、大耗、天火、血忌、天贼、荒芜。

宜:祭祀、治病、破屋坏垣。忌:诸事不吉。

56.己未　土○　危专

吉:要安、吉庆星、神在。凶:黑道、月杀、独火、月火。

宜:祭祀、纳采问名、安床、修筑、雕刻、招贤、穿井、起染、伐木、动土、畋猎、设斋、结网、罟作、厕池、祈福。忌:余事不吉。

57.庚申　木○　成专

吉:天德合、黄道、母仓、天福、次吉、天喜、玉堂。凶:黑道、九空、刀砧、飞廉。

宜:入学、治病、伐木、牧养、安葬、盖屋、泥饰、竖柱上梁、下定、出火、冠笄、作灶、祭祀、拜封、进表章、设斋、祈福、种植、作陂、开池、起工、动土、定磉、修筑。

58.辛酉　水○　收专

吉:母仓、幽微星、曲星、黄道、金堂、月财。凶:刀砧、河魁、勾绞、冰消。

宜:祭祀、栽种、教马、结网、捕捉、进人口、纳财、畋猎。忌:余事不吉。

59.壬戌　水○　开伐

吉:月德、生气、上吉。凶:黑道、龙虎、蚩尤、荒芜。

宜:入学、结婚、造门、修造、动土、安碓、起工、会亲、剃头、起染、开渠、收割、造酒、穿井、割蜂、牧养、栽植。忌:余事不吉。

60.癸亥　水○　闭专

吉:天医。凶:黑道、重丧、游祸,甲年上朔。

宜:堆垛、补垣塞穴、作厕、合帐。忌:诸事不吉。

十二月

十二月建丑 天德庚,月德庚,地月将在子,自小寒、大寒后并作十二月节气使用。天道西行,宜向西行,宜修造西方,吉。

小寒后太阳尚在丑 大吉 为天月将 大寒后太阳始过癸 神后 为天月将 《授时历》日时刻躔星纪之次,宜用艮巽坤乾时;某日时刻躔玄枵之次,宜用癸乙丁辛时。

初一	十六　四不祥、赤口
初二　龙禁	十七　天乙绝气
初三　大空亡	十八　六壬空
初四　四不祥、赤口	十九　四不祥、大空亡
初六　六壬空	廿一　赤口
初五　四方耗、月忌	二十　龙禁
初七　小空亡、四不祥	廿二　天休废
初八　龙禁	廿三　小空亡、月忌
初九　天地凶败、长星	廿四　六壬空
初十　赤口	廿五　天地凶败、短星
十一　大空亡、瘟星入	廿六　龙禁
十二　六壬空	廿七　天休废、大空亡
十三	廿八　四不祥、赤口
十四　龙禁、月忌、瘟星出	廿九
十五　小空亡	三十　六壬空

1.甲子　金○　闭义

吉:天赦、天恩、月空、吉庆星、续世、上吉。凶:黑道、血支、血忌、归忌。

宜:祭祀、出行、立券交易、上官、给由、经络、牧养、动土、伐木、沐浴、起造、雕刻、修筑、补垣塞穴。忌:余事不吉。

2.乙丑 金○ 建制

吉:天恩、天德合、月德合、显星、龙德、要安。凶:黑道、月建。

宜:祭祀、开池、天井、求婚、安宅、除服、作栏、放债、安床、起染、穿牛、出行。忌:余事不吉。

3.丙寅 火○ 除义

吉:天恩、幽微星、曲星、黄道、玉堂、次吉。凶:四废。

宜:袭爵受封、嫁娶、扫舍宇、立券、治病、修造、交易、上官、出行、冠笄、求婚、下定、安床、造门、分居、出火、行船、纳畜、盖屋、解除、破土、启攒、除服、竖柱上梁。忌:作灶、祭祀。

4.丁卯 火○ 满义

吉:天恩、天福、黄道、金堂、天仓、神在。凶:四废、天瘟、土瘟、天狗。

宜:受封袭爵、会亲、嫁娶、纳财、破土、交易、裁衣、祀灶、行船、牧养、塞穴、经络、修作、仓库、开池、作陂、启攒。忌:祭祀、安葬、动土。

5.戊辰 木○ 平专

吉:天恩、神在。凶:黑道、龙虎、月厌、地火、河魁、勾绞、冰消。

宜:泥墙、治路、祭祀。忌:诸事不吉。

6.己巳 木○ 定义

吉:玉堂黄道、满德星、传星、母仓。凶:罪至、重丧、死气、官符、九空,乙年上朔。

宜:会亲、结婚、修造动土、竖柱上梁、裁衣、纳畜、冠笄、作灶、定磉、盖屋、起工、求婚、下定、安修碓磨。忌嫁娶、开市、种植、乘船、安葬、安产室、启攒。

7.庚午 土○ 执伐

吉:天德、月德、天岳、明星、上吉、敬心、母仓。凶:黑道、小耗、独火、咸池、月火。

宜:祭祀、给由、上官赴任、修造动土、进人口、解除、词讼、伐木、捕捉。忌:结婚、开市、交易、出财、乘船。

8.辛未 土○ 破义

吉:上吉、月恩、普护、神在。凶:黑道、大耗、大败、六不成。

宜:祭祀、破屋坏垣。忌:凡事不吉。

9.壬申　金○　危义

吉:母仓、黄道、福生、活曜星、神在。凶:火星、游祸、刀砧。

宜:祈福、伐木、开市、破土、安葬、给由、剃头、祀灶、入仓开库、解除。忌:余事不吉。

10.癸酉　金●　成义

吉:天喜、母仓、次吉、天医。凶:黑道、飞廉、受死、天火、刀砧。

宜:破土、安葬、补垣塞穴。忌:诸事不吉。

11.甲戌　火●　收制

吉:黄道、月空、显星、圣心、神在。凶:黑道、天罡、勾绞、荒芜。

宜:畋猎、捕捉。忌:诸事不吉。

12.乙亥　火●　开义

吉:天德合、月德合、明堂黄道、上吉、曲星、生气、益后。凶:天贼,丙年上朔。

宜:上官、入学、结姻、祀灶、剃头、动土、牧养、开渠、穿井、求医、进人口、治病、教牛马、祈福、六合、宴会。忌:嫁娶、移徙、安葬、栽植、作仓、开市。

13.丙子　水●　闭伐

吉:天医、吉庆星、六合、续世。凶:黑道、四废、血忌、血支、归忌、天狗、蚩尤。

宜:给由、词讼、沐浴、立券交易、补塞、启攒、合帐。忌:嫁娶、移徙、动土。

14.丁丑　水○　建宝

吉:天富、龙德、要安。凶:黑道、月厌、四废。

宜:祭祀、针灸、解安、宅舍、教牛马、作寿、木开、生坟、穿井。忌:余事不吉。

15.戊寅　土○　除伐

吉:天瑞、幽微星、金匮黄道、玉堂、不将、传星、次吉。

宜:袭爵、修造、修筑、伐木、起工、定磉、上梁、盖屋、祈福、求祠、冠笄、嫁娶、求婚、披剃、作灶、造门动土、裁衣、交易、除服、纳畜、修造栏枋、破土、启攒。忌:余事不吉。

16.己卯　土○　满伐

吉:天恩、天瑞、天福、天仓、黄道、金堂、神在。凶:天瘟、土瘟、重丧、天狗。

宜:会亲、嫁娶、纳财、修造、开市、裁衣、交易、求婚、给由、牧养、经络、开池。

17.庚辰　金○　平义

吉:天恩、天德、月德。凶:黑道、龙虎、河魁、勾绞、月杀、地火、冰消。

宜:祭祀、泥墙、治路、结网。忌:凡事不吉。

18.辛巳　金○　定伐

吉:天恩、天瑞、天福、月恩、玉堂黄道。凶:火星、罪至、死气、九空、焦坎,丁年上朔。

宜:会亲友、下定、纳畜。忌:余事不吉。

19.壬午　水○　执制

吉:天恩、天岳、明星、敬心、母仓、神在、上吉。凶:黑道、小耗、咸池、独火、月火。

宜:祭祀、上官赴任、冠笄、剃头、解除、动土、伐木、捕捉、畋猎。忌:结婚、开市、交易、移徙、出财、乘船。

20.癸未　木○　破伐

吉:天恩、显星、普护。凶:黑道、大耗、大败、六不成。

宜:破屋坏垣、治病。忌:凡事不吉。

21.甲申　水○　危伐

吉:黄道、月空、母仓、次吉、活曜星、神在、曲星。凶:游祸、刀砧。

宜:出行、纳表、修造、动土、开市、安葬、上官、入学、起工、造门、入宅、出火、移徙、分居、作灶、作仓、给由、交易、盖屋、修筑、竖柱上梁、天井、定磉、造酒。

22.乙酉　水○　成伐

吉:天德合、月德合、母仓、天喜。凶:黑道、飞廉、天火、受死、刀砧。

宜:成服、塞穴、断蚁、畋猎、解除。忌:余事不吉。

23.丙戌　土○　收宝

吉:黄道、圣心。凶:黑道、四废、天罡、勾绞、荒芜。

宜:祭祀、捕捉、畋猎。忌:诸事不吉。

24.丁亥　土○　开伐

吉:明堂、黄道、传星、上吉、生气、益后、神在。凶:四废、月厌、天贼,戊年上朔。

宜:会亲友、治病、祀灶、祈福、出行、祭祀。忌:移徙、安葬、嫁娶、作仓、开市。

25.戊子　火○　闭制

吉:天医、吉庆星、六合、续世。凶:黑道、血支、血忌、蚩尤、地贼。

宜:沐浴、立券交易、裁衣、词讼。忌:余事不吉。

26.己丑　火○　建专

吉:天富、龙德、要安、神在。凶:黑道、重丧、月厌。

宜:祭祀、解除、安宅舍、放债、交易、穿牛、造畜栏。忌:余事不吉。

27.庚寅　木○　除制

吉:天德、月德、幽微星、金匮黄道、天福、天瑞、上吉、玉堂。凶:火星。

宜:会亲、袭爵、扫舍、动土、交易、开市、给由、进人口、入学、冠笄、求医、词讼、祈福、行船装载、披剃、破土、安葬、除服、治病、修舍。忌:结婚、出行、竖造、作仓。

28.辛卯　木○　满制

吉:天福、月恩、金堂、天德、黄道、天仓、神在。凶:天瘟、土瘟、天狗。

宜:会亲、嫁娶、破土、启攒、开市、交易、裁衣、给由、行船、纳财、经络、牧养、开库、入仓、进人口、塞鼠、断蚁、针灸、开池、作陂、入学。忌:祭祀、移徙、动土。

29.壬辰　水○　平伐

吉:天福、显星。凶:黑道、河魁、勾绞、龙虎、月杀、地火、冰消。

宜:泥墙、治路。忌:诸事不吉。

30.癸巳　水○　定制

吉:天福、玉堂黄道、满德星、曲星、母仓。凶:罪至、死气、官符、九空,乙年上朔。

宜:结姻、会亲、修造动土、竖柱上梁、冠笄、嫁娶、安碓磨、裁衣、起工、纳畜、栽种、进人口。忌:开市、治病、安产室、栽植、乘船、安葬。

31.甲午　金○　执宝

吉:天岳、月空、明星、次吉、敬心、母仓。凶:黑道、小耗、咸池、独火、月火。

宜:祭祀、上官、出行、移徙、修造、动土、破土、启攒、冠笄、披剃、伐木、捕捉、畋猎、栽种。忌:结婚、开市、交易、出财、乘船。

32.乙未　金○　破制

吉:天德合、月德合、普护、神在。凶:黑道、大耗、大败、六不成。

宜:祭祀、破屋坏垣。忌:余事不吉。

33.丙申　火○　危制

吉:黄道、母仓、活曜星、福生、传星、次吉、神在。凶:游祸、四废、刀砧。

宜:赴举、给由、冠笄、词讼、入仓开库、造门、结网、起染、竖造、安葬、入宅、归火、祈福、解除、开市、伐木、作陂、开池、盖屋、斩草破土。忌:余事不吉。

34.丁酉　火○　成制

吉:天喜、母仓、天医。凶:黑道、四废、刀砧、受死、飞廉、天火。

宜:破土、安葬、成服。忌:诸事不吉。

35.戊戌　木○　收专

吉:黄道、圣心。凶:黑道、天罡、勾绞、荒芜。

宜:捕捉、纳财、栽植。忌:诸事不吉。

36.己亥　木○　开制

吉:天福、明堂黄道、生气、益后。凶:火星、月厌、天贼、重丧,庚年上朔。

宜:袭爵受封、治病、上官、沐浴、剃头、结婚、牧养、开渠、穿井、栽种。

37.庚子　土○　闭宝

吉:天福、月恩、月德、吉庆星、续世、上吉、六合。凶:黑道、归忌、蚩尤。

宜:上官、给由、沐浴、立券、交易、启攒、纳猫、犬求、嗣起、染修、筑垣、墙。

38.辛丑　土○　建义

吉:天福、要安、月恩、天德、显星、天富。凶:黑道、月建。

宜:针灸、雕刻、穿井、解安、宅舍、穿牛、造畜、栏出、行求、财安、床作、仓库。忌:余事不吉。

39.壬寅　金○　除宝

吉:玉堂黄道、幽微星、曲星、次吉。

宜:袭爵、上官、求医、作陂、开池、破土、安葬、起工、动土、定磉、竖造、上梁、作仓、分居、移徙、作灶、安床、冠笄、嫁娶、披剃、解除、交易、入学、割蜂、雕刻、会亲友。

40.癸卯　金○　满宝

吉:天仓、天德、黄道、次吉、金堂。凶:天瘟、土瘟、天狗。

宜:入学、上官、出行、袭爵受封、给由、会亲、纳财、开市、立券、交易、经络、裁衣、行船、入仓开库、开池、塞鼠、断蚁、牧养、启攒、嫁娶。忌:祭祀、动土、词讼。

41.甲辰　火○　平制

吉:月空、次吉。凶:黑道、龙虎、河魁、勾绞、月杀、地火、冰消。

宜:泥饰、治路、结网、畋猎。忌:凡事不吉。

42.乙巳　火○　定宝

吉:天德合、月德合、玉堂黄道、满德星、上吉、神在。凶:死气、九空、焦坎,辛年上朔。

宜:祭祀、祈福、会亲、纳畜、作灶、盖屋、冠笄、穿井、竖柱上梁、割蜂取蜜吉。忌:安葬、行船、嫁娶、开市、治病、种植、启攒。

43.丙午　水●　破宝

吉:明星、敬心、土王后、母仓、神在。凶:黑道、小耗、正四废、咸池、独火、月火。

宜:祭祀、伐木、捕捉、上官、解除、畋猎。忌:结婚、交易、竖柱、上梁。

44.丁未　水●　破宝

吉:普护、神在。凶:黑道、大耗、四废、大败、六不成。

宜:祭祀、治屋、破屋坏垣。忌:余事不吉。

45.戊申　土○　危宝

吉:黄道、福生、活曜星、母仓、次吉。凶:火星、游祸、刀砧。

宜:祈福、开市、伐木、披剃、冠笄、动土、入仓开库、修筑、栽种、解除、沐浴。忌:结婚、立券、安葬、裁衣、牧养、修造栏枋。

46.己酉　土●　成宝

吉:天恩、母仓、天喜、天医。凶:黑道、受死、飞廉、重丧、刀砧、天火。

宜:解除、沐浴、塞鼠穴、结网。忌:余事不吉。

47.庚戌　金●　收义

吉:天恩、天德、月德、青龙黄道、显星、要安。凶:黑道、天罡、勾绞、荒芜。

宜:捕捉。忌:诸事不吉。

48.辛亥　金○　开宝

吉:天恩、月恩、曲星、明堂黄道、益后、生气。凶:天贼、月厌,壬年上朔。

宜:袭爵受封、栽种、祀灶、披剃、沐浴、纳财、牧养、开渠。忌:嫁娶、出行、移徙。

49.壬子　木○　闭专

吉:天恩、天瑞、吉庆星、天医、续世、六合。凶:黑道、归忌、蚩尤、血支、血忌。

宜:立券、交易、词讼、经络、启攒、起染、纳畜、作厕、补塞、断蚁、鸡栖。忌:嫁娶、移徙、赴任、动土、治病、针刺、远回。

50.癸丑　木○　建伐

吉:天恩、要安、龙德、天富。凶:黑道、月建。

宜:解安宅舍、交易、出行、穿牛、造畜栏、安床。忌:余事不吉。

51.甲寅　水○　除专

吉:玉堂黄道、幽微星、传星、次吉。

宜:会亲、出行、上官、移徙、扫舍、治病、修造、作仓、立券、交易、入宅、分居、出火、作灶、造门、安床、冠笄、结婚、嫁娶、给由、词讼、裁衣、起工、定磉、求嗣、进人口、斩草、安葬、除服、开池、作陂。

52.乙卯　水○　满专

吉:天德合、月德合、黄道、金堂、天仓、神在。凶:天瘟、土瘟、天狗。

宜:给由考满、出行、纳财、入学、开市、交易、裁衣、破土、启攒、结婚、嫁娶、经络、伐木、牧养、入仓开库、行船、开池、塞鼠、宴会、作陂、鸡栖。忌:余事不吉。

53.丙辰　土○　平宝

吉:神在、不将。凶:黑道、龙虎、河魁、勾绞、四废、月杀、地火、冰消。

宜:祭祀、嫁娶、泥墙、治路。忌:诸事不吉。

54.丁巳　土○　定专

吉:天福、玉堂黄道、满德星、上吉。凶:火星、正四废、罪至、死气、九空,癸年上朔。

宜:祭祀、结姻、会亲、牧养、纳畜。忌:余事不吉。

55.戊午　火○　执义

吉:明星、敬心、母仓、神在。凶:黑道、小耗、咸池、独火、月火。

宜:祭祀、上官、修造、动土、裁衣、伐木、解除、畋猎、捕捉。忌:余事不吉。

56.己未　火○　破专

吉:显星、普护、神在。凶:黑道、大耗、重丧、大败、六不成。

宜:祭祀、治病、破屋坏垣。忌:余事不吉。

57.庚申　木○　危专

吉:天德、月德、黄道、活曜星、司命、母仓、曲星、福生、上吉。凶:游祸、刀砧。

宜:上官、解除、给由、修造、动土、开市、伐木、破土、安葬、天井、修筑、盖屋、造门、出火、入宅、竖柱上梁、修厨、作灶、穿井、雕刻、入仓开库、分居。

58.辛酉　木○　成专

吉:天医、天喜、月恩、母仓、神在。凶:黑道、飞廉、受死、天火、刀砧。

宜:解除、破土、安葬。忌:余事不吉。

59.壬戌　水○　收伐

吉:黄道、圣心。凶:黑星、天罡、勾绞、荒芜。

宜:捕捉、畋猎。忌:诸事不吉。

60.癸亥　水○　开专

吉:黄道、传星、生气、益后、神在。凶:月厌、天贼、地火,甲年上朔。

宜:祭祀、袭爵、治病、会亲、祀灶、剃头、开渠、沐浴、牧养。忌:结婚、嫁娶、开市、移徙、安葬、修造、作仓、出行。

建除十二星宜忌

建：

吉，宜泥饰舍宇、修置产室、解安宅舍、出行、祭祀、入学、冠带、作事、求人、参谒贵、上书。

凶，忌起工、动土、开仓、祀灶、新船下水、行船装载、竞渡。

除：

吉，宜祈福、祭祀、纳表章、安宅舍、出行、牧养、交易、求医、解除、冤衍、种莳、栽接花木、祀灶、逐邪、除灶、罢服。

凶，忌移徙、出行。

满：

吉，宜扫舍、修置产室、牧养、裁衣、经络、出行、栽种接、入仓开库、店市、求财、祭祀、祈福、合帐、塞鼠穴、修饰、舍宇。

凶，忌动土、服药，孟月忌经商兴贩、移徙、造宅。

平：

吉，宜泥饰垣墙、平治道涂、平基、定磉、修置产室、置器、修灶、祭祀、安机、取泥、动土、修造。

凶，忌开渠、种植、经络。

定：

吉，宜入学、祈福、祭祀、裁衣、结婚姻、纳采问名、求嗣、牧养、纳畜、安置、碓硙、冠带、交易。

凶，忌词讼、出行。

执：

吉，宜祈福、祭祀、纳表、进章、求嗣、畋猎、捕捉、结婚姻、立契券。

忌，入宅、移居、出行、远回、开仓库、出财、新船下水，主招蚕，主修六畜栏枋，主招狐狸貉犬。

破：

吉，宜求医、作病、破屋、坏垣、服药、破贼。

凶，忌起工、出行、远回、移徙、种莳、新船下水、行船装载、嫁娶、进人口、祀灶、立契、券纳、畜修、作损、六畜。

危：

吉，宜祭祀、祈福、纳表进章、结婚、纳采问名、捕捉、畋猎、捕鱼、安床、交易、立券契。

凶，忌登惊履险、入山伐木、行船装载。

成：

吉，宜祭祀、祈福、入学、裁衣、结婚、纳采、嫁娶、纳表章、解安宅舍、牧养、安碓硙、交易、立券、求医、修产室、种植、移徙花木、出行、远回、移徙、冠带、纳六畜。

凶，忌词讼。

收：

吉，宜捕捉、畋猎、收敛财货、修置产室、种植移花接木、祭祀、入学、嫁娶、修仓、捕鱼、纳畜、纳财、取债。

凶，忌造宅、安葬、丧事、出行、针刺、经络。

开：

吉，宜祈福、祭祀、纳表章、安宅舍、入学、裁衣、结婚、牧养、开塘井、砌路、安碓硙、交易、立契券、安产室、栽种、出行、入仓开库。

凶，季月忌经商兴贩、动土。

闭：

吉，宜祈福、祭祀、求嗣、牧养、立券、交易、收敛财货、修舍、塞穴、堤防、移接花木、安床设帐、作府。

凶，忌针刺灸火、出行、种植、祀灶，季月忌远回、竖造、移徙、动土。

二十八宿吉凶符断

角木蛟

角星造作主荣昌，外进田财及女郎。
嫁娶婚姻生贵子，文人及第见君王。
唯有埋葬不可用，三年之内主瘟瘟。
起工修筑坟墓地，堂前立见主人亡。

亢金龙

亢星造作长房当,十日之中主有殃。
田地消磨官失职,投军定是虎狼伤。
嫁娶婚姻用此日,儿孙新妇守空房。
埋葬若还用此日,当时灾祸主重丧。

氐土貉

氐星造作主灾凶,费尽田园仓库空,
埋葬不可用此日,悬绳吊颈祸重重。
若是婚姻离别散,夜招浪荡入房中。
行船必定遭沉没,更生聋哑子孙宫。

房日兔

房星造作田园进,血财牛马遍山岗。
更招外处田和宅,荣华富贵子孙康。
埋葬若然用此日,高官进职拜君王。
嫁娶嫦娥归月殿,三年抱子主朝堂。

心月狐

心星造作大为凶,更遭刑讼狱囚中。
忤逆官非田宅退,埋葬暴卒死相从。
婚姻若还逢此日,子死儿亡泪满腮。
三年之内连遭祸,事事教君没始终。

尾火虎

尾星造作得天恩,富贵荣华福寿宁。
进财进宝招田地,和合婚姻贵子生。
埋葬若然依此日,男清女正子孙兴。
开门放水招田地,代代公侯远播名。

箕水豹

箕星造作最高强，岁岁年年大吉昌。
埋葬修坟大吉利，田蚕牛马遍山岗。
开门放水招财谷，箧满金银谷满仓。
福荫高官增禄位，六亲丰禄足安康。

斗木獬

斗星造作主招财，文武官员位鼎台。
田宅钱财千万进，坟茔修筑富贵来。
开门放水招牛马，旺蚕男女主和偕。
遇此吉星来照护，时时福庆永无灾。

牛金牛

牛星造作主灾危，九祸三灾不可推。
家宅不安人口退，田蚕不利主人衰。
嫁娶婚姻皆自损，金银财谷渐无之。
若是开门并放水，牛猪羊马亦伤怨。

女土蝠

女星造作损婆娘，兄弟相嫌似虎狼。
埋葬生灾逢鬼怪，颠邪疾病更瘟癀。
为事遭官财失散，泻痢留连不可当。
开门放水逢此日，全家散败主离乡。

虚日鼠

虚星造作主凶殃，男女孤眠不一双。
内乱风声无礼节，儿孙媳妇伴人床。
开门放水招灾祸，虎咬蛇伤又卒亡。
三三五五连年病，家破人亡不可当。

危月燕

危星不可造高堂，自吊遭刑见血光。
三岁孩儿遭水厄，后生出外不还乡。
埋葬若还逢此日，週年百日卧高床。
开门放水遭刑杖，三年五载一悲伤。

室火猪

室星修造进田牛，代代儿孙近王侯。
富贵荣华天上室，寿如彭祖八百秋。
开门放水招财帛，和合婚姻生贵儿。
埋葬若还逢此日，门庭兴旺长孙枝。

壁水貐

壁星造作进庄田，丝蚕大熟福滔天。
奴婢自来人口进，开门放水出英贤。
埋葬招财官品进，家中诸事乐陶然。
婚姻吉利生贵子，早播声名着祖鞭。

奎木狼

奎星造作得祯祥，家下荣利大吉昌。
若是埋葬阴卒死，当年定主两三丧。
看看军令刑伤到，重重官事主瘟瘟。
开门放水招灾祸，三年两次损儿郎。

娄金狗

娄星竖造起门庭，门旺家和事事兴。
外境钱财百日进，一家兄弟播名扬。
婚姻进益生贵子，玉帛金银箱满盈。
放水开门皆吉利，男荣女贵万千春。

胃土雉

胃星造作事如何，富贵荣华喜气多。
埋葬进临官禄位，三灾九祸不逢他。
婚姻遇此家富贵，夫妇齐眉永保和。
从此门庭吉庆好，儿孙伐代拜金坡。

昴日鸡

昴星造作进田牛，埋葬官灾不得休。
重丧二日三人死，卖尽田园不记坵。
开门放水招灾害，三岁孩儿白了头。
婚姻不可逢此日，死别生离实可忧。

毕月乌

毕星造作主光前，买得田园有粟钱。
埋葬此日添官职，田蚕大熟永丰年。
开门放水须吉庆，全家人口得安然。
婚姻若还逢此日，生得孙儿福寿全。

觜火猴

觜星造作主徒刑，三年必定主伶仃。
埋葬卒死却因此，取定寅年便杀人。
三丧不止皆因此，一人药毒二人身。
家门田地皆退散，仓库金银化作尘。

参水猿

参星造作旺人家，文章照耀大光华。
只因造作田财进，埋葬招疾丧黄沙。
开门放水加官职，房屋儿孙见田加。
婚姻许定相刑克，男女朝开暮落花。

井木犴

井星造作旺蚕田，金榜题名第一先。
埋葬须防惊子死，忽招风疾入黄泉。
开门放水招田宅，牛马猪羊旺莫言。
寡妇田蚕入宅来，儿孩兴旺有余钱。

鬼金羊

鬼星起造卒人亡，堂前不见主人郎。
埋葬此日官禄至，儿孙代代近帝王。
开门放水烫伤死，嫁女夫妻不久长。
修筑墙垣伤产女，手扶双女泪汪汪。

柳土獐

柳星造作主遭官，昼夜偷闲不暂安。
埋葬瘟星多病死，田园退尽守孤寒。
开门放水遭聋瞎，腰驼背屈似弓弯。
更有棒刑宜谨慎，妇人随客走盘桓。

星日马

星宿只好造新房，进职加官近帝王。
不可埋葬并放水，凶星临位女人亡。
生离死别无人恋，自要归休别嫁郎。
孩子九曲珠难度，放水开沟夭寿伤。

张月鹿

张星只好造亭轩，年年造屋进庄田。
埋葬不久升官职，代代为官近帝王。
开门放水招财帛，婚姻和合福绵绵。
田蚕大利仓库满，百般称意自安然。

翼火蛇

翼星不利造高堂，三年两载见瘟瘽。
埋葬不须用此日，子孙必定走他乡。
婚姻此日不吉利，归家定是不相当。
开门放水家须破，少女贪淫恋外郎。

轸水蚓

轸星临水造龙宫，代代为官受勅封。
富贵荣华增福禄，仓盈库满自昌隆。
埋葬吉星来照助，家宅安宁不见凶。
更有为官招帝宠，婚姻龙子出龙宫。

按：二十八宿躔六十甲子，各有所属，而四时之用，各有其时，各有所宜。若遇凶恶星值日为属土，春受克，秋为泄气，用之则吉。逢夏各有生旺，用之则凶，不可拘泥乎诗断。吉则喜用，凶则忌用，致使吉日良辰悉行错过，甚是误也。

九天秘传金符经

煞贡，即显星。直星，即曲星。人专，即传星。或星，即星忌。火切，凶。

甲子横推	甲子	乙丑	丙寅	丁卯	戊辰	己巳	庚午	辛未	壬申
	癸酉	甲戌	乙亥	丙子	丁丑	戊寅	己卯	庚辰	辛巳
玉皇即煞贡	壬午	癸未	甲申	乙酉	丙戌	丁亥	戊子	巳丑	庚寅
天皇即直星	辛卯	壬辰	癸巳	甲午	乙未	丙申	丁酉	戊戌	己亥
紫微即人专	庚子	辛丑	壬寅	癸卯	甲辰	乙巳	丙午	丁未	戊申
鸾驾中宫吉	己酉	庚戌	辛亥	壬子	癸丑	甲寅	乙卯	丙辰	丁巳
	戊午	己未	庚申	辛酉	壬戌	癸亥			
寅甲巳亥四孟月	妖星	或星	未刀	煞贡	直星	下水	角巳	人专	立星
子午卯酉四仲月	或星	未刀	煞贡	直星	下水	角巳	人专	立星	妖星
辰戌丑未四季月	未刀	煞贡	直星	下水	角巳	人专	立星	妖星	或星

制诸凶神煞法

制克山家法

假如甲子年作水土山遁得戊辰木运逢金年，谓之年克山家，宜用正月建丙寅火音之，或火日、火时、火命作土火命，匠人皆可制。又须克杀休囚制神有气，其月日时克仿此。

制阴府太岁法

凡阴府休囚用枭神也，七煞可以制伏枭神，枭神杀即偏官。假如甲木阴府用壬水庚金制之，盖甲本属木，用庚金固可制，又甲木化气属土，而壬水化木亦可制也。甲木见庚为七煞，见壬为枭神。其余仿此推。

此若阴府生旺八字扶合，大凶。

制神煞总法

神煞例多，凡制伏之法不同，若干犯以干制，支犯以支制，纳音犯以纳音制，气犯以化气制，飞宫犯以气宫制，三合犯以三合制，坐宫犯以坐宫制之，此说最为确论。五行生旺能制休囚，吉神则制于生旺，凶神则置于休囚。

诸煞所属泊宫生旺休囚法

以五虎遁寻煞方所属何音，便以月建入中宫，看他生旺休囚何如，假如煞属木泊为震巽木宫为得令，泊于坎水宫为扶煞，不可用也。泊故乾兑金宫为受制，泊为离火宫为泄气，泊为坤艮中土宫为财帛，俱可用也。其余仿此。

制三煞法

此煞以五虎遁寻三煞纳音所属，以八字纳音制之，或作主匠人生命，纳音亦可制。若三煞泊宫休囚制神生旺合局尤美。凡年犯以年遁，月犯以月遁，日时犯以日时遁。他煞皆仿此。假如甲子年作巳方遁得巳煞属己巳木，年之纳音之金制之也。午未方杀遁得庚午、辛未土,用戊辰、己巳月合纳音之木亦可制也。余仿此。其怨煞、愁煞、报煞、禁煞、暗刀飞廉、小耗、大耗、流财、天命、地轴、帝车、白虎煞、丧门阴中煞、天地官符、灸退、羊刃、牛星皇七煞、破碎煞,皆仿此制。

制灸退法

假如甲子年,灸退在卯,以五虎遁得卯煞属丁卯火,泊用水年月日时制之。余仿此。灸退乃马前一位,宜用三合、六合年月日时扶马。马育料进而不退,如灸退在卯,宜用亥卯未及戌年月日时,扶合大吉日,用堆禄年月合亦吉。灸退泊宫,受制休囚吉,生旺凶。

制官符法

假如甲子年天官符在亥,以五虎遁得属乙亥火,宜用水年月日时并水局以制之。他仿此。又云、官符属火,用一白星可制,走马六壬亦可制。地官符制法同前。官符泊宫休囚吉,生旺凶,其游山官符、阴中官符、坐山山家官符、田官皆仿此制。

制火星法

此火星例多,有起于干者,有起于支者,有起于三合者。有起于干支相连者,有起于年月日时者。若干犯用干制,支犯用支制,干支相连犯干支相连制之。又须火星休囚制神生旺则吉。又云:一白星及帝星中之水轮,亦可制火。如火星属金,又须用火制,火星属木,又忌用水局,能明是理,罔有不臧。凡无头火、打头火、天火、地火、独火、年独火、月独火、日飞火独火、丙丁独火、年烈火、升玄燥火、巡山火、月游火、赤火、火道、火血、制法皆仿此。

新镌历法便用合节鳌头通书卷之七

鳌峰　道轩　熊宗立

后裔　月畴　秉　懋　重订
　　　淑明　启　灿　梓行

鬼谷九仙例

合数推时吉凶法

歌曰：

河图甲己子午九，乙庚丑未八当首。

丙辛寅申七数真，丁壬卯酉六相同。

戊癸辰戌五为次，巳亥原来数当四。

其法合数日则干支俱用时则止，用支不用干。

假如甲子日未时，支干甲得九数，子亦九数，共十八，未时系入数相配得二十六数，乃合大吉仙是也。余仿此推。

时家紫白冬至夏至二局

校者注：内容见后。

时家白星		
冬至后用	一白子酉 二黑丑戌 三碧寅亥 四绿卯时 五黄辰时 六白巳时 七赤午时 八白未时 九紫申时	干木支水 甲子日 纳音属金 日家奇门 中 青龙吉 乾 开门金 咸池凶 坎 休门土 摄提凶 艮 生门火 太乙吉 震 伤门木 招摇平 巽 杜门土 天符凶 离 景门木 太乙吉 坤 死门土 轩辕平 兑 惊门土 太阴吉
夏至后用	一白申时 二黑未时 三碧午时 四绿巳时 五黄辰时 六白卯时 七赤寅亥 八白丑戌 九紫子酉	

时家白星		
冬至后用	一白卯时 二黑辰时 三碧巳时 四绿午时 五黄未时 六白申时 七赤酉子 八白戌丑 九紫亥寅	干木支土 乙丑日 纳音属金 日家奇门 中 青龙吉 乾 开门金 咸池凶 坎 休门土 摄提凶 艮 生门火 太乙吉 震 伤门木 招摇平 巽 杜门土 天符区 离 景门木 太乙吉 坤 死门木 轩辕平 兑 惊门木 太阴吉
夏至后用	一白寅亥 二黑丑戌 三碧子酉 四绿申时 五黄未时 六白午时 七赤巳时 八折辰时 九紫卯时	

时家白星		
冬至后用	一白午时 二黑未时 三碧申时 四绿子酉 五黄丑戌 六白寅亥 七赤卯时 八白辰时 九紫巳时	干火支木 丙寅日 纳音属火 日家奇门 中 天符凶 乾 开门火 青龙吉 坎 休门水 太乙吉 艮 生门土 太阴吉 震 伤门木 轩辕平 巽 杜门火 招摇平 离 景门火 天乙吉 坤 死门土 摄提凶 兑 惊门金 咸池凶
夏至后用	一白巳时 二黑辰时 三碧卯时 四绿寅亥 五黄丑戌 六白子酉 七赤申时 八白未时 九紫午时	

时家白星		
冬至后用	一白子酉 二黑丑戌 三碧寅亥 四绿卯时 五黄辰时 六白巳时 七赤午时 八白未时 九紫申时	干火支木 丁卯日 纳音属火 日家奇门 中 招摇平 乾 伤门土 天符凶 坎 杜门火 天乙吉 艮 景门火 咸池凶 震 死门土 摄提凶 巽 惊门木 轩辕平 离 开门土 大明吉 坤 休门木 太乙吉 兑 生门火 青龙吉
夏至后用	一白申时 二黑未时 三碧午时 四绿巳时 五黄辰时 六白卯时 七赤寅亥 八白丑戌 九紫子酉	

时家白星		
冬至后用	一白卯时 二黑辰时 三碧巳时 四绿午时 五黄未时 六白申时 七赤酉时 八白丑戌 九紫寅亥	干土支土 戊辰日 纳音属木 日家奇门 中 轩辕平 乾 伤门木 招摇平 坎 杜门土 太阴吉 艮 景门火 青龙吉 震 死门水 太乙吉 巽 惊门土 摄提凶 离 开门金 咸池凶 坤 休门火 天乙吉 兑 生门金 天符凶
夏至后用	一白寅亥 二黑丑戌 三碧子酉 四绿申时 五黄未时 六白午时 七赤巳时 八白辰时 九紫卯时	

时家白星		
冬至后用	一白午时 二黑未时 三碧申时 四绿子酉 五黄丑戌 六白寅亥 七赤卯时 八白辰时 九紫巳时	干支土火 己巳日 纳音属木 日家奇门 中 摄提离 乾 伤门木 轩辕平 坎 杜门金 咸池白 艮 景门土 天符凶 震 休门火 天乙吉 巽 伤门木 太乙吉 离 开门火 青龙吉 坤 休门土 太阴吉 兑 生门木 招摇平
夏至后用	一白巳时 二黑辰时 三碧卯时 四绿寅亥 五黄丑戌 六白子酉 七赤申时 八白未时 九紫午时	

时家白星		
冬至后用	一白子酉 二黑丑戌 三碧寅亥 四绿卯时 五黄辰时 六白巳时 七赤午时 八白未时 九紫申时	干金支火 庚午日 纳音属土 日家奇门 中 太乙吉 乾 死门土 摄提凶 坎 惊门火 青龙吉 艮 开门吉 招摇平 震 休门土 太乙吉 巽 生门火 天乙吉 离 伤门土 天符凶 坤 杜门金 咸池凶 兑 景门木 轩辕平
夏至后用	王白申时 二黑水时 三碧午时 四绿巳时 五黄辰时 六白卯时 七赤寅亥 八白丑戌 九紫子酉	

时家白星		
冬至后用	一白卯时 二黑辰时 三碧巳时 四绿午时 五黄未时 六白申时 七赤子酉 八白丑戌 九紫寅亥	干金支土 辛未日 纳音属土 日家奇门 中 天乙吉 乾 死门水 太乙吉 坎 惊门土 天符凶 艮 开门水 轩辕平 震 休门金 咸池凶 巽 生门土 太阴吉 离 伤门木 招摇平 坤 杜门火 青龙吉 兑 景门土 摄提凶
夏至后用	一白寅亥 二黑丑戌 三碧子酉 四绿申时 五黄未时 六白午时 七赤巳时 八白辰时 九紫卯时	

时家白星		
冬至后用	一白午时 二黑未时 三碧申时 四绿子酉 五黄丑戌 六白寅亥 七赤卯时 八白辰时 九紫巳时	干水支金 壬申日 纳音属金 日家奇门 中 太阴吉 乾 死门火 天乙吉 坎 憬门木 招摇平 艮 开门土 摄提凶 震 休门火 青龙吉 巽 生门金 咸池凶 离 伤门木 轩辕平 坤 杜门土 天符凶 兑 伤门木 大乙吉
夏至后用	一白巳时 二黑辰时 三碧卯时 四绿寅亥 五黄丑戌 六白子酉 七赤申时 八白未时 九紫午时	

时家白星		
冬至后用	一白子酉 二黑丑戌 三碧寅亥 四绿卯时 五黄辰时 六白巳时 七赤午时 八白未时 九紫申时	干水支金 癸酉日 纳音属金 日家奇门 中 咸池凶 乾 景门土 太明吉 坎 死门木 轩辕平 艮 惊门水 太乙吉 震 开门土 天符凶 巽 休门火 青龙吉 离 生门土 摄提凶 坤 伤门木 招摇凶 兑 杜门火 太乙吉
夏至后用	一白申时 二黑未时 三碧午时 四绿巳时 五黄辰时 六白卯时 七赤寅亥 八白导戌 九紫子酉	

时家白星		
冬至后用	一白卯时 二黑辰时 三碧巳时 四绿午时 五黄未时 六白申时 七赤子酉 八白丑戌 九紫寅亥	干木支土 甲戌日 纳音属火 日家奇门 中 青龙吉 乾 景门金 咸池凶 坎 死门土 摄提平 艮 惊门火 天乙吉 震 开门木 招摇平 巽 休门土 天符凶 离 生门金 咸池凶 坤 伤门木 轩辕平 兑 杜门土 太明吉
夏至后用	一白寅亥 二黑丑戌 三碧子酉 四绿申时 五黄未时 六白午时 七赤巳时 八白辰时 九紫卯时	

时家白星		
冬至后用	一白午时 二黑未时 三碧申时 四绿子酉 五黄丑戌 六白寅亥 七赤卯时 八白辰时 九紫已时	干木支水 乙亥日 纳音属火 日家奇门 中 天符凶 乾 景门火 青龙吉 坎 死门火 太乙吉 艮 惊门土 太阴吉 震 开门木 轩辕平 巽 休门木 招摇平 离 生门火 天乙吉 坤 伤门土 摄提凶 兑 杜门金 咸池凶
夏至后用	一白巳时 二黑辰时 三碧卯时 四绿寅亥 五黄丑戌 六白子酉 七赤申时 八白未时 九紫午时	

<table>
<tr><th colspan="3">时家白星</th></tr>
<tr><td>冬至后用</td><td>一白子酉
二黑丑戌
三碧寅戌
四绿卯时
五黄辰时
六白巳时
七赤午时
八白未时
九紫申时</td><td rowspan="2">干火支水
丙子日
纳音属水
日家奇门
中 招摇平
乾 休门土 天符凶
坎 生门火 天乙吉
艮 伤门土 咸池凶
震 杜门木 摄提凶
巽 景门木 轩辕平
离 死门土 太阴吉
坤 惊门水 太乙吉
兑 开门木 青龙吉</td></tr>
<tr><td>夏至后用</td><td>一白申时
二黑未时
三碧午时
四绿巳时
五黄辰时
六白卯时
七赤寅亥
八白丑戌
九紫子酉</td></tr>
</table>

<table>
<tr><th colspan="3">时家白星</th></tr>
<tr><td>冬至后用</td><td>一白卯时
二黑辰时
三碧巳时
四绿午时
五黄未时
六白申时
七赤子酉
八白丑戌
九紫寅亥</td><td rowspan="2">干火支土
丁丑日
纳音属水
日家奇门
中 轩辕平
乾 休门木 招摇平
坎 生门木 天阴吉
艮 伤门火 青龙吉
震 杜门水 太乙吉
巽 景门木 摄提凶
离 死门木 咸池凶
坤 惊门火 天乙吉
兑 开门土 天符凶</td></tr>
<tr><td>夏至后用</td><td>一白寅亥
二黑丑戌
三碧子酉
四绿申时
五黄未时
六白午时
七赤巳时
八白辰时
九紫卯时</td></tr>
</table>

<table>
<tr><th colspan="3">时家白星</th></tr>
<tr><td>冬至后用</td><td>一白午时
二黑未时
三碧申时
四绿子酉
五黄丑戌
六白寅亥
七赤卯时
八白辰时
九紫巳时</td><td rowspan="2">干土支木
戊寅日
纳音属土
日家奇门
中 摄提凶
乾 休门木 轩辕平
坎 生门金 咸池凶
艮 伤门土 天符凶
震 杜门火 太乙吉
巽 景门水 天乙吉
离 死门火 青龙吉
坤 惊门土 天　吉
兑 开门木 招摇平</td></tr>
<tr><td>夏至后用</td><td>一白巳时
二黑辰时
三碧卯时
四绿寅亥
五黄丑戌
六白子酉
七赤申时
八白未时
九紫午时</td></tr>
</table>

<table>
<tr><th colspan="3">时家白星</th></tr>
<tr><td>冬至后用</td><td>一白子酉
二黑丑戌
三碧寅亥
四绿卯时
五黄辰时
六白巳时
七赤午时
八白未时
九紫申时</td><td rowspan="2">干土支木
己卯日
纳音属土
日家奇门
中 太乙吉
乾 生门土 摄提凶
坎 伤门火 青龙吉
艮 杜门水 招摇平
震 景门土 太阴吉
巽 死门火 太乙吉
离 惊门土 天符凶
坤 开门金 咸池凶
兑 休门土 轩辕平</td></tr>
<tr><td>夏至后用</td><td>一白申时
二黑未时
三碧午时
四绿巳时
五黄辰时
六白卯时
七赤寅亥
八白丑戌
九紫子酉</td></tr>
</table>

时家白星		
冬至后用	一白卯时 二黑辰时 三碧巳时 四绿午时 五黄未时 六白申时 七赤子酉 八白丑戌 九紫寅亥	干金支土 庚辰日 纳音属金 日家奇门 中 天乙吉 乾 生门水 太乙吉 坎 伤门土 天符凶 艮 杜门木 轩辕平 震 景门金 咸池凶 巽 死门土 太阴吉 离 惊门木 招摇平 坤 开门火 青龙吉 兑 休门土 摄提凶
夏至后用	一白寅亥 二黑丑戌 三碧子酉 四绿申时 五黄未时 六白午时 七赤巳时 八白辰时 九紫卯时	

时家白星		
冬至后用	一白午时 二黑未时 三碧申时 四绿子酉 五黄丑戌 六白定亥 七赤卯时 八白辰时 九紫巳时	干金支火 辛巳日 纳音属金 日家奇门 中 太阴吉 乾 生门火 太乙吉 坎 伤门水 招摇平 艮 杜门土 摄提凶 震 景门火 青龙吉 巽 死门土 咸池凶 离 惊门木 轩辕平 坤 开门土 天符凶 兑 休门水 太乙吉
夏至后用	一白巳时 二黑辰时 三碧卯时 四绿寅亥 五黄丑戌 六白子酉 七赤申时 八白未时 九紫午时	

时家白星		
冬至后用	一白子酉 二黑丑戌 三碧寅亥 四绿卯时 五黄辰时 六白巳时 七赤午时 八白未时 九紫申时	干水支火 壬午日 纳音属木 日家奇门 中 咸池凶 乾 惊门土 太阴吉 坎 开门木 轩辕平 艮 休门水 太乙吉 震 生门土 天符凶 巽 伤门火 青龙吉 离 杜门土 摄提凶 坤 景门水 招摇平 兑 死门火 天乙吉
夏至后用	一白申时 二黑未时 三碧午时 四绿巳时 五黄辰时 六白卯时 七赤寅亥 八白丑戌 九紫子酉	

时家白星		
冬至后用	一白卯时 二黑辰时 三天巳时 四绿午时 五黄未时 六白申时 七赤子酉 八白丑戌 九紫寅亥	干水支土 癸未日 纳音属水 日家奇门 中 青龙吉 乾 惊门金 咸池凶 坎 开门土 摄提凶 艮 休门火 天乙吉 震 生门水 招摇平 巽 伤门土 天符凶 离 杜门水 太乙吉 坤 景门水 轩辕平 兑 死门土 太阴吉
夏至后用	一白寅亥 二黑丑戌 三碧子酉 四绿申时 五黄未时 六白午时 七赤巳时 八白辰时 九紫卯时	

<table>
<tr><th colspan="3">时家白星</th></tr>
<tr><td>冬至后用</td><td>一白午时
二黑未时
三碧申时
四绿子酉
五黄丑戌
六白寅亥
七赤卯时
八白辰时
九紫巳时</td><td rowspan="2">干木支金
甲申日
纳音属水
日家奇门
中 天符凶
乾 景门火 青龙吉
坎 开门水 太乙吉
艮 休门土 太阴吉
震 生门水 轩辕平
巽 伤门木 招摇平
离 杜门火 天乙吉
坤 景门土 摄提凶
兑 死门土 咸池凶</td></tr>
<tr><td>夏至后用</td><td>一白巳时
二黑辰时
三碧卯时
四绿寅亥
五黄丑戌
六白子酉
七赤申时
八白未时
九紫午时</td></tr>
</table>

<table>
<tr><th colspan="3">时家白星</th></tr>
<tr><td>冬至后用</td><td>一白子酉
二黑丑戌
三碧寅亥
四绿卯时
五黄辰时
六白巳时
七赤午时
八白未时
九紫申时</td><td rowspan="2">干木支金
乙酉日
纳音属水
日家奇门
中 招摇平
乾 杜门土 天符凶
坎 景门火 天乙吉
艮 死门金 咸池凶
震 惊门土 摄提凶
巽 开门木 轩辕平
离 休门土 太阴吉
坤 生门水 太乙吉
兑 伤门火 青龙吉</td></tr>
<tr><td>夏至后用</td><td>一白申时
二黑未时
三碧午时
四绿巳时
五黄辰时
六白卯时
七赤寅亥
八白丑戌
九紫子酉</td></tr>
</table>

<table>
<tr><th colspan="3">时家白星</th></tr>
<tr><td>冬至后用</td><td>一白卯时
二黑辰时
三碧巳时
四绿午时
五黄未时
六白申时
七赤子酉
八白丑戌
九紫寅亥</td><td rowspan="2">干火支土
丙戌日
纳音属土
日家奇门
中 轩辕平
乾 杜门水 招摇平
坎 景门土 太阴吉
艮 死门火 青龙吉
震 惊门水 太乙吉
巽 开门土 摄提平
离 休门金 咸池凶
坤 生门火 太乙吉
兑 伤门土 天符凶</td></tr>
<tr><td>夏至后用</td><td>一白寅亥
二黑丑戌
三碧子酉
四绿申时
五黄未时
六白午时
七赤巳时
八白辰时
九紫卯时</td></tr>
</table>

<table>
<tr><th colspan="3">时家白星</th></tr>
<tr><td>冬至后用</td><td>一白午时
二黑未时
三碧申时
四绿子酉
五共丑戌
六白寅亥
七赤卯时
八白辰时
九紫巳时</td><td rowspan="2">干火支水
丁亥日
纳音属土
日家奇门
中 摄提凶
乾 杜门火 轩辕平
坎 景门金 咸池凶
艮 死门土 天符凶
震 惊门火 天乙吉
巽 开门木 太乙吉
离 休门火 青龙吉
坤 生门土 太阴吉
兑 伤门水 招摇平</td></tr>
<tr><td>夏至后用</td><td>一白巳时
二黑辰时
三碧卯时
四绿寅亥
五黄丑戌
六白子酉
七赤申时
八白未时
九紫午时</td></tr>
</table>

<table>
<tr><th colspan="3">时家白星</th></tr>
<tr><td>冬至后用</td><td>一白子酉
二黑丑戌
三碧寅亥
四绿卯时
五黄辰时
六白巳时
七赤午时
八白未时
九紫申时</td><td rowspan="2">干土支水
戊子日
纳音属火
日家奇门
中太乙吉
乾开门土
摄提凶
坎休门火
青龙吉
艮生门木
招摇平
震伤门土
太明吉
巽休门木
天乙吉
离景门土
天符凶
坤死门金
咸池凶
兑惊门土
轩辕平</td></tr>
<tr><td>夏至后用</td><td>一白申时
二黑未时
三碧午时
四绿巳时
五黄辰时
六白卯时
七赤寅亥
八白丑戌
九紫子酉</td></tr>
</table>

<table>
<tr><th colspan="3">时家白星</th></tr>
<tr><td>冬至后用</td><td>一白卯时
二黑辰时
三碧巳时
四绿午时
五黄未时
六白申时
七赤子酉
八白丑戌
九紫寅亥</td><td rowspan="2">干土支土
己丑日
纳音属火
日家奇门
中天乙吉
乾开门木
太乙吉
坎休门土
天符凶
艮生门金
轩辕平
震伤门金
咸池凶
巽杜门土
太阴吉
离景门木
招摇平
坤死门火
青龙吉
兑惊门土
摄提凶</td></tr>
<tr><td>夏至后用</td><td>一白寅亥
二黑丑戌
三碧子酉
四绿申时
五黄未时
六白午时
七赤巳时
八白辰时
九紫卯时</td></tr>
</table>

<table>
<tr><th colspan="3">时家白星</th></tr>
<tr><td>冬至后用</td><td>一白午时
二黑未时
三碧申时
四绿酉时
五黄丑戌
六白寅亥
七赤卯时
八白辰巳
九紫巳时</td><td rowspan="2">干金支木
庚寅日
纳音属木
日家奇门
中太阴吉
乾开门火
太乙吉
坎休门木
招摇平
艮坐门土
摄提凶
震伤门火
青龙吉
巽杜门金
咸池凶
离景门木
轩辕平
坤死门土
天符凶
兑惊门木
太乙吉</td></tr>
<tr><td>夏至后用</td><td>一白巳年
二黑辰时
三碧卯时
四绿寅亥
五黄丑戌
六白子酉
七赤申时
八白未时
九紫午时</td></tr>
</table>

<table>
<tr><th colspan="3">时家白星</th></tr>
<tr><td>冬至后用</td><td>一白子酉
二黑丑戌
三碧寅亥
四绿卯时
五黄辰时
六白巳时
七赤午时
八白未时
九紫申时</td><td rowspan="2">干金支木
辛卯日
纳音属木
日家奇门
中咸池凶
乾伤门土
太阴吉
坎杜门木
轩辕平
艮景门火
太乙吉
震死门土
天符凶
巽惊门水
青龙吉
离开门土
摄提凶
坤休门水
招摇平
兑生门火
天乙吉</td></tr>
<tr><td>夏至后用</td><td>一白申时
二黑未时
三碧午时
四绿巳时
五黄辰时
六白卯时
七赤寅亥
八白丑戌
九紫子酉</td></tr>
</table>

<table>
<tr><th colspan="3">时家白星</th></tr>
<tr><td>冬至后用</td><td>一白卯时
二黑辰时
三碧巳时
四绿午时
五黄未时
六白申时
七赤子酉
八白丑戌
九紫寅亥</td><td rowspan="2">干水支土
壬辰日
纳音属水
日家奇门
中青龙吉
乾伤门金咸池凶
坎杜门土摄提凶
艮景门火太乙吉
震死门木招摇平
巽惊门土天符凶
离开门火太乙吉
坤休门木轩辕平
兑生门土天阴吉</td></tr>
<tr><td>夏至后用</td><td>一白寅亥
二黑丑戌
三碧子酉
四绿申时
五黄未时
六白午时
七赤巳时
八白辰时
九紫卯时</td></tr>
</table>

<table>
<tr><th colspan="3">时家白星</th></tr>
<tr><td>冬至后用</td><td>一白午时
二黑未时
三碧申时
四绿子酉
五黄丑戌
六白寅亥
七赤卯时
八白辰时
九此巳时</td><td rowspan="2">干水支火
癸巳日
纳音属水
日家奇门
中天符凶
乾伤门火青龙吉
坎杜门水太乙吉
艮景门土太癸吉
震死门金轩辕平
巽惊门木招摇平
离开门火天乙吉
坤休门土摄提凶
兑生门金咸池凶</td></tr>
<tr><td>夏至后用</td><td>一白巳时
二黑辰时
三碧卯时
四绿寅亥
五黄丑戌
六白子酉
七赤申时
八白未时
九紫午时</td></tr>
</table>

<table>
<tr><th colspan="3">时家白星</th></tr>
<tr><td>冬至后用</td><td>一白子酉
二黑丑戌
三碧寅亥
四绿卯时
五黄辰时
六白巳时
七赤午时
八白未时
九紫申时</td><td rowspan="2">干木支火
甲午日
纳音属金
日家奇门
中招摇平
乾死门木天符凶
坎惊门火太乙吉
艮开门火咸池凶
震休门土摄提凶
巽生门木轩辕平
离伤门土太阴吉
坤杜门水太乙吉
兑景门火青龙吉</td></tr>
<tr><td>夏至后用</td><td>一白申时
二黑未时
三碧午时
四绿巳时
五黄辰时
六白卯时
七赤寅亥
八白丑戌
九紫子酉</td></tr>
</table>

<table>
<tr><th colspan="3">时家白星</th></tr>
<tr><td>冬至后用</td><td>一白卯时
二黑辰时
三碧巳时
四绿午时
五黄未时
六白申时
七赤子时
八白丑戌
九紫寅亥</td><td rowspan="2">干木支土
乙未日
纳音属金
日家奇门
中轩辕平
乾死门木招摇平
坎惊门土太阴吉
艮开门火青龙吉
震休门水太乙吉
巽生门土摄提凶
离伤门金咸池凶
坤杜门火天乙吉
兑景门土天符凶</td></tr>
<tr><td>夏至后用</td><td>一白寅亥
二黑丑戌
三碧子酉
四绿申时
五寅未时
六白午时
七赤巳时
八白辰时
九紫卯时</td></tr>
</table>

时家白星		
冬至后用	一白午时 二黑未时 三碧申时 四绿子酉 五黄丑戌 六白寅亥 七赤卯时 八白辰时 九紫巳时	干火支金 丙申日 纳音属火 日家奇门 中摄提凶 乾死门木轩辕平 坎惊门金咸池凶 艮开门土天符凶 震休门火天乙吉 巽生门水太乙吉 离伤门火青龙吉 坤杜门土太阴吉 兑景门木摄提平
夏至后用	一白巳时 二黑辰时 三碧卯时 四绿寅亥 五黄丑戌 六白子酉 七赤申时 八白未时 九紫午时	

时家白星		
冬至后用	一白子酉 二黑丑戌 三碧寅亥 四绿卯时 五黄辰时 六白巳时 七赤午时 八白未时 九紫申时	干火支金 丁酉日 纳音属火 日家奇门 中太乙吉 乾景门土摄提凶 坎死门火青龙吉 艮惊门木招摇平 震开门土太乙吉 巽休门火天乙吉 离生门土天符凶 坤伤门金咸池凶 兑生门木轩辕平
夏至后用	一白申时 二黑未时 三天午时 四绿巳时 五黄辰时 六白卯时 七赤寅亥 八白丑戌 九紫子酉	

时家白星		
冬至后用	一白卯时 二黑辰时 三碧巳时 四绿午时 五黄未时 六白申时 七赤子酉 八白丑戌 九紫寅亥	干土支土 戊戌日 纳音属木 日家奇门 中天乙吉 乾景门水太乙吉 坎死门土天符凶 艮惊门土轩辕平 震开门金咸池凶 巽休门土太阴吉 离生门木招摇平 坤伤门火青龙吉 兑杜门土摄提凶
夏至后用	一白寅亥 二黑丑戌 三碧子酉 四绿申时 五黄未时 六白午时 七赤巳时 八白辰时 九紫卯时	

时家白星		
冬至后用	一白午时 二黑未时 三碧申时 四绿子酉 五黄丑戌 六白寅亥 七赤卯时 八白辰时 九紫巳时	干土支水 己亥日 纳音属木 日家奇门 中太阴吉 乾景门火天乙吉 坎驾门木招摇平 艮惊门土摄提凶 震开门火青龙吉 巽休门金咸池凶 离生门水轩辕平 坤伤门土天符凶 兑杜门水太乙吉
夏至后用	一白巳时 二黑辰时 三碧卯时 四绿寅亥 五黄丑戌 六白子酉 七赤申时 八白未时 九紫午时	

时家白星		
冬至后用	一白子酉 二黑丑戌 三碧寅亥 四绿卯时 五黄辰时 六白巳时 七赤午时 八白未时 九紫申时	干金支水 庚子日 纳音属土 日家奇门 中 咸池凶 乾 休门土 太阴吉 坎 生门水 轩辕平 艮 伤门木 天乙口 震 杜门土 天符凶 巽 景门木 青龙吉 离 死门土 摄提凶 坤 惊门木 招摇平 兑 开门火 天乙吉
夏至后用	一白申时 二黑未时 三碧午时 四绿巳时 五黄辰时 六白卯时 七赤寅亥 八白丑戌 九紫子酉	

时家白星		
冬至后用	一白卯时 二黑辰时 三碧巳时 四绿午时 五黄未时 六白申时 七赤子酉 八白丑戌 九紫寅亥	干金支土 辛丑日 纳音属土 日家奇门 中 青龙吉 乾 休门金 咸池凶 坎 生门土 摄提凶 艮 伤门火 太乙吉 震 杜门水 招摇平 巽 景门土 天符凶 离 死门水 天乙吉 坤 惊门木 轩辕平 兑 开门火 太阴吉
夏至后用	一白寅亥 二黑丑戌 三碧子酉 四绿申时 五黄未时 六白午时 七赤巳时 八白辰时 九紫卯时	

时家白星		
冬至后用	一白午时 二黑未时 三碧申时 四绿子酉 五黄丑戌 六白寅亥 七赤卯时 八白辰时 九紫巳时	干水支木 壬寅日 纳音属金 日家奇门 中 天符凶 乾 休门火 青龙吉 坎 生门水 太乙吉 艮 伤门土 太阴吉 震 杜门木 轩辕平 巽 景门木 招摇平 离 死门火 天乙吉 坤 惊门土 摄提凶 兑 开门金 咸池凶
夏至后用	一白巳时 二黑辰时 三碧卯时 四绿寅亥 五黄丑戌 六白子酉 七赤申时 八白未时 九紫午时	

时家白星		
冬至后用	一白子酉 二黑丑戌 三碧寅亥 四绿卯时 五黄辰时 六白巳时 七赤午时 八白未时 九紫申时	干水支木 癸卯日 纳音属金 日家奇门 中 招摇平 乾 生门火 天符凶 坎 伤门木 天乙吉 艮 杜门金 咸池凶 震 景门土 摄提凶 巽 死门木 轩辕平 离 惊门木 太阴吉 坤 开门水 太乙吉 兑 休门火 青龙吉
夏至后用	一白申时 二黑未时 三碧午时 四绿巳时 五黄辰时 六白卯时 七赤寅亥 八白丑戌 九紫子酉	

时家白星		
冬至后用	一白卯时 二黑辰时 三碧巳时 四绿午时 五黄未时 六白申时 七赤子酉 八白丑戌 九紫寅亥	干木支土 甲辰日 纳音属火 日家奇门 中 轩辕平 乾 杜门木 招摇平 坎 伤门土 太阴吉 艮 杜门火 青龙吉 震 景门火 太乙吉 巽 死门土 摄提凶 离 惊门金 咸池凶 坤 开门火 天乙吉 兑 休门土 天符凶
夏至后用	一白寅亥 二黑丑戌 三碧子酉 四绿申时 五黄未时 六白午时 七赤巳时 八白辰时 九紫卯时	

时家白星		
冬至后用	一白午时 二黑巳时 三碧辰时 四绿卯时 五黄寅亥 六白丑戌 七赤子酉 八白申时， 九紫未时。	干木支火 乙巳日 纳音属火 日家奇门 中 摄提凶 乾 生门木 轩辕平 坎 伤门金 咸池凶 艮 杜门土 天符凶 震 景门火 太乙吉 巽 死门水 天乙吉 离 惊门火 青龙吉 坤 开门土 太阴吉 兑 休门木 招摇平
夏至后用	一白巳时 二黑辰时 三碧卯时 四绿寅亥 五黄丑戌 六白子酉 七赤申时 八白未时 九紫午时	

时家白星		
冬至后用	一白子酉 二黑丑戌 三碧寅亥 四绿卯时 五黄辰时 主白巳时 七赤午时 八白未时 九紫申时	干火支火 丙午日 纳音属木 日家奇门 中 太乙吉 乾 惊门土 摄提凶 坎 开门火 青龙吉 艮 休门水 招摇平 震 生门土 太阴吉 巽 伤门火 太乙吉 离 杜门土 天符凶 坤 景门金 咸池凶 兑 死门木 轩辕平
夏至后用	一白申时 二黑未时 三碧午时 四绿巳时 五黄辰时 六白卯时 七赤寅亥 八白丑戌 九紫子酉	

时家白星		
冬至后用	一白卯时 二黑辰时 三碧巳时 四绿午时 五黄未时 六白申时 七赤子酉 八白丑戌 九紫寅亥	干火支土 丁未日 纳音属水 日家奇门 中 天乙吉 乾 惊门火 天乙吉 坎 开门水 招摇平 艮 休门土 摄提凶 震 生门火 青龙吉 巽 伤门金 咸池凶 离 杜门水 轩辕平 坤 景门土 天符凶 兑 死门水 太乙吉
夏至后用	一白寅亥 二黑丑戌 三碧子酉 四绿申时 五黄未时 六白午时 七赤巳时 八白辰时 九紫卯时	

时家白星		
冬至后用	一白午时 二黑未时 三碧申时 四绿子酉 五黄丑戌 六白寅亥 七赤卯时 八白辰时 九紫巳时	干土支金 戊申日 纳音属土 日家奇门 中 太阴吉 乾 惊门火 天乙吉 坎 开门水 招摇平 艮 休门土 摄提凶 震 生门火 青龙吉 巽 伤门金 咸池凶 离 杜门水 轩辕平 坤 景门土 天符凶 兑 死门水 太乙吉
夏至后用	一白巳时 二黑辰时 三碧卯时 四绿寅亥 五黄丑戌 六白子酉 七赤申时 八白未时 九紫午时	

时家白星		
冬至后用	一白子酉 二黑丑戌 三碧寅亥 四绿卯时 五黄辰时 六白巳时 七赤午时 八白未时 九紫申时	干支土金 己酉日 纳音属土 日家奇门 中 咸池凶 乾 杜门土 太阴吉 坎 景门水 轩辕平 艮 死门水 太乙吉 震 惊门火 天符凶 巽 开门土 青龙吉 离 休门水 摄提凶 坤 生门木 招摇平 兑 伤门土 天乙吉
夏至后用	一白申时 二黑未时 三碧午时 四绿巳时 五黄辰时 六白卯时 七赤寅亥 八白丑戌 九紫子酉	

时家白星		
冬至后用	一白卯时 二黑辰时 三碧巳时 四绿午时 五黄未时 六白申时 七赤子酉 八白丑戌 九紫寅亥	干金支土 庚戌日 纳音属金 日家奇门 中 青龙吉 乾 杜门金 咸池凶 坎 景门水 摄提凶 艮 死门木 天乙吉 震 惊门木 招摇平 巽 开门土 天符凶 离 休门水 太乙吉 坤 生门水 轩辕平 兑 伤门土 太乙吉
夏至后用	一白寅亥 二黑丑戌 三碧子酉 四绿申时 五黄未时 六白午时 七赤巳时 八白辰时 九紫卯时	

时家白星		
冬至后用	一白午时 二黑未时 三碧申时 四绿子酉 五黄丑戌 六白寅亥 七赤卯时 八白辰时 九紫巳时	干金支水 辛亥日 纳音属金 日家奇门 中 天符凶 乾 杜门火 青龙吉 坎 景门水 太乙吉 艮 死门土 太阴吉 震 惊门木 轩辕平 巽 开门木 招摇平 离 休门火 天乙吉 坤 生门土 摄提凶 兑 伤门金 咸池凶
夏至后用	一白巳时 二黑辰时 三碧卯时 四绿寅亥 五黄丑戌 六白子酉 七赤申时 八白未时 九紫午时	

时家白星		
冬至后用	一白子酉 二黑丑戌 三碧寅亥 四绿卯时 五黄辰时 六白巳时 七赤午时 八白未时 九紫申时	干水支水 壬子日 纳音属水 日家奇门 中 招摇平 乾 开门土 天符凶 坎 休门火 天乙吉 艮 生门金 咸池凶 震 伤门土 摄提凶 巽 杜门水 轩辕平 离 景门土 太阴吉 坤 死门土 太乙吉 兑 惊门火 青龙吉
夏至后用	一白申时 二黑未时 三碧午时 四绿巳时 五黄辰时 六白卯时 七赤寅亥 八白丑戌 九紫子酉	

时家白星		
冬至后用	一白卯时 二黑辰时 三碧巳亥 四绿午时 五黄未时 六白申时 七赤子酉 八白丑戌 九紫寅亥	干水支土 癸丑日 纳音属木 日家奇门 中 轩辕平 乾 开门水 招摇平 坎 休门土 太阴吉 艮 生门火 青龙吉 震 伤门水 太乙吉 巽 杜门土 摄提凶 离 景门土 咸池凶 坤 死门火 天乙吉 兑 惊门木 天符凶
夏至后用	一白寅亥 二黑丑戌 三碧子酉 四绿申时 五黄未时 六白午时 七赤巳时 八白辰时 九紫卯时	

时家白星		
冬至后用	一白午时 二黑未时 三碧申时 四绿子酉 五黄丑戌 六白寅亥 七赤卯时 八白辰时 九紫巳时	干木支水 甲寅日 纳音属木 日家奇门 中 摄提凶 乾 开门木 轩辕平 坎 休门金 咸池凶 艮 生门土 天符凶 震 伤门火 天乙吉 巽 杜门火 太乙吉 离 景门火 青龙吉 坤 死门土 太阴吉 兑 惊门水 招摇平
夏至后用	一白巳时 二黑辰时 三碧卯时 四绿寅亥 五黄丑戌 六白子酉 七赤申时 八白未时 九紫午时	

时家白星		
冬至后用	一白子酉 二黑丑戌 三碧寅亥 四绿卯时 五黄辰时 六白巳时 七赤午时 八白未时 九紫申时	干木支水 乙卯日 纳音属木 日家奇门 中 太乙吉 乾 伤门土 摄提凶 坎 杜门火 青龙吉 艮 景门木 招摇平 震 死门土 太阴吉 巽 惊门火 天乙吉 离 开门土 天符凶 坤 休门金 咸池凶 兑 生门木 轩辕平
夏至后用	一白申时 二黑未时 三碧午时 四绿巳时 五黄辰时 六白卯时 七赤寅亥 八白丑戌 九紫子酉	

时家白星		
冬至后用	一白卯时 二黑辰时 三碧巳时 四绿午时 五黄未时 六白申时 七赤子酉 八白丑戌 九紫寅亥	干火支土 丙辰日 纳音属土 日家奇门 中 天乙吉 乾 伤门木 太乙吉 坎 休门土 天符凶 艮 景门木 轩辕平 震 死门金 咸池凶 巽 惊门土 太阴吉 离 开门水 招摇平 坤 休门火 青龙吉 兑 生门土 摄提凶
夏至后用	一白寅亥 二黑丑戌 三碧子酉 四绿申时 五黄未时 六白午时 七赤巳时 八白辰时 九紫卯时	

时家白星		
冬至后用	一白午时 二黑未时 三碧申时 四绿子酉 五黄丑戌 六白寅亥 七赤卯时 八白辰时 九紫巳时	干火支火 丁巳日 纳音属土 日家奇门 中 太阳吉 乾 伤门火 天乙吉 坎 杜门木 招摇平 艮 景门土 摄提凶 震 死门火 青龙吉 巽 开门木 轩辕平 离 惊门金 咸池凶 坤 休门土 天符凶 兑 生门水 太乙吉
夏至后用	一白巳时 二黑辰时 三碧卯时 四绿寅亥 五黄丑戌 六白子酉 七赤申时 八白未时 九紫午时	

时家白星		
冬至后用	一白子酉 二黑丑戌 三碧寅亥 四绿卯时 五黄辰时 六白巳时 七赤午时 八白未时 九紫申时	干土支火 戊午日 纳音属火 日家奇门 中 咸池凶 乾 死门土 太乙吉 坎 开门木 轩辕平 艮 开门木 天乙吉 震 休门土 天符凶 巽 生门火 青龙吉 离 伤门土 摄提凶 坤 杜门土 招摇平 兑 景门火 天乙吉
夏至后用	一白申时 二黑未时 三碧午时 四绿巳时 五黄辰时 六白卯时 七赤寅亥 八白丑戌 九紫子酉	

时家白星		
冬至后用	一白卯时 二黑辰时 三碧巳时 四绿午时 五黄未时 六白申时 七赤子酉 八白丑戌 九紫寅亥	干土支土 己未日 纳音属火 日家奇门 中 青龙吉 乾 死门金 咸池凶 坎 惊门土 摄提凶 艮 开门火 天乙吉 震 休门木 招摇平 巽 生门土 天符凶 离 伤门火 太乙吉 坤 杜门木 轩辕平 兑 景门土 太阴吉
夏至后用	一白寅亥 二黑丑戌 三碧子酉 四绿申时 五黄未时 六白午时 七赤巳时 八白辰时 九紫卯时	

时家白星		
冬至后用	一白午时 二黑未时 三碧申时 四绿子酉 五黄丑戌 六白寅亥 七赤卯时 八白辰时 九紫巳时	干金支金 庚申日 纳音避木 日家奇门 中 天符凶 乾 死门火 青龙吉 坎 惊门水 太乙吉 艮 开门土 太阴吉 震 休门木 轩辕平 巽 生门木 招摇平 离 伤门火 天乙吉 坤 杜门土 摄提凶 兑 景门金 咸池凶
夏至后用	一白巳时 二黑辰时 三碧卯时 四绿寅亥 五黄丑戌 六白子酉 七赤申时 八白未时 九紫午时	

时家白星		
冬至后用	一白子酉 二黑丑戌 三碧寅亥 四绿卯时 五黄辰时 六白巳时 七赤午时 八白未时 九紫申时	干金支金 辛酉日 纳音属金 日家奇门 中 招摇平 乾 景门土 天符凶 坎 死门火 天乙吉 艮 惊门金 咸池凶 震 开门土 摄提凶 巽 休门木 轩辕平 离 生门土 太阴吉 坤 伤门木 天乙吉 兑 杜门火 青龙吉
夏至后用	一白申时 二黑未时 三碧午时 四绿巳时 五黄辰时 六白卯时 七赤寅亥 信白丑戌 九紫子酉	

时家白星		
冬至后用	一白卯时 二黑辰时 三碧巳时 四绿午时 五黄未时 六白申时 七赤子酉 八白丑戌 九紫寅亥	干水支土 壬戌日 纳音属水 日家奇门 中 轩辕平 乾 景门木 招摇平 坎 死门土 太阴吉 艮 惊门火 青龙吉 震 开门水 太乙吉 巽 休门土 摄提凶 离 生门金 咸池凶 坤 伤门火 天乙吉 兑 杜门土 天符凶
夏至后用	一白寅亥 二黑丑戌 三碧子酉 四绿申时 五黄未时 六白午时 七赤巳时 八白辰时 九紫卯时	

时家白星		
冬至后用	一白午时 二黑未时 三碧申时 四绿子酉 五黄丑戌 六白寅亥 七赤卯时 八白辰时 九紫巳时	干水支水 癸亥日 纳音属水 日家奇门 中 摄提凶 乾 景门水 轩辕平 坎 死门金 咸池凶 艮 金门土 天符凶 震 开门火 太乙吉 巽 休门水 太乙吉 离 生开火 青龙吉 坤 伤门土 太阴吉 兑 杜门水 招摇平
夏至后用	一白巳时 二黑辰时 三碧卯时 四绿寅亥 五黄丑戌 六白子酉 七赤申时 八白未时 九紫午时	

铜壶昼夜百刻图式

钟表同古刑本官符定时用。

昼夜百刻图,凡每日昼夜一百刻分十二时,每一时有八刻二十分,每刻有六十分。共二十四气者,每气差一分半,冬至日极短,春分日均平,冬至后行盈,夏至后行缩,召阴阳升降之期。二十四气分为二十四图略,其经依符定天庚三式有异,今反录以定符天宴,昼夜行度十二月刻时因为住。

初唐贞观十二年九月　吕才撰

定论时二十四刻分数

日百刻配十二时之数,天行之周,昼夜百刻,每一时得八刻,十时得八十刻。又二时得十六刻,总九十六刻,所余者四刻,每刻分为六十分,四刻该二百四十分布之十二时,每一时得八刻二十分,故有初初刻者一十分,正初刻二十分,一时有五百分,初初刻十分,初一刻至初四刻各六十分,共二百五十分,谓之上四刻,正初刻至正四刻亦二百五十分,谓之下四刻。

定寅时歌诀例法

正九五更三点徹,二八五更四点歇。
三七天光是寅时,四六日出寅无别。
五月日高三丈地,十月十二四更二。
仲冬才到四更初,此是寅时君须记。

时凶各忌总诗

孤辰寡宿莫归婚,时害天刑损子孙。
五不遇兮并截路,出行齐藴莫申文。

造葬时凶总忌诗

天牢天杀及天刑，时破尤嫌朱雀神。
日吉不须拘忌此，日衰遇此自生嗔。

时上八门出行诗断

欲求利市往生方，捕猎须从死路详。
若欲远行开户吉，休门最好见君王。
杜门有难宜回避，捕捉惊门最得方。
索债要从伤路去，思量酒食景门香。

时上九星出行诗断

太乙逢时必称心，青龙财喜满门庭。
太阴得遇媒为利，天乙提扬得贵人。
天符咸池遭口舌，招摇摄提不堪亲。
轩辕平吉宜安静，凶吉星辰仔细寻。

阴阳贵人登天门时例，用本日贵人加乾上，数用本月将到处便是贵人时方。且如《授时历》元贞乙未正月雨水后二十九日甲戌子正初一后，日躔娵訾之次。

太阳天盘方过亥宫以登明为天月将。假如甲日用阴贵人登天门时，其法以阴贵人，且如乾正月登明亥将在庚上日，庚时即阴贵人登天门。又如甲日用阳贵人登天门时，其法以阳贵人未加乾，正月登明亥将在甲上明，申时初阳贵人登天门。其余仿此。冬至后用阳贵，夏至后阴贵，此谓有力，诸事吉，反此虽吉为轻。

右阴阳贵人时取日干贵人，在乾为登明天则螣蛇火在壬为坠水，朱雀火在癸为被头，六合木在艮为得池，勾陈土在甲为入狱，青龙木在乙为乘生，天空亡在巽为被戮，白虎金在丙为烧身，太常土在下为依母，玄武水在坤为所足，太阴金在庚为□□，天后火在辛为徒驾。天如是日神受制，吉神得和月，起造、葬埋、上官、入室、嫁娶、出行择定此时，出入修官乃贵人登天门，无不吉利，皆不忌旬中截路、孤辰、寡宿、大败等时，又不用贵人禄马善时，并无率的。

阴阳贵人时局

日躔辰次

玄枵子,娵訾亥,降娄戌,福德酉,实沈申,鹑首未,鹑火午,鹑尾巳,寿星辰,天火卯,析木寅,星纪丑。

十二月将

天罡辰,太乙巳,胜光午,小吉未,传送申,从魁酉,河魁戌,登明亥,神后子,大吉丑,功曹寅,太冲卯。

开山凶神起例诗

年克山运诗例

山运原是坐山起,堪堪娶纳一同议。
年克山家丧宅长,月克山家宅母亡。
日克山家新妇夭,时克山家长孙殇。

正傍阴府太岁诗例

阴府杀人不用刀,克我生旺命难逃。

阴府杀人不可量，我克休囚发福强。
年值八卦正阴府，天干地支名为傍。
造葬若然犯着者，杀人官非血财伤。

天禁朱雀、山家困龙

二家同诗例。

坐山官符

甲己戌乾亥不祥，乙庚申庚酉难当。
丙辛午丁未是杀，丁壬辰巽巳为殃。
戊癸之年何用犯，寅申卯上打官防。

开山立向诗起例

四大金星诗例

甲己岁寻丁，乙庚巽土停。
丙辛休下甲，丁壬乾不宁戊癸年庚土，犯不目不明。

入山空亡诗例

甲己辛年作丙壬，十二年中祸患侵。
乙庚戊岁一丁癸，疾病官灾十四春。
丙癸一辛十八载，丁壬庚甲犯双旬。

升玄顺逆诗例

甲己顺蛇逆甲求，乙庚顺子逆辛神。
丙辛顺申逆在丙，丁壬顺亥逆庚游。
戊癸顺从寅上起，逆从壬上起星头。

修方凶神诗起例

破败五鬼诗例

甲子二载居巽方,乙癸须知艮户藏。
丁震丙坤戊离位,己坎辛乾庚兑防。

金神诗例

五虎正月遁金神,每月手枚并纳音。
天金即是天金论,地支纳音金方真。

九良杀诗例

子丑二载占中庭,五岁排来到厨寅。
丑上寅年为何吉,卯春后堂动无寅。
龙见寅辰皆不利,纵然监作亦非官。
马立戌亥方难折,羊从水路不易行。
堂廊岂于戌年整,寺观的在亥岁灵。
此杀修营君须避,却是京水九良神。

开山凶神诗起例

山家火血诗例

寅午戌怕丙壬方,申子辰上甲寅当。
巳酉丑忌乙辛位,亥卯未中丁癸殃。

诗　例

火局北方亥子丑，水局南方巳午未。
金局东方寅卯辰，木局西方申酉戌。

坐杀向杀诗例

阳年丙壬丁癸向，阴年甲乙庚辛上。
入山刀砧一同论，本年三合月为殃。

立向凶神诗起例

马前六害诗例

太岁须寻病死间，假如水局甲子详。
金土火局从庚位，水局原从丙火乡。

开山立向凶神诗起例

天官符诗例

天官符杀在临宫，水局须知亥地看。
火局巳宫木寅位，金局申宫一切防。

地官符诗例

岁君起建须寻定，定字原来是此神。
地官生旺紧回避，山向方犯官事临。

九天朱雀诗例

九天朱雀诗浮空，阴收阴平是原踪。
岁君刑位休同位，巡抚来拿叫上穷。

入山刀砧诗例

子午寅申辰戌年，丙壬丁癸祸来躔。
丑未卯酉巳亥岁，甲寅乙辛灾祸连。
开山修方犯此忌，更有月化与同年。

岁杀诗例

岁杀原与大禁同，胎养之间大祸凶。
三合长生有岁杀，授如小局养羊踪。

帝车诗例

四例三元遁太阳，太岁二位法消详。
但逢除位君修造，犯主新妇入泉乡。

太岁堆黄诗例

太岁建位号堆黄，又名宅长杀同看。
泊宫受制方无咎，泊宫旺地切须防。

将军诗例

此方亥子丑水地，败寻酉东方寅卯。
辰败子不须轮南，方巳午未火败卯。
宫是西方申酉戌，金败午未寅□□。

岁破诗例

大耗须知开破乡，人为破岁一同妆。
假如子年午是破，年支冲处轻君量。

小耗诗例

小耗年年论执方，死符停部一顺看。
净栏神杀原同论，修之财畜不收藏。

劫杀诗例

水局年应绝处寻，金寅火亥木申真。
兴作立主伤人口，盗贼频招失却银。

岁杀诗例

的杀原从何处穷，申子辰年水是踪。
水局长生申上起，数到养处例雷同。

大祸诗例

大祸原来胎养方，水局原来丁火乡。
金局乙方火局癸，水局年来辛未详。

独火诗例

子年山上丑寅雷，卯坎辰巳丑风推。
午兑未申立方地，戌亥祸从天上来。

黄幡诗例

水局寻辰墓火局，在戌乡水墓原在，
未金墓居丑场□，□□□□□□□。

八座诗例

八座寻收此诀真，子午酉位遇收神。
开山立向居其位，杀师须知早避身。

飞廉诗例

子午寅申丑未年，遁寻戌位是飞廉。
卯酉巳亥辰戌岁，但逢满位掌中传。

力士诗例

亥子丑衰病来勿，求寅卯辰巽宫不。
用擒巳午未坤地，何须记申酉戌乾。

天命杀诗例

子午年居酉丑未，卯宫庄寅申年在。
亥卯酉并蛇壬辰，戌随牛走蛇猪值。
未方此名天命杀，犯着泪汪汪。

蚕命诗例

子羊丑马寅猪位，卯犬辰蛇巳怕牛。
午戌未猴申占兔，酉龙戌鼠亥鸡椆。

地太岁诗例

子申二年去寻羊，丑酉两载畏蛇伤。
寅戌骑龙卯亥虎，辰牛巳猪午犬乡。
又有未年猴作戏，犯之人口受灾殃。

巨门诗例

巨离廉乾破值坤，一年一位逆行遵。
数至八年逆顺转，十二支神九宫分。

二金诗例

子乾丑寅寻鼠踪，卯兔辰巳向马踪。
午坤未申巽上立，酉鸡戌亥天市东。

碎金煞诗例

四孟年鸡四仲蛇，辰戌丑未问牛家。
时人若犯碎金煞，破财官事更淫邪。

开山修方吉神诗例

岁德诗例

甲年在甲乙年庚，丙逢丙位下壬连。
戊德在戊己德甲，庚同庚位辛年丙。
壬德寻壬癸寻戊，岁德临方酉福祯。
如壬午年甲辰月，壬山天德月德岁。

德到午方修之大吉。

岁天道诗例

正巳二申三月亥，四酉五子六寅是。
七丑八卯九月午，十辰仲未十二戌。

天道方行百事大吉。

天道月临之方

寅戌午月南躔马，正、九、十一月天道行南，卯巳丑月还回酉，二、四、十二月天道行酉，辰午申月行北道，三、五、七月天道行北，未酉亥中寅定期，六、八、十月天道东，行天道方吉。

华盖生气方

子年戌上丑年亥，寅年子位卯岁丑。
辰逢寅位巳年卯，午年辰方未年巳。
申年午位酉年未，戌年申位亥年酉。

生气华盖并同位，百事用之日日新。

驲马方

寅午戌马在申，亥卯未马在巳。
巳酉丑马在亥，申子辰马在寅。

山家朱雀诗例

正离二八坎坤宫，三九巽户两雷同。
四十月乾休要作，五十一月艮兑中。
惟有七月居离震，六十二月悉为空。

打头火诗例

三合之年寻旺宫，水局子上定其踪。
火局午未木局卯，金局酉地火飞红。

修月凶方诗起例

小儿煞诗例

阳起中宫阴起离，阴阳二年并顺推。
九宫数至遇何月，到此一宫煞小儿。

月游火诗例

子丑年居艮，寅年震上装。
卯辰居巽位，巳年在离乡。
午未游坤地，申年兑上藏。
酉戌寻乾去，亥年占坎方。
此为正月例，次第顺推详。

三元尊帝星月诗例

甲己丙辛戊癸阳年局：

正月艮坤二离坎，三月坎离四坤艮。
五月震兑六巽乾七月乾，巽八兑震。
九月艮坤十离坎，十一坎离十二坤艮是。

乙庚丁壬阴年局：

正月震兑二巽乾，三月乾巽四兑震。
五月艮坤六离坎，七月离坎八坤艮。
九月震兑十巽乾，子乾巽丑兑震是。

起白星诗例

子午卯酉起八白，寅申巳亥二黑求。
辰戌丑未五黄起，掌上飞宫用逆游。

一年分三元

子午卯酉年为上元，正月起八白，二月起七赤，三月六白。

辰戌丑未年为中元，正月起五黄，二月四绿，三月三碧。

寅申巳亥为下元，正月起二黑，二月一白，三月九紫。并逆行以求值月星，既得值月星即移入中宫，顺飞八方白星到方吉。

月修方凶神起诗例

丙丁独火诗例

正月十一巽一空，二腊卯巽九乾烘。
三月卯坤四坤子，五月子午艳飞红。
六月辰午七月艮，八月乾酉火相逢。

隐伏血刃诗例

甲己正月兑顺隐，离上逆隐遍九宫。
乙庚孟春巽伏顺，逆于乾上是行踪。
丙辛顺坎逆震位，丁壬震顺逆走中。
戊癸顺离坤不顺，一卦并定占二宫。

饥渴血刃诗例

甲己蛇戌子当中，乙庚龙鸡未月逢。
丙辛兔猴亥当避，丁壬羊虎酉无踪。
戊癸马猪申月犯，饥食渴饮血财空。

日家吉神注诗例

天　德

集云:此方为福之地可兴工动土修宫上官又宜藏胎衣宜起造安葬移居入宅求财出行求福结婚又云百事大吉名曰尧儿。

诗例:

正七二甲三辰逢，四辛五丁六甲同。
七癸八寅九月丙，十乙十一巳日穷。
十二月寻庚便是，百事营为百福崇。

月　德

洪范论云:此阴阳同类异位之德，亦名生气福德之辰，所在方万福咸集，可以封拜、上表、谒贵、求贤、上官赴任、修造动土、嫁娶、移徙、纳财、买畜、市贾、契券，百事吉。

诗例:

寅午戌月丙上种，亥卯未月甲木楼。

申子辰月壬日是,巳酉丑月逢庚地。

天德合

百事所作同有并吉。

诗例:

正壬二巳三逢丁,四丙五寅六巳停。
七戌八亥九辛当,十庚十一月逢甲。
十二月中寻乙用,百事施为尽合情。

月德合

洪范论云:此五行生气之辰,相扶为福,所在方百事存焉,可以封拜、上官、祭祀、修造、开张、动土、远行、结婚姻、移徙、市贾、纳财畜、种植,百事吉。惟忌词讼。

诗例:

寅午戌月合辛亥,亥卯未月巳上亲。
申子辰月寻丁火,巳酉丑月乙为林。

月　恩

宜起造、入宅、移居、出行、婚姻、嫁娶、造葬,百事吉。

诗例:

正丙二丁三九庚,四己五戊六腊辛。
七壬八癸十逢乙,十一月恩甲上寻。

月　空

李淳风云:此月内阴之辰,吉庆之位,宜设筹谋、定计策、陈利言、献意设造床帐、修造室。注云:动土、取土、修造并吉。

诗例:

寅午戌月逢壬地,亥卯未月合庚金。
申子辰月求丙火,巳酉丑月甲子寻。

月　财

此黄帝招财之地，若起造、出行、移居，令人得财。凡兴造即□之地，方圆三尺，取泥土饰填基并吉。

诗例：

正午二乙三巳宫，四未五酉六亥穷。
七午八月仍原乙，九巳十一月酉逢。
十二月则何处觅，原来亥上是真踪。

天　恩

宜覃恩、肆赦、上官、参选、受封、造葬、婚姻、嫁娶，百事吉。

诗例：

四季何方是天恩，甲子乙丑丙寅连。
丁卯戊辰间己卯，庚辰辛巳壬午言。
癸未隔求己酉日，庚戌辛亥亦同下。
壬子癸丑无差课，此是天恩吉日传。

天　瑞

宜上官、佩印、受封纳礼，百事皆吉。

诗例：

四季天瑞是何辰，戊寅己卯辛巳真。
庚寅壬子无差别，百事逢之瑞气兴。

天　赦

宜陈狱、施恩、祀神、赛会、修造、起工、入宅、移居，百事吉。今俗云：五月甲午、十一月甲子为天赦，却与天地转煞以月建压动，凡修造、起工、动土极凶，宜避之。

诗例：

春逢戊寅夏甲午，秋值戊申天赦露。
冬月甲子最为良，百事逢之多吉助。

要安玉堂金堂圣心益后续世福生普护敬心

宜起造、作事、求财、上官、移居及嫁娶、安葬、出行、療医，百事吉。福生宜作道场、设斋祭祀、祈福、求财大吉，普护宜祈福、出行，百事大吉，敬心宜作道场、设斋、祭祀吉。

诗例：

正寅二申三起卯，四酉五辰六戌先。
七巳八亥九起午，十子十一未上传。
十二却从何处起，原来丑上起回旋。
要安玉堂与金堂，龙虎罪至敬心连。
普护福生及圣心，益后续世一同吉。
假如正月从寅起，顺加要安十二垣。

吉庆、幽微、满德、活曜

宜万事吉利，与受火同日则凶。

诗例：

正午二亥三是申，四丑五戌六卯真。
七子八巳九寅上，十未仲冬辰上亲。
更有十二月酉地，顺行十二求星辰。
大煞大祸并玄加，吉庆大凶幽微星。
死气天劫及满德，神后口舌活曜轮。

天　喜

宜与取债同日，宜纳取问名、受贺、索取债负。

诗例：

正戌二亥三鼠喜，四牛五虎六兔是。
七辰八巳九马逢，十羊十一猴腊鸡。

六 合

宜求婚、送礼、嫁娶、交易、作和合等，事吉。

诗例：

正亥二戌三酉飞，四申五未六午是。
七巳八辰九卯轮，十寅十一丑上栖。
十二月等子为吉，百事逢之最合宜。

天 仓

宜修作、仓库起造，俱吉。

诗例：

正寅二丑三逢子，四亥五戌六酉是。
七申八未九午擒，十巳十一辰相宜。
十二月中寻卯是，修作仓库最堪为。

驿 马

宜造葬、出军、远行、疗病、服药，百事大吉。

诗例：

寅午戌月马居申，亥卯未月逢巳真。
申子辰月马居寅，巳酉丑月马亥亲。

五 富

宜造葬并作仓库，百事吉。

诗例：

寅午戌月五富亥，亥卯未月寅日栽。
申子辰月逢巳日，巳酉丑月申日排。

天 富

宜造葬、作仓库，百事吉。

诗例：

逐月满日名天富，正辰二巳顺行图。
一月一位无差错，百事逢之是吉途。

天　财

宜报方、填基、泥饰、造葬、作仓库，百事并吉。

诗例：

正七逢辰二八午，三九值申为财户。
四十戌五十一子，六十二月遇翊虎。

人　仓

宜起造、婚姻、作仓库，百事吉。

诗例：

春逢亥子是母仓，夏值寅卯日为良。
秋喜辰戌丑未日，冬遇申酉好收藏。

生　气

即开位也，五行论云：此岁月极福之辰，亦名天官，时阳宜上任、拜官、婚姻、出行、修造、动土、填基、开肆、避病、种值、泥饰、造葬、合寿木，百事吉。主加官禄、进横财并吉。

诗例：

月月逢开生气神，正子二丑三月寅。
四卯五辰六巳是，十二支中逐项轮。

旺　日

宜上官、赴任、入学、应举、出行、造葬、婚姻，百事吉。

诗例：

春旺寅甲卯乙木，夏火丙丁巳午未。
秋旺庚辛申酉金，冬旺亥壬子癸水。

相　日

宜上官、赴任、入学、赴举、出行、造葬、婚姻，百事吉。

诗例：

春相丙丁巳午火，夏相须知四墓神。
秋相亥壬子癸日，冬相甲乙寅卯林。

天乙贵人

宜造葬、上官、赴举、受封、兴修，百事吉。

诗例：

甲戊庚牛羊，乙己鼠猴乡。
丁丙猪鸡位，壬癸兔蛇藏。
庚辛逢马虎，天乙贵人方。

天官贵人

宜造葬、施恩、拜封、上官、赴举、造作，百事吉。

诗例：

甲日逢鸡乙猴宗，丙寻鼠子锦添花。
丁猪戊兔己蛇位，庚壬同马辛癸蛇。

福星贵人

宜兴修、安葬、婚姻、恭贺，百事吉。

诗例：

甲骑猛虎丁寻鸡，戊猴己羊庚马居。
辛蛇壬龙癸寻兔，乙遇牛猪贾可知。
丙见福星在何处，鼠犬原来不必推。

十干喜神

宜嫁娶，交易，宴会，参贺，和合，百事吉。

诗例：

甲己寻寅卯，乙庚戌亥推。

丙辛申酉位，丁壬午未栖。

戊癸辰巳立，十干喜神居。

天　福

宜上官、入宅、送礼，诸事吉。

诗例：

四癸天福最堪亲，己卯庚寅辛卯寻。

壬辰癸巳并己亥，庚子辛丑乙巳真。

天　马

宜远行、出军、经商，吉。

诗例：

正七南离天马池，二八猴三九犬鸡。

四十鼠五十一虎，六十二月寻骑。

六　合

宜出行、合伴、结婚、嫁娶、经商、立券、和合等事，吉。

诗例：

每月逢收六合真，支神相合有恩情。

假如正寅合在亥，二戌三酉合行程。

三　合

宜出行、合伴、求婚、嫁娶、交易、和合等事，吉。

诗例：

寅月逢午戌，卯与亥未同。

辰合子申日，巳与酉丑逢。

午遇寅戌合，未值亥卯共。

申与子辰同，余者可推考。

天　医

宜求医、治病、针灸、服药、合丸、报病等事。

诗例：

月月寻闭是天医，正丑二寅三卯栖。
四辰五巳六午日，七未八申九酉是。
十戌仲冬逢亥日，十二月求子无疑。

相日时德

上官、赴任、入学，百事吉。

诗例：

春三月寻午，夏三月求辰。
秋三月知子，冬三月问寅。

阳　德

宜赴任、佩印，百事大吉。

诗例：

正七遇戌二八子，三九寅四十辰窥。
五十一月午端的，六十二月申无疑。

阴　德

百事大吉。

诗例：

正七逢酉二八未，三九巳四十卯遇。
五十一月丑无差，六十二月亥不移。

解　神

宜报方、退煞、散讼、赴举，□□并吉。

诗例：

正申二酉三戌推，四亥五子六丑是。

七寅八卯九辰当,十巳十一午腊未。

六 仪

百事吉。

诗例:

正月逢龙是六仪,二兔三虎四牛推。
五鼠六猪七犬位,八鸡九猴十羊居。
十一月内南寻马,十二月中蛇逶迤。

青龙黄道

青龙半吉。

诗例:

正七月逢鼠,二八虎头当。
三九龙居水,四十马南方。
五十一猴舞,六十二犬上。

天宝金柜

宜修造、求嗣,百事大吉。

诗例:

正七跨龙去,二八骑马走。
三九听猿叫,四十嫌犬呕。
五十一鼠冷,六十二虎吼。

天对天德

修作百事吉。

诗例:

正七蛇当路,二八羊归栈。
三九金鸡唱,四十野猪伤。
五十一牛走,六十二兔还。

天宝玉堂

宜修作、安帐床、开仓库店、安牛马，并主进财，大吉。

诗例：

正七羊二八鸡求，三九寻猪四十午。
五十一月玉兔走，六十二月当蛇头。

天府司命

宜修作，百事大吉。

诗例：

正七逢犬二八鼠，四十寻龙三九虎。
五十一月马行迟，六十二月猴来舞。

执储明堂

宜修造、上官、受爵封。

诗例：

正七寻牛二八兔，三九逢蛇四十羊。
五十一月听鸡唱，六十二月把猪详。

凡择取时，取黄道、贵人、唐符、国印、五符、福德、日月仙、太阳，今合四大吉时到，并不忌已上诸凶时神，但竖造、葬埋合得吉神多及时得干支扶持，日主生旺及亡命、主命生旺有气，合成格局之时为至吉，不必专执时下凶多而不用也。

五运化气天符龙驭

甲己之岁，戊为统龙，以土司化黅天土气。乙庚之岁，庚为统龙，以金司化素天金气。丙辛之岁，壬为统龙，以水司化，玄天水气。丁壬之岁，甲为统龙，以木司化，苍天木气。戊癸之岁，丙为统龙，以火司化，丹天火气。统龙天德上下临,以成变化品汇元亨,故丙遇辛得申子辰而奋发,乙遇庚得巳酉丑而掀惠,丁遇壬得亥卯未而清贵,甲遇己得辰未丑戌而旺相。是以五运以五宫为正庙,我入母宫为福德,我入子宫为泄气,我入克宫为刑伤,我入妻宫为财帛,子反能克制干凶煞仍究煞气制之,所以五运造究,穷生克制化。

甲与己合化土,有二而化,一不能化则还木位之性。乙与庚化金,一不化也。丙与辛合化水,一不能化也。丁与壬合化木,一不化也。戊与癸合化火,一不化也。所谓一不能化,物必两也,此天干一阴一阳如夫妇始配合成偶,方能变化成形,阴阳不合,安能得化机之宜矣?

甲己化土,喜戊辰时四季月,生旺有气为上。乙庚化金,喜庚辰时秋月旺有气为上。丙辛化水,喜壬辰时冬月生旺有气为上。丁壬化木,喜甲辰时春月旺有气为上。戊癸化火,喜丙辰时夏月旺有气为上。忌冲激损坏。

大凡化气只取日干而言配合之神,或生年月日时皆可用,俱要日辰旺气于时耳。若不得月中旺气,只取时上旺气亦可。倘得月中旺气而时上不乘旺气则不可得。若月与日时庚得旺气,此为全吉之日。

十干中又有妒化之说,如甲己化土,柱中见乙不化。乙庚化金,柱中见辛则不化。丁壬化木,柱中见丙则不化。戊癸化火,柱中见壬则不化。丙辛化木,柱中见丁不化。所谓妒化者,日恋其生,遂成一家之好,亲爱恋情,何能从化之?故甲己见乙同乙之本家也。

如柱中干支一纯,此乃天元一气,极吉,尤祥气旺,极有力。一睽之下,或二二之联,地支一气各取生旺自生,尤不吉,动天地之气候,臻世人之消详。

天符运气说

夫五运者,乃十天干化运之五行也。六气者,乃十二支所值之五行也。

凡开山造葬宜取山向与年月运气相生则吉,比和次之,山音克运气吉,运气克山音凶。

逐年五运歌

大寒木运始行初,清明前三火运居。
芒种后三土运是,立秋后六金运推。

立冬后九水运伏，周而复始万年如。

逐年六气歌

子午少阴君火尊，丑未湿土太阴临。
寅申少阳相火位，卯酉阳明值燥金。
辰戌太阳寒水是，巳亥厥阴风木侵。

逐月六气歌

厥阴风木大寒初，君火春分二土居。
小满少阳三候主，太阴大暑四交之。
秋分五定阳明位，寒水终于小雪分。

逐年主气歌

初气逐年水上先，二君三相火排连。
四来是土常为主，五气金生六水天。

逐年客气歌

每年退二是客乡，上临实数一临方。
初中六气排轮取，主客兴衰定弱强。

推五运

此即十干化气，乃天运行之气也。

六甲之岁，敦阜之纪。
岁土太过，阴气盛行。
其邪于水，羽音为孤。

六己之岁，从革之纪。
岁金不及，炎火盛行。
其邪于金，商音为虚。
六丙之岁，漫衍之纪。

岁水太过，寒气流行。
其邪于火，徵音为孤。

四丁之岁，委和之纪。
岁木不及，燥金盛行。
其邪于木，角音为虚。

四戊之岁，赫义之纪。
岁火太过，炎暑盛行。
其邪于金，商音为孤。

四己之岁，卑监之纪。
岁土不及，风气盛行。
其邪于土，宫音为虚。

二庚之岁，坚成之纪。
岁金太过，燥气盛行。
其邪于木，角音为孤。

四辛之岁，涸流之纪。
岁水不及，湿土盛行。
其邪于水，羽音为虚。

六壬之岁，发生之纪。
岁木太过，风气盛行。
其邪于木，羽音为孤。

四癸之岁，伏明之纪。
岁火不及，寒气盛行。
其邪于火，徵音为虚。

右前邪气所干之行，遇其山音所值，并不宜扦立，是名天运空亡，犯之大凶，切宜忌之。通书以山头作化气而为阴府太岁者，全非也。君子宜洞然斥之，勿惑可也。

升明之纪：谓戊辰、戊戌二年也，火本太过上逢刑天克之，减而得其平也。癸巳、癸亥二年，火木不及，土逢顺化，天气生之助而行其平也，气化得均。

备化之纪：谓己丑己未二年，上逢太乙天符助之，得其平也，气化均。

雷平之纪：谓庚子、庚午二年，上逢君火。庚寅、庚申上逢相火，天刑克之，减得而其平也。乙丑、乙未二年，上逢顺化生之。乙卯年天符，乙酉年逢太乙天符助之，得其平也，气化均。

静顺之纪：谓辛酉、辛卯二年，上逢顺化，生之得其平也，气化均。

敷和之纪：谓丁巳、丁亥二年，土本不及，上逢天符助之，得其平也气，化得均。

此十八年得气化之均，山头无空亡之犯。

发生之纪：六壬年岁之木太过，风气流行，土受其邪，岁星明见。

赫义之纪：戊子、戊午、戊寅、戊申四年，岁火太过，金受其邪，荧惑星明见。

敦阜之纪：六甲之年，岁土太过，湿气流行，水受其邪，镇星明见。

坚成之纪：庚辰、庚戌二年，岁金太过，木受其邪，太白星明见。

流衍之纪：丙子、丙午、丙寅、丙申四年，岁水太过，水受其邪，辰星明见。

委和之纪：丁丑、丁未、丁卯、丁酉四年，岁木不及，反受其邪，太白星光芒。

伏明之纪：癸丑、癸未、癸卯、癸酉四年，岁火不及，火反受邪，辰星光芒。

卑监之纪：己卯、己酉、己巳、己亥四年，岁土不及，土反受邪，岁星光芒。

从革之纪：乙巳、乙亥二年，岁金不及，金反受邪，荧惑星光芒。

涸流之纪：辛丑、辛未、辛巳、辛亥四年，岁水不及，水受其邪，镇星光芒。

此则天运五行，有正受其邪，有反受其邪。知造化者，当察其天时以明地利，天时地利既明，方能召于人和也，未有背天时而得地利，能召人和之理。

右法以大五行推之，盖阳干为太过，阴干为不及，当抑其太过而扶不及。如甲土太过而水受弱，用角音以抑其太过，用商以扶其弱之不及，以月日时裁之,以岁会之岁会平之,以相合及交气日时干相合,则得为己助,嘱曰:平气,吉矣。

假令辛亥年作癸山,阴年得木运不及,遇亥属北方水,相佐平实。又每年交初气。于年前大寒之日,如丁亥交司之日,遇日期与壬合,名曰:干德符合,亦为平气。若交司之时遇壬,亦曰:干德相符。除此交初气日时之后相遇,皆不相济也。阴年中若逢月干相符合相济,若未逢胜而见之干合者,亦为平气,若行胜巳后,行伏己毕,逢月干合则得正位,故平气之岁不可顾纪之十干之下,列以阴阳年纪之,此乃大概,设此庶易知也。平气纪以当年之辰日时,以法推之。

木运:太角岁曰发生是为太过,少角岁曰委和是为不及,正角岁曰敷和是为平气。

火运:太徵岁曰赫义是为太过,少徵岁曰伏明是为不及,正徵岁曰升平是为明气。

土运:太宫岁曰敦阜是为太过,少宫岁曰卑监是为不及,正宫岁日备化是为平气。

金运:太商岁曰坚成是为太过,少商岁曰从革是为不及,正商岁日番平是为平气。

水运:太羽岁曰涸流是为太过,少羽岁曰涸地是为不及,正羽岁曰静顺是为平气。

各以已之太过、不及,悉能为殃,若气平则同正化气太过不及也,又如太过运中有为司天之气,所抑者亦为平气,则赫义之纪寒水司天,二年戊辰、戊戌所成之气,二火司天,四年庚子、庚午、庚寅、庚申皆平气之止也。余以类推。

六气玄机

子午二年	少阴君火司天 阳明燥金在泉	火胜金衰	皇极属水	壬子壬午
初气	大寒至立春	主气厥阴风木	客气太阳寒水	土气受邪
初气	大寒至立春	主气厥阴风木	客气太阳寒水	土气受邪
二气	春分至小满	主气少阴君火	客气厥阴风木	金气受邪
三气	小满至大暑	主气少阳相火	客气少阴君火	金气受邪
四气	大暑至秋分	主气太阳湿土	客气太阳湿土	水气受邪
五气	秋分至小雪	主气阳明燥金	客气少阳相火	金气受邪
六气	小雪至大寒	主气太阳寒水	客气阳阴燥金	火气受邪

卯酉二年	阳明燥金司天 少阴君火在泉	金胜火衰	皇极属木	乙卯乙酉
初气	大寒至春分	主气厥阴风木	客气太阳湿土	土气受邪
二气	春分至小满	主气少阴君火	客气少阳相火	金气受邪
三气	小满至大暑	主气少阳相火	客气阳明燥金	金气受邪
四气	大暑至秋分	主气太阴湿土	客气太阳寒水	水气受邪
五气	秋分至小雪	主气阳明燥金	客气厥阴风木	水气受邪
六气	小雪至大寒	主气太阳寒水	客气少阴君火	水气受邪

辰戌二年	太阳寒水司天 太阴湿土在泉	土胜金衰	皇极属水	甲辰甲戌
初气	大寒至春分	主气厥阴风木	客气少阳相火	金气受邪

（续表）

辰戌二年	太阳寒水司天 太阴湿土在泉	土胜金衰	皇极属水	甲辰甲戌
二气	春分至小满	主气少阴君火	客气阳明燥金	金气受邪
三气	小满至大暑	主气少阳相火	客气太阳寒水	火气受邪
四气	大暑至秋分	主气太阴湿土	客气厥阴风木	土气受邪
五气	秋分至小雪	主气阳明燥金	客气少阴君火	金气受邪
六气	小雪至大寒	主气太阳寒水	客气太阴湿土	水气受邪

丑未二年	太阴湿土司天 太阳湿土在泉	土胜水衰	皇极属木	己丑己未
初气	大寒至春分	主气厥阴风木	客气厥阴风木	土气受邪
二气	春分至小满	主气少阴君火	客气少阴君火	金气受邪
三气	小满至大暑	主气少阳相火	客气太阴湿土	水气受邪
四气	大暑至秋分	主气太阴湿土	客气少阳相火	水气受邪
五气	秋分至小雪	主气阳明燥金	客气阳明燥金	水气受邪
六气	小雪至大寒	主气太阳寒水	客气太阳寒水	火气受邪

寅申二年	太阳湿土司天 太阳寒水在泉	火胜金衰	皇极属水	戊申戊寅
初气	大寒至春分	主气厥阴风木	客气少阴君火	金气受邪
二气	春分至小满	主气少阴君火	客气太阴湿土	水气受邪
三气	小满至大暑	主气少阳相火	客气少阳相火	金气受邪
四气	大暑至秋分	主气太阴湿土	客气阳明燥金	木气受邪
五气	秋分至小雪	主气阳明燥金	客气太阳寒水	火气受邪
六气	小雪至大雪	主气太阳寒水	客气厥阴风木	土气受邪

巳亥二年	厥阴风木司天 少阳相火在泉	火胜金衰	皇极属水	辛巳辛亥
初气	大寒至春分	主气厥阴风木	客气阳明燥金	木气受邪
二气	春分至小满	主气少阴君火	客气太阳寒水	火气受邪
三气	小满至大暑	主气少阳相火	客气厥阴风木	金气受邪
四气	大暑至秋分	主气太阴湿土	客气少阴君火	水气受邪
五气	秋分至小雪	主气阳明燥金	客气太阴湿土	木气受邪
六气	小雪至小寒	主气太阳寒水	客气少阳相火	火气受邪

以上各气受伤之说,如主客皆火即金受伤。如主木客土,木受邪。余可类推。盖不拘主客,只以胜首为盛,盛之所克者,即受邪矣。

时用集宜

(谓六十日时家吉凶神煞等事)

吉仙凶神合成历数

十三日光仙	十四日天神	十五日光仙	十六金玉仙
十七灭门神	十八德天仙	十九天凶神	二十地凶神
二十一祭国仙	二十二地藏神	二十三丧门神	二十四送福仙
二十五大善仙	二十六大吉仙	二十七吊客神	

右吉仙如上官、出行、移居入宅,大吉。

又宜修造、动土、修营宅居,百事大吉。

竖造、安葬、嫁娶、分居、入宅,诸事吉利。

支生干,义日吉,青帝代威伯死,鹤神东南,牛黄在名,土公河神北方。人神在口,甲不治头,不空亡六月,殓棺申酉时,入棺甲庚时,的呼辛丑生人,天狗正月丁亥时食,生产向西南方吉,甲不开仓,子不问卜。

《玄女经》曰:甲子日,四孟玄武主,四仲朱雀主,四季白虎主,并不可起造苫盖舍宅。

甲子:金柜、黄道、福德、月仙、福星贵人、水星,●侍建。

丑:天德、黄道、宝光、天乙贵人、六合、武曲、太阴。

寅:福星贵人、八禄、五符、驿马、左辅、喜神、木星,●天杀、白虎黑道。

卯:玉堂、黄道、少微、天开、喜神,●天罡时刑计都。

辰:三合、武曲,●天牢黑道、镇神、寡宿、土星。

巳:●元武、黑道、五鬼、天狱、罗睺。

午:司命、黄道、凤辇、月仙、金星,●时破、五鬼、五不遇。

未:天乙贵人太阳,●勾陈黑道、天狱、时害。

申:青龙黄道、太乙、天贵、三合,●截路空亡。

酉:明堂黄道、明辅、天官贵人、玉符、贪狼、水星,●截路空亡。

戌:国印、右弼,●天刑黑道、旬中空、孤神。

亥:左辅,●朱雀黑道、天讼、旬中空。

干克支,制日平,地哑日,空亡二月,鹤神东南,土公河神北方,人神在腰,乙不治喉耳,入棺利乙辛,殓棺寅卯时,的呼辛巳生人,天狗二月下子时食,牛黄在仓,生产向东方,乙不栽植,丑不冠笄。

《阳阴历法》云:宜婚姻、聘送、利益、进人口。

丙子:天乙贵人六合太阳,天刑黑道。

丑:福星贵人、金星,●朱雀黑道、天刑、时建、飞廉。

寅:金柜黄道、月仙、福德,●五鬼、罗睺。

卯:天德黄道、宝光、八禄、五符,●五鬼、土星。

辰:●白虎黑道、天杀、河魁、计都。

巳:玉堂黄道、少微、天开、水星,●寡宿、五不遇。

午:贪狼,●天牢黑道、镇神、时害、五不遇。

未:右弼、水星,●元武黑道、天狱、时害、截路空。

申:司命黄道、凤辇、日仙、天官乙贵人、左辅。

酉:三合,●勾陈黑道、地狱。

戌:青龙黄道、太乙、天贵、唐符、武曲、喜神、金星,●天罡、时刑、旬中空。

亥:明堂黄道、贵人、明辅、驿马、国印、喜神,●孤辰、旬中空。

支生干,义日吉,天聋日,空亡三月,阴阳合,土公河神北方,人神在□,丙不治肩,鹤神南方,入棺利乙癸时,殓棺亥子时,的呼丙午生人,天狗三月丁丑时食,牛黄在仓,生产向酉吉,朱雀入中宫,丙不作灶,寅不祭祀。

《玄女经》云:甲子旬四孟六合利,丙寅作宅大吉。

戊子:青龙黄道、天官贵人、福星、太乙天贵贪狼、唐符,●孤辰、五鬼。

丑:明堂黄道、明辅、贵人、国印、右弼、太阴,●五鬼。

寅:水星,●天刑黑道、时建。

卯:贪狼,●朱雀黑道、天讼。

辰:金柜黄道、福德、月仙、右弼、太阳,●截路空亡、五不遇。

巳:天德、黄道、八禄、宝光、五符、左辅、金星,●天罡、时害、截路空、时刑、天星。

午:三合,●白虎黑道、天杀、寡宿、罗睺。

未:玉堂黄道、天开、少微、武曲,●土星。

申:驿马、天喜,●天牢黑道、锁神、时破、计都。

酉:天乙贵人、喜神、天星,●元武黑道、天狱。

戌:司命黄道、三合、凤辇、日仙、太阴,●旬中空。

亥:天乙贵人、六合、水星,●勾陈黑道、地狱、河魁、旬中空。

支生干,义日吉,地哑日,阴阳合,离巢日亡五日,土公河神北方,人神在鼻,丁不治心肺,鹤神东方,牛黄在全,殓棺利寅卯时,的呼甲戌甲午,天狗四月丁寅时食,生产东南吉,入棺利丙壬时,丁不剃头,卯不穿井。

《玄女经》云:利四孟仲并金柜,入宅天地开通,造宅子孙富贵,四季不利。

庚子:司命黄道、凤辇、日仙,●天罡、时刑、火星。

丑:唐符、武曲、水星,●勾陈黑道、地狱、孤辰。

寅:青龙黄道、太乙、天贵、国印、左辅、太阴,●截路空。

卯:明堂黄道、贵人、明辅、福德、木星,●时建、截路空、五不遇。

辰:武曲,●天刑黑道、时害、计都。

巳:驿马,●朱雀黑道、天讼、土星。

午:金柜黄道、福德、月仙、八禄、五符、喜神,●河魁、罗睺。

未:天德、黄道、宝光、三合、喜神、金星,●寡宿。

申:●白虎黑道、天杀。

酉:玉堂黄道、少微、天开、贪狼、福星、天乙贵人,●时破。

戌:六合、右弼、木星,●天牢黑道、镇神、五鬼、旬中空。

亥:天德、黄道、宝光、天乙贵人、三合、左辅、太阴,●元武黑道、旬中空、天休、五鬼。

干支同,和日吉,天聋日,空亡七月离巢,破群,土公河神北方,人神在腰,戊不治腹膝,鹤神南方,入棺利甲丁时,殓棺利巳申时,天狗五月丁卯时食,天杀白虎入中宫,牛黄在仓,生产南吉,的呼癸未、癸酉,戊不受田,辰不哭泣。

《玄女经》云:天梁地柱崩陷之日,又为二十生大败之日,不宜起造,杀家长。

壬子:三合、唐符,●天牢黑道、锁神、截路空。

丑:天乙贵人、国印,●元武黑道、天狱、河魁、截路空。

寅:司命黄道、凤辇、日仙、驿马、金星,●孤辰、五不遇。

卯:天官贵人、太乙、太阳,●勾陈黑道、地狱、时害。

辰:青龙黄道、太乙、天贵,●时建、时刑、上星。

巳:明堂黄道、明辅、贵人、八禄、五符、喜神、木星。

午:贪狼、太阴,●天刑黑道。

未:太乙贵人、右弼、木星。

申:金柜黄道、福德、月仙、福星贵人、三合、左辅,●寡宿、五鬼、计都。

酉:天德黄道、宝光、六合,●五鬼、土星。

戌:武曲,●白虎黑道、大杀、时破、旬中空。

亥:玉堂黄道、少微、天开、金星,●旬中空。

支生干,义日吉,空亡十月离巢,土公河神北方,人神在手同,己不治肺,鹤神南方,入棺利乙庚时,殓棺丁壬午时,的呼丙辰、己寅吉,天狗六月丁辰时食,牛黄占廨,生产酉占子为相,己不破券,巳不远行。

《玄女经》云:己巳地户开日,起造出文人,发身大富贵。

甲子:天乙贵人、贪狼,●白虎黑道、天杀。

丑:玉堂黄道、少微、天开、三合、右弼、唐符、太阴,●五不遇。

寅:天官贵人、国印、喜神、木星,●天牢黑道、锁神、天罡、时空。

卯:贪狼、喜神,●玄武黑道、天狱、孤辰、计都。

辰:司命黄道、凤辇、日仙、右弼。

巳:左辅,●勾陈黑道、地狱、时建、五鬼。

午:青龙黄道、太乙、天贵、八禄、五符、金星,●五鬼。

未:明堂黄道、明辅、福星贵人、武曲、太阳。

申:天乙贵人、六合,●火星、天刑黑道、河魁、截路空。

酉:三合,●朱雀黑道、天讼、寡宿、截路空。

戌:金柜黄道、福德、月仙、太阴。

亥:天德黄道、宝光、驿马、木星,●旬中空、时破、五不遇。

支克干,伐日凶,空亡八月,百虫不食日,用乙满少开下吉,忌天火,忌火马次日,人神在心,庚不治腹,鹤神南方,入棺利丁癸时,殓棺利辰巳时,的呼壬戌生人,天狗七月下巳时食,牛黄在廨,生产西南吉,子为相,土公河神中宫,庚不经络,午不苫盖。

《玄女经》云:四孟仲六合主之,造屋入宅进益公爵,男女食禄二千石。

丙子:金柜黄道、福德、月仙、金星,●时破、五不遇。

丑:天德黄道、宝光、太乙贵人、武曲,●时害、罗睺。

寅:三合、左辅,●白虎黑道、天杀、五鬼、土星。

卯:玉堂黄道、少微、天开、唐符,●河魁、五鬼、计都。

辰:国印、喜神、武曲、木星,●天牢黑道、锁神、孤辰。

巳:太阴,●元武黑道、天狱。

午:司命黄道、凤辇、日仙、天官、福德贵人、水星,●时建、时刑、截路空。

未:天乙贵人、六合,●勾陈黑道、地狱、截路空、火星。

申:青龙黄道、太乙、天贵、八禄、驲马、五符、太阳。

酉:明堂黄道、贵人、明辅、贪狼、金星,●天罡。

戌:三合、喜神、右弼,●天刑黑道、寡宿、旬中空、五不遇、罗睺。

亥:左辅,●朱雀黑道、天讼。

支生干，义日吉，太明日，空亡四月，百虫不食日，牛汝收下种吉，天火地火焦坎，人神在头手，辛不治肺，鹤神西南，入棺乙辛时，殓棺巳午丑时，的呼癸亥生人，天狗八月下午时食，牛黄在廨，生产东北，土公河神中宫，辛不合药，未不服药。

《玄女经》云：利四孟主之，起屋进益大吉，二千石入外财，六年渐渐进益。

戊子：木星，●天刑黑道、时害、五鬼。

丑：太阴、库珠，●朱雀黑道、天讼、时破、时刑、五鬼。

寅：金柜黄道、福德、日仙、天乙贵人、水星。

卯：天德黄道、宝光、三合，●火星。

辰：唐符，●白虎黑道、天杀、天罡、截路空。

巳：玉堂黄道、少微、天开、天官贵人、福星、国印、驲马、金星，●孤辰、截路空。

午：天乙贵人、六合，●天牢黑道、锁神、罗睺。

未：右弼，●元武黑道、天狱、时建、土星。

申：司命黄道、凤辇、日仙、左辅、喜神，●计都。

酉：八禄、五符、喜神、水星，●勾陈黑道、地狱、五不遇。

戌：青龙黄道、太乙、天贵、武曲、太阴，●河魁、旬中空。

亥：明堂黄道、贵人、明辅、三合、水星，●寡宿、旬中空。

天明地虎不食，义日吉，江河离，空亡十月离巢，土公河神中宫，人神在头壬，不治头背，鹤神西南，入棺利甲癸，殓棺申亥时，的呼丁巳生人，天狗九月下未时食，牛黄在栏，生产东吉子辛苦，壬不决水。

《选择成书》云：起屋主家破人亡，嫁娶主杀夫，此日利葬，益田蚕，吉。

庚子：青龙黄道、太乙、天贵、三合、贪狼，●寡宿、水星。

丑：明堂黄道、贵人、明辅、左辅、水星。

寅：驿马、太阴，●天刑黑道、时破、截路空、时刑。

卯：天乙贵人、贪狼、木星，●朱雀黑道、截路空、天讼、时害。

辰：金柜黄道、福德、月仙、福星贵人、三合、右弼，●计都。

巳：天德黄道、宝光、天乙贵人、六合、左辅，●河魁、土星。

午:天官贵人、唐符、喜神,●白虎黑道、天杀、孤辰、罗睺。

未:玉堂黄道、少微、天开、国印、喜神、武曲、金星。

申:太阳,●天牢黑道、锁神、五不遇、时建。

酉:元武黑道、天狱、火星。

戌:司命黄道、凤辇、日仙、水星,●旬中空、五鬼。

亥:八禄、五符、太阴,●勾陈黑道、地狱、天罡、时害、五鬼、十恶大败。

天明地虎不食日,义日吉,江河离,空亡十月,土公河神中宫,人神在背,癸不治足,鹤神西南,入棺利丁壬时,殓棺利辰申时,的呼辛丑生人,天狗十月下申时食,牛黄在厅,生产东北吉,癸不词讼,酉不出鸡、不会客。

《玄女经》云:壬申、癸酉日,天地离散空亡,四仲勾陈主四季,朱雀白虎主造屋凶。

壬子:司命黄道、凤辇、日仙、八禄、五符,●河魁、截路空、土星。

丑:福星贵人、三合、武曲,●勾陈黑道、地狱、寡宿、截路空、罗睺。

寅:青龙黄道、太乙、天贵、左辅、金星。

卯:明堂黄道、福星、明星、天乙贵人、太阴,●时破。

辰:六合、武曲,●天刑黑道、火星。

巳:天官、天乙贵人、三合、喜神、水星,●朱雀黑道、天讼。

午:金柜黄道、福星、月仙、太阴,●天罡。

未:天德黄道、宝光、唐符、木星,●孤辰、五不遇。

申:国印,●白虎黑道、天杀、五鬼、计都。

酉:玉堂黄道、少微、天开、贪狼,●时建、时刑、五鬼、土星。

戌:右弼,●天牢黑道、锁神、时害、罗睺。

亥:驲马、喜神、左辅、金星,●元武黑道、天讼、旬中空。

干克支,制日平,黑帝死,忌造屋、嫁娶,空亡三月,土公河神中宫,人神在口,甲不治头,鹤神西南,入棺庚壬时,殓棺申酉戌时,的乎戊午生人,天狗十一月下酉时食,牛黄在栏,生产东南子英俊,甲不开仓,戌不吃犬。

《玄女经》云:甲戌日起屋利,子孙富贵,招进南方财帛。不利女子,妇俱凶。

甲子：福星贵人、水星，●元武黑道、锁神。

丑：天乙贵人、太阴，●天牢黑道、天狱、天罡。

寅：司命黄道、凤辇、月仙、福星贵人、八禄、五符、三合、喜神、木星，●寡宿。

卯：六合、喜神，●勾陈黑道、地狱、计都。

辰：青龙黄道、太乙、天贵，●时破、土星。

巳：明堂黄道、贵人、明辅，●五鬼、罗睺。

午：三合、贪狼、水星，●天刑黑道、五鬼、五不遇。

未：天乙贵人、右弼、太阳，●朱雀黑道、天讼、河魁、时刑。

申：金柜黄道、福德、月仙、驿马、左辅。

酉：天德黄道、宝光、天官贵人、唐符、水星，●时害、截路空。

戌：国印、武曲、太阴，●白虎黑道、天杀、时建。

亥：玉堂黄道、少微、天开、水星。

支生干，义日吉，空亡七月，朱雀入中宫，百虫不食日，土公河神中宫，人神在头，乙不治疾头，鹤神西南，入棺乙酉时，殓棺利酉亥时，的呼乙未生人，天狗十二月下戌时食，牛黄在仓，生产东北壬午，乙不栽植，亥不嫁娶。

《玄女经》云：乙亥日起屋，利益子孙富贵，招南方财帛，葬娶不利。

丙子：天乙贵人、贪狼、太阳，●白虎黑道、天杀。

丑：天乙贵人、贪狼、太阳、福星、贵人、右弼、金星。

寅：六合，●天牢黑道、锁神、河魁、五鬼、罗睺。

卯：八禄、五符、三合、贪狼，●元武黑道、天狱、寡宿、五鬼、土星。

辰：司命黄道、凤辇、日仙、喜神、右弼，●计都。

巳：驿马、左辅、水星，●勾陈黑道、地狱、五不遇、时破。

午：青龙黄道、太乙、天贵、太阴，●截路空。

未：明堂黄道、贵人、明辅、三合、水星，●截路空。

申：天官贵人、天乙、贵人，●黑道、天刑、天罡、时害、火星。

酉：太阳，●朱雀黑道、天讼、孤辰、旬中空。

戌：金柜黄道、福德、月仙、唐符、喜神、金星。

亥：天德黄道、宝光、国印，●时建、时刑、罗睺。

支克干，日凶，天聋日，空亡六月，殓棺利日出时，土公河神中宫，人神在口，丙不治肩，鹤神西南，入棺利甲庚时，的呼丁丑生人，天狗正月下亥时食忌祭祀，生产西南向吉子相好，丙不作灶，子不问卜。

《玄女经》云：起土主伤人，作屋吉。成书阴阳历云：此日不宜起屋，主大凶。

戊子：金柜黄道、福德、月仙、天宝、福星贵人、唐符，●时建、五鬼。

丑：天德黄道、宝光、六合、国印、武曲、太阴，●五鬼。

寅：福星贵人、驿马、左辅、水星，●白虎黑道、地杀。

卯：玉堂黄道、少微、天开，●天罡、时刑、火星。

辰：三合、武曲、太阳，●天牢黑道、锁神、寡宿、截路空、五不遇。

巳：八禄、五符、金星，●元武黑道、天讼、截路空。

午：司命黄道、凤辇、日仙，●时破、罗睺。

未：●勾陈黑道、地狱、时害、土星。

申：青龙黄道、太乙、天贵、三合、喜神，●旬中空、计都。

酉：明堂黄道、贵人、明辅、天乙贵人、贪狼、喜神，●河魁。

戌：右弼、太阴，●天刑黑道、孤辰。

亥：天乙贵人、左辅、水星，●朱雀黑道、天讼。

干生支，宝日天，明日吉，空亡三月，天明大空亡，土公河神中宫，人神在耳，丁不治□，鹤神西方，入棺利乙午时，殓棺利寅卯时，的呼癸未生人，天狗二月下子时食，牛黄在仓，生产少年多扶大杀白虎入中宫，丁不剃头，丑不冠带。

《玄女经》云：起星合天和吉，《选择成书》云：起造大凶。

庚子：六合，●天刑黑道、火星。

丑：唐符、水星，●朱雀黑道、天讼、时建。

寅：金柜黄道、福德、月仙、国印、太阴，●截路空。

卯：天德黄道、宝光、木星。截路空、五不遇。

辰：●白虎黑道、天杀、河魁。

巳：玉堂黄道、少微、天开、三合，●寡宿、土星。

午:八禄、五符、喜神、贪狼,●天牢黑道、锁神、时害。

未:右弼、喜神、金星,●元武黑道、天狱、时破。

申:司命黄道、凤辇、月仙。

酉:三合、福星天乙、贵人,●勾陈黑道、地狱、旬中空。

戌:青龙黄道、天乙天贵、武曲、水星,●天罡、时刑、五鬼。

亥:明堂黄道、明辅、天官天贵天乙贵人、驿马,●孤辰。

支克干,伐日,人民合日,空亡,天上大空亡,土公河神东方,离巢,人神在□,戊不治腹,鹤神西北,入棺利癸巳时,的呼用艮丙壬生人,天狗三月下丑时食,牛黄在仓,生产向酉子,殓棺辰巳时,戊不受田,寅不祭祀。

《玄女经》云:土谷东禁三杀符之日,又经,杀造葬家长,子孙必伤辰卯。

壬子:青龙黄道、天乙、天贵、唐符、贪狼,●孤辰、截路空。

丑:明堂黄道、明辅、天乙贵人、国印、右弼,●截路空。

寅:金星,●天刑黑道、时建、五不遇。

卯:天官贵人、贪狼、太阳,●朱雀黑道、天讼。

辰:金柜黄道、福德、月仙、右弼,●火星。

巳:天德黄道、宝光、八禄、五符、喜神、左辅、水星,●天罡、时害、时刑。

午:三合、太阴,●白虎黑道、天杀、寡宿。

未:玉堂黄道、少微、天开、天乙贵人、武曲、木星。

申:福星贵人、驿马,●天牢黑道、锁神、时破、旬中空、五鬼。

酉:司命黄道,●元武黑道、天狱、五鬼、土星。

戌:司命黄道、凤辇、日仙、三合,●罗睺。

亥:六合、金星,●勾孙黑道、地狱、河魁。

支克干,伐日凶,天明地哑,人民合日,空亡二月,土公河神东方,人神在鼻,己不治□,鹤神西方,入棺利丙壬时,殓棺利巳申时,的呼丁亥丑未生人,天狗四月下寅时食,牛黄在仓,生产向东南子善,九丑破群,己不破券,卯不穿井。

《玄女经》云:己卯天地败散之日,不可造屋,主杀妻。

甲子:司命黄道、凤辇、月仙、天乙贵人、水星,●天罡、时刑。

丑:唐符、武曲、太阴,●勾陈黑道、地狱、孤辰。

寅:青龙黄道、天乙贵人、天官贵人、国印、喜神、左辅、木星。

卯:明堂黄道、贵人、明辅、喜神,●时建、计都。

辰:武曲、喜神,●天牢黑道、时害、土星。

巳:驿马,●朱雀黑道、天讼、五鬼、罗睺。

午:金柜黄道、福德、月仙、八禄、五符、金星,●河魁、五鬼。

未:天德黄道、宝光、福星贵人、三合、太阴,●寡宿。

申:天乙贵人,●白虎黑道、天杀、截路空、火星。

酉:玉堂黄道、少微、天开、贪狼、水星,●时破、旬中空、截路空。

戌:六合、右弼、太阴,●天牢黑道、锁神。

亥:三合、左辅、木星,●元武黑道、天狱、五不遇。

支生干,义日吉,空亡正月,牛黄在厅,殓棺利巳申时,土公河神东方,人神在腰,庚不治腰膝,鹤神西方,入棺利甲庚时,的呼戊辰戊戌生人,天狗五月下卯时食,生产向东北吉,生子无寿,庚不经络,辰不哭泣。

《玄女经》云:此日宜起造、上梁,大吉,不利嫁娶、埋葬。

丙子:三合、金星,●天牢黑道、锁神。

丑:太乙贵人,●元武黑道、天狱、河魁、罗睺。

寅:司命黄道、凤辇、日仙、驿马,●孤辰、五鬼、土星。

卯:唐符,●勾陈黑道、地狱、时害、五鬼。

辰:青龙黄道、太乙贵人、国印、水星,●时建、时刑。

巳:明堂黄道、贵人、明辅、太阴。

午:天官、福星贵人、贪狼、水星,●天刑黑道、截路空。

未:天乙贵人、右弼,●朱雀黑道、天讼、天罡、截路空。

申:金柜黄道、福德、日仙、八禄、五符、三合、太阳,●寡宿、十恶大败、空亡。

酉:天德黄道、宝光、六合、金星。

戌:武曲、喜神,●白虎黑道、天杀、时破、罗睺、五不遇。

亥:玉堂黄道、少微、天开,●土星。

支克干，伐日凶，地哑日，空亡十一月离巢，土公河神东方，人神在手辛不治肺，鹤神西方，入棺利乙庚时，殓棺丑未时，的呼巳未生人，天狗六月下辰时食，牛黄在厅，生产西北吉，辛不合医，巳不远行。

《玄女经》云：辛巳日大宜起屋、上梁吉，不利葬埋、嫁娶凶。

戊子：贪狼、木星，●白虎黑道、天杀、五鬼。

丑：玉堂黄道、少微、天开、三合、右弼、太阴，●五鬼。

寅：天乙贵人、水星，●天牢黑道、锁神、时害、天罡。

卯：贪狼。

辰：司命黄道、凤辇、月仙、唐符、右弼、太阴，●截路空。

巳：天官、福星贵人、国印、左辅、金星，●勾陈黑道、地狱、时建、截路空。

午：明堂黄道、太乙、天贵、天乙贵人，●罗睺。

未：明堂黄道、贵人、明辅、武曲，●土星。

申：六合、喜神，●天刑黑道、河魁、时刑、计都。

酉：八禄、五符、三合、喜神，●朱雀黑道、寡宿、旬中空、十恶大败、禄陷空亡、天讼、五不遇。

戌：金柜黄道、月仙、太阴。

亥：天德黄道、宝光、驿马、水星，●时破。

干克支，制日中平，天明地虎不食日，空亡八月，九丑离巢，土公河神东方，人神在头，壬不治□，鹤神西北，入棺利癸壬时，殓棺巳未时，的呼壬寅生人，天狗六月下辰时食，牛黄在厅，生产西北方子智慧，壬不决水，午不苫盖。

《玄女经》云：起造合天和地宁大吉，葬埋利益吉。

庚子：金柜黄道、福德、月仙，●时破、火星。

丑：天德黄道、宝光、武曲、水星，●时害。

寅：三合、左辅、太阴，●白虎黑道、天杀、截路空。

卯：玉堂黄道、少微、天开、天乙贵人、水星，●河魁、截路空。

辰：福德贵人、武曲，●天牢黑道、锁神、孤辰、计都。

巳：天乙贵人，●元武黑道、天狱、土星。

午：司天黄道、凤辇、日仙、天官贵人、唐符、喜神，●时建、时刑、黑道。

未：六合、国印、喜神、金星，●勾陈黑道、地狱。

申:青龙黄道、天贵、太乙、驿马、太阴,●旬中空、五不遇。

酉:明堂黄道、贵人、明辅、贪狼,●天罡。

戌:三合、右弼、木星,●天刑黑道、寡宿、五鬼。

亥:八禄、五符、左辅、太阳,●朱雀黑道、天讼、五鬼。

支克干,伐日凶,空亡四月,殓棺丑未时,土公河神东方,人神在头,癸不治□,鹤神西方,入棺利乙辛时,的呼甲申生人,天狗八月下午时食,牛黄在厅,生产向西北子好相貌,癸不词讼,未不服药。

《玄女经》云:四季利起造,四孟仲并凶,不利。

壬子:八禄、五符,●天刑黑道、时害、截路空。

丑:福星贵人,●朱雀黑道、天讼、时破、时刑、截路空。

寅:金柜黄道、福德、月仙、金星。

卯:天德黄道、宝光、天乙、福星贵人、三合、太阳。

辰:●白虎黑道、天杀、天罡、火星。

巳:玉堂黄道、少微、天开、天官天乙贵人、驿马、喜神、水星,●孤辰。

午:六合、贪狼、太阴,●天牢、黑道、锁神。

未:右弼、唐符、木星,●玄武黑道、天狱、时建、五不遇。

申:司命黄道、凤辇、日仙、左辅、国印,●五鬼、计都。

酉:●勾陈黑道、地狱、旬空、五鬼。

戌:青龙黄道、天贵、太乙、武曲,●河魁、五不遇、罗睺。

亥:明堂黄道、贵人、明辅、三合、金星,●寡宿。

支克干,伐日凶,大明地虎不食日,空亡十一月天地离,忌嫁娶,土公河神中宫,人神在头,甲不治头背,鹤神西南,入棺利甲癸时,生产向北子主疾,的呼壬辰生人,天狗五月下未时食,牛黄在栏,殓棺利酉亥时,朱雀入中宫,甲不开仓,申不安床。

《玄女经》云:此日起屋,子孙富贵,宜田蚕。成书云:秋不利,葬吉。

甲子:青龙黄道、太乙天贵、福星贵人、三合、贪狼、水星,●寡宿。

丑:明堂黄道、贵人、明辅、天乙贵人、右弼。

寅:福星贵人、八禄、五符、驿马、喜神,●天刑黑道、时破、时刑。

卯:贪狼、喜神,●朱雀黑道、天讼、计都。

辰:金柜黄道、福德、月仙、三合、右弼,●土星。

巳:天德黄道、宝光、六合、左辅,●河魁、五鬼、罗睺。

午:●白虎黑道、天杀、孤辰、旬中空、五鬼、五不遇。

未:玉堂黄道、少微、天开、天乙贵人、武曲、太阳。

申:●元武黑道、锁神、时建、截路空、火星。

酉:天官贵人、唐符,●天牢黑道、天狱、截路空。

戌:司命黄道、凤辇、日仙、国印、水星。

亥:水星,●勾陈黑道、地狱、天罡、时害。

支克干,伐日凶,地虎不食日,天地离,空亡七月,土公河神中宫,人神在背,乙不治喉,鹤神西方,入棺利丁壬时,殓棺利申酉时,的呼丙午生人,天狗十月下申时食,牛黄在栏,生产向北子性巧,九丑九土鬼,乙不栽植,酉不会客。

《玄女经》云:此日起造,子孙富贵,益田蚕。成书云:主益子孙,富贵吉。

丙子:司命黄道、凤辇、日仙、天乙贵人、太阳,●河魁。

丑:福星贵人、三合、武曲、金星,●勾陈黑道、地狱、寡宿。

寅:青龙黄道、太乙天贵、左辅,●五鬼、罗睺。

卯:明堂黄道、贵人、明辅、八禄、五符,●时破、五鬼、土星。

辰:六合、武曲,●天刑黑道、计都。

巳:三合、木星,●朱雀黑道、天狱、五不遇。

午:金柜黄道、福德、月仙、太阴,●天罡、截路空。

未:天德黄道、宝光、水星,●孤辰、旬中空、截路空。

申:天乙贵人、天官贵人,●白虎黑道、天杀、火星。

酉:玉堂黄道、少微、天开、贪狼、太阳,●时建、时刑。

戌:唐符、右弼、喜神、金星,●天牢黑道、锁神、时害。

亥:驿马、国印、左辅,●元武黑道、天狱、罗睺。

干生支,宝日吉,空亡三月,大杀白虎入中宫,土公河神中宫,人神在头,丙不治肩,鹤神西北,入棺利壬时,殓棺戌亥时,的呼甲午生人,天狗十月下巳时食,牛黄在栏,生产东南吉,丙不作灶,戌不吃犬。

《玄女经》云:此日不宜起屋、婚姻、出行。

戊子:天官福星贵人、唐符、木星,●天牢黑道、锁神、五鬼。

丑:国印、太阴,●元武黑道、天狱、天罡、五鬼。

寅:司命黄道、凤辇、日仙、福星贵人、水星,●寡宿。

卯:●勾陈黑道、锁神、火星。

辰:青龙黄道、太乙、天贵、太阳,●时破、截路空、五不遇。

巳:明堂黄道、贵人、明辅、八禄、五符、金星,●截路空。

午:贪狼,●天刑黑道、旬中空、罗睺。

未:右弼,●朱雀黑道、天讼、河魁、时刑、土星。

申:金柜黄道、福德、月仙、驿马、喜神、左辅,●孤辰、计都。

酉:天德黄道、天乙贵人、宝光、喜神、木星,●时害。

戌:武曲、太阴,●白虎黑道、天杀、时建。

亥:玉堂黄道、少微、天开、天乙贵人、水星。

支克干,伐日凶,大明日,空亡十月,入棺利乙辛时,土公河神中宫,人神在头,丁不治心头,鹤神西北,牛黄在栏,殓棺巳未时,的呼丁巳、丁亥生人,天狗十二月下戌时,生产向东吉子主寿,丁不剃头,亥不出猪、行嫁。

《玄女经》云:不宜起造婚姻,葬送凶。

戊子:贪狼,●白虎黑道、天火、黑星。

丑:玉堂黄道、少微、天开、唐符、右弼、水星。

寅:六合、国印、太阴,●天牢黑道、锁神、河魁、截路空。

卯:三合、贪狼、木星,●元武黑道、天狱、寡宿、截路空、五不遇。

辰:司命黄道、凤辇、日仙、右弼,●计都。

巳:驿马、左辅,●勾陈黑道、天狱、时破。

午:青龙黄道、太乙天贵、八禄、五符、喜神,●十恶大败、禄陷空亡、罗睺。

未:明堂黄道、贵人、明辅、三合、武曲、喜神,●旬中空。

申:太阳,●天刑黑道、天罡、时害。

酉:福星天乙、贵人,●朱雀黑道、天讼、孤辰、火星。

戌:金柜黄道、福德、月仙、水星,●五鬼。

亥:天德黄道、宝光、天开、福星天乙贵人,●时建、时刑、五鬼。

黄帝生日,制日中平,天聋地哑日,空亡六月,土公河神中宫。人神在背,戊不治肠,鹤神西方,殓棺利甲庚时,入棺寅申时,的呼己卯生人,天狗正月下亥时食,牛黄在仓,生产东吉子聪明,九丑离巢,戊不受田,子不问卜。

《玄女经》云:此日不宜起屋、葬娶。

壬子:金柜黄道、福德、月仙、唐符,●时建、截路空、土星。

丑:天德黄道、宝光、天乙贵人、六合、国印,●截路空、罗睺。

寅:驿马、左辅、金星,●白虎黑道、天杀、五不遇。

卯:玉堂黄道、少微、天开、天贵、太阳,●天罡、时刑。

辰:三合、武曲,●天牢黑道、锁神、寡宿、火星。

巳:八禄、五符、喜神、水星,●元武黑道、天狱。

午:司命黄道、凤辇、日仙、太阴,●时破、旬中空。

未:天乙贵人、木星,●勾陈黑道、地狱、时害。

申:青龙黄道、太乙、天贵、福星贵人、三合,●五鬼、计都。

酉:明堂黄道、贵人、明辅、贪狼,●河魁、五鬼、土星。

戌:右弼,●天刑黑道、孤辰、罗睺。

亥:左辅、金星,●朱雀黑道、天讼。

干支比和日吉,离巢忌移徒,入棺利乙辛时,空亡二月,土公河神中宫,人神在腰,己不治脾胃,鹤神北方,殓棺丑未时,牛黄在仓,的呼丁未生人,天狗二月下子时食,生产西南子智,己不破券,丑不冠带。

《玄女经》云:此日不宜起造、婚姻,杀宅长。

甲子:天乙贵人、六合、水星,●天刑黑道。

丑:唐符、太阴,●朱雀黑道、天讼、时建、五不遇。

寅:金柜黄道、福德、月仙、天官贵人、国印、喜神、木星。

卯:天德黄道、宝光、喜神,●计都。

辰:●白虎黑道、天杀、河魁、土星。

巳:玉堂黄道、少微、天开、三合,●寡宿、五鬼、罗睺。

午:八禄、五符、贪狼、金星,●天牢黑道、锁神、时害、五鬼、十恶大败、禄陷、空亡。

未:福星贵人、右弼、太阳,●元武黑道、天狱、时破、旬中空。

申:司命黄道、凤辇、日仙、天乙贵人、左辅,●截路空、火星。

酉:三合、水星,●勾陈黑道、地狱截、路空。

戌:青龙黄道、太乙天贵、武曲、太阴,●天罡、时刑。

亥:明堂黄道、贵人、明辅、驿马、木星,●孤辰。

干克支,制日中平,金石合,破群,空亡九月,土公河神中宫,人神在胃,庚不治腰,鹤神北方,入棺乙癸时,殓棺丑申时,和呼丙申生人,天狗二月下丑时食,牛黄在仓,庚不经络,寅不祭祀。

《玄女经》云:四仲月利造。

丙子:青龙黄道、太乙、天贵、贪狼、金星,●孤辰、五不遇。

丑:明堂黄道、天乙贵人、右弼,●罗睺。

寅:●天刑、黑道、时建。

卯:贪狼、唐符,●朱雀黑道、天讼、五鬼。

辰:金柜黄道、福德、月仙、右弼、国印。

巳:天德黄道、宝光、左辅、太阴,●天罡、时害、时刑。

午:天官福星贵人、三合、水星,●白虎黑道、截路空、旬空、天杀、寡宿。

未:玉堂黄道、少微、天开、天乙贵人、武曲,●截路空、火星。

申:八禄、五符、驿马、太阳,●天牢黑道、锁神、时破。

酉:金星,●元武黑道、天狱。

戌:司命黄道、凤辇、日仙、三合、喜神,●罗睺、五不遇。

亥:六合,●勾陈黑道、地狱、河魁。

干克支,制日中平,金石合,九丑,空亡五月,土公河神中宫,人神在胃,庚不治腰,鹤神北方,入棺利丙壬时,殓棺丑未时,的呼辛未生人,天狗四月下丑时食,牛黄在仓,生产西北吉、生子面疾,辛不合酱,卯不穿井。

《玄女经》云:不宜起造。

戊子:司命黄道、凤辇、日仙、木星,●天罡、时刑、五鬼。

丑:武曲、太阴,●勾陈黑道、地狱、孤辰、五鬼。

寅:青龙黄道、太乙、天贵、天乙贵人、左辅、水星。

卯:明堂黄道、贵人、明辅,●时建、火星。

辰:唐符、武曲、太阳,●天刑黑道、时害、截路空。

巳:天官福星贵人、国印、驿马、金星,●朱雀黑道、天讼、截路空。

午:金柜黄道、福德、月仙、天乙贵人,●河魁、罗睺。

未:天德黄道、宝光、三合,●寡宿、旬中空、土星。

申:喜神,●白虎黑道、天杀、计都。

酉:玉堂黄道、少微、天开、八禄、五符、喜神、贪狼、木星,●时破、五不遇。

戌:六合、右弼,●天牢黑道、锁神。

亥:三合、左辅、水星,●元武黑道、天讼。

支克干,伐日凶,大明地虎不食日,白帝生,天空亡,破群,人神在腰,壬不治腰肠,鹤神北方,入棺利甲丁时,殓棺利申酉,的呼壬申生人,天狗五月下卯时食,空亡正月,生产向东子、性巧,壬不决水,辰不哭泣。

《玄女经》云:壬辰利四季起造,吉,八月、十一月造吉,余不利。

庚子:三合,●天牢黑道、锁神。

丑:水星,●元武黑道、天狱、河魁。

寅:司命黄道、凤辇、日仙、驿马、太乙,●孤辰、截路空。

卯:天乙贵人、木星,●勾陈黑道、地狱、时害、截路空。

辰:青龙黄道、太乙贵人、福星贵人,●时建、时刑、计都。

巳:明堂黄道、太乙贵人、明辅,●土星。

午:天官贵人、唐符、贪狼、喜神,●天刑黑道、旬中空、罗睺。

未:喜神、国印、右弼、金星,●朱雀黑道、天讼、天罡。

申:金柜黄道、福德、月仙、三合、左辅、太阳,●寡宿、五不遇。

酉:天德黄道、宝光、六合,●火星。

戌:武曲、水星,●白虎黑道、天杀、时破、五鬼。

亥:玉堂黄道、少微、天开、八禄、五符、太阴,●五鬼。

干克支,制日平,天空亡,后稷死日,九土鬼,朱雀入中宫,土公河神中宫,人神在手,癸不治足,鹤神在天,空亡十二月,殓棺丑未时,的呼甲午生人,天狗六月下辰时食，牛黄在厅，入棺乙庚时，生产向东、主子心善，癸不词讼巳不远行。

《玄女经》云：起造利四仲，四季吉。

壬子：八禄、五符、贪狼，●白虎黑道、天杀、截路空、土星。

丑：玉堂黄道、少微、天开、福星贵人、三合、右弼，●截路空、罗睺。

寅：●天牢黑道、天罡、锁神、时害。

卯：天乙贵人、贪狼、福星贵人、太阳，●玄武黑道、天狱、孤辰。

辰：司命黄道、凤辇、日仙、右弼，●火星。

巳：天官贵人、天乙贵人、左辅、喜神、水星，●勾陈黑道、地狱、时建。

午：青龙黄道、太乙、天贵、太阴。

未：明堂黄道、贵人、明辅、唐符、武曲、木星，●旬中空、五不遇。

申：六合、国印，●天刑黑道、河魁、时刑、五鬼。

酉：三合，●朱雀黑道、天讼、寡宿、五鬼。

戌：金柜黄道、福德、月仙，●罗睺。

亥：天德黄道、宝光、福德、驿马、金星，●时破。

干生支，宝日上吉，黑帝死，九土鬼离巢，空亡八月，土公河神中宫，人神在心，甲不治头，鹤神在天，入棺丁癸时，生产向北、子长，的呼丁酉、庚子生，天狗七月下巳时食，牛黄在厅，殓棺巳未时，甲不开仓，午不苫盖。

《玄女经》云：此日遇四孟仲天恩、天赦起屋利益家长、子孙，加官进禄。

甲子：金柜黄道、福德、月仙、福星贵人、水星，●时破。

丑：天德黄道、宝光、天乙贵人、武曲、太阴，●时害。

寅：福星贵人、八禄、五符、三合、喜神、左辅、木星，●白虎黑道、天杀。

卯：玉堂黄道、少微、天开、喜神，●河魁、计都。

辰：武曲，●天牢黑道、锁神、孤辰、旬中空。

巳：●元武黑道、天狱、五鬼、罗睺

午：司命黄道、凤辇、日仙、金星，●时建、时刑、五鬼、五不遇。

未：天乙贵人、六合、太阳，●勾陈黑道、地狱。

申：青龙黄道、太乙、天贵、驿马，●截路空、火星。

酉：明堂黄道、明辅、天官贵人、唐符、贪狼、水星，●天罡截、路空。

戌:三合、国印、右弼、太阴,●天刑黑道、寡宿。

亥:左辅、木星,●朱雀黑道、天讼。

干克支,制日中平,大明地哑日,空亡八月,土公河神南方,人神在头,乙不治□,鹤神在天,入棺利辛乙时,殓棺申酉时,的呼丙子生人,天狗八月下丑时食,牛黄在厅,生产东南、多贵子,大杀白虎入中宫,乙不栽种,未不服药。

《玄女经》云:此日孟月造屋,青龙主之,天地和合,利益家长,聪明者顺。

丙子:天乙贵人、太阳,●天刑、黑道、时害。

丑:福星贵人、金星,●朱雀黑道、天讼、时破、时刑。

寅:金柜黄道、福德、月德,●五鬼、罗睺。

卯:天德黄道、宝光、八禄、五符、三合,●五鬼、土星辰。

辰:●白虎黑道、天杀、天罡、计都。

巳:玉堂黄道、少微、天开、驿马、木星,●孤辰、旬中空、五不遇。

午:六合、贪狼、太阴,●天牢黑道、锁神、截路空。

未:右弼、水星,●玄武黑道、天狱、时建。

申:司命黄道、凤辇、日仙、天官、天乙、贵人、左辅,●火星。

酉:太阳,●勾陈黑道、地狱。

戌:青龙黄道、太乙、天贵、唐符、武曲、喜神、金星,●河魁。

亥:明堂黄道、贵人、明辅、三合、国印,●寡宿、罗睺。

干克支,制日中平,天聋地虎不食,日月离,土公河神南方,人神在头,丙不治胃背,鹤神在天,入棺利甲癸时,殓棺利寅卯时,的呼乙丑生人,天狗九月下未时食,生产向西北、子贵,牛黄在栏,空亡三月,丙不作灶,申不安床。

《玄女经》云:丙申日天地和宁,大宜造屋、安葬,大吉。

戊子:青龙黄道、太乙、天贵、天官、福星贵人、唐符、贪狼、三合、木星,●寡宿、河魁。

丑:明堂黄道、贵人,●五鬼。

寅:福星贵人、驿马、水星,●天刑黑道、时破、时刑。

卯:贪狼,●朱雀黑道、天讼、火星。

辰:金柜黄道、福德、月仙、三合、右弼、太阳,●旬中空、截路空、五不遇。

巳:天德黄道、宝光、八禄、五符、六合、金星、左辅,●河魁、截路、十恶大败、禄陷空亡。

午:●白虎黑道、天杀、孤辰。

未:玉堂黄道、少微,●土星。

申:喜神,●天牢黑道、锁神、时建、罗睺。

酉:天乙贵人、喜神、木星,●玄武黑道、天狱。

戌:司命黄道、凤辇、日仙、太阴。

亥:天乙贵人、水星,●勾陈黑道、地狱、天罡、时害。

干克支,制日,地哑地白虎不食,日月离,空亡,土公河神南方,人神在背,丁不治心,鹤神在天,入棺利丁壬,殓棺利寅卯时,的呼丁酉生人,天狗十一月下申时食,牛黄南方,生产向东北、子美貌,丁不剃头,酉不会客、出鸡。

《玄女经》云:天地和宁,造屋、入宅、葬埋,子孙富贵。

庚子:司命黄道、凤辇、日仙,●河魁、火星。

丑:三合、唐符、武曲、水星,●勾陈黑道、地狱、寡宿。

寅:青龙黄道、太乙、天贵、国印、左辅、太阴,●截路空。

卯:明堂黄道、贵人、明辅、木星,●时破、截路空、五不遇。

辰:六合、武曲,●天刑黑道、计都。

巳:三合,●朱雀黑道、天讼、旬中空、土星。

午:金柜黄道、福德、月仙,●天罡。

未:天德黄道、宝光、喜神,●孤辰。

申:太阳,●白虎黑道、天杀。

酉:玉堂黄道、少微、天开、福星天乙贵人、贪狼,●时建、时刑、火星。

戌:右弼、水星,●天牢黑道、锁神、时害、五鬼。

亥:天官福星太乙贵人、驿马、左辅、太阴,●玄武黑道、天狱、五鬼。

和日,离巢,春鱼会,神叔日忌出财,牛黄在栏,土公河神南方,人神在头,戊不治腹面,入棺利庚壬,殓棺巳申时,鹤神在天,的呼癸亥生人,天狗十二月下酉时食,生产西北吉、子有疾,戊不受田,戌不吃犬。

《玄女经》云:此日天地衰败,孟仲季天刑作屋,凶。

壬子:唐符,●天牢黑道、锁神、截路空。

丑:天乙贵人、国印,●玄武黑道、天狱、天狱、天罡、截路空。

寅:司命黄道、凤辇、日仙、三合、金星,●寡宿、五不遇。

卯:天官贵人、六合、太阳,●勾陈黑道、地狱。

辰:青龙黄道、太乙、天贵,●时破、旬中空、土星。

巳:明堂黄道、明辅、八禄、五符、喜神、水星,●十恶大败、禄陷空亡。

午:三合、贪狼,●天刑、黑道。

未:天乙贵人、右弼、水星,●朱雀黑道、天讼、河魁、时刑。

申:金柜黄道、福德、月仙、福星贵人、驿马、左辅,●孤辰、五鬼、计都。

酉:天德黄道、宝光,●时害、五鬼、土星。

戌:武曲,●白虎黑道、天杀、时建、罗睺。

亥:玉堂黄道、少微、天开、金星。

干克支,制日平,地哑日,空亡十二月,离巢,土公河神南方,人神在头,己不治眼,鹤神在天,入棺利乙辛,殓棺巳申时,的呼辛亥生人,天狗正月下戌时食,牛黄在栏,生产向西北、子性巧,己不破券,亥不行嫁、出猪。

《选择成书》云:起屋益田蚕,富贵吉。

甲子:天乙贵人、贪狼、水星,●白虎黑道、天杀。

丑:玉堂黄道、少微、天开、唐符、右弼、太阴,●五不遇。

寅:天官贵人、六合、国印、喜神、木星,●天牢黑道、锁神、河魁。

卯:三合、喜神、贪狼,●元武黑道、天狱、寡宿。

辰:司命黄道、凤辇、日仙、右弼,●土星。

巳:驿马、左辅,●勾陈黑道、地狱、时破、旬中空、五鬼。

午:青龙黄道、太乙、天贵、八禄、五符、金星,●五鬼。

未:明堂黄道、明辅、福星贵人、三合、武曲、太阳。

申:太乙贵人,●天刑黑道、天罡、时害、截路空、火星。

酉:●朱雀黑道、天讼、孤辰、截路空。

戌:金柜黄道、福德、月仙、太阴。

亥:天德黄道、宝光、木星,●时建、时刑、五不遇。

干生支，宝日，天聋日，空亡九月，土公河神中宫，牛黄在仓，人神在目，庚不治腰，鹤神在天，殓棺戌亥时，的呼乙未生人，入棺利甲庚时，天狗正月下亥时食，入棺利甲庚，生产向西北、生子寿，庚不经络，子不问卜。

《玄女经》云：庚子四孟季造作动土三神入宅杀家长官讼。

丙子：金柜黄道、福德、月仙、金星，●时建、五不遇。

丑：天德黄道、宝光、天乙贵人、六合、武曲，●罗睺。

寅：驿马、左辅，●白虎黑道、天杀、五鬼。

卯：玉堂黄道、少微、天开、唐符，●天罡、五鬼。

辰：三合、国印、武曲、木星，●天牢黑道、锁神、旬中空、寡宿。

巳：太阴，●元武黑道、天狱。

午：司命黄道、凤辇、日仙、天官福星贵人、木星，●截路空。

未：天乙贵人，●勾陈黑道、地狱、时害、截路空、火星。

申：青龙黄道、太乙天乙贵人、八禄、五符、太阳。

酉：明堂黄道、贵人、明辅、贪狼、金星，●河魁。

戌：喜神、右弼，●天刑黑道、孤辰、五不遇。

亥：明辅，●朱雀黑道、天讼、上星。

支生干，义日吉，地哑，九土鬼，空亡三月离巢，土公河神中宫，人神在耳，辛不治腰，鹤神在天，入棺利已辛时，殓棺利丑寅，的呼壬子生人，天狗二月下午时食，牛黄在仓，生仓向南吉，辛不合酱，丑不冠带。

《玄女经》云：此日起屋同上庚子，生凶败。

戊子：六合、木星，●天刑黑道、五鬼。

丑：太阴，●朱雀黑道、天讼、时建、五鬼。

寅：金柜黄道、福德、月仙、天乙贵人、水星。

卯：天德黄道、宝光，●水星。

辰：唐符，●白虎黑道、天杀、河魁、截路空。

巳：玉堂黄道、少微、天开、天官福星贵人、三合、国印、金星，●寡宿、旬中空、截路空。

午：天乙贵人、贪狼，●天牢黑道、锁神、时害。

未：右弼，●元武黑道、天狱、时破、土星。

申:司命黄道、凤辇、日仙、左辅、喜神,●计都。

酉:八禄、五符、六合、喜神、木星,●勾陈黑道、地狱、五不遇。

戌:青龙黄道、太乙、天贵、武曲、太阴,●天罡、时刑。

亥:明堂黄道、贵人、明辅、驿马、水星,●孤辰。

干生支,宝日吉,地虎不食日,江河合,九土鬼,土公河神中宫,人神在肩,壬不治膝,鹤神在天,入棺利癸乙时,殓棺亥子时,的呼甲辰生人,天狗二月下丑时食,牛黄在仓,生产向西南、子俊,朱雀白虎入中宫,壬不决水,寅不祭祀。

《玄女经》云:此日四仲季能用,益家长、田蚕、牛马,百事大吉。

庚子:青龙黄道、太乙、天贵、贪狼,●孤辰、火星。

丑:明堂黄道、贵人、明辅、右弼、水星。

寅:太阴,●天刑黑道、时建、截路空。

卯:天乙贵人、贪狼、木星,●朱雀黑道、天讼、截路空。

辰:金柜黄道、福星贵人、福德、月仙、右弼,●旬中空、计都。

巳:天德黄道、宝光、天乙贵人、左辅,●天罡、时害、时刑。

午:天官贵人、三合、唐符、喜神,●白虎黑道、天杀、寡宿、罗睺。

未:玉堂黄道、少微、天开、国印、喜神、武曲、金星。

申:驿马、太阳,●天牢黑道、锁神、时破、五不遇。

酉:●元武黑道、天狱、火星。

戌:司命黄道、凤辇、日仙、三合、水星,●五鬼。

亥:八禄、五符、三合、太阴,●勾陈黑道、地狱、河魁、五鬼。

干生支,宝日吉,江河合,空亡三月,土公河神中宫,入棺利丙壬方,人神在鼻,癸不治□,鹤神在天,殓棺丑未时,天狗四月下寅时食,牛黄在仓,生产向西南吉、子多智,癸不词讼,卯不穿井。

《玄女经》云:癸卯日,天地开道,造作屋宅大吉,不利葬埋。

壬子:司命黄道、凤辇、日仙、八禄、五符,●天罡、时刑、截路空、土星。

丑:福星贵人、武曲,●勾陈黑道、地狱、截路空、罗睺。

寅:明堂黄道、明辅、福星天乙贵人、太阳,●时建。

卯:青龙黄道、太乙、天贵、左辅、水星。

辰:武曲,●天刑黑道、时害、火星。

巳:天官天乙贵人、驿马、喜神、水星,●朱雀黑道、天讼、旬中空。

午:金柜黄道、福德、月仙太、阴,●河魁。

未:天德黄道、宝光、三合、唐符、水星,●五不遇。

申:国印,●白虎黑道、天杀、五鬼、计都。

酉:玉堂黄道、少微、天开、贪狼,●时破、五鬼、土星。

戌:六合、右弼,●天牢黑道、锁神、罗睺。

亥:三合、喜神、金星,●元武黑道、天狱。

干克支,制日平,地虎不食日,赤帝生,空亡正月,大杀白虎入中宫,人神在腹膝,甲不治头,鹤神在天,入棺甲丁时,殓棺寅申时,的呼庚辰生人,天狗五月下卯时食,牛黄在厅,生产西南吉、子好貌,土公河神中宫,甲不开仓,辰不哭泣。

《玄女经》云:甲辰日孟仲季造屋,杀家长凶。

甲子:福星贵人、三合、水星,●天牢黑道、锁神。

丑:天乙贵人、太阴,●元武黑道、天讼、河魁。

寅:司命黄道、凤辇、日仙、福星贵人、驿马、八禄、五符、喜神,●孤辰、旬中空。

卯:喜神,●勾陈黑道、地狱、时害、计都。

辰:青龙黄道、太乙、天贵,●时建、土星。

巳:明堂黄道、贵人、明辅,●五鬼、罗睺。

午:贪狼、金星,●天刑黑道、五鬼、五不遇。

未:太乙贵人、右弼、太阳,●朱雀黑道、天罡、天讼。

申:金柜黄道、福德、月仙、三合、左辅,●寡宿、截路空、火星。

酉:天德黄道、宝光、天官贵人、六合、唐符、水星,●截路空。

戌:国印、武曲、太阳,●白虎黑道、天杀、时破。

亥:玉堂黄道、少微、天开、木星。

干生支,宝日上吉,空亡十一月,殓棺亥子时,土公河神中宫,人神在手,乙不治喉头,鹤神东方,入棺乙庚时,的呼丙子生人,天狗六月下寅时食,牛黄在厅,生产向东南、多病,乙不栽植,巳不远行。

《玄女经》云:乙巳日四季六合主之,造作益人财,吉。

丙子:天乙贵人、贪狼、太阳,●白虎黑道、天杀。

丑:玉堂黄道、少微、天开、福星、贵人、三合、右弼、金星。

寅:●天牢黑道、锁神、天罡、时害、罗睺、五鬼。

卯:八禄、五符、贪狼,●元武黑道、天狱、孤辰、旬中空、五鬼、土星。

辰:司命黄道、凤辇、日仙、喜神、右弼,●计都。

巳:左辅,●勾陈黑道、地狱、时建。

午:青龙黄道、天乙、天贵、太阴,●截路空。

未:明堂黄道、贵人、明辅、武曲、水星,●截路空。

申:天官天乙贵人、六合,●天刑黑道、河魁、时刑、火星。

酉:三合、太阳,●朱雀黑道、天讼、寡宿。

戌:金柜黄道、福德、月仙、唐符、喜神、金星。

亥:天德黄道、宝光、驿马、国印,●时破、罗睺。

和日吉,大明地虎不食日,八专日,空亡正月,土公河神中宫,人神在心,丙不治□,牛黄在仓,入棺丁癸时,殓棺利寅卯,的呼丁巳、丁未生人,天狗五月下巳时食,鹤神在天,生产向西北、子性巧,丙不作灶,午不苫盖。

《玄女经》云:丙午日六合主之,作屋宅入外财,大吉。

戊子:金柜黄道、福德、月仙、天官福星贵人、唐符,●时破、五鬼。

丑:天德黄道、宝光、国印、武曲、太阴,●时害、五鬼。

寅:福星贵人、三合、左辅、水星,●白虎黑道、天狱、旬中空。

卯:玉堂黄道、少微、天开,●河魁、火星。

辰:武曲、太阳,●天牢黑道、锁神、孤辰、截路空、五不遇。

巳:八禄、五符、金星,●元武黑道、地狱、截路空。

午:司命黄道、凤辇、日仙,●时建、时刑、罗睺。

未:六合,●勾陈黑道、地狱、土星。

申:青龙黄道、太乙、天贵、驿马、喜神,●计都。

酉:明堂黄道、明辅、天乙贵人、贪狼、喜神,●天罡。

戌:三合、右弼、太阴,●天刑黑道、寡宿。

亥:太乙贵人、左辅、水星,●朱雀黑道、天讼。

干生支,宝日上吉,天亡大空亡,牛黄在亥,空亡九月,土公河神中宫,人神在头,丁不治心,入棺利乙辛时,殓棺利丑寅时,的呼巳未生人,天狗七月下午时食,鹤神在天,生产向东北吉,丁不剃头,未不服药。

《玄女经》曰:此名天梁日,起造屋富贵,大吉,宜出行,婚姻吉。

庚子:●天刑黑道、时害、火星。

丑:唐符、水星,●朱雀黑道、天讼、时破、时刑。

寅:金柜黄道、福德、月仙、国印、太阴,●截路空。

卯:天德黄道、宝光、三合、水星,●旬中空、截路空、五不遇。

辰:●白虎黑道、天杀、天罡、计都。

巳:玉堂黄道、宝光、三合、驿马,●孤辰、土星。

午:八禄、五符、六合、喜神、贪狼,●天牢黑道、锁神、罗睺。

未:喜神、右弼、金星,●玄武黑道、天狱、时建。

申:司命黄道、凤辇、日仙、左辅、太阳。

酉:天乙贵人、福星贵人,●勾陈黑道、地狱、火星。

戌:青龙黄道、太乙、天贵、武曲、水星,●河魁、五鬼。

亥:明堂黄道、明辅、天官福星天乙贵人、三合、太阳,●寡宿、五鬼。

干生支,宝日吉,人民离,空亡六月,天上大空亡,离巢,土公河神中宫,人神在头,戊不治肩腹,鹤神在天,入棺甲癸时,殓棺寅申时,的呼庚戌生人,天狗九月下未时食,牛黄在栏,生产向北、子少吉,戊不受田,申不安床。

《玄女经》云:此日起造大利,进财,益人口。

壬子:青龙黄道、天贵、太乙、三合、贪狼、唐符,●寡宿、截路空、土星。

丑:天乙贵人、明堂黄道、明辅、国印、右弼,●截路空、罗睺。

寅:驿马、金星,●天刑黑道、时杀、时刑、旬中空、五不遇。

卯:天乙贵人、贪狼、太阳,●朱雀黑道、天讼。

辰:金柜黄道、福德、月仙、三合、右弼,●火星。

巳:天德黄道、宝光、八禄、五符、六合、喜神、左辅、水星,●河魁。

午:金星,●白虎黑道、天杀、孤辰。

未:玉堂黄道、天开、天乙贵人、宝光、少微、武曲、木星。

申:福星贵人,●天牢黑道、锁神、时建、五鬼、五不遇。

酉:●玄武黑道、天狱、五鬼、土星。

戌:司命黄道、凤辇、日仙,●罗睺。

亥:金星,●勾陈黑道、地狱、时害。

干生支,宝日吉,空亡八月,大明地虎不食,九土鬼,土公河神西方,人神在背,己不治脾,鹤神东北,入棺利丁壬,殓棺利巳酉,的呼庚申生人,天狗十二月下申时食,牛黄在□,生产向西北、主吉,己不破券,酉不会客、出鸡。

《玄女经》云:己酉日宜造葬,益家长,田蚕大利。

甲子:天乙贵人、司命黄道、凤辇、日仙、水星,●河魁。

丑:三合、唐符、武曲、太阴,●勾陈黑道、地狱、寡宿、五不遇。

寅:天乙天官贵人、青龙黄道、国印、喜神、左辅、木星。

卯:明堂黄道、贵人、明辅、喜神,●时破、旬中空、计都。

辰:六合、武曲,●天刑黑道、土星。

巳:三合,●朱雀黑道、天讼、五鬼、罗睺、五不遇。

午:金柜黄道、福德、月仙、八禄、五符、金星,●天罡、五鬼。

未:天德黄道、宝光、福星贵人、太阳,●孤辰。

申:天乙贵人,●天杀、白虎黑道、火星、截路空。

酉:玉堂黄道、少微、天开、贪狼、水星,●时建、时刑、截路空。

戌:右弼、太阳,●天牢黑道、天狱。

亥:驿马、左辅、木星,●玄武黑道、锁神、时害。

支生干,义日吉,大明日,九土鬼,白帝死,蚕戌寅死忌出蚕,空亡五月,人神在头,庚不治腰面,鹤神东方,入棺庚壬时,殓棺巳申时,的呼辛丑生人,天狗正月下酉时食,牛黄在栏,生产东南吉、子聪俊,土公河神西方,庚不经络,戌不吃犬。

《玄女经》云:庚戌日孟仲季起造,皆凶。

丙子:金星,●天牢黑道、锁神、五不遇。

丑:天乙贵人,●天狱、天罡、玄武黑道、罗睺。

寅:司命黄道、凤辇、日仙、三合,●寡宿、旬中空、五鬼、土星。

卯:六合、唐符,●勾陈黑道、地狱、五鬼、计都。

辰:天官贵人、青龙黄道、太乙、国印、木星,●时破。

巳:明堂黄道、贵人、明辅、太阴。

午:天官福星贵人、三合、贪狼、水星,●天刑黑道、截路空。

未:天乙贵人、右弼,●朱雀黑道、天讼、河魁、时刑、截路空、火星。

申:金柜黄道、福德、月仙、八禄、五符、驿马、左辅、太阳,●孤辰。

酉:天德黄道、宝光、金星,●时害。

戌:喜神、武曲,●天杀、白虎黑道、时建、五不遇。

亥:天开、玉堂黄道、少微,●土星。

干生支,宝日,大明地虎日,离巢,空亡三月,朱雀入中宫,土公河神西方,人神在头,辛不治膝头,鹤神东北,入棺利辛乙,殓棺巳未时,的呼辛亥生人,天狗二月下戌时食,牛黄在厅,生产向西北、子美貌,辛不合酱,亥不行嫁、出猪。

《玄女经》云:辛亥日四仲季六合主之,起造富贵二千石。

戊子:贪狼、木星,●白虎黑道、天杀、五鬼。

丑:天开、玉堂黄道、少微、太阴,●五鬼。

寅:天乙贵人、六合、水星,●天牢黑道、锁神、河魁。

卯:三合、狼,●天狱、元武黑道、寡宿、旬中空、火星。

辰:司命黄道、凤辇、日仙、唐符、右弼、太阳,●截路空。

巳:天官福星贵人、驿马、国印、左辅、金星,●勾陈黑道、时破、地狱、旬中空。

午:天乙贵人、天贵、青龙黄道、太乙,●罗睺。

未:明堂贵人、明辅、三合、武曲,●土星。

申:喜神,●天刑黑道。

酉:八禄、五符、喜神、木星,●朱雀黑道、天讼、孤辰、五不遇。

戌:金柜黄道、福德、月仙、太阴。

亥:天德黄道、宝光、水星,●时建、时刑。

干支和日，天龙，黑帝生，八专九土鬼，空亡四月，土公河神西方，人神在目，壬不治肺，鹤神东北，入棺利甲庚，殓棺利辰戌，的呼乙亥生人，天狗正月下亥时食，牛黄在仓，生产西北吉、子多疾，壬不决水，子不问卜。

《玄女经》云：壬子日四孟月天地开通，作屋大吉。

庚子：金柜黄道、福德、月仙、木星，●时建。

丑：天德黄道、宝光、六合、武曲、水星。

寅：驿马、左辅、太阴，●天杀、白虎黑道、旬中空、截路空。

卯：天开、天乙贵人、玉堂黄道、少微、木星，●天罡、时刑、截路空。

辰：福星贵人、三合、武曲，●天牢黑道、锁神、寡宿、计都。

巳：天乙贵人，●天狱元武、黑道、土星。

午：天官贵人、司命黄道、凤辇、日仙、喜神、唐符，●时破、罗睺。

未：国印、喜神、金星，●勾陈黑道、地狱、时害。

申：天贵、青龙黄道、太乙、三合、太阳，●五不遇。

酉：明堂黄道、贵人、明辅、贪狼，●河魁、火星。

戌：右弼、金星，●天刑黑道、孤辰、五鬼。

亥：八禄、五符、左辅、太阴，●朱雀黑道、天讼、五鬼。

支克干，伐日，地哑，大杀白虎入中宫，空亡八月，土公河神西方，人神在耳，癸不治胫，鹤神东北，入棺利乙辛，殓棺利丑未，的呼丁亥甲辰生人，天狗二月下子时食，牛黄在仓，生产向西北、子智，癸不词讼，丑不冠带。

《玄女经》云：癸丑日四孟月造屋大吉，四仲月不利。

壬子：八禄、五符，●天刑黑道、截路空、土星。

丑：福星贵人，●天讼、朱雀黑道、时建、截路空、罗睺。

寅：金柜黄道、福德、月仙、金星。

卯：天德黄道、宝光、福星天乙贵人、太阳，●旬中空。

辰：●天杀、白虎黑道、河魁、火星。

巳：天开、天官天乙贵人、玉堂黄道、少微、喜神、三合、水星，●寡宿。

午：贪狼、太阴，●天牢黑道、锁神、时害。

未：唐符、右弼、木星，●元武黑道、时破、五不遇、天讼。

申：司命黄道、凤辇、日仙、国印、左辅，●五鬼、计都。

酉:三合,●勾陈黑道、地狱、五鬼、土星。

戌:天贵、太乙、青龙黄道、武曲,●天罡、罗睺。

亥:明堂黄道、贵人、明辅、驿马、金星,●孤辰。

天地和合日吉,日月离,空亡三月,破群,土公河神中宫。人神在胃,甲不治头,鹤神东北,入棺癸乙时,殓棺寅申时,的呼癸巳未生人。天狗三月下丑时食,牛黄在仓,生产东南吉、子心善,甲不开仓,寅不祭祀。

《玄女经》云:甲寅日利四季,天地开通,造葬大吉。

甲子:天贵、青龙黄道、福星贵人、太乙、贪狼,●旬中空、孤辰。

丑:天乙贵人、明堂黄道、明辅、右弼、太阴。

寅:福星贵人、八禄、五符、喜神、木星,●天牢黑道、时建。

卯:喜神、贪狼,●朱雀黑道、天讼、时建。

辰:金柜黄道、福德、月仙、右弼,●土星。

巳:天德黄道、宝光、左辅,●天罡、时害、时刑、五鬼、罗睺。

午:三合,●白虎黑道、天杀、五鬼、寡宿、五不遇。

未:天开、天乙贵人、玉堂黄道、少微、武曲、太阳。

申:驿马,●天牢黑道、锁神、时破、截路空、火星。

酉:天官贵人、唐符、水星,●元武黑道、天狱、截路空。

戌:司命黄道、凤辇、日仙、三合、国印。

亥:六合、木星,●勾陈黑道、地狱、河魁。

干支和日吉,日月合,天地合,太师旷死日不合药,土公河神中宫,人神在口,乙不治腹脾,鹤神东方,入棺利丙壬,殓棺利丑时,的呼戊子、丙辰生人,天狗四月下寅时食,牛黄在仓,生产向东吉、子夭亡,空亡四月,乙不栽植,卯不穿井。

《玄女经》云:乙卯利四季天地开通造屋婚姻益人口大吉。

丙子:天乙贵人、司命黄道、凤辇、日仙、太阳,●天罡、时刑。

丑:福星贵人、武曲、金星,●勾陈黑道、地狱、孤辰、旬中空。

寅:天贵、青龙黄道、太乙、左辅,●五鬼、罗睺。

卯:明堂黄道、贵人、明辅、八禄、五符,●时建、五鬼、土星。

辰:喜神、武曲,●天刑黑道、时害、计都。

巳:驿马、木星,●天讼、朱雀黑道、五不遇。

午:金柜黄道、福德、月仙、太阴,●河魁、截路空。

未:天德黄道、宝光、三合、水星,●寡宿、截路空。

申:天官天乙贵人,●白虎黑道、天杀、火星。

酉:天开、玉堂黄道、少微、贪狼、太阳,●时破。

戌:唐符、六合、右弼、喜神、金星,●天牢黑道、锁神。

亥:国印、三合、左辅,●元武黑道、天狱、罗睺。

干生支,宝日吉,大明地虎不食,天龙日,空亡七月,土公河神中宫,人神在腰,丙不治肩膝,鹤神东方,入棺丁甲时,殓棺巳亥时,的呼甲辰、甲申生人,天狗五月下卯时食,牛黄在厅,生产向西吉、子性巧,丙不作灶,辰不哭泣。

《玄女经》云:丙辰日四时不利起造,秋冬利造屋。

戊子:天官福星贵人、唐符、三合、水星,●天牢黑道、锁神、五鬼、旬中空。

丑:国印、太阴,●元武黑道、天狱、河魁、五鬼。

寅:司命黄道、凤辇、日仙、福星贵人、驿马、水星,●孤辰。

卯:●勾陈黑道、地狱、时害、火星。

辰:天贵、青龙黄道、太乙、太阳,●时建、时刑、截路空、五不遇。

巳:明堂黄道、贵人、明辅、八禄、五符、金星,●截路空。

午:贪狼,●天刑黑道、罗睺。

未:右弼,●天讼、天罡、朱雀、黑道、土星。

申:金柜黄道、福德、月仙、三合、喜神、左辅,●寡宿。

酉:黄道、宝光、天乙贵人、六合、天德、喜神、火星。

戌:武曲、太阴,●天杀、白虎黑道、时破。

亥:天开、天乙贵人、玉堂黄道、少微、水星。

干支和日吉,赤帝死,孔子死忌入学,九土鬼,土公河神中宫,人神在手,丁不治心,鹤神东方,入棺乙庚时,殓棺利亥子,的呼庚子生人,天狗六月下辰食时,牛黄在栏,生产西北吉、子多智,空亡六月,丁不剃头,巳不远行。

《玄女经》云:丁巳日四时,不利起造,凶。

庚子:贪狼,●天杀、白虎、黑道。

丑:天开、玉堂黄道、少微、唐符、三合、右弼、水星,●旬中空。

寅:国印、太阴,●天牢黑道、锁神、天罡、时害、截路空。

卯:贪狼、木星,●元武黑道、天狱、孤辰、五不遇、截路空。

辰:司命黄道、凤辇、日仙、右弼,●计都。

巳:左辅,●勾陈黑道、地狱、时建、土星。

午:天贵、青龙黄道、太乙、八禄、五符、喜神,●罗睺。

未:明堂黄道、明辅、武曲、喜神、贵人、金星、申六合、太阳,●天刑黑道、河魁、时建。

酉:天乙贵人、三合、福星,●朱雀黑道、天讼、寡宿。

戌:金柜黄道、福德、月仙、水星。

亥:天德黄道、宝光、天官天乙贵人、驿马、太阳,●时破、五鬼。

支生干,义日吉,黄帝死,九土鬼,离巢,空亡二月,土公河神中宫,人神在心,戊不治腹,鹤神东方,入棺丁癸时,殓棺巳申时,的呼辛未生人,天狗七月下巳时食,牛黄在厕,生产东南吉、子美貌,九丑,戊不受田,午不苫盖。

《玄女经》云:此日不宜起造,凶。

壬子:金柜黄道、福德、月仙、唐符,●时破、旬中空、截路空。

丑:天德黄道、宝光、国印、天乙贵人、武曲,●时害、旬中空、截路空、罗睺。

寅:三合、左辅,●天杀、白虎黑道、五不遇。

卯:天官、天开、贵人、玉堂黄道、少微、太阳,●河魁。

辰:武曲,●天牢黑道、锁神、孤辰、火星。

巳:八禄、五符、喜神、木星,●元武黑道、天狱。

午:司命黄道、凤辇、日仙、太阴,●时建、时刑。

未:天乙贵人、六合、木星,●勾陈黑道、地狱。

申:青龙黄道、天贵、福星、太乙、驿马,●五鬼、计都。

酉:明堂黄道、贵人、明辅、贪狼,●天罡、五鬼、土星、计都。

戌:三合、右弼,●天刑黑道、寡宿、计都。

亥:左辅、金星,●朱雀黑道、天讼。

干支和日吉,大明地虎不食日,空亡三月,土公河神中宫,人神在头,己不治心,入棺利辛乙,殓棺子申时,鹤神东方,的呼丙戌生人,天狗八月下午时食,牛黄在厕,生产向西北吉、子多病,己不破券,未不服药。

《玄女经》云:此日起造大富贵,安葬益子孙,吉。

甲子:天乙贵人、水星,●天刑黑道、时害。

丑:唐符、太阴,●天讼、时破、朱雀黑道、旬空、五不遇。

寅:天富贵人、金柜黄道、福德、月仙、国印、喜神、木星。

卯:天德黄道、宝光、三合、喜神,●计都。

辰:●天杀、天罡、白虎黑道、土星。

巳:天开、玉堂黄道、少微、驿马,●孤辰、五鬼、罗睺。

午:八禄、五符、六合、贪狼、金星,●天牢黑道、锁神、五鬼。

未:福星贵人、右弼、太阳,●元武黑道、天狱、时建。

申:天乙贵人、左辅、司命黄道、凤辇、日仙,●截路空、火星。

酉:木星,●勾陈黑道、地狱、截路空。

戌:天贵、青龙黄道、太乙、武曲、太阴,●河魁。

亥:明堂黄道、贵人、明辅、三合、木星,●寡宿、五不遇。

干支和日吉,大明地虎不食,金石离,空亡七月,破群,土公河神中宫,人神在心,庚不治肠胃,鹤神东方,入棺利甲癸,殓棺辰巳时,的呼辛巳酉生人,天狗九月下未时食,牛黄在栏,生产西北吉、子心巧,朱雀入中宫,庚不经络,申不安床。

《玄女经》云:庚申日和宁,大宜起造,安葬富贵。

壬子:天贵、青龙黄道、太乙、三合、贪狼、金星,●寡宿、旬中空、五不遇。

丑:天乙贵人、明堂黄道、明辅、右弼,●罗睺。

寅:驿马,●天刑黑道、时破、时刑、五鬼。

卯:唐符、贪狼,●朱雀黑道、天讼、五鬼、计都。

辰:金柜黄道、福德、月仙、国印、三合、右弼、水星。

巳:天德黄道、宝光、六合、左辅、木星,●河魁。

午:天官福星贵人、木星,●天杀、白虎黑道、截路空、孤辰。

未:天开、天乙贵人、玉堂黄道、少微、武曲,●截路空、火星。

申:八禄、五符、太阳,●天牢黑道、锁神、时建。

酉:金星,●元武黑道、天狱。

戌:司命黄道、凤辇、日仙、喜神,●罗睺、五不遇。

亥:水星,●天罡、勾陈黑道、地狱时。

干支和日吉,大明地虎不食,地哑日,九丑,空亡六月,土公河神中宫,人神在背,辛不治膝,鹤神东南,入棺利丁壬,生产向东、子心巧,的呼庚辰生人,天狗十月下申时食,牛黄在栏,殓棺寅申时,辛不合酱,酉不会客、出鸡。

《玄女经》云:辛酉日和宁皆利,造葬吉。

戊子:司命黄道、凤辇、日仙,●河魁、五鬼。

丑:三合、武曲、太阴,●勾陈黑道、地狱、旬中空、寡宿、五鬼。

寅:天贵、天乙贵人、青龙黄道、太乙、左辅、木星。

卯:明堂黄道、贵人、明辅,●时破、火星。

辰:唐符、六合、武曲、太阳,●天刑黑道、截路空。

巳:天官、福星贵人、国印、三合、金星,●朱雀黑道、截路空、天讼。

午:天乙贵人、金柜黄道、福德、月仙,●天罡、罗睺。

未:天德黄道、宝光,●孤辰、土星。

申:喜神,●天杀、白虎黑道、计都。

酉:天开、玉堂黄道、少微、八禄、五符、喜神、贪狼,●时建、时刑、五不遇。

戌:右弼、太阴,●天牢黑道、锁神、时害。

亥:驿马、左辅、木星,●天狱、元武黑道。

支克干,伐日凶,青帝死,天上大空亡,离巢,空亡二月,大杀白虎入中宫,人神在头,壬不治头面,鹤神东南,入棺利庚壬,殓棺寅丑时,的呼辛酉生人,天狗十一月下酉时食,牛黄在栏,生产向东北、子招妻财,土公河神中宫,壬不决水,戌不吃犬。

《玄女经》云:壬戌日宜造屋吉,出行、安葬、婚姻凶。

庚子:●天牢黑道、锁神、旬中空、火星。

丑:水星,●天狱、天罡、元武黑道。

寅:司命黄道、凤辇、日仙、三合、太阴,●寡宿、截路空。

卯:天乙贵人、六合、水星,●勾陈黑道、地狱、截路空。

辰:天贵、福星贵人、青龙黄道、太乙,●时破、计都。

巳:天乙贵人、明辅、明堂黄道,●土星。

午:天官贵人、唐符、三合、贪狼、喜神,●天罡黑道、罗睺。

未:国印、喜神、右弼、金星,●朱雀黑道、天讼、河魁、时刑。

申:金柜黄道、福德、月仙、驿马、左辅、太阴,●孤辰、五不遇。

酉:天德黄道、宝光,●时害、火星。

戌:武曲、水星,●天杀、时建、白虎、黑道。

亥:天开、玉堂黄道、少微、八禄、五符、太阴。

干支同和日吉,离巢,天上大空亡,空亡三月,土公河神中宫,人神在头,癸不治足,鹤神小吉,入棺乙辛时,殓棺巳申时,的呼丙寅生人,天狗十二月下戌时食,牛黄在栏,生产向东北、子聪俊,癸不词讼,亥不行嫁、出猪。

《玄女经》云:六甲穷日不利兴工起造,主大贫。

壬子:八禄、五符、贪狼,●天杀、白虎黑道、截路空。

丑:天开、玉堂黄道、少微、福星贵人、右弼,●旬中空、截路空、罗睺。

寅:六合,●天牢黑道、锁神、河魁。

卯:天乙贵人、三合、贪狼、福星、太阳,●天狱、元武黑道、寡宿。

辰:司命黄道、凤辇、日仙、右弼,●火星。

巳:天官天乙贵人、驿马、左辅、喜神、水星,●勾陈黑道、地狱、时破。

午:天贵、太阴、太乙、青龙黄道。

未:明堂黄道、贵人、明辅、唐符、武曲、三合,●土星、五不遇。

申:国印,●天刑黑道、天罡、时害、五鬼。

酉:●天讼、朱雀黑道、孤辰、五鬼。

戌:金柜黄道、福德、月仙,●罗睺。

亥:天德黄道、宝光、金星,●时建、时刑。

校者注:以上“●”代表它后面的文字为凶星、凶煞。

铜壶滴漏图

自夜天池水流下自天池而至万水壶壶中置一水圆板浮水面时童执更筹抵木板若壶水满一分则板浮矣高一刻是某时戌亥一更起至五更寅卯止此定夜时准。

铜壶滴漏图

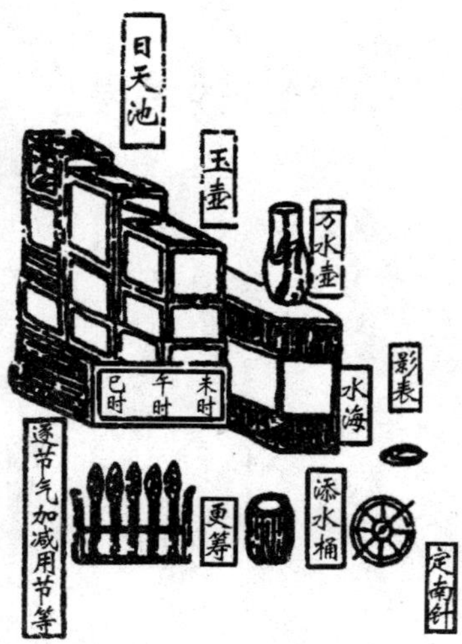

昼夜循环时刻定局

子卯午酉

今以地盘分十二支时，每时各八刻。以天盘分一十四时，每时止四刻。吕才云：昼夜一百刻分十二支时，每时有八刻一十分，又在人临时推测。

子 子初三刻至正三刻　癸 子正三刻至丑初二刻　丑 丑初三刻至正二刻　艮 丑正三刻至寅初二刻

寅 寅初三刻至正二刻　甲 寅正三刻至卯初二刻　卯 初卯三刻至正二刻　乙 卯正三刻至辰初二刻

辰 辰初三刻至正二刻　巽 辰正三刻至巳初二刻　巳 巳初三刻至正二刻　丙 巳正三刻至午初二刻

午 午初三刻至正二刻　丁 午正三刻至未初二刻　未 未初三刻至正二刻　坤 未正三刻至申初二刻

申 申初三刻至正二刻　庚 申正三刻至酉初二刻　酉 酉初三刻至正二刻　辛 酉正三刻至戌初二刻

戌 戌初三刻至正二刻　乾 戌正三刻至亥初二刻　亥 亥初三刻至正二刻　壬 亥正三刻至子初一刻

时家吉神定局

日吉	甲	乙	丙	丁	戊	己	庚	辛	壬	癸
天官贵人 上官出行求财见贵百事大吉	酉	寅	申	午	子	巳	亥	午	卯	巳
福星贵人　同上	子寅	未	丑	午	子寅	巳	亥酉	辰	申	丑卯
阳贵人　同上	未	申	子	丑	酉	寅	亥	卯	丑	巳
阴贵人　同上	丑	子	申	未	亥	午	酉	巳	未	卯
五符 即八禄凡上官出行求财见贵吉	寅	午	卯	申	巳	酉	午	亥	巳	子
唐符 出行求财百事吉	酉	丑	戌	卯	子	辰	丑	午	子	未
国印 同五符唐符用事吉	戌	寅	亥	辰	丑	巳	寅	未	丑	申
喜神 和合百事吉	寅	卯	亥	戌	申	酉	午	未	巳	辰
天官贵人 上官出行求财见贵百事大吉	酉	寅	申	午	子	巳	亥	午	卯	巳
福星贵人　同上	子寅	未	丑	午	子寅	巳	亥酉	辰	申	丑卯

(续表)

日吉	甲	乙	丙	丁	戊	己	庚	辛	壬	癸
阳贵人 同上	未	申	子	丑	酉	寅	亥	卯	丑	巳
阴贵人 同上	丑	子	申	未	亥	午	酉	巳	未	卯
五符 即八禄凡上官出行求财见贵吉	寅	午	卯	申	巳	酉	午	亥	巳	子
唐符 出行求财百事吉	酉	丑	戌	卯	子	辰	丑	午	子	未
国印 同五符唐符用事吉	戌	寅	亥	辰	丑	巳	寅	未	丑	申
喜神 和合百事吉	寅	卯	亥	戌	申	酉	午	未	巳	辰

日吉	子	丑	寅	卯	辰	巳	午	未	申	酉	戌	亥
明堂黄道 百事吉	酉	亥	丑	卯	巳	未	酉	亥	丑	卯	巳	未
金柜黄道 百事吉	子	寅	辰	午	申	戌	子	寅	辰	午	申	戌
天德黄道 百事吉	丑	卯	巳	未	酉	亥	丑	卯	巳	未	酉	亥
玉堂黄道 百事吉不宜作灶	卯	巳	未	酉	亥	丑	卯	巳	未	酉	亥	丑
司命黄道 用百事吉	午	申	戌	子	寅	辰	午	申	戌	子	寅	辰
青龙黄道 求神祭祀吉	申	戌	子	寅	辰	午	申	戌	子	寅	辰	午
三合时	甲	己	午	亥	申	酉	寅	亥	子	巳	寅	卯
	辰	酉	戌	未	子	丑	戌	卯	辰	丑	午	未
六合时	丑	子	亥	戌	酉	申	未	午	巳	辰	卯	寅
驿马时	寅	亥	申	巳	寅	亥	申	巳	寅	亥	申	巳

日时家凶神定局

日凶	子	丑	寅	卯	辰	巳	午	未	申	酉	戌	亥
河魁 吉事凶吉忌不拘	酉	辰	亥	午	丑	申	卯	戌	巳	子	未	寅
天罡 同上	卯	戌	巳	子	未	寅	酉	辰	亥	午	丑	申
时建 诸事凶	子	丑	寅	卯	辰	巳	午	未	申	酉	戌	亥
时破 百事凶	午	未	申	酉	戌	亥	子	丑	寅	卯	辰	巳
时刑 忌上官嫁娶诸事	卯	戌	巳	子	辰	申	午	丑	寅	酉	未	亥
时害 诸事凶	未	午	巳	辰	卯	寅	丑	子	亥	戌	酉	申
孤辰 忌婚姻嫁娶等事	戌	亥	子	丑	寅	卯	辰	巳	午	未	申	酉
寡宿 忌婚姻嫁娶等事	辰	巳	午	未	申	酉	戌	亥	子	丑	寅	卯
旬中空亡	甲子	旬中	空戌	亥	甲戌	旬中	空申	酉	甲申	旬中	空午	未
	甲午	旬中	空辰	巳	甲辰	旬中	空寅	卯	甲寅	旬中	空子	丑
截路空亡	甲己日申酉　乙庚日午未　丙辛日辰巳 丁壬日寅卯　戊癸日子丑											
十恶大败禄陷空亡	壬申日亥　庚辰日申　辛巳日酉　丁亥日午　己丑日午											
	戊戌日巳　癸亥日子　甲辰日寅　乙巳日卯　丙午日巳											
五不遇	甲乙日午巳　丙丁日辰卯　戊己日寅丑 庚辛日子酉　壬癸日申未											
五鬼	甲己日巳午　乙庚日寅卯　丙辛日子丑 丁壬日戌亥　戊癸日甲酉											

贵人登天门时局	日	甲	乙	丙	丁	戊	己	庚	辛	壬	癸
雨水后四日	阳	乙	甲	艮	壬	辛	乾	庚	坤	丙	
	阴	辛	乾	壬	艮	乙	甲	巽	丙	坤	
春分后六日	阳	甲	艮	癸	乾	庚	辛	坤	丁	巽	
	阴	庚	辛	乾	癸	甲	艮	乙	巽	丁	
谷雨后八日	阳	艮	癸	壬	辛	坤	庚	丁	丙	乙	
	阴	坤	庚	辛	壬	艮	癸	甲	乙	丙	
小满后九日	阳	癸	壬	乾	庚	丁	坤	丙	巽	甲	
	阴	丁	坤	庚	乾	癸	壬	艮	甲	巽	
夏至后八日	阳	壬	乾	辛	坤	丙	丁	巽	乙	艮	
	阴	丙	丁	坤	辛	壬	乾	癸	艮	乙	
大暑后七日	阳	乾	辛	庚	丁	巽	丙	乙	甲	癸	
	阴	巽	丙	丁	庚	乾	辛	壬	癸	甲	
处暑后九日	阳	辛	庚	坤	丙	乙	巽	申	艮	壬	
	阴	乙	巽	丙	坤	辛	庚	乾	乙	艮	
秋分后十一日	阳	庚	坤	丁	巽	甲	乙	艮	癸	乾	
	阴	甲	乙	巽	丁	庚	坤	辛	乾	巽	
霜降后十二日	阳	坤	丁	丙	乙	艮	甲	癸	壬	辛	
	阴	艮	甲	乙	丙	坤	丁	庚	辛	壬	
小雪后十一日	阳	丁	丙	巽	甲	癸	艮	壬	乾	庚	
	阴	癸	艮	甲	巽	丁	丙	坤	庚	乾	
冬至后八日	阳	丙	巽	乙	艮	壬	癸	乾	辛	坤	
	阴	壬	癸	艮	乙	丙	巽	丁	坤	辛	
大寒后四日	阳	巽	乙	甲	癸	乾	壬	辛	庚	丁	
	阴	乾	壬	癸	甲	巽	乙	丙	丁	庚	

六壬时

掌　诀

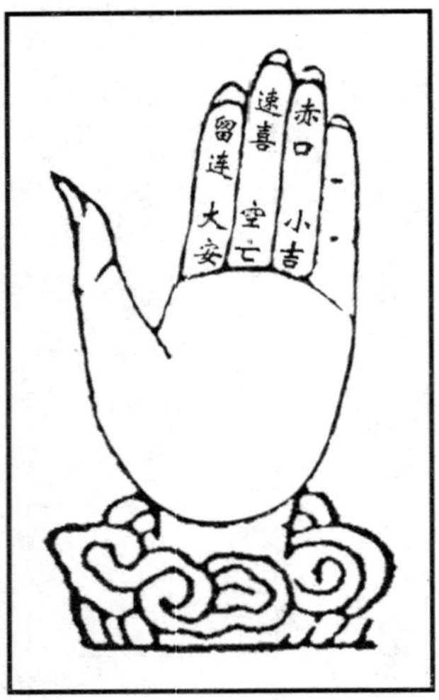

从月下起初一日，日下起时，假如三月初五日辰时乃就速喜上起初一，顺数，一日一位，数至初五日大安，就起子时顺行，一时得一位，便在小吉上占。

大安人不动：时属木，青龙主事，正、七月起。大安万事昌，求财在坤方，失物去不远，宅舍保安康，行人身未动，病者不为殃，将军遂旧愿，仔细与推详。

留连事未归：时属水，玄武主事，二、八月起。留连事未成，求谋日未明，官事只宜缓，去者不回程，失物巽上觅，急讨方称心，更须防口舌，人口且平平。

速喜人便至：时属火，朱雀主事，三、九月起。速喜速来临，求财向南行，失物坤未觅，相逢路上寻，官事有福德，病者无祸侵，田宅六畜吉，行人有佳音。

赤口官事凶：时属金，白虎主事，四、十月起。赤口主口舌，官灾亦慎妨，失物急去寻，行人有惊惶，鸡犬多妖怪，病者出坤方，更须防口舌，切忌染瘟瘟。

小吉人来喜：时属木，六合主事，五、十一月起。小吉最吉昌，路上好商量，阴人来报喜，失物在坤方，行人立便至，交关甚是强，凡事皆和合，病者告穹苍。

空亡音信稀：时属土，勾陈主事，六、十二月起。空亡事不长，阴人少乖张，求财无信息，行人有灾殃，失物在土里，官事有损亡，病人逢暗鬼，解愿保安康。

五音姓属

角音属木：赵（天水）、周（汝南）、朱（沛国）、孔（鲁国）、曹（谯国）、金（彭城）、华（武陵）、俞（河间）、廉（河东）、乐（南阳）、和（汝南）、萧（兰其）、董（陕西）、虞（陈留）、裘（渤海）、艾（天水）、弘（太原）、国（郣来）、秋（天水）、高（渤海）、部（京兆）、印（冯翊）、怀（河内）、从（东莞）、索（武威）、乔（梁国）、洪（豫章）、崔（博陵）、陆（河南）、家（京兆）、焦（中山）、车（京兆）、侯（上谷）、宓（平昌）、雍（京兆）、濮（鲁国）、晁（京兆）、荆（广陵）、密（太原）、革（济阳）、曲（陈留）、乐（南阳）、卫（河东）、申（济郡）、虢（新平）、岳（冯翊）、敬（平阳）、虑（会稽）、刘（彭城）、邹（范阳）。

徵音属火：钱（彭城）、李（陇西）、郑（荥阳）、陈（颍川）、秦（天水）、尤（吴兴）、施（吴兴）、姜（天水）、窦（扶风）、云（琅琊）、史（京兆）、唐（晋阳）、薛（河东）、滕（南阳）、罗（豫章）、毕（河南）、郝（太原）、时（陇西）、皮（天水）、齐（汝南）、尹（天水）、祁（太原）、米（京兆）、戴（谯国）、纪（平阳）、舒（京兆）、蓝（汝南）、季（渤海）、娄（谯国）、刁（弘农）、钟（颍川）、蔡（济阳）、田（雁门）、支（鄱阳）、咎（太原）、管（晋阳）、经（苑阳）、于（颍川）、边（陇西）、郏（陵武）、别（京兆）、庄（天水）、瞿（松阳）、连（上党）、宦（中山）、易（太原）、慎（天水）、廖（武威）、真（下邳、一云上谷）、祭（河南）、员（天水）、智（鲁国）、晋（平阳）、练（河内）、曾（天水）、辛（陇西）、詈（渤海）、聂（河东）、郦（新蔡）、宰（西河）、芮（平原）、甄（中山）、吉（冯翊）、石（武威）、单（济阳）、邓（南阳）、责（宣成）、宣（治平）、丁（济阳）、翟（南阳）、萃（天水）、闻（吴兴）、荀（河内）、池（西平）、卓（西河）、赖（颍川）、咸（汝南）、黎（京兆）、历（范阳）、乐（河西）、宁（齐郡）、巩（山阳）、师（太原）、东（平原）。

羽音属水：吴（渤海）、褚（河南）、卫（河东）、许（高阳）、吕（东平）、喻（江夏）、苏（武功）、鲁（扶风）、韦（京兆）、马（扶风）、苗（东阳）、袁（汝南）、费（江夏）、干（河南）、卞（济阳）、伍（安定）、余（下邳）、卜（河南）、顾（武阳）、孟（平昌）、穆（河南）、毛（河西）、禹（陕西）、贝（清海）、梅（汝南）、盛（广陵）、夏（会稽）、胡（安国）、凌（河阳）、霍（太原）、缪（兰陵）、扈（京兆）、燕（范阳）、茹（河内)、鱼(冯翊)、古(新安)、庾(齐郡)、越(晋阳)、成(江陵)、祖(苑阳)、武(太原)、符(琅琊)、瞻(京兆)、龙(武陵)、夔(京兆)、蒲(河内)、胥(琅琊)、宗(京兆)、巴(上党)、龚(武陵)、翁(临官)、羿(济阳)、储(河东)、汲(清河)、富(济阴)、饶(平阳)、涂(豫章)、须(渤海)、楚(新平)、来(河内)、施(南安)、牟(平昌)。

宫音属土:孙(乐安)、冯(始平)、沈(吴兴)、严(天水)、被(钜鹿)、陶(济阳)、水(吴兴)、范(高平)、彭(陇西)、凤(胡阳)、任(乐安)、酆(京兆)、鲍(上党)、岑(南阳)、倪(千桑)、殷(汝南)、明(吴兴)、计(京兆)、谈(广平)、宋(京兆)、熊(豫章)、屈(临阳)、闵(陇西)、童(雁门)、林(西河)、邱(河南)、应(济阳)、冀(渤海)、农(睢阳)、晏(齐郡)、阎(太原)、充(太原)、容(敦煌)、暨(渤海)、耿(高阳)、寇(上谷)、广(海陵)、阙(下邳)、隆(南阳)、仰(汝阴)、仲(山阴)、宫(太原)、甘(渤海)、景(南阳)、幸(雁门)、司(顿邱)、韶(太原)、蓟(内黄)、薄(雁门)、蔺(中山)、屠(陈留)、蒙(安定)、阴(始平)、鬱(太原)、双(天水)、贡(广平)、郁(黎阳)、曲(吴兴)、封(渤海)、糜(汝南)、松(东莞)、隗(余杭)、逢(长乐)、桂(天水)、牛(河西)、勾(平阳)、敖(谯国)、融(南康)、简(范阳)、空(颖丘)、沙(汝南)、乜(晋阳)、鞠(汝南)、丰(桂阳)、红(平昌)、游(广平)、权(天水)、相(谯国)、公(括阳)、鹿(河南)、酒(江陵)、钦(太原)、粟(黎阳)、蹇(山阳)、奄(内黄)。

商音属火:王(太原)、蒋(乐安)、韩(南阳)、何(卢江)、吕(清河)、戚(东海)、谢(陈留)、柏(魏郡)、章(河间)、潘(荥阳)、万(颍谷)、支(□□)、郎(中山)、昌(汝南)、花(东平)、方(河南)、柳(河东)、雷(冯翊)、贺(广平)、汤(中山)、邬(颖川)、常(平康)、傅(清河)、康(京兆)、元(河南)、平(河内)、黄(江夏)、姚(吴兴)、邵(博陵)、湛(豫章)、汪(平阳)、狄(天水)、衡(雁门)、伏(太原)、成(上谷)、茅(东海)、庞(治平)、项(辽西)、祝(太原)、梁(安定)、杜(京兆)、阮(陈留)、席(安定)、麻(上谷)、贾(武威)、路(内黄)、余(雁门)、江(睢阳)、颜(鲁国)、徐(东海)、骆(内黄)、樊(上党)、黄(扶风)、柯(泸阳)、卢(范阳)、莫(钜鹿)、房(清河)、鲜(平阳)、寿(京兆)、通(西河)、尚(上党)、温(太原)、柴(平阳)、刁(东阳)、巫(睢阳)、欧(平阳)、殳(武功)、伊(东郡)、暴(魏郡)、叶(南阳)、白(武昌)、鄂(武昌)、籍(广平)、能(太原)、苍(武陵)、党(冯翊)、(余杭)、程(安定)、嵇(谯国)、邢(河间)、滑(下邳)、裴(河东)、荣(上谷)、羊(大山)、惠(扶风)、邴(平阳)、巫(平阳)、牧(弘农)、山(河间)、全(京兆)、郗(山阳)、班(扶风)、申(魏郡)、郤(济阳)、桑(黎阳)、阙(天水)、巢(彭城)、关(陇西)、蒯(襄阳)、益(冯翊)、勤(汝南)、留(南阳)、铎(鄱阳)、缑(中山)、介(河内)、庆(河内)、长(河南)、南(汝南)、苌(魏郡)、况(后江)、投(琅琊)、过(高平)、靖(临清)、附(南阳)、谯(京兆)、风(江国)、商(京兆)、瑯(内黄)、杨(弘农)、安(武威)、臧(东海)、危(晋昌)、京(河阳)、郭(太原,一云汾阳)、俞(会稽)、斛(平阳)、匡(晋阳)、向(河内)、衡(雁门)。

合年月日时吉凶神注解诗例绝局。

五音姓属复姓

角音:钟离(会稽)、澹台(秦山)。

徵音:尉迟(太原)、西门(晋阳)、独孤。

司徒(赵郡)、司空(颍川)、司马(河内)、纥于(魏郡)、屈男(武阳)、故弟(京兆)、比门(京兆)、斛斯(武陵)、信都(济阳)、诸葛(瑯琊)、呼延(□官)、乞伏(陵西)、屈突(河内)、申屠(京兆)、东门(海阳)。

羽音:慕容(敦煌)、乙弗(高平)、比干(辽西)、宇文(赵郡)、端木(鲁国)、淳于(河郡)、于鄢(广陵)、朱郎(范阳)、斛往(睢阳)、宗正(彭城)、僕固(同未)、皇甫(京兆)、南宫(河南)、单于(千乘)、突虚(南阳)、王孙(河南)、颛孙(国阳)、羽弗(荣阳)、儿罗(豫章)、伊祁(国咸)、沙他(祭西)。

宫音:问方(太原)、公孙(高阳)、豆卢(范阳)、东方(平原)、闾邱(颖邱)、木邱(吴兴)、第五(陇西)、公冶(鲁国)、南门(河南)、仲孙(高阳)、大兄(陇西)、折中(京兆)、太叔(东平)。

商音:上官(天水)、东平(河东)、令狐(太原)、鲜于(太原)、相里(西平)、去斤(京兆)、赫连(勃海)、濮阳(严陵)、拓拔(颖川)、托拔(黎阳)、贺兰(河东)、青阳(荣阳)、夏侯(谯国)、拔也(乐安)、万俟(兰陵)、贺陵(下邳)、司寇(平昌)、端木(兰陵)、轩辕(郡阳)、舍利(渤海)、公羊(颖丘)、长孙(济阳)、干秋(彭城)、吐万(河东)、章丘(河南)、夙勒(内黄)、东乡(清河)、介绵(咸阳)、立贩(河内)、贺鲁(河内)。

年家开山凶神注

（诸家通书神煞方位皆有差讹，今校正并诗例附上，神煞注立于上层，以便稽考）

年克山家：今于《吴景鸾进呈表》文以洪范五行起造坐山墓运，其义详见史学傅定测，见后二十二卷。凡新立宅舍、修造、动土、停丧，逾月安葬并论，空宅净尽拆去，旧屋倒堂竖造论依原见存居地，不动土基地则并不论。如年克山家，无宅长不忌。月克山家，无宅母不忌。日克山家，无人妇不忌。时克山家，无子孙不忌。地理云：年克奴婢小口，月克次家长，日克正家长，时克子孙。木土山受克，主重病破财。金水火山受克，伤人必矣。墓克岁兮财禄至，岁克墓兮祸患侵。相生相旺家富贵，相克相刑损家门。若四柱纳音中有制，则亦无咎。金用火制，木用金制，火用水制，当令不能制，要制神生旺，克神休囚，制伏则亦吉，前贤屡制用吉福。

正阴府太岁：如年月犯者，安葬主六十日、一百二十日内主杀人、牢狱、官灾。竖造犯之在三五年内，其祸方至。若日犯者，造葬主六十日、一百二十日内主杀人、病患、官事。如时犯者有制损六畜。此杀惟忌山头，若坐山头，若坐家或先造堂屋后造厅廊，作向系是修方论则亦不忌。如安葬切不可犯，见祸尤速。又曰：正阴府若在生旺，半字不可犯，决主杀人、官灾、横祸。若值休囚，四柱得枭杀透露，制化得宜，方主吉福、如单犯半字者，虽生旺，屡损血财、小口。诗例见上层。

傍阴府太岁：年月时并忌作山头，如修造不动土，有吉星到可压，正傍阴府并不忌，凡生旺屡试不吉。埋葬、修造、动土切宜忌之。

天禁朱雀：一名山家官符，一名损天朱雀。若造葬犯之，连年小口官非。若合太阳、三奇、帝星、天月二德到不妨，若与天官符同位，见官事。

山家困龙：一名巡山大耗，造葬犯之，只损六畜。假是阳宅阴地虽吉，更难发福。若合得通天窍、走马六壬、作之不妨。

坐山官符：一名穿山大罗睺，造葬犯之，常招疾病、是非。若合太阳、三奇、天月二德到，作之不妨。坐山官符、山家困龙、天禁朱雀，名曰三连杀。诗例同在上层。

山家血刃:一名阳府太岁,主损血财。得合太阳、三奇、解神贵人临位,则不妨。诗例:甲己犯乾亥,乙庚坎巽中。丙辛坤艮上,丁壬下震宫。戊癸南离位,血财尽成空。

值山血刃:主损六畜。诗例:甲己申酉乙庚壬,丙辛壬子值血刃。丁壬亥酉不堪立,戊癸六畜养无成。

开山立向修方凶神注

四大金星:一名塞鹊暗曜犯主损目。开山、修方并忌,其杀得丙丁奇年月日家九紫到,有气作之则亦不妨。

浮天空亡:按金精廖氏云:一年止占一字,忌立向,犯之主招官讼。遁得真贵人、太阳、三奇、尊帝、解神到向,用朱砂书九星、三奇当方土地,再选冲刑年月为吉。诗例:壬年占甲申年壬,十二年中祸患侵。癸年忌乙乙年癸,十六年中讼病嗔。庚不向丁丁不庚,十八年中讼病生。辛不丙兮丙不辛,十年财谷化为尘。戌坤巳乾若下向,二十年间灾病生。

入山空亡:与浮天空亡同位,造葬山向并忌,折屋招损凶,安门立向亦忌。吉历云:对冲山位,即是按相氏云一年只占一字。

头白空亡:山头或向犯之,主官灾、横事、疾病、退败。一云:即浮天空亡,异名,只忌立向,以坐山向二位,论者非是。诗例:甲岁离山向丙壬,十二年中灾祸临。乙年坎山丁癸向,二八之年祸莫禁。丙岁巽山辛乙向,十六年中退不停。丁年坤山庚甲向,二十年空家不宁。戊岁忌扦丁癸向,二十四载祸呻吟。辛年艮山壬丙向,二十年中失却人。壬岁乾山丁癸向,三十年空不可侵。癸年震山辛乙向,十二之年大祸侵。

升玄顺逆血刃:主血财损耗,若作栏坊,最忌山向,修并忌。占干为逆,占支为顺,年月释论。诗例:甲己顺蛇逆甲求,乙庚顺子逆辛由。丙辛顺申逆在丙,丁壬顺亥逆庚游。戊癸顺从寅上起,逆从壬上起星头。今术者便作六甲年血刃避忌,但逢甲年避己与甲,而不知寻太岁所在,如甲子年又犯卯癸是也。逆血刃之祸速紧于顺血刃。或谓年月日时同用此例,并不曾有骑虎寻月建之说,皆后人强自推演,未可以为准。

孙钟仙顺逆血刃:主损人口、六畜,忌作山头方向及修方。如得八节、三奇、月家、日家、九紫先后占方起手,相次作之,或有兼用斩牲以压禳,占干为逆,占支为顺,逆血刃祸速于顺血刃。诗例:甲己顺申逆丙游,正六十一月同求。二七腊顺亥庚逆,三八顺寅逆壬筹。四九顺巳逆甲位,五十顺子逆辛头。乙庚顺寅逆壬飞,正六十一月同期。二七腊顺巳逆甲,三八顺子逆辛推。四九顺申逆在丙,五十顺亥逆庚林。丙辛顺子逆辛金,正六十一月同轮。二七腊顺申逆丙,三八顺亥逆庚寻。四九顺寅逆壬走,五十顺巳逆甲林。丁壬顺亥逆庚方,正六十一月同看。二七腊顺子午逆,三八顺巳逆甲当。四九顺子逆辛去,五十顺甲逆丙壬。戊癸顺巳逆甲真,正六十一月同寻。二七腊顺子辛逆,三八顺申逆丙擒。四九顺亥逆庚上,五十顺寅逆居壬。

修方凶神注

破败五鬼:忌云:修造大凶。

隐伏血刃:修作动土损血财。诗例:甲己乾穿巽,乙庚子未场。丙辛壬合戌,丁壬乾亥乡。戊癸子遥巳,隐伏血刃方。

千斤血刃:损六畜。诗例:甲己怕猴宫,乙庚畏虎凶。丙辛寻老鼠,丁壬猪莫逢。戊癸居何处?犬蛇路不通。

升玄燥火:犯主火灾。诗例:甲己犯午丁,乙庚占山猴。丙辛龙辛上,丁壬羊癸求。戊癸寻乙狗,此方不可修。

金神:一名金神七杀,其杀大忌修方动土,求得三奇或月日家九紫到方有气,作之无害。一云:主目患。

九良星:忌修整,主见灾殃。诗例:丙寅庚午辛未年,辛巳乙酉丙戌连。辛卯壬辰丙申岁,辛丑癸卯乙巳全。丙午壬子并乙卯,俱在天官按本言。乙亥庚辰丁酉宫,己亥辛亥壬戌同。六年九良占何处?寺观不许乱修营。甲子社庙乙丑厨,丁卯 后门寅艮居。占及神庙与道观,戊辰丁辰寺观楼。己巳甲方并寺观,壬申在厅不须疑。癸酉寅艮卯午方,又占后门莫修为。甲戌庙州并占县,丙子中庭不可欺。丁丑厨井与寅方,戊寅东北须当记。己卯后门僧尼寺,又观壬午在神庙。癸未水步并井乡,甲申申庭及正厅。丁亥火门及巳方,又兼僧寺莫修干。戊子厨灶休相犯,己丑寅方厨舍防。庚寅一年占午宫,癸巳大门僧寺凶。甲午戊亥吉休作,乙未水步并亥同。戊戌州县及僧堂,城隍社庙不须看。庚子申连有所主,壬寅东北丑午方。又兼厨井桥门路,甲辰僧堂社朝防。城隍切莫去修筑,戊申中庭正厅忌。己酉寺观社庙藏,癸丑僧寺观社庙。甲寅丑方君休造,丙辰壬辰方要防。丁巳前门九良到,戊午戊亥并厨灶。己未在井庚申桥,社庙门路井相干。辛酉午方休问作,癸亥占船及巳方,九良犯着祸恓惶。若得太阳来下照,三奇打报始无干。

九良杀:忌修作。

开山凶神注

山家火血:当年犯之损血财。

山家刀砧:忌云:损六畜。诗例:子酉二年乙辛山,丑辰寅午甲庚场。卯未巳亥丁癸上,申酉二载丙壬乡。山家若犯刀砧杀,岁岁畜亡血财伤。

支神退:犯主冷退。诗例:午未乾山退,子丑巽兑凶。申酉坤艮位,亥离不通。寅卯辰巳岁,若休下坎宫。

皇天灸退:一名山家灸退,又名马前灸退,一名曲直神枢杀,六害阳刃杀。如申子辰年属水,马居寅,即三合死位,水长生于申,死于卯,故又名:致死。一本云:马前六害惟甲庚丙壬切忌立向。皇天灸退占子午卯酉,忌作山并修方。口诀云:其年惟忌修造,本年所坐山并修方主冷退。又云:宁可向之,不可坐之。天皇灸退猛如雷,犯着家财化作灰。任尔闭门深处坐,祸从天上入家来。

三杀:劫杀、灾杀、岁杀,名曰三杀。此杀犯之,立见杀人。法以月建入中宫,飞得方犯正杀纳音五行所属,泊在何宫,如逢坐旺之宫,或一周一月,立见杀小口横凶。若修方值之亦然,故曰:三杀可向不可坐。

坐杀、向杀:犯主损失人财退散,凶。入山刀砧同位。

阴中太岁:一名阴中杀,又名游山官符,埋葬主凶。诗例:见白虎杀下。

白虎杀:一名阴符,又名阴中官符,犯之主阴私公事,此杀即是四利三元十二年内白虎。诗例:白虎杀例子年中,顺行十二看其停。阴中太岁加未遁,二杀遁行不差轮。

坐山罗睺:招官灾、白蚁。

开山立向凶神注

巡山罗睺:一名无头火星。此杀一年止占一字。百忌云:宅墓并忌下此向,犯至三、五、六年内,时见害灾横事,虽有吉星,不能压制,宜一白水局年月。诗例:子年乙向居休作,辰岁须知巽向凶。辛向申年尤切忌,寅年艮向莫相逢。丁向午年须莫犯,戌年癸向不堪容。丙向巳年皆要避,酉年乾向祸相攻。壬向丑年灾祸起,亥年庚向祸重重。卯年甲向还须忌,未载尤嫌坤向冲。

坐杀向杀:主损失人财。详见前开山坐杀、向煞。

马前六害:最忌立向,犯至退败、灾患。详见前开山皇天灸退下。

翎毛禁向:忌云:损血财。诗例:子忌甲庚丙壬向,丑畏甲庚乙辛当。寅卯亥嫌丙壬向,辰岁甲寅丁癸藏。巳申忌丙壬丁癸,午年甲庚丙壬场。未岁甲庚酉壬庚,戌忌逢辛庚向安。

天官符:其名有五,曰:大太岁、州官符、州牢杀、宅长杀。口诀云:一年只占一字,山向有犯,立见公讼,吉不能制。凡修方犯亦大凶,宜用三奇通天窍年月得年命贵人吉星到方,先从吉方上起手,连及不利之方,得白星有气主更吉。假如子年官符在亥,从戌乾方或从壬子方连及亥方,归吉方起手。

地官符:其名有五,曰:死气官符、县官府、县牢杀、畜官符。口诀云:一年止占一字,凡修造、安葬、开山、立向,犯之主官灾口舌,如遁得泊宫受制,任君兴作其次合得走马六壬年月,有吉星到山向方,主进绝户寡母田产横财。兼用三奇并年月日一白水星以制为吉修方如合三奇诸吉星到方并月日一白到,从吉方起手,修作大吉。如合得走马六壬吉星到,单修其方,先进绝户田产横财,后进六畜。无吉星,主损血财。地官符属火,若得月日、白水星制,吉。

九天朱雀:与天官符同位极凶口。诀云:开山立向修方犯之,周年内主官讼口舌。

邱公五子、打劫血刃:捉鱼捕猎应多吉,起造迎婚切莫开。修方立向君须忌,牛马猪羊化作尘。周年二载妇人死,更遭公事入牢门。时师不信但将试,远年修造细推原。开山、立向、修方求三奇、禄马、转运帝星到位,帝旺到方,但得一吉到则不忌。

入山刀砧:犯之损人口、六畜,若单修其方最忌。

铁扫帚:犯主人财耗散。诗例:子午二年丁癸方,寅申巳亥丙壬当。卯酉二年甲庚位,辰戌丑未乙辛光。

李广将军箭:鬼道同位此杀,即羊刃飞刃是也。古云:李广将军箭似枪,官人犯着祸难当。一箭一人死,二箭二人当。三箭并四箭,父子尽皆亡。年月日时同山向修方并忌。诗例:甲庚卯酉年为祸,乙辛辰戌杀人多。丁癸牛羊休踏跡,丙壬子午动干戈。乾巽猪蛇为大祸,坤艮猴虎不堪过。天干有箭支无箭,犯着灾瘟不宗同。

岁杀:一名的杀,开山立向修方主官灾、疾病、失财。百忌云,杀子孙。集云,此可毒害之神,皆在岁之死地,大禁同位。

地轴:宅母杀同,修山向修方得吉星到,作之不忌。诗例:太岁寻危帝轴星,子年木土莫修宫。犯之宅母莫惟得,余岁须知此例亲。

帝舍:长男杀,丧门土虚同位,若得吉星,作之不妨。诗例:帝舍星名杀长男,丧门土虚共处详。岁君寻满为莫诀,子岁寅方不等闲。

帝车:新妇杀,太阳同位有吉星制则不妨。已上地轴、帝舍、帝车与宅母杀、长男杀、新妇杀同位,故不重载。

帝辂:病符同位。山向修方得吉星到,作之不忌。诗例:帝辂须从闭上讨,子年亥上讨真情。太岁十二病符位,知与帝辂一同轮。

修方凶神注

(年支例时四利三元十二年例吉凶神同位注)

太岁堆黄:即本年太岁。集云,木星之精,岁之君也。府在之处不可修作、动土、安葬、移居,百事凶。犯之杀宅长,行军布阵不可向之。忌云:禁百二十步,犯之破家,凶。星语人君之象,后一干名李广箭跟驾也,前一干象君关门也,故曰:一百二十年空亡此也,俱不可犯。

太阴:集云:七星之精,太岁之后妃,常居岁后一服凡兴工、动土、移徙抵犯位,自损女人、小口,招阴司之厄。日忌云,女人病只宜学道吉。诗例:太阴子上从戌起,十二顺行逢酉止。兴工动土有阴私,伤损人丁并好女。

将军:集云:金神之精,方伯之神,百事不可抵,犯之周年亡者八九,惟宜修饰吉,动土凶。总圣云,或与太阴大杀、岁压、岁刑恶神会于一方,名群丑。经云:大夭凶殃必在群丑,若触犯之法当灭口。诀云:禁一百步,犯之三年始死。岁厌见后卷。

岁刑:集云:此五行生旺之气,恃强相刑,其方不可兴工,主争门血光。忌云,防子孙人事,不可出兵及博戏。诗例:子刑卯上卯刑子,寅刑巳上巳刑申。申刑寅上戌刑未,丑刑戌上是其真。酉刑酉兮午刑午,亥刑亥兮辰刑辰。

岁破:一名大耗。集云,太岁所动天上之天罡也,其地不可兴工、动土、移徙、嫁娶、远行、安葬,犯之杀家长。凡岁破之日,亦不可修造动土,其杀止忌修方,更忌立仓库置生厢,犯之损六畜。若大修作得三畜大四到兼年月日星同到其方,从吉方起手,连及大耗不利之方,却又从吉方上住手,独如子年大耗在午,从丙丁方起手用工,连及午方又从丙丁方住手。大耗同岁破,故不重载。

小耗:一名死气,一名净栏杀,死符事同杀,止忌修方。集总云,其方不可造仓库。百忌云,犯之损六畜,是吉方起手而后连及小耗不利之方,却又从吉上住手,如子午卯酉年庚三杀方同位,切忌单修此方,犯之六畜损耗,衰败不旺。曾见人伦修日在小耗方上修整栏坊,三年后其灾厅。

大杀:一名霹雳火,犯之主官刑衰败,人口凶。忌云,主灭门。诗例:大杀原居帝旺乡,申子辰岁子杀详。举此一隅俱可谦,犯主官非人口亡。

劫杀:一名害气,一名杀气,犯之招盗贼,损人口。

灾杀:犯之人财衰耗,灾生不测。口诀云,合通天窍吉星三奇到方,先从吉方起手,如子年先从巽山起手,连至丙上住手;或从丙上起手,连及巽住手,盖巽丙丁坤但其方有吉星盖照,连及巳午未亦可修,止忌单修巳午未方。诗例:三合年寻胎是踪,本原午地金犯真。木酉子火君须记,犯之人财衰耗凶。

岁杀:一名的杀,一名人口杀。月杀同以上劫杀、火杀、的杀,即三杀也。说见前开山三杀下。

年流杀:其杀上吉方道如小可修墓,犯之便损血财。若大修作,遁得三奇转运帝星,月家阳龙阴鬼帝星到方,宜大修作,吉星诗尘。经云,捉着流财财便发。诗例:龙虎兔猴居子丑,马羊蛇鼠戌乾方。鸡犬猪羊未戌乾,便是流财杀作殃。

田官符:犯之退田产。诗例:子丑巳午年,乾上不堪言。寅卯辰甲岁,亥子丑方忌未酉戌亥首,莫丁未申酉。

大祸:诸历云,犯之有灾咎。大祸有三日,伏兵大祸也有,次大祸与驿马同位,不为深害,其方若有凶杀即大凶。

崩腾:犯之主杀宅长以至灭门,三年内应。一云:子年崩腾,犯之主杀长子及忌行丧。诗例:子地丑天寅岁辛,卯乙辰丙巳居壬。午庚未甲申年癸,酉丁戌巳亥鸡鸣。

独火:一名瓦祸,即盖山黄道年月内朱雀五鬼独火星在舍位,一年止占一字,惟忌修营盖屋动土见,主火灾破财,葬不忌,且如干子年用离卦五鬼在艮是独火又。如丑寅年用坤卦五鬼在震是独火,且用申年一卦犯之大凶,右杀将月建入中宫顺飞,得丙丁二字到本年独火方上修作动土,犯之其火即发,吉不能制。或其年独火上得月家一白水星同到,本年独火方上有气作之吉,无气不利。或得壬癸水尤独火方方作之,即地下五星中独火忌云大凶禁无步数至破财百事凶,主失火血光官事。如丁未年独火在离,二月遁起癸卯入中宫,顺飞到离上见丁,丁未近见一家动土修造,设犯离方,则其火随手烧屋,盖飞得丁字到离故也。

黄幡:集云:此太岁之墓也。五行之墓并有四季属土,其色黄,封树如旗面以黄为其封,故名黄幡。忌开门、取土及嫁娶、纳财、牧畜生损失,忌孤寡凶。

豹尾:与黄幡对位。集云,黄幡所随而变之动静疾速如豹尾,主忌嫁娶及作百事,损人丁六畜,禁五十步。诗例:申子辰太岁,冠带是其方。金局运未地,火局烧龙场。本局年何处,金年豹尾乡。

八座:即黄帝八座。圣云,其方井白,大忌修造坟安葬及造作凶,主杀宅长师人。

千斤杀:损六畜,忌单修。诗例:鼠狗蛇怕寅,马牛猪犯辰。兔猴忌亥上,羊虎豹牛经。龙鸡占何处,长蛇当道投。

飞廉:一名飞廉大杀,乃岁之阴神。忌云,起造、动土、移徙、嫁娶,百事凶,主公事疾例。

暗刀杀:犯之损人,忌单修。诗例:鼠马岁嫌龙,牛羊绝兔踪。虎猴猪莫犯,鸡兔忌猴逢。鼠犬嫌牛走,猪蛇羊最凶。

五鬼:集云:主虎耗失财病患,如值岁月合日,祭祀修福助之吉。诗例:子年午位逆加辰,丑岁须知逆卯寻。寅见寅方卯见丑,辰逢子地巳亥正。午寻戌地未寻酉,甲遇申方鸡未鸣。戌向午宫亥向巳,五鬼方向莫修营。

力士:犯之中瘟变防手足。

土皇游:集云:犯之一年内主瘟杀非灾。忌云:凡在一方则游劫冲一方。一云:各占三位,其刑如狮子,部从甚众,公馆私家,切忌动作,犯之人家破败口舌怪梦。陈希夷云:犯之令人血老,仍分阴阳轻重断之,秋分后五日得风地观卦,用事无碍。诗例:子丑辰巳年,乾巽主忧煎。寅卯戌亥岁,坤艮灾殃起。午申间三载,子午方上走。惟有未太岁,卯酉为不利。

天命杀:一名年游,一名赤毒,起造动土大凶。公乡犯之大有所防,庶人犯之大杀十人。

伏兵:集总云:犯之主有暗伤灾咎。诗例:胎绝相夹号伏兵,巳午之间丙是真。申子辰年水局例,举此一端教君伦。

蚕官蚕室:大忌春间修作。集云:蚕室在将军发三辰前,将军之妻,犯之年主损蚕母,遇岁夜以蚕桑采集,果于其方,烧钱祭之,令年年得蚕。诗例:宫支室卦□□分,亥子丑年居未坤。寅卯辰年戌乾上,巳午未支丑辰门。申酉戌年辰巽位,犯着之时必见真。假如亥子丑太岁,在未坤卦与君论。

蚕命:忌云:犯之损蚕。

白虎煞:说见前白虎杀下,与中男杀同位。

病符:犯之主疾病损人。集云,主瘟疫。口诀云,有吉神照,作之不妨。诗例:太岁前一是病符,岁前二位吊客居。丧门岁移隔一位,位上修造人预克。

丧门:集云:造作百事凶。更不宜出丧,诗例同上。

吊客:犯之主招哭泣、疾病。诗例同上。

天太岁:集总云:犯之损宅长。诗例同前天官符。

地太岁:集云:犯之损宅母及小口。

禄存:犯之大凶,主损产妇及招贼盗。诗例:子年兑上逆行踪,数到坎宫后转坤。申震酉巽裁申论,亥乾逢之是禄存。

文曲:犯之主退财,招瘟,损人口、孕妇。诗例:子年加艮逆,兑宫数至坤,宫伏痕东申,酉中戌乾上,亥年遇时凶。

巨门:犯之为灾,不至猛烈,先损血财,后主退。

廉贞:犯之大凶,主公事,失火退人口。诗例见上。

破军:犯主大凶,诗例同上。

奏书:集云:此岁之吉神,天之掌记,其方不可穿窟修营,候岁月天道天德星到位,可以修饰。注云,喜神也,向之吉。与博士同论,说见后天德同下。诗例:亥子丑乾罔,寅卯辰艮乡。巳午未年巽,申酉戌坤方。此为奏书煞,转上付宫丧。

牛飞廉:其方犯之主六畜凶。诗例子丑煞在辰,寅卯居午真。辰巳立申上,午未申戌真。卯酉寻子路,戌亥好避寅。

二金:忌云,火凶禁无远道,官历三犯之主刀兵利禁之。

二土:犯之主土压凶。诗例:子午居坎丑寅乾,卯辰艮巳居坤垣。未申占酉酉午巽,戌亥二年在外边。

二木:犯之主木打凶。诗例:子年午上午年子,丑寅二岁共坤处。卯年酉上酉年卯,辰巳在乾皆一路。未申居艮不须论,戌亥二年居巽户。

畜官:一名县官符。集云:不可兴工、动土、造作百事及迎神祇,主防小口、六畜。诗例同前地官符。

天皇灸退方:诗例详见前开山天皇灸退下。

碎金杀:一名碎金三杀,犯之主私情,公说破财。

附　四利三元十二年例吉凶神同位

一太岁:堆黄同。

二太阳:帝车同。

三丧门:帝舍与堆黄杀同忌堆木植。

四太阴:损阴人、小口、疾病、招阴私。

五官符:地官符岁位合房星。

六死符:岁支德、小耗同位。

七岁破:天马同。

八龙德:地辅同。

九阴符:白虎同。

十福德:八座同。

十一吊客:飞天独火、华盖、太阴、青龙、生气主星同位。

十二病符:帝辂同。

开山立向修方吉神注

(吉神校正无讹,不必诗例,通天窍四大利同)

岁天德:集总云,此天地至福之神,阴阳感动之位,宜修作、动土、移徙、嫁娶、出入,百事向之及用此日大吉也。

岁位合:集总云,此五行相合之辰,而相扶助者也,动土、修造、嫁娶,百事向之大吉。又其日动作有吉福助之。

岁位德:集云,五行同类异位之德,阴阳交会之辰,修造、安葬、嫁娶、出入,百事向之大吉。

支德合:集云,此阴阳恩义利避之德,五行相和之发动,百事主百福助之。总云,修造动土吉。

岁支德、岁位德:此方向造葬修营,百事吉。

天德合、月德合:其方位修造葬埋,百事吉。

岁德:集云,此方向之百事大吉,只忌深掘池塘。

岁合:集云,修作百业大吉。

岁支合:起造动土,百事用之大吉。

天道:直方修作,百事大吉。

人道:修造大吉,总云,百事大吉。

刑道:集总云,修作主进人口、田宅、资财、牛马、六畜、吉。

四大利道:其法常在太岁之前十字,取四位句位占支与下二位,一年支干其入位之吉。

岁天道:此阴阳开通之地,修造、嫁娶、移徙主大吉。

左辅:不入中宫,但行八方修造大吉。

右弼:集总云与左辅同说。

武曲:修作大吉,主进横财、田宅、牛马、奴婢等事。

贪狼:此方修作加官禄、益人口、田蚕、六畜、血财,百事大吉。

青龙:集云,修造嫁娶有喜事。忌云,其方禁五十步,忽与太阴吊客同。

华盖:忌云,造坟埋葬误犯黄帝八座日并方者,主杀宅长、师人,可与华盖下避其祸,凶。

生气:其方宜嫁娶、起造、出入,百事吉。

牛星:集云,修作有非常之庆,此即库楼内天牛星。

房星:集云,百事向之吉,即康楼内房头星。

金匮:集云,大宜修作,进益人口。

驿马:集总云,其方远行,百事吉。

人仓:集云,宜修作仓库,凡宜吉。

博士:集云,此岁之责忌动土兴工。候天德、月德别位添修执饰无忌。总云,此喜神方修作,吉。

一金:忌云,大行二所公修之加官禄,旺宅舍,大宜安床,吉。

一木:忌云,吉。二历云,修其方进财产。

一土:忌云,大吉。二历云,修其方吉利。

一水:忌云,吉。二历半吉,不可大修作。

驿马临官:山向迁葬,大吉。

附通天窍四大利向:其法申子辰寅午戌六年杀任南北,惟甲庚乙辛坤艮向大吉。巳酉丑亥卯未六年煞在东西,惟丙壬丁癸乾巽向大吉。

年月开山立向修方凶神注

山家朱雀:忌开山,主口舌。若与天官符、地官符同位尤凶。

飞宫天官符:有四名,说见前开山立向注内。犯之吉不能制,主杀宅长及非横官灾。若有禄马同到其宫,见祸尤捷。诗例:常将月德建入中宫,顺寻年建为何逢。假如水局亥为禁,正建入中亥占中。

飞宫地官符:凡三名,注前,占舍位,五十步尚不可犯,而飞宫又不可犯。内犯山头官灾自内发,若立向及修方官灾自外来,又名畜官,动土兴工修作防小口,损六畜,畜官符起遁所属见前注。诗例:每寻定字为年禁,建顺中飞道禁神。子岁定辰为禁字,是中寻禁在何停。

打头火:占山向最忌修方,整换随手火发与别火星不同,惟葬不忌打头火。寅午戌属火旺在午,亥卯未属木旺在卯,申子辰属水旺在子,巳酉丑属金旺在酉。盖子午卯酉各在本宫旺乡,又是飞宫,故犯之其火即发如飞天独火,申子辰属水死于卯,巳酉丑属金死于子,寅午戌属火死于酉,亥卯未属木死于午,盖子午卯酉火星皆在水宫死地,虽是飞宫,故其火无应,若与打头火飞宫同位及年独火飞得丙丁字同到方道财,此火即发。

月修方凶

小儿煞:一名小月建,一名顺小儿煞,一名阴阳月建方。起造动土犯之主损小口,然阳宅滴水檐外尤紧禁,无步数犯之即见凶祸。假如申子辰寅午戌阳年正月在中宫,二月乾,三月兑,四月艮,五月离之类,每一卦占三宫,其恰逢仿此。

飞天独火:若与月家火、打头火同位,火即发。假如子年正月以寅入中宫,顺行到乾见卯字即是,若与打头火同位,其火即发。余仿此推。诗例:三合年飞死位寻,假如水局卯宫真。巳酉丑岁死居子,金火二局例堪论。

月游火:占舍位止忌一字,与打头火同位,其火即发。

巡山火星:犯之,主火灾。诗例:正月十二火星乾,二坤三四坎宫眠。五入中宫六七卯,八酉九十艮忧煎。十一巽离君好记,犯之红火定搏天。

年月开山立向修方吉星注

八节三奇帝星:三奇者,乃贵人余福之气,萃于一宫,能压制地下凶神众杀,发见吉祥,中宫向坐得之,造葬、称居、上官、嫁娶、入宅并大吉。

三元尊帝星:尊帝三星为福最极要紧之星,修向山方隔用之,主富贵荣昌,发福无穷,田蚕进旺,百事皆吉,大能压制凶神恶杀。

三元白星:凡开山立向修方得紫日最吉,上财禄田蚕小畜牲旺,当用有气年月有气福禄无边,力轻起造为第一吉星。

升天太阳:主大富贵及第大吉之星。

守殿太阴:主发财禄及主女贵,与阳贵人同。

飞天马:飞天禄马相对山头方向,任屋主大作,十二年无灾咎,年年进益,发福荣昌。又云:马到山头人富贵,禄到山头贵子生。忽然禄马皆同到,百事富贵出大吉。

一行禅师四利三元:又名搏天开,用之极有方,开山立向修方最吉,有误犯他煞者,即于四吉方并上报之,其灾自消。

中宫鸾驾帝星:帝星入中宫,修筑中宫用之大吉也。如有紧煞不能压。

解神:能解诸凶神煞及解官讼,山向修方用之,诸事并吉。

三元中宫帝星:同上。

紫微鸾驾值月入中宫:同上。

盖山黄道:吉星到处造葬修作,皆大吉利。

都天转运行衙帝星:吉星所到之宫,修作大吉。又云:遇吉即吉,遇凶即凶。

星马贵人:吉星到处主旺人财,发官贵,百事吉。

北辰帝星:吉方生,大吉利。

李淳风四利三元:此名压杀三元,四吉加临之处,并宜修作及诸事皆吉。

天心都天宝照:吉星官,百事大吉利。

通天窍、走马六壬:申子辰年宜用申子辰寅午戌月日时,巳酉丑年宜用巳酉丑亥卯未月日时,寅午戌年宜用寅午戌申子辰月日时,亥卯未年宜用亥卯未巳酉丑月日时。六得六壬星主十二年田蚕血财大旺,添丁进业。此与别星不同,大有力验。

五龙捉煞帝星:主发官禄,旺火财,口舌无为紧要,能压制凶杀。

官国星:主加官禄,招进财喜。

主星鸾驾:吉星到处能压制凶神,开山、立向、修方大利,如不值紧煞,但得一家帝星吉神盖照,造葬此作无防,只是千稳。

紫微帝星:同上。

紫微鸾驾:同上。

紫微年龙、月虎、日兔、时牛:同上与紫微鸾驾帝星同位,又名复罗帝星。

周仙罗星:吉方主大吉利。

月开山凶神注

月克山家:说见前开山凶年克山家注下。

阴府太岁:说见前开山凶年阴府太岁注下。

月修方凶神注

丙丁独火:说见前修方注,此杀将月入中宫,吊得丙丁二字,本年独火赤上,盖丙丁属火,则其火即发,如丁未年独火在离,二月用事将月建癸卯入中宫顺行,到离上见丁未。近见一家动土修造,误犯离方,其火即发,盖飞得丁字到离,凶。

大月建:一名旺建煞,一名逆小儿煞。古历并云,一行禅师以此为阴中火生,凡将军大煞官符及诸凶神犯者尚可被推,此不可犯,主先杀宅长,次杀子孙,立见衰败。百忌又云:按三白九紫之与造作,不避太岁禁煞,并宅长年凶亦忌,犯此月建所破,非三白之无功也。假如庚戌年正月起艮上逆行,二月兑,三月乾,四月中宫,五月巽之类也。诗例:中癸丁庚起艮邹,乙辛戌岁起中央。丙壬巳向坤宫发,游走三元定建方。

隐伏血刃:修造动土主损血财。

升玄血刃:犯之主血财耗损。

邱公暗刃:其杀忌修,整若修厅杀宅长,修堂杀宅母,修门杀次男,修厨杀新妇。值西牢楼仓库,犯之立见祸患,若鼎新造作则不避忌。诗例:遁甲还从恩上起,正月师时仔细推。甲己之年甲戌起,乙庚之岁甲申游。丙辛之年甲午出,丁壬之年甲辰求。戊癸但从甲寅起,顺行十二更周流。

饥渴血刃:饥则食肉,渴则饮血,不论方道,惟忌修作中宫。若修作中宫并动土主损血财,若合得三奇诸德、贵人、太阳、解神、生气临中宫有吉。又按先贤口诀,以月建入中宫,属水能克中宫之土,或月日家九紫得一吉到中庭,修作无妨。

山向修方吉神注

天乙贵人:造葬主发财福贵禄,百事大吉。

飞天禄:说见前飞天马注下。

天德神:百事大吉。

月德神:百事大吉。

天赦星:能解诸家凶神,用之大吉,其解神同注。

水德星:压制凶星,用之大吉。

催官鬼使:主催贵禄,大吉之神。

日家凶神注

(谓众神总论,吉凶同录此便观览)

天地争雄:忌出军、行兵、立寨营、嫁娶、出行、经商、行船,百事凶。诗例:正巳午日二亥子,三午未四子丑得。丑未申六丑寅逢,七申酉八虎兔见。九酉戌十卯辰当,十一戌亥腊辰巳。不信犯着争雄日,近河皆鄙绝。出军用此日,不久遭仁灭。行嫁用此日,生离并死别。出行用此日,本利尽消折。行船用此日,波浪遭沉没,每月有日二,凶败难尽说。古人若避之,代代逢明月。若合吉星多,解救无他说。

绝烟火日:忌分居、入宅、作灶、造窑。诗例:正七辰戌莫分居,二八巳亥乡同忌。三九子午休居火,四十丑未不堪为。丑十一月寅申日,六十二月卯酉殃。移居入宅君须记,犯着灶灭火多危。

八风日:忌行船。诗例:春忌巳酉丁丑日,夏畏甲申甲辰凶。秋嫌辛未共丁未,冬恶甲戌甲寅逢。

四穷日:忌入宅、分居、安门。诗例:春乙夏丁秋金穷,冬水干异支亥同。假如春乙亥为例,四穷值日莫相逢。

财离日:忌分居、经商、舍伴、收放财物。诗例:正龙二牛三犬是,四羊五虎六鼠子。七鸡八马九猪头,十兔十一申鼠巳。

灭门日:忌造作、安门、修路。又云,造葬损人财。诗例:正巳七亥号灭门,二辰八戌三卯轮。九酉四寅十申地,五丑十一未上亲。六子十二月居午,造葬逢之损少丁。

九良星:所占处修作损人口,凶。诗例:正二良星占在阶,三四厨房不用猜。五六东方人未路,七在丙方入巳午。季秋十月大门神,仲冬十二占中庭。

伏龙:总云,不可犯之,凶。诗例:春在中庭四五堂,六七酉墙入井乡。九十十一西南占,十二灶上见恓惶。

咸池:忌宴饮,嫁娶利合,主口舌是非。诗例:寅午戌月卯巳忌,亥卯未月一无疑。申子辰月酉月是,巳酉丑月午上推。

蛟龙:忌行船、载货物及造桥樑、作陂。诗例:正八未二十申,三五追犬浪沂遂。六牛七九龙行水,十二鼠腊蛇生真。

反激:忌行舟、载物、造桥、染作陂。诗例:春逢己未莫行舟,夏遇戊辰最主愁。秋值己丑不如陆,冬畏戊戌有忧煎。

离别:忌嫁娶、出行,凶。诗例:正七丙子二癸丑,四月丙辰三丙寅。五六丁巳入庚辰,十二癸巳九辛未,十月十一丙午临。

往亡:忌行兵、嫁娶、出行、求财,凶。诗例:立春后七日,惊蛰十四真。清明一十二,立夏后八展。芒种二十六,小暑廿四日。立秋方九日,白露十八明。寒露二十七,立冬十朝灵。大雪二十位,小寒二十沉。

归忌:忌远回、入宅归火。诗例:正四七十忌居丑,二五八十一寅同。三六九月求子日,入宅远回嫁娶凶。

三不返:忌上官、赴任、出行、陈兵。诗例:四月庚戌辛亥共,二子午卯酉日同。三月甲辰四寅未,五月卯午远行凶。六月辰巳一日忌,七月辰巳申莫逢。八月卯酉午不见,九月戌未寅无□。十月戌亥申尤畏,十一须畏十一须将酉日穷丑戌亥,远行定是不回踪。

五不遇:忌出行、求财、收捕、拜谒。诗例:正犬二亥求,三马四羊游。五虎六是兔,七龙八蛇头。九逢鼠子位,十牛十一猴腊月听鸡鸣,自损鸡□守。

四虚散:忌开仓库、分居、入宅。诗例:春逢己酉夏甲子,秋值辛卯冬庚午。此是四废虚败日,开仓□□□□□。

天地凶败:百事并忌,极凶。诗例:孟春初七廿一推,仲春十九是凶期。季春十二廿初一,孟春初九廿五是。仲夏十五及念五,季夏朔日一十忌。孟秋初八二十一,仲秋初二十八知。季秋初三十六值,孟冬初一廿四期。仲冬十四连十五,初九廿五腊生疑。

天休废:忌上官、入宅,凶。诗例:寅申巳亥四个月,初四初九与君说。二五八十一月中,十三十八皆血别。辰戌丑未四季月,廿二廿七无余缺。

杨公忌:忌入宅、分居、归火。诗例:正月十三二十一,三月初九初四七。五月初五六初三,七月初一廿九是。八忌廿七九廿五,十月廿三还值渠。子月廿一丑十九,一年周如不计余。神仙留此十三日,不犯凶神偶日气。

天乙绝气:宜作风冠葬搏佃灵足,忌余事。诗例:月上起日连行程,数值酉宫绝气神。假如正建寅初一,初六逢酉决为宜。

长短星:官历忌市贾、交易、裁衣、纳财。诗例:正月初七并十一,二月初四十九日。三月初一十六逢,四月初九廿五忌。五月十五单廿五,六月初十并二十。七月初八廿一日,八月初二五不移。还有十八十九日,九月初三初四推。十六十七日还是,十月初二不四窥。仲冬十一廿二日,鼠逢初五廿九知。

瘟星出入:忌入宅修造、六畜栏枋。诗例:正初六入初九出,二初五入原不失。三月初三四是真,四廿五入血定成。五月廿五七端煞,六逢廿三六无别。七月二十廿三逢,八忌廿七与廿九。□值不七二十日,十月十三六日说。仲冬十二五同亲,腊十三入十四出。

四方耗:忌出行、开张、商账、买卖、立仓库。诗例:正五九逢初二日,二六十月初三真。三七十二初四值,四八十二初五真。

四不祥:忌上官、入宅、嫁娶、出行。诗例:每月初四并初七,十六十九定凶期。日入日为四不祥,有人犯着斩凶至。

大空亡:忌求财、出行、经商、出财、上官。诗例:初一每从月建首,处数空支皆顺是。数至本局为空亡,遁至辰戌名赤口。亥卯支支二个空,处有小空后至大。行商坐贾生友忌,齐日纳音定可否。

小空亡:忌出行、经商、求财、出财,宜作寿木。诗例见上。

天刑:忌词讼、上官、嫁娶、入宅、移居、修舍宇,犯之主杀人口、损六畜。诗例:正七寻寅二八辰,三九午四十逢申。五十一月知应戌,六十二月子上寻。

天牢:忌出行、词讼、移居。诗例:正七是申二八戌,三九逢子四十寅。五十一月寻辰地,六十二月午上明。

罪刑:忌词讼。诗例:春木冠带丑,夏火罪刑辰。秋金在未上,冬水是戌神。

死别:忌上官、嫁娶、安床、入宅、出行、移徙。诗例:春木逢养值戌神,夏火寻丑秋金辰。冬水但寻未为主,生离死别两无情。

不举:忌上官、移徙、婚姻、交易、入学。诗例:春木逢子是沐乡,夏火值卯不须详。秋金过午君须记,冬水还居四酉伤。

天罡勾绞:诗例:天罡正蛟蛇,二子三羊嗟。四寅五鸡唱,六辰七猪除。八午九牛诀,十狡兔仲冬。十二惊犬吠,经络讼忌连。

河魁勾绞:诗例:河魁正绞猪,二马三牛居。四猴五兔猿,六犬七蛇轮。八鼠九羊是,十虎十一鸡。冬季何位上,龙蟠沟渠居。

赤口:忌云:犯之主口舌争竞,不宜宴客,会亲吉。诗例同上。

蚩尤:忌出兵、出阵、冠笄、入宅。诗例:正七逢寅二八辰,三九午上四十申。五十一月原居戌,六十二月子为真。

雷公:忌入宅居火。诗例:正七原鼠二八虎,三九逢辰四十午。五十一月弄猿猴,六十二月戌为里。

飞流:忌上官、嫁娶、词讼。诗例:正七求卯二八巳,三九未上四十酉。五十一月亥为真,六十二月丑上核。

朱雀:忌入宅、分居、词讼。诗例:正七兔中取,二八蛇头当。三九羊居栈,四十鸡栖藏。五十一猪是,六十二牛栏。

月忌:百事并忌。诗例:初五十四二十三,劝君有钱莫去担。

四耗:忌开张、出财、造仓库。诗例:春逢壬子不为良,夏值乙卯莫商量。秋当戊午皆不利,冬季辛酉耗须详。

四废:忌修造、交易、安床。诗例:庚申辛酉为春废,壬子癸亥夏时当。甲寅乙卯秋月值,丁巳丙午冬季防。

五虚:忌开张、库铺、店肆。诗例:春廉巳酉丑,夏恶申子辰。秋忌亥卯未,寅午戌冬真。

五墓:忌百事,凶。诗例:乙未正二切须防,三六九鼠戊辰当。四五月忌丙戌日,七八辛丑入墓藏。

九空焦坎:忌种植、开仓库、出行、出财、商贾。诗例:正辰二丑三戌防,四未五卯六子阳。七酉八午九寅上,十亥仲申季巳当。

无翘:忌嫁娶。诗例:正亥二戌并逆未,三酉四申五未栖。六午七巳八辰日,九卯冬月次第推。

龙禁日:忌行船、装载、造桥梁、作坟。诗例:初二初八并十四,二十廿六日皆龙禁。立石安桥及作船孟宜忌之。

血忌:忌针灸、刺血、宰割、剥六畜。诗例:正丑二坤木,三寅四申是。五卯六酉日,七辰八戌忌。九巳冲十亥,十一子鼠是。

血支:忌针灸、割六畜、宰牲。诗例:日月须寻开,正丑二寅推。一月一位输,血支越佳期。

灭没:忌百事,凶。诗例:弦日逢虚晦遇娄,朝辰遇角星亢求。虚鬼盈牛为灭没,凡为百事尽皆休。

离巢:合吉星则吉,与建、破、平、收、魁罡日同则凶,有壬申、壬子、戊申、辛亥合太阴、太阳所照之辰,考正无讹。诗例:丁卯戊辰己巳歌,壬申戊寅辛巳过。壬午戊子己丑是,戊戌己亥辛丑多。戊申辛亥戊午日,壬戌癸亥总离巢。

九丑:忌丑乃天地归殃之日,忌出行、嫁娶、移徙安葬,余则不忌。内有己卯、己酉、辛酉合太阴、太阳所向之辰,今考正无拘也。诗例:己卯壬午并乙酉,戊子辛巳己酉忍。壬午戊午及辛酉,九日原来名九丑。

九土鬼:百忌云:上官、起造、动土忌之。赵世庵云:凡事有始无终,其日与建破魁罡相并者则凶,有吉星相扶则无妨。今依《遁甲符应经》所忌壬寅、己酉、甲午日,干生支为宝日,上吉。戊午、辛丑,支生干为义日,上吉。不可以土鬼论之。诗例:乙酉癸巳连甲午,辛丑壬寅己酉若。庚戌丁巳戊午期,值此有头无尾领。

败亡猖鬼:忌猖鬼败亡,考诸历不同,若其日与建破平收同则凶,余有吉星则无妨,内有壬申、戊申、辛亥、庚申合太阴吉星,则是天地开通太阳所照之辰,百事用之大吉。今以考正,无拘此月。诗例:丁卯戊辰并戊寅,辛巳戊子己巳真。戊戌己亥辛丑日,庚戌戊午壬戌推。

八专日:忌出阵、行军、安营。诗例:丁未癸丑连甲寅,乙卯己未尽庚申。自古流传八专日,行军出阵又安营。

五不归日:忌远行、商贾。诗例:己卯辛巳丙戌日,壬辰甲申己酉忌。辛亥壬子丙辰连,庚申辛酉五不归。

天地殃败:忌百事,凶。诗例:正月每自卯宫起,逆从寅丑子亥去。一月一支定佳期,周回十二时辰取。

七元伏断:诗例:甲子值虚加一元,二奎三毕四鬼现。五翼六氐七箕宿,宿土缺来仍一元。若值丑金须退转,伏断俱在一元伤。

伏断定例:宜在厕,塞穴断白蚁作陂,余凶。诗例:子虚丑牛寅与室,卯女辰箕房巳凶。午角未张申泊鬼,酉觜戌胃亥壁伤。

独火日:忌修造作厌告火龙。诗例:正月独火加巳飞,二辰三卯四虎是。一月一位逆支求,腊月原来逢午未。

天火日:忌盖屋舍宇。诗例:正九五月打鼠子,二六十月赴兔儿。三七十一骑马走,四八十二听鸡啼。

地火日:忌栽种五谷百果。诗例:正月加巳二加午,三未四申五酉户。一月一位□顺气,犯之种植尽黡枯。

火星日:忌竖造、修盖舍宇、厌舍、裁衣造作木。诗例:孟月己丑甲戌是,癸未壬辰辛丑是。庚戌己未一同管,日孟起乾寻七赤。四仲甲子并癸酉,壬午辛卯庚子寻。己酉戊午是火星,仲月七赤入兑游。四季壬申辛巳凶,庚寅己亥两雷同。戊申丁巳艮宫发,犯遭回禄绝虚空。修造切忌,惟葬埋不忌。

徒隶伏罪:诗例:四季原逢绝,徒隶例无差。伏罪缘何起,长生位上看。春木夏火起,秋金冬水加。长生并绝地,即是二神如。

天棒:即白虎黑道,忌词讼、出行。诗例:正七南骑马,二八舞猴孙。三九间犬吠,四十鼠坤防。五十一寻虎,六十二龙亭。

冰消瓦陷日:忌修道。诗例:正巳二子三逢丑,四申五卯六戌求。七亥八午九未逢,十寅十一酉宫游。十二月申辰月忌为陷冰消以冰。

天贼:忌动土、竖造、兴修、入宅、开仓库、葬埋,犯主招贼盗。诗例:孟满仲破季逢开,犯之贼从天上来。帝入白方贼不至,白入荧兮定劫贼。

地贼:造葬、出行、入宅、仓库、栽植、开地。诗例:地贼星辰不自由,正七逢□二八收。三九逢危四十执,五十一月向平求。六十二月逢闭位,犯着鬼星招贼偷。

荒芜:即九苦、八穷,百事凶。诗例:孟平仲破季逢收,百事营为尽不周。惟有埋葬原无咎,纵然大事也休囚。

受死:上官、起造、嫁娶、出入,宜捕鼠。诗例:正戌二辰三亥取,四巳五子六午栖。七丑八未九寅日,十申十一兔腊鸡。

天地空:天空忌修造,地空忌埋葬、种植,有吉多不忌,诗例:八空堂上教道穷,午植天空子地空。寅申巳亥叠二载,子午卯酉定年时。假如子年直加子,初一初九初空宫。初五十二天空直,举此须当触类通。

四离四绝:上官、远行。诗例:四立当知先一日,名为四绝不须疑。二分二至原何是,前一日兮定四离。

起上下兀:上官、赴任、入学、求师。诗例:四羊正月起乾宫,巽离坤坎艮顺通。阴年正月原加巽,依法从离顺走坤。但从月上起初一,坎离乾艮吉无凶。巽上坤下皆为元,闰月仍居本宫同。上元本宫下百姓,师上弟下教君穷。六九内从头数,本各鸡将一笔终。

大败六不成:出军、谋官、求婚,百事并凶。诗例:四孟建日四季破,二午三酉八子歇。十二月中寻王克,六不成同大败凶。

鸡缓:修作、动土主疯颠。诗例:丁卯甲戌连辛丑,戊子乙未壬寅求。乙酉丙辰癸酉日,纳买奴婢事不周。

六甲胎神:修作门户厨灶水炉碓磨床帐,有胎者忌之。诗例:甲己之日占在门,乙庚碓磨休移动。丙事厨灶莫相干,丁壬食库忌修弄。戊癸房床若移系,犯之之妇险孩童。

六甲胎:所占修之损孕妇。诗例:子午二日碓须忌,丑未□道莫修移。寅申□火休要动,卯酉大门修当避。辰戌鸡柄巳亥床,犯着六甲身堕胎。

龙虎:起造入宅伐木,宜取六畜。诗例:正巳二亥三午当,四子五未六丑载。七申八寅九居酉,十卯十一戌须防。十二辰日宜猫犬,推有鬼神不宜传。

游祸:官历忌药。诗例:正五九月巳日忌,二十六日寅须防。三七十一亥莫用,四六十二月申是。服药祭祀君须忌,游祸须知疾不祥。

死神:绘塑动土。诗例:每月寻平听死神,正巳二午详,三申五在酉,一月一位程。

水隔:开塘放鱼合得申子辰日,纳音属水及建日不避水隔。诗例:正七须知犬,二八看猿猴。三九骑马走,四十坂龙头。五十一虎啸,六十二子愁。

人隔:娶妇、进人口、合嫁娶日则不避人隔。诗例:正七金鸡斗,二八羝羊眠。三九蛇当路,四十兔儿繁。五十一牛是,六腊猪作变。

地隔:安葬合通天窍、走马六壬,天罡年月阳龙阴兔君星年月到山临向,兼求三奇禄贵人、鸾驾诸帝星同到,不避地隔,种合收成日,此亦不避之。诗例:正七龙卸□二八虎啸风。三九鼠子斗,四十犬相逢。五十一猴舞,六腊马驾临。埋葬兼种植,农力均无功。

神隔:祈神、祭祀合天德、月德、黄道、敬心、普护、福生,如祭祀合神在下亦不避此神隔。诗例:正七蛇吐焙,二八兔儿眠。三九酉生望,四十还猪□。五十一鸡斗,六猎羊陟圈。求神空费力,绘塑无灵验。

天隔:出行、求官、进表合得黄道不避天隔。诗例:正七逢虎二八鼠,三九犬四十猴是。五十一月马蹄香,六腊黄龙下海去。出行求财天不佑,求官上表总成空。

火隔:合火日不避。诗例:正七马腾空,二八龙归海。三九虎啸笑,四十鼠过街。五十一犬吠,六腊猿猴来。陶治炉反底,死尽几多荣。

林隔:张搏合月杀飞廉,执收日不避林隔。诗例正七连卯是,二八宫丑支。三九逢亥上,四十酉日是。五十一未日,六十二巳窥。出行并捕猎,犯此去空回。

山隔:入山伐木合吉星亦不避之。诗例:正七逢未二八巳,三九卯四十丑是。五十一亥腊是酉,入山捕猎□劳去。

鬼隔:祭祀鬼神合黑道,壬癸日及癸亥日不避鬼隔。诗例:正七原中二八寅,三九辰四十是虎。五十一子腊真戌,祭祀崇邪无应护。

州隔:忌合六壬理诉日定日不避州隔。诗例:正七寻猪二八鸡,三九羊四十蛇是。五十一兔腊牛未,管词告状无理时。

重丧日:出丧葬埋切须防,依法推之免放流,忌丧事埋葬。诗例:正甲二乙三六九,腊月巳日总同求。四丙五十七庚金,八辛十壬不可在。十一月癸日为凶,犯着重丧麻盖首。

天地正转:忌起造、修营、动土基地、开池穿井。诗例:癸卯春来忌,丙午夏不良。秋值丁酉日,庚子冬不祥。

天地转杀:忌问田土,修作陂堰。诗例:春卯二莫逢,夏午丑不用。秋酉八月防,冬子仲冬凶。

天转地转:忌其日起手修作,决主见祸。诗例:春遇乙卯辛即凶,夏忌丙午戊午逢。秋值癸酉与辛酉,壬子丙子冬莫用。

披麻杀:忌嫁娶、入宅,依礼法不忌。诗例:五行胎处是披麻,假后火局子气差。亥卯未月酉为例,未午金卯共胎干。

木马杀:忌合寿木、起工架马。诗例:正蛇二羊三凤舞,四狼五犬六鼠露。七猪八牛九兔头,十虎十一龙腊牛。

斧头杀:忌起工架马。诗例:春日飞龙上九天,夏起湖羊草底眠。秋听金鸡啼五夜,冬嫌鼠子过仓前。

宅空:忌入宅归火、建庙宇,吉多可用。诗例:春听山猿弄笛声,夏壮白虎啸风清。秋见南蛇朝北海,野猪冬冷对南村。

伏尸:忌疗病、远行、入山、出军。诗例:春怕金鸡夏虎牛,秋嫌猪犬两煎忧。冬怕龙蛇相会处,远行疗病入山愁。

天上大空:宜合寿木开生墓。诗例:丁丑丁未连戊寅,壬辰癸巳及戊申。壬戌癸亥此八日,名为天上大空神。

天聋地哑:诗例:丙寅壬其子,丙戌两同辰。丙午寅申共,天聋不用疑。乙辛癸在丑,丁辛共酉支丁。乙卯同处,辛巳乙未是。己辛原共亥,地哑此中推。

大杀白虎:忌修方、宴会。诗例:甲子常将坎上亲,顺走教君轮。□卯戊辰居申位,即是大杀庭。

雷霆白虎:忌修方、宴会。诗例:甲己顺坤走,乙庚向马游。丙辛从震送,丁壬顺巽求。戊癸起兑顺,甲子在为伏。

阴错:诗例:正寻庚戌二辛酉,三庚申四丁未求。五丙午六丁巳傍,七甲辰八乙卯秋。九甲戌十月癸丑,十一壬子求辛亥。癸亥十二不用寻,阴错项当须记守。

阳错:忌出行、移居,诸事大凶。诗例:正甲寅兮二乙卯,三甲辰兮四己巳。五丙午兮六丁未,七庚申兮八辛酉。九庚戌兮十癸亥,十一壬子腊癸丑。

宅龙:总云:犯之损人口、六畜,凶。诗例:春灶四五占大门,六七墙头入灶厨。九房十室常相守,十一十二在堂厅。

胎神:所占之处,修作主堕胎,凶。诗例:正十二月在东床,二九月门户中西。四六十一灶勿犯,五申七子入厕凶。

五离:忌出行、嫁娶、店肆等事,凶。诗例:甲申乙酉天地离,丙申丁酉日月离。戊申己酉人民离,庚申辛酉合石离。壬申癸酉江河离,五离犯者事事凶。

水痕:忌穿井、作池塘、陂堰、行船。诗例:大月初一初七十,一十廿三并三十。小月初三初七逢,十二廿六无差失。

田痕:忌开垦田、穿井、耕种。诗例:大月初六人无差,廿二廿三廿一家。初八十一三值小,十七十九再无他。

山痕:忌入山伐木。诗例:大月初二八为宗,十二十七二十共。小月初五十四日,廿一廿三山痕凶。

土痕:忌动土。诗例:大月初三五七同,十五十六尽相通。小月初一二与六,廿二六七在其中。

金痕:忌造金银等物。诗例:大忌初五六七止,还有廿七又雷门。小月初二廿八九,此是金痕忌铸银。

天百穿:忌盖屋、开池、作陂堰。诗例:初逢三五求,十一三六七。十九廿七九,三十皆穿流。

天百空:忌开池、盖屋、作陂堰。诗例:每月初五与初七,十三六七九廿一。廿七廿九天百空,盖屋犯之流雨计。

十恶大败:忌百事不吉。诗例:甲己正月戊戌征,癸亥七月十丙申。十一□亥日大忌,丙辛三日辛巳慎。九忌庚辰十甲辰,乙庚四月壬□慎。乙巳九月莫相亲,戊癸六月己丑侵。年值丁壬无恶败,遇此须知罪不仁。

冰消瓦解:忌修造作,值子午日尤凶。诗例:年上加月月加日,顺行十二中心。午为瓦解子冰消,子午日值为灾疾。假如子岁正加子,二月在丑起初一。初六瓦解十二冰,举此推类余可质。

孤辰寡宿:忌嫁娶。诗例:定是寡宿开孤辰,子年辰寡戌孤真。假如亥日即时寡,酉是孤辰不必论。

旬中空亡:忌出行、军阵,宜合寿木。诗例:甲子旬中戌亥空,甲戌旬中申酉凶。甲申旬中午未值,甲午旬中辰巳逢。甲辰旬中寅卯是甲寅旬中子丑穷。阳日阳时为止空,阴日阴时空是踪。

截路空亡:出行、行阵,宜合寿木。诗例:六甲原来壬癸空,壬癸水隔是其宗。假如甲子逢申酉,申酉天干壬癸逢。

黑游神:修造凶。诗例:立春占艮春分贵,不作东方春月顺。夏不南兮立□辰,夏至在亥动生真。秋不作酉夏至坤,秋分在离不堪亲。九秋□降仍离辛,秋不酉方岂用偷?立冬后次不作此,冬至后克腊月平。此是黑游刑杀偷,修造犯着祸难平。

游废煞:忌修造,凶。诗例:正月立春后在巳,春分二月居巽位。三月春□□□宫,四月立夏占寅是。五月夏至后存子,七月立利居□地。八月秋分后酉宫,九月霜降后□离。十月立冬未坤上,十一冬至年宫推。十二冬至依气午,游废修犯主灾危。

四旺:忌修作,犯者于吉方上服之吉,四季方旺即是帝车格合,百忌别无凶。诗例:正寅二卯三辰游,四巳五午六未求。七申八酉九戌是,十亥十一子腊丑。

地崩腾:忌修造、动土。诗例:正申二三酉是踪,四六子上忌相逢。五亥七寅八九卯,十丑又与腊雷同。惟有十一居巳地,犯甲寅丙,凶。

大时:集云:大时所在名曰,往来其下心致死门。诗例:正五九月望玉兔,二六十月提招猿。三七十一金鸡唱,四八十二马蹄指。

小时:犯之令小儿胜腹痛泻。诗例:金鸡啼到春五九,野马二六十月斯。三七十一逢日十,四八十二子宫推。

月火血:阴阳书天罗地网,修造主杀人,大凶。诗例:正五九月猴寻别,二六十月发猪颠。三七十一打□虎,四八十二白蛇是。

日好:集总云:捕盗悖戏中羊皆之吉。诗例:正五九月寻猪走,二六十月虎为踪。三七十一蛇入□,四八十二看□能。

螣蛇:集总云:犯之主宜争口舌、官灾。诗例:正月辰上是行程,二卯三寅位逆驰。一月一位依次去,月支占处螣蛇神。

玄武:集总云:犯之招盗贼、水厄。诗例:玄武正月加亥行,二子三丑四寅逢。一月一位并顺走,犯之贼盗自招侵。

伤方:修作、上官凶。诗例:正五九月子伤方,二六十月卯不好。三七十一午为仇,四八十二酉难保。

上朔:忌上官、入宅。诗例:己巳己亥及丁亥,乙亥癸亥癸巳裁。辛巳辛亥并乙巳，更有丁巳一同排。

土公：诗例：正二三东及灶凶，四五六南占门风。七九月西并古井，惟有八月与门同。十月南北中逢立，十一在北中庭政。十二中庭并占北，此方动土祸来踵。

天狗：忌嫁娶、生产。诗例：正辰二巳三是午，四未五申六酉户。七戌八亥九子逢，十丑十一月寻虎。十二月中居卯地，天狗逐月依例数。

害气：起造凶。诗例：申子辰年蛇作害，巳酉丑岁虎为仇。寅午戌年猪气害，亥卯未岁猿猴来。

死气官符：起造动土吉，多煞咎，又忌安产室，凶。诗例：定日原来死气莫，忌逢朱雀与同辰。修造动土君须记，吉胜凶星不必□。

罪至：同公上官进章诸事。诗例：正午二子三未是，四丑五申六寅字。七酉八卯九戌逢，十辰十一亥腊巳。

玄武黑道：犯主女人私情，盗失财物。诗例：正七逢鸡二八猪，三九寻牛四十兔。五十一月会蛇去，六十二月寻羊位。

勾陈黑道：犯主退败田土。诗例：正七寻猪二八牛，三九四十蛇休□。五十一羊成奔走，六十二路上鸡留。

白虎黑道：忌修造、嫁娶、针灸。诗例：正七马朝天，二八近猴边。三九犬为伴，四十鼠正鸣。五十一畏虎，六十一龙眠。

黄黑道：吉多凶少无咎，惟行兵、收捕、发文忌。诗例：正七起子二八寅，三九原来却在艮。四十须知午上始，五十一月并居申。六十二月起戌上，黄道祥黑道□连。加尊连之时通达，路遁何日还柳伦。有之递者为黄道，无之黑道自分明。

八风：行船。诗例：春忌丁丑己酉日，夏畏甲申甲辰日。秋嫌辛未与丁未，冬恶甲戌甲寅逢。

四道：出行求财等事。诗例：申不远行去，酉出鸡不祥。逢七莫远出，遇八休转郎。

天瘟：修造、入宅、归火、六畜。诗例：正月羊位执司牧，二月逢危事却偏。三五十月寻建上，七十一除不周全。四收入开腊满位，记取天瘟莫犯焉。

月厌：嫁娶、造酒醸。诗例：正犬二鸡三猴来，四羊五马六蛇栽。七龙八兔九虎口，十牛十一鼠腊亥。

飞廉:六畜取内宜张网。诗例:正五六七十一腊,成日马飞廉杀。二三四八九十月,指寻满日君可察。

五离日:嫁娶。诗例:五离正三四五六七九十腊月,酉上负推有。二五九十一吉从,申亡可推必。

时家凶神注

(三百六十日时家吉凶神注并诗例等事)

天刑黑道:天刑星,利用出师,战无不克,公人军人用事凶,动作不宜,大忌词讼。诗例:己下黑道俱同月家,例如子日全十一月建子,戊土即是天刑黑道。其余仿此。

朱雀黑道:天讼星,说例同上。

白虎黑道:天杀星,宜行兵、游猎、祭祀吉,余事不利。

天牢黑道:锁神星,阴人用事小吉,余者皆不利。

元武黑道:天狱星,君子合天道用事,小吉。小人用事凶,防贼盗,忌词讼、博戏。

勾陈黑道:地狱星,百事皆凶。

天罡:诸事忌用。若与天乙贵人、黄道、福星、唐符、国印诸吉并亦可用。若此黑道截路旬中空、禄陷杀并命凶。诗例:即同月家天罡勾绞,以月建论,如子日用十一月卯上是。余仿此推。

河魁:诸煞忌用,诗例同上。

时建:诸事忌用。例云:即本日支辰之时,谓之时建,如子日子时是也。

时破:诸事忌用。例云:即本日支时相冲之时,谓之时破,如子日午时是也。

时刑:诸事不利。诗例:寅刑巳上巳刑申,丑戌申寅未丑侵。子刑卯上卯刑子,辰午酉亥自相刑。

时害:诸事忌用。诗例:六害子不堪亲,丑害午分寅巳真。卯害辰兮申害亥,酉戌相逢转见深。子日从未上起逆行。

截路空亡:忌纳表进章、出纳远行、开张店肆。如行船、修造诸并不忌。

诗例:申巳申酉时为愁,乙庚午未不堪求。丙辛辰巳何劳问,丁壬寅卯一场忧。戊癸子丑高堂坐,时犯空亡万事修。

旬中空亡:宜合寿木、作生坟、葬埋不忌,余事并忌。诗例见前日凶下。

十恶大败禄陷空亡:惟埋葬不忌,余事并忌。诗例:壬申日陷辛亥时,庚辰甲□不堪提。辛巳见鸡空是喜,甲辰逢虎不为奇癸亥时来干蛇口,己丑丁亥避马蹄。丙申戊戌开刻至己,巳日是羊□移。

五不遇时:诗例:甲怕庚兮乙怕辛,庚嫌丙火辛嫌丁。丁忌癸水戊忌甲,己畏乙兮□畏壬。己真乙水壬遭戊,癸未龙嫌己上侵。

五鬼:忌嫁娶、入宅,有吉并不忌。诗例:甲巳日己庚寅卯部丙辛子丑否丁壬戌亥主壬戊是尤巳上侵。

孤辰:忌婚姻。诗例见前日注下。

寡宿:诗例同前。

火星:南方火之情,忌修作,主招火灾。诗例:甲乙己在申,丁壬酉庚未。戊癸辰上是,丙辛卯位寻。

土星:中央土之精,忌兴造动土,主招灾病。诗例:戊壬酉壬丁壬巳主凶,甲巳辰乙卯丙辛未庚。

罗睺:其后不能与善是,事不宜用之。诗例:壬午丙丁辛,甲巳己乙寅。庚戊癸丑戌,罗睺不顺情。

计都:此星为祸不浅,凡事不宜用之。诗例:戊癸因辛申,乙丁壬遇辰。甲己庚卯是,计者不由人。

天燥火:不宜安葬。诗例:壬子巳甲申酉六山忌寅申时,丑未坤辰巽辛六山忌巳亥时,丙午亥三山忌壬午时,艮丁癸三山忌卯酉时,寅卯庚三山忌辰戌时,乙乾戌三山忌丑未时。

地燥火:不宜种植。诗例:壬子巳甲申酉六山忌巳亥时,丑未甲辰巽辛六山忌寅申时,丙午亥三山忌卯酉时,艮丁癸三山忌子午时,寅卯庚三山忌丑未时,乙乾戌三山忌辰戌时。

时家吉神注

青龙黄道:天乙星,天贵星,用事半吉,如同唐符、国印、福星天乙贵人同到,可作全吉用。

明堂黄道:贵人星,明辅星,百事用之大吉。

天德黄道:宝光星,天德星,百事大宜,用之大吉。

金柜黄道:福德星,月仙星,忌发兵凶,其余百事大吉。

玉堂黄道:少微星,天开星,玉堂泥灶不利,其余百事皆吉。

司命黄道:凤辇星,日仙星,司命日间用百事吉,夜间用事不利。

五符:唐符,国印,宜出入、远行、见官、求财、上官、赴任、辅益,万事用之吉。

福德贵人,天乙贵人,天官贵人,五禄,驿马,凡上官、出行、求财、见贵,万事大吉。

太阳,太阴,金星,水星,木星,百事宜,用之大吉利。

贪狼,武曲,左辅,右弼,其吉星并诸事命害。

三合,六合,喜神,宜求婚姻、嫁娶、送礼、交易、初合等事并合。

五运六气

(谓四时五行气候等事)

物理天时发挥

天道春温、夏热、秋凉、冬寒,四时之序,人皆知之;及其玄微之理,人所知者少,而不知者多。观诸物理亦足以见天地之心,造化之妙,谷本末之气而播,遇金令而热,麦木金之气而种,遇火令而登,此在天之种属阳也,桃李值少阴月而华,遇湿土而肥;桂菊值秋令而终,寒水而谢,此任地之根属阴也。是知天气始于少阴,百谷始播;终于厥阴,百谷收藏。地气始于厥阴,万木发生;终于寒水,万华归根子,故曰:当时者生,失时者死。何期仁人教子,营阳宅以安见,卜阴地少藏骨,安藏身骨属诸达者,播谷植木又在老农身,谷顺天之气也,木收地之气也,人苟知播植于当时,而不知安藏牧牛气,设若过时而安藏,气去而无萌;失时播种,苗长而无实,又不可不知,今皆明辨以俟后智潜心鉴焉。

五运化气歌

甲己化土乙庚金，丁壬化木木成林。
丙辛化水滔滔去，戊癸化火火焰侵。

化合论篇

十干化而合者，阴阳之配，夫妇之道也。遇六则合，遁三则化，以五子干数也，至己上得合，既合遁虎统龙，龙主阳德司天而成变化者也。子者，坎之位，天一之水，媾精之象，胎娠阳中，故男从子左行，三十至巳，阳也，故三十而娶。女子从右行，二十至巳，阴也，故二十而嫁。此人事合五行之造化，讵可过于此期哉！

东，壬子至丁巳六数，故丁与壬合，丁壬化木，甲德统龙。

南，戊子至癸巳六数，故戊与癸合，戊癸化火，丙德统龙。

西，庚子至乙巳六数，故乙与庚合，乙庚化金，庚德统龙。

中，甲子至己巳六数，故甲与己合，甲己化土，戊德统龙。

北，丙子至辛巳六数，故丙与辛合，丙辛化水，壬德统龙。

推五运论

天十干者，行天地之运。天地之气有正有邪，相为消长，正气衰则邪气盛，邪气弱则正气强，此阴阳消长之必然也。故五行之气有本初之气，有更革之气。本初者，正气也；更革者，邪气也。正气有定位，邪气无定位，故人于此深致意焉。法则：甲己化土，一六同宗。乙庚化金，二七同道。丙辛化水，三八为朋。丁壬化木，四九为友。戊癸化火，五十同途。此五运化气，皆为天地更革之气，不得中正也。阳年五运，化气太过；阴年五运，化气不及。过与不及悉能为殃。是故六甲之岁，堆阜之纪，岁土太过，湿气流行，其邪于水，羽音乃孤。余说详见五运例。

定六气论

夫十二支辰者，行地之气。五行之气，生乎地中，有盛衰消长。夫金水木土俱以形化，惟火以气化者也，故木分则小，金分则轻，水分则竭，土分则弱，独火则愈分愈盛。况火又为天地之化气，故金木水土各一而火独二者，按京房太原玉策以土阴化寒水，阴阳化秋金，以少阳化相火，太阴化湿土，少阴化君火，厥阴化风木，为阴阳六气运化之气。

以支辰推之，子午之岁，少阴司天，阳明在泉。丑未之岁，太阴司天，太阳在泉。寅申之岁，少阳司天，厥阴在泉。卯酉之岁，阳明司天，少阴在泉。辰戌之岁，太阳司天，太阳在泉。巳亥之岁，厥阴司天，少阳在泉。

以气朔推，之则自大寒日至春分日八十七刻半，厥阴风木主之，谓之生气。自春分日至小满日八十七刻半，少阴君火主之，谓之舒气。自小满日至大暑日八十七刻半，少阳相火主之，谓之长气。自大暑日至秋分日八十七刻半，少阴湿土主之，谓之化气。自秋分日至小雪日八十七刻半，阳明燥金主之，谓之收气。自小雪日至大寒日八十七刻半，太阳寒水主之，谓之藏气。

其法以一气运于甲子，二气运于甲戌，三气运于甲申，四气运于甲午，五气运于甲辰，六气运于甲寅，随天而左旋。一元甲子，二元丙子，三元戊子，四元庚子，五元壬子，随地而左转。是以即元起运，即运行气，气有消长，运有逆顺。用以消息天地，察理阴阳，明道在心，通建造化之妙，与天地同功，周流而行者也。

六气论

厥阴风木、苍天之气

厥阴风木之气，苍天之气也。初气行于大寒之后三候。大寒日于立春日，凡十五日为一气，一气分三候，一候凡五日。厥阴风木候气行于地中，每日气行二百二十三里零一十六步六尺六寸。其气行，其候则“鸡始乳，征鸟厉疾，水泽腹坚”。是时，日行于子，天地之气已行坎之六三也.风木二气，一动则飞葭管之灰，泰开三阳，发明万物，其气正行，立春后三候，感其气应者，则“东风解冻，蛰虫始振，鱼陟负冰”。是时，天行于丁，日行壬，月行丙，天地之气已行坎之九五也。风木终气，行于惊蛰之后三候大旺秉正，其气行于地中，感而应候者，则“桃始华，鸧鹒鸣，鹰化为鸠”。是时，天行于坤，日行乾，月行甲，天地之气已行坎之上六，以周坎之六气也。风木之气，行于地中凡六十日，气行一万四千里，其气风木，本山之穴，大宜修造埋葬，营为百事，所合皆吉,不问诸凶,天曜地煞悉能制伏。年月日时合风木生旺者,吉克泄者凶。胡元象曰:天地之生气,不易明也。凡克择卜地者,不可不明地中生气也。若寅甲卯乙之山,风木所治之地,凡造葬克择者,必须风木气临之时,生旺之候,以取年月日时,以合风木生气旺相者,发福非常,主出人厚资财,富贵久长。若风木之气休囚克泄者,必主人丁亏损,资财耗散,物业渐消,灾祸叠至,所谓克泄者凶是也。

少阴君火、赤天之气

少阴君火,初气行于春分之后三候,君火一候,气行甲子水,七火暗应,故“玄鸟至”。二候气行甲寅木,木入暗应“雷声乃发”。三候气行甲辰土,九金暗应“始电。”是时,日行于戌,天地之气临于震之初九,发育万物,感之气舒,故《易》曰:帝出乎震。即君火所临,其候阳升阴降,法所当详。君火二气行于清明之后三候,其气行于地中,一候气行庚午火,一木暗应,故曰“桐始华”。二候气行于庚申金,一火暗应,故曰“田鼠化于鴽”。三候气行庚戌土,三木暗应,故“虹始见”。是时,天行于壬,日行辛,月行壬,天地之气行于震之六二也。君火三气行于谷雨之后三候,其气于地中,气行其候,则“萍始生,鸣鸠拂其尾,戴胜鸣于桑。”是时,日行于酉,天地之气行于震之六三也。君火中气行于立夏之后三候,气行其候则“蝼蝈鸣,蚯蚓始出”是时,天行于辛,日行庚,月行庚,天地之气已行于震之九四也。法以君火力推,故升五阳之令,纯阳之候,继以相火而相乘,凡君火气临本山,大宜择立,不问诸凶恶煞,悉可制伏。生旺者则吉,克者则凶。

少阳相火、丹天之气

少阳相火乃天地之化气,愈分愈盛,故五行之气各一,而火独二也。君为天地陶冶万物之稚火,故以少阳相火而相承之。相火初气于行小满之后三候,其气行于地中,临其候则“苦菜秀,靡草死,麦秋至”。是时,乾阳刚而有晦,天地之气行于震之六五。相火二气行于芒种之后,其气行,其候则“螳螂生,鵙始鸣,反舌无声”。是时,天行于乾,日行坤,月行丙,天地之气已行于震之上六也。相火三气行于夏至之后,其气行,其候感其气,应者则“鹿角解,蝉始鸣”。木荣华,其后也。风行巨谷,日行于未,天地之气行于离之初九也。

一阴生焉，始临其政，夏草遭霜，相火中气行于小暑之后，其气行于地中，应其候者则有“温风至，蟋蟀居壁”。是时也，天行于甲，日行丁，月行甲，天地之气行于离之六二也。相火之气临其山吉，凡少阳相火之气所治之山，大宜造葬，营为百事，所合大吉，发福最快。盖得天地热火之气，相火气临不问诸凶，天曜地煞悉能制伏。克择者必求其生旺以资补，相火之气生旺也，火既炎上，愈生愈旺，俱不犯休囚克泄也。

太阴湿土、黅天之气

太阴湿土，初气行于大暑之后三候，其气行于地中，应其候，感其气化者“腐草为萤，土润溽暑，大雨时行”。卜择者得各升之气助也，天地之气并行于离地之九三。初气行于地中，三千五百里八十一刻，奇湿土二气行，自坤而入动于梧桐西南隅之根，摧落一叶而报天地之秋。此乃湿土之气行于地中，应其候者则“凉风至，白露降，寒蝉鸣”。是时，天行于癸，日行丙，月行壬，天地之气正行离之九四也。湿土三气，行于处暑之后三候，感其气，应者“鹰祭鸟，天地肃，禾乃登”。是时也，日行于巳，天地之气行于离之六五也。湿土中气行于白露节后，感其气，应者“鸿雁南来，玄鸟北归，群鸟养羞”。是时，天行于艮，日行于巽，月行于庚，天地之气行于离之上九。湿土之气临其山，大可择造埋葬，营行百事，所合皆吉不问诸凶恶煞，悉能制伏。生旺者吉，克泄者凶。

阳明燥金、素天之气

阳明燥金，初气行于秋分之后三候，其气行于地中，感其气而应候，“雷收其声，蛰虫坏户，水始涸”。日行于辰，观卦六候也，是时天地之气已行兑之初九。燥金二气行于白露之后三候，其气行于地中，感其气而应候者“鸿雁来宾，雀入大水为蛤，菊有黄花”。是时，天行于丙，日行乙，月行丙，天地之气已行于兑之九二也。燥金中气行于立冬之后三候，感气而应候者“水始冰，地始冻，雉入大为蜃”。是时，天行于乙，日月行于甲，天地之气已行于兑之九四也。阳明燥金之气临其山，大宜扦立造葬，所合皆吉。生旺者吉，克泄者凶。

太阳寒水、玄天之气

太阳寒水初气行于小雪之后，其气候则“虹藏不见，天气上腾，地气下降，天地不和,闭塞成冬"。是时,日行于庚,天地之气已行于兑之九五也。寒水三气行于大雪之后,其候则"鹖鴠不鸣,虎始交,荔枝出"。是时,天行于巽,日行艮,月行壬,天地之气已行于兑之上六也。寒水三气行于冬至之后,其后则"蚯蚓结,鹿角解,水泉动"。复卦始生,天地之气已行于坎之初六也。一阳生焉,枯根煖回,寒水中气行于小寒之后,则"雁北乡,鹊始巢,雉始雊"。是时,天行干庚,日行癸,月行庚,天地之气已行于坎之九二。太阳寒水气临亥壬子癸水,大宜扦立造葬,百事所合皆吉。生旺者吉,克泄者凶同前。

五运六气循环之图

五运有旋转之机,六气有迟早之变,天以是终始之因以地,地以是终始之因以物。五运者,即五行也。六气者,五行之变,风、火、暑、湿、燥、寒也,故一气主六十日,六六三百六十日,六甲终以为阴阳寒暑之运而成一岁。冬至后得甲子为早,在十二月节为中,或在正月为迟。夏至仿此。

故物之生落迟早,感应于此而已矣。

六十年主客气

主气司天			少阴司 子午年	太阴司 丑未年	少阳司 寅申年
厥阴	初气	雨水 惊蛰 春分 清明	太　阳 寒水切烈 霜雪冰冻	厥　阴 大风发荣 雨生毛虫	少　阴 热风伤人 时热流行
少阴	二气	谷雨 立夏 小满 芒种	厥　阴 为风温雨 雨生毛虫	少　阴 天下时疫 以正得位	太　阴 时雨
少阳	三气	夏至 小暑 大暑 立秋	少　阳 大暑炎光	太　阴 雷雨电雹	少　阳 其热暴至 温风晚布
少阳	四气	处暑 白露 秋分 寒露	太　阴 霜雨雷电	少　阳 炎热拂胜	阳　明 清风雾露
阳明	五气	霜降 立冬 小雪 大雪	少　阳 温风乃至	阳　明 大凉燥疾	太　阳 早　寒
太阳	六气	冬至 小寒 大寒 立春	阳　明 燥劲切	太　阳 大寒凝冽	厥　阴 寒风飘荡 雨生鳞虫
厥阴	初气	雨水 惊蛰 春分 清明	太　阳 风雨凝明 不　散	少　阳 为豆疫至	阳　明 清风露雾 蒙　昧
少阴	二气	谷雨 立夏 小满 芒种	少　阳 大热早行 疫病乃行	阳　明 温凉不时	太　阳 寒雨润热

（续表）

	主气司天		阳明司 卯酉年	太阳司 辰戌年	厥阴司 巳亥年
少阳	三气	夏至 小暑 大暑 立秋	阳　明 凉风间发 热	太　阳 宗热间至 热净冰雹	厥　阴 热风大作 雨生羽虫
太阴	四气	处暑 白露 秋分 寒露	太　阳 害雨润物	厥　阴 风雨摧至 雨生螺虫	少　阴 热气反泊 暴雨溽
阳明	五气	霜降 立冬 小雪 大雪	厥　阴 凉风大作 雨生水虫	少　阴 秋气温凉 热病时行	太　阴 时雨沉阴
太阳	六气	冬至 小寒 大寒 立春	少　阳 蛰虫出现 流水不冰	太　阴 凝阴寒雪 地气温	少　阳 冬温华出 流水不冰

交六气时日

交六气时日		申子辰年	巳酉丑年	寅午戌年	亥卯未年
厥阴风木	大寒日交 立春 雨水 惊蛰	初之气始于寅初刻终于子正八十七刻半	初之气始于卯正之中巳初刻终于子一十二刻半	初之气始于申初一刻终于午正之中	初之气始于亥初一刻终于酉正之中
少阴君火	春分日交 清明 惊蛰 立夏	二之气始于丑六十七刻终于戌正四刻	二之气始于卯一十二刻六分终于丑正四刻	二之气始于午三十七刻终于辰正四刻	二之气始于酉六十二刻终于未正四刻

（续表）

交六气时日		申子辰年	巳酉丑年	寅午戌年	亥卯未年
少阳相火	小满日交 芒种 夏至 小暑	三之气始于亥初气终于本正之中	三之气始于寅初一刻终于子正八十刻	三之气始于巳初一刻终于未正一十一刻半	三之气始于申初一刻终于午正之中
太阴湿土	大暑日交 立秋 处暑 白露	四之气始于酉六十刻终于未正四刻	四之气始于子八十七刻六分终于戌正四刻	四之气始于午一十二刻六分终于丑正四刻	四之气始于午三十七刻终于辰正四刻
阳明燥金	秋分日交 寒露 霜降 立冬	五之气始于申初刻终于午正之中	五之气始于亥初刻终于酉正之中	五之气始于寅初一刻终于子八十七刻半	五之气始于巳初一刻终于卯正一十二刻
太阳寒水	小雪日交 大雪 冬至 小寒	六之气始于午正三十七终于辰正四刻	六之气始于酉六十二刻终于未正四刻	六之气始于子八十七刻终于戌正四刻	六之气始于卯十二刻六分终于丑正四刻

子午年，少阴君火司天，阳明燥金在泉。

卯酉年，阳明燥金司天，少阴君火在泉。

丑未年，太阴湿土司天，太阳寒水在泉。

辰戌年，太阳寒水司天，太阴湿土在泉。

寅申年，少阳相火司天，厥阴风木在泉。

巳亥年，厥阴风木司天，少阳相火在泉。

此六气者，乃司天在泉之各气，凡生旺主气者吉，克泄主气者凶也。

六气诀

大寒在丑，厥阴风木生气，始艮、中寅、末申，

春分在震,少阴君火舒气,始乙、中辰、末巽,
小满在巳,少阳相火长气,始丙、中午、末丁,
大暑在未,太阴湿土化气,始坤、中申、末庚,
秋分在酉,阳明燥金收气,始辛、中戌、末乾,
小雪在亥,太阳寒水藏气,始壬、中子、末癸。

一气运于甲子,冬至之朔,比卦。二气运于甲戌,霜降之朔,小过卦。三气运于甲申,大暑之朔,讼卦。四气运于甲午,处暑之朔,讼卦。五气运于甲辰,谷雨之朔,中孚卦。六气运于甲寅,雨水之朔,明夷卦。

夫甲己土运,在穴曰合,在气曰注。丙辛水,在穴曰并,在气曰出。乙庚金,在穴曰经,在气曰行。丁壬木,在穴曰俞,在气曰过。戊癸火,在穴曰荥,在气曰流。

六气应候

大寒日起,立春、雨水、惊蛰末日止,此四节乃厥阴风木司苍天木气,所主为生气。

春分日起,清明、谷雨、立夏末日止,此四节乃少阴君火司丹天火气,所主为舒气。

小满日起,至芒种、夏至、小暑末日止,此四节乃少阳相火丹天火气,所主为长气。

大暑日起,至立秋、处暑、白露末日止,此四节乃太阴湿土司黅天土气,所主为化气。

秋分日起,至寒露、霜降、立冬末日止,此四节乃阳明燥金司素天金气,所主为收气。

小雪日起,至大雪、冬至、小寒末日止,此四节乃太阳寒水司玄天水气,所主为藏气。

六气,生、舒、长、化、收、藏乃二十四山之主气,各应其候,遇其山家与气相符,按临节候,凡有扦立,大吉之兆也。

二十四山气运

如坎山从申至子为天建，经九再从子至辰为地建，逢九从辰入至申为才建。逢九合寅水令为居垣，燥金令为得势，龙水合度，发福无替。余山仿此。

凡各山主气自有一定不移，各山墓运每从冬至后以五子元用，五行亥壬子癸，大江东之真气变运，勿用洪范五行。

凡论化气者，乃天运行之气为天运也；墓气者，乃地运行之气为山运也。然天运有孤虚、有平复，山运有克有制。

亥壬坎癸四山正气属水，羽音，太阳寒水主守之位，为玄天水气。自小雪日至小寒末日止，为之藏气。

艮坤辰戌丑未六山正气属土，宫音，太阴湿土主守之位，为黅天土气，自大暑日至白露末日止，为之化气。

水土十山皆运在辰水山，凶。天运甲年为孤，辛年为虚，甲子、辛亥年平气，吉。土山，天运壬年为孤，己年为虚，壬辰、壬戌、己丑、己未年为平气，吉。

申兑庚辛乾五山正气属金，商音，阳明燥金主守之位，为素天金气。自秋分日起至冬至末日止，为之收气，金山墓丑。

金山天运，戊年为孤，乙年为虚，凶。戊申、乙酉年为平气，吉。

震巽寅甲乙五山正气属木，角音，厥阴风木主守之位，为苍天木气。自大寒日起至惊蛰末日止，为之生气，木山墓未。

木山天运，庚年为孤，丁年为虚，凶。庚寅、丁卯年为平气，吉。

离丙巳丁四山正气属火，徵音，君相二火主守之位，为丹天火气。自春分君火主之为舒气，自小满相火主之为长气，火山墓戌。

火山天运，丙年为孤，癸年为虚，凶。丙寅、癸丑为平气，吉。

右水、土二山造葬，用申子辰亥年月日时为大吉，戌午未为次吉。

右金山造葬，宜用巳酉丑申年月日时为大吉，未卯辰为次吉。

右木山造葬，宜用亥卯未寅年月日时为大吉，丑戌为次吉。

右火山造葬，宜用寅午戌巳年月日时为大吉，辰丑为次吉。

凡山家墓运，年克家长忌，月克宅母忌，日克众妇忌，时克子孙忌。

若遇四柱中纳音有制伏者则并无忌也，谓子来救母，化气为权，反凶为吉也。

以上二十四山主忌客，依其月节候按临其山，取生旺有气得合禄马贵人、三奇、尊帝、太阳、太阴、金水二星及差方禄马贵人、太阳到则任意造作，切勿误信通书，反作生旺，错认休囚，编定某年某月用某鸣吠造坟，某月月某四柱造屋，弃生旺于不顾，用休囚而误人，戒之戒之。

各气受邪

金气受邪忌用纳音金日：甲子、乙丑、壬申、癸酉、庚辰、辛巳、甲午、乙未、壬寅、癸卯、庚戌、辛亥。

木气受邪忌用纳音木日：壬子、癸丑、庚申、辛酉、戊辰、己巳、壬午、癸未、庚寅、辛卯、戊戌、己亥。

水气受邪忌用纳音水日：丙子、丁丑、甲申、乙酉、壬辰、癸巳、丙午、丁未、甲寅、乙卯、壬戌、癸巳。

火气受邪忌用纳音火日：丙寅、丁卯、甲戌、乙亥、戊子、己丑、甲辰、乙巳、戊午、己未、丙申、丁酉。

土气受邪忌用纳音土日：庚子、辛丑、戊寅、己卯、丙辰、丁巳、庚午、辛未、戊申、己酉、丙戌、丁亥。

右各气受邪日，仍看其候。若木气受邪，其用在寅卯木旺之月。若火气受邪，其候在巳午火旺之月。金气受邪，其候在申酉金旺之月。水气受邪，其候在亥子水旺之月。土气受邪，其候在辰未丑戌土旺之月。皆为平气不受邪而无忌。

是气也，一日司天，一日在泉，乃气之对待也。司天者，天之气候也；在泉者，地之气候也。然天地之气天符中而行八万四千里，一日计行二百三十二里一十六步六尺六寸六分。凡卜择须看地之脉气长短，而步算其气，得其多寡，然后分测其气克应一纪、二纪至十数纪之中，天符岁会交变何如？祸福兴替何如？则天地之气，运山川造化之生气，不待通说而知之，既知之，则审主气临其候者而用之。如太阳寒水，自小雪至小寒末候气临亥壬子癸是也，盖亥壬子癸山乃太阴寒水所治之地，伏揆其冬候乃太阳寒水为主也。诸山仿此。

夫历以五日一候，三候为一气，六气为一时，一岁二十四气也，七百二十气为三十年，一千四百四十气为六十年，太过不及于斯可见矣。经曰：显明之，在卯地君火之位。君火之右退行一步，相火治之；复行一步，湿土治之；复行一步，燥金治之；复行一步，寒水治之；复行一步，风木治之，故每气一步，各司六十日，又余八十七刻半，总之，乃三百六十五日二十五刻。春温、夏热、秋凉、冬寒，以成一岁之令，千载则一，此主气之常也，故曰：地气静而守位也。

是以大寒至惊蛰，厥阴风木主事，谓之生气，临丑艮寅申山。

春分至立夏，少阴君火主事，谓之舒气，临卯乙辰巽山。

小满至小暑，少阳相火主事，谓之长气，临巳丙午丁山。

大暑至白露，太阴湿土主事，谓之化气，临未坤甲庚山。

秋分至立冬，阳明燥金主事，谓之收气，临酉戌辛乾山。

小雪至小寒，太阳寒水主事，谓之藏气，临亥壬子癸山。

又逐年司天客气加于守位主气之上，而推其变，故曰：天气动而不息也。其六气之源则同，而六气之绪则异，何也？盖天气始于少阴，终于厥阴；地气始于少阳，终于太阳。是故当其时，行变之常，非其时行变之灾也。客气克泄其主气者，祸之端也。客气旺相其主气者，福之源也。仍客气义有德化政令之常，时有暴风疾雨、迅雷飘雹之变。冬有燥石之热，夏有凄风之清，此无他，乃天地之气胜复荣之所致也。然地气有湿暖纯淑之常，时有寒温燥湿骨节胎息之变，生者感冒，是气必有风寒暑湿之变；死者终乘，其气必有吉凶祸福之应。此岂有他，亦坦气胜败兴衰之所符也，是气也，严乎五气太过、不及之征也，又有所谓平气，故有天符、岁会、同天符、同岁会、太乙天符，凡此五者，所谓敷和、升明、备化、审平、静顺之纪，乃都天太岁之正气也。

运气相同曰天符

丙辛水运，辰戌太阳寒水司天，运气皆水，丙辰、丙戌为天符水。

丁壬木运，巳亥厥阴风木司天，运气皆木，丁巳、丁亥为天符木。

戊癸火运（子午少阴君火，寅申少阳相火）司天，运气皆火，戊子、戊午、戊寅、戊申为天符火。

乙庚金运，卯酉阳明燥金司天，运气皆金，乙卯、乙酉为天符金。

甲己土运，丑未太阴湿土司天，运气皆土，己丑、己未为天符土。

六十年中，有此十二年天符也，丙乙卯属天地真木运气天符，又属金。丁巳属天地真火运气天符，又属木。夫天地后专位尊而天符卑也，则乙卯可以天地真木专位，丁巳可以天地真火专位也。

运临本气之位曰岁会

丙辛水运，水律，子正旺，亥次旺，运律皆水，丙子、辛亥为岁会水。

丁壬木运，木律，卯正旺，寅次旺，运律皆木，丁卯、壬寅为岁会木。

戊癸火运，火律，午正旺，巳次旺，运律皆火，戊午、癸巳为岁会火。

乙庚金运，火律，酉正旺，申次旺，运律皆金，乙酉、庚申为岁会金。

甲己土运，土律，丑未辰戌属土正旺，运律皆土，甲辰、甲戌、己丑、己未为岁会土。

六十年中有此十二年岁会也，内有壬寅、庚申、辛亥、癸巳不以为岁会者，谓不当正中之令也。

太过之运加地气曰同天符

丁壬木运，寅申厥阴风木在泉，运气皆木，壬寅、壬申同天符水。

乙庚金运，子午阳明燥金在泉，运气皆金，庚午、庚午同天符金。

甲己土运，辰戌太阴湿土在泉，运气皆土，甲辰、甲戌同天符土。

六十年中有此六年，同天符也。

不及之运加地气曰同岁会

丙辛水运，丑未太阳寒水在泉，运气皆水，辛丑、辛未同岁会水。

戊癸火运，（卯酉少阴君火，巳亥少阳相火）在泉，运气皆火，癸卯、癸酉、癸巳、癸亥同岁会火。

六十年中有此六年，同岁会也。

天符岁会相合曰太乙天符

戊土运，午君火司天，午律属火，运气律皆火，戊午太乙天符火。

乙金运,酉燥金司天,酉律属金,运气律皆金,乙酉太乙天符金。

己土运,丑未湿土司天,丑未律属土,运气律皆土,己丑、己未合太乙天符土也。

六十年有此四年,太乙天符也。

按:六气司天者,主行天之令上之位也。岁运者,主天地间人物化生之气中之位也。在泉者,主地之化,行乎地中之位也。一岁之中,有此上中下三气各行化令,而气隅符会而同者,则同其化,是谓当年之中,司天之气与中气运同者,命曰天符,符之为吉合也。天符共十二年,又当年十干化运与年辰十二律,五行同者,命曰岁会,气之平也,岁会共八年,外有四年,壬寅者,皆木,庚申皆金,癸巳皆水,辛亥皆水,亦运与年辰五行相会,故曰:次岁会也。又当年有天会、岁会、运会,三者相同命曰太乙天符,太乙者,尊之号也,止有四年,故曰:天符为取法,岁会为行令,太乙天符为贵人。邪气中执法者,其祸速,邪气中行令者其祸迟,邪气中贵人者其祸必至败绝。凡理气与在泉合其气化,阳年曰同天符,阴年曰同岁会,故六十年中,太乙天符四年,天符十二年,岁会八年,次岁会四年,同天符六年,同岁会六年。五者分而言之,共四十年;合而言之,只有二十九年。经云:二十四年者,不言岁会也。

如是则变行有多少,贵贱有轻重,祸福有迟速。按经推步可知矣。

以上择法,当先审其山之主气,而取年月生旺局以应,如气其年在泉并主气,其月其候复临本山,合年月日时之生旺,天符岁会之辅佐,大宜扦立造宅安坟,百事皆吉。如犯休囚克泄,百事皆凶。此五运六气为诸家年月克择之首,学者当尽心而详察焉。

六气年月专看相克

丙辛辰戌寒水年月不可下(子午君火,寅申相火),戊癸化火,山穴。

乙庚卯酉燥金年月不可下,巳亥风木,丁壬化木,山穴。

丁壬巳亥风木年月不可下,丑未湿土,甲己化土,山穴。

甲己丑未湿土年月不可下,辰戌寒水,丙辛化水,山穴。

戊癸(子午君火,寅申相火)年月不可下,卯酉燥金,乙庚化金,山穴。

新镌历法总览合节鳌头通书卷之八

鳌峰　道轩　熊宗立

后裔　月畴　秉　懋　重订
　　　淑明　启　灿　梓行

翰林集要

（翰林王蜀集诸公制化葬造年月日命格定局）

天地同流之格	壬寅	金
	壬寅	金
	壬寅	金
	壬寅	金

曾公与醴陵县彭运祖下祖坟，乾山，辛丑土运，丁亥亡命，下后八子入朝，食禄不替，甲巳命不利。

天地同流之格	己巳	木
	己巳	木
	己巳	木
	己巳	木

杨公与莆田县陈长者下祖坟，坤山，己巳亡命，后三年四科状元，子孙兴旺。

<table>
<tr><td rowspan="4">天干一气地支同流</td><td>丁未</td><td>水</td></tr>
<tr><td>丁未</td><td>水</td></tr>
<tr><td>丁未</td><td>水</td></tr>
<tr><td>丁未</td><td>水</td></tr>
</table>

杨公与宋朝王丞相下祖坟，乾山，系胎元一气。后子孙昌盛，出贵不替。宜甲戊庚命，否则四伤。

<table>
<tr><td rowspan="4">天干一气地支同流</td><td>癸亥</td><td>水</td></tr>
<tr><td>癸亥</td><td>水</td></tr>
<tr><td>癸亥</td><td>水</td></tr>
<tr><td>癸亥</td><td>水</td></tr>
</table>

兴化陈丞相下祖坟，金钗形，子山，二纪科甲及第甚众，山家丙辰土运，宜丙丁亡命，吉。

<table>
<tr><td rowspan="4">天干一气</td><td>乙卯</td><td>水</td></tr>
<tr><td>乙酉</td><td>水</td></tr>
<tr><td>乙酉</td><td>水</td></tr>
<tr><td>乙酉</td><td>水</td></tr>
</table>

祝吉师与信州上饶周待郎下祖坟，坤山，半纪年朱紫盈门。宜丙丁辛亡命，否则五伤。

<table>
<tr><td rowspan="4">天干一气</td><td>辛卯</td><td>木</td><td rowspan="4">克山</td></tr>
<tr><td>辛丑</td><td>土</td></tr>
<tr><td>辛未</td><td>土</td></tr>
<tr><td>辛卯</td><td>木</td></tr>
</table>

杨公与闻州金山郑图起造，巽山，辛亥亡命，克山得二木制伏之后，出四员大官，人丁大盛，绵远不替。

<table>
<tr><td rowspan="4">天元一气</td><td>庚午</td><td>土</td><td rowspan="2">贴身空亡</td></tr>
<tr><td>庚辰</td><td>金</td></tr>
<tr><td>庚子</td><td>土</td><td rowspan="2">贴身空亡</td></tr>
<tr><td>庚辰</td><td>金</td></tr>
</table>

王氏下祖地，子山，乙亥亡命，见四庚金克乙木为官格，又天元一气，二庚辰纳音金，名曰金神格。

<table>
<tr><td rowspan="4">天元一气</td><td>壬寅</td><td>金</td><td rowspan="4">贴身空亡</td></tr>
<tr><td>壬子</td><td>木</td></tr>
<tr><td>壬午</td><td>木</td></tr>
<tr><td>壬寅</td><td>金</td></tr>
</table>

杨公与兖州郎县孔大夫下祖坟，艮山，壬午亡命，后子孙五代封侯爵。

<table>
<tr><td rowspan="4">天干一气</td><td>癸丑</td><td>木</td></tr>
<tr><td>癸亥</td><td>水</td></tr>
<tr><td>癸未</td><td>木</td></tr>
<tr><td>癸丑</td><td>木</td></tr>
</table>

范文正公下祖坟地，乾山，辛亥亡命，须月家泄气，四柱木盛，故泄为妙，后文正公至相位。

<table>
<tr><td rowspan="4">地支一气</td><td>辛卯</td><td>木</td><td rowspan="4">时克阴府</td></tr>
<tr><td>辛卯</td><td>木</td></tr>
<tr><td>乙卯</td><td>水</td></tr>
<tr><td>己卯</td><td>土</td></tr>
</table>

曾公与射洪县陈氏下祖坟,名曰藏蛇形,巽山,丙寅亡命,葬后朱紫盈门。

<table>
<tr><td rowspan="4">地支一气</td><td>壬申</td><td>金</td></tr>
<tr><td>戊申</td><td>土</td></tr>
<tr><td>壬申</td><td>金</td></tr>
<tr><td>戊申</td><td>土</td></tr>
</table>

杨公与李枢密下祖坟,白象卷湖形,子山,丁巳亡命,下后仕宦绵远不替。

<table>
<tr><td rowspan="4">地支一气</td><td>丙寅</td><td>火</td><td rowspan="4">时克</td></tr>
<tr><td>庚寅</td><td>木</td></tr>
<tr><td>庚寅</td><td>木</td></tr>
<tr><td>戊寅</td><td>土</td></tr>
</table>

巽山乾向,壬午亡命,得四寅与赤天火气,一气合成火局,故出大富。时克见木受制,亦为吉也。

<table>
<tr><td rowspan="4">地支一气</td><td>甲申</td><td>水</td><td rowspan="4">克山</td></tr>
<tr><td>壬申</td><td>金</td></tr>
<tr><td>壬申</td><td>金</td></tr>
<tr><td>戊申</td><td>土</td></tr>
</table>

乙龙戌向,半纪登科,缘戊辰木运月日克山,壬午为财,又水土长生在四申,故为吉。

<table>
<tr><td rowspan="4">两干不杂地支一气</td><td>甲午</td><td>金</td></tr>
<tr><td>庚午</td><td>土</td></tr>
<tr><td>甲午</td><td>金</td></tr>
<tr><td>庚午</td><td>土</td></tr>
</table>

杨公与钟会九郎修公厅，去东路官职上，用夏至上局，加开门及天河尊吉星照临坐向，后钟太守三任满，主位重赏，致仕还乡。

<table>
<tr><td rowspan="4">地支一气</td><td>辛酉</td><td>木</td><td rowspan="4">克山</td></tr>
<tr><td>丁酉</td><td>火</td></tr>
<tr><td>癸酉</td><td>金</td></tr>
<tr><td>辛酉</td><td>木</td></tr>
</table>

婺州会中丞相下祖坟，黄龙戏珠形，午山，初年六伤，后二代入朝，三代为五府，子孙昌盛。

<table>
<tr><td rowspan="4">天干三朋</td><td>丙午</td><td>水</td></tr>
<tr><td>甲午</td><td>金</td></tr>
<tr><td>甲申</td><td>水</td></tr>
<tr><td>甲子</td><td>金</td></tr>
</table>

南丰曾公下祖坟，艮山，三甲堆干，名曰三朋，曰三台，又曰三德。甲木死于午，有印无寅，主外孝伤一，初宅长、宅母不利。

<table>
<tr><td rowspan="4">天干三朋</td><td>壬午</td><td>木</td><td rowspan="4">克山阴府
克山阴府</td></tr>
<tr><td>戊申</td><td>土</td></tr>
<tr><td>戊申</td><td>土</td></tr>
<tr><td>戊午</td><td>火</td></tr>
</table>

杨公与信州祝大人下祖坟地，卯山，癸亥亡命，下后半纪出官，缘阴府病在申，又与亡命合吉用，一伤。

<table>
<tr><td rowspan="4">天干三朋</td><td>庚戌</td><td>金</td></tr>
<tr><td>丙戌</td><td>土</td></tr>
<tr><td>丙申</td><td>火</td></tr>
<tr><td>丙申</td><td>火</td></tr>
</table>

丙山，名高上玄玄格，得三丙为三德，山运丙戌，火土相生，十分贞吉。

<table>
<tr><td rowspan="4">天干三朋</td><td>辛丑</td><td>土</td></tr>
<tr><td>癸巳</td><td>水</td></tr>
<tr><td>癸酉</td><td>金</td></tr>
<tr><td>癸酉</td><td>木</td></tr>
</table>

李公与南剑州沙县胡氏下祖坟，艮山，合三癸、三台、三朋，后子孙仕宦吉。

<table>
<tr><td rowspan="4">地支三朋</td><td>癸丑</td><td>木</td><td rowspan="4">克山
阴府</td></tr>
<tr><td>乙卯</td><td>水</td></tr>
<tr><td>辛卯</td><td>木</td></tr>
<tr><td>辛卯</td><td>木</td></tr>
</table>

杨公与杭州董侍郎下祖坟，仙人侍坐形，乾山，初下二年生贵子，后即荣发。乙见辛杀，癸枭神。

<table>
<tr><td rowspan="4">地支三朋</td><td>戊戌</td><td>木</td><td rowspan="4">入地空
阴府</td></tr>
<tr><td>丙辰</td><td>土</td></tr>
<tr><td>庚辰</td><td>金</td></tr>
<tr><td>庚辰</td><td>金</td></tr>
</table>

卢州曾公祖坟，南门外地名张山，乾山，癸丑亡命，用纯墓下后财富不绝，庚见丙为煞，逢戊为枭。

<table>
<tr><td rowspan="4">地支三朋</td><td>乙亥</td><td>火</td><td rowspan="4">克山</td></tr>
<tr><td>甲申</td><td>水</td></tr>
<tr><td>甲申</td><td>水</td></tr>
<tr><td>壬申</td><td>金</td></tr>
</table>

范公与元江公下祖坟，巽山。得三申长生出聪明，三十八年出官，火逢水死，宜丙丁命吉，否则伤。

<table>
<tr><td rowspan="4">地支三朋</td><td>己酉</td><td>土</td></tr>
<tr><td>癸酉</td><td>金</td></tr>
<tr><td>辛酉</td><td>木</td></tr>
<tr><td>己丑</td><td>火</td></tr>
</table>

永丰县田使君下祖坟，午山子向，下后十年进税千贯，后出大贵。

<table>
<tr><td rowspan="4">地支三朋</td><td>庚子</td><td>土</td></tr>
<tr><td>甲申</td><td>木</td></tr>
<tr><td>壬申</td><td>金</td></tr>
<tr><td>戊申</td><td>土</td></tr>
</table>

君竹吴三公自下祖坟，子山午向，用此年月下后一百二十日进横财，又六

十日贯税进入,发福昌盛。

隔干三朋	乙卯	水	阴府 阴府
	己卯	土	
	乙酉	水	
	乙酉	水	

蔡季通与朱文公下祖坟,乾山,巽乙庚子为天穴清,二酉二水为相生,初下少利,后贵,三伤。

隔干三朋	庚寅	木	阴府 克山
	庚子	火	
	庚寅	木	
	庚辰	金	

严州夹城叶尚书下祖坟,卯山,后出卿相之贵。戊土逢庚泄地,辰寅见煞,又枭金见火制,何灾?

隔干三朋	辛卯	木	箭 克山
	己亥	水	
	辛未	土	
	辛卯	木	

曹寻龙与岳州平江县贾学士下祖坟,巽山,丙午亡命,见亥贵克山,见三木后半纪出贾状元,名高上玄玄格。

隔干三朋	壬戌	水	
	庚戌	金	
	壬午	木	
	壬寅	金	将军箭

吴景鸾与信州余大夫下祖坟，艮山，合赤天火为火局生旺，下后半纪出知府，人丁兴旺。

隔干三朋	癸巳	水
	丁巳	土
	癸酉	金
	癸丑	木

吴公与南丰县朱侍郎下祖坟，艮山，初葬下，雷鸣天吼，后子孙代代入朝，簪缨不替。

隔干三朋	癸酉	金
	乙卯	水
	癸未	木
	癸丑	木

巽山三朋得令，癸为堆干，暗局通利，得卯未合苍天气葬女，就癸葬男，巽年宜甲戌庚命，初宅长、宅母一伤。

隔支三朋	庚子	土
	戊子	火
	壬申	金
	庚子	土

范越公与信州永丰曾奏议下祖坟，子山，后子孙富贵，唯人口有伤。

<table>
<tr><td rowspan="4">隔支三朋</td><td>甲寅</td><td>木</td><td rowspan="4">克山
阴府</td></tr>
<tr><td>丙寅</td><td>火</td></tr>
<tr><td>丙午</td><td>水</td></tr>
<tr><td>庚寅</td><td>木</td></tr>
</table>

廖公与邵武黄时进下祖坟，乾山，宜丁己辛命，出百子千孙，缘庚逢丙煞，火遭水制，故吉。

<table>
<tr><td rowspan="4">隔支三朋</td><td>丁巳</td><td>土</td><td rowspan="4">克山</td></tr>
<tr><td>乙巳</td><td>火</td></tr>
<tr><td>癸酉</td><td>金</td></tr>
<tr><td>丁巳</td><td>土</td></tr>
</table>

饶州乐平县胡中丞下祖坟，艮山，初下二年未见应验，后三年子孙为吏得县丞。

<table>
<tr><td rowspan="4">隔支三朋</td><td>辛亥</td><td>金</td><td rowspan="4">将军箭
阴府</td></tr>
<tr><td>乙未</td><td>金</td></tr>
<tr><td>乙亥</td><td>火</td></tr>
<tr><td>丁亥</td><td>土</td></tr>
</table>

泰宁县江氏起造屋，乾山，辛亥生命，后二年出贵子，双双入朝，箭煞冲冲，乙逢辛制则吉。

<table>
<tr><td rowspan="4">双飞蝴蝶</td><td>庚申</td><td>木</td></tr>
<tr><td>壬午</td><td>木</td></tr>
<tr><td>庚申</td><td>木</td></tr>
<tr><td>壬午</td><td>木</td></tr>
</table>

杨公与秦好仁下，申山，庚戌亡命。记曰：午合寅向申补脉，双飞蝴蝶格。亦禄马亦同食禄作三公，年命日贵，俱在天午，甲拱出贵，聚并禄马来贵亥，用果通神也。

双飞蝴蝶	辛丑	土
	癸巳	水
	辛酉	木
	癸巳	水

范公与湘阴县周元兴下祖坟，艮山，后六十年大富，后六年未大富贵。

日月比和之格	丁卯	火
	己酉	土
	己酉	土
	丁卯	火

巽山乾向，己酉亡命，得二干支不杂，葬后其子孙世代为官禄，二己得二丁，枭伏祭四柱刑冲，初年不利，后吉。

日月比和之格	壬寅	金
	甲辰	火
	甲辰	火
	丁卯	火

杨公与神龙山张万三公竖造，尊帝星方出火，用谷将加生门，天河转运吉星方用之，后三年，举家封侯，仕宦不替。

<table>
<tr><td rowspan="4">三奇格</td><td>甲子</td><td>金</td><td rowspan="4">阴府
财身空
克山</td></tr>
<tr><td>戊辰</td><td>木</td></tr>
<tr><td>庚午</td><td>土</td></tr>
<tr><td>庚辰</td><td>金</td></tr>
</table>

王氏葬祖坟,艮山,三庚贵人,月克得二金,阴府得庚制,丙寅亡命,得山向三奇,葬后子孙仕宦,荣发不替。

<table>
<tr><td rowspan="4">三奇格</td><td>甲辰</td><td>火</td></tr>
<tr><td>戊辰</td><td>木</td></tr>
<tr><td>庚申</td><td>木</td></tr>
<tr><td>丙子</td><td>水</td></tr>
</table>

醴陵县张侍郎下祖坟,乾山,己巳亡命,得甲戊庚三奇,后果出侍郎。庚金见丙火制伏,吉。

<table>
<tr><td rowspan="4">三奇格</td><td>甲午</td><td>金</td></tr>
<tr><td>戊辰</td><td>木</td></tr>
<tr><td>庚申</td><td>木</td></tr>
<tr><td>庚辰</td><td>金</td></tr>
</table>

郭璞与抚州王氏下祖坟,地名虞合山,用此年月日,后出王荆公,名扬千古。

<table>
<tr><td rowspan="4">三奇格</td><td>甲申</td><td>水</td><td rowspan="2">克山</td></tr>
<tr><td>戊辰</td><td>土</td></tr>
<tr><td>壬午</td><td>木</td><td rowspan="2">阴府</td></tr>
<tr><td>庚子</td><td>土</td></tr>
</table>

浏阳县柏树刘知县下祖坟，午山，得三奇甲戊庚，致富贵，壬逢戊杀，庚金枭，终不为灾。

三合会局	丁酉	火	年克阴府
	乙巳	火	月克
	癸酉	金	癸金伤木
	癸丑	木	身强杀浅

范公与湘州吴参军下祖坟，午山，得二癸为合，二朋乙丁天穴清，下后子孙为驸马上将，小口少伤。

三合格	己酉	土	将军箭
	己巳	木	
	癸酉	金	
	癸丑	木	

虞州叶丞相下祖坟，丁山，两癸两己天元配合，后半纪朱紫甚众，宜甲戌庚命，否则小口亦伤。

三合格	癸丑	木	克山
	丁巳	土	
	乙酉	水	
	丁丑	水	

祝吉师与孙子正下祖坟，艮山，初下后三年全家食天禄，二水见土受制，又水败在酉，艮山属土，见水为财。

三合格	壬辰	水
	壬子	木
	甲申	水
	甲子	金

徽州陈显下祖坟，乾山，后出学官。盖水局旺在子月，至后为甲木之印绶，时因□寒克水为吉。

三合格	甲辰	火	年克
	甲戌	火	月克
	丙申	火	日克
	戊子	火	时克

抚州杨九霄选用下祖坟，酉山，乙丑金运忌火音克山，四火相生，土气后克无应，并又日贵在酉。

三合格	戊午	火	贴身空 将军箭
	丙辰	土	
	戊申	土	
	壬子	木	

曾公与临安府张郎下祖坟，艮山，癸未亡命，三年后出状元，日申无冲亡命，克空亡为财，吉。

三合格	甲辰	火
	壬申	金
	壬申	金
	庚子	土

山东乐学士下祖坟地，卯山，其地甚大，后出三十六名学士官。乙巳命，

否则小口亦伤。

三合格	戊戌	木	
	甲子	金	
	壬申	金	
	甲辰	火	克山

汾宜县田知县下祖坟，乾山，下后出一十八员官贵入朝，水神衰，万代富无休，小口亦伤。

三合格	丙子	水	阴府
	壬辰	水	
	壬申	金	
	戊申	土	时克

曾公与欧宁县刘给事葬母坟，子山，用此初损一小口，后子孙为官。取申子辰为补山，发福有征。

三合格	丙辰	土	克山
	壬辰	水	
	甲申	水	
	壬申	金	

蔡季通与福州陈尚书下祖坟，乾山，子孙为官，入朝不替。二水见土合己运之财。

<table>
<tr><td rowspan="4">三合格</td><td>丁未</td><td>水</td><td rowspan="4">阴府</td></tr>
<tr><td>丁未</td><td>水</td></tr>
<tr><td>庚申</td><td>木</td></tr>
<tr><td>庚辰</td><td>金</td></tr>
</table>

廖公与南剑州叶尚书下祖坟,乾山,后当年生尚书,六十年官至。庚见丁官,生旺有制。

<table>
<tr><td rowspan="4">三合格</td><td>甲子</td><td>金</td></tr>
<tr><td>壬申</td><td>金</td></tr>
<tr><td>丙申</td><td>火</td></tr>
<tr><td>戊子</td><td>火</td></tr>
</table>

晋郭景纯与李龙图葬祖坟,寅山申向,年月克山,得二火阴府,壬见戊制,占戊子亡命,禄马到山向,后二纪出龙图学士。

<table>
<tr><td rowspan="4">平分阴阳格</td><td>乙巳</td><td>火</td><td rowspan="4">阴府
将军箭

将军箭</td></tr>
<tr><td>甲申</td><td>水</td></tr>
<tr><td>庚申</td><td>木</td></tr>
<tr><td>丁丑</td><td>水</td></tr>
</table>

南城沙县傅大夫下祖坟,艮山,初下一年二凶,后子俱贵,甲逢庚杀,制吉。有箭无冲,吉。

<table>
<tr><td rowspan="4">平分阴阳格</td><td>甲午</td><td>金</td></tr>
<tr><td>辛未</td><td>土</td></tr>
<tr><td>癸丑</td><td>木</td></tr>
<tr><td>壬子</td><td>木</td></tr>
</table>

杨公与汪、华二郎改门放水，年月日时加催官、凤辇、天宝、御游星与帝星、生门、天河转运，作后一年，果上赐宝，作旌表门。

平分阴阳格	癸亥	水	阴府将军箭
	甲子	金	
	甲申	水	
	乙亥	火	

祝吉师与信州张尚书下祖坟，乾山，初下时谓不好，后代代官贵不绝。记曰：出一升麻子官。

杂课集评	庚申	木
	甲申	水
	丙子	水
	辛卯	木

杨公与四川马丞相下父坟，艮山，加天河转运值日守时，下林安坟，放禄巷水，后三年内因女姿征为皇后，大贵矣。

杂课集评	丁巳	土	将军箭
	癸丑	木	
	壬寅	金	
	壬寅	金	

范公与宋侍郎下父坟，坤山，下后大发，三纪中入侍，后六十年科甲，盖二寅无冲，故吉。辛命贵，戊命则富。

杂课集评	乙亥	火
	癸未	木
	甲申	水
	壬申	金

巽山，庚申亡命，用此后出子孙富贵不绝。缘亦箭，向主外伤，年克庚运，就乙为财，喜日音有制。

<table>
<tr><td rowspan="4">杂课集评</td><td>甲戌</td><td>火</td><td rowspan="4">阴府
克凶</td></tr>
<tr><td>庚午</td><td>土</td></tr>
<tr><td>丙申</td><td>火</td></tr>
<tr><td>丙申</td><td>火</td></tr>
</table>

云山刘知县下祖坟，作乾山，下后一十八年出官。庚逢煞制，克山有煞，虽贵终不旺人丁。

杂课集评	甲辰	火
	甲戌	火
	戊午	火
	戊午	火

申山得天元两干不杂，名四火朝元，以此富贵。奈干支强，子孙不寿，宜丁巳年命吉，否则四伤。

<table>
<tr><td rowspan="4">杂课集评</td><td>己丑</td><td>金</td><td rowspan="4">时克</td></tr>
<tr><td>己卯</td><td>土</td></tr>
<tr><td>己酉</td><td>土</td></tr>
<tr><td>丁卯</td><td>火</td></tr>
</table>

西源刘氏葬祖地，子山，丙子亡命，地名西源岭，坎水流午丁，下后子孙为官不绝，初年少利。

杂课集评	乙巳	火	年克 阴府
	辛巳	金	
	壬午	木	
	壬寅	金	

吴景鸾下祖坟地，申山，吴公自用此年月，下后子孙富贵，人丁旺。

杂课集评	乙未	金	阴府
	戊子	火	
	丙申	火	
	戊子	火	

王先生在泉州下一祖坟，乾山，下后子孙出贵，代代簪缨不替，乙木病于子，不为大咎。

杂课集评	辛未	土	克山
	乙未	金	
	乙亥	火	
	丁亥	土	

廖公与建昌军郑判官葬祖地，卯山，得亥未与卯山合成木局，名曰补山。又得乙辛丁为妙也，下后果出贵。

<table>
<tr><td rowspan="4">杂课集评</td><td>癸未</td><td>木</td><td rowspan="4">克山
阴府</td></tr>
<tr><td>庚申</td><td>木</td></tr>
<tr><td>甲申</td><td>水</td></tr>
<tr><td>甲子</td><td>金</td></tr>
</table>

范公与抚州金溪下郑大夫祖地,名长溪,艮山,用此后子孙富贵不替。甲逢庚制,箭无冲。

<table>
<tr><td rowspan="4">杂课集评</td><td>壬辰</td><td>水</td><td rowspan="4">克山
贴身空
将军箭
阴府</td></tr>
<tr><td>戊申</td><td>土</td></tr>
<tr><td>庚申</td><td>木</td></tr>
<tr><td>庚辰</td><td>金</td></tr>
</table>

廖公与南剑州将乐县崔氏下祖坟,坤山,丁亥亡命,用此后二纪出五府尚书,大贵。

<table>
<tr><td rowspan="4">杂课集评</td><td>辛酉</td><td>木</td></tr>
<tr><td>癸巳</td><td>水</td></tr>
<tr><td>乙酉</td><td>水</td></tr>
<tr><td>丁丑</td><td>水</td></tr>
</table>

曾文遄与泉州马氏葬祖坟,午山,丙午亡命,乃黄蛇出草之形。下后子孙仕宦甚众,缘阴见癸乙枭制,吉。

<table>
<tr><td rowspan="4">杂课集评</td><td>戊申</td><td>土</td><td rowspan="4">阴府
阴府</td></tr>
<tr><td>丙辰</td><td>土</td></tr>
<tr><td>丙午</td><td>火</td></tr>
<tr><td>壬辰</td><td>土</td></tr>
</table>

□□与蔡经略下祖坟子，子山，丙壬二水为败，下后致富，丙逢壬制，故吉。

<table>
<tr><td rowspan="4">杂课集评</td><td>癸巳</td><td>水</td><td rowspan="4">阴府</td></tr>
<tr><td>丙辰</td><td>土</td></tr>
<tr><td>壬申</td><td>金</td></tr>
<tr><td>甲辰</td><td>火</td></tr>
</table>

刘公与钱塘刘氏下祖坟，申山，下后子孙富贵双全，丙煞得壬癸水制，大吉。

<table>
<tr><td rowspan="4">杂课集评</td><td>辛亥</td><td>金</td></tr>
<tr><td>壬辰</td><td>水</td></tr>
<tr><td>壬申</td><td>金</td></tr>
<tr><td>辛亥</td><td>金</td></tr>
</table>

范公与邵武军黄天监下祖坟，卯山，当年出贵子，一纪年间子孙荣贵。

<table>
<tr><td rowspan="4">杂课集评</td><td>己未</td><td>火</td><td rowspan="4">克山</td></tr>
<tr><td>丁卯</td><td>火</td></tr>
<tr><td>丁酉</td><td>火</td></tr>
<tr><td>辛巳</td><td>金</td></tr>
</table>

酉山，甲子亡命，合在印，移取巳酉合金局补山，先火败在卯，克山为吉利。

<table>
<tr><td rowspan="4">杂课集评</td><td>乙巳</td><td>火</td><td></td></tr>
<tr><td>乙酉</td><td>水</td><td></td></tr>
<tr><td>庚申</td><td>木</td><td>将军箭</td></tr>
<tr><td>庚辰</td><td>金</td><td>克山</td></tr>
</table>

廖公自下亲坟，艮山，癸未向，连于丁二年未见发，后二十年平空聚财，大利。

杂课集评	丙戌	土	克山
	壬辰	水	
	丙申	火	
	甲午	金	

祝吉师与吕大夫下祖坟，乾山，出八十四员官，后福平平。月令克山见土乃柔，吉。

新增埋葬年月日时富贵定格以通合用

辛丑土　乙亥火　辛酉木　庚寅木　乙卯水
辛丑土　戊子火　丙申火　己丑火　丁亥土
甲寅水　甲寅水　壬申金　壬寅金　丁未水
甲子金　甲子金　辛亥金　辛丑土　庚戌金

己卯土　乙卯土　乙酉土　癸巳水　癸亥水
辛未土　丁丑水　癸丑木　丙辰寺　乙卯水
壬寅金　丙寅火　丙申火　丙午水　乙未金
辛亥金　庚寅木　丙申火　癸巳水　壬午木

丁亥土　庚寅木　庚辰金　壬子木　壬申金
戊申土　壬午木　丁亥土　壬子木　辛亥金
壬申金　癸亥水　壬子水　戊寅土　癸亥水
丙午水　己未火　甲辰火　庚申木　壬子木

戊子火　己巳水　壬子木　壬子木
癸亥水　乙亥火　壬子木　壬子木
乙未金　甲子金　壬子木　壬子木
丙子水　甲子金　庚子土　壬寅金

以上不写纳音者次吉也，若能遇吉地亦出富贵耳。

新增竖造年月日时富贵格以便合用

辛巳金　丙寅火　丙午水　辛酉木　庚寅木
甲午金　壬辰水　癸巳水　丁酉火　壬午木
丁未水　甲子金　甲子金　壬申金　戊寅土
乙巳火　甲子金　丙寅火　辛亥金　甲寅水

丙寅火　己卯土　戊子火　癸巳水　丁巳土
辛丑土　丁丑水　癸亥水　庚申木　丙午水
癸巳水　丙寅火　乙未金　庚子土　甲寅水
癸亥水　庚寅水　丙子水　庚辰金　甲子金

制煞禳凶总论

夫太岁以下凶神而至二百二十之多，选择难以尽避，然其所占之处各有所忌，须明制禳而用之，则能变凶为吉，故云“制伏得宜反生吉福”是矣。旧说罗睺星推忌巡山罗睺，其余穿山罗睺皆可制。空亡星推忌浮天空亡，其余入山头白大小空亡、天上大空亡、旬中截路空亡、血刃、隐伏血刃、干支千斤血刃、山家千斤血刃、五子打劫血刃之类，皆可制。星中推忌九良星，九良致其余债木星、四大金星之类皆可制。凡曰五鬼、破败五鬼、游年五鬼，曰二木、二土、二金，曰天道、鬼道、血道、死道、地道，曰蚕宫、蚕室、蚕命，曰帝车、帝辂、帝舍，无不可制之煞，大祇神煞皆不外五行之所属，须审所用之杀，遁其所属，然后制其所凶，无有不吉也。推大害，立向大忌，制亦不其欲制之，然干犯干制，支犯支制，纳音犯者纳音制之，化气犯者化气制之，三合犯者三合制之，飞宫犯者飞宫制之，坐宫犯者坐宫制之，皆以五虎遁寻煞方所属何音。再以月建入中宫，冬至后顺遁，夏至后逆遁，分其所泊何宫，生旺休囚何如。若休囚与泊宫受制者，言但生旺，切不可用。假如煞属木，泊于震宫为得令，泊坎，坎本为扶煞，但不可用泊于乾，兑金为受制，泊于离火宫为泄气，泊于坤艮土宫为财帛,俱可用也。如白之制泄气,宫亦须年月日时纳音生旺克制,方可为吉,洎财帛宫者未为上吉,无纳音制伏亦为凶。古人云:若要发修三煞,若要财修流财,要大兴修火星,要小兴修金神与千斤,要极富修太岁与阴府,要小富修官府,要大贵修太岁,救冷退修炙退。此皆古人制凶召吉格言也。

又论曰:凶煞所占,欲有修理者须以岁德、岁合、天道、天德、月德合及历数真太阳、帝星贵人禄马照临之月,更用本命禄马贵人加宫其方,仍以五虎遁起例,而所属以年月纳音克之及作主用有气年月,以锁押之书月吉星有气,卜夷大恶曜休囚不作凶,仍于月内取诸神出游之日,或天德、月德、天恩、天赦、母仓所会之神,斟酌用之,吉无不利。谚云:不怒则威不张,不杀则名不扬。故一贵当推,百杀潜伏。古书云:一吉临官,诸吉拱照。又曰:山头有煞怎奈何,贵人禄马喜相过;三奇三德皆降煞,吉制凶星发福多。惟忌五不遇时。

制年克山家法

按唐杨、曾、陶、祝、翰林王鹗造命,年月有四柱皆犯者,用亦不忌,皆因有制则吉。如甲子年作水土山,遁得戊辰木运,逢金年谓之年克山家,宜用正月逢丙寅火奇制之,或火日火时,或火命行壬火命丑人皆可制之,又须克煞休囚制神,有气月日时克亦仿此制则无疑矣。

制阴府太岁法

夫制阴府太岁之法,犯丙宜用壬取,犯壬宜用庚取,犯辛宜用丁己,己与甲化土,土克水,不复化火矣。用者但取枭杀软,不若七杀之为愈也,枭印偏即杀即偏官,止甲本阴府,甲水为枭神,庚金为土杀,盖甲木属太阳,庚金克木,故可制之。甲木化气制土而壬化气属木,能克土亦可制也。忌用癸水生甲木之气,虽见庚壬枭制,尤恐煞则相生反为凶害,及忌用水木二局年月,若阴府生旺四柱扶合者,大凶,切不可误用。

阴府太岁十干化气
（出自八卦纳音）

乾宫纳甲外三爻生壬，兑宫纳甲外三爻生丁，壬与丁合化木，故乾甲兑丁巳丑山忌用乙庚化金年月日时，宜用戊食庚、癸食乙，戊癸化火克制，如欲用乙年，乙为年克月，用戊月癸日、癸月戊日，或戊日癸时、癸日戊时，或亡命癸，主戊癸生人，亦不能害。

艮宫纳甲外三爻生庚，巽宫纳甲外三爻生辛，丙辛化水，故艮丙巽辛山忌用甲己化土年月日时，宜取壬食甲、丁食己，丁壬化木克制之。

坎宫纳甲外三爻生戊，坤宫纳甲外三爻生癸，戊癸化火，故坤乙坎癸申辰山忌用丙辛化水年月日时，宜取甲食丙、己食辛，甲己化土克制之。

震宫纳甲外爻三生庚，乙庚化金，故震庚亥未山忌用戊癸化火年月日时，宜取丙食戊、辛食癸，丙辛化火年月克制之。

离宫纳甲外三爻生己，甲己化土，故离壬寅戌山忌丁壬化木年月日时，宜取乙合丁、庚合壬，乙庚化金克制之，所谓化气制化气也。

制三煞法

夫三煞者，如甲子年劫煞在巳，灾煞在午，岁煞在未，制法即以甲子五虎遁，劫煞方属巳，巳木甲子年纳音金制之不防，午未方煞庚午辛未土宜用戊辰己巳月合纳音之木亦可制也。或用木日时，如月日时不利相救，作主生命及匠氏生命纳音亦可制之。其余怨煞、仇煞、报煞、禁煞、暗刃煞、飞廉煞、净栏煞、年流财、天命、地辅、帝车、白虎煞、丧门阴中煞、天地官符、受死、灸退、羊刃煞、牛星煞、煞六害、跌碎煞、曲尺神枢煞、碎金煞，宅长中宫等煞并例此制。

制天皇灸退法

夫天皇灸退,即马前一位是也。如甲子年马居寅,退在卯,制如三煞,以纳音克之,或以地支合制之,或以旺快持之,最忌相冲。如卯退神,甲子年修如方,宜用甲戌月日时以为合,或亥卯未日月时以为快持便马,有纠反进不退,而至于其神之退气,一煞而异名,如所谓天皇灸退、罗天退、山家支神退、马前灸退,皆仿此制,又如堆禄年月亦吉。

制官符法

制官符法与制三煞同论,如甲子年天官符在亥,地官符在辰,本年五虎遁得天官符乙亥属火,地官符遁得戊辰属水。再以月建入中宫,冬至顺行,夏至逆飞,如火宫符泊在坎宫为受制,更游年月日时纳音属水,并水局以制其灾为吉。如泊震巽宫属木,乃生火为印绶,生煞之地皆不可用也。又云:为保民致治之官不可制也。

旧说如官符属火,唯一白水星及走马六壬制之,其理亦通。大凡用三合水局年月并会得一白水星到位制之,国有弗藏,自是而推至救阴中官符、暴败官符、游山官符、坐山官符、山家官符、田官符、州官符、县官符之类,皆仿此制。

又制一白犯着官符官,随亦有妙法来相制,解神、赦星、一白寻月财三奇休门至者,遇生旺不堪为,最喜休囚逢泄地,木椿三尺七寸长如斯,于报灵无比败网露出,此天机不与时师容易知。

论飞官符方,其法如丙子年官符在亥,用四月癸巳入中宫顺飞,白水星到位制之,国有弗至遁,余同推之,乃逢字是也。最忌还宫与年月禄马同到则不吉,余可制伏。

制火星法

夫火星之化颇多,有起于干支相连者,有单起于干者,有起于支者,有起于三合者,有起于年者,有起于月者,有起于日者,有起于时者。制法并从所起,如干犯用干制,支犯用支制,干支相连仍以相连制之,如飞宫火星即为干支相连。其例孟月起巽顺飞九宫,遇中宫入谓之火星,盖中乃廉贞之定位,廉贞属火之故也。竖造修方,无制大凶,切忌火局年月,如埋葬位之常得三奇月即极当,魁星到位其发福尤快。古人谓之明矣,今人多畏之。制法如乙丑为火星,其纳音属金年月日时,纳音属火者制之,要看火之不有令否,如不得令,或年或月或日时得木音以助火之气更妙,否则金星有气,火星休囚,亦莫能制之,其理不可不明。如属火,欲水其全制,或得三合水局并一白水星吊得到位有气,可制诸火。又以帝星鸾驾一水轮,亦可制火,又能土气金之气制火之性也。如火性属木则忌用水局,其余不必忌也。自此而推,主于无头火,又头火、天火、地火、独火、年独火、月独火、飞天独火、丙丁独火、年烈火、月烈火、升玄燥火、巡山月游,凡火道、火血之类,皆仿此制。

火星起例,雷火之法,停天之例起太岁,太岁上起正月,逆行上子立寻本月,月下数起顺行至第五妻上是也。太岁起例曰:甲子寻猪甲戌寅,甲申辰上甲申辰。惟有甲寅居戌土,甲午仍求午位停。若遇丑为运即去,逢癸之年跳丙辰。怕行子丑为仇路,其金隔位逆宫寻。七时太岁就起月,太岁停正就起正。逆来寻月庶如精,到月还从支顺数。第五支处是寅神,架屋修坟君切忌。金刚犯着也生灾,详见雷霆年月例。

天火则以月支三合会局水,火之灾木金之旺位为之,阳胎阴旺所谓天火狼藉是也。无头火与巡山罗睺同宫,加子年、乙丑年、壬寅年、癸卯年、甲辰年、乙巳年、丙午年、丁未年、戊申年、辛酉年、壬戌年、癸亥年庚是也。打头火与霹雳火同宫,三合五行之旺位是也。诸家火星惟打头火最繁,如申子辰年在子之类。飞宫火则孟月巽,仲月坤,季月乾,起甲子顺飞九遇入中宫,即为火星也。飞天独火与大煞全官即三合五行之死位是也,如申子辰年月日时在卯之类。此以下通书中以为不与打头火同宫则不忌,可见其理无穷也,明者故不迷耳。

制金神法

金神之例有二：有起于干者，谓之天金神；有起于纳音者，谓之地金神。制法：如干犯用天干制之，支犯用地支制之。如甲年遁得午未之干遇庚辛金为天金神，宜用寅卯制之，盖取寅卯之干遁得丙丁故也。又如丙年遁得午未之纳音属金为地金神，宜用申酉制之，盖取申酉纳音遁得属火故也。修方犯之主患目疾，定方宜用丙丁奇、明门、四太阳、罗星、火星、二德、天赦日月、九紫、明星及寅午戌火局年月，作之能救人火患眼疾。

制将军箭法

昔李广箭，即山家羊刃飞刃煞也。加之山家为羊刃，酉为飞刃，忌用卯年月日时，庚山忌用酉年月日时，如卯酉两字双全者，其为祸尤甚，乃二刃交礼故也，不可不慎。至于次家血刃、值山家血刃、山家次血刃砧如同到山者，主伤血财，其害不浅，如单犯者得贵人、太阳、解神、喝散、三奇、尊帝临之，则能变凶为吉也。

制太岁法

夫太岁者，乃木星之精，岁之君者也。吉方遇吉星则吉，祸遇凶则旋祸，故名。曰功曹投土马作者，前月所属以月日纳音制之，加以三合、贵人、禄马、太阳诸吉治之，则辰昭财禄，名利轩昂。杨公云：太岁可坐不可向。谓岁破可，如甲子年太岁甲子纳音属金，若行于山方当以纳音火加之及火星、丙丁奇、九紫，丙乙日作之，主一年时发兴旺，如丙寅丁卯太岁属火，则以水年月又水星水轮一白制之。余仿此。

制空亡法

夫空亡即浮天空亡是也,其煞单忌作向。诀云:甲子连乙癸,庚丁辛丙是。戌坤巳在乾,浮天番复忌。如甲年在壬,壬年在甲,乙年在癸,己年在乙,宜用三德、火星、□将月财及本命禄马贵人,作之日时刑之,书云:不冲不发,不刑不退。如壬年在甲卯方向,取子月日刑之,酉月日冲之。其余仿此推。

制病符法

夫病符者,即太岁辰后二位,与帝辂同犯之,三瘟度损人,若人连年长病者,可修病符,取天道、天德、天医、天赦、解神、生气、三奇、生门、太阳、金水、奇罗、紫气诸家帝星岁命贵人同到,大兴工作,能救连年长病之厄。

制流财法

谚云:要大来,修流财。又曰:制伏急,流财入。取年命禄马贵人、三德、青龙、月财制之,则反招财喜,不拘年月流财,皆可修。九流财不旺者,修流财所诸,作着流财财便发。

制天命亦毒煞法

夫天命一星,又曰年游赤毒,修造动土,犯之最凶。制法宜用三德月家诸吉及岁命三禄马贵人并天寿星,作之则吉矣。人家多夭折少亡者,依法修之,即世代有长寿之人。

制小儿煞法

夫小儿煞者,又名小月建,其煞比如小儿,不知天地尊卑之分,故不可犯,宜用天宝带彩灿烂,则小儿欢悦,及用危、毕、心、张、母仓宜之,则母到子喜,大吉之兆。

论剑锋并重复月

剑锋诗云:

假如正月建寅方,建前一位剑锋乡。
寅月甲方卯月乙,依此推之自可详。

又《百忌》云:

正七连庚甲,二八乙辛当。
丁癸五十一,四十丙壬方。
辰戌丑未月,戊日是重丧。

按《天宝经》云:修造安坟犯,之六十日杀肉千斤,二百日内损二人,招其公事瘟疫,此杀在方名剑锋,在日名重丧。凡人死日殡葬应于凶事,犯之主有丧也。又《集正》云:复日,复者覆也,且暮为魁罡所击,若与□神并宜为吉事,切忌成服、举哀、斩草、埋葬。按复日覆也,乃支复之义,如寅中有甲又复见甲,如中有乙又复见乙,是为反而曲者,其日亦与重日同,为一切吉事则复吉,为一切凶事则复凶,故凶事于复日又为之重□,如正月甲、二月乙、三月丙、五月丁、七月庚、八月辛、十月壬、十一月癸,三月、六月、九月十二月已皆为复日,不宜成服、斩草、丧殡、埋葬等事,即日忌云重修,集正修用云复日也,古历孟仲月同而四季月异也,同者皆云正甲、二乙、四丙、五丁、七庚、八辛、十壬、十一癸,异者《集正》云:三六月戊日、九与十二月己日。《百忌》则辰戌丑未日皆忌戊己二日,阴阳修用辰戌丑未月复见戊己,只忌巳日,如重丧日只依此例为是,但季月方位并无明说,操术者云月建前一位即是,如辰复见巽,未复见□,戌复见乾,丑复见艮,今依用其说则季月方位辩正明矣。大抵在方上忌修方,若三奇到方,亦能压制,在日上忌丧葬,作诸凶则为凶,作诸吉则复吉也。

凶神总论

如建破魁罡,集圣云:逐年月下载逢建破魁罡四日柱日,今官历亦忌此四日,不宜行事。至书云,盖阴阳分治之日,自惟得佳日必不已或用之,除破日外,余月建魁罡日,若得天德、月德、上吉、神相合亦庶乎可用。桑道茂云:灭门大祸即岁月魁罡之辰,百事忌之,若与黄道并日亦可用也。

阴错阳错:

集正云:其日乃阴阳不足之辰,切忌上官、出行、移居,百事大凶,虽遇天德、月德、玉堂、生气、黄道,亦不可用。

九丑:

历正云:其日乃天地。之日,忌出军、嫁娶、移徙、修筑,余则不忌。内有己卯、己酉、辛酉合太阴太阳所照之辰,考正无讹。

九土鬼:

百忌云:上官、动土、起造忌之,赵垣菴云:凡事有始无终,其日与建破魁罡相并者则凶,若有吉星相扶则无妨,今遁从甲符应经云:所忌壬寅、己酉、甲午日,干生支为宝日,上吉。戊午、辛丑,支生干为义日,上吉。不可以九土鬼论之。

猖鬼败亡:

考诸历不同,若其日与建破平收同则凶,余有吉可以无妨。内有壬申、戊申、辛亥、庚申合太阴吉星,乃是天地开通太阳所照之辰,百事用之大吉,今考正无拘。

诸家神煞起例

以长生、沐浴、冠带、临官、帝旺、衰、病、死、墓、绝、胎、养十二位起神煞，长生为怨煞，又为雷公大绸、网罗小耗。沐浴为仇煞，又为咸池、天丧、大时、龙反、伏地否。冠带为报煞，为豹尾，又为月煞轩辕。临官为岁德，又为太岁天官符州牢煞、宅长煞、游祸。帝旺为金匮将军星，又为霹雳火、打头火、将军大煞。衰为人仓，病为驿马，又为次大祸、天后、天吞，病死之间为马前六害。死为皇天六退、马前灸退、山家灸退，又为曲尺神枢煞、六害跌脚杀，又为致多、小时、天吏、朱雀，又为飞天独火，死病方又为磨家宅杀。墓为齿军，为黄幡，又为光彩。绝为天狱，为劫杀，又为害气煞，绝胎之间为伏兵。胎为灾杀、报府杀、天定。养为岁杀、月杀、的杀、月虚、大禁，又为小口杀。

右三合长生例，寅午戌月火局寅上起长生，亥卯未月木局亥上起长生，申子辰月水局申上起长生，巳酉丑月金局巳上起长生，顺行。三合阴阳同前例，阳月顺行，阴月逆行。四序长生春起亥，夏起寅，秋起巳，冬起申，并顺行十二支，以建、除、满、平、定、执、破、危、成、收、开、闭十二位起神煞者。

建：为元辰，为雄黄宅长杀、丧门、血光、小时，人皇人建二府临错其吉者为母仓共国。

除：为帝车、新妇杀、投头杀、其吉者为太阳、吉期、亭亭、兵宝。

满：为帝舍、寡宿、丧门、土瘟、自长天狗、天劫、地雄、长百煞，其吉为天富、大巫、天贵、福德。

平：为太阴烈火、次地火、哭杀、死神，其吉者为文曲、武曲、天台。

定：为地官符、县官符、畜官符、死杀官符、五异官符、县牢杀、寡宿、天哭，其吉者为财得宝，拾害显星，时阴房黑岁位合华盖。

执：为大煞、岁破、的煞、对官太岁、白虎破煞，其吉者为解神、天医、月解、外解。

破：为小耗、死符、旁杀、浮栏杀，其吉者为支煞、两合、二才星、太阳传殿。

危：为帝轩、地辅照煞、死气、宅母煞，其吉者为龙德、谷时、极富星。

成：为阴中官符、飞廉、大煞、阴符、中男煞、天雄、白虎、鬼火、鲁班煞，其吉者为天喜、生气、进禄星三合。

收：为帝星八座、地煞，其吉者为天仓、天乙、福德、兵福、四时、天德。

开：为五星、吊客、孤辰、太阴，其吉者为青龙、生气、华盖、官国、时阳、地仓、天福、天官。

闭：为天辂、病符、帝座、血支、天狗下食，其吉者为天医、传官星。

右十二位起例，以逐月用建上加建顺行十二支，假如正月建寅，就寅上加建，卯上加除，辰上加满，巳上……数至丑上是闭。余仿此。

子上起子，逆行十二支为狼藉、次地火、地狱、大祸、月厌、阴错，子起丑逆行十二支为无翘，其吉者为六合。子起寅逆行十二支为太阳、吉龙，子起巳逆行十二支为天狱、破收，子起午逆行十二支为招摇、厌对，其吉者为六差，子起未逆行十二支为月火、独火、暴败官符、阴中太岁、游山宫余、阴中煞、土星煞、六害、地中白虎，子起酉逆行十二支。

雷霆传音例

传音诀法，俱以五虎加艮逆行，寻本日在何宫是也。三元即九宫也。

诗曰：

传音一诀报君知，遁甲从寅五虎推。

逆走三元从艮发，吉凶逐一莫猜疑。

但将本日五虎遁，如庚辰作乾方。经云：逆走三元从艮发，乙庚为头，戊寅在艮，己卯在兑，庚辰在乾。随星断，吉星则福，凶星则殃。

雷霆直符诗曰：

直符急事疾如飞，天门甲子起星移。

顺走三元寻本日，吉凶传音一例推。

甲子起乾，甲戌起兑，甲申起艮，甲午起离，甲辰起坎，甲寅起坤。俱在乾上起甲子，如庚午日在震方，乾上起甲子，兑乙丑，艮丙寅，离丁卯，坎戊辰，坤己巳，震庚午，即直符将在甲卯乙方，余仿此，宜入传音直符例。

合气诗曰：

雷霆合气要星同，有气方知通土穷。

射打财方并此例，时师虽众少人通。

凡财方要坐吉星方，打凶星方，如辛卯二月坐丁作癸向，人家主克户头。或次长官事瘟气，损血财。传音木星到山头，只动三六九，木锄打煞人，用过月将方可用也。天罡、水潦、月孛、奇罗、土瀞、金水、紫气、丙乙，此八星是雷路。若到亥卯未申子辰方，与雷有气，日时皆应，若年月皆到卯上打奴婢，皆到亥上打树，并牛马为例。

雷霆杀，卯为雷，打奴婢；亥为犬牛，未为树木，验矣。

动雷法，祈雨兼用流金白虎直将方，乃至验，详见雷廷结。诗曰：

手把天心正诀推，魁罡相会便施雷。

就中恶曜拥血刃，暴雨疾风如倒天。

月孛那堪逢水汇，先雷后雨满天来。

金水若难逢水潦，兴雷致雨莫猜疑。

凡动雷年月日时下到震庚亥卯未上与五行相间，是以辛卯二月作震庚亥未方，须动雷，打妇人即其应也。加辛卯年在寅紫气上，便以紫气入中宫顺飞土瀞，在震庚亥未上。二月在卯，水潦上，以水潦入中宫顺飞天罡，在震庚亥未上，是土瀞天罡相会在震，宫水相战克。

凡占雷雨要土、木、水星守宫，然后飞宫星辰有气方有，如无气天阴此间。在遁天暗需要金火守宫，然后飞宫星辰有气到火宫方晴，有气天阴为应。

雷霆箭诗曰：

甲己丁壬乾巽宫，乙庚不与丙壬同，

戊癸丙辛坤艮位，对方无气见灾殃。

雷霆杀例：

戌亥子日艮宫寻，未申酉日巽为真。

辰巳午日坤方是，丑寅卯日乾上亲。

以雷霆例，看月杀例在何位，如杀在子，即入中宫顺飞看至何位，如卯主艮，雷霆在艮，震属木，亥卯是也。将木椿在地，用槌打一百下，退犯者用此解之即好。

正例诀断

将星逢生旺，传音要气神。
本年并在月，正日及时辰。
四局星同例，当方便杀人。
阴人阴位计，阳命发阳神。
动火须爱火，与瘟水土轮。
故将真妙诀，仔细与君论。

右将星到乾亥伏煞之地，血刃星如甲庚甲坎伏煞之地日，丙乙星到离，壬丙乙星伏煞之地。

雷霆正煞诗曰：

太岁停宫便起壬，逆子宫壬月知情。
便使亥时加顺转，卯时住伏是雷神。
添生之时君且忌，金刚犯着也成尘。

假如雷动年月日时到震庚卯亥未方兴，五行相敌，是每从太岁起正月逆行，如到月上便将亥加月上数去，至卯是雷杀得在此，大验也。

又如乙酉年十月己酉日作乾方巽向，年头泊在寅，从寅上起正月逆数，二月在丑，十月在巳，至甲上是十月月建巳亥，却从巳上将亥顺数至酉，如见辛是雷霆杀也。酉日台将入中宫，艮上奇罗，离上燥火，坎上丙乙，坤上水潦，震上紫气，血刃在巽。乙酉年头泊在寅，寅上系本位，等将罗气星入中宫，飞世乾是血刃。己酉日五虎遁起丙寅，从艮起丁卯在离，戊辰在坎，逐一数去，癸酉在乾，又名纳音杀。

雷霆太阳杀：

血刃太阳月孛神，金水台将天罡阵。
土孱奇罗并燥火，丙乙水潦紫气轮。

雷霆雨晴

壁轸亢斗主雨，箕任向位。柳虚奎娄主晴，潦任向位。

诀曰：

天晴雷雨气何求，五子元中仔细搜。
五行旺相维求应，无气终须雨自收。

一元孛阳丙奇燥主，二元台刃素溽罡主雷，三元潦金刃罡孛紫主雨。

论气诀倒曰：

钧卦星辰要顺飞，方知时下得星奇。
五行顺则皆言吉，相克相形莫施为。
金神须要火即君，须便栽害不相侵。
木用真辛金始吉，水求土宿甚为钧。
火甚原来须壬癸，土宿火喜木成林。

凡人家造作，各随五音进休咎。大凡怕方木克财星便发灾，如血刃到丙土星，过辰戌丑未吉凶便发，木星正月二月吉，酉月凶，有气不发。

十二星吉凶断

太阳紫气奇罗木，离壬寅戌便加福。
欲知金木旺何方，兑丁巳丑喜相逢。
天罡震庚并亥未，须知此处多宜利。
土溽须知损户头，雷伤六畜可忧愁。
四季更防时病忧，要知半载祸方休。
水潦癸宫人眷哭，三年切忌火烧屋。
若还凶少吉星多，宅母阴人须忌目。
月孛须忧到申宫，失财公事祸重重。
欲知灾祸何应时，春季蛇虫咬小童。

设使凶星皆不利，伤胎血痢本人当。
燥火到壬非吉曜，逢冬盗贼扰其乡。
更忧牛田交争起，衰旺须宜断吉殃。
台将坎星凶最恶，坠胎自吊教人伤。
定知四季损牛羊，年年财物自亏落。
丙乙偏宜卯乙方，女人脚上定遭殃。
夏月更防蚕养起，因此吉星及困仓。

十二星游方吉凶断

血刃属金

（元首凶又名从金革）

血刃主刀兵，官灾动四邻。定遭流血患，丧妇更见迍。
巳酉丑年应，颠邪怪梦兴。此星如有气，四十日中嗔。
金位为其子，木宫刑杀人。水宫灾病起，火位大瘟贞。
土上加黄肿，瘟疫祸患侵。五行兼相旺，自缢暗伤身。

太阳属木

（又名重阳中天子）

太阳生贵子，宅母进田庄。东北角音契，荣华数世昌。
紫衣挂锦带，卯酉未相当。有气期年应，休囚三载昌。
木宫林圃事，金位角音坊。器皿金银盈，火宫蚕茧强。
土位多田屋，船车应此方。子孙多旺相，富贵士绅乡。

月孛属火

（又名英士火）

月孛火星强，母与妇遭殃。难逃产难厄，公事血财当。
有气祸尤速，休囚三载长。焚正棣雷火，祸应不寻常。
金位刀兵厄，兼逢毒药伤。木宫风疾患，水主病中亡。

火位心家疾，土宫犯脚疮。此宫如会遇，财退更恓惶。

金水属水

（又名太白水、又名文华水）

金水生才子，文章贵世贤。加官并进禄，招人羽音田。
文契多收拾，亥与子申年。梦想真龙在，居尊寿更延。
金宫家自泰，木主富多钱。更喜田孙盛，火位熟蚕绵。
土宫惟角好，富贵更长年。

台将属土

（又名文符土）

台将入于中，方内半吉凶。支惟皆是煞，宅母妇人逢。
官灾并口舌，暗缢事交攻。亥子丑申酉，其年见吉凶。
有气三百日，家宅少从容。梦寐鬼相伴，所为皆不同。
金位神伏愿，火位血流红。木位人长病，水神带血终。
土位人黄肿，忧心更重重。

天罡属金

（又名华盖金）

天罡星最吉，宅契自然来。驲马金银兆，丝蚕更定财。
投求儒释道，申酉亥年猜。有气四十日，无气岁终灾。
梦寐宫环宅，官爵至三台。金宫田宅至，木宫进外财。
水宫生贵子，土宫土成堆。火宫家旺相，福援自然催。
此宿来临照，人丁定少谋。

土溽属土

（又名天席土）

土溽损户头，次男瘟病愁。祸因公事起，损畜更伤牛。
梦上来相压，凶灾不自由。与煞当有气，四十日中忧。

无气三年内，危亡不可休。金位刀兵起，本位被人谋。此宫为恶煞，水盗来主偷。土宫瘟疫疾，火主祸殃求。此星为造作，灾害几体时。

奇罗属木

（又名曲直木福恶官）

奇罗一木星，万福自来迎。驲马并财宝，更兼贵子生。角音并羽姓，田地时逐耕。梦想乘云吉，有气一年荣。比和三载外，富贵又添丁。水位多财宝，木宫百事成。火宫家宅旺，土宫富有名。此星如逢造，官位至公卿。

燥火属火

（又名荧惑火）

燥火损宅母，新妇命难存。遭火又公事，畜养不成群。灾火成凶兆，无事被人论。休囚三百日，无气月中连。水宫有瞽疾，水宫血气神。火宫主瘟疫，忧虑病多侵。土宫阴人害，产妇恐难存。金乡防卒死，百祸入门庭。

丙乙属火

（又名离明火）

丙乙火之神，妇女受艰辛。八干方半吉，支维却坏人。此宫伤宅母，小口更灾迍。屋舍遭焚尽，灾殃入宅频。火梦成凶兆，暗缢自伤身。金宫主财败，水位嗽痨因。钱财化作尘，寅宫生财败。木宫为劫煞，土疾主相亲。火宫成火疾，钱财化作尘。

水潦属水

（又名玄冥水）

水潦星属水，户头先架丧。子孙为田界，公事亦难当。六畜瘵财退，家计渐消亡。水火为凶恶，非灾见血光。

有气七日内,平和百事殃。金宫为毒药,水主水中亡。
木气遭刑害,土位病成狂。火宫须犯死,灾害岂寻常。

紫气属木

(又名文房木)

紫气木星贵,招生贵子孙。加官并进禄,田地满乡村。
忧兆僧和道,资财便入门。若然逢有气,三百日中论。
无气三年内,应子早成婚。金宫妻妾位,木主进田真。
水主船车是,土中古器存。火宫利蚕养,蚕可满筐中。
吉星应少得,此曜可为尊。

报犯捕捉例

诗曰:

报煞先须察五音,金神用火祸无侵。
木用庚辛始全吉,水来土宿甚均匀。
火煞必须壬癸水,土星大喜木成林。
细认此心真妙诀,人家灾难岂能侵。
此家文字甚空有,永藏心腹不传人。

雷霆方诀

诗曰:

甲己龙飞鸡不啼,乙庚虎咬吞羊儿。
丁壬兔位伴猴骑,丙辛蛇犬同群戏。
戊癸马枋猪寄宿,逆听雷公霹雳声。

其例以各年用五虎元遁,戊见癸丑亥方是也。

雷霆潄火箭火支言

例以本年五虎遁,取戊为雷、癸为火以用事,月建入中宫顺飞九宫,寻本年所遁戊癸到方为雷火。假如甲子年丁卯月就以月建丁卯入中宫,遁得戊辰到乾为雷,癸酉到坤为火也。

雷霆中宫箭

诗曰:

甲己蛇犬走悠悠,乙庚龙鸡不可修。
戊癸马猪方寄宿,丁壬羊位虎啾啾。
丙辛兔向猴边住,箭射中宫更可愁。
时师莫犯中宫箭,十口须教九口忧。

假如甲己年巳戌方是中宫箭,不可犯也。又如甲年遁见甲午戌支,己年己子见巳支,故巳戌二方是犯中宫箭,不可修造。

大凡用此先识太岁,次看传音,三论月将,四论直符,五论八门盛衰,六论五行匹配,七论四时生旺,八论元皇合气。此八煞之元也。

雷霆中局克应诗断

雷霆妙诀少人知,年月日时须逆推,
若作明星修造吉,管教门户定光辉。
预看修方乃葬埋,雷霆值殿不须猜。
帝星若到凶星威,凶煞皆飞吉曜来。

霹雳宫方是恶星,官灾疾病死亡兴。

救神若到方为福，雷打他人见火明。

祥光兆方吉星修，福禄田蚕岁岁收。
纵然家内有人病，遇此修方不用忧。

飞电修方总不宁，官灾口舌不曾停。
财退夭死人家病，构死年年杀少宁。

甘泽如临大吉昌，公事美利大吉昌。
家生贵子人钦敬，进表荣官入庙廊。

威事如临吉庆多，到头人畜尽比和。
田蚕岁岁逢丰熟，进产资财日日昌。

兵权之位见光辉，职位高迁事事宜。
财物田蚕多进益，旺星造作最为奇。

破敌之星主大凶，遭官入狱资财空。
人离财散家门退，水火刀兵贼盗逢。

瑞霞之位主文昌，福禄如山四海扬。
进入田财蚕帛旺，家生贵子甚豪强。

炎烈位主定凶殃，官灾口舌动瘟瘽。
火烧屋宅人财退，又主逃亡去外乡。

没溺凶星不可当，子孙落水主空亡。
因官家退人零落，每岁多忧妇女亡。

文盖之星最好休，修之必定见田牛。

家中所作多兴旺，门第康宁不用忧。

武库之星比帝尊，田蚕大利益儿孙。
所作称心皆吉利，加官进职大名成。

雷霆箭克应断

诗曰：

雷公一动震天庭，射外须教百用惊。
射内须教雷打死，救神相助也从轻。

火烈尊星便火光，周年一日一般装。
射外不知天火发，射内儿孙必灭亡。

飞剑原来是刃星，莫教犯着血流星。
射内应知自被杀，射外还当杀别人。

吉祥之星照人间，内外人家俱吉昌。
喜气临门生贵子，文章及第佐君王。

太阳吉星照人间，百万家财自等闲。
宫职高廷集驰马，富贵声传在外乡。

风云半吉半为凶，射外平和不箭冲。
射内必须防小口，更防妇女血腥红。

电母毫光射小儿，不过半月儿悲啼。
射内一家人枉死，射外阴人带宝归。

鬼火兴灾发火瘟，一年半载灭除根。
射外他人相咒咀，射内人丁尽灭倾。

血刃凶星六畜当，父南子北血腥光。
射外他人当跌杀，射内刀枪坐狱亡。

木神一位最为强，紫袍金带锦衣香。
田财人旺三六九，贵子名扬遍四方。

亡没凶星切莫修，宅母新妇即日忧。
用年一岁还他死，外射人家必见愁。

旺相来临富贵家，紫袍牙笏更荣华。
随手旺财三六九，子贵孙荣实可夸。

雷霆白虎煞诗例

甲己顺坤白虎方，乙庚之月送离乡。
丙辛震巽雷声响，丁壬顺巽动瘟瘟。
戊癸分明从兑顺，祸福从头仔细详。

金精说（总论）

金者，世间之至宝，五色之至最，位列西方，为土之子。行四墓之中，水土墓在艮，辰肖龙，亢金龙也。火墓在戌，戌肖狗，娄金狗也。金墓在丑，丑肖牛，金牛也。木墓在未，未肖羊，鬼金羊也。肖中为走，变化之长灵，金居土墓之中，得生气之所养而属乎，龙金之本墓在于丑，丑本肖牛而属金，是金之头明也。金旺于兑合乎乾之金以生万物，兑纳于乾外爻，纳壬子属坎，火为中男,丁属离火为中女。丁与壬合,阴阳交精之象,人之所生元气系于坎,坎卦二阴外象,母胎阴中秉父精物六爻,六三爻是坤象,九二爻是乾象,乾坤交合而成坎,乾为父,坤为母,在人之元气盛父母交物所生穴为水何于位。天一生水,地六成之,所以元辰始于子,天地所由生,万物并从子出,有虚斗为北斗,故太明白虎度壬寿矣。甲子元机在天几女位,房宿东斗,昴西斗,星南斗。丙辛化水,丙子属水。丁壬化木,壬子属木。戊癸化火,戊子属火,盖冬生春水生木也,春木生夏火,夏则不能生金,是火不能生金,故小暑之候丙丁退令,逢庚则伏。乙庚木化金当此土取之时,庚子属土,子居母腹也。甲己化土,土无正位,寄旺于四季,是金之母也。母有三从一寄于家金,无土不生,甲子属金,夏以饮于光道也。甲子为天干地支之首,纳甲于乾子,乾之金,故澙之金精,金精在母体主生西也,东者秉土气也。金精每月初三日生于酉地,震金首事,震纳庚,长子继父体,初一酉四刻,太阴故出庚方也。

初三日,日朏月生阴之时也,盖始受一阳之光而昏西庚地。初五,二阴生兑丁,初八日酉时月出丁方。初八日,上弦之时,若十二阴之光而昏见于南方丁地。十五日,望夜酉时三阳,太阴方于是夜出东甲之地。月即望之时,金受月光盛满,而天见日东方之甲,在月明满西极,继以一阴生,故十六朝月出于辛,十六朝始生下一阴为巽而成魄,以平旦而没于酉方辛地。二十三日下弦,二阴生属艮丙也,二十三夜半月出丙,二十三日后生中爻二阴为艮,而下弦以平旦而纳于南方丙地,三画三爻,三变为坤皆阴。三十晦,三阴金月方出乙坤,便不三十日,金受三阳之光,尽体伏于东北,谓二十八后变艮为坤,其时月在乙上,故月没乙癸而乙癸在坤。

以上太阴见地魄,故有盈亏。盈者地得金气,吉,谓乙庚丁为先盈气也;亏者地不得金气,凶,谓甲辛丙为后天散气。太阴者,人之标气也,东则多阳,阳为天支,支气成宝,太阴多旦明,明天之内无蚀无晕。西则多阴,阴为地支,支气衰虚,太阴多夕晦,晦如人之死焉,故为人之气不足为亡魄者,不幸遭此,阳气偏绝则生翼飞,阴气偏绝则为兽类,阴开阳隔,其体虽蛰,其神则否。今虽繁盛未衰,可怜异日绝灭家门而莫觉也,得此文者,慎宜置之。蚀者,犹蚕食叶也,晏缺而不满也,虫藏土内蛰否塞而不通也。

金精指诀

五行:木、火、土、金、水。

五行相生:金生水,水生木,木生火,火生土,土生金。

五行相克:金克木,木克土,土克水,水克火,火克金。

干支五行方位所属

东方甲乙寅卯属木,南方丙丁巳午属火,

西方庚辛申酉属金,北方壬癸亥子属水。

中央戊己辰戌丑未属土。

五行旺相休囚死

春:木旺,火相,水休,土死,金囚。

夏:火旺,土相,木休,金死,水囚。

秋:金旺,水旺,土休,木死,火囚。

冬:水旺,木旺,金休,火死,土囚。

五行起长生

金生在巳,木生在亥,

火生在寅,水土在申。

假如金长生在巳,沐浴午,冠带未,临官申,帝旺酉,衰戌,病亥,死子,墓丑,绝寅,胎卯,养辰。余仿此推。

五行禄羊刃

甲禄在寅,卯为羊刃,
乙禄在卯,辰为羊刃,
丙戊禄在巳,午为羊刃,
丁己禄在午,未为羊刃,
庚禄居申,酉为羊刃,
辛禄到酉,戌为羊刃,
壬禄到亥,子为羊刃,
癸禄居子,丑为羊刃。

天乙贵人

甲戊庚牛羊,乙己鼠猴乡,
丙丁猪鸡位,壬癸兔蛇藏,
六辛逢马虎,此是贵人方。

支三合

寅午戌合火,申子辰合水,
亥卯未合木,巳酉丑合金。

十干合

甲与己合,乙与庚合,
丙与辛合,丁与壬合,
戊与癸合。

十干化气

甲己化土乙庚金，丁壬化木尽成林。
丙辛化水分清浊，戊癸南方火偏侵。

八卦纳甲

壬甲从乾乙癸坤，庚来震上巽辛明。
戊从坎处离从己，丙四艮行丁兑宫。

八卦纳配

乾戌亥，坎壬癸，艮丑寅，震甲乙，巽辰巳，离丙丁，坤未申，兑庚辛。

起太岁入局捷法

震乾从亥起初爻，攻丑艮知卯上寻。
坤戌巽成元起数，兑申离子便行程。

定穴捷法歌

乾坤艮巽是大清，第六爻中穴助寻。
子午卯酉天穴独，五爻位上说元因。
寅申巳亥人穴清，知是四爻报君知。

辰戌丑未第三爻，人穴独方无优劣。
甲庚壬丙地戌清，第二爻中不动程。
丁癸乙辛初爻起，原来地浊甚分明。

定五天气诀一

苍天木气火丹天，土气黅天问五行。
假若素天金气主，元来地浊甚分明。

定五天气诀二

苍天木气火丹天，土气黅天问五行。
假若素天金有主，元来水气属于玄。

定五天气法

东方苍天木气，青帝治五十四年，属卯宫。
南方丹天火气，赤帝治四十九年，属午宫。
西方素天金气，白帝治二十六年，属酉宫。
北方玄天水气，黑帝治八十一年，属子宫。
中央黅天土气，黄帝治一百年，气乾坤艮巽所属。

金精发用

五气论

五气从八方，每一方应天始、人中、地终，以象三才，各分清浊。二穴共成六爻,数成八卦之中,具列浑天之甲,五行所属以苍天丹火黅土素金玄水五天之气,以土第六爻次第通接。六十甲子备见本年太岁泊在何爻就以本年太岁坐下所值何天气为主,数一甲、二辛、三丙、四乙、五庚、六丁,随数至本山穴在第几爻,值甲辛丙为后天散气,暗为凶祸;若值乙庚丁先天盈气明为吉福也。其中年月日时各有生克制化,从太岁坐气之官所天而推论。

假如年月日时见胎,当主家中有孕妇,须要有养生以作助之,便生富贵之子;若无生养作助,又逢衰病死绝,其胎不成。

又如四课中,但凡逢生旺冠带临官主发田财,人口蕃盛,墓库主门户稳当,惟主富不主贵,故曰:半吉。得气若干年减半论之局上,局上逢生气佳,旺人丁,家富贵殷实,名为福德之神也。

以上诸占皆须合得先天盈气,方能发福,如局上逢泄气,害子退财,夭亡立见;若衰病死绝,必然家门退缩,疾病相缠,人亡财散,自惹官非。局合后天散气,愈加凶兆,智者上观昏星以认贵地,昏星失次,南北不知。昏星者,太阴。昏见乙庚丁上故为先天气也,失次者朝见甲辛丙上是后天散气也。评见前八卦纳甲阴阳升降图。

原乎天无垂象,地不成形,不考某日时明、某日时暗,某气生、某气败,近世阴阳之家不知其本而失其末。但以某年犯空亡,某年禁向,某年值罗睺,某年犯灸退,不知地下之明暗盈亏之吉凶,是可叹也。且万物主于天地之间,皆有阴阳标本以见源流,人生世上为阳为标,死者埋藏骸骨为阴为本。标气不足,本气盛旺,自旺自贵,犹树之有根,根深蒂固,枝叶须枯稿自然复生荣华。设若本气不足,根枯叶祥是亡魂不幸,遭此阳气偏绝则为兽类,阴关阳隔,其骨雄存,其神则否,向后绝灭家门,无重者乃此也。

若不得地之美,但得旺气于天星内,座盈最之气,亦主一地之发福,存立安稳,优游自在。阴阳二宅,不问年禁月犯身皇定命、太岁、三煞、九良、七煞、流财、剑锋、崩腾、官将一百二十等凶神恶煞,又不问山向相克得龙不得龙及亡魂入墓,但要先天气盈合得五天气生旺,便为吉兆。其三百六十家阴阳克择之文,岂有于此哉?

景纯有曰:葬乘生气。五气行于地中,近世术者各出家传,卒皆缘饰,岂知上观天星得闻至道,在昔先师廖公能识此诀,能通先轩,显用于世,为性刚急,莫可得闻。迨全克招之家未得闻此年月,是故其地者,未尝得其气也。如生命倘得其吉则遇气，合以局，岂可胜言哉？岂能发福富贵也？但要合气盈又逢生旺得地，岂不得发达荣华之理？道人迷此与后举者精详，不可不知矣。录前贤显用生旺富贵格局及衰物败绝格局吉凶等局，假如数局与后学之规鉴矣。

吉凶年月例开具于后。

生旺富贵局

假如正统四年十一月初四日辰时起造宅舍，系坤山艮向，太岁己未，泊第四爻人穴清，系黔天黄帝主事，就本爻起一甲、二辛、三爻、二爻、三丙、四乙，坤艮向首是上六爻所管，得五庚为先天盈气，明发福也。其黔天属土，养在巳未年，旺在丙子月，生在戊日，墓在丙辰时，四课中有生子辰水皆土局，戊己亦旺于坤，丙戊天干皆土之生气盈是，是庚正属西南位坎。又穴在西南间躔参井之界，此为六象齐全，次年庚申合生气，改换门庭，望见甲子旺气到家，迨横发田财，自此滔滔发福，合一百五十九年旺气，是为生旺富贵之格。

衰病败绝格

假如正统六年十二月初十日壬寅日乙巳时，郤姓安葬，作艮山坤向，系第三局，太岁辛酉，泊初爻，系黔天气主事，年月日时逢衰病败绝，合一百七十五年减气，凶。廷后风水渐退，人物破败。同日朱家亦用此日辰时起造宅舍，寅山申向，未见发祸，福亦不生，至三十年平平。如僧缘得先天盈气甲辰时系墓库，与葬者凶不同。

假如成化六年五月十九丙申日辛卯时，张姓葬母，于者在子山午向。予谓此未为吉，本年庚寅，厌煞子，向首不利，鳌短本年庚岁治，第二局第二爻值黔天气主事，长生于丙申日，纳音属火，须是生气朝元，又禄马同乡，合五月胎气，添旺七十八年，葬后三载，足置田数百亩，门风胜旧，便连年讼，灾病不绝，损人二口，何也？缘本气病于寅年，死于卯时，木鬼相攻，土气受伤，又逢灾煞坐穴，只得此局先天盈气，先得令鬼旺气衰，吉凶相伴。辛卯年秋来一子生，逾月而死，乃胎年月无得位之养气，而日之其应而验乎。

谓己未年、丙子月、庚申日、庚辰时，与王姓安葬，作乾山第一局黔天气主事，合生旺养墓，总天气一百八十年旺气吉，又得先天丙乙寅气受□发福，大抵门风或克山家损,不知冬至后金山转运丁丑水也。

正垣合垣格

假如丁山癸向,以癸巳年、戊午月、甲戌日、丙寅时,用事系用丹天火气盈,年月日时生旺临官墓库,若得一百二十一年旺气吉,丁山临躔在星度正垣,合南方旺气符荫增添四十九年福气,是谓正垣护旺。

又如乾山巽向,以丙寅年、癸巳月、戊午日、丁巳时,用事丹天火气盈,年月日时坐旺临官,总得一百九十五年旺气吉,天干戊癸丙丁齐全,合得太微垣龙神护时四十九年福气,是谓合垣护旺气也。

天符庙旺格

正统戊辰,冬游沙寇发群盗数百人,标掠于乡村,家人志奔窜于不幸,先人之丧殓于正寝,恐遭荼毒,凶连亲凶,不得已苍卒安厝候时少得宁息,另行择地依理改葬。向未遇智人,无可与谋,议者不觉荏苒岁月之久,痛切于心,未能终事。今依先妙实茔之左,作未山丑向,地在西真寺岭西库,小即得吉,遂谋癸巳年、戊午月、甲辰日、丙寅时,改葬成坟,系成化九年五月十四日,系第七局第二治,人穴清合丹天火气,癸巳年火之临官也,戊午月火之帝旺也,甲辰日火之冠带也,丙寅时火之长生也。六丁为火天盈气,戊癸骈丽为火之天符,纳音三火巳寅午为火局入庙,是季当权护旺,六丁盈气又属火,十四日且月尚在地丁气明矣。区区骨见,未审论取当是否,正祈高明赐斧正,幸甚!

骈丽杂揉格

一姓造屋,坐亥向巳,子课辛亥年、丙申月、壬子日、癸卯时,竖造上梁,本人疑卯时犯截路空亡,中空犹凶,又卯时嫌是死气,别姓卜者,取丑时吉神多,又金墓库主人从之后,果祸生闺闲,宠妾争权,夫妻反目。盖缘丙辛骈丽,揉难设不得秋令,水局逢旺必致于破败矣。

护旺元气格

一姓作卯山酉向,起屋课得甲子年、乙亥月、乙未日、丁丑时,太岁属苍天木气,或言纳音金木多为煞,又木煞败于子,殊不知金煞须多同病于亥,死于子，四课逢甲乙谓之元气护旺，不谦混分，木逢亥子为生气，则何败之有矣？

泄元害气格

成化五年，己丑岁癸、酉月、己巳日、乙丑时，用术课周姓修造巽乾宅舍，谓修方论年月运利，合通天窍、走马六壬年月，六白并到巽，又天道吉方取丑时极吉。虽有官符县诸吉能压制，周信之不疑，越一年其家因官事所累，死，其屋被火所焚。予以鳌极系黅天土气主事，巳酉丑齐全为泄元局，乙干酉支纳辛皆金秋令得势，须有巳丑火，泄气太重，焉能救制？更过败绝岁气数多，由此观之，何吉之有？

新增前贤应验吉课

寅甲卯巽山厥阴风木苍天木气年月应验。

一卯山庚甲向，杨公择乙卯年、己卯月、庚寅日、己卯时，后出张丞相。

一卯山辛乙向，曾公择庚寅年、丁卯月、辛卯日、辛卯时，后世代官显。

一巽山辛乙向，惠太师择辛卯年、辛卯月、辛卯时、辛卯日，后出真西山。

一卯山辛乙向，赖布衣择庚寅年、丁卯月、辛卯日、己亥时，后出王丞相。

丙午丁巳山少阴少阳名以丹天火气年月应验。

一丙山辛乙向，杨公择己巳年、己巳月、壬午日、壬寅时，后富贵荣显。

一辛山癸丁向，择辛巳年、甲午月、庚寅日、丙戌时，后八子仕宦显贵。

一丙山艮坤向，择癸巳年、丁巳月、庚午日、戊寅时，后出二子拜相。

一丁山艮坤向，玄公择癸巳年、丁巳年、庚午日、戊寅时，后出五子大贵。

一午山癸向，廖公择丁巳年、丙午月、戊寅日、戊午时，后三代十六登科。

辰戌丑未艮坤山太阴湿土黅天土气年月应验。

一亥山丙向，杨公择辛亥年、庚子月、丙申日、丙申时，后出欧阳公。

一艮山庚向，廖公择丙辰年、丙申月、丙申日、丙申时，后出贵绵远。

一坤山艮向，杨公择丙辰年、丙申月、丙申日、丙申时，后出张丞相祖地。

五天气定论

各以山为主起长生。

苍天水气，土合天气垣以甲乙为正位，宜作艮寅甲卯乙辰山，亥卯未年月为进气，喜水生忌火泄，丁壬护旺，皆为荣福。水得甲乙同缠，木遇水而喜欢得木土而根厚，木喜四生一气之日期，宜亥卯未丑戌年月生旺，合东方之旺气也。

造葬主合与安相生者，大发财禄，富贵荣华，名登青史，吉播玉堂。假如癸亥水生，乙卯木旺，壬戌水养，丁未木墓，此为四生一气之期也，添旺三十四年。

黅天土气，土合勾陈金阙垣坎戊己为正位，宜作乾坤艮巽山，申子辰年月为进气，喜火来生，忌木制克，大凶逢。

造葬主命与气相生，而大发财禄，大富贵荣华。假如戌山辰向以丙戌丙申为龙凤三台之格，辰生于申，胎于午，午合之主发福非常，主添旺气一百年。凡甲己日时在家，以金为子孙，火为父母胎，有一元根因火而发大富贵者，火命之人得大财也。

素天金气，庚辛为正位，水是子孙，土为父母，合庚辛，上合天死垣内有华盖星，又喜土生金。宜巳酉丑年月为进气，宜作坤申庚酉辛戌山。

造葬合西方，添旺气二十六年。假如巳酉年、甲戌月、壬申日、戊申时，甲己化土为上华盖，内用宜临官，均用戊申己酉土司攒天旺，大发财福。

丹天火气，丙丁为正位，土合太微垣，戊癸护旺，寅午戌年月为进气，宜作巽巳丙午丁未时。

造葬合南方旺气，添旺四十九年，以土为子孙，木为父母，最喜甲乙寅卯木之生气，忌辰戌丑未为泄气，祥不喜临官帝旺年月日时。为福又喜火年月财喜大吉，正是梦招鹤鹊之来荣槌门送添田地。假如庚辰年、辛巳月、壬寅日、丙午时，以火冠在辰，临官在巳，长生在辰，帝旺在午。

玄天水气，壬癸为旺位，上合紫微垣，宜作亥壬子癸丑乾山进气，合北方亥时气八十一年，申子辰年为进气，喜丙辛为护旺，木为子孙，金为父母，忌甲乙为泄气，遇辛申酉而发福。广寒宫里扳山桂见，水可吉庆而产麒麟，贵同商略而三元之科甲，富比石崇，而豪之金屋。

太凡选择合得五气年月日时，造葬者龙神护卫，恶杀潜藏，添人进产，家宅安康。

天市垣苍天气得乙丁壬□四干为全旺，三十四年吉气，宜作艮寅甲卯乙辰山，喜亥卯未丑戌年月日时，值生旺官临帝星墓泰合旺，遁坤卦三晶帝星用事。

太微垣丹天火气得丙丁戊癸四干为全旺，四十九年吉气，宜作巳丙午丁未山，喜寅午戌年月日时为进气，合离后剥卦为三晶帝星用事。

天苑垣素天金气得乙庚丙辛四干为全旺，三十六年吉气，宜作坤申艮兑辛山，喜巳酉丑申辰年月日时，合生旺临官养墓吉，合官临乾卦为三晶帝星用事。

紫微垣玄天水气得壬癸丙辛四干为全旺，八十一年吉气，宜作亥壬子癸丑山吉，喜申子辰亥未戌年月日时，为生时得合吉局，逢申子辰年大发财，合否、复、夬卦为三晶帝星用事。

造命诀法

（谓选造葬八字造成富贵格局）

克择造命妙诀

造葬八字当如生人八字，贵乎造化纯全，须合山头生旺有气，以山家命运为体，年月日时为相，相不宜克体，宜用生体。人生得五行生旺中和之命而合格局，则富贵亨通，寿考偕老，子孙蛰蛰也。若犯五行偏枯休囚之命而失格局，则贫贱蹇滞，夭折损妻，鳏寡禄巳也。凡人亡则禀赋有生之命，其气数已终，至其葬魄之年月日时，即亡人归根伏命之造化，合得生旺中和，得强利精美，既合山头命运，又得太阳尊帝诸星吉曜加临方向照曜，为身后福荫，瓜瓞绵绵之庆也。其阴宅当以亡人生之年为生，其阳宅建造修方当以宅长年命为主，况山内外又要与人命不相冲克，宜相生旺，食神、贵人禄马、财官印绶合成格局，故曰：三元要成格局，四柱喜见财星。是以今之时师拘拘于神煞之避不如趋旺，相生扶弃休囚刑克，欲臻福禄者，是老妈求嗣，画饼充饥也诀矣。

五行生克旺相载于前第五卷山家墓运上层，克择入门局。

年遁月例

(即五虎元遁)

甲己之年丙作首,乙庚之岁戊为头。

丙辛却向庚上起,丁壬壬寅顺行流。

戊癸却从何处起,甲寅头上好追求。

假如甲己年正月建丙寅,二月丁卯,如乙庚年正月建戊寅,二月己卯是也。

日遁时例

(即五鼠元遁)

甲己还加甲,乙庚丙作初。

丙辛从戊起,丁壬庚子居。

戊癸何处觅,壬子是真途。

假如甲己之日起甲子时,乙庚之日起丙子时是也。

十天干所属阴阳五行

(名天元)

甲属阳木,乙属阴木,

丙属阳火,丁属阴火,

戊属阳火,己属阴火,

庚属阳金,辛属阴金,

壬属阳水,癸属阴水。

十二地支所属阴阳五行

(名地元)

子阳水,丑阴土,

寅阳木,卯阴木,

辰阳土,巳阴火,

午阳火,未阴土,

申阳金,酉阴金,

戌阳土，亥阴水。

十二支中所藏五行

申宫	庚金七分 辛金二分 壬水初生二分	**酉宫**	辛金七分 庚金三分 己土 丁火初生三分	**戌宫**	戊土五分 辛金二分半 丁火二分半	**亥宫**	壬水七分 癸水三分 甲木初生
未宫	丁火分半 巳土五分 乙木二分半		子宫单癸水 寅宫甲丙戊 辰藏癸戊乙		丑癸己辛逢 卯中独乙木 巳丙戊庚同	**子宫**	癸水八分 壬水三分 辛金初生
午宫	丙 丁火八分 巳土三分半 乙木初生一分		午宫丁己土 申宫庚壬水 戌宫辛丁戊		未内乙己丁 酉宫辛庚金 亥宫壬甲宗	**丑宫**	巳土五分 辛金二分半 癸水三分
巳宫	丙火四分 戊土三分 庚金初生三分	**辰宫**	戊土五分 癸水一分半 乙木二分半	**卯宫**	乙木七分 甲木三分 癸水初生	**寅宫**	甲木七分 乙木二分 丙火戊土 初生三分

五行逐月节气生旺诗

看命先须看日主，八字始能究奥理。

假如干上十日王，中旬下旬方论癸。

丑宫九日癸之余，除却三辛皆属己。

新春戊内皆七朝，十六甲木方皆弃。

卯宫阳木就初生，中下两旬阴木是。

三月九朝方是乙，二日癸巳余属戊。

初夏九日轮庚金，十六丙火五戊指。

午宫阳火属上旬，丁火十日九日己。

未宫九日丁火明，三朝是乙余是己。

孟秋己七戊三朝，三壬十七庚金备。

酉宫还有十日俟，二十辛金属旺地。

戌宫九日辛金胜，三丁十八戊土是。

亥宫十戊五日甲，余皆壬旺君须记。

须知得一拟三分，此诀先贤留下秘。

右生旺者，喜财官则制其太过而得，弱者喜印绶比肩以补其不足。

五行生旺死绝十二支总诗

（死败绝最凶沐浴即败）

金生在巳败在午，木生在亥败在子。

水土生申败在酉，火生在寅败在卯。

各从生位起长生、沐浴、冠带、临官、帝旺、衰、病、死、墓、绝、胎、养，顺行十二支，如甲丙戊庚壬属阳顺行，乙丁己辛癸属阴逆行，具图于左，以便览也。

十干阳顺阴逆生旺死墓图

<table>
<tr><td>甲绝　丁己败
丙戊病　申　乙胎
庚　临　　辛旺
壬主　癸养</td><td>甲胎　丁己生
丙戊死　酉　乙绝
庚　旺　　辛临
壬败　癸病</td><td>甲养　丁己养
丙戊墓　戌　乙墓
庚　衰　　辛冠
丁冠　癸衰</td><td>甲生　丁己胎
丙戊绝　亥　乙死
庚　病　　辛败
壬临　癸旺</td></tr>
<tr><td>甲墓　丁己冠
丙戊辰　未　乙养
庚　冠　　辛败
壬养　癸墓</td><td colspan="2">甲丙戊庚壬五阳干顺转
甲木生在亥　丙戊生于寅
庚金生在巳　壬水生于申</td><td>甲败　丁己绝
丙戊胎　子　乙病
庚　死　　辛生
壬旺　癸临</td></tr>
<tr><td>甲死　丁己临
丙戊旺　午　乙生
庚　败　　辛病
壬胎　癸绝</td><td colspan="2">乙丁己辛癸五阴干逆转
乙木生在午　丁己生于酉
辛金生在子　癸水生在卯</td><td>甲冠　丁己墓
丙戊养　丑　乙衰
庚　墓　　辛养
壬衰　癸冠</td></tr>
<tr><td>甲病　丁己旺
丙戊临　巳　乙败
庚　生　　辛死
壬绝　癸胎</td><td>甲衰　丁己衰
丙戊冠　辰　乙冠
庚　养　　辛墓
壬墓　癸养</td><td>甲旺　丁己病
丙戊败　卯　乙临
庚　临　　辛绝
壬死　癸生</td><td>甲临　丁己死
丙戊生　寅　乙旺
庚　绝　　辛胎
壬病　癸败</td></tr>
</table>

横推直看		甲	乙	丙	丁	戊	己	庚	辛	壬	癸
比肩	兄弟朋友之类	寅	卯	巳	午	辰 戌	丑 未	申	酉	亥	子
		甲	乙	丙	丁	戊	己	庚	辛	壬	癸
劫财	羊刃刑伤克妻	卯	寅	午	巳	丑 未	辰 戌	酉	申	丁	亥
		乙	甲	丁	丙	己	戊	辛	庚	癸	壬
食神	寿星天厨子息	巳	午	辰 戌	丑 未	申	酉	亥	子	寅	卯
		丙	丁	戊	己	庚	辛	壬	癸	甲	乙
伤官	退神盗气子孙	午	巳	丑 未	辰 戌	酉	申	子	亥	卯	寅
		丁	丙	己	戊	辛	庚	癸	壬	乙	甲
偏财	偏妻偏妾克母	辰 戌	丑 未	申	酉	亥	子	寅	卯	巳	午
		戊	己	庚	辛	壬	癸	甲	乙	丙	丁
正财	正妻驿马克母	丑 未	辰 戌	酉	申	子	亥	卯	寅	午	巳
		己	戊	辛	庚	癸	壬	乙	甲	丁	丙
偏官	七煞官鬼权星	申	酉	亥	子	寅	卯	巳	午	辰 戌	丑 未
		庚	辛	壬	癸	甲	乙	丙	丁	戊	己
正官	健禄荣身魁星	酉	申	子	亥	卯	寅	午	巳	丑 未	辰 戌
		辛	庚	癸	壬	乙	甲	丁	丙	己	戊
偏印	倒食枭神克子	亥	子	寅	卯	巳	午	辰 戌	丑 未	申	酉
		壬	癸	甲	乙	丙	丁	戊	己	庚	辛
正印	印绶庇荫父母	子	亥	卯	寅	午	巳	丑 未	辰 戌	酉	申
		癸	壬	乙	甲	丁	丙	己	戊	辛	庚

审其地贵龙贵局则宜,选正官、正印、正财诸贵格以助之。

审其地富龙富局则宜,选财局如正财、偏官以助其富也。

论命中六亲取用

生我者为父母正印偏印,我生者为子孙食神伤官。

克我者为七煞偏官正官,我克者为妻妾偏财正财。

比和者为兄弟比肩劫财,以日干为我合课中取用。

凡修造以生命,埋葬以死命,干为主,于四柱中看得何干神,定取其格局而合之。

论造命格局年月

先贤凡择造葬之课皆合造命之法,或用天地同流一气,天干一气,地支正财正官印绶,或拱禄拱贵,或遥禄冲合食禄等格,得合山头运气天符等吉,墓临照者,是谓全吉之课。今将昔日诸公选用格局年月,汇具一二,开于后以便来学者为式。

天地一气格

昔曾公与饶州宋氏作,主壬午生造,巳山亥向,屋用己巳年、己巳月、己巳日、己巳时,曾己为壬,官禄朝午命,合马到向。杨公与陈长者下祖坟,坤山艮向,己巳亡命同此年月,下后三年出四科状元,子孙旺发。杨公在靖康作祖坟,下乾山巽向,庚午亡命,用四乙酉年月日时,下后子孙富贵不替,年月日时均犯阴府。汶阳水乐魏郑公下祖坟,子山午向,用四丙申年月日时,下后子孙代代入朝,富贵不替。四酉□丙辛丁命吉,否则凶。子山宜癸巳巳命吉,辛巳命凶。昔有一人作亥出屋其作主己未生,用四丁未为知天地一气之格为喜,孰知己未生人见四丁为枭神,四未为羊刃,然其造后二子俱亡,己足残废。或问曰:四丁者,昔人之所用为吉,何也?盖命干所合之不同也,所宜者甲戊庚壬生人也,缘甲生人见四未四贵为之伤官,未须午干日主之又见甲,又为贵人所用之器也。戊生人见四丁为正印,庚生人见四丁为正官,四丁皆贵人也,壬生人见四丁为正财,又丁与壬合,支中亦有丁火,皆为迁命之财,故为吉也。

一气堆干格

昔杨公与霸上文婆下白石冈地，艮脉作丁向，用丙申年、丙申月、丙申日、丙申时，犯四阴府，记曰：艮山丁向水流未，丁上失峰范。申七月丙申时天地合玄极十三，又丙申日乌兔太阳分南，一周三载横财归文武褂并衣。又与一丙午宅长造酉山卯屋，用辛巳年、辛丑月、辛未日、辛卯时，记曰：四位辛干丙命合，推干无驳杂；四位进禄都到山，食禄方年间；三房得福一般均，不利乙生人；合得天机大格局，子孙皆享福；待将亥卯未年来，生贵子旺贪财；此家年月真造化，至宝深无价。盖丙午生人，丙合辛，午合未，四位辛干得化，丙克辛干为财，四辛并珠一气，四辛归酉禄元坐山，故曰进禄。丙命用巳年为丙食我禄，丙人归禄皆在巳，巳年属长男，未月未日属小男，卯时属中男，故三房同发福。四辛中乙人不利，其辛克乙子也。

一气进支格

（宜甲戊庚命吉）

昔杨公与沉溪许氏下，庚山甲向，用己未年、辛未月、己未日、辛未时，记曰：未年未月未时下，未日有声价；二位尊星入正宫，有旛目然通；子孙登科后为相，十日之内挂绯衣，名题金榜上。郭景纯与吉安须居仁，葬戊辰亡命，下寅山申向，用壬子年月日、庚子时，记曰：四子一气顺行流，富贵旺田令；不见官星何处出，财旺生官急；甲乙年头金榜名，只为见官星；子孙个个得贤妻，为家宝如堆。年月日犯阴府。又杨公与陶朱下祖坟，艮山坤向，同此年月，下后周年进人，田地大发非常，缘壬为阴府，病在寅山，又戊命克壬为财子，中癸为戊命之财，故吉也。奈初有四凶，宜乙癸巳命为吉。

正财格

昔曾公与饶州宋氏作，主壬午生造，巳山亥向，屋用四丁未，壬取干为财，财于朝午命合马到山，记曰：天干浑丁支浑未，天地同流皆一气；干支合命愈为奇，管取家豪代代贵。又杨与宋朝王丞相下祖坟同此年月，作乾山巽向，名曰胎元一气年月，下后子孙昌盛，出贵不替，宜用戊庚壬命吉，否则凶。

正官格

昔曾公与人下寅山申向，葬丁巳亡命，用壬申年、壬申月、壬辰日、壬寅时，丁用壬为官，旺子生申，又巳与申合，申子辰马到寅山，巳午年出贵，宜乙巳命吉。

拱贵格

昔杨公与泯江秦好仁葬藕溪也，亡命庚戌，下申山寅向，用庚申年、壬午月、庚申日、壬午时，记曰：午合寅向申补脉，双飞蝴蝶格；此为聚禄马夹贵人，取用妙通神。

拱禄格

昔杨公与京兆余侍御，乙亥生致仕，未方作退，居用庚寅年、庚辰月、庚寅日、庚辰时，命禄在卯，二寅二辰拱卯格，乙命以庚为官星，宫禄俱全。余年七十六年整不许，再任阳卷老权，其子孙余年至九十以上。昔陶公与富阳县宋家下祖坟同此年月，葬地名灵隐寺，卯山酉向，乙亥亡命，名曰天元一气，又名夹禄格，后大富贵，月时俱犯贴身空亡，用火克金为财，故无咎也。

冲禄格

昔郭景纯与鄱阳潘氏下河湖蟠龙望月形，卯脉转亥作巳向，亡命辛亥，用四辛卯，记曰：辛午卯支冲禄格，合山更补脉；灵柩几载在廷前，选后几多年。得此年月方安葬，葬后出状元并拜相，无限锦衣归，不利酉生人。大折后登科状元，食禄三十余人。昔曾公与江麴逊葬甲辰亡命人，用甲申年、壬申月、甲申日、壬申时，下辰山戌向，六年后其子孙登科，官禄甚众。

食禄格

昔杨公与沐江颜绍癸丑生，两科不中，星士曰：命不贵。公曰：宜修食禄方必中颜曰：拗命文章何必如是，又不中。托杨公于巳方为命贵作书楼，用辛卯年、辛卯月、丁卯日、癸卯时，丁为财癸食乙禄在卯，卯与巳方命贵。记曰：癸食乙禄在卯贵，亦同再举便乘龙。丁酉年，来必有应，子当加敬信，颜果中而验矣。

遥禄格

昔杨公与地阳庄心留戊戌生，五方作横庭，用丙申年、辛丑月、辛酉日、己丑时，按记云：年命二禄俱在巳何用，明见是酉丑三合喜相逢，巳禄在其中矣。

合禄格

昔杨公与钱塘刘林葬，父亡癸未下，申山寅向，用戊申年、丙辰月，犯阴府、贴身空亡。壬申日，甲辰时，犯贴身空亡，凶。年后其子登科。记曰：癸未禄何如？甲辰合出子，见子造化无取用，实丁合不动。又合暗局房宿主贵。

六阴朝阳格

范公与雷丞相下祖坟地，坤山艮向，用己丑年、辛未月、辛未日、戊子时，皆犯阴府，以辛日干用子夏月乃煞旺身衰，巳上枭之二未布煞及年时纳音，火盛克制，阴府又逢戊子时，名曰：六阴朝阳之格。

四火朝元格

昔曾文遄与华龙国下坟地，子山午向，用四戊午一气纳音，四火补扶壬干旺，名曰四火朝元格。下后子孙富贵，奈午又难旺，得以制水气子山以制之，主出人威猛性烈。四午宫下丁巳辛命吉，余凶。

三德丛集格

三德者，岁德、天德、月德也。如甲己年六月，三德同在甲。如丙辛年九月，三德同在丙。乙庚年十二月，三德同在庚。丁壬年三月，三德同在壬。是谓三德同聚于此山方，大宜造作安葬，更用造命以合之，乃诸福所集，十全大吉。

以上诸格造命年月，凡造葬合得此等年月者最吉，又须审其地，系贵龙贵局则取贵格月用。如正官三奇正印堆禄诸格，更合生命贵人文星禄马到山，乃崔官年月，若龙穴合得富格财，宜择偏官正财偏印之格，更取生命禄马并催富诸吉星到山，是为催富之造也，凡学造命熟读《继善篇》。

造化发微论

(《继善篇》摘要)

人禀天地,命属阴阳,生居覆载之间,皆在五行之内。人禀天地,命属阴阳,生于天地之间,不离金木水火土之生化也。

造命至玄,难逃一理之中;五行妙用,要识变通之机。先贤造命至于玄处,无过理顺,命之理微,圣人空言八字,有健旺衰弱之分,扶助枭制喜忌之不同也。嫌其太过不及,取其中和为妙。此言一章之纲领,学者要知五行变通而用。

先察山脉贵贱,次定造化高低。贵龙须知寻贵局,富龙尤当推富期。凡欲造命,先审山头何如,然选合年月格局,务要得宜配合相当。如贵地择正官正印之类,如富地择偏财偏印之类。

龙弱日贵莫载,为小图大,先凶后吉,主龙欲弱孤。力轻小,欲图大,造选值大富贵格局,年月莫能受授,先主见凶,后出吉人,终入外姓以成其才也。

格局停当,亦扶否山之薄脉;年月休囚,能减真龙之厚福。脉须得而课吉,终须致富;龙虽真而课凶,焉能发福?

断其吉凶,专用命日为主。三元要成格局,四柱喜见财官。天干为天元,地支为地元,以支中所藏者为人元。年月日时为四柱,我克者为财,克我者为官,生我者为印,我生者为食,专以命日干为我配合生克。四柱取用,要见财、官、印、食而成格局,方为美也。

用神不可损伤,日主尤宜健壮。用神者,四柱益我之物也,有用之神不可损害也。课中日干强壮,能任其财官生旺,以扶其命也。

年伤命日干,为主本不和。假如庚辛金,日用甲乙木日干,或甲乙木命人受金克之,故云:主本不和,父子不相和也。四柱无制伏众助,则造葬不吉。

岁月日时,大怕煞官混杂。年月日时中有官星,若见七煞则为不吉。务要去煞留官伏制度方为美也。

课主偏财,忌兄怕弟。若偏财一位,比肩不逢。如丙命用庚,忌见丙丁,弟授兄妇，兄夺弟财，贵遇贱夫，盖言忌相克之意。

局内印绶，畏财喜官。如甲乙生人见亥子为印绶格，最喜正官为用事，乃官遇印绶，必然欢悦。忌逢戊己辰戌财星之年，即贪财坏印，定主灾凶也。

七煞偏官喜逢制伏，不宜太过。如壬逢戊为七煞，要见甲木制之则吉也。喜一制一伏，不可甲乙多，驳制之太过，反以为凶也。

官星正气，若见刑冲则为不吉。如乙命以庚申为正官之格，无七煞之混，乃得五行正气。最忌刑冲或四柱犯之，寅字则冲之，见巳字则刑之，故曰不吉也。

伤官如遇官地，于空灾降。如甲生人用丙丁为伤官。伤官者，乃盗身泄气所忌之神，再逢官煞年分，必有不测之灾也。

阳刃冲合岁君，悖然祸至。如甲己年生人见卯为羊刃，遇酉金而冲之，戌而合之，则祸至矣。或三合木局，年月冲命，亦主不吉也。

富贵荣华，定因财旺生官。课中财旺生官，则积福如山，财旺无之亦妙。财官不露，当作贵看。经云：财多生官，须一身居旺地；财多益气，本身自柔不在此限。且如甲乙木用庚辛金为官，戊己土为财，土旺生金，金乃木之官，先贫后富，富而且贵，定见财旺生官也。

寿命夭贫，盖是见衰遇鬼。课中有煞，日主死绝无气者，主夭。日主衰弱无助者，主贫。旺则以煞化权，衰则变官为鬼。且如秋天，甲乙生人见庚辛申酉来克，不夭则贫。

财见多而命弱，世出贫人。若课中多财而日干衰弱又无扶助，主先富后贫及出贫人。经云：财多身弱，正为富屋贫人矣。

煞化权而命旺，家生贵子。如课中日主生旺有气，虽见煞而反为我喜，乃煞化权之论，主先贫后富，反生贵子。经云：以煞化权，定显寒门之贵客。

官星无破，定主登科中第。凡正官之格，无煞混杂及无冲破者，必主登科及第之兆也。

财库生旺，必出纳粟官员。凡四柱得财旺生官之格，无冲破者必出纳粟、拔例、监生、缘吏之官。

有官有印而无冲破，乃作廊庙之材。课中有官有印者，无财星坏印，又无伤食及四柱无冲破者，必主大贵。

无印无官而有格局，亦为朝廷备用。课中无印无官者，得其真正格局，亦主大贵。如三奇朝廷等例,拱禄拱贵等格局是也。

要登金榜,须择日旺遇权。权者,正气官星也。命日生旺,官星有气又印绶助日,必主登科也。

若佐圣君,心选主健逢官。四柱官星显露,日主健旺又得财星助官合其孚曜者,必主大贵。

印绶被伤格未就,倘若荣华不久。但印绶本生气之源,不可有伤,被伤见财也。如六甲生逢癸地,最嫌戊己来侵,为伐见损。倘有禄位,不久而败。所谓合财坏印,财见重重,有事难夸。

身弱见鬼局无成,纵然富贵必倾。凡自身天元衰弱,纵得官星,不可为妙。歌曰:非格非局细察,只因破损伤神。身遇官多先贵,后来费力劳心。身若居官难发,纵然富贵必倾。

凶格中亦有正印官星。印绶者,怕逢财气坏印。官星者,畏见伤官,必败。若四柱中有财官、印绶,遇其相害,不成其名,反为凶星害之矣。

吉课内也犯七煞羊刃。七煞有制化为官,羊刃无神,可为极品贵。偏官发于白屋,羊刃起收边城,为将相岂不为吉课哉?歌曰:正官正印,柱中忌见,伤坏刑冲,恶多吉少。为凶可作贫贱而论。课内为刃七煞,善多恶少,相逢杀星,喜刃两相同制煞,身强贵用。

阳刃犯于七煞,主生好杀凶性。羊刃在天为紫暗星,专行诛戮;在地为羊刃杀,偏官者,七煞之暗鬼。若羊刃之七煞,主生凶恶之人。

印绶会格天德,定出素食慈心。如命元犯凶恶神煞,若遇天月二德神救之,凶不为害。大凡印旺重逢天月二德而助其吉,定由慈心素食之人。

日主高强,接出子孙无病。凡课中日主高强,荫出子孙无疾病。

财星有气,常见钱谷有余。凡课中财星有气,荫出人家钱谷必多。如庚金见乙木为财,在正二月或得水局,皆为有局,在三四月则为退元。

世享林泉,官与刑而不犯印贵二德还宫。凡课不犯官鬼刑宫,如得印绶相扶,再合天月二德并贵人还宫,年月纵在高位,主致仕定而无疑也。

劳禄田园,日与命有相弱,官与七煞相临。凡命干与日主休囚,四柱干支官煞相欺,必出下贱之徒,可坐而定也。

命日两强而杀少,是为以杀化权。日干健旺,四柱生命有气,故曰:两强杀少者,乃我盛而彼衰。故曰:以杀化权耳。

命日两弱而杀多，乃为有损无益。日主衰弱，四柱克命无助，故曰：两弱杀多者，乃彼强而我衰。纵合吉星，究无益也。

命日逢衰，见官星而出小人；命日遇旺，见鬼宿而产英才。此四句中吉贵在日旺为先也。

二禄居时，不喜官星。或日禄，或命禄居时者，最怕官星，所以强破禄反贵为贱矣。如壬命日主用亥时之例，见戊己官杀者为凶也。

六阴朝阳，格忌鬼宿。六辛见戊子时是也，鬼宿即官杀也。辛以丙丁为官杀，岁月如见丙丁二字乃南方火，伤了辛字，所以不能朝阳也。若成真格局，不见丙丁，必主富贵。

太岁乃众煞之主，未必为殃；若逢战斗，必主刑伤。太岁乃人君之主，未可作凶言。或命主、或羊刃、或日干冲合刑克岁君，乃是臣犯君，必招其灾，此为战斗也。

岁伤日干，有祸必轻；日犯岁君，灾殃必重。太岁克日干，如父怒子，其情可恕。日克岁君，如子怒父，罪不可赦也。且如太岁庚辛日干甲乙则灾轻，日干庚辛太岁甲乙则灾重。

五行有救，反必为财；四柱无情，故名克岁。此言日犯岁君，如当生有救，祸减一半，反招其才也。若四柱有食神印绶制救者，谓之子遇母救，则吉无凶。又如甲日克戊岁，如得己字在干则是甲与己合，夫妇贪合有情。乙日克己岁，若干头有庚，亦是夫妇贪合有情。如无配合克制，便是四柱无情，故以日犯岁君论之。

命日选值甲乙，如遇庚辛相伤，切要丙丁来制。庚辛怕见丙丁，若逢壬癸不忌。戊己本嫌甲乙庚辛，先见无危。癸壬愁破戊己，甲乙逢之不畏。丙丁虑遭壬癸，戊己当头何惧。假如命日主值甲乙遇庚辛金来克，切要丙丁来制方吉，虽云有救，其祸亦轻。

天元虽旺无依倚，必出常人。日主太柔有财官，定生寒士。佳格局要秉中和，日主太旺无财官，乃云无依，为太过必主出僧道孤形之人。日主太柔，财官多者曰不及，必主寒士命穷之人。假如甲乙命干日用在春月，为身旺，虽见庚辛为官杀，四柱且得丙丁火制，其中和者为妙。如命日主衰，四柱有印助者亦吉，不可学此而弃彼也。又如乾山用四乙酉之例，乃乙木为阴府，日主虽微，用在秋月。酉宫辛金，七煞生旺，故能制乙杀。原干属庚，乙与庚合，见乙木为财，反致吉福。察四酉刑重，必得命干命主方许无伤。

甲与己合，逢生旺必出公平。课中逢甲与己合，更带生旺，主出忠厚、公平、正直之人。

丁与壬合，遇太过的产奸淫。课中遇丁与壬始合而太过，多阴浊阳盛，主出奸心、酒色、淫乱之人。

命日逢丙，值申位必出少亡。谓逢丙申日，申有壬水长生无制，定出少亡之人，及申子辰水局年不吉。

命日遇己临亥日，必主寿夭。谓逢己亥日，亥有长生木无制，必出夭寿之人，及亥卯未年不利。

庚金见寅而遇阳火，命日逢旺何害。庚寅日四柱中有丙火，乃庚旺杀衰，故主无害。诗云：庚逢寅位禄当权，丙丁重见寿必端。身旺鬼衰犹可制，虚知鬼杀化为权。

乙木加巳而遇阴金，命日位弱为灾。乙巳命，日柱中有土金，乃乙木衰而杀旺，故主灾祸。诗云：乙逢双星木衰残，如见辛金寿必难。丙丁不来相救助，岂知安乐不成权。

木犯丙丁，名为泄气终落寞。甲乙木日重见丙丁巳午火，则为泄气，乃泄身之气，必主贫困也。

水逢庚辛，名曰印绶始丰隆。壬癸水日重见庚辛申酉金，则为印绶生身，必主富贵也。木旺于春，水旺于冬，安然无忧。火旺于夏，金旺于秋，自然福寿。如日主甲乙用于春三月之间，而四时有财官之助，必主富贵福寿，太旺又反夭贫。

金逢夏月，频见血光。如庚辛金日干用于夏月，又见四柱丙丁火生旺，无壬癸水制，必招血光之灾。又云：金逢夏月者，太岁忌见阳火阴火，最喜水金而有救，终为有损而无益。

土遇春天，多生黄肿。如戊己土日干用于春月，又见四柱甲乙木生旺，无庚辛金制之，必生黄肿之病。又言土遇春天者，太岁忌见阳水阴水，最喜土金而有制，终为有劳无功。

筋骨疼痛，盖因木被金伤。甲乙木日干衰，逢四柱庚辛申酉，金旺克木，主生四肢疼痛风颠邪症之人。

眼目昏暗，必是火遭水克。如丙丁火日干衰，逢四柱壬癸，水旺克火，主生眼目昏暗盲目之人。盖肺属金，脾属土，肝属木，心属火，肾属水，故金受伤，主见血光痨疾之症。土受伤，主见腹胀浮肿之症。木受伤，主见筋骨痂疲之症。火受伤，主见眼目昏瞽之症。水受伤，主见下元冷疾之症。

金木相克，人人凶恶；水火相伤，代代官讼。以上乃申言相克之弊。

木要水生最要相宜，金资土厚亦宜得用。如木死在午，得四柱水盛，反为生地，故曰：死处逢生。如金死于子，四柱土旺，反为有救也。

是以五行要用，不可偏枯，阴阳罕见，不可一例而推。务要秉中和之气，竖造埋葬自然富贵。略敷古圣贤之遗书，纵约以今之贤者博览，看通此法，恭详算命，无差误矣。

克择造命定论歌

自昔杨曾传造命，无过一理顺。
生克制化讨工夫，得令宜相近。
世人不知造命法，选择无真定。
若人生时得好命，五行禀气清。
富贵原来在五行，可以理推情。
通书逐月安葬日，避凶趋吉神。
后来宋末失其传，讹论到于今。
五行错乱竟无分，体用莫能评。
富贵年月无人识，宜把卦例寻。
几多富贵地相逢，葬后令人贫。
掘起须教福人来，富贵又天生。
孰知造命课相孚，富贵地同论。
识得年月不识星，亦是枉劳心。
龙运须用正五行，杨曾原有证。
山家洪范验如神，制化重于音。
堪舆要约亦分明，术者急推寻。

造命相地法富贵歌

告君富地看关锁,有关有锁富须真。
十里十锁税千石,举此推之应若神。
无关有锁亦堆玉,无锁有关虚根定。
此是富地真定诀,局受潮迎发不停。
来似之玄屈曲去,不论阴阳混杂神。
若是脱龙并就局,不合天星也积银。
于今漏泄此天机,莫把山家去乱经。
告君贵地有原因,龙穴砂水要罗星。
罗星尽在水口论,三三五五聚为尊。
罗星形分三十六,内有六吉产名臣。
识得三十六般形,杨公曾说识龙经。
贵地水口在此镇,富地何曾有此星。
富地须求富年月,贵地良期贵格寻。
山家定得富贵真,好选四课两字情。

右造命格局已成,若合天符之吉,又得五运六气符同,更看山向大利,乃大富大贵之造也。苟非种德之家,何能遇此?今人有谙于理者,谓年月选择之法为虚诞,不足信,此何言之太谬耶,盖古人之评心深仁至厚,既云年月无凭,必不妄诞。卜公云:年月有一端之失,反为吉地之深殃。又云:山吉水吉而穴吉,何以多灾?岂知年凶月凶日凶,犯之罔觉。杨公云:吉地葬凶祸先发,名曰弃尸福不来。岂虚语哉?

补遗《六神篇》

正官偏印,不如乘马。用官之法,大要健旺清高,最忌浅薄,官旺宜印,弱则宜财,不易之理也。今云用印不如用财者,乃有一说。假如身旺官轻,多见印绶,则日主愈旺而官愈弱矣。壶中子云:官轻不如杀轻,所以喜旺之地生官,表里方能中和则发福矣。

断曰:正官无印本无权,佩印如何又不然。只为印多官泄气,不如乘马得高迁。

七煞用财,偏宜得禄。课中杀旺太过,日干无依,又加用财生煞,则日愈弱而煞愈旺矣。

断曰:财官煞旺煞伤身,四柱全无总靠神。弃命相从成贵象,运行得禄反孤贫。

印逢财而罢职。印乃清高正大之物,见财则不能保其名位,假如原用印绶不以官煞为奇者,运行正官之地,一遇财乡克于印绶,四柱无比肩为救,不免伤重重者,必死于异乡。

断曰:印绶贪财得有伤,任从天地立纲常。更无比肩来救助,罢职投闲归故乡。

财逢印而迁官。身旺用财,荣华可知,再行财旺之地,主不能胜,却要印来相助。流年助我根本,反能迁官发财,不以贪财坏印为凶也。

断曰:身旺诚能掌大财,财多身弱更为灾。正官何处救根本,岁运还须得印来。

命当夭折,食神孑立逢枭。七煞伤身,原无正印为解,以食制杀,壮年运喜制煞之乡。如遇枭神有力,柱无偏财统敌,不见伤身祸列。

断曰:七煞重重主大荣,食神一位正当中。逢煞夺去无财救,夭折芳魂逐水流。

运至凶危,羊刃重逢破局。课中用财,无杀大忌羊刃为祸。若岁运重逢羊刃,劫财破局,必有丧家、囚狱、丧妻、克子、水火、刀兵之患矣。

断曰:用财不有煞重来,羊刃逢之必夺财。再致刃乡应破局,伤妻败业见非灾。

争正官不得无伤。官者,禄也,无人不欲。柱中多见此劫,则有一位官星,必争夺有祸,不如运至伤官,伤尽官星,则比肩无事,乃可安矣。

归七杀最嫌有制。此亦因比肩之谓也,盖四柱多见比肩,必然争禄争财为祸。如年月透出一位七杀,比肩知畏势,必归之岁运,一遇食神制杀,则柱无张主之神,使比肩复乱如初,则破败丧亡必矣。

官居煞地，难守其官。官为纯雅之贵人，煞乃奸邪之恶客。如官居煞，当其势不能独立，必混化而为杀，虽有纯雅之风，安能守乎？

煞在官乡，岂能变煞？煞乃刚暴之人，虽在官星礼义之乡，终不由礼义而化，故不变煞为官，理明矣。

贪财坏印擢高科，印分轻重。凡印重煞轻，绝不贵要。财旺之乡克太过之印，生不及之煞，煞印相停，必能超越，若印轻逢财，乃为大害。

遇比肩财缠万贯，比得宽扶。财乃我受之物，柱中七煞专权，日主被制无暇用财，若比肩透露，岁运扶日主不弱，可以敌煞，而财为我用也。

断曰：用法何曾财不用，偏官多见日干衰。得逢比劫贤扶处，白手犹能聚大财。

运到旺乡身反弱。此言从煞未成之象，日衰未肯弃命从财煞，若运遇扶助之地，必与财争，一不胜反遭财煞之害，愈见弱矣。必因财横祸灾病累身也。

断曰：身弱拖根微有助，本从七煞未从财。假饶岁运扶身起，败战无功力反衰。

财逢旺处祸犹轻。身弱财旺，用之不得，行遇比劫，分财助气而祸反平也。

断曰：偏正财多祸必多，日干孤立奈如何。直逢比劫分将大，省得贫魔与疾魔。

财不有伤，还忌阴谋之贼。柱贵用财无比肩者，夺之则无所伤，正当观支库中有比劫暗藏，或破冲刑，则私窝之害有所不免者也。

煞无明制，当寻伏敌之兵。煞者，凶暴之人也。必食神明制，方为可用。如柱中明无制伏之人，不可便言凶也。要深求四柱支神，如有食神暗伏，或刑冲，或就三合，亦可为伏敌之兵，大运行制杀乡，必主成名进禄也。

贵人头上戴财官，门充驷马。此言岁日互换，贵人不遇空亡克破，劫刃同宫，上戴财官，居正位带合有根进气，乃为富贵掌兵之人也。

生旺宫中藏劫煞，勇冠三军。课中如带亡神劫煞，得遇正真长生及年支纳音，得长生、临官、帝旺，出武略群英，有拔山之勇也。

为跨马以亡身，柱中原多比劫。却无财用，岁迎逢财，日生乃贪其财，比又必然劫夺，重则损命丧家，轻则休官罢职。

因得禄而避位，柱中原有官星。带财为贵，运行归禄之乡，乃比肩旺地，必然争夺，财官正谓遇比肩而争职，于此反失俸禄，故避位也。

印解两贤之厄。两贤者，二煞也；印者，仁也。日主不弱，两煞透天干，虑日主柱中无食神救解，被枭神所夺最凶。若用印化煞，使降于我，如此不独富贵则享福矣。

财勾六国之争。财者，人人欲之，因而招祸者多矣。局中比刃伏于四柱之间，不遇财则无争劫。倘柱中有财，或岁遇财，则惹起比肩，煞劫为祸刑，耗伤妻子，此可见矣。

众煞混行，一仁可化。煞本欲制伏，若煞多，力不能制必叛，故不如用印。印者，仁也，以仁化煞，自降为妙，喜印旺以益者，其化不宜再制，谓疾之已胜乱也。

一煞倡乱，独力能擒。独煞倡乱，势力有限，一食制之，则可以伏，况食神多而制之者乎。

印居杀地，化之以德。如甲日申为煞，克我无制，其凶可知，殊不知水印长生在申，自能化煞，不便凶暴。若干支多财，乃成小格，比旺财轻者，用之更美。

煞居印地，齐之以刑。如乙木用辛金为杀，遇子岁恨恃强克我子，强我之印，乃煞所生之官。若辛金透露，侵凌日主，干无食神为救，如得旺午冲子去生煞之官，则辛无所依，应免克身之患也。

兄弟破财财得用。一局比肩，日干专禄，格中不见财官，则无所用。却要比肩盛里望空，冲破财旺之官，而财方为我之用也，大怕填实，正用合比肩。如辛酉日遇酉多冲卯，乙卯日遇卯多被午，乃合正用。

煞官欺主主须从。官煞太多，日主无力，四柱更不抱根运途，又行财杀，不加弃命从杀，遇杀旺之乡，必能发福。大忌身旺食神之运助，起身强反破业破财，盖要弃命从杀之谓也。

一马在厩，人不敢逐。马者财也，乃比肩须必争之物。若财分明，透中特立无遮栏者，譬马之在厩，其分素定比肩不敢争逐，大怕皆财运道三合六合之乡，比肩暗窃，致祸不轻。

一马在野，人共逐之。专言用财不见，却隐于干支库中之间，乃人不知之地，故比肩亦有所图，统窃其财，虽深藏固闭之间，难保无患。

财旺生库破生宫，兼奉两家宗祠。凡人以印为母，以财为父。财以印为家，印以财为主，然财贵而印自荣，夫败则妻无依，所以论人根本父母，必至看财为先。如财有长生之官，又见墓库局中有冲破劫，所生之宫无犯于墓库者，则为螟蛉过继之儿，弃父从母之子也。盖生于发蒙之初，库在收敛之际，弃始由煞，故如此也。

身居比肩成比局，当为几度新郎。凡命无伤官食神者，必然用财为妻。妻所属之宫，日下一位是也，却被比肩占了。又见三合成局，岁月时见财中，必夺柱无财岁运见亦为患，克妾伤妻，岂止一二而已矣。

父母一离一合，须知印绶临财。柱内之印为父母之神，所属不许同宫，虽为父母之名，实有克刑之意，岂能免离间之恨哉？无财印相运之官，而财印皆有着脚，坐禄同乡者得娶舍而成家无问矣。

夫妻随娶随伤，盖为比肩伏焉。凡论财为妻室，逢旺用之年，或有生助进气，当得其妻，殊不知财下原伏比肩已被杀神制伏，不能遂可夺之机，一遇其财，又见食神制杀，则比肩夺财而妻难久处。

子位子填，孤嗟伯道。子者，官杀也；子位者，生时也。时上要财及用官杀，生旺之气不逢刑害孤虚，不失用神时候则有子矣。如官失其令，更有伤官食神为始，经来时上，填实反有伯道之叹也。

妻宫妻守，贤配孟光。妻者，财也；妻宫者，日下被财也。本宫若见其妻乃得位矣，不逢比刃，不遇刑冲，不有鬼化恶杀，乃得天月二德贵人同处者，不惟遇道辖之才，且有孟光之德也。

入库伤官，阴生阳死。伤官未有阴阳生死，当效其是，大凡伤官居库，岁运逢之，多见丧亡横祸，殊不知五阴伤官，为此还魂，无咎也。

帮身羊刃，喜合嫌冲。刃乃帮身之物，大抵身旺逢之，得一重杀与刃合化为权是，若见官与刃冲战，乃成恶煞，师者宜审其轻重何如耳。

权刃复行权刃，刃剑亡身。权煞也；刃，兵也。身旺有此两端，乃兵刑首出之人也。煞旺喜行制乡，财旺喜行煞地。若原煞再行煞旺之地，立业立功处，不免死于刀剑之下。羊刃多再行羊刃之地，旺禄得财处，必终于药石之间也。

财官再遇财官，贪污罢职。财，俸也；官，禄也。身强遇此两端乃名利出尘之士，凡官弱喜行财乡，财旺喜行官地，皆得福成立之时也。如有官逢官则禄余矣，旺财逢财则俸余矣，君子禄过俸余，必见贪污罢职也。

禄到长生原有印，清任加官。原用官星衰弱，不能称印绶之荣，若官遇长生便见清奇特立，早有顾印之情，印乃生身之本，三者之用既周，故此必然进爵加官也。

马行帝旺旧与伤，官途进爵。原用偏正之财，须得位而失其时，居官亦未显要，必待临官、帝旺，岁运财已足，用马必健驰，日无比刃伤劫，于此进爵加官，余则财可征矣。

财旺身衰，逢生即死。财旺身衰，力不能任意若与之相忘，反见所守安然，一遇长生之地，即便倚强有图为未得，而祸反随之矣。

刃强财薄，见煞生官。兹言用官做耿而财薄，盖因羊刃劫财，不能生官，则官无所倚矣。如见一位七煞，合刃弃财以甦财，病足以生官，官自能旺，故学者于此又不可以见煞混之嫌，宜细推之。

兹法玄玄之妙，今颇习而成章，稍助学者开明万一。

五行要诀

课中五行不可太甚，八字须得中和，土正水流全福寿，土虚木盛必死伤，运会元辰须当夭折，木盛多仁，土薄少信，水旺归垣，顷有智金坚主义，却能为金水聪明而好色。水土混杂必多愚，遐龄得遇中和夭折，表于偏枯，辰戌克制并冲，必须刑犯徒流。子午相刑，门户全无和德叶，那就财明偏正荣。财就杀论，刚柔伤官，无财可持，虽乃赤贫，食神制煞，逢枭非贪即入贫。财者，皆因旺处遭刑。孤寡者，只为财神被劫。弃煞重官方舍福，弃官重杀有威权。

诸星定例

（谓诸吉星帝星起例等事）

三奇帝星年月起例

夫三奇者，又胜诸吉将，乙丙丁乃是。上界之真牝，其功莫测，可以降地下之凶煞，凡三奇禄马到不避将军、太岁恶煞日逼避。歌曰：

若论三奇问行年，遁甲分明仔细传。
乙丙丁逢天上位，甲戊庚游地下眠。
若在南方须照北，如居西位照东边。
乙奇若到十五日，丙奇一月祸潜消。
丁奇四十五日吉，诸神恶煞尽来朝。

飞宫掌诀

二坤立秋	七兑秋分	六乾立冬
九离夏至	立中	一坎冬至
四巽立夏	三震春分	八艮立春

冬至后阳遁顺，夏至后阴遁逆。

立春艮山青山色，春分震上好推详，
立夏巽宫寻本位，夏至离火陷当时，
立秋坤上从头数，秋分兑上定无移，
立冬但去乾宫取，冬至坎宫还顺飞。

假如庚午年冬至后顺局，从坎上起甲子顺飞，乙丑到坤，丙寅震，丁卯巽，戊辰中，己巳乾，庚午兑。乙庚之岁起戊寅，即以戊寅入兑宫，亦顺飞，戊寅兑，己卯艮，庚辰离，辛巳坎，壬午坤，癸未震，甲申癸，乙酉中。一奇丙戌乾，二奇丁亥兑，三奇戊子艮、己丑离。余仿此推。

又如辛未年夏至后逆局，从离上起甲子逆飞，乙丑艮，丙寅兑，丁卯乾，戊辰中，己巳巽，庚午震，辛未坤。丙辛之岁起庚寅，即以庚寅入坤宫逆飞，庚寅坤，辛卯坎，壬辰离，癸巳艮，甲午兑，乙未乾。一奇丙申中，二奇丁酉巽，三奇戊戌震、己亥坤、庚子坎、辛丑离。余仿此。

辨论三奇

假如庚午年冬至节，乙奇在中宫，丙奇在乾宫，丁奇在兑宫，此定例也。乙奇得十五日，丙奇得三十日，丁奇得四十五日，此通书年月诸星发用说之明矣。则庚午年冬至日起至大寒节尽,凡四十五日,但乙奇得中宫,自冬至日起至大寒节,凡三十日满而乾宫丙奇消矣。推丁奇在兑,自冬至日起直逢大寒节,尽凡四十五日,兑宫丁奇消矣。至云丁奇得日稍久,待人却以三奇小作,三候每奇管十五日则冬至节十五日,乙奇在中宫,小寒节内十五日。丙奇到乾,大寒节内十五日,丁奇在兑。若如此当作二十四气论,何以八节论耶?不迨辨而自明矣!通书六十太岁逐年备载虽明逆顺,犹虑后学未易通晓,今以庚午年作定局为例。余仿此。

庚午年定局例

	立春	春分	立夏	夏至	立秋	秋分	立冬	冬至
乙奇	震	兑	艮	中	兑	震	坤	中
丙奇	巽	艮	离	巽	乾	坤	坎	乾
丁奇	中	离	坎	震	中	坎	离	兑

三元白星年月日时起例

九宫图

乾六　　兑七　　艮八　　离九

中五

巽四　　震三　　坤二　　坎一

起星法

一白水　　二黑土　　三碧水

四绿木　　五黄土　　六白金

七赤金　　八白土　　九紫火

三元年白法

上元一白起甲子,中元四绿却为头。

下元七赤兑方发,逆寻年分把星流。

六十年为一元,一百八十年分三元。

元泰定元年甲子为上元,洪武十七年甲子为中元,正统九年甲子为下元。洪治十七年甲子为上元,嘉靖四十三年甲子为中元。

上元甲子起一白、乙丑到九紫,中元甲子起四绿、乙丑到三碧,下元甲子起七赤、乙丑到六白。

并逆布以求值年星,既得值年星即移入中宫,顺飞出八方。

逆布求值年星定局

元							上元	中元	下元
甲子	癸酉	壬午	辛卯	庚子	己酉	戊午	一白	四绿	七赤
乙丑	甲戌	癸未	壬辰	辛丑	庚戌	己未	九紫	三绿	六白
丙寅	乙亥	甲申	癸巳	壬寅	辛亥	庚申	八白	二黑	五黄
丁卯	丙子	乙酉	甲午	癸卯	壬子	辛酉	七赤	一白	四绿
戊辰	丁丑	丙戌	乙未	甲辰	癸丑	壬戌	六白	紫	三碧
己巳	戊寅	丁亥	丙申	乙巳	甲寅	癸亥	五黄	八白	二黑
庚午	己卯	戊子	丁酉	丙午	乙卯		四绿	七赤	一白
辛未	庚辰	己丑	戊戌	丁未	丙辰		三碧	六白	九紫
壬申	辛巳	庚寅	己亥	戊申	丁巳		二黑	五黄	八白

右排定六十年下所值之星,分三元中值之星移入求财宫,飞出八方。

三元月白法

诗例：

子午卯酉起八白，寅申巳亥二黑求。

辰戌丑未五黄起，掌中飞宫用逆游。

十二年分三元，子午卯酉为上元，正月起八白，二月七赤，三月六白。辰戌丑未年为中元，正月起五黄，二月四绿，三月三碧。寅申巳亥年为下元，正月起二黑，二月一白，三月九紫。并逆布以求值月星，既得值月星即移入中宫，顺飞八方。

上元	子午卯酉四仲年	中元	辰戌丑未四季年	下元	寅申巳亥四孟年
正、十月	八白	正十月	五黄	正、十月	二黑
二、十一月	七赤	二、十一月	四绿	二、十一月	一白
三、十二月	六白	三、十二月	三碧	三、十二月	九紫
四月	五黄	四月	二黑	四月	八白
五月	四绿	五月	一白	五四	七赤
六月	三碧	六月	九紫	六月	六白
七月	二黑	七月	八白	七月	五黄
八月	一白	八月	七赤	八月	四绿
九月	九紫	九月	六白	九月	三碧

右排定十二月所值之星，分三元即移本月所值星入宫中，顺飞八方。

三元日白法

冬至后阳遁

一白　二黑　三碧　四绿　五黄　六白　七赤　八白　九紫

自一白数至九紫顺行，周而复始求值日星。

冬至后为阳遁分三元，冬至前后甲子为上元，雨水前后甲子为中元，谷雨前后甲子为下元。上元甲子起一白，乙丑二黑，丙寅三碧。中元甲子日起七赤，乙丑八白，丙寅九紫。下元甲子日起四绿，乙丑五黄，丙寅六白。并顺布求值日星，即移入中宫顺飞出八方。

夏至后阴遁

九紫　八白　七赤　六白　五黄　四绿　三碧　二黑　一白

自九紫数至一白逆行星，周而复始求值日星。

夏至后为阴遁分三元，夏至前后为子为上元，处暑前后甲子为中元，霜降前后甲子为下元。上元甲子起九紫，乙丑八白，丙寅七赤。中元甲子日起三碧，乙丑二黑，丙寅一白。下元甲子日起三碧，乙丑五黄，丙寅四绿。并逆布求值日星，即入中宫逆飞入方，德前富贵。

陈希夷《玉钥匙》三元择日之诀：

阳生冬至前后时，顺行甲子一宫利。
雨水便从七宫起，谷雨还从巽上推。
阴生夏至九宫逆，九紫顺从三碧疑。
霜降六宫起甲子，逆顺分明十二支。

盖此求日白之法，错乱纡缪，此三元择日之诀，阴阳顺逆，节上相续，殊不知古人移宫接气之义也。

三元时白法例

冬至后阳遁

一白　二黑　三碧　四绿　五黄　六白　七赤　八白　九紫

自一白数至九紫顺行星,周而复始求值时星。

冬至后子午卯酉四仲日为上元,以甲子时起一白。辰戌丑未四季日为中元,以甲子时起七赤。寅申巳亥四孟日为下元,以甲子时起四绿并顺飞八方。

夏至后阴遁

九紫　八白　七赤　六白　五黄　四绿　三碧　二黑　一白

自九紫数至一白逆行星,周而复始求值时星。

夏至后子午卯酉四仲日为上元,以甲子时起九紫。辰戌丑未四季日为中元,以甲子起三碧。寅申巳亥四孟日为下元,以甲子时起六白。并逆布逆飞八方。

按时白之法,其例与希夷择日之诀同,盖阴阳顺逆,节节相续,得移宫接气之义也。

右历书云,应三白之法,修作不避将军、太岁、大小耗、官符、行年本命诸凶杀并不能为害,惟忌天罡四旺大煞月建方不可动土。一行禅师及桑道茂《定宅经》凡起造必先得紫白在其方,及当有气年月则福重,无气则方轻,当避其入墓受克暗建交制,开牛穿心煞,宜避则吉,此有定局载于诸吉白星年月例。

都天转运行衙帝星年月起例

假令图

申 年弼 七破	酉 年贪 八辅	戌 年巨 九弼	亥 年禄 十贪
未 年辅 六武			子 年贪 十一巨
午 年破 五廉			丑 年巨 十二禄
巳 年武 四文	辰 年廉 三禄	卯 年文 二巨	寅 年禄 一贪

其法当将太岁位,数贪、巨、禄、文、廉、武、破、辅、弼、顺行十二支,看其年是何星,假如子年贪,丑年巨,寅年禄,卯年文之类,却以其星入中宫顺行,飞九宫则遇贪、巨、武、辅、弼五星到何宫吉,余四星下利,数年锐毕又当从寅上起正月贪,顺行十二月看所修之日值何星,却以其星入中宫顺飞,如年月贪狼者即帝星,若到所修之宫,或官符、流财、血刃一任修作,遇凶即凶,遇吉则吉。

右都天转运帝星取一白贪狼,六白武曲,八白左辅,九紫右弼,心星所到之宫为吉。古历各日逐年值位九星,后人乃加巨门一星,以为五吉,以谓二黑属坤而坤有黄中,通理之德,汝指为吉神而易其名曰都天转运行衙帝星。

盖山黄道年月起例

翻卦图

兑	丁巳丑	震	庚亥未
坤	乙	坎	癸申辰
巽	辛	艮	丙
离	壬寅戌	乾	甲

起例:黄罗贪,天皇巨,年头禄,紫檀文,朱雀廉,地皇武,人道破,黑道辅,配方乾甲离壬寅戌。其余仿此。

假如子年装离卦,震上起黄罗,兑天皇,坎年头,坤紫檀,艮朱雀,巽地皇,乾人道,离黑道。丑寅二年装坤卦,艮起黄罗,巽天皇,乾年头,离紫檀,震朱雀,兑地皇,坎人道,坤黑道。卯年装兑卦,乾起黄罗,离天皇,艮年头,巽紫檀,坎朱雀,坤地皇,辰人道,兑黑道。余仿此。辰巳年装乾卦兑起黄罗,午年装坎卦巽起黄罗,未申年装艮卦坤上起黄罗,酉年装震卦离起黄罗,戌亥年装巽卦坎起黄罗。

定　局

子癸辰申方	子年	丑寅年	卯年	辰巳年	午年	未申年	酉年	戌亥年
丑丁巳酉方	年头	人道	朱雀	紫檀	黑道	天皇	地皇	黄罗
艮丙方	天皇	地皇	黑道	黄罗	朱雀	年头	人道	紫檀
寅午戌壬方	朱雀	黄罗	年头	地皇	天皇	黑道	紫檀	人道
甲乾方	黑道	紫檀	天皇	人道	年头	朱雀	黄罗	地皇
	人皇	年头	黄罗	黑道	紫檀	地皇	天皇	朱雀
卯未庚亥方	黄罗	朱雀	人道	天皇	地皇	紫檀	黑道	年头
乙坤方	紫檀	黑道	地皇	年头	人道	黄罗	朱雀	天皇
巽辛方	地皇	天皇	紫檀	朱雀	黄罗	人道	年头	黑道

贪、巨、武、文四星吉，余并凶。

北辰帝星年月起例

（配方壬子癸丑艮寅为）

天上北辰大帝星，下手兴工百鬼惊。
凶神若见低头拜，恶煞逢之走不停。
若是大修大益进，小修小发万般成。
此家年月修方向，宝惜千金莫度人。

年月日时例

天剑　天锋　天凶　天台　天魁　天仇
天冤　天虚　天灾　天帝　天祸　天祸

其法以年建、月建、日建、时建，如天剑起逐位顺行。假如子年以子加天建星顺行十二宫，数天合、天魁、炎帝、天福为吉。余仿此。又法，从建、除数起，取平、定、收、开为吉。

右件帝星年月十二占逆顺交五照临二十四向，其间只有四星吉，宜用封互照，入向顺者出，逆者入，须得年月日时四处帝星皆占方位，乃众神威仰，无不发福。不问将军、太岁、身皇定命、官符、血刃、流财、金神、暗曜诸般神煞，任意施为，无不吉利。

飞天活禄年月起例年禄

排山掌诀

乾六　兑七　艮八　离九
中五
巽四　震三　坤二　坎一

甲禄寅,乙年卯,丙戊年巳,丁己年午,庚年申,辛年酉,壬年亥,癸年子。十干年当以月建入中宫顺行巽,见本年禄即修作,大吉。

假如甲子年甲禄到寅,正月建寅,寅禄到中宫。二月建卯,将卯入中宫顺行,到辰乾巳到兑,数至寅又到兑矣。其余仿此。

飞天活马年月起例年马

排山掌诀

乾六　兑七　艮八　离九
中五
巽四　震三　坤二　坎一

申子辰年马在寅,巳酉丑年亥,寅午戌年申,亥卯未年巳。十二支年当以月建入中宫,顺向寻见本年马,修作吉。如甲子年二月寅马兑矣。

阴阳贵人年月起例

飞宫图

二坤　七兑　六乾
九离　五中　一坎
四巽　三震　八艮

诗诀:

甲戊庚牛羊,乙己鼠猴乡,
丙丁猪鸡位,壬癸兔蛇藏,
六辛逢马虎,此是贵人方。

十干	甲	戊庚	乙	己	丙	丁	壬	癸	辛
阳贵人	未	丑	申	子	酉	亥	卯	巳	寅
阴贵人	丑	未	子	申	亥	酉	巳	卯	午

其法以逐月月建入中宫顺飞。假如甲年正月以寅入中宫顺飞,则卯到乾,辰到兑,巳到艮,午到离,未到坎,即是贵人到坎。又□□数去到坎见丑即阴贵人到兑。余均仿此。

天心都天宝照年月起例

丑未之年卦坐乾,寅申艮地可堪迁。
卯酉值向巽中取,辰戌并知马占先。
巳亥二年寻半起,子午居坤是正元。
太阳主宿贪狼顺,禄存巨破总前游。
武曲文曲同左辅,廉贞右弼坎罗睺。
十二支神皆足定,并来朝见日霞仙。

假如丑年以乾亥如太阳顺行,则壬子土宿,癸丑贪狼,艮寅禄存,甲卯巨门,乙辰破军,巽巳武曲,丙午文曲,丁未坤申廉贞,庚酉右弼,辛戌到罗睺,其年则乾亥、癸丑甲卯、巽巳丁未庚酉,吉。

今具丑未年因局以例,其余年月仿此。

宝照定局

以上太阳、贪狼、巨门、武曲、左辅、右弼六星为吉,余星皆凶。

一行禅师四利三元起例

一太岁	二太阳	三丧门	四太阴	五官符	六死符
七岁破	八天德	九白虎	十福德	十一吊客	十二病符

其法常以月建入中宫顺飞,寻其太岁所在处起,一太岁二太阴逐宫顺数去,一有误犯他煞者,即于天德、太阳、太阴福德四吉方并工报之,其灾自息。今人以其月建入中宫,只寻子位为一太岁于上,皆无应验,盖甲子年二月则以丁卯入中宫,寻就甲子在艮,即于艮宫顺飞,一太岁二太阳在离,三丧门在坎,四太阴在坤,逐位数去,以寻四吉星所到之处为吉。

假如丁巳年作子山午向,又将甲辰入中宫顺飞,逢丁巳太岁在离,太阳在坎,则壬子癸坐宫得太阳,可营造埋葬则吉。

李淳风十二年四利三元压煞年月起例

其法以所用年月建位上加一太岁,顺行十二宫,假如子年月以子宫加太岁,丑太阳,寅丧门,卯太阴,辰官符,巳死符,午岁破,未龙德,申白虎,酉福德,戌吊客,亥病符,如子年月则丑卯未酉四位上遇太阳、太阴、龙德、福德四吉星,余并凶。如十一月用丑卯未酉日,四日吉星日利安葬、入宅、造作、嫁娶、出行、裁衣、安床、动土,百事并吉。

十二年四利三元压煞方日定局

年月日	子	丑	寅	卯	辰	巳	午	未	申	酉	戌	亥
太阳	丑	寅	卯	辰	巳	午	未	申	酉	戌	亥	子
太阴	卯	辰	巳	午	未	申	酉	戌	亥	子	丑	寅
龙德	未	申	酉	戌	亥	子	丑	寅	卯	辰	巳	午
福德	酉	戌	亥	子	丑	寅	卯	辰	巳	午	未	申

玉皇紫微鸾驾帝星年月起例

紫微帝座拱星辰，普照关州世上人。

若合星吉照向坐，无灾无祸保千金。

此是九天玄女玉皇紫微帝星年月，乃是鸾驾行游，如到中宫即曰圣人登殿，神藏煞没，更合三奇、禄马贵人诸吉星拱照，莫大福也。

甲己丁壬戊癸六年阳顺定局例

玉皇　玉皇　火轮　金轮　水轮　土轮　炽轮
星例　天乙　火帝　天定　宝台　炽帝　炎帝

年	子	丑	寅	卯	辰	巳	午	未	申	酉	戌	亥
方	庚申	辛酉	乾亥	壬子	癸丑	艮寅	甲卯	乙辰	巽巳	丙午	丁未	坤申

假如甲子阳年从庚酉上起玉皇，辛戌火轮，顺行，自上（左）数至下（右），遇玉皇、金轮、水轮、天乙、天定、宝台、立星吉，余星并凶。又如丁卯阳月从壬子上起玉皇，顺行，癸丑火轮，自上（左）至下（右）。其余仿此。

乙庚辛丙四阴年定例

年	子	丑	寅	卯	辰	巳	午	未	申酉	戌	亥
方	寅甲	丑艮	子癸	亥壬	戌乾	酉辛	申庚	未坤	午丁	巳丙	辰巽卯乙

假如乙丑阴年从丑艮上起至玉皇,逆行,自上数至下。余仿此。又如丙寅阴日从子癸上起至玉皇,逆行,自上数至下。其余仿此。

紫微　紫微　荧惑　太乙　宝台　游都　奕游
星例　天乙　大煞　荣光　朗曜　凶杀　黑煞

甲己丁壬戊癸阳年月以子加紫微,丑荧惑,顺行。乙庚丙辛阴年以子加黑煞五凶煞逆行。紫微、太乙、宝台、荣光、天乙、朗曜吉,余并凶。

甲己丁壬戊癸阳年月定例

年月	子	丑	寅	卯	辰	巳	午	未	申	酉	戌	亥
星	紫微	荧惑	太乙	宝台	游都	奕游	天乙	大煞	荣光	朗曜	凶煞	黑煞

乙庚辛丙阴年月定例

年月	子	丑	寅	卯	辰	巳	午	未	申	酉	戌	亥
星	黑煞	凶煞	朗曜	荣光	天煞	天乙	奕游	游都	宝台	太乙	荧惑	紫微

紫微鸾驾年月起例

要知天地逞神通,阴兔阳龙逆顺从。
但向宝瓶子宫取,帝星到处任兴工。
但来干上论阴阳,却来支上起焕轮。
甲己丁壬戊癸顺,乙庚辛丙阴逆循。
炎轮天乙火帝君,天定太乙炽轮星。
炎帝玉皇兼月孛,金轮水帝土轮巡。

甲己丁壬戊癸六阳年定例

年月	辰	巳	午	未	申	酉	戌	亥	子	丑	寅	卯
方	壬子	癸丑	艮寅	甲卯	乙辰	巽巳	丙午	丁未	坤申	庚酉	辛戌	乾亥

假如丁丑年月丁干属阳,以辰起壬子上逐宫顺数到乾亥,见丁卯年即以炎轮加乾亥上顺行,则天乙到壬子,炎帝到癸丑,自上数至下。余仿此。

乙庚辛丙四阴年定例

年月	卯	辰	巳	午	未	申	酉	戌	亥	子	丑	寅
方	壬子	乾亥	辛戌	庚酉	坤申	丁未	丙午	巽巳	乙辰	甲卯	艮寅	癸丑

假如乙丑年月乙干属阴,以卯从壬子上逐宫逆数到艮寅,见乙丑年即从艮寅上起焰轮逆行,则天乙到癸丑、火帝到壬子为例。

紫微鸾驾帝星年龙月兔日虎时牛起例

北极大帝显光辉,年龙月兔子宫推。
日虎时牛寻取鼠,吉神到处认施为。
焰轮天乙火轮君,大帝太乙炽轮星。
炎帝玉皇并月孛,金轮水帝土轮神。
但来干上论阴阳,却来支上起焰轮。
甲己丁壬戊癸顺,乙庚辛丙阴逆巡。

焰轮凶　天乙吉　火轮凶　天定吉　太乙吉　炽轮凶
炎帝凶　玉皇吉　月孛凶　金轮吉　水轮吉　土轮凶

甲己丁壬戊癸六年属阳顺例

年	辰	巳	午	未	申	酉	戌	亥	子	丑	寅	卯
方	壬子	癸丑	艮寅	甲卯	乙辰	巽巳	丙午	丁未	坤申	庚酉	辛戌	乾亥

假如甲子年甲干属阳,以辰加壬子上顺数去,到坤申上见甲子太岁,即从坤申上起焰轮,庚酉上是天乙,逐宫顺行,自上数至下。余仿此。

乙庚辛丙四阴年定例

年	辰	巳	午	未	申	酉	戌	亥	子	丑	寅	卯
方	壬子	乾亥	辛戌	庚酉	坤申	丁未	丙午	巽巳	乙辰	甲卯	艮寅	癸丑

假如乙丑年乙干属阴,以辰加壬子上逆数,到甲卯上见乙丑太岁,即从甲卯上起焰轮,逐宫逆行,自上数至下。余仿此。

甲己丁壬戊癸属阳月定例

月	卯	辰	巳	午	未	申	酉	戌	亥	子	丑	寅
方	壬子	癸丑	艮寅	甲卯	乙辰	巽巳	丙午	丁未	坤申	庚酉	辛戌	乾亥

假如甲子年三月建戊辰,戊干属阳,以卯加壬子顺数,到癸丑上见戊辰月,即从癸丑上起焰轮,逐宫顺行,自上数至下。余仿此。

乙庚辛丙属阴月定例

月	卯	辰	巳	午	未	申	酉	戌	亥	子	丑	寅
方	壬子	乾亥	辛戌	庚酉	坤申	丁未	丙午	巽巳	乙辰	甲卯	艮寅	癸丑

假如戊辰年三月建丙辰,丙干属阴,以卯加壬子上逆数,去到乾亥上见丙辰月,即从乾亥上起焰轮,逐宫逆行,自上数至下。其余推之仿此。

甲己丁壬戊癸六阳日定例

日阳	寅	卯	辰	巳	午	未	申	酉	戌	亥	子	丑
方	壬子	癸丑	艮寅	甲卯	乙辰	巽巳	丙午	丁未	坤申	庚酉	辛戌	乾亥

假如己巳日己干属阳,以寅加壬子顺数去,到甲卯上见己巳日,即从甲卯上起焰轮,逐宫顺行自上数至下。余仿此。

乙庚辛丙四阴日定例

日阴	寅	卯	辰	巳	午	未	申	酉	戌	亥	子	丑
方	壬子	乾亥	辛戌	庚酉	坤申	丁未	丙午	巽巳	乙辰	甲卯	艮寅	癸丑

假如庚午日庚干属阴,以寅加壬子逆数,去到坤申上见庚午日,即从坤申上起焰轮,逐宫逆选,自在上数至下。余仿此。

甲己丁壬戊癸属阳时家定例

时阳	丑	寅	卯	辰	巳	午	未	申	酉	戌	亥	子
方	壬子	癸丑	艮寅	甲卯	乙辰	巽巳	丙午	丁未	坤申	庚酉	辛戌	乾亥

假如己巳日用甲子时,甲干属阳,以丑加壬子顺数去,到乾亥上见甲子时,即从乾亥上起焰轮,壬子天乙,癸丑火轮,艮寅天定,逐宫顺数,自上而至下。余仿此。

乙庚辛丙属阴时家定例

时阴	丑	寅	卯	辰	巳	午	未	申	酉	戌	亥	子
方	壬子	乾亥	辛戌	庚酉	坤申	丁未	丙午	巽巳	乙辰	甲卯	艮寅	癸丑

假如庚午日用庚辰时,庚干属阴,以丑加壬子逆数去,到庚酉上见庚辰时,即从庚酉上起焰轮,逐宫逆行,自上数至下。余仿此。

右紫微銮驾帝星年月与罗星年月吉凶,并同谓之夹罗帝星年月。

中宫鸾驾帝星起例

子午炎轮性，寅申起火君。丑未从太乙，卯酉炎帝临。

辰戌星行孛，巳亥动水轮。阳年正月顺，阴年月逆遁。

假如甲子阳年，正月顺行起焰轮入中宫，二月天乙入中宫，三月火轮入中宫，四月天定入中宫。又如丁卯年，正月逆行数起炎帝入中宫，二月炽轮入中宫，三月太乙入中宫，四月天定入中宫。余仿此。

紫微鸾驾帝星入中宫定例(上元局)

巳亥年	二八月紫微	四十月天乙	六十二月玉皇
子午年	正七月紫微	三九月天乙	五十一月玉皇
丑未年	二八月天乙	四十月玉皇	六十二月紫微
寅申年	正七月天乙	三九月玉皇	五十一月紫微
卯酉年	二八月玉皇	四十月紫微	六十二月天乙
辰戌年	正七月玉皇	三九月紫微	五十一月天乙

紫微鸾驾帝星入中宫定例(中元局)

子午年	正七月紫微	三九月天乙	五十一月玉皇
丑未年	二八月天乙	四十月玉皇	六十二月紫微
寅申年	正七月天乙	三九月玉皇	五十一月紫微
卯酉年	二八月玉皇	四十月紫微	六十二月天乙
辰戌年	正七月玉皇	三九月紫微	五十一月天乙
巳亥年	二八月紫微	四十月天乙	六十二月玉皇

紫微鸾驾帝星入中宫定例(下元局)

子午年	正七月天乙	三九月水轮	五十一月玉皇
丑未年	二八月水轮	四十月玉皇	六十二月天乙
寅申年	正七月水轮	三九月玉皇	五十一月天乙
卯酉年	二八月玉皇	四十月天乙	六十二月水轮
辰戌年	正七月玉皇	三九月天乙	五十一月水轮
巳亥年	二八月天乙	四十月水轮	六十二月玉皇

玉皇紫微帝星值日入中宫定局(考正无讹)

月	正四七十	二五八十一	三六九十二
玉皇显星	丁卯丙子乙酉	丙寅乙亥甲申	乙丑甲戌癸未
	甲午癸卯壬子	癸巳壬寅辛亥	壬辰辛丑庚戌
天皇曲星	辛酉	庚申	己未
	戊辰丁丑丙戌	丁卯丙子乙酉	丙寅乙亥甲申
	乙未甲辰癸丑	甲午癸卯壬子	癸巳壬寅辛亥
紫微传星	壬戌	辛酉	庚申
	辛未庚辰己丑	庚午乙卯戊子	己巳戊寅丁亥
	戊戌丙辰丁未	丙午丁酉乙卯	丙申乙巳甲寅

压煞帝星起例

乙庚丁壬戊癸年月顺局

崇班木　冤魔金　将军金　都魔木　巡察火　捉杀火
压煞土　仇雠土　招妖火　灾亡火　魔察水　司徒木

崇班、压杀、司徒、捉煞四星吉，余凶。

配方以子癸为例

月	正	二	三	四	五	六	七	八	九	十	十一	十二
乙庚年	子	丑	午	卯	辰	巳	午	亥	子	酉	戌	亥
丁壬年	子	丑	寅	未	申	巳	午	未	子	丑	戌	亥
戊癸年	子	巳	午	卯	辰	巳	戌	亥	申	酉	戌	卯

假如乙丑年，正月以子加崇班，丑冤魔，寅将军。又如乙丑年，二月以丑加崇班，寅冤魔，卯将军。用年家各月方位并起崇班顺行。余仿此。

<table>
<tr><td rowspan="2">甲己丙辛
年月逆局</td><td colspan="2">崇班水</td><td colspan="2">司徒木</td><td colspan="2">魔察水</td><td colspan="2">灾亡火</td><td colspan="2">招妖火</td><td colspan="2">仇雠土</td></tr>
<tr><td colspan="2">压杀木</td><td colspan="2">捉煞木</td><td colspan="2">巡察火</td><td colspan="2">都魔木</td><td colspan="2">将军金</td><td colspan="2">冤魔金</td></tr>
<tr><td>月</td><td>正</td><td>二</td><td>三</td><td>四</td><td>五</td><td>六</td><td>七</td><td>八</td><td>九</td><td>十</td><td>十一</td><td>十二</td></tr>
<tr><td>甲己年</td><td>辰</td><td>丑</td><td>寅</td><td>卯</td><td>申</td><td>酉</td><td>午</td><td>未</td><td>申</td><td>丑</td><td>寅</td><td>卯</td></tr>
<tr><td>丙辛年</td><td>辰</td><td>巳</td><td>寅</td><td>卯</td><td>辰</td><td>酉</td><td>戌</td><td>未</td><td>申</td><td>酉</td><td>寅</td><td>卯</td></tr>
</table>

假如甲子年，正月以辰加崇班，丑司徒，午魔察。又如甲午年，二月以丑加崇班，寅司徒，卯魔察，辰空亡。用年家各月方位并起崇班逆行。余仿此。

撼龙帝星年月起例（杨救贫撰）

年月帝星实是精，神龙大撼振于声。
若遇修方葬下向，吉星到处任修营。
六甲寅宫乙卯加，丙年辰上六丁蛇。
六戊马方六己未，庚申辛酉的无差。
壬年戌位宫中起，癸年乾亥是生涯。

假如六甲年从寅上起泰龙，卯上否龙，辰上益龙，巳上损龙，午上升龙，累累数去。余仿此。

配上壬子癸丑艮寅为例

起星例

泰龙　否龙　益龙　损龙　升龙　蹇龙
丰龙　屯龙　华龙　涣龙　壮龙　困龙

又如甲子年月日时,以寅起泰龙,卯否龙,辰益龙。余仿此推。

备要云:元傅撼龙,年月帝龙、狂龙、旺龙、走龙、进龙、退顺生龙、死龙宅龙、衰龙库龙、败龙,今再得秘本是以泰代帝,否代狂,益代旺,损代走,升代进,蹇代退,丰代生,克代死,华代宝,涣代衰,壮代库,困代败。今依秘本,泰、益、升、丰、华、壮以上六龙吉,余并凶,其法与走马六壬年月同推。

年月起例(月望仙显用)

罗星真例起天罡,问敢东京朱郎郎。
住在北门花柳巷,有钱方肯说阴阳。
年龙月兔要知纵,夜静西游日向东。
但向宝瓶宫内取,阴阳顺逆问行踪。
甲已丁壬戊癸阳,但从阳路顺行装。
庚辛丙乙阴归位,逆转轮行十二月。
罗睺紫气火星君,太阴太阳到没神。
计都木星兼月孛,水金土宿掌中轮。

太阴、太阳、木星、金、水五星吉,余并凶。

甲已丁壬戊癸属阳顺例

年	辰	巳	午	未	申	酉	戌	亥	子	丑	寅	卯
方	壬子	癸丑	艮寅	甲卯	乙辰	巽巳	丙午	丁未	坤申	庚酉	辛戌	乾亥

假如甲戌年甲干属阳,以辰加壬子顺数,到丙午见甲戌太岁,即后丙午上起罗睺顺行,自上数至下。余仿此。

乙庚辛丙属阴逆例

年	辰	巳	午	未	申	酉	戌	亥	子	丑	寅	卯
方	壬子	乾亥	辛戌	庚酉	坤申	丁未	丙午	巽巳	乙辰	甲卯	艮寅	癸丑

假如乙丑年乙干属阴，以辰加壬子逆数，到甲卯见阳，即从甲卯上起罗睺、逆行，自在上数至下。余此仿推。

甲己丁壬戊癸属阳

月	卯	辰	巳	午	未	申	酉	戌	亥	子	丑	寅
方	壬子	癸丑	艮寅	甲卯	乙辰	巽己	丙午	丁未	坤申	庚酉	辛戌	乾亥

假如甲子月甲干属阳，以卯加壬子顺数到庚酉上，见甲子月即从庚酉起罗睺顺行，自在上数至下。余仿此。

乙庚辛丙属阴

月	卯	辰	巳	午	未	申	酉	戌	亥	子	丑	寅
方	壬子	乾亥	辛戌	庚酉	坤申	丁未	丙午	巽巳	乙辰	甲卯	艮寅	癸丑

假如丙辰月丙干属阴，以卯加壬子逆数到乾亥上，见丙辰月即从乾亥上起罗睺逆行，自上数至下。余仿此。

罗星值日例

截法图例

未申太阴	酉金星	戌亥罗睺
午　火星		子　水星
巳辰计都	卯木星	寅丑太阳

其法如月朔丁巳日在截法图戌上将，巳日入排山局从乾上起数。余仿此。

排山局

六乾	罗睺	七兑	金星	八艮	太阳	九离	火星
五中	土星						
四巽	计都	三震	木星	二坤	太阴	一坎	水星

假如七月二十五日辛亥用事,求月朔是丁亥日,前有己卯,己属阳则以己卯入法图,从子上起己卯顺数去,庚辰在丑,辛巳在寅,逐月节节数去,则丁亥在申,系太阴值日。又以丁亥加排山局坤上丁日属阳,逐宫顺数去,则戊子震,己丑巽,庚寅中,辛卯乾,逐宫顺数去,则辛亥到艮,便是太阳值日。又如四月初十日甲戌用事,月朔是乙丑日,前月有乙卯,乙属阴,则以乙卯入截法图,从子上起乙卯逆数去,则丙辰丁巳在戌亥,戊午在酉,节节逆数去,则乙丑在丑,系太阳值日。以乙丑加排山局,艮上乙丑日属阴,逐宫逆数去,则丙寅兑,丁卯乾,累累逆数,则甲戌到艮便是太阳值日。

罗星值时

七	金星吉	八	太阳吉	九	火星
四	计都	五	土星	六	罗睺
一	水吉星	二	太阴吉	三	木星吉

甲己日一宫水星,乙日加八宫太阳,丁壬日加九宫火星,庚日加七宫金星,丙辛加三宫木星,戊癸日加五宫土星。

其法甲己丁壬戊癸阳日顺行,乙庚辛丙阴日逆行,看日干上阴阳,以子加各宫节节顺数去。余仿此。假如前甲戌日,既知是太阳星,又看时所值何星,其法甲属阳,于一水星上起子顺数,则丑时二太阴,寅时三木星,卯时四计都,辰时五土星,巳时六罗睺,午时七金星,吉。

歌曰:

年月已了更课日,日看月首是何星。
丁壬年建丙午月,月首戊戌始分明。
朔日却从辰上起,顺入中五始知情。
壬寅辛亥庚申日,太阳方始出山明。
乙巳甲寅并癸亥,地头逢着月初生(太阴)。
虔州瑞星观三门,木为亲手为营迁。

乙酉之年十一月，月朔辛未甚分明。
十五乙酉投山宿，艮太阳（山乃假山宿）。
报君寻见太阳星，子时起壬巽巳位。
乙日子时入太阳，乙日巳时入水星。
避凶就吉最安平。

星马贵人年月起例

金星魁星，将军月孛。
太岁毕星，天乙阴星。
大耗魑星，丧门土宿。
吊客魁星，天定土气。
官符鬼星，小耗火星。
病符魈星，天乙太阳。

星马定局

申子辰年月，亥上起金神，
巳酉丑年月，申上起金神，
寅午戌年月，巳上起金神，
亥卯未年月，寅上起金神。

今用申子辰年月为例，逐位顺行，其余年月日时并仿此。配方法，乾亥壬子癸丑艮寅星马吉凶星断，太乙、天定、天乙如造葬遇之，主进人财宝、金银、田宅、生贵子、旺蚕丝六畜，二九年应之，万事大吉。金神、将军、太岁、吊客、丧门、大耗、小耗、官符、病符如造葬遇之，主家财产散败、连遭祸，万事大凶。

乌兔太阳起例

旧歌诀：夏至后顺遁，冬至后逆遁。

立艮艮上青白色，春分震上好推详。
立夏巽宫寻本位，夏至离火艳当时。
立秋坤上从头数，秋分兑上定无移。
立冬但去乾宫取，冬至坎宫还顺飞。
唯有日月本年吉，到山临向任施为。
每一卦各管三宫。

新歌诀：前歌幽奥人难识今接新歌以便起例。

冬至坎宫起甲子，立春艮上震春分。
离宫夏至定逆轮，立秋坎上秋分兑。
立冬一在乾上遁，断到用日止何位。
便从本位起星名，土金气罗孛日月。
计木九星依行程，如遇日月木星吉。
土气罗孛计凶辰。

九星例（如本日寻吉星）

土星，金星，气星，罗星。

假如嘉靖甲子年八月初八日丁丑作用修造，此系秋分前后，则从兑宫起甲子，逆九宫，甲子在兑，逆截甲戌到乾为亥入中，丙子到巽，丁丑则到震宫，就从震宫起土星，逆轮金星到坤，气星到坎，罗星到离，孛星到艮，太阳到兑，则庚酉辛方有乌兔太阳压煞，可修造竖柱。余仿此。

文星雀（太阳年月起例）

太岁五虎遁甲子，甲定支神兼顺看。
卯甲巳年逢甲戌，戌兼乾位九天安。

乙庚年向申庚上，丙辛午丁顺行准。
丁壬辰巽无差错，戊癸寅申一同观。
太阴太阳天门吉，地户天庭皆吉祥。
再有天宝宝盖星，顺临山向福漫漫。

星 例

九天 天蓬 太阳 太阴 天庭 地户
天庭 地狱 华盖 天宝 宝盖 天牢

起星例法，用五虎遁去寻甲头，即是九天，乙是天蓬，丙是太阳，丁是太阴，戊是天门，戊是地户，若得宝盖主招得财物、进人口、来横财。

假如甲子年用事，甲巳年起丙，又数去甲戌上，就干戌乾即甲头为九天，乙亥是天蓬在壬，丙子是太阳在子与癸，共丁丑为太阴，乙丑与艮同直数去，到未坤上得华盖，申庚天宝，酉辛上得宝盖是也。

循环太阳起例

干神起例诗：

甲月从乙乙从庚，戊居巽地巳乾眠。
辛月甲上壬安癸，丁月壬位丙丁连。
庚月向辛癸居丙，命宫顺布寻生金。
此是十干太阳例，到山方向任君行。

支神起例诗：

支神者，乃历数太阳某日躔某神支是也。

太阳子上命卯宫，丑寻辰上寅巳逢，
卯建午火寅从未，巳向申宫午酉中。
未向戌宫申向亥，酉加子地戌丑宫。
亥居寅上无差误，四位加命逆遁寻。
如遇二四七十一，逆数支神太阳例。
山向方隅定吉凶。

十二星例

一命宫破军	二财帛金曲贪狼	三兄弟计都	四田宅太阳武曲
五男女受星	六奴仆武曲	七夫妻紫气巨门	八疾厄月孛
九迁移文星	十官禄文曲	十一福德太阴左辅	十二相廉贞

太阳干顺图具于左

太阳干神定局

坤申空	庚酉乙月加此一命宫顺行	辛戌庚月加此一命宫顺数	乾亥己月加此一命宫顺行
丁未丁月加此一命宫顺行			
丙午癸月加此一命宫顺行			
巽巳戊月加此一命宫顺行	乙辰甲月加此一命宫顺行	甲卯辛月加此一命宫顺行	艮寅空

太阳支逆图具于左

太阳支神定局

坤申 太阳在巳加一命宫逆行	庚酉 太阳在午加一命宫逆行	辛戌 太阳在未加一命宫逆行	乾亥 太阳在申加一命宫逆行
丁未 太阳在辰加一命宫逆行	支逆数		壬子 太阳在酉加一命宫逆行
丙午 太阳在卯加一命宫逆行			癸丑 太阳在戌加一命宫逆行
巽巳 太阳在寅加一命宫逆行	乙卯 太阳在丑加一命宫逆行	甲卯 太阳在子加一命宫逆行	艮寅 太阳在亥加一命宫逆行

假如正月太阳在子,加命宫即武曲星,退四位从卯是田宅□□是太阳星在卯,又起破军逆行十二宫,寅上财帛贪狼金水星。

又如二月太阳在亥,就寅上起破军逆行,但遇贪狼、巨门、武曲、左辅到支,即取支辰向上为主。又如天干甲月从乙上起破军,一命宫巽上贪狼即金来财帛则顺行丁天干,如乙月从庚上起一命宫辛戌财帛顺行,十干辰兼加地支向,主进金银财帛,田宅兴旺,大发人蚕,牛马遍乡村,岁岁丰盈。

杨救贫云:太阳吉照曜中宫,年年增益横财逢。子孙富贵人丁旺,迁官进职福兴隆。盖此为循环太阳例局,支逆干顺,俱从破军上起,各依月值上起贪狼、武曲、左辅同到山向,十全大吉,运得贵人禄马同到,年月日时到山向,主三六九年主添贵子财帛,产业干马兴旺,大发大祥。见《天机秘要》。

雷霆曜气

（谓雷霆太阳十二星并正煞方位）

升玄入室歌

今人徒知有年月，亲把诸经谬区别。
或去曜气或尊经，或说九星天圣诀。
乱装名目有千般，不识其中妙意绝。
于中妙绝少人知，只在雷霆四局中。
雷霆合气通天地，出将入相得其功。
一守位行九宫转，传音直符于此同。
谁人敢作鉤卦使，所游方位不知踪。
惟有杨曾得真趣，各令年月归中路。
谩言今者抵千金，纵有千金莫传度。
能教白屋出公卿，解使贫人家至富。
次详祸福合如符，定断死生皆有数。
阳神便是损男儿，阴位妻娘终痱露。
一论年岁二论月，三论时日真妙诀。
四论生命细推详，杀人须审阴阳命。
仍看何姓属何宫，于此五行为佳定。
论死论生论官贵，论贫论贱皆神圣。
将军太岁及官符，七煞金神皆不畏。
作着流财财便发，作着将官官超越。
身皇定命好施工，万死千年无休绝。
推察五行知妙理，祸福灾祥如屈指。
血刃金星损血财，阴人小口同其灾。
太阳作着喜气浓，资财驿便马亨通。
月孛须知烧野火，克除新妇手捶胸。

金水星名居位吉，居官便得官侯贱。
台将土星君要知，煞临宅母并孙媳。
有胎牛马不生全，八位如逢为半吉。

八位者：乃甲庚丙壬乙辛丁癸。

天罡金星君俱作，巳酉丑年多快乐。
西方财马自来迎，印信文书终不错。
上得凶星损户头，肿病瘟瘴家退愁。
惟有奇罗乃吉星，白衣变作绿衣人。
又忧燥火烧厨星，宅母阴人主声哭。
丙乙凶星也不祥，临到天干方半吉。
支惟专主损阴娘，遭瘟被溺受灾殃。
丧长更须防小口，正犯当头人便亡。
凶星水位不堪临，兴灾起祸命途巡。
合家长幼皆不利，资财耗散病来侵。
第一吉星君作着，元气惟忻主和乐。
出官置产此中来，要看五行生克剥。
吉凶十二位尊星，一一为君明说却。
若能作用细推详，万事施为自无错。

十干年例星

（即年合气）

甲庚血刃丙壬金，丁癸还从月索寻。
六巳三台紫气戊，乙庚年向太阳行。
明师合得幽微理，富贵灾祥指上陈。

假如甲年，将血刃入中宫，乙年太阳入中宫，丙年将金木入中宫，丁年将月孛入中宫，戊年紫气入中宫，巳年台将入中宫，顺飞。余年仿此推。

六甲求月例

(局例见后六十年十二星例图)

遁甲常将太岁寻,却将停上起于正。

逆寻本月星辰处,星入中宫顺九程。

假如甲子年从亥上起,寻太岁停宫就停上起,正月星月孛,二月太阳,三月血刃,四月紫气,五月水潦,六月丙乙,余月依此类推。如六月以丙乙入中宫,顺寻山向值何星,辨吉凶。

月将起例诗

雷霆逆顺来其月,合气逆求方见真。

人使本顺星飞去,始知住下吉凶星。

定丑上起血刃,子上系太阳星,逆行十二辰位,如正月起月孛,二月太阳,三月血刃。余仿此推。

雷霆停宫太阳起例

甲子寻猪甲戌寅,甲申龙位好安身。

甲午本宫扶上马,甲辰猴上可相亲。

甲寅戌犬来相会,逆转周流逐节行。

过丑将寅按接去,逢癸中央跳两辰。

不过子丑冤愁路,太岁停上起元正。

看他本月得何宿,将入中宫遍九程。

取日还从月上起,取时依例且上行。

月星定局诗(即月合气)

丙辛燥火甲乙罡，乙庚血刃入中央。
丁壬紫气戊癸孛，将入中宫飞九方。

日星起例诗(即日合气)

丑上元来是血星，太阳却在子宫停。
假如午日寻方道，便把奇罗入内行。
丑日血刃，子日太阳。亥日月孛，戌日金水。
酉日台将，申日天罡。未日土滧，午日奇罗。
巳日燥火，辰日丙乙。卯日水潦，寅日紫气。
此是十二支永定局例，如丑日以血刃入中宫顺飞，取幽方吉凶星为例。

十干取时诗例(即时合气)

道时一法少人知，甲己先从燥火时。
元始乙庚寻日用，天罡还是丙辛奇。
月孛丁干当位数，戊与癸号紫气司。
就中四局人难晓，识者终须赖指迷。

如甲巳日用未时，以燥火入中宫顺飞，到震庚亥未值金水星，吉。星即太阳也。

运行年吉凶方

甲庚燥火丙壬罡，丁癸还归水潦场。

大戊奇罗己土溽，乙辛丙乙运身方。

若到宫主中行发，看他方可好作技。

用排山十二星例掌论，然后加九宫掌法，其例不问男女。其法以甲丙戊庚壬阳命人一十顺行，乙丁己辛癸阴命人一十逆行，寻所用行年住处值何星宿将入中宫，顺飞九宫，寻吉到山方，人宜修造。假如甲子生人三十五岁修造，则一十起巳上燥火，系阳命顺行，午上奇罗，未上土溽，三十申上天罡，三十一酉上台将，三十二戌上金水，三十三亥上月孛，三十四子上太阳，三十五行年运吉上，就行年太阳入中宫顺飞，月孛在乾甲，金水在兑丁巳丑方，此方道大利修造，作吉利。

又如己未生人，五十七岁造作，则一十起在未上土溽，修阴命逆行，二十五上奇罗，三十巳上燥火，四十辰上丙乙，五十卯上水潦，五十一寅上紫气，五十二丑上血刃，累数去，五十五在申上天罡，已得运吉，便将天罡入中宫顺飞，九宫土溽在乾甲，奇罗在兑丁巳丑方，大宜造，作吉利。

定行年灾宫诗

承上文言者行年到其宫如金忌火年月日之类。

金忌火年并火月，瘟瘴疾病皆流血。

木犯金方重犯金，兄弟灾伤更主刑。

水犯土时人必及，火须避忌北方神。

风邪黄肿丧其身，土忌东方甲乙木。

两金两木并两火，水火双见主顺危。

双神未好重相见，祸患重遭百事真。

雷霆纳甲例

乾甲　坤乙　艮丙　巽辛　坎癸申辰

离壬寅戌　兑丁巳丑　震庚亥未

飞宫掌诀

二坤	兑七	乾六
九离	中五	坎一
四巽	震三	艮二

雷霆停星例

（自甲子数至癸亥便识停星法）

常居丑逆行，周游十二甚分明。雷霆合气藏于此，时师晓不精。血刃在丑，太阳在子逆行十二位。

甲子寻者，亥上起乙丑，在酉丙寅，在申丑寅，连接去，丁卯在午，戊辰在辰，己巳在寅，子丑为仇路，庚午伏在亥，辛未在酉，壬申在未宫，癸酉在辰，逢癸跳两辰，甲戌在寅，便寅上紫气是正月星，将此星用排山掌飞入中宫，血刃到乾甲方逐一数去，具局于左。

八宫纳甲

二坤乙	七兑丁巳丑	六乾甲
九离壬戌寅		一坎癸申辰
四巽辛	三震庚亥未	八艮丙

九宫排山掌诀

排山掌诀：

乾甲	兑丁巳丑	艮丙	离壬寅戌
中五			
巽辛	震庚亥未	坤乙	坎癸申辰

十二宫星掌诀

十二星定局图：

申天罡	酉台将	戌金水	亥月孛
未土滹			子太阳
午奇罗			丑血刃
巳燥火	辰丙乙	卯水潦	寅紫气

雷霆四箭

诗例：

雷霆四箭切须知，十二宫中仔细推。
但少月建加三合，申子辰位一例推。
初一初九十二三，十七廿一透天间。
廿五廿九皆雷煞，年年月月在人间。
年年月月可兴雷，只怕凡人学不来。
四箭雷霆颠倒用，帝星到处莫施为。

雷霆四箭例

假如卯年太岁在卯，就从卯上起亥，逆寻到亥，即见卯为年雷霆。又本年卯上起正月，逆行数至本月。假如丑月数到未就从未加亥顺行，卯在亥为月雷霆。又从本月未上起初一，逆至本月，初凡在亥即从亥上起亥逆行，寻卯在未为日雷霆。又于亥上起子逆行，寻本时，如在未即从未上起亥逆行，寻卯在卯上即是时雷霆也。以上年月日时雷霆乃俱在雷路，丑时在雷门，万无一失。凡起煞以此为例，若是落子丑上不堪行用雷煞，乃黄泉之地也，仍此气候若攒簇便为行事。

雷乃三界之号令，霆乃五方之正气。雷霆施号令，霹雳震乾坤。相生者晴，相克者阴，三克者雨，逆克者雷，顺克者电，上下相和者风。春为雷，夏为雨，秋为风，冬为雪，纯阳者晴，纯阴者阴，阴阳相必两风作。

雷霆年停星起例定局

己丑 庚子 巳 燥火 辛亥 壬戌	丁卯 午 奇罗 甲午乙巳丙辰	壬申丁丑戊子 未 土潺 己亥庚戌辛酉	丙寅 甲辰 申 天罡 癸巳 乙卯
戊辰癸酉己卯 甲申 辰 丙乙 庚寅 乙未丙午丁巳			乙丑辛未丙子 壬午 酉 台将 丁亥 戊戌己酉庚申
辛丑 卯 水潦 壬子			甲寅 戌 金水
己巳甲戌庚辰 乙酉辛卯 寅 紫气 壬寅丙申 戊午丁未癸亥	仇路 丑 血刃 不到	仇路 子 太阳 不到	甲子庚午乙亥 辛巳丙戌丁酉 亥 月孛 戊申辛卯 壬辰癸丑己未

惟定六十年十二宫，就本年上起正月为甲子年在亥，系月孛为正月、二月、三月血刃，四月紫气，至十二月金水，将本月星入中宫顺飞，如正月以月孛入中宫，金水乾，台将兑，丁巳丑，天罡艮丙，土潺离，壬寅戌，奇罗坎，癸申辰，燥火坤乙丙乙震庚亥未，水潦巽辛。

雷霆六十年

十宫求月日时定局

十干年			宫	癸丁年	甲乙年	庚辛年	戊年	横推直看月星				己年	壬丙年
甲子庚午乙亥辛巳 丙戌丁酉癸卯戊申 癸丑己未壬辰			亥	正	二	三	五	六	七	八	九	十一	十二
甲寅年			戌	二	三	四	六	七	八	九	十	十二	正
乙丑戊戌 辛未丙子 己酉丁亥 壬午庚申	酉	三	四	五	六	七	八	九	十	十一	十二	正	二
丙寅甲辰 乙卯癸巳	申	四	五	六	七	八	九	十	十一	十二	正	二	三
己亥壬申 丁丑庚戌 戊子辛酉	未	五	六	七	八	九	十	十一	十二	正	二	三	四
丁卯癸未 乙巳戊寅 丙辰甲午	午	六	七	八	九	十	十一	十二	正	二	三	四	五
庚子辛亥 己丑壬戌	巳	七	八	九	十	十一	十二	正	二	三	四	五	六
戊辰癸酉 丙午己卯 甲申庚寅 丁巳乙未	辰	八	九	十	十一	十二	正	二	三	四	五	六	七
辛丑 壬子年	卯	九	十	十一	十二	正	二	三	四	五	六	七	八
己巳甲戌 壬寅丁未 庚辰乙酉 辛卯庚午 癸亥丙申	寅	十	十一	十二	正	二	三	四	五	六	七	八	九

雷霆年月山向方位定局

十干月	戊 癸			乙丁 庚壬			丙 辛			甲 己		
十二支日	亥	子	丑	寅	卯	辰	巳	午	未	申	酉	戌
十壬日取时	丁 壬	乙 庚	戊 癸				甲 己			丙 辛		
艮丙	孛	阳	血	气	潦	丙	燥	罗	滆	罡	台	金
乾甲	金	孛	阳	血	气	潦	丙	燥	罗	滆	罡	台
兑丁巳丑	台	金	孛	阳	血	气	潦	丙	燥	罗	滆	罡
离壬寅戌	滆	罡	台	金	孛	阳	血	气	潦	丙	燥	罗
坎癸申辰	罗	滆	罡	台	金	孛	阳	血	气	潦	丙	燥
坤乙	燥	罗	滆	罡	台	金	孛	阳	血	气	潦	丙
震庚亥未	丙	燥	罗	滆	罡	台	金	孛	阳	血	气	潦
巽辛	潦	丙	燥	罗	滆	罡	台	金	孛	阳	血	气

雷霆正煞年月凶方定局

（诗云：架屋之时切忌金刚。犯作也，成尘侍其可忽之）

月	方凶	正	二	三	四	五	六	七	八	九	十	十一	十二
亥	甲子庚午乙亥辛巳丙戌丁酉戊申癸丑壬辰己未	卯	寅	丑	子	亥	戌	酉	申	未	午	巳	辰
戌	癸卯甲寅年	寅	丑	子	亥	戌	酉	申	未	年	巳	辰	卯
酉	乙丑戊戌辛未丙午己酉壬午丁亥庚申	丑	子	亥	戌	酉	甲	未	午	巳	辰	卯	寅
申	丙寅甲辰乙卯癸巳	子	亥	戌	酉	申	未	午	巳	辰	卯	寅	丑
未	己亥壬申丁丑庚戌戊子辛酉	亥	戌	酉	申	未	午	巳	辰	卯	寅	丑	子
午	丁卯乙巳戊寅癸未甲午丙辰	戌	酉	申	未	午	巳	辰	卯	寅	丑	子	亥
巳	庚子辛亥巳丑壬戌	丙	申	未	午	巳	辰	卯	寅	丑	子	亥	戌

（续表）

月	方凶	正	二	三	四	五	六	七	八	九	十	十一	十二
辰	戊辰癸酉丙申己卯甲申庚戌丁巳乙未	申	未	午	巳	辰	卯	寅	丑	子	亥	戌	酉
卯	辛丑　壬子	未	午	巳	辰	卯	寅	丑	子	亥	戌	酉	申
寅	己巳甲戌庚辰乙酉辛卯壬寅丁未戊午丙申癸亥	午	巳	辰	卯	寅	丑	子	亥	戌	酉	申	未

雷霆正煞财藏歌例

子血丑阳寅孛星，卯金辰将巳罡神。
午溽未罗申燥火，酉丙戌潦亥气神。
气藏元来雷至宫，仙将外局气加中。
顺布入宫星宿位，月将轮时始得逢。

假如丙午年七月作财煞方，太岁享在辰上就辰上，起正月逆行。七、八月在戌上，即以亥字加戌上顺转。卯字在寅上，故寅为雷煞藏气之地，将寅上月孛星到中宫，飞得土溽到离壬寅戌上，其寅方须见六畜败，凶。

又如癸丑年九月初九日辰时作庚向，太岁在亥，九月到卯，雷煞在未，奇罗以上奇罗入中宫，月孛在天，主宅母新妇死亡、退牛马、淫乱、公事败。

假如丙午年五月修巽正乾向屋，太岁在辰就辰上起正月逆行，五月到子从子上起亥巳，顺行至辰上是卯住处，乃雷煞藏气之地，却将辰上台将星入中宫顺飞，天罡到乾吉，血刃到巽凶，寅午戌年月日时煞在乾亥乃动吉凶方，此主人家损户头，血财瘟火死亡，三六九数年月见之，盖巽属木，故三六九应之。

传音直符例日局

直符左巽:甲子(巽乾),乙丑(乾兑),丙寅(艮艮),丁卯(坎离),戊辰(震坎),己巳(申坤)。

传音右乾:庚午(坎震),辛未(坎震),壬申(中中),癸酉(兑乾),甲戌(离兑),乙亥(申艮)。

丙子(兑离),丁丑(离坎),戊寅(申坤),己卯(巽震),庚辰(乾巽),辛巳(坤申)。

直符居左:壬午(巽乾),癸未(乾兑),甲申(艮艮),乙酉(坎离),丙戌(乾坎),丁亥(艮坤)。

戊子(坎震),己丑(震巽),庚寅(申坤),辛卯(兑乾),壬辰(震兑),癸巳(申艮)。

传音居右:甲午(兑离),乙未(离坎),丙申(坤坤),丁酉(兑震),戊戌(兑离),己亥(坤曰)。

庚子(巽乾),辛丑(乾兑),壬寅(坤艮),癸卯(巽离),甲辰(乾坎),乙巳(艮申)。

丙午(坎震),丁未(震巽),戊申(艮申),己酉(坎乾),庚戌(震兑),辛亥(申艮)。

直符左巽:壬子(兑离),癸丑(震坎),甲寅(申艮),乙卯(兑震),丙辰(离巽),丁巳(坤申)。

传音右乾:戊午(巽乾),己未(离兑),庚申(坤艮),辛酉(巽离),壬戌(乾坎),癸亥(艮坤)。

右传音,盖传有十二星善恶之旨,善则传以吉,恶则传以凶,所到之处不可犯其宫也。直符乃赏善罚恶之神,其职自重,不可犯也。每以月将交宫用之验,如开山、破地、起天曜地神、下符遣煞,却宜用之。

雷霆升玄七劫帝星局

每分左顺右逆即甲巳顺,逆甲求。

年月日时局 上顺 下逆	甲	乙	丙	丁	戊	己	庚	辛	壬	癸
血刃	巳甲	子辛	申丙	亥庚	寅壬	巳甲	子辛	申丙	亥庚	寅壬
太阳	午艮	丑庚	酉巽	子坤	卯乾	午艮	丑艮	酉巽	子坤	卯乾
月孛	未癸	寅坤	戌乙	丑丁	辰辛	未癸	寅坤	戌乙	丑丁	辰辛
金水	申庚	卯丁	亥甲	寅丙	巳庚	申壬	卯丁	亥甲	寅丙	巳庚
台将	酉乾	辰丙	子艮	卯巽	午坤	酉乾	辰丙	子艮	卯巽	午坤
天罡	戌辛	巳巽	丑癸	辰乙	未丁	戌辛	巳巽	丑癸	辰乙	未丁
土滒	亥庚	午乙	寅壬	巳甲	申丙	亥庚	午乙	寅壬	巳甲	申丙
奇罗	子坤	未甲	卯乾	午艮	酉巽	子坤	未甲	卯乾	午艮	酉巽
燥火	丑丁	申艮	辰辛	未癸	戌乙	丑丁	申艮	辰辛	未癸	戌乙
丙乙	寅丙	酉癸	巳庚	申壬	亥甲	寅丙	酉癸	巳庚	申壬	亥甲
水潦	卯巽	戌壬	午坤	酉乾	子艮	卯巽	戌壬	午坤	酉乾	子艮
紫气	辰乙	亥乾	未丁	戌辛	丑癸	辰乙	亥乾	未丁	戌辛	丑癸

雷霆升玄下劫帝星局

年月日时定局		子	丑	寅	卯	辰	巳	午	未	申	酉	戌	亥
元辰	建	壬子	癸丑	艮寅	甲卯	乙辰	巽巳	丙午	丁未	坤申	庚酉	辛戌	乾亥
招摇	除	癸丑	艮寅	甲卯	乙辰	巽巳	丙午	丁未	坤申	庚酉	辛戌	乾亥	壬子
凶亡	满	庚寅	甲卯	乙辰	巽巳	丙午	丁未	坤申	庚酉	辛戌	乾亥	壬子	癸丑
三台	平	甲卯	乙辰	巽巳	丙午	丁未	坤申	庚酉	辛戌	乾亥	壬子	癸丑	艮寅

（续表）

年月日时定局		子	丑	寅	卯	辰	巳	午	未	申	酉	戌	亥
魁罡	定	乙辰	巽巳	丙午	丁未	坤申	庚酉	辛戌	乾亥	壬子	癸丑	艮寅	甲卯
冤仇	执	巽巳	丙午	丁未	坤申	庚酉	辛戌	乾亥	壬子	癸丑	艮寅	甲卯	乙辰
冤磨	破	丙午	丁未	坤申	庚酉	辛戌	乾亥	壬子	癸丑	艮寅	甲卯	乙辰	巽巳
虚亡	危	丁未	坤申	庚酉	辛戌	乾亥	壬子	癸丑	艮寅	甲卯	乙辰	巽巳	丙午
灾亡	成	坤申	庚酉	辛戌	乾亥	壬子	癸丑	艮寅	甲卯	乙辰	巽巳	丙午	丁未
帝星	收	庚酉	辛戌	乾亥	壬子	癸丑	艮寅	甲卯	乙辰	巽巳	丙午	丁未	坤申
福星	开	辛戌	乾亥	壬子	癸丑	艮寅	甲卯	乙辰	巽巳	丙午	丁未	坤申	庚酉
祸星	闭	乾亥	壬子	癸丑	艮寅	甲卯	乙辰	巽巳	丙午	丁未	坤申	庚酉	辛戌

雷霆局年日帝星

年日定局	子	丑	寅	卯	辰	巳	午	未	申	酉	戌	亥
青皇吉	戌乾	酉辛	申庚	未坤	午丁	巳丙	辰巽	卯乙	寅甲	丑艮	子癸	亥壬
剑锋	亥壬	戌乾	酉辛	申庚	未坤	午丁	巳丙	辰巽	卯乙	寅甲	丑艮	子癸
雨雹吉	子癸	亥壬	戌乾	酉辛	申庚	未坤	午丁	巳丙	辰巽	卯乙	寅甲	丑艮
雷火	丑艮	子癸	亥壬	戌乾	酉辛	申庚	未坤	午丁	巳丙	辰巽	卯乙	寅甲
天光吉	寅甲	丑艮	子癸	亥壬	戌乾	酉辛	申庚	未坤	午丁	巳丙	辰巽	卯乙
霹雳	卯乙	寅甲	丑艮	子癸	亥壬	戌乾	酉辛	申庚	未坤	午丁	巳丙	辰巽
帝乙吉	辰巽	卯乙	寅甲	丑艮	子癸	壬戌	乾酉	辛申	庚未	坤午	丁巳	丙亥
大煞	巳丙	辰巽	卯乙	寅甲	丑艮	子癸	亥壬	戌乾	酉辛	申庚	未坤	午丁
帝车吉	午丁	巳丙	辰巽	卯乙	寅甲	丑艮	子癸	亥壬	戌乾	酉辛	申庚	未坤
雷瘟	未坤	午丁	巳丙	辰巽	卯乙	寅甲	丑艮	子癸	亥壬	戌乾	酉辛	申庚

（续表）

年日定局	子	丑	寅	卯	辰	巳	午	未	申	酉	戌	亥
雷钺吉	申庚	未坤	午丁	巳丙	辰巽	卯乙	寅甲	丑艮	子癸	亥壬	戌乾	酉辛
雷斧	酉辛	申庚	未坤	午丁	巳丙	辰巽	卯乙	寅甲	丑庚	子癸	亥壬	戌乾

雷霆局月时帝星

时 月时定局	子 正	丑 二	寅 三	卯 四	辰 五	巳 六	午 七	未 八	申 九	酉 十	戌 十一	亥 十二
青皇吉	壬子	乾亥	辛戌	巽酉	坤申	丁未	丙午	巽巳	乙辰	甲卯	艮寅	癸丑
剑锋	癸丑	壬子	乾亥	辛戌	巽酉	坤申	丁未	丙午	巽巳	乙辰	甲卯	艮寅
雨雹吉	艮寅	癸丑	壬子	乾亥	辛戌	巽酉	坤申	丁未	丙午	巽巳	乙辰	甲卯
雷火	甲卯	艮寅	癸丑	壬子	乾亥	辛戌	庚酉	坤申	丁未	丙午	巽巳	乙辰
天光吉	乙辰	甲卯	艮寅	癸丑	壬子	乾亥	辛戌	庚酉	坤申	丁未	丙午	巽巳
霹雳	巽巳	乙辰	甲卯	艮寅	癸丑	壬子	乾亥	辛戌	庚酉	坤申	丁未	丙午
帝乙吉	丙午	巽巳	乙辰	甲卯	艮寅	癸丑	壬子	乾亥	辛戌	庚酉	坤申	丁未
六煞	丁未	丙午	巽巳	乙辰	甲卯	艮寅	癸丑	壬子	乾亥	辛戌	庚酉	坤申
帝车吉	坤申	丁未	丙午	巽巳	乙辰	甲卯	艮寅	癸丑	壬子	乾亥	辛戌	庚酉
雷瘟	庚酉	坤申	丁未	丙午	巽巳	乙辰	甲卯	艮寅	癸丑	壬子	乾亥	辛戌
雷钺吉	辛戌	庚酉	坤申	丁未	丙午	巽巳	乙辰	甲卯	艮寅	癸丑	壬子	乾亥
雷斧	乾亥	辛戌	庚酉	坤申	丁未	丙午	巽巳	乙辰	甲卯	艮寅	癸丑	壬子

雷霆上局帝星克应断

四局青皇为上吉，四帝青皇为第一。此星能生大富贵。

只恐凡愚不能识。天上剑锋为大煞，转轮方隅专杀伐。
或逢太岁或月建，定是煞入不须说。雨雹之星占此方，
出□□□寒冻湿。拆屋卖子更贫苦，虎伤生畜一周当。
雷火用时忧□内，火来□□□相□。牛羊公事退家财，
月建加临吉还在。天光还是主天晴，光还必主孙渐生。
三世天恩光被远，家多庆瑞定兆轻。霹雳之声不三避，
烈烈方转切须忌。射树打屋势难当，子孙不孝雷瘟疫。
帝乙之星最吉祥，主人富贵此星祥。六千一百二十日，
为官发福何可当。六煞之星半吉凶，仔细推详莫轻建。
若遇此星到坐来，定杀新妇或家长。帝车忧应惊雷动，
照临便见富贵来。广置田庄生贵子，此星好用不须猜。
雷瘟为祸不堪说，必主其家瘟疫犯。若逢月建又如临，
为吉为凶更须择。雷越为殃更不祥，杀人先主杀牛羊。
若逢修造并安葬，好把星图仔细看。用意行来莫轻说，
倾要相传亲口诀。常言雷斧是凶神，主杀人丁家业退。

以上帝星惟青皇、雨雹、天光、帝乙、帝车吉，余俱凶。

雷霆中局帝星

年家定局		甲	乙	丙	丁	戊	己	庚	辛	壬	癸
霹雳	顺	未	寅	戌	丑	辰	未	寅	戌	丑	辰
	逆	巽	壬	坤	乾	艮	巽	壬	坤	乾	艮
祥光吉	顺	申	卯	亥	寅	巳	申	卯	亥	寅	巳
	逆	乙	乾	丁	辛	癸	乙	乾	丁	辛	癸
飞电	顺	酉	辰	子	卯	壬	酉	辰	子	卯	壬
	逆	申	辛	丙	庚	午	甲	辛	丙	庚	午
甘泽吉	顺	戌	巳	丑	辰	未	戌	巳	丑	辰	未
	逆	艮	庚	巽	坤	乾	艮	庚	巽	坤	乾

(续表)

年家定局		甲	乙	丙	丁	戊	己	庚	辛	壬	癸
盛事	顺	亥	午	寅	巳	申	亥	午	寅	巳	申
	逆	癸	坤	乙	丁	辛	癸	坤	乙	丁	辛
兵权吉	顺	子	未	卯	午	酉	子	未	卯	午	酉
	逆	壬	丁	甲	丙	庚	壬	丁	甲	丙	庚
破敌	顺	丑	申	辰	未	戌	丑	申	辰	未	戌
	逆	乾	丙	艮	巽	坤	乾	丙	艮	巽	坤
瑞霞吉	顺	寅	酉	巳	申	亥	寅	酉	巳	申	亥
	逆	巽	巽	癸	乙	丁	辛	巽	癸	乙	丁
火烈	顺	卯	戌	壬	酉	子	卯	戌	午	酉	子
	逆	庚	乙	午	申	丙	庚	乙	壬	甲	丙
武库吉	顺	辰	亥	未	戌	丑	辰	亥	未	戌	丑
	逆	坤	甲	乾	艮	巽	申	甲	乾	艮	巽
溺没	顺	巳	子	申	亥	寅	巳	子	申	亥	寅
	逆	丁	艮	辛	癸	乙	丁	艮	辛	癸	乙
文盖吉	顺	午	丑	酉	子	卯	壬	丑	酉	子	卯
	逆	丙	癸	庚	壬	甲	丙	癸	庚	壬	甲

月家定局		甲	乙	丙	丁	戊	己	庚	辛	壬	癸
破敌	顺	亥	午	寅	巳	申	亥	午	寅	巳	申
	逆	庚	乙	壬	甲	丙	庚	乙	壬	甲	丙
瑞霞吉	顺	子	未	卯	午	酉	子	未	卯	午	酉
	逆	坤	甲	乾	艮	巽	坤	甲	乾	艮	巽
炎烈	顺	丑	申	辰	未	戌	丑	申	辰	未	戌
	逆	丁	庚	辛	癸	乙	丁	艮	辛	癸	乙
武库吉	顺	寅	酉	巳	申	亥	寅	酉	巳	申	亥
	逆	丙	癸	庚	壬	甲	丙	癸	庚	壬	甲
溺没	顺	卯	戌	午	酉	子	卯	戌	午	酉	子
	逆	巽	壬	坤	乾	艮	巽	壬	坤	乾	艮

（续表）

月家定局		甲	乙	丙	丁	戊	己	庚	辛	壬	癸
文盖吉	顺	辰	亥	未	戌	癸	辰	亥	未	戌	丑
	逆	乙	乾	丁	辛	丑	乙	乾	丁	辛	癸
霹雳	顺	巳	子	申	亥	寅	巳	子	申	亥	寅
	逆	甲	辛	丙	庚	壬	甲	辛	丙	庚	壬
祥光吉	顺	午	丑	酉	子	卯	午	丑	丙	子	卯
	逆	艮	庚	巽	坤	乾	艮	庚	巽	坤	乾
飞电	顺	未	寅	戌	丑	辰	未	寅	戌	丁	辰
	逆	癸	坤	乙	丁	辛	癸	坤	乙	丑	辛
甘泽吉	顺	申	卯	亥	寅	巳	申	卯	亥	寅	巳
	逆	壬	丁	甲	丙	庚	壬	丁	甲	丙	庚
盛事	顺	酉	辰	子	卯	午	酉	辰	子	卯	午
	逆	乾	丙	艮	巽	坤	乾	丙	艮	巽	坤
兵权吉	顺	戌	巳	丑	辰	未	戌	巳	丑	辰	未
	逆	辛	巽	癸	乙	丁	辛	巽	癸	乙	丁

日时定局		甲	乙	丙	丁	戊	己	庚	辛	壬	癸
飞电	顺	未	寅	戌	丑	辰	未	寅	戌	丑	辰
	逆	癸	坤	乙	丁	辛	癸	坤	乙	丁	辛
甘泽吉	顺	申	卯	亥	寅	巳	申	卯	亥	寅	巳
	逆	壬	丁	甲	丙	庚	壬	丁	甲	丙	庚
盛事	顺	酉	辰	子	卯	午	酉	辰	子	卯	子
	逆	乾	丙	艮	巽	坤	乾	丙	艮	巽	坤
兵权吉	顺	戌	巳	丑	辰	未	戌	巳	丑	辰	未
	逆	辛	巽	癸	乙	丁	辛	巽	癸	乙	丁
破敌	顺	亥	午	寅	巳	申	亥	午	寅	巳	申
	逆	庚	乙	壬	甲	丙	庚	乙	壬	甲	丙
瑞霞吉	顺	子	未	卯	午	酉	子	未	卯	午	卯
	逆	坤	甲	乾	艮	巽	坤	甲	乾	艮	巽
炎烈	顺	丑	申	辰	未	戌	丑	申	辰	未	戌
	逆	丁	艮	辛	癸	乙	丁	艮	辛	癸	乙

(续表)

日时定局		甲	乙	丙	丁	戊	己	庚	辛	壬	癸
武库吉	顺	寅	酉	巳	申	亥	寅	酉	巳	申	亥
	逆	丙	癸	庚	壬	甲	丙	癸	庚	壬	甲
溺没	顺	卯	戌	午	酉	子	卯	戌	午	酉	子
	逆	巽	壬	坤	乾	艮	巽	壬	坤	乾	艮
文盖吉	顺	辰	亥	未	戌	丑	辰	亥	未	戌	丑
	逆	乙	乾	丁	辛	癸	乙	乾	丁	辛	癸
霹雳	顺	巳	子	申	亥	寅	巳	子	申	亥	寅
	逆	甲	辛	丙	庚	壬	甲	辛	丙	庚	壬
祥光吉	顺	午	丑	酉	子	卯	午	丑	酉	子	卯
	逆	艮	庚	巽	坤	乾	艮	庚	巽	坤	乾

阳年定局		天煞皇恩独火天门土军牙旗操道鸾驾金吾圣明押岁											
阳年	月日时局	辛	乾	壬	癸	艮	甲	乙	巽	丙	丁	坤	庚
		戌	亥	子	丑	寅	卯	辰	巳	午	未	申	酉
阴年	月日时局	癸	壬	乾	辛	庚	坤	丁	丙	巽	乙	甲	庚
		丑	子	亥	戌	酉	申	未	午	巳	辰	卯	寅

雷霆克应诗断

玉辇皇恩殿,用着鬼神惊。修造逢斯吉,不问恶星辰。
牙旗独火杀,千万莫修营。若箭其方位,枉死更遭病。
鼓响天门开,诸星箭入来。若得吉神旺,能使祸患衰。
惊驾圣明君,修造福来迎。不惟家宅旺,长寿更安宁。
金吾排岁位,其凶不可闻。葬埋并起造,哭泣不离门。

雷霆箭运式大局

皇名次序

雷公凶	火烈凶	飞例凶	吉祥吉	太阳吉	风云凶
雷母凶	鬼火凶	血刃凶	木神吉	旺相吉	亡没凶

年例年雷公星起诗诀

甲己顺未逆巽宫,乙庚顺审逆壬同。
丙辛顺犬逆坤位,丁壬顺丑逆乾宫。
戊癸顺龙逆居艮,此为年例定行踪。

月例以雷母起诗诀

甲己顺猪逆向庚,乙庚顺猴乙逆行。
丙辛顺虎逆壬位,丁壬顺蛇逆甲寻。
戊癸顺猴逆起丙,此为月例遁其真。

日时例以飞剑星起诗诀

甲己顺羊逆癸乡,乙庚顺虎逆坤方。
丙辛顺入逆乙位,丁壬顺牛逆丁藏。
戊癸顺龙逆辛地,日时其例细推详。

日时用飞剑犯杀用救生局

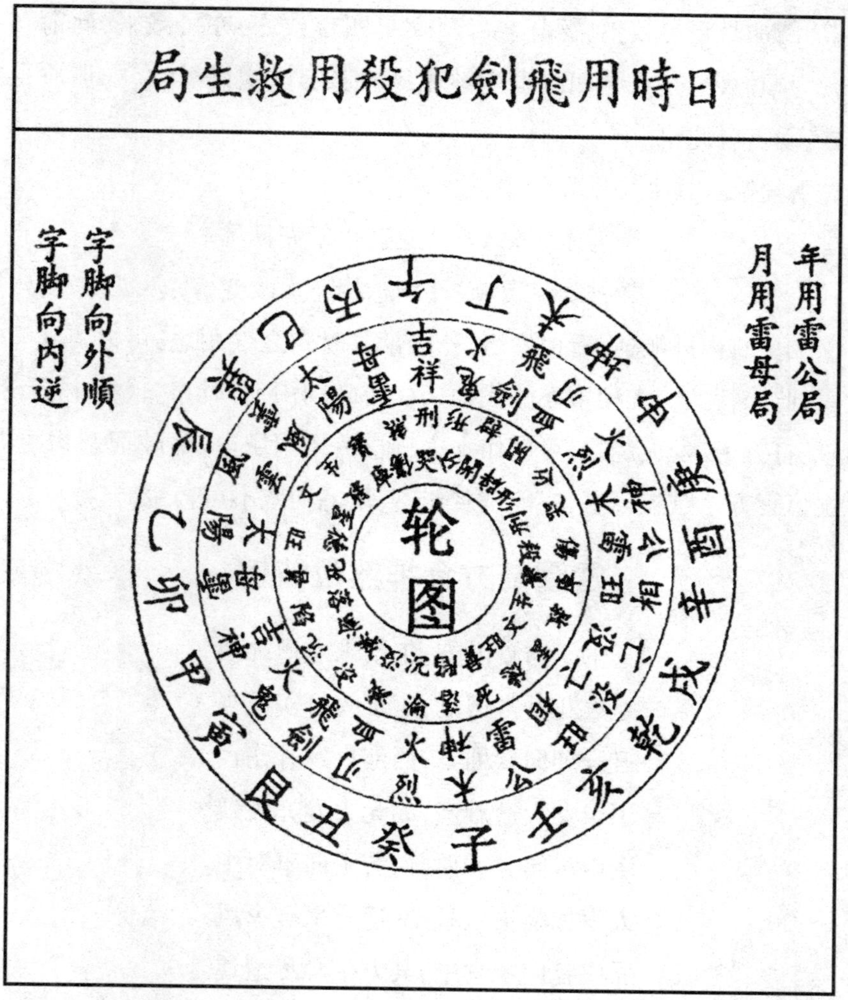

犯煞用救生例

甲己丁壬戊癸阳，但从顺路发其踪。

乙庚辛丙为阴局，逆转循环定吉凶。

如阳月以向外顺辟开加本月将，如阴月以向内逆辟开加本月将。凡月要到中气后数日，用之方验。诀云：其妙正在此耳、其外皆是浮文，学者不可不知。此雷霆煞依例分作三局，只有旺相吉，降太阳本神吉，余凶。若犯凶可用内层辟开，加月将寻救生、德旺、宝库、文星四吉救之，亦可藏祸，此箭在十二支神者为顺煞也，在八干四维者逆煞也，顺则煞外，逆则煞内，如遇所得之物要条之，动雷者此也。

右雷霆箭运式太局千发千中，故曰：

顺射阳年急如箭，逆射阴年克日见。

救神勿见莫施行，切忌相逢无改变。

十二星有内外顺逆，看他发箭，若能承其时令之气用之，可以克定日期杀火动雷，此非特煞。入动雷亦能代神坛社庙破凶山、打乾泉、伐树木、治邪怪、破山魅、打五道、发火烧物，可以作水火、血火、风雨掣电、除陂堰恶物之类，能发火发瘟官方杀贼盗等事，亦能济贫作富，坟宅功效不可言也。

雷霆箭方食神煞位诗例

子午丁向食丙方，午巳未上遭火殃。

瘟火儿女常遭厄，正丁树打实难当。

丑未坤向食坤方，西南火发开伤亡。

丁未女人遭难产，如无火发亦灾殃。

庚申辛向并卯酉，何劳更向事对中。

太岁加临损六畜，又遭官事破家风。

辰戌乾向卯食中，其方牛马尽遭迍。

酉亥戌方树打死，遭官徒酗后损人。

巳亥壬向正食壬，此方整顿也难禁。

亥子丑方人必反，又遭刑宪害平人。

午子癸向食子方，子丑寅卯恩虎狼。

六甲女人遭水厄，丑方木树一时亡。

未丑艮向正食丑，火灾叠叠杀小口。

丑艮寅方防寅厄，官灾棒杖溺河头。

申寅甲向卯方难，六畜时上被虎伤。
更有瘟瘴此方起，艮方火发只烧房。
寅卯乙向对南看，火烧人屋又遭官。
巳丙二方射树死，狂风吹倒众人撇。
戌辰戌向正食辰，更遭刑狱损平人。
乙辰方上牛马死，此方射树又遭迍。

雷霆白虎大煞局

以排山九宫掌轮，依顺逆数可见矣。

起例：

白虎凶　帝星吉　麒麟吉　人剑凶　进宝吉　福慧吉
朱留吉　天富吉　凤凰吉　官符凶　魁星吉　三台吉

法以日建住虎白虎，若到坎离震兑四宫即以子午卯酉加白虎，而无顺逆之外也。若到乾坤艮巽四宫，阳局以白虎加四生之位，阴局以白虎加四库之位。若到中宫冬至后以亥加白虎，夏至后以甲加白虎。假如甲巳月丙寅日依例坤上起甲子顺行至巽上是丙寅，即巳上白虎，午上帝星，未上麒麟，申上人剑，酉上进宝，戌上福慧，亥上朱雀，子上天富，丑上凤凰，寅上官符，卯上魁星辰上三台。余仿此推。又如乙庚月甲子从离上起，逆乙丑艮丙寅兑丁卯乾戊辰，中己巳巽，如己巳月用事即辰上加白虎，卯上帝星，寅上麒麟，丑上人剑，子上进宝，亥上福慧，戌上朱雀，酉上天富，申上凤凰，未上官符，午上魁星，巳上三台。余仿此推。凡遇白虎到虎不作，主损人口血财，遇帝星、天宫、进宝、魁星、福慧、三台吉，遇麒麟，凤凰者能灭白蚁，能降白虎蜈蚣，凶地也。

金精鳌极全补

(谓配卦取义明生克吉凶等事)

金精奥旨全论

为天燮理报国厚恩,代天燮理阴阳补报。

皇王国士之洪恩,数敷于皇极命,溥及于黎民。

皇极之数本伏曦之先天也,乾一、兑二、离三、震四、巽五、坎六、艮七、坤八,是八卦之生数也,犹命令也。溥广,博也;黎民,黎众也。

悯气运之推移,有替有相。

悯爱之意气,五天之气也。苍天木气,丹天火气,素天金气,玄天水气,黅天土气,五运者,甲己土运,乙庚金运,丙辛水运,丁壬木运,戊癸火运。相替。犹言兴衰也。

明山川之休咎。

此言理地之吉凶,气运之衰旺,而祸福及于存亡。

其本也,道存溟涬,机到昆仑。

道即太极,为天地溟涬之本,物由道而形,人由道而行,天地理机分,凡山皆祖昆仑,西北之极也。

其末也,生成万物,品汇元根。

品众也,汇类也。万物皆禀阴阳二气融结而生,莫不各有其形,各得其性,然其众类之根元,人生贵贱,自有不同矣。

气之者,春风和气,益旺门庭。逆之者,益风迅雷,不可俗闻。

阴阳之道,吉凶两途,由人自取。吉者道其常,凶者观其变。

何以忠乎壬阙?何以孝乎皇阙?

得气之吉是曰先天自然,英灵感所而形生于又者,总聪明荣贵而有孝顺之子孙,头是气之周流,弥光弥大,是之晦薄,且逃且奔。

周流谓先天盈气,合乎养生冠带临官帝旺,则门庭昌大,福禄延绵。晦薄谓后天气,又唐合病成绝,则公□疾病,财食奔坡。

上不□乎帝释,是合□于彝伦。

上下敷施之于国,乃合恩于民间,日月常行之事。

是数也,龙图天地,首司理矣。

数指鳌极之数,笵如铸金之有模范。围,国郭也。天地之化无穷,而圣人为之,范围不所过按中道所谓裁成者也。甲庚十干之类,是数之流纪也。

顺乎五气,应乎五行,布两间之枢卫,推四序之德刑。

天分五气,地分五行,上经于列宿,下合于方隅,数布于天地两间,四时迭序而有风热湿燥寒凉之化,从此而生气平而相得者,所以道其常是谓德也。气不平而相贼者,所以观其变是谓之刑也。

克以相治,继以相生。

治犹攻也。金克木,水克火,各专攻也。继序也,金生水,木生火,是为序顺也。

金木水火土,以金有拯。

辰戌丑未为四柱,辰亢金龙,戌娄金狗,丑牛金牛,未鬼金羊,而刑宿之中为金有柱,风热湿燥寒,以金为雄。

燥金主秋令,行肃杀之气,故曰雄。

金者,天得而轻清,地得而精荧。

天之五星,金最白。地之四柱,金最灵。

人得而长生,国得而太平。

在人王清健,故得寿。在国之主煞伐,能致太平。

二阴宗一阳首北而君,二阳宗一阴首南而臣。

坎卦二北方臣南为君象,离卦三南方君北为臣之象。

北斗出地三十六首与物成春。南斗入地,三十六首与道为降。

冬至后三十六候行阳道,万物生长。夏至后三十六候行阴道,则万物收藏。

寂不动,万物之攸尊。

寂然不动,坤之象也。万物所生无不显著于地中者,以地中有生气也。

明同日月,威震雷霆。生成万物,拱卫垣星。掌国家之休咎,识虎镇之难兵。

此言金精发用金,精阴生司号金地四生金失辛□之□月建寅之百,生成万物,当国家之得失,生潘镇之安危。

未言其用,先查其根。

乾纳甲,震纳庚者,金之刚也。

寅露帝出乎震,子继父体。

帝者,天地万物之主宰,出春,然路之谓子继父体,长男之家也。震居东方,于时为春,当此之时,万物当帝而出。

东九南三,北五西七。一气居中,是为皇纪。

皇纪数立五方之气,是天地万物之纲纪。

皇纪者,玄元之祖,浮黎之祖,万物之根,天地之母,乾命之物,坤命之甫,上顼华盖,下蹑魁罡,瞻彼赫赫其煌。

皇纪即太极也,玄元之祖,混纯之初也。浮黎,犹言世界也。魁罡,如正月巳亥,二月子午之类。赫赫赤明之貌,其煌煌如火之光也。

土八方之正配,集五气之祯祥。

八方,乾坎艮震巽离坤兑也。乾位西北戌亥配之,坎位正北壬癸配之,艮位东北丑寅配之,震位正东甲乙配之,巽位东南辰巳配之,离位正南丙丁配之,坤位西南未申配之,兑位正西庚辛配之。气运详见前。

有斗杓之斟酌,大昭毓于明堂。

标,柄也。斗,标月,月常指戌时,时见破军。酌斟,推移所在也。昭毓,彰明也。普照之貌明明宇宙之谓。

音龙统乎,七政宜乎,镇以相投。

二十八宿中惟龙变化之溥,所以十干化运逢辰则变,详见下文。

甲己化土,戊得统御。乙庚化金,庚得天心。丙辛化水,主乎壬也。丁壬化木,甲以尊临。戊癸化火,丙以堪钦。岁从甲己之年起丙寅,逢辰是戊土,则甲己化土。乙庚之岁起戊寅，逢辰是庚，则乙庚化金也。丙辛之岁起庚寅，逢辰是壬，则丙辛化水。丁壬之岁起壬寅，逢辰是甲木，则丁壬化木。戊发之岁起甲寅，逢辰是丙午，则戊癸化火。此十干五运之化气，又谓之天符。

是以木得亥卯未而根苗奋发，火得寅午戌而气焰光明，金得巳酉丑而晶彩，水得申子辰而弥深，土居四季无潜无浮。

五行之气合天符，又得长生帝旺墓宫，在年月日时为吉，即为天符临御。惟土无正位，寄旺四季，故无浮越，泛滥与水气同论。

要旋玑之得位，济大旱之甘霖。

天文志云：北斗魁四星为旋玑，均三星为互衡，顺气之序得气之盈则福。及于人犹濡然之雨，以甦田畴之稿矣。

生以相继，克以相治。为父为子，为官为鬼。

相生如父子之相承，相克如鬼贼之相攻。

济山川之富局，荣爵禄之宠规。

气得其盈，地应吉局，出人荣华富贵。

鬼贼得势而必绝，生胎有用而咸宜。

气逢寒病死绝，或鬼贼相攻击，是得地之凶局，而祸及于人也。生胎谓胎养齐见亦吉气之相宜也。

犹擎天之四柱，绝世间之万钱。

年月日时为四柱，生克制化出乎方。

得天符而大炽，违天符而大非。

天符者，金气得乙庚辛，火气得戊癸丙丁，木气得丁壬甲乙，水气得丙辛壬癸，土气得甲己戊。违者相仇相克之类。

盖与天地合其德，日月合其明，四时合其序，鬼神合其吉凶。

与天地日月四序鬼神合者，谓合其道也。

木司几谏，火司秉理，金主后贤，水主泄气，土主太平，绵绵后裔。

金精奥旨，遇木为偏制，是司几谏。遇火为受伤，又曰金须火试，直色自现是谓秉理。逢金为入庙，主生贤俊。遇水则泄气，漏胎害子荫孙。土为元朝首福是为生气，故子孙富贵绵远。

继继绳绳，日昌日炽。

此接上文，绵绵后裔之意。

大以为国，小以为墟。

大局可以大受，小局可以小知也。

民敛时为五福，因皇极之是陈。

箕子洪范九畴有五福，一曰寿，二曰富，三曰康宁，四曰做好德，五曰考终命。盖因皇极之数，以启金精鳌极之旨。

合斯造化，永书诸绅。

斯，此也。造化，精金精之旨。绅，大带也，书之绅记其事而不忘矣。

八卦纳甲论

离为日，坎为月，是离坎日月之正体也。月离于日而有至望，望自至晦，循环出没，为八干纳甲。夫戊己土也，令于中日与月合，而日得其阴，月得其阳焉。自天一生水，而三备于坎，月生沧海，故坎为月象，每卦遇之阴阳消长为晦明，故阳而明，阴而晦。天一阳二阴为晦，阳自内生而阴渐退，每月初三变坤为震，昏时月在于上，故此居震三阳一阴为兑，阳旺阴微。初八日上弦，变震为兑，昏时月在丁上，故丁居兑。三画皆阳为乾，十五变兑为乾，昏时月在甲上，而壬甲从乾，一阴二阳为巽，阴自内生而阳渐退，甲后月生兑变乾为巽，且时月在辛上，故辛出。巽二阴一阳为艮，阴旺阳消。二十三下弦，变巽为艮且时月在丙上，故丙归艮。三昏三阴为坤，二十八后变艮为坤，且时月在乙上，故月没乙癸，而乙癸向坤也。

或问：一阳从地生，先天益气明；一阴从天降，后天散气暗。卦惟六不设坎离，何也？答曰：坎月之体，离日之体，前纳甲图已载之明矣。夫坎为水阳也，水由地中行，阳生于子，坎位在下。离为阴火也，火炎为上，阴在于午离位乎上，故阳从地生，阴从天降，坎气纳戊，离气纳己，戊己属土位居中央，寄于坤艮，是不得八方之正位。

阴阳升降之图

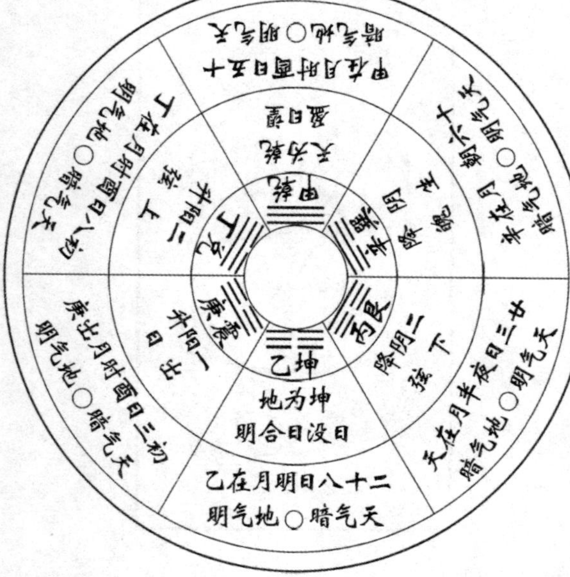

八卦纳甲之图

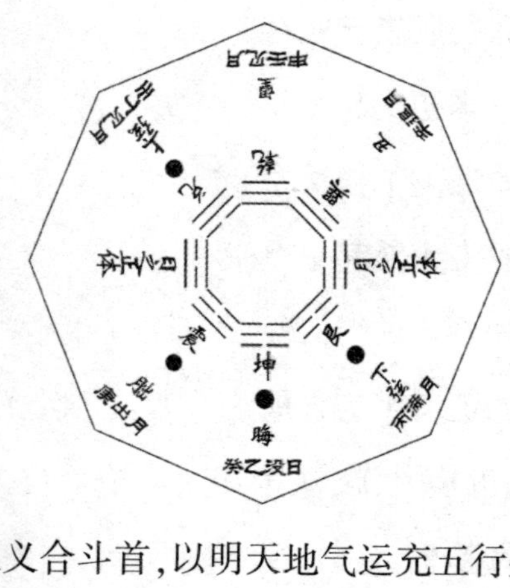

金精鳌极,配卦取义合斗首,以明天地气运充五行生克吉凶。

起镇山鳌极五气歌诀

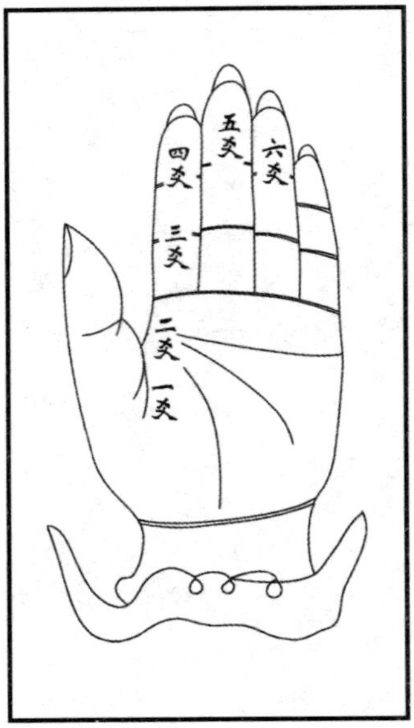

天雷山起亥,攻丑卯艮临。

巽辰坤戌位,离午兑中寻。

金精到六起法健歌诀,此说与前诀偕姑徒掌诀,以便后学视焉。

初爻指掌专女事,卯二辰三巳四宫。

午是五爻未六爻,乾震初爻起亥岁。

坎丑艮卯坤戌年,巽辰离午初爻始。

兑将申岁初爻发,岁支止爻起一申。

数止用山值爻止,如看止处得何气。

一甲辛丙为暗凶,四乙庚丁为吉地。

一甲二辛三丙四乙五庚六丁,从本年太岁泊爻位上,将一甲例寻所用作之山,即如明盈气暗敬气是也。

如子午年作乾山，其向则亥支加于掌上寅宫数起，顺寻子年太岁泊在第二爻，则时乾宫纳甲浑天甲，子水寅甲不在二爻，子年则苍天木气爻，从本卦二爻，爻起申，初戌一辛六爻三而乾须在交，系是暗气。

二十四山金精所正爻歌诀

定穴爻位清浊。

乾坤艮穴天穴清，子午卯酉天穴浊。
寅申巳亥人穴清，辰戌丑未人穴浊。
甲庚丙壬地穴清，乙辛丁癸地穴浊。

乾坤艮穴天穴清，额定在第六爻。
子午卯酉天穴浊，额定在第五爻。
寅申巳亥人穴清，额定在第四爻。
辰戌丑未人穴浊，额定在第三爻。
甲庚壬丙地穴清，额定在第二爻。
乙辛丁癸地穴浊，额定在初爻。

其法，每从太岁支爻上起一甲，如甲子年作戌山辰向，就在乾局二爻起一甲，初爻二辛，六爻三丙，五爻四乙，四爻五庚，三爻六丁，值四乙、五庚、六丁者，大吉也。余仿此。凡遇一甲、二辛、三丙者，为后天散气，俱凶。四乙、五庚、六丁者为先天盈气，俱吉。

金精主山定局

二十四山 爻穴定局	爻穴山位	六爻	五爻	四爻	三爻	二爻	初爻
		天穴清	天穴浊	人穴	人穴浊	地穴清	地穴浊
		乾坤	子午	寅申	辰戌	甲庚	乙辛
		艮巽	卯酉	巳亥	丑未	丙壬	丁癸
壬子癸山	太岁	子午年	巳亥年	辰戌年	卯酉年	寅申年	丑未年
	爻穴气	戊子水	戊戌土	戊申金	戊午火	戊辰土	戊寅木
		天穴清	天穴浊	人穴清	人穴浊	地穴清	地穴浊
		玄天气	黅天气	素天气	赤天气	黅天气	苍天气
丑艮寅山	太岁	寅申年	丑未年	子午年	巳亥年	辰戌年	卯酉年
	爻穴气	丙寅木	丙子水	丙戌土	丙申金	丙午火	丙辰土
		天穴清	天穴浊	人穴清	人穴浊	地穴清	地穴浊
		苍天气	玄天气	黅天气	素天气	赤天气	黅天气
甲卯乙山	太岁	辰戌年	卯酉年	寅申年	丑未年	子午年	巳亥年
	爻穴气	庚戌土	庚申金	庚午火	庚辰土	庚寅木	庚子水
		天穴清	天穴浊	人穴清	人穴浊	地穴清	地戌浊
		黅天气	素天气	赤天气	黅天气	苍天气	玄天气
辰巽巳山	太岁	卯酉年	寅申年	丑未年	子午年	己亥年	辰戌年
	爻穴气	辛卯木	辛巳火	辛未土	辛酉金	辛亥水	辛丑土
		天穴清	天穴浊	人穴清	人穴浊	地穴清	地穴浊
		苍天气	赤天气	黅天气	素天气	玄天气	黅天气

（续表）

二十四山爻穴定局	爻穴山位	六爻	五爻	四爻	三爻	二爻	初爻
		天穴清	天穴浊	人穴	人穴浊	地穴清	地穴浊
		乾坤	子午	寅申	辰戌	甲庚	乙辛
		艮巽	卯酉	巳亥	丑未	丙壬	丁癸
丙午丁山	太岁	巳亥年	辰戌年	卯酉年	寅申年	丑未年	子午年
	爻穴气	己巳火	己未木	己酉金	己亥水	己丑土	己卯木
		天穴清	天穴浊	人穴清	人穴浊	地穴清	地穴浊
		赤天气	黅天气	素天气	玄天气	黅天气	苍天气
未坤申山	太岁	卯酉年	寅申年	丑未年	子午年	巳亥年	辰戌年
	爻穴气	癸酉金	癸亥水	癸丑土	乙卯水	乙巳火	乙未土
		天穴清	天穴浊	人穴清	人穴浊	地穴清	地穴浊
		素天气	玄天气	黅天气	苍天气	赤天气	黅天气
庚酉辛山	太岁	丑未年	子午年	巳亥年	辰午年	卯酉年	寅申年
	爻穴气	丁未土	丁酉金	丁亥水	丁丑土	丁卯木	丁巳火
		天穴清	天穴浊	人穴清	人穴浊	地穴清	地穴浊
		素天气	玄天气	黅天气	苍天气	赤天气	黅天气
戌乾亥山	太岁	辰戌年	卯酉年	寅申年	丑未年	子午年	巳亥年
	爻穴气	壬戌土	壬申金	壬午火	甲辰土	甲寅木	甲子水
		天穴清	天穴浊	人穴清	人穴浊	地穴清	地穴浊
		黅天气	素天气	赤天气	黅天气	苍天气	玄天气

金精到穴定局

太岁	子午年	丑未年	寅申年	卯酉年	辰戌年	巳亥年
一甲暗凶	寅申辰 丁未酉	癸巳丙 申戌	辛亥 壬艮	卯巽 坤艮	午乾	子丑乙
二辛暗凶	子丑乙	寅申辰 丁未酉	癸巳丙 申戌	辛亥 壬艮	卯巽 坤艮	午乾
三丙暗凶	午乾	子丑乙	寅申辰 丁未酉	癸巳丙 申戌	辛亥 壬艮	卯巽 坤艮
四乙明吉	卯巽 坤庚	午乾	子丑乙	寅申辰 丁未酉	癸巳丙 申戌	辛亥 壬艮
五庚明吉	辛亥 壬艮	卯巽 坤艮	午乾	子丑乙	寅申辰 丁未酉	癸巳丙 申戌
六丁明吉	癸巳丙 申戌	辛亥 壬艮	卯巽 坤庚	午乾	子丑乙	寅申辰 丁未酉
六丁明吉	癸巳丙 申戌	辛亥 壬艮	卯巽 坤庚	午乾	子丑乙	寅甲辰 丁未酉

月华金精定局

金精	一甲	六丁	五庚	四乙	三丙	二辛
子午年	寅甲辰 丁未酉	癸巳丙 申戌	辛亥 壬艮	卯巽 坤艮	午乾	子丑乙
丑未年	癸巳丙 申戌	辛亥 壬艮	卯巽 坤艮	午乾	子丑乙	寅甲辰 丁未酉
寅申年	辛亥 壬艮	卯巽 坤艮	午乾	子丑乙	寅甲辰 丁未酉	癸巳丙 申戌
卯酉年	卯巽 坤艮	午乾	子丑乙	寅甲辰 丁未酉	癸巳丙 申戌	辛亥 壬艮
辰戌年	午乾	子丑乙	寅甲辰 丁未酉	癸巳丙 申戌	辛亥 壬艮	卯巽 坤艮
巳亥年	子丑乙	寅甲辰 丁未酉	癸巳丙 申戌	辛亥 壬艮	卯巽 坤艮	午乾

初一日至初五日	五庚	六丁	一甲	二辛	三丙	四乙
初六日至初十日	六丁	一甲	二辛	三丙	四乙	五庚
十一日至十五日	一甲	二辛	三丙	四乙	五庚	六丁
十六日至二十日	二辛	三丙	四乙	五庚	六丁	一甲
廿一日至廿五日	三丙	四乙	五庚	六丁	一甲	二辛
廿六日至三十日	四乙	五庚	六丁	乙甲	二辛	三丙

五天生旺定局

<table>
<tr><th>五天生旺定局</th><th colspan="3">八十一年</th><th colspan="3">六十四年</th><th colspan="3">三十四年</th><th colspan="3">四十一年</th><th colspan="3">四十九年</th><th colspan="3">二十九年</th><th colspan="3">二十六年</th><th colspan="3">三十六年</th></tr>
<tr><td>年月日时</td><td colspan="2">子</td><td colspan="2">丑</td><td colspan="2">寅</td><td colspan="2">卯</td><td colspan="2">辰</td><td colspan="2">巳</td><td colspan="2">午</td><td colspan="2">未</td><td colspan="2">申</td><td colspan="2">酉</td><td colspan="2">戌</td><td colspan="2">亥</td></tr>
<tr><td>苍天木气</td><td colspan="2">败</td><td colspan="2">冠</td><td colspan="2">临</td><td colspan="2">旺</td><td colspan="2">衰</td><td colspan="2">病</td><td colspan="2">死</td><td colspan="2">墓</td><td colspan="2">绝</td><td colspan="2">胎</td><td colspan="2">养</td><td colspan="2">生</td></tr>
<tr><td>赤天火气</td><td colspan="2">胎</td><td colspan="2">养</td><td colspan="2">生</td><td colspan="2">败</td><td colspan="2">冠</td><td colspan="2">临</td><td colspan="2">旺</td><td colspan="2">衰</td><td colspan="2">病</td><td colspan="2">死</td><td colspan="2">墓</td><td colspan="2">绝</td></tr>
<tr><td>素天金气</td><td colspan="2">死</td><td colspan="2">墓</td><td colspan="2">绝</td><td colspan="2">胎</td><td colspan="2">养</td><td colspan="2">生</td><td colspan="2">败</td><td colspan="2">冠</td><td colspan="2">临</td><td colspan="2">旺</td><td colspan="2">衰</td><td colspan="2">病</td></tr>
<tr><td>玄天水气</td><td colspan="2">旺</td><td colspan="2">衰</td><td colspan="2">病</td><td colspan="2">死</td><td colspan="2">墓</td><td colspan="2">绝</td><td colspan="2">胎</td><td colspan="2">养</td><td colspan="2">生</td><td colspan="2">败</td><td colspan="2">冠</td><td colspan="2">临</td></tr>
<tr><td>黅天土气</td><td colspan="2">旺</td><td colspan="2">衰</td><td colspan="2">病</td><td colspan="2">死</td><td colspan="2">墓</td><td colspan="2">绝</td><td colspan="2">胎</td><td colspan="2">养</td><td colspan="2">生</td><td colspan="2">败</td><td colspan="2">冠</td><td colspan="2">临</td></tr>
</table>

右五天气及金精之诀，得胎养之气主人口盛，生旺之气主财谷丰盈，冠临之气主官禄近贵，墓库之气主血财盛，衰败减气主官讼退败，病死减气主凶祸病亡，绝灭气主人丁败替。凡造葬用事，谓四乙、五庚、六丁谓之先天盈气，吉；次主生旺年月日时，不犯减气，然后详论支干生克制化有用者为吉局，若值一甲、二辛、三丙谓之后天败气，凶。若取生旺之气，反自害也。

生我者为朝元，曰福德。比和者为入朝，曰护旺。我生者为泄气，曰害气。克我者为官鬼,曰受伤。我克者为偏制,反仇也。

富贵生旺局

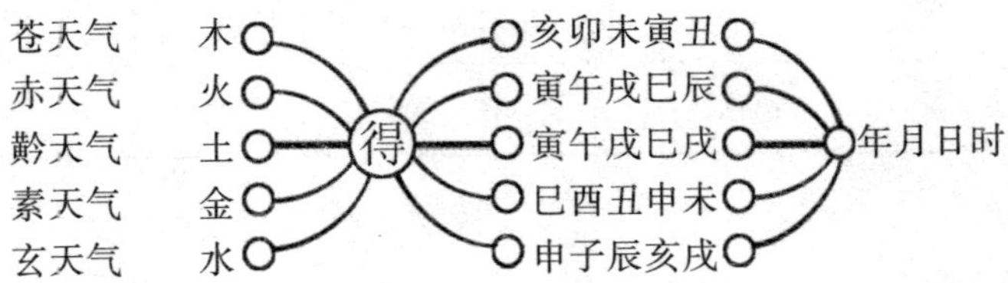

以上长生、冠带、临官、帝旺、墓、库年月日时,要乙庚丁先天盈气,不远三年大发门庭,大吉,富贵自来。若合用辛丙后天散气,退败。

子孙胎养局

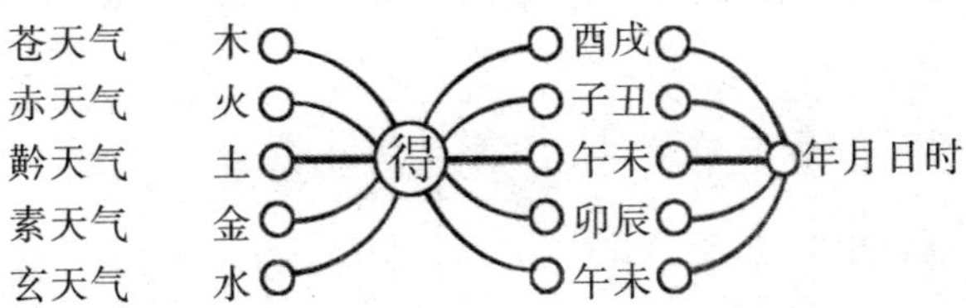

以上胎,养年月日时,要合乙庚丁盈气,吉。若合甲辛丙散气,大凶。

贫贱衰败局

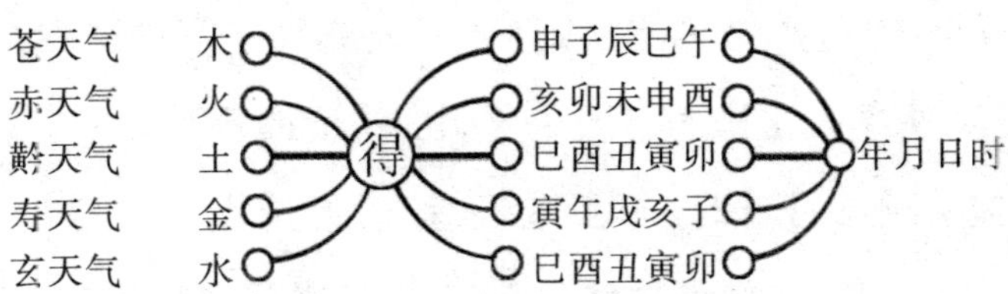

以上败衰、病、死、绝年月日时减退福气,若遇先天盈气乙庚丁,颇得平

和,虽然不吉,且亦不凶。遇后天甲辛丙散气,愈加凶兆也。

生气朝元吉局

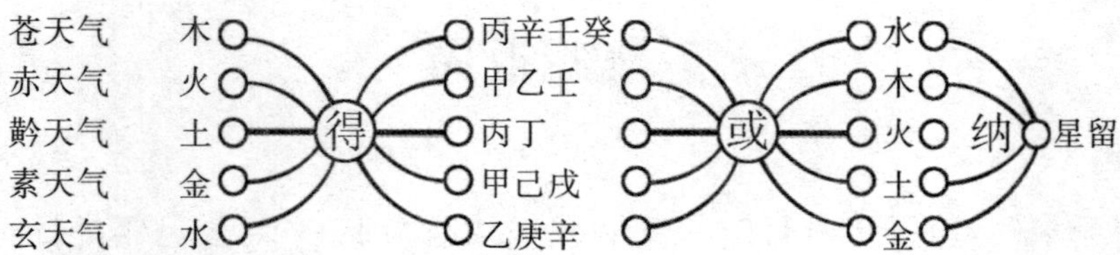

主发福招财,寿命延长,儿孙昌盛。

以上母来生我为生气朝元局,何以出长寿者?母来生我,进福朝元是以生气吉。何以出夭亡?我去生也,世气虚耗,灭福衰亡。

论五气生旺局

(谓五天添旺进年月日诸局)

苍天木气:值酉年月日时得胎气添旺二十六年,戌亥年月日时得养、生气添旺三十六年,丑寅年月日时得冠带、临官气添旺六十四年,卯年月日时得旺气添旺三十四年,未年月日时得墓气二十九数,墓气半吉添旺十四年。

丹天火气:值子年月日时得胎气添旺八十一年,丑寅年月日时得养、生气添旺六十四年,辰巳年月日时得冠带、临官气添旺四十一年,午年月日时得旺气添旺四十九年,戌年月日时得墓气除半添旺十八年。

黅天土气、玄天水气:同值午年月日时得胎气添旺四十九年,未申年月日时得养、生气添旺二十九年,戌亥年月日时得冠带、临官气添旺三十六年,子年月日时得旺气添旺八十一年,辰年月日时得墓库气除半吉添旺二十年半。

素天金气:值卯年月日时得胎气添旺三十四年,辰巳年月日时得养气添旺四十一年,未申年月日时得冠带、临官气添旺二十九年,酉年月日时得旺气添旺二十六年,丑年月日时得墓气减半添旺三十一年吉。

以上胎、养、生、旺、冠带、临官、墓年月日时，合先天盈气各若干，数年家门清吉，发福无涯，进旺人丁，广添田产，世业增崇，再遇流年太岁，生旺冠带胎养相合扶助克应吉兆。设若后天散气，虽得胎养生旺不能为吉局也，逢流年虽是生扶合，亦不能为吉，更愈衰病死绝，加凶兆矣。

五气减退局

苍天木气：值子年月日时得沐浴败气减退八十一年，辰巳年月日时得病衰气减退四十一年，午年月日时得死气减退四十九年，申年月日时得绝气减退二十九年。

丹天火气：值卯年月日时得沐浴败气减退三十四年，未申年月日时得衰病气减退二十九年，酉年月日时死气减退二十六年，亥年月日时得绝气减退三十六年。

黅天土气：玄天水气，同值酉年月日时得沐浴败气减退二十六年，丑寅年月日时得衰病气减退六十四年，卯年月日时得死气减退三十四年，巳年月日时得绝气减退四十一年。

素天金气：值午年月日时得沐浴败气减退四十九年，戌亥年月日时得衰病气减退三十六年，子年月日时得死气减退八十一年，寅年月日时得绝气减退六十四年。

以上败衰死病绝年月日时，减退富气若干年数，若遇先天盈气乙庚丁颇得平和，虽然不吉亦不凶；遇后天甲丙辛散气愈加凶兆，照依减退年数，克应如神。

五气正垣局

苍天木气：得丁壬甲乙亥卯未年月，系角亢氐房心尾箕主事，宜作艮寅甲卯乙辰山向，造葬合东方旺气荫三十四年，吉。

丹天火气：得戊癸丙丁寅午戌年月，系井鬼柳星张翼轸主事，宜作巽巳丙午丁未山向,造葬合南方旺气荫四十九年,吉。

黅天土气:得乙庚辛巳酉丑年月,宜作乾坤艮巽山向,造葬合中央旺气荫百年,吉。

素天金气:得乙庚辛巳酉丑年月,系是奎娄胃昴毕觜参主事,宜作坤申庚酉辛戌山向,造葬合西方旺气荫二十六年,吉。

玄天水气:得丙辛壬癸申子辰年月,系斗牛女虚危室壁主事,宜作乾亥壬子癸山向,造葬合此方旺气荫八十一年,吉。

以上吉局,天合五气正垣地,得五方正位登垣入庙,多吉之元兆。凡造葬者得斯造化,秉列宿之英灵,受五行之旺气,入局归垣神藏,然得年月四柱,总得吉旺气若干数,荫若干年月,造葬皆用宜之。大地用大格局,小可之地只宜小可格局。设若大地用此年月,葬者便是亡人再生之日,受气之吉,得地之正,何怕后人附葬。盖先者得生旺年受气,自然享福,得生旺年月穴,又得龙直脉正,子孙富贵,后葬者不受地无,必主败绝。如用此局之吉,不怕山凶水走,亦壬一癸冢地茫然。古人云:夏旱秋涝,此长彼短,无可疑者。起造安葬同论。

政如五气登垣八煞,如木躔东方七宿,又值寅甲卯乙辰丙庚年月日时,如星近太阳之傍,有日青云得路便朝天,身贵显名杨,此是神仙真妙诀,时人如逢此吉局,金榜在香近帝前。

五气合垣局

苍天木气:得丁壬甲乙四干齐全,在年月日时合得太微垣局护旺天市,二十四年吉。

丹天火气:得戊癸丙丁四干齐全,在年月日时合得太微垣局护旺,四十九年吉。

黅天土气:得甲戊己三干齐全,在年月日时合得勾陈金关垣局护旺,一百余年吉。

素天金气:得乙庚辛三干齐全,在年月日时合得天苑坦局护旺,二十六年吉。

玄天水气:得丙辛壬癸四干齐全,在年月日时合得紫微垣局护旺,八十一年吉。

以上五气年月日时，合得此气齐全，得若干年限增添旺气，龙神护旺，卫德煞潜藏，添人进产，家宅安宁。

元气护旺局

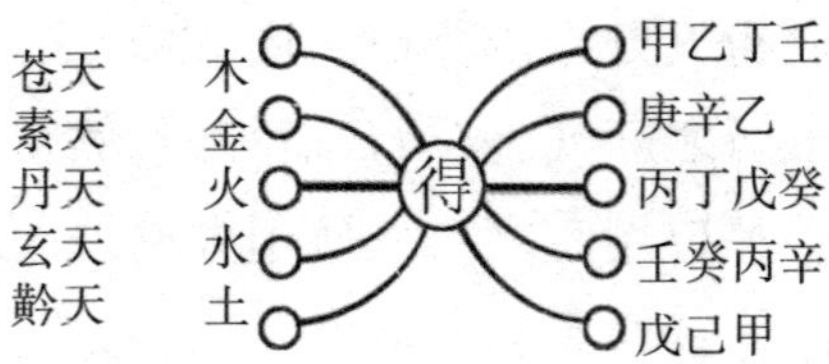

此局谓之护卫旺气年月带天如苍天才气有二甲三乙皆吉

骈丽贡神局

骈丽者，对偶也。甲与己合，乙与庚合，丙与辛合，丁与壬合，戊与癸合。甲丙戊庚壬属阳，男子之象。乙丁己辛癸属阴，女子象。克我者为夫，我克者为妇。且如甲属木为阳为夫，己属土为阴为妇，配偶相合是为骈丽。又曰：天符也。以杂者反无用。余仿此。

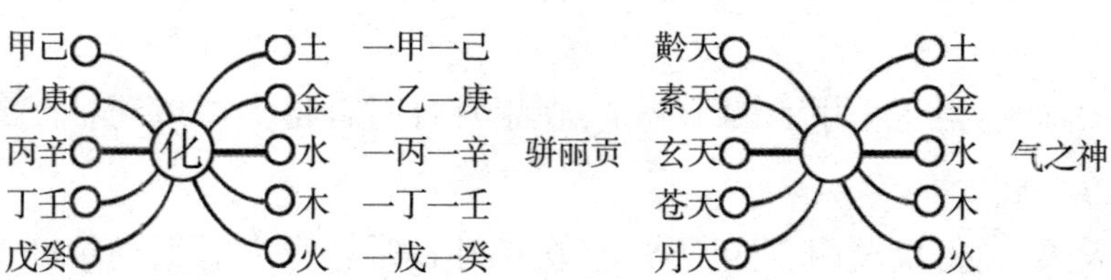

右此局阴阳配合，对偶一联，骈丽不杂，犹如夫妇和偕，门庭生喜庆，高贡自天来，谓之骈丽贡福，又曰天符。如黅天土气，二甲乙己反为带弊心，主中有暗夫淫妇，因女人破产，奴婢败主；一甲二己为男女争权竞宠，好妇反目，至于败家。其余四天之气仿此推断。若非化气骈丽如苍天气见两甲二己，或三甲二己，又系护旺局，不在此论。

以上母来生我为生气朝元论,局载在贫贱局后。

论年月日,何以出长寿者,母来生我,进福朝元是为生气。何以出夭寿者?我去生他,虚耗减福,是为泄气。生气不息,本气愈盛为昌,我生不已木气衰亡朝元局,主人送物,发福招财,寿命延长,儿孙蕃衍。假如水生木应得此方财物,江湖中称意人送水中物出产大进生男,黑色水名河泊转运茶监之职。木生火乃应得东方财人送竹木并契书,出人聪明俊秀修长,藩司州县衙之职。

论减福泄气局

苍天木气得丙丁巳午纳音属火,或寅午戌三字全者不吉。丹天火气得戊己辰戌丑未纳音属土,或申子辰三字齐全者,黅天土气逢庚辛申酉纳音属金,或巳酉丑三字齐全者,素天金气得壬癸亥子纳音属水,或申子辰三字齐全者,玄天水气得甲乙寅卯纳音属木,或亥卯未三字齐全者。

此局我去生他为减福泄气。

论泄气歌诀

泄元之局,是我生子。泄我元气,漏胎之母。
害子荫孙,亦有可取。无子有孙,方宜用此。
梦及曾立,荫蔽后昆。不宜大泄,周围本源。
根深蒂固,泄又何干。不识根蒂,是为生气。
水被火泄,水来救济。金被水泄,土亦能制。
有泄无救,必知伤寿。泄气必重,世代贫穷。
门户不振,命入泉呙。泄气若轻,后代当兴。
曾玄享福,久则弥明。四课为主,吉凶可睹。
朝元泄气,请看山水。山聚水遯,用泄可许。
山走水去,用泄有阻。泄重不好,人舞寿考。
木化灰飞,男先死早。火化为尘,堕胎烦恼。

土化锉锵，衣食难讨。金化泉流，性命难保。
木化萌芽，父子相盗。大泄难当，冬雪浇汤。
火金泄重，新妇终亡。水木泄重，悲哭相伤。
轻重可测，智者精详。

论天符临御

赋曰：甲己之岁戊为统龙，以土司化，黅天最灵。乙庚之岁统龙乎庚以金司七煞旺，素天丙辛之岁壬得统龙，以木司化。苍天是奉岁临戊癸之岁，统龙是丙司化，苍天是奉岁临戊癸之岁，统龙是丙火以司化。丹天之任统龙天德，上下御临，以成变化，品汇元亨。纳丙遇辛得申子辰而奋魁，乙遇庚得巳酉丑，而丁遇壬得亥卯未而清贵，戊遇癸得寅午戌而光明，甲遇巳得辰戌丑未丙申子辰而最灵。是以五行以我宫为正庙，我入母宫是为福得之神，我入子宫为漏胎泄气，我入鬼宫为伤克之刑，我克之地为财，反为偏之凶。生克机变不一于斯，造化无穷。

论生克制害

生我者，父母生气朝元也。比和者，兄弟元气入庙也。是斯二者，一曰福德，一曰护旺，皆至贵之神。不拘年月日时，连出维见，愈多愈妙，在天干主创屋宇，新兴旺人口；在地支主基址丰隆，牛马长进；在纳音主产业增荣财禄自。入局者主利富贵人物亨通，入局者如丹天火气得亥卯未三字者全为朝元入局，得戊癸丙丁寅午戌三字齐全，为护旺入局也。

我生者，子孙泄元害气。也如黅天土气值年月日时，或纳音支干有金为泄气漏胎，当时害子萌孙，若泄太重为祸尤深，泄若稍轻得火来生救本元，谓之根深蒂固，反主荣华，未得时无子有孙，须泄何害。

克我者，为官鬼元气者受伤也。假如苍天木气得一金为官，更逢生旺吉局相扶，是为官贵名利无疑，若众金作官为鬼局，或巳酉丑齐全为鬼局，更加秋令当权,鬼贼相散,元气受伤,必主大败也。

我克者,妻财水气之仇也。如玄天水气见一火为财,生气旺气相吉局可作吉,推如干支纳音见两三重,财火多则捐己反为成仇,是则谓之偏制,反主退败也。

论先天气盈后天气散

此阴阳升降图,凡造葬取地气明为是每用二十八宿,居坎月初至半前十四也,自十五朝至二十七地气暗为凶。一本云:起天气明至亦可用于埋葬不可用,若论定山坐穴,从本年太岁甲处起,用丙辛为后天散气,次及乙庚丁为先天盈气,不问起造葬埋一切用事,必以先天盈气为吉,后天散气为凶。

论禄马贵人羊刃

禄马阳刃皆以太岁推之,如甲年禄在寅,则卯为羊刃,申子辰岁马亦到寅,是禄马同到。丑未为贵人,如年月日时带禄马贵人,又逢生旺临官盈气主富贵双全,即使发福或遇衰病死绝及后天散气,艰于衣食,一世奔波。羊刃及生旺临官又值官星吉局,主吉。掌威若入墓库须不凶,必主暗疾逢衰病死绝愈增无吉,凶败。

论坎艮二宫不受黔天气

论曰:一二三四五六七八九数隶于九宫,错综五行,以一无变,二二而四,三三而九,四而十六,五五而二十五,六六而三十六,七七而四十九,八八而六十四,九九而八十一。大衍之数五十而用四十有九,九数之四不脱乎五千五十者,天五生土也,土以黔天气统之旺乎,辰戌丑未四墓之处,故四墓之岁除坎艮二宫乃乾坤震巽离兑皆属六宫配土,余地不满东南,堪舆地势可极于东南,殊不可极于北,故坎为九九八十一,为天地之元根,万源之本,主位司北方也。艮得八八而六十四,为岁枢在月,隔丑建之寅,联腊正之间,系八卦之中,故艮气最重,不属黅天气,统乾坤震巽离兑,自子午卯酉寅申巳亥五行有禀。辰戌丑未四者为熬极,是辰戌丑未禀五行上六者,归于戊己焉。戊己者,天地之根,阴阳之位,一阳从地生,一阴从天降,皆本于此二十四向之中;无戊己者,又气司存焉于四墓之岁,加以坎艮二宫,不受黅天之气,又何疑哉?

子午年　四木　一水　二土　二金
　乾木　坎水　艮土　震木　巽金　离木　坤水　兑金
丑未年　六土　一木　一水
　乾土　坎木　艮水　震土　巽土　离土　坤土　兑土
寅申年　四火　一木　一土　二水
　乾火　坎土　艮木　震火　巽火　离水　坤水　兑火
卯酉年　四金　二木　一火　一土
　乾金　坎火　艮土　震金　巽木　离金　坤金　兑木
辰戌年　六土　一金　一火
　乾土　坎金　艮火　震土　巽土　离土　坤土　兑土
巳亥年　四水　二火　一土　一金
　乾木　坎土　艮金　震水　巽水　离火　坤火　兑水

论五天五方五运之气

（论五天五方立运之气也）

天分五气,地列五行。五气分流散于其止乎,如列宿下合以方隅则命之以为五运,即五方之气也。

苍天之气,经于危室鬼柳四宿之上下,临丁壬之位,立为木运而主东方之气用事。

丹天之气,经于牛女奎壁四宿之上下,临戊癸之位,立为火运,而主南方之气用事。

黅天之气，经于角亢心尾四宿之上下，临甲己之位，立为土运，而主中央之气用事。

素天之气，经于亢氐昴毕四宿之上下，临乙庚之位，立为金运，而主西方之气用事。

玄天之气，经于张翼娄胃四宿之上下，临丙辛之位，立为水运，而主北方之气用事。

此五气所经二十八宿十二分位相临，因以纪五天而立五运，是五方之气流行消长，阴阳之妙用矣。

五气克应断

苍天木气：怪异，妇人提瓶，小儿讴歌，鲤鱼上树，贵人临门，造葬，宜艮震巳山及山运木吉，忌年月日时纳音属金，逢金局为杀，煞衰气旺，官势清显，处郡得名，九流超众，白手成家，便得吉地相扶，文章魁世，飞黄腾达，孕育生男，子孙昌盛。若煞旺气衰，慵懒膺疾病，所作不成，牛斗蛇伤，囹圄次亡，子孙忤逆，田产退败，风疾缠染。

丹天火气：怪异，甑鸣，马生骡子，赤蛇上树，挞门送契，造葬，宜离壬丙乙山及山运属火吉，忌年月日时纳音属水，逢水局为杀，煞衰气旺，润屋肥家，子孙大旺。若杀旺气衰，频见灾祸，时遭瘟火，田蚕不收，人物耗散。

黅天土气：怪异，牛马自至，牛生犊，生气物至，猪自生子，造葬，宜丑癸坤艮未向首大利及山运属土吉，忌年月日时纳音属木凶，逢木凶为煞，煞衰气旺，助我声势，当作显官，大发财产，嗣续延长，煞旺气衰，逃亡失脱，六畜虚耗，疾病缠绵，家门坎向。

素天金气：怪异，雷鸣，掘地得金，因公得财，因女得官，造葬，宜乾亥丁向首及山运属金吉，忌年月日时纳音属火凶，逢火局为煞，煞衰气旺，招军贼，财宝进横财，粮税房屋田业大旺，牛马自来南方绝户送契书，煞旺气衰家破，城劫横死，无弃故火烧至女人公事，时见不祥。

玄天水气：怪异，鬼怪，鬼运财宝，僧道送物，片沸鸣金，奴婢自来，造葬宜甲寅辰巽戌坎辛申向首及山运属水吉，忌年月日时纳音属土凶，逢土局为煞，煞衰气旺,财物自来九流中人送田契及金线银瓶,因捕狱得官,荣身致富,煞旺气衰,主运年遭公讼,失物丧财,六畜虚耗,风缓软瘫,疾病无时,甚则主于逃亡乞丐。

鳌极书,金精之术始自丘延翰,赋自五鹗,注自鳌峰,行自祖注道轩先生,其五气之说历有年矣,但时俗有失其传焉,而不得其本,何以识其标渠?今后裔懋颇究其理,故因言以述其数篇,并载其前,用得福合局,失用凶局。假如载于上层,此系古藏本编集,俟高明同智者识之,惟造葬选择极有理焉,但合得生旺格局盈气,年月发福无穷;若合衰败气散,年月退败,不止姑集前补局例,以便高明选择,术者不可不知。

五运六气配金精生制论

冬至、小寒、大寒、立春四气皆厥阴风木司天令,宜甲乙寅卯巽五山,谓木气极吉,巳丙午丁四山生气亦吉,庚兑辛申乾五山为财气次吉,辰戌丑未艮坤六山为克气极凶,亥壬子癸巳山为泄气次凶。以上六气各以本山正属论。

雨水、惊蛰、春分、清明四气少阴君火司令,同谷雨、立夏、小满、芒种四气皆火阳相火司令,此八节气少阴火少阳火,巳丙午丁四山谓本气极吉,辰戌丑未艮坤六山为生气亦吉,亥壬子癸四山为财气次吉,庚兑辛申乾五山为克气极凶,寅甲卯乙巽五山为泄气次凶,各以本山克气为财也。

夏至、小暑、大暑、立秋四气皆太阴湿土司令,辰戌丑未艮坤六山谓本气极吉,庚兑辛申乾五山为生气亦吉,巳丙午丁四山为财气次吉也,寅甲卯乙巽五山金为克气极凶,辰戌丑未艮坤六山为泄气次凶。

处暑、白露、秋分、寒露四气皆阳明燥金司天令,庚兑辛申乾五山谓本气极吉,亥壬子癸四山为生气亦吉,巳丙午丁四山为财气次吉也,寅申卯乙巽五山金为克气极凶,辰戌丑未艮坤六山为泄气次凶。

霜降、立冬、小雪、大雪四气皆太阳寒水司天令,亥壬子癸四山谓本气极吉,寅甲卯乙巽五山为生气次吉,辰戌丑未艮坤六山为财气次吉,巳丙午丁四山为克气极凶,庚兑辛申乾五山以水为泄气次吉。

凡二十四气分为六节,金木水火土取用法,用本气者自兴自旺,用生气者自立自成,合财气者自成自创,合克气者自伤自亡,合泄气者至退至败,至验屡试屡应。大凡五运六气之理,选择善知者则回天命,造葬以夺神功,岂为虚语哉?

古代纪历文献丛刊③

鳌头通书

［明］熊宗立　撰
闵兆才　编校

（第四册）

华龄出版社
HUALING PRESS

第四册　目录

新镌历法总览合节鳌头通书卷之九

新镌历法总览合节鳌头通书卷之十

奇门演禽

新镌历法总览合节鳌头通书卷之九

鳌峰　道轩　熊宗立

后裔　月畴　秉　懋　重订
　　　淑明　启　灿　梓行

六十年定局

逐年诸凶星立成

按六十年花甲开山立向逐年凶神煞立成。

年家三煞、坐煞、向煞。

罗天大退年占方。

九良星占，九良煞占。

五音修造，年克山运。

正傍阴府、太岁占山。

吉星年家三元白星到方，天河转运、尊帝星到方向，玉清、玉印到方。

逐年八节三奇到方向年月

甲子年　太岁

通天窍云:水之位煞在南方巳午未,忌丙壬丁癸四向,名坐煞。

四大利,宜下乾坤艮巽四向,大吉。

甲年罗天大退在子方,忌造葬,主退财损丁。

九良星:占厨灶;煞在中庭及神庙。

造利申子辰亥卯未生命,大吉;午卯生人不可用。

宫羽角商音姓,吉;徵音姓犯白虎,凶。

年克,甲寅辰巽戌坎辛申丑癸卯庚□一十三山。

正阴府,艮巽山。傍阴府,丙辛山。

上下元	尊星乾 帝星巽	玉印艮 玉清坤
中元	尊星坎 帝星离	玉印震 玉清兑
上元	年一白坤 白八白震	六白坎 九紫巽
中元	年一白坤 白八白离	六白兑 九紫坎
下元	年一白艮 白八白乾	六白巽 九紫兑

八节	立春	春分	立夏	夏至	立秋	秋分	立冬	冬至
乙奇	艮	震	巽	离	坤	兑	乾	坎
丙奇	艮	震	巽	离	坤	兑	乾	坎
丁奇	离	巽	中	艮	坎	乾	中	坤

乙丑年　太岁

通天窍云:金之位煞在东方寅卯辰,忌甲庚乙辛四向,名坐煞、向煞。

大利方,丙壬巽午坤亥戌山大利,吉。

此年罗天大退在震方,忌造葬,主退财损丁。

九良星,占僧堂井厨城隍社庙;煞在厨及寅方。

宫羽徵音,吉;商角音,凶。

造主利申子辰亥卯未生命,造吉;丑未生人不用。

年家克山,艮震巳三山。

正阴府太岁占乾兑二山,傍阴府占甲丁巳丑方。

上下元	尊星兑 帝星震	玉印坤 玉清艮
中元	尊星坤 帝星艮	玉印乾 玉清巽
上元	年一白乾 白八白巽	六白坤 九紫中
中元	年一白震 白八白坎	六白艮 九紫坤
下元	年一白离 白八白兑	六白中 九紫艮

八节	立春	春分	立夏	夏至	立秋	秋分	立冬	冬至
乙奇	兑	坤	震	坎	震	艮	兑	离
丙奇	艮	震	巽	离	坤	兑	乾	坎
丁奇	离	巽	中	艮	坎	乾	中	坤

丙寅年　太岁

通天窍云:火之位煞在北方亥子丑,忌丙壬丁癸四向,名坐煞、向煞。

大利方:甲庚寅巽未戌酉向,大利,宜造葬。

此年罗天大退在艮方,造葬主退财损丁。

九良星:占桥井门路及在天;煞在后堂井及午丑方。

宫羽角徵音,造吉;商音,凶。

造主利寅午戌亥卯未生命,吉;巳申命不可用,凶。

年克山,艮震巳三山。

正阴府太岁占坤坎山。傍阴占乙癸申辰山。

上下元	尊星艮 帝星坤	玉印巽 玉清乾
中元	尊星震 帝星兑	玉印离 玉清坎
上元	年一白兑 白八白中	六白震 九紫乾
中元	年一白巽 白八白坤	六白离 九紫震
下元	年二白坎 白八白艮	六白乾 九紫离

八节	立春	春分	立夏	夏至	立秋	秋分	立冬	冬至
乙奇	乾	坎	坤	艮	巽	离	艮	艮
丙奇	兑	坤	震	离	震	艮	兑	离
丁奇	艮	震	巽	坎	坤	兑	乾	坎

丁卯年　太岁

通天窍云:木之位煞在西,六甲酉戌,忌甲庚乙丑向坐煞、向煞。

四大利,宜下乾坤丑巽辰乙向,大利,宜造葬,吉。

罗天大退.于卯年在艮方,忌造葬,主退财。

九良星,占宫观后堂后门;煞占寅艮宫观尼寺。

造主寅午戌亥卯未生命吉利;忌子午生人,凶。

宫角徵音商音,大凶。

年克山,离壬丙乙四山。正阴府占离,傍阴府占寅壬戌方。

上下元	尊星离 帝星坎	玉印兑 玉清震
中元	尊帝巽 帝星乾	玉印坤 玉清艮
上元	年一白艮 白八白乾	六白巽 九紫兑
中元	年一白中 白八白震	六白坎 九紫巽
下元	年一年坤 白八白离	六白兑 九紫坎

八节	立春	春分	立夏	夏至	立秋	秋分	立冬	冬至
乙奇	中	离	坎	震	坤	坎	离	兑
丙奇	乾	坎	坤	坤	巽	离	艮	艮
丁奇	兑	坤	震	坎	震	艮	兑	离

戊辰年　太岁

通天窍云：水之位煞在离方巳午未，忌丙壬丁癸四向，名坐煞、向煞。

大利方：艮乙酉方。宜修造安葬，吉。

罗天大退在坤方，忌修造、安葬，主退财损丁。

九良星，占僧堂城隍社庙；煞占寺观庭及寅辰方。

作主宜午酉庚壬生命，吉利；丑戌生人不用。

商角音，造吉；宫羽徵，凶。

年克山：甲寅辰巽戌坎辛甲丑癸□庚未一十三山。

正阴府太岁占震山。傍阴府占庚亥未山。

上下元	尊星坎 帝星离	玉印震 玉清兑
中元	帝星乾 帝星巽	玉印艮 玉清坤
上元	年一白离 白八白兑	六白中 九紫艮
中元	年一白乾 白八白巽	六白卯 九紫中
下元	年一白震 白八白坎	六白艮 九紫坎

八节	立春	春分	立夏	夏至	立秋	秋分	立冬	冬至
乙奇	巽	艮	离	巽	乾	坤	坎	乾
丙奇	中	离	坎	震	中	坎	离	兑
丁奇	乾	坎	坤	坤	巽	离	艮	艮

己巳年　太岁

通天窍云:金之位煞在东方寅卯辰,忌甲庚乙辛四向,名坐煞、向煞。

四大利,宜下子午丁癸丑未,造葬、修方吉利。

罗天大退,在坤方忌修造、安葬,主退财损丁。

九良星,占船寺观申方;煞在门及寺观。

作主,宜寅午戌巳酉丑生命,利;申亥生人不可用。

商角徵音,吉;宫羽音,绝凶。

年克山家,巳震艮三山。

正阴府太岁吉,艮巽二山。傍阴府,占丙辛山。

堆黄煞,在己巳。

上下元	尊星坤 帝星艮	玉印乾 玉清巽
中元	尊星兑 帝星艮	玉印坤 玉清艮
上元	年一白坎 白八白艮	六白乾 九紫离
中元	年一白兑 白八白中	六白震 九紫乾
下元	年一白巽 白八白坤	六白离 九紫震

八节	立春	春分	立夏	夏至	立秋	秋分	立冬	冬至
乙奇	巽	艮	离	巽	乾	坤	坎	乾
丙奇	巽	艮	离	巽	乾	坤	坎	乾
丁奇	中	离	坎	震	中	坎	离	兑

庚午年　太岁

通天窍云：火之位煞在北方亥子丑，忌丙壬丁癸四向，名坐煞、向煞。

四大利，艮申卯乙辰未甲，修造、埋葬吉利。

罗天大退，在巽方，不宜修造、埋葬，主退财损丁。

九良星，占厨灶。又云，在天。煞在神庙及戌亥方。

作主宜寅午戌巳酉丑生命，利修造；子午生坐凶。

商角徵音，吉；宫羽音，凶。

年克山家，一兑丁乾亥山。

正阴府太岁，一占乾兑山。傍阴占甲丁巳丑山。

太岁堆黄煞在□。

上下元	尊星艮 帝星兑	玉印离 玉清坎
中元	尊星艮 帝星坤	玉印巽 玉清乾
上元	年一白坤 白八白离	六白兑 九紫坎
中元	年一白艮 白八白乾	六白巽 九紫坎
下元	年一白中 白八白震	六白坎 九紫巽

八节	立春	春分	立夏	夏至	立秋	秋分	立冬	冬至
乙奇	震	兑	艮	坎	兑	震	坤	中
丙奇	巽	艮	离	巽	乾	坤	坎	乾
丁奇	中	离	坎	震	中	坎	离	兑

辛未年　太岁

通天窍云:木之位煞在西方申酉戌,忌甲庚乙辛四向,名坐煞、向煞。

四大利方,卯乾亥山利,宜修造、埋葬,大吉。

罗天火退,在巽方,忌修造、安葬,主退财损人丁。

九良星,一在天;煞在门并僧堂、城隍庙、社水路。

作主,辛宜巳丑生人,造作占利;寅戌生人不可用。

宫羽徵音,吉;商角音,凶。

年克山家,甲寅辰巽戌坎辛申丑癸坤庚未一十三山。

浮天空,占丙山。

上下元	尊星巽 帝星乾	玉印坤 玉清艮
中元	尊星离 帝星坎	玉印兑 玉清震
上元	年一白震 白八白坎	六白艮 九紫坤
中元	年一白离 白八白兑	六白中 九紫艮
下元	年一白乾 白八白巽	六白坤 九紫中

八节	立春	春分	立夏	夏至	立秋	秋分	立冬	冬至
乙奇	坤	乾	兑	乾	艮	巽	震	巽
丙奇	震	兑	艮	中	兑	震	坤	中
丁奇	巽	艮	离	巽	乾	坤	坎	乾

壬申年　太岁

通天窍云：水之位煞在南方巳午未，忌丙壬丁癸四向，名坐煞、向煞。

四大利方，乙辛辛坤艮丑申，修造埋、葬大利。

罗天大退方，在酉山，忌修造、安葬主退财损丁。

九良星，占桥井路门；煞在庭宫及方。

作主，宜申子辰巳酉丑生命，造作吉；寅年生人不用。

宫羽商徵音，吉；角音，绝凶。

年克山家，冬至后克乾亥兑丁四山。地太岁阴府占离山。地阴占壬寅戌三山。

上下元	尊星乾 帝星巽	玉印艮 玉清坤
中元	尊星坎 帝星离	玉印震 玉清兑
上元	年一白巽 白八白坤	六白离 九紫震
中元	年一白坎 白八白艮	六白乾 九紫离
下元	年一白兑 白八白中	六白震 九紫乾

八节	立春	春分	立夏	夏至	冬秋	秋分	立冬	冬至
乙奇	坎	中	乾	兑	离	中	巽	震
丙奇	坤	乾	兑	乾	艮	巽	震	巽
丁奇	震	兑	艮	中	兑	震	坤	中

癸酉年　太岁

通天窍云:金之位煞在东方寅卯辰,忌甲庚乙辛四向,名坐煞、向煞。
四大利方,宜壬丙辰巽子午方向,修造、安葬大吉。
罗天大退方,占酉向,忌修造埋葬,主退财损丁。
九良星,占道观;煞在寺观、神庙及南方后门。
造主,宜申子辰巳丑生命,吉利;忌卯酉,主不用。
宫羽商徵音,吉;角音,凶。
年克山家,乾亥兑丁山。
正阴府太岁,占震坤山。傍阴府占庚亥未三山。
浮天空,占乙山。

上下元	帝星兑 帝星震	玉印坤 玉清艮
中元	尊星坤 帝星艮	玉印乾 玉清巽
上元	年一白中 白八白震	六白坎 九紫巽
中元	年一白坤 白八白离	六白兑 九紫坎
下元	年一白艮 白八白乾	六白巽 九紫兑

八节	立春	春分	立夏	夏至	立秋	秋分	立冬	冬至
乙奇	离	巽	中	艮	坎	乾	中	坤
丙奇	坎	中	乾	兑	离　中	震	中	
丁奇	坤	乾	巽	乾	艮	巽	巽	巽

甲戌年　太岁

通天窍云:火之位煞在北方亥子丑,忌丙壬丁癸四向,名坐煞、向煞。
四大利,宜甲庚巳坤辰卯申甲山,利造葬,吉。
罗天大退,在子方,忌修造、安葬,主退财损丁。
九良星,占僧堂、城隍社庙;煞占庙堂及北方。
造主,宜申子辰生命,修造吉;丑未生人不可用。
商角音,吉;宫羽徵音,凶。
年克山家,乾亥兑丁四山。
正阴府,占艮巽二山。傍阴府占丙辛二山。
浮天空,占壬山。

上下元	尊星艮 帝星坤	玉印乾 玉清巽
中元	尊星震 帝星兑	玉印离 玉清坎
上元年	年一白乾 白八白巽	六白坤 九紫中
中元	年一白 白八白坎	六白艮 九紫坤
下元	年一白离 白八白兑	六白中 九紫艮

八节	立春	春分	立夏	夏至	立秋	秋分	立冬	冬至
乙奇	离	巽	中	艮	坎	乾	中	坤
丙奇	离	巽	中	艮	坎	乾	中	坤
丁奇	坎	中	巽	离	离	中	巽	坎

乙亥年　太岁

通天窍云:木之位煞在西方申酉戌,忌甲庚乙辛四向,名坐煞、向煞。

大利方,壬艮丙午,宜修造、葬埋,大吉利。

罗天大退,在卯山,忌修造、葬埋,主退财,凶。

九良星,占船;煞在庭及寺观并巳方。

造主,宜申子辰卯未生命吉利;忌巳亥生人不用。

宫羽商角,音吉;徵音,凶。

年克山家,甲寅辰巽戌坎辛甲丑癸坤庚未山。

正阴府太岁,占乾兑山。傍阴,占甲丁巳丑四山。

上下元	尊星丙 帝星坎	玉印兑 玉清震
中元	尊星巽 帝星乾	玉印坤 玉清艮
上元	年一白兑 白八白中	六白震 九紫乾
中元	年一白巽 白八白震	六白离 九紫震
下元	年一白坎 白八白艮	六白乾 九紫离

八节	立春	春分	立夏	夏至	立秋	秋分	立冬	冬至
乙奇	艮	震	巽	离	坤	兑	乾	坎
丙奇	离	巽	中	艮	坎	乾	中	坤
丁奇	坎	中	乾	兑	离	中	巽	震

丙子年　太岁

通天窍云：水之位煞在南方巳午未，忌丙壬丁癸四向，名坐煞、向煞。

大利山，丑寅甲庚山，宜修造、安葬，吉利。

罗天大退，在艮山，忌修造、安葬，主退财损丁，凶。

九良星，占厨灶；煞在中庭及神庙。

造主，宜甲子辰亥未生命，吉利；忌午卯生人不用。

宫羽角音，吉；徵音，凶。

年克山家，乾亥兑丁四山。

正阴府太岁占坎坤二山，傍阴府占乙癸甲辰山。

太岁堆黄煞，在壬山。

上下元	尊星坎 帝星离	玉印震 玉清兑
中元	尊星乾 帝星巽	玉印艮 玉清坤
上元	年一白艮 白八白乾	六白巽 九紫兑
中元	年一白中 白八白震	六白坎 九紫巽
下元	年一白坤 白八白离	六白兑 九紫坎

八节	立春	春分	立夏	夏至	立秋	秋分	立冬	冬至
乙奇	兑	坤	震	坎	震	艮	兑	离
丙奇	艮	震	巽	离	坤	兑	乾	坎
丁奇	离	巽	中	艮	坎	乾	中	坤

丁丑年　太岁

通天窍云：金之位煞在东方寅卯辰，忌甲庚乙辛四向，名坐煞、向煞。

大利山，宜丙壬丁酉乾亥山，修造、葬埋吉利。

罗天大退，占艮山，主退财，忌修造、安葬，凶。

九良星，占僧堂、城隍庙社；煞在厨并寅方。

作主，宜亥卯未酉生命，吉利；忌丑未生人不用。

宫羽徵音，吉，商角音，凶。

年克山家，甲寅辰巽戌坎辛申丑癸坤庚未，凶。

正阴府太岁，占离山。傍阴府，占壬寅戌巳山。

上下元	尊星坤 帝星艮	玉印乾 玉清巽
中元	尊星兑 帝星震	玉印坤 玉清艮
上元	年一白离 白八白兑	六白中 九紫艮
中元	年一白乾 白八白巽	六白坤 九紫中
下元	年一白震 白八白坎	六白艮 九紫坤

八节	立春	春分	立夏	夏至	立秋	秋分	立冬	冬至
乙奇	乾	坎	坤	坤	巽	离	艮	艮
丙奇	兑	坤	震	坎	震	艮	兑	离
丁奇	艮	震	巽	离	坤	兑	乾	坎

戊寅年　太岁

通天窍云:火之位煞在北方亥子丑,忌丙壬丁癸四向,名坐煞、向煞。

大利,艮巽乙辛辰戌申乾山,宜造葬,大吉利。

罗天大退,在坤山,忌修造、埋葬,主退财损丁。

九良星,占桥井门路东北。煞在后堂水午丑方。

作主,宜午戌卯未生命吉。巳申生人不利。

宫羽角徵音,吉;商音,凶。

年克山家,离壬丙乙四山。

正阴府太岁,占震山。傍阴府,占庚亥未山。

上下元	尊星震 帝星兑	玉印离 玉清坎
中元	尊星艮 帝星坤	玉印巽 玉清乾
上元	年一白坤 白八白艮	六白乾 九紫离
中元	年一白兑 白八白中	六白震 九紫乾
下元	年一白巽 白八白坤	六白离 九紫震

八节	立春	春分	立夏	夏至	立秋	秋分	立冬	冬至
乙奇	中	离	坎	震	中	坎	离	兑
丙奇	乾	坎	坤	坤	巽	离	艮	艮
丁奇	兑	坤	震	坎	震	艮	兑	离

己卯年　太岁

通天窍云:火之位煞在西方申酉戌,忌甲庚乙辛四向,名坐煞、向煞。

大利,癸丑辰巳乾亥山,宜修造、埋葬,大吉利。

罗天大退,在坤山,忌修造、安葬,主退财。

九良星,占道观寺后门;煞在后堂尼寺庙。

作主,利寅午戌亥卯未生命,吉;子酉生人不利。

宫羽角徵音,吉;商音,凶。

年克山家,乾亥兑丁四山,冬至后克,冬至前不克。

正阴府太岁,占艮巽山。傍阴府,占丙辛二山。

上下元	尊星巽 帝星乾	玉印坤 玉清艮
中元	尊星离 帝星坎	玉印兑 玉清震
上元	年一白坤 白八白离	六白兑 九紫坎
中元	年一白艮 白八白乾	六白巽 九紫兑
下元	年一白中 白八白震	六白坎 九紫巽

八节	立春	春分	立夏	夏至	立秋	秋分	立冬	冬至
乙奇	中	离	坎	震	中	坎	离	兑
丙奇	中	离	坎	坎	中	坎	离	兑
丁奇	乾	坎	坤	坤	巽	离	艮	艮

庚辰年　太岁

通天窍云：水之位煞在南方巳午未，忌丙壬丁癸四向，名坐煞、向煞。

大利，甲辰壬辛戌寅乙山，宜造葬，大吉大利。

罗天大退，占巽方，忌修造、安葬，主退财。

九良星，占僧堂、寺观、城隍、社庙厅并寅辰方。

作主，利寅午戌生人；忌丑戌年不可用。

五音宜角商，吉；宫羽徵，凶。

年克山家，艮震巳三山。

正阴府太岁，占乾兑二山。傍阴府，占甲丁己丑四山。

浮天空，占坤山并丁癸向。

上下元	尊星乾 帝星巽	玉印艮 玉清坤
中元	尊星坎 帝星离	玉印震 玉清兑
上元	年一白震 白八白坎	六白艮 九紫坤
中元	年一白离 白八白兑	六白坎 九紫艮
下元	年一白乾 白八白巽	六白坤 九紫中

八节	立春	春分	立夏	夏至	立秋	秋分	立冬	冬至
乙奇	巽	艮	离	巽	乾	坤	坎	乾
丙奇	中	离	坎	震	中	坎	离	兑
丁奇	乾	坎	坤	坤	巽	离	艮	艮

辛巳年　太岁

通天窍云:金之位煞在东方寅卯辰,忌甲庚乙辛四向,名坐煞、向煞,凶大利,丑未亥巳乾丁艮山,宜造葬,吉利。

罗天大退,占巽方,忌修造、安葬,主退财凶。

九庚星,占船;煞在门及寺观。

作主,宜寅午戌巳酉丑生人,吉;忌申亥生人,凶。

五音,宜商角徵,吉;宫羽,凶。

年克山家,离壬丙乙火山。

正阴府太岁,占坤坎山。傍阴府,占乙癸甲辰山。

浮天空,占丙癸。

上下元	尊星兑 帝星震	玉印坤 玉清艮
中元	尊星坤 帝星艮	玉印乾 玉清巽
上元	年一白巽 白八白坤	六白离 九紫震
中元	年一白坎 白八白艮	六白乾 九紫离
下元	年一白兑 白八白中	六白震 九紫乾

八节	立春	春分	立夏	夏至	冬秋	秋分	立冬	冬至
乙奇	震	兑	艮	中	兑	震	坤	中
丙奇	巽	艮	离	巽	乾	坤	坎	乾
丁奇	中	离	坎	震	中	坎	离	兑

壬午年　太岁

通天窍云:火之位煞在北方亥子丑,忌丙壬丁癸四向,名坐煞、向煞。

大利,艮卯巽未坤申山,宜造葬,大吉利。

罗天大退,在兑山,忌修造、埋葬,主退财,凶。

九良星,占厨灶及神庙戌亥方。

修造作主,宜巳酉丑寅戌生命,吉;忌子午生人不用。

五音,商角徵,吉;宫羽音,凶。

年克山家,乾亥兑丁四山。

正阴府太岁,占离山。傍阴府,占寅壬戌三山。

上下元	尊星艮 帝星坤	玉印巽 玉清乾
中元	尊星震 帝星兑	玉印离 玉清坎
上元	年一白中 白八白震	六白坎 九紫巽
中元	年一白坤 白八白离	六白兑 九紫坎
下元	年一白艮 白八白巽	六白乾 九紫兑

八节	立春	春分	立夏	夏至	立秋	秋分	立冬	冬至
乙奇	坤	乾	兑	乾	中	坎	坤	巽
丙奇	震	兑	艮	中	乾	坤	震	中
丁奇	巽	艮	离	巽	兑	震	巽	乾

癸未年　太岁

通天窍云:木之位煞在西方申酉戌,忌甲庚乙辛四向,名坐煞、向煞。
大利,壬丙巳乾巽,宜修造、安葬,大利。
罗天大退,占酉山,忌修造、安葬,主退财,凶。
九良星,占僧堂社庙;煞在井水步。
修造作主,宜巳酉丑生命,吉;忌戌丑生人,凶。
五音,宫羽徵,吉;商角音,凶。
年克山家,甲寅辰巽戌坎辛申丑癸坤庚未山。
正阴府太岁,占震山。傍阴府,占庚未山。

上下元	尊星离 帝星坎	玉印兑 玉清震
中元	尊星巽 帝星乾	玉印坤 玉清艮
上元	年一白乾 白八白巽	六白坤 九紫震
中元	年一白巽 白八白坎	六白艮 九紫坤
下元	年一白离 白八白兑	六白中 九紫艮

八节	立春	春分	立夏	夏至	立秋	秋分	立冬	冬至
乙奇	坎	中	乾	兑	离	中	巽	震
丙奇	坤	乾	兑	乾	艮	巽	震	巽
丁奇	震	兑	艮	中	兑	震	坤	中

甲申年　太岁

通天窍云:水之位煞在南方巳午,忌丙壬丁癸四向,名坐煞、向煞。

大利,甲庚辰戌酉乾卯坤,宜造葬,大吉利。

罗天大退,占子山,忌修造、安葬,主退财凶。

九良星,占桥井;煞在中庭厅堂。

修造作主,宜申子辰酉丑生人,吉;忌庚巳生人,不用。

五音,利宫羽商徵,吉;角音,凶。

年克山家,离壬丙乙四山。

正阴府太岁,占艮巽山。傍阴府,占丙辛山。

上下元	尊星坎 帝星离	玉印震 玉清兑
中元	尊星乾 帝星巽	玉印艮 玉清坤
上元	年一白兑 白八白中	六白震 九紫中
中元	年一白巽 白八白坤	六白离 九紫震
下元	年一白坎 白八白艮	六白乾 九紫离

八节	立春	春分	立夏	夏至	立秋	秋分	立冬	冬至
乙奇	坎	中	乾	兑	离	中	巽	震
丙奇	坎	中	乾	兑	离	中	巽	震
丁奇	坤	乾	兑	乾	艮	巽	震	巽

乙酉年　太岁

通天窍云:金之位煞在东方寅卯辰,忌甲庚乙辛四向,名坐煞、向煞。

大利,丙壬午子乾巽亥巳山,宜造葬吉利。

罗天大退,占震山巳向,造作动土主退财,凶。

九良星,占道观。又云:在天煞在寺神庙及南方。

修造作主,占宜申子辰巳丑生命,吉;忌卯酉生人不用。

五音,宜宫商徵羽,吉;角音,凶。

年克山家,乾亥兑丁,冬至后克,至前不克。

正阴府太岁,占乾兑山。傍阴府,占甲丁巳丑山。

上下元	尊星坤 帝星艮	玉印乾 玉清巽
中元	尊星兑 帝星震	玉印坤 玉清艮
上元	年一白艮 白八白乾	六白巽 九紫兑
中元	年一白中 白八白坎	六白坎 九紫巽
下元	年一白坤 白八白巽	六白兑 九紫坎

八节	立春	春分	立夏	夏至	立秋	秋分	立冬	冬至
乙奇	离	艮	中	兑	坎	乾	中	坤
丙奇	坎	中	乾	兑	离	中	巽	震
丁奇	坤	乾	兑	乾	艮	巽	震	巽

丙戌年　太岁

通天窍云:火之位煞在北方亥子丑,忌丙壬丁癸四向,名坐煞、向煞。

大利,卯酉甲庚山,宜修造、安葬,吉利。

罗天大退,在艮山,忌修造、安葬,主退财,凶。

九良星在□,煞在僧堂社庙及北方。

修造作主,宜申子辰生命,吉;忌丑未生人不可用。

五音,商角音,吉,宫羽徵音凶。

年克山家,甲寅辰巽戌坎辛申丑癸坤庚未一十三山。

正阴府太岁,占坤坎山。傍阴府,占乙癸甲辰山。

上下元	尊星震 帝星兑	玉印离 玉清坎
中元	尊星艮 帝星坤	玉印巽 玉清乾
上元	年一白离 白八白兑	六白中 九紫艮
中元	年一白乾 白八白巽	六白坤 九紫中
下元	年一白震 白八白坎	六白艮 九紫坤

八节	立春	春分	立夏	夏至	立秋	秋分	立冬	冬至
乙奇	艮	震	巽	离	坤	兑	乾	坎
丙奇	离	巽	中	艮	坎	乾	中	坤
丁奇	坎	中	乾	兑	离	中	巽	震

丁亥年　太岁

通天窍云:木之位煞在西方申酉戌,忌甲庚乙辛四向,名坐煞、向煞。

大利,癸丁子丑巽坤山,宜修造、安葬,吉利。

罗天大退,在艮山,忌修造、安葬,主退财,凶。

九良星,占离大门;僧寺巳方;煞在院寺观。

五音,宫商角羽,吉;徵音,凶。

年克山家,艮震巳三山。

正阴府太岁,占离山。傍阴府,占壬寅戌三山。

浮天空,占庚山甲向。

上下元	尊星巽 帝星乾	玉印坤 玉清艮
中元	尊星离 帝星坎	玉印兑 玉清震
上元	年一白坎 白八白艮	六白乾 九紫离
中元	年一白兑 白八白中	六白震 九紫乾
下元	年一白巽 白八白坤	六白离 九紫震

八节	立春	春分	立夏	夏至	冬秋	秋分	立冬	冬至
乙奇	兑	坤	震	坎	震	艮	兑	离
丙奇	艮	震	巽	离	坤	兑	乾	坎
丁奇	离	巽	中	艮	坎	乾	中	坤

戊子年　太岁

通天窍云:水之位煞在南方巳午未,忌丙壬丁癸四向,名坐煞、向煞。

小利,丑巽甲戌乾申子山,宜竖造、安葬,吉。

罗天大退,在坤山,忌竖造、安葬,主退财,凶。

九良星,占厨灶;煞在中庭及神庙。

修造作主,宜申子辰亥卯未生人,吉;忌卯午生人,凶不用。

五音,宫羽角商,吉;徵音,凶。

年克山家,冬至后克山乾亥兑丁四山,至前不克。

正阴府太岁,在震山。傍阴府,占庚亥未山。

上下元	尊星乾 帝星巽	玉印艮 玉清坤
中元	尊星坎 帝星离	玉印震 玉清兑
上元	年一白坤 白八白离	六白兑 九紫坎
中元	年一白艮 白八白乾	六白巽 九紫兑
下元	年一白中 白八白震	六白坎 九紫巽

八节	立春	春分	立夏	夏至	冬秋	秋分	立冬	冬至
乙奇	乾	坎	坤	坤	巽	离	艮	艮
丙奇	兑	坤	震	坎	震	艮	兑	离
丁奇	艮	震	坎	离	坤	兑	乾	坎

己丑年　太岁

通天窍云:金之位在东方寅卯辰,忌甲庚乙辛四向,名坐煞、向煞。

大利,癸丑午。小利,壬子丁。宜竖造、安葬,大吉。

罗天大退,在坤方,忌修造、安葬,主退财,凶。

九良星,占厅堂城隍庙社;煞在厨及寅方。

修造作主,宜亥卯申子生命,吉,忌丑未生人凶。

五音,宫羽徵音,吉;商角音,凶。

年克山家,乾亥兑丁四山。

正阴府太岁,占艮巽山。傍阴府,在丙辛二山。

浮天空亡,占乾向。

上下元	尊星兑 帝星震	玉印坤 玉清艮
中元	尊星坤 帝星艮	玉印乾 玉清巽
上元	年一白震 白八白坎	六白艮 九紫坤
中元	年一白离 白八白兑	六白中 九紫艮
下元	年一白乾 白八白巽	六白坤 九紫中

八节	立春	春分	立夏	夏至	冬秋	秋分	立冬	冬至
乙奇	乾	坎	坤	坤	巽	离	艮	艮
丙奇	乾	坎	坤	坤	巽	离	艮	艮
丁奇	兑	坤	震	坎	震	艮	兑	离

庚寅年　太岁

通天窍云：火之位煞在西方亥子丑，忌丙壬丁癸四向，名坐煞、向煞。

大利，辰戌。小利，未坤辛山。宜修山、造、安葬，吉。

罗天大退，在巽方，忌修造、安葬，主退财，凶。

九良星，占桥井门路午；煞在后堂午丑方。

修造作主，宜寅午戌子辰生命，吉；忌甲巳生人凶。

五音，宜宫羽徵角，吉；商音，凶。

年克山家，离壬丙乙四山。

正阴府太岁，在乾兑山。傍阴府，占甲丁巳丑山。

上下元	尊星艮 帝星坤	玉印巽 玉清乾
中元	尊星震 帝星兑	玉印离 玉清坎
上元	年一白巽 白八白坤	六白离 九紫震
中元	年一白坎 白八白艮	六白乾 九紫离
下元	年一白兑 白八白中	六白震 九紫乾

八节	立春	春分	立夏	夏至	立秋	秋分	立冬	冬至
乙奇	中	离	坎	震	巽	坎	离	兑
丙奇	乾	坎	坤	坤	巽	离	艮	艮
丁奇	兑	坤	震	坎	震	艮	兑	离

辛卯年　太岁

通天窍云：木之位煞在西方申酉戌，忌甲庚乙辛四向，名坐煞、向煞。

大利，宜下乾巽巳亥丑艮，宜竖造、安葬，吉利。

罗天大退，在巽方，忌修造、埋葬，主退财，凶。

九良星，占道观。又云，在天；煞在后堂、后门、寺庙。

修造作主，宜寅午戌亥卯未生命，吉；忌子酉生人，凶。

五音，宫羽角徵，吉；商音，凶。

年克山家，乾亥兑丁四山，系冬至后克。

正阴府太岁，占坤坎山。傍阴府，在乙癸甲辰山。

上下元	尊星离 帝星坎	玉印兑 玉清震
中元	尊星巽 帝星乾	玉印乾 玉清兑
上元	年一白中 白八白震	六白坎 六白巽
中元	年一白坤 白八白离	六白兑 九紫坎
下元	年一白艮 白八白乾	六白巽 九紫兑

八节	立春	立夏	夏至	立秋	秋分	立冬	冬至	
乙奇	巽	艮	离	巽	乾	坤	坎	乾
丙奇	中	离	坎	震	中	坎	离	兑
丁奇	乾	坎	坤	坤	巽	离	艮	艮

壬辰年 太岁

通天窍云:水之位煞在南方巳午未,忌丙壬丁癸四向,名坐煞、向煞。

大利,艮坤乙辛山,宜修造、安葬,吉。

罗天大退,在西方,忌修造、安葬,主退财,凶。

九良星,占在天;煞在寺观灶庙并及寅辰方。

修造作主,宜寅午申子生命命,吉;忌丑戌生人,凶。

五音,商角,吉;宫羽徵,凶。

年克,甲寅辰巽戌坎壬申丑癸坤庚未十三山。

正阴府太岁,占离山。傍阴府,占壬寅戌山。

上下元	尊星坎 帝星离	玉印震 玉清兑
中元	尊星乾 帝星巽	玉印艮 玉清坤
上元	年一白乾 白八白巽	六白坤 九紫中
中元	年一白震 白八白坎	六白艮 九紫坤
下元	年一白离 白八白兑	六白中 九紫艮

八节	立春	春分	立夏	夏至	立秋	秋分	立冬	冬至
乙奇	震	兑	艮	中	兑	震	坤	中
丙奇	巽	艮	离	巽	乾	坤	坎	乾
丁奇	中	离	坎	震	中	坎	离	兑

癸巳年　太岁

通天窍云:金之位煞在东方寅卯辰,忌甲庚乙辛四向,名坐煞、向煞。

大利年,丁壬丙坤乾山,宜造葬、修方并吉。

罗天大退,在西方,忌修造、安葬,主退财,凶。

九良星,□寺大门;煞在门及寺观。

修造作主,宜寅午戌巳酉丑生人,吉;忌申亥生人,凶。

五音,商角徵音,吉;宫羽,凶。

年克山家,艮震巳三山。

正阴府太岁,占震方。傍阴府,占庚亥未方。

浮天空,占乙方。

上下元	尊星坤 帝星艮	玉印乾 玉清巽
中元	尊星兑 帝星震	玉印坤 玉清艮
上元	年一白兑 白八白中	六白震 九紫乾
中元	年一白巽 白八白坤	六白离 九紫震
下元	年一白坎 白八白艮	六白乾 九紫离

八节	立春	春分	立夏	夏至	立秋	秋分	立冬	冬至
乙奇	坤	乾	兑	乾	艮	巽	震	巽
丙奇	震	兑	艮	中	兑	震	坤	中
丁奇	巽	艮	离	巽	乾	坤	坎	乾

甲午年 太岁

通天窍云:火之位煞在北方亥子丑,忌丙壬丁癸四向,名坐煞、向煞。

大利,卯乙乾坤山,宜造葬,大吉。

罗天大退,在子方,忌修造、安葬,主退财,凶。

九良星,占厨灶;煞在神庙及戌亥方。

修造作主,宜寅戌巳酉丑生命,吉;忌子午生人,凶。

五音,商角徵音,吉;宫羽音,白虎凶。

年克山,甲寅辰巽戌坎辛申丑癸坤庚未丁。

浮天空亡,占壬山。

上下元	尊星震 帝星兑	玉印离 玉清坎
中元	尊星艮 帝星坤	玉印巽 玉清乾
上元	年一白艮 白八白乾	六白巽 九紫兑
中元	年一白中 白八白震	六白坎 九紫巽
下元	年一白坤 白八白离	六白兑 九紫坎

八节	立春	春分	立夏	夏至	立秋	秋分	立冬	冬至
乙奇	坤	乾	兑	乾	艮	巽	震	巽
丙奇	坤	乾	兑	乾	艮	巽	震	巽
丁奇	震	兑	艮	中	兑	震	坤	中

乙未年　太岁

通天窍云:木之位煞在西方申酉戌,忌四庚乙辛四向,名坐煞、向煞。
大利,壬丙辰巽未坤六山,宜造葬、修方并吉。
罗天大退,在震方,忌修造、安葬,主退财,凶。
九良星,占僧堂、城门、社庙及水步亥井方煞水路。
修造作主,宜巳酉亥卯生命,吉;忌壬戌生人,凶不可用。
五音,宫羽徵音,吉;商角音,凶。
年克山家,艮震巳三山。
正阴府太岁,占乾兑山。傍阴府,占甲丁巳丑山。
浮天空亡,占癸方。

上下元	尊星巽 帝星乾	玉印坤 玉清艮
中元	尊星离 帝星坎	玉印兑 玉清震
上元	年一白乾 白八白兑	六白中 九紫艮
中元	年一白乾 白八白巽	六白坤 九紫中
下元	年一白震 白八白坎	六白艮 九紫坤

八节	立春	春分	立夏	夏至	立秋	秋分	立冬	冬至
乙奇	坎	中	乾	兑	离	中	巽	震
丙奇	坤	乾	兑	乾	艮	巽	震	巽
丁奇	震	兑	艮	中	兑	震	坤	中

丙申年 太岁

通天窍云：水之位煞在南方巳午未，忌丙壬丁癸四向，名坐煞、向煞。

大利，方庚酉戌乾巽□六山大利，丑寅山小利。

罗天大退，在艮方，忌造葬，主退财。

九良星，占无，在天；煞在中庭及北方。

修造作主，利申子辰巳酉丑生命，吉；忌寅巳生人，凶。

五音，宫商羽徵音，吉；角音，凶。

年克山家，艮震巳三山。

正阴府太岁，占坎坤二山。傍阴府，占辛山。

上下元	尊星乾 帝星巽	玉印艮 玉清坤
中元	尊星坎 帝星离	玉印震 玉清兑
上元	年一白坎 白八白艮	六白乾 九紫离
中元	年一白兑 白八白中	六白震 九紫乾
下元	年一白巽 白八白坤	六白离 九紫震

八节	立春	春分	立夏	夏至	立秋	秋分	立冬	冬至
乙奇	离	巽	中	艮	坎	乾	中	坤
丙奇	坎	中	乾	兑	离	中	巽	震
丁奇	坤	乾	兑	乾	艮	巽	震	巽

丁酉年　太岁

通天窍云:金之位煞在东方寅卯辰,忌甲庚乙辛四向,名坐煞、向煞。

大利方,亥巳丁未巽,宜造葬大利,癸山小吉。

罗天大退,在艮方,忌造葬,主退财。

九良星,占道观;煞在寺观□神庙及南方。

修造作主,利申子辰巳丑生命,吉;忌卯酉生人,凶。

五音,宜宫商徵羽,吉;角音,白虎煞,凶。

年克山家,离壬丙乙山。

正阴府太岁,占离山。傍阴府,占午寅戌山。

上下元	尊星兑 帝星震	玉印坤 玉清艮
中元	尊星坤 帝星艮	玉印乾 玉清巽
上元	年一白坤 白八白艮	六白兑 九紫坎
中元	年一白艮 白八白乾	六白坎 九紫兑
下元	年一白中 白八白震	六白坎 九紫坎

八节	立春	春分	立夏	夏至	立秋	秋分	立冬	冬至
乙奇	艮	震	巽	离	坤	兑	乾	坎
丙奇	立	巽	中	艮	坎	乾	中	坤
丁奇	坎	中	乾	兑	离	中	巽	震

戊戌年　太岁

通天窍云:火之位煞在北方亥子丑,忌丙壬丁癸四向,名坐煞、向煞。

大利方,宜艮乙酉山,宜造葬吉利。

罗天大退,占坤方,忌造葬,退财。

九良星,占僧堂、城隍、社庙;神煞在庙堂北方。

修造作主,宜申子亥生命,吉;忌丑未辰生人,凶。

五音,宜商角,吉;宫羽徵音,墓凶。

年克山家,寅辰巽戌坎辛甲丑癸坤庚未□十三山。

浮天空亡,占坤丙。

上下元	尊星艮 帝星坤	玉印巽 玉清乾
中元	尊星震 帝星兑	玉印离 玉清坎
上元	年一白震 白八白坎	六白艮 九紫坤
中元	年一白离 白八白兑	六白中 九紫艮
下元	年一白乾 白八白巽	六白坤 九紫中

八节	立春	春分	立夏	夏至	立秋	秋分	立冬	冬至
乙奇	兑	坤	震	坎	震	艮	兑	离
丙奇	艮	震	巽	离	坤	兑	乾	坎
丁奇	离	巽	中	艮	坎	乾	中	坤

己亥年　太岁

通天窍云：木之位煞在西方申酉戌，忌甲庚乙辛四向，名坐煞、向煞。

大利方，子癸丑乾山，辰未亥三山小利。

罗天大退，在坤方，忌修造、安葬，主退财，凶。

九良星，占寺船；煞在寺观厅及巳方。

修造作主，利申子辰亥卯未生命，吉；忌巳亥生命，凶。

五音，宫羽商角音，吉；徵音，凶。

年克山家，艮震巳三山。

正阴府太岁，占艮巽二山。傍阴府，占丙辛二山。

浮天空亡，占乾向。

上下元	帝星离 尊星坎	玉印兑 玉清震
中元	尊星巽 帝星乾	玉印坤 玉清艮
上元	年一白巽 白八白坤	六白离 九紫震
中元	年一白坎 白八白艮	六白乾 九紫离
下元	年一白兑 白八白中	六白震 九紫乾

八节	立春	春分	立夏	夏至	立秋	秋分	立冬	冬至
乙奇	兑	坤	震	坎	震	艮	兑	离
丙奇	兑	坤	震	坎	震	艮	兑	离
丁奇	艮	震	巽	离	坤	兑	乾	坎

庚子年 太岁

通天窍云:水之位煞在南方巳午未,忌丙壬丁癸四向,名坐煞、向煞。

大利方,艮寅庚辛戌坤六山,宜修造、安葬,大吉。

罗天大退,在巽方,忌造葬,主退财,凶。

九良星,占厨灶;煞在中庭及神庙。

修造作主,宜申子辰亥卯未生命,吉;忌午卯生人,凶。

五音,宜宫羽角商音,吉;徵音,白虎凶。

年克,乾亥兑丁四山。

正阴府太岁,占乾兑。傍阴府,占甲丁巳丑山。

上下元	尊星坎 帝星离	玉印震 玉清兑
中元	尊星乾 帝星巽	玉印艮 玉清坤
上元	年一白中 白八白震	六白坎 九紫巽
中元	年一白坤 白八白离	六白兑 九紫坎
下元	年一白艮 白八白乾	六白巽 九紫兑

八节	立春	春分	立夏	夏至	立秋	秋分	立冬	冬至
乙奇	乾	乾	坤	坤	巽	离	艮	艮
丙奇	兑	坤	震	坎	震	艮	兑	离
丁奇	艮	震	巽	离	坤	兑	乾	坎

辛丑年　太岁

通天窍云:金之位煞在东方。寅卯辰,忌甲庚乙辛四向,名坐煞、向煞。

大利,乾亥丁三山,宜修造、安葬,大吉。

罗天大退,在巽方,忌造葬,主退财,凶。

九良星在天;煞在厨灶寅方。

修造作主,利亥卯未生命,吉;忌丑未生人,凶,不可用。

五音,宜宫羽徵,吉;忌商角,凶。

年克山家,甲寅辰巽戌坎辛申丑癸坤庚□十三山。

上下元	尊星坤 帝星艮	玉印乾 玉清巽
中元	尊星兑 帝星震	玉印坤 玉清艮
上元	年一白乾 白八白巽	六白坤 九紫中
中元	年一白震 白八白坎	六白艮 九紫坤
下元	年一白坤 白八白兑	六白中 九紫艮

八节	立春	春分	立夏	夏至	立秋	秋分	立冬	冬至
乙奇	中	离	坎	震	中	坎	离	兑
丙奇	乾	坎	坤	坤	巽	离	艮	艮
丁奇	兑	坤	震	坎	震	艮	兑	离

壬寅年　太岁

通天窍云：火之位煞在北方亥子丑，忌丙壬丁癸四向，名坐煞、向煞。
大利方，艮乙坤卯山，葬小利，辰巽未申辛利。
罗天大退，在西方，修造、安葬，主退财，凶不用。
九良星，占厨井桥门路及东北丑午；煞，后堂井。
修造作主，利寅午戌亥卯未生命，吉；忌巳申生人，凶。
五音，宫羽角徵，吉；忌商音绝，凶。
年克山家，乾亥兑丁山。
正阴府太岁，占离山。傍阴府，寅壬戌山。

上下元	尊星震 帝星兑	玉印离 玉清坎
中元	尊星艮 帝星坤	玉印巽 玉清乾
上元	年一白兑 白八白中	六白震 九紫乾
中元	年一白震 白八白坤	六白离 九紫震
下元	年一白坎 白八白艮	六白乾 九紫离

八节	立春	春分	立夏	夏至	立秋	秋分	立冬	冬至
乙奇	巽	艮	离	巽	乾	坤	坎	乾
丙奇	中	离	坎	震	中	坎	离	兑
丁奇	乾	坎	坤	坤	巽	离	艮	艮

癸卯年　太岁

通天窍云:木之位煞在西方申酉戌,忌甲庚乙辛四向,名坐煞、向煞。

大利方,壬癸丑艮巽巳坤方。小利,子辰方。

罗天大退,在西方,忌修造葬,主退财,凶。

九良星,在天。又云:占道观。煞在后堂尼寺门。

修造作主,宜寅午戌亥卯未生命,吉;忌子酉生命,凶。

五音,利宫羽角徵,吉;商音,凶。

年克山家,乾亥兑丁四山,冬至后不克。

正阴府太岁,占震山。傍阴府,占庚亥未三山。

上下元	尊星巽 帝星乾	玉印坤 玉清艮
中元	尊星离 帝星坎	玉印兑 玉清震
上元	年一白艮 白八白乾	六白巽 九紫兑
中元	年一白中 白八白震	六白巽 九紫兑
下元	年一白坤 白八白离	六白兑 九紫坎

八节	立春	春分	立夏	夏至	立秋	秋分	立冬	冬至
乙奇	震	兑	艮	中	兑	震	坤	中
丙奇	巽	艮	离	巽	乾	坤	坎	乾
丁奇	中	离	坎	震	中	坎	离	兑

甲辰年　太岁

通天窍云:水之位煞在南方巳午未,忌丙壬丁癸四向,名坐煞、向煞。

大利方,寅甲庚坤山。小利方,丑乙辰辛山。

罗天大退方在子山修造安葬主退财凶不用。

九良星,占僧堂、城隍、社庙;煞在寺观厅并寅辰方。

修主,宜寅午申命,吉;丑戌生人不用。

五音,商角,吉;宫羽徵音,墓凶。

年克山家,乾亥兑丁四山。

正阴府太岁,占艮巽山。傍阴府,丙辛二山。

上下元	尊星乾 帝星巽	玉印艮 玉清坤
中元	尊星坎 帝星离	玉印震 玉清兑
上元	年一白离 白八白兑	六白中 九紫艮
中元	年一白乾 白八白巽	六白坤 九紫中
下元	年一白震 白八白坎	六白艮 九紫坤

八节	立春	春分	立夏	夏至	立秋	秋分	立冬	冬至
乙奇	震	兑	艮	中	兑	震	坤	中
丙奇	震	兑	艮	中	兑	震	坤	中
丁奇	巽	艮	离	兑	乾	坤	坎	乾

乙巳年　太岁

通天窍云:金之位煞在东方寅卯辰,忌甲庚乙辛四向,名坐煞、向煞。

大利,艮午方,小利,壬丙坤亥山。

罗天大退,占震山,忌修造、安葬,主退财,凶。

九良星,占船。又云:在天煞、在门及寺观。

修造作主,宜寅午巳戌酉丑生命,吉;忌申亥生人,凶。

五音,商角徵音,吉;忌宫羽音,凶。

年克山家,甲寅辰巽戌坎辛申丑癸坤庚未十三山。

上下元	尊星兑 帝星震	玉印坤 玉清艮
中元	尊星坤 帝星艮	玉印乾 玉清巽
上元	年一白坎 白八白艮	六白乾 九紫离
中元	年一白兑 白八白中	六白震 九紫乾
下元	年一白震 白八白坎	六白艮 九紫坤

八节	立春	春分	立夏	夏至	立秋	秋分	立冬	冬至
乙奇	坤	乾	兑	乾	艮	巽	震	巽
丙奇	震	兑	艮	中	兑	震	坤	中
丁奇	巽	艮	震	巽	乾	坤	坎	乾

丙午年 太岁

通天窍云:火之位煞在北方丑亥子,忌丙壬丁癸四向,名坐煞、向煞。

大利方,甲卯巽山。小利,艮未庚山。

罗天大退,在艮山,忌修造、安葬,主退财,凶。

九良星,占厨灶。历云:在天煞、在神庙及戌亥方。

修造作主,宜寅辰戌巳酉生命,吉;忌子午生人,凶不用。

五音,利商角徵,吉;宫羽音凶。

年克山家,乾亥兑丁山,冬至后不克。

正阴太岁,占坤坎二山。傍阴府,占乙癸甲辰四山。

上下元	尊星艮 帝星坤	玉印巽 玉清乾
中元	尊星震 帝星兑	玉印离 玉清坎
上元	年一白坤 白八白离	六白兑 九紫坎
中元	年一白艮 白八白乾	六白巽 九紫兑
下元	年一白中 白八白震	六白坎 九紫巽

八节	立春	春分	立夏	夏至	立秋	秋分	立冬	冬至
乙奇	坎	中	乾	兑	离	中	巽	震
丙奇	坤	乾	兑	乾	艮	巽	震	巽
丁奇	震	兑	艮	中	兑	艮	坤	中

丁未年　太岁

通天窍云:木之位煞在西方申酉戌,忌甲庚乙辛四向,名坐煞、向煞。

大利方,乙丙乾山。小利,壬癸卯山。

罗天大退,在艮山,忌造葬,主退财。

九良星,占僧堂、寺观、城隍、社庙;煞在门井水。

修造作主,宜巳酉卯生人,吉;忌丑戌生人,不用。

五音,宜宫羽徵,吉;商角音,凶。

年克山运,甲寅辰巽戌坎辛酉丑癸坤庚未十三山。

上下元	尊帝离 帝星坎	玉印艮 玉清艮
中元	尊星巽 帝星乾	玉印坤 玉清艮
上元	年一白震 白八白坎	六白艮 九紫坤
中元	年一白离 白八白兑	六白中 九紫艮
下元	年一白乾 白八白巽	六白坤 九紫中

八节	立春	春分	立夏	夏至	立秋	秋分	立冬	冬至
乙奇	离	巽	中	艮	坎	乾	中	坤
丙奇	坎	中	乾	兑	坎	中	巽	震
丁奇	坤	乾	兑	乾	艮	巽	震	巽

戊申年　太岁

通天窍云：水之位煞在南方，宜巳午未，忌丙壬丁癸四向，名坐煞、向煞。

大利方，艮中辰巽酉戌乾山，造葬吉。

罗天大退，在坤方，忌修造、安葬，主退财。

九良星，占桥井门路；煞在中庭及北方。

修造作主，宜申子辰巳酉丑生命，吉；忌寅巳生人，凶。

五音，利宫羽商徵，吉；角音，凶。

年克山家，离壬丙巳山。

正阴府太岁，占震山。傍阴府，占庚亥未山。

浮天空，占坤山。

上下元	尊星坎 帝星离	玉印震 玉清兑
中元	尊星乾 帝星巽	玉印艮 玉清坤
上元	年一白巽 白八白坤	六白离 九紫震
中元	年一白坎 白八白艮	六白乾 九紫离
下元	年一白兑 白八白中	六白震 九紫乾

八节	立春	春分	立夏	夏至	立秋	秋分	立冬	冬至
乙奇	艮	震	巽	离	坤	兑	乾	坎
丙奇	离	巽	中	艮	坎	乾	中	坤
丁奇	坎	中	乾	兑	离	中	巽	震

己酉年　太岁

通天窍云:金之位煞在东方寅卯辰,忌甲庚乙辛四向,名坐煞、向煞。

大利方,巳丁未亥山。小利,壬午山。

罗天大退,坤方,忌造葬,主退财。

九良星,占道观寺庙;煞在寺观神庙及南方。

修造作主,利申子辰巳酉丑生人,吉;忌卯酉生人,凶不用。

五音,宫羽商徵角音,犯白虎凶。

年克山家,冬至后克乾亥兑丁山,冬至前不克。

正阴府,在艮巽山。傍阴府,在□□山。

上下元	尊星坤 帝星艮	玉印乾 玉清巽
中元	尊星兑 帝星震	玉印坤 玉清艮
上元	年一白中 白八白震	六白坎 九紫巽
中元	年一白坤 白八白离	六白兑 九紫坎
下元	年一白艮 白八白乾	六白巽 九紫兑

八节	立春	春分	立夏	夏至	立秋	秋分	立冬	冬至
乙奇	艮	震	巽	离	坤	兑	乾	坎
丙奇	艮	震	巽	离	坤	兑	乾	坎
丁奇	离	巽	中	艮	坎	乾	中	坤

庚戌年　太岁

通天窍云:火之位煞在北方亥子丑,忌丙壬丁癸四向,名坐煞、向煞。

大利方,乙辰坤申庚山。小利方,未戌山。

罗天大退,巽山,忌修造葬主退财。

九良星,占僧堂、城隍、社庙;煞在庙堂及北方。

修造作主,宜申子寅午命,吉;忌丑未辰生人,凶不用。

五音,利商角,吉;宫羽徵,墓凶。

年克,艮震巳三山。

正阴府太岁,占乾兑山。傍阴府,甲丁巳丑山。

上下元	尊星震 帝星兑	玉印中 玉清坎
中元	帝星艮 帝星坤	玉印巽 玉清乾
上元	年一白乾 白八白巽	六白坤 九紫中
中元	年一白震 白八白坎	六白艮 九紫坤
下元	年一白离 白八白兑	六白中 九紫艮

八节	立春	春分	立夏	夏至	立秋	秋分	立冬	冬至
乙奇	兑	坤	震	坎	震	艮	兑	离
丙奇	艮	震	巽	离	坤	兑	乾	坎
丁奇	离	巽	中	艮	坎	乾	中	坤

辛亥年　太岁

通天窍云:木之位煞在西方申酉戌,忌甲庚乙辛四向,名坐煞、向煞。

大利,艮丑巳山。乾山葬吉,亥造吉。

罗天大退,在巽方,忌修造葬,主退财。

九出星,占船寺观;煞在厅寺及观及巳方。

修造作主,利申子辰亥卯未生人,吉;忌巳亥生人,凶。

五音,宫商角羽,吉;徵音绝,凶。

年克山家,离壬丙乙山。

正阴府太岁,占坤坎山。傍阴府,占癸申辰山。

上下元	尊星巽 帝星乾	玉印坤 玉清艮
中元	尊星离 帝星坎	玉印兑 玉清震
上元	年一白兑 白八白中	六白震 九紫乾
中元	年一白巽 白八白坤	六白离 九紫震
下元	年一白坎 白八白艮	六白乾 九紫离

八节	立春	春分	立夏	夏至	立秋	秋分	立冬	冬至
乙奇	乾	坎	坤	坤	巽	离	艮	艮
丙奇	兑	坤	震	坎	震	艮	兑	离
丁奇	艮	震	巽	离	坤	兑	乾	坎

壬子年　太岁

通天窍云：金之位煞在东方巳午未，忌丙壬丁癸四向，名坐煞、向煞。

大利方，丑甲辛山，艮巽山葬埋利。

罗天大退，在西方，忌修葬，主冷退。

九良星，占厨灶。历云：在天煞、在中庭及神庙。

修造作主，宜申子辰亥未生命，吉利；忌午卯生人，凶不用。

五音，利宫羽角商，吉；徵音，白虎凶。

年克，乾亥兑丁山，冬至前克。

正阴府太岁，占离山。傍阴府太岁，占壬寅戌山。

上下元	尊星乾 帝星巽	玉印艮 玉清坤
中元	尊星坎 帝星离	玉印震 玉清兑
上元	年一白艮 白八白乾	六白巽 九紫兑
中元	年一白中 白八白震	六白坎 九紫巽
下元	年一白坤 白八白离	六白兑 九紫坎

八节	立春	春分	立夏	夏至	冬秋	秋分	立冬	冬至
乙奇	中	离	坎	震	中	坎	离	兑
丙奇	乾	坎	坤	坤	巽	离	艮	艮
丁奇	兑	坤	震	坎	震	艮	兑	离

癸丑年　太岁

通天窍云:金之位煞在东方寅卯辰,忌甲庚乙辛四向,名坐煞、向煞。

大利,丙午丁乾亥山。小利,壬山。

罗天大退,酉山,忌修造、埋葬,主退财。

九良星,占僧堂、寺观、城隍、社庙;煞在厨灶及寅方。

修造作主,利亥卯未生命,吉;忌丑未生人,凶不用。

五音,利宫羽徵,吉;商角音,墓凶。

年克山家,甲寅辰巽戌坎辛甲癸丑坤庚未十三山。

上下元	尊星兑 帝星震	玉印坤 玉清艮
中元	尊星坤 帝星艮	玉印乾 玉清巽
上元	年一白离 白八白兑	六白中 九紫艮
中元	年一白乾 白八白巽	六白坤 九紫中
下元	年一白震 白八白坎	六白艮 九紫坤

八节	立春	春分	立夏	夏至	立秋	秋分	立冬	冬至
乙奇	巽	艮	离	巽	乾	坤	震	乾
丙奇	中	离	坎	震	中	坎	坤	兑
丁奇	乾	坎	坤	坤	巽	离	坎	艮

甲寅年　太岁

通天窍云:火之位煞在北方亥子丑,忌丙壬丁癸四向,名坐煞、向煞。

大利方,甲寅坤庚山,卯山葬吉利,寅未甲戌乾山小利。

罗天大退,在子方,忌修造、埋葬,主退财,凶。

九良星,占桥井门路;煞在后堂井水午丑方。

修造作主,利寅午戌亥卯未生命;巳申生命不利。

五音,宫羽角徵,吉;商音,绝凶。

正阴府太岁,占艮巽山。傍阴府辛山。

上下元	尊星艮 帝星坤	玉印巽 玉清乾
中元	尊星震 帝星兑	玉印离 玉清坎
上元	年一白坎 白八白艮	六白乾 九紫离
中元	年一白兑 白八白中	六白震 九紫乾
下元	年一白巽 白八白坤	六白离 九紫震

八节	立春	春分	立夏	夏至	冬秋	秋分	立冬	冬至
乙奇	巽	艮	离	巽	乾	坤	坎	乾
丙奇	巽	艮	离	巽	乾	坤	坎	乾
丁奇	中	离	坎	震	中	坎	离	兑

乙卯年　太岁

通天窍云：水之位煞在西方申酉戌，忌甲庚乙辛四向，名坐煞、向煞。

大利，壬艮巽丙坤亥，辰山小利。

罗天大退，在震山，忌修造、安葬，主退财。

九良星，占道观在天；煞在后堂后门水尼寺观神庙。

修造作主，利寅午戌亥卯未生命，吉；子酉生人，凶。

五音，宫羽角徵，吉；商白虎，凶。

年克，冬至后克乾亥兑丁山，冬至前不克。

正阴府，在□□山。傍阴府，在□□山。

上下元	尊星离 帝星坎	玉印巽 玉清震
中元	尊星巽 帝星乾	玉印坤 玉清艮
上元	年一白坤 白八白离	六白兑 九紫坎
中元	年一白震 白八白乾	六白巽 九紫兑
下元	年一白中 白八白震	六白坎 九紫巽

八节	立春	春分	立夏	夏至	立秋	秋分	立冬	冬至
乙奇	震	兑	艮	中	兑	震	坤	中
丙奇	巽	艮	离	巽	乾	坤	坎	乾
丁奇	中	离	坎	震	中	坎	离	兑

丙辰年　太岁

通天窍云:水之位煞在南方巳午未,忌丙壬丁癸四向,名坐煞、向煞。

大利方,乾兑山,卯山小利。

罗天大退,在艮方,忌起造葬,主退财。

九良星,占僧堂、城隍、庙社;煞在寺观厅并寅辰方。

修造作主,宜寅午巳酉生命,吉;忌丑戌生人,凶不用。

五音,利商角,吉;忌宫羽徵音,凶。

年克山家,甲寅辰巽戌坎辛申丑癸庚未坤十三山。

正阴府,占坎坤山。傍阴府,乙癸甲辰山。

上下元	尊星坎 帝星离	玉印震 玉清兑
中元	尊星乾 帝星巽	玉印艮 玉清坤
上元	年一白震 白八白坎	六白艮 九紫坤
中元	年一白离 白八白兑	六白中 九紫艮
下元	年一白乾 白八白巽	六白坤 九紫中

八节	立春	春分	立夏	夏至	立秋	秋分	立冬	冬至
乙奇	坤	乾	兑	乾	艮	巽	震	巽
丙奇	震	兑	艮	中	兑	震	坤	中
丁奇	巽	艮	离	巽	乾	坤	坎	乾

丁巳年　太岁

通天窍云:金之位煞在东方寅卯辰,忌甲庚乙辛四向,名坐煞、向煞。

大利方,丑丁未坤乾山。癸山小利,巽山安葬吉。

罗天大退,在艮方,忌造葬,主退财,凶。

九良星,占船前门;煞在门及寺观。

修造修主,利寅午戌巳酉丑生命,吉;忌申亥生人,不用。

五音,商角徵音,吉;宫羽绝,凶。

年克山家,占巳艮震山。

正阴府太岁,占在离山。傍阴府太岁,占壬寅戌三山。

上下元	尊星坤 帝星艮	玉印乾 玉清巽
中元	尊星兑 尊星震	玉印坤 玉清艮
上元	年一白巽 白八白坤	六白离 九紫震
中元	年一白坎 白八白艮	六白乾 九紫离
下元	年一白兑 白八白中	六白震 九紫乾

八节	立春	春分	立夏	夏至	立秋	秋分	立冬	冬至
乙奇	坎	中	乾	兑	离	中	巽	震
丙奇	坤	乾	兑	乾	艮	巽	震	巽
丁奇	震	兑	艮	中	兑	震	坤	中

戊午年　太岁

通天窍云:火之位煞在北方亥子丑,忌丙壬丁癸四向,名坐煞、向煞。

大利,艮寅甲乙辰巽申坤。乾山小利。

罗天大退,忌修造、安葬,在坤方,主退财。

九良星,占厨灶;煞在神庙及戌亥方。

修造作主,宜寅午戌巳酉生命,吉;忌子午生人,不用。

五音,商角徵,吉;宫羽音,白虎凶。

年克山家,乾亥兑丁山冬至后克,冬至前不克。

上下元	尊星震 帝星兑	玉印离 玉清坎
中元	尊星艮 帝星坤	玉印巽 玉清乾
上元	年一白中 白八白震	六白坎 九紫巽
中元	年一白坤 白八白离	六白兑 九紫坎
下元	年一白艮 白八白乾	六白巽 九紫兑

八节	立春	春分	立夏	夏至	立秋	秋分	立冬	冬至
乙奇	离	巽	中	艮	坤	乾	中	坤
丙奇	坎	中	乾	兑	离	中	巽	震
丁奇	坤	乾	兑	乾	艮	巽	震	巽

己未年　太岁

通天窍云:木之位煞在西方申酉戌,忌甲庚乙辛四向,名坐煞、向煞。

大利,癸巳山;壬子卯辰未山,小利。

罗天大退,在坤方,忌修造葬,主退财。

九良星,占僧堂、城隍、社庙;煞在门井水路。

修造作主,利巳酉寅午卯生人,吉;忌丑戌生人,凶不用。

五音,宫羽徵音,吉;商角音,凶。

年克山家,乾亥兑丁山冬至前克,冬至后不克。

上下元	尊星巽 帝星乾	玉印坤 玉清艮
中元	尊星离 帝星坎	玉印兑 玉清震
上元	年一白乾 白八白巽	六白坤 九紫中
中元	年一白震 白八白坎	六白艮 九紫坤
下元	年一白离 白八白兑	六白中 九紫艮

八节	立春	春分	立夏	夏至	立秋	秋分	立冬	冬至
乙奇	离	巽	中	坤	坎	乾	中	坤
丙奇	离	巽	中	坤	坎	乾	中	坤
丁奇	坎	中	乾	震	巽	中	巽	震

庚申年　太岁

通天窍云：水之位煞在南方巳午未，忌丙壬丁癸四向，名坐煞、向煞。

大利方，辛戌艮山，小利寅辰坤山。

罗天大退，在巽方，卯乙皇天退，造葬退财。

九良星，占桥门路井社寺庙；煞在中庭宫及北方。

修造作主，宜巳酉丑申子辰生人，吉；忌寅巳生命，凶。

五音，宫羽商徵，吉；角音绝，凶。

年克山家，占离壬丙乙山。

正阴府太岁，占乾兑二山。傍阴府太岁，占甲丁巳丑四山。

上下元	尊星乾 帝星巽	玉印艮 玉清坤
中元	尊星坎 帝星离	玉印震 玉清兑
上元	年一白中 白八白中	六白震 九紫乾
中元	年一白巽 白八白坤	六白离 九紫震
下元	年一白坎 白八白艮	六白乾 九紫离

八节	立春	春分	立夏	夏至	立秋	秋分	立冬	冬至
乙奇	艮	震	巽	离	坤	兑	乾	坎
丙奇	离	巽	中	艮	坎	乾	中	坤
丁奇	坎	中	乾	兑	离	中	巽	震

辛酉年　太岁

通天窍云:金之位煞在东方寅卯辰,忌甲庚乙辛四向,各坐煞、向煞。

大利方,己午丁未戌酉山,造葬吉。

罗天大退,巽方,忌修造葬,主退财。

九良星,占道观;煞在寺观神庙及午方。

修造作主,宜申子辰巳丑生命,吉;忌卯酉生人,凶不用。

五音,宫商徵羽,吉;角犯白虎,凶。

年克山家,乾亥兑丁山冬至后克,冬至前不克。

上下元	尊星兑 帝星震	玉印坤 玉清艮
中元	尊星坤 帝星艮	玉印乾 玉清巽
上元	年一白艮 白八白乾	六白巽 九紫兑
中元	年一白中 白八白震	六白坎 九紫巽
下元	年一白坤 白八白离	六白兑 九紫坎

八节	立春	春分	立夏	夏至	立秋	秋分	立冬	冬至
乙奇	兑	坤	震	坎	震	艮	兑	离
丙奇	艮	震	巽	离	坤	兑	乾	坎
丁奇	离	巽	中	艮	坎	乾	中	坤

壬戌年　太岁

通天窍云:火之位煞在北方亥子丑,忌丙壬丁癸四向,名坐煞、向煞。

大利,艮卯乙三山,坤山小利。

罗天大退,酉方,忌修造葬,主退财。

九良星,占僧堂、城隍、社庙;煞在庙堂并北方。

修造作主,宜申子辰亥卯生人,吉;忌丑未生命,凶不用。

五音,商角,吉;宫羽徵音,墓凶。

年克山家,甲辰寅巽戌坎辛坤丑癸坤庚未十三山。

上下元	尊星艮 帝星坤	玉印巽 玉清乾
中元	尊星震 帝星兑	玉印离 玉清坎
上元	年一白离 白八白兑	六白中 九紫艮
中元	年一白乾 白八白巽	六白坤 九紫中
下元	年一白震 白八白坎	六白艮 九紫坤

八节	立春	春分	立夏	夏至	立秋	秋分	立冬	冬至
乙奇	乾	坎	坤	坤	巽	离	艮	艮
丙奇	兑	坤	震	坎	震	艮	兑	离
丁奇	艮	震	巽	离	坤	兑	乾	坎

癸亥年　太岁

通天窍云:木之位煞在西方申酉戌,忌甲庚乙辛四向,名坐煞、向煞。

大利方,壬子癸丑辰巽丙坤八山吉利,乾山安葬利。

罗天大退,在西方,忌修造葬,主退财。

九良星,占船巳方;煞在寺观及巳方。

修造作主,利申子辰卯未生命,吉;忌巳亥生人,不用。

五音,利宫羽商角,吉;徵音,绝凶。

年克山家,艮震巳三山。

正阴府,太岁,占震山。傍阴府,占庚亥未山。

上下元	尊星离 帝星坎	玉印兑 玉清震
中元	尊星巽 帝星乾	玉印坤 玉清艮
上元	年一白坎 白八白艮	六白乾 九紫离
中元	年一白兑 白八白中	六白震 九紫乾
下元	年一白巽 六白离	白八白坤 九紫震

八节	立春	春分	立夏	夏至	立秋	秋分	立冬	冬至
乙奇	中	离	坎	震	中	坎	离	兑
丙奇	乾	坎	坎	坤	巽	离	艮	艮
丁奇	中	坤	震	坎	震	艮	兑	离

开山凶神

年克山家,正阴府,傍阴府,天官符,地官符,三煞,坐煞,向煞,太岁,岁破,独火,罗天大退,支神退,天皇灸退,坐山罗睺,天禁朱雀,山家困龙,入山空亡,头白空亡,四大金星,穿山罗睺。

立向凶神

浮天空亡,巡山罗睺,翎毛禁向。

修方凶神

金神七煞,白虎煞,破败五鬼,隐伏血刃,千斤血刃,山家火血,山家刀砧,阴中太岁,流财煞。

六十年太岁

（谓汇集诸家吉星凶神于二十四位方向）

今纂集六十花甲诸家吉星凶神煞,分汇于逐年各山方向之下,以便观览。上集凶吉,中集各山吉星鸾驾,下集诸家开山、立向、修方所忌凶星。集于诸方之下吉者:通天窍、走马六壬、行衙帝星、盖山黄道、玉皇鸾驾、紫微帝星、鸾驾到山,年龙、月兔、日虎、时牛、帝星,此辰帝星、都天宝照星、马贵人、五龙捉煞、帝星、四利三元、周望仙罗星、要紧吉星选上,不要紧者立局于后卷,月家吉凶亦选在前卷。

开山立向凶者:年克山家、正傍阴府、太岁、天官符、地官符、罗天大退、皇天灸退、独火、山家困龙、三煞、坐煞、向煞、九天朱雀、入山家头白空亡、六十年头空亡、火神退、坐山官符、山家火血、刀砧。开山紧煞立向忌浮天空亡、巡山罗睺、翎毛禁向、修方金神七煞、金天煞、升玄燥火、升玄血刃、破败五鬼、大耗、小耗，修方之论，各有所忌。

壬山	神后、天乙、水轮、壮龙、巨门、太乙、太阴、武曲	浮天空、白入山空、翎毛、坐煞、向煞、将军箭、入山刀砧
子	神后、太乙、壮龙、巨门、天罡、太阴、六白、财库、大吉、武曲、金匮	克山、太岁堆黄、罗天灾退、金官符、二土大煞
癸	财库、武曲	克山、坐煞、向煞、刀砧、铁扫帚、孙钟血刃
丑	天皇、天乙贵人、太阳、天贵、贪狼、金库	克山、升玄燥火、年官符、帝车
艮	大吉、功曹、太乙、太龙、武曲、天道、金库	正阴府、独火、文曲、刀砧
寅	大吉、功曹、玉皇、太乙、泰龙、胜光、武曲、贵人、驲马	克山，千斤血刃、帝车、丧门
甲	进田、玉皇、天乙、左辅、贵人	克山，翎毛、六害、升玄血刃、家火血
卯	进田、玉皇、王台、天台、天乙、左辅、太阴、八白、巨门、黄罗、驲马、临官	皇天灸退、九天朱雀、岁刑孙钟血刃
乙	青龙、天罡、紫檀、天魁、益龙、左辅、合神、驲马、临官、利道	皇天灸退、巡山罗睺、山家刀砧、六十年空亡
辰	青龙、天罡、玉皇、紫檀、天魁、益龙、左辅、岁位、合房星	克山，天官符、血刃煞、飞廉、五鬼、畜官符
巽	地皇、天定、金轮、金星、右弼、紫龙、天德、人道、岁天德、转土	克山，正阴府、支神退、隐亡血刃、五鬼、玉皇
巳	天皇、天定、金轮、金星、贪狼、右弼、岁支德	三煞、升玄、白刃、小耗

（续表）

丙	胜光、天定、宝台、水轮、升龙、水星、右弼、武曲、天华	傍阴府、浮天头白空、刀砧伏、坐煞、向煞、翎毛、将军箭、飞廉
午	胜光、天定、宝台、天乙、升龙、河魁、龙德、右弼	三煞、金神七煞、头白空、岁破、太阳、灾飞、廉贞
丁	天皇、天定、弼星、传送、贪狼、月德合	坐煞、向煞、四大金星、升玄燥火、入山刀砧、铁扫帚、大祸
未	黄罗、龙星、迎财、进气、传送、巨门、天乙、贵人	三煞、金神、神煞、阴中煞、岁煞、克山，地太岁、蚕官、蚕命地
坤	迎财、传送、紫檀、丰龙、太阴、寿星、福寿、进气、天道	克山，打劫血刃、蚕室、破军、崩腾
申	迎财、传送、荣光、太阴、丰龙、生库、天乙、玉皇、天德合、月德合	克山，金神七煞、值山千金、血衣、白虎煞、牛飞廉
庚	玉堂、进宝、黄罗、天帝、天乙、宝库、巨门	年克山，翎毛禁向、山家火血、天禽煞
酉	进宝、天皇、玉皇、天乙、天帝、朗曜、太阴、福德、宝盖	金神七煞、支退神、天禽星、八座
辛	库珠、河魁、地皇、天乙、天福、萃龙、天禄、贪狼、驲马、临官、利道、五库	克山，傍阴府、六十年空山、家刀砧、天禽煞
戌	库珠、河魁、天乙、天福、萃龙、贪狼、辅星、五库、华盖、生气、青龙、生星	克山，穿山罗睺、坐山官符、流财、太阴、吊客、豹尾
乾	太阴、巨门、五库、天定、六白、左辅、人道	困龙、隐伏血刃、流财、山家血刃、玉皇道
亥	黄罗、天定、水轮、田门、太阴、太白、岁德	天官符、天禁朱雀、天太岁、天德

壬山	进田、天定、紫檀、太阴、贵人、左辅、七宿、利道、驲马	巡山罗睺、六害　　大利
子	进田、天定、水轮、太阴、贵人、贪狼、岁支合	皇天灸退、头白空亡、隐伏血刃
癸	青龙、功曹、壮龙、贪狼、左辅、驿马、临官	浮天空亡、入山空、头白空、皇天灸退
丑	青龙、功曹、玉皇、天乙、壮龙、地皇、左辅、贪狼	傍阴府、太岁堆黄煞
艮	玉皇、天乙、黄罗、武曲	克山、六十年空亡、坐山罗睺、打劫血刃、五鬼
寅	紫檀、朗曜、天贵、武曲、太阳	三煞、千斤血刃、帝辂、劫杀
甲	天罡、天定、泰龙、巨门、贪狼、岁天道	傍阴府、翎毛、坐煞、向煞、天禽煞、刀砧
卯	天罡、天定、荣光、太龙、左辅、巨门、贪狼	克山、三煞、独火、天禽煞、暗刀砧、五鬼
乙	天台、天乙、左辅、贪狼、水轮、武曲	坐煞、向煞、天禽煞、翎毛、山家火血、刀砧
辰	天台、宝台、天乙、太阴	三煞、金神七煞、千斤血刃、岁煞、牛飞廉
巽	迎财、胜光、天皇、宝台、水轮、天魁、水星、金星、盖龙、武曲、巨门、勾陈、贪狼	支神退、小利方
巳	迎财、胜光、玉皇、天乙、天魁、天定、进宝、地星、益龙、宝库、武曲、岁位合	克山、傍阴府、地官符、金神七煞、地太岁
丙	进宝、黄罗、天定、金轮、金巨、弼库、贪狼	神后、大利道、驲马、临官、五龙、大利
午	进宝、紫檀、金轮、金星、天禄、神后、武曲、岁支德	阴中太岁、小耗、蚕命　利方
丁	库珠、传送、玉皇、地皇、天后、宝台、升龙、天华、天禄、左辅、驲马、临官	傍阴府、浮天空、头白空、入山空亡、翎毛禁煞、将军箭

（续表）

未	库珠、传送、天乙、升龙、玉皇、左辅、岁支德	岁破、大耗、流财、隐伏血刃　小利
坤	玉皇、天乙、左辅、木星	六十年空亡、蚕室　利方
申	玉皇、龙德、宝台、太阳、天乙、贵人、武库、木星	天官符、穿山罗睺、流财、年官符
庚	河魁、丰龙、右弼、寿星、福寿、岁天道、岁天德	六十年空亡、山家刀砧、向煞、翎毛禁向
酉	河魁、地皇、丰龙、右弼星、一白、金匮、天乙、神后、财库	正阴府、天禁朱雀、白虎煞、支退神、年官符、将军箭
辛	玉皇、天皇、天帝、太乙、财库、巨门	向煞、翎毛禁向、山家火血、刀砧
戌	玉皇、天帝、紫檀、水轮、福德、金匮、人仓	九天朱雀、午官、八座　岁用利方
乾	大吉、神后、天福、太乙、太阳、萃龙、木轮、巨门、九紫、金库、奏书	正阴府、太岁、土皇游、田官符、崩腾
亥	大吉、神后、紫微、天德、天定、水轮、空照、太阳、驲马、太乙、萃龙、罗皇、太乙、贵人、青龙、生气、华盖、牛星	大利方

壬山	功曹、天定、天乙、天福、萃龙、右弼、天德、天德合、利道	坐煞、向煞、翎毛禁向、山家火血、六十年空亡、入山刀砧
子	功曹、玉皇、天乙、天定、萃龙、右弼、天福、太阳、青龙、生气、华盖、左辅、牛星	三煞阴府支退神流财金神七煞千斤、田官符
癸	玉皇、太阴、七宿、神后、岁天道、人道	傍阴府、坐煞、向煞、入山刀砧、大祸

（续表）

丑	地皇、进气、神后、巨门	三煞、千斤血刃、金神七煞、流财、田官符、岁煞
艮	迎财、天罡、黄罗、壮龙、武曲、太阳	克山、巡山罗喉、罗天大退、将军箭、土皇遁
寅	迎财、天罡、紫檀、朗曜、壮龙、宝库、左辅	太岁堆黄、金神七煞、隐伏血刃、五鬼
甲	进宝、右弼、宝库、驲马、临官	山家刀砧　大利
卯	进宝、荣光、宝台、贪狼、天禄、太阳、天贵、六白	克山、独火、金神七煞、坐山罗喉
乙	库珠、胜光、天乙、泰龙、贪狼、水星、天禄、金星	傍阴府、浮天空、头白入山空亡
辰	库珠、胜光、天乙、泰龙、贪狼、水星、金星、天禄	傍阴府、地太岁、丧门
巽	天定、天皇、天台、金轮、巨门、金星、武曲	大利
巳	地皇、天乙、天台、太阴、金轮、巨门、贪狼	克山、天官符、年官、阴中煞
丙	传送、黄罗、天魁、益龙、巨门、武曲、岁德、位白道	坐煞、向煞、翎毛、六十年空亡、八座、火血、入山刀砧、血方
午	传送、紫檀、玉皇、天益龙、巨门、支德合、岁天道	入山刀砧、金神七煞、地官符、大将军、飞廉
丁	玉皇、天乙、地皇、水星、财库、武曲、岁天德、人道	坐煞、向煞、困龙、入山刀砧
未	玉皇、水星、金库、贪狼、左辅、岁支德、人仓	天禁朱雀、金神、土煞　即耗年官煞　小利
坤	大吉、河魁、太乙、升龙、右弼、天华、金库、博士	正阴府、山家血刃、破败五鬼、将军箭

（续表）

申	大吉、河魁、太乙、宝台、升龙、武曲、贵人、驲马	傍阴府、岁破、升玄血刃、孙钟血刃
庚	进田、太乙、文曲星、贪狼、太阳、驲马、临官	山家刀砧、六害　大利
酉	进田、地皇、阳贵人、太乙、龙德	皇天灸退、碎金、地轴、飞廉
辛	青龙、神后、天皇、天定、太乙、太阳、丰龙、福星、贵人	浮天空、入山空、头白空、皇天灸退、崩腾
戌	青龙、神后、紫檀、天定、大乙、太阳、丰龙、福星、贵人	隐伏血刃、白虎、天禽煞、蚕官
乾	天帝、天定、太阴　小利	打劫血刃、天命煞、蚕室
亥	紫微驾、天定、天帝、太阴、福德	三煞、暗刃煞、天禽煞、八座、田官符、蚕命

壬山	进宝、玉皇、天皇、天帝、天乙、天禄、宝库、驲马	克山、傍阴府、翎毛禁向
子	进宝、玉皇、天乙、天帝、紫微、右弼、福德、红鸾、天喜	独火、支神退、头白空、九天朱雀、流财、八座
癸	库珠、天罡、天乙、天福、萃龙、福德、利道、天禄、左辅、驲马	六十年空亡、山家火血、刀砧　大利
丑	库珠、天罡、天乙、天福、萃龙、左辅、太阴、青龙、生气、华盖	田官符、五鬼、流财煞　大利
艮	太阴、七宿、岁天道、人道	罗天大退、玉皇、游破
寅	天皇、太乙、天定、太阴、岁道	傍阴府、天官符、金神七煞、天地太岁

（续表）

壬山	进宝、玉皇、天皇、天帝、天乙、天禄、宝库、驲马	克山、傍阴府、翎毛禁向
甲	胜光、黄罗、壮龙、太乙、水轮、太阳、右弼、位德	入山空、头白空、将军箭、巡山罗睺、向煞、刀砧
卯	胜光、水轮、太阳、太乙、右弼、巨门、壮龙	太岁堆黄、金神七煞、血刃、五鬼
乙	地皇、财库、巨门	克山、坐煞、向煞、天凶刀砧、崩腾
辰	太阴、五龙、贵人、金库、贪狼、入仓利方	穿山罗睺、阴中太岁
巽	大吉、传送、太乙、紫檀、泰龙、太阳、贵人、利道	困龙　　大利方
巳	大吉、传送、太乙、泰龙、太阳、左辅、天德合、支德合	天禁朱雀、天禽星　大利方
丙	进宝、天乙、天皇、土曲、木星、天台、驲马	克山、翎毛禁向、六害
午	玉堂、进田、天皇、天乙、天台、太阴、左辅	克山、正阴府、皇天灸退、坐山罗睺、天禽
丁	青龙、河魁、天魁、益龙、五龙、房显、岁位合	皇天灸退、六十年空亡、山家血火、刀砧
未	青龙、河魁、天魁、益龙、五龙、房显、岁德合	地官符、天禽煞、升玄燥火
坤	地皇、天定、金轮、五龙、金星、天德、贪狼、利道	打劫血刃　　大利方
申	天定、荣光、天定、贪狼、金星、岁支德	三煞、暗刀煞、小耗、净栏煞
庚	神后、天定、升龙、宝台、水轮、水星、巨门	浮天空、入山空、头白空亡、坐煞、向煞、翎毛、入山刀砧

（续表）

酉	神后、朗曜、天定、升龙、宝台、水轮、巨门、水星	岁破、三煞、傍阴府、金神七煞
辛	紫檀、弼星、武曲	坐煞、向煞、逆血刃、入山刀砧、大祸
戌	天皇、龙德、岁支合	三煞、傍阴府、金神七煞、岁杀、蚕官、蚕命
乾	迎财、功曹、黄罗、丰龙、武库、武曲、天道	隐伏血刃、蚕室　大利
亥	迎财、功曹、丰龙、武曲	金神七煞、白虎煞、千斤血刃、田官符、隐伏血刃

壬山	天罡、丰龙、武曲、岁位德、岁天德、岁天道	坐煞、向煞、入山刀砧
子	天罡、紫檀、紫微、丰龙、贪狼、武曲、金匮	克山、金神七煞、田官符、白星、支神退、流财、将军、五鬼
癸	玉皇、天帝、天乙、紫檀、巨门	浮天空、头白空、入山空、翎毛、坐煞、向煞、入山刀砧
丑	玉皇、大帝、黄罗、金库、右弼、福德、阳贵人、入仓、地财星	克山、金神七煞、隐伏血刃、年山官符、天禽煞、暗刃煞、流财、地太岁、八座
艮	大吉、胜光、地皇、太乙、天福、萃龙、右弼、金库、左辅	天禽煞、血刃　　大利方
寅	大吉、胜光、萃龙、太乙、天福、左辅、贵人、太阳、青龙、生气	克山、穿山罗睺、天禽星
甲	进田、天定、太阴、武曲、人道、利道、驲马	克山、困龙、山家火血、翎毛禁向、山家刀砧煞
卯	天皇、进田、天定、太阳、宝台、刀砧、天官贵人	正阴府、皇天灸退、天禁朱雀、阴中煞、血刃

(续表)

乙	青龙、传送、壮龙、太乙、右弼、太阳、驲马	皇天灸退、将军箭　　大利方
辰	青龙、传送、太乙、水轮、壮龙、紫檀、右弼、太阳、德合	克山
巽	人道	克山、穿山罗睺、独火、六十年空亡
巳	黄罗、太阳、贵人	三煞、千斤血刃、劫煞、蚕命
丙	河魁、地皇、泰龙、天定、太阳、左辅、岁天道	坐煞、向煞、入山刀砧
午	河魁、天定、地皇、泰龙、天乙、太阳、右弼	三煞、打劫血刃、五鬼
丁	玉皇、黄罗、天台、天乙、贪狼、天德合、月德合	坐煞、向煞、头白入山空、翎毛禁向、入山刀砧
未	玉皇、天皇、天乙、天台、太阴、贵人	三煞、克山、傍阴府、九天朱雀
坤	迎财、神后、天魁、益龙、贪狼、巨门、博士	克山、罗天大退、浮天空
申	迎财、神后、紫檀、荣光、天魁、益龙、贪狼	克山、地官符、金神七煞
庚	进宝、天皇、天定、金轮、宝库、左辅、人道	克山、傍阴府、山家火血、翎毛禁向、入山刀砧
酉	黄罗、进宝、朗曜、天定、天禄、金星、岁支德合	金神七煞、坐山罗睺、小耗
辛	库珠、功曹、宝台、天乙、水轮、水星、升龙、巨门、驲马	克山、将军箭

（续表）

戌	库珠、功曹、宝台、天乙、水轮、升龙、水星、巨门	克山、家岁破、大耗、蚕官
乾	武曲	六十年空亡、蚕室、土皇星
亥	天皇、龙德、武库	天官符、傍阴府、年官符

壬山	进田贵人、贪狼、驲马、临官	入山空、头白空、翎毛禁向、六害
子	进田、紫檀、龙德、武库、巨门、贪狼	皇天灸退、支神退、破败五鬼
癸	青龙、胜光、宝台、紫檀、龙德、武库、武曲、天道、驲马	皇天灸退、山家刀砧、翎毛禁向
丑	青龙、胜光、黄罗、丰龙、武曲、贪狼	白虎煞、蚕官、蚕命　　大利
艮	玉皇、天帝、太乙、地皇、右弼、左辅	克山、正阴府、蚕室
寅	玉皇、天帝、太乙、天乙、福德	三煞、阴中太岁、九天朱雀、千斤血刃、八座
甲	传送、天定、天福、萃龙、左辅、利道	坐煞、向煞、六十年空亡、入山刀砧
卯	传送、天皇、天定、天福、宝台、萃龙、左辅	三煞、克山、将军、劫煞
乙	天乙、天定、太阴、太白、月德合、人道	坐煞、向煞、山家火血、入山刀砧
辰	天定、太乙、太白、紫檀	三煞、岁杀、病符、帝辂
巽	迎财、河魁、水轮、太乙、太阳、壮龙、右弼	正阴府、神火、将军箭、打劫血刃、隐伏刃、土星游

（续表）

巳	迎财、河魁、太阴、黄罗、太乙、壮龙、太阳、宝库、右弼	克山、太岁堆黄煞
丙	进宝、地皇、武库、武曲	傍阴府、巡山罗睺、头白空亡、入山空亡、翎毛禁向、逆血刃、铁扫帚
午	进宝、天乙、宝库、水轮、太阳、武曲、贪狼、库珠、天禄、天贵	金神七煞、帝辂　　利方
丁	库珠、神后、天乙、黄罗、泰龙、水轮、太阳、天道	四大金星、升龙未大利、翎毛禁向、入山刀砧方
未	天皇、库珠、神后、天乙、泰龙、太阳、巨门	金神七煞、天禽煞　　利方
坤	玉皇、天乙、天台、水星	天禽煞、坐山罗睺　　利方
申	玉皇、紫檀、天台、天乙、太阴	天官符、金神天太岁、千斤血刃、天煞禽
庚	天皇、功曹、天魁、益龙、贪狼、岁位德、利道	坐煞、向煞、六十年空亡、刀砧
酉	功曹、黄罗、门罗、天魁、金匮、益龙、贪狼、左辅、岁位合	地官符、金神七煞、头白空亡、年官符
辛	天定、金轮、财库、金星、岁天德、岁天道、人道	傍阴府、山家火血刃、坐煞、向煞、入山刀砧
戌	金轮、天定、金星、武曲、岁支德、人仓	穿山罗睺、流财煞、小耗
乾	大吉、天罡、太乙、宝台、水轮、升龙、水星、巨门	困龙、隐伏血刃　　小利方
亥	天皇、太乙、升龙、木龙、驲马、天皇、宝台、巨门、水星、玉皇	山家朱雀、血刃、岁破、五鬼、地太岁

壬山	胜光、天定、宝台、升龙、金轮、水星、巨门	坐煞、向煞、翎毛禁向、山家火血、入山刀砧、血刃
子	胜光、天定、宝台、升龙、巨门、水轮、金星	三煞、岁破、隐伏血刃、土皇煞
癸	天定、金星、弼星	坐煞、向煞、头白空、入山空、大祸、铁扫帚
丑	金轮、龙德、金星	三煞、傍阴府、阴中太岁、蚕宫
艮	迎财、传送、玉皇、天皇、丰龙、贪狼、武曲、天道	逆血刃、蚕室　　大利
寅	玉皇、迎财、传送、朗曜、天乙、丰龙、宝库、武曲	千斤血刃、白虎煞、朱雀、蚕命大利
甲	进宝、玉皇、天帝、天乙、紫檀、宝库、左辅、驲马	傍阴府、翎毛禁向、刀砧
卯	玉皇、天帝、进宝、地皇、荣光、福德、天禄	八座　　　　大利方
乙	库珠、河魁、天福、天乙、萃龙、左辅、利道、驲马	六十年空　　　大利方
辰	库珠、河魁、天乙、天福、萃龙、左辅、青龙、生气	手斤血刃暗乃煞金神　　大利
巽	黄罗、武曲、太乙、巨门、岁天道、人道、右弼、八白	罗天大退　　　小利方
巳	天乙、水轮、武曲、右弼、岁德	天官符、傍阴府、金神、天太岁、碎金煞
丙	神后、天定、太乙、水轮、太阳、壮龙、右弼	坐煞、向煞、翎毛禁向、山家火血、入山刀砧
午	神后、天定、水轮、壮龙、太阳、巨门、右弼、金匮	太岁堆黄、煞岁刑
丁	天定、太阴、武曲	克山、浮天空亡、头白空、入山空、坐煞、向煞、傍阴府、巡山罗睺、入山刀砧、铁扫帚

（续表）

未	天定、太阴、天贵、金库、太阳、岁支合、人仓	隐伏血刃　　　　利方
坤	大吉、功曹、天乙、泰龙、太阳、天道	头白空、坐山罗睺、打劫血刃
申	大吉、功曹、玉皇、宝台、太乙、太阳、驲马	穿山罗睺　　　　小利
庚	进田、玉皇、天乙、天台、地皇、驲马、临官、贵人	困龙、山家刀砧、大害、翎毛禁向 小利
酉	进田、天乙、太乙、右弼、天台、太阴	克山、正阴府、独火、天皇灸退、九天朱雀、天禽煞
辛	青龙、天罡、黄罗、天魁、益龙、贪狼、月德合、利道	天皇灾退、六十年空
戌	青龙、天罡、天魁、益龙、贪狼、五龙、房显、岁位合	地官符、流财、五鬼、地太岁、田官符
乾	紫檀、左辅、水星、岁天道、人道	克山、正阴府、支神退、田官符、流财
亥	紫微、地皇、水星、宝台、岁支德	克山、三煞、小耗、劫煞

壬山	进宝、天定、金轮、宝库、金星、左辅、人道、利道	头白空、入山空亡
子	进宝、天皇、天禄、金轮、岁支德	克山、正阴府、金神七煞、千斤血刃、阴中太岁、小耗、净栏煞
癸	玉皇、天皇、库珠、传送、升龙、天乙、贪狼	克山、傍阴府、山家火血、入山刀砧
丑	库珠、传送、玉皇、升龙、天乙、贪狼	克山、金神七煞、千斤血刃、岁破、蚕室

（续表）

艮	玉皇、天乙、木星、武曲、右弼	头白空、六十空、坐山罗睺、打劫血刃、蚕室
寅	玉皇、朗曜、龙德、左辅、岁德	克山、天官符、金神七煞、隐伏血刃、天太岁
甲	河魁、地皇、丰龙、巨门、贪狼、天德、岁位德、天道	坐煞、向煞、刀砧、克山、翎毛禁向
卯	河魁、紫檀、荣光、丰龙、武曲、巨门、金匮	金神七煞、白虎、天命、暗刀煞
乙	天乙、太乙、黄罗、贪狼、财库	傍阴府、坐煞、向煞、天禽煞、入山刀砧
辰	天皇、天帝、太乙、水轮、巨门、福德	克山、傍阴府、九天朱雀、八座
巽	大吉、神后、天定、太乙、水轮、天福、太阳、武曲	克山、罗天大退
巳	大吉、神后、天定、太乙、水轮、天福、太阳	左辅、武曲、青龙、华盖、生气　大利
丙	进田、天定、太阴、五库、人道、利道、贵人	浮天空、头白空、入山空、大害
午	天定、进田、太阴、太白、左辅、岁支德	穿山罗睺、金神七煞、皇天灸退、独火
丁	青龙、功曹、天乙、壮龙、左辅、驷马、临官	困龙、天皇灸退、山家火血、刀砧
未	玉皇、青龙、功曹、紫檀、天乙、壮龙、左辅	克山、金神七煞、天禁朱雀、太岁
坤	玉皇、黄罗、天乙、右弼	克山、正阴府、巡山罗睺、六十年空
申	天皇、宝台、天乙、太阳、岁支德	克山、三煞、傍阴府、蚕命、地太岁

（续表）

庚	天罡、紫檀、天定、泰龙、右弼、岁天道	克山、坐煞、向煞、翎毛、入山刀砧
酉	天罡、天定、泰龙、太乙、左弼、贪狼、左辅	三煞、五鬼、土皇游
辛	天台、水轮、武曲	克山、坐煞、向煞、值山血刃、入山刀砧
戌	天台、水轮、宝台、左辅、太阴	三煞、克山、隐伏血刃、流财、岁破
乾	迎财、胜光、地皇、金轮、右弼、太阳、天财、宝台、水轮、益龙、天定	支神退、逆血刃、破败五鬼、流财
亥	迎财、胜光、紫微、紫檀、天魁、宝台、天定、益龙、金轮、太阳、水轮	地官符

壬山	传送、天魁、益龙、右弼、武曲	傍阴府、坐煞、向煞、六十年空、翎毛禁向、入山刀砧
子	传送、紫微、天皇、天魁、益龙、右弼、天德、岁位合	地官符、流财
癸	天皇、天定、金轮、金星、贪狼、岁天德、天道、人道	坐煞、向煞、头白空、翎毛禁向、入山刀砧
丑	天定、金轮、金星、左辅、岁支德、人仓	小耗、流财煞　　　利方
艮	大吉、河魁、宝台、太乙、水轮、水星、升龙、太阳、左辅	支神退　　　利方
寅	大吉、河魁、太乙、升龙、宝台、水轮、太阳、水星	傍阴府、金神七煞、大耗、岁破、岁刑
甲	进田、地皇、贵人、右弼、驲马	浮天空亡、入山空、逆血刃、山家火血、大害

（续表）

卯	进田、紫檀、宝台、龙德、右弼、武库	皇天炙退、金神七煞、蚕命
乙	青龙、神后、黄罗、丰龙、水龙、贪狼、右弼、天道、驵马	皇天炙退　　　利方
辰	青龙、神后、天皇、丰龙、贪狼	穿山罗睺、白虎煞、蚕官
巽	天帝、天乙、左辅、五星	困龙、蚕室、破败五鬼
巳	玉皇、天帝、福德、天乙、天道、驵马	三煞、天禁朱雀、八座
丙	功曹、天乙、天定、天福、萃龙、巨门、利道	坐煞、向煞、六十年空、翎毛、入山刀砧
午	功曹、天乙、天定、天福、巨门、青龙、华盖	三煞、正阴府、独火
丁	天定、太阴、五库、左辅、武曲、岁天道、月德合、人道	克山、坐煞、向煞、翎毛、头白空　震克山
未	紫檀、天定、太阴	三煞、阴煞、地太岁
坤	迎财、天罡、黄罗、水轮、太乙、壮龙、武曲、太阳	支退神　　　小利
申	迎财、天罡、天皇荣光太乙太阳壮龙武曲	太岁堆黄、五鬼　　利方
庚	进宝、紫檀、宝库、驵马	入山空亡、山家火血
酉	进宝、朗曜、太阳、巨门、贵人	罗天大退　　冬至年克山家
辛	库珠、胜光、天乙、泰龙、天禄、左辅、天道、驵马	巡山罗睺　　　大利

（续表）

戌	库珠、胜光、天乙、泰龙、左辅	傍阴府、金神七煞、天禽煞
乾	玉皇、地皇、天乙、天台、木星	冬至后克山　头白空、隐伏血刃、打劫血刃、天禽煞
亥	玉皇、紫檀、天台、天乙、太阴	天官符、金神、隐伏血刃、千斤血刃、天禽煞、阴中太岁　至后克山

壬山	玉皇、进田、黄罗、天乙、天台、木星、贵人、右弼、驲马	翎毛禁向　　　　大利方
子	进田、玉皇、地皇、天台、天乙、紫微、武曲、木星、太阴	天皇灸退、坐山罗喉、金神七煞
癸	青龙、河魁、天魁、益龙、左辅、利道、天乙、地皇、巨门、右弼	天皇灸退、六十年空亡
丑	青龙、河魁、天魁、益龙、左辅、岁位合	地官符、金神七煞、隐伏血刃
艮	紫檀、天定、金轮、金星、巨门、岁天道、岁天德、人道	支神退、破败五鬼　　小利方
寅	黄罗、太乙、天定、金轮、金星、岁支德	三煞、穿山罗喉、小耗、劫煞
甲	神后、天皇、宝台、升龙、水轮、天定、水星、右弼	坐山、困龙、入山刀砧
卯	神后、天定、升龙、右弼、天台、水轮、水星	正阴府、三煞、头白空、天禁朱雀、隐伏血刃、岁破
乙	贪狼、右弼、月德合	浮天空、头白空、入山空、坐煞、山家火血、刀砧
辰	地皇、龙德、巨门、左辅、岁支合	蚕官、蚕命

（续表）

巽	迎财、功曹、丰龙、太阳、右弼、武曲、天道、福寿、六白	大利
巳	迎财、功曹、丰龙、太阳	白虎煞、天禽煞、千斤血刃、地太岁
丙	玉皇、进宝、天帝、天乙、紫檀、驿马、临官	大利
午	天帝、玉皇、黄罗、天乙、福德、左辅	八座、九天朱雀、天禽煞、将军箭
丁	库珠、天罡、天乙、天福、萃龙、贪狼	克山、六十年空亡、逆血刃
未	库珠、天罡、天福、萃龙、天乙、贪狼、青龙、华盖	傍阴府、金神七煞、流财、天禽、田官符
坤	天定、太阴、武库、太白、天道、人道	独火、支神退、打劫血
申	地皇、天定、荣光、太阴、贪狼	天官符、金神七煞、流财、天太岁
庚	胜光、太乙、木轮、火龙、巨门、太阳、岁位德	傍阴府、向煞、翎毛禁向
酉	胜光、朗曜、壮龙、水轮、巨门、太阳	克山、太岁金神、岁刑、罗天大退
辛	财库、武曲	头白空、入山空亡、向煞、山家火血、入山血、刀砧
戌	黄罗、太阳、金库、天贵、太阳	阴中太岁、升玄燥火
乾	大吉、传送、天皇、太乙、巨门、武曲、贵人	克山、巡山罗睺
亥	大吉、传送、泰龙、太乙、武曲、天德合、支德合	傍阴府、太岁

壬山	河魁、天定、地皇、壮龙、武曲、岁天道	坐煞、向煞、山家火血、山家刀砧、浮天空、头白空、入山空亡
子	黄罗、河魁、紫微、天定、壮龙、武曲	三煞、罗天大退、蚕命
癸	玉皇、天台、黄罗、天乙、土曲、木星	坐煞、巡山罗睺、入山刀砧
丑	玉皇、紫檀、天台、天乙、太阴、木星、土曲	三煞、九天朱雀、暗刀、天禽煞
艮	迎财、神后、天魁、泰龙、天辅、房显、武曲	正阴府、土皇煞
寅	迎财、神后、地皇、天乙、天魁、泰龙、岁位合	地官符、千斤血刃
甲	进宝、天定、金轮、金星、宝库、左辅、人道、利道、驲马、临官	大利
卯	进宝、天定、宝台、金轮、金星、天禄、巨门、岁天德、岁支合	小利
乙	库珠、功曹、天皇、宝台、天乙、水轮、水星、盖龙、天禄、驲马	小利
辰	库珠、功曹、天乙、黄罗、益龙、右弼、宝库	岁破、蚕官　　小利
巽	贪狼	正阴府、六十年空亡、坐山罗睺、隐伏血刃、五鬼
巳	紫檀、贪狼、龙德、武库、天德	天官符、天太岁、蚕室
丙	天罡、太阳、升龙、岁天德	傍阴府、头白空、入山空亡、山家入山空、坐向煞、山家刀砧、入山刀砧
午	天罡、太乙、地皇、升龙、太阳、武曲、金匮、贪狼	金神七煞、支神退、头白空、白虎煞、打劫血刃、五鬼
丁	玉皇、天帝、天乙、紫檀	克山、向煞、入山刀砧

(续表)

未	天帝、玉皇、天乙、福德、人仓	金神七煞、八座、流财、田官符、岁刑
坤	大吉、胜光、天皇、天福、丰龙、贪狼、左辅、五库	大利
申	大吉、胜光、天福、黄罗、荣光、太乙、丰龙、贫狼、五库	利方　千斤血刃、流财、金神七煞
庚	进田、天定、太阴、五库、太白、人道、利道、巨门	大利　翎毛禁向、六害
酉	进田、天定、太阴、紫檀、朗曜、太白	克山、天皇灸退、金神七煞、阴中煞
辛	青龙、传送、水轮、萃龙、太乙、太阳、巨门	傍阴府、天皇灸退、翎毛禁向
戌	青龙、传送、地皇、太乙、太阳、萃龙、巨门	穿山罗睺、太岁堆黄煞
乾	贪狼、左辅	克山、困龙、独火、六十年空、隐伏血刃
亥	太乙、巨门	三煞、克山、天禁朱雀、劫煞

壬山	进宝、地黄、太乙、宝库、贪狼、驵马	翎毛禁向　　　大利方
子	进宝、水轮、太乙、左辅、太阳、贵人	克山、头白空亡、隐伏血刃
癸	库珠、神后、天定、天乙、水龙、黄罗、武曲	克山、浮头空、头白空、入山空、山家血火刀砧
丑	库珠、神后、紫檀、天定、太乙、太龙、天乙、武曲	克山、傍阴府
艮	天台、天定、太阴、武曲、贪狼	五鬼、土皇煞　　利方

（续表）

寅	天定、天台、地皇、朗曜、太阴、武曲	克山、天官符、千斤血刃
甲	功曹、天魁、天乙、泰龙、岁位德、左辅、利道	六十年空亡、入山刀砧、克山、傍阴府、向煞
卯	玉皇、功曹、天魁、天乙、泰龙、荣光、贪狼、左辅	正阴府、地官符、罗天退
乙	玉皇、功曹、天乙、天德、天道、人道	向煞
辰	黄罗、天乙、金库	克山、金神七煞、千斤血刃、小耗
巽	大吉、天罡、太乙、益龙、巨门、右弼	克山、打劫血刃
巳	大吉、天罡、天乙、紫檀、益龙、右弼	傍阴府、金神七煞、岁破、大耗
丙	进田、水轮、贵人、贪狼、右弼	翎毛禁向、六害　　利方
酉	进田、地皇、宝吉、水轮、龙德	皇天炙退、支神退
丁	青龙、胜光、紫檀、升龙、宝台、金轮、水轮、太阳	傍阴府、皇天炙退、血刃、浮天空、头白空、入山刀砧
未	青龙、胜光、天定、金轮、水轮、升龙、太阳	隐伏血刃、暗刀煞、流财、白虎煞、天贪煞、蚕官
坤	天皇、天帝、天定、金轮、金星、右弼、巨门	克山、天禽煞、蚕官
申	天帝、黄罗、金辅、金星、福德	三煞、克山、穿山罗喉、阴中煞、流财、八座、天禽煞
庚	玉皇、天福、丰龙、天定、贪狼	克山、困龙、坐煞、巡山罗喉、六十年空亡

（续表）

酉	传送、紫檀、天定、天乙、玉皇、天福、丰龙、贪狼	三煞、正阴府、天禁朱雀、蚕官
辛	玉皇、天乙、木星、七宿、巨门	克山、坐煞
戌	玉皇、天皇、天乙、木星	三煞、克山
乾	迎财、河魁、萃龙、巨门、武曲	正阴府、太岁
亥	迎财、河魁、萃龙、巨门、紫微、鸾驾	太岁堆黄

壬山	神后、天定、太乙、萃龙、水轮、巨门、太阳	向煞、翎毛禁向、入山刀砧
子	神后、天定、太乙、萃龙、巨门、太阳、武曲	正阴府、值山千斤血刃、太岁
癸	天定、太阳、财库	傍阴府、向煞、入山刀砧
丑	天皇、太阳、天定、太阴、贵人、金库、岁支合、人仓	金神七煞　　大利
艮	大吉、功曹、天乙、太乙、武曲、壮龙	罗天大退、独火
寅	玉皇、大吉、功曹、天乙、太乙、壮龙、武曲、朗曜	隐伏、千斤血刃　　大利
甲	进田、天罡、玉皇、天台、天乙、天道、岁天道	翎毛、火血、六害　　大利
卯	进田、黄罗、天台、天乙、荣光、太阴、右弼	皇天灸退、金神七煞
乙	青龙、天罡、紫檀、驲马、天魁、泰龙、左辅、利道	傍阴府、巡山罗睺

（续表）

辰	青龙、天罡、天魁、砂龙、五龙、左辅	傍阴府、地官符、暗刀煞
巽	地皇、水轮、右弼、五龙	支神退、坐煞　　小利
巳	天皇、天乙、宝台、水轮、岁支德	三煞、碎金煞、净栏煞、小耗
丙	胜光、宝台、金轮、水轮、益龙、天定、天华	翎毛、坐煞、入山刀砧
午	胜光、天定、水轮、金星、右弼、益龙	三煞、穿山罗睺、金神七煞、岁破、大耗
丁	天皇、天定、金轮、巨门、金魁、月德合	克山、困龙、坐煞、入山刀砧
未	黄罗、金轮、龙德、金星、贪狼、武库	三煞、金神七煞、天禁朱雀、阴中太岁
坤	迎财、传送、紫檀、升龙、太阴、天道	正阴府、打劫血刃、五鬼、蚕官
申	迎财、传送、玉皇、宝台、天乙、升龙、贪狼、太阴	傍阴府、白虎煞
庚	玉皇、进宝、黄罗、天帝、天乙、木星、宝库	翎毛禁向、山家火血　　大利
酉	玉皇、天皇、进宝、太乙、龙德、天禄、木星	克山、支神退、八座、天禽煞
辛	库珠、河魁、地皇、天福、天乙、贪狼、丰龙	浮天空、入山空、六十年空亡、天禽、刀砧
戌	库珠、河魁、天福、天乙、丰龙、贪狼、利道	隐伏血刃、流财煞　　大利
乾	太乙、巨门、岁天道、龙德、人道、奏书	坐山罗睺、克山、流星煞
亥	紫微、黄罗、太乙、岁德	克山、天官符、天太岁

壬山	进田、紫檀、天定、太阴、五库、太白、利道、人道	傍阴府、太岁、巡山罗睺、六害
子	紫微、进田、天定、太阴、贪狼、左辅、岁支合	克山、天皇灸退、头白空亡
癸	青龙、功曹、萃龙、水轮、太阴、太乙、贪狼、驲马	克山、将军箭
丑	青龙、功曹、地皇、萃龙、水轮、太乙、太阳、左辅、武曲	克山、太岁堆黄
艮	传道、黄罗、武曲	坐山罗睺、六十年空亡、打劫血刃
寅	紫檀、太阴、贵人、太乙、天贵、武曲	三煞、克山、傍阴府、金神七煞
甲	天罡、壮龙、巨门、贪狼	克山、头白入山空亡、翎毛、坐煞、天禽煞、刀砧
卯	天罡、宝台、壮龙、巨门、贪狼、右弼	三煞、独火、金福、天禽、暗刀、五鬼煞
乙	玉皇、天台、天乙、木星、天月德合	坐煞、山家火血刀砧、翎毛禁向
辰	玉皇、天乙、天台、太阴、木星、贪狼	克山、困龙、支神退
巳	迎财、胜光、地皇、天魁、泰龙、武曲、宝库	朱雀、地官符、地太岁
丙	进宝、黄罗、天定、金轮、金星、宝库、人道、驲马、利道	大利
午	进宝、紫檀、天乙、天定、天禄、武曲、岁支德	正阴府、阴中煞、小耗
丁	库珠、传送、天乙、地皇、宝台、木轮、盖龙、左辅、天华、驲马	翎毛禁向　　　　利
未	库珠、传送、宝台、水轮、天乙、盖龙、右弼、左辅	克山、大耗、蚕官、流财煞

(续表)

坤	左辅、巨门、右弼	克山、逆火血、六十年空亡、蚕室
申	荣光、龙德、贪狼、右弼、岁道	克山、天官符、天太岁、流财煞
庚	河魁、升龙、右弼、寿星、太岁、天德、岁天道	克山、浮天空、入山头白空、翎毛、山家刀砧、向煞、升玄血刃
酉	河魁、地皇、朗曜、升龙、右弼、财库	支神退、白虎、将军、飞廉煞
辛	玉皇、天帝、天乙、天皇	克山、翎毛、山家火血、向煞、入山刀砧
戌	天帝、天乙、福德、人道、玉皇、紫檀、金库、武曲	克山、傍阴府、金神七煞、九天朱雀、八座、太岁
乾	大吉、神后、天福、太乙、丰龙、太阳	隐伏血刃、四大金星　　利方
亥	大吉、神后、天乙、天福、丰龙、太阳、生气、青龙、华盖	隐伏值山血刃、千斤血刃、流神利方

壬山	功曹、紫檀、天定、天福、丰龙、右弼、天德合	克山、翎毛禁向、坐煞、火血入山刀砧、六十年空亡、逆血刃
子	功曹、紫微、天福、丰龙、天定、左辅	三煞、支神退、金神七煞、流财煞
癸	玉皇、天定、太阴、五库、岁天道	入山空、头白空、坐煞、入山刀砧
丑	地皇、天定、太阴、进气	三煞、隐伏血刃、千斤血刃、流财

（续表）

艮	迎财、天罡、黄罗、水轮、太阳、萃龙、武曲	巡山罗睺、将军箭　　　利方
寅	迎财、天罡、太乙、水轮、太阳、萃龙、宝库	穿山罗睺、太岁堆黄、升玄血刃
甲	进实、宝库、武曲、右弼、驲马	困龙、山家刀砧　　　小利
卯	进宝、太阳、宝台、贪狼、右弼、天禄	正阴府、隐伏血刃、天禁朱雀、狼火、坐山罗睺
乙	库珠、胜光、天乙、壮龙、贪狼、右弼、天道、贵人	克山
辰	库珠、胜光、天乙、壮龙、贪狼、右弼、巨门	地太岁　　　利方
巽	玉皇、天皇、天乙、紫微、木星、巨门、土曲	大利方
巳	玉皇、地皇、天台、天乙、太阴、贪狼	天官符、千斤血刃、值山血刃、阴中煞、天禁朱雀
丙	传送、黄罗、天魁、泰龙、巨门、武曲、岁位德利造	克山、翎毛禁向、三煞、向煞、入山刀砧、山家火血
午	传送、紫檀、天魁、天乙、泰龙、巨门、岁天道、岁德合、支德合	克山、地官符、山家血刃、破败五鬼
丁	地皇、天定、金轮、武曲、岁天道、岁天德	入山空、头白空、向煞、刀砧
未	天定、金轮、金库、左辅、岁天德、人仓、天贵	傍阴府、小耗
坤	大吉、河魁、宝台、水轮、益龙、太乙、武曲、右弼	浮天空亡、罗天大退

（续表）

申	大吉、河魁、宝台、水轮、益龙、太乙、武曲、荣光	金神七煞、岁破大耗　　小利
庚	进田、天乙贵人、驲马、临官	傍阴府、六害、山家刀砧
酉	进田、地皇、朗曜、龙德、水轮、一白	皇天灸退、金神七煞
辛	青龙、神台、天皇、升龙、左辅、月德合、天道、驲马	皇天灸退
戌	青龙、神后、紫檀、升龙、左辅	白虎煞、天禽煞　　小利
乾	玉皇、天帝、天乙、紫微	打劫血刃、蚕官、天禽煞　　小利
亥	玉皇、天定、天乙、福德	三煞、傍阴府、暗刀煞、八座、天禽杀

壬山	玉皇、天皇、进宝、天帝、天乙、驲马	入山空、头白空、翎毛禁向
子	玉皇、进宝、紫微、天帝、福德、天乙、右弼、天禄	支神退、独火、流财、五鬼、朱雀、八座
癸	库珠、天罡、天乙、天福、天禄、丰龙、左辅、右弼、利道	六十年空亡、火血刀砧　利方吉
丑	库珠、天罡、天福、天乙、丰龙、太阳、贪狼、左辅、生气、华盖	流财、五鬼　　利方
艮	天定、太阴、六白、武曲、岁天道、人道	正阴府、太岁
寅	天皇、天定、天乙、太阴、岁道	天官符、天太岁、地太岁

（续表）

甲	胜光、黄罗、太乙、水轮、太阳、右弼、萃龙	巡山罗睺、向煞、刀砧、将军箭
卯	胜光、宝台、水轮、太乙、太阳、萃龙、巨门	太岁堆黄煞、年官符
乙	地皇、财库、传送	向煞、逆血刃、入山刀砧
辰	太阳、贵人、金库、胜光、人仓	阴中煞　小利
巽	大吉、传送、太乙、紫檀、壮龙、太阳	正阴府、太岁、隐伏血刃
巳	大吉、传送、太阳、壮龙、太乙、天德合、支德合	天禽煞　利方
丙	玉皇、进田、天台、天乙、左辅、武曲、贵人	傍阴府、浮天空、头白空、入山空、翎毛禁向
午	天皇、玉皇、进田、天台、天乙、太阴、左辅	皇天灸退、金神七煞、天禽煞
丁	青龙、河魁、天魁、泰龙、贪狼、房显　冬至后克	皇天灸退、六十年空亡、火血刀砧
未	青龙、河魁、天魁、泰龙、贪狼、五库、岁位合	地官符、金神、天禽煞
坤	地皇、天定、贪狼、五龙、金龙、金星、岁天德	打劫血刃、暗刃杀　利方
申	天定、荣光、金龙、贪狼、金星	三煞、金神七煞、千斤血刃、小耗、净栏煞
庚	神后、天定、宝台、益龙、水轮、巨门、水星	坐煞方、入山刀砧
酉	神后、天定、宝台、益龙、朗曜、水轮、巨门	三煞　至后克山　金神七煞、头白空亡、大耗、岁破
辛	紫檀	傍阴府、坐煞

（续表）

戊	天皇、龙德星、辅星	三煞、穿山罗睺、蚕官
乾	迎财、功曹、黄罗、升龙、武曲、进气、左辅	至后克山　困龙、隐伏血刃、净天空
亥	迎财、功曹、升龙、武曲、武库	至后克山　千斤血刃、白虎煞

壬山	天罡、武库、升龙、武曲、岁位德、岁天德、岁天道	逆血刃、向岁、刃砧　　利方
子	天罡、升龙、武曲、紫檀、贪狼、金匮、财库	支神退、隐伏血刃、流财、白虎
癸	天帝、紫檀、水轮	向煞、浮天空、入山空、头白空、翎毛
丑	天帝、黄罗、宝台、水轮、福德、金匮	傍阴府、流财、暗刀杀、八座、天禽煞
艮	大吉、胜光、地皇、丰龙、水轮、宝台、天福、太乙、左辅、金轮	年克山、天禽煞
寅	大吉、胜光、丰龙、水轮、天福、太乙、朗曜、天定、左辅、金辅	大利造葬　千斤血刃
甲	进田、天定、金轮、金星、人道、利道、驿马、临官	傍阴府、翎毛、山家刃砧、山家火血、六害
卯	进田、天皇、荣光、金星、金轮	克山、皇天灸退、阴中杀
乙	青龙、传送、玉皇、萃龙、右弼、驿马、临官	皇天灸退　　小利
辰	青龙、传送、玉皇、天乙、萃龙、右弼、紫檀、支德合	太岁、金神　　小利

（续表）

巽	玉皇、太乙、木星	巡山罗睺、六十年空亡、罗天大退
巳	玉皇、黄罗、天乙、木星	三煞、克山、傍阴府、金神、千斤血刃
丙	河魁、天定、壮龙、岁天道、太阳、地星、贪狼	坐煞、入山刀砧
午	河魁、天定、壮龙、右弼、太阳、天乙	三煞、打劫、血刃
丁	黄罗、天台、太乙、天德合、月德合	傍阴府、浮天空、入山刀砧、入山空、头白空、翎毛禁向、坐煞
未	天皇、天台、太阴、水轮、五曲、太乙	三煞、阴伏血刃、朱雀
坤	迎财、神后、天魁、泰龙、巨门、水轮、天定、太乙、太阳、贪狼	头白空　　大利
申	迎财、神后、紫檀、宝台、天定、太乙、泰龙、天魁、太阳、岁位合	穿山罗睺、地官符
庚	进宝、天皇、天定、太阴、五龙、利道、人道	困龙、刀砧、翎毛　　大利方
酉	进宝、黄罗、太阴、天乙、天定、岁支合	正阴府、坐山罗睺、天禁朱雀、小耗、五鬼
辛	库珠、功曹、太乙、益龙、巨门、驲马、临官、天华、天禄	大利
戌	库珠、功曹、天乙、巨门、益龙、玉皇、岁德	岁破、大耗、蚕官　　小利
乾	玉皇、天乙、武曲	正阴府、六十年空亡
亥	天皇、紫微、天乙、龙德、武曲	天官符　　官符

壬山	进田、水轮	年克山、头白空、入山空、翎毛、六害
子	进田、紫檀、宝台、巨门、龙德、武库、水轮	正阴府、金神七煞、支神退、皇天灸退、千斤血刃
癸	青龙、胜光、紫檀、升龙、宝台、金轮、水轮、火星、武曲	傍阴府、皇天灸退、翎毛、刀砧
丑	青龙、胜光、黄罗、宝台、天定、升龙、水轮、金轮、水星	金神、白虎煞　　小利
艮	天皇、天定、地皇、右弼、金轮、金星	头白空、蚕官　　小利
寅	天帝、朗曜、福德、金轮、金星	三煞、金神、阴中煞、八座、隐伏千斤血刃
甲	玉皇、传送、天福、天定、左辅、丰龙	坐煞、六十年空亡、入山刀砧
卯	玉皇、天皇、传星、丰龙、荣光、天乙、天定、天福、左辅	三煞、金神七煞
乙	玉皇、天乙、月德合、岁天道、人道	克山、傍阴府、坐煞、火血刀砧
辰	玉皇、紫檀、木星	三煞、傍阴府、太岁
巽	迎财、河魁、萃龙、右弼、武曲	独火、打劫血刃、罗天大退
巳	迎财、河魁、黄罗、天乙、萃龙、右弼、宝库	太岁堆黄　　　利方
丙	进宝、地皇、太乙、宝库、右弼	克山、浮天空、巡山罗睺、头白空、入山空、翎毛
午	进宝、贪狼、太乙、水轮、太阳、贵人	克山、穿山罗睺、金神七煞
丁	库珠、神后、黄罗、天定、太阳、天乙、水轮、太乙	困龙、翎毛　　大利
未	库珠、神后、天皇、天定、太阳、天乙、太乙	朱雀、金神、天禽　　大利

(续表)

坤	天台、天定、太阴、岁德、岁支合	正阴府、太岁、天禽煞
申	紫檀、天台、太阴、天定、宝台、土曲	傍阴府、地官符、天禽煞
庚	天皇、功曹、天魁、天乙、泰龙、贪狼、房显	向煞、逆血刃、六十年空亡
酉	功曹、天乙、天魁、泰龙、黄罗、玉皇、太乙、玉龙、贪狼	年官符　　小利
辛	玉皇、天乙、五龙、岁天德、岁天道、人道	向煞、山家火血、山家刀砧
戌	天乙、驲马、临官	隐伏血刃、流财煞、小耗
乾	大吉、天罡、太乙、巨门、益龙、天华、金库	小利　　五鬼、流财煞
亥	大吉、天罡、巨门、太乙、益龙、天皇、紫微	岁破、五鬼、大耗

壬山	胜光、宝台、天定、水轮、巨门、益龙	傍阴府、山家火血、翎毛、坐煞、刀砧
子	胜光、宝台、天定、水轮、巨门、紫微、益龙、水星	三煞、岁破、土皇煞
癸	弼星、贪狼、武曲	坐煞、头白空
丑	龙德、左辅	三煞、阴中煞、蚕官
艮	迎财、传送、天皇、升龙、贪狼、武曲、福寿、天道	蚕室　　大利
寅	迎财、传送、太乙、武曲、升龙、天德合、支德合	傍阴府、金神、白虎煞

（续表）

甲	玉皇、进宝、天乙、天帝、紫檀	浮天空、入山空、刀砧、翎毛
卯	玉皇、进宝、天乙、天帝、地皇、龙德、宝台	金神七煞、八座　　小利
乙	库珠、河魁、天乙、天福、天帝、左辅、丰龙、利道、驲马、临官	六十年空　　　　小利
辰	库珠、河魁、天乙、天福、天帝、左辅、丰龙、青龙、生气、华盖	穿山罗睺、千斤血刃
巽	黄罗、天定、武曲、太阴、武库、太乙、岁天道、人道、武曲	困龙、五鬼　　小利
巳	太阴、左辅、右弼、岁德	天官符、天禁朱雀
丙	天皇、神后、萃龙、右弼、水轮、太乙、太阳	生煞、向煞、翎毛、火血
午	神后、天乙、太乙、萃龙、右弼、水轮、太乙、太阳	正阴府、太岁
丁	左辅、财库	克山、头白空、巡山罗睺、坐煞、向煞
未	地皇、太阳、贵人、岁支合、人仓、天贵、金库	利燥火
坤	大吉、功曹、太乙、太阳、贵人、天道	坐山罗睺、打劫血刃　　小利
申	大吉、功曹、荣光、太乙、壮龙、太阳、贵人、驲马	大利
庚	进田、地皇、天台、天乙、玉皇、土曲、木星	浮天空、入山空、翎毛禁向、入山刀砧、天禽煞、大害
酉	进田、玉皇、朗曜、天合、天乙、右弼、太阴	克山、皇天灸退、独火、天禽

（续表）

辛	青龙、天罡、黄罗、天魁、泰龙、贪狼	皇天灸退、六十年空亡、天禽
戌	青龙、天罡、天魁、泰龙、贪狼、武曲、五龙	傍阴府、地官符、金神、流财
乾	紫檀、天定、左辅、金轮、金星	克山、支神退、头白空、隐伏血刃、流财
亥	地皇、天定、金轮、金星	三煞、克山、金神、隐伏血刃、千斤血刃、小耗

壬山	进宝、天皇、天定、金轮、金星、五龙、人道、利道、驲马	大利
子	天皇、进宝、天定、金轮、金星、巨门、岁支德	克山、金神、阴中煞、小耗
癸	库珠、传送、天皇、宝台、益龙、水轮、水星	克山、山家火血、刀砧
丑	库珠、传送、天乙、宝台、益龙、水轮、水星	克山、金神七煞、隐伏血刃、岁破、千斤血刃、蚕室、大耗
艮	天乙、巨门、左辅、武曲	六十年空亡、坐山罗睺、五鬼、血刃、蚕室
寅	太乙、龙德、武库	年克、天官符、穿山罗睺、天太岁、朱雀
甲	地皇、河魁、升龙、巨门、岁位德、天道	克山、困龙、向煞、翎毛、入山、刀砧
卯	河魁、紫檀、升龙、巨门、宝台、武曲	正阴府、头白空、白虎煞、天禁朱雀、隐伏血刃
乙	玉皇、黄罗、天帝、天乙、太乙	浮天空、头白空、入山空、向煞、刀砧
辰	玉皇、天皇、天帝、天乙、太乙、福德	克山、八座

（续表）

巽	大吉、神后、天乙、太乙、壮龙、武曲	克山、逆血刃　小利
巳	大吉、神后、天福、太乙、丰龙、武曲、五库、天乙、升龙、生气、驿马	大利
丙	进田、天定、太阴、五库、太白、人道、利道、驲马	六害　　大利
午	进田、天乙、天定、太阴、岁支德、贪狼	独火、皇天灸退
丁	青龙、功曹、萃龙、左辅、太乙、水轮、太阳	皇天灸退、山家火血、刀砧　小利
未	青龙、功曹、紫檀、太乙、萃龙、太阳、水轮	克山、傍阴府、堆黄煞
坤	黄罗、八白、贪狼	克山、傍阴府、罗睺、六十年空亡
申	天皇、荣光、太阳、贵人、岁天德	三煞、克山、金神、蚕命
庚	天皇、紫檀、壮龙、天宝、右弼	克山、坐煞、傍阴府、翎毛禁向
酉	天罡、天定、朗曜、壮龙、右弼、左辅	三煞、金神七煞、罗天大退
辛	天乙、天台、玉皇	克山、坐煞、浮天空、头白空、入山空、大祸
戌	玉皇、天乙、天台、太阴、木星	三煞、克山、流财煞
乾	迎财、胜光、地皇、天魁、太阳、泰龙、右弼	支神退、流财煞　大利
亥	迎财、胜光、紫檀、天魁、泰阳、泰龙、五龙、岁位合	傍阴府、地官符

壬山	传送、壮龙、天魁、右弼	克山、浮天空、头白入山空、六十年空亡、翎毛向煞
子	传送、紫微、天皇、天魁、壮龙、右弼、五龙	地官符、罗天大退、流财
癸	天罡、天定、金轮、金星、五龙、岁天德	向煞、翎毛、入山刀砧
丑	天德、金轮、金星、岁支德	流财、小耗、田官符
艮	大吉、河魁、天定、天乙、泰龙、太阳、水轮	正阴府、太岁、支神退
寅	大吉、河魁、天乙、宝台、泰龙、太阳、水轮	岁破、岁刑　　小利
甲	进田、紫檀、地皇、贵人、驿马、临官	山家、火血、六害　　大利
卯	进田、紫檀、宝台、水轮、龙德、武库、巨门	皇天炙退、蚕命　　小利
乙	青龙、神后、黄罗、益龙、贪狼、武库、寿星	克山、皇天炙退
辰	青龙、神后、天皇、益龙、贪狼	白虎煞　　　大利
巽	玉皇、天帝、天乙、左辅	正阴府、五鬼、隐伏血刃、蚕官
巳	玉皇、天帝、太乙、福德、岁支合	三煞、八座
丙	功曹、天福、天定、升龙、巨门	傍阴府、克山、入山空、头白空、六十年空、坐煞
午	功曹、天定、天福、天乙、升龙、巨门	三煞、克山、独火、头白空亡、金神
丁	天定、太阴、武库、太白、岁天道	坐煞、翎毛禁向、入山
未	紫檀、天定、太阴、五库、巨门	三煞、金神七煞、地太岁

（续表）

坤	迎财、天罡、黄罗、丰龙、水轮、武曲、太乙、太阳、左辅	支神退　　大利
申	迎财、天罡、天皇、荣光、丰龙、武曲、水轮、太乙、太阳	太岁、金神、千斤血刃
庚	进宝、紫檀、巨门、驲马	逆血刃　　小利
酉	进宝、太阳、朗曜、巨门、贵人、天福、天贵	金神　　小利
辛	库珠、胜光、天乙、萃龙、左辅、贵人	傍阴府、巡山罗睺
戌	库珠、胜光、天乙、萃龙、天定、左辅	穿山罗睺　　小利
乾	玉皇、地皇、天台、天乙、贪狼、土曲、武曲	困龙、隐伏打劫血刃、天禽煞
亥	玉皇、天乙、天台、紫檀、木星、太阴	天官符、朱雀、千斤血刃、暗刀、天禽

壬山	进田、玉皇、天乙、天台、黄罗、木星、驲马、临官	翎毛禁向、六害　　大利
子	玉皇、进田、天台、地皇、太阴、武曲	头白空亡、皇天灸退、坐山罗睺
癸	青龙、河魁、壮龙、天魁、左辅、地皇	皇天灸退、浮天空、头白空、入山六十年空
丑	青龙、河魁、壮龙、房显、五龙、左辅、岁位合	傍阴府、地官符
艮	太乙、紫檀、五龙、岁天道、人道、一白	支神退、五鬼
寅	黄罗、太乙、朗耀、岁天道、水轮	三煞、千斤血刃、小耗、劫煞

（续表）

甲	天皇、神后、天定、太乙、荣光、泰龙、太阳、右弼	傍阴府、坐煞
卯	神后、天定、太乙、神龙、荣光、左辅、右弼、太阳	三煞、岁破、大耗
乙	天定、太阴、月德	坐煞、山家火血、入山刀砧
辰	天定、地皇、太阴、龙德、武库	三煞、金神七煞、蚕官
巽	迎财、功曹、天乙、益龙、太阳、武库、右弼、天道	逆血刃、蚕官　　大利
巳	迎财、功曹、玉皇、益龙、太阳、天乙	傍阴府、金神、血刃、白虎煞、天禽煞
丙	玉皇、紫檀、进宝、天帝、天乙、驲马	大利方
午	进宝、黄罗、天帝、天乙、福德、左辅、天禄	八座、朱雀、天禽　　利方
丁	库珠、天罡、天福、天乙、贪狼、升龙	傍阴府、头白空、入山空　冬至后克山
未	库珠、天罡、天福、天乙、贪狼、升龙、青龙、华盖	隐伏血刃、流财、天禽　　大利
坤	水轮、五库、太白、岁天道、人道、贪狼	独火、支神退、打劫血刃、暗刀煞
申	地皇、宝台、水轮、六白	穿山罗睺、天官符、流财煞
庚	胜光、宝台、水轮、丰龙、金轮、水星、巨门	困龙、翎毛禁向、坐煞、向煞
酉	胜光、太乙、金轮、水轮、丰龙、巨门、天定	正阴府、朱雀　冬至后克山

(续表)

辛	天定、金轮、金星	向煞、山家火血、山家刀砧、入山刀砧
戌	黄罗、太阴、金轮、金星、人仓	阴中煞　　小利
乾	大吉、传送、天皇、萃龙、太乙、武曲、巨门、玉皇、贵人	正阴府、巡山罗睺　　冬至后克山
亥	玉皇、大吉、传送、紫微、天乙、萃龙、天德合、驲马、太乙、武曲、支德合、临官	冬至前大利　　至后克山

壬山	河魁、天定、地皇、萃龙、武曲、岁天道	坐煞、山家火血、山家刀砧
子	河魁、天定、黄罗、武曲、萃龙、左辅	三煞、正阴府、年克山、千斤血刃、金神七煞
癸	黄罗、天台、太乙	克山、傍阴府、巡山罗睺、坐煞
丑	紫檀、天台、太乙、太阴、水轮	三煞、克山、金神七煞、九天朱雀
艮	迎财、神后、天定、天魁、太乙、太阳、左辅	罗天大退、逆血刃　　小利
寅	迎财、神后、地皇、天魁、天定、太乙、五龙、朗耀、太阳、左辅	克山、地官符、金神、隐伏血刃、天禽、千斤
甲	进宝、五龙、天定、太阴、人道、利道	年克山家
卯	进宝、荣光、太阴、天定、右弼、岁支德合、贪狼、天府	金神、小耗　　大利方
乙	库珠、功曹、天皇、天乙、泰龙、右弼	傍阴府　头白、浮天、入山、六十年空

（续表）

辰	库珠、功曹、黄罗、天乙、泰龙、右弼、玉皇	天官符、蚕官
巽	玉皇、天乙、贪狼	克山、头白空、六十年空、坐山罗喉、蚕官
巳	紫檀、天乙、龙德、贪狼、武库、岁德	天官符、蚕室
丙	天罡、益龙、太阳、武库、岁天道、岁天德、岁位德	向煞、山家火血、入山刀砧
午	天罡、地皇、益龙、太阳、武曲	穿山罗喉、支神退、金神白虎、血刃
丁	紫檀、天帝、水轮	向煞、困龙、入山刀砧
未	天帝、宝台、福德、水轮	克山、金神、流财、八座
坤	大吉、胜光、天皇、宝台、水轮、升龙、天福、太乙、贪狼、左辅	克山、正阴府、五鬼
申	大吉、胜光、黄罗、宝台、天福、太乙、金轮、水轮、贪狼	克山、傍阴府、流财
庚	进田、天定、金轮、金星、五库、太白	克山、翎毛禁向、六害
酉	进田、紫檀、太乙、金轮、金星	皇天灸退、阴中煞
辛	青龙、传送、丰龙、玉皇、巨门、天乙	克山、浮天空、皇天灸退、头白空亡、入山空
戌	玉皇、青龙、传送、丰龙、地皇、天乙	克山、太岁、隐伏血刃
乾	玉皇、天乙、木星	独火、六十年空亡
亥	玉皇、紫微、太阳	三煞

子	进宝、黄罗、紫微、左辅、太阳、天禄贵人	头白空亡　　　利方
癸	库珠、神后、天乙、黄罗、萃龙、贵人、武曲、天道	山家火血、刀砧　　大利
丑	库珠、神后、紫檀、天乙、萃龙、武曲	大利宜造葬吉
艮	玉皇、天台、天乙、武曲、土曲、水星	克山、罗天大退方
寅	玉皇、天台、天乙、太乙、地皇、太阴、水星	天官符、傍阴府、金神七煞
甲	功曹、天魁、壮龙、左辅、房显	向煞、浮天空、头白、入山、六十年空亡、刀砧
卯	功曹、天魁、宝台、壮龙、左辅、贪狼	克山、地官符、金神、五鬼
乙	天皇、天定、金轮、金星、太岁、天德、五龙	坐煞、向煞、入山刀砧
辰	黄罗、天定、金轮、金星、岁天德	官符、千斤血刃、小耗
巽	大吉、天罡、太乙、泰龙、宝台、水轮、水星、巨门、右弼、贪狼	青龙、血刃　　小利
巳	紫檀、大吉、天罡、太乙、泰龙、宝台、水轮、水星	克山、岁破、天禁朱雀、血刃
丙	进田、右弼、贵人	翎毛禁向、血刃、六害
午	进田、地皇、天皇、龙德、武曲、右弼	正阴府、皇天灸退、支神退
丁	青龙、胜光、紫檀、益龙、太阳、武库、天道	皇天灸退、山家火血、刀砧
未	青龙、胜光、益龙、太阳	白虎、流煞财、暗刀、天禽煞

（续表）

坤	玉皇、天帝、天皇、天乙、右弼、左辅	天禽煞、蚕室　　小利
申	玉皇、天帝、黄罗、天乙、荣光、福德	三煞、九天朱雀、流财、阴中太岁、八座、天禽
庚	传送、天定、天福、升龙、贪狼	坐煞、浮天空、入山、头白、六十年空、巡山罗睺
酉	传送、天定、天福、升龙、贪狼、朗曜、五库	三煞、蚕命、天官符
辛	天定、太阴、岁天道	坐煞、入山刀砧
戌	地皇、天定、太阴	三煞、傍阴府
乾	迎财、河魁、丰龙、水轮、太乙、太阳、巨门	独火、隐伏血刃　　葬利
亥	迎财、河魁、丰龙、水轮、太乙、太阳、巨门	太岁、金神、隐伏千斤血刃

壬山	神后、太乙、水轮、丰龙、太阳、巨门、武曲	向煞、翎毛禁向、刀砧
子	神后、紫微、太乙、水轮、丰龙、太阳、巨门、武曲	太岁、金神　　小利
癸	巨门、武曲	向煞、头白空、入山空亡
丑	天皇、太阳、贵人、岁支合、人仓、天贵	金神、隐伏血刃　　小利
艮	大吉、功曹、太乙、武曲、萃龙、天道	独火　　安葬大利
寅	大吉、功曹、太乙、武曲、萃龙	穿山罗睺、血刃　　小利

（续表）

甲	玉皇、进田、天乙、天台、驲马、临官	困龙、翎毛火血、六害　　小利
卯	玉皇、进田、天乙、天台、萃龙、太阴、宝台	正阴府、皇天灸退、朱雀、血刃
乙	青龙、天罡、天魁、紫檀、壮龙、左辅、房显	皇天灸退、巡山罗睺、六十年空亡
辰	青龙、天罡、天魁、壮龙、左辅、岁位合	地官符、暗刀煞
巽	地皇、天定、金轮、金星、右弼、九紫	支神退　　　　小利
巳	天皇、天定、金轮、金星、五龙	三煞、千斤血刃
丙	胜光、天乙、天定、宝台、泰龙、水轮、右弼	坐煞、翎毛禁向
午	胜光、天乙、天定、宝台、泰龙、右弼	三煞、岁破、五鬼、大耗
丁	天皇、弼星	坐煞冬至后克山、头白入山空亡、岁煞、浮天空
未	黄罗、龙德、辅星	三煞、傍阴府、阴中煞、蚕官
坤	迎财、传送、紫檀、益龙、荣光、太阳	罗天大退、打劫血刃、蚕官
申	迎财、传送、益龙、荣光、天德合	金神七煞、白虎煞　　大利
庚	玉皇、进宝、天帝、天乙、黄罗、宝库	傍阴府、翎毛禁向、火血、天禽
酉	玉皇、进宝、天皇、天帝、天乙、朗曜、福德	冬至后克山，金神七煞、天禽、支神退、八座

（续表）

辛	库珠、河魁、地皇、天福、天乙、贪狼、升龙	六十年空、逆血刃、刀砧、天禽
戌	库珠、河魁、天福、天乙、贪狼、升龙、青龙、华盖、流财	大利方
乾	天定、太阴、巨门、五库、岁天道、人道	冬至后克山　　至前小利
亥	黄罗、天定、太阴、岁德	天官符、傍阴府　　冬至后克山

壬山	进田、天定、太阴、人道、利道、五库	入山空头白空、巡山罗睺、六害
子	进田、紫微、天定、太阴、支德合、左辅	皇天灸退、破败五鬼　　小利
癸	青龙、功曹、丰龙、太乙、水轮、贪狼、太阳	大利
丑	青龙、功曹、丰龙、地皇、太乙、水轮、太阳、贪狼、太岁堆黄	小利
艮	黄罗	正阴府、逆血刃、打血刃、六十年空亡
寅	紫檀、太乙、太阳	三煞
甲	天罡、天定、太乙、巨门、贵人、岁天道	坐山翎毛、山家刀砧、天禽
卯	天罡、宝台、天定、萃龙、巨门、右弼	三煞、独火、支神退、暗刀煞、天禽
乙	玉皇、天台、天乙、木星、天月德合	坐煞、翎毛禁向、山家火血

(续表)

辰	玉皇、天台、天乙、太阴	三煞、千斤血刃
巽	迎财、胜光、天皇、天魁、壮龙、贪狼、武曲	正阴府、支神退、打劫血刃
巳	迎财、胜光、地皇、天魁、壮龙、武曲	地官符、地太岁
丙	进宝、黄罗、天定、金轮、金星、五龙	傍阴府、头白空、入山空
午	进宝、紫檀、天乙、天定、金轮、金星、武曲	金神、阴中煞、小耗、蚕官
丁	库珠、传送、地皇、宝台、水轮、泰龙、天乙、左辅	克山、翎毛禁向
未	库珠、传送、宝台、天乙、泰龙、左辅、水轮	岁破、金神、流财、蚕官
坤	左辅	六十年空亡、罗天大退
申	荣光、龙德、武库	天官符、金神七煞、千斤血刃、流财
庚	河魁、益龙、右弼、岁天道、岁天德	向煞、翎毛禁向、山家刀砧
酉	河魁、益龙、天皇、黄罗、右弼、金匮	克山支神退、金神、头白空、白虎
辛	玉皇、天皇、天帝、天乙	向煞、傍阴府、翎毛、火血、刀砧
戌	玉皇、天帝、天乙、紫檀、福德	坐山官符、九天朱雀、八座
乾	大吉、神后、天福、天乙、太阳、升龙	克山、困龙、浮天空亡、隐伏血刃
亥	大吉、神后、太乙、天福、升龙、太阳	克山、天禁朱雀

壬山	功曹、天定、天乙、天福、紫檀、升龙、右弼	克山、坐煞、六十年空、火血刀砧
子	功曹、天定、天乙、天福、玉皇、左辅、右弼、升龙	三煞、支神退、流财、血刃
癸	天皇、天乙、五库、太白、岁天道	坐煞、头白空、入山空、刀砧
丑	地皇、天乙、武曲	三煞、傍阴府、血刃、流财
艮	迎财、天罡、黄罗、丰龙、太阳、武曲	巡山罗睺、升玄燥火
寅	迎财、天罡、紫檀、朗曜、丰龙、太阳	太岁堆黄、千斤血刃、破败五鬼
甲	进宝、水轮、驲马、临官	傍阴府、山家刀砧
卯	进宝、荣光、宝台、水轮、太阳、贵人、贪狼	独火、都天太岁
乙	进宝、胜光、宝台、水轮、金轮、太乙、贪狼、天道、贵人	克山
辰	库珠、胜光、天乙、天定、萃龙、金轮、水轮、贪狼	金神七煞　　　　大利
巽	天皇、天定、天台、金轮、金星、巨门	罗天大退
巳	天乙、天台、地皇、太阴、金轮、金星	傍阴府、天官符、金神、阴中煞
丙	传送、三皇、黄罗、天魁、壮龙、巨门、岁位德	克山、向煞、六十年空
午	传送、玉皇、天魁、天乙、紫檀、壮龙、巨门	克山、地官符
丁	玉皇、地皇、天乙、五龙、水星	浮天空、头白空、入山空、坐煞、向煞、傍阴府
未	玉皇、水星、岁支德、人仓	隐伏血刃、小耗　　小利

（续表）

坤	大吉、河魁、太乙、泰龙、武曲、右弼	头白空　　　　小利
申	大吉、河魁、宝台、太乙、泰龙、武曲、贵人	穿山罗睺、岁破、大耗
庚	进田、太乙	困龙、刀砧、六害
酉	进田、地皇、太乙、水轮、龙德	正阴府、天皇炙退、天禁朱雀、五鬼
辛	青龙、神后、天皇、水轮、天定、太乙、太阳、益龙、左辅	天皇炙退、逆血刃
戌	青龙、神后、天定、太乙、太阳、益龙、左辅、紫檀	白虎天禽　　　　大利
乾	天帝、天定、太阴	正阴府、天禽、血刃、蚕官
亥	紫微、天帝、天定、太阴	三煞、八座、暗刀煞、天禽煞、蚕官

壬山	玉皇、进宝、天皇、天定、天乙	头白空、入山空、翎毛禁向
子	进宝、天帝、天乙、福德、右弼	正阴府、独火、支神退、八座
癸	库珠、天罡、天福、天乙、升龙、左辅	傍阴府、六十年空、刀砧、火血
丑	库珠、天罡、天福、天乙、升龙、左辅	金神七煞、流财煞　　小利
艮	五库、水轮、岁天道、人道	头白空、山家血刃　　小利
寅	天皇、宝台、朗曜、水轮	天官、金神、隐伏

（续表）

甲	胜光、黄罗、丰龙、宝台、金轮、水轮、水星	向煞、巡山罗睺、入山刀砧
卯	胜光、天定、荣光、水轮、金轮、水星、巨门	金神七煞、太岁堆黄煞
乙	地皇、天定、金轮、金星	向煞、傍阴府、入山刀砧
辰	太阳、金轮、金星、贵人	傍阴府、阴中煞
巽	大吉、传送、五星、太乙、太阳、紫檀、萃龙、天道	罗天大退　　　　小利
巳	大吉、传送、五星、太乙、太阳、萃龙、天乙	天禽煞　　　　大利
丙	进田、玉皇、天乙、天台	浮天空、入山空、头白空、翎毛、六害
午	玉皇、天皇、进田、天台、太阴、左辅	穿山罗睺、皇天灸退、金神、天禽
丁	青龙、河魁、天魁、壮龙、贪狼	困龙、皇天灸退、六十年空冬至后克山
未	青龙、河魁、天魁、太乙、宝台、贪狼、壮龙	地官符、金神、朱雀、天禽煞
坤	地皇、五龙、太乙	正阴府、打劫血刃、暗刀煞
申	宝台、水轮、太乙	三煞、傍阴府、小耗、血刃
庚	神后、天定　太乙、太阳、泰龙、巨门	坐煞、入山刀砧
酉	神后、天定、宝台、水轮、太乙、太阳、泰龙、巨门	三煞、刀破、大耗冬至后克山
辛	紫檀、天定、太阴	坐煞、入山刀砧

（续表）

戌	天皇、天定、龙德、太阴	三煞、隐伏血刃、蚕官命
乾	迎财、功曹、天乙、武库、黄罗、武曲	冬至后克山　血刃、五鬼
亥	迎财、功曹、玉皇、紫微、武曲、天乙	冬至前利　冬至后克山　血刃、白虎

壬山	天罡、益龙、武库、武曲、福寿、岁天德	傍阴府、向煞、入山刀砧
子	天罡、紫微、紫檀、益龙、武曲、贪狼	克山、支神退、白虎煞、流财
癸	玉皇、天帝、天乙、禁檀	克山、坐煞、头白空、翎毛禁向
丑	玉皇、天帝、天乙、黄罗、福德	克山、天禽煞、暗刀煞、流财、八座
艮	大吉、胜光、地皇、天福、升龙、太乙、左辅	天命　　　大利方
寅	大吉、胜光、天福、升天、太乙、左辅	傍阴府、金神、天禽
甲	进田、天定、太阴、人道、利道	克山、浮天空、入山空、翎毛、山家刀砧、火血、六害
卯	进田、天定、太阴、天皇、宝台	金神七煞、皇天灸退、阴中太岁
乙	青龙、传送、太乙、水轮、太阳、丰龙、右弼、驲马	皇天灸退
辰	青龙、传送、紫檀、丰龙、太乙、太阳、右弼	克山、穿山罗睺
巽	支德合、天乙贵人	克山、困龙、巡山罗睺、独火、六十年空亡

（续表）

巳	黄罗、太阳贵人	三煞、朱雀、千斤血刃、蚕官
丙	河魁、地皇、天定、萃龙、太阳、贪狼	坐煞、向煞
午	河魁、天乙、天定、太阳、萃龙、右弼	三煞、正阴府、打劫、血刃
丁	玉皇、天台、太乙、黄罗、木星	坐煞、头白空、翎毛禁向
未	天皇、玉皇、天台、太乙、太阴	三煞、克山
坤	迎财、神后、天魁、壮龙、巨门、贪狼	克山
申	迎财、神后、紫檀、天魁、荣光、壮龙、贪狼	年克山、地官符
庚	天皇、进宝、天定、金轮、五龙、金星	克山、入山空、翎毛、刀砧、血刃
酉	进宝、黄罗、朗曜、天定、金轮、天禄、左辅	罗天大退、小耗
辛	库珠、功曹、宝台、水轮、泰龙、天乙、巨门、天禄、天华	克山
戌	库珠、功曹、天乙、宝台、泰龙、水轮、巨门	克山、傍阴府、岁破、五鬼
乾	武曲、弼星	头白空、六十年空亡、逆血刃
亥	天皇、龙德、辅星	天官符、千斤血刃、隐伏血刃

壬山	进田、右弼、贵人、贪狼	翎毛、六害　　　　小利
子	进田、紫微、紫檀、巨门、龙德	金神七煞、皇天灸退、支神退
癸	青龙、胜光、紫檀、益龙、武曲、巨门、福寿	皇天灸退、翎毛、刀砧　　小利
丑	青龙、胜光、黄罗、武曲、益龙、左辅	金神七煞、白虎煞、隐伏血刃
艮	玉皇、天皇、天帝、天乙、福德	年克山、破败五鬼、蚕官
寅	玉皇、天帝、天乙、福德	三煞、穿山罗睺、八座、阴中煞、千斤血刃
甲	传送、天定、天福、升龙、左辅	困龙、坐煞、向煞、逆血刃、六十年空亡
卯	传送、天皇、天福、天定、宝台、升龙、左辅	克山、正阴府、头白空、三煞、隐伏血刃
乙	天定、太阴、七宿、贪狼	浮天空、头白空、入山空、坐煞、向煞
辰	紫檀、天定、太阴、巨门	三煞、岁煞
巽	迎财、河魁、丰龙、水轮、太乙、太阳	独火、打劫、血刃　　葬大利
巳	迎财、河魁、黄罗、丰龙、水轮、太乙、太阳、右弼	克山、太岁、千斤血刃
丙	进宝、地皇、左辅、右弼、宝台	小利　　巡山罗睺、翎毛禁向
午	进宝、天乙、天贵、天禄、贪狼、贵胜、太阳	利方
丁	库珠、神后、黄罗、天乙、萃龙	翎毛、山家刀砧　　　　大利方
未	库珠、神后、天皇、天乙、萃龙、太阳	傍阴府、暗刀杀、天禽煞

（续表）

坤	玉皇、天乙、天台、木星、土曲、一白、贪狼	小利　　坐山罗睺、天禽煞
申	天乙、天台、荣光、紫檀、玉皇、巨门、太阴	天官符、金神七煞、天禽煞
庚	功曹、天皇、天魁、壮龙、贪狼、岁德	傍阴府、向煞、六十年空亡
酉	功曹、黄罗、天魁、朗耀、壮龙、贪狼、太阴、岁位合	地官符、金神七煞
辛	天定、金轮、金星、岁天德、岁天道、人道	头白空、入山空、向煞、火血
戌	岁支、天定、金轮、金星、入仓	流财、小耗、净栏煞
乾	大吉、天罡、天乙、宝台、巨门、泰龙、天华、武曲	流财　　　利方
亥	大吉、天罡、太乙、宝台、巨门、水轮、水星、泰龙	傍阴府、岁破

壬山	胜光、天定、宝台、水轮、壮龙、巨门、天华	浮天空、头白空、入山空、坐煞、翎毛禁向、火血刀砧
子	胜光、紫微、天定、宝台、水轮、壮龙、巨门	三煞、克山、罗天大退、破败、大耗
癸	天定、武曲、右弼	克山、坐煞、向煞、入山刀砧
丑	龙德、贪狼、左辅、武库	三煞、阴中煞、克山、蚕官
艮	迎财、传送、天皇、泰龙、武曲、贪狼、寿星	正阴府、太岁
寅	迎财、贪狼、太乙、泰龙、宝库、武曲	克山、白虎煞、蚕官

（续表）

甲	玉皇、天帝、进宝、天乙、紫檀、左辅	克山、翎毛禁向、山家
卯	玉皇、天帝、进宝、地皇、宝台、天乙、福德	大利
乙	库珠、河魁、天乙、天福、益龙、左辅、天禄、利道	大利　　六十年空亡
辰	库珠、河魁、天魁、天福、益龙、左辅、右弼	克山、千斤血刃、暗刀煞
巽	黄罗、天定、太阴、武曲、七宿、右弼	克山、正阴府、隐伏血刃、破败五鬼
巳	天定、太阴、贪狼、右弼	天官符、天太岁、帝辂
丙	神后、天皇、水轮、太乙、升龙、太阳、右弼	傍阴府、天山空、头白空、翎毛禁向、坐煞、向煞
午	神后、天乙、太乙、水轮、升龙、巨门、太阳	太岁、金神七煞、头白空
丁	贪狼、财库	坐煞、向煞、巡山罗睺、逆血刃
未	地皇、天贵、金库、巨门、太阳	克山、金神七煞
坤	大吉、功曹、太乙、丰龙、金库、太阳	克山　　利
申	大吉、功曹、丰龙、太乙、荣光、太阳、贵人	克山、金神、千斤打劫血刃
庚	玉皇、地皇、进田、天乙、荣光、天台	克山、翎毛禁向、山家、刀砧
酉	玉皇、进田、天乙、朗曜、贪狼、右弼、太阴	皇天炙退、金神、独火、天禽

（续表）

辛	青龙、天罡、黄罗、天魁、萃龙、贪狼	克山、傍阴府、皇天灸退、六十年空亡
戌	青龙、天罡、天魁、萃龙、贪狼	克山、地官符、穿山罗睺、流财煞
乾	紫檀、天定、金轮、金星、岁人道、天德、人道利	困龙、流财、支神灸退、隐伏血刃
亥	天定、地皇、金轮、金星、巨门	三煞、朱雀、小耗、净栏煞

壬山	进宝、天定、金轮、宝库、金星、左辅、人道、利道、驲马	大利
子	天皇、进宝、天定、金轮、天禄、金星	克山、头白空、隐伏血刃、阴中煞、小耗
癸	库珠、神后、玉皇、天皇、天乙、壮龙、贪狼	浮天空、入山空、头白空
丑	玉皇、库珠、神后、天乙、壮龙、贪狼、武曲	傍阴府、岁破、千斤血刃、蚕官
良	玉皇、天乙、贪狼、武曲、巨门、弼星	克山、破败五鬼、打劫血刃
寅	朗曜、龙德、武曲、玉皇、木星、武库	天官符、千斤血刃
甲	河魁、地皇、泰龙、巨门、岁天道、岁天德	傍阴府、向煞、翎毛禁向、天禽
卯	河魁、紫檀、荣光、泰龙、巨门、武曲	克山、白虎煞、罗天大退、暗刀、天禽
乙	天帝、太乙、黄罗、左辅、贪狼	坐煞、向煞、入山刀砧
辰	天皇、天帝、太乙、水轮、金库、福德	金神七煞、八座、九天朱雀

（续表）

巽	大吉、神后、天福、天乙、天定、益龙、水轮、武曲、巨门、太阳	利　　四大金星、血刃
巳	大吉、神后、天乙、天福、天定、水轮、益龙、太阳、武曲	克山、傍阴府、金神
丙	进田、天定、太阴、五库、贪狼、贵人、利道、人道	大利　　　六害
午	进田、天定、太阴、岁德、贪狼、岁支德	独火、皇天灸退
丁	青龙、功曹、天乙、升龙、左辅、武曲	傍阴府、入山空、头白空、刀砧、皇天灸退、山家火血
未	青龙、功曹、天乙、五龙、升龙、左辅	小利　　太岁堆黄、隐伏血刃
坤	玉皇、黄罗、天乙、左辅、右弼	小利　　巡山罗睺、六十年空亡
申	天皇、宝台、天乙、太阳贵人	三煞、穿山罗睺、逆血刃、蚕官
庚	天罡、紫檀、天定、丰龙、右弼、岁天道	坐煞、翎毛禁向
酉	天罡、天定、天乙、丰龙、贪狼、右弼	三煞、正阴府、天禁朱雀
辛	天台、水轮、巨门、土曲星	坐煞、入山刀砧
戌	天台、宝台、水轮、太阴	三煞、岁煞、流财煞
乾	迎财、胜光、地皇、天魁、宝台、水轮、萃龙、太阳	正阴府、流财煞、支神退
亥	迎财、胜光、紫檀、天魁、紫微、水轮、天定、太阳	地官符

子	玉皇、天皇、传送、天魁、萃龙、紫微、天乙	正阴府、地官符、千斤血刃、金神、流财
癸	天皇、玉皇、天乙、木星、岁天德、天道、人道	傍阴府、翎毛禁向、煞刀砧
丑	玉皇、岁支德、人仓、巨门、宝库	金神、流财、小耗
艮	大吉、河魁、太乙、壮龙、左辅、太阳	克山、罗天大退、支神退
寅	大吉、河魁、朗曜、太乙、壮龙、太阳	岁破、金神、隐伏血刃　　小利
甲	进田、地皇、太乙、右弼、贵人、驲马、临官	大利　　六害、火血
卯	进田、紫檀、水轮、荣光、太乙、龙武、库德	克山、皇天灸退、金神、蚕官
乙	青龙、神后、黄罗、泰龙、水轮、天定、太乙、太阳	傍阴府、入山头白空
辰	青龙、神后、天皇、天定、太乙、泰龙、太阳、贪狼	傍阴府、白虎煞、蚕官
巽	天帝、天定、左辅、太阴、武曲、贪狼	头白空、蚕官　　利
巳	天帝、天乙、天定、龙德、太阴、福德	三煞、克山、黄帝八座
丙	功曹、天定、天福、益龙、巨门	坐煞、六十年空亡、翎毛禁向、刀砧
午	玉皇、功曹、天定、天福、益龙、巨门	三煞、穿山罗睺、独火、金神七煞
丁	玉皇、天乙、武曲、太阴、巨门	坐煞、困龙、翎毛禁向、入山刀砧
未	紫檀、天乙、贪狼	三煞、金神七煞、天禁朱雀

（续表）

坤	迎财、天罡、黄罗、升龙、水轮、武曲	正阴府、支神退、破败五鬼
申	天皇、迎财、天罡、宝台、升龙、水轮、武曲	傍阴府、太岁堆黄煞
庚	进宝、紫檀、水轮、贪狼　　利造葬	山家火血
酉	进宝、太乙、宝台、巨门、水轮、贵人、太阳、天禄	大利
辛	库珠、胜光、天乙、宝台、金轮、水轮、丰龙、左辅	浮天空、头白空、入山空、巡山罗睺
戌	库珠、胜光、天乙、天定、水轮、金轮、左辅、益龙	大利　　隐伏血刃、天禽
乾	地皇、天台、天定、贪狼、金轮、金星、武曲	大利　　打劫血刃、天禽
亥	紫微、紫檀、天台、贪狼、金轮、太阴、金星	天官符、阴中煞、暗刀煞、血刃、天禽煞

壬山	玉皇、进宝、黄罗、天乙、天台、武曲、驲马、临官	克山、傍阴府、翎毛六害
子	玉皇、紫微、进宝、地皇、天乙、天台、武曲、太阴	皇天炙退、头白空亡
癸	青龙、河魁、地皇、天魁、萃龙、左辅、右弼、房显	天皇炙退、六十年空亡
丑	青龙、河魁、天罡、萃龙、左辅、岁位合	地官符
艮	紫檀、天定、金轮、金星、岁天道、人道	罗天大退、支神退
寅	黄罗、岁支德、天定、金轮、金星、太乙、武曲	三煞、傍阴府、金神、小耗

（续表）

甲	天皇、神后、宝台、壮龙、水轮、水星、右弼	坐煞、入山空、头白空亡
卯	天定、神后、宝台、壮龙、水轮、右弼、水星	三煞、金神、岁破、破败五鬼
乙	月德合、巨门	克山、坐煞、逆血刃、山家火血、刀砧
辰	地皇、龙德、岁支合	三煞、穿山罗睺、刀砧、蚕命
巽	迎财、功曹、泰龙、武库、右弼、太阳、福寿、人道	困龙、蚕室　　大利
巳	迎财、功曹、泰龙、太阳　　小利	天禁朱雀、白虎煞、千斤血刃、天禽煞
丙	进宝、紫檀、天帝、玉皇、天乙、驲马	克山
午	玉皇、天帝、进宝、天乙、黄罗、福德	克山、正阴府、天禽煞、八座
丁	库珠、天罡、天福、天乙、贪狼、益龙、天禄	六十年空亡　　　大利
未	库珠、天罡、天乙、天福、益龙、贪狼、五库、青龙、华盖	大利　　流财、天禽煞
坤	天定、太阴、五库、岁天道、贪狼、人道	独火、支神退、打劫血刃、暗刀煞
申	地皇、天定、荣光、太阴、太白	天官符、流财煞
庚	胜光、太乙、升龙、太阳、巨门、水轮	浮天空、向煞、入山空、头白空
酉	胜光、朗曜、太乙、升龙、太阳、水轮、巨门、武曲	太岁堆黄煞
辛	天定、武曲	向煞、山家入山刀砧、山家火血

(续表)

戌	黄罗、贵人、太阳、入仓、贵胜	傍阴府、金神七煞、阴中太岁
乾	大吉、传送、天皇、太乙、巨门、贵人、武曲、天道	巡山罗睺、隐伏血刃
亥	大吉、传送、太乙、丰龙、武曲、天德合、支德合	利　　金神、隐伏血刃、千斤血刃

壬山	河魁、天定、地皇、丰龙、武曲、贵人、岁天道	坐煞、山家火血、刀砧、入山刀砧
子	紫微、河魁、黄罗、天定、丰龙、武曲	三煞、克山、金神七煞、蚕室
癸	玉皇、天台、紫檀、太乙、木星	克山、巡山罗睺、坐煞、入山头白空
丑	玉皇、紫檀、天台、天乙、太阴	三煞、克山、金神七煞、隐伏血刃、暗刀煞、天禽煞
艮	迎财、神后、天魁、左辅、房显、武曲、萃龙、进气	大利
寅	迎财、神后、天魁、太乙、左辅、地皇、萃龙、岁位合	克山、地官符、天禽、穿山罗睺、千斤血刃
甲	进宝、天定、金轮、五龙、金星、武曲、人道、利道、驲马	克山困龙　　小利
卯	进宝、天定、金轮、宝台、金星、右弼	正阴府、朱雀、隐伏血刃、净栏煞
乙	库珠、功曹、天皇、天乙、宝台、壮龙、水轮、水星、右弼、驲马、临官	大利
辰	库珠、功曹、黄罗、天乙、宝台、壮龙、右弼、水轮	小利　　克山、岁破、蚕官
巽	贪狼	克山、六十年空亡、蚕室

（续表）

巳	紫檀、龙德、武库、岁德	天官符、千斤血刃、蚕室
丙	天罡、泰龙、太阳、武库、福德、岁天道	坐煞、向煞、山家刀砧、火血入山刀砧
午	天罡、地皇、天乙、泰龙、太阳、金匮	支神退、白虎煞、打劫血刃、五鬼
丁	玉皇、天帝、紫檀、太乙	坐煞、向煞、入山空、头白空
未	玉皇、天帝、天乙、福德、人库	克山、傍阴府、流财煞、八座
坤	天皇、大吉、太乙、胜光、天福、贪狼、左辅、益龙	克山、罗天大退、浮天空、逆血刃
申	大吉、胜光、黄罗、天福、太乙、益龙、贪狼、荣光、青龙、左辅、生气	克山、金神　　　　小利
庚	进田、天定、太阴、五库、人道、利道	克山、傍阴府、翎毛禁向、六害
酉	进田、紫檀、天定、朗曜、太阴	皇天灸退、金神七煞、阴中太岁
辛	青龙、传送、升龙、太乙、水轮、太阳、巨门、天月德合	克山、翎毛灸退
戌	青龙、传送、升龙、太乙、水轮、太阳、巨门、支德合	克山、太岁堆黄煞
乾	天乙、武曲	独火、六十年空亡
亥	太阳、贵人	三煞、傍阴府、太岁

壬山	进宝、地皇、贪狼	头白空、入山空、翎毛禁向、逆血刃
子	紫微、进宝、太阳、黄罗、左辅、贵人、天贵、天禄	利方　　五鬼
癸	库珠、神后、天乙、黄罗、武曲、丰龙、贵人、天道、驲马	大利　　山家火血、山家刀砧
丑	库珠、神后、紫檀、天乙、丰龙、武曲、贪狼、左辅	大利　　升玄燥火
艮	玉皇、天乙、天台、武曲、水星	克山、正阴府、太岁
寅	玉皇、地皇、天乙、天台、太乙、太阴、水星、岁德	天官符、天地太岁
甲	功曹、天魁、萃龙、左辅、岁位德、利道	向煞、六十年空、刀砧
卯	功曹、宝台、天魁、萃龙、贪狼、五龙、左辅、岁位合	克山、地官符
乙	天皇、天定、金轮、金星、五龙、岁天德、天道、人道	坐煞、向煞、入山刀砧
辰	天皇、天定、金轮、人仓、金星、岁支德	小利　　千斤血刃、小耗
巽	大吉、天罡、宝台、太乙、水轮、巨门、水星、右弼、壮龙	正阴府、隐伏血刃、打劫血刃
巳	大吉、天罡、紫檀、宝台、太乙、水轮、壮龙、水星	克山、岁破、大耗
丙	进田、驿马、临官	傍阴府、入山空、头白空、翎毛禁向、六害
午	进田、地皇、天乙、龙德、武库	皇天退、支神退、金神七煞
丁	青龙、胜光、紫檀、太阳、武库、泰龙、天道、驲马	皇天退、山家独火刀砧
未	青龙、胜光、太阳、泰龙、巨门	金神、白虎煞、天禽、暗刀、流财煞

（续表）

坤	天皇、玉皇、天帝、天乙、右弼、左辅	罗天大退、天禽煞、蚕室
申	玉皇、黄罗、天帝、天乙、福德、荣光	三煞、金神七煞、阴中煞、千斤血刃、天禽、流财
庚	传送、天福、天定、贪狼、天益龙	坐煞、向煞、巡山罗睺、六十年空亡
酉	传送、紫檀、天福、天定、贪狼、益龙、朗曜	三煞、头白空、蚕命、将军箭
辛	天定、太阴、五库、岁天道、人道	傍阴府、坐煞、入山刀砧
戌	地皇、天定、太阴、武曲	三煞、穿山罗睺、岁煞
乾	迎财、河魁、水轮、太乙、太阳、巨门、升龙	困龙、独火、隐伏血刃、坐山罗睺
亥	迎财、河魁、太乙、水轮、升龙、巨门、太阳	天禁朱雀、太岁堆黄
壬山	神后、天定、水轮、太乙、太阳、升龙、巨门	向煞、翎毛、值山血刃、入山刀砧
子	神后、天定、水轮、太乙、太阳、升龙、巨门、武曲	太岁、隐伏血刃、升玄血刃
癸	天定、太阴	向煞、入山空、头白空、刀砧
丑	天皇、天定、贵人、太阴、太阳、岁支合	傍阴府、太岁
艮	大吉、功曹、天乙、丰龙、太乙、武曲、天道	独火　　　葬大利
寅	玉皇、太吉、功曹、天乙、丰龙、太乙、武曲、朗曜	大利　　　千斤血刃

（续表）

甲	玉皇、进田、天乙、天台、驲马、临官	傍阴府、翎毛、六害、山家火血
卯	进田、黄罗、天台、天乙、荣光、左辅	天皇灸退、九天朱雀
乙	青龙、天罡、紫檀、天魁、萃龙、左辅	天皇灸退、巡山罗睺、六十年空、山家刀砧
辰	青龙、天罡、天魁、萃龙、左辅、房显	地官符、金神　千金血刃、暗刀煞
巽	地皇、水轮、右弼、五龙、岁天道、天德	罗天大退、支神退
巳	天皇、天乙、宝台、水轮、岁支德	三煞、傍阴府、金神、小耗
丙	胜光、天定、水轮、宝台、壮龙、金轮、水星、右弼	坐煞、向煞、翎毛、刀砧
午	胜光、天定、金轮、壮龙、水轮、右弼、水星	三煞、岁破、大耗
丁	天皇、天定、金轮、金星、月德合	克山、傍阴府、浮天空、入山头白空、坐煞
未	黄罗、龙德、金轮、金星	三煞、阴中太岁、隐伏血刃、蚕官、蚕命
坤	玉皇、迎财、传送、紫檀、泰龙、太阳	头白空、逆血刃、打劫血刃、蚕室
申	玉皇、迎财、传送、宝台、泰龙、太阳、天乙、天德合、支德合	穿山罗睺、白虎煞
庚	进宝、玉皇、黄罗、天帝、天乙、驲马、大利	困龙、翎毛、火血、天禽
酉	玉皇、进宝、天皇、太乙、天帝、福德、大利	克山、正阴府、天禁朱雀、支神退

（续表）

辛	库珠、河魁、地皇、天帝、天福、益龙、贪狼、利道	利　　六十年空、山家刀砧、天禽
戌	库珠、河魁、天福、太乙、贪狼、五龙、青龙、生气、华盖	大利　　　流财煞
乾	太乙、五库、巨门、岁天道、天德、人道	克山、正阴府、坐山罗睺、流财
亥	紫微、黄罗、太乙、水轮岁	克山、天官符、天太岁

壬山	进田、天定、太阴、紫檀、五库、人道、利道	巡山罗睺、头白空、入山空亡
子	进田、天定、太阴、岁支合	克山、正阴府、天皇灸退、金神七煞、千斤血刃
癸	青龙、功曹、太乙、升龙、贪狼、驲马、临官	克山、傍阴府、太岁、天皇灸退
丑	玉皇、青龙、功曹、地皇、天乙、升龙、贪狼	克山、太岁堆黄、金神七煞
艮	玉皇、黄罗、天乙、贪狼、武曲	头白空、六十年空、坐山罗睺、打劫血刃
寅	紫檀、朗曜、天乙、太阳、贵人	三煞、克山、金神七煞、血刃
甲	天罡、天定、荣光、巨门、丰龙	克山、坐煞、翎毛禁向、天禽、刀砧
卯	天罡、天定、荣光、丰龙、巨门	三煞、金神七煞、独火、天禽、暗刀煞
乙	天台、水轮、天德合、月德合	傍阴府、坐煞、山家火血、天禽
辰	天台、宝台、水轮、太阴	三煞、克山、傍阴府、千斤血刃

（续表）

巽	迎财、胜光、天皇、水轮、天魁、萃龙、宝台	克山、罗天大退、支神退
巳	迎财、胜光、地皇、天魁、天定、水轮、天乙、萃龙、金轮、贪狼	地官符
丙	进宝、黄罗、天定、金轮、五龙、金星、人道、利道	浮天空、头白入山空亡
午	进宝、紫檀、金轮、武曲、贪狼、天禄	穿山罗睺、金神七煞、阴中煞、小耗
丁	库珠、传送、玉皇、地皇、天乙、左辅、壮龙、驲马、临官	大利　　　困龙、翎毛
未	库珠、传送、玉皇、天乙、左辅、壮龙	克山、朱雀、金神、岁破、流财、蚕官
坤	玉皇、左辅、天乙	克山、正阴府、六十年空、蚕室
申	玉皇、宝台、龙德、木星、岁道	克山、天官符、傍阴府
庚	河魁、太龙、右弼、岁天德、岁天道、岁位合	克山、向煞、翎毛禁向、山家入山刀砧
酉	河魁、地皇、太乙、泰龙、右弼、福寿	支神退、白虎煞
辛	天皇、天帝、太乙、武曲	克山、向煞、禁向翎毛
戌	紫檀、天帝、太乙、福德、人仓、水轮	克山、九天朱雀、隐伏血刃、八座
乾	大吉、神后、天福、天定、太乙、水轮、太阳、益龙	大利　　　五鬼
亥	大吉、神后、紫微、天福、天定、益龙、太乙、太阳、五库、青龙、生气、华盖、驲马、临官	大利

壬山	功曹、天定、紫檀、天福、益龙、右弼	傍阴府、坐煞、翎毛禁向、六十年空
子	紫微、功曹、天福、天定、益龙、左辅、右弼	三煞、支神退、流财
癸	天定、太阴、五库、岁天道、人道	坐煞、头白空、入山刀砧
丑	地皇、天定、太阴、左辅	三煞、千斤血刃、田官符、流财
艮	迎财、天罡、黄罗、水轮、太乙、升龙、武曲、太阳	利　　巡山罗睺
寅	迎财、天罡、紫檀、太乙、太阳、水轮、升龙	傍阴府、太岁、金神七煞
甲	进宝、驲马、临官	浮天空、入山空、山家刀砧
卯	进宝、太阳、宝台、贪狼、贵人、天禄、天贵	独火、金神、坐山罗睺　葬利
乙	库珠、胜光、天乙、丰龙、贪狼、贵人、天禄、天道、驲马、临官	大利
辰	库珠、胜光、天乙、丰龙、贪狼	穿山罗睺　　小利
巽	玉皇、天皇、天台、天乙、巨门	困龙、五鬼　　小利
巳	玉皇、地皇、天乙、天台、太阴	天官符、天禁朱雀、阴中煞
丙	传送、黄罗、天魁、萃龙、巨门、岁位德	向煞、六十年空、翎毛禁向
午	传送、天罡、萃龙、紫檀、天乙、巨门、岁天道、位合	正阴府、天官符
丁	地皇、天定、金轮、金星、五库、岁天德、人道	冬至后克山　　向煞、头白空
未	天定、金轮、金星、岁支德、左辅、人仓、小利	小耗

（续表）

坤	大吉、河魁、齐台、荣光、壮龙、水轮、太乙、武曲、水星、右弼	大利
申	大吉、河魁、宝台、水轮、壮龙、荣光、太乙、武曲、水星	岁破　　小利
庚	进田、弼星、驷马、临官	入山空、逆血刃、孙仙血刃、六害
酉	进田、地皇、朗曜、龙德、武库	冬至后克山　　皇天灸退、罗天大退
辛	青龙、神后、天皇、泰龙、左辅、武库、月德合、天道、驷马、临官	皇天灸退　　小利
戌	青龙、神后、紫檀、泰龙、左辅、武曲	傍阴府、金神七煞、白虎、天禽煞
乾	玉皇、天帝、天乙	冬至后克山　　四大金星、隐伏血刃、天禽煞、打劫蚕煞、头白空
亥	玉皇、天帝、天乙、天福	三煞　冬至后克山　隐伏千斤血刃、天禽、八座、暗刀

壬山	玉皇、进宝、天皇、天帝、天乙、驷马、临官	小利　　翎毛禁向
子	玉皇、紫微、进宝、天乙、天帝、右弼、福星	小利　　支神退、金神七煞、流财、独火、八座
癸	库珠、天罡、天乙、益龙、天福、左辅、天禄、利道	大利　　山家火血刀砧六十年空五鬼
丑	库珠、天罡、天福、天乙、左辅、益龙、五库、青龙、生气、天益	大利　　金神、隐伏血刃、流财
艮	天定、太阴、五库、岁天道、人道	大利方

（续表）

寅	天皇、太乙、天定、太阴、岁天道	天官符、穿山罗睺
甲	胜光、黄罗、宝台、水轮、太乙、太阳、升龙、右弼	困龙、巡山罗睺、向煞
卯	胜光、水轮、太乙、宝台、升龙、太阳、右弼、巨门	正阴府
乙	地皇、贪狼	浮天空、头白空、入山空、向煞、入山刀砧
辰	太阳、贵人、贵胜、天贵、人仓	小利　阴中太岁
巽	大吉、传送、紫檀、丰龙、太乙、太阳、贵人、天道、巡爵	大利造葬方
巳	大吉、传送、太乙、太阳、丰龙、天德合、支德合	大利　千斤血刃、天禽
丙	玉皇、进田、天台、太乙、左辅、驲马、临官	大利　翎毛禁向
午	玉皇、天皇、进田、天台、天乙、太阴、左辅	天禽、灸退、坐山罗睺、天禽
丁	青龙、河魁、萃龙、贪狼、天台、利道	克山、天灸退、山家火血、刀砧方、六十年空亡、头白空
未	青龙、河魁、贪狼、萃龙、天魁、岁位合	地官符、傍阴府
坤	地皇、天定、金轮、贪狼、五龙、金星、岁天道、岁天德、人道	大利　打劫血刃、修方
申	天定、荣光、金星、金轮、岁支德	三煞、金神七煞、净栏煞
庚	神后、宝台、水轮、壮龙、天定、天华、水星、巨门	坐煞、傍阴府

（续表）

酉	神后、朗曜、宝台、天定、壮龙、水轮、巨门	三煞、克山、金神、罗天大退、岁破
辛	紫檀、武曲	坐煞、入山空、头白空、刀砧
戌	天皇、龙德、武库、岁支合	三煞、蚕官、蚕命
乾	迎财、功曹、黄罗、泰龙、武库、武曲、天道	克山、蚕室　　冬至后利
亥	迎财、功曹、泰龙、武曲	克山、傍阴府、白虎煞、千斤血刃

壬山	天罡、壮龙、武库、武曲、岁天道	向煞、浮天空、入山空、头白空、刀砧
子	紫微、天罡、壮龙、紫檀、武曲、贪狼	罗天大退、支神退、白虎煞、流财
癸	玉皇、天乙、紫檀、天帝	向煞、翎毛禁向、入山刀砧
丑	玉皇、天帝、天乙、福德、黄罗、入仓	流财、天命、八座、暗刀　　小利
艮	大吉、胜光、地皇、天福、太乙、泰龙、左辅	正阴府、天禽煞
寅	大吉、胜光、太乙、天福、泰龙、左辅、五库、青龙、生气、华盖、驲马	大利
甲	进田、天定、太阴、五库、人道、利道、驲马、临官	大利　　翎毛火血、刀砧、六害
卯	进田、天定、太阴、宝台、巨门、天皇	皇天灸退、阴中煞

（续表）

乙	青龙、传送、益龙、水轮、太乙、太阳、右弼	皇天灸退　　小利
辰	青龙、传送、益龙、水轮、太乙、太阳、右弼、紫檀	太岁堆黄　　小利
巽	黄罗	正阴府、巡山罗喉、六十年空、独火、隐伏血刃、逆血刃、五鬼
巳	黄罗、贵人、太阳、右弼	三煞、千斤血刃、蚕命
丙	河魁、地皇、天定、升阳、太阳、武曲、贪狼	傍阴府、头白空、入山空、坐煞
午	河魁、天定、升龙、太阳、贵人、右弼	三煞、金神、打劫血刃、头白空
丁	天皇、天台、太乙、贪狼、黄罗、天德合、月德合	坐煞、克山、翎毛禁向、刀砧
未	天皇、玉皇、天台、天乙、太阴	三煞、金神七煞、九天朱雀
坤	迎财、神后、天魁、丰龙、巨门、贪狼、房显	大利造葬
申	迎财、神后、紫檀、天魁、贪狼、荣光、房显	地官符、金神七煞、千斤血刃
庚	进宝、天皇、天定、金轮、巨门、金星、人道、利道	翎毛、火血刀砧　　大利
酉	进宝、黄罗、天定、朗曜、金轮、金星、岁支德	克山、金神、坐山罗喉
辛	库珠、功曹、天乙、萃龙、水轮、宝台、水星、巨门、天禄	傍阴府
戌	库珠、功曹、宝台、天乙、萃龙、水轮、巨门、水星	坐山罗睺、岁破、蚕官

（续表）

乾	武曲	克山、困龙、六十年空、隐伏血刃、蚕官
亥	天皇、龙德、武库	克山、天官符、天禁朱雀

壬山	进田贵人、木星、驲马、临官	翎毛、六害、值山血刃　小利
子	进田、紫檀、龙德、水轮、巨门、宝台、武库	克山、头白空、皇天炙退、支神退、隐伏血刃
癸	青龙、胜光、紫檀、壮龙、宝台、武曲、金轮、水轮	克山、天皇炙退、入山空、浮天、头空白空
丑	青龙、胜光、黄罗、天定、金轮、水轮、武曲、水星	克山、傍阴府、白虎煞
艮	地皇、天帝、天定、金轮、金星、右弼	五鬼、蚕室　小利
寅	天帝、朗曜、福德、金星、金轮	三煞、克山、阴中煞、九天朱雀、千斤血刃、入库煞
甲	玉皇、传送、天定、天福、泰龙、左辅	傍阴府、坐煞、克山、六十年空
卯	玉皇、传送、天福、天定、左辅、泰龙、天皇、荣光	三煞
乙	玉皇、月德合、岁天道、五库	坐煞、山家火血、刀砧
辰	玉皇、紫檀、木星	三煞、金神七煞
巽	迎财、河魁、右弼、益龙	克山、独火、四大金星、打劫血刃
巳	迎财、河魁、益龙、黄罗、天乙、右弼	克山太岁

（续表）

丙	进宝、地皇、天乙、天德合	巡山罗睺、翎毛禁向　　小利
午	进宝、水轮、太乙、太阳、贪狼、蚕室、天禄	大利
丁	库珠、神后、黄罗、水轮、升龙、太乙、天定、造天禄	傍阴府、头白空、入山空、山家刀砧、翎毛
未	天皇、库珠、天乙、天定、太乙、太阳、贪狼、升龙	克山、隐伏血刃、暗刀煞、天禽煞
坤	天台、天定、太阴、土曲、青龙、生气、财帛、进禄	克山、天禽　　小利
申	紫檀、天定、天台、宝台、太阴、岁支合	克山、天禽、天官符、穿山罗睺
庚	功曹、天皇、天魁、丰龙、天乙、贪狼	克山、困龙、坐煞、向煞、六十年空
酉	功曹、黄罗、天乙、天魁、丰龙、太乙、贪狼	正阴府、地官符、朱雀
辛	玉皇、天乙、五龙、岁天德、岁天道	克山、坐煞、向煞、山家火血、刀砧
戌	天乙、岁德、人仓	克山、流财煞、净栏煞　　小利
乾	大吉、天罡、太乙、萃龙、巨门、天华	正阴府、流财煞
亥	大吉、天罡、太乙、巨门、紫微、萃龙	大耗、岁破　　小利

壬山	胜光、天定、宝台、萃龙、金轮、水轮、巨门	坐煞、翎毛山家、火血、刀砧
子	胜光、天定、萃龙、金轮、水轮、巨门	三煞、正阴府、金神、岁破、千斤血刃

(续表)

癸	天定、金轮、金星、武曲	坐煞、傍阴府、刀砧
丑	金轮、龙德、武库、金星	三煞、金神七煞、阴中煞、蚕官
艮	迎财、传送、天皇、壮龙、玉皇、贪狼、武库、福寿、天道	罗天大退　大利
寅	玉皇、迎财、传送、天乙、朗耀、壮龙、天德合、武曲、五库	金神七煞、白虎煞、隐伏血刃、蚕命
甲	进宝、进檀、玉皇、天乙、天帝、驷马、临官	山家刀砧、翎毛　大利方
卯	玉皇、地皇、进宝、荣光、天帝、福德、天禄	金神七煞、八座　大利方
乙	库珠、河魁、天福、天乙、泰龙、左辅	傍阴府、头白空、入山空、六十年空亡
辰	库珠、河魁、天乙、天福、泰龙、左辅	傍阴府、千斤血刃、暗刀煞
巽	罗黄、武曲、五库、太乙、太白、天道、岁天道	头白空　大利方
巳	天乙、太乙、水轮、岁德	天官符、天太岁
丙	天皇、神后、天定、太乙、水轮、天乙、益龙、右弼	坐煞、向煞、翎毛禁向、火血
午	神后、益龙、太乙、天定、太阳、水轮、巨门、右弼	穿山罗睺、太岁、金神
丁	天定、太阴	克山、困龙、巡山罗睺、向煞

（续表）

未	地皇、天定、太阳、贵人、太阴、岁支合	天禁朱雀、金神七煞　　小利
坤	大吉、功曹、天乙、太乙、太阳、升龙、天道	正阴府、破败五鬼、打劫血刃
申	大吉、功曹、玉皇、天乙、太乙、宝台、升龙	傍阴府
庚	玉皇、进田、地皇、天台、天乙、贵人小利	翎毛禁向、刀砧、天禽、六害
酉	进田、天乙、天台、太阴、右弼	克山、皇天灸退、独火、天禽煞
辛	青龙、黄罗、天罡、天魁、丰龙	浮天空、入山头白六十年空、逆血刃
戌	青龙、天罡、天魁、丰龙、贪狼	地官符、隐伏血刃、流财煞
乾	紫檀、左辅、水轮、五龙	克山、支神退、流财煞
亥	紫微、宝台、地皇、水轮	克山、三煞、小耗

壬山	进宝、天定、金轮、五龙、金星、利道、人道	傍阴府　　造利
子	进宝、紫微、天皇、天定、天禄、金星、水星、岁支德	克山　　太岁头白空亡、小耗
癸	库珠、传送、天皇、天乙、萃龙、宝台、贪狼	克山、火血、刀砧　　小利
丑	库珠、传送、宝台、天乙、萃龙、贪狼	克山、岁破、千斤血刃、蚕官

（续表）

艮	巨门、右弼	罗天大退、六十年空、逆血刃、打劫血刃
寅	太乙、龙德、武库、岁德	克山、傍阴府、天官符、金神七煞
甲	河魁、地皇、武库、壮龙、巨门、岁天道	克山、头白空、入山空、向煞、翎毛
卯	河魁、紫檀、宝台、壮龙、武曲、巨门	金神、白虎煞、天禽、暗刀、五鬼
乙	玉皇、黄罗、天帝、天乙、贪狼	向煞、入山刀砧、翎毛
辰	玉皇、天皇、天帝、太乙、福德	克山、穿山罗睺、八座
巽	大吉、神后、太乙、大祸、武曲、泰龙	克山、困龙
巳	大吉、神后、天福、天乙、泰龙、五龙、武曲、青龙、生气、华盖、官符、五库	天禁朱雀　大利
丙	进田、天定、太阴、五库、人道、利道、驲马、临官	大利造葬　六害
午	进田、天乙、天定、太阴、贪狼、岁支德	正阴府、皇天灸退、独火
丁	青龙、功曹、益龙、火轮、太阳、太乙	皇天退、山家火血、刀砧
未	青龙、功曹、益龙、紫檀、水轮、太乙、太阳、左辅	克山太岁　小利
坤	黄罗、巨门、武曲	克山、巡山罗睺、六十年空
申	天皇、荣光、太阳、黄罗、岁天德	三煞、克山、地太岁、蚕命

（续表）

庚	天皇、紫檀、天定、右弼、岁天德	克山、浮天空、头白空、入山空、坐煞、翎毛
酉	天皇、天定、朗曜、贪狼、右弼、升龙	三煞、五鬼
辛	玉皇、天乙、天台、木星	克山、坐煞、翎毛禁向
戌	玉皇、天台、天乙、太阴、木星	三煞、克山、傍阴府、金神七煞、流财
乾	迎财、胜光、天魁、地皇、丰龙、右弼	支神退、血刃　　利造葬
亥	迎财、胜光、紫檀、天魁、丰龙、太阳	地官符、金神、千斤血刃、隐伏血刃

壬山	传送、地皇、丰龙、右弼、岁位德	克山、向煞、翎毛、六十年空、山家刀砧
子	传送、天皇、紫微、天魁、丰龙、右弼、五库	地官符、坐山罗睺、金神、流财
癸	天皇、天定、金轮、五龙、金星、岁天道、岁天德	向煞、入山空、头白空、翎毛禁向
丑	天定、会轮、金星、岁支德、入仓	金神七煞、隐伏血刃、流财煞
艮	大吉、河魁、宝台、太乙、太阳、水轮、左辅、水星、萃龙	支神退　　大利方
寅	大吉、河魁、太乙、宝台、水轮、太阳、萃龙、水星	穿山罗睺、岁破
甲	进田、地皇、贵人、武曲、右弼、驲马、临官	困龙、火血、六害
卯	进田、紫檀、龙德、宝台、武库、右弼	正阴府、皇天退、天禁朱雀、隐伏血刃、蚕室

（续表）

乙	青龙、神后、黄罗、武库、壮龙、天道、驲马	克山、皇天退
辰	青龙、神后、天皇、壮龙、贪狼、凤辇、文魁星	白虎煞、蚕官　大利
巽	玉皇、天帝、天乙、左辅、天财、天宝星	蚕室　大利
巳	玉皇、天帝、天乙、福德、岁支合	三煞、千斤血刃、八座
丙	功曹、天定、天福、泰龙、巨门	克山、坐煞、翎毛、六十年空、逆血刃
午	功曹、天乙、泰龙、天定、天福、巨门	三煞、克山、独火、五鬼、血刃
丁	天定、太阴、五库、岁天德、月德合	坐煞、头白空、入山空、翎毛
未	紫檀、天定、太阴、左辅	三煞、傍阴府、地太岁
坤	迎财、天罡、黄罗、益龙、太乙、木轮、太阳、武曲	罗天大退　天空亡、支神退
申	天皇、迎财、天罡、水轮、益龙、太乙、太阳、武曲	太岁堆黄、金神七煞
庚	进宝、紫檀、驲马、临官	傍阴府、山家火血
酉	进宝、朗耀、太阳、贵人、巨门、天禄、天贵、文魁	金神　大利方
辛	库珠、胜光、天乙、升阳、左辅、贵人、天禄、天道	巡山罗睺　小利方
戌	库珠、胜光、天乙、左辅、升龙、天富、进爵星	大利方　天禽煞

(续表)

乾	天台、天乙、玉皇、地皇、贪狼、武曲、木星	大利方　　打劫血刃、天禽煞
玄	玉皇、紫檀、天乙、天台、太阴	傍阴府、天官符、千斤血刃、阴中煞

壬山	玉皇、进田、黄罗、天乙、天台、驲马、临官	头白空、入山空、翎毛六害
子	进田、地皇、紫微、玉皇、天乙、天台、太阴、武曲	皇天灸退、破败五鬼
癸	青龙、河魁、地皇、天魁、丰龙、左辅、右弼	皇天灸退、六十年空亡
丑	青龙、河魁、丰龙、右弼、天魁、左辅、岁位合	地官符　　造吉
艮	紫檀、天定、金轮、五龙、岁天道、岁天德	正阴府、支神退
寅	黄罗、天乙、天定、金轮、金星、岁支德	三煞、小耗
甲	天皇、神后、宝台、天定、水轮、水星、萃龙、右弼	坐煞、入山刀砧
卯	神后、天定、宝台、左辅、萃龙、水龙、水星、右弼	三煞、岁破
乙	月德合	坐煞、山家火血、刀砧
辰	地皇、龙德、武库、岁支德	三煞、蚕命
巽	迎财、功曹、壮龙、左弼、太阳、五库、天道	正阴府、隐伏血刃、蚕官
巳	迎财、功曹、壮龙、太阳　　大利	白虎煞、千斤血刃、天禽

(续表)

丙	玉皇、进宝、天帝、紫檀、太乙、武曲	傍阴府、入山空、头白空
午	进宝、黄罗、玉皇、天帝、天乙、龙德	金神朱雀、八座、天禽　　小利
丁	库珠、天罡、天福、天乙、泰龙、贪狼、天禄	冬至后克山　六十年空　　大利
未	库珠、天罡、天乙、泰龙、天福、巨门、贪狼、青龙、生气	金神煞　　大利
坤	天定、太阴、五库、贪狼	独火、罗天大退、支神退、打劫血刃
申	地皇、天定、荣光、太阴	天官符、金神七煞、千斤血刃、流财
庚	胜光、太乙、水轮、太阳、益龙、巨门、贪狼	向煞、翎毛禁向
酉	胜光、朗曜、太乙、水轮、太阳、益龙、巨门	头白空、金神、太岁　冬至后克山
辛	武曲	向煞、傍阴府、逆血刃、山家火血、刀砧
戌	黄罗、太阳、人仓、天贵	穿山罗睺、阴中太岁
乾	大吉、传送、天皇、太乙、武曲、巨门	困龙、巡山罗睺、隐伏、血刃、廉贞　冬至后克山
亥	大吉、传送、太乙、武曲、天德合、支德合	天禁朱雀　冬至后克山　至前大利

壬山	河魁、地皇、天定、升龙、武曲、贵人、岁天道	坐煞、山家火血、刀砧
子	河魁、天定、黄罗、武曲、升龙、左辅	三煞、隐伏血刃、蚕命

(续表)

癸	黄罗、天台、太乙	坐煞、入山空、头白空、巡山罗睺
丑	紫檀、太乙、天台、水轮、太阴	三煞、傍阴府、天禽、暗刀
艮	迎财、神后、天定、太乙、水轮、左辅、天魁、丰龙、武曲	克山、天禽
寅	迎财、神后、地皇、朗曜、丰龙、天定、太乙、天魁、岁位合	地官符、戊己煞
甲	进宝、天定、太阴、五库、人道、利道、驲马、临官	傍阴府　　造利
卯	进宝、天定、荣光、太阴、右弼、岁支德、岁支合	克山、小耗
乙	库珠、功曹、天皇、天乙、萃龙、右弼、天德合、月财	火道　　大利方
辰	玉皇、库珠、功曹、黄罗、天乙、萃龙、右弼、极富星	金神七煞、岁方、蚕官　　大利
巽	玉皇、天乙、贪狼、巨门、天宝、财绵、进禄星	罗天大退、六十年空亡、蚕官
巳	紫檀、天乙、龙德、武库、岁德、文昌星	克山、傍阴府、金神
丙	天罡、壮龙、太阳、岁位德、岁天道	向煞、山家火血、刀砧、逆血刃
午	天罡、地皇、壮龙、太阳、武曲、金匮	支神退、白虎煞、打劫血刃
丁	紫檀、天帝、水轮	向煞、傍阴府、浮天空、入山空、头白空

（续表）

未	天帝、宝台、福德、人仓、水轮	隐伏血刃、流财　　小利
坤	大吉、胜光、天皇、天乙、天福、泰龙、左辅、宝台、金轮、水轮、木星、贪狼	头白空　　大利
申	大吉、胜光、黄罗、太乙、宝台、天福、天定、华盖、生星、金轮、水轮、水星、泰龙、贪狼、青龙、生气	穿山罗睺　　大利
庚	进田、天定、金轮、金星、五库、驿马、临官、利人道	困龙、翎毛、六害　　大利
酉	进田、紫檀、太乙、金轮、金星、地财	正阴府、皇天灸退、朱雀、阴中太岁、破败五鬼
辛	青龙、传送、玉皇、益龙、巨门、天德合、月德合	皇天灸退、翎毛禁向
戌	青龙、传送、玉皇、益龙、天乙、支德合、地皇	太阴堆黄煞　　小利
乾	玉皇、天乙、木星	正阴府、独火、六十年空亡
亥	紫微、玉皇、太阳、木星	三煞

壬山	进宝、地皇、太乙、驿马、临官	克山、头白空、入山空、翎毛禁向
子	进宝、黄罗、太阳、贵人、太乙、水轮、左辅	正阴府、金神七煞、千斤血刃
癸	库珠、黄罗、神后、天乙、天定、太乙、太阳	傍阴府、山家火血、刀砧
丑	库珠、神后、紫檀、太乙、天乙、天定、升龙、太阳、武曲、凤辇	金神七煞　　大利造葬

（续表）

艮	天定、天台、太阴、武曲、左辅　　小利	头白空
寅	天台、天定、太阴、朗曜、地皇、天宝	天官符、金神七煞、隐伏血刃
甲	功曹、荣光、天魁、丰龙	向煞、六十年空亡、逆血刃
卯	玉皇、功曹、荣光、天魁、丰龙、贪狼、岁位合	地官符、金神七煞
乙	玉皇、天皇、天乙、岁天道、岁天德、人道	克山、傍阴府、向煞
辰	黄罗、天乙、岁支德	傍阴府、千斤血刃
巽	大吉、天罡、太乙、丰龙、右弼、巨门、天华	罗天大退、打劫血刃
巳	大吉、天罡、天乙、萃龙、太乙、紫檀、右弼	岁破、大耗
丙	进田、水轮、驷马、临官、右弼	浮天空、入山空、头白空、翎毛
午	进田、地皇、宝台、水轮、龙德、武库	克山、金神、穿山罗睺、皇天灸退、日支神退
丁	青龙、胜光、紫檀、宝台、水轮、太阳、壮龙、金轮、水星、武曲、天道	困龙、皇天灸退、火血刀砧
未	青龙、胜光、壮龙、天定、金轮、太阳、水轮、水星	白虎、朱雀、金神、天禽煞、暗刀、流财
坤	天皇、天帝、天定、金轮、金星、右弼、左辅	正阴府、天禽煞、蚕室
申	黄罗、宝台、天帝、福德、金轮、金星	三煞、傍阴府、阴中太岁、流财、天禽煞

（续表）

庚	玉皇、传送、天福、天帝、贪狼、泰龙	坐煞、巡山罗睺、六十年空亡
酉	玉皇、传送、太乙、天乙、天福、天定、泰龙、贪狼、紫檀	三煞、蚕命、将军箭
辛	玉皇、天乙、武库、火星、岁天道、人道	三煞、入山刀砧
戌	玉皇、地皇、天皇	三煞、隐伏血刃
乾	迎财、河魁、益龙、巨门、天财、天宝、御游	独火、五鬼　　葬大利
亥	紫微、迎财、河魁、益龙、武曲、天财星、巨门	太岁堆黄煞　　利方

壬山	神后、太乙、太阳、益龙、水轮、巨门、岁月德	傍阴府、翎毛向煞
子	紫微、神后、水轮、太乙、太阳、益龙、武曲、巨门	太岁堆黄煞
癸	贪狼、天官星、利甲星	头白空、向煞
丑	天皇、太阴、贵人、地财、岁支合、天贵、人仓	大利造葬吉
艮	大吉、功曹、太乙、贵人、武曲、升龙、天道、地财	占火　　葬大利
寅	大吉、功曹、升龙、太乙、武曲、凤辇、天富	傍阴府、金神七煞、千斤血刃
甲	玉皇、进田、天乙、天台、木星	浮天空、入山空、皇天灸退、翎毛禁向、山家火血、刀砧
卯	玉皇、进田、宝台、天乙、天台、太阴、左辅	皇天灸退、九天朱雀、金神

（续表）

乙	青龙、天罡、紫檀、天魁、丰龙、房显、左辅	巡山罗睺、皇天灸退、六十年空、山家刀砧
辰	青龙、天罡、天魁、丰龙、左辅、房显、五龙	穿山罗睺、地官符、暗刀煞
巽	地皇、天定、左辅、右弼、五龙、金轮、金星	困龙、支神退、五鬼　　利方
巳	天皇、天定、金轮、金星、岁支德	三煞、天禁朱雀、净栏煞
丙	胜光、天定、宝台、太龙、水轮、右弼、水星	坐煞、翎毛禁向、刀砧
午	胜光、天乙、天定、宝台、萃龙、水轮、右弼	三煞、正阴府、岁破、大耗
丁	天定、天皇、月德合	克山、坐煞、头白空、逆血刃
未	黄罗、龙德、武曲、生气	三煞、阴中太岁、蚕官
坤	迎财、传送、紫檀、壮龙、太阴、武库、天道	蚕室、打劫血刃　　利方
申	迎财、传送、太阳、荣光、支德合、岁德合、壮龙	白虎煞　　大利
庚	进宝、黄罗、玉皇、天乙、天帝、临官	入山空、浮天空、翎毛火血、天禽煞
酉	玉皇、天皇、进宝、朗曜、天禄、天帝、福德	克山、罗天大退、支神退、入库、天禽煞
辛	库珠、河魁、地皇、天乙、泰龙、天福、贪狼、利道	六十年空亡、天禽　　大利
戌	库珠、河魁、天乙、天福、泰龙、贪狼、五库、生气	傍阴府、金神七煞、流财

（续表）

乾	天帝、太阴、巨门、五库、岁天道、岁天德	克山、头白空、流财、隐伏血刃　　冬至后利
亥	黄罗、天定、太阴、岁德	克山、天官符、金神、隐伏千斤血刃

壬山	进田、紫檀、天定、太阴、五库、人道、利道	巡山罗睺、六害　　小利
子	紫檀、进田、天定、太阴、岁支合	克山、金神七煞、皇天灸退
癸	青龙、功曹、益龙、水轮、太乙、太阴、贪狼	克山、天皇灸退
丑	青龙、功曹、地皇、益龙、水轮、太阴、贪狼	克山、太阴、金神、隐伏血刃
艮	黄罗、左辅、武曲	六十年空、坐山罗睺、五鬼、打劫血刃
寅	紫檀、天乙、太阴、贵人	三煞、克山、穿山罗睺
甲	天罡、天定、升龙、巨门、贵人、岁天道	克山、坐煞、困龙、翎毛、刀砧、天禽煞
卯	天罡、天定、宝台、升龙、巨门、右弼	三煞、正阴府、独火、天禁朱雀、五鬼、头白空亡、暗刀煞、隐伏血刃
乙	玉皇、天台、太乙、木星、天德合、月德合	浮天、入山头白空亡、坐煞、火血、天命
辰	玉皇、天台、天乙、木星	克山、三煞、千斤血刃
巽	迎财、胜光、天皇、天魁、丰龙、贪狼、武曲	克山、支神退、土皇煞

（续表）

巳	迎财、胜光、地皇、丰龙、地皇、丰龙、天魁、五龙、武曲	地官符、千斤血刃、地太岁
丙	进宝、黄罗、天定、金轮、金星、五龙、人利道、驲马	大利
午	进宝、紫檀、天乙、太定、金轮、武曲、金星、岁支德	利　　阴中太岁、小耗、蚕官
丁	库珠、传送、地皇、天乙、萃龙、宝台、左辅、水星	大利　　翎毛
未	库珠、传送、天乙、萃龙、宝台、左辅、水星	克山、傍阴府、岁破、蚕官
坤	左辅、贪狼、右弼	克山、六十年空亡、蚕室
申	荣光、龙德、武库、贪狼	克山、天官符、金神、流财
庚	河魁、壮龙、右弼、武库、岁天道、岁天德	克山、傍阴府、向煞、翎毛、刀砧
酉	河魁、地皇、朗曜、壮龙、右弼	金神七煞、白虎煞、支神退
辛	玉皇、天乙、天皇、天帝	克山、入山空、头白空、向煞、翎毛禁向
戌	玉皇、天帝、紫檀、福德、入仓	克山、九天朱雀、八座、岁刑
乾	大吉、神后、天福、太乙、太阳、泰龙、武曲	逆血刃　　大利
亥	大吉、神后、太乙、天福、太龙、太阳、五库	傍阴府

壬山	功曹、紫檀、天福、天定、右弼	浮天空、入山空、头白空、克山、坐煞、翎毛
子	功曹、紫微、天定、天福、左辅、右弼、五库	三煞、罗天退、支神退、流财
癸	天定、太阴、五库、岁天道、人道	坐煞、入山刀砧
丑	天帝、地皇、太阴	三煞、千斤血刃、流财煞
艮	迎财、黄罗、天罡、太龙、武曲、太阳、太乙、水轮	正阴府、巡山罗睺
寅	迎财、天罡、紫檀、太乙、太龙、水轮、太阳、岁禄	太岁堆黄煞　　小利
甲	进宝、岁天德、左辅、右弼	逆血刃、刀砧　　大利
卯	进宝、太阳、贪狼、贵人	独火　　葬利
乙	库珠、胜光、天乙、贪狼、益龙、贵人、天道	克山
辰	库珠、胜光、天乙、贪狼、益龙、进爵、天富	戊己煞　　大利
巽	玉皇、天皇、天台、天乙、巨门	正阴府、隐伏血刃、五星
巳	玉皇、地皇、天乙、天台、太阳	天官符、阴中太岁
丙	传送、黄罗、天魁、升龙、巨门	克山、傍阴府、向煞、入山空、头白空、六十年空亡、翎毛
午	传送、紫檀、天魁、天乙、升龙、巨门、五龙、岁天道	克山、地官符、头白空
丁	地皇、天定、金轮、金星、五龙、岁天道、人道	向煞、入山刀砧
未	天定、金轮、金星、人仓、岁支德、天乙贵人、天喜才	金神七煞、小耗　　小利

（续表）

坤	大吉、河魁、宝台、天乙、丰龙、天库、少微、右弼、福德、进禄、水轮、水星、武库、天萃	大利造葬
申	大吉、河魁、太乙、荣光、宝台、水轮、水星、武曲、丰龙	岁破、金神、千斤血刃　　利方
庚	进田、驲马、临官、贵人	山家刀砧、六害　　利方
酉	进田、地官、朗耀、龙武库、天官贵人	皇天灸退、金神七煞
辛	青龙、神后、天皇、萃龙、左辅、武库、月德、合天道	傍阴府、皇天灸退
戌	青龙、神后、紫檀、萃龙、左辅	穿山罗睺、白虎煞、蚕官、天命
乾	天帝、天乙、天帑、玉帛、凤辇、捉财、皇利	困龙、隐伏千斤血刃、蚕室
亥	玉皇、天乙、天帝、福德、岁支合	三煞、天禁朱雀、暗刀煞、天命、八座、蚕室

壬山	玉皇、天皇、进宝、天帝、天乙、驿马、临官、右弼	翎毛、值山血刃　　大利
子	玉皇、进宝、天帝、天乙、福德、右弼	独火、头白空、隐伏血刃、支神退、九天朱雀
癸	库珠、天罡、天福、天乙、壮龙、左辅	浮天空、入山头白空、六十年空、火血
丑	库珠、天罡、天福、天乙、左辅、壮龙、五库	傍阴府、孙仙血刃、流财煞
艮	岁天道、人道、水轮、五库、利甲天禄、紫微星	五鬼　　大利

（续表）

寅	天皇、宝台、朗耀、水轮	天官符、千斤血刃
甲	胜光、黄罗、宝台、太龙、水轮、右弼、金轮、水星	傍阴府、向煞、巡山罗睺
卯	胜光、荣光、泰龙、天定、金轮、巨门、水轮	罗天大退、太岁、年官符
乙	天定、地皇、金轮、金星	坐煞、向煞
辰	太阳、金轮、金星、贵人、进爵、天富	金神、阴中太岁　　小利
巽	玉皇、大吉、传送、紫檀、太乙、益龙、太阳、贵人	四大金星　　大利
巳	大吉、传送、玉皇、天乙、太乙、益龙、太阳	傍阴府、金神七煞、天禽
丙	进田、玉皇、天乙、天台、木星、驲马、临官、青龙、生气	翎毛六害　　大利
午	玉皇、天皇、进田、天台、太阴、左辅	皇天灸退、坐山罗睺、天禽
丁	青龙、河魁、天魁、贪狼、升龙、房显	傍阴府、头白空、入山空　冬至后克山六十年空、火血刀砧
未	青龙、河魁、升龙、贪狼、五龙	地官符、隐伏血刃、天禽
坤	地皇、太乙、贪狼、岁天德、岁天道、人道、五龙	大利　　打劫血刃、天禽
甲	宝台、太乙、水轮、岁支德	三煞、穿山罗睺、小耗
庚	神后、天定、丰龙、巨门、水轮、太阳、太乙	困龙、坐煞、向煞、入山刀砧

（续表）

酉	神后、太乙、天定、丰龙、武曲、巨门、太阳	三煞、傍阴府、岁破、天禁朱雀　冬至后克山
辛	紫檀、天定、太阴	坐煞、入山刀砧
戌	天皇、天定、龙德、五龙、太阴	三煞、蚕官、蚕命
乾	迎财、功曹、黄罗、萃龙、武曲	正阴府、逆血刃、蚕官　冬至后克山
亥	玉皇、紫微、迎财、功曹、萃龙、武曲	冬至前大利　白虎煞、千斤血刃　至后克山

壬山	天罡、萃龙、武曲、武库、岁天德、岁天道	向煞、入山刀砧
子	天罡、萃龙、武曲、紫檀、贪狼	克山、正阴府、支神退、金神、血刃、白虎、流财
癸	天帝、紫檀、水轮	克山、傍阴府、向煞翎毛
丑	黄罗、天帝、宝台、水轮、福德	克山、金神、暗刀煞、流财、八座、天禽
艮	大吉、胜光、地皇、太乙、宝台、天福、金轮、水轮	罗天大退、天禽
寅	大吉、胜光、朗耀、天福、壮龙、太乙、左辅、金轮	克山、金神、隐伏血刃、天禽
甲	进田、天定、金轮、金星、五库	克山、翎毛、六害、火血刀砧、暗曜
卯	天皇、进田、荣光、金轮、金星	皇天灸退、金神七煞、阴中太岁

（续表）

乙	青龙、传送、玉皇、太龙、右弼	傍阴府、皇天退、入山空、头白空
辰	青龙、传送、玉皇、紫檀、太龙、天乙	克山、太岁、傍阴府、太岁
巽	玉皇、天乙、木星	克出、独火、巡山罗睺、头白空、六十年空亡
巳	玉皇、黄罗、天乙、太阳、贵人	三煞、千斤血刃、蚕官
丙	河魁、地皇、天定、益龙、太阳、贵人	坐煞、向煞
午	河魁、天定、益龙、太阳、右弼	三煞、穿山罗睺、金神、打劫、血刃
丁	黄罗、天台、天乙、巨门	困龙、翎毛、坐煞、向煞
未	天皇、天乙、天台、水轮、太阴	三煞、克山、金神、九天朱雀
坤	迎财、神后、天魁、升龙、天定、天乙、太阳、巨门、贪狼	克山、正阴府、逆血刃、五鬼
申	迎财、神后、天定、天魁、紫檀、太乙、太阴、宝台	克山、傍阴府、地官符
庚	进宝、天皇、天定、太阴、五龙	克山、翎毛、山家火血、刀砧
酉	进宝、黄罗、太乙、天定、太阴、岁支合、岁支德	大利造葬　　小耗
辛	库珠、功曹、天乙、丰龙、巨门、太乙、天禄	克山、浮天空、入山空、头白空
戌	库珠、功曹、太乙、丰龙、玉皇、巨门、岁德	克山、岁破、隐伏血刃、蚕官

(续表)

乾	玉星、天乙、武曲	大利
亥	紫微、天皇、天乙、龙德、武库、武曲	天官符、年官符

壬山	进田、贪狼、武曲、驲马、临官	傍阴府、逆血刃、翎毛禁向、六害
子	紫微、进田、紫檀、巨门、龙德、武库	皇天灸退、支神退、头白空
癸	青龙、胜光、紫檀、萃龙、武曲、武库、天道	皇天退、翎毛、刀砧　小利
丑	青龙、胜光、黄罗、武曲、天定	白虎煞、蚕官、天禽　大利
艮	玉皇、地皇、天乙、天帝、右弼	克山、罗天大退、蚕官
寅	玉皇、玉帝、太乙、天乙、福德	三煞、傍阴府、阴中太岁、金神、血刃
甲	传送、天福、天定、壮龙、左辅	坐煞、入山空、头白空
卯	传送、天皇、天福、天定、壮龙、左辅、宝台	三煞、克山、金神、五鬼
乙	天定、五库、太阴、月德合、岁天道	坐煞、向煞、山家火血、刀砧
辰	紫檀、天定、太阴、右弼	三煞、穿山罗睺
巽	迎财、河魁、泰龙、水轮、太阳、太乙、右弼	困龙、独火、打劫血刃　葬大利
巳	迎财、河魁、太龙、太乙、水轮、右弼、太阴	克山、太岁、天禁朱雀

（续表）

丙	进宝、地皇、驲马、临官、天德合	巡山罗睺、翎毛禁向
午	进宝、天乙、贪狼、太阳、天贵、贵人	正阴府
丁	库珠、神后、黄罗、天乙、益龙、太阳、天道	翎毛禁向、刀砧　　大利
未	库珠、神后、天乙、天皇、益龙、太阳、天富	暗刀、天禽　　大利
坤	玉皇、天乙、天台、进禄、天官、财帛、巨门	天禽　　大利
申	玉皇、紫檀、天乙、天台、荣光、太阴、木星	天官符、年官符、天禽
庚	天皇、功曹、天魁、升龙、贪狼	向煞、浮天空、入山头白空、六十年空
酉	功曹、黄罗、朗耀、天魁、升龙、贪狼、左辅、五龙	地官符、年官符
辛	天定、金轮、五龙、金星、岁天道、天德	向煞、山家火血、入山砧
戌	天定、金轮、金星、岁支德	傍阴府、金神、流财、小耗
乾	玉皇、大吉、天罡、太乙、丰龙、宝台、巨门、水轮星	大利　　血刃、流财
亥	大吉、天罡、天皇、太乙、丰龙、水轮、宝台、巨门	岁破、金神、隐伏千斤血刃

壬山	胜光、天定、宝台、丰龙、巨门、水轮、水星	坐煞、翎毛禁向、山家火血、消索空亡
子	紫微、胜光、天定、宝台、丰龙、巨门、水轮	三煞、岁破、金神七煞、大耗

（续表）

癸	天定、武曲	坐煞、头白空、入山空亡
丑	龙德、武库	三煞、金神、阴中、大耗、血刃、蚕官
艮	迎财、传送、天皇、萃龙、贪狼、武曲、太乙、天道、地财	蚕室　　大利造葬
寅	迎财、传送、太乙、萃龙、武曲、天德合、支德合	穿山罗睺、白虎煞、蚕命
甲	玉皇、进宝、紫檀、天帝、天乙、益龙、武库	困龙、翎毛刀砧
卯	进宝、玉皇、地皇、天乙、天帝、宝台、益龙	正阴府、八座、天禁朱雀、隐伏血刃
乙	库珠、河魁、天福、天乙、左辅、利道、科甲星	大利方　　逆血刃、六十年空
辰	库珠、河魁、天福、天乙、壮龙、左辅、青龙、华盖	大利　　千斤血刃、暗刀煞
巽	黄罗、天定、太阴、武曲、人道、岁天道、五库	大利
巳	天定、太阴、岁德、文昌星、岁干禄	天官符、地官符、千斤血刃
丙	天皇、神后、水轮、太乙、太阳、太龙、右弼	向煞、翎毛禁向、山家火血、刀砧
午	神后、天乙、太龙、水轮、太乙、太阳、巨门	太岁、破败五鬼、年官符
丁	天官星	向煞、巡山罗睺、入山空、头白空　至后克山
未	地皇、太阴、贵人、岁支合	傍阴府、年官符
坤	大吉、功曹、太乙、太阳、天道	罗天大退、打劫血刃

（续表）

申	大吉、功曹、荣光、太乙、太阳、福星、贵人、驲马、天富	大利　　金神
庚	玉皇、进田、地皇、天乙、天台、财利、木星	傍阴府、翎毛、刀砧、六害、天禽
酉	进田、玉皇、天乙、天台、朗耀、太阴、天喜	独火、皇天退、金神、天禽、克山
辛	青龙、天罡、黄罗、天魁、升龙、贪狼、房显	皇天灸退、六十年空、天禽
戌	青龙、天罡、天魁、五龙、房显、升龙	地官符、地太岁、流财
乾	紫檀、天定、五龙、金轮、左辅、金星、岁天道	支神退、流财　冬至后克山
亥	地皇、天定、金轮、金星	三煞、傍阴府　冬至后克山　小耗

壬山	进宝、天定、金轮、金星、五库、人道、利道	入山空、头白空　　利方
子	紫微、进宝、天皇、金轮、天定、金星、岁支德	阴中太岁、五鬼、小耗　　小利
癸	库珠、传送、天皇、天乙、天台、丰龙、水轮、贪狼	大利　　火血、刀砧
丑	库珠、传送、天乙、丰龙、水轮、宝台、水星、贪狼、支德合	岁破、岁刑、天官、千斤血刃
艮	巨门、右弼	巨门、阴府、坐山罗睺、六十年空、打劫血刃
寅	太乙、龙德、武库、岁德	天官符、天太岁
甲	地皇、河魁、萃龙、巨门、武库、岁天德位合、天道	向煞、翎毛禁向、刀砧

（续表）

卯	河魁、紫檀、宝台、萃龙、巨门、武曲	白虎煞、暗刀煞、天禽　　小利
乙	玉皇、天帝、天乙、黄罗	向煞、入山刀砧
辰	玉皇、天皇、天帝、天乙、福德	九天朱雀、八座　　小利
巽	大吉、神后、天福、壮龙、太乙、武曲	正阴府、隐伏血刃
巳	大吉、神后、壮龙、天福、武曲、太乙、五虚、青龙、华盖、生气	大利方
丙	进田、天定、五库、太阴、人道、利道	傍阴府、入山空、头白空、大喜
午	进田、天定、太阴、天乙、岁支德、岁德	皇天灸退、独火、金神七煞
丁	青龙、功曹、太龙、太乙、太阴、水轮、左辅	克山、皇天灸退、火血、刀砧
未	青龙、功曹、太龙、太乙、太阴、水轮、左辅	太岁堆黄、金神七煞
坤	天皇、右弼	罗天大退、巡山罗睺、六十年空、逆血刃
申	天皇、荣光、太乙、岁天德	三煞、金神七煞、血刃、蚕官
庚	天罡、紫微、天定、益龙、贵人、右弼、人天道	坐煞、翎毛禁向、入山刀砧
酉	天罡、天定、益龙、朗耀、贪狼、左辅、右弼	三煞、克山、头白空、金神七煞
辛	玉皇、天台、天乙、水星	坐煞、傍阴府

（续表）

戌	玉皇、天乙、天台、木星、太阴	三煞、穿山罗睺
乾	迎财、胜光、地皇、天魁、并龙、太阳、右弼	克山、困龙、支神退、隐伏血刃、流财煞
亥	迎财、胜光、紫檀、升龙、天魁、太阳、五龙、岁位合、房显	克山、地官符、朱雀

壬山	玉皇、传送、天魁、右弼、房显、升龙、岁德	克山、向煞、翎毛、六十年空、山家刀砧
子	玉皇、天皇、天魁、升龙、天乙、传送、岁位合、右弼、支德合、房星	地官符、阴伏、血刃、流财
癸	天皇、玉皇、天乙、五龙、岁天德、人道	向煞、入山空、头白空、翎毛
丑	玉皇、岁支德、人仓、木星	傍阴府、流财煞、小耗
艮	大吉、河魁、太乙、太阳、丰龙、贪狼、左辅	支神退　　大利
寅	大吉、河魁、朗耀、太乙、太阳、丰龙、驿马	岁破、千斤血刃　　小利
甲	进田、地皇、太乙、驲马、临官	傍阴府、山家火血、六害
卯	进田、紫檀、荣光、太阳、水轮、龙德	皇天灸退、蚕官
乙	青龙、神后、黄罗、太乙、贪狼、太阴、水轮	克山、逆血刃、皇天退
辰	青龙、太乙、天皇、贪狼、太阳、萃龙、太乙	蚕官、金神、白虎煞　　小利
巽	天帝、左辅、太白、贪狼、巨门、太阴	蚕官、罗天大退

（续表）

巳	天乙、天帝、太阴、福德、武曲、贪狼、岁支合	三煞、傍阴府、金神、八座
丙	功曹、天福、天定、天乙、巨门、壮龙、利道	克山、坐煞、六十年空、翎毛
午	功曹、天定、福星、玉皇、天乙、巨门、青龙、华盖	三煞、克山、独火
丁	玉皇、天乙、五库、天道	浮天、入山头白空、傍阴府、坐煞、翎毛
未	紫檀、天乙贵人	三煞、隐伏血刃、地太岁
坤	迎财、天罡、黄罗、太龙、武曲、天禄、天寿、天库	支神退、头白空　　小利
申	迎财、天罡、天皇、宝台、太龙、武曲、岁干禄	穿山罗睺、太岁堆黄
庚	进宝、紫檀、水轮、岁干德、驲马、临官	困龙火血　　大利
酉	进宝、太乙、宝台、巨门、太阴、天贵、天禄	正阴府、天禁朱雀、五鬼
辛	库珠、胜光、天乙、水轮、益龙、宝台、左辅、金轮、天道、木星、驲马、临官	巡山罗睺　　大利
戌	库珠、胜光、天定、天乙、水轮、益龙、左辅、金轮、天喜、天财、天富、水星、天宝	大利
乾	地皇、天台、天定、贪狼、金轮、金星	正阴府、打劫血刃
亥	紫微、紫檀、天台、金轮、金星、太阴	天官符、千斤血刃、天禽煞、朱雀、太岁

壬山	玉皇、进田、黄罗、左辅、右弼、天乙、天台	入山空、头白空、翎毛、六害
子	玉皇、进田、地皇、天台、太阴、右弼	正阴府、天皇灸退、金神、血刃
癸	青龙、河魁、天魁、地皇、升龙、左辅、利道、驲马	傍阴府、六十年空、天皇灸退、隐伏血刃、刀砧
丑	青龙、河魁、天魁、升龙、左辅、岁德合	地官符、金神七煞
艮	紫檀、太乙、五龙、岁天道、岁天德、人道	支神退、头白空
寅	黄罗、朗耀、太乙、岁支德	三煞、金神、隐伏血刃、小耗
甲	神后、天定、太阳、太乙、右弼、丰龙、天皇	坐煞、入山刀砧
卯	神后、天定、荣光、太乙、丰龙、左辅、右弼	三煞、金神七煞、岁破、大耗
乙	天定、太阴、月德合	坐煞、傍阴府、山家火血、刀砧
辰	地皇、天定、太阴、龙德、武库、岁支合	三煞、傍阴府、蚕官
巽	迎财、功曹、萃龙、天乙、太阳、武库、右弼、天道	罗天大退、蚕室
巳	迎财、功曹、天乙、萃龙、玉皇、太阳、月财、天官贵人	白虎煞、天禽　大利
丙	玉皇、进宝、紫檀、天帝、天乙、驲马、临官	浮天空、头白空
午	进宝、天帝、黄罗、天乙、福德、左辅、天禄	穿山罗睺、金神　利方
丁	库珠、天罡、天福、天乙、福德、贪狼、利道	困龙、六十年空亡　冬至后克　至前不克　利方
未	库珠、天罡、天乙、天福、贪狼、壮龙、华盖、青龙、生气	大利　金神、朱雀、流财、天禽

(续表)

坤	五库、水轮、岁天道、贪狼、人道	正阴府、独火、支神退、打劫血刃、暗刀
申	地皇、宝台、水轮	傍阴府、天官符、流财煞
庚	胜光、泰龙、宝台、金轮、水轮、巨门、水星	坐煞、向煞、翎毛禁向
酉	胜光、太乙、泰龙、天定、水轮、水星、金轮、巨门	冬至后克山 太岁堆黄
辛	天定、金轮、金星、天官星、干禄	向煞、山家火血、刀砧
戌	黄罗、太阳、贵人、水轮、人仓、金柜、天嗣星	大利 阴中太岁、血刃
乾	大吉、传送、天皇、玉皇、太乙、益龙、巨门	巡山罗睺、五鬼 冬至后克山
亥	玉皇、大吉、传送、紫微、益龙、天乙、太乙、巨门、武曲	冬至前造葬大利 冬至后克山

壬山	河魁、天定、地皇、益龙、武曲、岁天道	坐煞、傍阴府、火血、刀砧
子	河魁、天定、黄罗、紫微、益龙、武曲、左辅	克山、三煞、蚕命
癸	玉皇、黄罗、天台、天乙、木星	克山、坐煞、头白空、巡山罗睺
丑	玉皇、紫檀、天乙、天台、太阴	克山、三煞、暗刀煞、天禽
艮	迎财、神后、天魁、升龙、左辅、武曲、凤辇、进气	大利方
寅	迎财、神后、地皇、天魁、太乙、升龙、左辅、岁位合	克山、傍阴府、金神、地官符、千斤血刃

（续表）

甲	进宝、天定、金轮、金星、玉龙、驲马、人道、利道	克山、浮天空、入山空
卯	进宝、天定、宝台、金星、金轮、右弼、岁支德合	金神七煞、净栏煞
乙	库珠、功曹、天皇、天乙、宝台、丰龙、右弼、水轮星	大利
辰	库珠、功曹、天乙、黄罗、丰龙、宝台、水轮、右弼	克山、穿山罗喉、岁破、大耗、蚕官
巽	贪狼	克山、困龙、逆血刃、六十年空、破败、五鬼、蚕官
巳	紫檀、龙德、武库	天官符、天禁朱雀、年官符
丙	天罡、太阳、萃龙、武库、岁天道、岁天德、岁位合	向煞、山家火血、刀砧
午	天罡、地皇、太阳、萃龙、武库、天乙	正阴府、支神退、白虎煞、打劫血刃
丁	玉皇、紫檀、天帝、天乙	向煞、头白空、入山刀砧
未	玉皇、天帝、天乙、天福	克山、流财煞、八座
坤	大吉、胜光、天皇、太乙、天福、壮龙、左辅、贪狼	克山　小利
申	大吉、胜光、黄罗、太乙、壮龙、天福、荣光、青龙、华盖	克山、流财　小利
庚	进田、天定、太乙、五库、人道、利道、驲马	克山、翎毛、入山空亡、六害
酉	进田、紫檀、天定、太阴、朗耀	克山、罗天大退、天皇灸退
辛	青龙、传送、太龙、巨门、太乙、水轮、太阳	克山、皇天退、翎毛禁向

（续表）

戌	青龙、传送、地皇、太门、太乙、水轮、太阳	克山、傍阴府、金神太岁
乾	天乙	独火、头白空、六十年空亡、隐伏血刃
亥	太阳、贵人、天贵	三煞、金神、千斤血刃、隐伏血刃

壬山	进宝、地皇、驲马、临官、贪狼	翎毛禁向　　大利方
子	进宝、黄罗、左辅、太阳、贵人、紫微、天禄、贵胜	金神七煞　　大利方
癸	库珠、神后、黄罗、天乙、武曲、天道、益龙、驲马、临官	山家火血、山家刀砧　　利方
丑	库珠、神后、紫檀、天乙、天帝、福德、荣光	金神七煞、隐伏血刃　　利方
艮	玉皇、天台、天乙、武曲、水星	克山、破败五鬼
寅	玉皇、地皇、天台、天乙、太阴、太乙、水星、岁支合、岁德	天官符、穿山罗睺
甲	功曹、天魁、升龙、左辅、岁位德、利道	向煞、困龙、六十年空亡
卯	功曹、宝台、天魁、升龙、左辅、贪狼、岁位合	克山、正阴府、地官符、血刃、头白空、五鬼
乙	天皇、天定、金轮、金星、五龙	浮天空、头白空、向煞、入山空亡
辰	天定、黄罗、金轮、金星、岁支德、人仓	千斤血刃、小耗　　利方

（续表）

巽	大吉、天罡、宝台、太乙、丰龙、巨门、水轮星、贪狼	打劫血刃　　利方
巳	大吉、天罡、紫檀、宝台、丰龙、太乙、右弼、驷马、水轮星	克山、岁破、千斤血刃
丙	进田、驷马、临官、贵人	翎毛、六害　　小利
午	进田、地皇、龙德、武库、天乙	皇天灸退、炙神退
丁	青龙、胜光、紫檀、萃龙、太阳、武库、驷马	皇天灸退、山家火血、刀砧
未	青龙、胜光、萃龙、太阳	傍阴府、白虎煞、暗刀煞、天禽、流财、蚕官
坤	玉皇、天皇、天帝、右弼、天乙	蚕室　　大利方
申	玉皇、黄罗、天乙、天帝、福德、荣光	三煞、金神七煞、太岁、九天朱雀、八座、天禽、流财
庚	传送、天定、天福、壮龙、贪狼	傍阴府、巡山罗睺、坐煞、逆血刃、六十年空
酉	传送、紫檀、朗曜、天福、壮龙、贪狼	三煞、金神七煞
辛	天定、太阴、五库、岁天道、人道	坐煞、入山空头、白空
戌	地皇、天定、太阴	三煞
乾	迎财、河魁、泰龙、水轮、太乙、太阳、巨门	独大　　葬利
亥	迎财、河魁、泰龙、水轮、太乙、太阳、巨门	太岁堆黄、傍阴府

诸家吉星目录

按诸历选定六十年二十四山诸家吉星录于上，开山立向修方紧煞凶神录于黑圈，以便观览，即知吉神所占方位定局。

首吉者通天窍吉星	迎财	进宝	库珠	大吉	进田	青龙
走马六壬　吉星	天罡	胜光	传送	河魁	神后	功曹
盖山黄道　吉星	天皇	黄罗	紫檀	地皇		
星马贵人　吉星	太乙	天定	天乙			
撼龙帝星　吉龙	泰龙	益龙	升龙	丰龙	萃龙	壮龙
北辰帝星　吉神	天台	天魁	天帝	天福		
行衙帝星　吉星	贪狼	巨门	武曲	左辅	右弼	
都天宝照　吉星	太阳	贪狼	巨门	武曲	左辅	右弼
四利三元　吉星	太阳	太阴	福德	龙德		
玉皇鸾驾　吉星	玉皇	金轮	木轮	天乙	天定	太白
紫微鸾驾　吉星	天乙	天定	太乙	玉皇	金轮	水轮
五龙五库帝星	贵人	五龙	武库	五库		
周望仙罗星局	太阳	太阴	木星	金星	水星	

新镌历法总览合节鳌头通书卷之十

鳌峰　道轩　熊宗立

后裔　月畴　秉　懋　重订
　　　淑明　启　灿　梓行

遁甲奇门总说

奇门之祖根河洛，玄女仙女授此书。
上法九宫应九州，中应八门八卦符。
每卦之中统三气，分为三气三候天。
冬至坎宫阳生顺，夏至阴降离逆宫。
八卦一千八十数，三奇六仪左右运。
五日一候甲己求，上中下局须寻正。
后之来者姜太公，七十二局总能尽。
张良四皓西汉兴，则为二者尤其精。
符门十时名千万，百事施为靡不成。
择选诸书此为冠，佐以星玄之岁星。
二十四用贫者富，求官求贵即超荣。
散刑解讼有其诀，报瘟报病法通灵。
地奇守照天奇盖，八门须寻吉上去。
三奇又为日月星，光芒所照星辰退。
官符太岁也皈依，不怕方隅诸煞会。
顺逆血刃旺滋牲，官符修犯官刑迁。
作着流财财便发，独火空亡煞化权。

官见身皇并定命，修之的主旺绵绵。
但把奇门寻一切，生克制化当知识。
太阳金水生潮来，更有胜光功送速。
天机三奇同一家，若此田财多进益。
击仪入墓审仪刑，总局之歌当关应。
超神接气有迟速，闰气正受索其的。
人人晓达此精微，何愁万事不依随。
车马骈阗生贵子，富贵荣华可致之。
时师个个何曾见，只言犯煞不可为。
记取杨公真口诀，大行天下没灾危。
神仙拥护天机诀，克应如期世历移。

遁甲经书始于黄帝，感天神而降龙凤之文，命风后作兵法一十三篇，始立遁甲一十八局。遁者，隐也，幽隐之道也。甲者，仪也。递为直符，谓六甲六仪也，天乙贵人之神也，常隐于六戊之下。盖取用兵机之法，造葬之法通于神明之德，故以甲遁为名也。奇者，乙丙丁为三奇也。门者，休生伤杜景死惊开为八门也。继于吕望而奇门删成一节三元，二十四节分得七十二元，故立七十二活局也。逮黄石公知秦亡汉兴，以授于子房，子房删定冬至十二节为阳九局，夏至十二节为阴九局。一岁计一十八局之图，图虽简而时则仍有一千八十也。是术风后作之，太公节之，留侯约之，实安邦济世之大经也。迄至起平章，通其微奥，作《烟波钓叟歌》，明天道，流行于世，世人详精其道也。奈近世梓者，紊淆古经，变乱遁局，妄加增减，种种繁文，但起例未悉，后学者难以尽谙，于今技作起超闰接气，更添诸格，假如并删正阴阳之局，以便检阅云耳。

遁甲神机赋论

六甲主使，三才数分。步咒摄乎鬼神，存局通乎妙旨。前修删简灵文，裁整诸经奥理。原夫甲加丙兮龙回首，丙加甲兮鸟跌穴。回首则悦怿易遂，跌穴则显灼易成。身残毁兮乙遇辛而龙逃走，财虚耗兮辛遇乙而虎猖狂。癸见辛螣蛇跌蹄，丁见癸朱雀投江。生丙临戊，天遁用兵；开乙临己，地遁安坟。

休丁遇太阴,人遁安营。伏干格庚临日干,飞干格日干临庚。庚临直符,伏干格之名。直符临庚,飞宫格之位。大格,庚临六癸;刑格,庚临六己。按格所向既凶,百事营为不喜。时干克日干,乃五不遇而灾生。丙奇临时干,名为悖格而祸起。三奇得使,众善皆臻。六仪击刑,百凶俱集。太白入荧贼欲来,火入金乡贼将去。地罗退值不占前,天网四张无道路。直符之宫乃同太乙位上而取,如逢急难宜从直符方下而行。二至顺逆,妙理玄微。阳符左为前数,阴符右为前寻。阳遁从冬至后一十二气直符,后一为九天,后二为九地,前三为六合,前二为太阴。阴遁从夏至后十二气直符,前一为九天,前二为九地,前五为六合,前七为太阴。太阴潜形而隐迹,六合遁见而谋设。九天之上阳威武,九地之下匿兵马。天地备兮难量,神机妙兮莫测。学者欲临事,有谋在心,详斯赋无惑。

是书谓之造宅三白之法,出自《都天》《撼龙经》八十一论。《太乙》《紫微》、九宫、八卦者,天地之骨髓,星斗之枢机。八卦互变而极于无穷,五行推移而应乎无尽。以九星为之九宫,以八门为之八卦。转造九虚,包含六合。上则可以补天地不全之化,下则可以助君王不及之功。扶危助急,发瑞吉祥。非闲游十二分之经图,又殊配二十八宿之格局。此书者,正天地之网纪,明阴阳之经纬。探幽索隐,显达通玄。

试其八卦,门庭配列九州,蹊径推迁六甲,驱使六仪,飞其日月,星奇应合乙丙丁,地宿论十干之纳甲。造四极之旺辰,首代周流,未发顺承,更迭不遗,遁环无尽。太乙直符俾之运局,太乙直符使之指挥。奇以六仪,偶以八节,上下招摇而外内表应。三般运局,八卦皆通。值其吉则万事堪为,值其凶则一分莫举。

其一曰都天九卦,其二曰入地三元,其三曰行军三奇,其四曰造宅三白,其五曰遁形太白之书,其六曰入山撼龙之诀,其七曰转山移水九字玄经,其八曰建国安基、万年金镜,其九曰玄宫。

盖为女官八福救贫,生仙产圣,变祸福如反掌,使贫富如等闲。倘三叠之遇奇门,实若龙蛇之得云雨。见六合之逢吉局,如虎狼之产羽翼。忌取休囚,防其刑击。如得奇星来到,必须吉位门开,位位皆宜,门门俱吉。只要合得其所,仍须各论其求。干神不求,支神不克。神藏煞没,方知万事皆和。反吟伏吟,知是千殃数集。如或奇逢旺相,是为富贵之谋。门逢休开,大协英雄之应。直使加临,如过青龙反首,值甲乙之妙详。若逢白虎猖狂,见庚金之凶祸。若见螣蛇跌跻,知壬癸之峥嵘;倘逢朱雀投江,管丙丁之妖怪。若见飞鸟跌穴,便云百事皆祥。或遇贵人登坛,管取九宫俱庆。通玄机而天地皆转,得妙用则万事亨通。若为文武官僚修造,取位皆增;或为良民庶士迁茔,扶危作官。建州府而民安物泰,兴县镇而富足祖平。立宫室而福聚人依,修庙宇而鬼安神安。桥梁、船驿、井灶、路途或诸余行事,贵在选择。动获资金万计,要明生旺参宜。或有太岁、将军尽皆拱手,任是九良九煞,莫敢当头不问。犯着空亡禁煞,不问诸家运气不起,但求山局,却要有奇,不可无门,可保千年,皆招百福,最堪动土破山。埋宗葬祖亦有奇星到坐,门户得开,有龙山者必求回首青龙,有白虎者忌其猖狂白虎,有玄武者还其跌跻螣蛇,有朱雀者怕其投江朱雀。如斯迎避,用意配求。值飞鸟跌穴则有异鸟过临,彩禽坠羽,鹰鹯弃其亡鸟,鹤鹭返以鳅鱼。仙鹤来鸣,彩鸾下集。四体大全者吉,两头破坏者凶。贵人登坛者,必有旌旗相乘。雷电风云,印墨文书,金章紫绶,得其青龙回首之时日者,当有鳞甲伏藏,金鱼落穴,螣蛇蜃化,马餐雷轰,光焰金银,幡花绘彩,来相应其时,相助其吉,各有克应,合取山头,万无一失之虞,动有十全之吉。分其头绪,布其提纲,具列千端,备述其蕴,非但谋猷之逢吉,乃为天地之献祥。助国安邦,济民利物,得之者宜住袭于玉匮金滕,真所谓至圣皇家之宝也。

奇门总歌

诗曰:

阴阳逆顺妙无穷,二至还归一九宫。

若能明达阴阳理,天地都来一掌中。

二至者,冬至、夏至也。九宫者,一乃一七四,九乃九三六也。

三才变化作三元,八卦分为八遁门。

三才者,天、地、人也。三元以甲己加子午卯酉为上元,以甲己加寅申巳亥为中元,甲己加辰戌丑未为下元。八卦,乾、坎、艮、震、巽、离、坤、兑是也。

乃直符居所之宫，即阴阳二遁皆游其上，如：

乾属金为天，居西北方，主开门是也。

坎属水为水，居正北方，主休门是也。

艮属土为山，居东北方，主生门是也。

震属木为雷，居正东方，主伤门是也。

巽属木为风，居东南方，主杜门是也。

离属火为火，居正南方，主景门是也。

坤属土为地，居西南方，主死门是也。

兑属金为泽，居正西方，主惊门是也。

遁者，隐也，六甲隐在六仪之下，故名曰遁甲。今以神龟论曰，欲知八卦所属，即左三右七，戴九履一，二四为肩，六八为足，五居中宫，以为实腹其中宫，寄坤宫也。如《易》所谓“坤为母”是也。今遁八卦所生，故名曰：八遁门也。

星符每逐时干转，直使常随天乙奔。

星符者，九星是也。直使者，八门是也。天乙者，直符是也。所谓星符者，盘门九星中一星是也。直使者，八门是也。时干：甲、乙、丙、丁、戊、己、庚、辛、壬、癸也。天乙者，星本甲所主之直使，顺即一、二、三、四、五、六、七、八、九是也。凡遁甲之法，以所用星符随时干以所用，值使天乙而奔。

六仪六甲本同名，三奇即是乙丙丁。

六仪者，甲子戊、甲戌己、甲申庚、甲午辛、甲辰壬、甲寅癸是也。甲子常随六戊，甲戌常随六己，甲申常随六庚，甲午常随六辛，甲辰常随六壬，甲寅常随六癸。三奇者，乙为日奇，丙为月奇，丁为星奇也。

三奇倘合开休生，便是吉门利出行。

万事从之无不利，能知玄妙得其灵。

如天上丙临地下乙丁，或在天上丁临地下乙丙。又与开、休、生三门合者，此为吉门。宜出行、出军、行师、兴工、动土，无不利者，委有玄妙如神灵也。

值符前三六合位，前二太阴君须记。

值符后一名九天，后二宫神名九地。

如阳遁一宫甲子加直符，便以一宫为天乙，二玄武，三太阴，四六合，五九天，六九地，余仿此。冬至后顺，夏至后逆，前三太阴，前四六合，值符后一九天,后二九地。

地为伏匿好扬兵,六合太阴可藏避。

地静为伏匿,后二坤名九地,六癸之下可以伏藏,则人不见。九地之上,六甲可以陈兵而击其冲,然皆要三奇合太阴而无吉门,名曰:有阴无门,门合太阴,无三奇为之,有门无奇。

急从神兮缓从门,三五反覆天道利。

若急速无奇门,即用玉女反闭之术,布六仪而行从神机也。若运机缓情须吉门而出。经云:趋三避五,巍然独处,谓之趋三吉门,避五凶门也。如用神机则反凶变吉,是利道矣。如遁得乙奇在门,念乙奇咒,丙奇念丙奇咒,丁奇念丁奇咒,出其方百事皆吉。

以上若得三奇妙,不知更得三奇使。

乙奇使甲午、甲戌,丙奇使甲子、甲申,丁奇使甲辰、甲寅,须三奇之妙,又不若得三奇之使为尤灵也。

得使犹来未为精,五不遇兮损其明。须知时克日吟格,相加犹不吉得三奇之使为遁之妙若五不遇时乃刚柔相克之象所克即损其先明如甲子日得庚子时之例吟即反复二吟为上下相克凡庚为干格则万物凝滞六甲相加尤为不吉也。

掩捕逃亡须克时,占稽行人信岂失。

如掩捕逃亡,阳时可得,阴时不得。如占行人,阳时来,阴时不来。又主信失,如遇庚加时,即有阻不来,主失信也。

头中三奇游六仪,天乙会合主阴私。

乃天上乙丙丁临地下六甲之仪,如甲子有丁卯,甲戌有己卯,甲申有戊子,甲午有丁酉,甲辰有丙午,甲寅有乙卯,此玉女守门时,为阴私和合之事。

讨捕须明时下克,行人信息遇三奇。

三奇上见游六仪,六仪便见五阳时。

兼向八门寻吉位,万事开之万事宜。

如六仪与三奇合太阴,又遇太冲、小吉、从魁,又加地四户是为福食,宜远行、出入、移徙。门户者、除、危、定、开,如正月卯午子酉之例是也。

五阳在前五阴从,主客须知有盛衰。

自甲至戊五阳时,利于客,宜先起;自己至癸五阴时,利于主,宜后动。当阳之时，客盛主衰；当阴之时，主盛客衰。使将旺相休废参详，万不失一。如冬至，休旺生伤胎杜没景死囚开废之例是也。

阴后五干还须记，六仪加着更无利。

六仪忽然加三宫，更无刑击先须忌。

三宫即太冲也。

六仪击刑三奇墓，此时举动百事误。

如子刑卯，丑刑戌，寅刑巳，卯刑子，巳刑申，午刑午，未刑丑，申刑寅，酉刑酉，戌刑未，亥刑亥。凡击刑主谋事不成，多有失陷，不可出师、出行，百事不吉。三奇入墓，如乙奇坤，丙丁奇乾，主求谋不获，此时举动，百事失误，不吉。

太白入荧贼即来，火入金刑贼即去。

丙为悖兮庚为格，格则不通悖乱逆。

凡遇天上丙临地下庚，主贼退逃。天上庚临地下丙，主贼来侵侮。门虽吉亦凶，主客俱不利，客多败。凡遇丙临时干谓之悖，庚加时干谓之格，不可出行举事，主乱不通也。如有急事不得已行筹布局反闭而出去，则变凶为吉也。

庚加日干初伏子，日干加庚飞两格。

庚加直符天乙伏，直符加庚天乙飞。

庚加岁为岁格，加月为月格，加日为日格，加时为时格，值符为伏宫格，值符加庚为飞宫格，皆凶，不可举兵、行师、行事，立见危败。此注宜写在举动、行师，亦不宜修条注内。

加己为刑遁之格，加癸猿中大格宜。

加壬之时为小格，兼岁日月之时移。

当此之时俱不吉，举动行师亦不宜。

庚加己为刑格，主隐伏之患伐乱，不祥之事出，则车被马颠，敌奔勿追。占人，主刑狱困危，看星门吉断凶之。庚加癸为大格，出军车破马伤，求望不得，托人则失信，须三奇门，不可用也。庚格法，《三元经》中自有祥论，此不赘矣。

丙加甲兮鸟跌穴，甲加丙兮龙返首。

如丙加甲值符，甲值符加丙，更逢开、休、生三门，万事皆吉。

辛加乙兮虎猖狂，乙加辛兮龙返走。

丁加癸兮雀入江，乙加丁兮蛇跌跞。

雀投江忌远行，主词讼。蛇跌跞主惶惑不安，龙返走主失陷财物，虎猖狂时主伤亡之灾也。四者皆相克制，用之主百事凶。

符加丙丁为相佐，使相六丁为守屏。

丙合戊兮为天遁，地遁乙合开加己。

休乘丁合太阴入，天网四张时加癸。

蓬加英兮为返吟，伏吟之时蓬加蓬。

吉宿逢之事不吉，凶宿逢之事愈凶。

伏吟时，宜收剑财贷；返吟时，宜发财货。其余事纵得奇门亦凶，不可用也。

天辅冲任禽心，吉天蓬天英芮柱凶。

凡时下得辅禽心大吉，任冲小吉，蓬芮大凶，柱英小凶。吉星方道不合奇，可用凶星方奇列，呼其字而咒之，大吉矣。如天蓬呼子禽之例是也。

阴宿禽心柱英芮，阳宿冲辅及蓬任。

凡阳星加一宫为开，阴星加一宫为阖。盖一宫皆凡气之本，阴阳之根，凡吉事开时吉，阖时凶。远信行人盗贼开时来，阖时不来。

天网四张无走路，阴阳逆顺妙无穷。

天网者，六癸也。经云：天网四张，万物尽伤。盖六癸时不宜举动百事，惟宜逃亡。神天上六癸方而出入，不见也，然网有高低，不可不察。假令临二三四五宫，尺寸低奇扬而出，临六七八九宫，尺寸高过人，为之四正无赤踏，反遭刑厄。冬至后阳遁皆顺气布局，夏至后阴遁皆逆气布局，以推布超吉避凶，微妙神灵莫测。

节气推移时候应，二至还归一九宫。

三元超遁游六甲，八卦周流遍九宫。

符节超接以应候，上中下元遁流行六甲上，八卦九宫应一岁内之八节遁流度，一白、二黑、三碧、四绿、五黄、六白、七赤、八白、九紫，终而复始也。

若能通达阴阳理，天地消详一掌中。

诚能晓此遁甲之理，天地之变，阴阳祸福，皆在掌中，所谓“纵横天地，把握乾坤”。

三起遁例

论阴阳贵人、三辰、地私门、六合、太阴、太常,日支上逆,自巳至戌为阳,用逆贵属阳,用下一字,如阳日用未字,建阳贵也。余仿此。子午卯酉月、乾坤艮巽时要神藏,数乃合用辰戌丑未月、乙辛丁癸时,日星定阴阳用寅申巳亥月、甲庚丙壬时,顺逆贵人也,合论阴阳过宫为是。

贵人起例

诗曰:

甲丑戊加羊,乙鼠己猴乡。
丙猪丁鸡位,壬兔癸蛇藏。
六辛当见马,庚见虎为强。
辰戌魁罡位,贵人不临场。

论日贵夜贵

盖阴阳贵自寅至未为日贵,自申至丑为夜贵。日贵用上一字,夜贵用下一字。自亥至辰为阳贵,顺行十二支;自巳至戌为阴贵,逆行十二支。此贵人以月将加时论。

论月将加时

假如十二月壬申日,以未时算,以十二月月将在子加未时,上系日贵,上就以月将数去顺行,到戌上遇卯乃未卯在戌也。

天乙贵神前

一贵神,二螣蛇,三朱雀,四六合,五勾陈,六青龙。

天乙贵神后

一天后,二太阴,三玄武,四太常,五白虎,六天罡。

六仪例

甲子六戊甲辰壬,甲申六庚甲午辛,
甲戌六己甲寅癸,乙丙丁兮日月星。

八门九星定位诗

天蓬坎一及门休,芮死专居坤二流。
诗曰:

冲宿伤门三震位,杜门天辅巽宫周。
心开乾六禽星五,天柱惊门兑七求。
天任生门临艮八,天英离九景门修。
五位无门只禽宿,借居坤二死门游。

三元分局例

甲己遇甲子甲午己卯己酉为上局。
甲己遇甲寅甲申己巳己亥为中局。
甲己遇甲辰甲戌己丑己未为下局。

分局起例捷歌

甲管五日己五日,甲己子午卯酉上。
甲己寅申巳亥中,甲己四墓下元象。
甲己为符月局六,二至顺阳逆阴上。
节前符到便为超,节后得符为接续。
旧诀幽繁起例难,补授简歌人易熟。

论超接之法

超者,超过也;神者,日辰也;接者,承接也;气者,诸节也。节气未至而日辰先到,则后节气为主而超越,用未来之节气,此之谓超。又有节气已至,而日辰未到,则后日辰为主,而待日辰至方接承节,盖其气未来,而日辰未至,而奇星用于前节,此之谓接也。

如丙午年四月十三,壬申交立夏节,然四月初五日是甲八日,甲巳日是四仲月也,巳在立夏前九日矣,则合节越先用于甲子日下,超先用立夏上局奇巳,已后用中局,此乃先得奇后得节,凡作用取效为速。

又超接诀

凡节气或遇甲子、甲午、己卯、己酉日，是甲巳谓之正受，若不遇甲子、甲午、己卯、己酉，则官历挨究洪过茂口星，当用第几局，名曰超接，其造化每遇冬至多是超至十二三日，又曰闰也。

奇门正超闰接局例

正超闰接欲推知，逐节先头定四奇。
四定恰当交节气，上元从此始无疑。
元元逐节轮排去，正后逢超断不移。
超遇旬余斯有闰，闰余接局又随之。
正超闰接循环转，二至之前期闰期。
只此数言为拟诀，详观真诀被昏迷。

又例：

正局值符当节气，超因符在节前推。
闰中二至超过远，接是符从节后来。
接次又还归正局，循环逐位照前排。
更无异义难推时，不必旁求妄意猜。

又诀：

但看符头在节前，例为超局不虚言。
若逢节向符前至，接气无疑合自然。
正是符头当节气，不前不后恰无偏。
闰奇独自无逢者，端的当归二至前。
直逢节气方交日，四仲符头恰相值。
便为正局上元期，一任排推无差忒。
正局既的无混渎，渐渐移来换超局。

超至旬余是闰奇，二候才终当接续。
闰期若不归芒种，便是阴终大雪时。
十五日完期已矣，不将超接正同推。
超或经旬经九朝，或过十一日无饶。
闰奇额在斯三日，更不加前与后头。

超闰接局例引证

假如嘉靖丙辰年十一月初十日，乙丑夜子初二，交冬至则四仲甲子符头超越一日矣，于此节是超神局，故前一日甲子为冬至上元之始。次排中元下元至丁巳年，一年始终是神神局，直至戊午年五月十一日戊午申初刻交芒种，先起用本月初二日己酉符头为芒种上局，初七甲寅日为芒种中局，十二日己未为芒种下局。自初二至十一日乃超过九日矣，至十六日癸亥则芒种上中下三局已足矣。自十七日甲子至二十六日癸酉戌时正一刻交夏至，则符头已越超十日，为太远，故十七甲子不作夏至上局，而为芒种闰奇上局。二十二己巳作芒种闰奇中局，二十七日甲戌须在夏至气候，乃用补完芒种闰奇下局。至六月初二戊寅日正闰奇三局方终，六月初三日己卯妨得夏至上局奇，则符头徒在夏至后五日矣，斯乃谓之接气。直至己未年五月初八日己卯丑时正一刻交夏至，而己卯仲符恰当其日，不前不后，是为正局本日，即是夏至上元正局，直至七月二十四日癸巳日正局已尽，而二十六日乙未寅时正二刻交白露，则甲午仲符头又符前一日复为超神，越至明年芒种后又当置闰矣。

凡闰奇三候一终即为接气，移气积久乃换正奇，正奇渐移乃换超局，超过九日或十日、十一日则当置闰。置闰之法决在芒种、大雪二节之后，设遇小雪二气之后，或超九日、十日不可置闰，务于二至之前置闰，始不差误。论至于此正超闰接气要诀至矣，失尽久，但以上起明超神接气并假知歌诀明矣，符相冲勾陈位。

前一螣蛇对朱雀，八神守门当此地。
阳遁顺行定无疑，阴遁逆行依此例。

阳直符论

螣蛇,太阴,六合,勾陈,朱雀,九天,九地。

阴直符论

九天,九地,朱雀,勾陈,六合,太阴,螣蛇。

宜藏伏天扬兵,六合太阴可隐避。地静为伏匿,后二神右九地六癸之下可以伏藏,则人不见,乙天之上六甲可以陈兵而击其冲,然三奇合太阴而无吉门,名曰有奇无门。门合太阴,无三奇,谓有门无奇,亦吉。

有直符并直使,兵家用之敢为贵。右将此地击其冲,百战百胜君须记。

直符者,天乙也;直使者,八门也。居天乙以击其冲生,生门而击死门,皆百战百胜,此所以兵家用之为贵也。

二至之前有闰奇,芒种大雪是根帝。
有时超接事何如,到此闰局堪为例。
节气推移时阳定,阴阳顺逆理须通。
三元超遁游六甲,八卦周流遍九宫。

又述古歌括

甲巳居仲上元蓬,孟任中元季下宗。
五日一元同二遁,十时一甲用皆同。

诗曰:

阴阳二遁原洪造,速气未节符先到。
遁时交节奇未来,超神接气通玄奥。
四仲未来节先来,符节仍将木局裁。

虽然新节已交气，奈何仲日未胫剖。

四仲先表节后至，超用未来之节气。

有时超越过旬余，所以积余成闰位。

二至之前有闰奇，此时累积官成之。

阳极阴终无后节，因兹立闰例其余。

按此古歌五绝正超闰接。未明余既推演歌，早于前后作指阴，假如引证于后，得以添互推究，必不再烦疑虑，曰能子违于也。

月悖格

假如嘉靖壬戌年九月初四乙酉日丑时用事，八月二十七日己卯符头，二十九日辛巳寒露属寒露中保阴九局戊加离巳艮庚兑辛乾壬中癸巽布仪已毕又以甲加离乙奇坎为蓬，乙丙奇坤为芮，丙丁奇震为坤，丁顺奇巽。又以甲子加离甲戌艮乃丁丑时之旬，所就以旬长宫天任直符，如子时干丁字所上震宫凭后天顺以任在震坤巽辅，离英坤衍禽兑则带坤宫，天盘月奇到兑则兑宫地盘原有庚金为天芮，如地庚则为日勃也，此与荧入白同也。

经曰：

丙寅值为勃，火星焚大屋，

移室得安然，独自闻愁哭。

大格时

假如嘉靖壬戌年十月二十八日己卯寅时用事，十月十三日甲子符头，十六日丁卯子时小雪节，即小雪上中下三局，二十日戊寅日是矣。其八日己卯乃大雪，四直符加大雪上，四局戊巽为震庚坤为丙庚辛坎壬离癸艮逆仪定，又以甲加巽乙中丙乾丁兑顺奇，完时甲子居巽宫，以巽宫天符局直符加子时，所居后天乾宫顺行则辅乾英、坎芮、艮则帝坤宫，天盘六庚下临地盘艮宫，原有六癸居其宫，兹值六庚如同名大格时也。经曰：庚加癸壬为大格时，百事凶，不可用也。不宜远行、车破马死,造作人破财散。

白虎猖狂

假如壬戌年九月二十五丙午日,子时用事,系超霜降下阴二局,戊坤己坎庚离辛艮为任,壬兑癸乾逆仪毕,又以甲加坤乙震为乙丙巽丁中顺奇毕,又以甲子加坤乙震坎甲申离乃子时之旬头,却以时旬离宫天英加子时干,所居后天坤宫则英坤内柱乾心,故蓬艮任震则带艮宫,天盘六辛到震宫,地盘原六乙在宫,是六辛加六乙,白虎猖强凶,不可用也。

飞鸟跌穴格

假如壬戌年九月初二日壬午日,卯时用事,系起寒露太阴大局,戊乾己申庚巽辛震壬坤癸坎逆仪巽,又以申加乾为辛甲乙兑丙艮为任,丙丁离顺奇,又加甲子如乾甲戌甲申中巽甲午震,乃如时之旬头以时旬震宫天冲加子时于所上,后天坎宫顺行,则坤坎辅艮英震芮禽巽杜离心坤,蓬兑在乾则带艮宫,天盘六丙加于乾宫,地盘六甲名曰飞鸟跌穴。更与吉门同宫,远行出兵,百事大吉。从征击贼,力敌万人。

青龙返首格

如壬戌年十一月十四甲午日,寅时用事,系超冬至上阳一局,戊坎己坤庚震辛巽壬申癸乾仪毕,又以加坎为蓬日乙离丙艮为任,丙丁兑逆奇毕,又以甲子加坎,乃寅时之旬头,则以时旬所居天蓬加子时,于所止后天之艮宫,即地坎宫,天盘六甲加于后天艮宫,地盘六丙是为青龙返首格。若大吉,门上最为吉也。利见大人举兵,利客,扬威万里,一敌万人。

岁 格

如辛干之年以阳遁五局甲巳日癸丙时,中巳乾庚兑为杜庚辛任艮为岁干壬离癸坎顺仪毕,以甲加甲乙巽丙震丁坤逆奇,又以甲子时旬所寄坤宫向乾加于时于亥止后,天坎宫则柱到艮则带兑宫。天盘六庚下临艮宫地盘岁干之辛,即为岁格。坎逢六庚加于年月日时四干俱为凶格,不可用事。

刑 格

如壬戌年腊月十四甲子日,寅时用事,十一月二十九日己酉符头,十二初二日壬子小寒节,小寒上中下三局,十三癸亥日是矣。十四日甲子乃超大寒前四日,后超大寒上阳三局戊加震,巳加巽,庚在中寄地坤为庚辛乾壬兑癸艮,顺仪毕,又坎甲加震、乙坤、丙坎、丁离蓬奇毕,时旬甲子居震,以天坤为直符加干所止后,天坎宫顺行,则坤坎、辅艮、英震、芮巽则带坤宫,天盘所寄六庚,丁临巽宫,地盘六己名为刑格。经曰“六庚加六己,亦地须十里。远行车马失,出军中路上有阻”。正此谓也。

日干伏格

如壬戌年十一月初七丁亥日,戌时用事,系阳七旬戌加兑,巳加艮,庚离为英庚辛坎壬坤癸震顺仪毕,又以甲加兑乙乾丙中丁巽,逆奇毕,又以甲子加兑、甲戌艮、甲申离、甲午坎、甲戌坤为戌时之旬所,即以时坤宫内禽加于时干所止离宫,然后大顺行内,禽离、柱坤、心兑、蓬乾、任坎、坤艮、辅震、英巽,即带离宫天盘庚金到巽,巽宫地盘须有丁奇,乃为干日,庚干歌所谓“庚加日干为伏正格”,正此谓也。

奇门局例

（谓六十年月日时奇门定局并克应格例等事）

年家奇门

以下年月，姑举奇门吉星定局，余仪之星门难以尽载，当与时图加之自见矣。

年	上元一局		中元一局		下元一局	
甲子	伏吟	休坎	伏吟	开九天乾 休九地坎		开乾
乙丑	反吟	生坤　景丁坎		丁九地巽 乙离		开九天兑 大乙天戊坤
丙寅		休艮　太阴坎		开丁兑　九天坤 九地兑	反吟	休丁震 生丙巽
丁卯		休丁兑 开丙九地坤		休六合神 生丙太阴兑		开太阴离 生天戊兑
戊辰	伏吟	休乾　太阴兑	反吟	生坤	伏吟	开六合坎 休太阴艮
己巳		五休九天神		休天乙天戊乾 乙震九地艮		开丁坤 休丙兑
庚午		生丙九地兑 休丙巽		休震　九天乾 生丙巽		休任巽　九天兑 天戊天乙坤
辛未		生丁离 开丁震		生乾　休乙兑	反吟	无奇门
壬申		开乙六合离 生心兑　九天坎	反吟	休九天巽 生丁九地离		休任震 丙坎天戊天乙离

（续表）

年	上元一局		中元一局		下元一局	
癸酉	伏吟	休丁兑 开丙	伏吟	开丁乾休乙坎		开天乙乾 休坎　生戊艮
甲戌	伏吟	开乾	伏吟	开丁九天乾 休乙九地坎	伏吟	休丙六合坎 生太阴艮
乙亥		开丁离休天乙坤 生乙　九天说		休丙兑天戊坎 丁九天震		休太阴 生任离
丙子		休天乙申加丙震 开丁艮　九天离	反吟	生丁坤 九天坤		生甲加丙乾 天戊坎
丁丑		生乙九天离		休巽丁九天艮 乙九地震	反吟	休丁震 生丙离
戊寅	反吟	休乙九天艮		开天戊艮 休天乙兑		开乙兑 九天离
己卯	伏吟	生九地震 开九地兑	伏吟	开丁坎 休乙艮	反伏吟	生兑
庚辰		开天戊坤 乙九天震		生丁九天兑 乙九地离		开丙离 生兑
辛巳		开九地坎九天乾 丙离	伏吟	开乙艮 九地艮		休乙震　天戊巽 生丁离　九天艮
壬午	反吟	生六合　太阴坤 九天坤	伏吟	丁九天艮 乙离		开丁坎　天乙离 休丙艮　九天坤
癸未	伏吟	生丙九天艮 开戊乾	伏吟	开乙九地乾	伏吟	开太阴乾 休丙坎
甲申	伏吟	生丙九天艮 开戊离	伏吟	开戊九天乾 生丁艮　休坎	伏吟	休坎 生戊艮
乙酉	反吟	生丙九天兑 开戊离		开乙坤休六合兑 生太阴乾	伏吟	休太阴巽 生离
丙戌		生乾		生心九地兑 乙坎天戊九天坤		开兑　天戊坤

（续表）

年	上元一局		中元一局		下元一局	
丁亥	反吟	五生丙九地坤 九天离	伏吟	开乾　生戊艮	反吟	丙坎 九地坎
戊子		休丁九地震		休巽		开六合坎天戊艮 丁九天离
己丑		开乙坎丙九天坤 丁九地兑		开丙兑　九天坎 丁震　九地艮		生丁巽　天戊乾 丙九天离
庚寅	伏吟	生坤		生坤　九天兑 太阴巽	伏吟	开九地乾 休坎
辛卯		开天乙兑六合巽 天戊坤九九地坎		生丙震丁者 九天天戊离		开六合坤丙地震 休天戊兑
壬辰		生六合离天戊兑 休乙癸合丁巽		开丙艮　九天兑 太阴巽		生丙九地兑开乙离 休丁九天坤
癸巳	伏吟	生艮	反伏吟	开九地乾 九天兑	反吟吟	开戊乾
甲午	伏吟	开乙乾	伏吟	开丙九天乾 生戊艮	伏吟	开乾九天兑 天乙巽
乙未		生丁六合震 天戊九地乾		开丁兑 丙九地震	反吟	开可巽
丙申	反吟	五开丙兑 休丁六合乾		开丁六合艮 伏乙太阴震		开九天坎丁太阴 丙兑乙六合离
丁酉		丁坎九天天乙离 天戊九地坤		生乙兑　天乙坎 丙九天艮天戊巽		生任九天乾 休　兑　九地坎
戊戌	反吟	生丁六合坤 天戊九地震		乙离　天戊艮 天乙兑		休乾九地坤 丙震
己亥		开戊九地兑	反吟	开乙太阴坤		生兑　丙艮 阴坎天戊坤
庚子		休九天震 天戊九天巽		丙九天兑		休丁巽 生丙离

（续表）

年	上元一局		中元一局		下元一局	
辛丑	伏吟	开坤 九地乾		生九地坤	伏吟	休震
壬寅		休丙巽天戊九天艮 生丁六合离		生丙九天坤遁巽	反吟	休坎
癸卯	伏吟	开丙戊乾 休坎	伏吟	开乙离 天戊坎	伏吟	休丙坎　九天巽 九地巽
甲辰	伏吟	开乾 生戊九天艮	反伏吟	开乾	伏吟	休六合坎 生太阴艮
乙巳		开心坤　休蓬兑 生任乾　九天兑		休丙九地巽		生乙九天兑 丙坎
丙午	反吟	生丙坤　九地离 九天天戊巽		休丙九地兑天戊坎 丁巽　　九天坤		休丙威德震 天乙甲加丙乾
丁未	反吟	休巽 生九天天戊离		休丙九地震 天乙坎　天戊离		休任巽　天戊坤 丙艮　天乙兑
戊申		开六合坤九天艮 天乙坤戊心坎	反吟	开天乙兑 休九天乾		开丙六合坎 生戊震休太阴坎
己酉		开丁坎天戊九天坤 生乙太阴震天乙离		生丁太阴坤		休任六合乾 乙九天巽
庚戌		生六合兑 开丙离　天乙艮		开乙离 天戊艮		休乙九天兑 天戊离　天乙坤
辛亥		休丁震		休天乙巽 生九天离	反吟	生丁九地震
壬子	伏吟	开兑 九天坎	伏吟	开太阴坎 生天乙震	反伏吟	生九地坤 九地艮
癸丑		开九天乾 休丙坎　生丁艮	伏吟	开丙乾 生戊艮	反吟	休戊坎

（续表）

年	上元一局		中元一局		下元一局	
甲寅		开乾　九天艮 休乙坎	伏吟	开戊九天乾 生丁艮休九地坎	伏吟	休丁六合坎 生丙太阴艮
乙卯		开坤　九天兑 生九地乾	反吟	休巽 生丁离	反吟	生九天兑 开离
丙辰		生任兑天戊蓬坤 丁太阴坎九天巽		开心地九兑 丙盛德巽九地坤		休蓬兑　九天坎 生任乾　九地艮
丁巳	伏吟	开乾　生丁艮 休丙坎		生六合坤	反吟	五生九天坤 九地坎
戊午		休九天戊艮		开九地坤		生巽 开丙太阳艮
己未		开心兑　丁震 天戊蓬　九地兑		休丁巽　生乙艮 休丁震九地心艮		开丙坎　九天巽 乙兑　九地离
庚申		九天震 开九地巽	伏吟	天戊九天坎 开九地乾		生坤　天戊乾 开巽　九地兑
辛酉		丙六合巽天戊巽 丁太阴离九天坎		休坎生艮 开九地坤休丁兑		开丙太阴兑 生坎丁坤休蓬
壬戌		开九天艮 休天戊震　生巽		生乙乾 生乙兑开九地离		开震休蓬巽生任 六天戊九地兑
癸亥	伏吟	开乾		景丙艮休九天天 戊坤 开乾	伏吟	开乾休坎 景离生艮

月家奇门

上元	甲子 己卯 甲午 己酉 年	中元	己巳 甲申 甲寅 己亥 年	下元	己丑 甲戌 甲辰 己未 年
上元	乙卯 庚辰 乙未 庚戌 年	中元	庚午 乙酉 乙卯 庚子 年	下元	庚申 乙亥 乙巳 庚寅 年
上元	辛巳 丙寅 丙申 辛亥 年	中元	辛未 丙戌 丙辰 辛丑 年	下元	辛酉 丙子 丙午 辛卯 年
上元	丁卯 丁酉 壬午 壬子 年	中元	壬申 辛亥 丁巳 壬寅 年	下元	壬辰 丁丑 丁未 壬戌 年
上元	癸未 戊辰 戊戌 癸丑 年	中元	癸酉 戊子 戊午 癸卯 年	下元	癸巳 戊寅 戊申 癸亥 年

日家奇门

八门：

甲子（乙己）丑丙寅（戊壬）子（庚甲）寅癸丑丁卯（戊丙）辰巳巳（乙辛）卯（丁癸）己壬辰庚午（癸辛）未壬申（戊甲）午（庚丙）申乙未癸酉（甲壬）戌乙亥（辛丁）酉（癸巳）亥。戊戌、丙子、丁丑、戊寅、庚子、辛丑、壬寅、己卯、庚辰、辛巳、癸卯、甲辰、乙巳、壬午、癸未、甲申、丙午、丁未、戊申、乙酉、丙戌、丁亥、己酉、庚戌、辛亥。

编者注：关于"日家奇门"，原著作者语焉不详，请研究奇门遁甲的读者朋友参看《陈子性藏书》日家奇门部分。

时家奇门

（奇遁图局剪开活用）

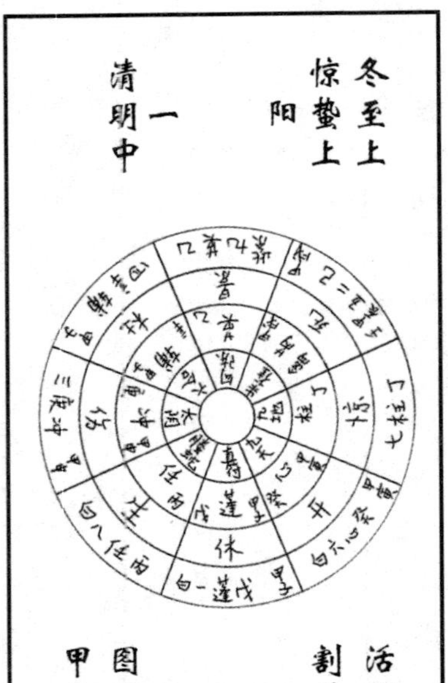

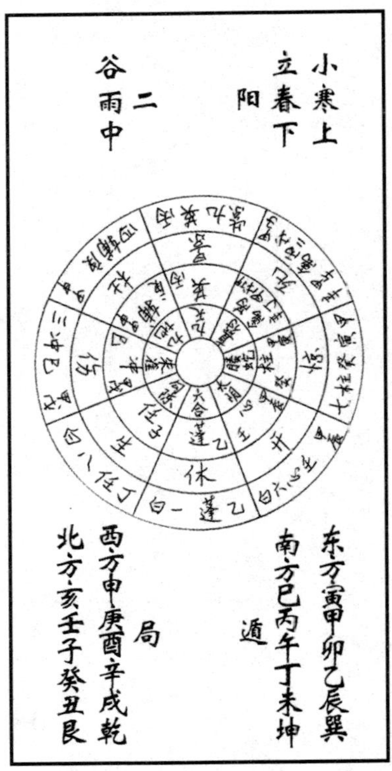

大寒上
春分上
阳
三
雨水下

一白六白八白九紫
吉星各图俱载
遁
局
二黑三碧四绿五黄
七赤凶星不圈

惊蛰下
冬至下
阳
四

中宫五寄
遁
局

小寒下
立春中
阳
五
谷雨上
小满上

遁
局

大寒下
雨水中
阳
六
春分下
芒种上

遁
局

冬至中
惊蛰中
阳七
清明下
立夏下

遁局

小寒中
立春上
阳八

遁局

大寒中
谷雨上
阳九
春分中
芒种下

遁局

夏至上
白露上
阴九
寒露中
立冬中

坎蓬休正北水
离英景正南火
震冲阳正东木
兑柱惊正西金

遁局

离心开西北金
巽辅杜东南木
艮任生东北土
坤芮禽死西南土

小暑上
立秋下
阴
八
小雪中
霜降中

遁
局

大暑上
处暑下
阴
七
秋分上
大雪中

遁
局

冬至下
白露下
阴
六
寒露下
立冬上

遁
局

小暑中
立秋中
阴
五
霜降上
小雪上

遁
局

大暑下 处暑中
阴
四
寒露下 立冬下

遁　局

夏至中 白露中
阴
三
寒露下 立冬下

遁　局

小暑中 立秋上
阴
二
霜降下 小雪下

遁　局

大暑中 处暑上
阴
一
秋分中 大雪下

遁　局

奇门诸格

奇门五十六格

龙返首格,甲直符加地盘丙奇也。

鸟跌穴格,丙奇加地盘加直符是也。

天遁格,生门丙奇临戊,又曰开合丙也。

地遁格,开门与乙奇临六己也。

人遁格,休门与丁奇临太阴也。

神遁格,生门与丙奇合九天也。

鬼遁格,丁奇合九地,任艮宫是也。

龙遁格,休门乙奇合坎宫是也。

虎遁格,生休门与乙奇合艮辛也。

云遁格,休开生与乙奇合辛在震。

风遁格,休生开合乙奇在巽宫也。

天假格,三奇合景门会九天是也。

地假格,丁己癸合杜门临二隐宫也。

人假格,六壬合惊门临九天也。

神假格,丁己癸合伤门临三隐宫也。

鬼假格,丁己癸合死门临三隐宫也。

真诈格,休生开门与三奇合临太阴也。

重诈格,生休开门与三奇合临九地也。

休诈格,休生开门与三奇合临六合。

三奇合,天盘棋与地盘仪合是也。

三奇得失,乙奇加甲戌己甲午辛也,丙奇加甲子戊甲庚,丁奇加甲辰壬申寅癸也。

玉女守门,甲己时丙,乙庚时辛,丙辛时乙,丁壬时己,戊癸时壬,丁干时也。

天辅时格,甲己日巳,乙庚日申,丙辛日午,丁壬日辰,戊癸日丑。

三胜宫,天乙直符宫,九天宫,生门宫。

天马方,月建加时,取太冲位也。

天三门,月建加时,取太冲、小吉、从魁也。

地四户,月建加时,取除、定、危、开是也。

地私门,天乙贵人位上加贵人,冬至顺,夏至逆行,取六合、太阴、太常是也。

吉门,休、开、生。次吉景、杜也。

三吉星,禽、辅、心上吉,冲、任次吉。

吉符位,太阴、六合、九天、九地也。

以上贵格三十条凡造葬嫁娶出仕经商营为行兵然击万事大吉也。

龙逃走格,乙奇遇辛。

虎猖强格,辛遇乙奇。

跌蛇跻格,癸见丁奇。

雀投江格,丁见癸也。

荧入白格,丙奇加庚。

白入荧格,庚加丙奇。

伏干格,庚临日干。

飞干格,日干临庚。

伏宫格,庚临直符。

飞宫格,直符加庚。

大隔格,庚加六癸。

小隔格,庚加六壬。

神隔格,庚加六己。

悖隔格,庚临时干。

天网四张格,癸临时干。

地网遮张格,壬临时干。

岁隔格,庚临岁干。

月隔格,庚临月干。

时隔格,庚临时干。

反吟格,星符加封宫。

伏吟格,星符加本宫。

三奇入墓,乙奇临坤宫丙丁奇。

临乾宫,又云巳未丙戌丁丑时同。

三奇受制格,乙奇临乾惊门庚。

辛金囚死,丙丁奇临坎死门壬癸水囚死。

六仪击刑格,甲子直符加三宫一子刑卯也。

甲戌直符加二宫戌刑未。

甲申直符加八宫申刑寅。

甲午直符加九宫午刑午。

甲辰直符加四宫辰刑辰。

甲寅直符加四宫寅刑巳。

门迫格,休门加坤艮,生门加震巽,景门加坎,惊门加离,杜伤门加乾兑。

宫迫格,休门加九,生死加一,惊开加三,杜伤加二八,景门加六七宫火克金是也。

五不遇格,时干克日干。

尺寸高低格,直符临一二三四五尺寸低,宜低腰出入。直符临六七八九尺寸,遇高不可用,极凶。即天网天上六癸直符加八宫也。

以上贱格三十条,皆为凶忌,凡有营为,百事切不可用也。

《五总龟》三奇加门说

甲、丙、戊、庚、壬属阳,吉。

乙、丁、己、辛、癸属阴,凶。

时干克日,谓之五不遇,不用。

凡三奇所到之宫与六甲天地盘同世谓之伐,宫生门谓之和,门生宫谓之义,宫克门谓之害,门克宫谓之制,三奇合六仪日谓之合,三奇同六甲符宫谓之欢怡。符加丙丁曰相佐,使加六丁曰玉女入关。

奇门克应

（谓三奇到方、八门出行观物一应等事）

三奇静位

乙日奇，到乾有人着黄衣而来，不然缠钱位。到坎有人着色衣至，不然鼓声七日内合进财生气物大发。到艮黑白飞禽从北方来人，带网应时。到震有打猎小儿应二十日先进财，后契书，大吉。到巽白衣人骑马来抱小儿应速，南人契书生贵子。到离有患足目人至，或小儿白飞鸟东方来，七日内进猪，大吉。到坤穿白衣西方来，或雷伤牛马，应一七日进生气契书。到兑女人三五个非喜鸦报事，百日主商音人送田地契书，吉。

丙月奇，到乾有双鸟飞禽，来人着皂衣，一月内有人财进，大发。到坎人执杖，黄白鸟西北来，六十日内进契书，东方大吉，大发。到艮人着青衣过，小儿啼哭，对铁器后七日内进财应。到震人执杖至，春雷声鼓声，七日内进财，贵子大发。到巽有乐声应，又唱吉或南来人有人事应。到离黄黑飞鸟成双来，六十日进田产应。到坤人穿皂衣南北来，二七日进女财，吉。到兑人执杖东方来，小儿鼓声，应七日进铁物，百日进人口，田地吉。

丁星奇，到乾人持斧来，不然牵牛羊至，应二七日合进财大发。到坎人从南方来，抱小儿至，更有黑云而至。到艮人持文书纸笔至，或小儿手持铁器至。到震有女人成双至，及南方有女人，或黑飞禽成双至，七日进财物应。到巽小儿骑马至，或南方黑云至。到离人穿色衣来应，三七日进横财，一百二十日进契书，大吉。到坤女着青皂衣，及黑飞禽，或人担水过，三七日合物大发。到兑人持文书纸笔，或打鱼罟网及飞禽而至。

八门应候

八门克应

休门,此门出三十里见阴贵人,或五十里见蛇鼠癸物,吉。日奇临休门,逢牛马及扛木人。月奇临五十里有鼓声,或乐器之声宜成利集万事。

生门,出此门见贵人车马,或五十里见公吏人着紫白色衣巾,吉。奇临生日门见物鼠争斗,或有孝之人。月奇临路逢病服,或人相问。星奇临逢猎都或犬,百事吉。

伤门,出此门三十里见争论斗伤出血之人,诸事凶,只宜讨捕、索债、博戏、猎捕盗,吉。

杜门,出此门二十里见男女同行,或六十里见恶人。日奇临杜门主女人身着青衣。月奇临主烽火,星奇临主弓弩,此乃三奇神也。

景门,出此门二十里有忧人,或三十里见大蛇,七十里有水火失物之事。

死门,出此门二十里见有疾病人,或五十里内见血光灾事。

惊门,出此门三十里见鸦鹊六畜抵触,或十里内损伤,四十里见人争打则吉,如无主惊。

开门,此出门三十里见贵人着骑马吉,或四十里见猪马逢酒食物。日奇临开门,客人红衣公吏。星奇临老人执杖或哭,星奇临执竹杖等物应。

八门路应

休门入生门,十八里有妇人着黄色衣或公吏人。

休门入伤门,四里逢匠人有条木,或棒棍,又有皂衣人应。

休门入杜门,五里逢妇人着皂衣,引孩儿行唱歌。

休门入景门,一二里九星逢皂衣人歌,骡马公吏。

休门入死门,十里逢孝服人,皂衣并啼哭,衣黑禄。

休门入惊门,十八里逢皂衣,公吏人打足,或妇人引孩儿。

休门入开门,十七里四足斗战打唱,唤皂衣阴人。

休门入休门,二九里逢黑衣妇人应,同样伴声歌。

生门入杜门,四星十里逢公吏行急,叹说长道声。

生门入景门,九里十七里逢勾当人骑驿马,步行随从人。

生门入死门,十里公吏人逢孝棍人,或啼哭声。

生门入惊门,九里逢公吏赶四局,人言官讼理。

生门入开门,六里六十里逢勾当人,共四足门。

生门入生门,一里十里内逢勾当人,或公吏人。

生门入生门,八里逢阳人着红共皂衣,公吏勾当。

伤门入杜门,七里逢工匠棍棒,或妇人引孩儿。

伤门入景门,一星九里逢工匠木棍,公吏骑马行。

伤门入死门,二里十二里逢巧匠把棍,孝子啼哭。

伤门入惊门,七里工匠家门人赶四足,妇人引孩儿来应。

伤门入开门,五六里匠人把棒四足,共斗敌一匠。

伤门入休门,一里四五里逢匠人勾当,公吏人妇人穿皂衣。

伤门入生门,八里逢巧匠人把棒棍,公吏人随使。

杜门入死门,一三四里妇人引儿孙及孝服唱嗼。

杜门入惊门,七里逢唱歌赶四足,亦言公讼事。

杜门入开门,五十里逢唱歌四足,敌暗会应突。

杜门入休门,十里急唱令,又逢皂衣妇人引孙儿。

杜门入生门,七八里急唱令,都是公吏阳人应突。

杜门入伤门,三六里巧匠把棍棒,此应甚有理。

杜门入杜门,一里九里妇人引孙儿,公吏骑骡马。

景门入死门,二里十二里逢孝子啼哭,公吏骑马。

景门入惊门,七里十七里公吏骑骡马,妇人引孩。

景门入开门,六里十六里公吏人或骑马,孝服人啼哭至。

景门入生门,十八里逢勾当,或公吏骑骡马起行。

景门入伤门,三里十三里公吏骑骡马,匠人把棍棒。

景门入杜门,四里逢公吏骑骡马,妇人引孩儿。

景门入景门,九里逢公吏骑骡马及四足。

死门入惊门,七里十里逢孝服人啼哭,妇人引孩儿及四足。

死门入开门,六七里十里逢孝服人啼,四足斗敌。

死门入休门,二三里逢孝服人哭妇人,或皂衣更啼哭吉。

死门入生门,八里十八里孝子大哭,更勾当人。

死门入伤门,二里十三里逢孝服人,木匠棍棒。

死门入杜门,一四里十三里孝服哭声,更有急唱。

死门入死门,二里十二里逢孝子哭声,公吏骑马。

惊门入开门,五里十六里妇人引孩儿,或言官讼。

惊门入休门,三里十里妇人着皂衣,亦言官讼事。

惊门入生门,八里十八里妇人引孩儿,更起四足。

惊门入伤门,三里十三里巧匠把棍棒,妇人孩儿。

惊门入杜门,四里十四里妇人引孩儿,喝赶四足。

惊门入惊门,二八里逢小儿,或四足言公讼事。

开门入生门,八里十八里逢妇人共四足,或伤人言官讼事。

开门入休门,一二里逢四足斗,妇人着皂衣。

开门入伤门,三里十三里逢妇人,四足开或匠人把火柱。

开门入杜门,四里十四里急唱,四足开阳人言官讼事。

开门入景门,九里十里逢人骑马,或四足开。

开门入死门,二里十二里逢人啼哭,或四足斗敌。

开门入惊门,七里十七里妇人引小儿,吏言官事。

开门入开门,五六里十里人共四足斗敌,或打四足。

以上八门克应果。

三奇路应

乙奇遇门两举相,或孝服人应,休门牛马及扛木人,开门客人红衣公吏人。

丙奇遇生门路逢病人或人相斗,休门五十里鼓声或乐歌之声,开门老人执杖或哭声。

丁奇遇生门逢打猎者或伏至，休门二十里逢白衣皂衣妇人，开门逢执节杖者等物应之。

三奇之中，丁奇最灵，六丁本火之精化而成，金若到震宫最明，若条营此方合到其方，可用竹板七个燃火，前引人去行四步外，灭火则兴工，必有符应也。

十干克应歌

十干克应有玄微，一一皆从时位推。

六甲贵人端正好，甲为天福吉有余。

阴日青衣妇人，阳日青衣男子，应三年内得天恩。

六乙僧道九流医。乙为天贵主高贤。阳为贵人，阴为僧道。

六丙飞龙见赤白。丙为天威，行逢骑赤白马人着青衣来应。

六丁玉女好容仪。丁为玉女，阳日女子物色，阴人大女人二十七日内有进古器。

六戊旗枪并罗鼓。戊为天武，阳日罗鼓，阴日亲友歌乐，年年内得武人财宝。

六己黄衣并白衣。己为明堂，阳日黄衣人，年内得贵人，阴日白衣人，一男一女。

六庚丧服并兵吏。庚为天刑，阳日见兵吏，阴日见孝子，白衣人四十九日有贵人文字来应也。

六辛禽鸟并鸦飞。辛为天禽，主飞禽，阳日白衣人一年内得财宝。

六壬雷霆零雹雨。壬为天牢，千里雷霆，阴日皂衣人，阳日白衣人，女抱瓶主七十日内进人口。

六癸孕妇喜欣归。癸为天灭，阳日捕鱼人，阴日孕妇归，六十日得铜镜。

十二支克应定

子时见女吃物或酒食等物,丑时见皂衣人骑马或无马应有贵人,寅时见僧道或公吏之人担物,卯时见先生或皂衣人,酉人把棒,辰时见女人着青衣或手中有物,巳时见渔子或赤体担物,午时见担酒物或女人相同行,未时见女人担菜或挑酒食物,申时见饮酒人或送酒物食出行,酉时见女人说话或有同伴之人,戌时见男女着青衣服大凶,亥时见公讼之事人把孝服害物。

释三奇贵神登殿

乙日奇下临震宫为日出扶桑,有禄之乡,谓之升乙卯之殿。

丙月奇下临离宫为达离,大旺之地,月照端门贵神并丙午之殿也。

丁星奇下临兑宫丁见兑为天乙之神,贵人升丁酉之殿。

右开、休、生三吉门会三奇贵神升殿之宫,门无道,奇无墓,此乃出师、用兵、远行、征讨、嫁娶、竖造、修理、葬埋、谒贵、交易、求财、迁居、安营,百事俱大吉利。

奇门发用歌例

诗曰:

十二支神连八卦,神煞相似无从罅。
人人点算尽皆知,个个说来人总怕。
欲来年月利修方,金神七煞及身星。
血刃飞廉剑锋煞,独火刀兵并火血。
无端蚕室与流财,一星三年万不脱。
人间切急要修营,急祭其方多恶星。

巡山罗睺空亡占，宜将燥火及停车。
转运行衙轻可准，宝曜胜光未必灵。
帝星半日方在好，雷霆合气吉星到。
须知守到通利时，日月蹉跎难好保。
遁甲奇门说与君，天闰只在手中转。
六甲直符与直使，三奇出处布诸门。
奇到门通无不利，管甚宫符并太岁。
日月星辰照下临，恶煞凶星皆拱避。
飞到九星皆有验，争奈时人会者稀。
多有愚人心不昧，只道主人福相随。
出兵战斗尚全功，始信神仙玄妙通。
不用书符并撒土，但将此诀掌中论。
若是合得三吉门，更兼日月星奇临。
官定发福耀门庭，若有时师明得者，
方信奇门不误人。

九星十二支辰克应

九星子时克应

天蓬值子多不利，入宅、安坟、上官、下穴，主有口舌争讼，作用之时有鸡鸣、犬吠、宿鸟投林，或鸟北方争斗之飞，造葬后主有缺唇人至，六十日应鸡生肉卵，有官讼至，主退财，凶。

天芮值子时，秋冬用之吉，春夏凶，不可作用之时，主有走兽惊，西南火光，二人相逐为应。造葬后主有猫儿颠、犬伤人、公事至，六十日内有女人自缢事。秋冬作用当进羽音人田及妻。

天冲值子时，主有大风雨至，仙禽燥、钟鸣为应。造葬后六十日有生气物入屋，周年田蚕倍取，更防新妇产亡，有因口舌得财。

天辅值子时，若反吟主天中有物衣明，西方有人穿红白衣人前来大叫为应。造葬六十日进商音人物，猿猴入室，甑鸣时主加官进禄，生贵子，若奇门并到，有十二年大旺吉利。

天禽值子时，生有孕女人来及紫衣至为应，造葬后儒人送物为应。因武得官，二十年后财谷大旺，人丁千口。

天心值子时，主有人争斗，鼓声从西北为应。造葬后主赤面人作牙，进商音古器、书轴，十二年内田蚕大旺，后因赌博，见讼破财。

天柱值子时，作用有风雨至，四起火后东至缺唇人为应。造葬后六十年主有蛇犬伤人，遇刃杀人，血光破财。

天任值子时，作用有风雨至，水畔鸡鸣，东南方持刀人遇为应。造葬后百日内主新妇自离，有本姓人上门，由赖退田产，出人男盗女娼。

天英值子时，作用时有锣声自西北至，及三五人把火代木为应。造葬后主有缺唇人破家，三年内血光、自刎，小儿因汤火破。

九星丑时克应

天蓬值丑时，主树木伤人，有雷电作及风雨为应。造葬后七日内鸡生鹅子卵，犬上屋，主丧小口，白头翁作牙，进商音人田契，大旺财谷，十年后即退败。

天芮值丑时，有金鼓声向西北至。造葬后七日有鸟龟自林中出，六十日被盗贼退财，口舌官事。

天冲值丑时，主云移四合，小儿成队来及妇人为应。造葬后鸟猫生白子，拾得古镜发财，周年得僧道田契，生贵子。

天辅值丑时，主东方有犬吠，有人持刀杀人斗叫。造葬后有白兔、野鸡入屋，六十日内僧道送物，东南方羽音人送契至，远行信归，周年进人口，大旺血财，加官进禄。

天禽值丑时，有孝服人持锡器来，小儿拍掌笑，吹笛打鼓叫闹为应。造葬后赌博获财，或拾窖发财，三年后获盗贼致富。

天心值丑时，用南风火光跛足人送宝。造葬后五日内有猫儿成双自外至，四十日内远人送物，进商音人财及契书至。

天柱值丑时，作用北方有匠人携斧至，树木上生金花为应。造葬后六十日，进羽音人金银器，三年被火，一贫彻骨，出人弄蛇戏犬。

天任值丑时，有青衫妇人携酒至，四方鼓声为应。造葬后半年进无名财物，周年有鹦鹉入屋，主口舌得财，三年后狗犬胡咬，主请举。

天英值丑时，东北有师巫至及锣声为应。造葬后一月内主火烧屋，一年内犬作人言，百怪俱见，死亡大败。

九星值寅时克应

天蓬值寅时，有青衣童子时持花来，此大有利，有黑衣至及女人至为应。造葬后有贼劫家财，六十日有蛇入屋咬人，因牛马伤人，三年后进田地。

天芮值寅时，有瘦妇怀孕至，更有蓑人至。造葬后有奇门旺相，六十日有牛入屋，大进血财，加官进禄，子孙吉。

天冲值寅时，有贵乘轿及童执金银器至。造葬后二十日进角音人契字、六畜及琉璃入屋，六十日母鸡啼，家主死，因口舌争讼得财，乙巳年生人发福。

天辅值寅时，见公吏人执铁器及艺人携物为应。造葬后六十日内，咬鸡吃，有贼送财宝至，进羽音人田契，十二年大发，生贵子。

天禽值寅时，金鸡洪鸣，主犬吠，有人戴综笠至为应。造葬后六十日进羽音契字、田财，人丁大旺。

天心值寅时，有白鹭及水禽至，金鼓四鸣，女人穿青色携蓝至为应。造葬后遗火烧小口，六十日内由公事至，百日内大进金银，因拾得古窖，进商音人物产，三年内因妻得财，生贵子。

天柱值寅时，有牛马喧叫及僧道人持盖，大雷雨至，喜鹊喧噪为应。造葬后六十日内，有盗牵连，公讼破财，女人堕胎产死。

天任值寅时，女人成队，地火前行，童子拍手大笑，西北骑马至为应。造葬后六十日内，甑鸣父死，百日内进六畜、女人，财宝自至，田蚕大旺，缺唇人争讼，婚事败。

天英值寅时，东方有军马至及捕鱼修网人至。造葬后女人因行路拾得财宝，六十日内进寡妇田产，百日内雷打屋败。

九星卯时克应

天蓬值卯时，黄云四起，妇人把铁器前来，大蛇横过。造葬后七日内、半月内有徵音人送财物，六十日内女人因贼牵执大破财，百日拾得窖，大发。

天芮、天冲值卯时，有女人穿红送物及贵子骑马至，两犬相吠，水牛作声。造葬后六十日，进东方绝户产业，因汤火伤小儿，治因财，二年内妇人堕胎产而死。

天辅值卯时，女人挑金至及师巫吹笙声。造葬后六十日大发，添丁，有生气物入屋，旺财，又因女人公事得财及田地。

天禽值卯时，大风东起，小禽西叫，怀孕妇人至。造葬后半年羊猫儿自来，四十日内得窖大发。

天心值卯时，有跛足妇人相打及犬吠鼓声，北方有财至。造葬后七日进横财，三年有牛自来，大旺六畜，因军得财。

天柱值卯时，有瘦妇持刀及僧道持盖至，及女人相骂。造葬后六十日内，人哭鸡啼，犬上屋，周年瘦病死绝。

天任值卯时，有老人持杖至，及喜鹊喧噪为应。造葬后七日内，有人进古器物，六十日内因女人获财，进牛羊六畜，因赌博得财，加官进禄。

天英值卯时，有人持灯来应，或执木棍来应。若见雷鸣，六十日进女人财宝，因而大发。

九星辰时克应

天蓬、天芮值辰时，东方大树倒打人，鼓声四起，女人着红至为应。造葬后鸟鹊四鸣绕屋，有劫贼至，破财，六十日有风脚人上门，自此后家生贵子，大发财谷。

天冲值辰时，主鱼上树，白虎出山，僧道成群至。造葬后拾得黄色物，大发横财，七十日因家主见伤折之灾。

天辅值辰时，白羊与黄犬相撞，卖油人与卖菜米人相撞，白衣小儿啼孕妇。主造葬后大发财谷，一年内双生贵子。

天禽值辰时，有师巫人相争大叫及东方鸦噪。造葬后六十日内，有僧道人及绝户送物产至。

天心值辰时，有云从西北起，青衣人携鱼至，女人僧道同行。造葬后六十日进中气如云出，三日内家生贵子，举及第，大富贵矣。

天柱值辰时，有人扛树过及男人持鼓过，黄衣老人持杖至。造葬后六十日，鸟雀生九子，鸡生双子，寡妇送契并田产至。

天英值辰时，西北方大雨至，鸡飞上树，女人着红衣携盛馔至为应。造葬后七日内有生气至，六十日进横财，大发。

九星巳时克应

天蓬、天芮值巳时，驼背老人披蓑衣至，女人携酒及师巫人至为应。造葬后一百日，因火大获横财，至四年，因武获职，加官进禄。

天冲值巳时，有牛相打，羊争行，女人相骂，西南方有鼓声喧闹。造葬六十日蛇咬鸡，牛入室，女人送契，主百日生贵子，大旺田财。

天辅值巳时，有人相打，女人抱布来，风四起，小儿蹼叫。造葬后六十日，进东方人财，悬运木大发。

天禽值巳时，有白头鸦成群飞鸣，及师巫人相打，有人骑马过。造葬后七十日内有妇人来合生贵子，成家值产，田财大旺。

天心值巳时，有女人抱小儿至，紫衣人骑马至，乌龟上树。造葬后半月内得四方财物，鼓人作牙，进商音人田契，六畜大旺，女人成家，寡母坐堂。

天柱值巳时，有黑牛过，钟声鸣，猪上山，后二十日进商音人财物，六十日家内女人下水，有生气物入屋，周年内猫捕得白鼠，大发大贵之兆。

天任、天英值巳时，有两犬争一物，野人负薪过，吏人持盖至。造葬后六十日内，获异路人财，南方人送鲤鱼至，生贵子，异路显达，进田财。

九星午时克应

天蓬值午时，有人持刀上山，妇人抱青衣童子至。四十日内家主亡，六十日内犬作人语，入屋内怪，赤面风疾人上门，由赖行凶破财，三年内得古窖大发。

天芮值午时，有缺唇人白衣人至，有妊妇过。六十日内有猫儿咬人，因买卖发横财，周年内得妻财产，大发。

天冲值午时，有东方人家起火，穿白衣人前来大唤，山鸟喧闹。六十日内拾得古器，运载大发。

天辅值午时，有僧道持盖，女人穿红至。后六十日内贵人至，送异物，进西方人金银，周年内得寡妇绝户物。

天禽值午时，有白衣女人来，狗衔花，山鸡叫，风雨从东来。六十日内有犬至外来，因赌博公事得财，乌鸡生白鸡，生气自来为应，田蚕大旺。

天心值午时，有大风雨骤至，蛇横路，女人着绉裙携酒至。后六十日蚕鸣，有跛足人送生气物，五年内进金银，田蚕大旺。

天柱值午时，西方有人骑马至，就有大雪，鸦飞鸣起。后五日内子妇先病，行丧哭泣，六十日内水边得古器。退小口。

天任值午时，西北方黄色飞禽来，师巫与君子人至。后四十日进宝贵人财物，紫衣入屋，生贵子。

天英值午时，南方有婚姻事遇，捕获人执弓箭至。后六十日被木伤死及自缢，公事败。

九星未时克应

天蓬值未时，童子牵二牛至，及惊风禽至，北方有女人着红衣至。后六十日内盗贼入屋，劫掠家财物，凶败。

天芮值未时，有捕猎人至，白衣道人携茶过，七日有乌鸦绕屋喧，周年内动瘟，见火烧屋伤败。

天冲值未时，有跛足小儿着孝衣，牛马成群过西北方闹叫。后六十日内有白羊入屋，六畜大旺。

天辅值未时，羊犬争叫，丐者携衣至，及僧道成群过，西北方有人争屋。后百日内文契进财物。

天禽值未时，有老人及跛足人担花过，或青衣携酒至。后六十日进羽音铁器，六畜大旺。

天柱值未时，有瘦妇与僧道同行，东北方有人携盖骑马至。造葬后百日内因媳妇见狐狸，败。

天任值未时，有白鸡飞来，飞禽西南方至，北方闻闹鼓声喧天，风雨大至。造葬后七日，女人送白色物，主六畜大旺。

天英值未时，有孕妇过，西北方鼓声为应。造葬后六十日内，家主落水死，周年内瘟疫，大败。

九星申时克应

天蓬值申时，有取木人顶笠至，西方有人见打木鼓叫。造葬后二十日内，鸡巢中蛇伤人，新妇自缢，淫欲公事败。

天芮值申时，东方凉伞青盖及僧道谈相人至，及牛马闹伤人，犬咬人。造葬后一百日，当进羽音人产物，周年内有水牛入屋，鹏鸟入家，乃主大病。

天冲值申时，南方白衣人骑马过，吏卒相杀。造葬后一百二十日，女人作牙，进绝户田产。

天辅值申时，有患脚人携酒至，三教色衣人至，西北金鼓声。造葬后半年内因妇人财大发，蛇行井中出，平日人送牛羊至。

天禽值申时，天中飞鸟大呼，师巫符来。造葬后百日内，女人拾得珠翠归，周年生贵子，大旺田蚕。

天心值申时，僧道前来，金鼓四鸣，百鸟交噪，红裙女人送酒至。造葬后寡妇坐堂，拾得古窖。大发。

天柱值申时，主水扬掠禽坠地，及青衣人携盖至。造葬后因火丧家。

天任值申时，大风雨至及打鼓至，僧道着黄衣为应。造葬后七日甑鸣，女人被火汤烧败。

天英值申时，有孕妇大哭，西方有金鼓声及僧道持盖。造葬后六七十日内大凶。

九星酉时克应

天蓬、天芮值酉时，西方有赤马，群鸣四噪。造葬后百日内，家生贵子，僧道作牙，进商音田地，大发。

天冲、天辅值酉时，远方人送书至，东方狐狸咬叫妇人把火至。造葬后周年生贵子，得横财大发。

天禽值酉时，西方火起，人家相打，大叫鼓声绕集。造葬后周年生贵子，大发。

天任、天心值酉时，僧道、尼姑把火西南来，北方钟鼓声。造葬后七十日内，进商音牛马，官员财喜远信，主大吉利。

天英值酉时，西方有人相争，乌鹊喧噪，白衣女人怀孕至。造葬后六十日小口宅母折足破财，一百日因口舌得财。

九星戌时克应

天蓬、天芮值戌时，有老人持杖来，西方雷雨至，三牙须人担篱来。造葬后有南人自至，六十日内拾得军器，得横财发。

天冲、天辅值戌时，西方有三五人把火来寻物，师巫人至。造葬后鸡上树啼，远方信至，获羽音人财，周年小口被牛踏损。

天禽值戌时，东北方有钟鼓声及铳钹声，青衣童子携盖至。六十日后，有白兔至，大发得寡母田契。

天心值戌时，南方大叫，贼惊，小儿牵牛至。百日内家生贵子，金鸡鸣玉犬吠，二年后请举。

天柱、天英值戌时，女人把白布至，西北上有鼓声，树倒打人大叫。六十日蛇虫入屋咬人，瘟疫死败。

九星亥时克应

天蓬、天芮值亥时，小儿成群，女人着孝服至。造葬后因捉贼得谷财，三十年出人道法卖符咒，大起家。

天冲、天辅值亥时，有跛足青衣人至，东北上人家火光。造葬后百日，猫儿捕百鼠为应，进商音人田契，大发，得妻家财。

天禽值亥时，西北上有妇人笑声，大风从西起，树倒折屋，大叫。造葬后六十日内进铁匠财物，商音人作牙，进僧道产。

天心值亥时，金鸡鸣，玉犬吠，老人戴皮帽，手执铁器至。造葬后七日内，有不识姓名人上门借宿，遗下财物去。

天柱、天任值亥时，主西方有玉磬声，山下人把火喧叫。造葬后因救火得财。

天英值亥时，女人把火来。造葬后百日内，有赖族人上门，由赖身死，破财。

用五阳时五阴时

甲乙丙丁戊五干为阳，善神治事，百事可为，利为客，用奇兵。

己庚辛壬癸五干为阴，凶神治事，百事不可为，利为主，用伏兵于山林可。

趋三避五

三震宫生熟之方，为吉。

五无门户为死气，为凶。

又如时下三宫甲子日，用丙寅时为吉，用戊辰时为凶之类是也。

逐日起天罡时吉凶

天罡时，前见遇传送、登明、神后、大吉、功曹、胜光，吉。天罡、太乙、从魁、河魁、太冲、小吉，凶。

八神局

一直符，二九天，三九地，四白虎与勾陈同宫，五玄武与朱雀同宫，六六合，七太阴，八螣蛇，惟直符、九天、九地、六合、太阴，大吉；白虎、玄武、螣蛇、勾陈、朱雀，俱凶。

经曰：

九天之上可扬兵，九地之下可立寨。

太阴之下可设伏，六合之中可逃亡。

如有急不得持吉门而出，便从天乙所居宫并直符之下出，吉。所谓“缓则从门,急则从神”也。

九星旺相诀

九星旺于我生月,相于我同类月,死于我生月,休于我克月,囚于克我月,一以五行亭推之。

凡上吉、次吉星得旺相气,大吉;若衰绝、无气、中平大凶星得旺相气,大凶;小凶星得旺相气,中平。

八门旺相诀

凡八门旺于本宫,相于前一宫,休于前二宫,没于前三宫,废于后一宫,休于后二宫,囚于后三宫,死于后四宫,吉门遇旺相大吉,死囚休废中平,凶门遇旺相大凶,死囚休废凶中平。

演禽经纬年月总论

夫昔喻冕氏曰:禽星者,乃天地之经纬,造化之枢机,春夏秋冬之主宰,年月日时之纲纪,故北辰北极天地之枢纽居其所,而众星拱之,诸星则随天绕地左旋而归向之也。二十八宿,森罗九野,为七政次舍天度之又会也,故仲春星火东,星鸟南,星昴西,星虚北,则井至轸,轸宿见南方也。仲夏则鸟转西,火转南,虚转东,昴转北,则角至箕七宿见南方也。仲秋火转西,虚转南,昴转东,鸟转北,则斗至壁七宿见南方也。仲冬虚转西,昴转南,鸟转东,火转北,则奎至参七宿见南方也。循环无端乾健不已,所以运造化之枢机也,迭运四时,惟南方可考诸,所以圣人面南而治也,故尧命义和历象日月星辰,敬授民时,舜在璿玑玉衡以齐七政也。大星之象故悬于天星之气,实行于地天与日月星辰当夜旋绕,曷常一总将位于而星兴,岁日月时运流在气,何有一顷刻止孕？故禽星与年月日时之妙用也。然禽星有天地水簇之类，方有汤火、刀砧之嫌，飞禽走兽宜各得其旺相之立进退飞伏，要各识其变化灵通，若欲舍权怡恶者，吞陷嗔怒，此故取性而言之，究其理不越乎阴阳之化气，五行之衰旺。善用者，遁其四禽之交顺，审其四禽之化气，察其四禽之锁滔，合乎三□之照耀，是为天河转运精于年月日时之妙用，而人事之吉凶祸福真能遁矣。

二十八宿名目并次序

角木蛟，亢金龙，氐土貉，房日兔，

星月狐，尾火虎，箕水豹，斗木獬，

牛金牛，女土蝠，虚日鼠，危月燕，

室火猪，壁水貐，奎木狼，娄金狗，

胃土雉，昴日鸡，毕月乌，觜火猴，

参水猿，井木犴，鬼金羊，柳土章，

星日马，张月鹿，翼火蛇，轸水蚓。

以后番禽倒将之用，并依此序循环数矣。

七曜总论

七曜者，日、月、火、水、木、金、土也。每一曜得四宿，统之七四二十八宿，周而复始，性恃运行于年月日时之间，故经云：能知七元七曜法，番禽倒将日无差。此可知禽之番此以也，所系讵不大欤。

分制天地山水家禽

天上飞禽皆能伏地兽。

危月燕，女土蝠，昴日鸡，毕月乌，井木犴。

地兽不能制天禽。

氐、房、心、尾、箕、斗、牛、奎、室、娄、胃、觜、参、柳、鬼、星、张。

水禽不能制山禽。

角、亢、斗、壁、轸，只牛金牛能伏亢金龙。

山禽不能制水禽。

貉、兔、狐、虎、豹、牛、狼、鹿、獐、狗、马、猿、猴、雉。

家禽，猪、狗、羊、马、牛、鸡。

番地禽诀论

诗例曰：

周时支上起将星，顺行逐位向时禽。
寻得时禽权且止，逆回时位觅他人。
顺数一周逆一转，周数两转两番禽。
时师若不加进将，枉死千年也不灵。

其法，如一元甲子管下是丁卯日将星，系虚日鼠日禽系壁水貐也。子时水起毕顺数午时用事，其时禽星日马而止，即从午上起□星虚宿顺寻两转，至由上得时禽星日马而止，复从甲上星用而番逆数两转至香得虚日鼠为番禽，乃他禽也。又为之他人此系两转番禽寻之例也，若从将星寻时禽，但数一转而得者，转番他禽，亦从一转止。余仿此。

时禽番活曜诀

例曰：

日毕月尾火番奎，水氐木虚金寻牛。
土宿运从箕位定，此是番禽活曜头。

论时徐试可曰：按前时诀定番活曜头时禽，四木宿番虚日鼠，四金宿番牛金牛，四月宿番尾火虎，四火宿番奎木狼，四水宿番氐土貉，四日宿番毕月乌，四土宿番箕水豹也。以上六曜但疑，唯有土宿本云番箕，又一云番翼，二者谁是？固可疑也！且番活曜以他禽来番，或以时禽来番，二者亦尤可也，今将各书详辩于左，以俟高明者详审之。

以他禽番者具例如上，丁卯日午时用事，时禽星日马番得虚日鼠为他禽，却以虚来番毕月乌为活禽头，就以毕起寅宫，不论顺逆，一向顺行，数至用事午时之官，得鬼金羊为活曜，为之丁卯窝穴，此说为非矣。金活曜既为我禽则应不当以他禽来番也，若将番禽他人之禽来番活曜，则便为他人之活曜，而非我之活曜，又安得谓之我禽？成此说所以为非也，但其法载自喻冕《大成通书》经纬年用篇之未明设。

假如用法时盘例，具在来人以他禽番活曜，以活曜头从寅宫顺数至用时之宫，有顺行而无逆行，看其用时有宫所待何禽为活曜，兼泰柯月潭官板通书起例同此是，柯氏之误与喻氏同误之也。以时禽番者，其例为上午时用事，时禽星日马却以星日马番毕月乌为活曜头，从寅上起毕逆数，时禽星日马落在申宫，就于甲上起星日马，顺回数至午时，七宫箕水豹为活曜，为之我禽也。

其法一：后顺与之前有顺而无逆者不同，予切信此法为是，若时禽原屈我禽，番禽原为他人之禽，不从他人之禽番活曜，而以时禽番之，则活曜原为我禽，番出来此活曜之所以为我禽，其法当矣。然以法不载之喻氏《大成通书》先元时星活曜篇之首名立有假，如用法及载定硬例详明，与前经纬年月篇不明，载者大异，喻氏其何定一人，而前后异见，一书而前后异法异兹所不服矣。厥后顾咬间集《发微通书》削其先之以他禽番者，而不载从其后之以时禽番者而录之，亦顺有主见而知主客彼我之辩者矣，但顾氏所录活曜之法，虽是而其以日禽起时禽之法，仍喻氏之伯集，而不从日虚、日鬼、火箕、水翼、木氐、金奎、土翼之法，反用番活曜者，日毕、月星、火奎、木氐、木虎、金牛、土箕之例，用之以起时则时就起错，活曜有何验乎？此顾氏亦可哂也。看来番活曜法勿从柯氏及喻氏先载之例，以他禽俱非也，当从顾氏及喻氏后载之例，以时禽来番者为的，故本集后数盘局俱用此法为的。起时当用七曜起时诀，如日虚、月鬼、火箕从之例，柯氏所载者是，勿用番活曜之诀，用之以起时，如顾、喻二氏之所载则误。番活曜头禽诀以日月火水木金土，无疑至于土宿当从箕番豹者为是。柯氏云：番翼者则非矣。外又有近刻，然法大旨其番禽活曜则从柯氏及喻氏先载之例，以他禽来番其法，不待言矣。至寻活曜之法，切从柯氏及喻氏先载，有顺行无逆行之例，要从顾氏及喻氏，后载逆行而顺回之法为近是。

而其始也以他番禽活根本已错,以时禽番活曜先逆顺回,于是览者无谓彼与是集所载之不同而勿生疑矣,二则存乎善断者,神详而明之耳。

例将诀诗例

诗例歌:

例他正将向何寻,将星时上向日禽。
寻到日禽逆回转,旋回时上正星临。
倒他副将向何寻,时上逐位向日禽。
寻到日禽逆向转,旋回时上副星寻。
本身正副向何寻,将星两转向时寻。
顺把时用寻两转,时候分时正副星。

坐法行禽诀

诗曰:

七元黄禽君气将,常将气将向时寻。
寻至辰时方且住,逆回时上知一禽。

如五元甲子日,星马值日箕夜,子时合起虚日鼠,用未时得昴日鸡,却将将星娄金狗于未上,逐时顺行。到酉上见本时昴日鸡且住,就酉上如昴逐位逆回到未上得觜火猴,是坐禽前一位,参水猿是行禽也,其日禽星与行禽参不相得可用。余以类推也。

彼我天地禽论诀

月禽为他人明月之禽。
时禽为我用之禽。

一云:见禽为众家禽,番禽是他禽,活曜为我禽,彼禽即用禽,我禽即他禽。

凡番禽要番本自高,且有旺气作用方吉。

禽中高贵下贱吉凶

禽中独高宿番禽倒将取用。

诗曰:

第一高禽番月乌,诸禽来斗尽皆输。
井木犴禽为第一,纵有高禽不敢当。
尾箕奎宿加临到,阻足禽来俱被伤。
便是吉星从好处,十战九胜还故乡。

禽中六尊星以下日禽吉凶。

歌曰:

翰龙煞马犴高飞,猛烈无过奎尾箕。
狼宿若遇为尊贵,不怕高山路崎岖。

禽星贵人宿

歌曰:

毕危尾斗昴星参,张日鹿兮共月禽。
赴举求名及征讨,当朝受职立功名。

大吉禽星

诗曰:

天上禽星须细推,燕龙犴马虎箕时。

行军出军皆连胜，不怕高山剑战林。

诀忌星不可用

诗曰：

欲识禽中是恶星，猪猴蛇蚓是谁明。
心狐更忌箕星恶，万事施为总不成。
虎星女土鬼金羊，作事求谋尽被伤。
更遇轸羊当路出，刑狱居身见血光。

六恶禽

诗曰：

氐房室壁斗牛星，出军定是不回兵。
战关用之须败阵，百事求谋总不成。
尾箕牛女及虚危，兴工造作不相宜。
胃觜参井交克关，嫁娶远行定不归。

大煞六凶禽

诗曰：

角亢氐房斗牛星，出军最怕不回兵。
上官拜封俱停职，见阵须防杀尽兵。
穿井定应无泉出，用工修造损生灵。
太白星宫牛女鬼，若逢此曜定无成。

禽禄贵人星

诗曰：

日向午时月向寅，火居巳上水居申。
金居辰上木居木，七宿值卯贵人真。
若遇此星为将相，百事亨通遇贵人。
此是禽中时令诀，时师能谙即通神。

禽星入庙方

诗曰：

角乙亢壬氐在申，房癸心丁尾巳阵。
箕丙斗寅女子上，室巽虚甲壁子亲。
危辛奎乙胃昴好，昴亥毕宿土侵辰。
觜子参癸鬼酉位，井卯牛午及娄辰。
庚星丑戌张子好，轸巽方中正旺兴。

禽星四季旺

诗曰：

蛟龙轸雄无鸡蛇，入到春来福自加。
时日若还居达作，兔獐虎宿犬狐羊。
夏月迎之大吉昌，若遇庙堂多福祉。
百事亨通降善祥，虎犴猿猴马獬貐。
人到秋来更可为，百事经求多吉庆。
为官惟职定无虞，狼狗马甲风豹牛。

若经冬月更无忧，年月日时居此地。
必出高官定作侯。

禽星四季旺衰

诗例曰：

角亢星危鬼柳房，春为旺相夏还昌。
秋天渐次衰危蹇，冬后还居土穴藏。
昴女翼氐室壁张，百天人便外行祥。
秋天解使人荣贵，冬及三春万事昌。
觜参毕昴星箕奎，多绕□摆在秋初。
多季岂能超爵禄，春夏营谋万事全。
奎牛星井轸娄虚，冬天造葬得便宜。
秋若能住诸万物，春夏徒劳万事亏。

禽星昼夜旺衰

诗曰：

角女觜室参危胃，鬼牛星柳毕蛇兔。
若还夜黑无生意，日中旺气正相宜。
氐房心星箕水貐，斗牛虚井轸兼奎。
柳娄偏交天昏夜，日出光滞又迟亏。

禽中四春魁星

主凡事大吉。
诗曰：

春魁星在寅卯方，夏月魁星在未张。

秋魁星在申娄戌，冬魁星来亥万方。

凡出行，偷走某方，获斯五禽，但行魁尾方出兵为道刑宪率急被人围绕，出身法各依值诀断吉。

禽中华盖方歌诀

诗例诀法曰：

角亢先从卯上装，氐居申酉正相当。
房在壬边为定位，心尾排来乾上藏。
箕斗居坤壬上见，牛宿须知在子方。
女虚二宿俱临内，危在午宫为好将。
室壁也须丙上见，奎娄却在戌中央。
胃宿不当辰上坐，昴来巽上好求良。
毕觜加临丑癸上，参居寅上子同乡。
井鬼长于庚上立，柳星壬上亦为强。
张宿却来辛上觅，翼轸巽上好安康。

右华盖方，凡出行、求财、上官、行兵、布阵、捉贼、赌钱、捕觅、出洲县、行船，运用此方大吉利。

禽中华盖时诀

申子辰日，辰时是。
寅午戌日，戌时是。
亥卯未日，未时是。
巳酉丑日，丑时是。

诗例：

禽中华盖若临时，凡事求谋最好为。

出阵阵中若遇此,不怕刀山剑战林。

禽中华盖方

角亢氐房卯坤壬,心尾轸翼西方寻。
斗坤牛交子虚丙,危室壁内奎戌临。
娄戌胃辰昴巽位,毕觜丑上参在壬。
井寅鬼庚柳在此,星辰张翼轸巽明。

凡远行、出阵、走马、行兵、载行船,出从华盖方吉。

月中华盖方

正午、二未、三申、四酉、五戌、六亥、七子、八丑、九寅、十卯、十一辰、十二巳上是。

日中华盖方

即青龙关位是,子戌、丑亥、寅子、卯丑、辰寅、巳卯、午辰、未巳、申午、酉未、戌申、亥酉方是。

时中华盖方

子亥、丑子、寅丑、卯寅、辰卯、巳辰、午巳、未午、申未、酉申、戌酉、亥戌方是。

遁甲青龙华盖出入法

诗例曰诗曰：

六旬遁甲理源长，此法原传张子房。
玄妙天机六算法，出兵百事有柔刚。
天关天辅孤虚法，华盖之中六甲装。
甲子元来孤子方，户头截甲不须忙。
戌号天门多吉庆，地为巳户最印翔。
又丙虚中同宫方，华盖之中六癸装。
太阴之位元来贵，若逢丁未最为强。
逃门要在华盖上，若逃天地去无方。
门上得奇为妙诀，忽逢危除行利方。
皆是六旬初遁甲，其余万事皆吉昌。
依此随机无不利，君如临用莫惊忙。

其法，上闭天门，下开地户，得者无不吉利也。

禽日走方人入门

九天入不如，九地犬不吠。

诀云诗曰：

九天寅卯辰在东，春房日兔卯上吉。
九地申在西南方，夏张月鹿未上吉。
九天在午正南方，九地子在正北方。
秋娄金狗戌上吉，九天酉在正西方。
九地柳在正东方，冬壁水猃亥上吉。
九天子在正北方，九地午在正南方。

古法八门与前皆同犯，遇急难得，此法但从逐年太岁上立身，或将逆行，亦又出于九天入于九地，令人不见身，宜此方出行，逃藏大吉。

太白临时诀

例曰：

日受鼠光月寻牛，火逢□位水骑龙。
木恋马上金起丑，土逢狗位横财临。
莫要轻此真口诀，时临太白值千金。

逃难藏躲，依此吉利。

禽中吉星临时诀

诗曰：

天上星辰干马龙，地中真兽星箕雄。
更兼娄狗逢鸟宿，刑气相吞振威风。

禽中十二时俱用井木犴毕月乌

诗例曰：

丁丑比寅大限多，卯辰但唱太平歌。
巳午火烧天下乱，未申必定动干戈。
酉戌伤寒逢病至，戌亥洪水泛江河。
此是毕井相会合，万两黄金不肯挪。

假如毕井在卯可出行、上船，万事皆好，若巳午不可用歌诀，则好逆不和，高禽。

诗曰：

毕伏一切水地禽，井伏一切山水禽。

奎虎符皆伏山禽，蛟龙伏一切水禽。

禽中惟有井木犴能伏，不问天禽地兽，故曰：上山食虎豹，下水食蛟龙。

食中食啖歌

诗曰：

星禽交会有高低，雄猛无过奎尾箕。
只怕木犴来啖柳，室壁心张房毕惊。
谁知娄狗欺狐鬼，或遇狂狼魂自亡。
蛟龙吐气成楼阁，危燕高飞也惧惶。
牛金牛井柳土獐，壁貐张月鹿金羊。
卒逢虎豹奎狼位，进退加临忽被伤。
猿猴见鼠须惊怕，猪吃蛇兔不可当。
狐捉行兮真胆大，蚓逢鸡位也遭伤。
造化鹏兮食蛟龙，蛇化蜡兮牛莫逢。
狐化豹兮豹食狗，鸡化鹏兮狐兔凶。
猪化蚓兮飞龙位，临燕椎蜃去相当。

天禽食啖法

诗食啖歌诀：

氐貉金羊心月狐，南方星马走行途。
娄金狗起东方兔，豹尾犴狼遇必输。
室火行井柳土獐，壁貐心月鬼金羊。
若逢犬吠伏犲狼，相害相刑利损伤。
虚鼠逢蛇必吞却，蛇逢鼠宿又遭伤。
獐犹食蛇作狐行，轸蚓逢鸡必难当。
进□蛟龙不怕耗，伏□时□也要伤。

井氐斗牛四凶星，无功之禽大不利。
亢心氐房宜赴任，奎娄室尾利婚姻。
昴柳兔心堪起造，翼轸张奎行路人。
交刀流血切忌凶，马到乌江便逆流。
时忌鸡鸣顺同游，若逢子午为流血。
卯酉交刀百事休，午起正初便逆流。
顺来月上听鸡鸣，时加子午为流血。
遇着之时例杀人。

当从午上起正月逆行，正月巳，二月辰，轮去，至本月上起子时顺行，遇子午位大流血，卯酉位小流血。正、四、七、十月辰戌丑未时，二、五、八、十一月寅申巳亥时，三、六、九、十二月子午卯酉时。

禽星情意好合诗

诗曰：

角亢相合会金牛，室壁鬼柳群野游。
当参见马皆欢喜，鸡好羊群龙好牛。
主客逢时深自利，干戈人事大绸缪。

禽星喜合例

诗例曰：

角合昴兮亢合胃，氐合娄兮房合奎。
心合壁兮尾合室，箕合危兮斗合虚。
牛合女兮毕合轸，觜合异兮参合张。
毕合柳兮星合井。

禽星相和顺歌

角逢翼轸日无忧，亢宿同参壁箕游。
氐翼鬼与马相顺，兔房鹿柳不顺愁。
心狐异角为欢喜，尾共张星毕日游。
箕商轸游兼井犴，斗同箕壁轸参流。
牛羊相合若宜往，爱受房心与斗牛。
虚合燕獐为共乐，鬼和虚鼠木成头。
室喜危张心共志，壁受危蛟与犴求。
奎得轸虚为共会，娄干比和不作仇。
胃与房牛羊易美，昴羊胃宿喜和柔。
毕曜共危角马顺，猴獐羊燕自相投。
猿犴獬蛇元战克，井鬼箕星得意休。
鬼井马牛威义重，柳羊獐鹿性优游。
星马和同鹿月燕，张羊燕马任邀游。
翼宿共龙宜出入，轸星得马喜相符。

丙龙孤虚法年月日时同

诗例曰孤假：

岁后一位号为狐，冲前之上日为虚。
有人全得禽中法，三女行兵敌十夫。
面相虚神皆抵孤，一兵勇猛胜十夫。
百人会得孤虚法，一战教他百万输。

孤虚之说始于轩辕，以收串龙酒随以为例。

假如子年岁君后一位亥是孤神也，对冲巳为虚，上向孤望大胜也。万人以上用年孤，千人以上用月孤，五百人以上用旬孤，百人以上用日孤，数十人以上用时孤。大抵孤是空亡,虚即对宫也。大凡出兵战甲,坐孤向虚大胜也。

六甲旬孤虚法

甲子旬孤戌亥虚辰巳,甲戌旬孤申酉虚寅卯,
甲申旬孤牛未虚子丑,甲午旬孤辰巳虚戌亥,
甲辰旬孤寅卯虚申酉,甲寅旬孤子丑虚午未。

月家孤虚方,月建后一位,如正月建寅后一位丑方即孤,未为虚方是也。二月建卯寅方孤申方虚。余月仿此推。

日家孤虚方干年家同

如子日亥方孤,己方虚。丑日子方孤,午方虚。余仿此。

时家孤虚方即依旬中空

如子时戌亥孤,辰巳虚。寅卯时丑方孤,午未方虚。辰巳时寅卯方孤,申酉方虚。午未时辰巳方孤,戌亥方虚。申酉时午未孤,子丑方虚。戌亥时申酉方孤,寅卯方虚。六甲旬甲望羊也。

日干孤虚法

甲己日寅卯虚申酉孤,
乙庚日子丑虚午未孤,
丙辛日戌亥虚辰巳孤,
丁壬日申酉虚寅卯孤,

戊癸日子丑虚午未孤。

凡欲入营寨,俱从天目地耳上入,大吉。

甲子旬从卯方入,甲戌旬从丑方入,
甲申旬从亥方入,甲午旬从酉方入,
甲辰旬从未方入,甲寅旬从巳方人。

以上并言卯为天目,酉为地耳,吉。又法:

甲子旬庚午天目,戊辰地耳三刑寅,
甲戌旬庚辰天目,戊寅地耳三刑子,
甲申旬庚寅天目,戊子地耳三刑寅,
甲午旬庚子天目,戊戌地耳天刑申,
甲辰旬庚戌天目,戊申地耳三刑午,
甲寅旬庚申天目,戊午地耳三刑辰。

凡偷营劫寨,报应事情,从天目地耳上去,不知鸡犬不鸣。又从六阴上去令人不知,鸡犬不鸣。

四时偷营法

甲子将戌为天不知,亥为地不知,辰为人不知,巳为鬼不知。

己卯将丑为天不知,亥为地不知,酉为人不知,申为鬼不知。

甲午将未为天不知,申为地不知,亥为人不知,卯为鬼不知。

己酉将辰为天不知,巳为地不知,卯为人不知,亥为鬼不知。

凡出入方道,宜从四旺方走。春房、夏氐、秋娄、冬壁,从太冲下走,不怕人围绕。

青龙吉方百事吉

甲子青龙子,丁卯天目,癸酉地耳,天门辰,地户巳,华盖酉。甲戌青龙戌,丁丑天目,癸未地耳,天门寅,地户卯,华盖未。甲申青龙申,丁亥天目,癸巳地耳,天门子,地户丑,华盖巳。甲午青龙午,丁酉天目,癸卯地耳,天门戌,地户亥,华盖卯。甲辰青龙辰,丁未天目,癸丑地耳,天门申,地户酉,华盖丑。甲寅青龙寅,丁巳天目,癸亥地耳,天门午,地户未,华盖亥。

以上并吉,青龙方吉,天目、地耳宜坐吉,求财吉,博戏吉,百事吉。

六甲进神日起例

甲子己巳进,甲午己酉退,进退伏三位,十五一周天,甲己子午卯酉为进神。

甲己子午遇进神,求官加职正堪凭。
但是求财皆有利,天星决定不虚陈。

六甲退神日起例

甲巳,寅申巳亥为进神,己巳甲申退,己亥甲寅进,此是退神法,五日一转回。

退神半吉半转凶,近处营谋半吉凶。
若要远行终不利,更忧盗贼血光临。

六甲伏神日起例

甲巳辰戌丑未为伏神

甲戌己丑为伏神,甲辰己未不须陈。
一十五日一回转,七通八达待贤人。
伏神去处更恓惶,莫便行营走远方。
马死人亡财帛散,盗贼临身见血光。

进财退交天空不吉

甲子至戊辰五日为进吉,己巳至癸酉五日为进中退平,甲戌至戊寅五日,上二日为进平伏,下三日为天空,凡事不祥。己卯至癸未五日为退中退,凡事平平,甲申至戊子五日为退中退,以大吉可用,己丑至癸巳五日,上二日为进平伏,下三日为天空亡不顺。甲午至戊戌五日为进中进,大吉,己亥至癸卯五日为退中退,平平。甲辰至戊申五日,上二日为进中退,下三日为天空亡。己酉至癸丑五日为进中进,大吉。甲寅至戊午五日为退中退,平平。己未至癸亥五日,上二日为退中伏,下三日为天空亡。诀曰:五日一进好求神,五日一退好占病安,五日一伐好战斗吉,为时加进中进大吉,进中伏凶,进中退不利,伏中退大吉,进神用事欢喜大吉。

退神用事自散。

惟有进中进,行恭官。

进退神进例

甲己日子时进,巳时退,
乙庚日卯时进,申时退,
丙辛日午时进,亥时退,
丁壬日酉时进,辰时退,
戊癸日子时进,寅时退。

临中将星例

申子辰日卯时,巳酉丑日子时,
亥卯未日午时,寅午戌日酉时。

六旬之内将爱星,出入求财战一功。

战斗若然时至此，十岁一童胜十人。

禽中出行日家八门例

排山掌：

乾	兑	艮	离
中			
兑	震	坤	坎

八宫掌诀

八宫掌：

坤	兑	乾
离	中	坎
巽	震	艮

日家八宫三日移，从山取木八宫云。
休伤生杜为首顺，景死惊开判吉凶。

起休门例诀

甲戌壬子起坎方，丁辛乙卯在坤方。
庚申戊午震宫连，癸丁辛酉巽上丙。
庚午行乾位，巳癸兔走西方。
丙壬骑牛到艮乡，九巳齐飞在丙方。

八门克应诗曰

见贵求官须生开，飞财觅利走休来。
避病安符生门上，伤门索债好推排。
寻朋觅故宜从景，钓鱼射猎死路栽。
捕奸捉贼惊门出，杜门走去不回来。

禽中出行时家八门起例

日宿入曜顺艮飞,月水上号向坤推。

木曜将从乾宫起,金是巽位定无亏。

其法,即尊伤帝福生死财休八门顺转。

八门顺转

八宫掌:

坤	兑	乾
离		坎
巽	震	艮

假如时宿房日兔,或翼火蛇,便以尊门从艮上起,伤在震上,福离生坤死兑败乾行坎,顺布八门。余仿此。

六甲出行法,青龙帝星,明堂太阴,天门地户天狱天庭,天牢华盖,阳孤阴虚。

起例:假如甲子旬子上起青龙,甲戌旬戌上起青龙,顺行十二辰,此用之定法。

甲月青龙,其法凡出兵出行,出天门过明堂太阴蓬星,绕青龙入地户,过华盖藏身而出大吉,凡进兵马、远行、求财、安营下寨则从华盖上出,径步太阴转天门行地户至青龙上,此即三奇也,蓬乙奇明丙奇,太阴丁奇也。

歌诀曰:

甲月青龙向蓬星,顺从明堂太阴灵。

天门地户天狱数,天庭天牢华盖行。

阳孤阴虚随转迟,百事用之见太平。

行兵能识其中法,百战百胜天地惊。

昔吴王问子胥曰:凡六甲道吉凶藏身何方道而出?子胥答曰:凡有急难之中,逃避身体,便人家但从何处上癸足,便起一围从青龙上起,足过明堂,上出天门入地户,向太阴,到华盖,乃出军战斗,大胜。王曰:善!卿之言以次第定。胥曰:凡出行叫天下不逢贼盗,百事大吉也。胥曰:吾在湘襄避楚王之难,在于王宫之内不得出,我乃就在宫内方员地上,就地禹一个子午卯酉十二宫图,从青龙上发足而走,楚兵并不见之。

凡去瘟疫之家,万神潜藏隆伏,诸事依斗而行,均华盖山下,顷刻大吉兆也。

总论,求财见官战斗,求财须要他生我,见官斗战我克他。甲乙水方就到位,金生在巳求无疑。若是水大终有失,甲申上气不为凶。火在午中不须问,土在午宫真无价。若然木在午中藏,阵斗见官有叱□。凡见官谋事,俱要用合禽,出行、求财、买卖、结亲并嫁娶、会友和事,亦用合禽也。

诀历数太阳太阴行方

立春在坎,雨水在壬,惊蛰在亥。
春分在乾,清明在戌,谷雨在辛。
立夏在酉,小满在庚,芒种在申。
夏至在坤,小暑在未,大暑在丁。
立秋在午,处暑在丙,白露在巳。
秋分在巽,寒露在辰,霜降在乙。
立冬在卯,小雪在甲,大雪在寅。
冬至在艮,小寒在丑,大寒在癸。

万事宜太阳到合,用之时无不吉也。若无吉时方上吉时发兵马只取此合时,合时出兵则吉,和修理大暑节用事,太阳到丙丁修理癸山丁向候为扶,脉照山不以坐山论。

诀用太阳临时法

四孟月用甲庚丙壬时。
四仲月用乾坤艮巽时。

四季月用癸乙丁辛时。

凡四煞藏没而大吉,今时师共推节后,用不待月将过宫,如中气前后月将已过之方,用官历某日躔某度,其日时交过宫方有准定,故时师不明,用之无验也。

晦诀五穷绝日时

凡百事不宜用,极凶。

晦尤不合是盈虚,更有五穷人不知。
不识之人多误化,说来又怕泄天机。
河图中数五穷凶,女土朵来是宿究。
节前百刻为绝气,癸亥日为六甲究。
月火晦日为月尽,月小二十九日终。
辛芦并用月大小,腊月三十为年究。
月小二十九亦然,五穷绝日百事凶。

凡造葬、行军、出行、嫁娶诸事,俱不可用此五穷绝日,《授时》定各有每日月节气前一日十二时绝气,立春前一日大寒气节,穿不可用亥上禽究日。

占鸦鸣噪吉凶日

十二支辰断

子日:主亲人至。

丑日:主有吉兆。

寅日:主有词讼凶兆。

卯日:主有酒食财吉。

辰日:主远人至大吉。

巳日:主大吉兆。

午日:主病有败。

未日：主损六畜破财。

申日：主有财大吉。

酉日：主大人不安。

戌日：主进财大吉。

亥日：主有口舌凶。

遁甲奇门

（谓八门吉凶，附修方造葬行兵等事）

烟波钓叟赋

《烟波钓叟赋》注解明白易览，诸通书俱无解明。

阴阳逆顺妙难穷，二至还归一九宫。

若能了达阴阳理，天地都来一掌中。

注曰：阴阳者，太极静而生阴，动而生阳。冬至后阳爻升进用阳遁顺行，夏至后阴爻起发用阴遁逆行。一者坎宫，九者离宫，冬至一阳生于子，居坎一宫也；夏至一阴生于午，居离九宫也。冬至后十二气为阳遁，逆布三奇，顺布六仪；夏至后十二气为阴遁，顺布三奇，逆布六仪。若能达此遁甲阴阳之理，则天地间之二气、三才、四象、五行、六甲、七曜、八门、九星皆在掌中起也。

轩辕黄帝战蚩尤，涿鹿经年战未休。

偶梦天神授符诀，登坛致祭谨虔诚。

注曰：黄帝，姓公孙，又曰姬姓，有熊国居少典于也，每日边烧枢而生帝于轩辕之丘，因名轩辕。蚩尤，姜姓，炎帝之裔，其类如锅铁，好兵喜乱，作刀战大弩，暴虐天下。且诸阴阳能起昏露以迷军士，轩辕以兵讨战于涿鹿之野，五十二阵未分胜负。黄帝乃致祭于天夜，三更忽见轩辕丘士神光绕连，天鼓大震，当召纪官同往之，视乃彩凤天降卸玉匣，一端长九寸按九宫，阔八寸按八节。启匣视之，中有天篆文册龙甲神帝章一十八籍。

龙神负图出洛水，彩凤衔书碧云霄。

因命风后演成之，遁甲奇门从此始。

帝命风后作兵法十三篇，孤虚十二卷而演成之，遁甲奇门从十局，遁者，隐也。甲者，仪也。遁为直符，谓六甲六仪也，天乙之贵神也，常隐于六戊之下。盖取用兵机，通于神明之德，以遁甲为名也。奇者，乙、丙、丁为三奇也。门者，休、生、伤、杜、景、死、惊、开为八门也。

一千八十当时制，太公删成七十二。

迨及汉代张子房，一十八局为籍义。

帝始创奇门，有四千三百二十局。其法乃岁披八卦分八节，节有三气，一岁二十四气，气有天地人候，一岁有七十二候也。候有五日，一岁大率三百六十日也，日有十二时，一岁共四千三百二十时也。一时一局，故奇门有四千三百二十局也。风后又制奇门一千八十局者，以冬至一阳生，起坎艮震巽四卦，统气一十二候，计三十六分局，五百四十为阳遁。以夏至后阴生，起离坤兑乾四卦，统气一十二候，三十六分局，五百四十为阴遁。阴阳二遁为一千八十局也。此盖撮四候而共看六十定局，四个一千八十定局则依旧为四千三百二十局矣。至周太公诸兵善有奇法门，以八卦分八节，节分三气，气分候，岁计七十二候，立七十二活局，每局六十时，三七十二局，计有四千三百二十四局也。汉张良删捷冬至十二节分三十六候，撮为阳遁九局；夏至十二节分三十六候，撮为阴遁九局。活局撮山天一十八局，七十二局皆不越一千八十局矣，作便则皆一千八十局作活局则有七十二局，然十八局须简而时则有四千三百二十局也。

先须掌上排九宫。

排山掌：

乾六　兑七　艮八　离九
中五
巽四　震三　坤二　坎一

飞宫掌：

坤二（芮死）　兑七（柱惊）　乾六（心开）
离九（英景）　中五（死禽）　坎一（蓬休）
巽四（辅杜）　震三（冲伤）　艮八（任生）

天有九星以镇九宫，地有九宫以应九州。其式托以灵龟洛书之数：戴九履一，左三右七，二四为肩，六八为足，五居中。中宫者土，火之子，金之母，实寄理于西南坤位也，坎一白水居正北，坤二黑土居西南，震三碧木居正东，巽四绿木居东南，中五黄土居中宫，乾六白金居西北，兑七赤金居正西，艮八白土居东北，离九紫火居正南。

诗例：

一蓬子上一蓬休，芮死排来第二流，
更有冲伤并辅杜，不离三四数为头，
禽星死五心开六，柱惊常从七上来，
内外任生居八位，九寻英景逐方游。

纵横十五在其中。

即当皆洛横十五。

次将八卦分八节。

八节掌：

坤立秋逆	兑秋分逆	乾立冬逆
离夏至逆		坎冬至顺
巽立夏顺	震春分顺	艮立春顺

天有八风以直八卦，地有八方以应八节。节有三气，气有三候，如是八节以三因之岁，二十四气，气以三乘之七十二候备焉。以一候五日六十时，因之四千三百二十局定矣。

一气统三为正宗。

天 死 坤 芮 立秋二五八 处暑一四七 白露九六三	天 惊 兑 柱 秋分七一四 寒露六九三 霜降五八二	天 开 乾 心 立冬六九三 小雪五八二 大雪四一七
天 景 离 英 夏至九三六 小暑八五二 大暑七一四		天 休 坎 蓬 冬至一七四 小寒二五八 大寒三九六
天 杜 巽 辅 立夏四一七 小满五二八 芒种六九三	天 伤 震 冲 春分三九六 清明四一七 谷雨五二八	天 生 艮 任 立春八五二 雨水九六三 惊蛰一七四

经曰：冬至小寒及大寒，天地人元一二三。立春雨水并惊蛰，依只顺行八九一。春分清明并谷雨，但起震宫三四五。立夏小满芒种气，四五六兮立成例。夏至小暑与大暑，九八七兮还退数。立秋处暑并白露，从二却行于一九。秋分寒露及霜降，七五六兮依此诀。立冬小雪并大雪，六五四兮依此例。

阴阳二遁分顺逆，一气三元人莫测。

如冬至上元阳三局顺遁，甲子戊一宫起甲戌己三宫，甲申庚三宫，甲午辛四宫，甲辰壬五宫，甲寅癸六宫，丁奇七宫，丙奇八宫，乙奇九宫，乃仪顺奇逆也。夏至后用阴遁逆飞离宫，起如夏至阴上元阴七局逆遁，甲子戊起九宫，甲戌己八宫，甲申庚七宫，甲午辛六宫，甲辰壬五宫，甲寅癸四宫，丁奇三宫，乙奇二宫，乙奇一宫，乃逆仪顺奇也。九星为直符，八门为直使，自天乙直使起宫异，所谓值门相冲也。阴阳二遁各有二使，假令冬至后阳使初起一宫，阴使初起九宫，夏至后阴使初起九宫，阳使初起一宫，故曰：起宫异。所谓直门相冲者，冬至后阳使起休门，阴使起景门，夏至后阴使起景门，阳使起休门，故曰：直门相冲也。一气分三元，子午卯酉为上元，寅申巳亥为中元，辰戌丑未为下元，不明三元用奇不准，主有不测也。

五日都来换一元。

上元甲子至戊辰，中元己巳至癸酉，下元甲戌至戊寅。

上元己卯至癸未，中元甲申至戊子，下元己丑至癸巳。

上元甲午至戊戌，中元己亥至癸卯，下元甲辰至戊申。

上元己酉至癸丑，中元甲寅至戊午，下元己未至癸亥。

接气超神为准的。

超者，越过也；神者，进神也。甲子、己卯、甲午、己酉乃进神为符头。接者，迎接也；气者，节气也。超神者，谓节意未到而甲子、己卯、甲午、己酉符头先到，为之超接气。开甲子、己卯、甲午、己酉符头木则而接气先到为之接。引证，淳祐六年丙午四月十三，壬申立夏而本月初五日是甲子，明以立夏节用立夏前九日矣，则前初五日起超在先，借用立夏上局初五日巳日为立夏中局，奇至十六日甲戌用立夏下局，此先得奇、后交节，谓之超神者也。又如七年丁未二月廿六日，须交清明至廿五日是己酉卯，用清明上局奇，此乃先交节、后得奇，为节气迟也。又如其年六月廿八日己酉立秋，正值节与日辰同到，则为立秋上局，谓之正授。奇九换奇皆子时换也，乃须知闰期之法，方能超接得真也，积日以成闰月，积时以成闰奇，正超闰接有法，分金定刻难明。局以五日一换，遇一节气换六局，凡一月节气必三十日五时二刻零，以三十日分六局以余五时二刻，置闰起神不过十日，遇芒种、大雪超过九日即置闰也。如丙戌年五月初一日，己卯至初九日巳时芒种，奇超九日则当置闰，即用初一日己卯作芒种上超局，初六日甲申作芒种中局，十一日己卯作芒种下超奇，异于此重用，局作三奇闰法以十六日甲午作芒种闰奇，此超神置闰之法也。廿四日已交夏至，是为置闰，借夏至七日，其五月小尽至六月初一日己酉方作夏至上局，初七甲寅作夏至中局，十二己未作夏至下局，以为接气也。凡闰奇三候一终，即为接气，接气积火乃正奇，正奇潮移乃超局，超遇九日或十日、十一日又当置闰以归，每节气所余五时一刻也，置闰之法决在芒种、大雪之后。设遇小满、小雪二气之交，虽超九日、十日不可置闰，务于二至之前置闰。盖奇以冬夏二至分顺逆，故于二至之前置闰以均其气，始不差误，于此正超闰接要识至矣。又曰：闰奇之法，十五日方满三局，如冬至至芒种阳气已终，遇夏至阴生当用阴局，夏至至大雪阴气已终，遇冬至阳生当用阳局。假如甲己之日季局，第二日乙庚遇冬夏至便用冬夏至之下局，只得四日补足，下局共六十时，此乃行局补局之法，而超接之气明矣。又气应变局，且如甲乙日巳时交冬至中气，方作阳遁变局，其辰时已前只作阴遁。

认取九宫分九星。

九星例：

天芮巨门主坤属土，天柱破军主兑属金，天心武曲主乾属金，
天英右弼主离属火，天禽廉贞主中属土，天蓬贪狼主坎属水，
天辅文曲主巽属木，天冲禄存主震属木，天任左辅主艮属土。

八门又逐九星行。

八宫例：

坤二天芮死门，兑七天柱惊门，乾六天心开门，
离九天英景门，中五天禽寄坤，坎一天蓬休门，
巽四天辅杜门，震三天冲伤门，艮八天任生门。

九宫逢甲为直符，八门直使自分明。

如阳遁一局，甲子时起坎一宫，即以坎宫天蓬为直符，休门为直使。甲戌

时起坤二宫,即以天芮为直符,死门为直使。甲申时起震三宫,则以天冲为直符,伤门为直使。甲午时起巽四宫,则以天符为直符,杜门为直使。甲辰时起中五宫,则以天禽为直符,死门为直使。甲寅时起乾六宫,则以天心为直符,开门为直使。余仿此。

符上之门为直使,十时一易堪凭据。

遁取时旬甲头为直符,如阳遁一局甲子时在坎宫,天蓬为直符,休门为直使,管至癸酉十时住。甲戌时在坤宫,天禽为直符,死门为直使,管至癸未十时住。甲申时在震宫,天冲为直符,伤门为直使,管至癸巳十时住。甲午时在巽宫,天辅为直符,杜门为直使,管至癸卯十时止。甲辰时在中宫,天禽为直符,死门为直使,管至癸丑十时住。甲寅时在乾宫,天心为直符,开门为直使,为管至癸亥十时住。阳一局六十时足人,他局仿此,阴遁同逆推。

直符到处加时干,直使常加时到支。

九星受本时旬头甲上为直符,八符为本宫之所得九星者为直使,直符寻时于住处起直使,等时支住处起先从三奇乙丙丁,后六仪戊己庚辛壬癸行阴阳二遁,皆以地盘为准也。

六甲元号六仪名,三奇即是乙丙丁。

《符应经》曰:六甲者,天乙之贵神也;六仪者,戊己庚辛壬癸也。六十时,六甲周流,甲子同六戊,甲戌同六己,甲申同六庚,甲午同六辛,甲辰同六壬,甲寅同六癸,六甲隐于六仪之下,故曰:同名。三奇,乙丙丁也,天有三奇日月星,地有三奇乙丙丁,乙为日奇,丙为月奇,丁为星奇,此三奇配为日月星三光也。

遁甲之法,以甲为太乙,人君之象,为十干之首,常隐六仪之下,为之遁甲。所畏者,庚金能克甲木,庚为七煞之仇也。乙乃甲之妹,甲以乙妹妻,庚乙合庚而能救甲,故为一奇。丙乃甲之子,丙火能克庚金而救甲,故而为二奇。丁为甲之女,丁火亦能克庚金而救甲,故丁为三奇。经曰"天上三元乙丙丁"者,出救贵人之子,德游行丁二支伸以阳贵人顺行,先子坎卦起子则乙德在中,丙德在寅,丁德在卯,三干之德相联而无间,所以阴贵人逆行,后天坤卦起甲则乙德在未,丙德在午,丁德在巳,三干之德相照无间,断余六仪贵人所涉,或间天空,或间罗纲,皆不相联,盖三奇能制凶煞者,以其贵出于贵人之干德,故吉也,甲位既尊戊位同甲,乙丙丁三元无间而为三奇,取其明德,故以日月星为号,以其德能照临者也,故甲乙丙丁戊五阳时,善神事为吉也。

阳遁顺仪奇逆布,阴遁逆仪奇顺行。

冬至行十二节用阳遁,顺布六仪,逆布三奇,星符亦随时干行。

假如冬至阳一局,图内坎上起甲子戊,坤上甲戌己,震上甲申庚,巽上甲午辛,丑中甲辰壬,乾上甲寅癸,兑上丁奇,艮上丙奇,离上乙奇,乃顺仪去逆奇行也。

夏至后十二节用阴遁,逆布六仪,顺布三奇,星符亦随时干符。

假如夏至后阴九局,图内离上起甲子戊,艮上甲戌己,兑上甲申庚,乾上甲午辛,丑中甲辰壬,巽上甲寅癸,震上丁奇,坤上丙奇,坎上乙奇,乃仪逆走奇顺行也。

吉门偶以合三奇,值此须云百事宜。

异门倘或多凶吉,二篇未足究精微。

开休生,即北方三白为丑,吉门合得乙丙丁三奇,一位共临之,方可出兵、征讨、修造、葬埋、婚娶、求财,百事大吉之兆。然得奇门大吉,其开又有三奇之入墓,三门之反伏吟,或值四时之先绝休废,不能无凶,非一篇之能尽究其精微也。《五总龟》云:大抵要合开休生三门,则用事大吉,更合三奇临之,可用无疑。如得门不得奇,亦可用。得奇不得门,终非吉。奇门俱不得,即凶。当以轻重用而之。

三奇得使诚堪使,六甲遇之非小补,

乙归犬马丙鼠猴,六丁玉女骑龙虎。

此四句连说,以乙丙丁为三奇,六甲遇之为使更妙。《总要》曰:未虽符三奇妙,不如更得三奇使是,三奇使正,六甲也,甲戌甲午乙为使,甲子甲申丙为妙,甲辰甲寅丁为使,故得三奇之妙,不如得六甲之使尤妙也。乙归犬马即乙奇得甲戌甲午也,而鼠猴即丙奇得甲子甲申也,六丁为玉女骑龙虎即丁奇得甲辰甲寅也,三奇得使之例,真法以天上甲子起甲申间一宫而行,则乙奇到甲戌,丙奇到甲午,丁奇到甲寅。地下甲子起甲戌者,地如人之道不能自立,必假夫而立,故甲戌到宫,甲辰起甲则乙奇在甲午,丙奇在甲申,丁奇甲戌,取对宫甲辰为丁奇也。

又有三奇游六仪，号为玉女守门扉。

三奇游六仪者，乃天下三奇乙丙丁，地下三奇甲戊庚，游于甲子戊、甲戌己、甲申庚、甲午辛、甲辰壬、甲寅癸，此六仪也。经曰：三奇游六仪，利以营造、宴会、喜乐之事。玉女守门时者，谓丁为玉女，而全天乙直使之门也。如阳遁一局，顺仪通奇，地盘丁在兑，而以天乙直使休门加之甲子时，休门起坎，乙丑时休门坤，丙寅时休门震，丁卯时休门巽，戊辰时休门中，己巳时休门乾，庚午时休门兑，地盘丁上，故甲子旬庚午时为玉女守门也。又接前数，辛未时休门艮，壬申时休门离，癸酉时休门坎，值使十时一易，甲戌时到坤，死门为值使，乙亥死门到震，丙午时死门巽，丁丑时死门中，戊寅时死门乾，己卯时死门兑地盘，丁奇在兑，故甲戌旬己卯时为玉女守门也。甲申时以伤门为直使震，乙酉时伤门巽，丙戌时伤门中，丁亥时伤门乾，戊子时伤门兑，地盘丁上，甲申旬戊子时玉女守门也。甲午时以杜门为直使巽，乙未时杜门中，丙申时杜门乾，丁酉时杜门兑，地盘丁上，故甲午旬丁酉时为玉女守门也。甲辰时以死门为直使中，己巳时死门乾，丙午时死门兑，地盘丁上，故甲辰旬丙午时为玉女守门也。甲寅时以开门为直使乾，乙卯时开门兑，地盘丁上，故甲寅旬乙卯时为玉女守门也。

天三门兮四地户，问君此法知何处。
太冲小吉与从魁，此是天门私出路。
地户除危定与开，举事皆从此中去。

起法，审时历太阳过宫选用，如大寒后日躔玄枵、神后为月将，雨水后日躔娵訾、登明为月将，若本日贵人到乾，即为贵人登天门。又法以月建加时随除定危开为四地户加天三门，吉。

起例：月将来加使用时，太冲小吉从魁如。天门得合三奇妙，更会地户福尤宜。又：月将加在用时天，顺行十二见时方，太冲小吉从魁位，天门出入有奇功。

天三门定局：

天三门立成定局	时										
玄枵神后	子	亥	戌	酉	申	未	午	巳	辰	卯	寅	丑
星纪大吉	丑	子	亥	戌	酉	申	未	午	巳	辰	卯	寅
析木功曹	寅	丑	子	亥	戌	酉	申	未	午	巳	辰	卯

（续表）

天三门立成定局	时										
大火太冲天门	卯	寅	丑	子	亥	戌	酉	申	未	午	巳	辰
寿星天罡	辰	卯	寅	丑	子	亥	戌	酉	申	未	午	巳
鹑尾太乙	巳	辰	卯	寅	丑	子	亥	戌	酉	申	未	午
鹑火胜光	午	巳	辰	卯	寅	子	亥	戌	酉	申	丑	未
鹑首小吉天门	未	午	巳	辰	卯	寅	丑	子	亥	戌	酉	申
实沈传送	申	未	午	巳	辰	卯	寅	丑	子	亥	戌	酉
大梁从魁天门	酉	申	未	午	巳	辰	卯	寅	丑	子	亥	戌
降娄河魁	戌	酉	申	未	午	巳	辰	卯	寅	丑	子	亥
娵訾登明	亥	戌	酉	申	未	午	巳	辰	卯	寅	丑	子

地四户定局：

地四户立成定局		时											
建	地户	寅	卯	辰	巳	午	未	申	酉	戌	亥	子	丑
除		卯	辰	巳	午	未	申	酉	戌	亥	子	丑	寅
满		辰	巳	午	未	申	酉	戌	亥	子	丑	寅	卯
平	地户	巳	午	未	申	酉	戌	亥	子	丑	寅	卯	辰
定		午	未	申	酉	戌	亥	子	丑	寅	卯	辰	巳
执		未	申	酉	戌	亥	子	丑	寅	卯	辰	巳	午
破	地户	申	酉	戌	亥	子	丑	寅	卯	辰	巳	午	未
危		酉	戌	亥	子	丑	寅	卯	辰	巳	午	未	申
成		戌	亥	子	丑	寅	卯	辰	巳	午	未	申	酉
收	地户	亥	子	丑	寅	卯	辰	巳	午	未	申	酉	戌
开		子	丑	寅	卯	辰	巳	午	未	申	酉	戌	亥
闭		丑	寅	卯	辰	巳	午	未	申	酉	戌	亥	子

四地户起例诀:

月建来加所用时,除危定开逐时移。

四星地户天门会,福神出入并皆宜。

如九月用巳时则以戌加巳顺行,除午、定酉、危子、开卯为四地户也。余仿此。

六合太阴太常君,三辰元是地私门。

更得奇门相照耀,出行百事总欣欣。

假如六合太阴太常以三辰依阴阳贵人图推之,看在何方,且如本日阳贵人在亥,以贵加亥顺行,胜子朱丑,六合寅,勾卯,青辰,空巳,白午,太常未,玄申,太阴酉,后戌。又如本日阴贵人在亥,以贵加亥逆行,胜戌未酉,六合申,勾未,青午,空己巳,白辰,太常卯,玄寅,太阴丑,后子。余仿此。冬至后用阳贵人,夏至后用阴贵人,皆论日不论时。更得奇门相照耀,出行百事得欣欣。

一例审太阳过宫,以月将加所用时,视太乙贵神所在之地,详其逆顺,以辨前五后六占时所得三辰而论吉凶。其天乙贵神所在之法,以甲戊庚日治丑暮治旦未,乙己日旦治子暮治申,丙丁日旦治亥暮治酉,六辛日旦治午暮治寅,壬癸日旦治巳暮治卯,此为天所生也。天在亥子丑寅卯辰六位则以左为前,右为后,天乙在巳午未申酉戌六合则以右为前,左为后,其天乙所在而别其顺逆也,旦暮者,日出为旦,用日贵神。日没为暮,用夜贵。日贵者,自寅至未为日贵。夜贵者,自申至丑为夜贵。日贵用上一字,乙巽丙丁坤庚六时是。夜贵用下一字,辛乾壬癸艮甲是也。自亥至辰为阳贵,顺行十二支。自巳至戌为阴贵,逆行十二支。此贵人以月将加时,右例难明,今重订支掌二图,便览者易晓云。

子唯时图

坤	庚	辛	乾
丁			壬
丙			癸
巽	巳	甲	艮

乙庚以上六时日贵用。甲辛以下六时夜贵用。

十二支图

申	酉	戌	亥
未			子
午			丑
巳	辰	卯	寅

下十二支掌图,自寅至未为日贵,自甲至丑为夜贵。日贵用上一字,即上图之乙巽丙丁坤庚六时也,夜贵用下一字即上图之辛乾壬癸艮甲六时也。自亥至辰为阳贵,顺行十二支;自巳至戌为阴贵,逆行十二支。二图当合用推,但分之以知甲在卯宫,巳在辰宫,巽在巳宫之类也。

假如正月雨水后太阳躔訾陬之次,月将在亥,则以亥加所用时分,旦暮以视天乙贵人所在之地而详其逆顺,以求三辰所在之方。假如甲戌庚日用卯时,属下一字暮贵,则以亥加卯宫顺行,暮未亥在亥为阳支加贵人顺行,则六合在寅,太常在未,太阴在酉也。又如甲戌庚日用午时,属上一字用旦贵人,则以亥加午顺行,旦丑在申,申为阴支加贵人逆行,太阴在戌,太常在子,六合在巳也。如甲戌庚日用子时,属下一字用暮贵,则以亥加子顺行,暮未在申,申为阴支加贵人逆行,太阴在戌,太常在子,六合在巳。余仿此。

地私门阳贵人顺行之图:

月将如所用时寻本日贵在何支		冬至后用	寅辰甲乙己丙丁癸壬辛
神后	子亥戌酉申未午巳辰卯寅丑	贵人	丑未申子酉亥巳卯寅
大吉	丑子亥戌酉申未午巳辰卯寅	螣蛇	寅申酉丑戌子午辰卯
功曹	寅丑子亥戌申酉未午巳辰卯	朱雀	卯酉戌寅亥丑未巳辰
太冲	卯寅丑子亥戌酉申未午巳辰	六合	辰戌亥卯子寅申午巳
天罡	辰卯寅丑子亥戌酉申未午巳	勾陈	巳亥子辰丑卯酉未午
太乙	巳辰卯寅丑子亥戌酉申未午	青龙	午子丑巳寅辰戌申未
胜光	午巳辰卯寅丑子亥戌酉申未	天空	未丑寅午卯巳亥酉申
小吉	未午巳辰卯寅丑子亥戌酉申	白虎	申寅卯未辰午子戌酉
传送	申未午巳辰卯寅丑子亥戌酉	太常	酉戌辰申巳未丑亥戌

（续表）

月将如所用时寻本日贵在何支		冬至后用	寅辰甲乙己丙丁癸壬辛
从魁	酉申未午巳辰卯寅丑子亥戌	玄武	戌辰巳酉午申寅子亥
河魁	戌酉申未午巳辰卯寅丑子亥	天阴	亥巳午戌未酉卯丑子
登明	亥戌酉申未午巳辰卯寅丑子	天合	子午未亥申戌辰寅丑

地私门阴贵人逆行之图：

月将如所用时寻本日贵在何支		冬至后用	寅辰甲乙己丙丁癸壬辛
神后	子亥戌酉申未午巳辰卯寅丑	贵人	丑未子申亥酉午巳卯
大吉	丑子亥戌酉申未午巳辰卯寅	天后	寅申丑酉子戌未午辰
功曹	寅丑子亥戌酉申未午巳辰卯	太阴	卯酉寅戌丑亥申未巳
太冲	卯寅丑子亥戌酉申未午巳辰	玄武	辰戌卯亥寅子酉申午
天罡	辰卯寅丑子亥戌酉申未午巳	太常	巳亥辰子卯丑戌酉未
太乙	巳辰卯寅丑子亥戌酉申未午	白虎	午子巳丑辰寅亥戌申
胜光	午巳辰卯寅丑子亥戌酉申未	天空	未丑午寅巳卯子亥酉
小吉	未午巳辰卯寅丑子亥戌酉申	青龙	申寅未卯午辰丑子戌
传送	申未午巳辰卯寅丑子亥戌酉	勾陈	酉卯申辰未巳寅丑亥
从魁	酉戌未午巳辰卯寅丑子亥戌	六合	戌辰酉巳申午卯寅子
河魁	戌酉申未午巳辰卯寅丑子亥	朱雀	亥巳戌未酉午辰卯丑
登明	亥戌酉申未午巳辰卯寅丑子	螣蛇	子午亥未戌申巳辰寅

三为生气五为死，盛为三兮衰在五。

能识趋三避五时，造化真机须记取。

《三元经》曰：天道不远，三五趋覆，知三避五，恢然独处。三为生气，故趋三；五为害气，故避五也。三为威，五为武，盛在三，衰在五定马只轮无有还期。假令冬至上元,阳一局甲巳之□后半生,甲子时至平日丙寅时,得三寅时生气,利为百事。至戊辰时得五,此时罡气凶,百事不宜,故避五。遁仿此。又云:直使加震宫三为是,宜向之,直使加中五宫,二宫为坎宜避之,又太乙式算得诸入门柱塞,古人望信皆不来,不宜出行,百事皆凶。又如重阳有重喜,谓天将在三宫,重阴有重凶,谓大将在七宫,乃三数吉,七凶。

就中伏吟为最凶,天蓬加着地天蓬。

天蓬若在天英上,须知即是反吟宫。

天盘甲子刑地盘甲子,天盘天蓬加地盘天蓬,凡六甲之时星符俱在本宫为伏吟,此时不宜用兵,惟宜收敛财货。天盘甲子加地盘甲午,天盘天蓬加地盘天英,凡星符加对冲之宫为返吟,此时不利兴兵动众,遇奇门盖不至凶害,不然凶祸立至。一云:伏吟返吟虽合奇门,不宜举动,凶。

八门返复皆如此,生在生门死在死。

假令吉宿到奇门,万事皆凶不堪使。

门在本宫,谓之伏吟。门在对宫,谓之返吟。伏吟俱不利,极凶。

六仪击刑为大凶,甲子直符愁向东。

戊刑在未申刑寅,虎蛇辰午自刑宫。

六仪击刑者,谓六甲直符加所刑之地也,谓甲子直符加卯三宫,卯刑子也。甲戌直符加未二宫,戌刑未也。甲申直符加寅八宫,申刑寅也。甲午直符加午离宫,午自辰刑也。甲辰直符加辰四宫,辰自刑也。甲寅直符加巳四宫,寅刑巳也。假令冬至上元阳遁一局甲巳之日夜子生甲子为直符,至日出卯时是六击刑也,其时极凶,不可用事。

三奇入墓好推详,甲日那堪见未时。

丙奇属火火暮戌,此诸事时不须为。

更嫌六乙来临二,六丁怕八丑艮宫。

三奇入墓者,谓六乙日奇下临二坤宫,六月丙奇下临六乾宫,六丁星奇下临八艮宫,是谓三奇入墓也。纵有奇门,不可举兵,百事凶。经云:三奇入墓何时,丙奇乾皆上巳临坤,丁奇临艮丑中存,按五行生旺谓,阳生阴死,阴死阳生,丙火生寅库戌,丁火生酉库丑,故丁奇丑艮宫入墓。又如甲生亥未库,乙木生午库戌,乙阴木库不未,三戌也。经曰:丙丁奇入一宫乃火入木池,乙奇入六宫乃木入金乡,三奇受制,万事不可举也。

又有时午入墓宫，课中时下忌相逢。

乙未壬辰兼丙戌，辛丑都来尽是凶。

凡乙庚日，丁丑时乃丁奇入墓，丙戌时月奇入墓。

三奇润源曰：六丁未火之精化而成，金在震最明，生于丑没丁辰，前世名晓星是也，故丁丑为星奇入墓。

五不遇兮龙不精，号为日月星光明。

时干克来日干上，甲日须知时忌庚。

五不遇时者，谓刚柔日相克而损其明，纵有奇门不可用，百事凶。

甲日庚午时，乙日辛巳时，
丙日壬辰时，丁日癸卯时，
戊日甲寅时，己日乙丑时，
庚日丙子时，辛日丁酉时，
壬日戊申时，癸日己未时。

时干克日干为主，木不知和宁，极凶，但阳干克阳干，阴干克阴干。

奇与门兮共太阴，三般难得纪来临。

若还得二亦为吉，举此行藏亦遂心。

开休生三门合乙丙丁三奇于九地，助奇者为真诈，会太阴助奇者为重诈，会六合助奇者为休诈。遇诈宫，出兵百战百胜，午时申吉利咸臻，有十分之利。若三门合三奇无诈宫，谓之有奇无阴，得七分之利。若三门合三诈而无三奇，谓之有门无奇，得三分之利。得门不得奇，可用；得奇不得门，终非吉，当以轻重用之。合诈门宜嫁娶、远行、求财、商贾、拜官、受爵、设齐等事，大吉利也。

五假之地，各有吉凶。五假者，曰天假、曰地假、曰神假、曰人假、曰物假也。假如杜门丁巳癸临九地、太阴、六合，皆名地假也。临九地宜潜伏，可以藏刑隐神。临太阴，利遣人探诗。临六合刑逃亡。若景门合乙丙丁，临九天名曰天假。乙为威德，丙为威武，丁为太阴，三奇之灵宜陈利便进谒。伤门合丁巳癸下临六合，名曰物假，利求财、买卖酒食之类。若死门合丁巳癸下临九地，名曰神假，利葬埋。若惊门合六壬下临九天，名曰人假，利捕捉逃丁。若太白入荧惑巳，其下必获。

以上五假，其取其宜，随事用之。

更得直符直使利，兵家用使最为贵。

常将此地击其冲，百战百胜君须记。

经曰：亭亭者，天之贵神也。皆而击其冲为胜，杂之法常以月将加时神后为亭亭所居也。假令正月将小吉，如寅即神后临来为亭亭所在也。白好者，天之好神，合于亥格，于寅申常合之时得川之，当格与不格，当合与不合者，昔亭亭而白好推之法，以月将加时，寅午戌上见孟神，即是白好之位，常以行寅申巳亥四孟位也。假如正月将登明，加时于孟明孟神临手，即白好在亥也。余仿此。

昔曹操用兵，以此法百战百胜，故用遁法击冲而胜也。

天乙之时所在宫，大将宜居癸对冲。

假令直符居离九，天英坐取击天蓬。

行军有三胜之地，天上直符所临为天乙宫，宜上将居之，为第一胜也。阳遁直符后二为九天，阴遁直符前二为九天，宜我军居之，为二胜也。牛门合三奇之宫，三将引军从生击死，百战百胜，故为此三胜地也。有五不击之地，第一不击天乙宫，二不击九天宫，三不击生门宫，四不击九地宫，五不击直使宫。

以上五宫，皆不可击，宜我军居之，必推胜矣。

甲乙丙丁戊阳时，神居天上要君知。

坐击须凭天上奇，阴时地下亦知之。

奇门曰：五阳在前五阴后，主客须知有盛衰。自甲至戊五阳时利为客，宜先起。自己至癸五阴时利为主，宜后动。当五阴之时，客盛主衰；当五阴之时，主盛客衰。五阳之时喜神治事，百事俱吉，惟逃亡不可得也。又云：阳时神在天宫用天盘，若在地用地盘上起。又云：五阳时在天上，即居天上直符之言而击其冲。

若见三奇在五阴，偏宜为客自高强。

忽然逢着五阴位，又宜为主好裁详。

己庚辛壬癸五阴也，五阴时利，以为主之时，即后举兵待敌而后动以冲胜，谓时下五阴于恶神治事，不可拜官、私徒、婚姻、出行、兴兵、举百事，逃亡可得宜。经云：直使之行，一时一易。行明利以为主，故曰：得阴者伏而不起，明五于阴在子干之西部杀气也。

直符前三六合位，太阴之神在前二。

后一宫中为九天，后二之辰为九地。

九天之上好排兵，九地潜藏可立营。

伏兵但向太阴位，若逢六合利逃刑。

孙子云：九地者，幽隐之至深也。九天者，刚健之至极也。藏于九地，言守之至深也。动于九天，言攻之至极也。九天乃天之杀伐之气，运在此方，亦可以藉此气扬兵武。九威地乃地之蒙昧之气，运在此方，亦可以籍此气遮藏形迹，太阴之下可以伏兵，六合之下可逃亡。

天地人分三遁名，天遁日精华盖临。

地遁月精紫云蔽，人遁当知是太阴。

上盘六丙，中盘生门，下盘六丁，谓之月精之蔽。

上盘六乙，中盘开门，下盘六己，谓之月精之蔽。

上盘六丁，中盘休门，下盘太阴，谓之月精之蔽。

生门六丙合六丁，此为天遁自分明。

开门六乙合六己，地遁如斯而已矣。

休门六丁共太阴，欲求人遁正是此。

要知三遁何所宜，藏形遁迹斯为美。

以上三遁，最宜隐遁，人莫能窥。盖三遁既挟日月星精之奇庇祐，而天遁下盘合丁乃三奇之灵，又为六甲之明，谓奇门相合，有如华盖之覆体也。地遁下盘临六己为六合之私门，又为地户，谓奇门相临，有如紫云之蔽也。人遁下盘临太阴宫相合，如有阴云之障蔽也。右三遁之时，凡用事、兴兵、施为、出入、修营、造作宫室、出行、商贾、葬埋、嫁娶，万事所为吉利矣。

庚为太白丙荧惑，庚丙相加谁会得。

庚乃西方金星，号为太白星。丙乃南方火德星，号为荧惑星。庚丙相加有谓，或上盘之庚加下盘之丙，或上盘之丙加下盘之庚也。

六庚加丙白入荧，六丙加庚荧入白。

白入荧兮贼即来，荧入白兮贼须灭。

天庚加坤丙庚入火乡也，天丙加地庚丙入金乡也。经曰：二星相入，凶气横任。得奇门慎勿行，此星金火之神，是恶神也。

丙为悖兮庚为格,格则不通主乱逆。

天丙加地庚为悖,天庚加地丙为格。经曰:六丙所加昔为危悖。悖者乱也,谓天上六丙临年月日时之干,直符同类,六丙所加之义,凡举百事用兵,遇悖主纲纪紊乱也。经曰:丙丁值为悖火星,荧大屋移害且安,然独日闻愁哭。又曰:庚加年月日时干,假你为客不宜争。斗克兵领将避此,时惟同守不宜行,百事遇之凶莫测。

丙加天乙为直符,天乙加丙为飞悖。

天上六丙临年月日时干,直符同类者为悖,符天乙直符加于地下六丙日为飞悖,凡举兵用事遇悖主纲纪紊乱也。凡遇六丙六庚之为直符加时干,则时皆为悖格值时而用之。

庚加日干为伏干,日干加庚飞干格。

加一宫兮战在野,同一宫兮战于国。

六庚为太白,加日干即为伏干格,此是主客斗复,皆不利。又曰:日干若遇六庚临,以此名为伏干侵,若是战斗须不以,入都为主必遭擒。今日干加临六庚牧飞干格,战斗不利,主下雨,庚加日干,日干加庚,俱不利。如庚加一宫或天盘宫,或地盘庚同一宫,主战斗不利。天乙格曰太乙所居地宫也,六庚加之凶战于野,天乙太白格乙,乙与六庚同宫,战于国,凶。天乙与六庚同宫者,谓同地天乙,直符与六庚同行加时,与太白格利野斗战。直符加六庚宜固守伏藏,凡遇诸路之时,用兵主客俱不利。

庚加直符天乙伏。

庚直符加宫伏干格,与交锋多不利,为客以成功,经曰:天上庚加下直符,此时主客皆不利,六庚加天直符,本宫为伏干格,不利用兵,直野迎敌。

直符加庚天乙飞。

飞宫是何星,直符加六真,两敌不堪争,为主似还瀛。《三元经》曰:直符加六庚,名天乙飞于敌,此时皆不利。上盘天乙直符加下六庚,此时宜固守,出则大将遭擒。

庚加癸兮为大格。

天庚加地癸,国谋未可,遇求人终不见端坐即还宫。时逢大格,百事皆凶。返亡不得返,招其咎。远行军破马死,造作天财破散。

加己为刑最不宜。

六庚加六己，赤地须千里，远行车马失，军兵半途止。时遇刑格，出军不利，主伤中道士卒，逃亡慎勿追之，反招灾咎。

加壬之时为小格，又嫌岁月日逢时。

天庚加地壬，谓之小格。一云：伏格当此之时，并不宜行师。论岁格，经曰：六庚当年太岁之干，名曰岁格，此时用事凶。论月格日，六庚当月朔之干为月朔格，此时用事凶。论日格日，六庚加日，日于名日干格，此时大凶。论时格，经曰：六庚加本时干者为时下，亦名伏吟格，此时干不可举兵，大凶。大凡六庚为直符，其于时一日时干格也，六庚加年月日时丁凶格，战者先败。占家，年为父母，月为兄弟，日为己身，时为妻。男占三失，有其日月应兆。

更有一般奇格者，六格慎勿加三奇。

此时若也行兵去，匹马双轮无还期。

六庚加丙丁奇，天英景为下克上，先举者凶，无还期。六庚加乙奇，冲辅伤杜为上克下，先举者胜匹马，只人能敌万人。

六癸加丁蛇夭矫，六丁加癸雀入江。

六癸加丁，夭矫迷路程，忧惶虽步端，上佳不宫。六丁加六癸，朱雀入流水，口舌尤来罡，官事使人愁。曰或上听讼，自陷刑狱，故通天以癸不词讼。或闻火起，不必德救。

六乙加辛龙逃走，六辛加乙虎猖狂。

金为白虎，木为青龙，龙虎战斗，百事皆凶，此时不宜举兵，主客皆凶。六辛加六乙白虎也，悲哀，若与干钱财，自己须防灾，此时不宜举兵，主客两伤，婚姻、修造大凶。

请观四者是凶神，百事逢之莫措手。

夫天于阴阳和则吉，不和则凶。阳干克阴干为合，甲克己即甲与己合也。阴干克阳干为宫星，如甲受辛克，即以辛为宫也。阴遇阳克，阴遁阳克，皆为不和。乙辛丁癸日干皆属阴克，其祸不救凶也。

丙加甲兮鸟跌穴，甲加丙兮龙回首。

六丙加六甲，阴阳二遁，此时百事利，出兵、行营、兴造吉。经曰：此时从生击死，百战百胜定无疑。六甲加六丙，此时阴阳二遁，出兵行营，百事皆吉。经曰此局虽无门，亦可用事，若从生击死，敌万人。

只此二者是吉神，为事如意十八九。

言前二局之大吉也。若得奇门，行兵出战大胜，求名遂意中，求财利益，修造、嫁娶，百事大吉。

八门若遇开休生，诸事逢之总知情。

伤宜捕捉终须获，杜可逃遮及隐形。

景上投书与破军，死推游魂葬埋宜。

试问惊门何所益，捕捉公庭较是非。

开门宜远行、征讨、见君、求名，所行通达。休门宜和进万事、治兵、习叶，百事吉。生门宜谒贵、营谋、求财，诸事吉。伤门宜负捕行逢盗贼。杜门宜迅遮隐伏、诛伐凶逆。景门宜上书造使、交阵破围。死门宜行刑、诛战、吊死、送丧，行者遇病。惊门宜之车斗入坟二十日。以上八门，开、休、生三门吉，五凶门宜避之。

蓬任冲辅禽阳午，英芮柱心除宿名。

风后作太乙雷公式九宫，法以林□洛书之数而错一位，以一居乾，八居坎，三居艮，四居震，九居巽，二居离，七居坤，六居兑，以一二三四五为阳宫，故蓬任冲辅禽配此五宫而属阳也，以六七八九宫为阴位，故英芮柱心星配此四宫而属阴也。

辅禽心星为上吉，冲任小吉未全亨。

大凶蓬芮不堪遇，小凶英柱不精明。

天辅、天禽、天心乃北斗武曲、廉贞、文曲三阳星，为大吉宿也。天冲、天任乃北斗破军、巨门，为次吉宿也。天蓬、天芮乃左辅右弼，为恶曜大凶之宿。若得奇门亦不可用。天英、天柱乃贪狼、禄存半凶之星，得奇门亦可用。

大凶无气变为小，小凶有气亦可咛。

经曰：时下得天辅、天禽、天心为大吉时，下得天任、天冲为次吉，得天蓬、天芮为大凶，得天英、天柱为小凶。更以五行旺相之吉，若大凶六星得旺相气则成小凶，若小凶星得旺相气则中平。

吉宿若能得旺相，万举万全功必成。

若遇休囚并废没，劝君不必进前程。

凡吉宿亦要遇旺相，若遇休囚废没亦不可用。经曰：若上吉次吉星无旺相气则中正，乘旺相气则大吉，乘死休气则为凶。

要识九星配五行，各随八卦考义经。

坎逢属水离英火，任芮坤艮土中宫。

乾兑为金震巽木，旺相休囚看轻重。

此以五星配五行，又随伏羲周易后天八卦而推之。

宝鉴云：大哉，乾坤交合体，父母生成之道，阴阳品配定，男女方定之，居银河转运，乾坤定上下，六合遂生六干。乾父交于坤母，一交而得长男震，二交而得长女巽，三交而中女离，四交而得小女兑。以震兑为主，坎离于用，乾坤艮巽寄于四维，故乾位西北，坤位西南，艮司东北，巽司东南，震东，兑西，离南，坎北。乾刚兑柔为二金，震阳巽阴为二木，坤□艮燥为二土，坎润下、离炎上，不可二也。夫金木形也水火气也，有差别气无精粗，显者阳也，阴晦者阴包阳也。

与我同行即为相，我生之月诚为旺。

假于父母休于财，囚是鬼直刑是胎。

经曰：九星休旺宿，谓九星各相于我生入，旺于同类，月殁于生我月，囚于官鬼，休于妻财月。

假令水宿号天蓬，旺在初冬与仲冬。

相于正二休四五，其余仿此可推通。

生旺局	旺	相	废	休	囚
天蓬水星	亥子月	寅卯月	申酉月	巳午月	辰戌丑未月
天任芮金星	辰戌丑未月	申酉月	巳午月	亥子月	寅卯月
天冲辅木星	寅卯月	巳午月	亥子月	辰戌丑未月	申酉月
天英火星	巳午月	辰戌丑未月	寅卯月	申酉月	亥子月
天柱心金星	申酉月	亥子月	辰戌丑未月	寅卯月	巳午月

急则从神缓从门，三五反复天道亨。

经曰：谓有事不逢时并三奇吉，当从天乙所在宫及直符之神去，若缓则待三奇吉门而去，及天上六戊所在以六戊常为天门。又曰：神谓如甲子蓬星日丙寅时甲子六仪头以甲子蓬星休加地六丙上即从一奇下出去，如事急欲出路,或在军阵中门又不通,只寻吉神下去,事后可以就吉门奇而往也。三者,三奇也;五者,五星吉,英芮冲辅心也。或门凶无奇又无吉星,反复无处吉事又急迫须,而北斗下默会三奇免吉,不得三奇吉门,但从二奇所临出,百事吉,所谓吉则从神也。

十干加伏若加错,入库休囚吉事危。

时加六甲,一开一合,上下交接。又曰:能知三甲,一开一合;不知三甲,六甲尽合。三甲者,甲寅申为孟,甲子午为仲,甲辰戌为季。甲阳星加时为开,阴星加时为合。阳星者,蓬任冲辅禽五星也。阴星者,芮柱心英四星也。孟甲合阳星,阳气在内;合阴星,阴气在外。利以固守,不可出征,利为主,不利为客,若兴兵出入,兵必败矣。仲甲合阳星,利为玉后应即吉,故阳星阳气在内,不以固守,不可出师,先举看败。阴合时为问格,其形在门,不可出兵,宜固守,阴谋自胜也。季甲合阴星,阴气在外,合阳星阳气在内。阳加时利客,可以扬兵动众。阴星加时利主日,宜迎敌,故六甲之时,但阳星合,孟甲内开外合,仲甲半开半合,季甲俱开。阴星合,孟甲大开合,仲甲内开外合,季甲大开内。半开,阳开利客,阴开利主,合则固守,开利阳兵,日甲为青龙土符居之,利以造行,将兵客胜,闻喜有闻忧矣。

时加六乙,往来恍惚与神俱出,谓乙为星奇,宜从天上六乙,而虽恍惚如神人无见者,将兵客胜,有喜无忧,行逢饮移徙、嫁娶,吉。

时加六丙,万兵莫往,彼若生后压伏兵荧将兵,闻忧无,闻喜有,丙为月奇,又为天威。丙火以销金,精兵不起,若征伐从天上六丙而出,贼自败也。入官得迁,市买有利,修造百事大利。

时加六丁,出幽入冥,至老不刑,丁为星奇,玉女当时,刀须临劲九安不惊,宜逃亡绝迹,当从天上六丁而出,随星奇挟,玉女入太阴而藏,人不得见,敌不敢侵,将兵主胜,利嫁娶乃阴私事。

时加六戊,乘龙万里,莫敢阻止,六戊为天门,又为天武,宜以远行禺车,百事吉。戊为天门,凶恶不起,当泛天上,六戊而行,挟入天门,故曰:乘龙万里,凶恶不敢害。鸡不鸣犬吠,将兵客胜,闻忧无,闻喜有,利以远行、市贾,小人惊走亡命。

时加六己,如神所使,不知六己,出彼凶咎。己为六合,此时宜为叩诈,稔密之事莫加。从天上六己出,不宜市贾,为显扬之事,独出独入,无人者见利,以出官、嫁娶，占人有逃亡阴私之事。

时加六庚，抱本而行，强有出者，必见争斗，谓庚为天狱，此时凶亡。有出者必遇罪刑，故曰：能知六庚，不被五木，不知大庚，误使入狱，或被凌辱。将兵主胜，不利客，主屯营固守，有忧无喜，凡事不利。

时加六辛，行遇死人，强有出者，罪罟缠身，此时行来出入并凶，又干为天庭，罪纲曰缠，将兵主胜不利客，有忧无喜，不利市贾、嫁娶。

时加六壬，为吏所集，强出入者，飞祸将临，此时不可远行，出入，百事凶。强出入者，必有牢狱，主为天牢怨仇所积，将兵主胜，利藏伏，不宜入官、移徙、嫁娶、逃亡。

时加六癸，众人莫视，不知六癸，出门见次，此时不利出入，皆凶。宜求仙隐迹，当从天六癸下出入不见，故曰：众人莫视。又癸为天藏，利以伏匿逃亡，将兵主胜，闻忧有，闻喜无，不宜出官、市贾。

三奇嫌入墓，门嫌迫墓，宫三位有湄停门克下官为障福，时克日干为损明，六仪交刑天干日，支辰克上更思之，支神及伏吟，出兵次马紧急加错，三奇入墓休囚，及犯十干伏吟等项，须吉亦凶也。

十精为使用为贵，起宫天乙用无遗。

经曰：踰出于五七归于九二者为十也，要精于九七之谓，阳遁阳使起于一、终于九，阴遁阴使起于九、终于一。天乙直使起宫异，所直门相冲也，阴阳二遁各有二使。

假如冬至后阳使初起一宫，阴使初起九宫；夏至后阴使初起九宫，阳使初起一宫，故曰：起宫异所也。冬至后阳使起休门，阴使起景门；夏至后阴使起景门，阳使起休门，故曰：直门相冲也。今之用遁，自冬至后一百八十二日六十二分半，历子午之东部，阳气用事，惟用阳遁阳使。夏至后一百八十二日六十分半，历子午之西部，二阴气用事，惟用阴遁阴使。经云：冬至后用阴使，夏至后用阳使，迷不显隐伏之事也。是穷天地，侔造化，以通神明之德，以类万物之情。三光之回旋，四季之作复，一消一息，或升或降，而运于无形布之，无象有所不见以矣，后人若能明此理，用之为贵也。

天目为客地为主，六甲推来无差理。

劝君莫失此玄机，洞彻九宫扶明主。

卯为天目，酉为地耳。又有六甲中天目地耳推者，出兵日也。金日显上吉,谓干生支也,如甲午日,甲木生午支火也。义日次吉,谓支生干也,如甲子日,甲木子水来生木也。和日次吉,得支干和也,如壬子日,壬子水相和同也。制日中平,谓干克支也,如甲戌日,类甲木戌土,木克土也。伐日凶,乃支克干,下克上为伐,卜书云:能通遁法,潜居绝遁,以待其时,扶佐明主,名香万里,此乃时至而功名成也。不遇明主隐迹,守分闲居不宜强行也。

宫制其门不为迫,门制其宫是迫凶。

经曰:吉门被迫则事不成,凶门被迫则凶灾尤甚。

宫制其门是门迫,门制其宫是宫迫,门生宫为和,宫生门为义也。假如开门临三四宫,休门临九宫,生门临一宫,景门临七宫,乃为吉门被迫,则事不成。如伤门杜门临二宫八宫,死门临一宫,惊门临三宫四宫为凶,门被迫凶,灾尤甚。

天纲四张无路走,一二纲低有路行。

经曰:天纲四张,万物尽伤。此时不可举兵,百事凶。又曰:神有高下必须知也。谓时得六癸之神,必有高下也。曰但将天乙居何地,尺寸低而制副之,谓得癸时。神将高下,天乙在三四,谓之尺高,遇之不可出,出则必伤。若被客围,却从卯未酉三宫看出,合奇门可破,出无妨。假令天乙在一宫,其神去地一尺在二宫,去地二尺皆天上,六癸之下即天乙所用之宫也,当此时必有司,司而以有手息两前而行,行遇过十步吉,若天步高一尺也,上可以消息,可以为天纲过人,故难出。如天上六癸加一宫,即为一天高也,五天以上无碍矣。万一诀曰:天纲四张时谓时得六癸也,是谓天纲天高低。若有急事,有此时不得不行,当以高行而出。奇门曰:天网四张,动众出兵忌逢。若急事避难作法,一人独出追其将,至即反自伤。天经者,天上之癸是也,其神有高下,在高坎一尺,坤二尺,震三尺,巽四尺,逾此者,本高不可出也,如天上六癸直符加地上一二三四宫为尺寸,低即可扬声而走,若临六七八九宫为尺寸过人,虽天网四张不用也。时下得此百事凶,万事不宜,须合奇门吉宿,亦不可用也。如破出阵欲取道出,宜两臂横负刀则呼天辅之名,匍匐而出,则天网自败自无所伤矣。临六七八九宫尺寸过人,尤不可用,呼兵须当隐伏,若敌人来,败当自溃改。

天网四张不可当,此时用事有灾殃。若是有人强出者,立便身驱见血光。虫禽尚自避于网,事忙匍匐自门墙。假令秋分丙辛日时用禺中另四张,禹中癸巳时也。

节气推移时候动，阴阳顺逆要精通。

三元积数成六纪，天地未成有一理。

一年分四时，八节：立春、春分、立夏、夏至、立秋、秋分、立冬、冬至。二十四气七十二候。

三元例乃冬至小寒及大寒，天地人元一二三已裁前，一节统为三正宗下，纪乃地之周一十二数，六纪乃地支六周，得七十二数。以一卦统三节为三元，则共成二十四气，以一节十五日，分三候为三元，则成七十二候，故云：三元积数成六纪，六纪者，乃七十二候之数也。

请观歌秉精微诀，非是贤人莫与传。

此歌中之诀，句句如神，字字有妙，非是贤者不可妄传。恐有小童得诀，入诱小人，为害不浅。遁甲之文，黄帝之师，风后留俟太公。至于子房，晋朝容乱发，子房之冢于木狄中获曰秋文上有誓，戒曰：不许传于不义之人，若非其人，必受其殃，得其人而不传，亦受其殃。晋尚书郭璞撰《青囊经》亦编入遁甲奇门一编于内，此文乃济世之宝，藏之如珍也。

《烟波钓叟歌》赋各通书奇门，俱无分注解释，今谨依子房秘藏录目出于《鳌头通书》奇门之道，以随后学者，一览而自明矣。

直符活法阴阳遁局

直符活法之图

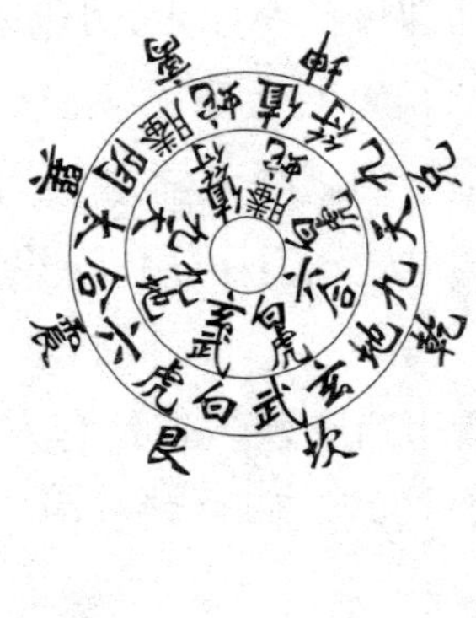

起　例

假如阳一局甲子日辛未时,八休四蓬就将值符,那天盘蓬去则知九地在艮,九天在震,太阴在坤,六合在。余仿此推。

又如阳局一宫用巳日乙亥,系三苑九芮以值,如内盘九芮上太阴兑,六合乾,五天巽,九地震。阳局俱仿此。

阳遁局

冬至后、夏至前,寻天上直符逆行,左右后一位为九天,后二位为九地,后三位为玄武。天上直符顺行,左右前一位为螣蛇,前二位为太阴,前三位为六合。

阴遁局

夏至后、冬至前,寻地盘直符顺行,左方前一位为九天,前二位为九地,前三位为玄武。地盘直符逆行右方后一位为螣蛇,后二位为太阴,后三位为六合。

凡用奇门布局后,地盘已定则如天盘六甲直符依节气而行于各方位上,于时之太乙宫又加符使于各门讫,然后以直符随阴阳二遁顺逆统行九天、九地、玄武、螣蛇、太阴、六合、白虎之神,以验吉凶可知矣。

掌诀诸式

八节图

坤立秋逆	兑秋分逆	乾立冬逆
离夏至逆		坎冬至顺
巽立夏顺	震春分顺	艮立春顺

八门图

坤死门	兑惊门	乾开门
离景门		坎休门
巽杜门	震伤门	艮生门

九星图

天芮子成	天柱子常	天心子天
天英子然	天禽子公	天蓬子禽
天辅子然	天冲子翅	天任子中

飞宫图

坤二	兑七	乾六
离九	中五	坎一
巽四	震三	艮八

九星图

坤土(天芮)	兑金(天柱)	乾金(天心)
离火(天英)	中土(天禽寄坤)	坎水(天蓬)
巽木(天辅)	震木(天冲)	艮土(天任)

排山掌

乾六	兑七	艮八	离九
中五			
巽四	震三	坤二	坎一

九宫八卦所属九星八门八节二十四气之图

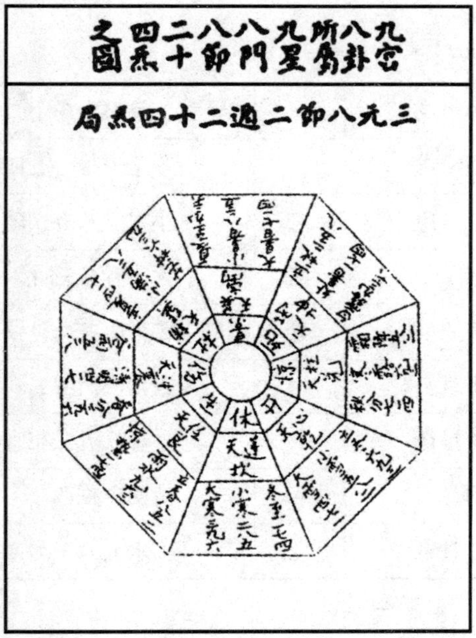

三十六节藏之图

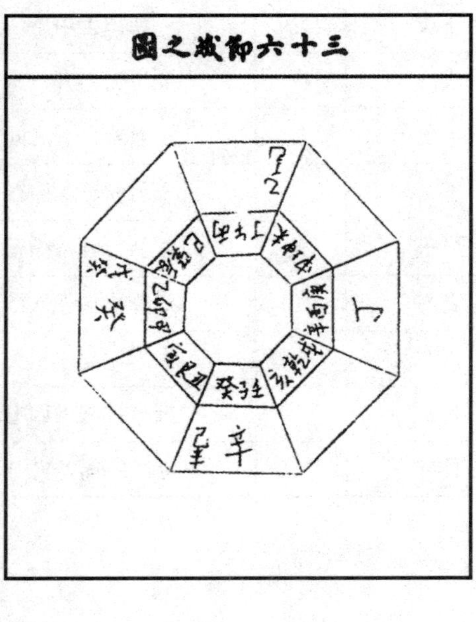

阳遁顺局　阳局起例

甲子戊	一	诗曰上中下
甲戌戊	二	冬至惊蛰一七四
甲申庚	三	小寒二八五相随
甲午辛	四	大寒春分三九六
甲辰壬	五	芒种六三九是仪
甲寅癸	六	谷雨小满五二八
丁星奇	七	立春八五二相宜
丙月奇	八	清明立夏四一七
乙日奇	九	雨水九六三为期

阴遁逆局　阴局起例

甲子戊	九	诗曰上中下
甲戌己	八	夏至白露九三六
甲申庚	七	小暑八二五之间
甲午辛	六	大暑秋分七一四
甲辰壬	五	立秋二五八循理
甲寅癸	四	霜降小雪五八二
乙星奇	三	大雪四七一相关
丙月奇	二	处暑排来一四七
乙日奇	一	立冬寒露六九三

阳遁顺行

假如立春节内,庚申日午时,即是立春下局,却乃二宫起甲子戊,三宫己,四宫庚,五宫甲午辛,六宫甲辰壬,七宫甲寅癸,八宫丁奇,九宫丙奇,一宫乙奇。又论壬午时系是甲戌旬,即于三宫起甲戌,四宫乙亥,五宫丙子,六宫丁丑,七宫戊寅,八宫己卯,九宫庚辰,一宫辛巳,二宫壬午,人移三震七甲戌符头伤门加二坤,又以三宫天冲直符加于乾六上,壬午时即是其时,离上是生门,得地下丙奇吉,可出矣。

阴遁逆行

假如大暑节内,丙寅日未时,丙寅日即大暑上局,七宫起戊,六宫己,五宫庚,四宫辛,三宫甲辰壬,二宫甲寅癸,一宫丁,九宫丙,八宫乙未。其时在甲午旬内即于四宫旬头起甲子,三乙未是时也,却移杜门加于三宫景、四死、九惊、二开、七休、六生,一又以甲午天辅加于八宫乙未时于上,其时一宫坎上得生门,地下乙奇可出。五月初八日甲戌占出行,系芒种下局节气用事,其遁丁奇在乾,丙奇在兑,乙奇在艮,用丙寅时得富贵,五符直将从艮上休门出,得乙奇盖照,禹步念乙奇,咒完后,右手画四纵五横,曰:四纵五横,六甲六丁,元武载道,蚩尤避兵,左悬南斗,右佩七星,邪魔灭迹,鬼妖潜形,干不敢犯,支不敢侵,太上有赖,吾令指行,入水不溺入火。不焚,逆吾者死,顺吾者亨,急急如太上道祖铁师上帝律令真令敕,勿回顾。又十二戊寅,系夏至下局节气宫事,其日丁奇在乾,戊奇在艮,乙奇在兑,用己未时得天乙贵人值时,从离上开门,大吉。乙奇益照禹步,念乙奇咒,又用四纵五横直符念咒,又西方兑上出,得丁奇盖照禹步,念丁奇咒,又以四纵五横画符念咒出。若甲十五日出行,其日辛巳系玉堂吉日,夏至节上局用事,可用癸巳时,其时系截路空从坎上休门出,得丁奇盖照,念丁奇咒,用四纵五横而符念咒就行,勿返顾,六甲六丁,玄武载道,蚩尤避兵,云云同前。如用十六日壬午,其日系金堂吉日,亦属夏至上局可用,癸卯时截系路空时,从坎方上休门出,得乙奇盖照禹步,念乙奇咒,即画四纵五横,就念就行。凡出行留本路作用向之方,行六步立地坐坎面离,今日十五十六辛巳癸卯时,从坎方休门而出,得乙奇盖照,大吉。十六又强十五,盖十六日是速喜故也。

乙奇咒曰:天帝威神,诛灭鬼贼,六乙相扶,天道替德,吾令所行,无攻不克,急急如律令。

丙奇咒曰:吾德天助,前后遮罗,青龙白虎,左右驱鬼,朱雀道前,使会地天威助我,六丙除疴,急急如玄女律令。

丁奇咒曰:天帝弟子,部领天兵,赏善罚恶,出幽入冥,来获我者,玉女六丁,有狂我自灭其形,急急如律令。

遁甲起例

洛书九宫,寄宫之祖。上法九宫,下应九州;中建八门,以例八卦。每卦统三气,五日为一候。六十时换一局,十五日为三气,计一百八十时系一节,每气分三候,五日为一候,则气计三气也。自冬至阳生起坎一宫,坎艮震巽四卦统气,一十二候分三十六分局,计五百四十为阳遁,故顺布六仪,逆飞三奇。自夏至气降起离九宫,坤兑乾离四卦统气,一十二候亦三十六分局,亦五百四十为阴遁,故逆布六仪,顺飞三奇。六仪者,六甲也,甲子戊、甲戌己、甲申庚、甲午辛、甲辰壬、甲寅癸。三奇,乙丙丁也,乙为日奇,丙为月奇,丁为星奇。以九星为值符加时干,布入门九星常为值符,每十时一易,每用加时干是八门,八为直使,后定方位为奇,八门常为直使,随直符亦十时为一易。直仪随时飞转以定方位,出奇无穷,五日一元,遇甲巳挨局气交而非甲巳,则以超神定接气续之,即折局之法,是为神圣之理,玄妙之灵,用遁之法尽施于此矣。

奇门布局法

此篇出《阴阳备要》,宜熟之,自知运遁之法,推《五总龟》知首锦之。

天遁甲之法，三重象三才，上层象天，列九星；中层象人，分八门；下层象地，定八卦。九宫天蓬及伏门与坎一宫相对，三才定位也。乙丙丁三奇也，日乙、月丙、星丁奇也。戊己庚辛壬癸六仪也。一局六十时，六甲周流而甲子常同六戊，甲戌己、甲申庚、甲午辛、甲辰壬、甲寅癸，常同六合，甲虽不用而六甲为天乙之贵神，常隐于六仪之下，为直符其发用实在此，故谓之遁，此太行虚一、太元虚三之义也。蓬、任、冲、辅、禽、英、芮、柱、心，九星也，号为直符。休、生、伤、杜、景、死、惊、开，八门也。递为直使，二十四气直为八卦，坎宫则冬至、小寒、大寒。艮宫则立春、雨水、惊蛰。震宫则春分、清明、谷雨。巽宫则立夏、小满、芒种。离宫则夏至、小暑、大暑。坤宫则立秋、处暑、白露。兑则秋分、寒露、霜降。乾则立冬、小雪、大雪。四时分至四立为八节，得八卦正气，故各为初直二气从之以分天地人三元，又间六宫而行，各为上中下元也。

冬至后十二气为阳遁顺行，夏至后十二气为阴遁皆逆行。二遁各占卦四，为节中之气，各大诸气一周八卦，安事备矣。比以月取之也，五日为候，故遁法遇甲巳易一局，盖自甲子至戊辰五日六十时是为上局，己巳至癸酉五日六十时是为中局，甲戌至戊寅五日六十时是为下局，三局三才之道也。由是甲巳加四仲为上，加四孟皆为中，加四季皆为下，三局四之而六十甲子备矣。上局则起本气之上元，中局则起中元，下局则起下元，不易之法也。故凡日虽以气候相推，至三元先后不司，三元始终日有多少在经，有折局补局之法，因日而定局，因局而起元，终不可易，此以日取之也。凡选时先分二遁，次定三局，首起三元，盖先看其日在何节气内，合为其遁；次看其日在甲子下合某局，于本局中起遁，冬至后阳遁则顺布六仪、逆飞三奇，夏至后阴遁则逆布六仪、顺布三奇。本法自甲至癸十干，常以序行，如局逆顺，盖并先布三奇、后布六仪，今皆反之，因指六甲为六仪而布局及布三奇，并以丁丙乙为序，皆捷法也。布五宫则寄坤土，此土长生于坤之说也，此寄宫终非正门，故直符直使在五则皆注避五于本时之下，恐人误用之也。九宫已布满则点出其时旬头之甲在何宫，以其星为直符，以其门为直使，然后以加临法用之，寻本时支落何处，加以直使寻本时干落何处，加以直符加临巳，乃视其时课大纲吉凶，所作之方，待不得开、休、生三门，并天上三奇，必其时课吉，必得奇门乃可用也，此三门即北方三白也。其所撰时每月先取四大吉时用之，三□通必于合得吉，纵遇太岁、金神等，然亦无害。凡行方者，尤宜用之，以有诸门可上所向，若为阴阳二奇,象以其宫为其山,或为口坐向而选之,但于符应不可不详究也。夫遁甲一岁为课,四千三百二十,古人约为一千八十局,后备七十二局,最后撮为一图,十有八局,可谓要矣。然为局尚多莫若上一局用盘子为径,二又嫌干多事则唯上指为妙,上指固妙,然暗记推详于诸法,或右芒征则或谬误,今此书装成,日为十二时,吉凶可见时。

九宫运遁式

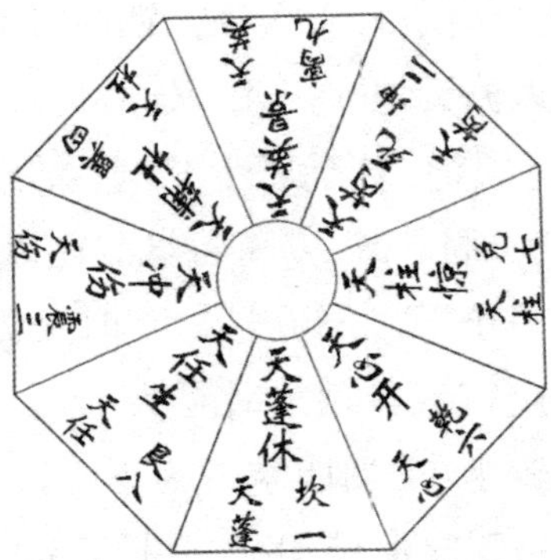

坤二(天芮死门)　兑七(天柱惊门)　乾六(天心开门)

离九(天英景门)　中五(天禽寄坤)　坎一(天蓬休门)

巽四(天辅杜门)　震三(天冲伤门)　艮八(天任生门)

九星八门配宫

诗曰:

天蓬坎上一逢休,芮死排来第二流。
更有冲伤居震位,巽宫辅星四杜周。
禽星中五却寄坤,乾宫排来心开六。
柱惊当从兑七求,内外任生居艮八。
九寻英景逐方游。

阴阳二遁先随本局布奇仪六甲于九宫，然后移入八宫配直使为地盘。中以八门为八盘，六甲天盘俱如地盘，但地盘象地之静，五日方换，天盘之动，逐时一移，上下加临，逆统顺行，直符吉凶，则随见矣。

如冬至后乙丑日戊寅时用事，系甲子符头，阳遁一局则从坎宫遁起甲乙离，丙辰丁兑，戊还在坎，巳坤，庚震，辛巽，壬中，癸乾。奇仪布毕，又将甲子起坎，阳顺行，甲戌坤，甲申到震，甲午到巽，甲辰中，甲寅乾，六甲常日六仪者，正此谓也。布临移入八宫掌为天地人盘，戊寅时系甲戌旬头在坤，天芮为直符，死门为直使，直符加戊于之戌在坎，直使寻旬头甲戌于坤宫顺行，加寅时支在乾，以见丁奇，开门合艮，丙六合，生门合巽辛丙，伤门到离乙，死门到乾也。

如夏至后乙丑日壬午时用事，系甲子符头，阴局九局则从离九宫遁起甲乙坎，丙坤丁震，戊还至离，巳艮，庚兑，辛乾，壬中，癸巽。奇仪布讫，又将甲子起离，阴逆行，甲戌在艮，甲申到兑，甲戌到乾，甲辰到中，甲寅到巽，阴遁六甲亦常同于六仪也。布讫移于使八宫掌天地人盘，壬午时系甲戌旬头在艮，天全为直符，生门为直使，直符加时子之壬寄坤，寻旬头甲戌于艮逆行，加子时在离，以见乙奇，生门合九离。

正	二	三	四	五	六	七	八	九	十	十一	十二
休	休兑休	休乾 太阴	休坤 生丙	休巽丙	开	开离乙	休坎丁	开	开离生丁乙	休震 开丁	生巳 九天
艮	开坤丙	兑	兑	生离丁	丁震	生兑心	开乾丙	乾	兑休坤	艮	离
休艮乙	开	开坤	开坎	生	生丙	生丙	生丙	生	生丙 九地	休丁	开坎乙
生震	兑	乙震	丙离	坤	艮开乾	艮开乾	兑开离	乾	坤	震	丙坤
生	开	生离 休乙	生	开	生	开兑丙	丁	生	开	休	开
坤	坎	巽	艮	乙乾	丁震	休乾丁	坎	丁坤	兑	震	坤
休巽丙	开乾	开乾	开坤	生	休巽	开	开坎丁	生兑	休	开	开休坎乾丙

（续表）

正	二	三	四	五	六	七	八	九	十	十一	十二
生离丁	休坎	生艮	休兑 生乾	丙坤	生离	坤	生震乙	开离丙	丁震	兑	生艮丁
开乾	开坤	生兑	休生丙	休	开兑	生	丙	开艮	开	开乾	丁巽
休坎乙	生乾	丁坤	休坎开乾丁	艮	丁震	坤	巽	乙坤	乾	休坎	乙离
开丁	休坤	生	休乾	休震	生乾	休巽	开丁	开丁	休丙	生	休巽
兑丙震	生兑丙	坤	乙震 丙坤	生巽丙	休兑乙	生离丁	休坎乙	休坎	丁震	丁坤	丁艮
开乾	开坎丁	生兑丁	开丁	丁巽	开乙	开乾 休坎	开兑 开乙	生兑	开乾	休	开丙
休兑	休艮乙	乙乾	艮	乙离	乾	生艮丁	坤生乾	乙坎	生艮	巽	兑丁震
生	生震丙	开丙	开	开乾丙	开兑丁	开艮丁	生兑乙	乙	开	丙	生
坤	丁乾	艮	乾	生艮	丙震	休震乙	丙艮	离	乙坤	兑	坤
生丙	开乾	开	休丙	休兑丙	休丙	开兑	生丁	开乙	休巽	开坎	开乾丙
巽	休坎	乾	巽	丁巽	巽	休乾	坤	离	生离	生震	生艮
开乾 休坎	休巽 生丁	丙巽	生	艮坤坎	休	开	生坤乙	生兑丁	开	开	开
生艮丁	离		坤	艮生震乙	丁震	乾	休兑丁	丙艮	乾	乾	乾
休震丁	开离	开坎	开坤丁	休	无	休	休坎	休坎丙	休巽	生	休震丁
生巽离	生兑	休艮	休兑丙	巽	奇门	震	开乾	生艮	生离	乾	生离丙

（续表）

正	二	三	四	五	六	七	八	九	十	十一	十二
开乙	生	开离丙	休震乙	开坎丁	开乾	休坎	休巽	开丙	丙	开坎	生丁
兑	坤	生兑	生离丁	休艮丙	休艮丙	生艮	生离	兑	坎	丁离	巽丙离
开乾	开坤	生 休丙 兑	开	开	开	开坎 丁坤	生乾	休乾	生兑 丁坎	休巽丁	生
休坎	休兑 丙辰	坤丁 开乙 离	乾	乾	丁巽	乙离 丙兑	艮兑	丙	丙艮	生离丙	震
休	休丙	休坎	生乙	休丙	休巽	开坎丙	休乾	休乙	生	生	休
坤	坎	生艮	兑丙坎	震	丙艮	休艮	乙巽	兑	丁震	坤	坎
休坎丁	生兑	休兑	生	生	开坎丙	生	开兑丙	休巽	开	开乾	丁巽
生艮丙	开离	生乾	坤	开艮丙	乙兑	坤	生坤 休乾 乙离	生离	乾	休巽	乙离

生	休	伤	杜	景	死	惊	开
坎	艮	震	巽	离	坤	兑	乾
坤	兑	乾	坎	艮	震	巽	离
震	巽	离	坤	兑	乾	坎	艮
巽	离	坤	兑	乾	坎	艮	震
乾	坎	艮	震	巽	离	坤	兑
兑	乾	坎	艮	震	巽	离	坤
艮	震	巽	离	坤	兑	乾	坎
离	坤	兑	乾	坎	艮	震	巽

	直符加时干	直使加时宫
天蓬	甲子乙丑丙寅丁卯戊辰己巳庚午辛未壬申癸酉 二九二八三七四一五二六三四八八五七九六一	休
天芮	甲戌乙亥丙子丁丑戊寅己卯庚辰辛巳壬午癸未 二二九三八四七五一六二七三八四九五一六二	死
天冲	甲申乙酉丙戌丁亥戊子己丑庚寅辛卯壬辰癸巳 三三九四八五七六一七二八三九四一五二六三	伤
天辅	甲午乙未丙申丁酉戊戌己亥庚子辛丑壬寅癸卯 四四九五八六七七一八二九三一四二五三六四	杜
天禽	甲辰乙巳丙午丁未戊申己酉庚戌辛亥壬子癸丑 五五九六八七七八一九二一三二四三五四六五	死
天心	甲寅乙卯丙辰丁巳戊午己未庚申辛酉壬戌癸亥 六六九七八八七九一一二一三三四四五五六六	开
	顺布六仪	逆布三奇

	直符加时干	直使加时宫
天芮	甲乙子丑丙寅丁卯戊辰己巳庚午辛未壬申癸酉 二二一三九四八五二六三七四八五九六一七二	死
天冲	甲戌乙亥丙子丁丑戊寅己卯庚辰辛巳壬午癸未 三三二四九五八六二七三八四九五一六二七三	伤
天辅	甲申乙酉丙戌丁亥戊子己丑庚寅辛卯壬辰癸巳 四四一五九六八七二八三九四一五二六三七四	杜
天禽	甲午乙未丙申丁酉戊戌己亥庚子辛丑壬寅癸卯 五五一六九七八八二九三一四二五三六四七五	死
天心	甲辰乙巳丙午丁未戊申己酉庚戌辛亥壬子癸丑 六六一七九八八九二一三二四三五四六五七六	开
天柱	甲寅乙卯丙辰丁巳戊午己未庚申辛酉壬戌癸亥 七七一八九九八一二二三三四四五五六六七七	惊
	顺布六仪	逆布三奇

直符加时干　　　　直使加时宫

天冲	甲子乙丑丙寅丁卯戊辰己巳庚午辛未壬申癸酉 三三三四二五九六三七四八五九六一七二八三	伤
天辅	甲戌乙亥丙子丁丑戊寅己卯庚辰辛巳壬午癸未 四四三五二六九七三八四九五一六二七三八四	杜
天禽	甲申乙酉丙戌丁亥戊子己丑庚寅辛卯壬辰癸巳 五五三六二七八九三九四一五二六三七四八五	死
天心	甲午乙未丙申丁酉戊戌己亥庚子辛丑壬寅癸卯 六六三七二八九九三一四二五三六四七五八六	开
天柱	甲辰乙巳丙午丁未戊申己酉庚戌辛亥壬子癸丑 七七三八二九九一三三四三五四六五七六六七	惊
天任	甲寅乙卯丙辰丁巳戊午己未庚申辛酉壬戌癸亥 八八三九二一九二三三四四五五六六七七八八	生

顺布六仪　　　　逆布三奇

直符加时干　　　　直使加时宫

天辅	甲乙子丑丙寅丁卯戊辰己巳庚午辛未壬癸甲酉 四四三五二六一七四八五九六二七二八三九四	杜
天禽	甲戌乙亥丙子丁丑戊寅己卯庚辰辛巳壬午癸未 五五三六二七一八四九五二六二七三八四九五	死
天心	甲申乙酉丙戌丁亥戊子己丑庚寅辛卯壬辰癸巳 六六三七二八一九四一五二六三七四八五九六	开
天任	甲辰乙巳丙午丁未戊申己酉庚戌辛亥壬子癸丑 八八三九二一一二四三五四六五七六八七九八	生
天英	甲寅乙卯丙辰丁巳戊午己未庚申辛酉壬戌癸亥 九九三一二二三三四四五五六六七七八八九九	景

顺布六仪　　　　逆布三奇

直符加时干　　　　直使加时宫

天禽	甲子乙丑丙寅丁卯戊辰己巳庚午辛未壬申癸酉 五五四六三七二八五九六一七二八三九四一五	死
天心	甲戌乙亥丙子丁丑戊寅己卯庚辰辛巳壬午癸未 六六四七三八二九五一六二七三八四九五一六	开
天柱	甲申乙酉丙戌丁亥戊子己丑庚寅辛卯壬辰癸巳 七七四八三九二一五二六三七四八五九六一七	惊
天任	甲午乙未丙申丁酉戊戌己亥庚子辛丑壬寅癸卯 八八四九三一二二五三六四七五八六九七一八	生
天莫	甲辰乙巳丙午丁未戊申己酉庚戌辛亥壬子癸丑 九九四一三二二三五四六五七六八七九八一九	景
天蓬	甲寅乙卯丙辰丁巳戊午己未庚申辛酉壬戌癸亥 一一四二三三二四五五六六七七八八九九一一	休

顺布六仪　　　　逆布三奇

直符加时干　　　　直使加时宫

天心	甲子乙丑丙寅丁卯戊辰己巳庚午辛未壬申癸酉 六六五七四八三九六一七二八三九四一五二六	开
天柱	甲戌乙亥丙子丁丑戊寅己卯庚辰辛巳壬午癸未 七七五八四九三一六二七三八四九五一六二七	惊
天任	甲申乙酉丙戌丁亥戊子己丑庚寅辛卯壬辰癸巳 八八五九四一三二六三七四八五九六一七二七	生
天英	甲午乙未丙申丁酉戊戌己亥庚子辛丑壬寅癸卯 九九五一四二三三六四七五八六九七一八二九	景
天蓬	甲辰乙巳丙午丁未戊申己酉庚戌辛亥壬子癸丑 一一五二四三三四六五七六八七八九一九二一	休
天芮	甲寅乙卯丙辰丁巳戊午己未庚申辛酉壬戌癸亥 二二五三四四三五六六七七八八九九一一二二	死

顺布六仪　　　　逆布三奇

直符加时干　　　　直使加时宫

天柱	甲子乙丑丙寅丁卯戊辰己巳庚午辛未壬申癸酉 七七六八五九四一七二八三九四一五二六三七	惊
天任	甲戌乙亥丙子丁丑戊寅己卯庚辰辛巳壬午癸未 八八六九五一四二七三八四九五一六二七三八	生
天英	甲申乙酉丙戌丁亥戊子己丑庚寅辛卯壬辰癸巳 九九六一五二四三七四八五九六一七二八三九	景
天蓬	甲午乙未丙申丁酉戊戌己亥庚子辛丑壬寅癸卯 一一六二五三四四七五八六九七一八二九三一	休
天芮	甲辰乙巳丙午丁未戊申己酉庚戌辛亥壬子癸丑 二二六三五四四五七六八七九八一九二一三二	死
天冲	甲寅乙卯丙辰丁巳戊午己未庚申辛酉壬戌癸亥 三三六四五五四六七七八八九九一一二二三三	伤

顺布六仪　　　　逆布三奇

直符加时干　　　　直使加时宫

天任	甲子乙丑丙寅丁卯戊辰己巳庚午辛未壬申癸酉 八八九六六一五二八三九四一五二六三七四八	生
天英	甲戌乙亥丙子丁丑戊寅己卯庚辰辛巳壬午癸未 八九七一六二五三八四九五一六二七三八四九	景
天蓬	甲申乙酉丙戌丁亥戊子己丑庚寅辛卯壬辰癸巳 一一七二六三五四八五九六一七二八三九四一	休
天芮	甲午乙未丙申丁酉戊戌己亥庚子辛丑壬寅癸卯 二二七三六四五五八六九七一八二九三一四二	死
天冲	甲辰乙巳丙午丁未戊申己酉庚戌辛亥壬子癸丑 三三七四六五五六八七九八一九二一三二四三	伤
天辅	甲寅乙卯丙辰丁巳戊午己未庚申辛酉壬戌癸亥 四四七五六六五七八八九九一一二二三三四四	杜

顺布六仪　　　　逆布三奇

直符加时干　　　　直使加时宫

天英	甲子乙丑丙寅丁卯戊辰己巳庚午辛未壬申癸酉 九九八一七二六三九四一五二六三七四八五九	景
天蓬	甲戌乙亥丙子丁丑戊寅己卯庚辰辛巳壬午癸未 一一八二七三六四九五一六二七三八四九五一	休
天芮	甲申乙酉丙戌丁亥戊子己丑庚寅辛卯壬辰癸巳 二二八三七四六五九六一七二八三九四一五二	死
天冲	甲午乙未丙申丁酉戊戌己亥庚子辛丑壬寅癸卯 三三八四七五六六九七一八二九三一四二五二	伤
天辅	甲辰乙巳丙午丁未戊申己酉庚戌辛亥壬子癸丑 四四八五七六六七九八一九二一三二四三五四	杜
天禽	甲寅乙卯丙辰丁巳戊午己未庚申辛酉壬戌癸亥 五五八六七七六八九九一一二二三三四四五五	死

顺布六仪　　　　逆布三奇

直符加时干　　　　直使加时宫

天英	甲子乙丑丙寅丁卯戊辰己巳庚午辛未壬申癸酉 九九一八二七三六九五八四七三六二五一四九	景
天任	甲戌乙亥丙子丁丑戊寅己卯庚辰辛巳壬午癸未 八八一七二六三五九四八三七二六一五九四八	生
天柱	甲申乙酉丙戌丁亥戊子己丑庚寅辛卯壬辰癸巳 七七一六二五三四九三八二七一六九五八四七	惊
天心	甲午乙未丙申丁酉戊戌己亥庚子辛丑壬寅癸卯 六六一五二四三三九二八一七九六一五七四六	开
天禽	甲辰乙巳丙午丁未戊申己酉庚戌辛亥壬子癸丑 五五一四二三三二九一八九七八六七五六四五	死
天辅	甲寅乙卯丙辰丁巳戊午巳未庚申辛酉壬戌癸亥 一三二二三一九九八八七七六六五五四四	杜

逆布六仪　　　　顺布三奇

直符加时干　　　　直使加时宫

天任 甲子乙丑丙寅丁卯戊辰己巳庚午辛未壬申癸酉 生
八八九七一六二五八四七三六二五一四九三八

天柱 甲戌乙亥丙子丁丑戊寅己卯庚辰辛巳壬午癸未 惊
七七九六一五二四八三七二六一五九四八三七

天心 甲申乙酉丙戌丁亥戊子己丑庚寅辛卯壬辰癸巳 开
六六九五一四二三八二七一六九五八四七三六

天禽 甲午乙未丙申丁酉戊戌己亥庚子辛丑壬寅癸卯 死
五五九四一三二二八一七九六八五七四六三五

天辅 甲辰乙巳丙午丁未戊申己酉庚戌辛亥壬子癸丑 杜
四四九三一二二一八九七八六七五六四五三四

天冲 甲寅乙卯丙辰丁巳戊午己未庚申辛酉壬戌癸亥 伤
三三九二一一二九八八七七六六五五四四三三

逆布六仪　　　　顺布三奇

直符加时干　　　　直使加时宫

天柱 甲子乙丑丙寅□卯戊辰己巳庚午辛未壬申癸酉 惊
七七八六九五一四七三六二五一四九三八二七

天心 甲戌乙亥丙子丁丑戊寅己卯庚辰辛巳庚午癸未 开
六六八五九四一三七二六一五九四八三七二六

天禽 甲申乙酉丙戌丁亥戊子己声码庚寅辛卯壬辰癸巳 死
五五八四九三一二七一六九五八四七三六二五

天冲 甲午乙未丙申丁酉戊戌己亥庚子辛丑壬寅癸卯 杜
四四八三九二一一七九六八五七四六三五二四

天辅 甲辰乙巳丙午丁未戊申己酉庚戌辛亥壬子癸丑 伤
三三八二九一一九七八六七五六四五三四二三

天芮 甲寅乙卯丙辰丁巳戊午己未庚申辛酉戊戌癸亥 死
二二八一九九一一七七六六五五四四三三二二

逆布六仪　　　　顺布三奇

直符加时干　　　　直使加时宫

天心	甲子乙丑丙寅丁卯戊辰己巳庚午辛未壬申癸酉 六六七五八四九三六二五一四九三八二七一六	开
天禽	甲戌乙亥丙子丁丑戊寅己卯庚辰辛巳壬午癸未 五五七四八三九二六一五九四八三七二六一五	死
天辅	甲申乙酉丙戌丁亥戊子己丑庚寅辛卯壬辰癸巳 四四七三八二九一六九五八四七三六二五一四	杜
天冲	甲午乙未丙申丁酉戊戌己亥庚子辛丑壬寅癸卯 三三七二八一九九六八五七四六三五二四一三	伤
天芮	甲辰乙巳丙午丁未戊申己酉庚戌辛亥壬子癸丑 二二七一信九九八六七五六四五三四二三一二	死
天蓬	甲寅乙卯丙辰丁巳戊午己未庚申辛酉壬戌癸亥 一一七九八八九七六六五五四三二二一一	休

逆布六仪　　　　顺布三奇

直符加时干　　　　直使加时宫

天禽	甲子乙丑丙寅丁卯戊辰己巳庚午辛未壬申癸酉 五五六四七三八二五一四九三八二七一六九五	死
天辅	甲戌乙亥丙子丁丑戊寅己卯庚辰辛巳壬午癸未 四四六三七二八一五九四八三七二六一五九四	杜
天冲	甲申乙酉丙戌丁亥戊子己丑庚寅辛卯壬辰癸巳 三三六二七一信九五八四七三六二五一四九三	伤
天芮	甲午乙未丙申丁酉戊戌己亥庚子辛丑壬寅癸卯 二二六一七九八八五七四六三五二四一三九二	死
天蓬	甲辰乙巳丙午丁未戊申己酉庚戌辛亥壬子癸丑 一一六九七八八七五六四五三四二三一二九一	休
天英	甲寅乙卯丙辰丁巳戊午己未庚申辛酉壬戌癸亥 九九六八七七八六五五四四三三二二一一九九	景

逆布六仪　　　　顺布三奇

直符加时干		直使加时宫
天辅	甲子乙丑丙寅丁卯戊辰己巳庚午辛未壬申癸酉 四四五三六二七四九三八二七一六九九五八四	杜
天冲	甲戌乙亥丙子丁丑戊寅己卯庚辰辛巳壬午癸未 三三五二六一七九四八三七二六一五九四八三	伤
入芮	甲申乙酉丙戌丁亥戊子己丑庚寅辛卯壬辰癸巳 二二五一六九七八四七三六二五一上九三八二	死
天蓬	甲午乙未丙申丁酉戊戌己亥庚子辛丑壬寅癸卯 一一五九六八七七四六三五二四一三九二八一	休
天英	甲辰乙巳丙午丁未戊申己酉庚戌辛亥壬子癸丑 九九五八六七七六四五三四二三一二九一八九	景
天任	甲寅乙卯丙辰丁己戊午己未庚申辛酉壬戌癸亥 八八五七六六七五四四三三二二一二九九八八	生
逆布六仪		顺布三奇

直符加时干		直使加时宫
天冲	甲子乙丑丙寅丁卯戊辰己巳庚午辛未壬申癸酉 三三四二五一六九三八二七一六九五八四七三	伤
天芮	甲戌乙亥丙子丁丑戊寅己卯庚辰辛巳壬午癸未 二二四一五九六八三七二六一五九四八三七二	死
天蓬	甲申乙酉丙戌丁亥戊子己丑庚寅辛卯壬辰癸巳 一一四九五八六三七六二五一四九三八二七一	休
天英	甲午乙未丙申丁酉戊戌己亥庚子辛丑壬寅癸卯 九九四八五七六六三五二四一三九二八一七九	景
天任	甲辰乙巳丙午丁未戊申己酉庚戌辛亥壬子癸丑 八八四七五六六五三四二三一二九一八九七八	生
天柱	甲寅乙卯丙辰丁巳戊午己未庚申辛酉壬戌癸亥 七七四六五五六四三三二二一一九九八八七七	惊
逆布六仪		顺布三奇

直符加时干　　　　直使加时宫

天芮	甲子丑丙寅丁卯戊辰己巳庚午辛未壬申癸乙酉 二二三一四九五八六七六一九五八四七三六二	死
天蓬	甲戌乙亥丙子丁丑戊寅己卯庚辰辛巳壬午癸未 一一三九四八五七六六一五九四八三七二六一	休
天英	甲申乙酉丙戌丁亥戊子己丑庚寅辛卯壬辰癸巳 九九三八四七五六二五一四九三八二七一六九	景
天任	甲午乙未丙申丁酉戊戌己亥庚子辛丑壬寅癸卯 八八三七四六五五二四一三九二八一七九六八	生
天柱	甲辰乙巳丙午丁未戊申己酉庚戌辛亥壬子癸丑 七七三六四五四五二三一二九一八九七八六七	惊
天心	甲寅乙卯丙辰丁巳戊午己未庚申辛酉壬戌癸亥 六六三五四四五三二二一一九九八八七七六六	开

逆布六仪　　　　顺布三奇

直符加时干　　　　直使加时宫

天蓬	甲子乙丑丙寅丁卯戊辰己巳庚午辛未壬申癸酉 二二九三八四四七一六二五三四七三六二五一	休
天英	甲戌乙亥丙子丁丑戊寅己卯庚辰辛巳壬午癸未 九九二八三七四六一五二四三八七二六一五九	景
天任	甲申乙酉丙戌丁亥戊子己丑庚寅辛卯壬辰癸巳 八八二七三六四五一四九三八二七一六九丑八	生
天柱	甲午乙未丙申乙酉戊戌己亥庚子辛丑壬寅癸卯 七七二六三五四四一三九二八一七九六八五七	惊
天心	甲辰乙巳丙午丁未戊申己酉庚戌辛亥壬子癸丑 六六二五三四四三一二九一八九七八六七五六	开
天禽	甲寅乙卯丙辰丁巳戊午己未庚申辛酉壬戌癸亥 五五二四三三四二一一九九八八七七六六五五	死

逆布六仪　　　　顺布三奇

奇门要诀

（论取安九宫星符定论断诀等事）

《五总龟》所配局式

天遁甲三层，上层象天，列九星：中层象人，开八门；下层象地，列八卦。九宫于八方，五宫则寄于坤二宫，五土长生居坤之说也。此奇宫终非正位，星辰不止，故遇直符直使在五宫则曰避五，今皆注于本时之下，恐人误用之也。十干，甲乙丙丁戊五为阳时吉，巳庚辛壬癸五为阴时凶。时干克日干谓五不遇，如甲日不用庚时是也。天盘三奇六甲九星所到之宫与地盘俱相同，谓之伏吟；星奇所到对冲之宫，谓之反吟。上下盘门谓门伏，门冲之宫谓之门之星，谓星伏星中谓之星友，宫生门谓之和，同门生宫谓之义，宫克门谓之害，门克宫谓之制，宫与门相同谓之伏，乙奇遇此丁庚、丙奇遇辛、丁奇遇壬谓之奇与仪合，三奇加休生开谓之门与奇合，乙奇到坤、丙奇遇辛、丁奇遇壬谓之奇与仪合，三奇加休生开门谓之与奇合，乙奇到坤、丙奇到乾谓之入墓，三奇同天盘六甲符宫谓之欢治，直符加地盘丙丁谓之相位，直使加丙丁谓之守，九宫克门谓之门迫，即害也。凡门克宫谓之宫迫，即制也。庚午、己卯、戊子、丁酉、丙午、乙卯此六时三奇游于六仪之上，名玉女守门时也。己巳、甲申、甲午、甲辰、甲寅此五时，名天辅时也。前三为生气，列为百事，故曰：向三。如甲子日用丙寅时之类。五为害，百事皆凶，故曰：避五。如甲子日戊辰时之类是也。此乃奇门之要诀，其余诸格开于上层。

奇门吉凶格式总论

天奇门必知贵贱吉凶格式，方可以明遁甲之玄妙也，如甲加丙曰龙反首，凡事则悦怿易遂。丙加甲曰鸟跌穴，有为则灼显易成。半丙临戊天遁，用兵开乙临巳地遁，安圹休丁遇太阴人遁，宜置营造宅庄，丙合九天神遁，利设行法门乙合艮逢九地生丁合八在九宫，其格名曰鬼遁，可以深敌偷营。龙遁格休门与乙奇合坎，祈雨水战有力。虎遁格生门与辛仪合，艮招安讨险为胜，乙奇遇辛龙逃走则身残毁。至震遇吉门曰云遁，而为贵。辛仪遇乙虎猖狂而财虚耗。屈巽有吉门风遁反为神。如三门休开生合三奇下，逢三隐宫太阳、六合、九地为之三，征战必胜，营谋皆美。若三门枉景死惊伤合奇仪乙丙丁，己壬癸下逢四吉符九天、九地、太阳，然各取其宜随事应之。乙奇加甲戌、甲午，丙奇加甲子、甲申，丁奇加甲辰、甲寅，为三奇得使用之，最吉。甲己时丙，乙庚时辛，丙辛时乙，丁壬时己，戊癸之日时遇壬，为玉女守门，利在阴私，三胜之地，百战皆捷。直符九天生门宫也，天辅之时有罪逢赦。甲己日己巳之类也，天门利举事之秋，太冲、小吉、从魁也，地四户为私出之路，除定建开也，地私之门，六合太阴太常也，出行有喜，奇门并照，百事欢忻。天马之下，月将起数太冲也，有难可避，剑载如山，终不足畏。三吉宫，为吉门、吉星、吉符也。遇千祥聚之称情，既明贵格且究凶神，癸见丁为縢蛇妖娇，动作虚惊。丁加癸为朱雀投江，文书遗失。伏干格庚临日干出，道遗财物。飞干格于临六庚，战主败亡。庚临直符伏干格，失盗难获。直符加庚飞于格，追寇无存。大隔庚临六癸，小隔庚临六壬，刑隔庚临六己，悖隔丙临日干，庚临岁月，皆为庚隔，庚临时干亦同。推丙为悖戾为隔，勃者，勃乱也；隔者，关隔也。天庚加丙自入荧，出军对敌宜防败。天芮加庚荧入白，此时开战，当即艮时干克于日干。五不遇格而损其明直符。至于朋地击利而凶集奇入墓，时课非吉，奇入墓官事不明。乙入坤丙丁在乾宫，王辅时干地网遮癸到时干，天罗张返吟格星加对宫蓬加英也，伏吟格星守本营蓬加蓬也，此皆百凶俱集，须记一筹莫展。宫制其门坎遇景，是谓迫门。门制其宫休遇离，是谓迫宫。吉门被迫则吉事不成，凶门被迫则凶灾尤甚。三奇受制，诸事难获全喜。三凶位，凶门、凶星、凶符，有余殃百祸，沾之难逃，果能熟标题，庶几可连式而入遁之门也。

奇门断验

（谓奇仪五星所主吉凶诗断等事）

三奇吉凶断

天三奇者，乙、丙、丁，日、月、星也。休、生、开吉门也，其中格一临之方，有奇有门会者，乃谓门与奇合，此时此方百事皆吉，故曰：得奇得门为上吉，有奇无门谓中吉，有门无奇为下吉，奇门俱无则不吉也。

乙时加以乙，与神俱出，天上日奇，往来恍惚。

时下得乙为日奇，凡攻击、往来、逃亡者，宜从天上六乙出，既随日奇恍惚如神人无见者，故曰：与神俱出，兵将大胜，所向获功，所求得利，闻忧无。闻喜有，移徙、上官、市贾、嫁娶，吉日。乙为天德，又名天蓬星，此时人君宜赏功，施恩行德，吉。日奇到震宫，日出扶桑，有禄之乡，又为贵人升殿，大吉。到兑为白兔游宫，到巽为玉兔乘风，到离为白兔当阳。到坤为玉兔暗日，又为入墓，凶。到乾为玉兔入林，半吉。乾兑受制又为木入金乡，凶。到坎为玉兔饮泉，吉。到艮为玉兔步青，亦吉也。

丙时加以丙，万兵莫往，王侯压伏，贼兵不起。

时下得丙为月奇，又为威火灿烘以销金，精兵不起。若攻伐者，从天上六丙出，贼自败，兵将大胜，闻忧无，闻喜有喜，入官得迁，市贾得利，百事大吉。丙为大威，又为明堂，此时人君宜发号施令，以彰天威。丙奇到离为南火，大旺之地。月照端门又为贵人升丙午之殿，吉。到震为月入雷，吉。离到巽名火行风起，龙神助威，吉。月到坤为子居母腹，吉。到兑为凤凰折翅，到乾谓光明不全，又为入墓，凶。到艮名凤入丹山，艮为鬼道，丙火烁然，凶。到坎为火入水池，大凶。

丁时加以丁，出幽入冥，至老不刑，临险不惊。

时下得丁为星奇，名玉女，三奇之中，此星最灵，宜藏匿、逃亡、绝迹。当从天上六丁出随星奇，挟玉女入太阴而藏人不见，故曰：出幽入冥，敌人不敢侵,将兵主胜,闻忧喜各半。可以请谒、嫁娶及阴私事,入官、商贾皆吉。丁为太阴,此时人君宜安静居处,不可行威怒。丁奇到兑宫为丙乙之神,又为贵人升丁酉之殿,大吉。到震最明,吉。到巽名玉女留神,吉。到离乘旺,吉。到坤谓玉女游地户,吉。到乾为玉女游天门,又谓火照天门,大吉。到艮为玉女游鬼门,凶。到坎朱雀投江,入壬癸,凶。

三奇入墓,乙奇临二宫,木库居未也。丙丁临六宫,火库居戌也。乙奇未时及坤宫,木入墓,丙丁奇戌乾及乾上火入墓,纵得吉日,不可举百事,凶。

六仪吉凶断法

甲时六甲加,一开一阖,须辨阴阳,上下交接。

经曰:

能知三甲,一开一阖,
不知三甲,六甲尽阖。

六甲地之时,阳星加之为开。阳星者,蓬、任、冲、辅、禽也。阴星加之为阖。阴星者,芮、柱、心、英是也。三甲者,甲寅、甲申为孟甲也,甲子、甲午为仲甲也,甲辰、甲戌为季甲。孟甲宜守家,不可出入,凶。仲甲不出,大利逃亡。季甲百事吉。今日是甲直符与时皆是为三甲合吉。甲为天福,此时人君宜行恩惠,进有德,赏有功。又曰:甲为青龙,利以远行,将兵客胜,闻忧无,闻喜有,宜上官、见贵、移徙、嫁娶,百事大吉。

戊时加六戊,乘龙万里,莫敢阿止,戊为天门,凶恶不起。

时下得戊为天门,宜以远行、商贾。从天上六戊而出,挟天武入天门,百事皆吉。戊为天武,此时人君宜发号施令,以行除凶恶事。

己时加六己,为神所使,不知六己,出彼恶咎。

时下得己为六合,宜为阴谋私密之事,隐匿则知神所使。不知六己,强为显扬之事,必逢凶咎,入官、嫁娶、远行凶,只宜市贾。己为地户,此时人君宜族阴阳事,修封疆,理城廓。

庚时加六庚,抱木而行,不知六庚,必见斗争。

时下得庚为刑狱,故曰:能知六庚,不被五木;不知六庚,误出入狱。或被凌辱,将兵主胜客死。宜守固,不宜出动。庚为天狱,此时人君宜断大刑狱,诛贼奸邪。

辛时加六辛,行遇死人,强有出者,罪罚缠身。

时下得辛为天庭,诸事不利,出入并凶,将兵主胜客死。此时人君可以正刑法,制罪囚。

壬时加六壬,为吏所禁,强有出者,非祸相瘟。

时下得壬为牢狱,不宜远行,出入百事凶。强有出者,必被仇怨所稽,将兵主胜。此时人君宜平词讼,决刑狱,不可为吉事。

癸时加六癸,众人莫视,不知六癸,出门见官。

时下得癸为天藏,宜隐匿、逃亡、绝迹。当从天上六癸下出,众人莫见,将兵主胜,不宜入官、嫁娶、移徙,凶。癸为天藏,此时人君宜行威武显扬,责罚刑罪,收敛积财。

直符反吟,上盘甲子加下盘甲午,上盘甲戌加下盘甲辰。此时不利举兵动众,只宜散恤仓库之事。凡星符对冲皆返吟,遇奇门盖之不至凶害,不然灾祸立至。

直符伏吟,上盘甲子加下盘甲午。此时不可用兵,惟宜收敛财物。以上六仪者,六甲常隐于六仪之下,而甲子常同六戊,甲戌己、甲申庚、甲午辛、甲辰壬、甲寅癸,六甲虽不用而天乙之贵神谓之直符,其发用实在此,故谓之遁。三奇六仪在时为时干,其吉凶验兑。

八门吉凶断法

休门配蓬星,坎水也。冬至旺,立春废,春分休,立夏囚,夏至死,立秋没,秋分胎,立冬绝。

休门最好是钱财,牛马猪羊自送来。

外户婚姻南上应,迁官职位坐京台。

定进羽音人产业,居家安宅永无灾。

休门宜和集万事,可以休心守志,修造进取并有所合,休门与丁奇临太阳得星所蔽为人遁,百事吉。休门临九宫,水克火也,凶。

生门配任星，艮土也。冬至绝，立春旺，春分废，立夏休，夏至囚，立秋死，秋分没，立冬胎。

生门临着土星辰，人旺资财每称情。

子丑年中三七月，牛羊鞍马进门庭。

蚕丝帛谷皆丰足，朱紫儿孙任帝京。

南上商音田宅进，子孙禄位至公卿。

生门宜见贵、营造宫室、仙观佛殿阁、登坛拜将、出兵，以一胜万，所求皆获，入宅百事并吉。生门与丙奇临戊得日神所蔽为天遁，百事大吉，生门临一宫，土克水也，凶。

伤门配冲星，震木也。冬至胎，立春绝，春分旺，立夏废，夏至休，立秋囚，秋分死，立冬没。

伤门不可说，夫妇又遭迍。

疮疹行不得，折伤血财身。

天灾人枉死，经年有人病。

商音难得好，余事不堪闻。

伤门竖造、埋葬、上官、出行，主遭贼兵。宜捕捉贼寇、渔猎，伤门临二八宫，木克土也，大凶。

杜门配辅星，巽木也。冬至没，立春胎，春分绝，立夏旺，夏至废，立秋休，秋分囚，冬至死。

杜门原属木，犯着灾损重。

亥卯未年月，遭官入狱中。

生离并死别，六畜一时瘟。

落水生脓血，祸来及子孙。

杜门宜掩捕断奸，谋色鬼祟，可以兴基土，休丹炼药吉，余皆凶。

景门配英星，离火也。冬至死，立春没，春分胎，立夏绝，夏至旺，立秋废，秋分休，立冬囚。

景门主血光，官符卖田庄。

非灾多应有，儿孙受苦殃。

死亡并恶鬼，六畜也遭亡。

生离并死别，用着要提防。

景门宜上书、献策、选士,如起造、嫁娶,杀宅长及小口。景门临六七宫,火克金也,凶。

死门配芮星,坤土也。冬至囚,立春死,春分没,立夏胎,夏至绝,立秋旺,秋分废,立冬休。

死门之宿是凶星,休造逢之祸必侵。

犯着年年田地退,更防人口损财凶。

死门受敌不开逢,防不出,但宜洗冤、斩邪、伐鬼、破土、安葬,出此门吉。远行、起造、嫁娶,宅母死,新妇凶。死门临一宫,土克水也,大凶。

惊门配柱星,兑金也。冬至休,立春囚,春分死,立夏没,夏至胎,立秋绝,秋分旺,立冬废。

惊门不可论,瘟疫死人丁。

辰年并酉月,非祸入门庭。

惊门宜捕捉、开讼、博戏,又宜祈风雷、驱祛雷霆、冲劫营寨,余不吉。

开门配心星,乾金也。冬至废,立春休,春分囚,立夏死,夏至没,立秋胎,秋分绝,立冬旺。

开门欲得照临来,奴婢牛羊百日回。

兴隆宅舍有资财,田圆招得商音送。

巳酉丑来始入来,财宝进于地户入。

印信子受多拜受,紫衣金带拜荣回。

开门宜远行,所向通达,可以投书献策,兴劫府县,造寨营垒,开门出标可矣。不可斩草、破地坟茔开掘。开门与乙奇临巳得月,精所蔽为地遁,百事吉。开门临三四宫,金克木也,凶。

奇到开门宜出行,休门上书并理讼。

生门婚姻屋入宅,伤门索债君须记。

杜门逃闪并塞穴,思量酒食景门吞。

死门捕捉又上阵,惊门祈雨并伏泉。

八门返吟,休门加地盘天英,生门加地盘天芮。余仿此。

八门伏吟,上盘天蓬加地盘天英,上盘天柱加地盘天柱。

以上八门,休生开为上吉,杜景为小吉,死伤为大凶,惊门为小凶,各有所宜以其五行意审用之,故曰:得其门门皆吉,不得其门门皆凶。要知返逆者,仍考墓旺之说，返伏二吟忌其刑克诸星，宜详三奇之细论，八门之精徵得其妙处，乃天产地仙，失其要旨，庸人也。

九星吉凶断

（附四时生旺休囚例）

天逢字子禽，坎宫水星也。亥子月旺，寅卯相，申酉月休，辰戌丑未囚，巳午月死。

讼庭争竞遇天逢，胜捷威名万事同。
春夏用之皆大吉，秋冬用此半为凶。
嫁娶远行并不吉，埋葬修造亦闲空，
须得生门同丙乙，用之万事皆兴隆。

宜按抚边境，春夏将兵大胜，秋冬凶。利主不利客，商贾、移居并凶。

天芮字子成，坤宫土星也。辰戌丑未月旺，申酉相，巳午月休，寅卯月囚，亥子月死。

授受结交宜芮星，行有亘此最难明。
出行用此当先退，修造安坟发祸刑。
贼盗受惶惊小口，更宜因事横官非。
纵得奇门从此位，求其吉事也虚名。

宜崇尚道德，交结受业。不宜用兵、争讼、移徙、筑室。秋冬吉，春夏凶。

天冲字子翘，震宫木星也。寅卯月旺。巳午月相。亥子休。辰戌丑未死。申酉月囚。

嫁娶安茔产女惊，出行移徙遇遭凶。
修造埋葬皆不利，方服作事日逡巡。

宜出报仇怨，春夏兵将胜，秋冬无功。不宜嫁娶、移徙、入官、市贾，凶。

天辅字子卿，巽宫木星也。旺相休囚死同上“天冲星”。

天辅之星远行良，葬埋起造福天长。
上官移徙皆吉利，喜益人财万事昌。

兵将春夏胜，秋冬不利。市贾、修茔，诸事皆吉。

天禽字子公，中宫寄坤土星也。旺相休囚死同上“天芮星”。

天禽远行偏宜利，坐贾行商皆称意。

投谒贵人两怀益，更兴造葬皆丰遂。

宜祭祀、修福，断绝群凶，将兵四时吉，百事吉。

天心字子襄，乾宫金星也。申酉月旺，亥子月相，辰戌丑未休，巳午囚，寅卯月死。

求仙合药见天心，商途旅隔又还新。

更将造葬皆宜利，万事逢之福禄深。

宜合药、疗病，将兵秋冬胜，得地千里，春夏不利，利见君子，不利小人。

天柱字子常，兑宫金星也。生旺相休死同上“天心星”。

天柱藏形谨守宜，不须远出反营为。

万种所谋皆利益，远行从此见灾危。

宜屯兵、自固、隐迹，将兵重伤卒死，俱不吉。

天任字子当，艮宫土星也。旺相休囚同上“天禽星”。

天任吉宿事皆通，祭祀求官嫁娶同。

断灭群凶移徙事，商贾造葬喜重重。

宜请谒、通财，将兵四时吉方，神助之，敌人自除。移徙、嫁娶、上官、祭祀、筑墙、商贾，吉。

天英字子威，离宫火星也。巳午月旺，辰戌丑未月相，寅卯月休，亥子月囚，申酉月死。

天英之星嫁娶凶，远行移徙莫相逢。

上官文武皆宜去，商贾求财总是空。

宜出入、饮宴、作乐利，不宜嫁娶、远行、移徙、入官、祭祀、商贾，凶。

九星返吟，上盘地蓬加地盘天英，上盘天芮加地盘天任。

九星伏吟，上盘天蓬同地盘天蓬。余仿此，主孝服之事。

以上九星，辅禽心三星为上吉，冲任二星为次吉，天蓬天芮大凶，天英天柱小凶。九吉星要遇旺相，忌逢休囚。经曰：若上星吉乘旺相气则大吉，无旺相气则中平，凶恶乘旺相气则遇凶，乘死休囚废则中平，审四时而用之。九星休旺者，旺于同类月，相于我生月，休于生我月，囚于官鬼月，死于妻财月。日时皆同。

星奇符咒

（谓九星三奇符法方起煞等事）

九星秘符图式

（开山立向修方打报用吉）

第一天蓬贪狼水星，坎宫一阳皇局符，宜于坎宫造作、用事、动土、行丧、修茔、下寨，若逢反吟伏吟星入火，白虎猖狂朱雀投江等神，在方隅则以此符用砖石铜钱作片硃砂篆符，须召天蓬君，赤身四臂，跣足披发，一手仗剑，一手执戟，把北方水印勇波天，一手把符采入子宫投下，镇逐一切凶神恶煞，从此起天表。

咒曰：北方摇天元圣，勒速起唵吽吽，万神吉门大开扭斧打，一丁符一下斧，如雷一声，诸煞飞起出天上。讫用上出皆可。

符中多有叔讳见后。

天蓬星君符

天芮星君符

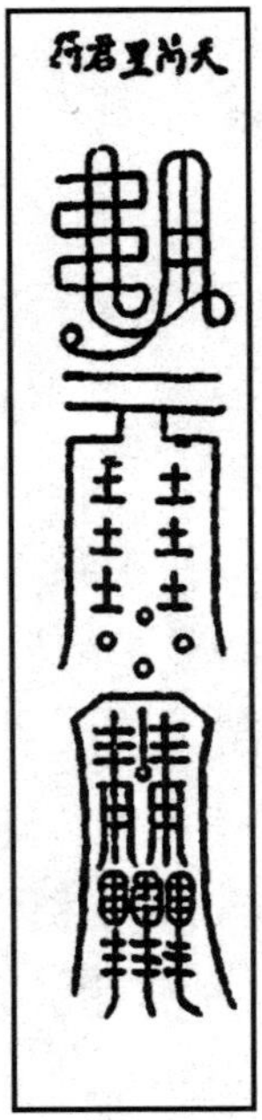

天冲星君符

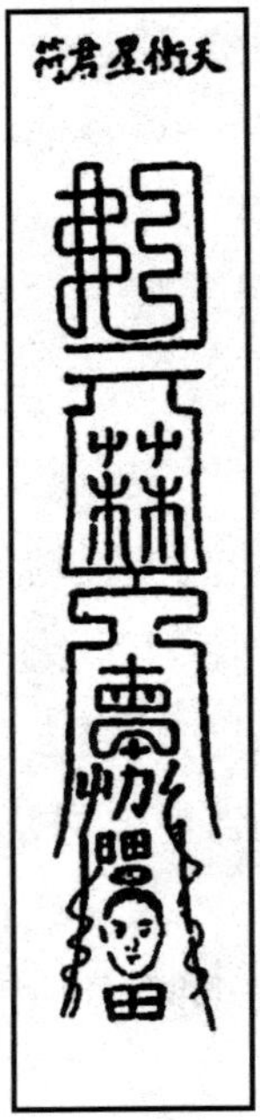

第二天芮巨门土星，坤宫地声皇君符，宜于起造、动土、行兵、修营、下寨、隐遁，若逢返吟、伏吟、白虎、朱雀、螣蛇等神在方，则用砌石作片篆此等于坤宫钉在坤方，手掐横纹召天芮星，朱冠獬豕，手执铁棒，左手把印，印中起黄云单其方隅凶神恶煞退财，只有三奇六曜环列其方。

咒曰：天中巨门，四罗降旨，雷霆招动，八煞退唵，吽吽速散，吽吽速散，吉门大开，勒以斧一下，念咒一遍想，如雷声打退却用于上，行事大吉。

第三天冲禄存木星青阳星君符，震宫一切行事，若逢诸煞到去，用此符于震宫，取铁片篆符掐大指根，召天冲星君，震雷身长七尺青衣，左手把印，印中青云，右手将剑勒退东方，凶煞避吉。

咒曰：急雷震赦，万凶消散，百恶潜藏，禄存指挥，何凶敢当，唵吽唵吽，喝勒火急，起东方土府，一切凶神恶煞，符奉行，遂以斧打符，响如作雷，声动天符，入地下应，天即日符上直出事，用工大吉。

天辅星君符

天禽星君符

天心星君符

第四天辅文曲憾风星君符，此符于巽宫，一切行事若有凶神恶煞临照，则以此符于巽方，将砖石作片成之，手握两掌心横纹，又手两脉下召天辅星，身衣离罗文，左手执戟，右手风雷印，印中有风雷扬振，天地天动，太白伏藏，火星流曜，雷公风伯，急施号令，唵吽勒煞，诸煞退位，符到奉行。

第五天禽廉贞中镇星君符，此符专守中宫，屋宅营穴之中有飞宫凶煞到者，此符驱之。左手掐中指节，召天禽星身披黄金甲，骑黄龙，左手执剑，右手把中土印，印中生起五色光照彻八方，凶煞退散去声。

咒曰：黄龙卧镇，照彻四方，猛火速起，万凶伏藏，唵吽吽奉中天律令勒。以符用斧打人入门朗彻步斗向，其方作事，百出行事大吉利。

第六天心武曲金屋破兵星君符，此符勒守乾宫天门之左，有凶星恶煞退之，左手掐中指上节，召武曲星金甲披发朱雕，左手把天符印，右手持剑，口吐黑云，霹雳勒一切帝座星于勒，随符起到，奉行合明帝君律辅天星令，令一切帝星急速符起，急速起，唵吽吽，以斧打符如雷声应天步斗罡向方，大吉利。

天柱星君符

天任星君符

天英星君符

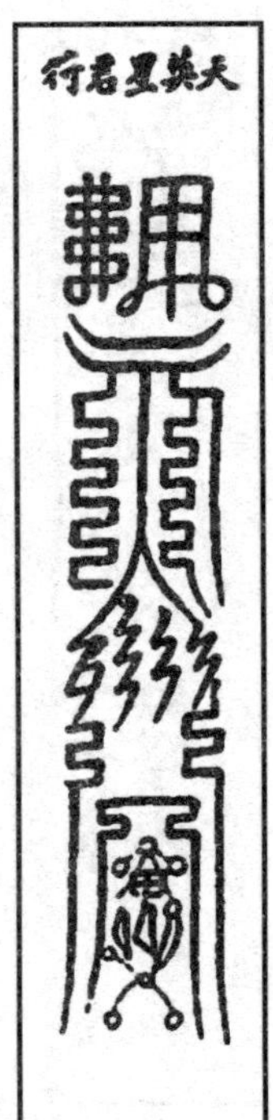

第七天柱破军天聪星君符，兑宫金之地，一切恶煞照临，以石篆符守镇方隅敕，起凶煞符成招斗诀，召破军星辰十尺，裸体左手金印，印中白云迷天救起兑宫一切凶煞。

咒曰：焰起红云，光照十方，一切凶煞，速往北方，唵吽吽唵吽吽以搥打符，入地步斗罡向方，用事大吉。

起符式

第八天任左辅木星星君符，此符专起艮宫，一切凶煞以铁作符针之连起凶煞，手招寅纹节召左辅星，朱衣貂蚯前驾双撞，手持火剑顶起青云，弥满世界起灵吕，一切凶煞，立出外界，为祸杀鬼，以火烧之。

咒曰：啼啰啼啰，速起一十六位飞空伏地，凶煞不许停留，以搥打符，天地作雷声，震动世界，步斗向方出行，作事大吉。

第九天英右弼火星星君符，专起离宫炎火之地炼火朱雀等煞，以铁作篆文，左手中纹召右弼星貂蝉骑火龙仗剑把火印，印中起三昧真火，偏烧天地一勅，一切独火燥火，凶煞出世界烧攻鬼火而出，凶煞即退也。

咒曰：朱雀灵神，禽火大神，所值凶煞，不得留停，唵吽喝，以斧打符，外雷震文斗向方出行，作事大吉。

右九符乃九星五皇君直命退煞神迎吉宿镇于方隅，万事大吉，皆曰亨通，须各间依式书符，却以年月日时，共符到门间而用之，万无一失。君行雷兵出云阵以血肉祭之法，以朱砂书于符下，云神起凶煞往彼处人鬼营寨中杀鬼放当大削迹灭形切建造动土及邪鬼动瘟如是盗能煞鬼命也，用此煞安在要无人之方出煞神用事岁其吉也，奇合开门，地休门天生门人。

以上符每不加太岁金钟符书讳号于圈内，依法作用，取祖气祖气即肾下水也，用雷局运水火交济至屋底，而上自泥九囟出，作用详见道法须知。

以北帝咒、天蓬咒、九岁咒、金光咒涂之，取天罡尧咒吹之灵验，即以月月常加戊之谓也，不可正视，姓名每出笔在艮，罡或加石土顿红旗符，亦可凡书。

以上等须请有道之士尽之，如白身自书莫知内窍，是以灵验。

三奇符咒图式

乙奇符式

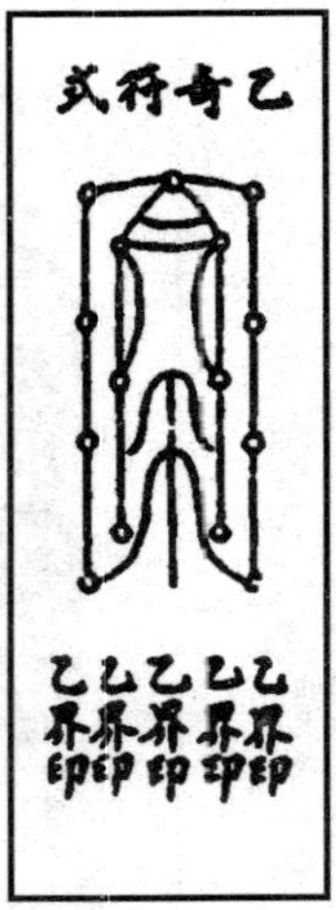

丙奇符式

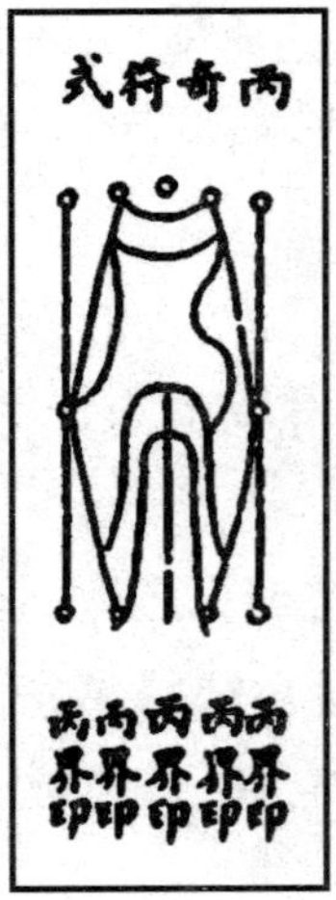

丁奇符式

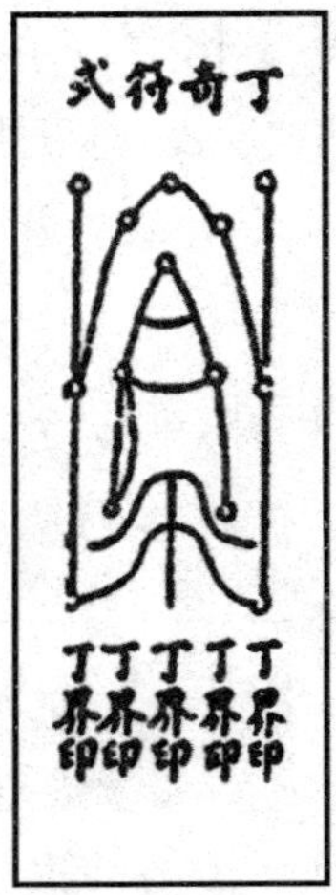

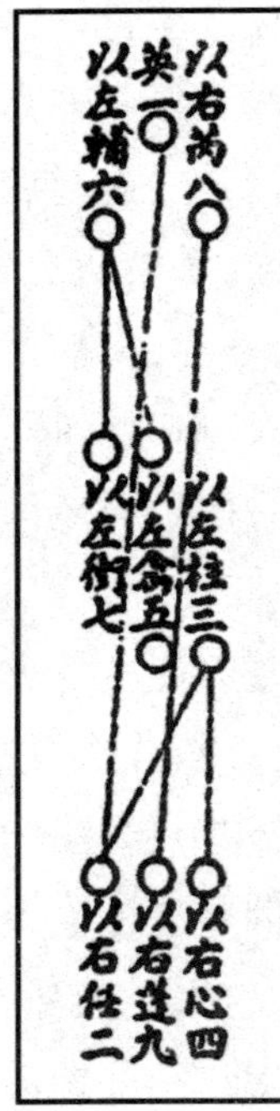

右以上三道符，用雷霹枣木方圆各一寸一分宫雕刻此符为佳，如不然，但以黄素纸书之，亦好也。

乙奇咒曰：天帝威诸，神灭鬼亡，六乙相扶，天道替德，吾令所行，无攻不克，急急如玄女律令。又咒曰：白虎蹲踞，青龙踊跃，前遮后卫，遵克存纳，仁德洋洋，太虚廖廓，天乙追摄，万福俱作，急急如律令。

丙奇咒曰：吾德天助，前后遮罗，白虎左右，驱朱雀道，前使使吾，会他助我，六丙除痾，急急玄女律令。又咒曰：天罡阳威，玄武后随，玉彩摇拽，荧惑流辉，神光照耀，太白成瑞，六丙来迎，百福备归，急急如律令勅。

丁奇咒曰：天帝弟子，部领天兵，赏善罚恶，出幽入冥，来护我者，玉女六丁，有犯我者，自灭其形，急急如玄女律令。

又六丁咒曰：玉女灵神，太阴渊默，华盖静覆，我形不忒，我气浩然，攸然寰灭，六丁前尊，万福来格，急急如律令。

伍子胥渡江咒曰：冯夷冯夷，我将渡江，风浪不得起，为我布护卫我，养我活我，日行千里，无人禁止，前开后开，蛟龙伏藏，急急如律令。

开门禹步大九迹罡天英上起。

六丁符式

宜报方扬兵祭仪，凡书符忌鸡犬妇人见之。

十八道符式

右符十八道，其法用甲子日，面西端坐，依按天圆地方图为坛坐于其中，书之书符，端坐闭气，书成存六丁玉女，各在叩齿七边下笔书符，须用甲子日为头，每日烧符一道，用乳香汤吞下，自然心灵，能知未来已往吉凶事务，一一皆明通达于衷耳。

书符咒，咒曰：十二时辰，九天玄女，圣祖道母，元君殊疑，舟即赫赫，然然法御,神兵八十万于直符直使,八吏三元,随吾所使,随事使宜,斩邪却怪,六丁神将,吏兵二五,十二禁忌,青龙白虎,执符去处,万福来臻,百邪闭户,急急如九天玄女圣祖道母元君律令勑。

要略天圆之图

要略地方之图

遁外奇术

(谓不合阴阳二遁用反闭六戊出斥远行逃藏之事)

玉女反闭注局

经曰：凡尧遁用无奇门者，不可出行，宜玉女反闭，局出在室六尺在六步，在野六十步，并以六为数。先定六数讫，先左手持六筹，各长一尺二寸，右手持刀向旺方叫过气一口，次吹旺气默饮讫，乞叩齿十二通于梼祝心下事，然后却回身背旺气，启请祝曰：维年月日时，某敢昭告于天父地母，六甲六丁玉女六戊藏形之神某，好乐长生之术，行不择日，出不问卜，今欲为某事，虔告天地神祇，丁甲大神，谨天文拜请六丁玉女真君画地局，出天门入地户，出金关，乘玉辂，玉女、青龙、白虎、朱雀、玄武、勾陈、螣蛇、六合、六甲、神王、将灵神乘我而行到某所，左右巡防，随行随止，随到随起，辟除盗贼，鬼魅消亡，君子见我喜乐非常，小人见我欢跃惶惶，儿女见我共侍酒浆，百恶鬼贼见我者亡。今日禹步上应天罡，玉女侍傍，下辟不祥，万精压伏，所向无殃，所遇病瘥，所供者达，所击者破，所求者得，所应者成，帝王大臣，二千石长，吏见我者，爱如赤子，今日请召玉女真君随我进急急如九天玄女道母元君律令。

咒毕，画地布东西南北玉女，十二支八干四维，子日在庚，周而复始。凡八阵、掩捕、出入、远行、见贵、入官赴任，即出天门入地户，乘玉女而行去，人皆不见。凡布局，左手执筹，右手执刀，自鬼门起左画一圈，布四方八干十二神位先取丑土一筹，掩闭天门，次取申土筹横闭地户十一日，图如子日，庚玉女，酉华盖，子青龙，乙地户，丙天门。余日依例布之。

咒曰：左魁右魖，右魁左魖，上魁下魖，下魁上魖，吾藏身三五之中，□□之内，魓□之衰，颠倒三五，低昴步罡，为我生形，吾载日载月足伏，北斗三台，七星覆我，五星照我，二十八宿，罗列卫我，璇玑玉衡卫我身形衣斗伏我与斗同仪，今我步法，三五合成，步璇蹑衡，趍祥紫微，三五胜声，乘罡脚斗，乘正天神，万事长存，日月同跃，邪道五害，皆伏魁罡之下，无动无作，急急如律令。

九宫八卦三台之图

布定运筹天门局图定地户玉女

经曰:缓则择其四户,急则护依魄神。玉女咒曰:

仁高护我,丁丑保我,仁和度祸,丁酉保生,仁恭保魄,丁巳养神,太明华盖,地户天门,吾行禹步,玄女真人,即然坐卧,隐化藏形,急急如律令。

当行玉女反闭之法,以全万亿宁人。咒毕,画局布东西南北玉女十二支八干四维,假令甲日便从甲地入局,乙日便从乙地入局,丙日便从

布定运筹天门局图定地户玉女

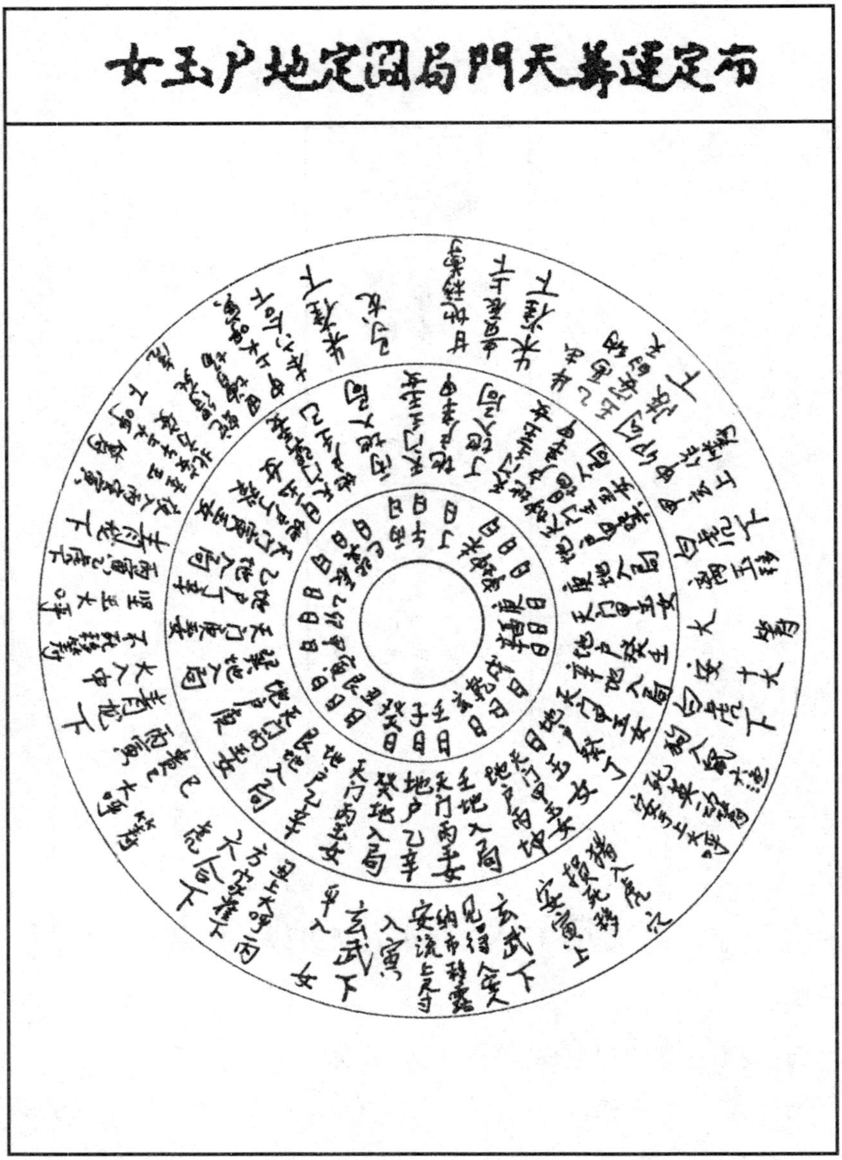

丙地入局，丁日便从丁地入局，戊日便从戊地入局，己日便从己地入局，庚日便从庚地入局，辛日便从辛地入局，壬日便从壬地入局，癸日便从癸地入

局。二说戊日从艮地入局，己日二从巽地入局，手持六筹，祷祝四方，谨请东方功曹、太冲、天罡、青帝、甲乙、大神降于局所，侍卫我身，请南方太乙、胜光、小吉、赤帝、丙丁大神降于局所，侍卫我身，请西方传送、从魁、河魁、白帝、庚辛大神降于局所，侍卫我身，请北方登明、神后、大吉、黑帝、壬癸大神降于局所，侍卫我身。右谨请四方神讫，便从所求日辰上安置筹法，假令子日子上安第一筹，丑上第二筹，寅上第三筹，卯上第四筹，辰上第五筹，巳上第六筹，讫，但有两支夹一于先成为天门，后为地户之门，四仲入地户不成，取初筹第一安辰所，卫上却从冲上论起即成地户之门。

术曰：造筹之法，详见《阴符经》。

鼠从失穴入狗市，即移子上第一筹安戌上，大呼东方青龙下。

牛入兔圈食甘草，便移丑上第二筹安卯上，大呼南方朱雀下。

猛虎跳来入巳位，便移寅上第三筹安巳上，大呼西方勾阵下。

兔入牛栏伏不起，便移卯上第四筹安丑上，大呼西方白虎下。

龙入马厩因留止，便移辰上第五筹安午上，大呼北方玄武下。

蛇行宛转来甲襄，便移巳上第六筹安甲上，大呼东方六合下。

若午日即从午上命上第一筹：

马入龙泉饮甘水，便移午上筹安辰上。

羊羔易位入酉乡，便移未上筹安酉上。

猿猴踊跃向猪中，便移申上筹安亥上。

鸡飞扑落来羊位，便移酉上筹安未上。

狗入鼠穴捕其子，便移戌上筹安子上。

猪入虎穴自投死，便移亥上筹安寅上。

依法安筹，万无一失，得其口诀，自然护吉。

专征赋云：鼠犬牛兔二相对，易蛇猴猪虎四顺，移行龙马鸡羊，两相交互，二筹挟干以成，当为出入之神路，四仲地户不成，借初筹续布加冲上以成门，乃局中之地户。

咒曰：乾尊曜灵，神顺内管，二仪交泰，要合二贞，配成天地，永宁肃清，应感玄黄，上衣下裳，震离坎兑，羽替扶匡，乾坤艮巽，虎伏龙翔，今日行筹，玉女侍傍，有急相佐，常辅扶匡，追我者疾，捕我者亡，牵牛织女，化成河以，急急如律令。

凡欲远行、见贵、上官赴任即出地户左行入天门。

咒曰：天门天门，今日惟艮，玉女侍我，左右游傍，行来出谷，不逢我殃，君子一见，喜气非常，所求如意，万事吉昌，急急如律令。

但欲出阵掩捕之时，即出天门右行入地户。

咒曰：诺诺泽泽，行无择日，随斗所指，与神俱出，天番地复，九道皆塞，中心所欲，今我自得，有来追我，使汝迷惑，以东为西，以南为北，急急如律令。咒讫，开金关即取余利二筹闭之，如子日先取丑上一筹闭天门，次取申上一筹闭地户。余仿此。乘玉女即三呼所在玉女，如子日三呼庚上玉女。余仿此。

咒曰：某上玉女，某上玉女，玉女速来，护我保我，侍我某到，某方查查，冥冥莫观，其形人莫，闻其声鬼，莫视其精，爱我者福，恶我者殃，百怪鬼贼，当我者灭，阻我者亡，千万人中，见我者喜，喜气扬扬，急急如律令。咒讫，作九迹禹步，每移一步，特咒一句。

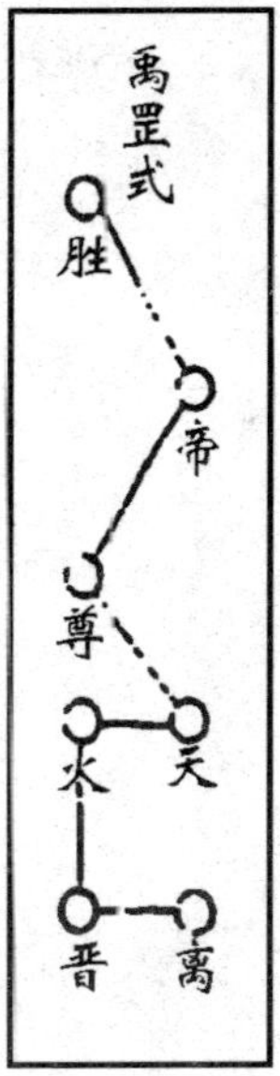

以上禹罡每以左足先步，凡出行军伍等事，如事缓，充遁合三奇吉门吉凶何如，然后出步此罡举咒，如值乙奇然念乙奇咒出一百二十步之外不可回头。如事急，望玉女方而去呼其名，念其咒而去，大吉利。

蹑光口念咒曰：禹步相催登阳明，白气混沌灌我形，天回地转步七星，蹑履斗齐九灵，我步我长生，恶逆摧伏蛇妖惊，我步我长死，灾消灭我独存，急急如律令。

右禹罡咒讫，咒曰：六甲九章，天圆地方，四时五行，青赤白黄，太乙为师，日月为况，禹步治道，蚩尤避兵，五神尊我，周游八方，当我者殃，逆我者亡，乃神护我，斩除贼寇，一切灾殃，急急如律令。即叩齿七遍，上应北斗天罡，即以右手持刀，画四纵五横于地。

四纵五横法

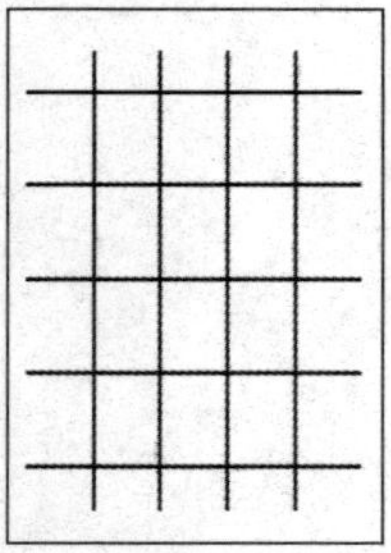

布六戊图

开六戊局之图

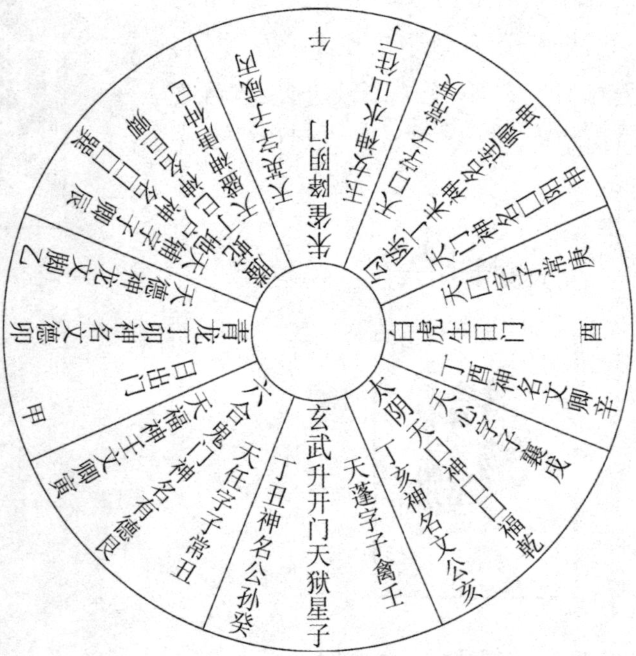

咒曰:律令律令,四纵五横,万鬼潜形,吾去千里者回,万里者归,向吾者死,恶吾者自受其殃,急急如律令。

真人闭六戊之法

凡欲安营止宿避病者,当用六戊法,必先置其营落在旬中戊上,以刀从鬼门上行画地一周,次取中央土六斗,分置六戊之上,六处各置一斗,仍入取土中央。

甲子旬日戊在辰,甲戌旬日戊在寅,
甲申旬日戊在子,甲午旬日戊在戌,
甲辰旬日戊在申,甲寅旬日戊在午。

咒曰:泰山之阳,常山之阴,盗贼不起,虎狼不侵,城郭不完,闭以金关,千万凶恶,莫之敢当,急急如律令。仍在中宿不复出,百恶莫敢近,为术之法,欲验六戊之法,先置营取中央土布六戊讫,将乳犊牛母系营中牸犊在外,虽饿不敢进去,饮母之乳去,一成土便从空土而入,若欲散者尽撒散各戊土,土在则神守不去也。

六戊符式

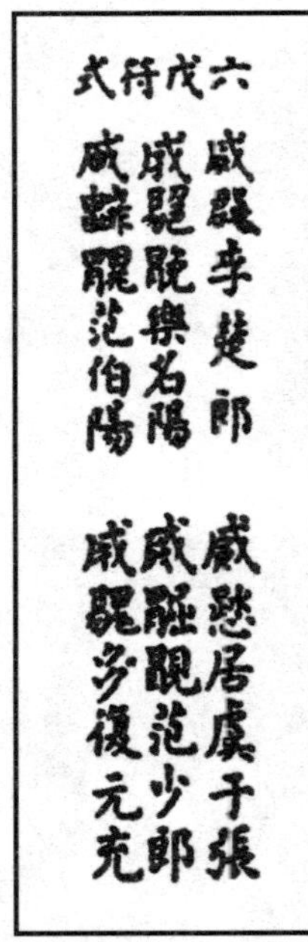

九天玄女闭六戊

灵符百恶潜避,先置营以本神,书尊置六戊主。

急则从神、缓则从门

《三元经》曰:凡有事急,不暇择时,并三奇吉门当天乙所在宫及直符之神,若缓时则可待三奇吉门而去,及天上六戊所在以六戊常为天门。又曰:从神谓如阳遁一局丙寅时,甲子日六仪旬头,以甲子天蓬屋休加地下丙上,即从乙奇下出去,如事急欲出路,或在军阵中,门又不通,则寻吉神下去,事缓可以就吉门奇而往从神吉,五星英任冲辅心也,或门凶无奇,又无吉星又事急迫,向北斗默念三奇咒而去吉,不得三奇吉门从三奇所临方出,百事吉,急则从。

出天门,入地户,过太阴吉,青龙法,经曰:出天门六戊也,入地户六己也,过太阴六丁也,居青龙六甲也,所居之下百战百胜。

假令冬至吉,甲午巳之日夜半起甲子时,初起兵出天门底下乙地户巳下过太阴卯下居青龙地公,百战百胜。又法,出天门者,天上六戊在一宫,入地户天上六己在九宫,过太阴在七宫,居天上青龙在一宫。余仿此。

伏匿藏形诀

伍子胥曰:若欲伏匿乘青龙,六甲历蓬星,六乙过明堂,六丙出天乙,六戊入地户,六己过太阴,取草折半障人中入天藏六癸。假令甲子日甲子时,欲伏藏者,初起甲子,历丑过寅,出辰入巳,还取折草半障人中,置卯地而入酉地去,人无见者过太阴时。

咒曰:天翻地覆,九遁皆塞,有来追我至此而绝,见我者死,追我者亡,吾奉九天玄女道母,母元君律令,径入天藏,慎勿反原。凡远行诸事,不得往,天庭辛天狱庚天牢主三方大凶,如设犯者,即被缚拾之咎,常乘青龙,历逢星出行,百恶不敢赶,大吉也。

博奕胜负局

（李靖孤虚立成图）

金柜云：得典视孤虚谓樗蒲奕以正时六甲，孤上坐者胜，虚上坐者奂，又参以三奇在门斗罡恂止，他人必胜。

甲子旬孤在戌亥，虚在辰巳。
甲戌旬孤在申酉，虚在寅卯。
甲申旬孤在午未，虚在子丑。
甲午旬孤在辰巳，虚在戌亥。
甲辰旬孤在寅卯，虚在申酉。
甲寅旬孤在子丑，虚在午未。

推迷道路法

黄石公曰：出军道逢三路，未知何道通，以月将加时天罡在孟左道通，在季右道通，在仲中道通也。

避恶庆法

凡逢恶庆，先闻恶事消息面东，以水一碗，右手持刀咒曰：日出东方，万物吐黄，恶事化为泥土，好事变成金章。念七遍向日吹气，一口入水中，念毕，复水碗反走，勿回顾之，吉。不问早晚，须想日出之像。

理发相咒法

理发咒:大极缘发经曰栉发之始微。咒曰:泥化玄华,保精长存,右为隐月,左为日根,六合清练,百神受恩。咒毕,嚥液三遍,能常任头发不落,丙日生。

如厕咒,如厕咒元,先以筹击三下,默咒云:右德神右,德神左司,上本夫人,脱我死籍,上我生名,急急如律令。

六甲阴符论

经曰:凡为上将遇其敌,须于六甲阴符令敌人自诛,故曰:甯与人千金不与人六甲之阴,天地之间仙过最禁藏行富,遇贵之于心不传,并人慎勿轻泄,盗视者音盗渎者,暗须初刑,若污犯者则无验矣。六甲之阴者:

甲子旬阴丁卯其神兔首人身,甲戌旬阴丁丑其神牛首人身。

甲申旬阴丁亥其神猪首人身,甲午旬阴丁酉其神鸡首人身。

甲辰旬阴丁未其神羊首人身,甲寅旬阴丁巳其神蛇首人身。

凡作符之法,当以月能之时伐牡荆,或梧桐阴上枝亦可用,栢心长九寸广一寸厚二分,以雌黄气画之,其神像并神名著像之下。

丁卯神名孔民字族音,若人吹篇可使致人物。

丁丑神名梁仕字叔音,若大俱皆可使远行人情。

丁亥神名陆盛字陆音,若坏成声可使致大水平地成山林。

丁酉神名费阳字多音,若群兽成鸣可致为威天呼嘘万人。

丁未神名壬戌字奇音,若群兽入城门可致饮食。

丁巳神名许盛字地音,若鱼跃于泉可使致人虫有鬼之类。

凡书符讫,以锦囊盛之,大将自随身,若有兵时便出当旬之符于囊外以背,敌人自之不敢支兵也。

凡取符神必立斋戒,以酒一斗,鹿脯三狗,监一盃,维祭之日以白旆为籍,向北再拜。二咒曰。游刑之先,百鬼之神,曾孙某甲欲俱游六甲之阴,百鬼之神与子俱游变化,某身以一所指,莫不敢服者,谨奉一清酌酒脯,颂如飧之咒,讫再拜。凡三咒毕,乃伐木取木时,勿令树傍有秽物污之,及女子孝子狗畜见之。

先受持之法,斋戒五日,沐浴食者洁净勿食五辛之物,可画符,竟六甲之日夜半醮于方坛之上,为坛方圆一丈二尺,外浮方十二丈,开十二辰门以行为,长三尺,一云九尺,随地色上悬六阴之符坛上,依位色以色缯采三尺五寸为籍,各置酒三盃,脯三盘,监一盘,向北跪呼,其凶方所向六甲阴神名及门户神名者。

假令甲子日,阴在丁卯正东,再拜而呼其神而咒之,以绵帛为囊盛阴符常随身则莫见真不能侵以阴符,指敌人自灭,若仓卒无坛者,但于庭中野外亦可。

履阴符令敌兵不赶。

《三元经》曰:能履阴符者,令敌人不赶,为术之法,甲乙日平旦向南,丙丁日食时西南,戊己日日中北向,庚辛日日晚东向,壬癸日日入南向。

以上各日依所向,取方寸桃枝书真姓名著左履下,所求者必得便。

咒曰:恶某不善大逆,骂天地骂日月,伐社稷使君不得血食,君但持之吾顾与君击之,阴阳之神共来诛之。先于地画敌人之像,从月建上呼其姓名,随六甲之神所在灭之,则敌人仇怨自消亡。

六甲所在:

甲子旬其神在头,甲戌旬其神左足。

甲申旬其神右足,甲午旬其神腹体。

甲辰旬其神左手,甲寅旬其神右手。

凡行军遇恶风倒折旂杆者,取四狗上土作泥水长三尺,手持木号韦天亵前执刀披发,向风三叩齿。

咒曰:天有四狗以守四境,吾有四狗以守四隅,以城为山,以池为河,寇贼不得过来者,不得进出者,不得逸去者,不得退,急急如律令。咒毕,弃之而去逆风之逆即消灾障矣,如不能咒弃之而去。

行军立营要知六甲吉凶方位,附下营法。

《三元经》曰:夫将兵四出率众安营,必取其法,以六日为首十时一易真车日以岁月而为伏,或依岁或取六甲旬首而推布之,大将居青龙甲也,旗鼓居蓬星乙也,士卒居明堂丙也,伏兵居太阴庚也,判断居天庭辛也,囚系粮储居天牢壬也,府藏居天藏癸也。假如甲己之日夜半生甲子,青龙在子大将居之,蓬星在丑旗鼓居之,明堂在寅,士卒居之,太阴在卯伏兵居之,天门在辰军门居之,地户在巳小将居之,天狱在午斩罚居之,天庭在未判断居之,天牢在申粮储居之,天藏在酉府藏居之,元经曰:天上十干所居临丁之居,假如冬至上元阳一局,甲己日夜半生甲子时,六甲在一宫,六乙在九宫,六丙在八宫,六丁在乙宫,六戊在一宫,六己在二宫,六庚在三宫,六辛在四宫,六壬在五宫,六癸在六宫。

六甲出行诀

青龙华盖及蓬星,明堂地户太阴灵。
人门天狱天虫周,阴阳孤虚合天庭。
十二星辰真有准,凡事依之验如神。
行兵能识其中法,三箭天山定太平。

甲子旬子上起青龙,甲戌旬戌上起青龙,甲申旬申上起青龙,甲午旬午上起青龙,甲辰旬辰上起青龙,甲寅旬寅上起青龙。并顺行十二支。

真人步斗法

《步斗经》曰:夫步以通神当夜半居星下,自画地作九斗星间相去三尺,天蓬从天罡起,随作次第之人居魁前,逆布之,正立天英而歌,斗咒诵至天英,便先举方足并呼,虽名以次,依经步之左右,更遍履之,如后此去为之,百日则择神人通矣,秘之勿泄乃诵曰:

斗要妙兮十二神,承光明兮威武陈。
气髣髴兮如浮云,七变动兮上应天。
知变化兮有吉凶,入斗宿兮过天杰。
合律吕兮治甲荣,履天英兮度天任。

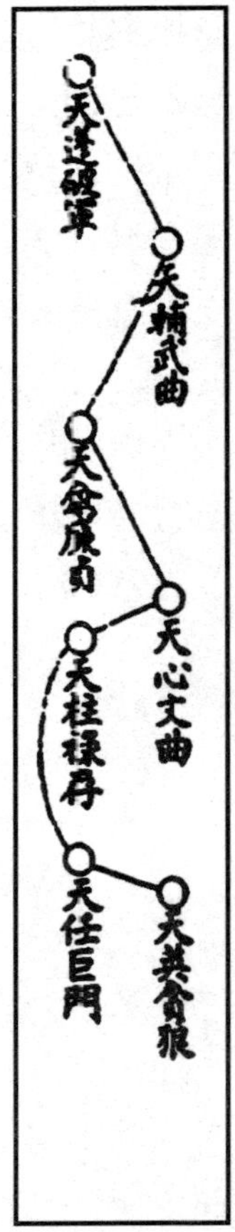

清吟渊兮可陵沈，扳天柱兮拥天心。

从此度兮登天禽，倚天辅兮旺天冲。

入天芮兮出天蓬，斗道诵兮刚柔际。

天福禄兮流后世，出冥明兮千万岁。

急急如律令。

出行行兵呼神名，字入太阴中。

《三元经》曰：若欲出行，考所向之方，呼其神之字而行六十步，转入天阴中，直符阳遁前一辰为太阳中阴遁后二辰为太阴中六丁，又为太阴，皆是也。呼其神名，谓于所出门天一所得之星名。

天蓬字子禽坎，天芮字子成坤，天冲字子翘震，天辅字子卿巽，天禽字子公寄坤，天心字子常乾，天柱字子中兑，天任字子章艮，天英字子威离。

假令冬至阳一局，甲巳日丙寅时，六丙在八宫天上，六甲直符加八宫，欲出东方呼其神名子禽，行六十步入太阴中，此时前一太阳下临四宫东南，天上六丁下临九宫正南，左回入东西正南，皆是入太阳中。余仿此。

出入呼六甲神名字五行相制。

《三元经》曰：若有所用百事者，皆向六甲，并在之方呼其神名，各行六十步转入太阴中，又六丁各太阴见贵人则吉，脱过阵则脱。

甲子旬首神名主文卿，若登坛拜将敕受兵符者，将运筹发令储粮者，皆向其方，呼其神之名而行六十步，转入太阴则发握如神。

甲戌旬，首神名徐何，若开决沟渠、平治道涂、分决河道，得于自然开路无损，路向其方，呼其神之字，立转入太阴中则得所顺自通。

甲申旬首神名盖新，若入山畋猎、捕捉虎狼虫兽者，皆向其方，呼其神之名，行六十步转左入太阴中，虫兽自然不动也。

甲午旬首神名灵光若守营置阵，巡狩战关皆向其方，呼其神之名，行六十步左转入太阴中，则必力胜。

甲辰旬首神名舍章，若求官拜将，临民赴任者，皆向其方，呼其神之名而行六十步，转入太阴中，则为官不晦，教禄位高升。

甲寅旬首神名监兵,若扬兵振武、教阵伤寇、行军征伐不道者,皆向其方,呼其神名而行六十步,左转入太阴中,若出行安边则盗贼自然不起。

又曰:六甲内官五行而动应无方,其五行而合胜有相生相克,左手象天,右手象地,其神体好静,故考五行相制运化之道,无不兼该。若见贵人求官二千石及令表者,则左手书天字。若商贾兴贩、结亲交朋友、和好、嫁娶、立券交易,则书和字,若入山收捕、畋猎则书狮子字。若部工居众则书强字。若遇河治水则书土字或戊字。波浪腾声舟将溺龙忌触水龙、招徭、咸池之日。若游山入道即书龙字,其蛇虫不动,此正是五行相制,胜负之道也。

《三元经》曰:出入呼其名十干辰名。

甲为天福,其神王文卿。

乙为天德,其神龙文卿。

丙为天威,其神唐文卿。

丁为玉女,其神季田生。

戊为天武,其神旬马羊。

己为明堂,其神纪游卿。

庚为天刑,其神邓元阳。

辛为天庭,其神高子张。

壬为天牢,其神王禄卿。

癸为天狱,其神受子光。

遁甲门户神名

王璋曰门户神名,出军行兵并宜用之神名。

甲子旬门名徐义,户名公孙吝解衣而去。

甲戌旬门名天可,户名徐何你天大呼而去。

甲申旬门名司马光,户名石战解冠而去。

甲午旬门名石,户名于可解衣振迅而去。

甲辰旬门名公孙错,户名司马胜解发结而去。

甲寅旬门名公孙光,户名司马强解冠而去。

大将军出行及行兵,无问多少往止之方,必法度也。以六为法,大将军列士卒左旋入太阴,门神名咒曰:某甲有急请神伍我佑我匿我藏我,无所敌人,复我盖我,五兵推折,无令至我当我,若欲视我者亡,使敌人冥冥嘿嘿视我迷惑为者,乱其魂魄使敌人不敢起,咒毕,令士卒左旋直去,勿反顾藏于六癸下。

假令甲子旬中六癸在酉也。余仿此。

出三奇吉门

经曰:出六乙门禹步三。咒曰:白虎除道,路当前道,善慎勿误,仁德之士,速取来助,急急如九天玄女元君律令。默念后丙奇同出。六丙门禹步三咒曰:天罡扬威武当从,青龙与白虎,行诛天贼及六属,敢有不从伏天斧。

出六丁门禹步三咒:曰六丁玉女名神母,呼而问之道,所在当从斗表入斗里,清冷之渊多神草,拆以自障勿惊骇,凡出三奇吉门事,速亦可直去,志心信之,其神自验,慎勿回顾。

上障曰:九天之上六甲子,谓当六甲直符之时,背之而击,其冲无不胜也。

经曰:扬兵于九天之上、有谓《易》称乾纳甲壬。乾为天,天道上升,以壬数至甲其数九,故六甲为,九天之上,六甲皆称甲子者,以干支之长,举上以明下,故六甲皆称甲子。

九地之下六癸酉,故为六癸之位,皆称九地之下。凡逃亡绝迹当以天上六癸所临之方下出人,易称纳乙癸。坤为地,地道下降,从乙数至癸亦为九,故六癸皆九地之下所,六癸皆称癸酉,谓六癸系是甲子之终。

三奇之灵六丁卯,谓六丁为三奇之灵,九行来往,出入用兵关战皆吉。又云:六丁为六甲之阴,丁卯之神字文伯,丁丑神字文综,丁亥神字文公,丁酉神字文通,丁未神字文卿,丁巳神字巨卿,凡斗争出入行来六丁之神,当呼其名,所谓三奇之灵六丁卿者,以丁卯为甲子之阴故也。六丁阴神名,丁丑神名梁丘叔,丁未神三屈奇,丁巳神许咸池,丁酉神费阴多,丁亥神陆成陆,丁卯神孔林族。

六合之中六己巳,谓六巳之位皆为六合之中,凡阴谋秘密隐伏之事,皆从天上六巳所临之方,而出莫视之。经曰:六合为将门,独出独入无有见者,所以六巳为六合中者,从甲数至己,甲与己合,故六合之中矣,己巳者亦举甲子一旬之义,故称六己巳也。

涉阴危之中。

《三元经》曰:若步险危之中,山河水涧之际,兵不得移转,贼从利方上来,即视天时,若阳时者,令士卒皆袒其左肩,引声大呼,鸣上击钟,先而击之;若阴时,令士卒含枚驻车马桴鼓,静以待之。

若敌人四面围之者,宜分军为三部,一部居月建上,一部居月德上,一云日月德上,一部居生神上,大将军居亭亭上,引兵而击之,则大胜也。

饮食左右冠带步履。

《三元经》曰:六甲为饮食,宜向旬中六甲,假令甲子旬向子上也,甲左右六丁谓左右,宜向旬中六丁,假令甲子旬向卯上也,冠带六戊为冠带,宜向旬中六戊,假令甲子旬向辰上也,步履乾坤者,谓初举左足而言乾,次举右足而言坤,三举左足而言元,四举右足而言亨,五举左足而言利,六举右足而言贞,一步一言行,六步而去勿回顾随所去,万害不能及身也。

禁恶人鬼穴法:咒曰:吾是元皇之孙,太上之子,口含圣真神气,行于东西南北,鬼随吾驱使。吾东向一噀,凡木皆折;南向一噀,人火消灭;西向一噀,金刚缺比;北向一噀,水流绝道。随吾所说,急急如律令。

五将天狱局

凡战,敌动鼓声必审五将天狱在何方,避之大吉。如不避犯之者必输。为将者,流御寇领众发兵要阵,却不得向五将天狱,犯之上将死。又云:攻战宜避五将、五帝、生气仪月孤方,不可攻伐,若贼从叫方来,宜避之。外军锋利,便击之则胜。

五帝五将全方:寅午戌用东方,亥卯未月南方,申子辰月西方,巳酉丑月北方。

入出山中用局

伍子胥曰:凡出入以天辅时奇门合处入,出山以明堂时奇门合处出,吉。

将兵不可用旬中地兵,若犯旬中地兵,上将死战阵,谨审之。

卯中地兵,甲子旬寅日,甲戌旬午日,甲申旬戌日,甲午旬申日,甲辰旬子日,甲寅旬辰日。

玉帐经论择胜诸局

凡用兵之法，有三阵马能审之者为良将，日月、星辰、斗杓、空石向皆天阵也；丘陵、水泉、草木、山林，地阵也；士卒、车马、计谋，人阵也。凡欲出战、下营、布阵先须知太岁大将军太阴月建之位，此为地下之神，万人以上兼之利百人以上，千人万人皆同用。忽然出兵战斗并宜背之，更不犯天营乃大胜也。天营者，即天上太岁所临之下，若天上太岁与地下太阴大将军月建并，但皆一神击之，万全胜也。若天上天罡临处，阴兵出其下击敌万不失一，但以月将加正时，正时正月寅，二月丑，三月子，四月亥，五月戌，六月酉，七月申，八月未，九月午，十月巳，十一月辰，十二月卯，首天罡所在便乘天罡下击之。又当阵击敌及突围之时，从天罡嗽一声，鼓四出十人当于更得皆太岁大将军青龙月建，大胜也。

凡出入阵，勿令魁罡蛇虎四神临将军年命日辰，为敌擒，切须避四神所在，尤忌出入。

凡军马在营可取月建加时建，间路出路也，若遇野战之时，可求山川之便藏伏，高山之四更要看沟渎丘陵，天上神煞利便。

经曰：能遇五天，胜可万全。凡战经云：春宜向西，夏宜向北，秋宜向东，冬宜向南，此时之令致然也。若得日辰天上之方利，便可即御敌，若不得其便难取路，只得以天宫并地下大将军、青龙、天罡等为向，皆大胜也。若三百里三千人并可以日辰天上之方取胜也。

背死向生者，此军即从生门下出，若便战即背生向死击之，令敌人在死门之下胜，若即临敌后有风渐志则须速乘其势，若有风从左右或后起，宜勤兵向风来之处必有伏兵起也。

兵有五不击：一不击天乙，二不击九天，三不击九地，四不击生门，五不击直使。我军宜居其上，吉。

兵有三胜：居天乙直符宜背勾陈而击其冲一胜，居九天之十击其冲二胜，自生门击死门，此三胜也。

背孤击虚：孤虚之法，万人以上用岁孤，千人以下用月孤，百人以下用时孤及旬中孤。太公曰：背孤击虚，万人无余。

孤虚法:子时东孤西虚,以一敌七。丑时南孤北虚,以一敌三。寅时东孤西虚,以一敌五十。辰时北孤南虚,以一敌九十。巳时西孤东虚,以一敌九。午时东孤西虚,以一敌五。未时东孤西虚,以一敌六。日入东孤西虚,以一敌五。戌亥时南孤北虚,以一敌七。

兵贵背雄击雌

凡战,起雄者胜雌者败,雄春寅夏巳秋申冬子,雌春申夏亥秋寅冬巳,又不以青抵白甲乙日不可以西攻北,不可以黑抵黄。壬癸日不可以攻四维也,勿使囚对相、死对生也。

兵贵背亭亭击自好

亭亭,天之贵神,当与自好合于巳亥格寅申当水之时,俱皆之当之格时。背亭亭而击,其冲无不胜也。

兵贵背游都等神

游都十当五百,背太岁一当万。背大将军一当五十,背太阴月建河魁亦如之,贵背德,向刑吉。

天门吉局:从天门方百战百胜,切不可自居,百死之上按天门方与月破同位,又与血伤神同位,初出军忌之,若战则不忌矣。百死方即亭亭对冲是也。

补遗九星占

天遂即太乙神,坎宫一白水星旺天冬值此星,宜按抚百姓,边境修筑城池,不利客利主。春夏将兵大胜,秋冬凶,不利远行商贾。

如八宫在四季月,戊己辰戌丑未日有黄云从东北西南来战胜。

如九宫在春秋冬,或壬癸亥子日有黑云从西北来吉。

天旺即太阴主天下阴德周赈之事,人白土主艮旺于春,值此星宜请谒、将兵,四时皆吉。万神助之,不战可令敌人降,移徙造不吉。

加一宫在冬春月,或甲乙寅卯日有青云从东来,或东南来大吉。

加一宫在四季月戊己辰戌丑未日有黄云从西方来吉。

天冲即轩辕与文昌三公一体，同三碧木主震旺于春分，后值此星宜出师、报仇。春夏将兵大胜，秋冬无功。不宜嫁娶、移徙、商贾。

加二八宫在冬春甲乙寅卯日，有青云从正东来南来应吉。

天辅即招徭，主胡兵芒角动兵起四绿尿，木主巽旺于孟夏，值此星宜蕴身修运敦德荣礼。将兵春夏胜，得地千里。嫁娶多于春夏吉。

加六七宫在季夏后在秋月或庚申、辛酉日，有白云从正西来吉。

加八九宫在春夏月，或丙丁巳午日有赤云从南来吉。

加二四宫夏秋月，或庚申、辛酉日有白云自西北来吉。

天心即青龙，为寿星六白尿，金主乾旺于秋，冬值此星宜见君子，不利小人。宜将兵，秋冬胜，得地千里，春夏不利，百事不吉。

加八九宫在春夏月，或丙丁巳午日有赤云从正南来吉。

如在一四宫夏秋月，或庚辛申酉日有白云从西北来吉。

时下得九星例

假令冬至上元一局，甲巳日夜半得甲子坎一宫，行至寅时在三宫下得天冲星在时，宜进兵行师用事，谓之春来旺气也。余仿此。

九星行兵吉凶例

天蓬平稳宜坚固，天芮须忧士卒亡。
天辅远行近则吉，天柱军马近还伤。
天英将兵何须出，以上五星凶莫当。
虽合三奇门从吉，亦应危难见恓惶。
天冲扬威万里行，天禽雄猛敌军锋。
天心计密他须败，报道天任战大功。

九星八门主客

九星为主、为军，八门为客、为将。以主胜客者荣，以军克将者凶。

奇门演禽

禽遁大全

（谓禽年月日时起例、审禽活曜等事）

二十八宿所属宫分之图

巳　午

轸 翼 张 星 柳
水 火 月 日 土
蚓 蛇 鹿 马 獐

辰

亢 角
金 木
龙 蛟

卯

心 房 氐
月 日 土
狐 兔 貉

寅　丑

尾 箕 斗 牛
火 水 木 金
虎 豹 獬 牛

仲春星鸟在南

仲夏大火转南

仲秋星虚转南

仲冬星昴转南

未　申

鬼 井 参 觜
金 木 水 火
羊 犴 猿 猴

酉

毕 昴 胃
月 日 土
乌 鸡 雉

戌

娄 奎
金 木
狗 狼

子　亥

女 虚 危 壁 室
土 日 月 火 水
蝠 鼠 燕 猪 貐

二十八宿付天而行，圣人仲春、仲夏、仲秋、仲冬考之，星房虚昴之中星以正四时，考大度仲春，星火东，星鸟南，星昴西，星虚卯。

年禽起例诗

六十年来本一元，四百二十七元全。
一千二百六十岁，三元符将依旧还。

但上元甲子起虚至四百二十年，则虚复为中元，又四百二十年则虚为下元，又四百二十年则虚复为上元，是一千二百六十年，三元符将依旧还也。要之，不外乎日月火水木金土七政排论，周而复始也。

七元年禽定局：嘉靖四十三年中元，甲子虚日鼠值年。隆庆元年丁卯壁水貐。万历元年，癸酉觜火猴值年，至四十八年庚申岁虚日鼠值年。以后一年一星轮去，万历元年，觜参井鬼柳星张翼轸角亢氐房心尾箕觜宿，至见斗牛女虚危室壁奎娄胃昴毕觜参井鬼亥壁宿下，柳星张翼轸角亢氐房心尾箕斗牛女虚元甲子奎危室壁，下元甲子奎娄胃昂毕觜参井鬼柳星张翼。

用禽起例：如太阳值年正月起角宿，顺数十二月。

会得年禽月易求，太阳用角木参头。
太阴室宿火星值，金心十胃水骑牛。

七元月禽定局	正	二	三	四	五	六	七	八	九	十	十一	十二
四太阳值年	角	亢	氐	房	心	星	箕	斗	牛	女	虚	危
四太阴值年	室	壁	奎	娄	胃	昴	毕	觜	参	井	鬼	柳
四火星值年	星	张	翼	轸	角	亢	氐	房	心	尾	箕	斗
四水宿值年	牛	女	虚	危	室	壁	奎	娄	胃	昴	毕	觜
四木宿值年	参	井	鬼	柳	星	张	翼	轸	角	亢	氐	房
四金宿值年	心	尾	箕	斗	牛	女	虚	危	室	壁	奎	娄
四土宿值年	胃	昴	毕	觜	参	井	鬼	柳	星	张	翼	轸

日禽起例

七元禽星会者稀，虚奎毕鬼翼氐箕。
但从甲子从头数，元元相续报君知。

假如一元甲子起虚，二元起奎，三元起毕，四元起鬼，五元起翼，六元起氐，七元起箕，为官历日下所值之宿是也。每元以甲子、己卯、甲子、己酉日值宿，为四将星。

一元虚张室轸游，二元奎亢胃房求。
三元斗参尾壁是，四鬼女星危月流。
五翼毕角娄金狗，六氐昴心觜火猴。
七箕井畔牛边柳，北是七元四将头。

每将星管十五日翻禽，如一元甲子虚日鼠为一元一将头，他同。

七元日禽局	一元	二元	三元	四元	五元	六元	七元
甲子	虚伏断	奎	毕	鬼	翼	氐	箕
乙丑	危	娄	觜	柳	轸	房	斗伏断
丙寅	室伏断	胃	参	星	角	心	牛
丁卯	壁	昴	井	张	亢	尾	女
戊辰	奎	毕	鬼	翼	氐	箕伏断	虚
己巳	娄	觜	柳	轸	房	斗	危
庚午	胃	参	星	角伏断	心	牛	室

（续表）

七元日禽局	一元	二元	三元	四元	五元	六元	七元
辛未	昴	井	张伏断	亢	尾	女	壁
壬申	毕	鬼伏断	翼	氐	箕	虚	奎
癸酉	觜伏断	柳	轸	房	斗	危	娄
甲戌	参	星	角	心	牛	室	胃伏断
乙亥	井	张	亢	尾	女	壁伏断	昴
丙子	鬼	翼	氐	箕	虚伏断	奎	毕
丁丑	柳	轸	房	斗伏断	危	娄	觜
戊寅	星	角	心	牛	室伏断	胃	参
己卯	张	亢	尾	女伏断	壁	昴	井
庚辰	翼	氐	箕伏断	虚	奎	毕	鬼
辛巳	轸	房伏断	斗	危	娄	觜	柳
壬午	角伏断	心	牛	室	胃	参	星
癸未	亢	尾	女	壁	昴	井	张
甲申	氐	箕	虚	奎	毕	鬼伏断	翼
乙酉	房	斗	危	娄	觜伏断	柳	轸
丙戌	心	牛	室	胃伏断	参	星	角

（续表）

七元日禽局	一元	二元	三元	四元	五元	六元	七元
丁亥	尾	女	壁伏断	昴	井	张	亢
戊子	箕	虚伏断	奎	毕	鬼	翼	氐
己丑	斗伏断	危	娄	觜	柳	轸	房
庚寅	牛	室伏断	胃	参	星	角	心
辛卯	女伏断	壁	昴	井	张	亢	尾
壬辰	虚	奎	壁	鬼	翼	氐	箕伏断
癸巳	危	娄	觜	柳	轸	房伏断	斗
甲午	室	胃	参	星	角伏断	心	牛
乙未	壁	昴	井	张伏断	亢	尾	女
丙申	奎	毕	鬼伏断	翼	氐	箕	虚
丁酉	娄	觜伏断	柳	轸	房	斗	危
戊戌	胃伏断	参	星	角	心	牛	室
己亥	昴	井	张	亢	尾	女	壁伏断
庚子	觜	柳	翼	氐	箕	虚伏断	奎
辛丑	毕	鬼	轸	房	斗伏断	危	娄
壬寅	参	星	角	心	牛	室伏断	胃

（续表）

七元日禽局	一元	二元	三元	四元	五元	六元	七元
癸卯	井	张	亢	尾	女伏断	壁	昴
甲辰	鬼	翼	氐	箕伏断	虚	奎	毕
乙巳	柳	轸	房伏断	斗	危	娄	觜
丙午	星	角伏断	心	牛	室	胃	参
丁未	张伏断	亢	尾	女	壁	昴	井
戊申	翼	氐	箕	虚	奎	毕	鬼伏断
己酉	轸	房	斗	危	娄	觜伏断	柳
庚戌	角	心	牛	室	胃伏断	参	星
辛亥	亢	尾	女	壁伏断	昴	井	张
壬子	氐	箕	虚伏断	奎	毕	鬼	翼
癸丑	房	斗伏断	危	娄	觜	柳	轸
甲寅	心伏断	牛	室伏断	胃	参	星	角
乙卯	尾	女伏断	壁	昴	井	张	亢
丙辰	箕伏断	虚	奎	毕	鬼	翼	氐
丁巳	斗	危	娄	觜	柳	轸	房伏断
戊午	牛	室	胃	参	星	角伏断	心

（续表）

七元日禽局	一元	二元	三元	四元	五元	六元	七元
己未	女	壁	昴	井	张[伏断]	亢	尾
庚申	虚	奎	毕	鬼[伏断]	翼	氐	箕
辛酉	危	娄	觜[伏断]	柳	轸	房	斗
壬戌	室	胃[伏断]	参	星	角	心	牛
癸亥	壁	室	井	张	亢	尾	女

时禽起例

日起时禽起子时，七虚月鬼火从箕。

水毕木氐金奎位，土宿还从翼宿推。

假如太阳值日，以虚起子顺行十二时。余仿此。立成定局于后。

七元时禽定局	日	月	火	水	木	金	土
子	虚[伏断]	鬼	箕	毕	氐	奎	翼
丑	危	柳	斗[伏断]	觜	房	娄	轸
寅	室[伏断]	星	牛	参	心	胃	角
卯	壁	张	女[伏断]	井	尾	昴	亢
辰	奎	翼	虚	鬼	箕[伏断]	毕	氐

（续表）

七元时禽定局	日	月	火	水	木	金	土
巳	娄	轸	危	柳	斗	觜	房伏断
午	胃	角伏断	室	星	牛	参	心
未	昴	亢	壁	张伏断	女	井	尾
申	毕	氐	奎	翼	虚	鬼伏断	箕
酉	觜伏断	房	娄	轸	危	柳	斗
戌	参	心	胃伏断	角	室	星	牛
亥	井	尾	昴	亢	毕伏断	张	女

二十八宿周流说

但年月日时皆有二十八宿所司，元元相续，周流无间，周而复始，如天之行健也。然而禽曰七元者，何也？因甲子六十宿有二十八以七遍甲子配十五遍，二十八宿各皆四百二十数，故为七元。小是以一元甲子起虚，二元奎，三元毕，四元鬼，五元翼，六元氐，七元箕，每元中二遍禽星而又进四宿也，但六十年又有上中下元，以虚奎毕鬼翼氐箕除之必一千二百六十年，分作二十一元乃得虚彼为上元矣。司月者以日月火水木金土七曜年禽计之，共得八十四个月，一月一禽，三遍二，二十八宿恰周其数，而太阳年则正月起角，二月亢焉。司日者以六十甲子二遍禽星，而又进四宿则一元虚，二元奎之例是也。司时者以值日宿之日月火水木金土七元，每元十二时，七元则八十四时，亦三遍禽星恰遇其数焉。是以年月日时各有宿之所司，元元相续而无间断。然司时者有小数有大数，小数者即七元白，而三遍二十八宿，八十四时是也。大数者一元甲子六十日，共七百二十时，禽星有二十五宿遍零：十宿，是以一元甲子虚日子时起虚,二元甲子奎日子时起氐,三元甲子毕日子时起鬼,四元甲子鬼日子时起奎,五元甲子翼日子时起箕,六元甲子氐日子时起翼,七元甲子箕日子时起毕。逐日推之,皆二十五遍,禹星而又进二十宿也,元元相续,何曾有一时之间断哉?今人不会一元倒一指之而语矣。

一元甲子起虚,则六旬之内凡四日宿值日者以日,虚起子时。

二元甲子起奎,则六旬之内凡四日宿值日者以月,鬼起子时。

三元甲子起毕,则六旬之内凡四日宿值日者以火,箕起子时。

四元甲子起鬼,则六旬之内凡四日宿值日者以水,毕起子时。

五元甲子起翼,则六旬之内凡四日宿值日者以木,氐起子时。

六元甲子起氐,则六旬之内凡四日宿值日者以金,奎起子时。

七元甲子起箕,则六旬之内凡四日宿值日者以土,翼起子时。

如此倒指以《授时历》日禽推之,每一元癸亥甲子之奎,俱跳过一十二禽,元元愈差,岂是理哉?且与日虚月鬼火箕之诀,只一元是而余六元皆非矣,误之甚矣!一元倒一指在其中,后之俱则可排。

七元伏断日时起例

掌 诀

巳	午	未	申
辰			酉
卯			戌
寅	丑	子	亥

一元甲子虚起寅,二元甲子奎起卯,

三元甲子毕起辰,四元甲子鬼起巳,

五元甲子翼起午,六元甲子氐起未,

七元甲子箕起申。逢丑退一位,遇寅是伏元。

永定七元伏断日立成

一元甲子起虚，甲子、丙寅、癸酉、壬午、己丑、辛卯、戊戌、丁未、丙辰、癸亥。

二元甲子起奎，壬申、辛巳、戊子、庚寅、丁酉、丙午、癸丑、乙卯、壬戌。

三元甲子起毕，辛未、庚辰、丁亥、丙申、乙巳、壬子、甲寅、辛酉。

四元甲子起鬼，庚午、丁丑、己卯、丙戌、乙未、甲辰、辛亥、庚申。

五元甲子起翼，己巳、丙子、戊寅、乙酉、甲午、辛丑、癸卯、庚戌、己未。

六元甲子起氐，戊辰、乙亥、甲申、癸巳、庚子、壬寅、己酉、戊午。

七元甲子起箕，乙丑、丁卯、甲戌、癸未、壬辰、己亥、戊申、丁巳。

右七元伏断日，即官历日下所值伏断宿也。

伏断捷歌云：

子虚丑斗寅嫌室，卯女辰箕巳房凶。

午角未张申怕牛，酉觜戌胃亥壁同。

阅官历值宿，不劳推箕，但前倒不可不知。

陈希夷云：干克支及干支比和日轻，惟支克干日及凶若犯庚辛日，其祸尤速忌之，修造入宅诸事忌，惟葬修埋塘不忌。

七元伏断暗金齐到例，假如戊戌年胃土雉值年土以翼宿，如干顺行亢金龙到卯，牛金牛到戌，则卯戌二日犯亢牛二暗金也。再立定局于左，以便观查。

十二支掌诀

巳	午	未	申
辰			酉
卯			戌
寅	丑	子	亥

七曜禽星会者稀，日虚月兔火从箕。
水毕木氐金奎位，土宿死从翼星推。
记取值年星上取，移将月宿去求时。
嘉靖中元甲子虚，万历癸酉觜轸虚。

永定暗金伏断齐到日立成

太阳：值年一年之内只有巳日犯暗金更逢房宿伏断齐到。
太阴：值年子虚未张暗金伏断。
火星：值年酉觜寅室暗金伏断。
水星：值年辰箕亥毕暗金伏断。
木星：值年午角巳日暗金伏断。
金星：值年丑斗申鬼暗金伏断。
土星：值年卯女戌胃暗金伏断。

永定值年暗金日诗

太阳逢巳阴子未，火星鸡虎水猪龙。
土星兔犬木骑马，金归申丑不河轮。

永定暗金伏断时定局立成

子时：太阳值日虚重见鬼，丑时：火星值日斗重见娄。
寅时：太阳值日室重见牛，卯时：火星值日女重见娄。
辰时：木星值日箕重见鬼，巳时：土星值日房重见娄。
午时：太阴值日井重见牛，未时：水星值日张重见亢。

申时：金星值日鬼重见鬼，酉时：太阳值日胃重见娄。

戌时：火星值日胃重见牛，亥时：木星值日鬼重见亢。

永定暗金伏断时诗

太阳子酉寅，太阴午一日。

火宿丑卯戌，金甲木亥辰。

水未土来巳，火宿丑卯戌。

推七元禽星暗金时，并伏断齐到。

七曜禽星会者稀，日虚月鬼火从箕。

水毕木氐金奎位，土宿还从翼宿推。

常将日宿加时宿，子上循环重数之。

若是逢牛须转退，元元相续报君知。

会者一元倒一指，不会七元七首诗。

法以官历本日下值日星，求时既得，伏断时又以值时星重数以见暗金之义，假令太阳值日，子时起虚，顺数到寅时室，在寅是为伏断，室属火，火从箕再以箕星从子上重数到寅，见牛是牛星金杀重来，暗金伏于寅时段内，此寅时忌乎室也，寅本不忌室，以牛星金杀重来，故忌之。又如太阳值日，虚宿起子时本是伏断，未见暗金，再以时下太阳通虚，从子上重数一遍，则子时是鬼金羊煞重来也。惟火星值日丑斗一时依逢牛退一位，法不用时下本氐必退一位金奎起子，重数到丑，是娄为暗金。其余仿此。

又曰：一元倒一指者，何谓也？

如一元甲子起虚，便以值日虚宿起子时，为一元倒一指也。

如二元甲子起奎，倒次日娄宿乃以奎起子，为二元倒二指也。

如三元甲子起毕，倒三日参宿乃以毕起子，为三元倒三指也。

如四元甲子起鬼，倒四日张宿乃以鬼起子，为四元倒四指也。

如五元甲子起翼，倒五日氐宿乃以翼起子，为五元倒五指也。

如六元甲子起氐,倒六日斗宿乃以氐起子,为六元倒六指也。

如七元甲子起箕,倒七日室宿乃以箕起子,为七元倒七指也。

大七元虽曰倒七指,正合日虚月鬼火从箕水毕木氐金奎位,宿还从翼宿推之,诀又合"元元相续报君知"也。今喻免通考载七元伏断定局,一元太阳值日,子酉寅时犯是以虚起子也,独此一元合拾,古诗二元太阳值日午时犯,是以月鬼起子也。三元太阳值日,丑卯戌犯,是以火箕起子也。四元太阳值日,到未时犯,是以水毕起子也。五元太阳值日,辰亥时犯,是以木氐起子也。六元太阳值日,申二时犯,是以金奎起子也。七元太阳值日,到巳时犯,是以土翼起子也。此皆喻免倒指一诀元元愈产,而所谓古歌云,但将日宿去求时之向,元元相续报君知者,大不同也。夫禽星年月日时皆无断若依喻免定局则二元奎不用木氐,便以奎起子,每癸亥甲子之交,俱要十二禽元元,愈差愈远,明者查究。

月禽伏断定局

正	二	三	四	五	六	七	八	九	十	十一	十二
室	奎	胃	壁	井	柳	张	轸	角	房	箕	牛

禽星四季罗睺禁星青罗大煞日,出行、上官、远行、嫁娶、公讼、造葬、求财等事皆不利,名四季伏断日,凶。

春箕夏轸秋参上,冬壁相逢不可当。

四星最恶君须记,官讼远行皆受殃。

最忌出兵轻敌手,却宜守寨保安康。

七元明金煞起例

一羊二兔三马头，四虎五蛇六是猴。

七元辰上甲子移，顺寅便是明金煞。

俗云逢亥须退步，若是逢虎便伤人。

假如一元未上起甲子，则丙寅、癸酉二日明金，乙亥退转壬午，又是明金。只此为例，余以类推。

七元禽星空亡大煞诀例

虚时柳女尽娥眉，一元奎亢空亡燕鹿时，二元毕乌久灭氐轸室，三元鬼神，故此亢娄疑，四元翼蛇去趁鸡兼鬼，五元氐蚓休教猴鬼知，六元箕出应羊惊斗宿，七元七元，见此实堪悲。其法，如一元甲子内时禽虚日鼠忌番出，他禽柳女二禽，二元内时禽危月燕、张月鹿忌番出奎木狼、亢金龙之类。

禽中六甲空亡，又名寡宿空亡，日时逢之大凶。

甲子奎娄危室壁，甲戌胃昴毕觜参。

甲申井鬼柳星张，甲午翼轸角亢临。

甲辰氐房心尾箕，甲寅斗牛女虚禽。

禽星旬中空亡十时取之。

甲寅甲子土空亡，甲午仙游入水乡。

甲申逢火不堪使，甲戌逢金不可当。

甲辰木地为空耗，使禽先要避空亡。

禽中四季空亡

春忌四土宿，夏忌四木宿，
秋忌四水禽，冬忌四金宿。

禽星凶忌日

奎角氐亢斗与牛，出兵定是不回程。
行船必定遭风浪，造屋未成先哭声。
出行谋望皆逢盗，经营百事总无成。
求官赴任定削职，只为时师说不精。

七元禽中无头星

一轸二氐三亢室，四虚五鬼定遭伤。
六壁七张君须记，值此凶星不可当。

禽星出入忌用太白诗

天上禽星凶最深，举谋运用细推寻。
奎娄角亢须回避，他要冲他克死临。
牛鬼二星为太白，君若抵犯定忧心。
若能慎得其星煞，国家何愁祸患侵。

禽星灭没日

弦日逢虚晦遇娄，朔辰遇角望亢求。
虚鬼盈牛为灭没，凡事逢之定主忧。
尾箕角亢须回避，又为灭没禽星强。

禽星不吉灭没日

金戊化为铁，火向未中绝。
木辰枝叶枯，水土丑寅灭。

禽星值日三煞方

禽中三煞莫向方，占病房中必见殃。
六甲行人多疾病，假饶木佛也遭伤。

金煞寅午戌，火煞申子辰。
水土亥卯未，木煞巳酉丑。

禽星凶宿忌用诗

尾箕斗牛女虚危，造葬兴工祸相随。
昴毕觜参井张角，嫁娶远行定是凶。
十二禽星名恶宿，年月日时一般推。

禽星十三退气法

甲己星日马，乙庚须忌龙。
丙辛除羊路，丁壬绝蛇踪。
戊癸猴边走，奎牛怕亢龙。
伯星君须记，出军兵推逢。
葬埋修造犯，定主见灾殃。
行船遭风浪，买卖本钱空。

百祸禽

虚日忌逢亢，室时怕奎狼。
胃日逢翼宿，造屋先架丧。

禽中天罗地网诀

戌亥为天罗，飞禽怕难过。

辰巳为地网，走兽遇生戕。

禽星逐日败方

角乙亢氐在癸方，房坤心子尾寻羊。

箕艮斗寅牛坤上，女甲虚戌危乙方。

壁寅室巳奎居丙，娄寅昴丑细推详。

胃丁毕亥觜居壬，参巽井寅鬼艮傍。

柳庚马卯张辛上，翼巽轸巳便成殃。

天使七星相制克，再看方道住军场。

兼看一局刀枯法，犯着须教见血光。

禽星锁泊

（谓诸禽落泊江二宫休咎等）

锁泊诀

申酉原来怕剑锋，亥子日号泊江湖。

丑未日泊田野奴，寅卯日泊山林中。

辰戌日泊茅岗上，巳午日泊汤火凶。

泊落十二宫图

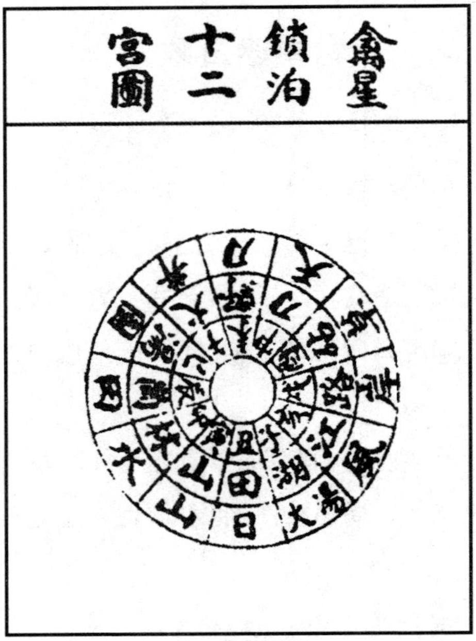

用法：

寅为山，卯为林，辰为岗，

巳为汤，午为火，未为野，

申为刀，酉为砧，戌为路，

亥为海，子为湖，丑为田。

起例：其法以本禽从长生起山顺行，遇本时在。如角木蛟用长时，从亥上起山顺至辰，值刀。余仿此。承十申起山火寅起山在巳起山月，十月未起山是也，假如角木蛟水禽值亥子日泊在子方江湖位上，吉。

其余值诸宿，金水火土日皆仿此，泊锁得此吉位则吉也，刀为五刑官地，合遇之不吉，不可留。

锁泊歌

（张良作）

寅卯山林为□□，虎豹奎狼吉。
巳午汤火最为凶，一去便遭凶。
申酉刀砧君莫犯，地惊亦兵怕。
亥子江湖振兴隆，用壁定英雄。
丘上平田及纪地，丁方专心记。
未为田野细推详，定取吉凶方。
辰岗四正君须认，方道要君知。
戌为平地路迢迢，仔细好推磨。
千万占取吉凶方，生定安将营。
一战一人胜万人，声响似雷鸣。

禽星刑吉刀砧汤火断诀

尾忌汤火及刀砧，轸水须忧丑未临。
箕鬼氐房由忌子，心奎二宿一般寻。
金狗从来未不甯，金牛用轸酉为刑。
星张汤火忧寅上，危燕巳上莫相侵。
觜参昴胃毕辰凶，井壁原来忌卯宫。
昴怕戌宫亢怕牛，禽中刑害莫相逢。

禽星时家泊落诀

山水田园井，刀砧草性风。
火月周流转，所泊在其中。

其法，以本禽从长生数起，由寅顺行，遇未时即住看泊在何位上，如山木禽宜山水宫利吉，如本亥燕山水土申火寅金巳日年月，未起山飞禽怕汤火，走兽忌刀。

诸禽日化泊落喜忌歌

蛟龙壁宿宜于江湖之乡，虎豹边威居于山林之位，鸡雉恶鸟日飞而夜藏，鼠蝠狐貉日潜而夜动，狼蛇猿猴獐鹿常在岭中藏，猪羊蚓犬宜居平地上。

斗度和之法，并为去宫之神，要知泊落方隅，用之则吉。

禽星领泊十二宫变化例

山宫：蛟无化龙、化蛇犴、化狮貐、化貉豹、化狐，房昴星居之吉，猪羊犬忌壁轸亢凶，尾直入此宫为贵。

水宫：角亢壁入此兴云布雾，极贵之地，蛇吉鸡雉化鸾，余诸禽不化，飞禽忌之，张尾库地禽凶。

田宫：角亢化龙鸡雉为禄贵库，鼠獐鹿忌余宿，不变星鬼吉，诸禽凶至刑害不宜出。

园宫：觜参入此为富贵，食禄之地，房尾斗牛狼吉，蛇忌之，诸禽凶。

井宫：诸禽忌入出中也，蚓为生闲客，角亢吉，化貐富贵，飞禽毕入平平，诸星入凶，恶溺不出。

刀宫：飞禽水族无妨地，兽主刑伤，犴入食禄富贵，獐吉，猪大凶。

天宫：飞禽必变地，禽虎狼麒麟蛟蛇化龙，龙化升天，牛化象，狗化鳌，鸡化凤，豹化飞虎，此客极乐，诸禽皆化。

草宫：牛羊獐商马食禄之地，奎室房入吉，角亢壁凶。

尾宫：翼轸入得此地，猪羊吉，蛟龙凶，木禽值此剥落凶，尾毕井心星入吉，余禽凶。

风宫：诸禽并吉，各随风雨而变化，龙虎豹独乐之地，入尾奎胃毕觜鬼吉。

汤火宫：狗变狮，诸禽落此恶溺之害，不利一去，天禽无妨，余不吉。

月宫：房变玉兔，猴入此害柴华极乐，猪化象，鸡化凤，尾化鸾，狗化龙，为天宫龙蛇忌之。此宫又号折桂之宫，诸宿皆变，宜用事吉，不问诸恶星皆吉，只角毕亢翼轸凶。

锁泊禽变化诗

角到平田化作龟，龙逢汤火化鱼儿。
胃宿江湖化蛟走，鸡入辰宫作凤飞。
壁猪辰上如龙见，虚来申上变成猫。
觜星到戌声拂已，轸居丑变绿毛龟。

诸禽断诀

（谓二十八宿星度变化合顺食长吉凶断等事）

角木蛟，在天号华盖星，只二星躔十二度，会寿星之次。在地为独足龙也。常潜湖海深潭僻静之处，四时与云起雾布雨翻波，其形似蛇而四足细颈，颈有白婴卵生肩交，故谓之蛟。喜风雨雾露黑云，喜合昴，顺参毕，交亢，食女虚危，畏井，怕毕牛翼轸，春夏吉，凡秋冬休凶，卯为华盖，败在巽酉，入亥子江湖得势之宫。在寅卯山林丑未，田野平平，申酉刀砧，凶。元旦立春日值之，春夏多雨，其年风调雨顺。元旦重午值之，禾半收。天文，春风雨雷电，夏秋半暗。地理，东方山林之地。时令，凡事宜春天，甲乙寅卯年月日时吉，春冬吉,夏平平,秋不利,架造时辰吉,葬不利,嫁娶吉,交易易成,求财不宜,用四上词讼有贵人扶持,上官入宅迟滞,春夏吉,捕捉日出时西方去不空。凡出喜疾风暴雨吉,忌僧道师巫牛鸦刀剑器凶。

亢金龙,在天号武昌星,其宿只四星躔九度,会寿星之次。在地为水禽,八爪双角真龙也。金星之尊,水族之贵,象从云致雨,变化升天,隐伏大海深潭静处,龙八十一鳞,具九九阳数,鲤三十六鳞,具六六阴数也。龙亦卵生恩抱,雄鸣上风,雌鸣下风,龙不见石蛟龙畏铁,聋不能听,只鼻闻,爱猛风细雨云雾,宜壬癸方不见轨位,喜合角,顺胃,交箕斗,食女虚危室,怕井毕娄奎伏翼轸,败在午,生在巳。元旦立春值之,春夏多雨,重午值之,人交禾半收。天时,春夏多雨,秋冬半晴。地理,西方水泽之地,求财便见,利四木时吉。交易和合,辰午未时成就,修造得财,埋葬益子孙富贵,嫁娶后二十石禄,上官迁移吉,捕捉东方有获,出行不宜,远行逢争斗,主口舌,见白衣猪羊有先脱,凡出喜猛风雨雾,壬癸方吉,出门忌见僧道、师巫、友人、牛鸦犬凶,凡用事春夏甲乙寅卯吉,夏丙丁巳午可。

氐土貉,在天号天儒星,其宿只四星躔十六度、会大火之次。为地禽,生山谷之中。其形似犬,乃千年妖狐精化而成,貉威势如虎生身,毛长三寸,与貛皆曲穴以避雨,阳亦以防患,此亦禽兽之智也。三出坎以貉为道,能渡黄河,在山林日伏夜游,春夏宜夜间及风雾起便旺,喜合娄顺鬼,交昴毕,食柳,畏奎娄尾箕井毕女,怕汤池。若元旦重午值之,人安禾好。天时,夏秋雨,春冬半晴。地理,四方丘陵墓地乡里郊郭四野。上官赴任吉,出行远去凶,谋望成功,嫁娶婚姻吉,求财有用卯时,修造迁移埋葬吉,买卖交易迟滞,出行喜见女人,出木并小儿看鹅吉,见人杖刀,持斧来凶。

房日兔,在天号悍狡星,其宿只四星躔五度,会大火之次。为地禽,生在茅岗土窟之中,其口有缺,耳长目圆,吐而生子,故谓之兔也。兔者,月之精视月而孕。陶氏曰:兔舐雄毫而孕,五月而吐子。俗云:谓视顾兔而感气,故中秋月之明彦知兔之多寡也。兔日伏夜游,一日兔不详,详雄毫而孕也。能伏百兽,爱山林平地草岗之中,乃东火星太曜,寄在太阴宫中为气也。喜合奎,顺张危胃,交尾奎,怕尾箕奎娄毕,旺在戌,生于午,华盖在乾卦,午未和合,春夏午前旺,秋冬午后衰,亥时百事吉。畏箕滔炎,元旦重午值之,禾好人安。天文,春夏秋雨,冬晴。地理,室南方丙丁巳午寅戌山向吉。时令,夏天宜丙丁巳午年月日时吉,春夏吉,秋平,冬不利。捕捉用辰时有获上官赴任有坠钦,买卖如意益进,迁移一七内主进色物,出行远去吉,求财大吉,用辰及水时吉,官事宜和,修造进益人口,嫁娶吉利,埋葬富贵子孙旺,词讼得理,行人寅午戌到,行船吉,求事遂,占产生男五七日降。

心月狐,在天号文章星,其宿只三星缠六少度,大火之次。为地禽,生茅岗近树林之所,藏为穴,日伏夜游,其状似猫而尾长,乃魁星也。性诈能惑人心乱淫之事,能渡黄河,能食鱼,偏爱偷鸡,性好睡,又曰:狐礼北斗而灵善变化为奴淫,乃东大阴水星也。天寒则威,喜合壁,顺室觜参,交娄尾,食昴胃,畏怕尾箕奎娄壁胃,戌未汤池。元旦重午值之,禾损。时令,冬平,春夏壬癸月吉,秋不利。天时,春夏秋夜雨,冬晴。地理,北方溪涧湿地远行去,防口舌失脱。求财难,四火时利,上官赴任有坠勅,嫁娶美,迁移获财宝,捕捉丑时吉,起造大利益人口,求事有阻,买卖迟滞,产妇待申子辰日见生女。凡出喜见鸡鸭及执伞杖吉,见人执槌撵弓弩大凶,行船不宜,有惊。

尾火虎,在天号威烈星,其宿有九星躔十九度,会析木之次。为地禽,生深岩山谷之中,能伏百兽,画地卜食,盖蛇蟠向壬,鹊巢向岁,伏戊己虎夺洱破,此亦兽之所灵也。兵法曰:治开门,门高皆连,破其以北欤,类从曰虎行以抓,折地观奇偶而行,令人画地,视奇偶者虎卜也,虎食犬则醉,天寒则威,日伏夜游,乃火星之精。虎啸风生,喜合室,顺危,交牛娄室,怕翼井奎,食生獐貐虎猪羊狗,忌申酉方。华盖乾戌,败甲旺午方,春夏午前旺,秋冬午后衰。元旦重午值之,禾损。天文,春夏风雨,秋冬晴。地理,南方刚燥,厥地丙丁寅午戌巳山向吉。远行不利,迁移吉,交易主有失利,求财四金时就,埋葬凶,火山向捕捉丑时吉,修造不宜,主失火,嫁娶小吉,上官赴任吉,买卖和平平。凡出见老妇女吉,见猎户带刀枪锣鼓凶,行船有水厄。

箕水豹,在天号文昌星,其宿四星躔十六少度,会析木之次。为地禽,生在深山岩谷之中,能伏百兽,身上花于黑而小于虎名豹。隐雾十日不食,喜合危,顺交女毕,畏怕奎井壁,食百兽,忌子坤封,华盖坤,将星申,败在酉,旺在子,春夏旺,秋冬衰。元旦重午值之,禾熟。天文,春冬风雨水冻雪水,夏晴。地理,壬癸亥子北方之地,出行远去吉,有财,用四火时吉,嫁娶凶。若金水男女,方可造作,埋葬不利,迁移损丁,捕捉丑时获,上官赴任位高,买卖失本,求财四火时就,行人申子辰日到,谋望成。凡出遇僧道或色衣贵人吉,忌猎夫带弓弩枪锣凶。

斗木獬，在天号武威星，其宿有六星躔二十五度，会星纪之次。为地禽，生在深山陷林，世间稀有，形似麒麟，头生一角，牛首马面羔蹄，其性屈曲，青色有鳞，其威真烈，其气勇刚，身有九德，出入百兽雄当即獬豸也。双角为麒麟，独角为獬，豸令风宪官员服色皆用也。生有九德，使风宪官员亦有九德也。阴云吉，喜合虚，交箕，顺壁参轸，食张翼，拘箕娄毕井，忌午时子上凶，旺在寅卯、震卦，春夏旺、秋冬衰。元旦重午值之，禾损，雷电交作。天时，春夏风雨，秋冬晴。地理，甲乙寅卯辰山向吉。出行远去不吉，上官赴任不久被人告罢，见官有刑，迁移凶，三年内天火，造葬不利凶，行船凶，求财迟滞，买卖折本，行人先至，谋望可成，婚姻嫁娶不合有刑，产有难，捕捉难获。凡出逢人相打又担伞人吉，忌见人带弓弩枪刀利器凶。

牛金牛，在天号武昌星，其宿只六星躔七少度，会星纪之次。为地禽，家宿即水生是也，牛头两三封屋之形，土畜也，马火畜也，上缓四和，火性决健燥速，故易坤为牛，乾斯马牛，耳无聪以鼻听也，牛聋龙亦聋也，怕天寒雪，雨喜天晴日暖，喜合女，顺鬼，交奎，怕箕尾奎娄，食翼。春夏旺，秋冬衰，元旦重午值之，人灾禾稻好。天时，春风雨，夏秋冬半晴。地理，酉乾庚申辛酉出向吉。水泽燥地，时令秋天宜庚申辛酉年月日时，辰戌丑未生旺，夏凶，冬平平，求财不利，用四木时迁移，四年内生贵子，捕捉申时见，嫁娶土金水命男女合吉，出行远去平平，买卖颇获小利，谋望难成，行人巳酉丑上利，上官赴任四年坠，失物东南方重寻。凡出逢贵人吉，忌见农夫家具屠行凶。

女土蝠，在天号阴谋星，其宿有四星躔十一少度，会玄枵之次，为天禽，即飞禽也，又名蚍蜉。常行人屋僧寺庙观屋角栋梁岩穴之中，自惊蛰后九月前有气，其禽须小诸禽难伏，即飞鼠，夜食蛟虫，蚊目夜明，夜间食人血，所以飞鼠食蚊其粪中淘出蚊之目，名夜明砂眼科之药也。其状有翼，鼠黑色，日伏夜游，寻蚊食也，喜天晴，怕寒冷，喜合牛，顺房斗，交毕虚，畏怕角亢翼娄。夏秋旺，春冬衰。天时，春夏秋半晴，冬全晴。地理，坤艮辰戌丑未山向吉。在狱丘陵城郭，元旦重午值之，人安禾熟。时令，辰戌丑未年月日时，春夏吉，秋冬平平。上官赴任宜四水时吉，求名有阻，遇辰戌丑未戊己年月通，求财春夏吉，宜四水时，行人至，迁移用太阳吉时可，求事不成，行船吉利，婚姻嫁娶平平，造宅平平，埋葬损人口六畜，买卖私作成，捕捉用和禽，有偷宫极吉。凡出逢师人妇女吉,忌见人担弓弩罗网杖竿凶。

虚日鼠,在天号幽劫星,其宿有二星躔九少度,会玄枵之次。为地禽,即老鼠也。生在人家土穴之中,日伏夜出,秋冬饱暖,喜合斗,顺张鬼,交危毕,怕亢角娄,无食。元旦重午值之,人灾禾旱。天时,春冬雨,夏秋晴。地埋,南方寅午戌山向吉。刚燥厥地,时令春夏宜丙丁巳年月日时吉,冬不利,秋平平,竖造宅凶,求名先凶后吉,可谋,上官赴任不利,迁移不利有失,埋葬凶,求财宜辰时四金时,捕捉宜巳酉丑时获,婚姻嫁娶失物难寻,在南方行船平平,行人夜归,捕捉人逃闪难见,买卖交易利少。凡出逢人骑赤马吉忌担弓弩,稻大凶。

危月燕,在天号天淫星,其宿有四星躔十八半少度,会玄枵之次。乃天禽燕子也,又名玄鸟,以色平,乃地方太阴水星也。其性潇洒,风流忠信,能言利口,和合立去道迷,自在春社后秋社前有气,能守廉入幕九章算衍,出入得贵,人爱惜。喜微风暖日,得地千里,喜合箕,顺觜氐,交虚,怕角亢毕尾奎,将星寅,华盖午,旺辛败戌,春夏旺,秋冬衰。元旦重午值之,人安禾熟。天时,春风雨,夏半晴,秋晴,冬阴云。地理,北方壬癸亥子年月日时吉。时令,北方壬癸申子辰。山向,江泽之地,秋冬吉,春平平,辰戌丑未不利。谋望获利,上官赴任平平,求财用四火时及寅时吉,捕捉卯时吉,出行远去春夏吉,秋冬不利。造屋四水时吉,行船吉,迁移主损人口公事宜和,失物半月方见,产妇阴申子辰戌亥日时见,凡出遇和尚吉,忌逢人带弓箭罗网凶。

室火猪,在天号云汉星,其宿有六星躔十七度,会娵訾之次。乃地禽,是猪也,猪者彘也。来曰:刚鬣亥象豕之形也,以其金不洁,故名之豕。乃无仁无义性解恶也,己四季得地,日伏夜游,爱天晴云吉,喜合尾顺心危,交娄奎毕,食翼女危,怕尾箕安毕,忌寅,戌华盖,丙将星,败巳,旺巽,春夏旺,秋冬衰。遇一元甲午将星利用四火时吉。元旦重午值之,兵动荒旱。天时,春夏有雨,秋冬晴。地理,南方离寅午戌伏丙丁山向吉。窑灶炉冶吉。时令,夏宜丙丁巳午年月日时吉,春夏吉,秋不利,冬平平。迁移四火时吉,谋望有头无尾,求财四金时吉,出行远去逢血光有失不利,买卖交易四金时合,四水时不就。上官赴任宜四水时吉,婚姻嫁娶大吉,埋葬凶,损六畜招火灾公讼,先凶后吉,星吉寅午戌进横财,行人五七日到,产妇见喜。凡出遇上人吉,忌担槌杖钩刀绳索凶。

壁水貐，在天号文章星，其宿有二星躔入大度，会娵訾之次。乃水禽，夏獭也，其状似狐而尾大，青黑色，生藏坑侧水坑之中，系西方白虎之属，日伏夜游，驱鱼而食者獭也。爱天寒雨吉，喜合心，顺井，交角娄毕，食翼轸，畏怕尾箕奎毕。华盖丙，将星申，旺卯巽败寅，春夏旺，秋冬真，遇五元己卯为将星，利四金时吉。元旦重午值之，禾麦豆好。天文，春冬风雨，夏半晴。地理，北方丙次癸甲子亥山向吉。水泽河海湖，时令，冬宜壬癸亥子年月日时吉，秋冬吉，春平，忌申酉大凶。捕捉用和，全见产妇生男，申子辰亥日见，婚姻嫁娶吉，出行远去，用四土时吉，埋葬吉，壬癸年月入财马，行人申子辰亥夜到，上官赴任用四木时吉，造宅大利，主入北方甲地，买卖交易用四火时成，公讼事成，不见官。凡出逢捕鱼人吉，忌见带弓弩兼槌棒罗网凶。

奎木狼，在天号华盖星，其宿有六星躔十六半度，会降娄之次。乃地禽豺狼也，大如豹，青色，作吉诸窍皆佛，盖令训狐鸣则后应之，豺祭狼卜又富逐食百兽之，有才智也。四季得地，日伏夜游，爱寒雪雨吉，喜合房，顺亢氐危，交鬼柳井，畏怕毕尾箕井危，食百兽，败丙旺乙。春夏旺，秋冬衰，遇二元甲子为将星利相，四水时吉。元旦重午值之，旱禾收半。天时，春夏晴，秋冬雨。地理，东方甲乙寅卯山向吉。春冬吉，秋凶，夏平，谋望功名可遂，大吉，面观龙颜东方之位，上官赴任用四火时吉，迁移春夏吉，出行远去防奸恶，四金时造宅大吉，主有财，埋葬吉，去主入甲，嫁娶吉，宜春夏。凡出逢女人吉，忌槌椓干戈凶。

娄金狗，在天号天剑星，其宿有三星躔十三度，会降娄之次。乃地禽，是狗也，子狗者叩也，叩气吠以守也，艮为狗，艮场在上，故也，其性雄猛，四季得地，遇夜则吠，有卫主义也。爱风雪吉，喜合房，顺亢，交尾毕，食氐房心虚室，畏怕箕尾斗奎，华盖在戌，将星在午，秋冬旺，春夏衰。如遇五元将星利用四土时吉。元巨重午值之，禾好人灾。天时春夏秋冬皆小雨。地理，西方庚申辛酉山向吉，水燥泽之地。时令，秋天巳酉丑庚申年月日时吉，出行远去用和禽吉。求名用四水时禽吉，婚姻和合，谋望难成，求财用四木禽，有交易买卖成，赴任吉，巳酉丑年生贵子，埋葬进人口金银，捕捉卯时吉。凡出见贵人及女人着黄衣吉，若见槌棒绳索饮食凶。

胃土雉，在天号谏官星，其宿有三星躔十五度，会大梁之次。乃天禽，是雉鸡也。四季得地乃中央镇星，伏藏茅岗，夜伏日游，老而成精，多化入水成溏,爱天阴吉,吉方合亢,顺房斗,交心毕,食翼轸畏,怕氐房心奎娄。华盖在辰,将星卯,败在丁,旺在卯,春夏旺,秋冬衰。遇二元甲午为将星利用四火时吉。元旦重午值之,人安禾好。天时,阴天四季皆无雨。地理,辰戌丑未山向吉。时令,四时戊己辰戌丑未年月日时吉,夏吉,春不利。市平平,公讼宜和,求名有阻,出行远去进神获利吉,求财用四水时及卯时吉,上官到任平平,迁移损人丁不吉,起造安葬吉,婚姻嫁娶吉,失物难寻,捕捉用和禽吉,行船四金时吉。凡出逢女人吉,忌见人带弓弩罗纲大凶。

昴日鸡,在天号天都星,其宿有七星躔十一度,会大梁之次。乃地禽,是鸡也。人家之中有五德,一曰头冠为文,二曰足距为武,三曰逢雄则斗为勇,四曰鸣而不失时为信,五曰有食相呼为义也。鸡者,灵禽也,太阳入地倒转地下子位而鸣。又曰:东海中有扶桑山地方万里,中国去九万里,山中有木如桑,长有数千丈,大者数百里,园合两相扶倚同根而生,故曰:扶桑有上金凤鸡鸣,则地下群鸡皆鸣应之,次日则出地下矣。人食以足屈地而食,乃曰:人不食无工之禄也。四季得地,日游夜伏是西方金星也,喜合角,顺鬼,交胃毕心,食轸,畏怕奎娄毕心,华盖在巽,遇六元巳卯为将星,利用四个木时吉。元旦重午值之,人安禾好。天时,春夏半雨,秋冬半晴。地理,南方离寅午戌巳山向吉,刚燥之地。时令,夏宜丙丁巳午年月日时吉,春夏吉,秋不利,冬平平。出行远去遇好人扶持,得利。上官赴任遇贵人,旌腥迁移凶,三年内退人口,求财四金时吉,捕捉辰时吉,婚姻大吉,公讼有贵人扶持,起造吉,求名可谋,交易难成,埋葬凶,行船遇贵吉。凡出见百鸟大吉,忌罗网米谷凶,昴宿常行亥卯未宫。

毕月乌,在天号天栖星,其宿有八星躔七十少度,会大梁之次。为天禽,是老鸦也。生在山林之中,其性尊重,自得其乐,无物害之,能伏诸禽,善报吉凶,有反哺之义,乃灵禽也。火起飞叫也,有一样火鸦乃是鸦精也,虽在西方太阴水星,能会于南方曜,口含火放于不义屋上,西南风赤云太阳一照,其火即发,其鸦群叫风猛难救,烧而尽也,乃天火也。四季得地,夜伏日游,爱风雾云大吉,喜合轸,顺亢,交井昴,畏怕尾箕奎井氐,食翼轸胃昴心房虚,华盖在丑,将星在寅,败在辰,旺在亥,春夏旺,秋冬衰。遇三元甲子为将星利用四金宿时。元旦重午值之,人安禾损,粟芝麻豆熟,太平之兆。天时,春夏晴,秋冬雨。地理,北方壬癸甲子山向吉,江湖湿地。时令,冬宜壬癸亥子年月日时吉,秋冬吉,春平,辰戌月不利。婚姻金水男女命吉,上官赴任吉,迁移吉,求财用四土时及寅时,捕捉用和禽吉,交易用四水时成,埋葬用四木时吉,起造用四金得财,讼事得理,行人申子辰日则到。凡出行见老僧妪,忌见人担弓弩凶。

觜火猴,在天号威勇星,其宿有三星躔半度,会实沈之次。为地禽,山中猴也。其兽无脾猿类仁让者,慈居相爱食,逍遥好要,逢兔则居,见猿即走。别山遇六元甲子巳酉为将星,利用四木时吉,喜合翼,顺张心,交柳鬼危,食房,怕尾箕奎娄。将星在巳,华盖在癸,旺于子,败在巳,春夏旺,秋冬衰。元旦重午值之,刀兵荒旱之兆。天文,春雨,秋冬晴半阴。地理,南方寅午戌丁巳山向吉。时令,夏时丙丁巳午年月日时吉。冬不利,秋平平。出行远去,不利防盗。婚姻不利,求名可谋,迁移吉利,求财四金时吉,捕捉寅时吉,交易不成,起造埋葬并凶,上官赴任用四水时吉,失物主见获公讼,宜和。出官失礼,行船宜四土时。凡出见有胡须人,忌见棒槌狗大凶。

参水猿,在天号文章星,其宿有六星躔十半度,会实沈之次。为天禽,乃山林之猿也。其性静,夜夙当风月食果,不解下地番飞十丈,骨道左右牵水下饮水也。喜合张,顺井斗角,交奎毕,食心,怕虚箕奎娄井。华盖将星甲,旺丙忌辰败巽,春夏旺,秋冬衰。遇三元甲子为将星利,用四金时吉。元旦重午值之,禾好人安。天文,春冬雨,夏秋晴。地理,北方人癸亥子甲山向吉。时令,冬宜壬癸亥子年月日时吉。春秋平,冬吉,夏多不利。求名利,迁移凶,出行远去获财,上官赴任坠授品职,捕捉寅时吉,求财四火时及寅时吉,嫁娶凶。一云:用四木时吉。交易难成,起造申子辰生贵子,埋葬凶,行人申子辰亥日到,占讼贵人和劝。凡出见人渔逢头跣足吉,忌担弓弩罗网凶。

井木犴,在天号天威星,其宿有八星躔三十三少度,会鹑首之次。为地禽,是胡狗也。二十八宿之主禽心之王,上山食虎狗,下水食蛟龙,饥则食铜铁,渴吸溪泉.为六贵尊星,其性猛烈,其形似狐而黑色,身长七尺,头生一角,大者有鳞豕,上山首兽禽鸟皆伏,则猛风疾响,飞砂走石。入海则兴波鼓浪,而龙即升腾,鱼鳞受害受猛风云雾吉。喜合星顺鬼,交毕箕尾,食尾箕星娄鬼,怕心虚柳。华盖在庚,将星在未,旺壬败寅。秋冬旺,春夏败藏。遇七元己卯为将星,利用四水时吉。元旦重午值之,人灾禾平。天时,春夏风雨,秋冬晴。地理,东方甲乙寅卯亥未山向吉。开市山林边。时令,春天宜甲乙寅卯年月日时吉，冬吉，夏平平，秋不利。出行远去得财吉，捕捉用上时获，上官赴任存权，迁移退田园，求财用四土时吉，嫁娶和合，有三石之禄，交易成有利，番覆起造大吉，埋葬凶。一云：益田园。行船遇东方人提携，行人亥卯未日至。凡出遇长人道，忌见猫犬凶。

鬼金羊，在天号天狼星，其宿有五星躔三大度，会鹑首之次。为地禽，是家羊也。其性慢而刚毅，有跪乳之礼，不入深山，常行茅岗，见青草食，大曰羊，小曰羔。四季得地，日游夜伏，喜合柳，顺井，交奎娄，畏怕氐心尾奎娄毕。华盖将星辰，春夏旺，秋冬衰。遇四元甲子为将利用四土时吉。元旦重午值之，人灾禾好。天时，春夏晴，秋冬雨。地理，西方庚申辛酉巳山向吉，水泽燥地。时令，秋宜庚申辛酉年月日时吉。四土月逢生旺吉，夏凶，冬平平。出行远去有阻，防小人不利，上官到任不吉，迁移不利，求财用四木时吉，捕捉申时吉，嫁娶相刑分别，交易不成无利，埋葬吉，起造主煞宅长，求事不遂，行人巳酉丑日到，出逢少女，忌见屠苏人及担刀凶。

柳土獐，在天号中央星，其宿有八星躔十三大度，会鹑火之次。为地禽，是山中獐也。状如小鹿而美，其性善仁，鹿有角不能触獐，有牙不能噬，饮水见影，辄奔书曰獐鹿无魂，日伏夜游，爱天阴晴暗，喜合鬼顺娄尾，畏怕奎娄尾箕。华盖在壬，将星在卯，旺午败寅。夏秋旺，春冬衰。遇七元己酉为将星，利用四火时吉。元旦重午值之，人安禾好。天时，冬晴，春夏秋半雨。地理，辰戌丑未山向吉，郭陵基址。时令，宜戊己辰戌丑未年月日时，夏吉，秋平平，春不利。上官赴任平，出行远去不宜迟滞，移徙不吉，求财用四水时，捕捉和禽获，埋葬凶，一云：用四金日附吉。交易难成，起造凶，一云：用四水时平。嫁娶女肥大，求事不遂，行人申子辰日到。凡出遇老姆肥壮之人，忌见担弓猎犬罗网凶。

星日马，在天号天贼星，其宿有六星，躔六大度，会鹑火之次。为地禽，人家马也。坤为牛，乾为马，取阳健性急躁有德，而比君子良，四季得地，出入得贵人，爱和风暖日，怕天寒雪雨。乃南方火时有百里骏彩千里，威光大贵，尊星也。华盖在壬，将星在午，旺败卯，春夏旺，秋冬衰。遇四元甲午为将星，利用日天时吉，元旦重午值之，人安禾好，天文春秋晴，冬雨，夏半晴。地理西方丙丁巳午戌寅山向吉。时令夏宜丙丁巳午年月日时吉，春夏吉，秋平平，冬不利，喜合井顺张危交箕，食壁，畏怕奎井箕尾，上官赴任首惧官坠，出行远去必有贵人，行船遇吉人扶持，迁移五年内生贵子，求财用四金及午时吉，捕捉辰时吉，嫁娶和合吉，交易买卖成有利，埋葬不利，起造吉利，未时益田园。凡出逢公吏役人牛忌见带青草凶。

张月鹿，在天号尊崇星，其宿有六星，躔十七少度，会鹑火之次。为地禽，深山之鹿也。鹿者，仙兽六十年必怀，琼于角下自能药，性食则相呼志不私也。角生外向防人之害，日游夜伏，爱百花灿烂，微风暖日，喜合参顺翼星鬼，交亢，食翼，畏怕奎娄尾箕毕井，华盖在辰，将星在寅，旺败乾，春夏旺，秋冬衰。元旦重午值之，人安禾熟，天文四季半晴半雨，地理北方壬癸申子辰山向吉，水泽出行远去吉，主有财，上官赴任吉利，起造三年喜危虚吉，埋葬周年生贵子，迁移益人口求财，四火时及寅时捕捉不来，嫁娶可成，行船用四木时吉，谋望商贾得利，功名壬癸亥子年就，行人申子辰亥日到讼得理，交易成美。凡出遇道人渔人吉，忌见人带弓箭及犬凶，张宿常行亥卯未宫。

翼火蛇，在天号八奇星，其宿有二十一星，躔十八大度，会鹑尾之次。为地禽，乃蛇也。心毒口恶，势猛老者成精而有珠，亦能兴云致雾蛇，耳聋以眼听也，爱猛风暴雨吉也，喜合角，顺毕，交心室毕女，食虚危，畏怕奎娄壁，华盖在巽，将星在巳，旺庚败寅，春夏旺，秋冬衰。遇五元甲子为将星，利用四木时吉，元旦重午值之，人灾禾旱，天文春风雨，夏秋冬半晴，地理离方丙丁巳午山向吉。时令丙丁巳午年月日时，寅戌时吉，春夏吉，秋不利，冬平，出行远去不利，有人侵害。迁居春夏吉，秋冬不利，求名不遂，求财难，有词讼失理。嫁娶凶，行船有水厄，起造主失火，埋葬损人丁，交易难成无利，捕捉难遇，上官到任有失。凡出逢士人胡须人忌见，执小竿凶。

轸水蚓，在天号天毒星，其宿有七星，躔十七度，会尾星之次。为地禽，是蚯蚓也。生在泥穴居首阳之下，逢陈砌则入而上首，故曰：毒星也。一名土危，喜长鸣于地中，乃水星，天旱无雨，出于地面沙上，即时骤雨至也。爱天阴晴，喜合壁顺斗星角亢箕，怕毕昴胃危虚，华盖在巽，将星在卯，春夏旺，秋冬衰。遇一元己酉为将星，利用四金时吉，元旦重午值之，五谷歉收，春雨，夏秋晴，冬半晴。地理北方壬癸亥申子辰山向吉时，令冬宜壬癸亥申子辰年月日时吉，秋冬吉，春平平，戊己辰戌月不利行船，迟滞阻厄，凶。出行远去人败，谋不利，废精神，买卖交易无利，迁移损人丁，求事不遂，上官赴任失位，嫁娶不利。起造进人口吉，埋葬旺人口六畜，求财不利，公讼有失理，捕捉空行，行人信不到,凡出逢僧道强人忌见担铁锄杂物,凶。

以上二十八宿断诀,凡上官、见贵、远行、求财、买卖、结亲、会友、谋望等事,俱要相顺会合禽为妙,若寻人要日禽与时禽相合,如子日蛇鼠,丑日牛,寅日虎,奎日之肖禽时即见也。大抵宜时禽生日禽之时吉,如四金日用四土时禽是也,其禽者诸断载于“日用集宜”后。

分类星演法

(谓天地彼我禽星所主占诀等事)

演禽用星条诀

凡用禽例,以日禽为彼我共用之禽,时禽为我禽,翻禽为彼禽,活曜为我禽,番禽名曰天禽,时禽名曰地禽。前言已知,今又重详之易见,盖以今人用禽多以时禽胜为我胜,复不知禽星有强弱,人事有善恶,以善应恶,以恶应善。如用兵事专以我胜彼,其余事有他用,他胜我者,有用我胜他者,有用彼我比和者,有用先善彼恶者,为漏禽者,事类不一,略举数事,切于日用条目,开列于彼。

占出行求财法

以地禽为我求财之人,天禽为彼出财之人。日禽为财并中间之人三禽和合不相克制者为上,得财易而谋亦遂。禽人不得,若日禽与天禽克地禽,惟财来克我,不惟得财,人皆顺之。又须我禽与日禽合天得地,彼此和合,大吉利。日禽克制天禽,为中间有阻节。又云:若去求财,可用娄室日,方得成柳,鬼禽更妙。求财吉日星宿,觜,危,房,参,昴吉。

占行人起法

以地禽为占者,天禽为行人,以日禽为道路并行人所往之处,地方地禽克天禽,行人不至。天禽克天禽,行人立至。日禽克天禽,中途克阻。天禽或在日禽日与日宿合,行人未动。天禽或在地禽宫,行人即至。天禽克制日禽,中途无阻即到家。又云:日禽克时禽,行人即来。若日禽泊在日宫者,不到或往他处,以本自旺极。又例如娄宿泊酉、箕宿泊子之类。又曰:行人之呈要出宫,若不出宫总是。空子午卯酉为本地,若然不离也徒然。

出行吉日时:亢、翼、井、星,四宿吉。

远行吉日时:犴、龙、马、虎、貐、狗、猪、猴,八宫吉。

占嫁娶婚姻

为地禽为我,天禽为彼,日禽为媒。地禽克天禽不成,天禽克地禽则成,日禽克我禽皆成。然我禽皆克日禽难成,三禽皆得地者成,皆不得地者不成,遇三合六合禽亦成,天禽克日禽不成,地禽克日禽亦不成,日禽克地禽易成。又婚姻诀法皆要内外星旺相和合,内星外亦箕要进神星,得地无克退,二星和又成。

占生产起法

以地禽为母,天禽为子,日禽为老娘,母克子易生,子克母难生,日禽克天禽亦易生。地禽得地,天禽不得地,母安子危。天禽得地,地禽不得地,子安母危。日禽弱不得地,老娘不老成也,时禽克日禽。生快一说,阳禽落阳宫生男,阴禽落阴宫生女,阳时生男,阴时生女。亢牛虚尾壁室奎娄张毕星觜属阳,在中传生男,中传者过禽也。角氐鬼柳参危女斗心房井箕属阴,在事传者生女,未传者番禽也。又曰:阴禽落在阳宫女,阳禽落在阴宫,子日临阳禽时生子,阴禽生女,能识落禽值万金。

占行船起法

以地禽为撑船人,天禽为买货客,日禽为船只、为财货、为祭财之主,及以之处三禽和合不相克者为大吉利,获此易,而船亦安稳。若天禽日禽克地禽则财主及贵货客皆相顺,但要地禽得时落泊,得地方见大吉。若地禽克天禽,到彼处少贵货之客,若地禽克日禽则货物不满载,再以日禽带金杀伏其船必险,地禽若失时禽落泊失地,又被天日天禽吞陷者,恐舵工水稍有失。行船吉宿宜尾井宿吉,牛胃翼次吉。角亢斗壁轸日当行船,沉弱在天江,十五里内遭洪水,四十里内没身亡,龙马虎燕得时,不怕长江路险危,若猪鸡牛蚓鼠,行人百步之外丧身躯。

占交易等事

重用日时比和为好,如日禽星日马,时禽亦星日马,是比和也。若天地人禽皆一样妙矣。

占见官参谒

见官须用弱禽先,轸鹿危参常化仙。若是角星并井宿,终须不免锁来缠。见官须要皆柳危,参房女胃要相随。不是吉神并弱有,于须柳锁则来催。

假如春月要见官,他是走兽可使危毕井最惟不宜空伏,初之壬娄星箕等用尾并加他,如心房壁胃虚室嘴参相娄洪虎贵加他,如角亢定要并加他,用锅一块打去,他人来时高强且不要去,且待好时方好闻见。

占官讼事

以地禽为原告,天禽为被告,日禽为官吏无,同我讼人讼要地禽克高一等方能降伏,上下地禽克天禽,力我有理讼胜他。天禽克地禽,乃彼有理,讼输。日禽生地禽克天禽,官吏顺有彼有罪名。日禽生天禽克地禽,官史顺彼我有罪名。天地二禽俱受日禽之克破,此皆罪责。天地二禽皆克日禽,彼此皆不准罪。禽和合不克制,有人和解,官事消散。三禽相生制,相刑害,官事淹延,事不能决。又诀词讼云:词讼日又生气将星时禽,要见有黄衣人和释,有吞陷财必阻滞,理亏,好内星有气,则己自必胜他。

占行军出阵

要时伏日则我胜,日伏时则我输,若日值室壁之类利我,用尾箕降伏之必胜。

占行阵,对阵以地禽乃我,天禽乃彼,故日禽乃彼伏兵并乃我战地禽,克天日二禽我胜,天日二禽克地禽彼胜,天地日三禽比和则两军罢战而散也。

占开战诀法

一战关要内刚外柔,我强他弱我得时者荣,他失时者辱。如内是尾箕,外是娄室,我强他弱。余仿此。

占出征在营

凡遇好地禽,若不赴敌须敌人乘此吉时亦来,如是夜间亦警哨军中,防他劫寨。又若平常出在地头，或他人家往匝着地禽高便屯住，如地禽是蛟龙就水盘泊不得，放火杀人乃禽是虎狼豹孤，一切山禽就山驻下，不得打头牲吃酒，凡如是禽弱斟候出好禽以加之。

占军中报事情法

若值天禽生旺之时便有贼，临官帝旺贼即至，长生时贼绝，发兵衰死，墓绝胎养沐浴冠带时贼不来。

占主将立寨建旗法

须择将星禽俱高，逢生旺日时，方道不得主将生命本音大小二墓及行年太岁诸凶煞方，此可行兵事用事，若人不□旗倒大凶之兆，即便回军，可免遭诛凶也。

出兵奇门争旂在鼓秋湿。初开世界定乾坤，风后战法定奇明。出兵方事战门吉，百战百胜万般成。兵门共草唱成刀，战门麻百尽成兵。时师会得行兵法，或是日阳或日阴。阳日明兵去战门，明日明兵万事成。空门去战空兵闻，兵出定主罗鼓声。楚王军兵八千壬，后出于人赶不停。不知绝门流血去，人人受来不回兵。兵门军士去战斗，旌旗锣鼓共同流。血门出兵人受，作战交兵也不赢。会得奇门交战法，出兵百事亦安幸。人能精晓奇门法，朝是贤人暮在廷。

<table>
<tr><th>定十二月旗式</th><th>正</th><th>二</th><th>三</th><th>四</th><th>五</th><th>六</th><th>七</th><th>八</th><th>九</th><th>十</th><th>十一</th><th>十二</th></tr>
<tr><td rowspan="2">兵门</td><td>亥</td><td>乾</td><td>坤</td><td>甲</td><td>乙</td><td>离</td><td rowspan="2">离</td><td>乾</td><td rowspan="2">丙</td><td>巳</td><td>甲</td><td>卯</td></tr>
<tr><td>丙</td><td>巽</td><td>坤</td><td>庚</td><td>辛</td><td>巽</td><td>巽</td><td>庚</td><td>乙</td><td>乙</td></tr>
<tr><td rowspan="2">战门</td><td rowspan="2">丁</td><td rowspan="2">坤</td><td rowspan="2">壬</td><td rowspan="2">坤</td><td>丙</td><td>壬</td><td rowspan="2">巽</td><td>坤</td><td rowspan="2">壬</td><td rowspan="2">甲</td><td rowspan="2">巽</td><td>丙</td></tr>
<tr><td>癸</td><td>丙</td><td>艮</td><td>壬</td></tr>
<tr><td rowspan="2">血门</td><td rowspan="2">坤</td><td rowspan="2">庚</td><td rowspan="2">乙</td><td>乾</td><td rowspan="2">癸</td><td>甲</td><td>午</td><td>卯</td><td>卯</td><td rowspan="2">酉</td><td>壬</td><td rowspan="2">丁</td></tr>
<tr><td>巽</td><td>庚</td><td>子</td><td>酉</td><td>酉</td><td>癸</td></tr>
</table>

（续表）

定十二月旗式	正	二	三	四	五	六	七	八	九	十	十一	十二
室门	壬	甲	丁	癸	乾 巽	乙	乙	未 丑	甲 艮	卯	丙	巽
旗色	黄	白	黄	行	虎	早	早	黄	红	黑	早	黄

占难中有事隐避起法

以地禽乃隐避之人，天禽乃追捕之人，日禽乃隐避之地，须要日禽生旺落泊得地乃佳。地禽克天禽，莫妨躲避。天禽克地禽，必被追捕。日禽克地禽，地禽克天禽，逃匿之处不稳，相生则吉。仍择出路之禽，如日间逃避要日禽，是夜禽、地禽是日禽也。若夜间逃避，要日禽是日禽、地禽是夜禽也。或日禽皆时乃要捕，亲念九尤行咒，出杜门地户，或择华盖、九天、九地、六丁、玉女、唐符、国印等方而行，则人不见，知可以免患。大凡隐身避难，不可他人食本身，山禽则食山禽，水禽则食水禽，大抵要比和，如近走宜用虚飞禽寻柱去好也。

占捉获逃亡勾捕囚犯起法

以地禽乃追捕之人，天禽乃逃亡凶犯，日禽官府并逃亡之处，俱要天日二禽克地禽，其人必自来相见。地禽高克食天禽，彼必畏不来。大抵与渔猎同意，尤须用惊伤门而去。

占捕禽之法

捕禽日要我去食他，如时内星食日星必获得，如外是他人房日兔，内星是娄金狗,我食他必得数头矣。余仿此。

占捕渔猎法

以地禽乃渔猎之人,天禽乃所捕之物,日禽乃所捕之处所,用之器先少日时二家和合以诱引之,次用二禽克制地禽方猎,日禽克制天禽兽自伏,天禽克制时禽宜张罗装弓。仍要天禽与日禽和好捕打网,要地禽克天禽拗罾要和,或用伏断,或用截路空亡以截其去路,或用刀砧、血刃、飞廉、受死、月煞、鱼易会日,或出惊伤双门,或出向鹤神皆太白。若使地禽高大,天禽受制则为我克其物,决然难获。忌山黑、水黑、山隔、水痕、九土鬼、五不遇,一有犯之,有亦难获。若渔猎之器宜择鱼鸟会日及禹月厌廉受破,十干上朔执危收日。

占病患起法

以地禽为病人,天禽为病症,日禽为医人,地禽克天禽,不药自愈。地禽制日禽亦然。天禽克地禽,病难愈。日禽克天禽,宜服药。日禽克地禽,医作难。又地禽不得地,如被天禽克制者死。若天禽不得地,虽凶无妨,但要时禽得地易好也。

占天时晴雨起法

以日辰与日宿所属五行论,如日属水,日宿属火,是日辰克日宿,主阴变不雨。如日辰属火,日宿属水,为日宿克日辰,主晴。如日辰生日宿,主阴晦。如日辰日宿比和,皆火则晴,皆金作雨皆水雨,皆土则阴,皆木则风。

占谒见等候会人

以地禽为我，天禽为彼，日禽为所会之人与所会之人并会之处。天日二禽克地禽，其人自来。地禽克天、日禽，为本身高，其人不来。时日相生，其人欲来不来。时日不相克而遇伏断，其人有家不出。值空亡五不遇时者，人不在家。天禽泊山林，其人去州梁。泊田园，其人在邻里。泊田野，其人在途中相遇。余仿此。

凡上官应后出外经躲避凶恶，但要地禽克天禽日禽，则官府盗贼一切凶恶之人，自然泊灭，不遇其害，反此者凶。

秘传口诀

凡看二十八宿，或宜昼不宜夜，或宜春不宜夏。大凡看己得时否，又临时，如求财己星虽与他人星合，又看他人星得地不得地，得时否。假如亢金龙、翼火蛇春则旺，冬则藏，不生虽合不得地也。

大凡择日，看内课星得地不得地，得时不得时。如燕子逢春，社前又看落何宫，好与不好，然后斟酌用之。

总诀论

大凡择日用事，亦要看三刑、六害、吞陷、人煞、鹤神、空亡之类，禽落吉地则吉，凶地则凶。亦要得传课六壬斗柄、魁罡斗临之类者造化轻重，凡吉多凶少则可用，凶多而吉少不可用，即无全通也。

诀斗指例

歌曰：

斗指真传说与君，戌时加建位前轮。

出门何者为吾福，首坐贪狼向破军。

其法每戌时指地为月建一时移转一辰，取月建前一位为斗指人。

假如正月雨水中气后，日躔娵訾，月建寅以戌加寅前位卯上曜行，欲出行征讨关战一切事务，俱随斗指方上而去，大吉利也。

又曰：欲进表章，斗戌亥乾为天门方上，大吉。欲入瘟家，斗指丑寅鬼路方大吉。欲进赴宴会，斗指辰巽巳地户上，吉。欲行捕猎，斗指未坤申入门方上，吉。以上出斗指时，左持斗印，吹气一口于其上而去，感应如神也。

天罡斗临时诀法

月将常在戌，时时见破军。

飞游八方转，凶吉自然分。

万事皆宜利，战斗自然赢。

破军前一位，誓头不传人。

每月以月将加所用正时顺数，至辰即天罡所在之处。假如丑月丑日午时尚任，四月即小满伏某日时刻，日躔实沈之次，传送出恃，即以申加午上顺数至寅，即天罡辰加寅，盖中有艮，故与午时宜向寅方出行，凡所用事取寅方即吉，行兵破贼必胜。取气治病必愈世，谓五月五日午时宜合药，以是日午时罡杓指鬼门故也。起例要凭太阳躔有度准，若依日月常加戌起例，恐有闰月节气前后太阳躔度不同，故有差错也。

斗印式

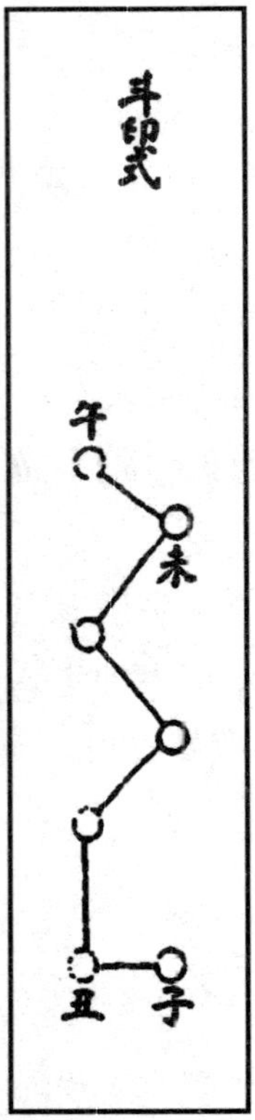

诀斗临时法

日月常加戌，时时起日辰。
破军贵窍语，时时那处寻。
九宫飞武曲，贪辅弼右星。
日时皆顺使，星曜逆回程。
四吉来相偶，丑土定分明。

又例云

孟弼才高仲武臣，季居禄位出朝臣。
要知起例生头上，逆转轮回十二辰。

其法，寅申巳亥四孟日丑加弼，子午卯酉四仲日丑加武，辰戌丑未四季日丑加禄，并逆行，贪臣禄又廉武破辅弼九星位。

应验歌诀

甘值贪狼贵人迎，马前京伞正前行。
出入求财皆吉利，酒物欢财喜推情。
巨月偶去艺巫入，僧道牙屠任途行。
出入半吉并半凶，求财水得土丰荣。
禄存文曲及廉贞，遇出农夫丈人行。
或是小儿或大畜，求财许得贵人成。
武曲原来大吉神，出门便见贵人迎。

求财旺相千倍利，遇贵同游百物亨。
辅弼星临百事成，出门官贵便同行。
万般求财称意得，若求行人便出迎。

斗柄诀例

单子一位巨门星，丑寅文武共同行。
卯是破军股巳弼，午上禄存定吉凶。
未申贪狼须记取，酉上廉贞甚分明。
戌亥二宫属武曲，此星斗中吉星神。

阴阳贵人空亡诗例

冬至后忌用此日

乙辛逢亥癸丁臣，壬丙鼠子甲庚申。
戊己马羊君莫犯，冬至阳贵莫空亲。

夏至后忌用此日

卯支三犯乙己辛，甲丙庚壬四供寅。
癸丁逢午戊一鼠，夏至阴贵莫空寻。

杂占时课

（谓占鸦鸣十时等事）

占鸦鹊吉凶方解

鸦鸣吉凶方	占时	正东	东南	正南	西南	正西	西北	正北	东北
	寅卯	人送物	主争兢	主大吉	大吉利	主外思	酒食至	口舌凶	主疾病
	辰巳	主风雨	女客至	人相召	人相召	内喧争	官事至	亲客至	亲客至
	午	主争兢	亲客至	主争兢	主不宁	人送物	酒食至	送六畜	女送物
	未申	主大凶	凶信至	远信至	主大雨	大吉利	亲客至	失物在	主客至
	酉	公事凶	主外服	故人至	人相召	主客至	失物禄	主病凶	主疾病

歌曰：

圣贤明著占鸣经，认取何方细听声。
先看时辰知祸福，百步之外不须听。
飞鸣设若有忧声，默念乾元亨利贞。
叩三通齿存七遍，变凶为吉免灾迍。

曜仙曰：鸦鹊之鸣，有详呼唤子者有兢食，兢食既果音相尚难以正噪占之。其鸣向我，其声异于常鸣者，是神之报也。凡占先要听其在何方飞鸣来，再定是何时辰，然后断之凶吉验也。